Pollen Flora of Japan
Second Edition

Toshiyuki FUJIKI
Norio MIYOSHI
Hiroko KIMURA

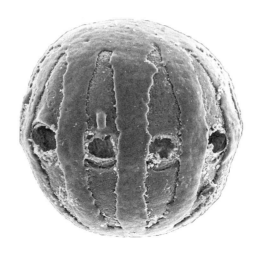

2016
Hokkaido University Press
Sapporo, Japan

Polygala paniculata L.
SP1

©2016 by Toshiyuki FUJIKI, Norio MIYOSHI and Hiroko KIMURA
All rights reserved. No part of this publication may be reproduced or trans-
mitted in any form or by any means, electronic or mechanical, including
photocopy, recording, or any information storage and retrieval system, without
permission in writing from the authors.

Hokkaido University, Sapporo, Japan

Printed in Japan

日本産花粉図鑑
【増補・第2版】

藤木利之・三好教夫・木村裕子［著］

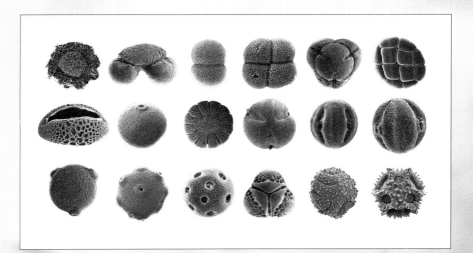

北海道大学出版会

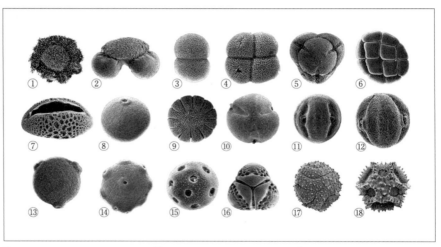

①コメツガ *Tsuga diversifolia*, ②アカマツ *Pinus densiflora*, ③ホロムイソウ *Scheuchzeria palustris*, ④ガマ *Typha latifolia*, ⑤エゾノツガザクラ *Phyllodoce caerulea*, ⑥ネムノキ *Albizia julibrissin*, ⑦エゾキスゲ *Hemerocallis flava* var. *yezoensis*, ⑧チガヤ *Imperata cylindrica*, ⑨ゴマ *Sesamum indicum*, ⑩ギンゴウカン *Leucaena leucocephala*, ⑪ミズガンピ *Pemphis acidula*, ⑫モモタマナ *Terminalia catappa*, ⑬クマシデ *Carpinus japonica*, ⑭オニグルミ *Juglans mandschurica.* var. *sachalinensis*, ⑮オランダミミナグサ *Cerastium glomeratum*, ⑯サガリバナ *Barringtonia racemosa*, ⑰イトイヌノヒゲ *Eriocaulon decemflorum*, ⑱ツルワダン *Ixeris longirostra*

増補・第2版の刊行にあたって

　『日本産花粉図鑑』の初版が2011年3月25日に刊行されてから，すでに5年の歳月が経過しようとしている。増補・第2版では，全文にわたって初版での誤字・脱字の訂正や加筆・削除を行うとともに，用語の統一や図版の修正を行った。さらに，南西諸島や小笠原諸島に分布する種，分布域が限られている種やマツ属などを中心に240種を新たに加えた。そのうち，初版から新たに加わった科は6科，属は64属あり，合計で212科873属1,564種となった。今回新たに掲載したいくつかの種には，花粉外壁破断面のSEM写真も掲載しているのが特徴である。また，表紙や函のSEM花粉写真は，Photoshopを用いてカラー化し，各論には新たに「現生花粉外壁断面」と「花粉症原因植物の花粉」の説明文を加えた。化石花粉の同定にあたっては，走査電顕像よりも光顕像の方がより役立つため，光顕の図版は，初版の40枚から増補・第2版では72枚へ大幅に増強した。

　増補・第2版を刊行するにあたり，国際日本文化研究センターの安田喜憲名誉教授(現・ふじのくに地球環境史ミュージアム館長・立命館大学環太平洋文明研究センター長)には，同センターの走査電顕の使用を快く許可してくださったうえ，長年にわたりご指導ご鞭撻をいただいた。福岡大学理学部の奥野　充教授，岡山理科大学理学部の守田益宗教授には，終始お世話になった。また，岡山理科大学生物地球学部の矢野興一博士には，カヤツリグサ科の分類の再検討をお願いした。あわせてここに衷心よりお礼を申し上げる。

　撮影に用いた花粉試料は，著者らだけでなく，多くの方々，ならびに各地の研究機関などからご恵与いただいた。増補・第2版で新たに恵与いただいた方々のご芳名と施設名を記し，ここに感謝の意を表する。とくに，東京大学総合研究博物館の池田　博准教授には，博物館の貴重な標本から花粉試料をご恵与いただき，元・玉野市岡薬局の岡　鐵雄氏には，数多くの花粉試料をご恵与いただいた。ここに厚くお礼申し上げる(初版で花粉試料の提供を受けながら，謝辞で記載漏れの失礼をした個人・施設名も，遅ればせながらここに列記させていただいた)。

　古田和久*，本田正次，河西康雄*，北村孔志，緑川貴文，中尾茂樹，中澤文男，能城修一，佐々木由香，崔　基龍*，嵩原健治，大久保智史，山崎　敬*，以下名前不詳の方々：土岐*，古瀬*，伊藤*，浜田*，片山*，古宮*，長瀬*，副島*，富樫*，安井*の諸氏。

　愛知県：名城大学*，千葉県：東邦大学*，福井県：永平寺*，兵庫県：神戸市立森林公園*，大石神社*，香川県：丸亀城*，高知県：足摺亜熱帯自然植物園*，高知営林署*，京都府：京都大学理学部附属植物園，京都フラワーセンター*，宮城県：東北大学学術資料研究公開センター*，仙台市市民プール*，野草園*，長野県：信州大学*，長崎県：長崎大学*，岡山県：赤磐市運動公園*，蒜山高校*，後楽園*，御野幼稚園*，三尾寺*，岡山理科大学自然植物園*，玉野市民病院*，少年自然の家*，沖縄県：沖縄記念公園，大阪府：花博記念公園鶴見緑地，埼玉県：慶應義塾大学薬学部附属薬用植物園，さいたま緑の森博物館，栃木県：東京大学理学部附属日光植物園，鳥取県：鳥取大学，東京都：国立科学博物館附属自然教育園。(*初版で記載漏れのあった方々のご芳名と施設名)

　最後に，初版を購入し多くのご意見を賜った読者の皆様，そして増補・第2版の出版にご尽力を賜った北海道大学出版会の成田和男氏と添田之美氏にこの場を借りて心より厚くお礼申し上げる。

2015年12月25日

藤木利之
三好教夫
木村裕子

はじめに

　花粉は，近年春のスギ・ヒノキ科花粉症や秋のブタクサ花粉症で人々を困らせるため悪者扱いされがちであるが，本来大多数の種子植物にとっては，雌しべに雄核を送り届けるためのカプセルとして不可欠の微粒子である。花粉を対象とする花粉学(palynology)は，生きた花粉をそのまま研究対象とする植物学(生理学，遺伝学など)，農学(育種学，養蜂学など)，医学(花粉症)だけでなく，化石花粉から過去の植生変遷を解明するための古生態学や林学・地質学・地理学・考古学などでも学際的研究手法として重要になってきている。また法医学では，犯罪捜査の解明に花粉が使われ，推理小説やテレビの推理ドラマにも花粉が登場するなど，花粉はさまざまな分野でその存在感を増してきている。

　本書は，走査型電子顕微鏡(SEM：scanning electron microscope，以下，走査電顕)による日本産の自生植物と帰化植物の現生花粉を中心とする図鑑ではあるが，各地の植物園や薬草園で花を採集させていただいた外来の園芸品種や薬草の現生花粉も少し含まれている。また，花粉分析でよく出現する化石花粉の走査電顕写真も収録している。さらに，本書は走査電顕写真を主体にしつつも，花粉分析や空中花粉の同定では，どうしても現生花粉の光学顕微鏡(LM：light microscope，以下，光顕)写真が必要となるため，花粉分析でよく出現する種類についてはアセトリシス処理した花粉の，空中花粉でよく捕集される種類については無処理の花粉の光顕写真もあわせて収録している。花粉外壁断面は花粉外壁表面の模様を理解するうえで重要であるため，超薄切片した花粉外壁を透過型電子顕微鏡(TEM：transmission electron microscope，以下，透過電顕)で撮影した 7 枚の図版を入れている。本書では，種子植物 207 科 794 属 1305 種類を扱ったが，この数は種だけでなく亜種・変種・品種なども含めた総数である。わが国に自生する種類については，すべての科を網羅することを目標としたが，まだ入手できていない科がかなり残っており，それらについては将来補遺集を出したいと考えている。

　本書が出版の運びとなるにあたり，三好は，花粉学の手ほどきをして下さった中村　純高知大学名誉教授，植物分類学(特にコケ植物について)・生態学の基礎をご指導いただいた広島大学の故 堀川芳雄名誉教授・故 鈴木兵二名誉教授・故 安藤久次名誉教授・故 佐々木好之博士をはじめ諸先生・緒先輩の皆様に厚くお礼を申し上げる。ワシントン大学の塚田松雄名誉教授には，1 年半招聘していただき，欧米の花粉学を直接勉強させていただいた。その後の研究の進路を決める大きな要因となったことを記し，深謝する。また，藤木利之は，安田喜憲国際日本文化研究センター教授・小澤智生名古屋大学大学院理学研究科元教授・黒田登美雄琉球大学農学部教授に終始ご指導・ご鞭撻をいただいたことに衷心よりお礼を申し上げる。

　撮影の対象とした花粉は，著者らが採集しただけでなく，多数の個人，各地の大学・研究所・博物館の標本庫から分与を受け，各地の植物園・薬草園で花の採集を許可していただいた。ここにご芳名・施設名を記して，感謝の意を表す。特に岡山理科大学自然植物園の守田益宗教授と玉野市岡薬局の岡　鐡雄氏には，たくさんの試料提供を受けたことを記し，厚くお礼申し上げる。

　青木栄一，安藤佑介，別府敏夫，合田勇太郎，藤井　修，藤井理恵，波田善夫，橋本清美，初島住彦，

畑中健一，日比野紘一郎，星野卓二，堀　雄二，市谷貴志子，池田　博，池田重人，石塚和雄，川辺誠一郎，加藤英寿，河室公康，北村四郎，清末幸久，楠原良三，小林純子，小林圭介，益村　聖，小山博滋，真謝喜一，真野章子，宮城康一，三宅　尚，三好マスエ，村田　源，守田益宗，中川重年，中越信和，中村健治，中村　純，仲吉　謙，難波早苗，那須浩郎，西村直樹，根平邦人，岡　鐵雄，岡本　香，小野幹雄，朴　勝龍，齋藤　慧，佐藤タツエ，関　太郎，新　敏夫，島田住雄，篠原　徹，菅原　敬，鈴木兵二，鈴木時夫，田端英雄，田原　豊，高木葆見，高原　光，田中敦司，垰田　宏，臼井洋輔，行本　健，山本修平，山中三男，安原清隆，安井隆弥，横田昌嗣の諸氏。

　愛知県：名古屋市東山動植物公園，名古屋大学，日本モンキーセンター。青森県：東北大学八甲田山植物園。岐阜県：内藤記念くすり博物館薬用植物園。広島県：広島大学理学部植物園，広島市植物公園。兵庫県：六甲高山植物園，六甲森林植物園，神戸学院大学薬学部附属薬用植物園。岩手県：岩手大学。香川県：小豆島オリーブ研究所。高知県：高知大学，牧野植物園，森林総合研究所四国支所，室戸市最御崎寺。京都府：京都大学上賀茂試験地，京都府立大学，京都府立植物園，第一製薬薬草園，日本新薬山科植物資料館，武田薬品薬用植物園。宮城県：東北大学青葉山植物園，同理学部植物園，同薬学部薬草園，同生物学実験園。長崎県：亜熱帯植物園。岡山県：岡山大学，岡山理科大学，岡山市グリーンシャワー公園，半田山植物園，法界院，三野公園，三徳園，総合グラウンド，玉野市深山公園，牛窓オリーブ園，県立森林公園，県立自然保護センター。沖縄県：東南植物楽園，琉球大学。大阪府：長居公園，大阪市立大学理学部附属植物園。静岡県：静岡県立薬科大学薬草園。東京都：都立薬用植物園，都立神代植物公園，国立科学博物館，首都大学東京牧野植物標本館，多摩森林学園，東京大学資料館，同小石川植物園，東京農工大学万葉園。

　本書に掲載された花粉の走査電顕写真は，これまで三好(1980)の「走査型電子顕微鏡による花粉の形態 1. 裸子植物について」の発表以来，片岡ほか(2001)「走査型電子顕微鏡による花粉の形態 14. ツバキ科(被子植物)について」まで，学会誌や紀要に発表されたものと，まだ一度も公表されていないものが含まれている。これらはすべて岡山理科大学理学部・総合情報学部で四半世紀にわたって著者らをはじめ次に記す多数の院生や4年次生(144名)によって撮影された膨大な花粉のネガフィルムの中から抜粋したものである。ここに三好研究室で博士・修士・学士卒業論文を書いて巣立った修了生・卒業生の皆さんに厚くお礼を申し上げるとともに，これまでの成果を一冊の本としてまとめることができたことを一緒に喜びたい。

　阿部真典，阿賀啓人，逢沢正男，新井靖子，浅野卓史，東　一陽，中社光郎，萩尾忠幸，原田訓人，原　靖恭，橋本光司，端野　豊，蜂須賀慶一，服部　篤，葉柳和行，平沢貴司，堀部昌宏，藤木利之，藤岡照幸，福田洋平，兵庫範彦，池田正勝，今屋修一，稲生世正，井上憲三，石井泰広，一志　泰，板野博行，市谷年弘，伊藤亜矢子，岩瀬信行，門脇聡士，梶川宏子，金井慎司，片岡裕子，加藤広文，加藤　靖，川村賢一，川中康治，川谷理彦，北澤典子，小宮秀光，近藤進吾，小山千代子，久保謙一，黒沢正道，久川　淳，前田芳郎，間宮理江，益田万貴恵，松原教幸，松原剛史，松沢智子，松浦孝志，三宅啓介，三宅雅生，都甲洋平，宮本忠直，宮下祐司，宮田景介，宮澤健一，溝口清美，水野園子，森口正嗣，森川吉成，森　賢一，森　将志，森　貴司，森岡ゆかり，中川康一郎，中川　常，成川晃由，西川隆司，新田光子，野村　健，越智正一，尾形重行，岡松由佳，岡崎貴光，岡崎宏明，大木康代，億田裕二，木本訓人，大村治基，大西太郎，隠明寺智成，太田博之，大月由貴，斉藤俊之，坂本康信，桜井

富美子，佐々木政則，妹尾和浩，世良三関，下村　陽，塩田正勝，白石勝己，砂川睦紀，鈴鹿安邦，多田由美子，高橋雅子，武市修士，竹本州儀，竹岳秀陽，竹内　徹，田丸康徳，田中一乗，田中光春，田中正敏，谷田憲治，谷川善久，滝口雄二，立山孝嘉，田坂茂政，手島　希，戸川博幸，徳田健一，徳永真理子，坪田章吾，土永浩史，辻本裕也，上田圭一，上垣俊哉，上山茂樹，宇井真知子，内野一人，若松康一，渡辺裕昭，山口　誠，山口俊三，山川圭介，山本　誠，山本理科子，山下和則，山下昌子，安岡　努，横井佳久，横田尚明，吉見陽子，吉村弥生の皆さん。

　本書の和名・学名については，中井秀樹博士に全般にわたって校閲をお願いした。カヤツリグサ科については，岡山理科大学総合情報学部生物・地球システム学科の星野卓二教授に，バラ科については，東京大学総合博物館の池田　博准教授に検討していただいた。ネガフィルムをスキャナーで取り込む作業は，建設環境研究所の田中敦司博士(理学)と岡山理科大学特別研究生山本伸子博士(学術)にお願いした。最終原稿のとりまとめでは，岡山理科大学大学院杖質理学専攻の竹内　徹氏に大変お世話になった。本書の刊行にあたっては，北海道大学出版会の成田和男氏と杉浦具子氏，そして添田之美氏に終始お世話になった。あわせてここに厚くお礼を申し上げる。

　本書の出版にあたっては，三好が主として記載文を，藤木が各種の図版を，木村(片岡)が花粉の検索表を分担して作成し，最後に3名で全般的な調整を行った。

　最後になったが，これまで40年間家庭を守り，安心して仕事のできる環境をつくり，また本書の執筆にあたっても資料の整理を引き受けてくれた妻・通子と校正を手伝ってくれた長女野田文子に心から感謝する。

　　　2010年10月20日

三好教夫
藤木利之
木村裕子

目　次

増補第 2 版の刊行にあたって　　i
はじめに　　iii
凡　例　　xxi

第 I 部　写 真 篇

第 1 章　現生花粉の走査型電子顕微鏡写真　SPl.　3

第 2 章　現生花粉の光学顕微鏡写真　LPl.　387

第 3 章　化石花粉の走査型電子顕微鏡写真　FPl.　461

第 4 章　現生花粉外壁断面の透過型電子顕微鏡写真　TPl.　481

第 5 章　花粉症原因植物花粉の光学顕微鏡写真　PPl.　489

第 II 部　解 説 篇

第 1 章　総　　論　505

1. 花粉形態の研究史　506
2. 花粉の採集法　508
3. 花粉の処理法　509
4. 封入剤と封入法　510
5. 試料の作成法　511
6. 試料作成や観察に使った装置　513
7. 撮影法・測定法　513
8. 植物分類体系　514
9. 花粉形態の特徴と記載用語　515
10. 花粉形態の特徴　516

第 2 章　各　　論　527

1. 現生花粉の記載(増補第 2 版で追加した「科」と「属」については，読者の利便性を考慮して，その科名と属名にアンダーラインを付した)　529

裸子植物亜門ソテツ綱　530

ソテツ科　530

　　ソテツ属 530

イチョウ科　530

　　イチョウ属 530

目　次

マツ綱　　531

マツ科　　531

　　カラマツ属 531/トガサワラ属 531/マツ属 531/モミ属 536/トウヒ属 537/ツガ属 538/ヒマラヤスギ属 538/シマモミ属(ユサン属) 539

ナンヨウスギ科　　539

　　ナンヨウスギ属 539

コウヤマキ科　　539

　　コウヤマキ属 539

ヒノキ科　　540

(旧スギ科)　　540

　　スギ属 540/メタセコイア属 540/セコイア属 540/コウヨウザン属 541/ヌマスギ属 541/スイショウ属 541

(旧ヒノキ科)　　541

　　ネズミサシ属 542/イブキ属 542/ヒノキ属 542/コノテガシワ属 543/アスナロ属 543

マキ科　　543

　　マキ属 543/ナギ属 544

イヌガヤ科　　544

　　イヌガヤ属 544

イチイ綱　　545

イチイ科　　545

　　イチイ属 545/カヤ属 545

マオウ綱　　546

マオウ科　　546

　　マオウ属 546

ウェルイッチア科　　546

　　ウェルイッチア属 546

被子植物亜門双子葉植物綱離弁花亜綱　　547

モクマオウ科　　547

　　モクマオウ属 547

ヤマモモ科　　547

　　ヤマモモ属 547/ヤチヤナギ属 548

クルミ科　　548

　　クルミ属 548/サワグルミ属 548/ノグルミ属 549/ペカン属 549

ヤナギ科　　549

　　ヤマナラシ属 549/オオバヤナギ属 550/ケショウヤナギ属 550/ヤナギ属 550

カバノキ科　　551

　　ハンノキ属 552/カバノキ属 554/ハシバミ属 554/アサダ属 555/クマシデ属 555

ブナ科　　556

　　ブナ属 556/コナラ属 557/クリ属 560/シイ属 560/マテバシイ属 560

ニレ科　　561

　　ムクノキ属 561/エノキ属 561/ウラジロエノキ属 561/ケヤキ属 562/ニレ属 562

クワ科　　562

アサ属 562/カラハナソウ属 563/クワ属 563/カジノキ属 563/イチジク属 563

イラクサ科　　564

イラクサ属 564/ムカゴイラクサ属 564/ミズ属 564/ウワバミソウ属 565/カテンソウ属 565/カラムシ属 565/ツルマオ属 565/ミリオカルパ属 565

ヤマモガシ科　　566

ヤマモガシ属 566

ボロボロノキ科　　566

ボロボロノキ属 566

ビャクダン科　　566

ツクバネ属 567/カナビキソウ属 567

ヤドリギ科　　567

ヤドリギ属 567

ツチトリモチ科　　567

ツチトリモチ属 568

タデ科　　568

ソバ属 568/ギシギシ属 568/ジンヨウスイバ属 569/ミチヤナギ属 569/イブキトラノオ属 569/ミズヒキ属 570/イヌタデ属 570/イタドリ属 571/ツルドクダミ属 572/オンタデ属 572/ソバカズラ属 572

ヤマゴボウ科　　572

ヤマゴボウ属 573

オシロイバナ科　　573

オシロイバナ属 573/イカダカズラ属 573

ザクロソウ科　　573

ザクロソウ属 574

ツルナ科　　574

ツルナ属 574/マツバギク属 574

スベリヒユ科　　574

スベリヒユ属 574

ツルムラサキ科　　575

ツルムラサキ属 575

ナデシコ科　　575

カスミソウ属 575/オオツメクサ属 576/ハコベ属 576/ミミナグサ属 576/ツメクサ属 576/ナデシコ属 577/センノウ属 577/マンテマ属 577/フシグロ属 578

アカザ科　　578

ホウレンソウ属 578/ホウキギ属 578/アカザ属 578/アリタソウ属 579/マツナ属 579/アッケシソウ属 579/オカヒジキ属 579

ヒユ科　　579

センニチコウ属 580/ケイトウ属 580/ヒユ属 580/イノコズチ属 580

サボテン科　　580

クジャクサボテン属 581/シャコバサボテン属 581

モクレン科　　581

ユリノキ属 581/モクレン属 581/オガタマノキ属 582

目　次

バンレイシ科　　582
　　　アシミナ属 582
マツブサ科　　582
　　　マツブサ属 583
シキミ科　　583
　　　シキミ属 583
ロウバイ科　　583
　　　ロウバイ属 583
ハスノハギリ科　　583
　　　ハスノハギリ属 584/テングノハナ属 584
クスノキ科　　584
　　　ニッケイ属 584/クロモジ属 584/ハマビワ属 585/ゲッケイジュ属 585/シロダモ属 585
ヤマグルマ科　　585
　　　ヤマグルマ属 585
フサザクラ科　　586
　　　フサザクラ属 586
カツラ科　　586
　　　カツラ属 586
キンポウゲ科　　586
　　　リュウキンカ属 587/キンバイソウ属 587/サラシナショウマ属 587/ルイヨウショウマ属 588/ト
　　　リカブト属 588/ヒエンソウ属 588/イチリンソウ属 588/ミスミソウ属 589/オキナグサ属 590/
　　　センニンソウ属 590/フクジュソウ属 591/キンポウゲ属 591/モミジカラマツ属 591/シロカネソ
　　　ウ属 592/オダマキ属 592/カラマツソウ属 592/オウレン属 593
ボタン科　　593
　　　ボタン属 593
シラネアオイ科　　593
　　　シラネアオイ属 593
メギ科　　594
　　　ナンテン属 594/ヒイラギナンテン属 594/サンカヨウ属 594/イカリソウ属 594
アケビ科　　595
　　　ムベ属 595/アケビ属 595
ツヅラフジ科　　595
　　　アオツヅラフジ属 596/ハスノハカズラ属 596/ツヅラフジ属 596
スイレン科　　596
　　　ジュンサイ属 596/コウホネ属 597/スイレン属 597/オニバス属 597
ハス科　　597
　　　ハス属 598
ドクダミ科　　598
　　　ハンゲショウ属 598/ドクダミ属 598
コショウ科　　598
　　　サダソウ属 598/コショウ属 599
センリョウ科　　599

目　次

センリョウ属 599/チャラン属 599
ウマノスズクサ科　　600
　　ウマノスズクサ属 600/カンアオイ属 600/ウスバサイシン属 600
ラフレシア科　　600
　　ヤッコソウ属 601
マタタビ科　　601
　　マタタビ属 601
ツバキ科　　601
　　ツバキ属 602/ナツツバキ属 602/ヒメツバキ属 603/モッコク属 603/サカキ属 603/ヒサカキ属 603
オトギリソウ科　　604
　　ミズオトギリ属 604/オトギリソウ属 604
テリハボク科　　604
　　テリハボク属 605/フクギ属 605
ウツボカズラ科　　605
　　ウツボカズラ属 605
サラセニア科　　605
　　ヘイシソウ属 605
モウセンゴケ科　　606
　　モウセンゴケ属 606
ケシ科　　606
　　ケシ属 606/クサノオウ属 607/タケニグサ属 607/コマクサ属 607/キケマン属 607/オサバグサ属 608
フウチョウソウ科　　608
　　フウチョウソウ属 608/カッパリス属 608/ギョボク属 608
アブラナ科　　609
　　ナズナ属 609/マメグンバイナズナ属 609/ダイコン属 609/タネツケバナ属 609/アブラナ属 610/ワサビ属 610/ヤマハタザオ属 610/イヌガラシ属 611/シロガラシ属 611/オオアラセイトウ属 611
スズカケノキ科　　611
　　スズカケノキ属 611
マンサク科　　611
　　トサミズキ属 612/マンサク属 612/フウ属 613/イスノキ属 613
ベンケイソウ科　　613
　　マンネングサ属 614/イワレンゲ属 614/ムラサキベンケイソウ属 614/カランコエ属 615/ベンケイソウ属 615
ユキノシタ科　　615
　　スグリ属 615/ズイナ属 615/イワガラミ属 616/アジサイ属 616/バイカウツギ属 617/ウツギ属 617/キレンゲショウマ属 617/ウメバチソウ属 618/タコノアシ属 618/ネコノメソウ属 618/チャルメルソウ属 618/ヤグルマソウ属 619/チダケサシ属 619/ユキノシタ属 620/ヒマラヤユキノシタ属 620/ヤワタソウ属 620
トベラ科　　620

目　次

トベラ属 620

バラ科　　621

　コゴメウツギ属 621/シモツケ属 621/ホザキナナカマド属 622/ヤマブキショウマ属 622/サクラ属 622/ダイコンソウ属 624/ヤマブキ属 624/シロヤマブキ属 624/バラ属 624/キイチゴ属 625/オランダイチゴ属 626/キジムシロ属 626/ヘビイチゴ属 626/ワレモコウ属 627/キンミズヒキ属 627/サンザシ属 627/ザイフリボク属 628/ナナカマド属 628/ビワ属 628/トキワサンザシ属 628/シャリンバイ属 629/カナメモチ属 629/カマツカ属 629/リンゴ属 629/ナシ属 630/ボケ属 630

マメ科　　630

　ネムノキ属 631/ベニゴウカン属 631/オジギソウ属 631/ギンゴウカン属 631/アカシア属 632/ハナズオウ属 632/サイカチ属 632/ジャケツイバラ属 633/カワラケツメイ属 633/エニシダ属 633/ハリエニシダ属 633/クララ属 634/イヌエンジュ属 634/ハリエンジュ属 634/コマツナギ属 634/フジ属 635/ナツフジ属 635/ドクフジ属 635/デイゴ属 635/トビカズラ属 635/ハマセンナ属 636/ホドイモ属 636/インゲンマメ属 636/クズ属 636/ナタマメ属 636/ノササゲ属 637/フジマメ属 637/ハギ属 637/ヌスビトハギ属 638/ナハキハギ属 638/ミソナオシ属 638/センダイハギ属 638/ムラサキセンダイハギ属 639/ゲンゲ属 639/エンドウ属 639/ソラマメ属 639/レンリソウ属 640/ミヤコグサ属 640/タヌキマメ属 640/シナガワハギ属 641/ウマゴヤシ属 641/シャジクソウ属 641/イワオウギ属 641/ナンキンマメ属 642/ルピナス属 642

カワゴケソウ科　　642

　カワゴロモ属 642

カタバミ科　　642

　カタバミ属 642/ゴレンシ属 644

フウロソウ科　　644

　テンジクアオイ属 644/フウロソウ属 644

ハマビシ科　　645

　ハマビシ属 645

アマ科　　645

　アマ属 645

トウダイグサ科　　645

　アカギ属 646/コミカンソウ属 646/ヒトツバハギ属 646/カンコノキ属 647/シラキ属 647/アブラギリ属 647/タイワンアブラギリ属 648/オオバギ属 648/アカメガシワ属 648/ハズ属 648/ヘンヨウボク属 649/トウゴマ属 649/トウダイグサ属 649/エノキグサ属 650/ヤマアイ属 650

ユズリハ科　　650

　ユズリハ属 651

ミカン科　　651

　コクサギ属 651/サンショウ属 651/キハダ属 652/ミヤマシキミ属 652/キンカン属 653/カラタチ属 653/ミカン属 653/ゲッキツ属 654

ニガキ科　　654

　ニガキ属 654/ニワウルシ属 654

センダン科　　654

　センダン属 654

キントラノオ科　　655

xii

目　次

　　　　ササキカズラ属 655
ヒメハギ科　　 655
　　　　ヒメハギ属 655
ドクウツギ科　　 655
　　　　ドクウツギ属 655
ウルシ科　　 656
　　　　チャンチンモドキ属 656/ウルシ属 656/マンゴー属 657/カイノキ属 657
カエデ科　　 657
　　　　カエデ属 657
ムクロジ科　　 659
　　　　フウセンカズラ属 659/ムクロジ属 660/モクゲンジ属 660/リュウガン属 660
トチノキ科　　 660
　　　　トチノキ属 660
アワブキ科　　 661
　　　　アワブキ属 661
ツリフネソウ科　　 661
　　　　ツリフネソウ属 661
モチノキ科　　 662
　　　　モチノキ属 662
ニシキギ科　　 663
　　　　ニシキギ属 663/クロヅル属 664
ミツバウツギ科　　 664
　　　　ミツバウツギ属 664/ゴンズイ属 664/ショウベンノキ属 665
ツゲ科　　 665
　　　　フッキソウ属 665/ツゲ属 665
クロタキカズラ科　　 665
　　　　クロタキカズラ属 665
クロウメモドキ科　　 666
　　　　クロウメモドキ属 666/クマヤナギ属 666/ネコノチチ属 666/ケンポナシ属 666/ハマナツメ属
　　　　667/ナツメ属 667/ヨコグラノキ属 667
ブドウ科　　 667
　　　　ブドウ属 667/ヤブガラシ属 668/ツタ属 668/ノブドウ属 668
ホルトノキ科　　 668
　　　　ホルトノキ属 668
シナノキ科　　 669
　　　　シナノキ属 669/コルコルス属 670
パンヤ科　　 670
　　　　パンヤノキ属 670
アオギリ科　　 670
　　　　サキシマスオウノキ属 670/カカオノキ属 670/アオギリ属 671
アオイ科　　 671
　　　　イチビ属 671/エノキアオイ属 671/フヨウ属 671/トロロアオイ属 672/ワタ属 672/タチアオイ

目　次

　　　　属 673/ゼニアオイ属 673
ジンチョウゲ科　　　673
　　　　ミツマタ属 673/ジンチョウゲ属 673/アオガンピ属 674/ガンピ属 674
グミ科　　　674
　　　　グミ属 675
イイギリ科　　　676
　　　　イイギリ属 676
スミレ科　　　676
　　　　スミレ属 676
キブシ科　　　677
　　　　キブシ属 678
<u>ナギナタソウ科</u>　　　678
　　　　<u>ナギナタソウ属</u> 678
トケイソウ科　　　678
　　　　トケイソウ属 678
ギョリュウ科　　　679
　　　　ギョリュウ属 679
シュウカイドウ科　　　679
　　　　シュウカイドウ属 679
ウリ科　　　679
　　　　キュウリ属 680/ニガウリ属 680/ヘチマ属 680/カラスウリ属 680/ミヤマニガウリ属 680/スイ
　　　　カ属 681/カボチャ属 681/ユウガオ属 681/ハヤトウリ属 682/アレチウリ属 682/<u>スズメウリ属</u>
　　　　682
ミソハギ科　　　682
　　　　サルスベリ属 682/ヒメミソハギ属 683/ミソハギ属 683/キバナミソハギ属 684/<u>ミズガンピ属</u>
　　　　684/<u>キカシグサ属</u> 684
ヒシ科　　　684
　　　　ヒシ属 684
フトモモ科　　　685
　　　　バンジロウ属 685/ムニンフトモモ属 685/フトモモ属 685/カリステモン属 686/<u>テンニンカ属</u>
　　　　686
ハマザクロ科　　　686
　　　　ハマザクロ属 686
ザクロ科　　　687
　　　　ザクロ属 687
サガリバナ科　　　687
　　　　サガリバナ属 687
ノボタン科　　　687
　　　　ノボタン属 688/メキシコノボタン属 688/ヒメノボタン属 688/ハシカンボク属 689
ヒルギ科　　　689
　　　　オヒルギ属 689/メヒルギ属 689/<u>オオバヒルギ属</u> 690
シクンシ科　　　690

目　次

　　　ヒルギモドキ属 690/モモタマナ属 690
アカバナ科　　690
　　　ヤナギラン属 690/ヤマモモソウ属 691/ミズタマソウ属 691/マツヨイグサ属 691/フクシア属
　　　692
アリノトウグサ科　　692
　　　アリノトウグサ属 692
ヤマトグサ科　　693
　　　ヤマトグサ属 693
スギナモ科　　693
　　　スギナモ属 693
ウリノキ科　　693
　　　ウリノキ属 693
ヌマミズキ科　　694
　　　カンレンボク属 694/ヌマミズキ(ニッサ)属 694
ミズキ科　　694
　　　ハナイカダ属 695/アオキ属 695/ミズキ属 695/サンシュユ属 696/ゴゼンタチバナ属 696/ヤマ
　　　ボウシ属 696/ハンカチノキ属 696
ウコギ科　　697
　　　タラノキ属 697/フカノキ属 697/カクレミノ属 697/ヤツデ属 697/ウコギ属 698/ハリブキ属
　　　698/トチバニンジン属 698
セリ科　　698
　　　チドメグサ属 699/ウマノミツバ属 699/ヤブジラミ属 700/シャク属 700/ヤブニンジン属 700/
　　　ミシマサイコ属 700/ミツバ属 701/セリ属 701/セントウソウ属 701/ミツバグサ属 701/ニンジ
　　　ン属 701/ヌマゼリ属 701/シラネニンジン属 701/ハマゼリ属 702/ドクゼリ属 702/マルバトウ
　　　キ属 702/ハマボウフウ属 702/シシウド属 702/カワラボウフウ属 703/オランダゼリ属 703/カ
　　　ルム属 703/ドクゼリモドキ属 703/ドクニンジン属 703/ウイキョウ属 703
合弁花亜綱　　704
イワウメ科　　704
　　　イワカガミ属 704/イワウチワ属 704/イワウメ属 704
リョウブ科　　704
　　　リョウブ属 704
イチヤクソウ科　　705
　　　イチヤクソウ属 705/ウメガサソウ属 705/ギンリョウソウ属 705
ツツジ科　　706
　　　アクシバ(スノキ)属 706/エリカ属 706/イワナシ属 707/ホツツジ属 707/イソツツジ属 707/ツ
　　　ガザクラ属 707/ヨウラクツツジ属 708/ツツジ属 708/イワナンテン属 710/アセビ属 710/ネジ
　　　キ属 711/イワヒゲ属 711/ジムカデ属 711/シラタマノキ属 711/スノキ属 712/ドウダンツツジ
　　　属 712
ガンコウラン科　　713
　　　ガンコウラン属 713
ヤブコウジ科　　713
　　　ツルマンリョウ属 713/イズセンリョウ属 713/ヤブコウジ属 714

目　次

サクラソウ科　　714
　　　シクラメン属 714/オカトラノオ属 714/ツマトリソウ属 715/ルリハコベ属 715/ウミミドリ属 715/サクラソウ属 716
イソマツ科　　716
　　　イソマツ属 716
アカテツ科　　717
　　　アカテツ属 717
カキノキ科　　717
　　　カキノキ属 717
エゴノキ科　　717
　　　エゴノキ属 717/アサガラ属 718
ハイノキ科　　718
　　　ハイノキ属 718
モクセイ科　　719
　　　イボタノキ属 720/トネリコ属 720/モクセイ属 721/オリーブ属 721/ウチワノキ属 721/ヒトツバタゴ属 721/レンギョウ属 722/ソケイ属 722/ハシドイ属 722
リンドウ科　　723
　　　リンドウ属 723/ツルリンドウ属 723/センブリ属 724/ハナイカリ属 724
マチン科　　724
　　　アイナエ属 724/ホウライカズラ属 725
ミツガシワ科　　725
　　　ミツガシワ属 725/イワイチョウ属 725/アサザ属 725
キョウチクトウ科　　726
　　　サカキカズラ属 726/テイカカズラ属 726/キョウチクトウ属 726/ミフクラギ属 726/ニチニチソウ属 727/バシクルモン属 727/ラウオルフィア属 727
ガガイモ科　　727
　　　カモメヅル属 727/アスクレピアス属 728
アカネ科　　728
　　　クチナシ属 728/コンロンカ属 728/ギョクシンカ属 728/ミサオノキ属 729/シチョウゲ属 729/ハクチョウゲ属 729/アカネ属 729/ヤエムグラ属 730/フタバムグラ属 730/サツマイナモリ属 730/ヤイトバナ属 731/ボチョウジ属 731/アリドオシ属 731
ハナシノブ科　　731
　　　フロックス属 731/ハナシノブ属 732
ヒルガオ科　　732
　　　ネナシカズラ属 732/アオイゴケ属 732/ヒルガオ属 733/サツマイモ属 733
ハゼリソウ科　　734
　　　ハゼリソウ属 734
ムラサキ科　　734
　　　ムラサキ属 734/ハナイバナ属 735/スナビキソウ属 735/チシャノキ属 735/ヒレハリソウ属 736/キュウリグサ属 736/ルリソウ属 736
クマツヅラ科　　736
　　　ヒルギダマシ属 737/シチヘンゲ属 737/ムラサキシキブ属 737/クサギ属 738/ハマゴウ属 738/

目　次

　　　ハマクサギ属 739/カリガネソウ属 739/クマツヅラ属 739/イワダレソウ属 740

シソ科　　　740

　　　キランソウ属 740/ニガクサ属 741/タツナミソウ属 741/ヤマハッカ属 741/アキギリ属 742/シ
　　　モバシラ属 742/カワミドリ属 742/ムシャリンドウ属 743/イヌハッカ属 743/ウツボグサ属
　　　743/コレウス属 743/イヌコウジュ属 743/シロネ属 744/ハッカ属 744/トウバナ属 744/ハナト
　　　ラノオ属 745/テンニンソウ属 745/シソ属 745/メハジキ属 745/イヌゴマ属 746/オドリコソウ
　　　属 746

ナス科　　　746

　　　クコ属 746/ハシリドコロ属 747/ホオズキ属 747/ナス属 747/トウガラシ属 748/トマト属 748/
　　　チョウセンアサガオ属 748/タバコ属 749/ペツニア属 749/キチョウジ属 749

フジウツギ科　　　749

　　　フジウツギ属 749

ゴマノハグサ科　　　750

　　　キリ属 750/ウンラン属 750/ゴマノハグサ属 751/イワブクロ属 751/シソクサ属 751/ミゾホオ
　　　ズキ属 751/サギゴケ属 751/ツルウリクサ属 752/アゼトウガラシ属 752/ジオウ属 753/クワガ
　　　タソウ属 753/ヒキヨモギ属 753/ママコナ属 753/コシオガマ属 754/シオガマギク属 754

ウルップソウ科　　　754

　　　ウルップソウ属 754

ノウゼンカズラ科　　　755

　　　ノウゼンカズラ属 755/キササゲ属 755

キツネノマゴ科　　　755

　　　イセハナビ属 755/ハグロソウ属 756/キツネノマゴ属 756/ハアザミ属 756

ゴマ科　　　756

　　　ゴマ属 756

ツノゴマ科　　　757

　　　ツノゴマ属 757

ヒシモドキ科　　　757

　　　ヒシモドキ属 757

イワタバコ科　　　757

　　　イワタバコ属 758/シンニンギア属 758/エスキナンサス属 758/ウシノシタ属 758

ハマウツボ科　　　758

　　　ナンバンギセル属　　　758

タヌキモ科　　　759

　　　ムシトリスミレ属 759/タヌキモ属 759

ハマジンチョウ科　　　759

　　　ハマジンチョウ属 760

ハエドクソウ科　　　760

　　　ハエドクソウ属 760

オオバコ科　　　760

　　　オオバコ属 760

スイカズラ科　　　761

　　　ニワトコ属 761/リンネソウ属 761/ガマズミ属 762/イワツクバネウツギ属 763/ツクバネウツギ

目　次

　　　　属 764/タニウツギ属 764/スイカズラ属 765

レンプクソウ科　　　766

　　　　レンプクソウ属 766

オミナエシ科　　　766

　　　　カノコソウ属 766/オミナエシ属 767/ノヂシャ属 767

マツムシソウ科　　　767

　　　　マツムシソウ属 767

キキョウ科　　　768

　　　　キキョウ属 768/ツルニンジン属 768/ツリガネニンジン属 768/ホタルブクロ属 769/タニギキョ
　　　ウ属 769/ミゾカクシ属 769

クサトベラ科　　　769

　　　　クサトベラ属 769

キク科　　　770

　　　　ワダンノキ属 770/ブタクサ属 770/オナモミ属 771/シカギク属 771/キク属 771/ヨモギ属 772/
　　　タカサブロウ属 772/ヒマワリ属 772/ハマグルマ属 773/センダングサ属 773/キンセンカ属
　　　773/キンケイギク属 773/メナモミ属 774/ヤグルマギク属 774/キオン属 774/ツワブキ属 774/
　　　ベニバナボロギク属 775/ヤブレガサ属 775/ヨメナ属 775/ムカシヨモギ属 775/シオン属 776/
　　　ヒメジョオン属 776/アキノキリンソウ属 776/コスモス属 777/ヒャクニチソウ属 777/ハハコグ
　　　サ属 777/コウヤボウキ属 777/ヒヨドリバナ属 778/カッコウアザミ属 778/アザミ属 778/ヒレ
　　　アザミ属 779/キツネアザミ属 779/ヤマボクチ属 779/タムラソウ属 780/オケラ属 780/オニタ
　　　ビラコ属 780/ノゲシ属 781/アキノノゲシ属 781/ニガナ属 781/アゼトウナ属 781/スイラン属
　　　782/タンポポ属 782

被子植物亜門単子葉植物綱　　　783

オモダカ科　　　783

　　　　オモダカ属 783/サジオモダカ属 783

トチカガミ科　　　783

　　　　ミズオオバコ属 783/トチカガミ属 784/ウミショウブ属 784/オオカナダモ属 784/クロモ属
　　　784

ホロムイソウ科　　　784

　　　　ホロムイソウ属 785

シバナ科　　　785

　　　　シバナ属 785

ヒルムシロ科　　　785

　　　　ヒルムシロ属 785

アマモ科　　　786

　　　　アマモ属 786

ユリ科　　　786

　　　　ヤブラン属 786/ジャノヒゲ属 787/ホトトギス属 787/ケイビラン属 787/シュロソウ属 787/ノ
　　　ギラン属 788/チシマゼキショウ属 788/ショウジョウバカマ属 788/シライトソウ属 788/ネギ属
　　　788/ワスレグサ属 789/ギボウシ属 790/キキョウラン属 790/カタクリ属 790/チューリップ属
　　　791/バイモ属 791/ウバユリ属 791/ユリ属 792/ツルボ属 792/カイソウ属 793/ハラン属 793/エ
　　　ンレイソウ属 793/ツクバネソウ(キヌガサソウ)属 794/キチジョウソウ属 794/ツバメオモト属

794/ナルコユリ属 794/マイヅルソウ属 795/オリヅルラン属 795/ヒヤシンス属 795/ユリグルマ属 795/タケシマラン属 795/ユキザサ属 795/アロエ属 796/クサスギカズラ属 796/スズラン属 796/チゴユリ属 796/シオデ属 797

リュウゼツラン科　797

リュウゼツラン属 797/キミガヨラン属 797

ビャクブ科　797

ビャクブ属 797

ヒガンバナ科　798

タマスダレ属 798/スイセン属 798/ヒガンバナ属 798/クンシラン属 799/アマリリス属 799/ハマオモト属 799

ヤマノイモ科　799

ヤマノイモ属 799

ミズアオイ科　800

ミズアオイ属 800/ホテイアオイ属 800

アヤメ科　800

サフラン属 800/フリージア属 801/ニワゼキショウ属 801/アヤメ属 801/ホメリア属 801

キンバイザサ科　802

キンバイザサ属 802/コキンバイザサ属 802

イグサ科　802

スズメノヤリ属 802

ツユクサ科　803

セトクレアセア属 803/ヤブミョウガ属 803/ツユクサ属 803/ムラサキツユクサ属 803/イボクサ属 804

ホシクサ科　804

ホシクサ属 804

トウツルモドキ科　804

トウツルモドキ属 804

イネ科　805

ジュズダマ属 805/ススキ属 806/チガヤ属 806/アブラススキ属 806/サトウキビ属 806/アシボソ属 806/スズメノヒエ属 806/エノコログサ属 807/マコモ属 807/サヤヌカグサ属 807/ハルガヤ属 807/シバ属 807/スズメノテッポウ属 808/ヒエガエリ属 808/チゴザサ属 808/コムギ属 808/トウモロコシ属 808/イネ属 808/ミノゴメ属 809/ヌカボ属 809/コウヤザサ属 809/エゾムギ属 809/カモジグサ属 809/カラスムギ属 809/ヨシ属 810/コバンソウ属 810/カモガヤ属 810/ウシノケグサ属 810/ナガハグサ属 810/スズメガヤ属 810

ヤシ科　810

ビロウ属 811/シュロ属 811/トックリヤシ属 811/ノヤシ属 811

サトイモ科　812

サトイモ属 812/ミズバショウ属 812/ザゼンソウ属 812/コンニャク属 813/テンナンショウ属 813

ウキクサ科　813

ウキクサ属 813/アオウキクサ属 813

ミクリ科　814

目　次

　　　　ミクリ属　814
　　タコノキ科　　814
　　　　タコノキ属　814
　　ガマ科　　814
　　　　ガマ属　815
　　カヤツリグサ科　　815
　　　　スゲ属 815/ノグサ属 819/ヒメクグ属 819/ヒトモトススキ属 820/ヒゲハリスゲ属 820/ミカヅ
　　　　キグサ属 820/ワタスゲ属 821/テンツキ属 821/ハリイ属 822/ウキヤガラ属 823/クロアブラガ
　　　　ヤ属 823/フトイ属 823/ホソガタホタルイ属 823/カヤツリグサ属 824
　　ショウガ科　　825
　　　　ショウガ属 825/ハナミョウガ属 826
　　カンナ科　　826
　　　　カンナ属　826
　　バショウ科　　826
　　　　バショウ属　826
　　ラン科　　827
　　　　パフィオペディルム属 827/ミズトンボ属 827/ツレサギソウ属 827/シュスラン属 828/ネジバナ
　　　　属 828/シラン属 828/エビネ属 828/コケイラン属 828/シュンラン属 828/ナゴラン属 829/ソブ
　　　　ラリア属 829/フォリドタ属 829/カトレヤ属 829/セッコク属 829/ションバーグキア属 830/ソ
　　　　フロニティス属 830/ファレノプシス属 830/バンドプシス属 830
　　2．現生花粉の外壁断面　　831
　　3．花粉症原因植物の花粉形態　　835

第III部　検索表篇　　843

　主検索表　　845
　検索表 A　気嚢型花粉　　846
　検索表 B　複合型花粉　　847
　　　　検索表 B 1. 2 集粒型 847/検索表 B 2. 4 集粒型 848/検索表 B 3. 多集粒型 849
　検索表 C　二面体型花粉　　850
　検索表 D　球状形・楕円形(卵形)花粉　　850
　　　　検索表 D 1. 多ひだ型 853/検索表 D 2. 無口型 853/検索表 D 3. 単溝型・長口型 855/検索表
　　　　D 4. 単孔型 858/検索表 D 5. 2 溝型・2 長口型 860/検索表 D 6. 3 溝型 860/検索表 D 7. 多環溝
　　　　型 868/検索表 D 8. 多散溝型 870/検索表 D 9. 2 溝孔型 873/検索表 D 10. 3 溝孔型 873/検索表
　　　　D 11. 多環溝孔型 892/検索表 D 12. 多散溝孔型 897/検索表 D 13. 2 孔型 897/検索表 D 14. 3 孔
　　　　型 899/検索表 D 15. 多環孔型 902/検索表 D 16. 多散孔型 905/検索表 D 17. 合流溝型 909/検索
　　　　表 D 18. 合流溝孔型 911/検索表 D 19. 不同溝(孔)型 912/検索表 D 20. 小窓状孔型 913

文　　献　　915
事項索引　　921
和名索引　　929
学名索引　　959

凡　例

1. 全篇に関わることについて
(1)種類数について

　調べた種類数は，種子植物212科873属1,564種である。この種類数は種だけでなく，亜種・変種・品種も含めた総数である。日本に自生する種類を中心に，帰化種(雑草類)・植栽種(穀物類・野菜類・薬草類)・園芸種(観賞用木本類・草花類)，さらには外国での採集試料も若干収録した。

(2)構成について

　本図鑑は，写真篇・解説篇・検索表篇の3篇目からなる。本来ならば検索表は前に置くべきであるが，さらに検討を要する箇所があるため，参考資料として扱い巻末に収録した。

(3)分類体系について

　分類体系は，Melchior and Werdermann(eds. 1964)の"A. Engler's Syllabus der Pflanzenfamilien"に準拠し，さらに中井秀樹博士に校閲を賜った。

(4)和名・学名について

　①和名・学名については，佐竹ほか(1981，1982)の『日本の野生植物(草本)』『日本の野生植物(木本)』(新装版，1999)に準拠し，園芸植物については，塚本(1988)の『園芸植物大辞典Ⅰ・Ⅱ』(コンパクト版，1994)を，帰化植物は長田(1976)の『原色日本帰化植物図鑑』を参考にした。

　②植物の和名はすべてカタカナ書きとした。外来種でまだ和名のない種類については，学名をラテン語発音のカタカナ表記とした。

　　(例)*Fuchsia alpestris*：フクシア　アルペストリス

　③学名は解説篇では属名・種小名・命名者のすべてを記したが，図版説明では，命名者を省略した。

(5)用語について

　常用漢字以外にも，慣用となっている漢字は許容した。外国人名は原則として，原綴りで示した。

2. 写真篇について
(1)撮影法・測定法について

　①走査電顕では，大きさよりも花粉外壁表面の模様の特徴を重視した。そのため，倍率は固定せず，全体像は100倍程度の低倍率から3000-5000倍もの高倍率を使った。

　　拡大像は，全体像のさらに2-3倍の倍率とした。

　　(例)スギの全体像：1700倍，拡大像：3400倍

　　ただ分類群によっては，花粉の大きさが重要な特徴となる場合があるので，同一属内の各種類は必ず同一倍率としたが，同一科内では異なる倍率が使われている場合もある。

　　(例)マツ科花粉の全体像　マツ属：1200倍

　　　　　マツ属以外の他属(カラマツ属・モミ属・ツガ属など)：600倍

　②光顕の倍率は，大多数が1100倍，一部大型花粉のみ550倍と，ほぼ固定化した。

　③分類群により撮影倍率が頻繁に異なるため，すべての図版にスケール(目盛)を入れた。スケールは3種類で，▭ と ▬ が100 μm，▭ と ▬ が10 μm，▭ と ▬ が1 μm である。そのうち，白線は走査電顕用で，黒線は光顕用である。倍率は，例えばスケールの長さが10 mm の場合，100 μm のスケールの写真は100倍，10 μm の目盛の写真は1000倍，1 μm のスケールの写真は10000倍となっている。

凡　例

④走査電顕の写真撮影は，装置の調整がうまくいかなかったり，電圧が不安定になると斜線が現われ
たり，像が乱れることがある。さらに花粉は非伝導性であるため，金属蒸着をしてもチャージング
したり，走査線が乱れるなどの異常が発生することがある。このような異常の発生した像は極力使
わないようにしたが，どうしても使わねばならない場合は，印刷の段階で修正を加えた。このよう
な写真には，＊印を付してあるので留意いただきたい。

(2)図版について

①図版の作成にあたっては，同じ分類群の種類はできるだけ同じ図版のなかに収めるようにしたが，
花粉の大小により同一図版に収まらなくて，離れたところに入れたものもある。増補第2版では，
新たに多くの種類を追加したため，かなり図版の配列が前後しているものがあるので，留意してい
ただきたい。

②図版の番号について

図版は次の5グループに分類して配列した。

SPl(Scanning Electron Microscope Plates of Modern Pollen)：現生花粉の走査電顕写真プレート

LPl(Light Microscope Plates of Modern Pollen)：現生花粉の光顕写真プレート

FPl(Scanning Electron Microscope Plates of Fossil Pollen)：化石花粉の走査電顕写真プレート

TPl(Transmission Electron Microscope Plates of Modern Pollen Exine by Cross Section)：現生花粉外壁断
面の透過型電顕写真プレート

PPl(Light Microscope Plates of Pollinosis Source Pollen)：花粉症原因植物花粉の光顕写真プレート

③採集地・採集年月日・採集者のデータは，SPl については解説篇の【試料】の項目に，LPl・
FPl・TPl・PPl については，図版下に記した。

④ SPl. 380-382 の試料は，初版の SPl. 1-316 の図版を作成後に入手したものである。そのため裸子
植物から被子植物まで，さまざまな分類群を含む補遺である。

3. 解説篇について

(1)分類群の階級について

分類群の階級は，門・綱・科・属・種の5階級をおもに使った。一部では亜門・亜綱・亜科・連・亜
属なども用いた。また種よりも下のカテゴリーでは，亜種・変種・亜変種・品種を使った。

(2)科の説明について

主要な科については，世界と日本での種類数・分布域について記し，花粉分析での産出状況や形態学
的研究の文献なども示した。その種類数や分布域については，佐竹ほか(1999)，北村・村田(1971)，
牧野(1997)，岩槻ほか(1994-1997)，塚本(1994)，長田(1976)などを参考にした。

(3)属の解説について

1属多種を記載する場合は，まず属でその属に共通する花粉の形態的特徴を記載し，各種では「形
態」の記載は省略した。種レベルで形態的差異のある場合は，各種ごとに形態を記述した。

(4)種の解説について

和名・図版番号・学名・形態(1属1種あるいは特徴ある形態を持つ場合)・大きさ・試料・開花期・分布の
順に記載した。

(5)形態について

①形態は，1属多種の場合は属で，1属1種あるいは特徴のあるものについては種で解説した。記載
項目は①外観(三次元的，二次元的)，②発芽口(3溝型とか3溝孔型など)の型・大小・長短・溝や孔内の
模様の有無，③外壁表面の模様の順に記載した。

②三次元的外観は，球形・半球形・長球形・偏平球形などの立体観を示した。二次元的外観は，円
形・三角形・四角形・五角形・多角形などの平面観を示した。これらの基本型から少しずれたもの

が見られる場合は，その型の前に「類」を付した。

(例)類球形，類円形など

③発芽口は溝型・孔型・溝孔型に 3 大別した。

④溝は両極まで長く伸びているもの(極軸長の 2/3 以上)，やや短いもの(極軸長の 2/3-1/3)，短いもの(極軸長の 1/3 以下)の 3 段階で示した。

⑤孔は，その周囲が肥厚するかしないか，孔の出口に前腔があるかないか，孔蓋があるかどうか，丸くなるか楕円形になるか，などを特徴として記した。溝孔は溝内の内孔が開いていて確認しやすいか，しにくいかを記した。溝がほかの溝とつながってらせん状になったり，三矢状になった場合は，合流溝型とか合流溝孔型とした。また溝は双子葉植物では大多数が極軸に沿って長くなるが，単子葉植物では赤道軸に沿って長く伸びるものが多いため，双子葉植物の極軸に沿って長いものを「溝」，単子葉植物の赤道軸に沿って長いものを「長口」として，区別して記載した。

⑥外壁表面の模様について

外表層型の模様は，平滑状紋・粒状紋・しわ状紋・縞状紋・網目状紋・いぼ状紋・微穿孔状紋・穴状紋・刺状紋の 9 紋が主要なものである，外表層欠失型は，短乳頭状紋・円柱状紋・棍棒状紋・有柄頭状紋の 4 紋である。花粉外壁の模様は，これら 13 種類の模様のうちの 1 つか 2-3 種類の模様で構成されているものが多い。ただこれら 13 種類の模様だけでは，多様な花粉の模様を十分に表現しきれないため，以下のような用語も使った。

溝網状・金平糖状・手鞠状・カリフラワー状・もみ殻状・ひだ状・リボン状など。

(6)断面について

花粉外壁は内壁，内層，外層に分けられるが(Faegri & Iversen, 1989)，薬品処理により内壁と内層は消失している。そのため，外層の外表層，柱状層，底部層の構造のみについて記載した。

(7)大きさについて

①走査電顕写真の大きさ，②光顕での 3 種類の異なる処理法・包埋法による大きさの順に示した。

走査電顕写真の大きさの数値は，次の 3 通りの方法で示した。

①極軸のある花粉：極軸長(P：polar axis)の最小-最大 μm×赤道径(E：equatorial diameter)の最小-最大 μm

②極性のない花粉：最小-最大 μm

③裸子植物の気嚢を持つ花粉：花粉本体と気嚢を含めた長さを P×E として記した。

光顕の大きさは，幾瀬(1953)は P×E で，島倉(1973)と中村(1980)，坊田(1989)は E×P で表示している。そのため，本書と幾瀬[1953，記載文中では(I)と表示]は P×E で示し，島倉[1973，記載文中では(S)と表示]と中村[1980，記載文中では(N)と表示]，坊田[1989，記載文中では(B)と表示]は E×P で表示されており，表記が異なることに留意していただきたい。

(8)試料について

SPl については原則として①採集地，②採集年月日，③採集者の順に記し，記録を紛失した項目については，割愛した。またすべての記録を紛失したものもあり，これらは不詳とした。採集者名のないものは，筆者らが採集した試料である。走査電顕写真に使った試料については，3 試料まで記した。

LPl・FPl・TPl・PPl についてのデータは，図版下に記した。

(9)開花期について

写真篇に使った試料の採集年月日と各種植物図鑑記載の開花期を勘案して，その植物の開花期とした。外来植物で本来の開花期が不明のものは，花の採集月の前月と後月を合わせた 3 か月とした。

(10)分布・原産地について

①おもに佐竹ほか(1999)，北村・村田(1971)，塚本(1994)，長田(1976)などを参考にした。

凡　例

　　②国内については，北の北海道から南の沖縄に向けて記載した。国外については，日本列島に近い地
　　　域を北から南に向けて記した。
　　③帰化植物や園芸品種，栽培植物，薬用植物は日本での分布は表記せず，原産地名のみを記した。
⑪備考について
　　花粉の記載以外のことで付記することがある場合は，［備考］欄を設けて記した。
　　(例)クジャクサボテンでは［備考］中米・南米の熱帯産の森林性サボテンの複雑な属間雑種
4. 検索表篇について
(1)検索表の骨格について
　　この検索表は，Faegri & Iversen(1989)の"Textbook of pollen analysis(4th ed.)"に掲載されている，
　　北欧を中心とした地域の花粉検索表を参考にして作成した。
(2)基本姿勢について
　　花粉の検索は，光顕を使って行うことが圧倒的に多いため，これまでに日本で出版された花粉図説で
　　ある幾瀬(1956, 2001)，島倉(1973)，中村(1980)などの花粉の特徴を基本にして，さらに本図鑑の走査電
　　顕レベルでの知見も加えて，検索表を作り上げた。
(3)主検索表について
　　主検索表は，まず花粉が気囊を持つか(検索表A)，持たないかに2大別し，持たないものは，それを
　　複粒になるもの(検索表B)と単粒になるものに区分した。
　　単粒はさらに二面相称性(検索表C)と球形(検索表D)に分けた。このうち検索表A・B・Cは，形態的
　　特徴が明確で，種類数も少ないため，ほぼ完成に近い検索表となっている。それに対して検索表D
　　は，形態が多種多様な上に，種類数も全体の80％以上を占めるため，たいへん複雑で，今後さらな
　　る検討・整理が必要なグループである。
(4)用語について
　　検索表では，解説篇で用いたものと同じ用語を使った。
(5)図について
　　花粉学用語による記載文だけでは理解しにくいため，図を6枚入れて，花粉の基本的外観を図示した。
　　さらに検索表の中には特徴的な花粉の図も挿入した。
(6)同一種の二重検索について
　　同一種が2つの異なる特徴から検索される場合は，一方で詳しく記載し，他方は簡略化した。
　　(例)ヒシ科ヒシ属
　　　　　3溝孔型平滑状紋からの検索：
　　　　　花粉の大きさは40μmより大きい。［溝には大きなひだ状突起があり，突出する。赤道部のひだ
　　　　　は細粒で覆われ，極域では平滑状紋で，リボン状の凹凸が見られる。ひだに取り囲まれた外壁の
　　　　　彫紋は平滑状紋。ヒシ：SPl. 199. 10-11］
　　　　　気囊型からの検索：
　　　　　極軸上に気囊状のとさか形突起を持つ。

第 I 部

写 真 篇

第1章
現生花粉の走査型電子顕微鏡写真
SPl.

Scanning Electron Microscope Plates of Modern Pollen

SPl.1

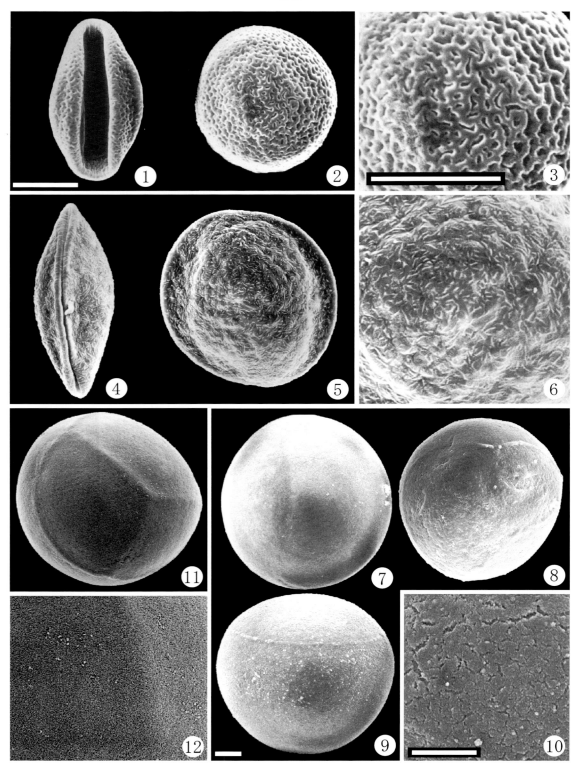

1-3：ソテツ Cycas revoluta, 4-6：イチョウ Ginkgo biloba, 7-10：カラマツ Larix kaempferi, 11-12：トガサワラ Pseudotsuga japonica

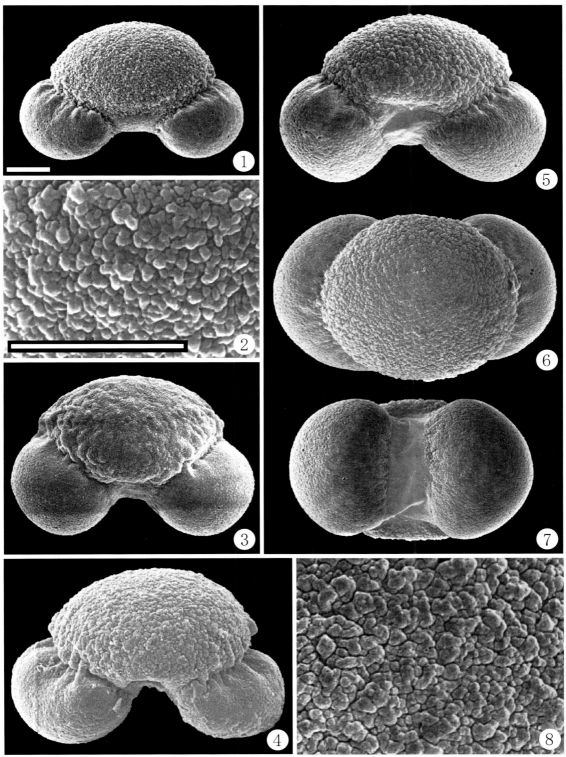

1-2：アカマツ Pinus densiflora, 3：リュウキュウマツ Pinus luchuensis, 4：ニイタカアカマツ Pinus taiwanensis, 5-8：クロマツ Pinus thunbergii （＊：3）

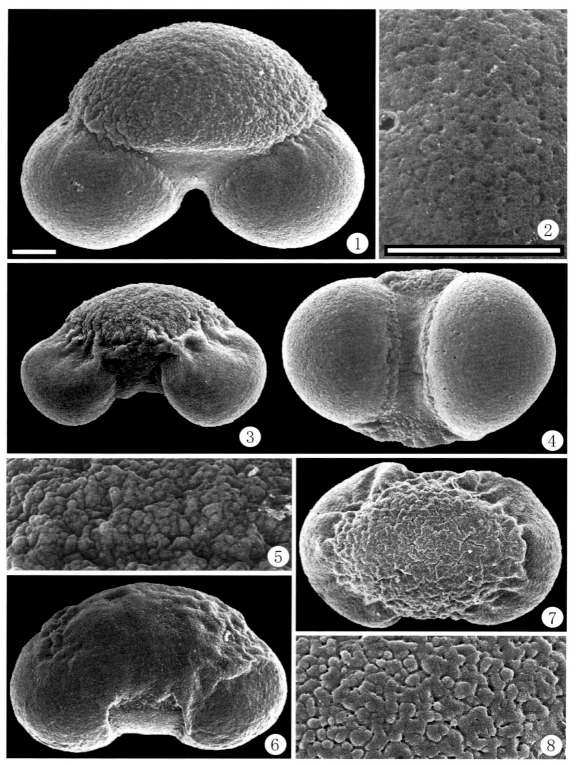

1-2：ミツバマツ *Pinus rigida*, 3-5：ゴヨウマツ *Pinus parviflora*, 6：ハイマツ *Pinus pumila*, 7-8：ハッコウダゴヨウ *Pinus × hakkodensis*

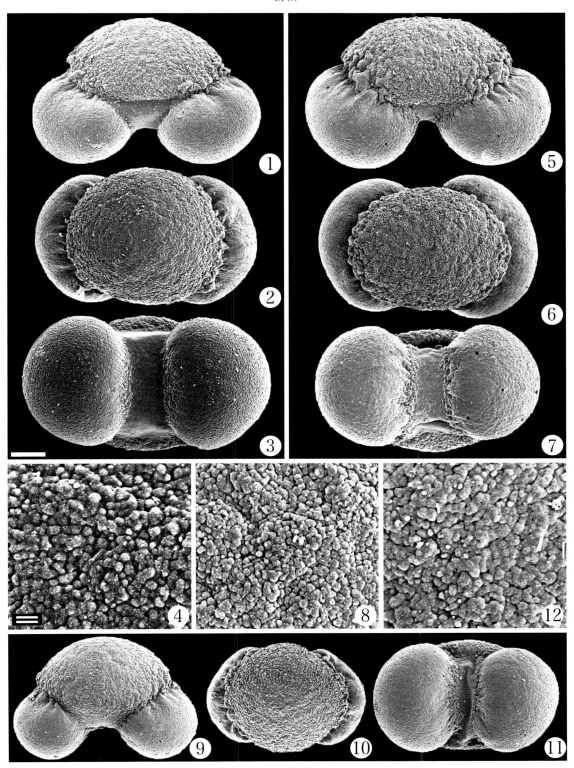

1-4：ノブコーンパイン *Pinus attenuate*, 5-8：サンドパイン *Pinus clausa*, 9-12：バンクスマツ *Pinus banksiana*

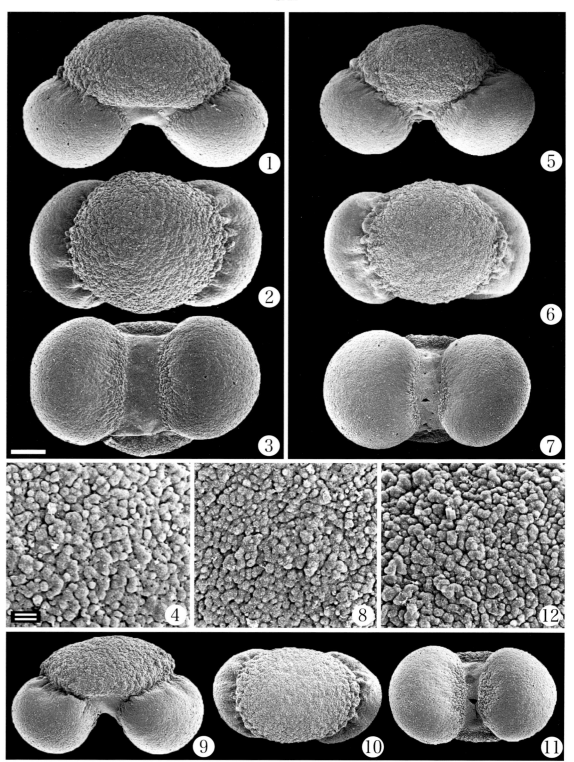

1-4：ロッジポールマツ *Pinus contorta*, 5-8：シダレマツ *Pinus densiflora* 'Pendula', 9-12：タギョウショウ *Pinus densiflora* 'Umbraculifera'

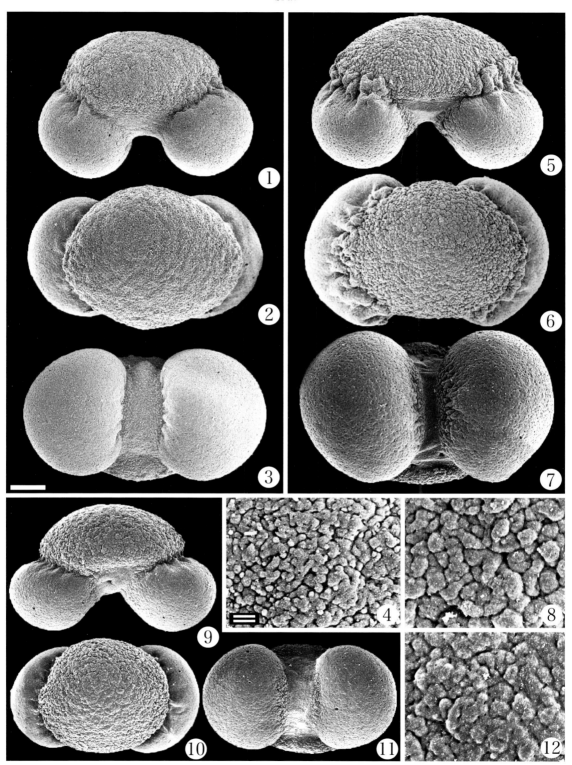

1-4：アパッチマツ *Pinus engelmannii*, 5-8：アレッポマツ *Pinus halepensis*, 9-12：ホンシャンマツ *Pinus hwangshanensis*

SPl.7

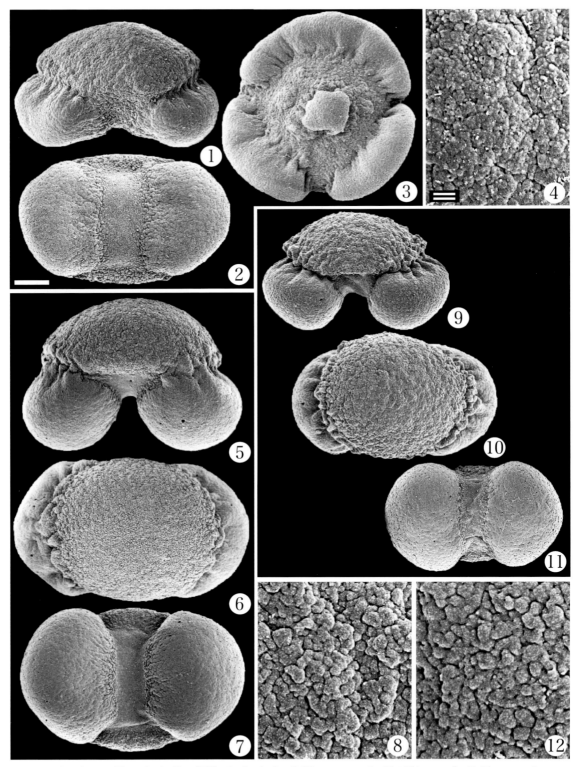

1-4：カシヤマツ Pinus kesiya (3：奇形), 5-8：ムゴマツ Pinus mugo, 9-12：ビショップマツ Pinus muricata

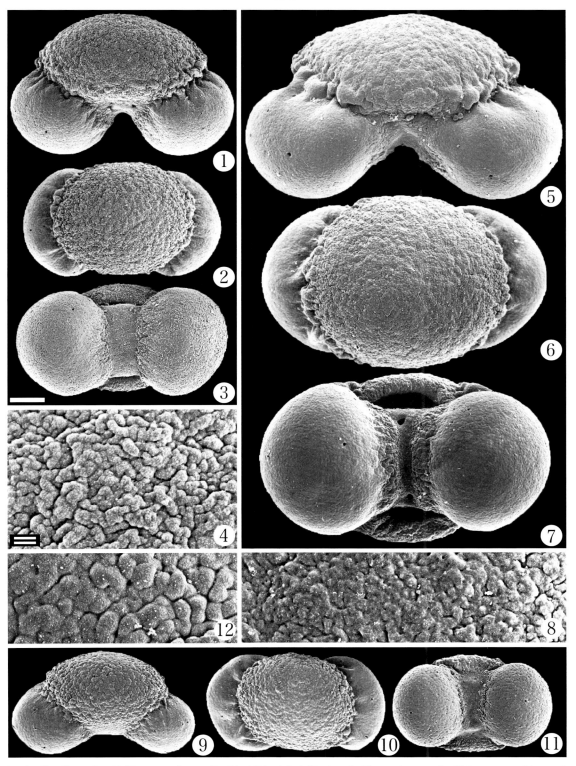

1-4：ポンデローサマツ *Pinus ponderosa*, 5-8：フランスカイガンショウ *Pinus pinaster*, 9-12：ヨーロッパクロマツ *Pinus nigra*

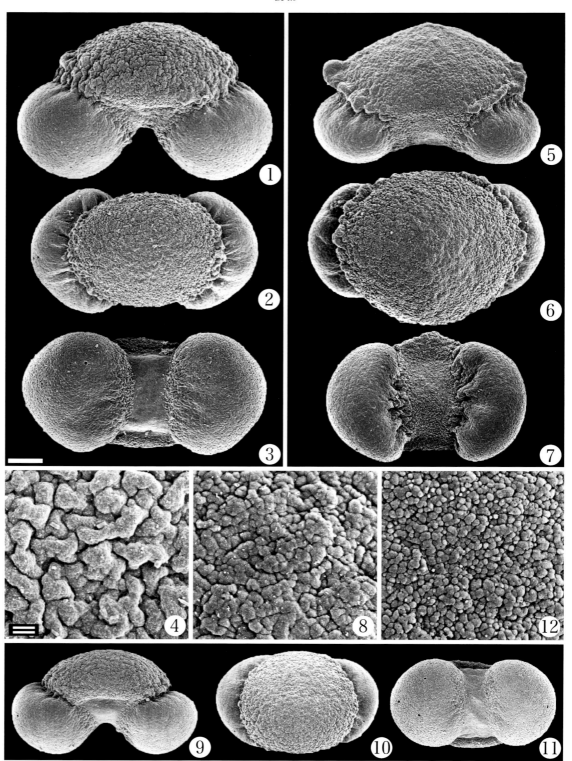

1-4：テーブルマウンテンマツ *Pinus pungens*, 5-8：ヒマラヤマツ *Pinus roxburghii*, 9-12：レジノサマツ *Pinus resinosa*

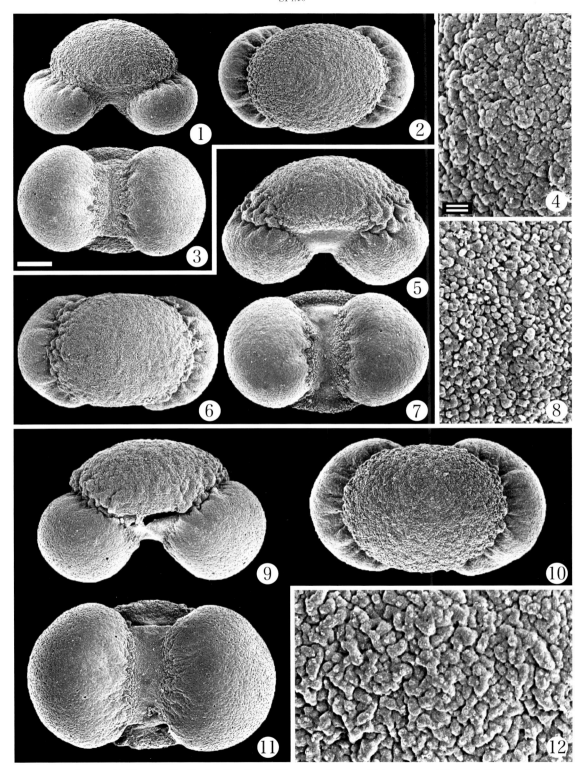

1-4：ルディスマツ *Pinus rudis*, 5-8：ポンドマツ *Pinus serotina*, 9-12：ヨーロッパアカマツ *Pinus sylvestris*

SPl.11

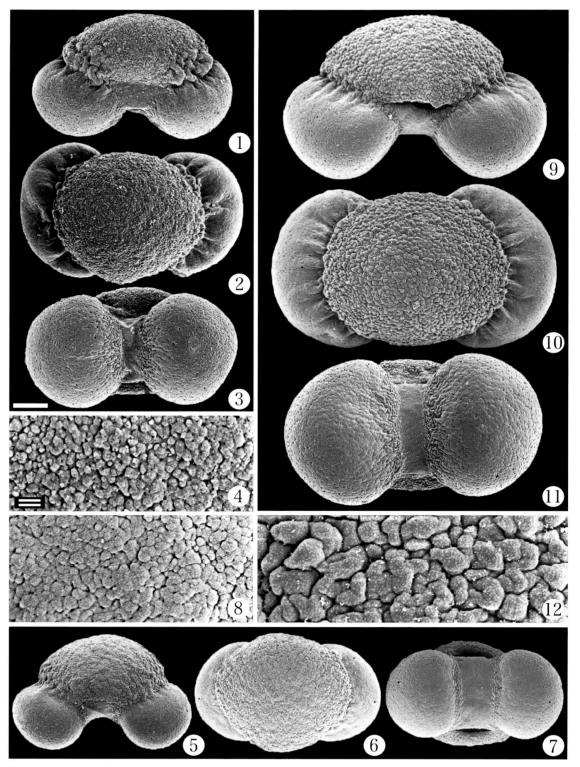

1-4：テーダマツ *Pinus taeda*, 5-8：マンシュウクロマツ *Pinus tabulaeformis*, 9-12：ウンナンマツ *Pinus yunnanensis*

SPl.12

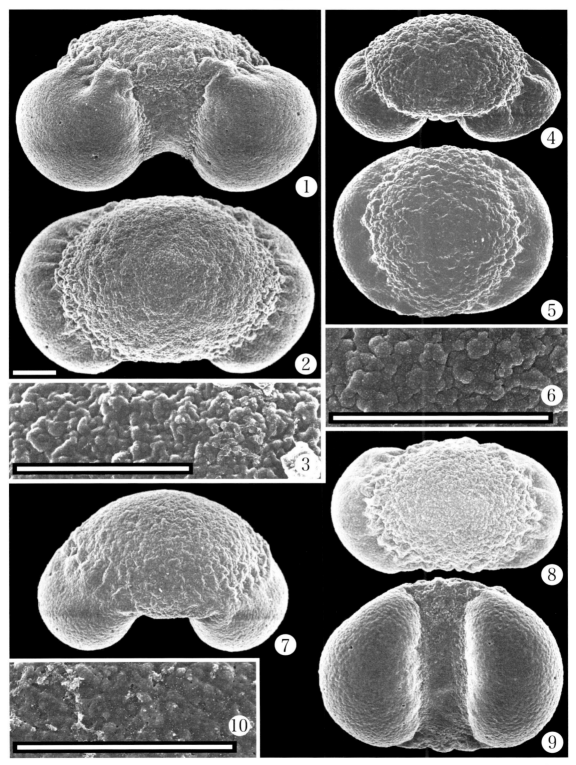

1-3：チョウセンゴヨウ Pinus koraiensis, 4-6：キタゴヨウ Pinus parviflora var. pentaphylla, 7-10：ヤクタネゴヨウ Pinus amamiana （＊：7）

SPl.13

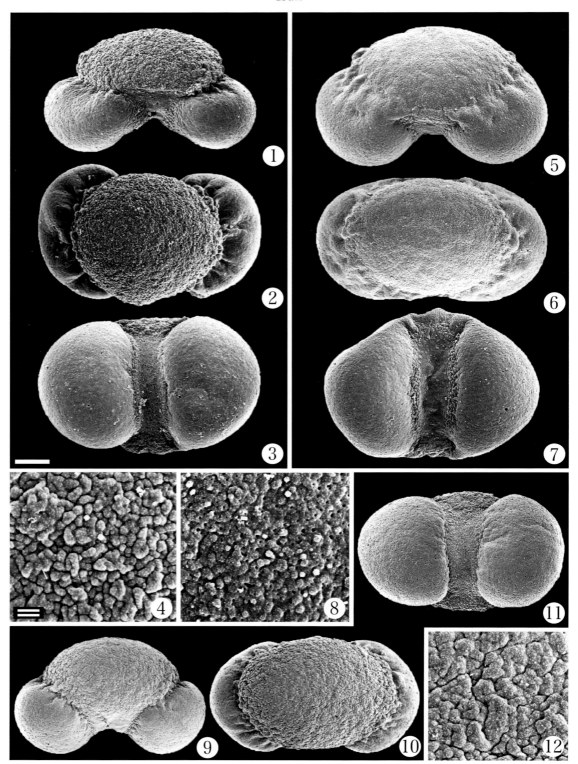

1-4：バージニアマツ *Pinus virginiana*, 5-8：モンティコーラマツ *Pinus monticola*, 9-12：シロマツ *Pinus bungeana*

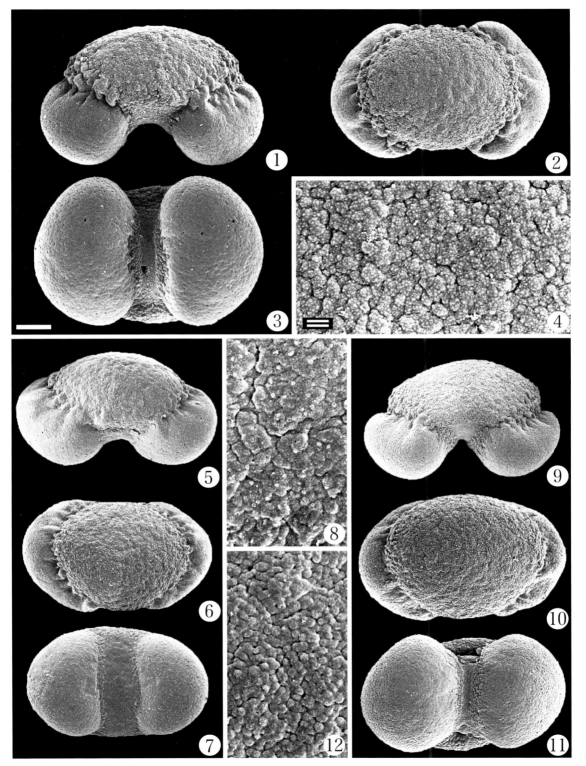

1-4：タイワンゴヨウマツ Pinus morrisonicola, 5-8：ハイナンゴヨウマツ Pinus fenzeliana, 9-12：ストローブマツ Pinus strobus

SPl.15

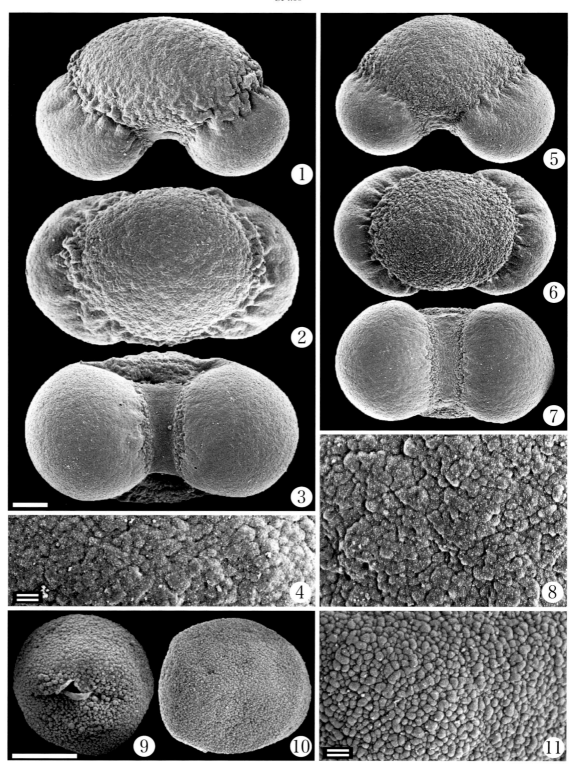

1-4：メキシコシロマツ *Pinus strobiformis*, 5-8：ヒマラヤゴヨウ *Pinus wallichiana*, 9-11：チャボガヤ *Torreya nucifera* var. *radicans*

SPl.16

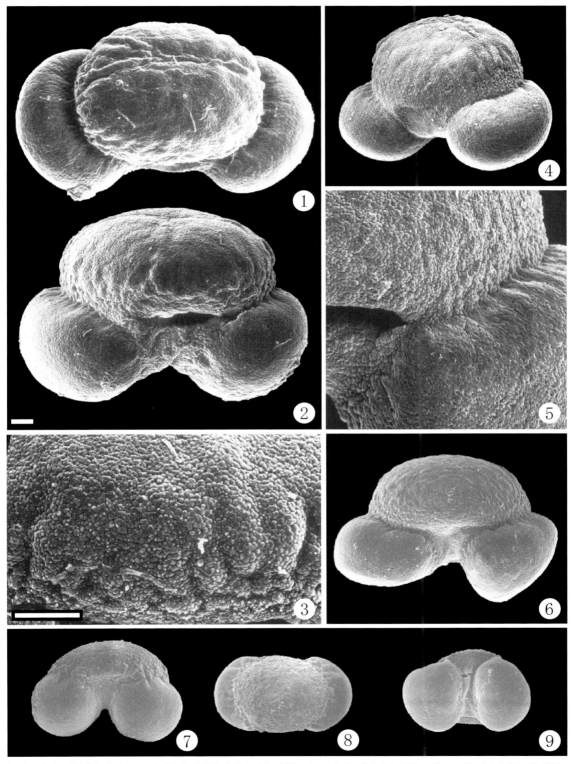

1-3：オオシラビソ *Abies mariesii*, 4-5：ウラジロモミ *Abies homolepis*, 6：モミ *Abies firma*, 7-9：トドマツ *Abies sachalinensis*

Pl.17

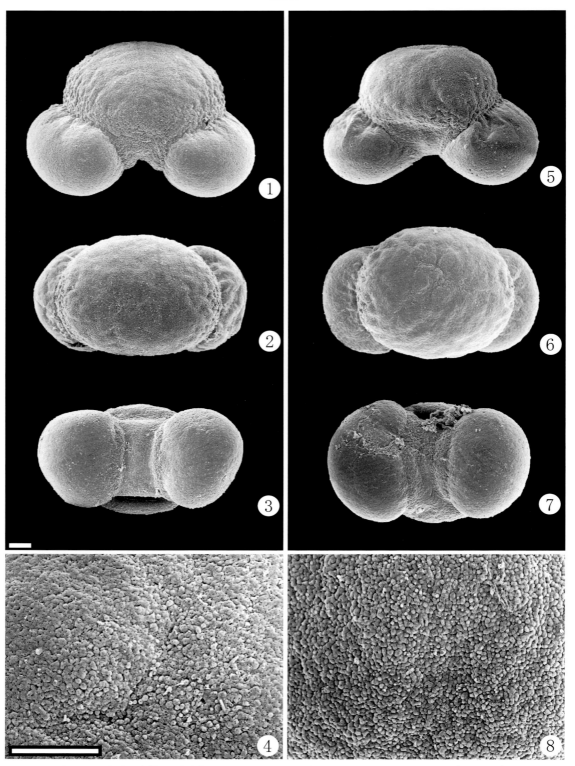

1-4：シラビソ *Abies veitchii*, 5-8：シコクシラベ *Abies veitchii* var. *sikokiana* （＊：5・7）

Pl.18

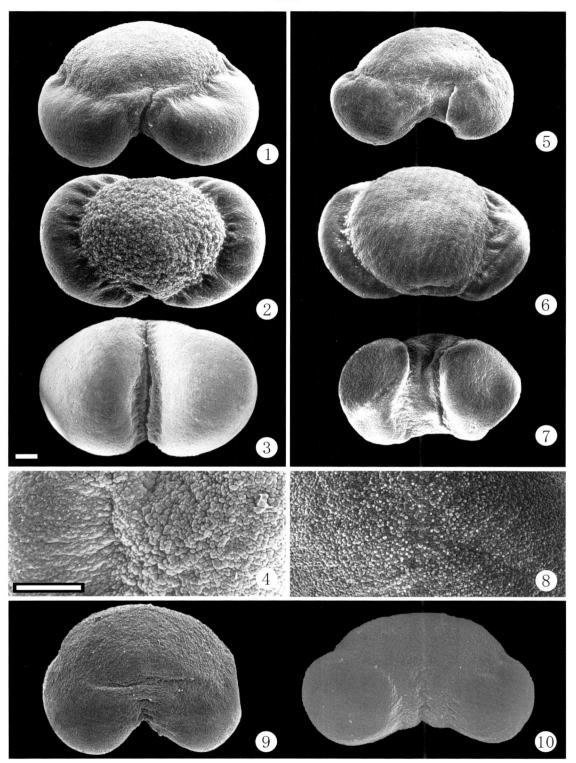

1-4：トウヒ Picea jezoensis var. hondoensis, 5-8：ヤツガタケトウヒ Picea koyamae, 9-10：アカエゾマツ Picea glehnii （＊：6）

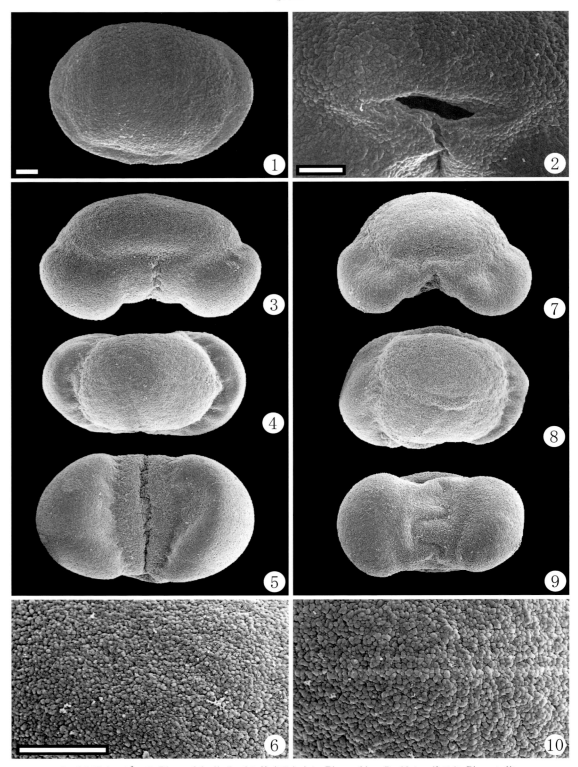

1-2：アカエゾマツ *Picea glehnii*, 3-6：ドイツトウヒ *Picea abies*, 7-10：ハリモミ *Picea polita*

Pl.20

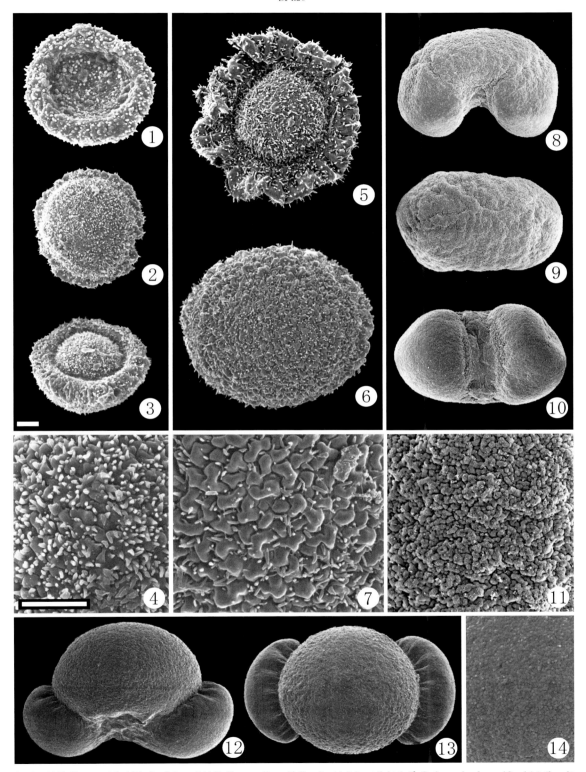

1-4：ツガ *Tsuga sieboldii*, 5-7：コメツガ *Tsuga diversifolia*, 8-11：ヒマラヤスギ *Cedrus deodara*, 12-14：テッケンユサン *Keteleeria davidiana*

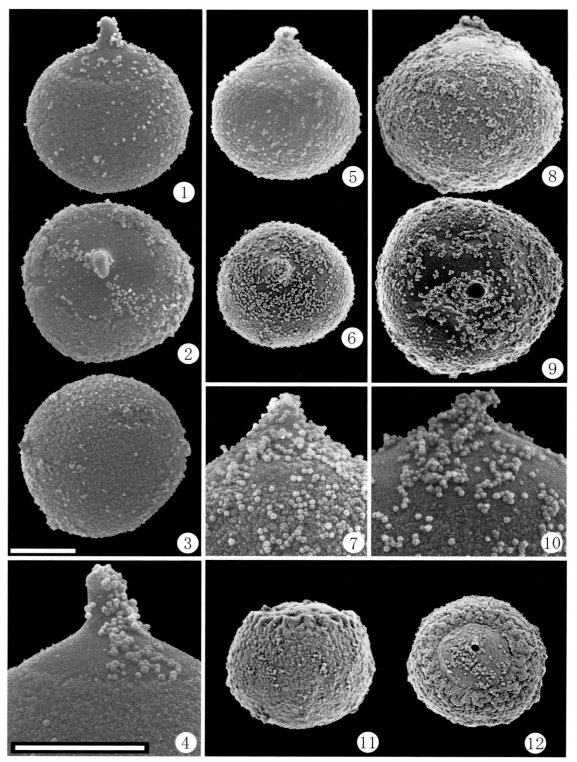

1-4：スギ *Cryptomeria japonica*, 5-7：メタセコイア *Metasequoia glyptostroboides*, 8-10：セコイア *Sequoia sempervirens*, 11-12：コウヨウザン *Cunninghamia lanceolata*

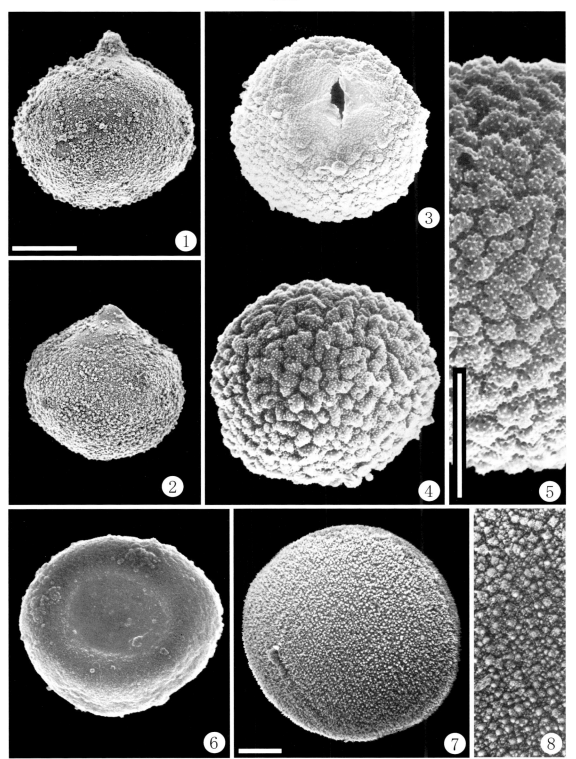

1：スイショウ *Glyptostrobus pensilis*, 2：ヌマスギ *Taxodium distichum*, 3-5：コウヤマキ *Sciadopitys verticillata*, 6：ランダイスギ *Cunninghamia lanceolata* var. *konishii*, 7-8：ナンヨウスギ *Araucaria cunninghamii*

Pl.23

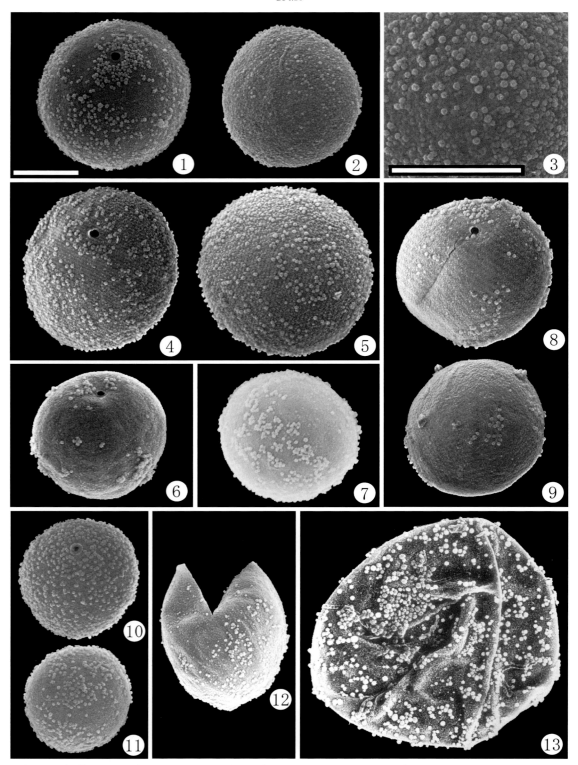

1-3：ヒノキ *Chamaecyparis obtusa*, 4-5：サワラ *Chamaecyparis pisifera*, 6：ビャクシン *Sabina chinensis* var. *chinensis*, 7：ハイビャクシン *Sabina chinensis* var. *procumbens*, 8-9：コノテガシワ *Thuja orientalis*, 10-11：ネズミサシ *Juniperus rigida*, 12：ハイネズ *Juniperus conferta*, 13：アスナロ *Thujopsis dolabrata* （＊：4-5・8）

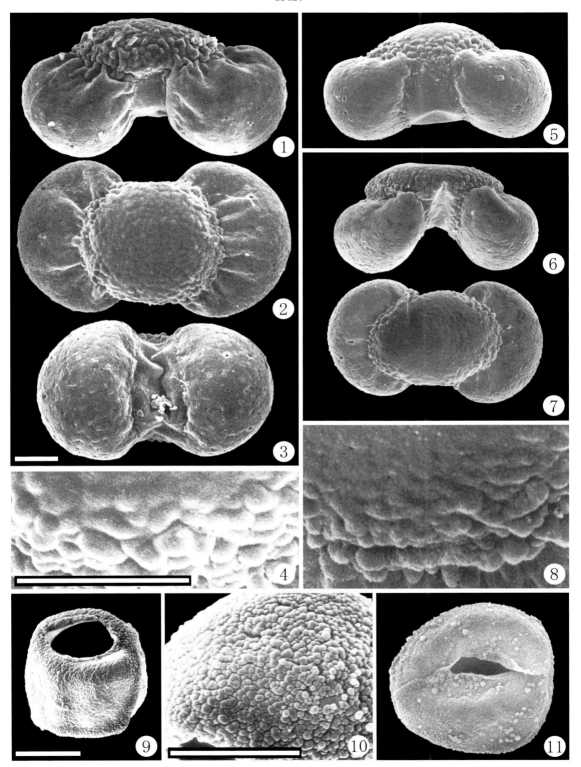

1-4：イヌマキ *Podocarpus macrophyllus* var. *macrophyllus*, 5：ラカンマキ *Podocarpus macrophyllus* var. *maki*, 6-8：ナギ *Nageia nagi*, 9-10：イヌガヤ *Cephalotaxus harringtonia*, 11：ハイイヌガヤ *Cephalotaxus harringtonia* var. *nana*

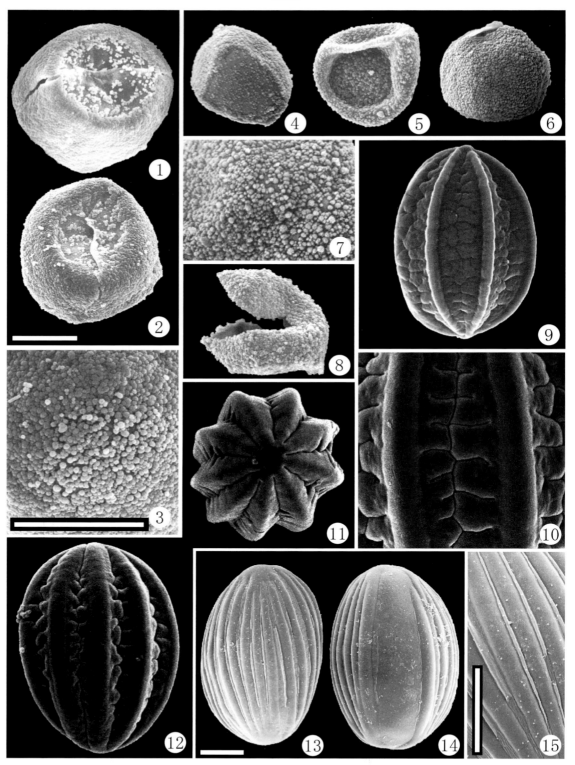

1-3：カヤ *Torreya nucifera*, 4-7：キャラボク *Taxus cuspidata* var. *nana*, 8：イチイ *Taxus cuspidata*, 9-10：マオウ *Ephedra sinica*, 11-12：コダチマオウ *Ephedra equisetina*, 13-15：ウェルウィッチア *Welwitschia mirabilis*

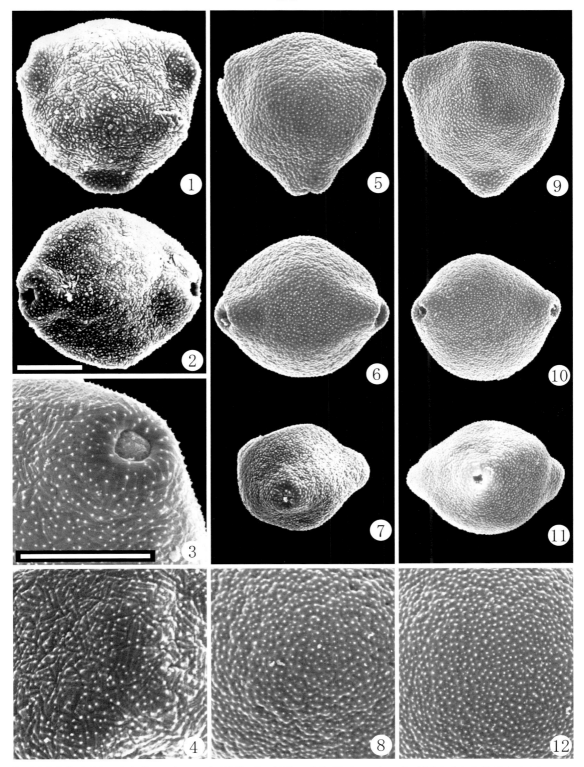

1-4：トクサバモクマオウ *Casuarina equisetifolia*, 5-8：ヤマモモ *Myrica rubra*, 9-12：ヤチヤナギ *Gale belgica* var. *tomentosa*

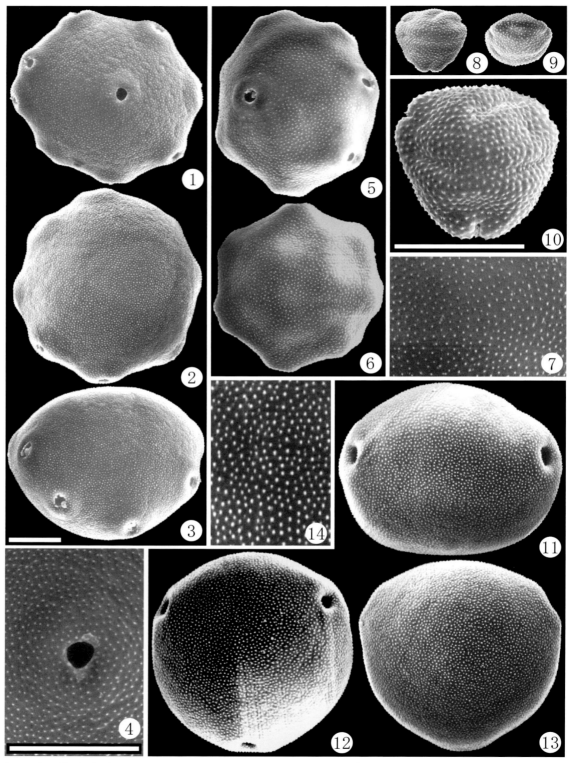

1-4：オニグルミ *Juglans mandschurica* var. *sachalinensis*, 5-7：サワグルミ *Pterocarya rhoifolia*, 8-10：ノグルミ *Platycarya strobilacea*, 11-14：ペカンクルミ *Carya illinoinensis* （＊：12）

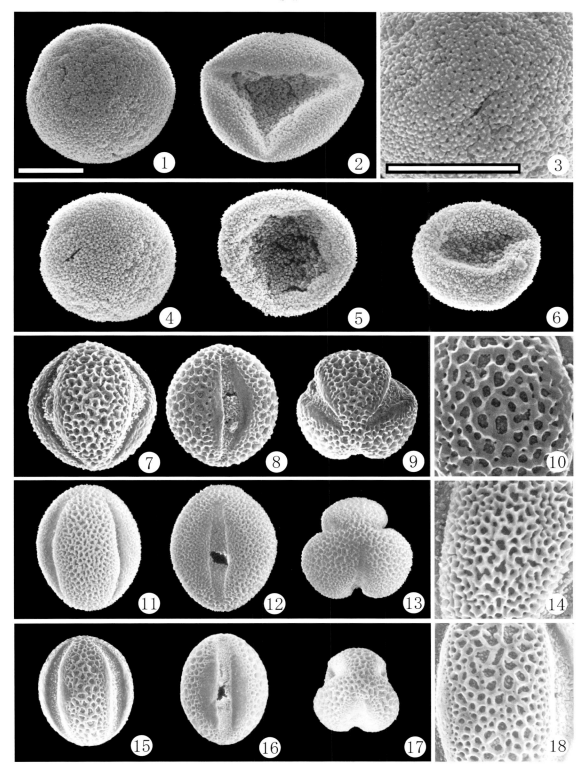

1-3：ドロノキ *Populus maximowiczii*, 4-6：セイヨウハコヤナギ *Populus nigra* var. *italica*, 7-10：オオバヤナギ *Toisusu urbaniana*, 11-14：ケショウヤナギ *Chosenia arbutifolia*, 15-18：ネコヤナギ *Salix gracilistyla*

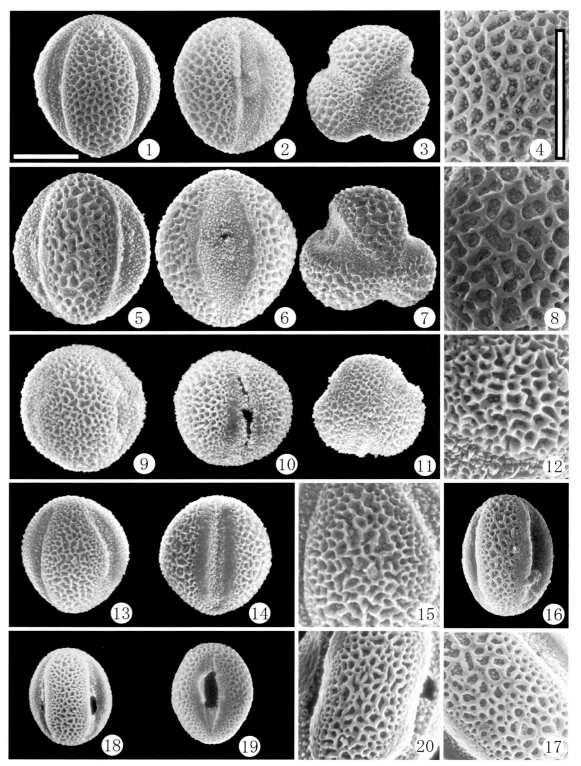

1-4：ヤマヤナギ *Salix sieboldiana*, 5-8：ミヤマヤナギ *Salix reinii*, 9-12：マルバヤナギ *Salix chaenomeloides*, 13-15：シダレヤナギ *Salix babylonica*, 16-17：ヤマネコヤナギ *Salix bakko*, 18-20：キツネヤナギ *Salix vulpina*

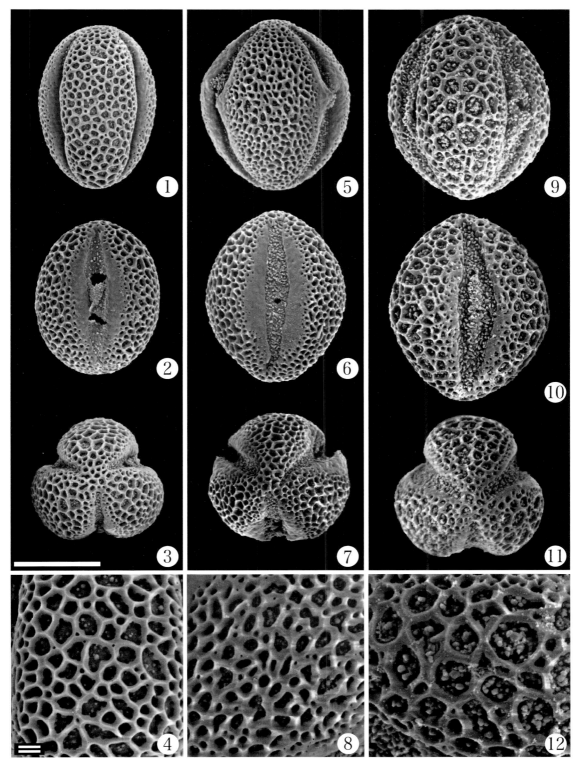

1-4：エゾヤナギ *Salix rorida*, 5-8：ロッコウヤナギ *Salix × gracilistyloides*, 9-12：エゾノタカヤナギ *Salix yezoalpina*

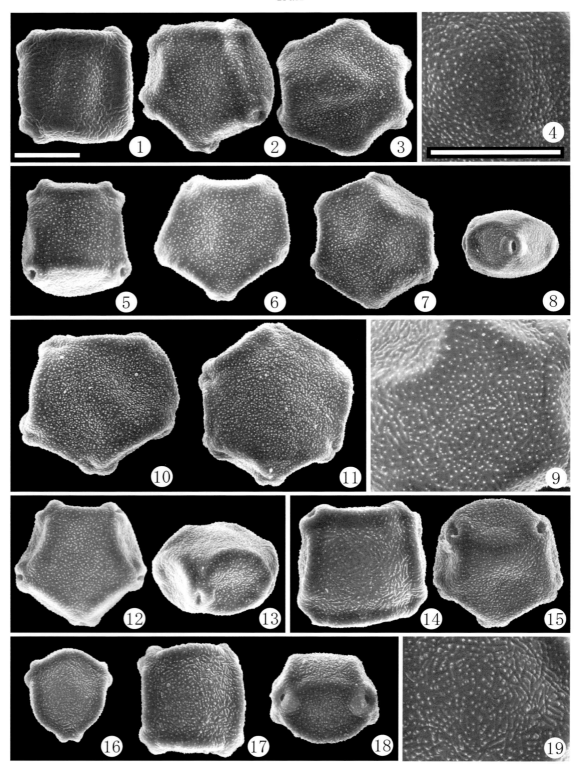

1-4：オオバヤシャブシ *Alnus sieboldiana*, 5-9：ヒメヤシャブシ *Alnus pendula*, 10-11：ヤシャブシ *Alnus firma*, 12-13：ミヤマハンノキ *Alnus maximowiczii*, 14-15：ケヤマハンノキ *Alnus hirsuta*, 16-19：ヤハズハンノキ *Alnus matsumurae*

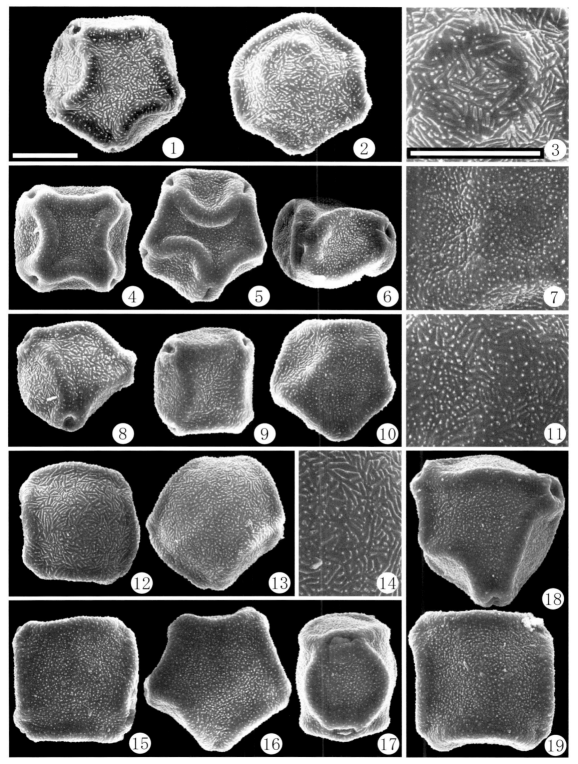

1 - 3：ハンノキ *Alnus japonica*, 4 - 7：カワラハンノキ *Alnus serrulatoides*, 8 - 11：ミヤマカワラハンノキ *Alnus fauriei*, 12 - 14：サクラバハンノキ *Alnus trabeculosa*, 15 - 17：タニガワハンノキ *Alnus inokumae*, 18 - 19：ヤマハンノキ *Alnus hirsuta* var. *sibirica*

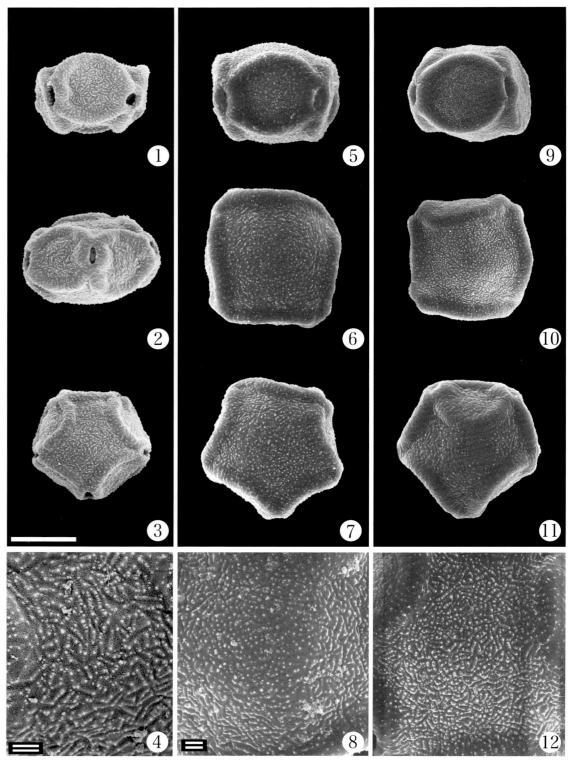

1-4：タイワンハンノキ Alnus formosana, 5-8：オウシュウシロハンノキ Alnus incana, 9-12：オウシュウクロハンノキ Alnus glutinosa

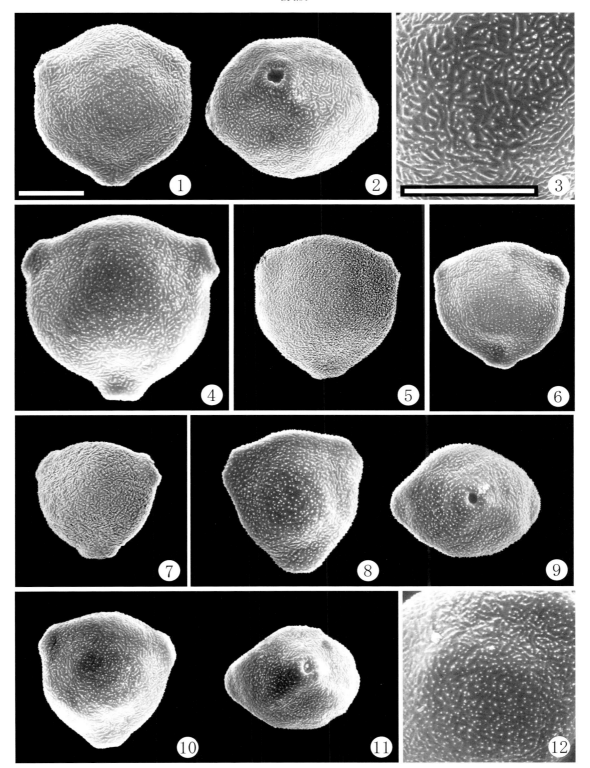

1-3：ミズメ *Betula grossa*, 4：ダケカンバ *Betula ermanii*, 5：ヤチカンバ *Betula ovalifolia*, 6：シラカンバ *Betula platyphylla* var. *japonica*, 7：ウダイカンバ *Betula maximowicziana*, 8-9：ハシバミ *Corylus heterophylla* var. *thunbergii*, 10-12：ツノハシバミ *Corylus sieboldiana*

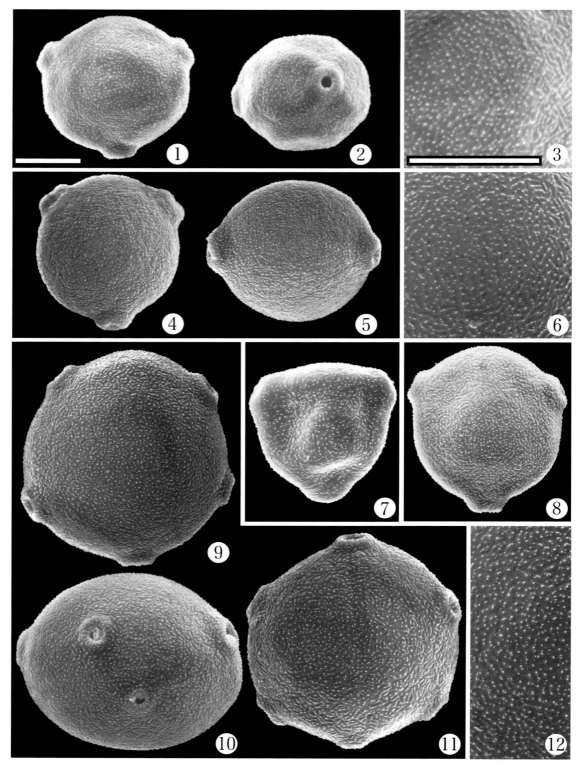

1-3：アサダ *Ostrya japonica*, 4-6：クマシデ *Carpinus japonica*, 7：アカシデ *Carpinus laxiflora*, 8：イワシデ *Carpinus turczaninovii*, 9-12：イヌシデ *Carpinus tschonoskii*

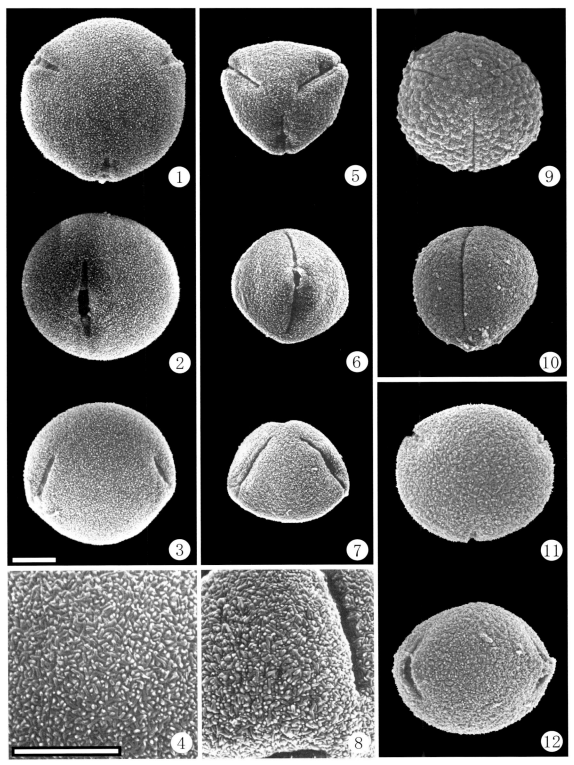

1-4：ブナ *Fagus crenata*, 5-8：イヌブナ *Fagus japonica*, 9-10：タケシマブナ *Fagus multinervis*, 11-12：タイワンブナ *Fagus hayatae*

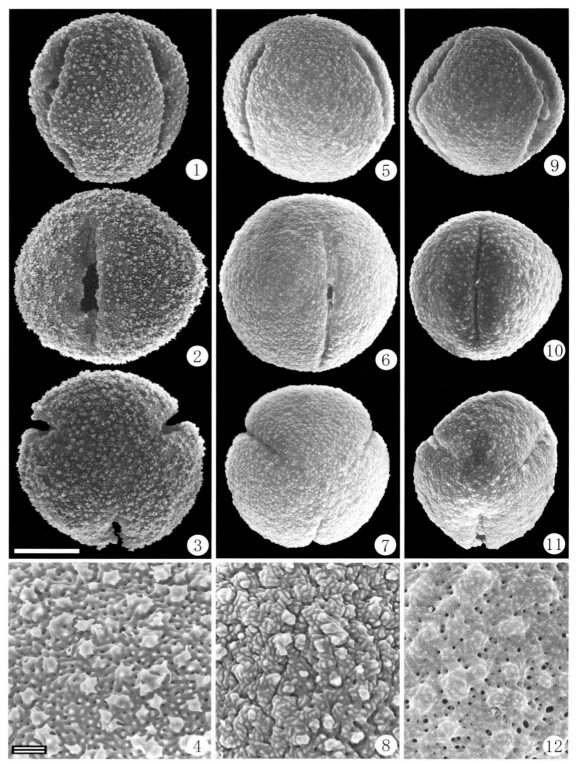

1-4：カシワ *Quercus dentata*, 5-8：アベマキ *Quercus variabilis*, 9-12：ミズナラ *Quercus mongolica* var. *grosseserrata*

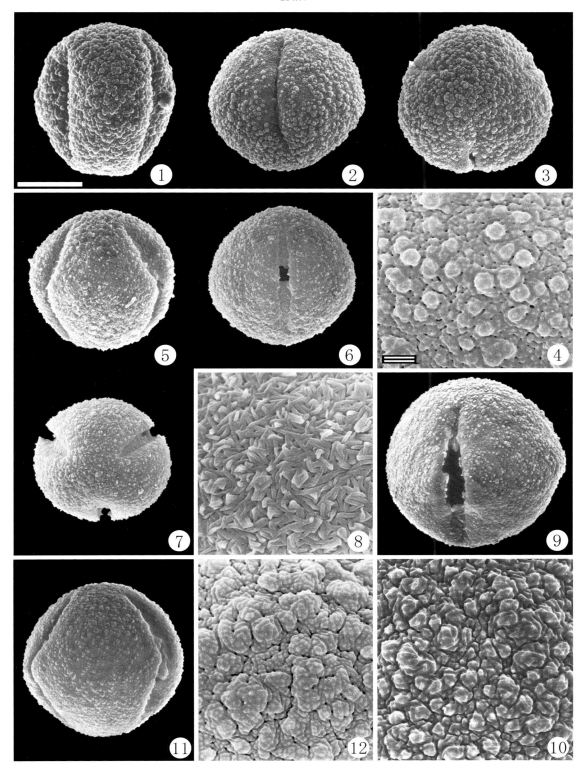

1-4：ナラガシワ *Quercus aliena*, 5-8：ウバメガシ *Quercus phillyraeoides*, 9-10：クヌギ *Quercus acutissima*, 11-12：コナラ *Quercus serrata*

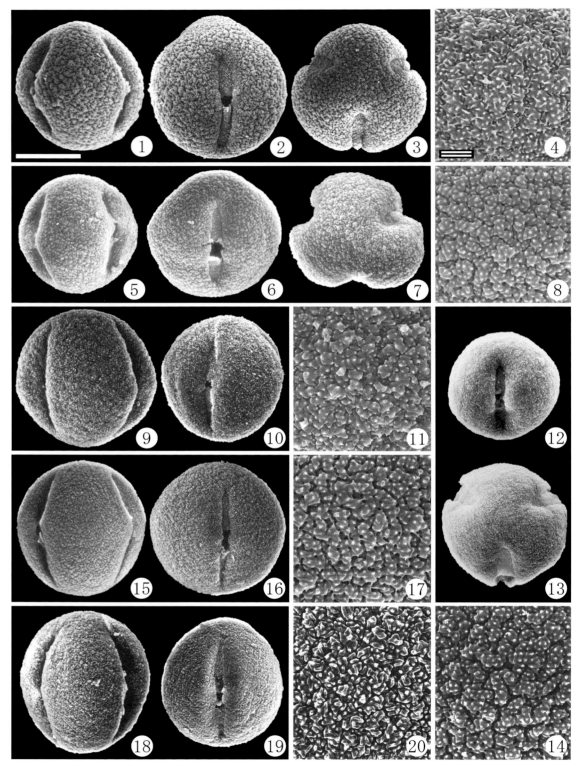

1-4：ウラジロガシ Quercus salicina, 5-8：アラカシ Quercus glauca, 9-11：シラカシ Quercus myrsinaefolia,
12-14：ツクバネガシ Quercus sessilifolia, 15-17：アカガシ Quercus acuta, 18-20：イチイガシ Quercus gilva

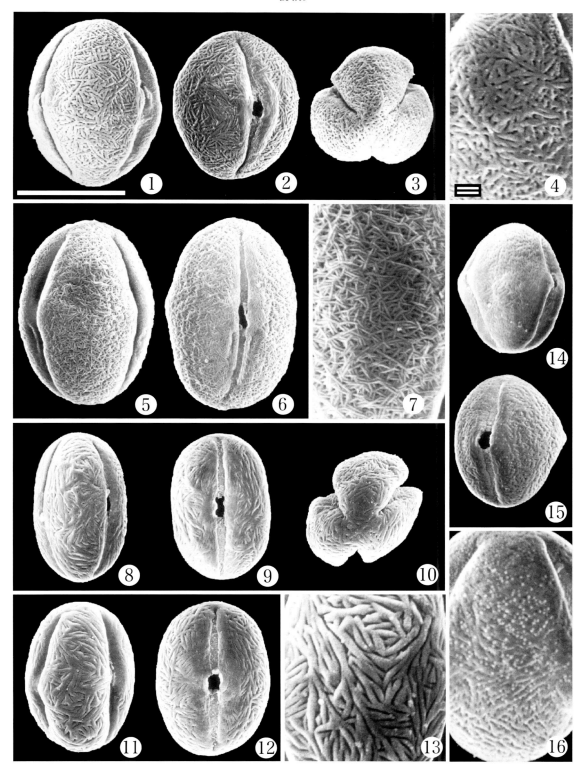

1-4：スダジイ Castanopsis sieboldii, 5-7：ツブラジイ Castanopsis cuspidata, 8-10：シリブカガシ Lithocarpus glabra, 11-13：マテバシイ Lithocarpus edulis, 14-16：クリ Castanea crenata

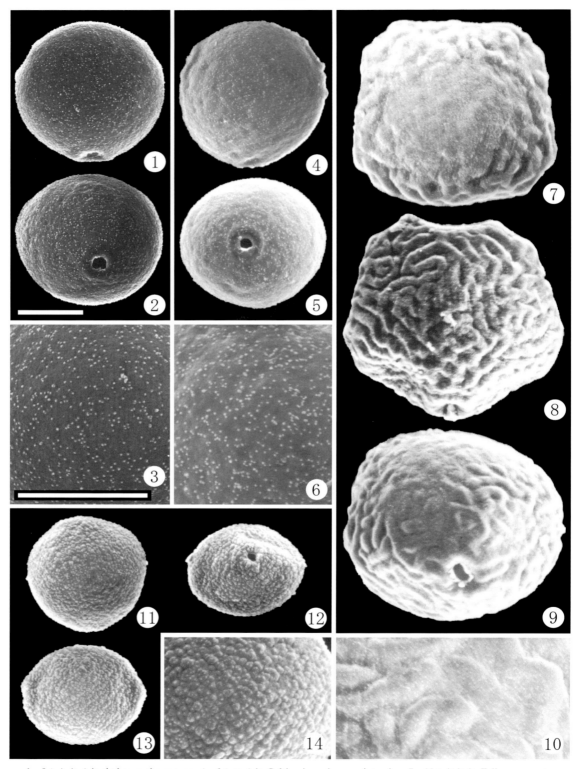

1-3：ムクノキ *Aphananthe aspera*, 4-6：エノキ *Celtis sinensis* var. *japonica*, 7-10：ケヤキ *Zelkova serrata*, 11-14：ウラジロエノキ *Trema orientalis*

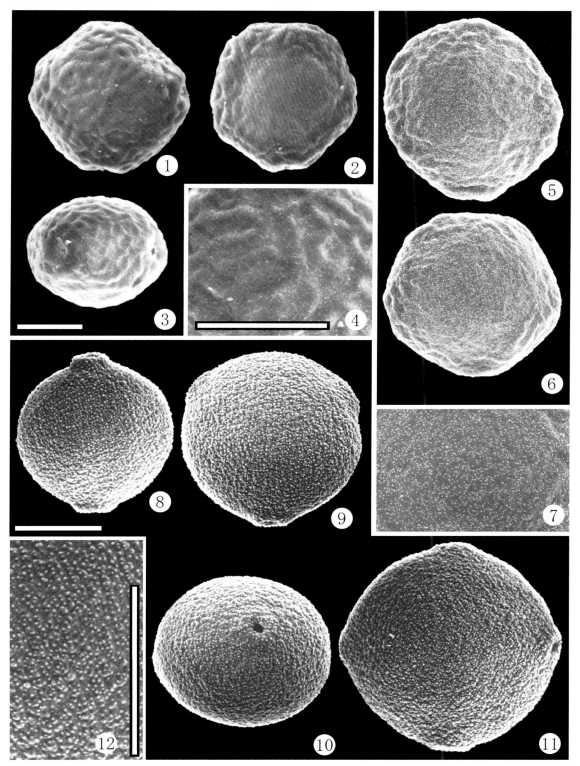

1-4：アキニレ *Ulmus parvifolia*, 5-7：ハルニレ *Ulmus davidiana* var. *japonica*, 8-12：アサ *Cannabis sativa*

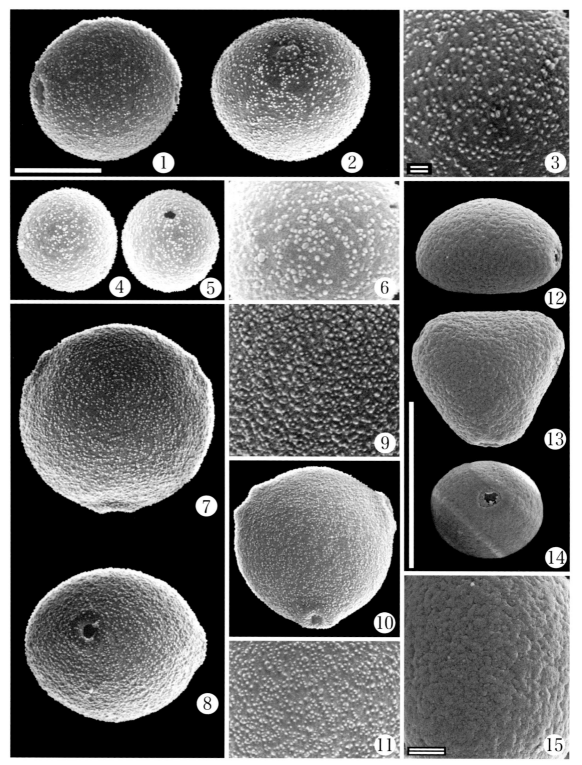

1-3：ヤマグワ Morus australis, 4-6：コウゾ Broussonetia kazinoki×B. papyrifera, 7-9：カナムグラ Humulus japonicus, 10-11：カラハナソウ Humulus lupulus var. cordifolius, 12-15：オオイタビ Ficus pumila （＊：14）

Pl.44

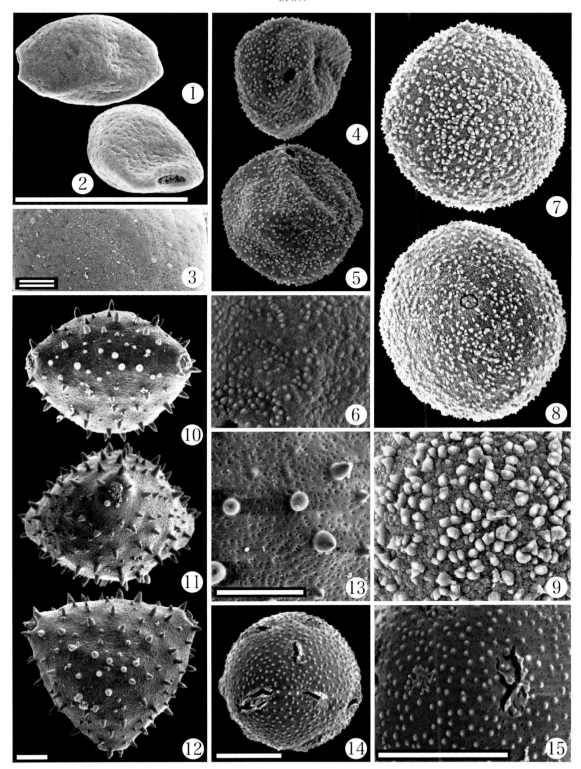

1 - 3：ムクイヌビワ *Ficus irisana*, 4 - 6：カジノキ *Broussonetia papyrifera*, 7 - 9：ツルマオ *Gonostegia hirta*, 10 - 13：ミリオカルパ・スティピタタ *Myriocarpa stipitata*, 14 - 15：クルマバザクロソウ *Mollugo verticillata*

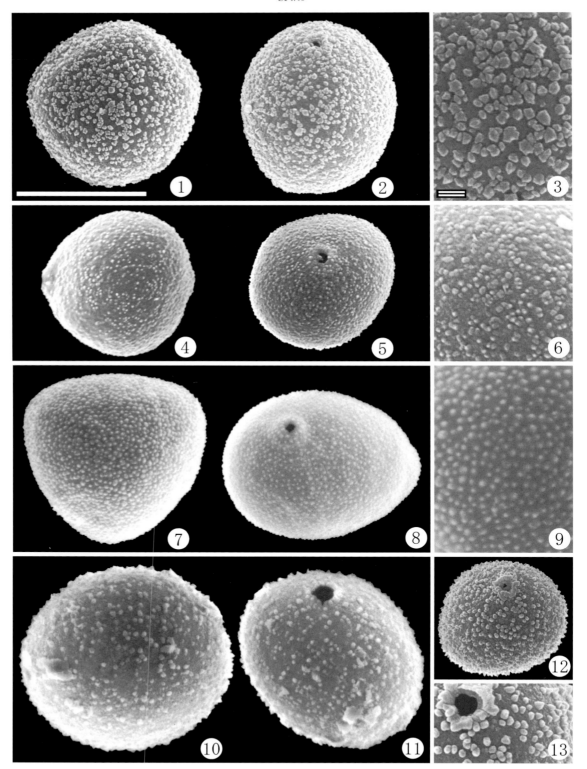

1-3：ムカゴイラクサ *Laportea bulbifera*, 4-6：ミヤマイラクサ *Laportea macrostachya*, 7-9：イラクサ *Urtica thunbergiana*, 10-11：アオミズ *Pilea mongolica*, 12-13：ウワバミソウ *Elatostema umbellatum* var. *majus*

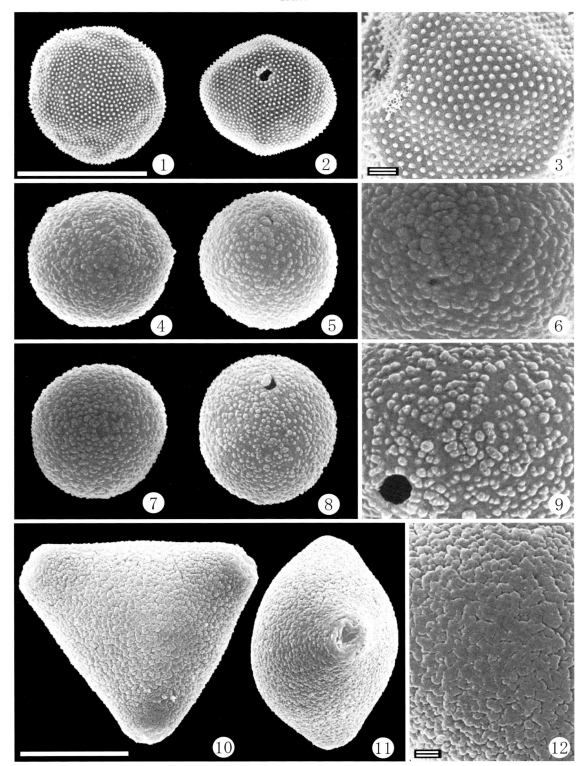

1-3：カテンソウ Nanocnide japonica, 4-6：カラムシ Boehmeria nipononivea, 7-9：コアカソ Boehmeria spicata, 10-12：ヤマモガシ Helicia cochinchinensis

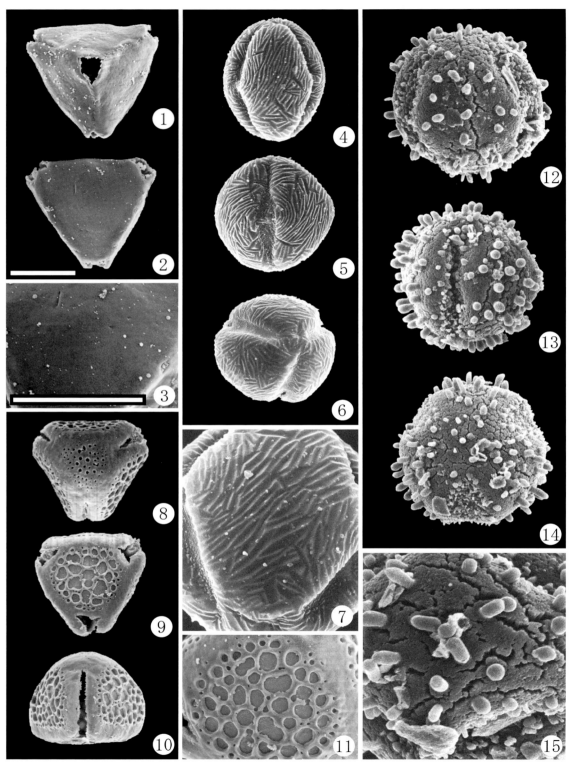

1-3：ボロボロノキ *Schoepfia jasminodora*, 4-7：ツクバネ *Buckleya lanceolata*, 8-11：カナビキソウ *Thesium chinense*, 12-15：ヤドリギ *Viscum album* subsp. *coloratum*

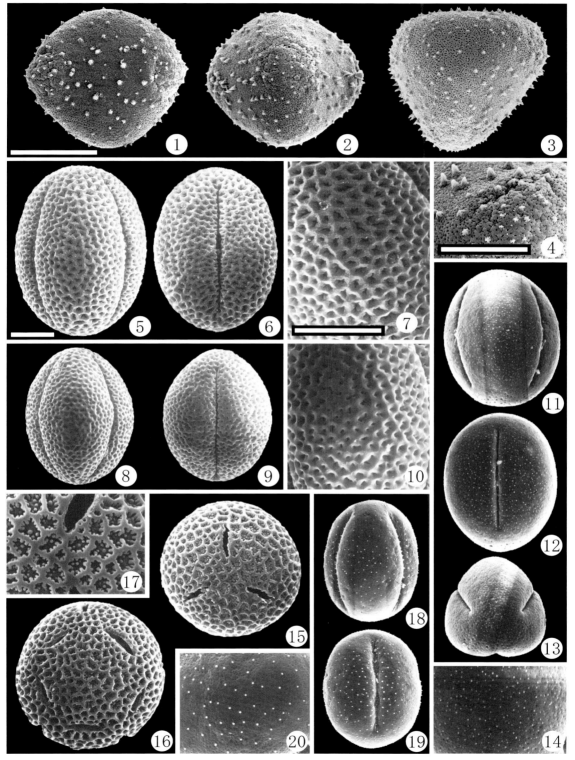

1-4：リュウキュウツチトリモチ Balanophora kuroiwai, 5-7：ソバ Fagopyrum esculentum, 8-10：ダッタンソバ Fagopyrum tataricum, 11-14：イブキトラノオ Bistorta major var. japonica, 15-17：ミズヒキ Antenoron filiforme, 18-20：ミチヤナギ Polygonum aviculare （＊：11・13・14・18）

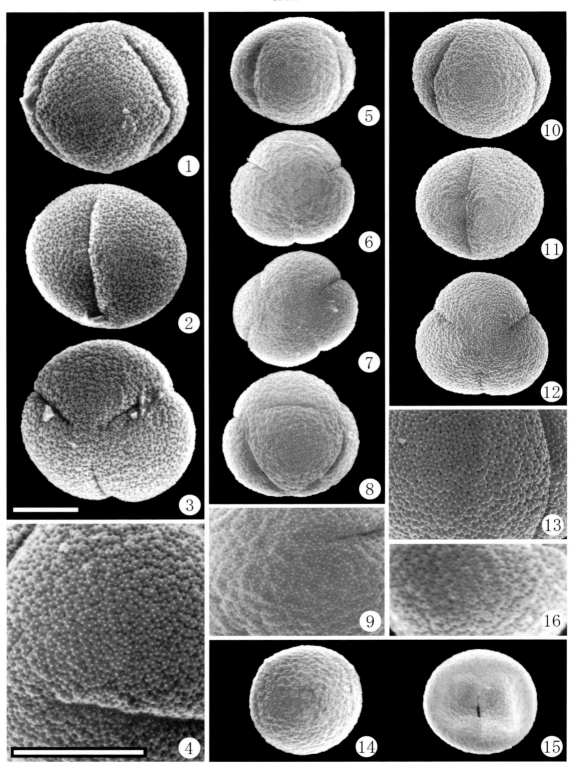

1-4：ギシギシ *Rumex japonicus*, 5-9：ヒメスイバ *Rumex acetosella*, 10-13：ジンヨウスイバ *Oxyria digyna*, 14-16：スイバ *Rumex acetosa*

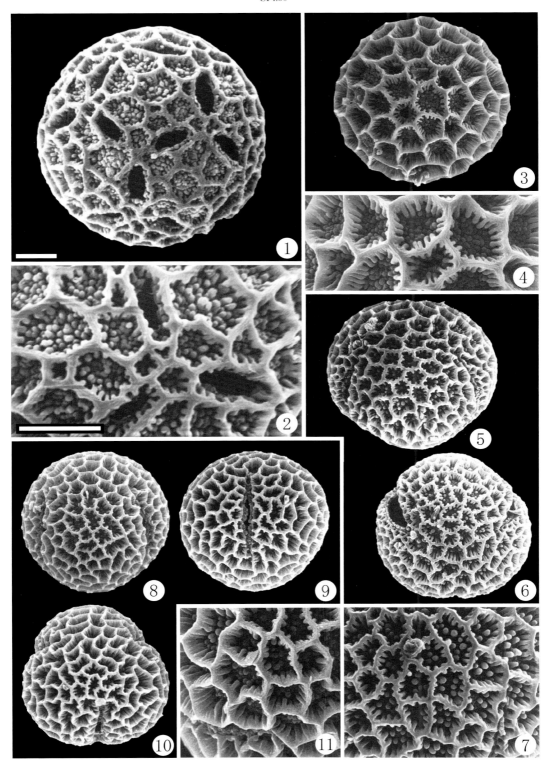

1-2：エゾノミズタデ Persicaria amphibia, 3-4：ハナタデ Persicaria yokusaiana, 5-7：タニソバ Persicaria nepalensis, 8-11：ツルソバ Persicaria chinensis

SPl.51

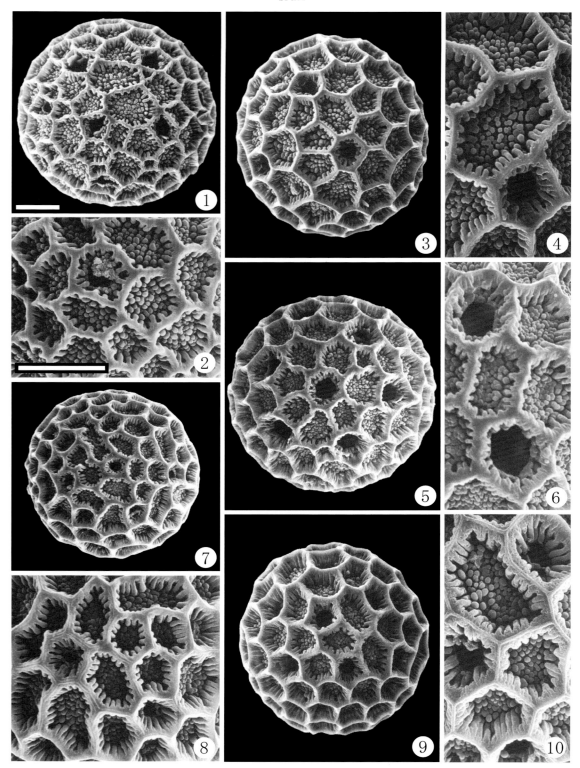

1-2：イシミカワ *Persicaria perfoliata*, 3-4：ママコノシリヌグイ *Persicaria senticosa*, 5-6：アイ *Persicaria tinctoria*, 7-8：ハルタデ *Persicaria vulgaris*, 9-10：ボンドクタデ *Persicaria pubescens*

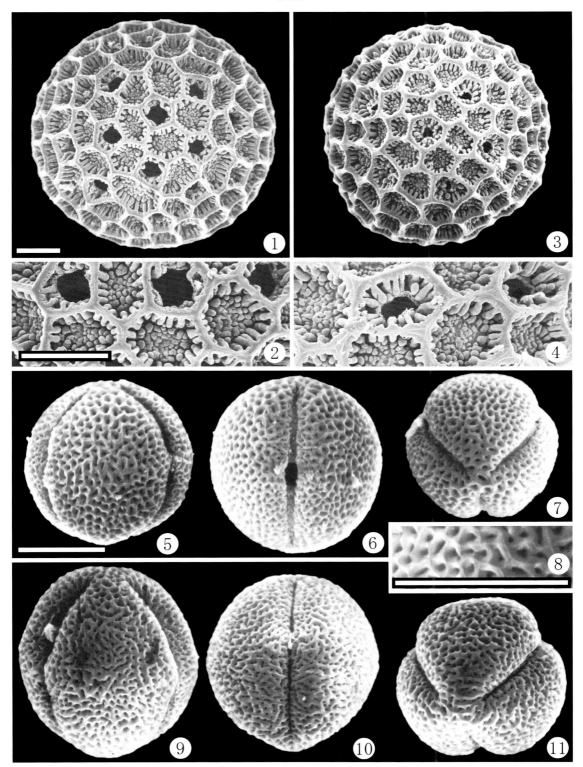

1-2：ミゾソバ(開放花) *Persicaria thunbergii* (chasmogamous flower), 3-4：ミゾソバ(閉鎖花) *Persicaria thunbergii* (cleistogamous flower), 5-8：イタドリ *Reynoutria japonica*, 9-11：オオイタドリ *Reynoutria sachalinensis*

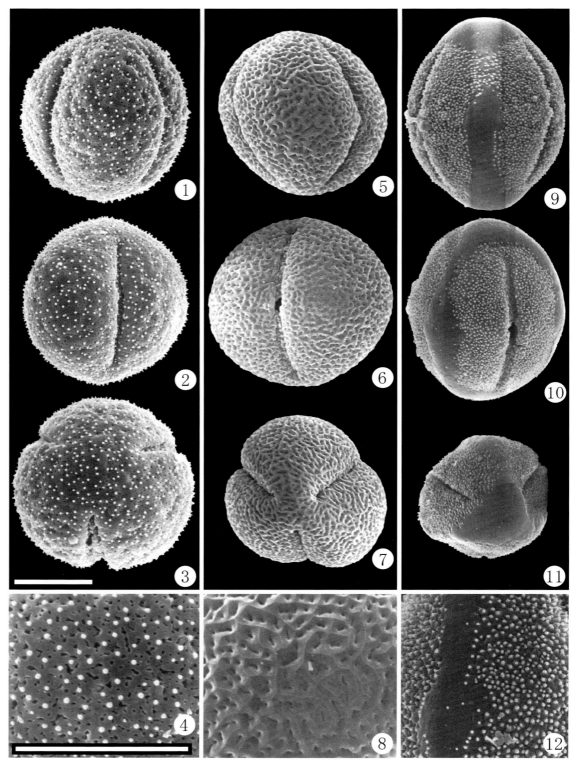

1-4：ウラジロタデ *Pleuropteropyrum weyrichii*, 5-8：ツルドクダミ *Pleuropterus multiflorus*, 9-12：ソバカズラ *Fallopia convolvulus*

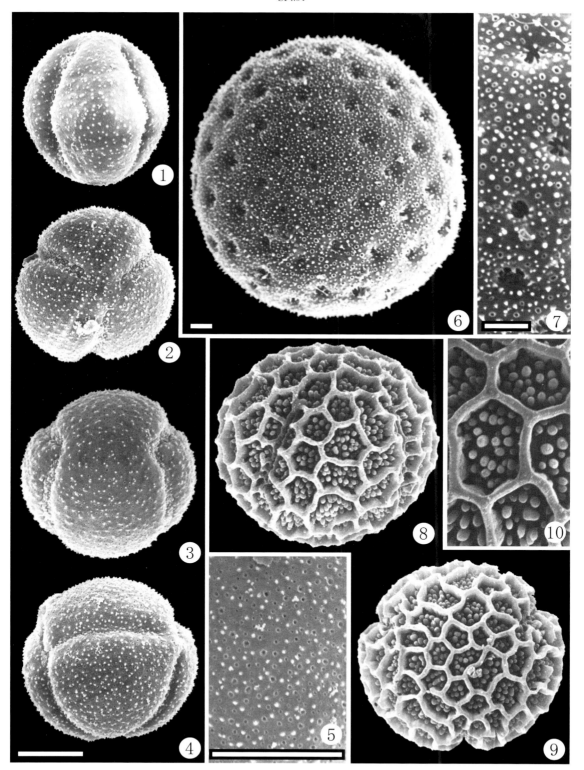

1-5：ヨウシュヤマゴボウ *Phytolacca americana*, 6-7：オシロイバナ *Mirabilis jalapa*, 8-10：イカダカズラ *Bougainvillea spectabilis* （＊：1-2)

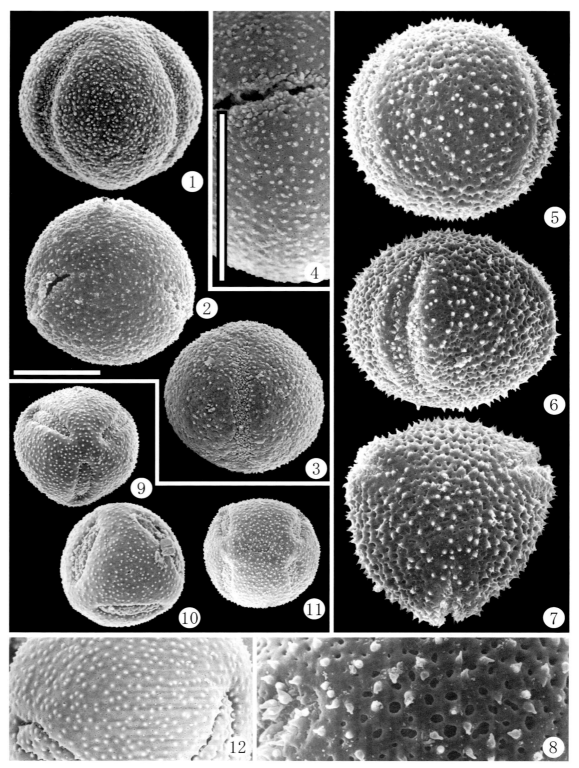

1 - 4：ツルナ *Tetragonia tetragonoides*, 5 - 8：マツバギク *Mesembryanthemum spectabile*, 9 - 12：ザクロソウ *Mollugo pentaphylla* （＊：12）

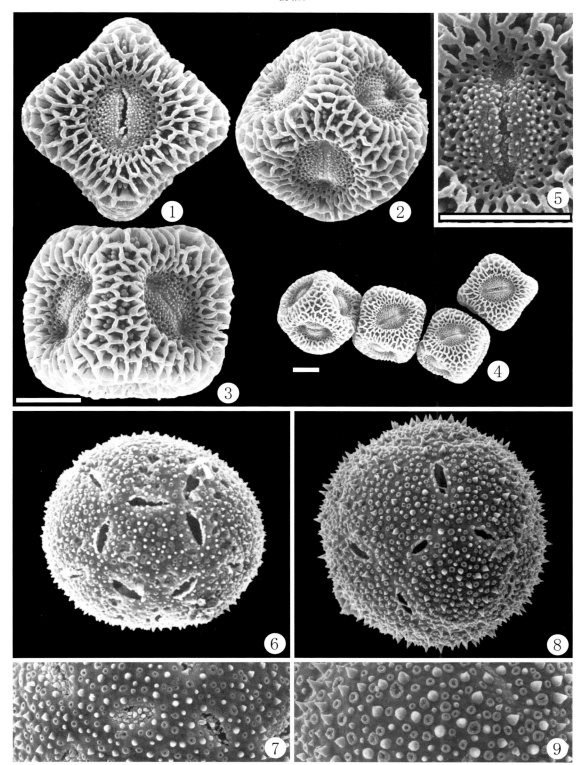

1-5：ツルムラサキ *Basella rubra*, 6-7：スベリヒユ *Portulaca oleracea*, 8-9：マツバボタン *Portulaca grandiflora*

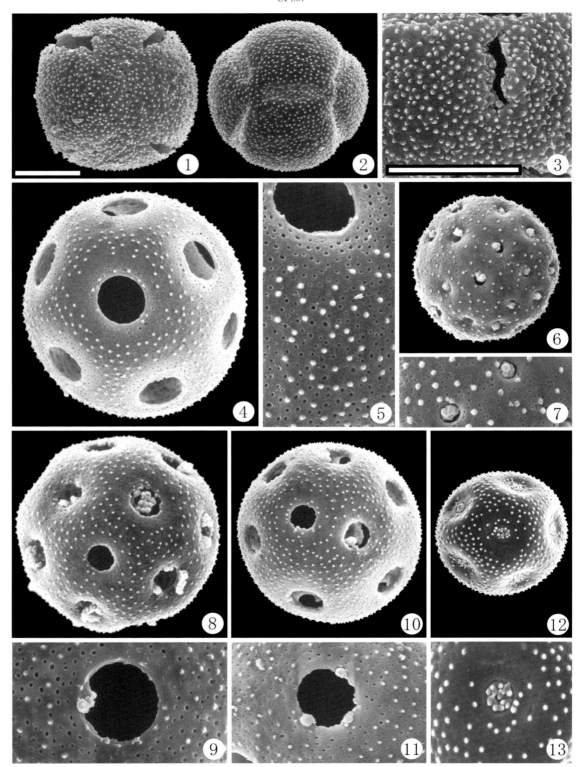

1-3：ノハラツメクサ *Spergula arvensis*, 4-5：ハコベ *Stellaria media*, 6-7：ツメクサ *Sagina japonica*, 8-9：シコタンハコベ *Stellaria ruscifolia*, 10-11：オランダミミナグサ *Cerastium glomeratum*, 12-13：カスミソウ *Gypsophila elegans*

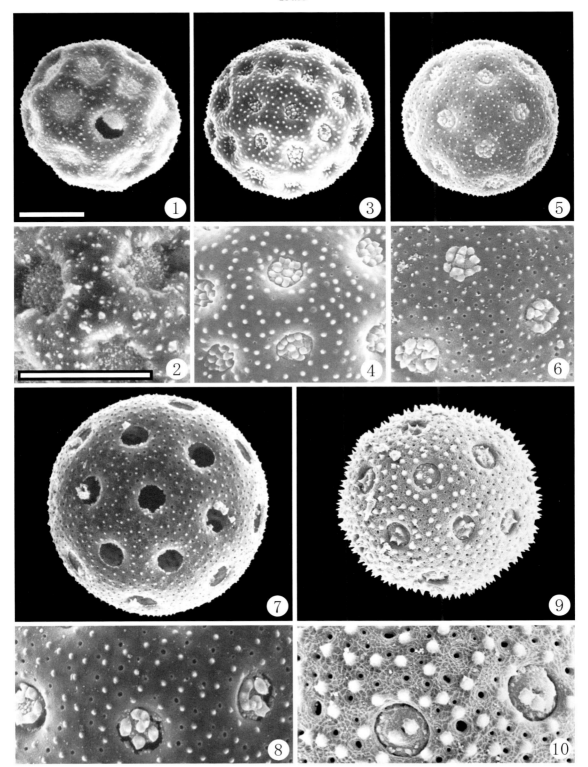

1-2：カワラナデシコ *Dianthus superbus* var. *longicalycinus*, 3-4：チシママンテマ *Silene repens* var. *latifolia*, 5-6：ムシトリナデシコ *Silene armeria*, 7-8：フシグロセンノウ *Lychnis miqueliana*, 9-10：マツヨイセンノウ *Melandryum noctiflorum*

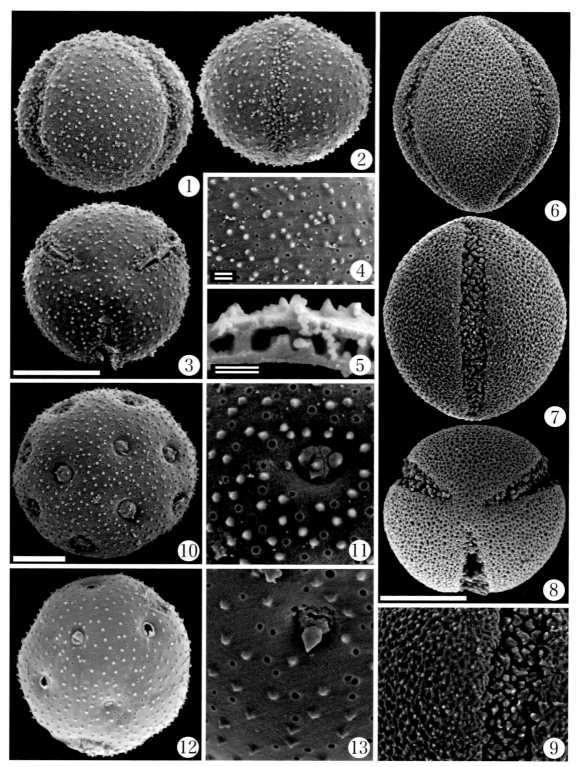

1-5：オンブノキ *Phytolacca dioica*, 6-9：トキワイカリソウ *Epimedium sempervirens*, 10-11：ハマナデシコ *Dianthus japonicus*, 12-13：エゾマンテマ *Silene foliosa*

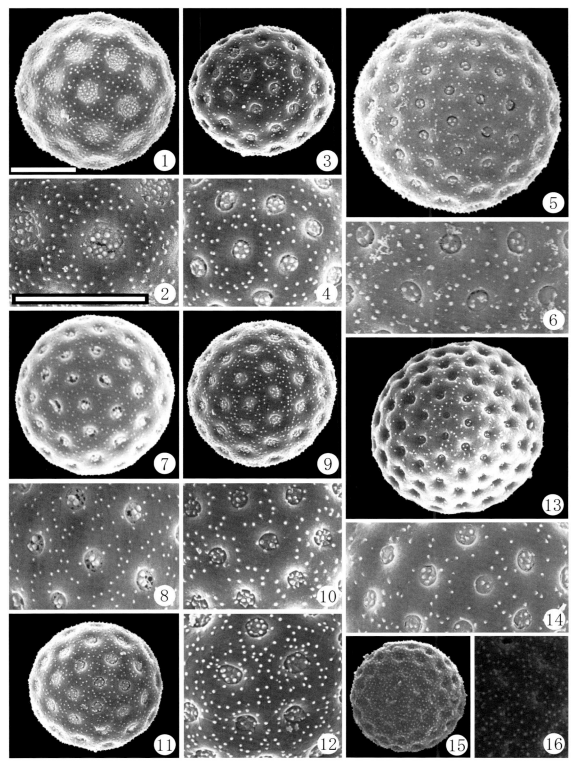

1-2：オカヒジキ *Salsola komarovii*, 3-4：マツナ *Suaeda glauca*, 5-6：ホウレンソウ *Spinacia oleracea*, 7-8：アカザ *Chenopodium centrorubrum*, 9-10：シロザ *Chenopodium album*, 11-12：アッケシソウ *Salicornia europaea*, 13-14：ホウキギ *Kochia scoparia*, 15-16：アメリカアリタソウ *Ambrina anthelmintica*

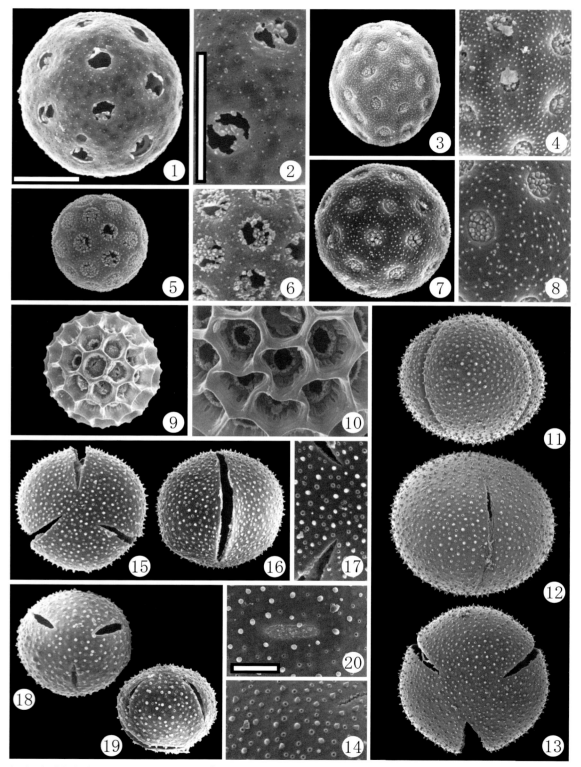

1-2：ケイトウ *Celosia cristata*, 3-4：ハゲイトウ *Amaranthus tricolor*, 5-6：イノコズチ *Achyranthes bidentata* var. *japonica*, 7-8：アオビユ *Amaranthus viridis*, 9-10：センニチコウ *Gomphrena globosa*, 11-14：ゲッカビジン *Epiphyllum oxypetalum*, 15-17：クジャクサボテン *Epiphyllum pegasus*, 18-20：シャコバサボテン *Schlumbergera truncata*

SPl.62

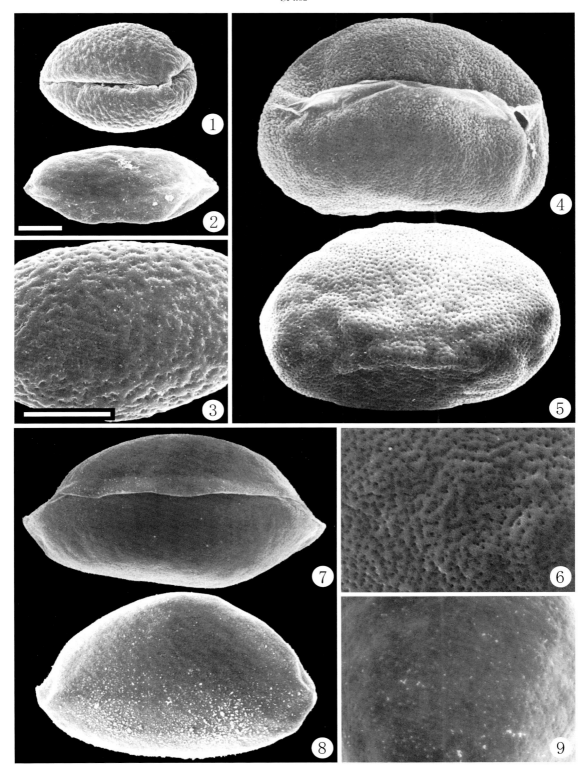

1-3：コブシ *Magnolia praecocissima*, 4-6：タイサンボク *Magnolia grandiflora*, 7-9：ホオノキ *Magnolia obovata* (＊：8)

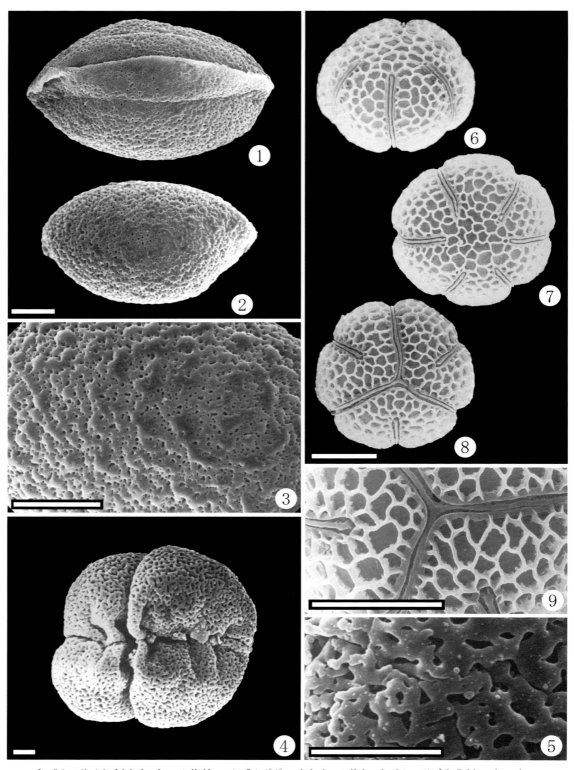

1-3：ユリノキ *Liriodendron tulipifera*, 4-5：ポポー *Asimina triloba*, 6-9：マツブサ *Schisandra nigra*

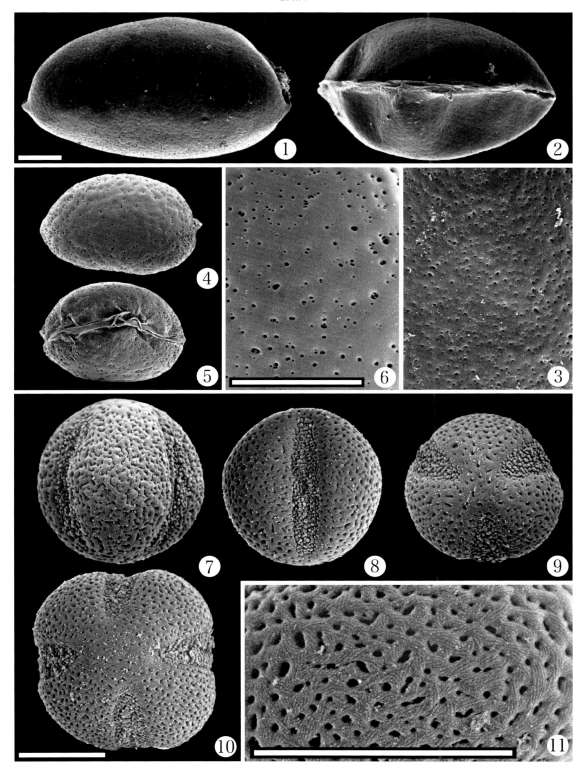

1-3：ウケザキオオヤマレンゲ *Magnolia × watsonii*, 4-6：トウオガタマ *Michelia fuscata*, 7-11：ゴヨウアケビ *Akebia × pentaphylla*

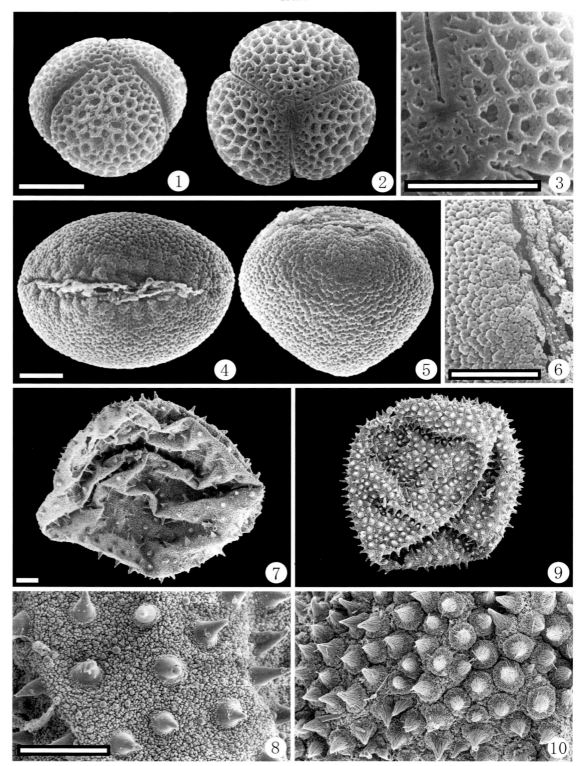

1-3：シキミ *Illicium anisatum*, 4-6：ロウバイ *Chimonanthus praecox*, 7-8：ハスノハギリ *Hernandia nymphaeifolia*, 9-10：テングノハナ *Illigera luzonensis*

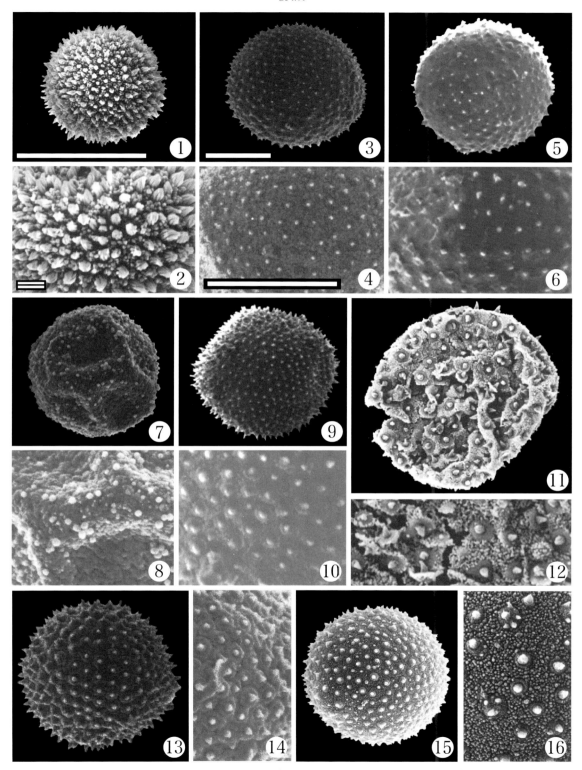

1-2：クスノキ Cinnamomum camphora, 3-4：アブラチャン Lindera praecox, 5-6：ダンコウバイ Lindera obtusiloba, 7-8：シロモジ Lindera triloba, 9-10：カナクギノキ Lindera erythrocarpa, 11-12：ゲッケイジュ Laurus nobilis, 13-14：アオモジ Litsea citriodora, 15-16：イヌガシ Neolitsea aciculata

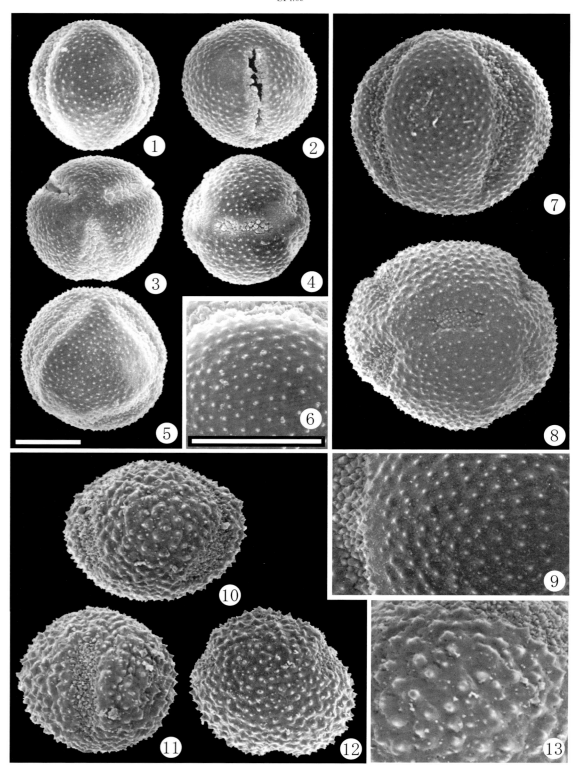

1-6：エンコウソウ Caltha palustris var. enkoso, 7-9：リュウキンカ Caltha palustris var. nipponica, 10-13：ルイヨウショウマ Actaea asiatica

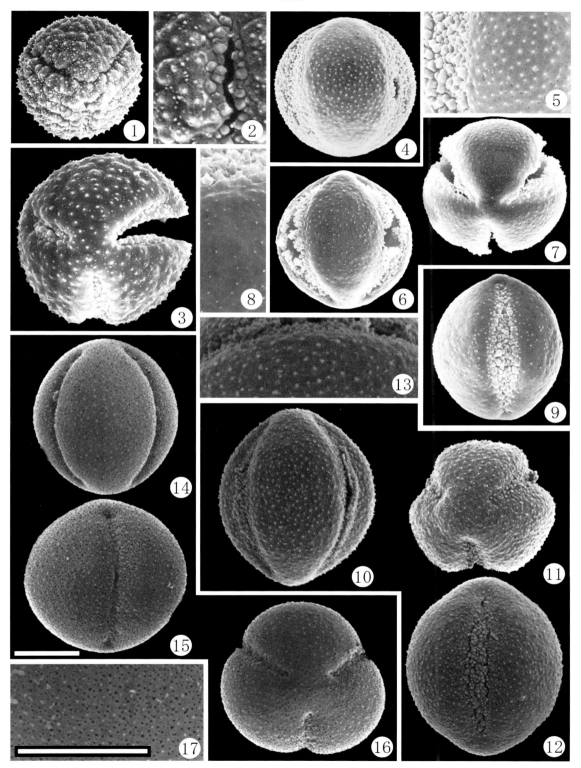

1-2：キンバイソウ *Trollius hondoensis*, 3：シナノキンバイ *Trollius riederianus* var. *japonicus*, 4-5：オオレイジンソウ *Aconitum gigas* var. *hondoense*, 6-8：トリカブト *Aconitum carnichaelii*, 9：エゾトリカブト *Aconitum yesoense*, 10-13：ヒエンソウ *Consolida ambigua*, 14-17：サラシナショウマ *Cimicifuga simplex*

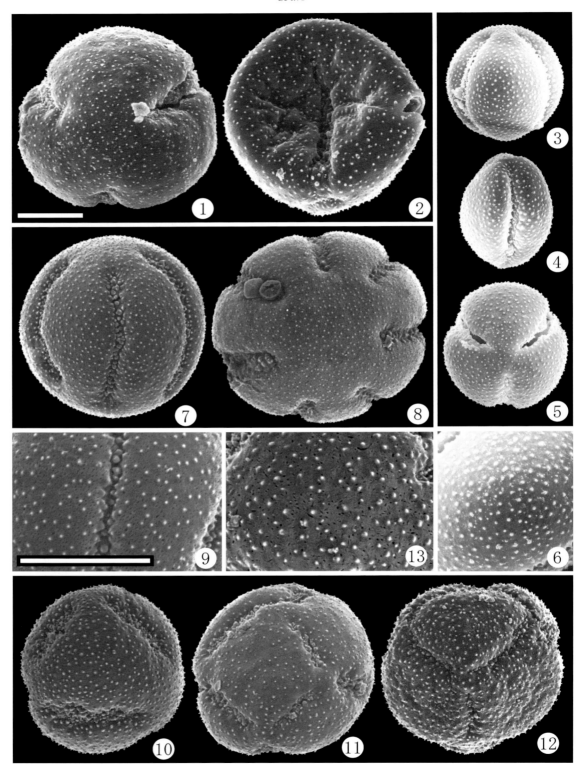

1-2：アネモネ *Anemone coronaria*, 3-6：イチリンソウ *Anemone nikoensis*, 7-9：ニリンソウ *Anemone flaccida*, 10-13：サンリンソウ *Anemone stolonifera* （＊：3）

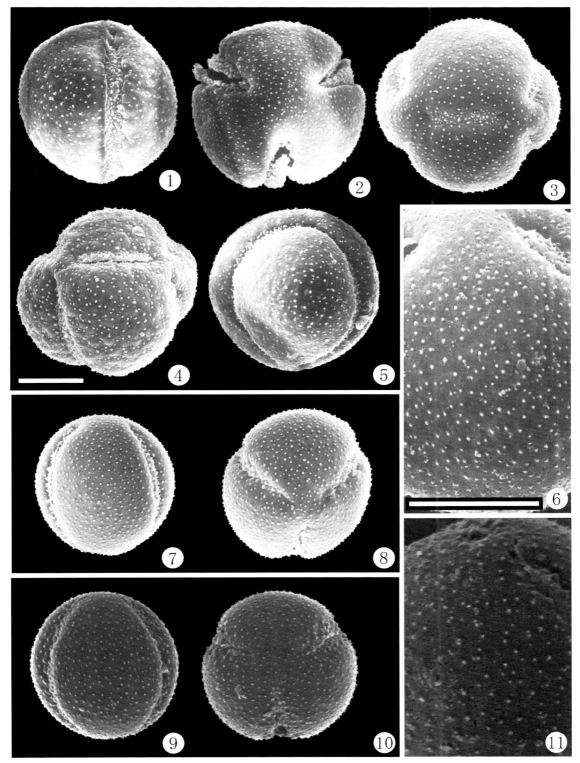

1-6：ハクサンイチゲ Anemone narcissiflora var. nipponica, 7-8：ヒメイチゲ Anemone debilis, 9-11：アズマイチゲ Anemone raddeana （＊：1・2・5)

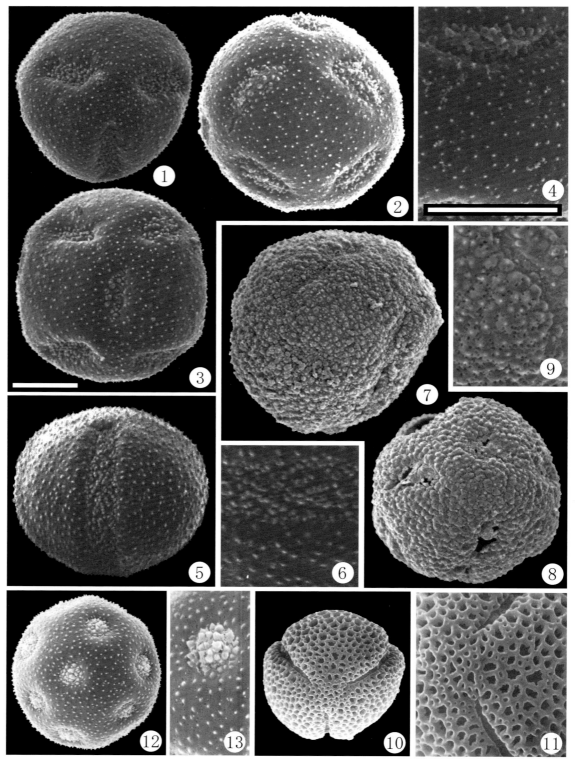

1-4：スハマソウ *Hepatica nobilis* var. *japonica* f. *variegata*, 5-6：ミスミソウ *Hepatica nobilis* var. *japonica*, 7-9：ツクモグサ *Pulsatilla nipponica*, 10-11：オキナグサ *Pulsatilla cernua*, 12-13：テッセン *Clematis florida*

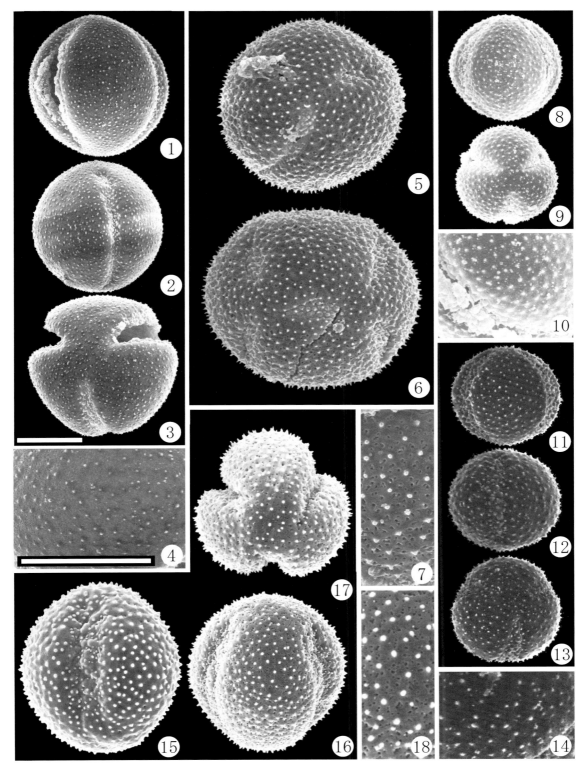

1-4：センニンソウ *Clematis terniflora*, 5-7：ツルシロカネソウ *Dichocarpum stoloniferum*, 8-10：オダマキ *Aquilegia flabellata* var. *flabellata*, 11-14：ボタンヅル *Clematis apiifolia*, 15-18：フクジュソウ *Adonis amurensis* (＊：2)

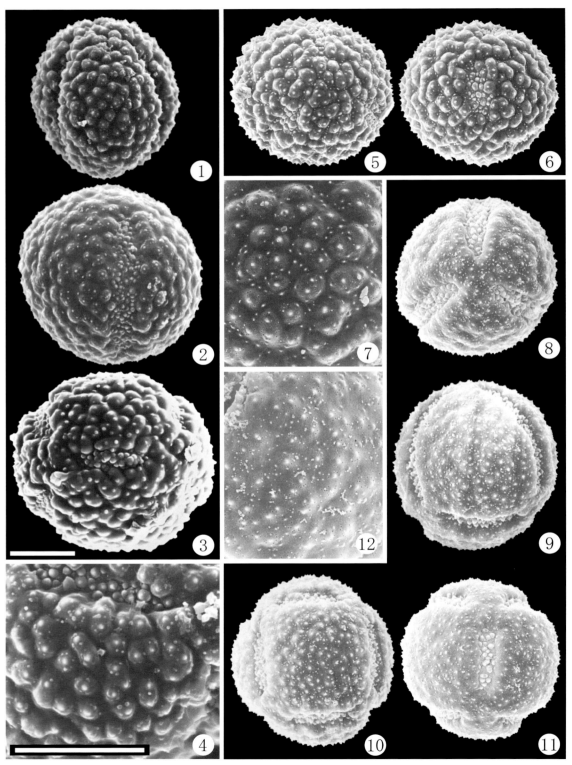

1-4：イトキンポウゲ *Ranunculus reptans*, 5-7：ウマノアシガタ *Ranunculus japonicus*, 8-12：ミヤマキンポウゲ *Ranunculus acris* var. *nipponicus* （＊：10）

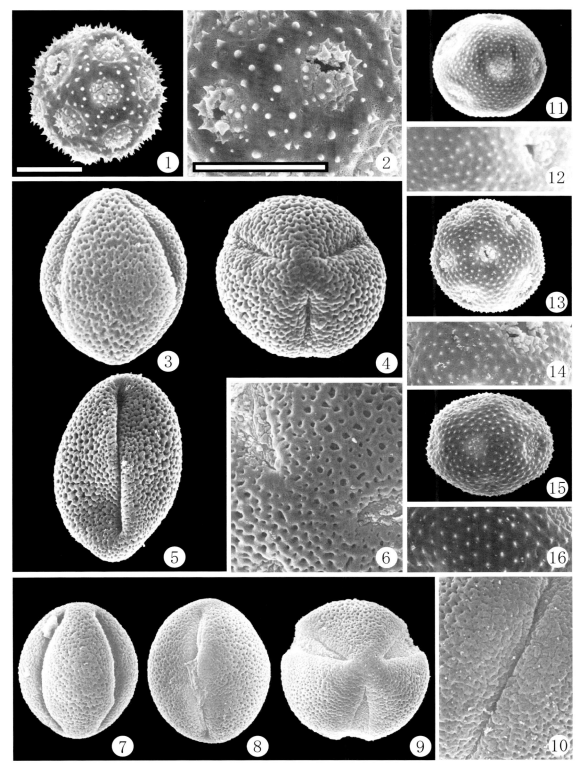

1-2：セリバオウレン *Coptis japonica* var. *dissecta*, 3-6：シャクヤク *Paeonia lactiflora*, 7-10：ボタン *Paeonia suffruticosa*, 11-12：アキカラマツ *Thalictrum minus* var. *hypoleucum*, 13-14：カラマツソウ *Thalictrum aquilegifolium* var. *intermedium*, 15-16：ミヤマカラマツ *Thalictrum filamentosum* var. *tenerum*

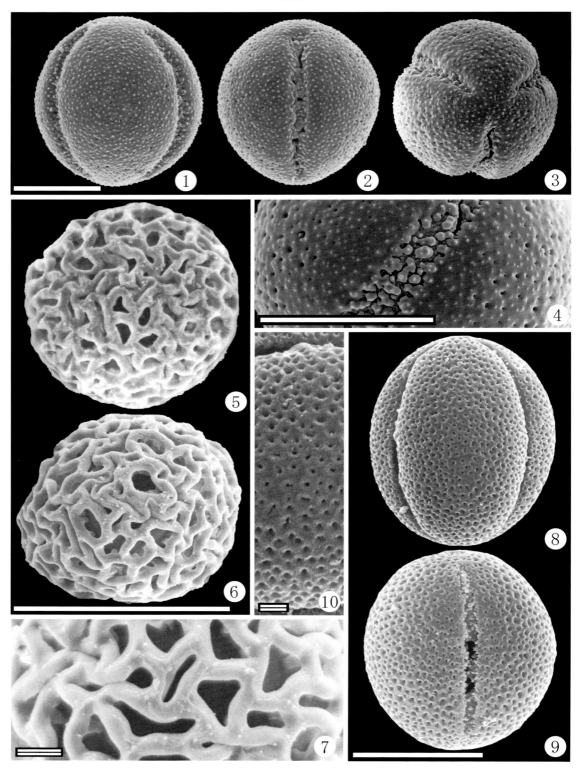

1-4：シラネアオイ *Glaucidium palmatum*, 5-7：タマザキツヅラフジ *Stephania cephalantha*, 8-10：アオツヅラフジ *Cocculus trilobus*

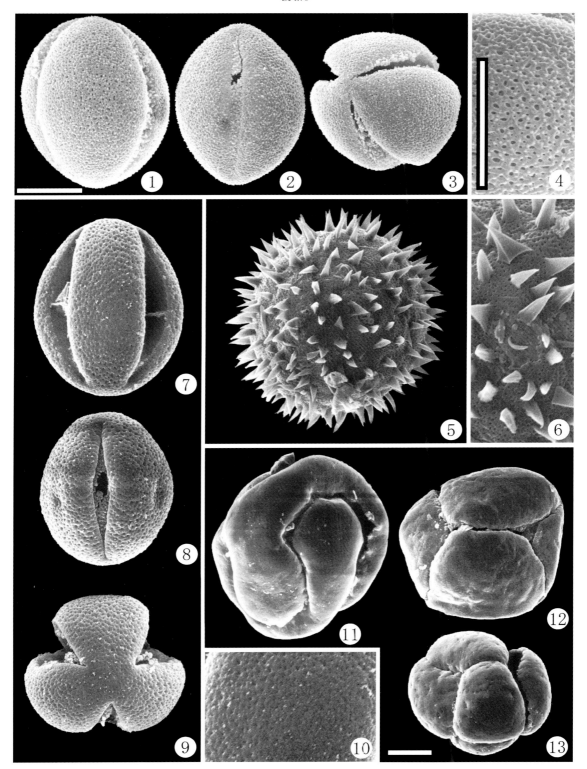

1-4：イカリソウ *Epimedium grandiflorum*, 5-6：サンカヨウ *Diphylleia grayi*, 7-10：ナンテン *Nandina domestica*, 11-13：ヒイラギナンテン *Mahonia japonica* （＊：8・11）

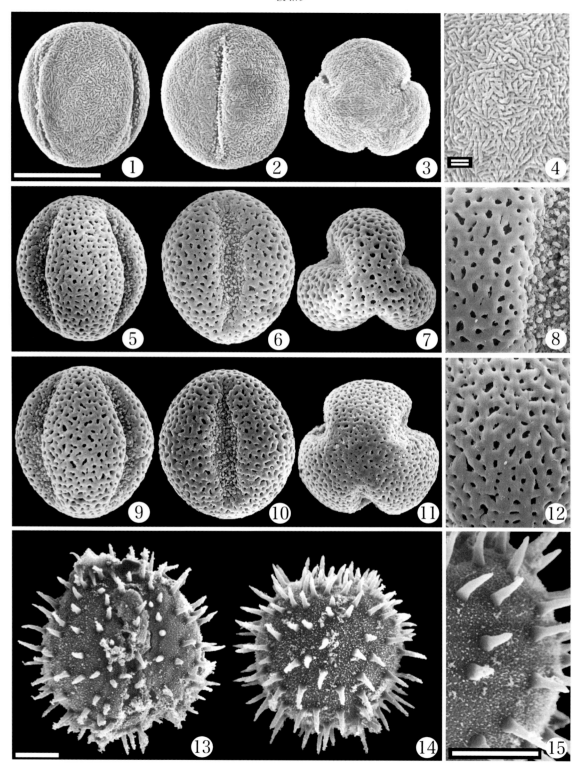

1-4：ムベ *Stauntonia hexaphylla*, 5-8：アケビ *Akebia quinata*, 9-12：ミツバアケビ *Akebia trifoliata*, 13-15：コウホネ *Nuphar japonicum*

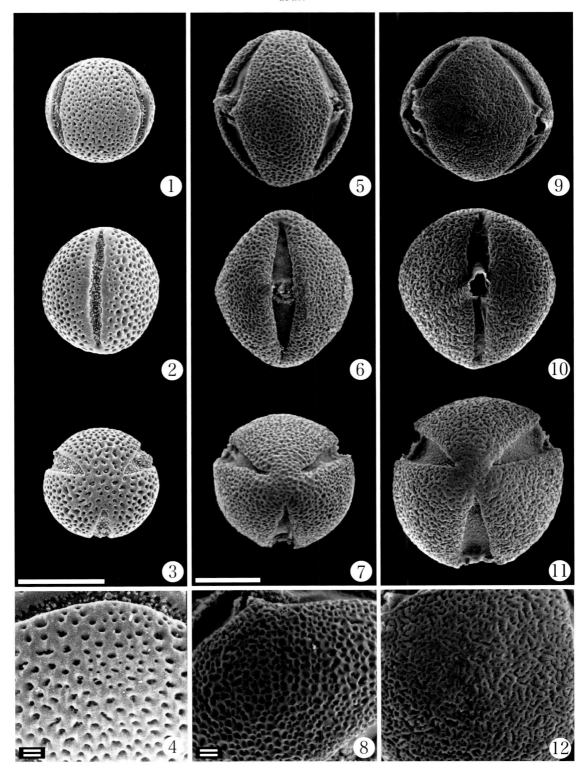

1-4：オオツヅラフジ *Sinomenium acutum*, 5-8：トモエソウ *Hypericum ascyron*, 9-12：タイワンオトギリ *Hypericum subalatum*

SPl.81

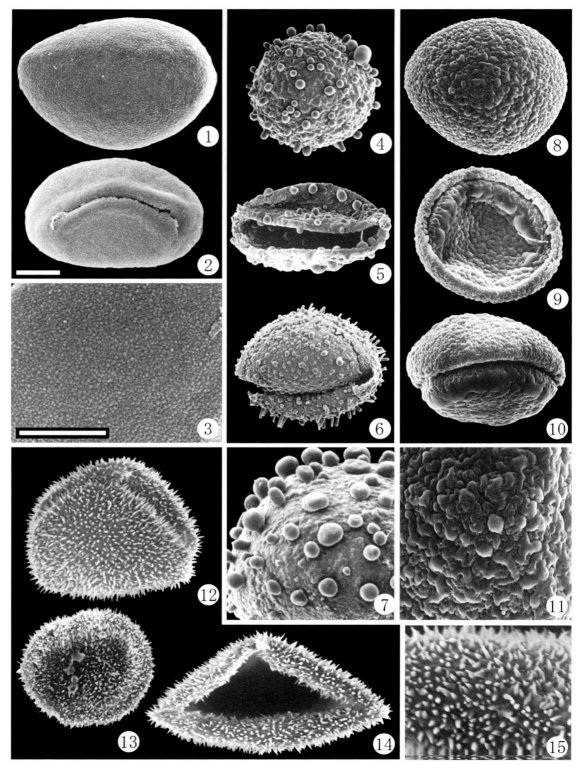

1-3：ジュンサイ Brasenia schreberi, 4-7：ヒツジグサ Nymphaea tetragona, 8-11：エゾヒツジグサ Nymphaea tetragona var. tetragona, 12-15：オニバス Euryale ferox

84

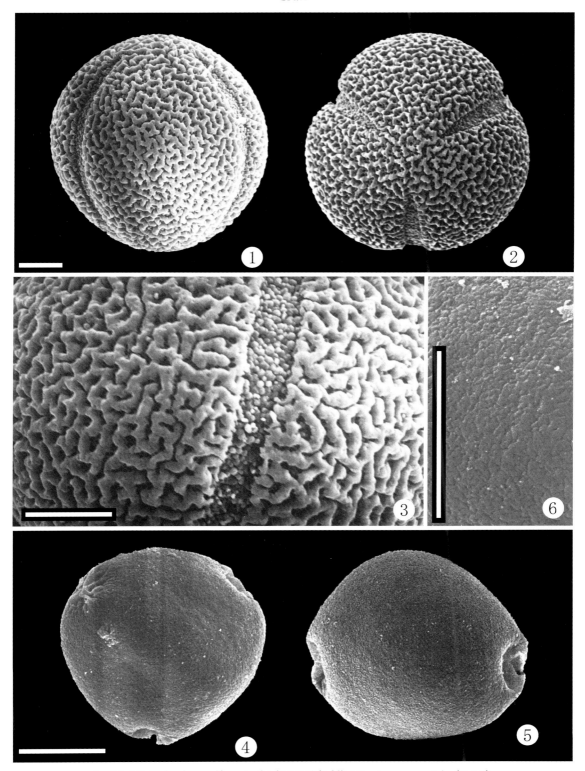

1-3：ハス *Nelumbo nucifera*, 4-6：ヤッコソウ *Mitrastemon yamamotoi* （＊：4）

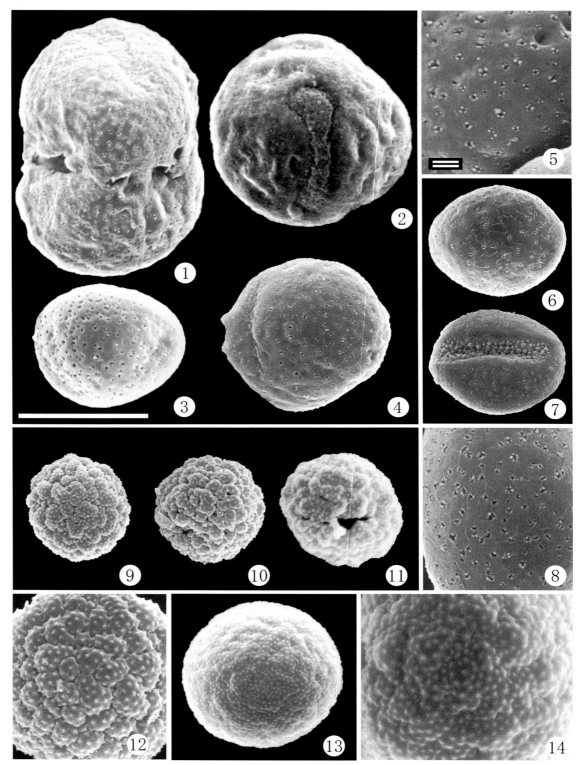

1-5：ドクダミ *Houttuynia cordata*, 6-8：ハンゲショウ *Saururus chinensis*, 9-12：サダソウ *Peperomia japonica*, 13-14：フウトウカズラ *Piper kadzura*

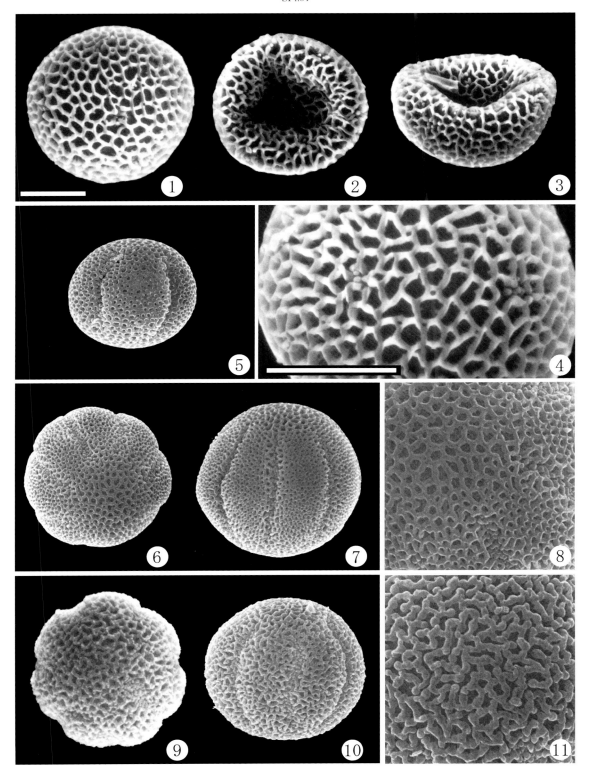

1-4：センリョウ Sarcandra glabra, 5：フタリシズカ Chloranthus serratus, 6-8：キビヒトリシズカ Chloranthus fortunei, 9-11：ヒトリシズカ Chloranthus japonicus

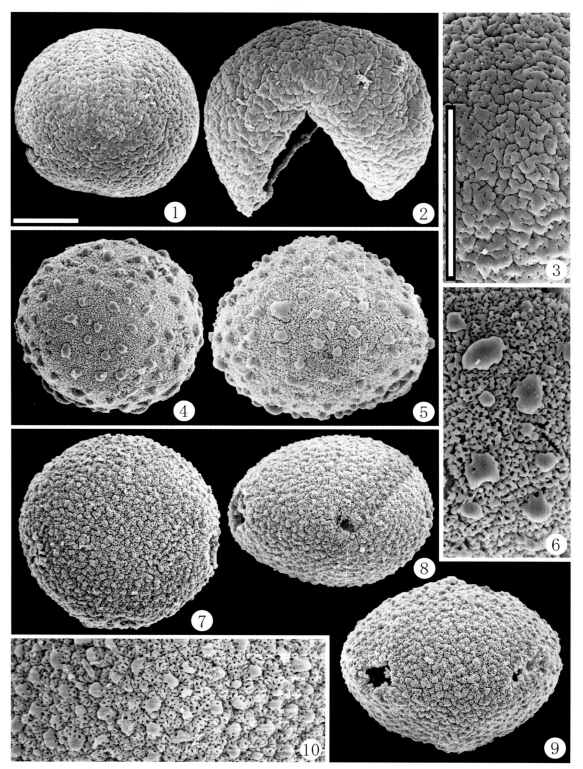

1-3：ウマノスズクサ *Aristolochia debilis*, 4-6：ウスバサイシン *Asiasarum sieboldii*, 7-10：カンアオイ *Heterotropa nipponica*

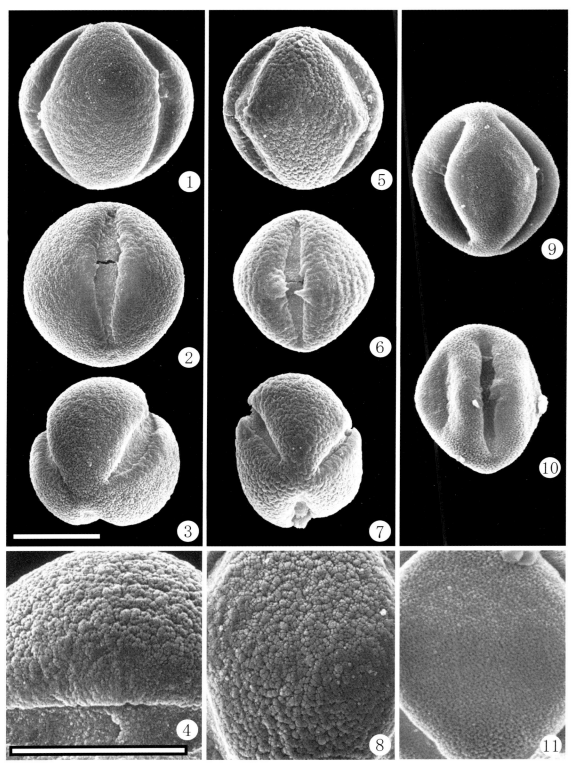

1-4：キウイ *Actinidia chinensis*, 5-8：サルナシ *Actinidia arguta*, 9-11：マタタビ *Actinidia polygama*

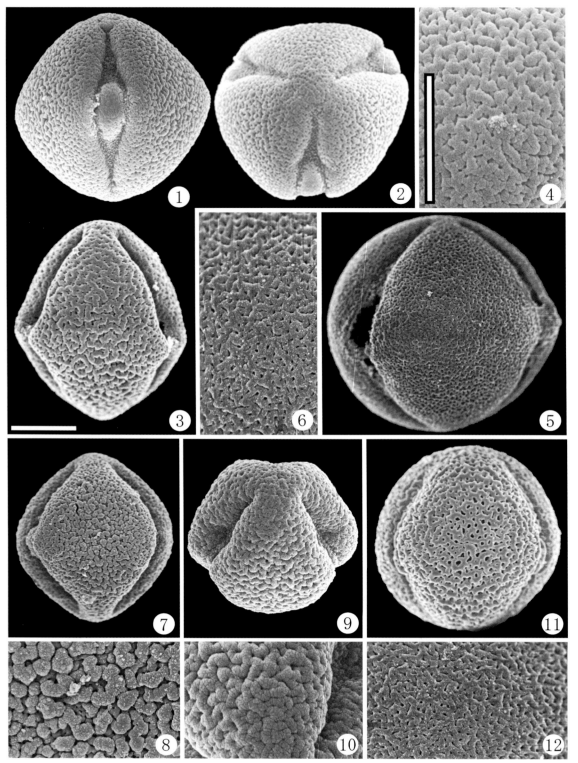

1-4：サザンカ *Camellia sasanqua*, 5-6：ヒコサンヒメシャラ *Stewartia serrata*, 7-8：ハクミョウレンジ *Camellia japonica* 'Hakumyourenzi', 9-10：カンツバキ *Camellia×hiemalis*, 11-12：ナツツバキ *Stewartia pseudo-camellia*

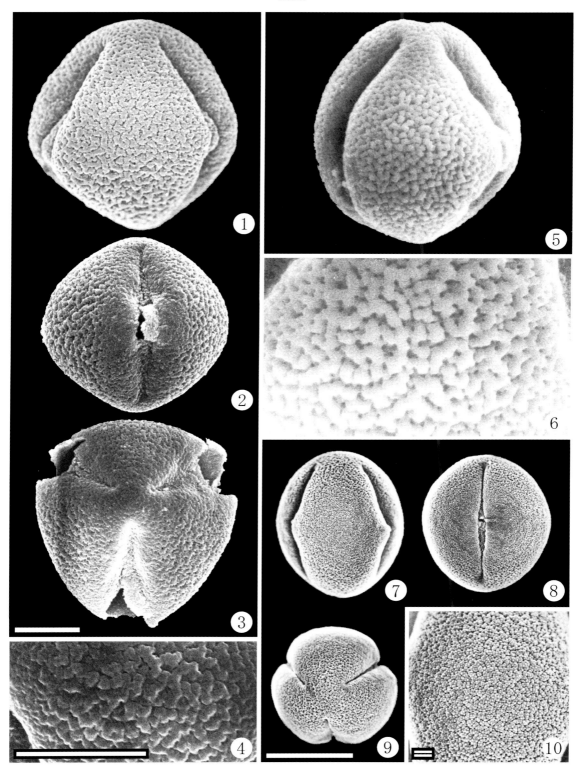

1 – 4：ヤブツバキ *Camellia japonica*, 5 – 6：トウツバキ *Camellia reticulata*, 7 – 10：モッコク *Ternstroemia gymnanthera* （＊：3）

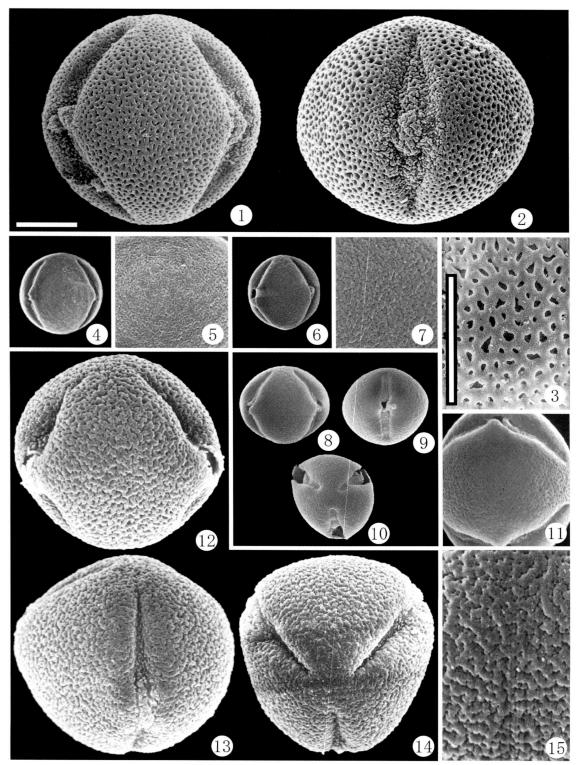

1-3：ヒメツバキ *Schima wallichii*, 4-5：サカキ *Cleyera japonica*, 6-7：ヒサカキ *Eurya japonica*, 8-11：ハマヒサカキ *Eurya emerginata*, 12-15：チャノキ *Camellia sinensis* （＊：14）

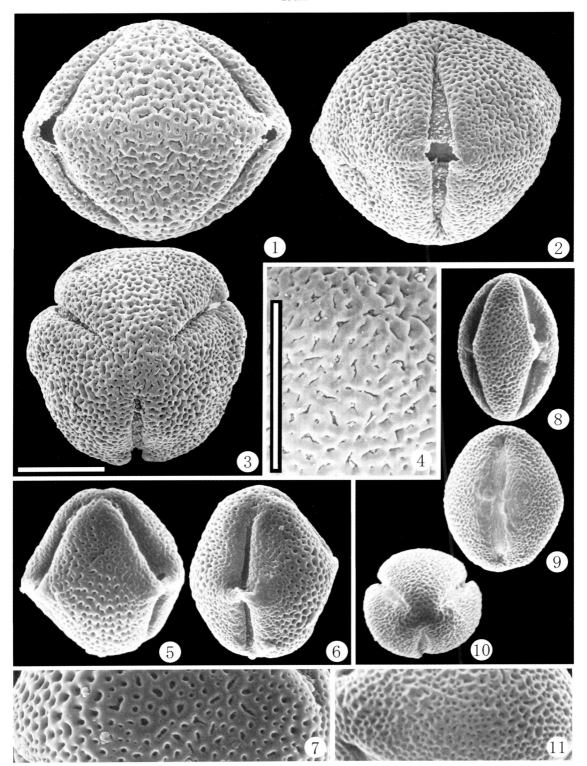

1-4：テリハボク *Calophyllum inophyllum*, 5-7：ミズオトギリ *Triadenum japonicum*, 8-11：オトギリソウ *Hypericum erectum*

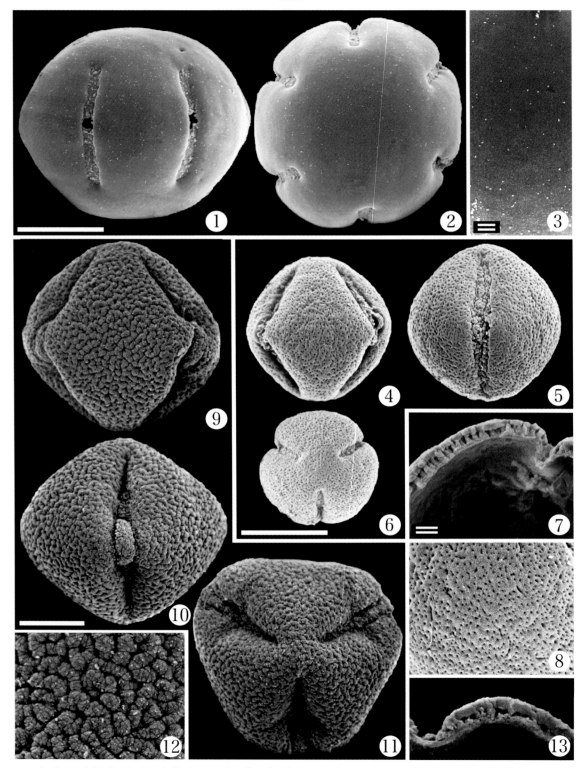

1-3：フクギ *Garcinia subelliptica*, 4-8：ギョボク *Crateva religiosa*, 9-13：ユキツバキ *Camellia japonica* var. *decumbens*

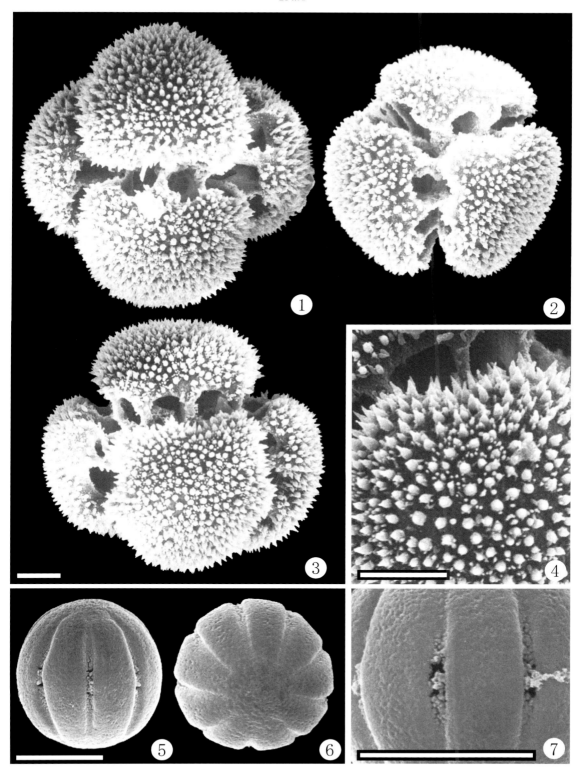

1-4：ネペンテス（ウツボカズラの一品種）*Nepenthes ventricosa* × *N. dyeriana*, 5-7：アミメヘイシソウ *Sarracenia leucophylla*

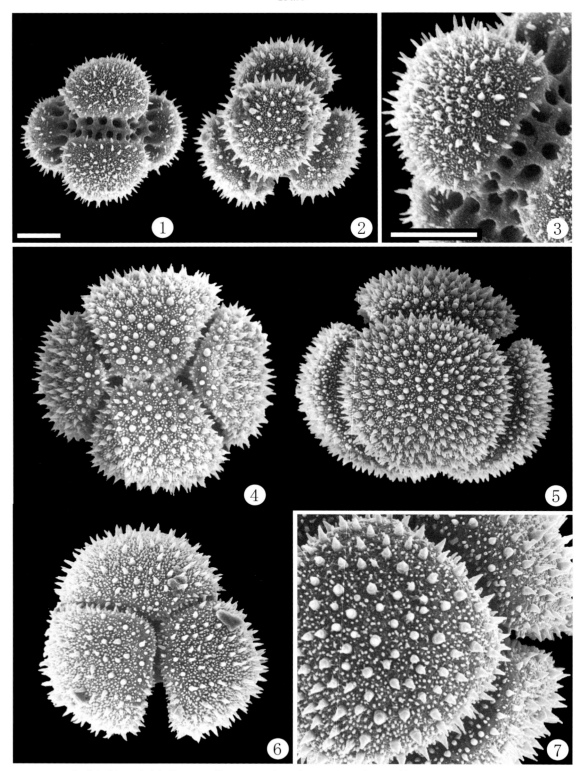

1-3：イシモチソウ *Drosera piltata* var. *nipponica*, 4-7：モウセンゴケ *Drosera rotundifolia*

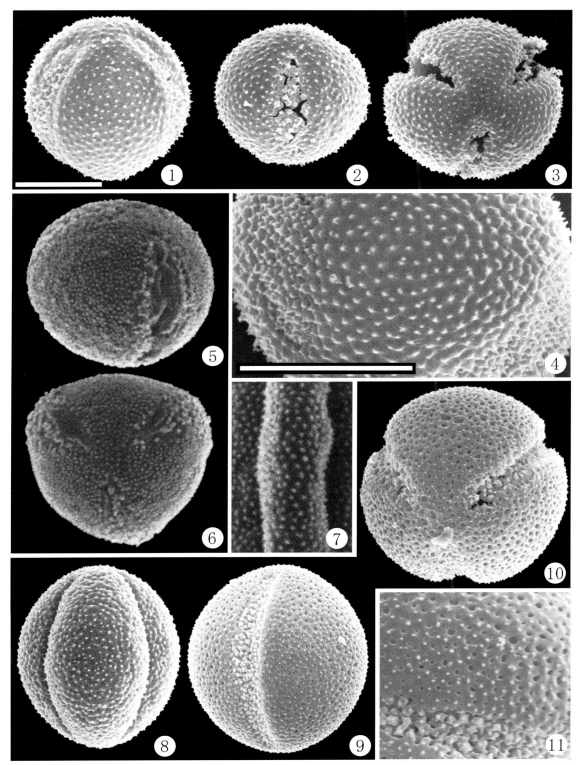

1-4：ヒナゲシ *Papaver rhoeas*, 5-7：オニゲシ *Papaver orientale*, 8-11：クサノオウ *Chelidonium majus* var. *asiaticum*

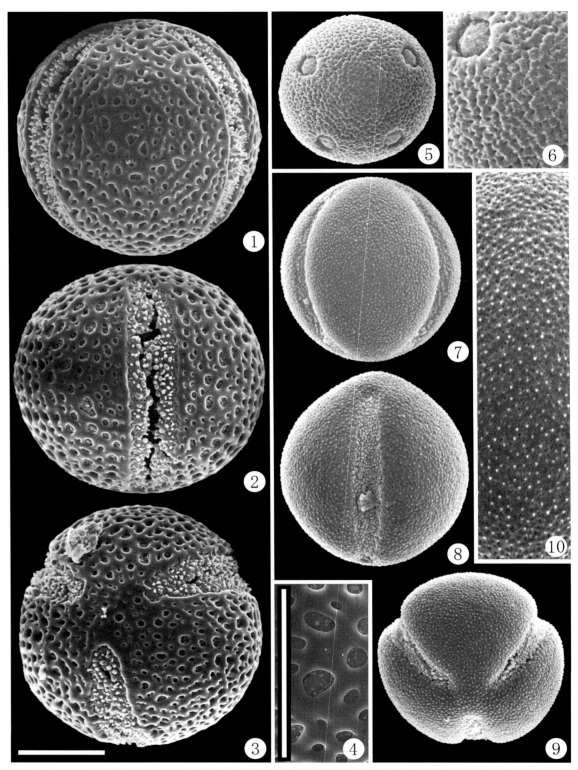

1-4：コマクサ Dicentra peregrina, 5-6：タケニグサ Macleaya cordata, 7-10：オサバグサ Pteridophyllum racemosum （＊：1-2）

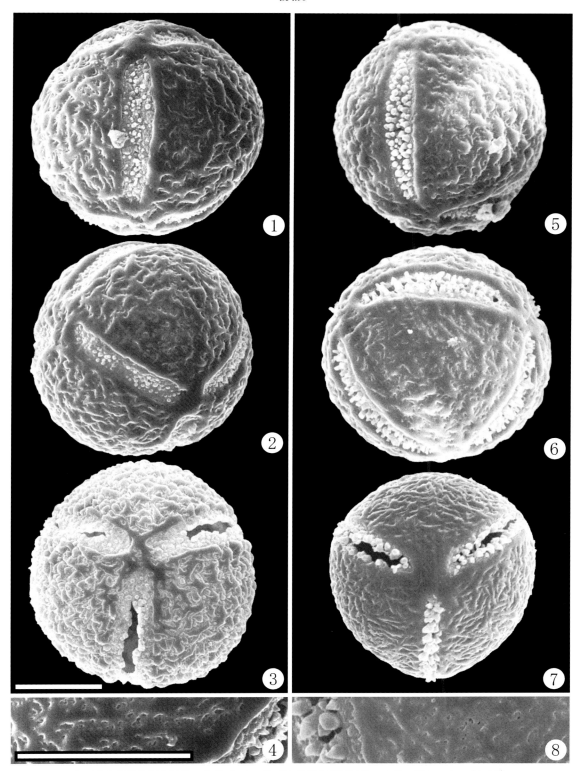

1-4：ムラサキケマン Corydalis incisa, 5-8：ヤマキケマン Corydalis ophiocarpa （＊：5）

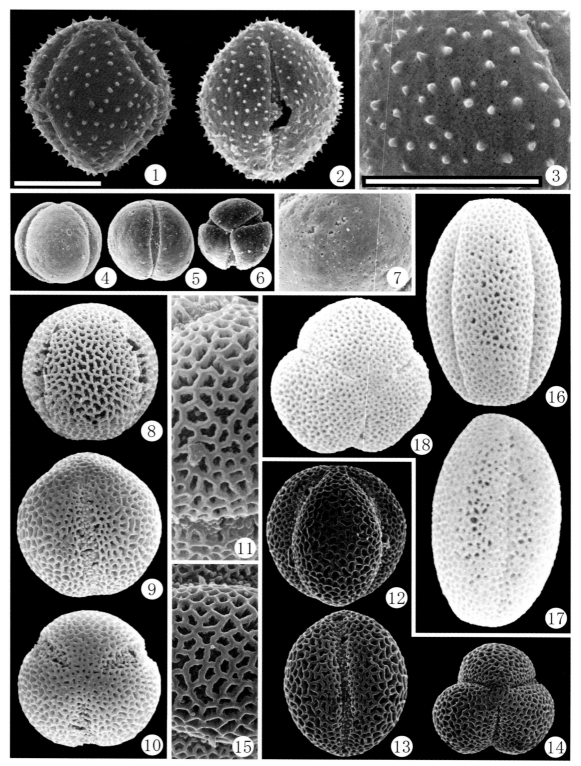

1-3：フウチョウソウ *Gynandropsis gynandra*, 4-7：ケーパー *Capparis spinosa*, 8-11：ナズナ *Capsella bursa-pastoris*, 12-15：マメグンバイナズナ *Lepidium virginicum*, 16-18：オオアラセイトウ *Orychophragmus violaceus*

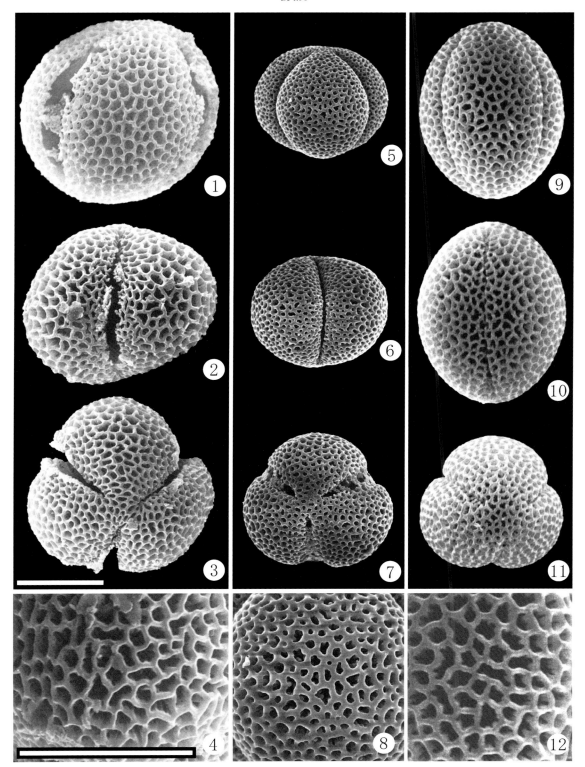

1-4：タネツケバナ Cardamine flexuosa, 5-8：コンロンソウ Cardamine leucantha, 9-12：マルバコンロンソウ Cardamine tanakae

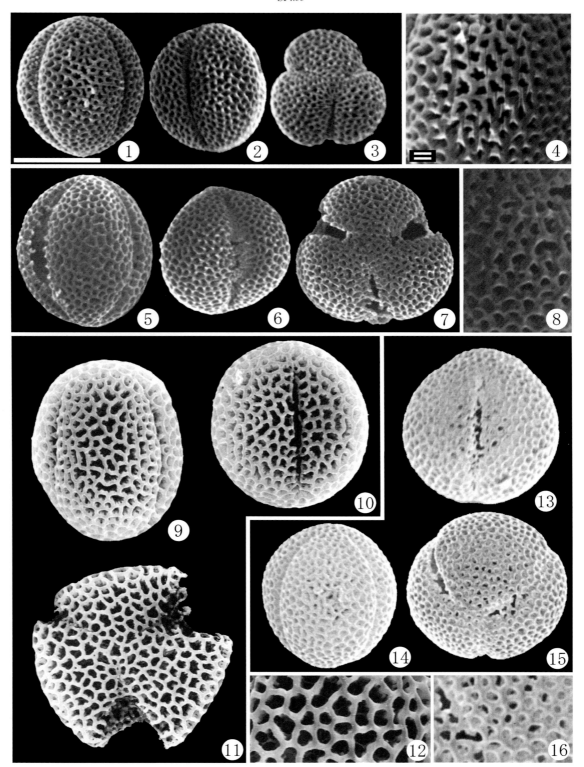

1-4：ダイコン *Raphanus sativus*, 5-8：ハマダイコン *Raphanus sativus* var. *raphanistroides*, 9-12：ワサビ *Wasabia japonica*, 13-16：ユリワサビ *Wasabia tenuis* （＊：4）

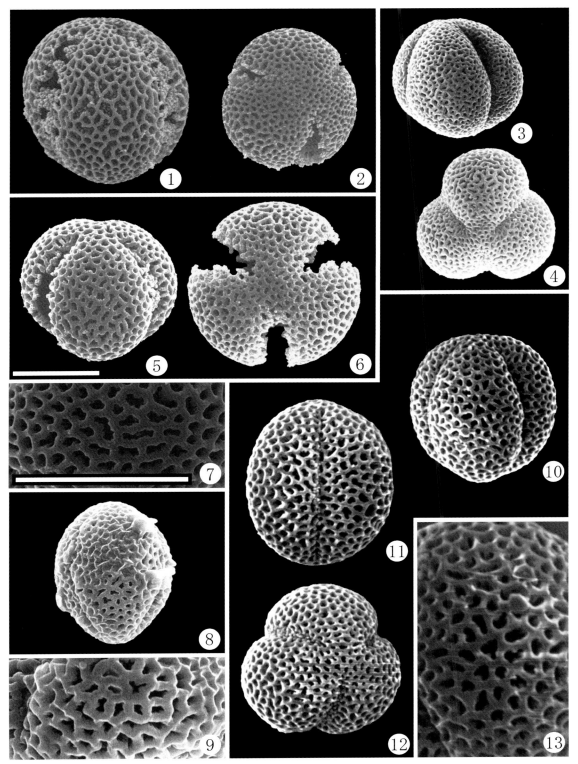

1-2：アブラナ Brassica rapa, 3-4：キャベツ Brassica oleracea var. capitata, 5-7：セイヨウカラシナ Brassica juncea, 8-9：ナノハナ Brassica rapa var. amplexicaulis, 10-13：シロガラシ Sinapis alba （＊：10-13）

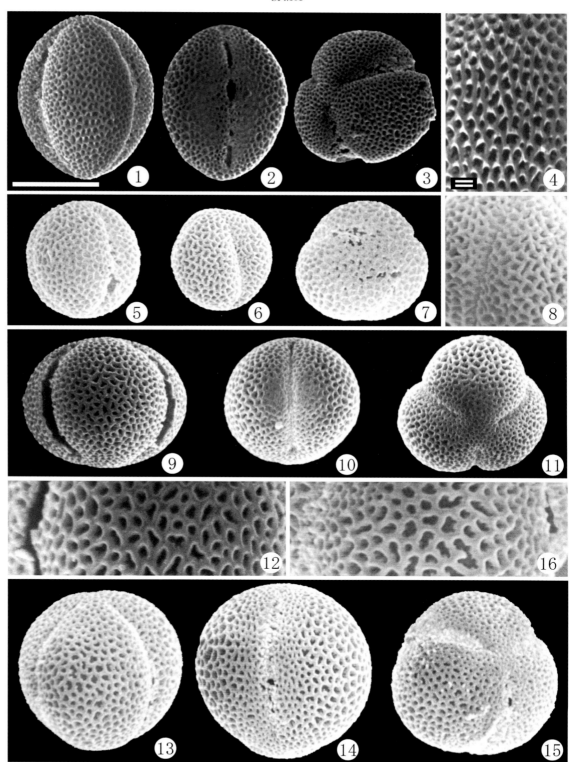

1-4：スズシロソウ *Arabis flagellosa*, 5-8：ハクサンハタザオ *Arabis gemmifera*, 9-12：スカシタゴボウ *Rorippa islandica*, 13-16：イヌガラシ *Rorippa indica*

Pl.102

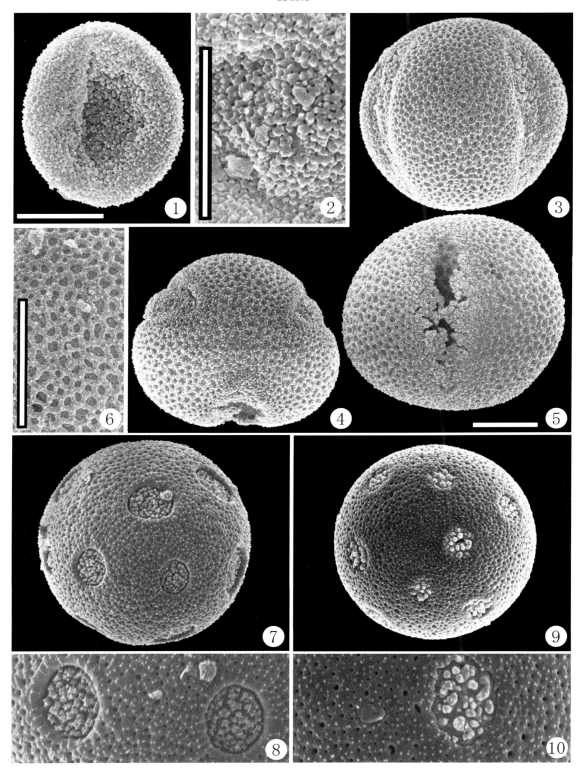

1-2：スズカケノキ *Platanus orientalis*, 3-6：イスノキ *Distylium racemosum*, 7-8：フウ *Liquidambar formosana*, 9-10：モミジバフウ *Liquidambar styraciflua* （＊：4）

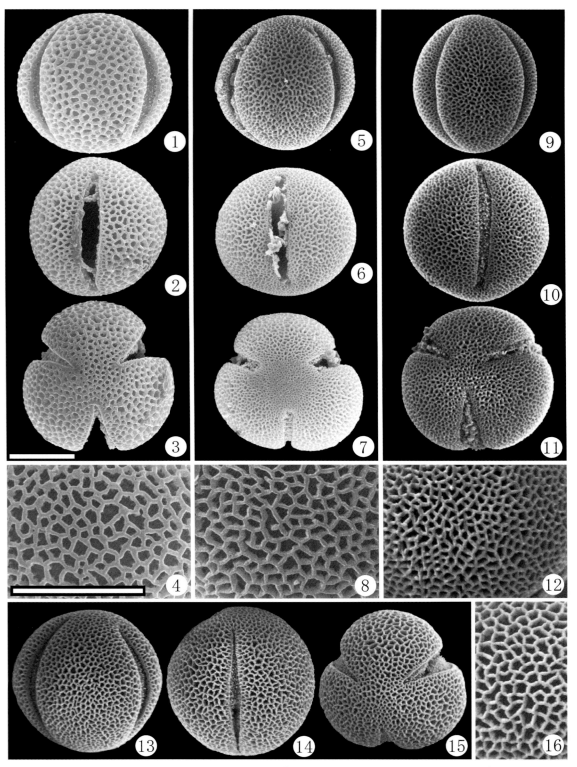

1-4：コウヤミズキ *Corylopsis gotoana*, 5-8：トサミズキ *Corylopsis spicata*, 9-12：ヒュウガミズキ *Corylopsis pauciflora*, 13-16：シナミズキ *Corylopsis sinensis*

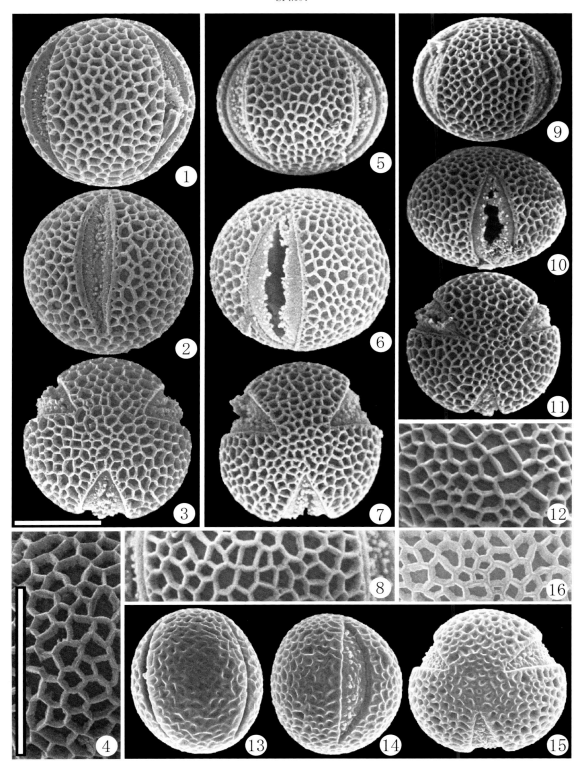

1-4：アテツマンサク *Hamamelis japonica* var. *bitchuensis*, 5-8：シナマンサク *Hamamelis mollis*, 9-12：ニシキマンサク *Hamamelis japonica* f. *flavopurpurascens*, 13-16：マルバマンサク *Hamamelis japonica* var. *obtusata*

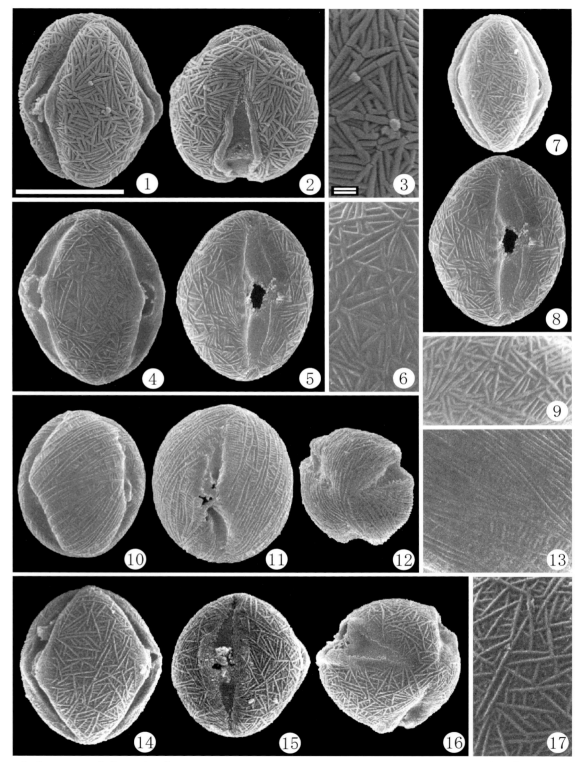

1-3：ツメレンゲ *Orostachys japonicus*, 4-6：ミセバヤ *Hylotelephium sieboldii*, 7-9：メノマンネングサ *Sedum uniflorum* subsp. *japonicum*, 10-13：ベニベンケイ *Kalanchoe blossfeldiana*, 14-17：マルバマンネングサ *Sedum makinoi*

Pl.106

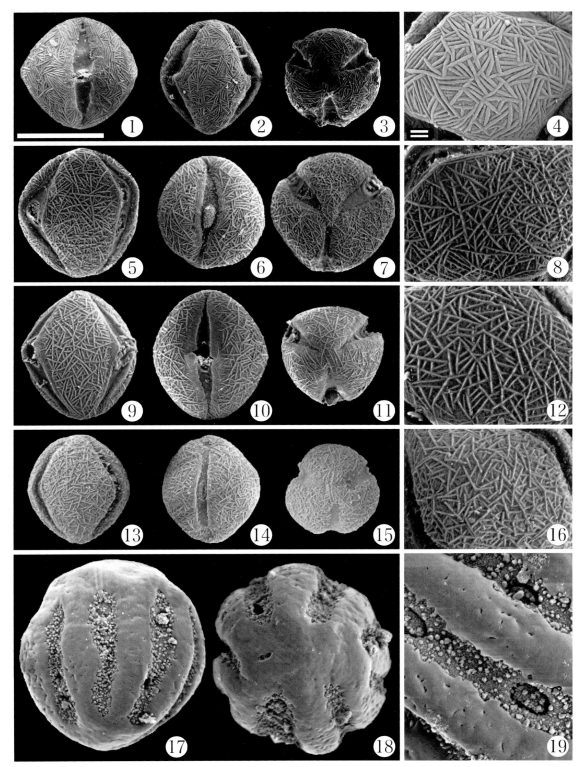

1-4：イワベンケイ Rhodiola rosea, 5-8：コモチマンネングサ Sedum bulbiferum, 9-12：ヒメレンゲ Sedum subtile, 13-16：ニイタカマンネングサ Sedum morrisonense, 17-19：ヤシャビシャク Ribes ambiguum

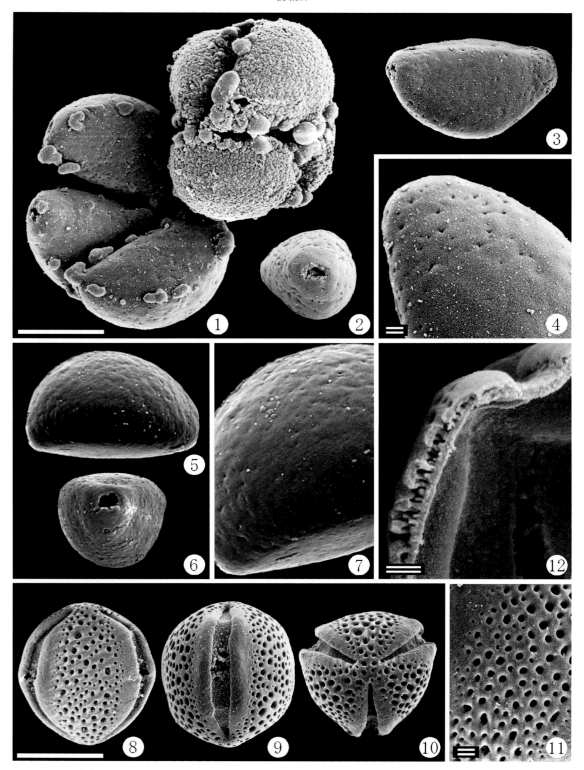

1-4：ヒイラギズイナ *Itea oldhamii*, 5-7：シナズイナ *Itea ilicifolia*, 8-12：キレンゲショウマ *Kirengeshoma palmata*

Pl.108

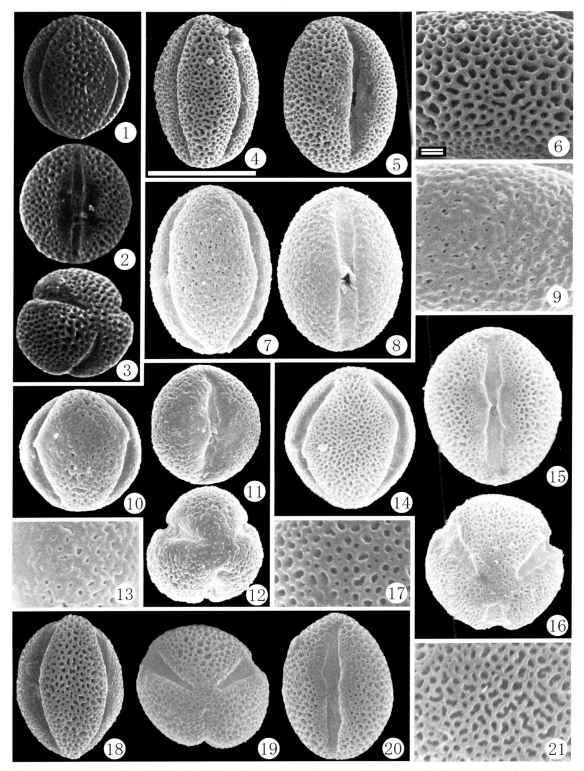

1-3：イワガラミ *Schizophragma hydrangeoides*, 4-6：コアジサイ *Hydrangea hirta*, 7-9：ノリウツギ *Hydrangea paniculata*, 10-13：ガクアジサイ *Hydrangea macrophylla* f. *normalis*, 14-17：アジサイ *Hydrangea macrophylla* f. *macrophylla*, 18-21：ガクウツギ *Hydrangea scandens* （＊：1・3）

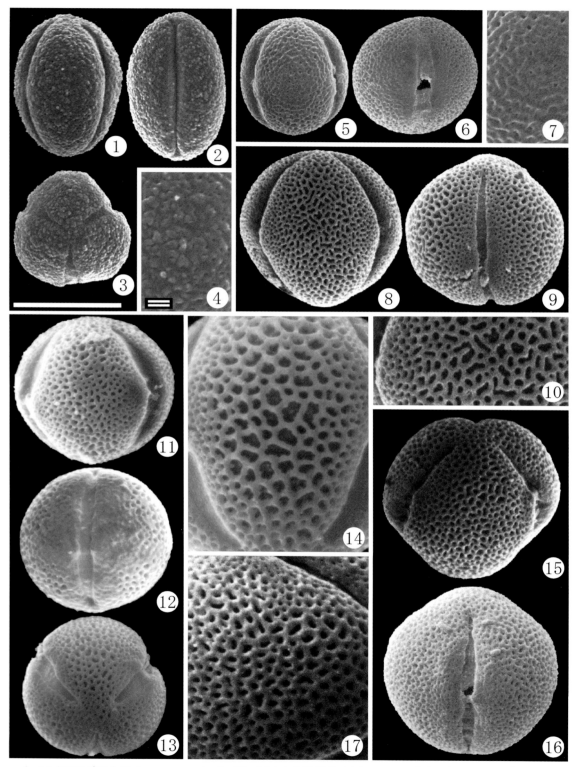

1-4：ヤマアジサイ *Hydrangea serrata*, 5-7：バイカウツギ *Philadelphus satsumi*, 8-10：ヒメウツギ *Deutzia gracilis*, 11-14：ウツギ *Deutzia crenata* var. *crenata*, 15-17：タコノアシ *Penthorum chinense*

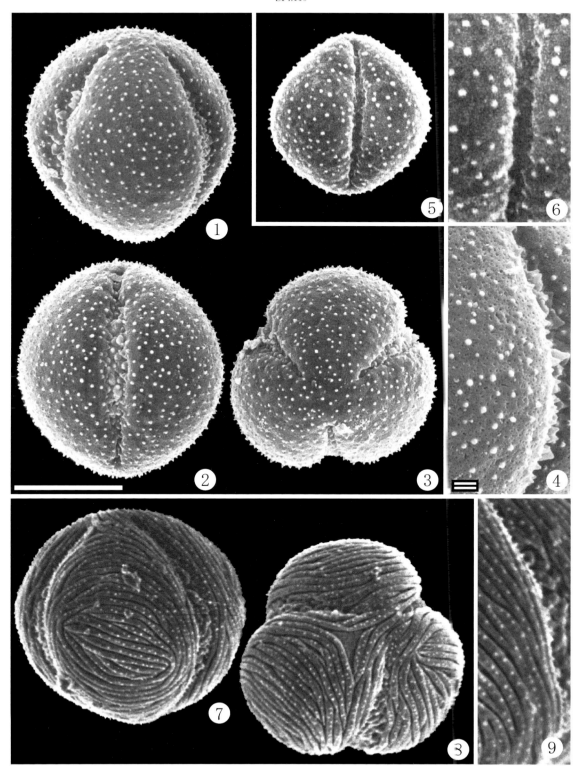

1 - 4：ユキノシタ *Saxifraga stolonifera*, 5 - 6：ダイモンジソウ *Saxifraga fortunei* var. *incisolobata*, 7 - 9：シコタンソウ *Saxifraga cherlerioides* var. *rebunshirensis*

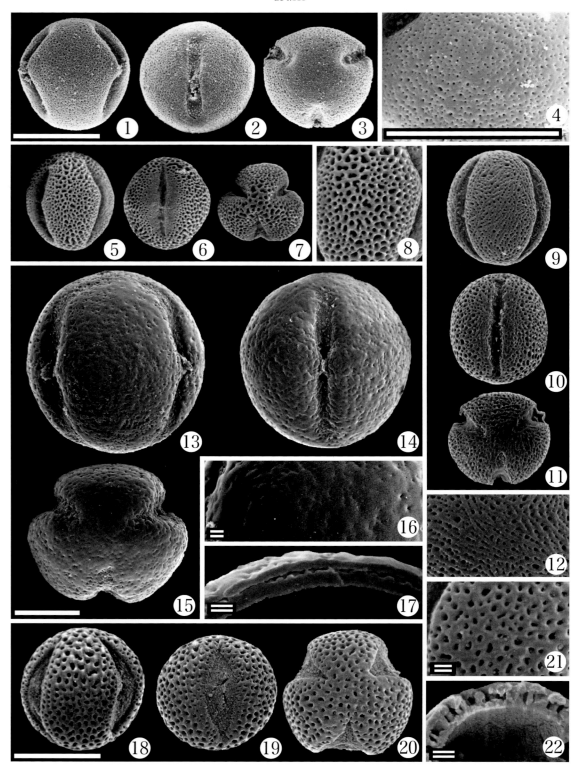

1-4：ヤワタソウ *Peltoboykinia tellimoides*, 5-8：ヤクシマアジサイ *Hydrangea grosseserrata*, 9-12：フジアカショウマ *Astilbe thunbergii* var. *fujisanensis*, 13-17：ハハジマトベラ *Pittosporum parvifolium* var. *beecheyi*, 18-22：ゴレンシ *Averrhoa carambola*

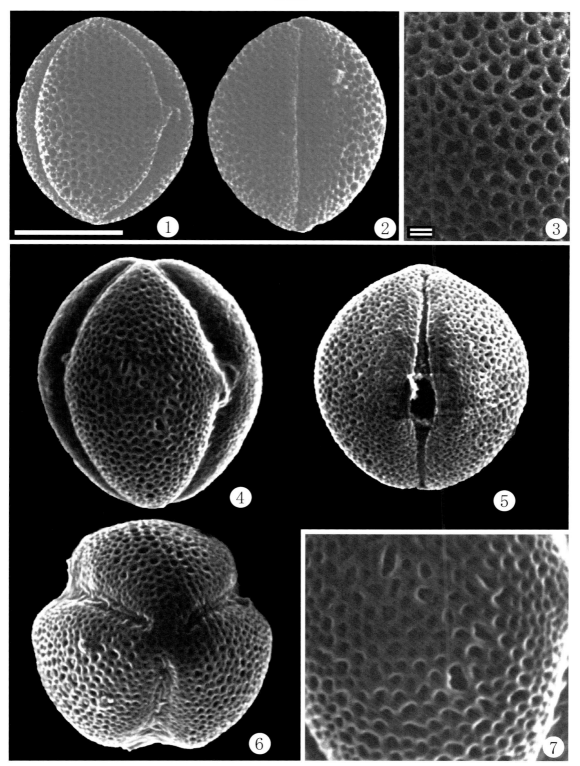

1-3：ウメバチソウ *Parnassia palustris* var. *multiseta*, 4-7：シラヒゲソウ *Parnassia foliosa* var. *nummularia*
(＊：5-6)

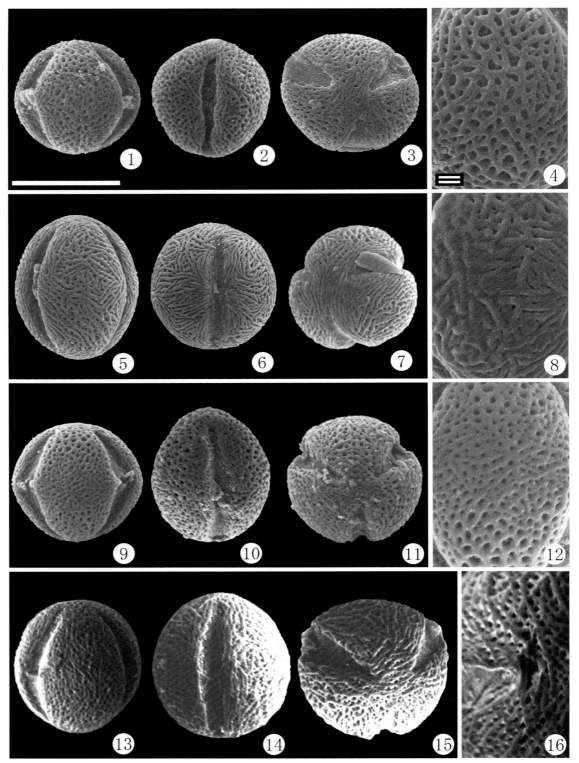

1-4：アカショウマ *Astilbe thunbergii* var. *thunbergii*, 5-8：アワモリショウマ *Astilbe japonica*, 9-12：チダケサシ *Astilbe microphylla*, 13-16：ヒトツバショウマ *Astilbe simplicifolia*

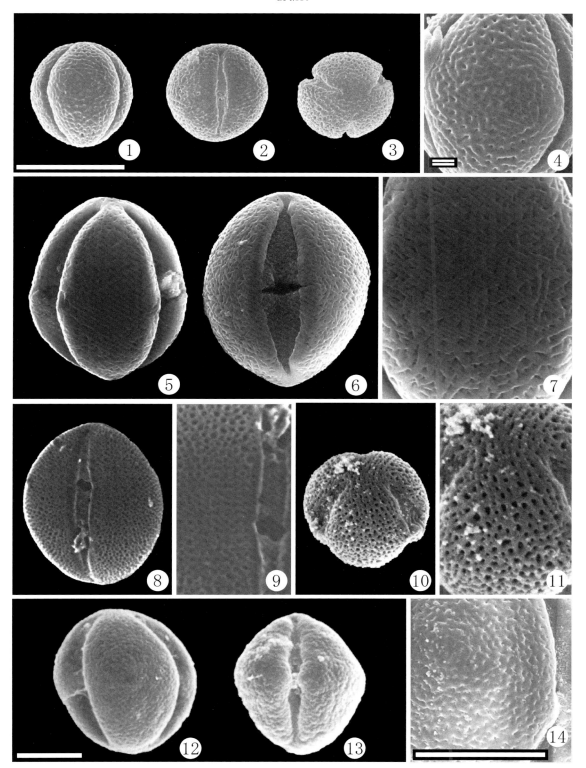

1-4：トリアシショウマ *Astilbe thunbergii* var. *congesta*, 5-7：チャルメルソウ *Mitella furusei* var. *subramosa*, 8-9：ハナネコノメ *Chrysosplenium album* var. *stamineum*, 10-11：ヤグルマソウ *Rodgersia podophylla*, 12-14：トベラ *Pittosporum tobira*

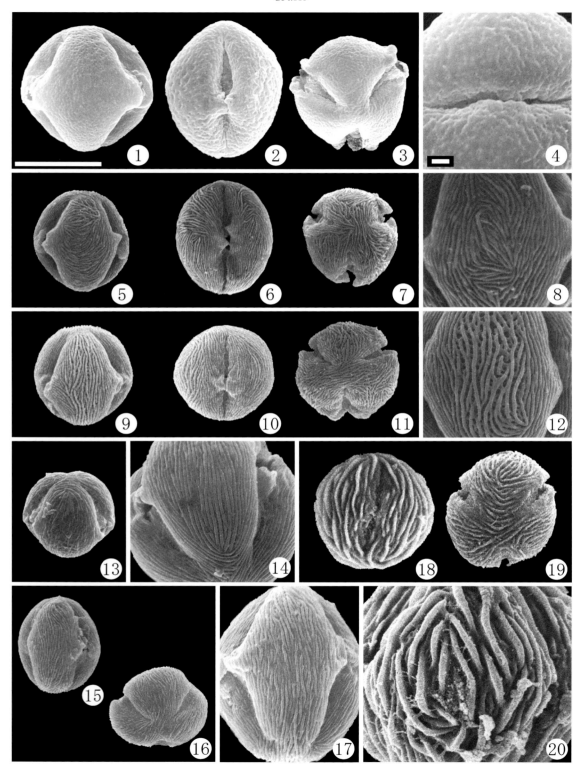

1-4：コゴメウツギ *Stephanandra incisa*, 5-8：イブキシモツケ *Spiraea dasyantha*, 9-12：シモツケ *Spiraea japonica*, 13-14：ユキヤナギ *Spiraea thunbergii*, 15-17：コデマリ *Spiraea cantoniensis*, 18-20：ミヤマヤマブキショウマ *Aruncus dioicus* var. *astilboides*

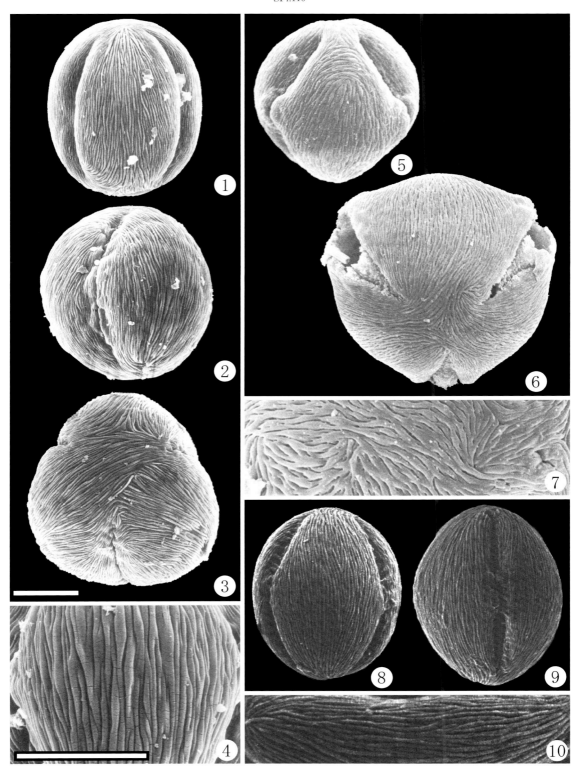

1-4：スモモ *Prunus salicina*, 5-7：モモ（大久保）*Prunus persica*, 8-10：エドヒガン *Prunus pendula* var. *ascendens*

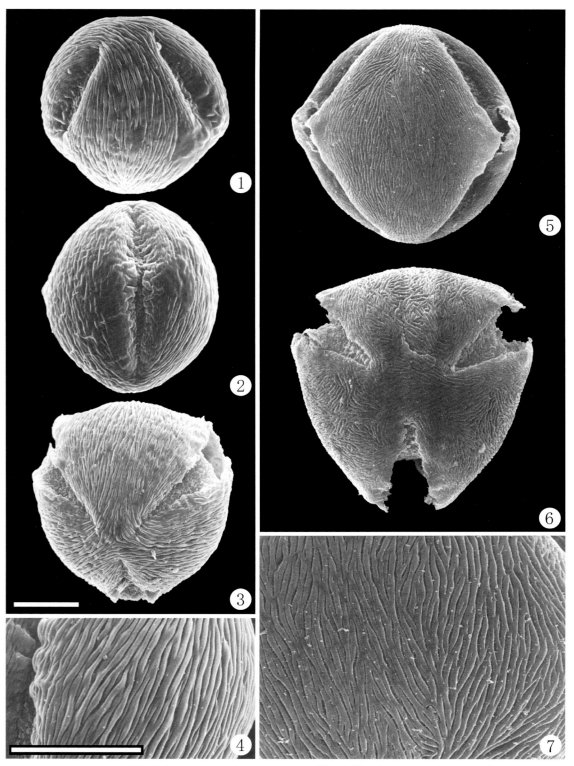

1-4：ヤマザクラ Prunus jamasakura, 5-7：モモ（清水白桃）：Prunus persica （＊：6）

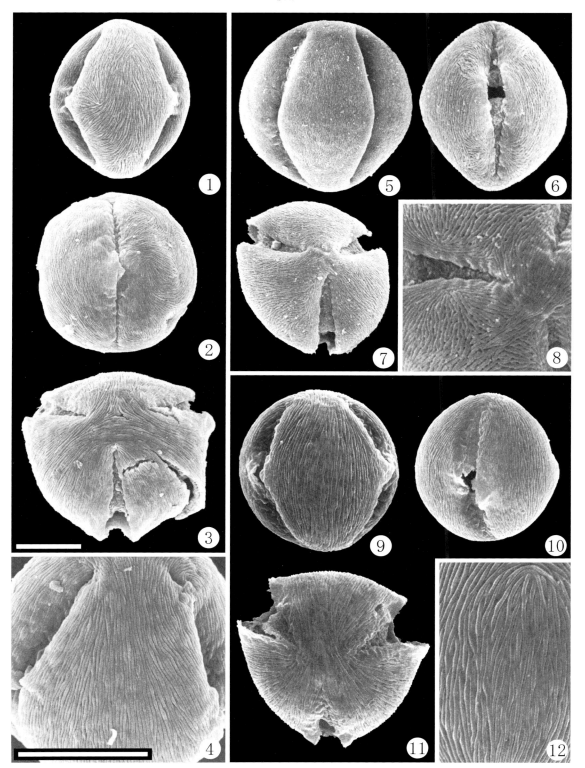

1-4：ウメ *Prunus mume*, 5-8：ウワミズザクラ *Prunus grayana*, 9-12：ソメイヨシノ *Prunus × yedoensis*

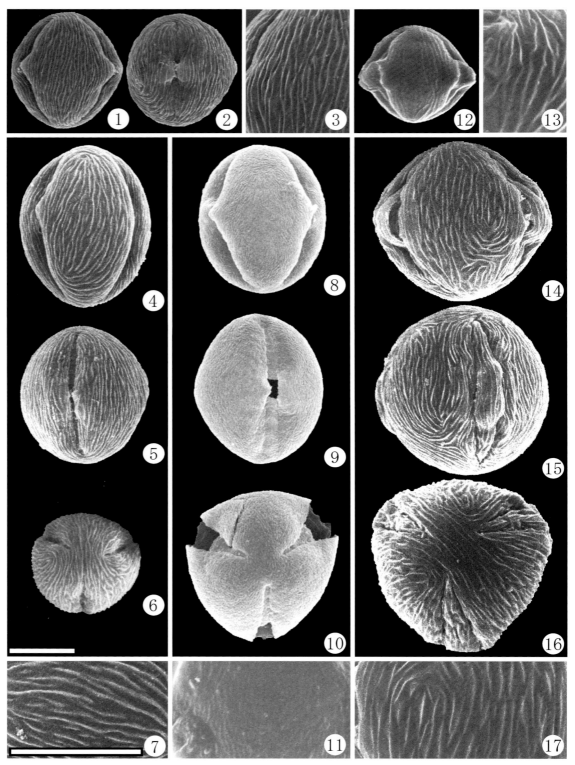

1-3：ダイコンソウ *Geum japonicum*, 4-7：チングルマ *Geum pentapetalum*, 8-11：ヤマブキ *Kerria japonica*, 12-13：オヘビイチゴ *Potentilla sundaica* var. *robusta*, 14-17：ヤブヘビイチゴ *Duchesnea indica*

Pl.120

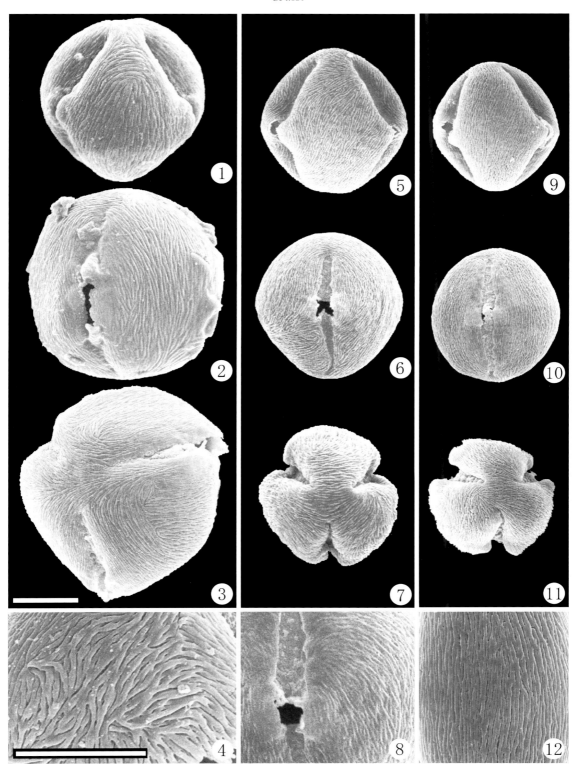

1-4：ノイバラ Rosa multiflora, 5-8：ハマナシ Rosa rugosa, 9-12：ヤマイバラ Rosa sambucina

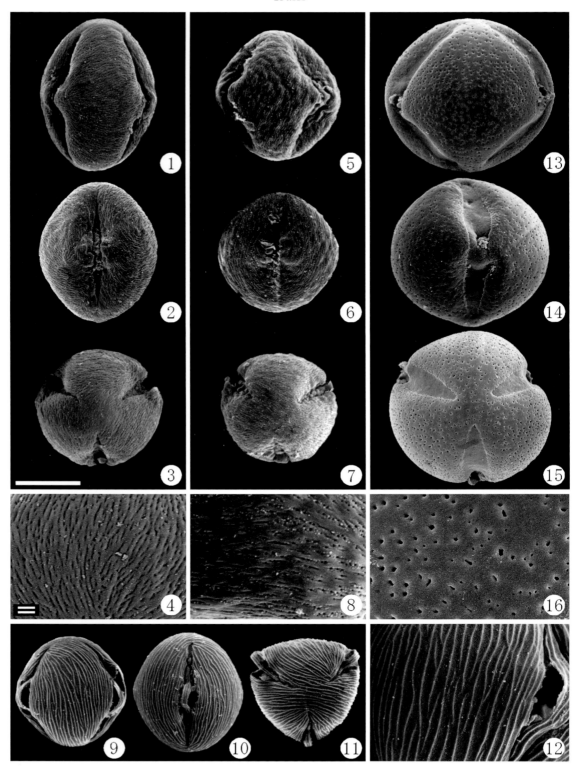

1-4：サクラバラ *Rosa uchiyama*, 5-8：サンショウバラ *Rosa hirtula*, 9-12：カワラサイコ *Potentilla chinensis*, 13-16：ギンゴウカン *Leucaena leucocephala*

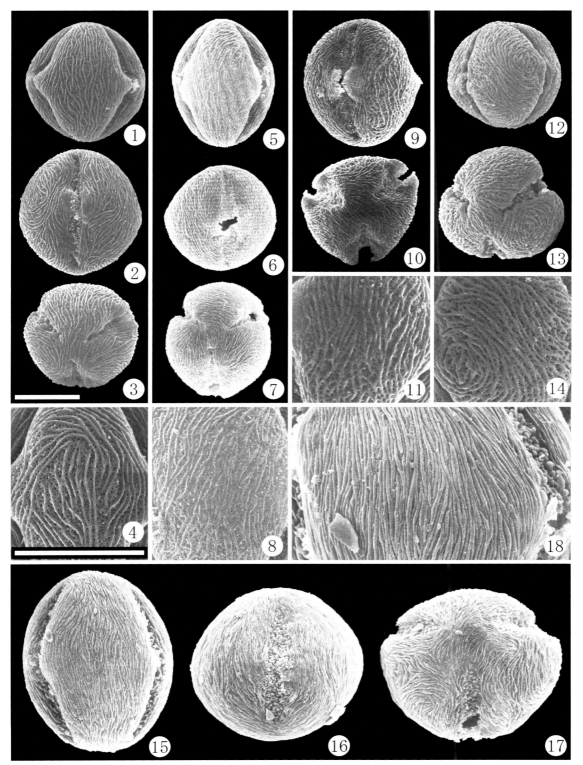

1-4：クサイチゴ *Rubus hirsutus*, 5-8：ナガバモミジイチゴ *Rubus palmatus* var. *palmatus*, 9-11：クマイチゴ *Rubus crataegifolius*, 12-14：ナワシロイチゴ *Rubus parvifolius*, 15-18：コバノフユイチゴ *Rubus pectinellus* （＊：5）

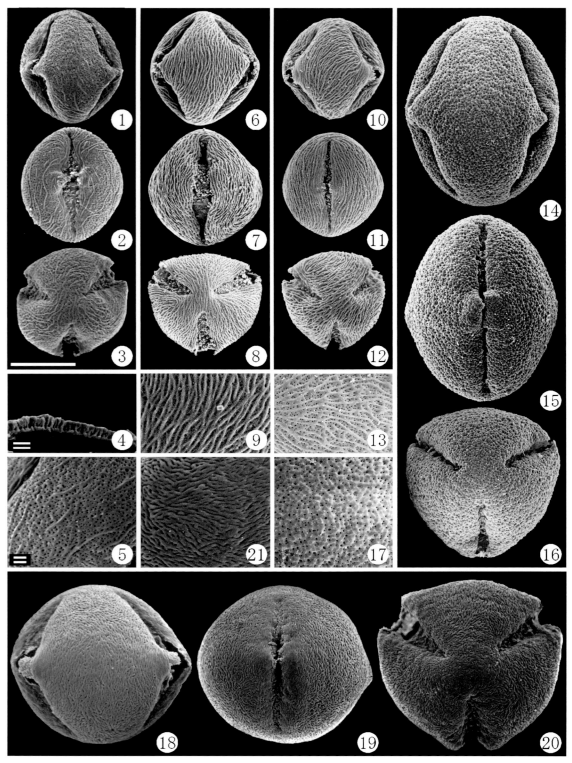

1-5：ハスノハイチゴ Rubus peltatus, 6-9：テンチャ Rubus suavissimus, 10-13：ホウロクイチゴ Rubus sieboldii, 14-17：オオバライチゴ Rubus croceacanthus, 18-21：キンキマメザクラ Prunus incisa subsp. kinkiensis （＊：17）

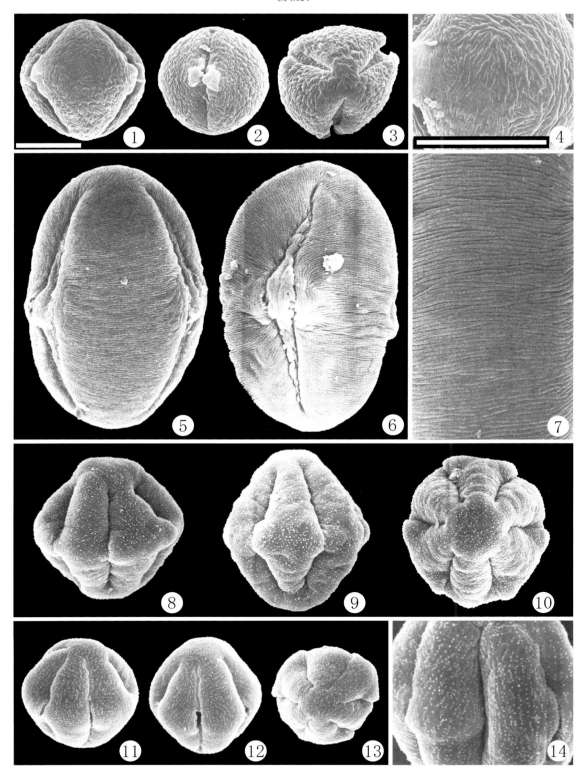

1-4：シロヤマブキ *Rhodotypos scandens*, 5-7：キンミズヒキ *Agrimonia pilosa* var. *japonica*, 8-10：カライトソウ *Sanguisorba hakusanensis*, 11-14：ワレモコウ *Sanguisorba officinalis* （＊：6）

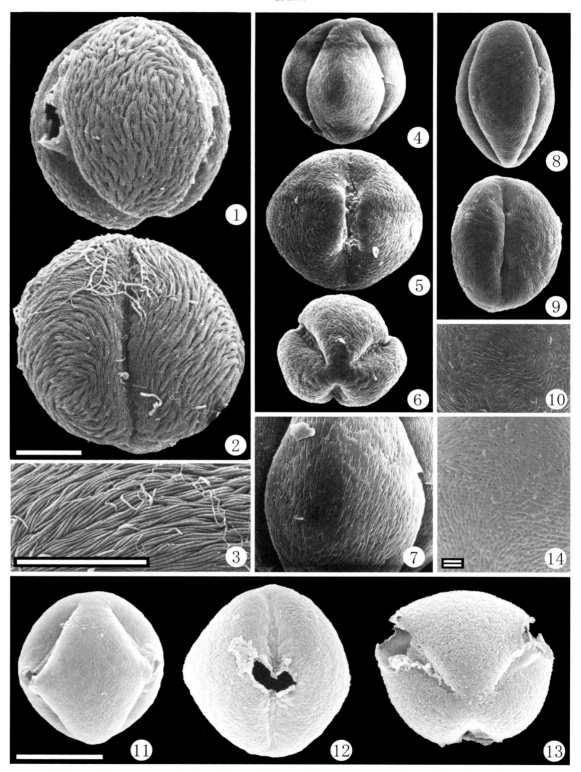

1-3：サンザシ *Crataegus cuneata*, 4-7：ケカマツカ *Pourthiaea villosa* var. *zollingeri*, 8-10：ワタゲカマツカ *Pourthiaea villosa* var. *villosa*, 11-14：タチバナモドキ *Pyracantha angustifolia* （＊：4-5）

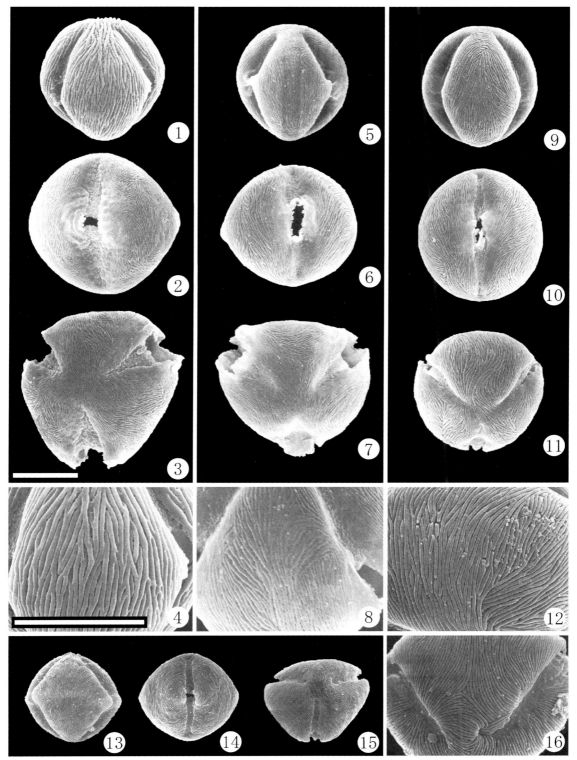

1-4：アズキナシ Sorbus alnifolia, 5-8：ウラジロノキ Sorbus japonica, 9-12：ナナカマド Sorbus commixta, 13-16：ホザキナナカマド Sorbaria sorbifolia

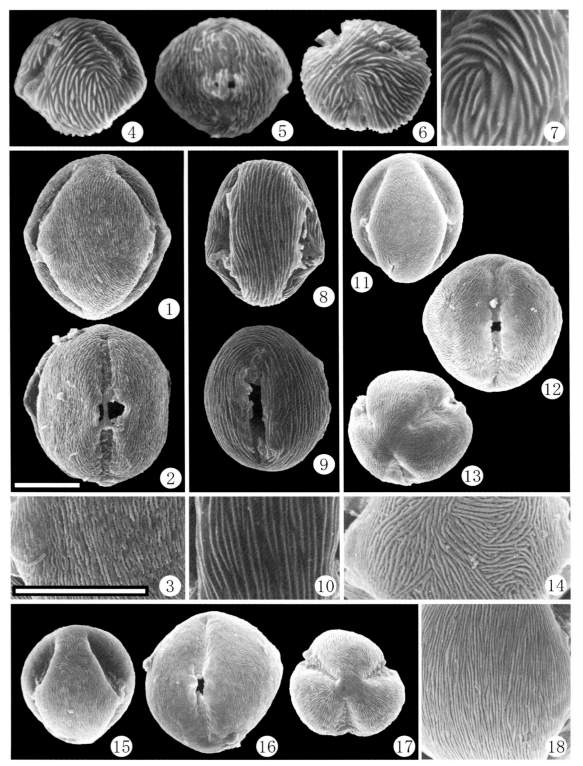

1-3：ナニワイバラ Rosa laevigata, 4-7：オランダイチゴ Fragaria×ananassa, 8-10：ミツバツチグリ Potentilla freyniana, 11-14：ビワ Eriobotrya japonica, 15-18：リンゴ Malus domestica （＊：13）

Pl.128

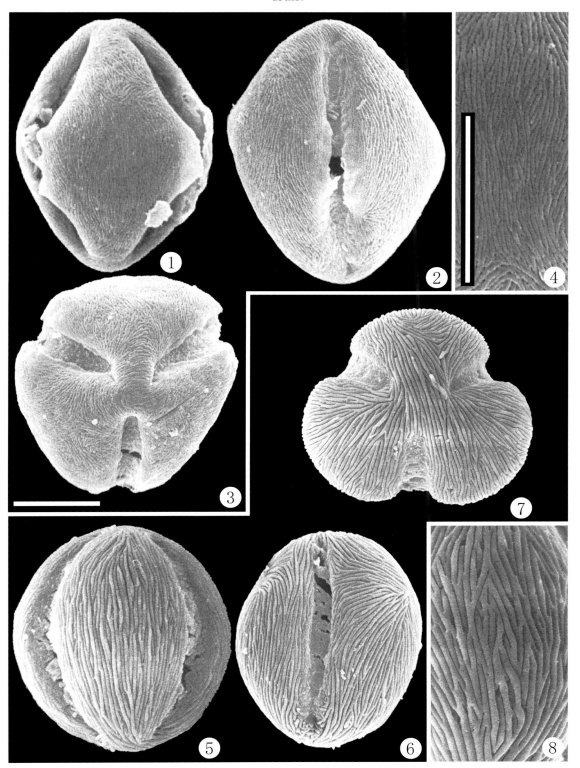

1-4：シャリンバイ *Rhaphiolepis indica* var. *umbellata*, 5-8：ホソバシャリンバイ *Rhaphiolepis indica* var. *liukiuensis*

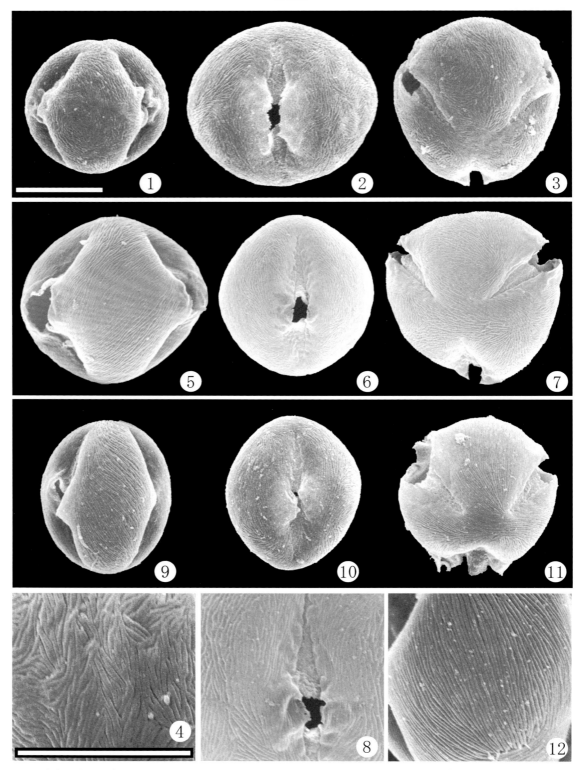

1-4：オオカナメモチ Photinia serratifolia, 5-8：カナメモチ Photinia glabra, 9-12：ザイフリボク Amelanchier asiatica （＊：5）

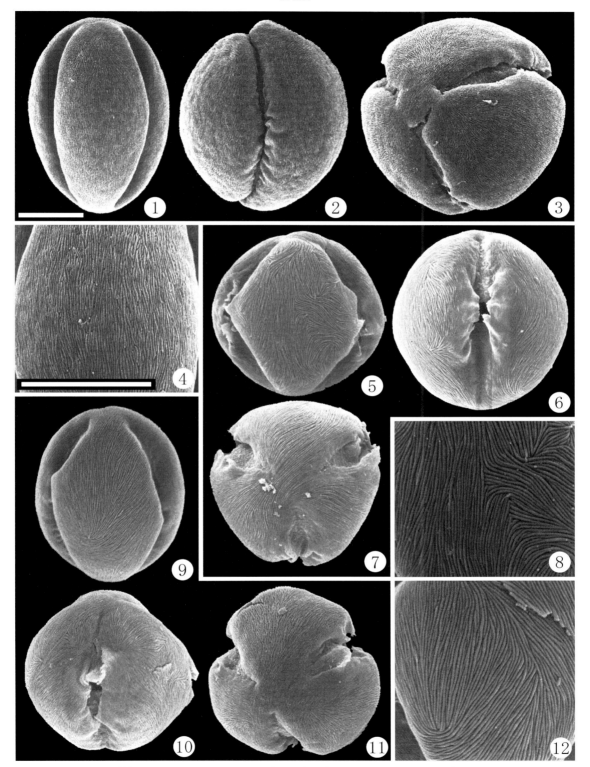

1-4：ハナカイドウ *Malus halliana*, 5-8：ミチノクナシ *Pyrus ussuriensis*, 9-12：ナシ *Pyrus pyrifolia* var. *culta*

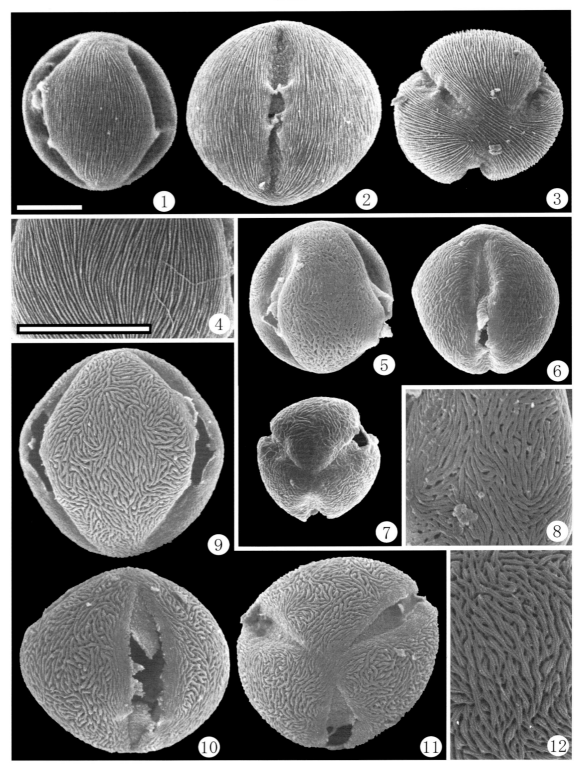

1-4：カリン *Chaenomeles sinensis*, 5-8：ボケ *Chaenomeles speciosa*, 9-12：クサボケ *Chaenomeles japonica*

Pl.132

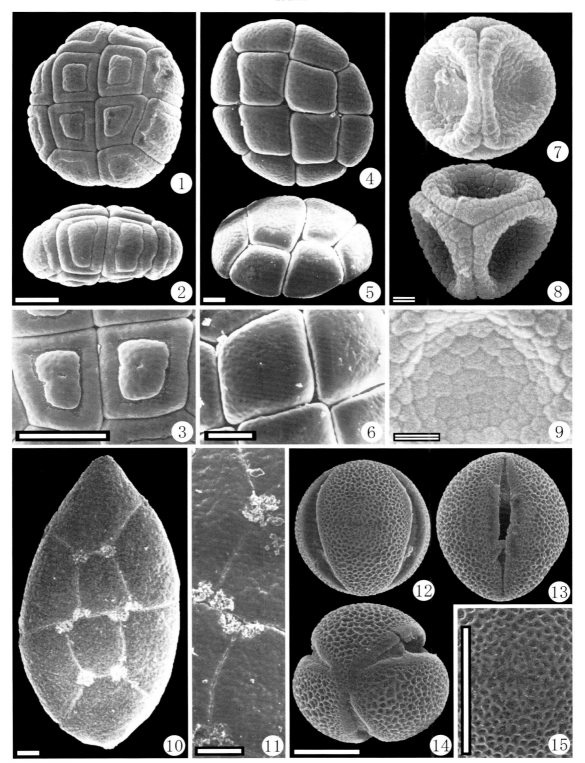

1-3：フサアカシア *Acacia dealbata*, 4-6：ネムノキ *Albizia julibrissin*, 7-9：オジギソウ *Mimosa pudica*, 10-11：ベニゴウカン *Calliandra eriophylla*, 12-15：エニシダ *Cytisus scoparius* （＊：4-5）

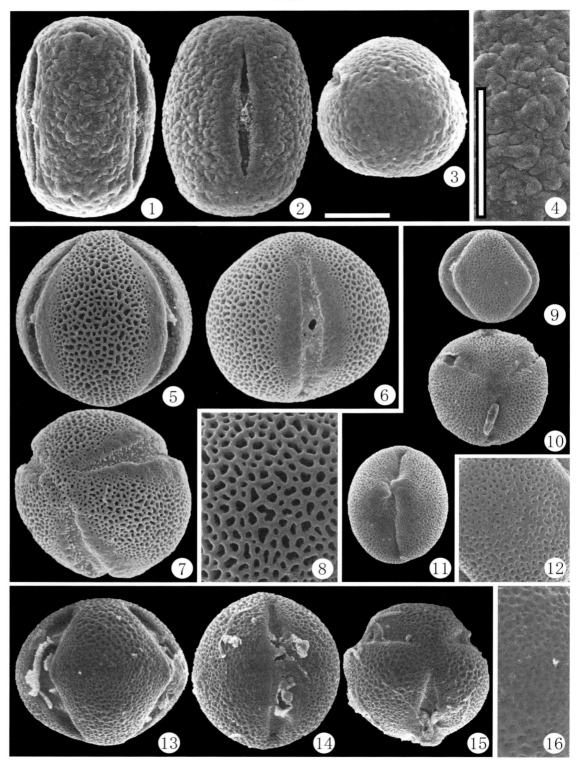

1-4：ハブソウ *Cassia occidentalis*, 5-8：サイカチ *Gleditsia japonica*, 9-12：ハナズオウ *Cercis chinensis*, 13-16：ハリエニシダ *Ulex europaeus*

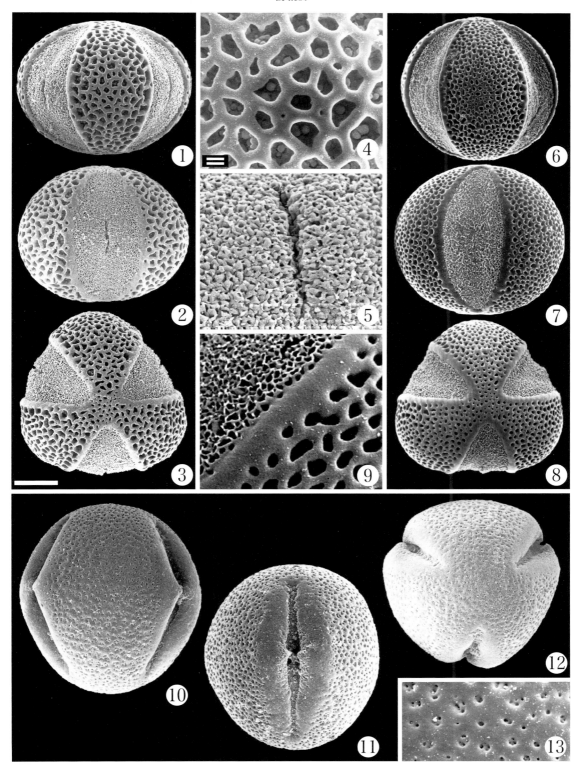

1-5：ナンテンカズラ Caesalpinia crista, 6-9：ジャケツイバラ Caesalpinia decapetala var. japonica, 10-13：ウジルカンダ Mucuna macrocarpa

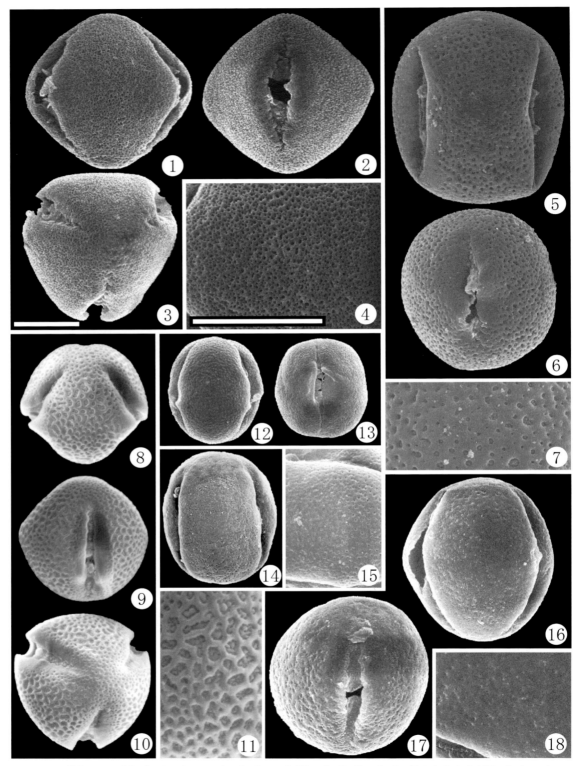

1-4：コダチニワフジ *Indigofera heterantha*, 5-7：フジ *Wisteria floribunda*, 8-11：ナツフジ *Millettia japonica*, 12-13：クララ *Sophora flavescens*, 14-15：ハリエンジュ *Robinia pseudoacacia*, 16-18：イヌエンジュ *Maackia amurensis* （＊：17）

SPl.136

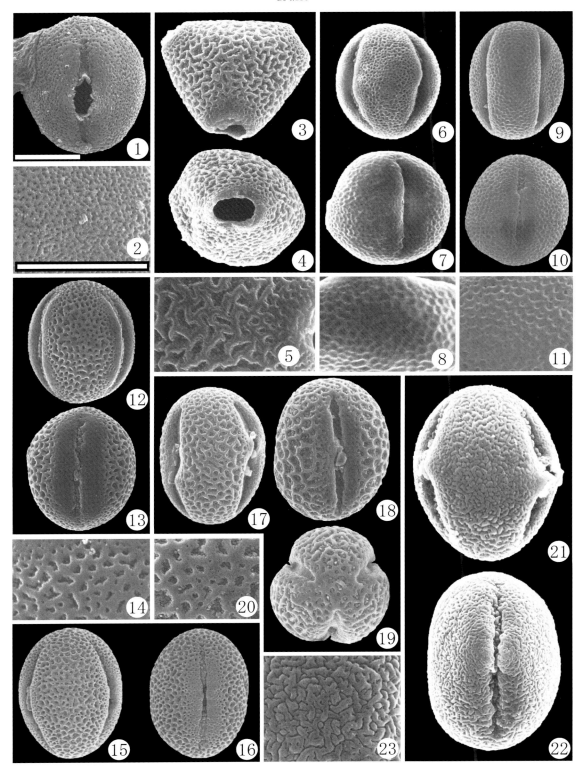

1-2：シイノキカズラ *Derris trifoliata*, 3-5：デイゴ *Erythrina variegata*, 6-8：マルバハギ *Lespedeza cyrtobotrya*, 9-11：ヤマハギ *Lespedeza bicolor*, 12-14：メドハギ *Lespedeza juncea* var. *subsessilis*, 15-16：ミヤギノハギ *Lespedeza thunbergii*, 17-20：ミソナオシ *Ohwia caudatum*, 21-23：ヌスビトハギ *Desmodium podocarpum* subsp. *oxyphyllum*

Pl.137

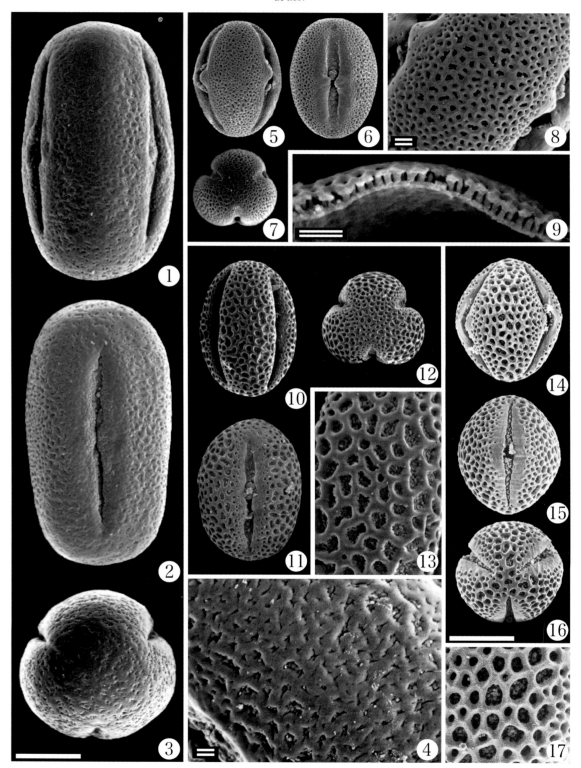

1-4：ナンテンハギ *Vicia unijuga*, 5-9：タヌキマメ *Crotalaria sessiliflora*, 10-13：ナハキハギ *Dendrolobium umbellatum*, 14-17：アマミヒトツバハギ *Securinega suffruticosa* var. *amamiensis*

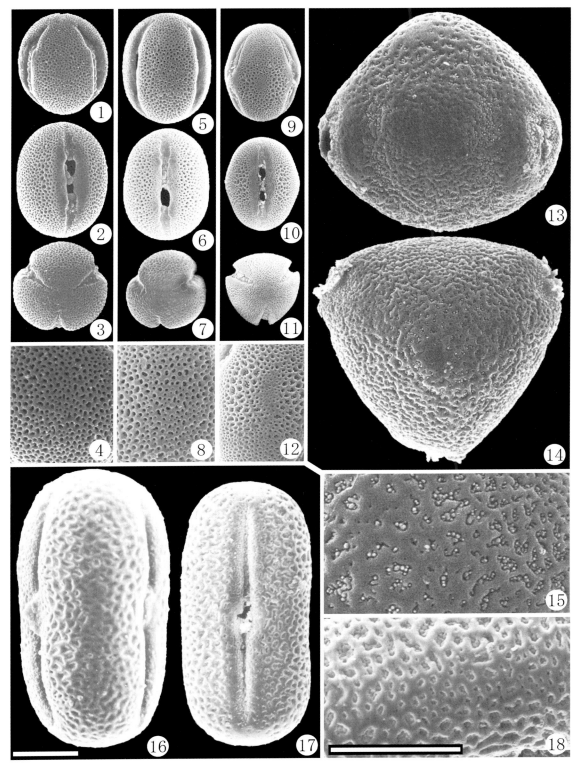

1‑4：センダイハギ *Thermopsis lupinoides*, 5‑8：ムラサキセンダイハギ *Baptisia australis*, 9‑12：ゲンゲ *Astragalus sinicus*, 13‑15：インゲンマメ *Phaseolus vulgaris*, 16‑18：エンドウ *Pisum sativum*

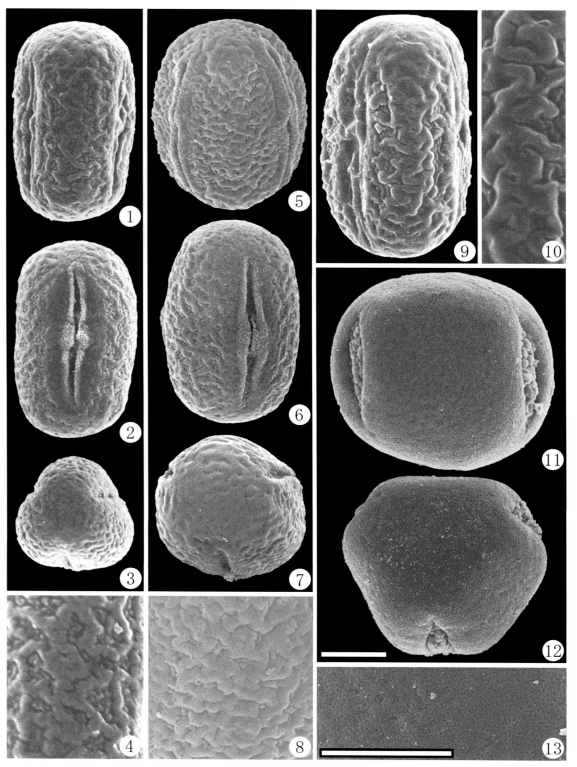

1-4：ヤハズエンドウ *Vicia angustifolia*, 5-8：スズメノエンドウ *Vicia hirsuta*, 9-10：ソラマメ *Vicia faba*, 11-13：ホドイモ *Apios fortunei*

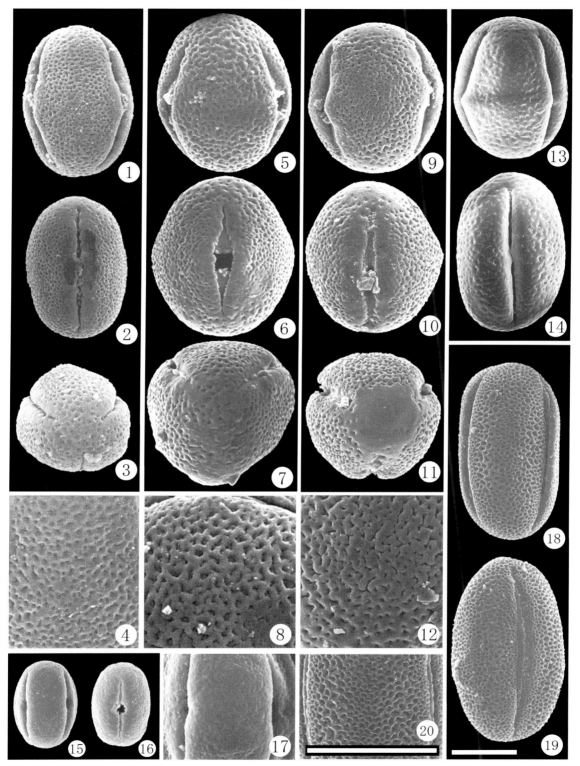

1-4：シナガワハギ *Melilotus officinalis*, 5-8：ウマゴヤシ *Medicago polymorpha*, 9-12：コメツブウマゴヤシ *Medicago lupulina*, 13-14：シロツメクサ *Trifolium repens*, 15-17：ミヤコグサ *Lotus corniculatus* var. *japonicus*, 18-20：イワオウギ *Hedysarum vicioides* （＊：13）

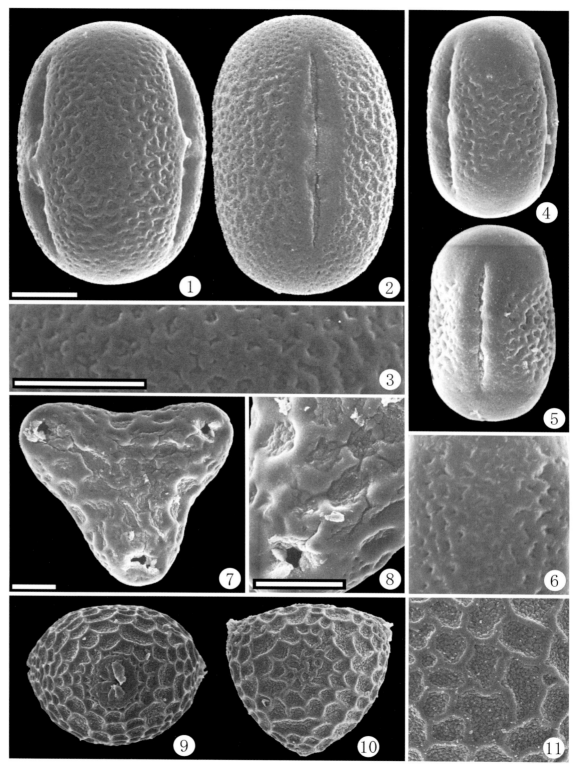

1-3：スイートピー *Lathyrus odoratus*, 4-6：ハマエンドウ *Lathyrus japonicus* subsp. *japonicus*, 7-8：ノササゲ *Dumasia truncata*, 9-11：ハマセンナ *Ormocarpum cochinchinense* （＊：5）

SPl.142

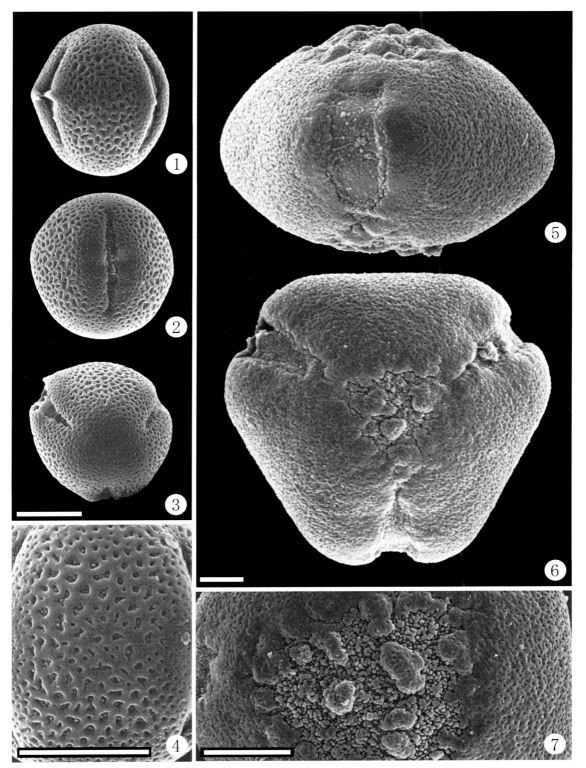

1 - 4：クズ *Pueraria lobata*, 5 - 7：ハマナタマメ *Canavalia lineata*

SPl.143

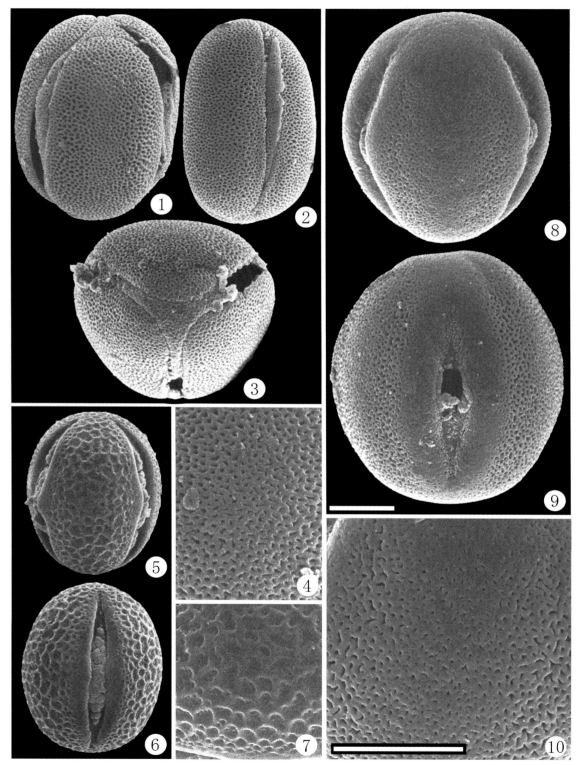

1-4：ナンキンマメ *Arachis hypogaea*, 5-7：カサバルピナス *Lupinus hirsutus*, 8-10：フジマメ *Dolichos lablab*

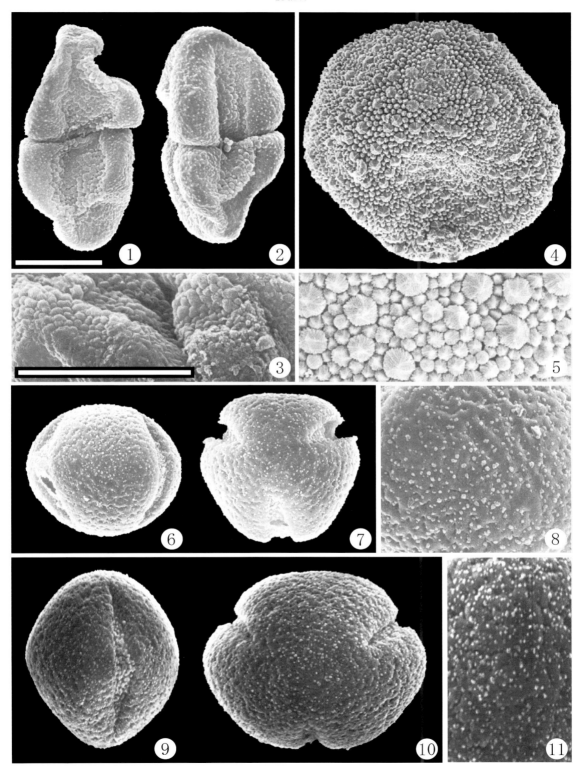

1-3：ウスカワゴロモ *Hydrobryum floribundum*, 4-5：マツバニンジン *Linum stelleroides*, 6-8：ユズリハ *Daphniphyllum macropodum*, 9-11：エゾユズリハ *Daphniphyllum macropodum* var. *humile*

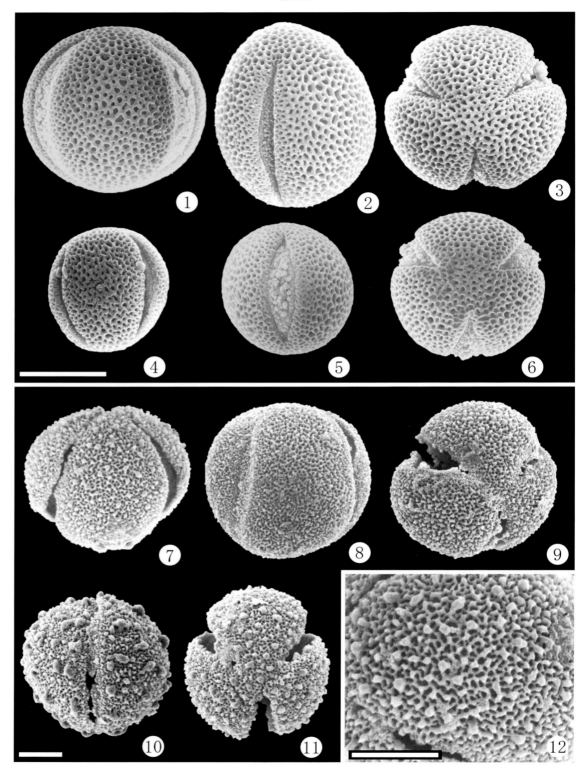

1-6：イモカタバミ Oxalis articulata, 7-12：ミヤマカタバミ Oxalis griffithii （1-3, 7-9, 12：長雄しべ long stamen；4-6, 10-11：短雄しべ short stamen）

Pl.146

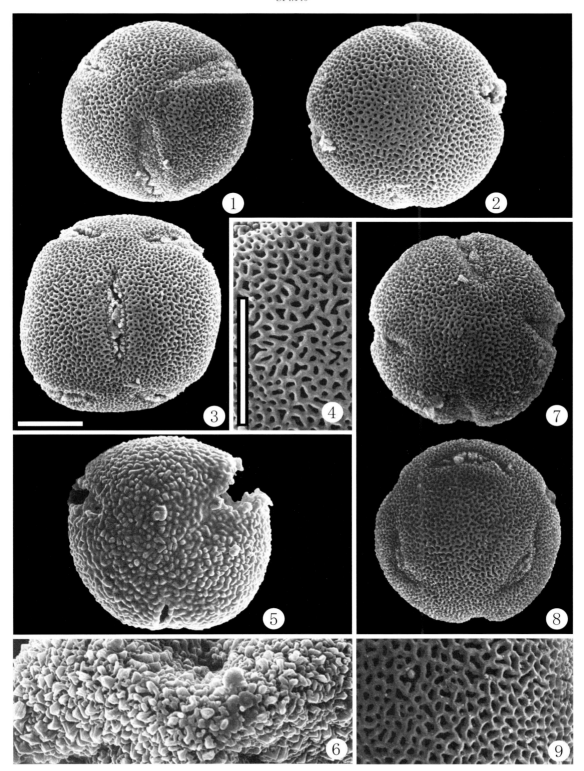

1-4：ムラサキカタバミ Oxalis corymbosa, 5-6：コミヤマカタバミ Oxalis acetosella, 7-9：アカカタバミ Oxalis corniculata f. rubrifolia

149

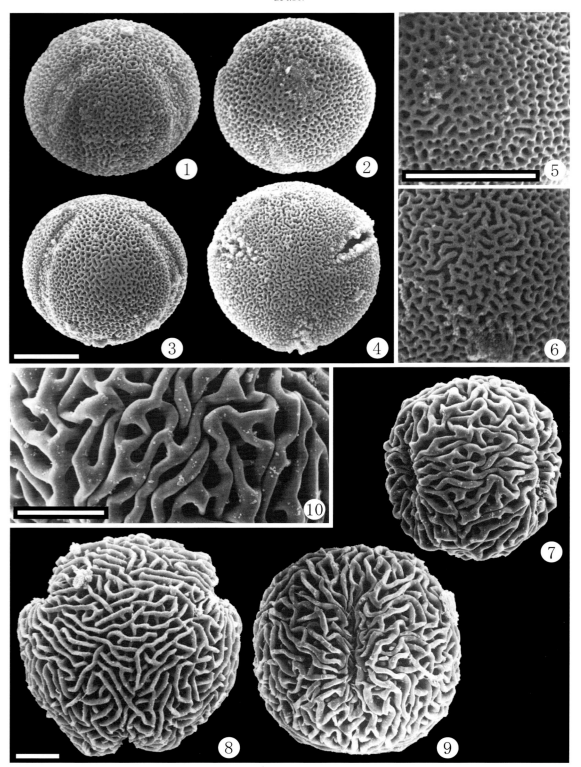

1-6：カタバミ Oxalis corniculata （1-2, 5：短雄しべ short stamen, 3-4, 6：長雄しべ long stamen）, 7-10：テンジクアオイ Pelargonium inquinans

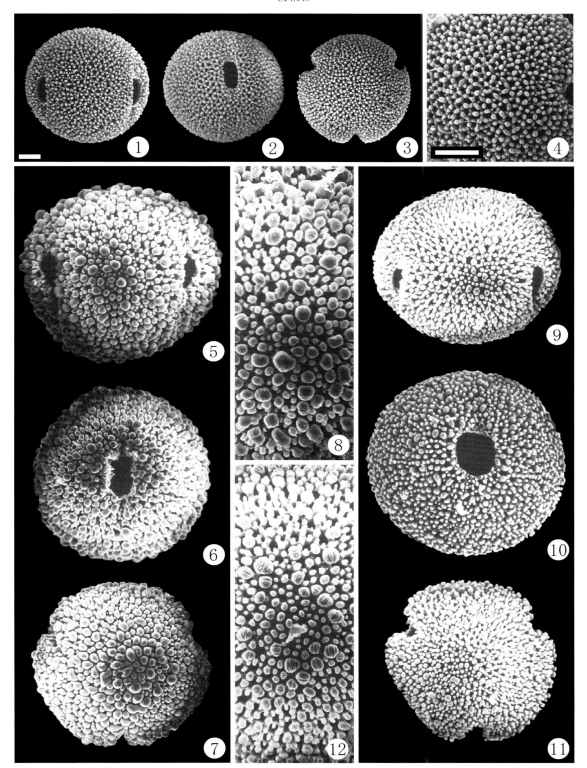

1-4：ゲンノショウコ *Geranium nepalense* subsp. *thunbergii*, 5-8：ハクサンフウロ *Geranium yesoense* var. *nipponicum*, 9-12：チシマフウロ *Geranium erianthum* （＊：5-7）

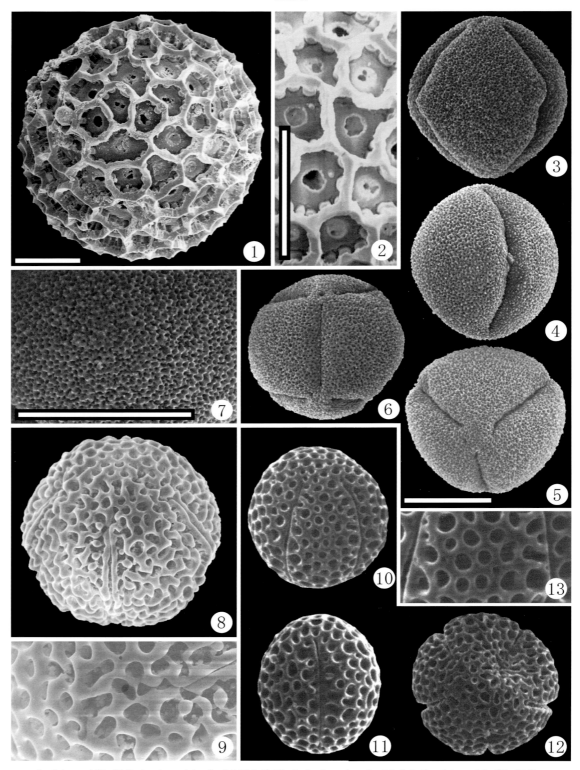

1-2：ハマビシ *Tribulus terrestris*, 3-7：アカギ *Bischofia javanica*, 8-9：ウラジロカンコノキ *Glochidion acuminatum*, 10-13：キールンカンコノキ *Glochidion lanceolatum* （＊：9）

Pl.150

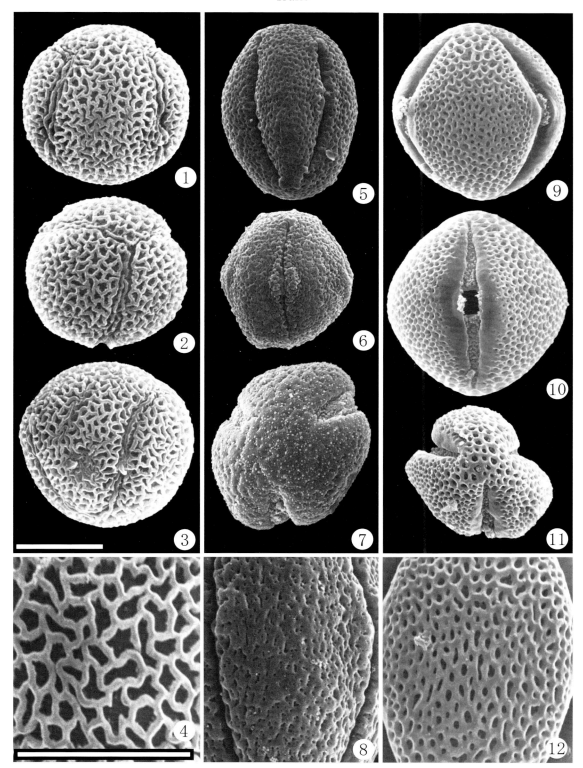

1-4：コバンノキ Phyllanthus flexuosus, 5-8：コミカンソウ Phyllanthus urinaria, 9-12：ヒトツバハギ Securinega suffruticosa var. japonica

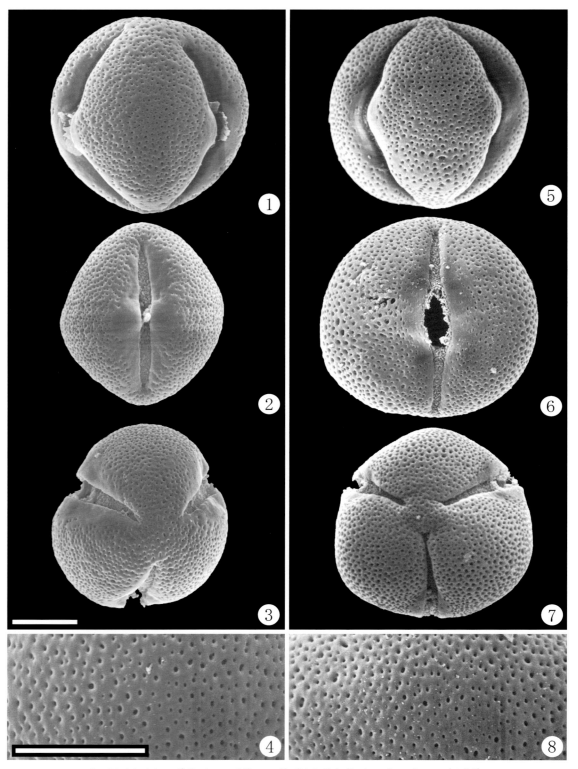

1-4：ナンキンハゼ Sapium sebiferum, 5-8：シラキ Sapium japonicum （＊：2）

1-2：アブラギリ *Aleurites cordata*, 3-6：アカメガシワ *Mallotus japonicus*　（＊：2・4-5）

Pl.153

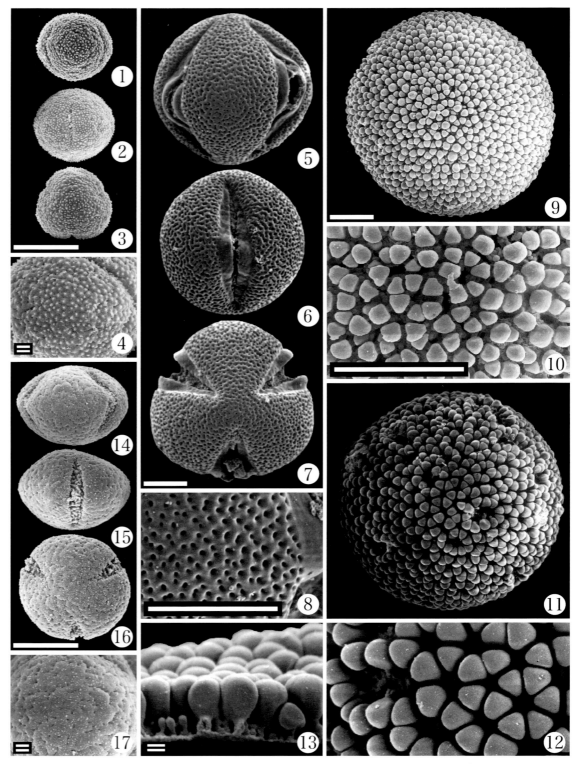

1-4：オオバギ *Macaranga tanarius*, 5-8：ハクサンタイゲキ *Euphorbia togakusensis*, 9-10：グミモドキ *Croton cascarilloides*, 11-13：テイキンザクラ *Jatropha integerrima*, 14-17：ヒメユズリハ *Daphniphyllum teijsmannii*

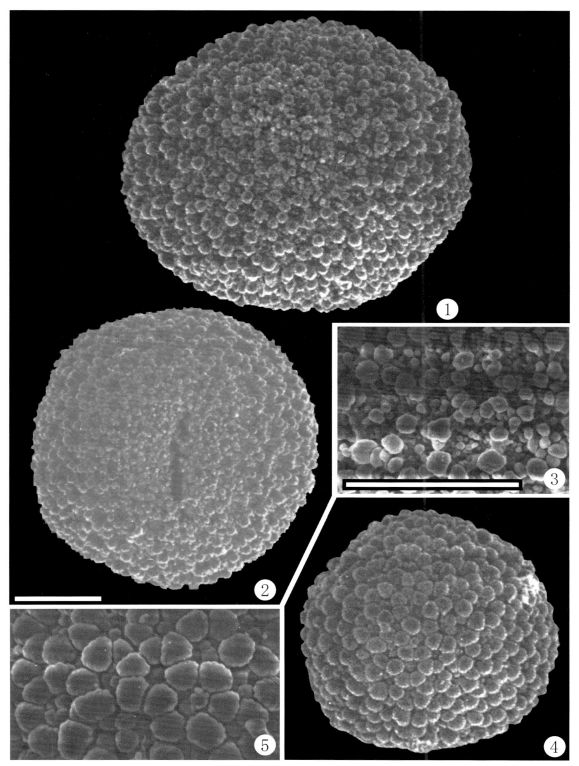

1-3：クロトン *Codiaeum variegatum* var. *pictum*, 4-5：ハズ *Croton tiglium* （＊：3-5）

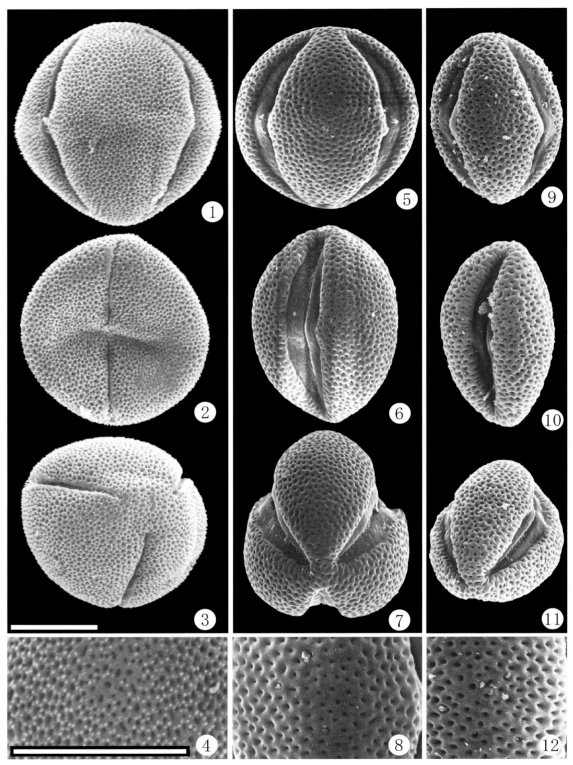

1-4：トウゴマ *Ricinus communis*, 5-8：コニシキソウ *Euphorbia supina*, 9-12：オオニシキソウ *Euphorbia maculata* （＊：5-6）

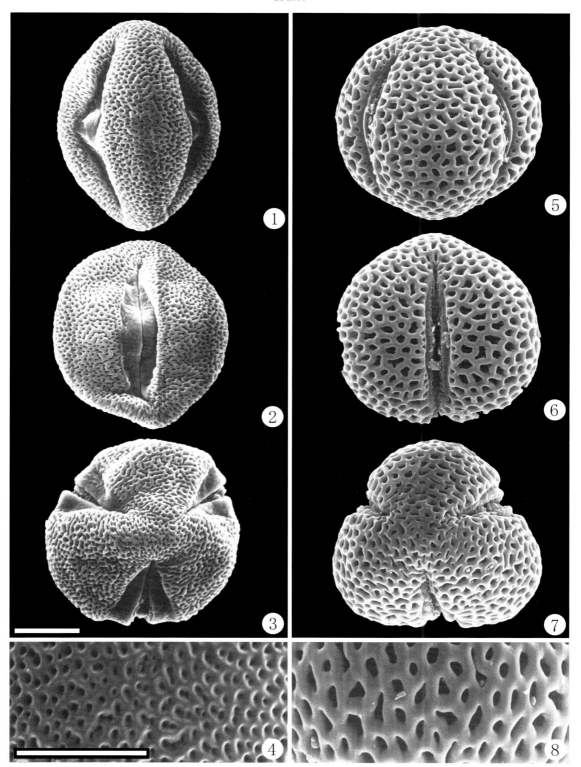

1-4：ハナキリン *Euphorbia milii* var. *splendens*, 5-8：ポインセチア *Euphorbia pulcherrima*

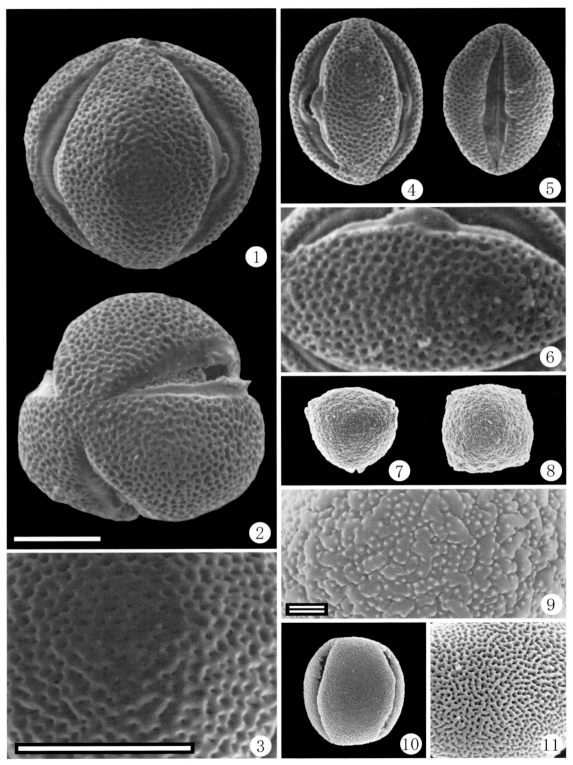

1-3：トウダイグサ *Euphorbia helioscopia*, 4-6：オトギリバニシキソウ *Euphorbia hyssopifolia*, 7-9：エノキグサ *Acalypha australis*, 10-11：ヤマアイ *Mercurialis leiocarpa*

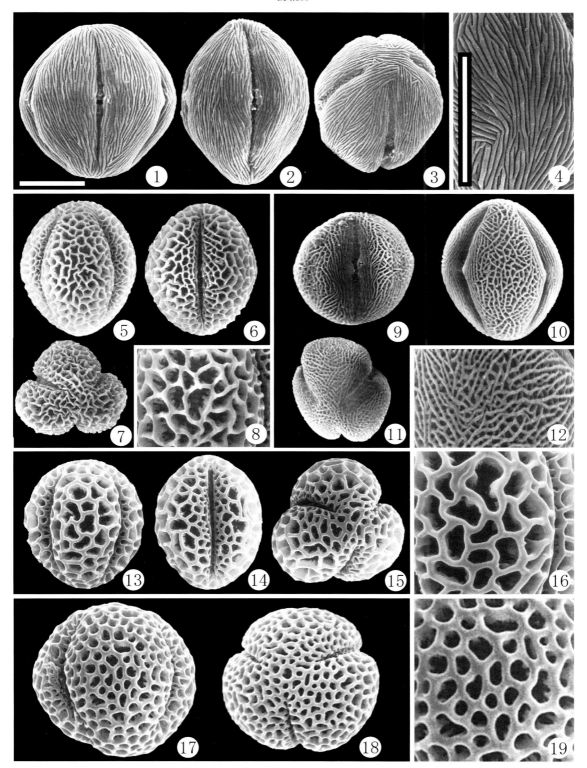

1-4：コクサギ *Orixa japonica*, 5-8：イヌザンショウ *Zanthoxylum schinifolium*, 9-12：サンショウ *Zanthoxylum piperitum*, 13-16：カラスザンショウ *Zanthoxylum ailanthoides*, 17-19：キハダ *Phellodendron amurense*

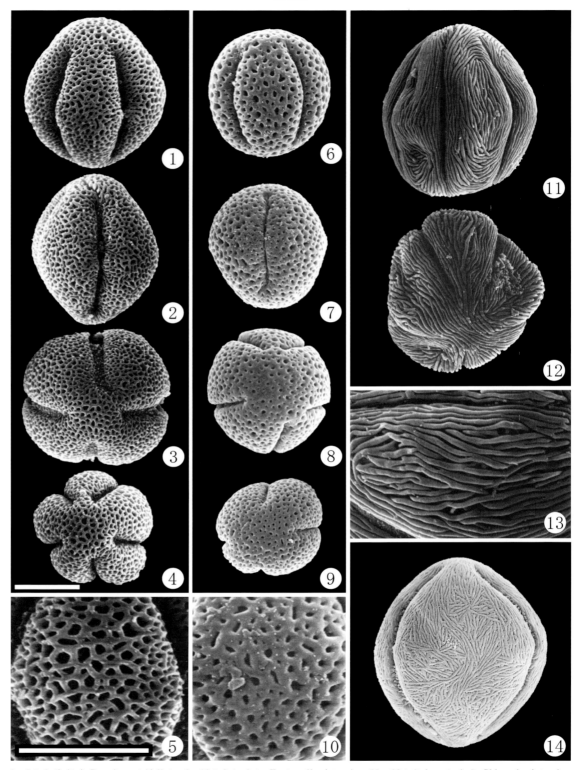

1–5：カラタチ *Poncirus trifoliata*, 6–10：キンカン *Fortunella japonica*, 11–13：ミヤマシキミ *Skimmia japonica*, 14：ゲッキツ *Murraya paniculata*

SPl.160

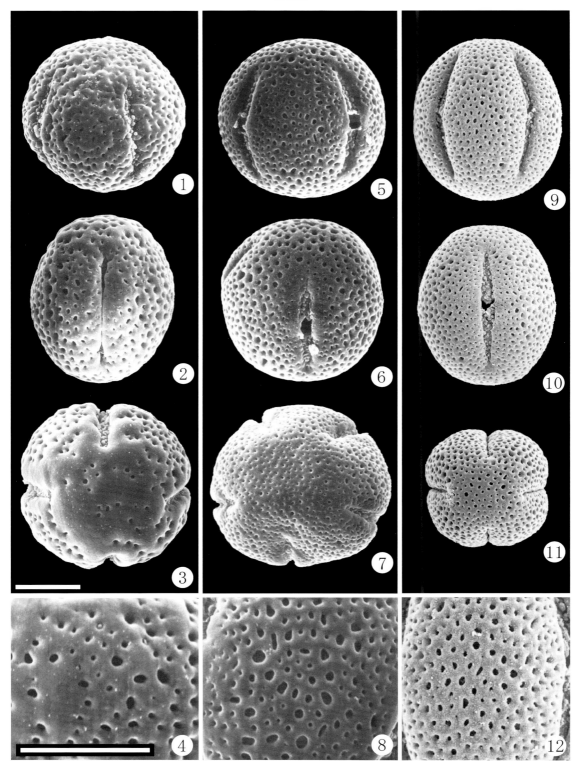

1-4：ウンシュウミカン *Citrus unshiu*, 5-8：ユズ *Citrus junos*, 9-12：シークワシャー *Citrus depressa*

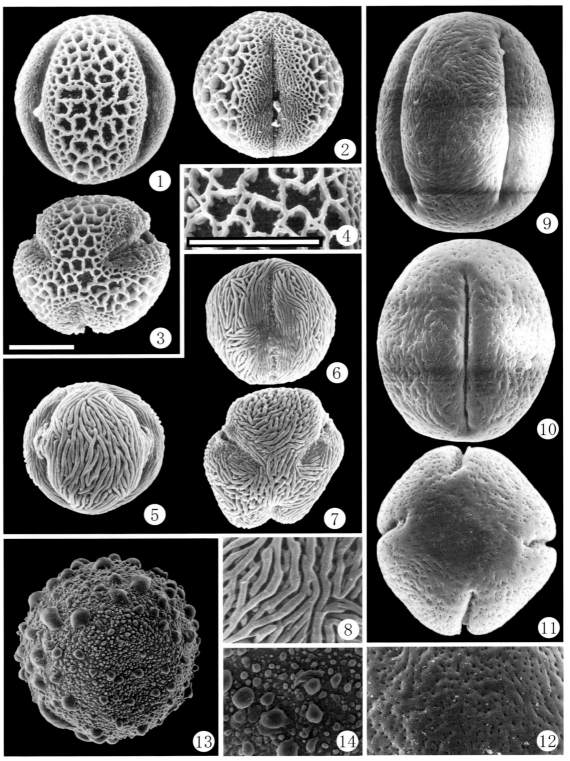

1-4：ニガキ *Picrasma quassioides*, 5-8：ニワウルシ *Ailanthus altissima*, 9-12：センダン *Melia azedarach* var. *subtripinnata*, 13-14：ササキカズラ *Ryssopterys timoriensis* （＊：9-10）

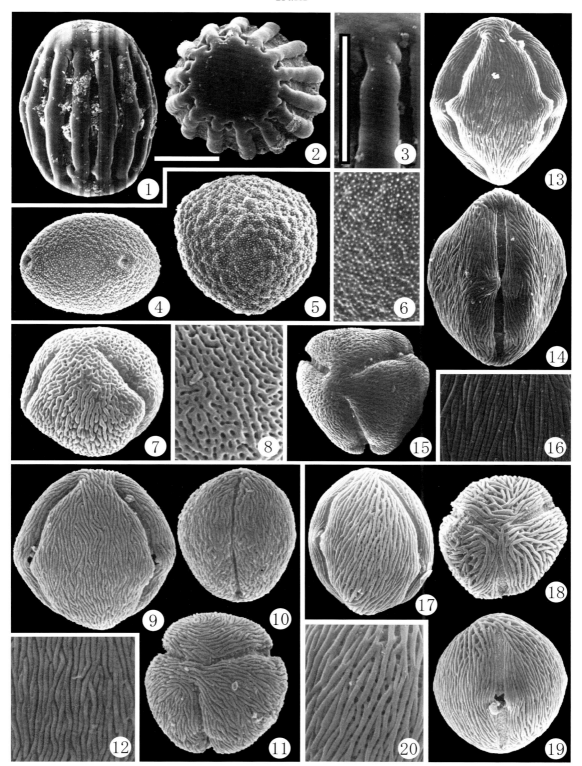

1-3：ヒメハギ *Polygala japonica*, 4-6：ドクウツギ *Coriaria japonica*, 7-8：マンゴー *Mangifera indica*, 9-12：チャンチンモドキ *Choerospondias axillaris*, 13-16：ヌルデ *Rhus javanica* var. *roxburghii*, 17-20：ヤマウルシ *Rhus trichocarpa*

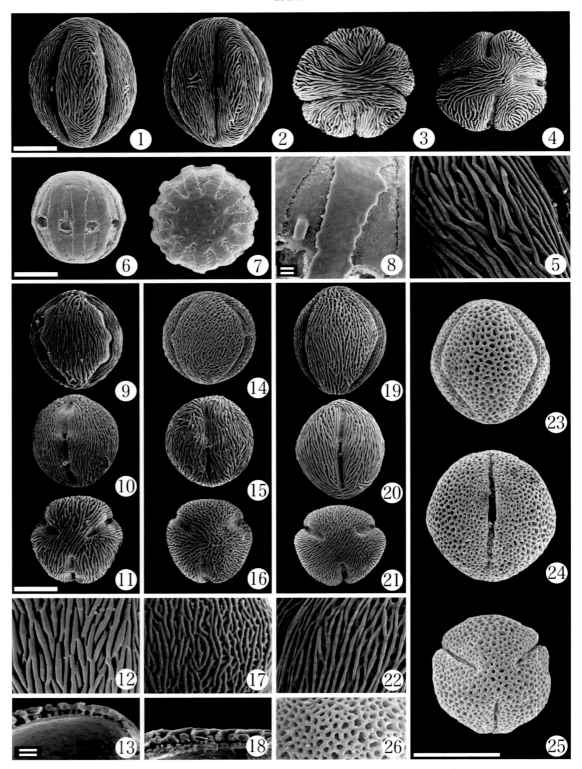

1-5：ツルミヤマシキミ Skimmia japonica var. intermedia f. repens, 6-8：コバナヒメハギ Polygala paniculata, 9-13：ヤマハゼ Rhus sylvestris, 14-18：ウルシ Rhus verniciflua, 19-22：ツタウルシ Rhus ambigua, 23-26：マサキ Euonymus japonicus

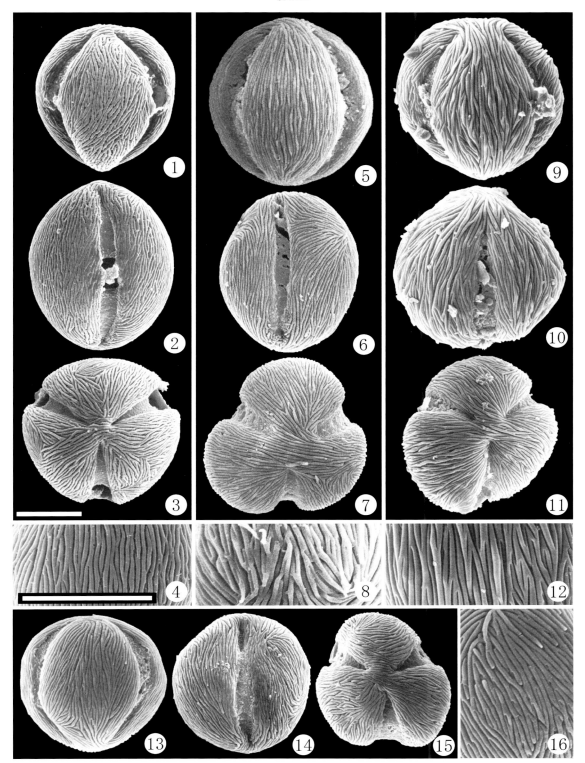

1-4：イロハモミジ *Acer palmatum*, 5-8：アカイタヤ *Acer mono* var. *mayrii*, 9-12：イタヤカエデ *Acer mono* var. *marmoratum* f. *dissectum*, 13-16：ミネカエデ *Acer tschonoskii*

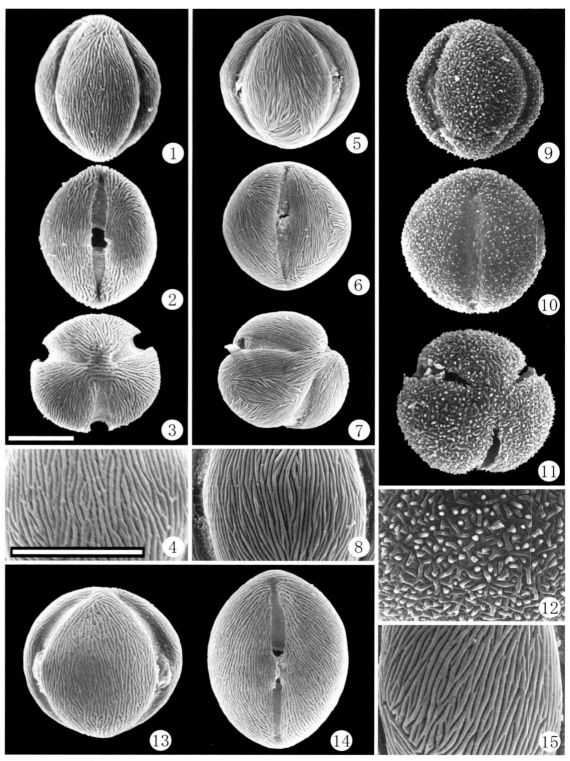

1 - 4：オオモミジ *Acer amoenum*, 5 - 8：オガラバナ *Acer ukurunduense*, 9 - 12：チドリノキ *Acer carpinifolium*, 13 - 15：ハウチワカエデ *Acer japonicum*

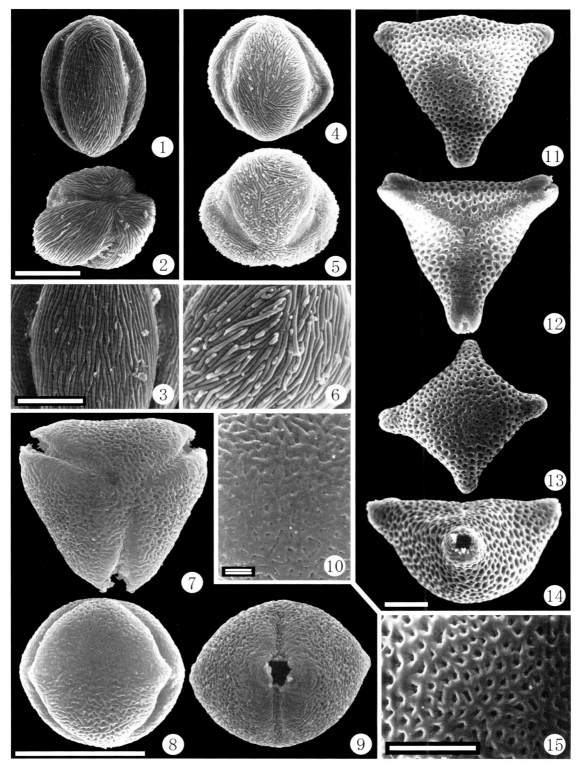

1-3：ウリカエデ Acer crataegifolium, 4-6：ウリハダカエデ Acer rufinerve, 7-10：ムクロジ Sapindus mukorossi, 11-15：フウセンカズラ Cardiospermum halicacabum （＊：12）

Pl.167

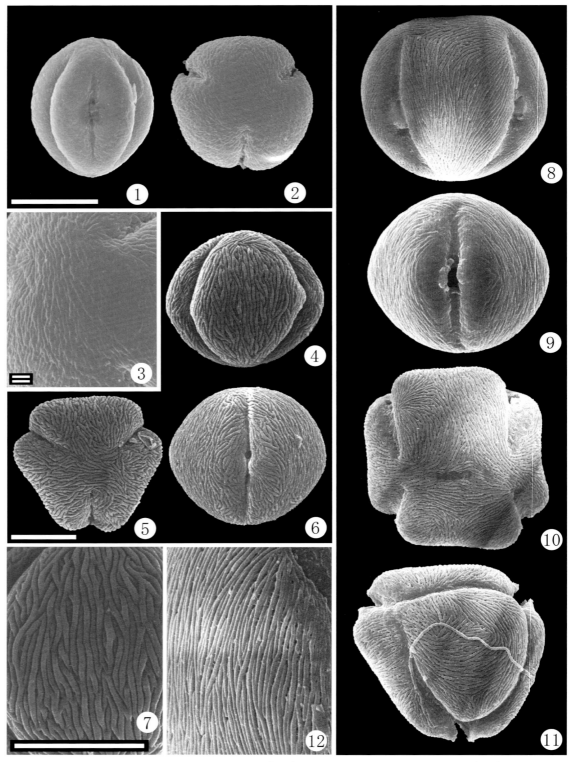

1-3：リュウガン *Euphoria longana*, 4-7：オオモクゲンジ *Koelreuteria bipinnata*, 8-12：モクゲンジ *Koelreuteria paniculata* （＊：8・10-12）

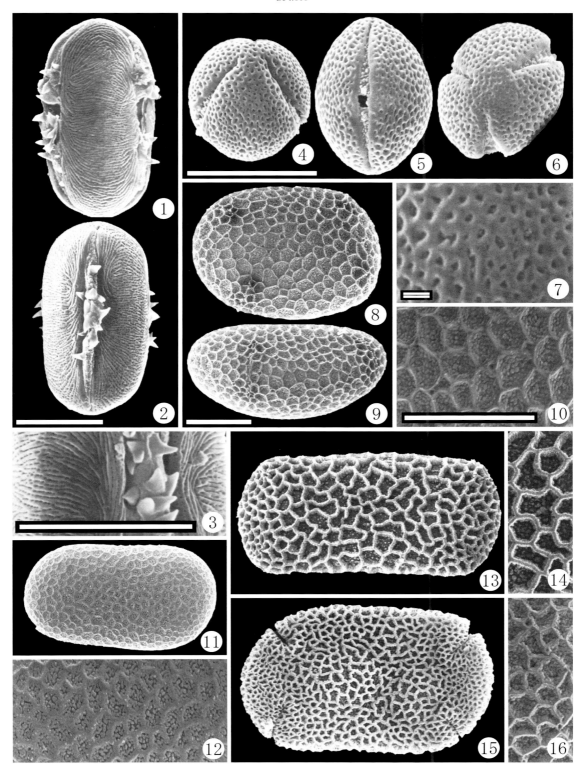

1-3：トチノキ *Aesculus turbinata*, 4-7：アワブキ *Meliosma myriantha*, 8-10：キツリフネ *Impatiens noli-tangere*, 11-12：ツリフネソウ *Impatiens textori*, 13-14：アフリカホウセンカ *Impatiens walleriana*, 15-16：ホウセンカ *Impatiens balsamina*

SPl.169

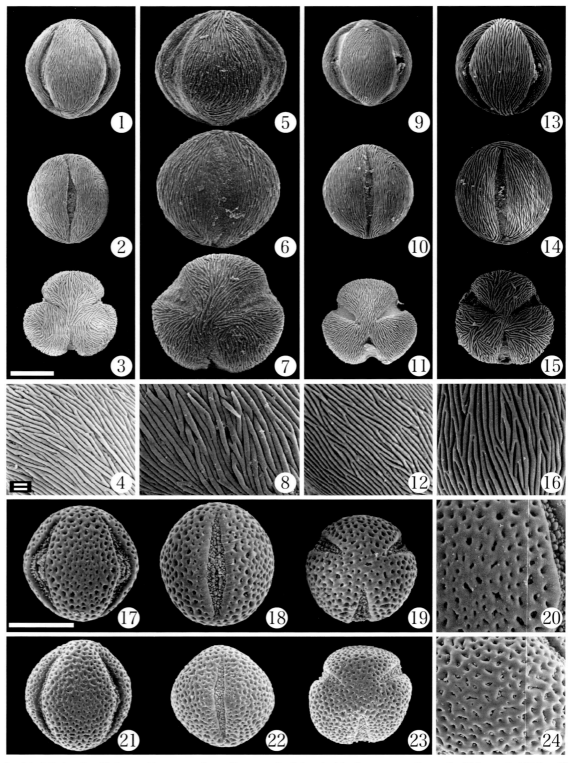

1-4：クスノハカエデ *Acer oblongum* subsp. *itoanum*, 5-8：ハナノキ *Acer pycnanthum*, 9-12：コハウチワカエデ *Acer sieboldianum*, 13-16：ヤマモミジ *Acer amoenum* var. *matsumurae*, 17-20：フシノハアワブキ *Meliosma oldhamii*, 21-24：ヤマビワ *Meliosma rigida*

Spl.170

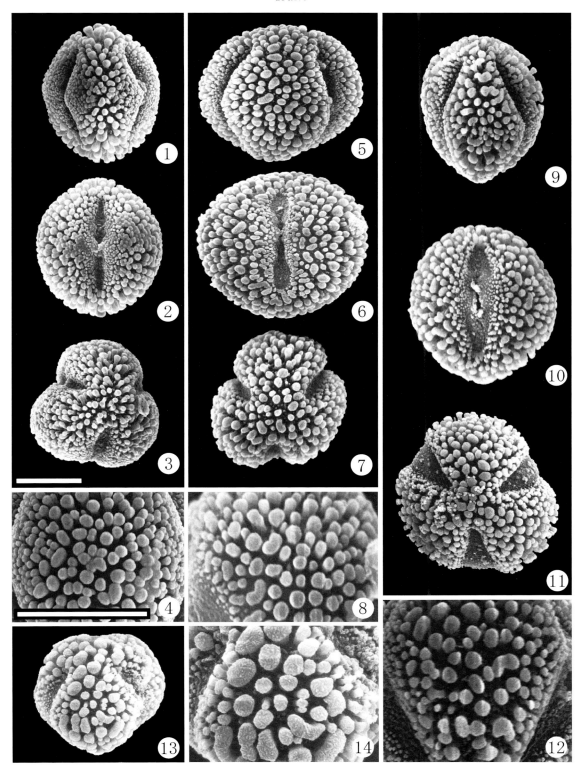

1-4：クロガネモチ *Ilex rotunda*, 5-8：イヌツゲ *Ilex crenata*, 9-12：ナナミノキ *Ilex chinensis*, 13-14：ウメモドキ *Ilex serrata*

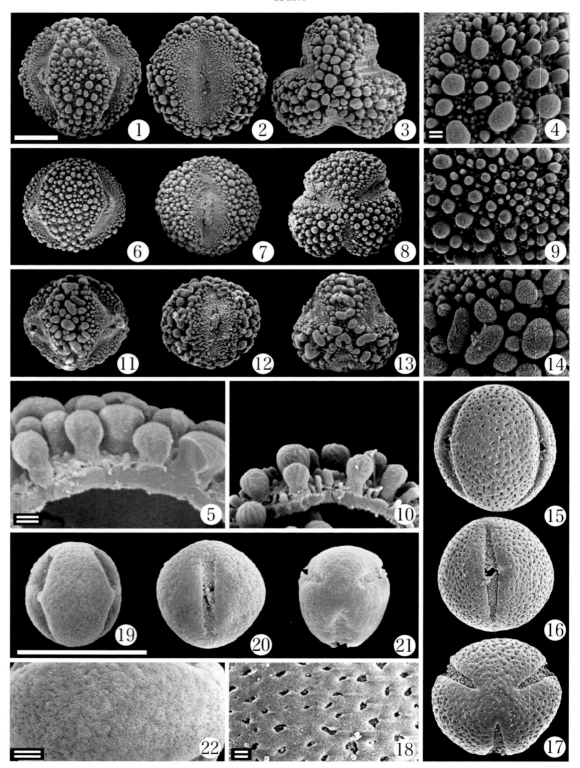

1-5：モチノキ *Ilex integra*, 6-10：ヒメモチ *Ilex leucoclada*, 11-14：タラヨウ *Ilex latifolia*, 15-18：カガミグサ *Ampelopsis japonica*, 19-22：コバンモチ *Elaeocarpus japonicus*

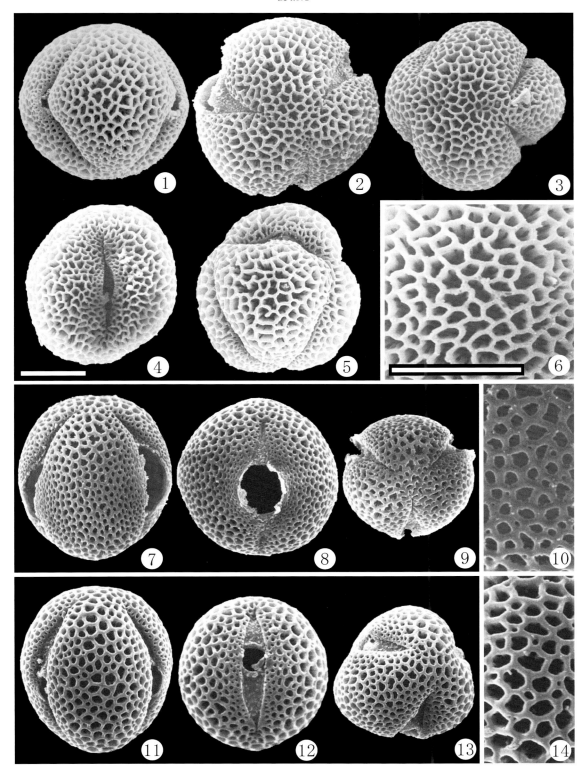

1-6：ツリバナ *Euonymus oxyphyllus*, 7-10：マユミ *Euonymus sieboldianus*, 11-14：コマユミ *Euonymus alatus* f. *striatus*

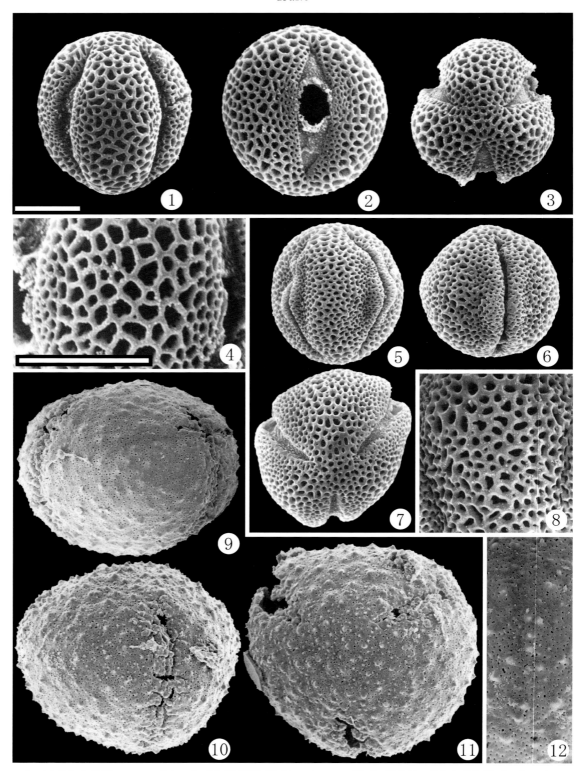

1-4：ニシキギ *Euonymus alatus*, 5-8：クロヅル *Tripterygium regelii*, 9-12：クロタキカズラ *Hosiea japonica*

SPl.174

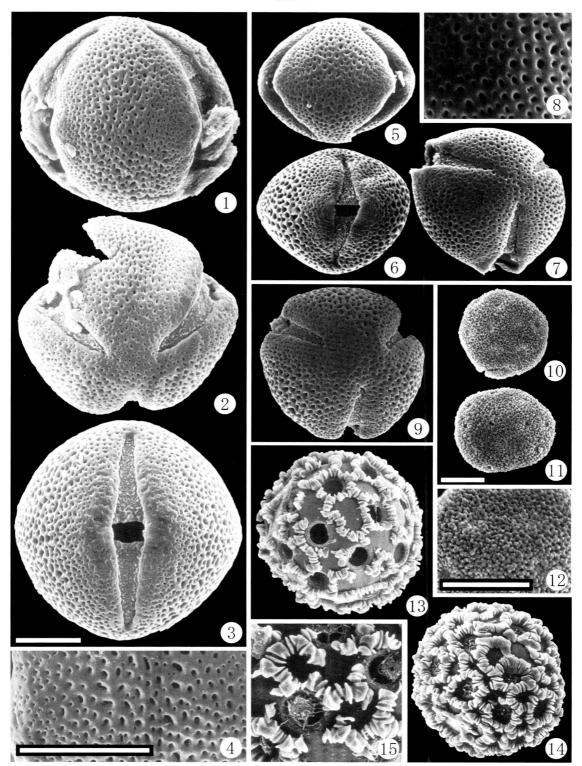

1-4：ミツバウツギ Staphylea bumalda, 5-8：ゴンズイ Euscaphis japonica, 9：ショウベンノキ Turpinia ternata,
10-12：ツゲ Buxus microphylla var. japonica, 13-15：フッキソウ Pachysandra terminalis

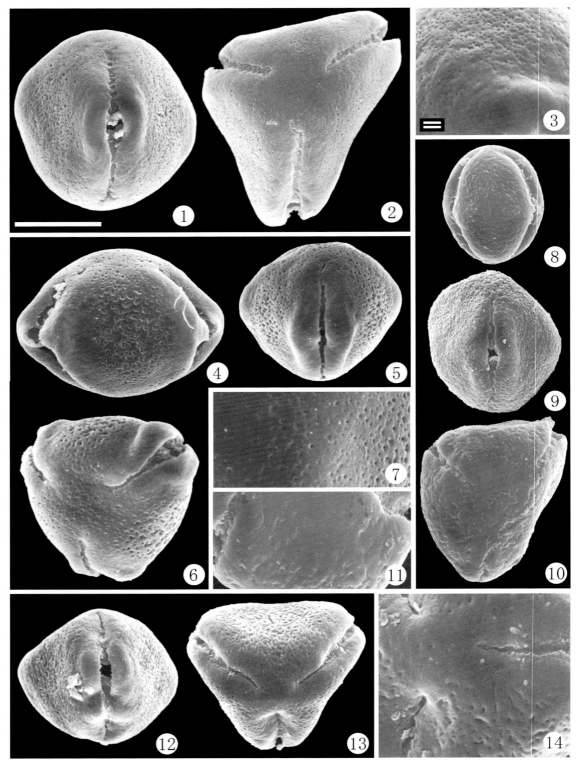

1 - 3：イソノキ *Rhamnus crenata*, 4 - 7：ネコノチチ *Rhamnella franguloides*, 8 - 11：ヨコグラノキ *Berchemiella berchemiaefolia*, 12 - 14：ハマナツメ *Paliurus ramosissimus*　（＊：13）

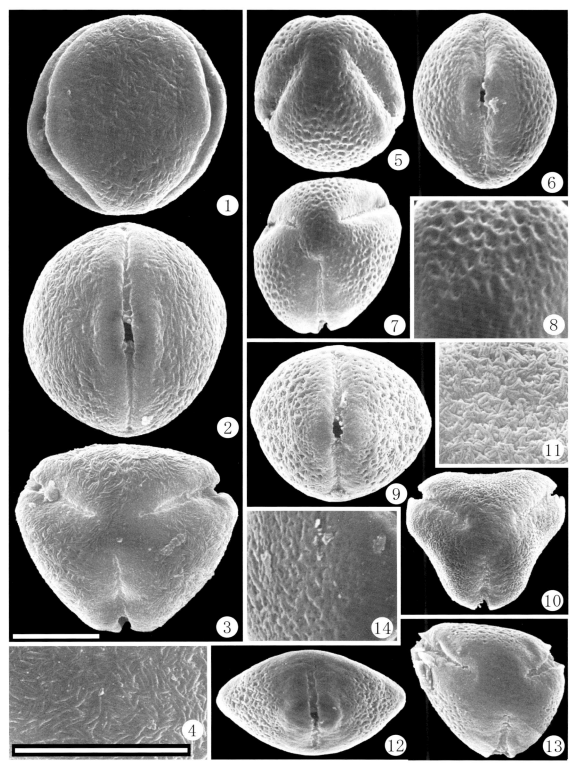

1-4：ケンポナシ *Hovenia dulcis*, 5-8：コバノクロウメモドキ *Rhamnus japonica* var. *microphylla*, 9-11：ナツメ *Zizyphus jujuba*, 12-14：クマヤナギ *Berchemia racemosa*

Pl.177

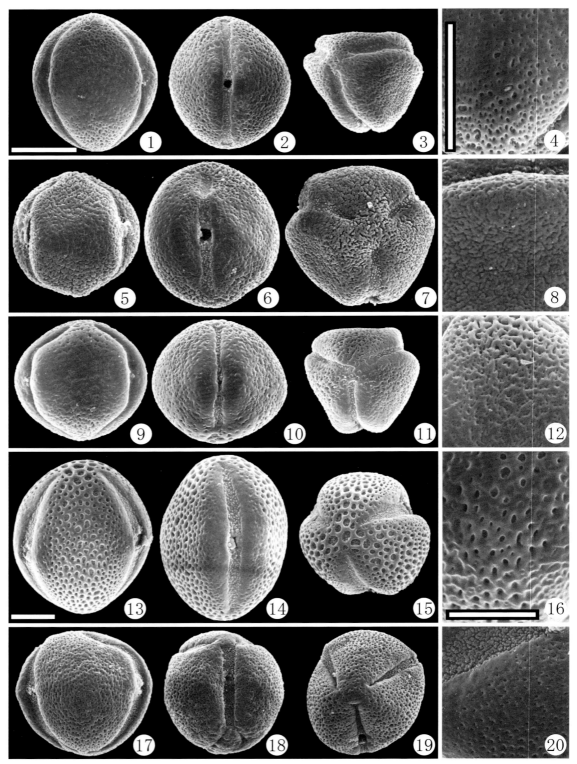

1-4：エビヅル *Vitis thunbergii*, 5-8：ブドウ(マスカット) *Vitis vinifera* 'Muscat of Alexandria', 9-12：ヤマブドウ *Vitis coignetiae*, 13-16：ツタ *Parthenocissus tricuspidata*, 17-20：ヤブガラシ *Cayratia japonica* （＊：14）

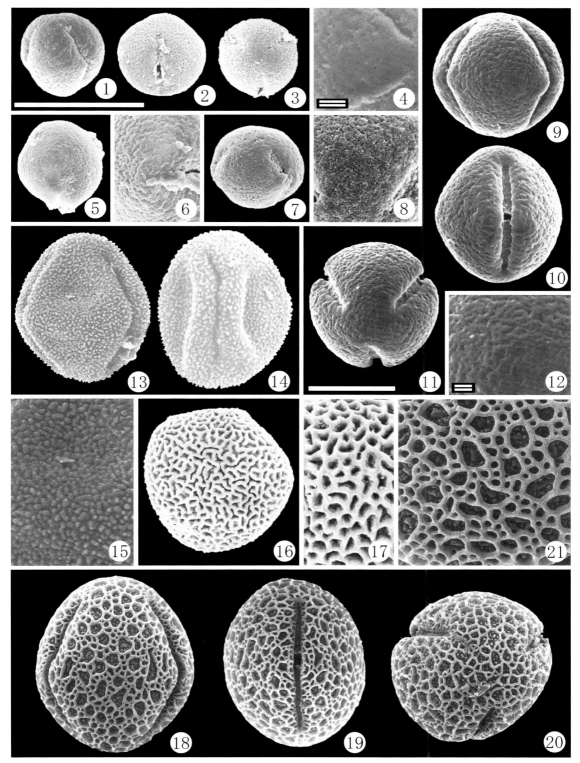

1-4：ホルトノキ Elaeocarpus sylvestris var. ellipticus, 5-6：セイロンオリーブ Elaeocarpus serratus, 7-8：シマホルトノキ Elaeocarpus photiniaefolius, 9-12：パンヤノキ Ceiba pentandra, 13-15：サキシマスオウノキ Heritiera littoralis, 16-17：カカオノキ Theobroma cacao, 18-21：アオギリ Firmiana simplex

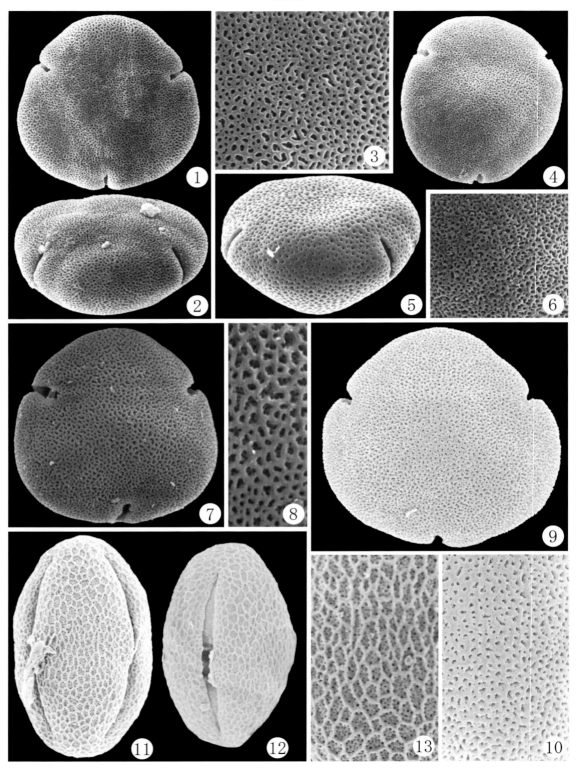

1-3：ヘラノキ *Tilia kiusiana*, 4-6：シナノキ *Tilia japonica*, 7-8：ボダイジュ *Tilia miqueliana*, 9-10：オオバボダイジュ *Tilia maximowicziana*, 11-13：シマツナソ *Corchorus olitorius*

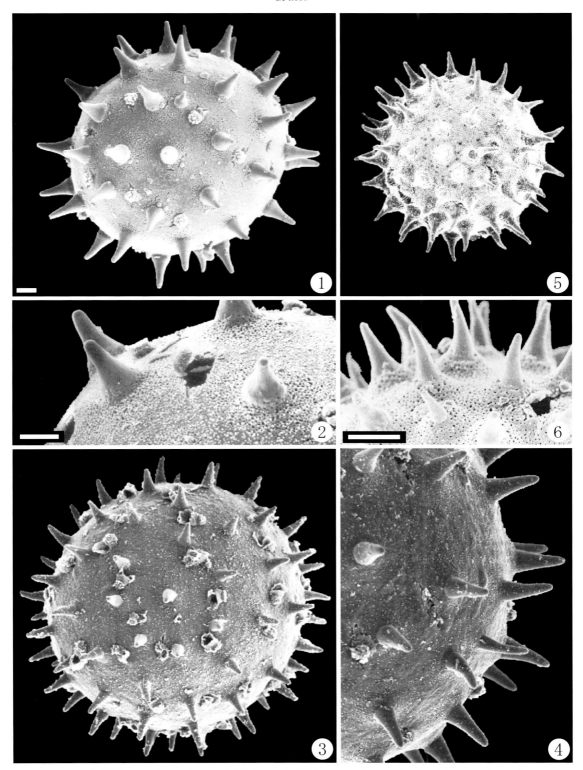

1-2：ムクゲ Hibiscus syriacus, 3-4：アメリカフヨウ Hibiscus moscheutos, 5-6：ワタ Gossypium arboreum

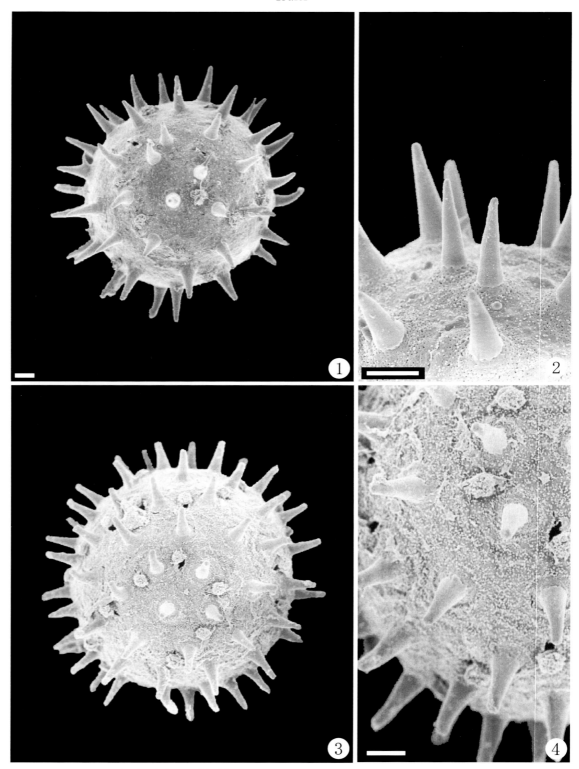

1-2：オオハマボウ *Hibiscus tiliaceus*, 3-4：フヨウ *Hibiscus mutabilis*

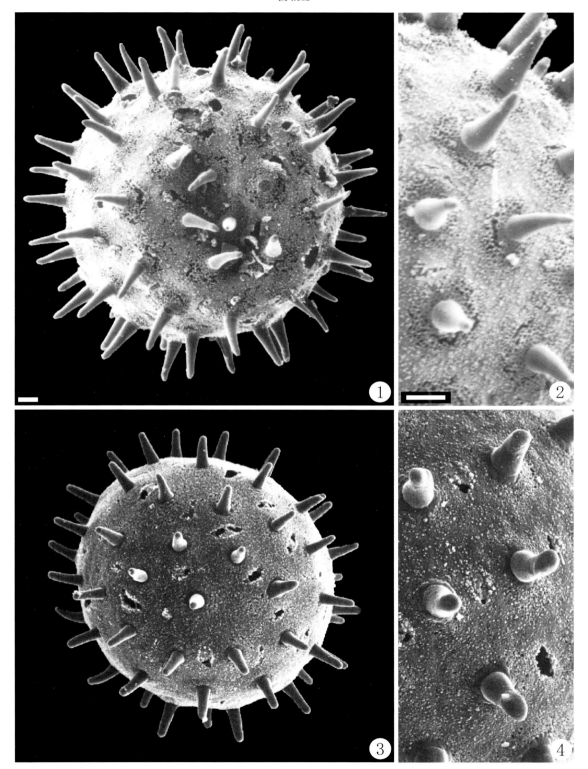

1-2：オクラ Abelmoschus esculentus, 3-4：ブッソウゲ Hibiscus rosa-sinensis

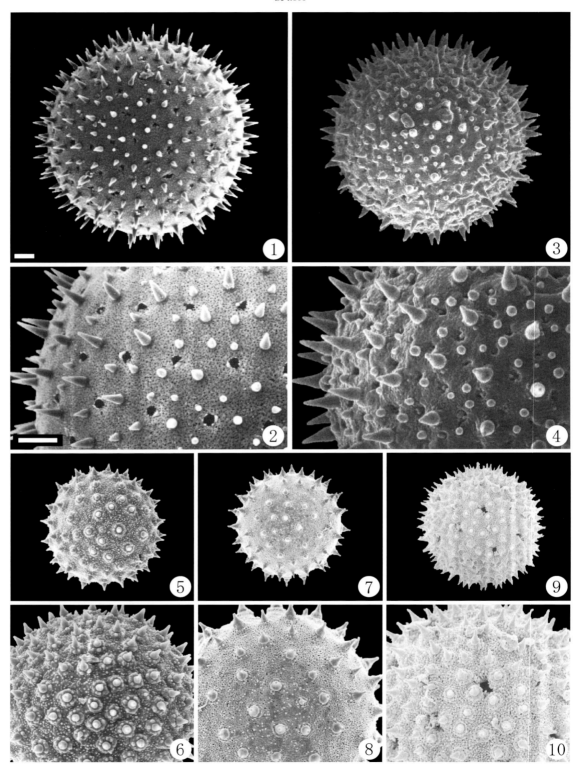

1-2：ゼニアオイ *Malva sylvestris* var. *mauritiana*, 3-4：タチアオイ *Alcea rosea*, 5-6：イチビ *Abutilon theophrasti*, 7-8：ウキツリボク *Abutilon megapotamicum*, 9-10：エノキアオイ *Malvastrum coromandelianum* （＊：9-10）

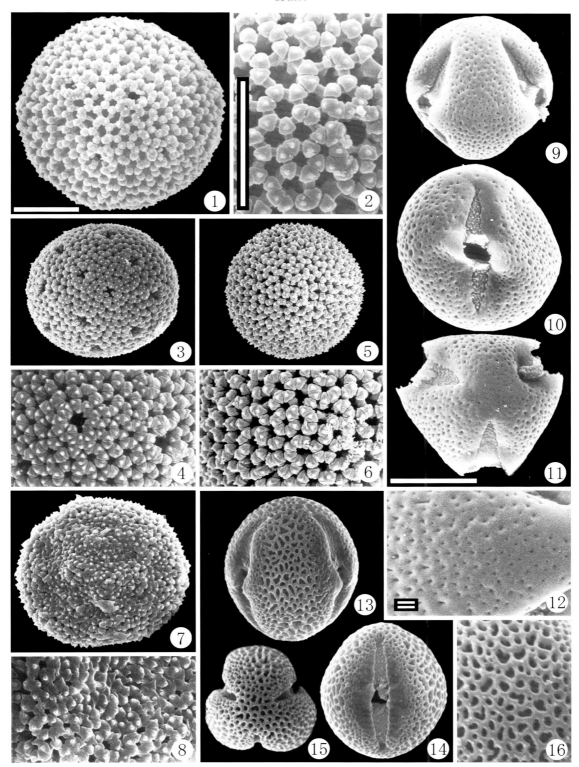

1-2：ミツマタ *Edgeworthia chrysantha*, 3-4：ガンピ *Diplomorpha sikokiana*, 5-6：アオガンピ *Wikstroemia retusa*, 7-8：ジンチョウゲ *Daphne odora*, 9-12：キブシ *Stachyurus praecox*, 13-16：イイギリ *Idesia polycarpa*

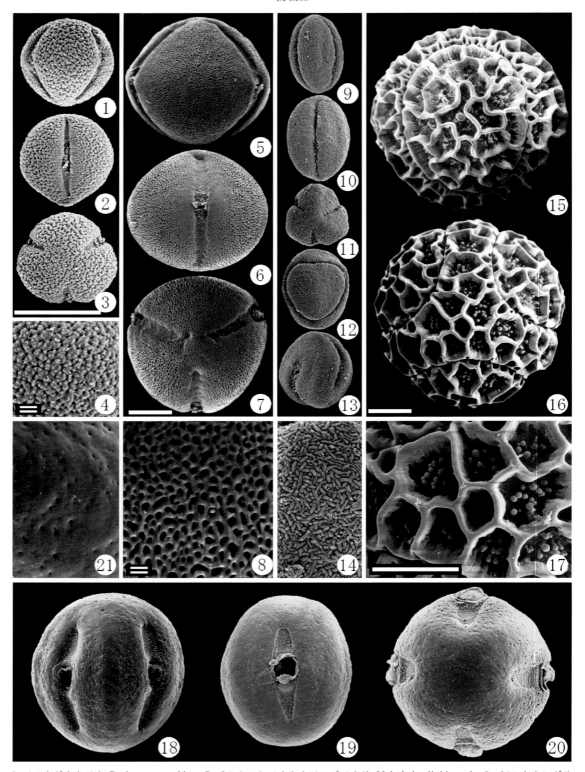

1-4：ナギナタソウ *Datisca cannabina*, 5-8：クロミノオキナワスズメウリ *Melothria liukiuensis*, 9-14：キカシグサ *Rotala indica* var. *uliginosa*, 15-17：オオミトケイソウ *Passiflora quadrangularis*, 18-21：ミズガンピ *Pemphis acidula*

SPl.186

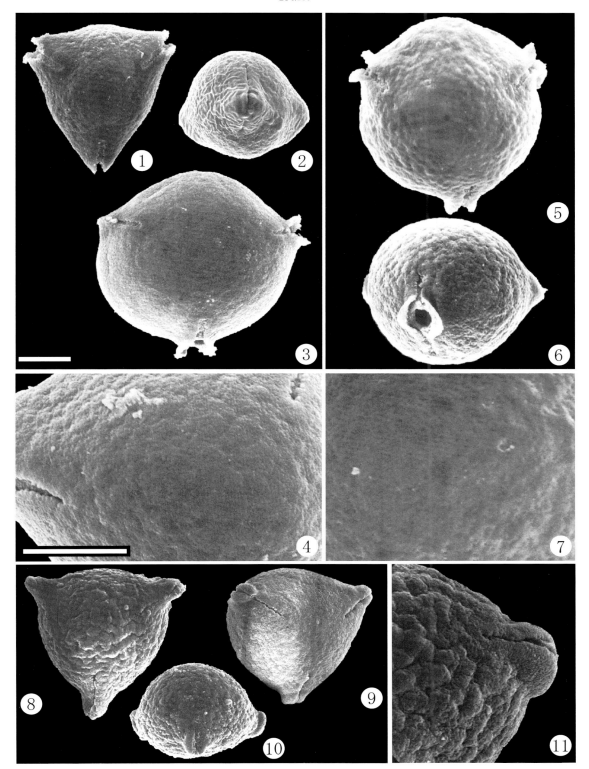

1-4：ナツアサドリ Elaeagnus yoshinoi, 5-7：ナワシログミ Elaeagnus pungens, 8-11：アキグミ Elaeagnus umbellata （＊：9）

SPl.187

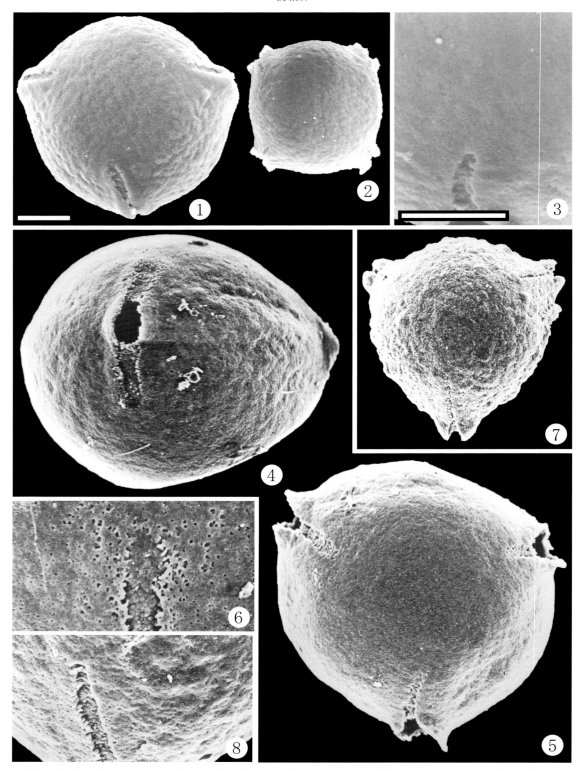

1-3：ナツグミ *Elaeagnus multiflora*, 4-6：ダイオウグミ *Elaeagnus multiflora* var. *gigantea*, 7-8：トウグミ *Elaeagnus multiflora* var. *hortensis*

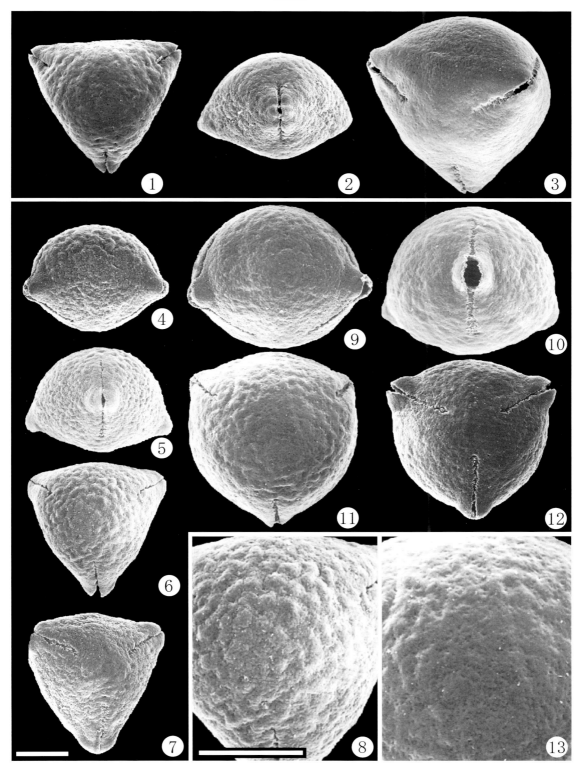

1-3：ツルグミ Elaeagnus glabra, 4-13：オガサワラグミ Elaeagnus rotundata （4-8：小形花粉, 9-13：大形花粉）

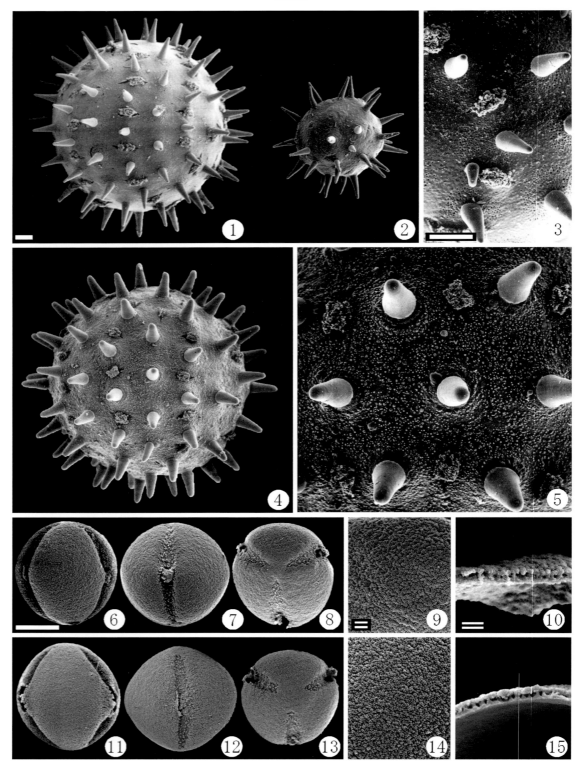

1-3: ハマボウ *Hibiscus hamabo*, 4-5: サキシマフヨウ *Hibiscus makinoi*, 6-10: ニオイスミレ *Viola odorata*, 11-15: リュウキュウコスミレ *Viola pseudojaponica*

Pl.190

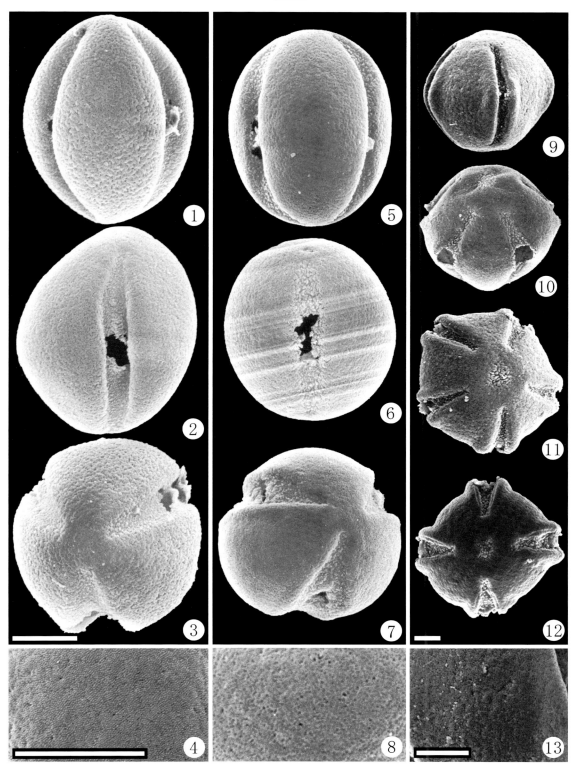

1-4：スミレ Viola mandshurica, 5-8：シハイスミレ Viola violacea, 9-13：サンシキスミレ Viola×wittrockiana (＊：6)

Pl.191

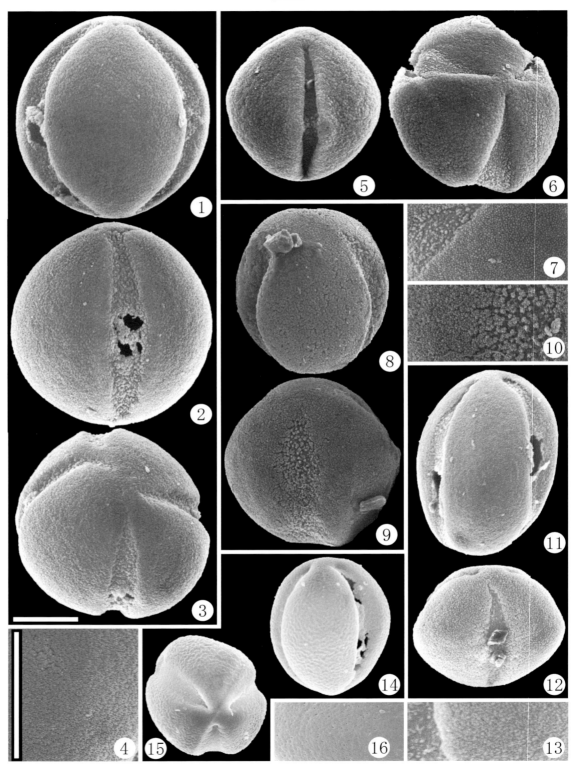

1-4：ヒメスミレ *Viola confusa* subsp. *nagasakiensis*, 5-7：タチツボスミレ *Viola grypoceras*, 8-10：オリヅルスミレ *Viola stoloniflora*, 11-13：シロスミレ *Viola patrinii*, 14-16：ナガバタチツボスミレ *Viola ovato-oblonga*

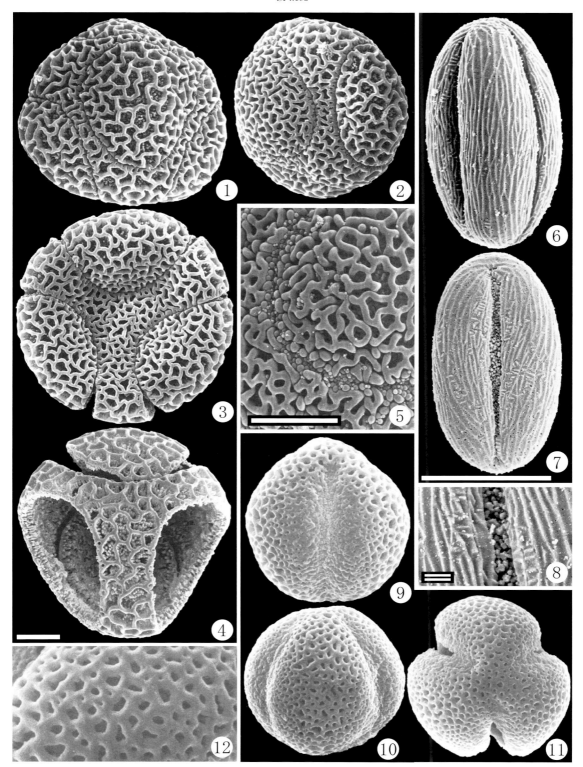

1-5：トケイソウ Passiflora caerulea, 6-8：シュウカイドウ Begonia evansiana, 9-12：ギョリュウ Tamarix chinensis

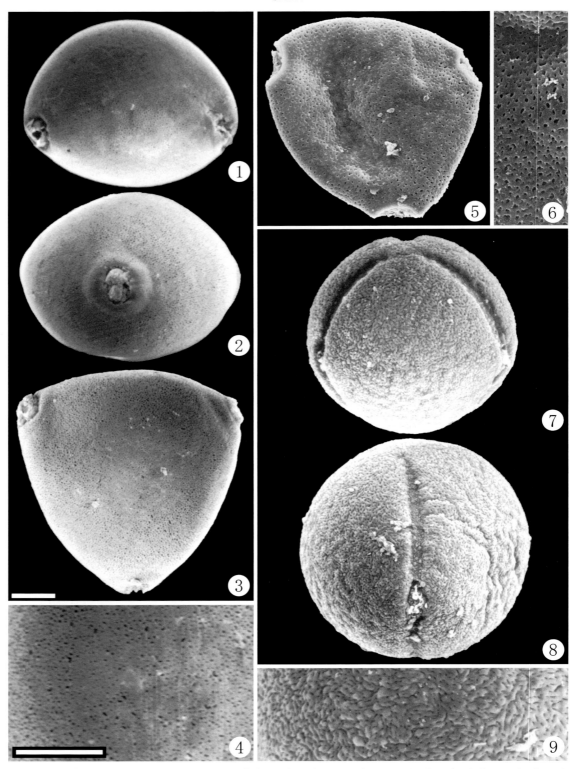

1-4：キュウリ *Cucumis sativus*, 5-6：マクワウリ *Cucumis melo* var. *makuwa*, 7-9：カンピョウ *Lagenaria siceraria*

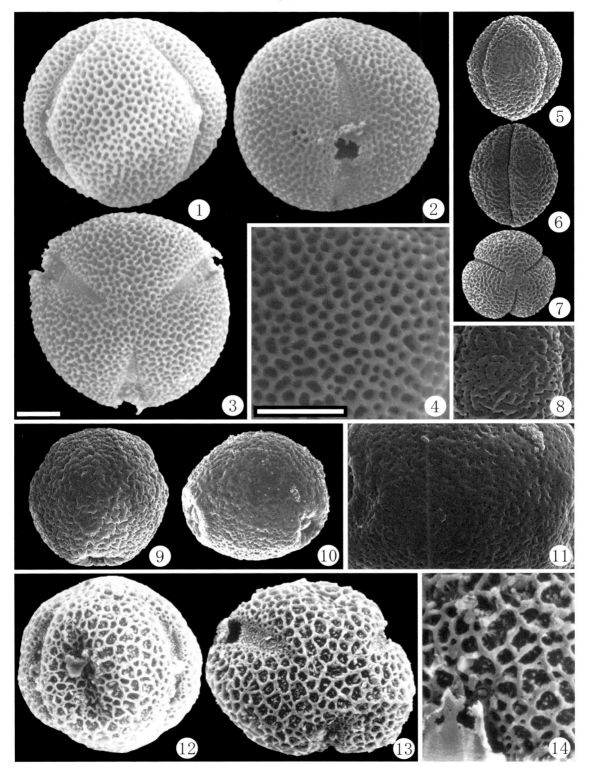

1-4：ツルレイシ *Momordica charantia*, 5-8：ミヤマニガウリ *Schizopepon bryoniaefolius*, 9-11：カラスウリ *Trichosanthes cucumeroides*, 12-14：スイカ *Citrullus lanatus*

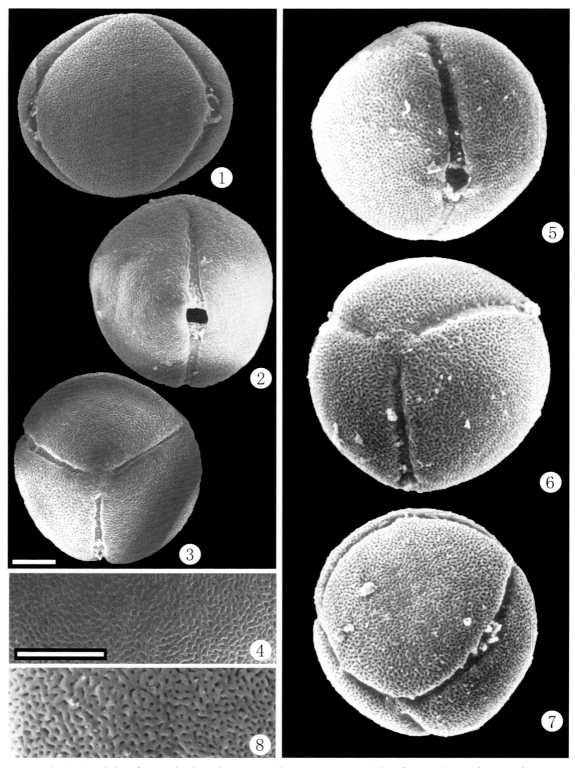

1-4：ヒョウタン *Lagenaria siceraria* var. *gourda*, 5-8：ヒメヒョウタン *Lagenaria* sp. （＊：2-3）

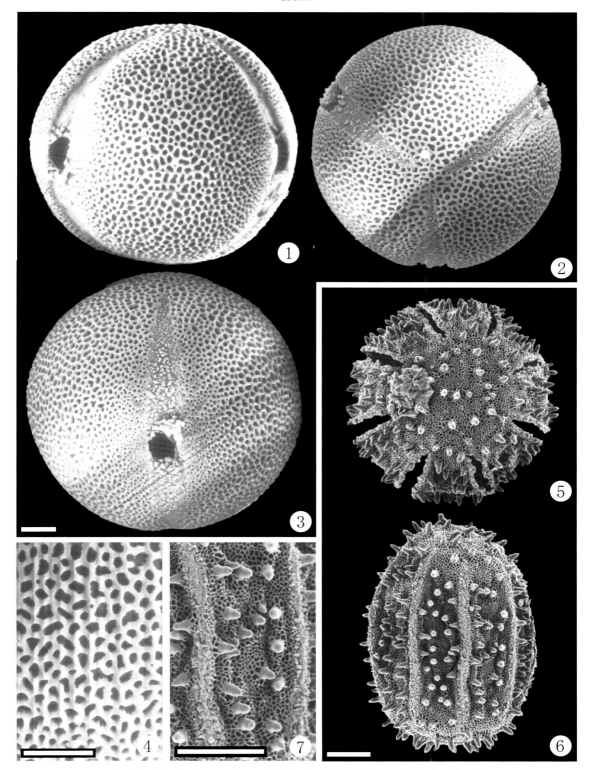

1-4：ヘチマ *Luffa aegyptiaca*, 5-7：ハヤトウリ *Sechium edule* （＊：2-4）

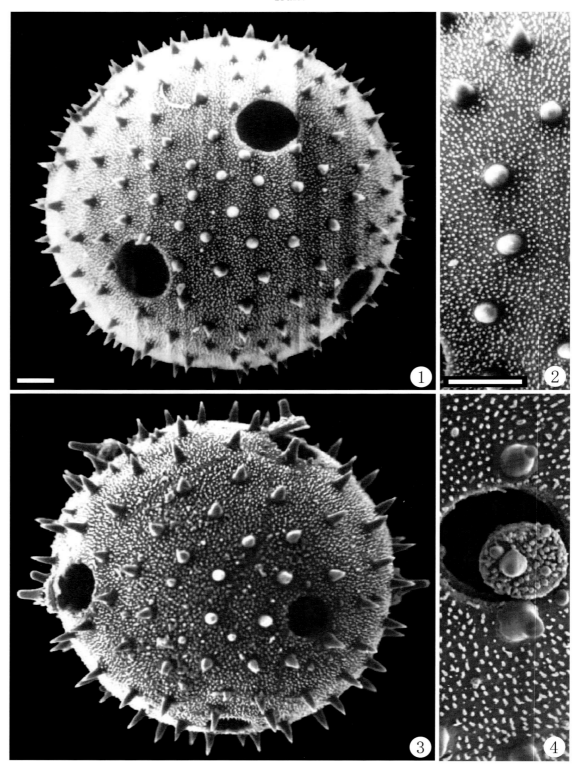

1-2：ニホンカボチャ *Cucurbita moschata*, 3-4：セイヨウカボチャ *Cucurbita maxima* （＊：1）

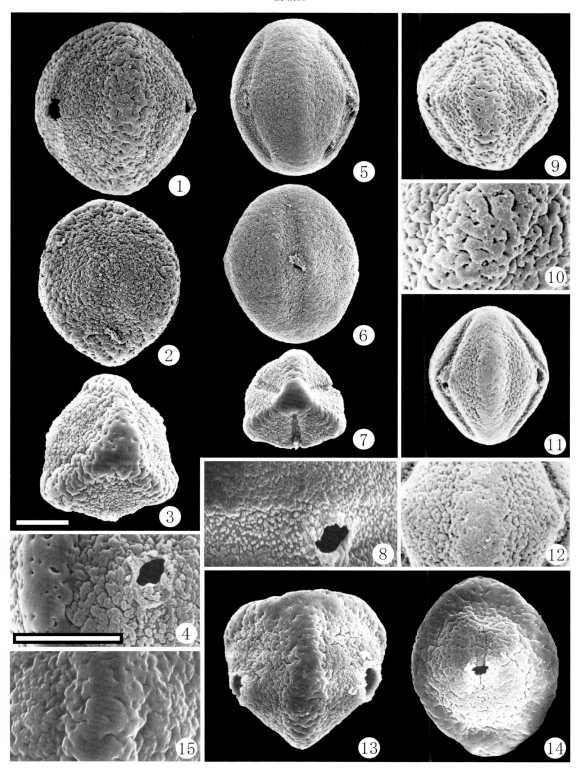

1-4：サルスベリ（短雄しべ）*Lagerstroemia indica*(short stamen), 5-8：サルスベリ（長雄しべ）*Lagerstroemia indica* (long stamen), 9-10：シマサルスベリ（短雄しべ）*Lagerstroemia subcostata*(short stamen), 11-12：シマサルスベリ（長雄しべ）*Lagerstroemia subcostata* (long stamen), 13-15：シロバナサルスベリ *Lagerstroemia indica*

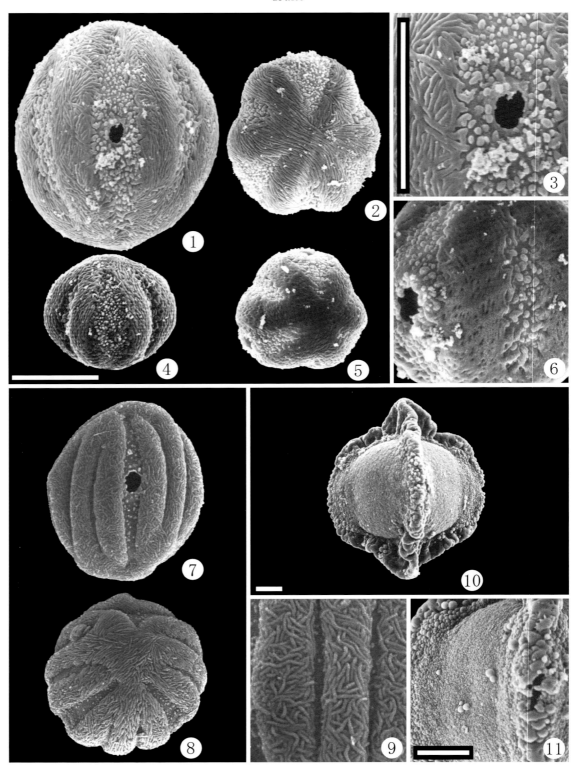

1-3：ミソハギ（長雄しべ）*Lythrum anceps*, 4-6：ミソハギ（短雄しべ）*Lythrum anceps*, 7-9：ヒメミソハギ *Ammannia multiflora*, 10-11：ヒシ *Trapa japonica* （＊：2・6）

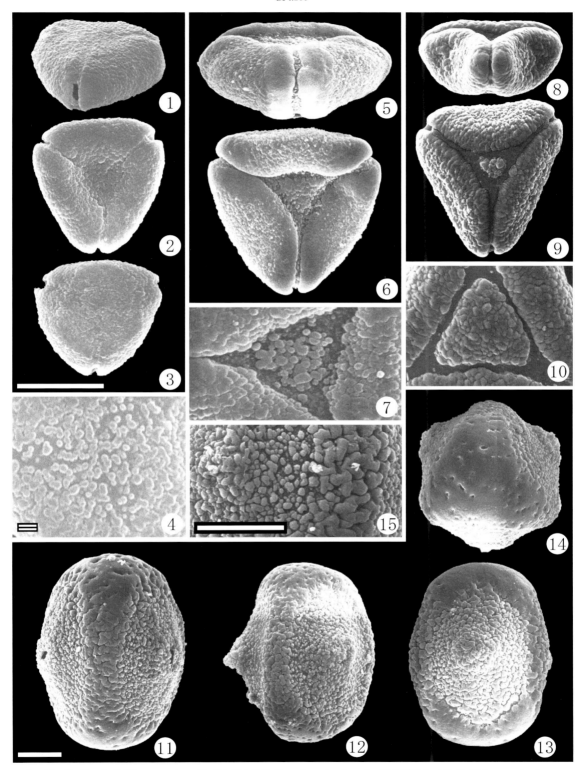

1-4：バンジロウ Psidium guajava, 5-7：フトモモ Syzygium jambos, 8-10：ブラシノキ Callistemon speciosus, 11-15：ハマザクロ Sonneratia alba （＊：12）

SPl.201

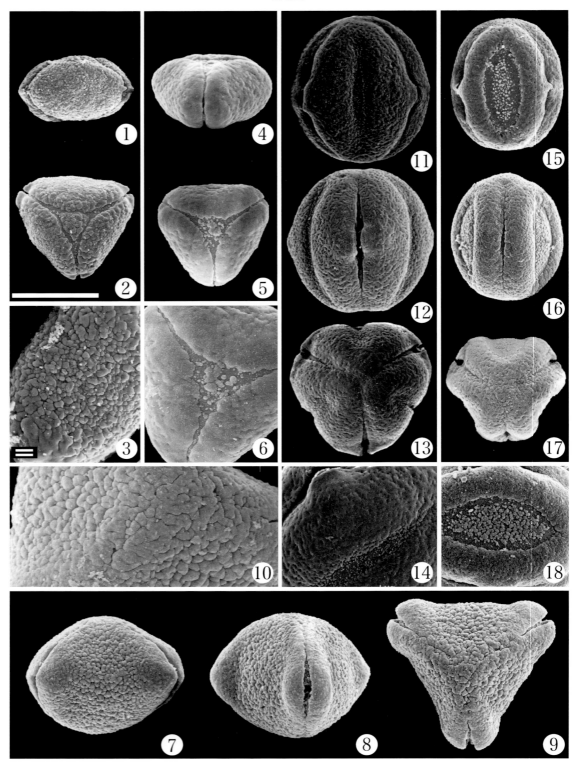

1-3：チョウジノキ *Syzygium aromaticum*, 4-6：アデク *Syzygium buxifolium*, 7-10：テンニンカ *Rhodomyrtus tomentosa*, 11-14：イオウノボタン *Melastoma candidum* var. *alessandrense*, 15-18：ヤエヤマノボタン *Bredia yaeyamensis*

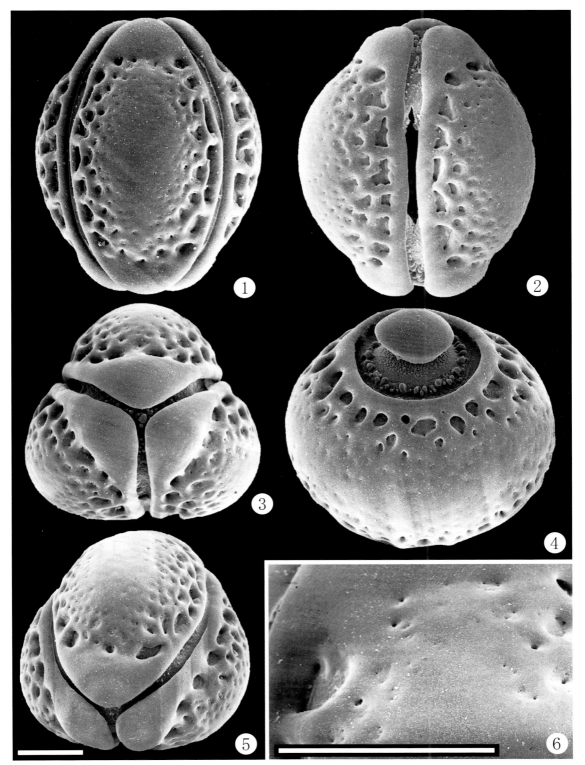

1-6：サガリバナ *Barringtonia racemosa* （4：奇形）

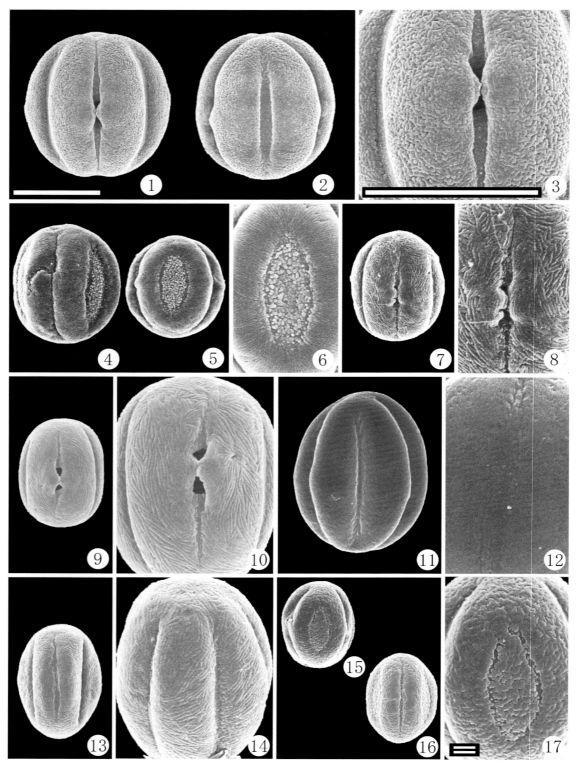

1-3：オオナンヨウノボタン *Melastoma decemfidum*, 4-6：ヒメノボタン *Osbeckia chinensis*, 7-8：ツルヒメノボタン *Heterocentron* sp., 9-10：ノボタン属の一種 *Melastoma* sp., 11-12：ノボタン *Melastoma candidum*, 13-14：メキシコノボタン *Heterocentron elegans*, 15-17：ハシカンボク *Bredia hirsuta*

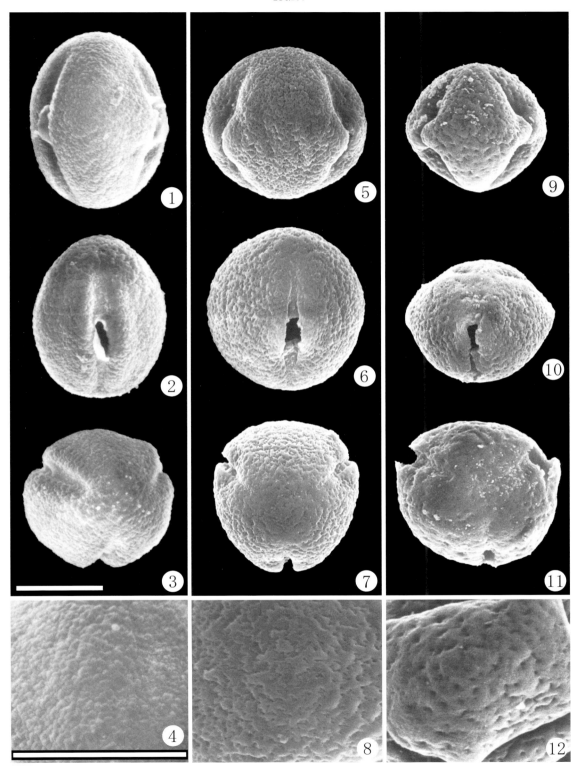

1–4：ザクロ *Punica granatum*, 5–8：メヒルギ *Kandelia candel*, 9–12：オヒルギ *Bruguiera gymnorrhiza*
(4・8：焦点の調整不良)

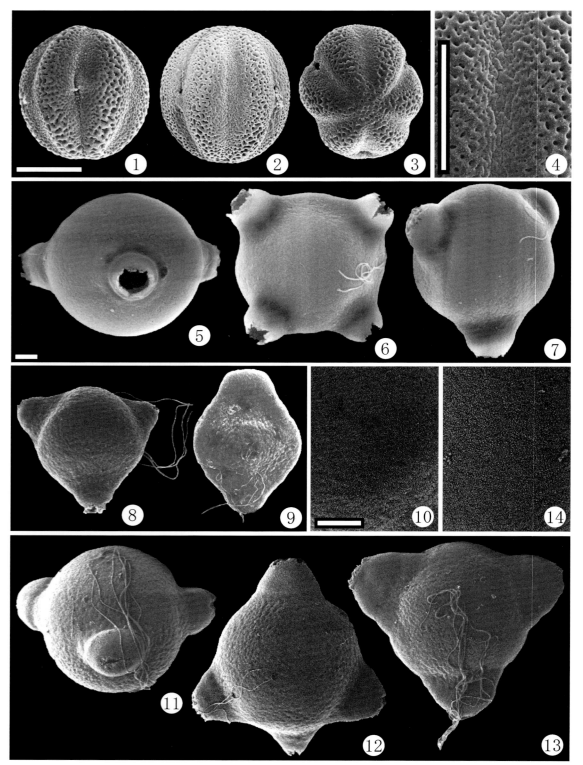

1-4：ヒルギモドキ *Lumnitzera racemosa*, 5-7：ヤナギラン *Chamaenerion angustifolium*, 8-10：ヤナギラン *Chamaenerion angustifolium* (2n=36), 11-14：ヤナギラン *Chamaenerion angustifolium* (2n=108)　（＊：5・7）

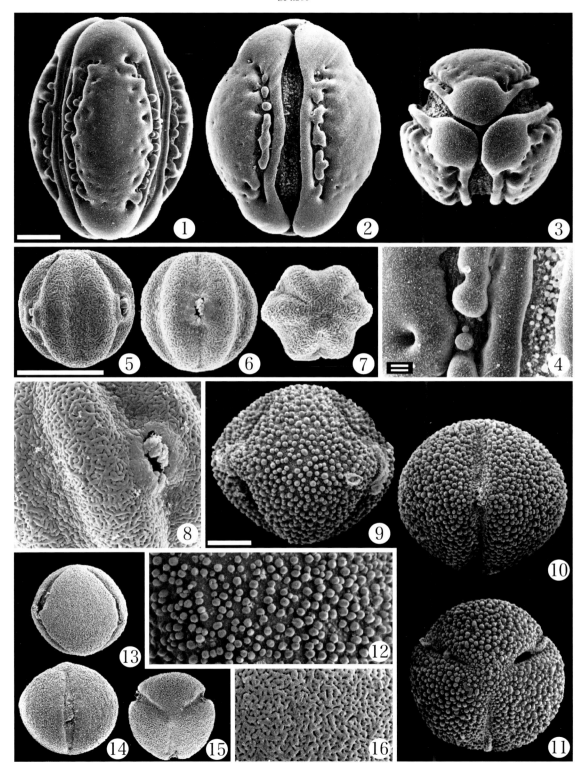

1-4：ゴバンノアシ *Barringtonia asiatica*, 5-8：モモタマナ *Terminalia catappa*, 9-12：ヒメアオキ *Aucuba japonica* var. *borealis*, 13-16：ハンカチノキ *Davidia ivolucrata*

Pl.207

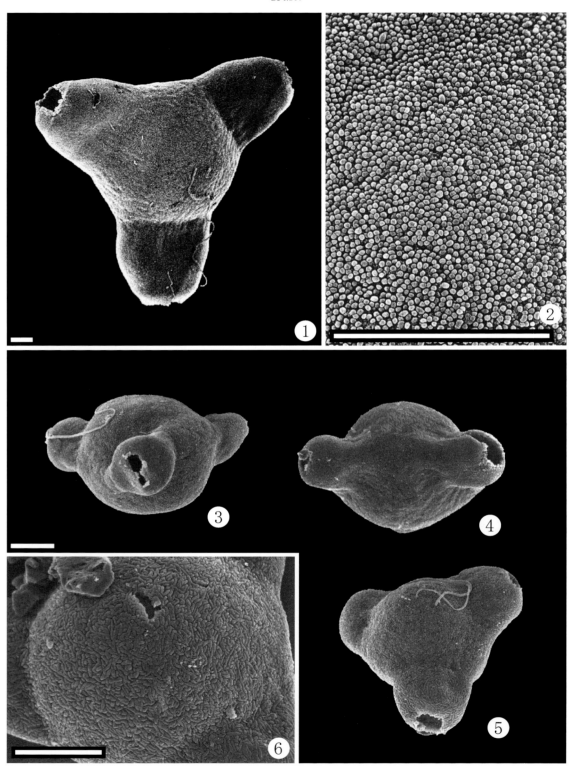

1-2：ヤマモモソウ *Gaura lindheimeri*, 3-6：ミズタマソウ *Circaea mollis*

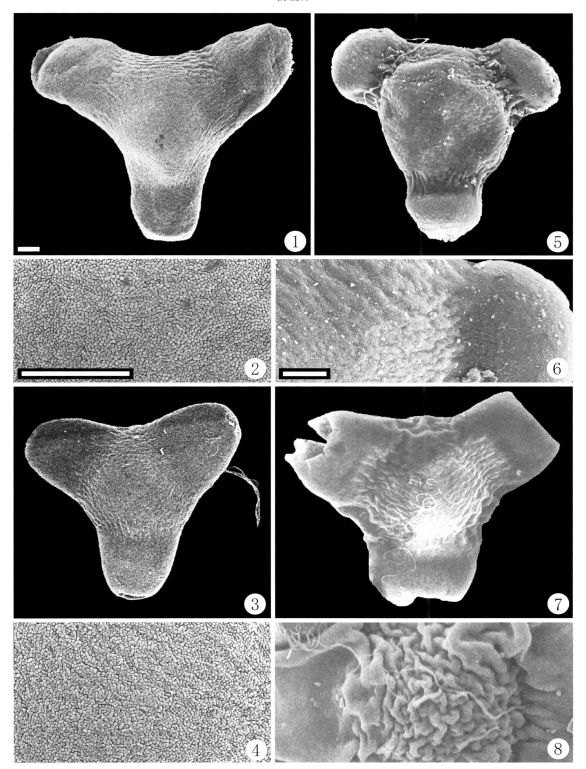

1-2：ヒルザキツキミソウ Oenothera speciosa, 3-4：ユウゲショウ Oenothera rosea, 5-6：オオマツヨイグサ Oenothera erythrosepala, 7-8：コマツヨイグサ Oenothera laciniata

Pl.209

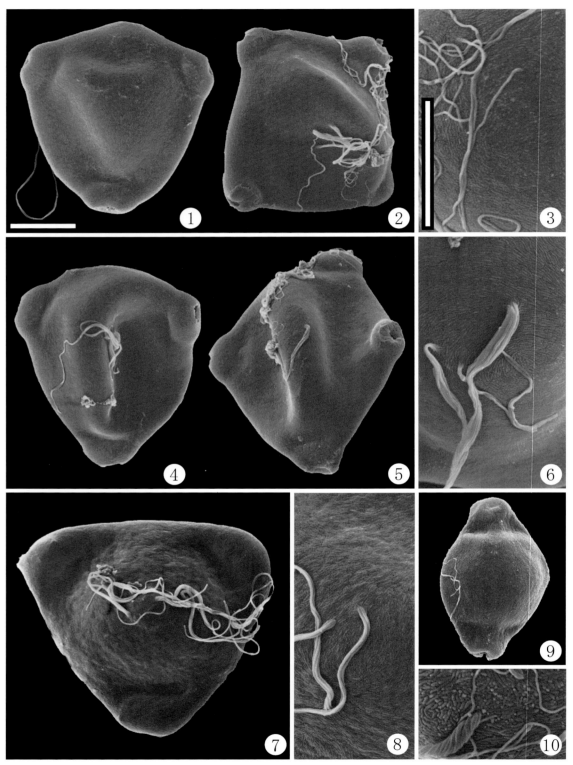

1-3：フクシア・アルペストリス Fuchsia alpestris (2n=44), 4-6：フクシア・コッシネア Fuchsia coccinea (2n=44), 7-8：フクシア・レギア Fuchsia regia subsp. serrae (2n=88), 9-10：フクシア・パキリザ Fuchsia pachyrrhiza (2n=22)

Pl.210

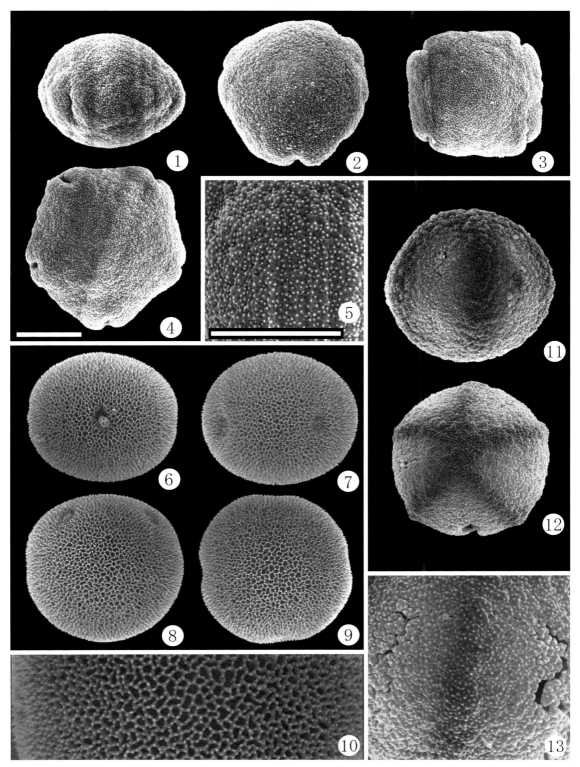

1-5：アリノトウグサ *Haloragis micrantha*, 6-10：ヤマトグサ *Theligonum japonicum*, 11-13：スギナモ *Hippuris vulgaris* （＊：1・3・4）

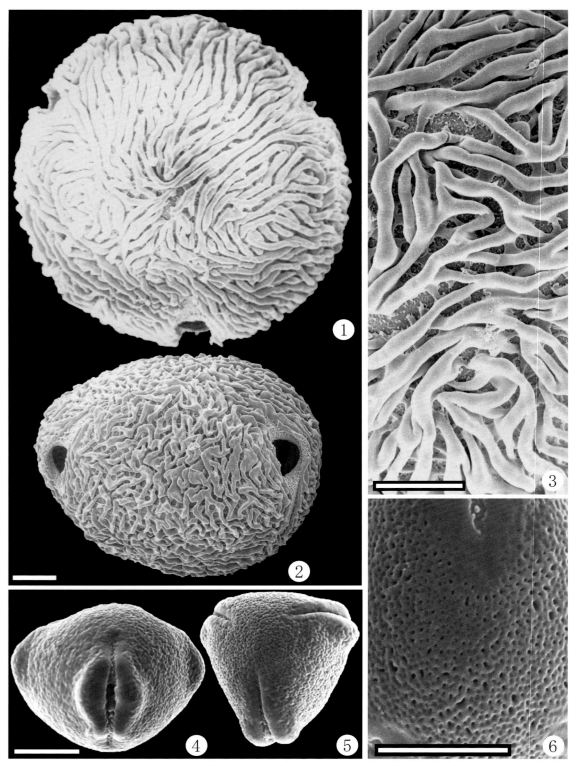

1-3：ウリノキ *Alangium platanifolium* var. *trilobum*, 4-6：カンレンボク *Camptotheca acuminata*

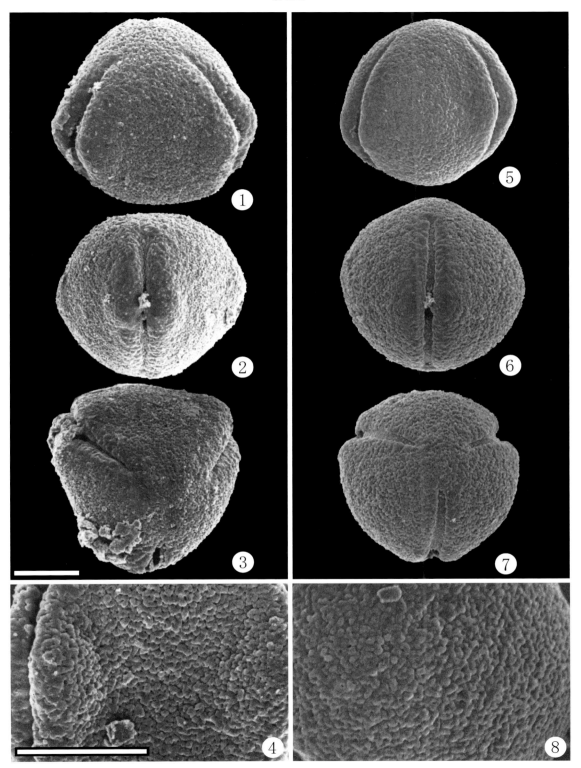

1-4：ニッサ・オゲチェ *Nyssa ogeche*, 5-8：ニッサ・シルバティカ *Nyssa sylvatica*

SPl.213

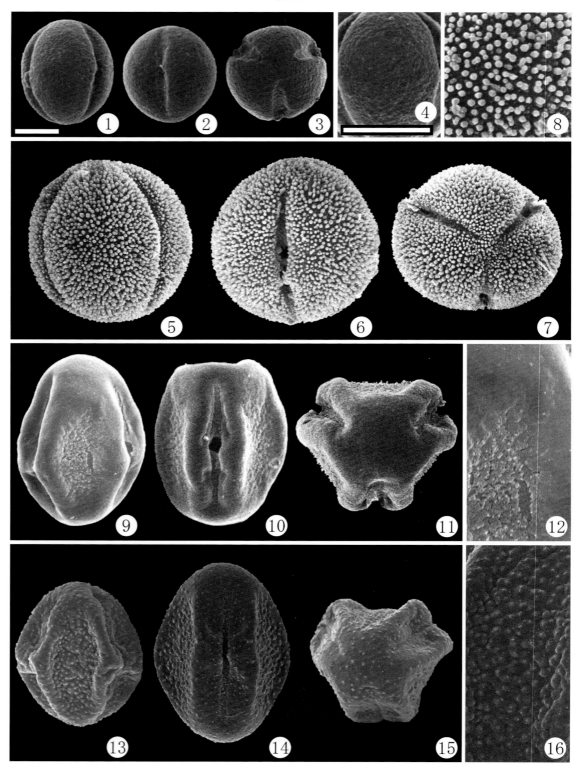

1-4：ハナイカダ Helwingia japonica, 5-8：アオキ Aucuba japonica, 9-12：クマノミズキ Swida macrophylla, 13-16：ミズキ Swida controversa

Pl.214

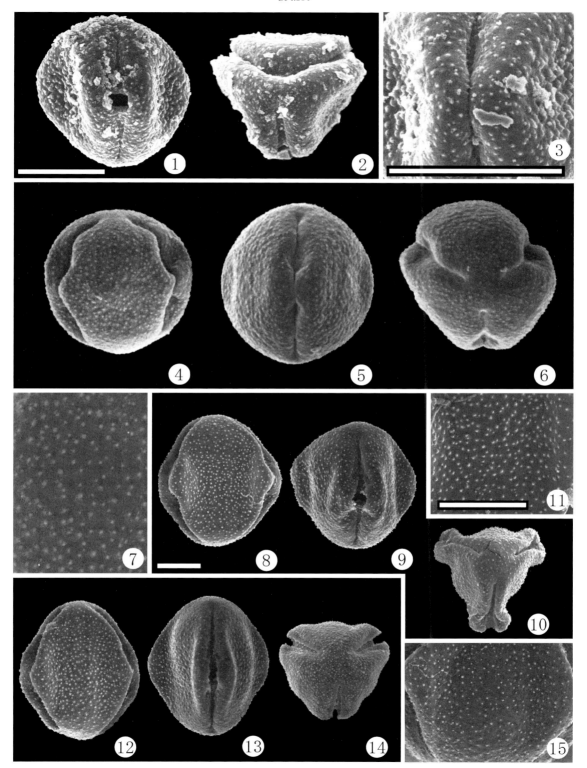

1-3：サンシュユ Cornus officinalis, 4-7：ゴゼンタチバナ Chamaepericlymenum canadense, 8-11：ハナミズキ Benthamidia florida, 12-15：ヤマボウシ Benthamidia japonica

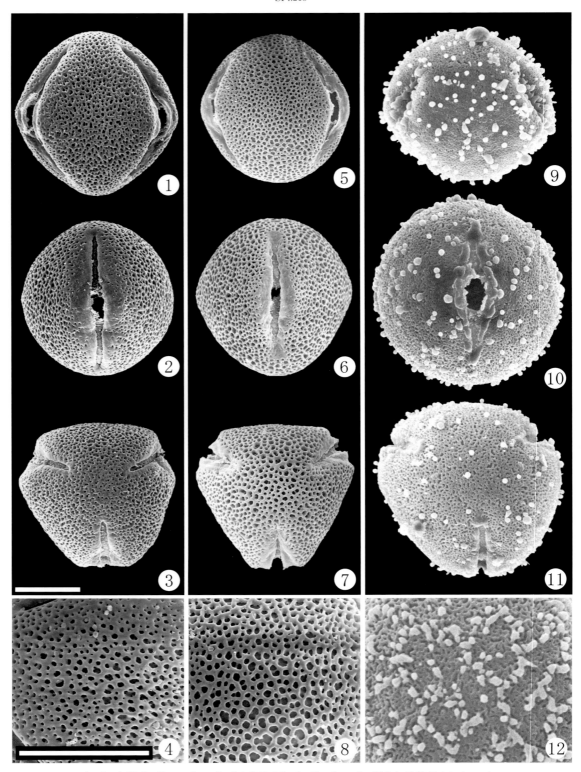

1-4：ウド *Aralia cordata*, 5-8：タラノキ *Aralia elata*, 9-12：ヤツデ *Fatsia japonica*

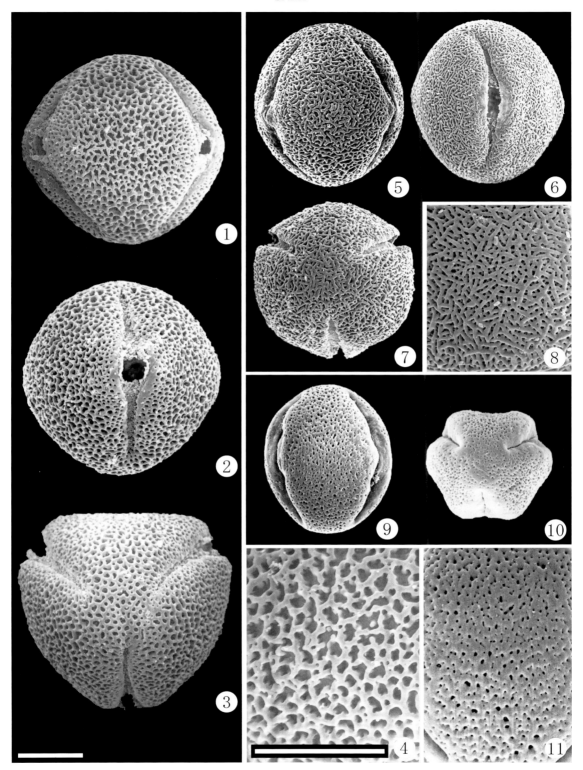

1-4：ハリブキ *Oplopanax japonicus*, 5-8：トチバニンジン *Panax japonicus*, 9-11：フカノキ *Schefflera octophylla*

Pl.217

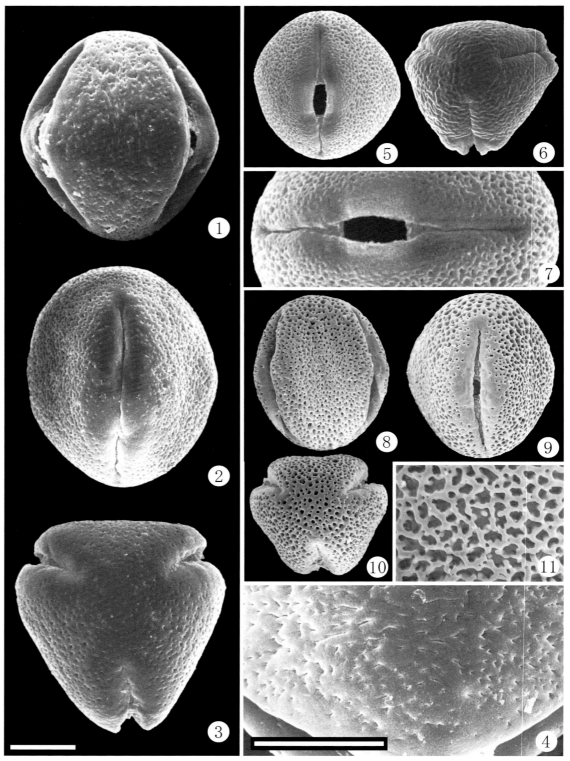

1-4：カクレミノ *Dendropanax trifidus*, 5-7：ヤマウコギ *Acanthopanax spinosus*, 8-11：コシアブラ *Acanthopanax sciadophylloides*

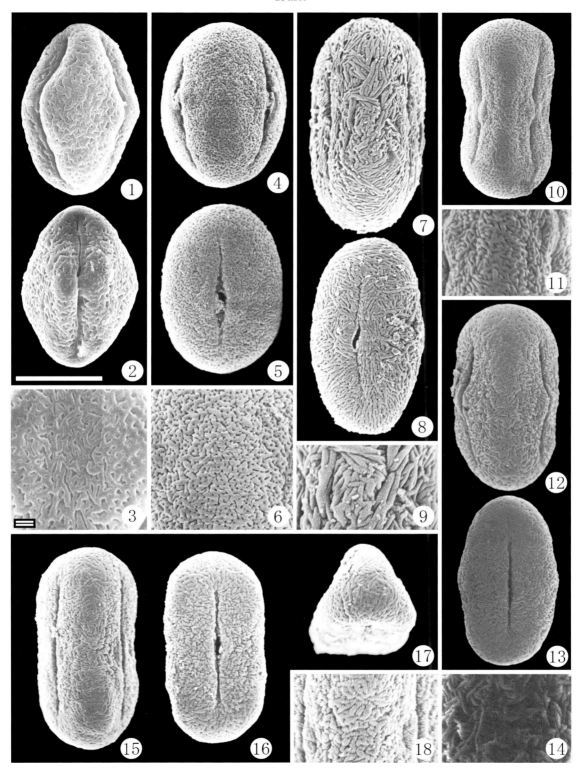

1-3：ハマチドメ *Hydrocotyle maritima*, 4-6：ウマノミツバ *Sanicula chinensis*, 7-9：オヤブジラミ *Torilis scabra*, 10-11：ヤブジラミ *Torilis japonica*, 12-14：セントウソウ *Chamaele decumbens*, 15-18：ヤブニンジン *Osmorhiza aristata*

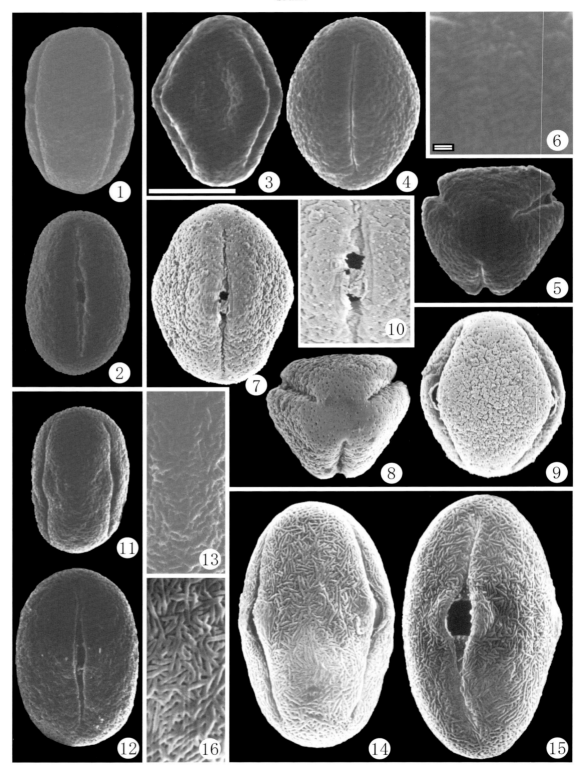

1-2：ホタルサイコ *Bupleurum longeradiatum* var. *elatius*, 3-6：ミシマサイコ *Bupleurum scorzoneraefolium* var. *stenophyllum*, 7-10：レブンサイコ *Bupleurum ajanense*, 11-13：ミツバ *Cryptotaenia japonica*, 14-16：セリ *Oenanthe javanica*

SPl.220

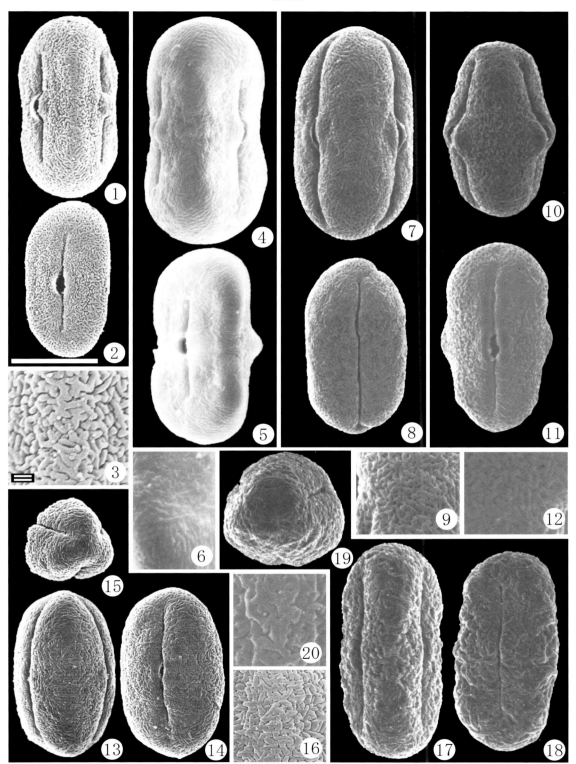

1-3：アニス *Pimpinella anisum*, 4-6：ニンジン *Daucus carota*, 7-9：ヌマゼリ *Sium suave* subsp. *nipponicum*, 10-12：シラネニンジン *Tilingia ajanensis*, 13-16：ハマゼリ *Cnidium japonicum*, 17-20：ドクゼリ *Cicuta virosa* （4-6：焦点の調整不良）

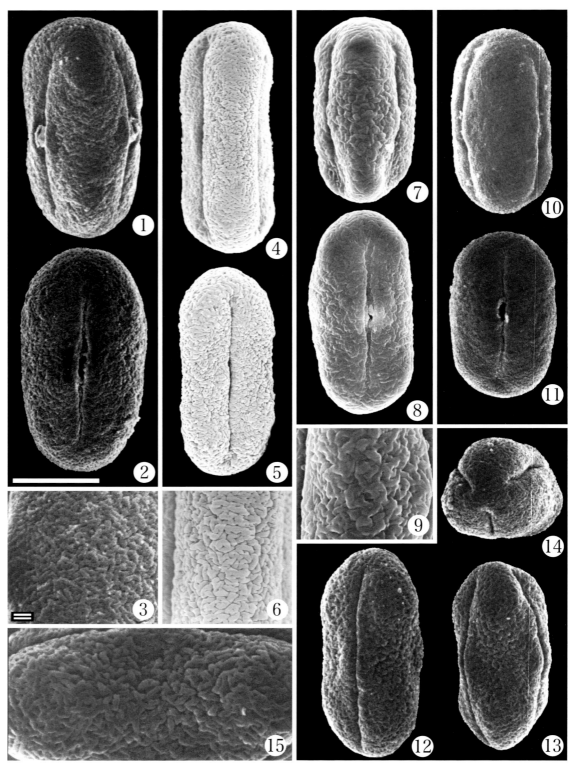

1-3：ハマボウフウ *Glehnia littoralis*, 4-6：ミヤマシシウド *Angelica matsumurae*, 7-9：シシウド *Angelica pubescens*, 10-11：ハマウド *Angelica japonica*, 12-15：マルバトウキ *Ligusticum hultenii*

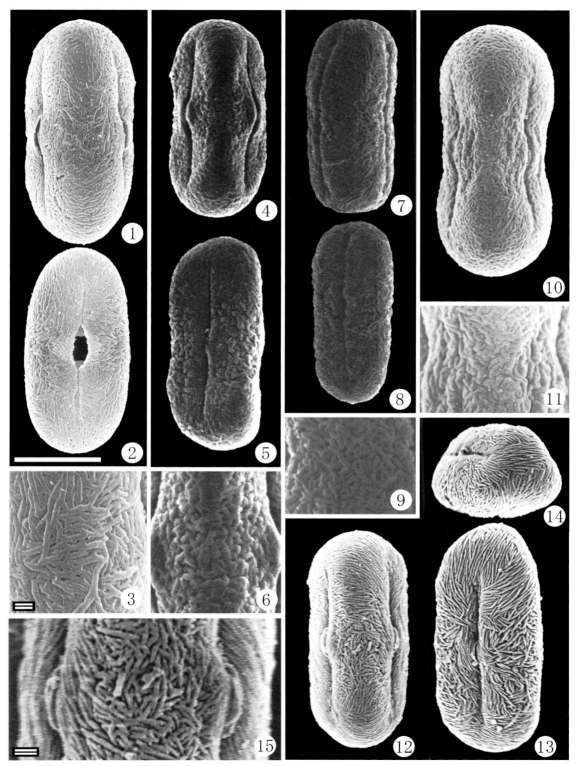

1-3：オランダゼリ *Petroselinum crispum*, 4-6：ドクゼリモドキ *Ammi majus*, 7-9：ドクニンジン *Conium maculatum*, 10-11：ヒメウイキョウ *Carum carvi*, 12-15：イタリアウイキョウ *Foeniculum vulgare* var. *azoricum*

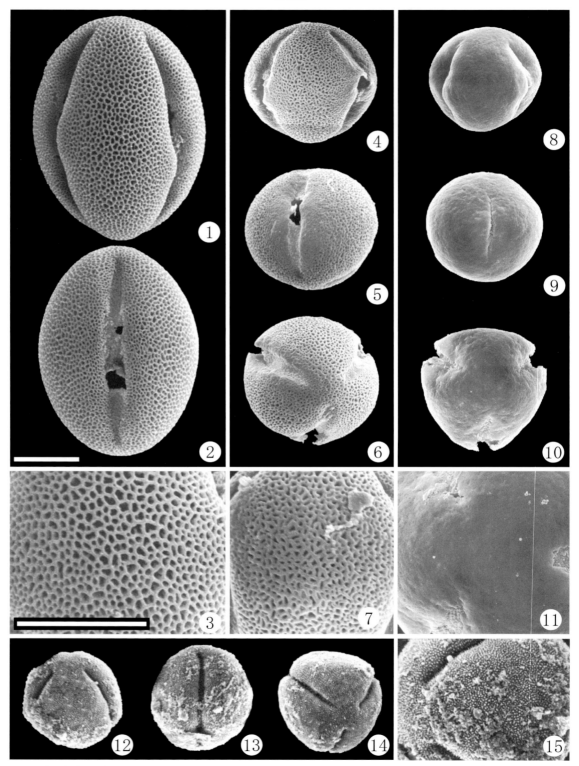

1-3：イワウチワ *Shortia uniflora*, 4-7：イワカガミ *Schizocodon soldanelloides*, 8-11：リョウブ *Clethra barvinervis*, 12-15：イワウメ *Diapensia lapponica* subsp. *obovata*

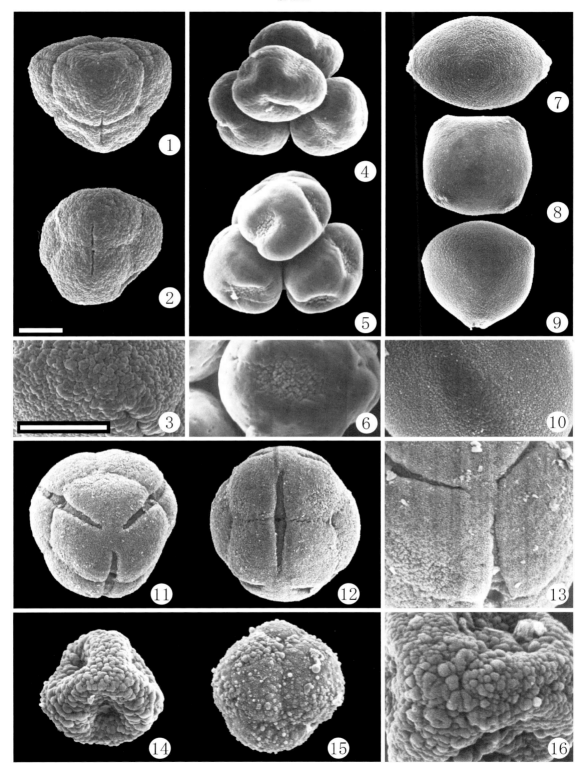

1-3：イチヤクソウ Pyrola japonica, 4-6：ウメガサソウ Chimaphila japonica, 7-10：ギンリョウソウ Monotropastrum humile, 11-13：アクシバ Vaccinium japonicum, 14-16：ジャノメエリカ Erica canaliculata （＊：6・13）

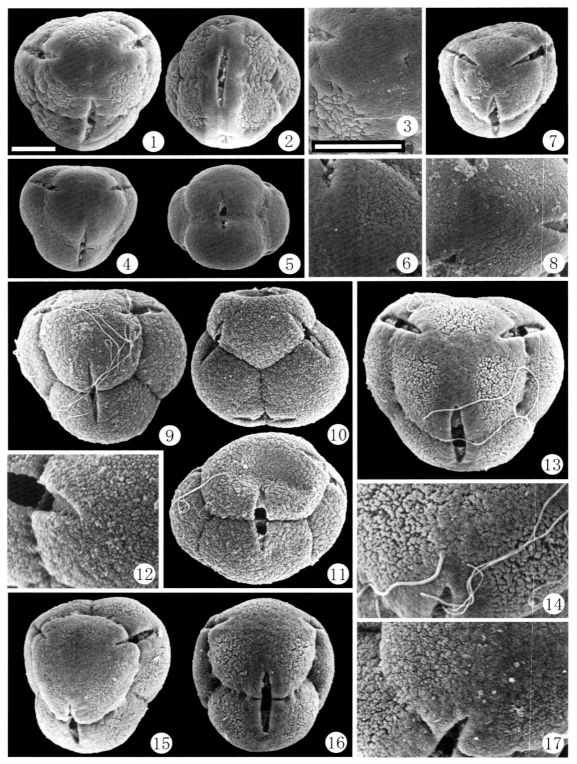

1-3：イワナシ *Epigaea asiatica*, 4-6：アオノツガザクラ *Phyllodoce aleutica*, 7-8：イソツツジ *Ledum palustre* subsp. *diversipilosum* var. *nipponicum*, 9-12：ホツツジ *Elliottia paniculata*, 13-14：ミツバツツジ *Rhododendron dilatatum*, 15-17：コメツツジ *Rhododendron tschonoskii*

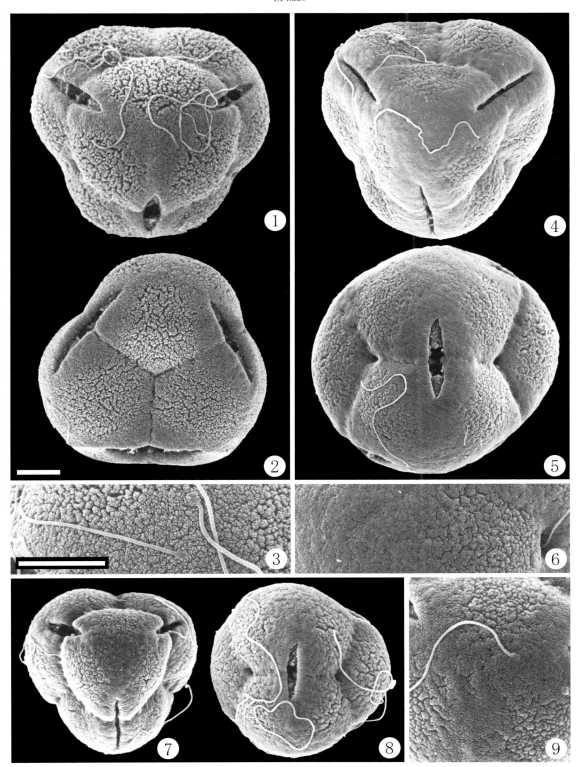

1-3：コバノミツバツツジ *Rhododendron reticulatum*, 4-6：レンゲツツジ *Rhododendron japonicum*, 7-9：ゲンカイツツジ *Rhododendron mucronulatum* var. *ciliatum*

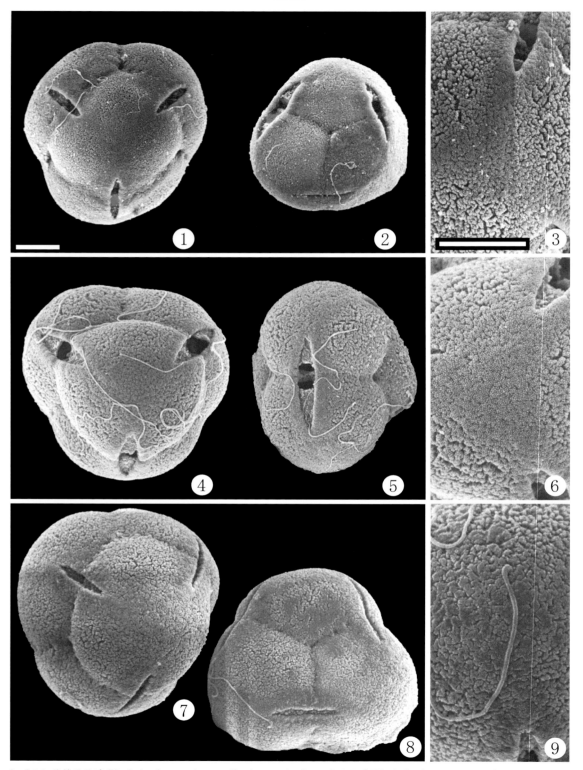

1-3：ヒラドツツジ *Rhododendron scabrum* × *R. ripense*, 4-6：モチツツジ *Rhododendron macrosepalum*, 7-9：キシツツジ *Rhododendron ripense* （＊：7-8）

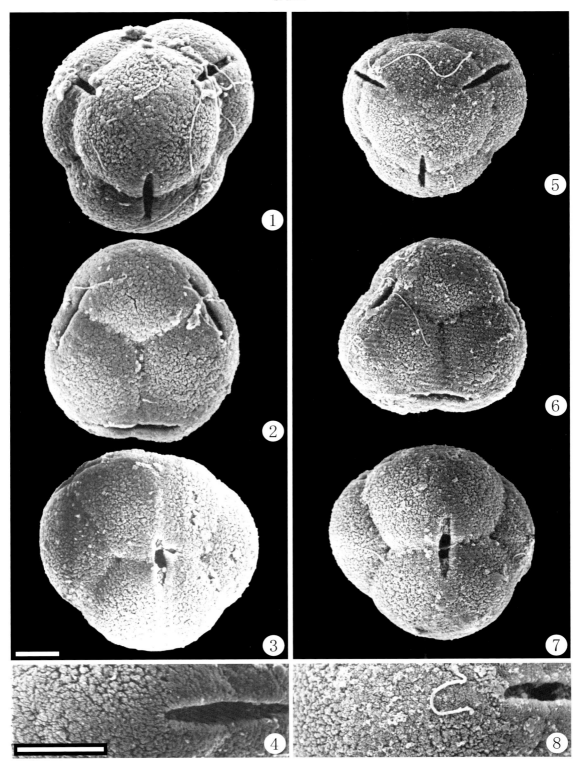

1-8：サツキ *Rhododendron indicum* (1-4：短雄しべ short stamen, 5-8：長雄しべ long stamen)　（＊：6)

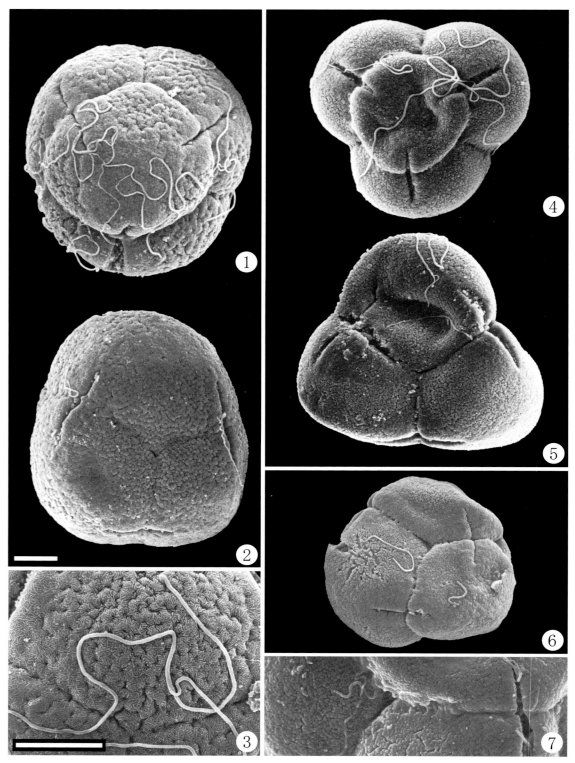

1-3：ヨウシュシャクナゲ *Rhododendron* sp., 4-5：ハクサンシャクナゲ *Rhododendron brachycarpum*, 6-7：ツクシシャクナゲ *Rhododendron metternichii*

Pl.230

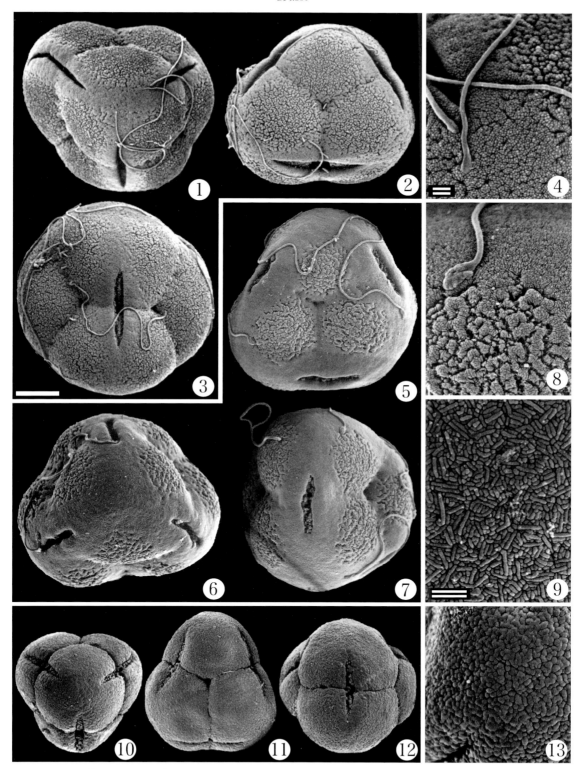

1-4：ユキグニミツバツツジ Rhododendron lagopus var. niphophilum, 5-9：ナツザキツツジ Rhododendron prunifolium, 10-13：エゾノツガザクラ Phyllodoce caerulea （＊：5・7）

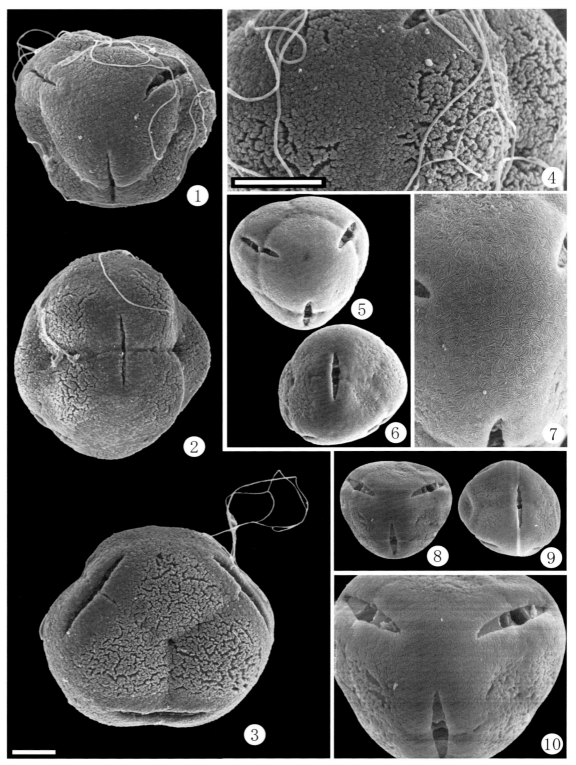

1-4：セイシカ *Rhododendron latoucheae*, 5-7：ツリガネツツジ *Menziesia cilicalyx*, 8-10：ヨウラクツツジ *Menziesia purpurea* （＊：8-10）

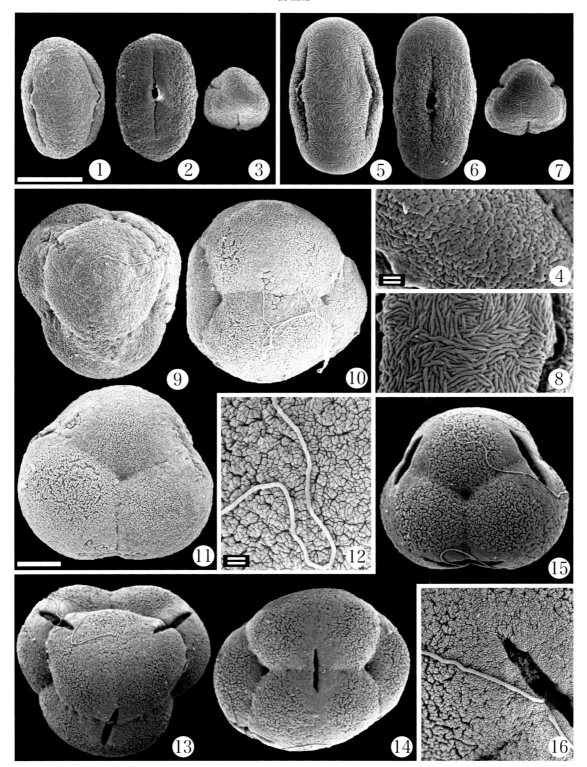

1-4：ボタンボウフウ *Peucedanum japonicum*, 5-8：シャク *Anthriscus aemula*, 9-12：サキシマツツジ *Rhododendron amanoi*, 13-16：ケラマツツジ *Rhododendron scabrum*

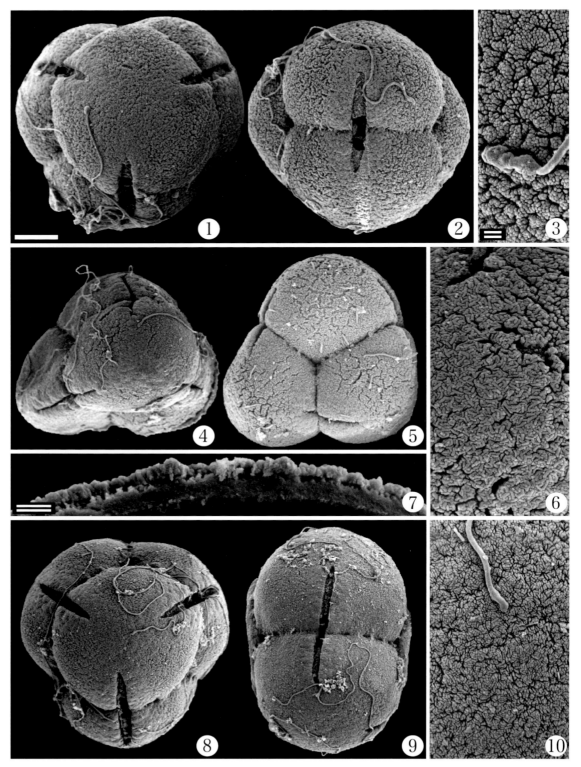

1-3：アマミセイシカ *Rhododendron amamiense*, 4-7：ヤクシマシャクナゲ *Rhododendron yakushimanum*, 8-10：アマギシャクナゲ *Rhododendron degronianum* var. *amagianum*

SPl.234

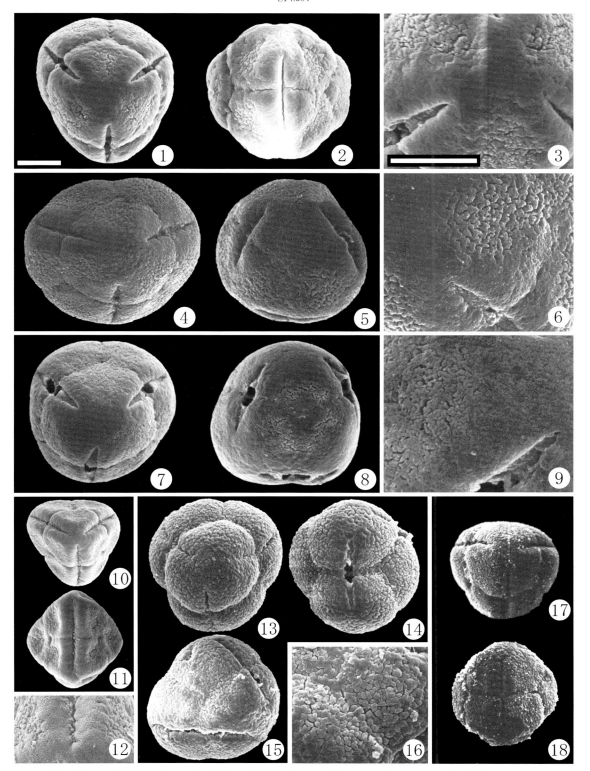

1-3：アセビ *Pieris japonica*, 4-6：リュウキュウアセビ *Pieris koidzumiana*, 7-9：ハナヒリノキ *Leucothoe grayana*, 10-12：イワヒゲ *Cassiope lycopodioides*, 13-16：アカモノ *Gaultheria adenothrix*, 17-18：シラタマノキ *Gaultheria pyroloides* （＊：3・17）

Pl.235

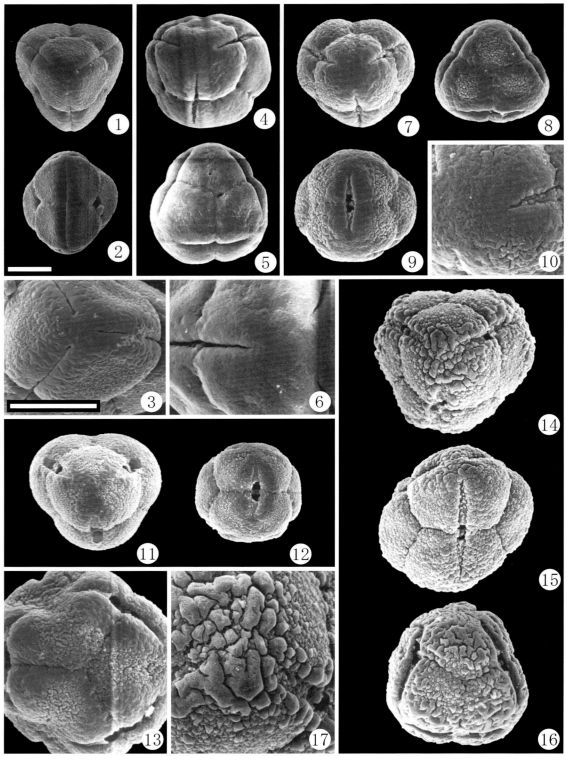

1-3：ジムカデ *Harrimanella stelleriana*, 4-6：シャシャンボ *Vaccinium bracteatum*, 7-10：ナツハゼ *Vaccinium oldhamii*, 11-13：ネジキ *Lyonia ovalifolia* var. *elliptica*, 14-17：ツルコケモモ *Vaccinium oxycoccus* (＊：4-5・13)

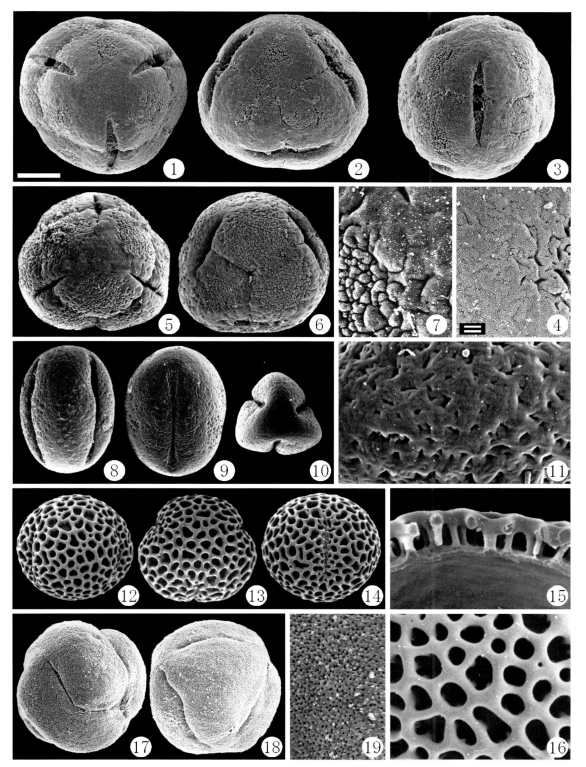

1-4：ギーマ *Vaccinium wrightii*, 5-7：ムニンシャシャンボ *Vaccinium boninense*, 8-11：オオハマボッス *Lysimachia mauritiana* var. *rubida*, 12-16：フクロモチ *Ligustrum japonicum* var. *rotundifolium*, 17-19：チトセカズラ *Gardneria multiflora*

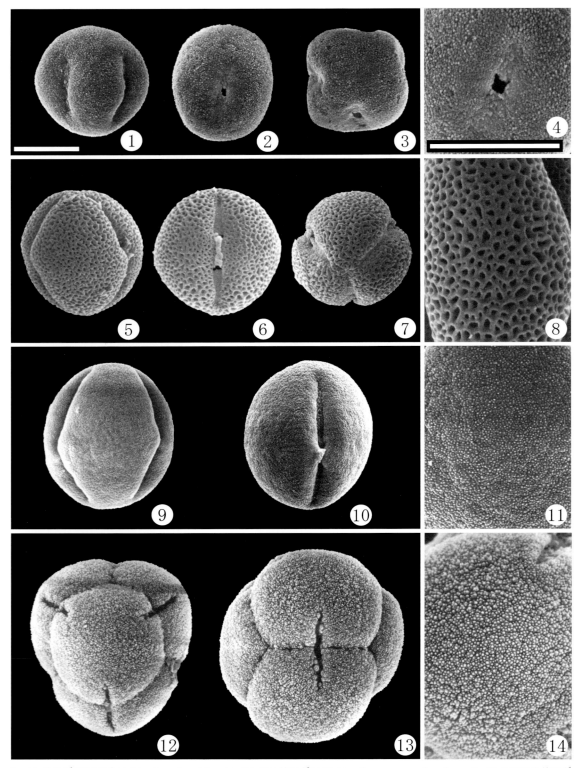

1-4：ドウダンツツジ *Enkianthus perulatus*, 5-8：ベニドウダン *Enkianthus cernuus* f. *rubens*, 9-11：サラサドウダン *Enkianthus campanulatus*, 12-14：ガンコウラン *Empetrum nigrum* var. *japonicum* （＊：12）

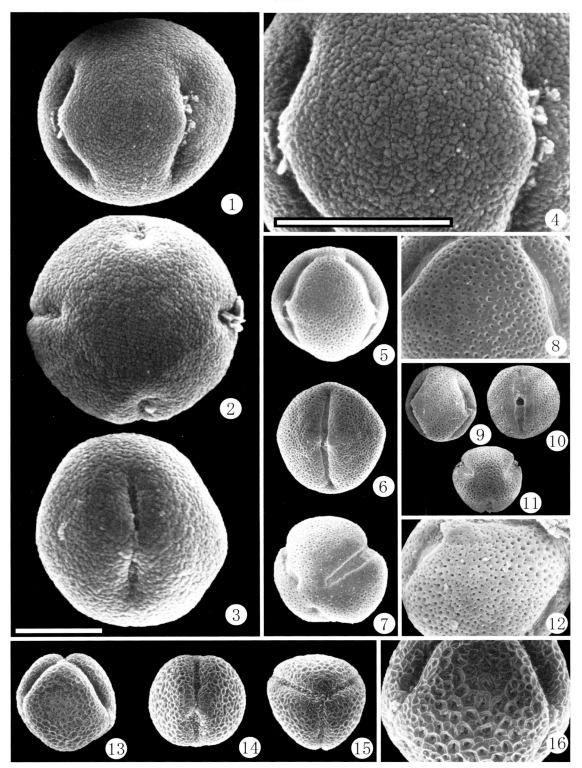

1-4：タイミンタチバナ Myrsine seguinii, 5-8：イズセンリョウ Maesa japonica, 9-12：シマイズセンリョウ Maesa tenera, 13-16：マンリョウ Ardisia crenata

Spl.239

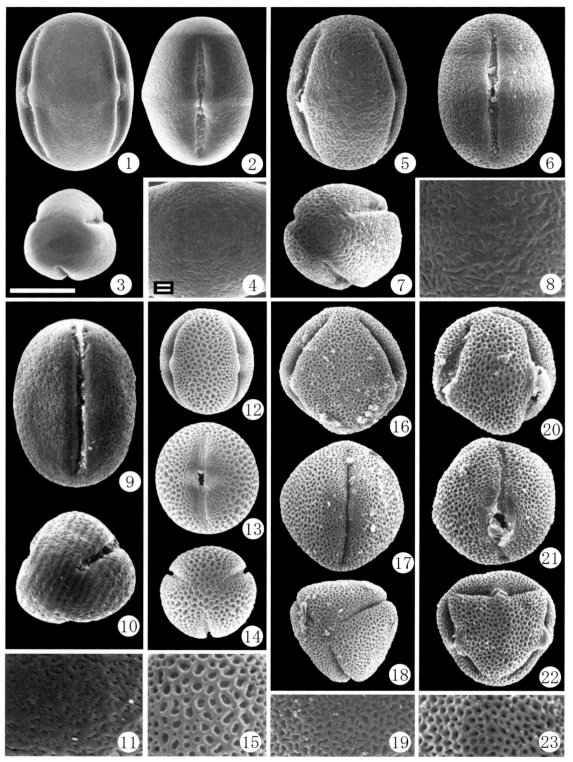

1-4：ヌマトラノオ Lysimachia fortunei, 5-8：ハマボッス Lysimachia mauritiana, 9-11：オカトラノオ Lysimachia clethroides, 12-15：クサレダマ Lysimachia vulgaris var. davurica, 16-19：ツマトリソウ Trientalis europaea, 20-23：ルリハコベ Anagallis arvensis （＊：2・6・10）

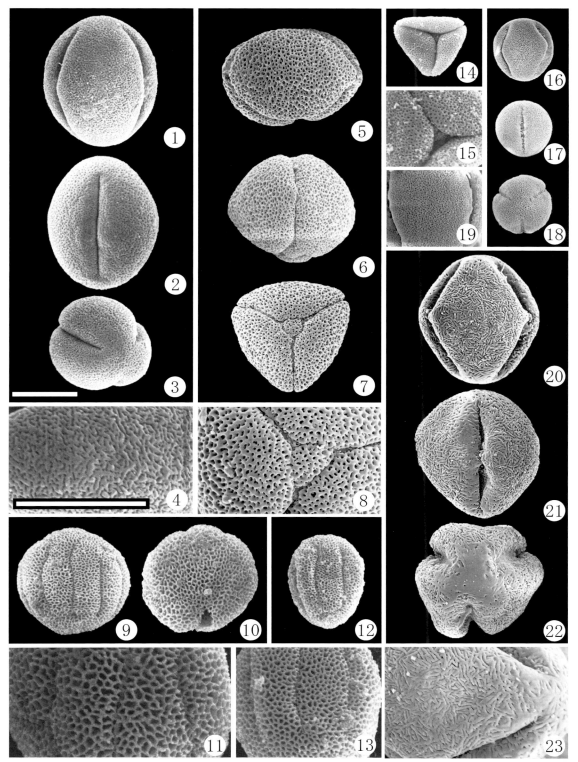

1-4：ウミミドリ *Glaux maritima* var. *obtusifolia*, 5-8：エゾオオサクラソウ *Primula jesoana* var. *pubescens*, 9-13：クリンザクラ *Primula* × *polyantha* (9-11：短雄しべ short stamen, 12-13：長雄しべ long stamen), 14-15：トキワザクラ *Primula obconica*, 16-19：シクラメン *Cyclamen persicum*, 20-23：ヒマラヤユキノシタ *Bergenia stracheyi* (＊：6)

Pl.241

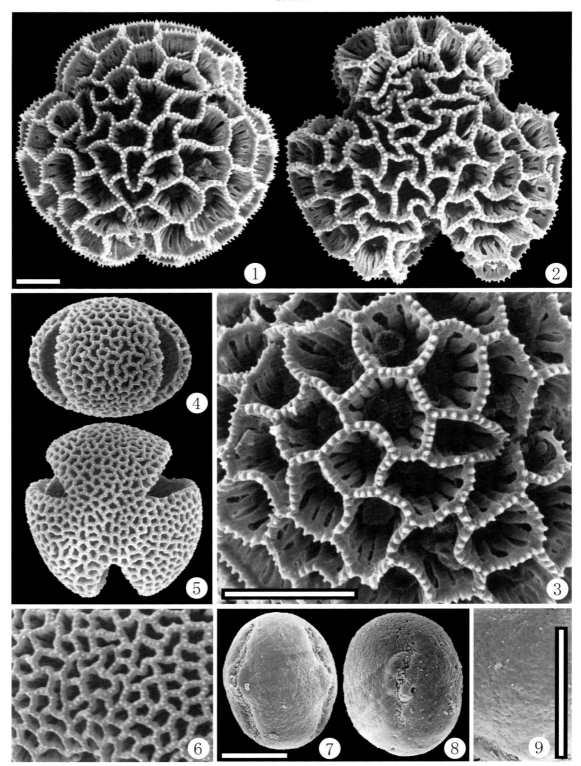

1-3：イソマツ Limonium wrightii, 4-6：ハナハマサジ Limonium sinuatum, 7-9：アカテツ Pouteria obovata (＊：7-8)

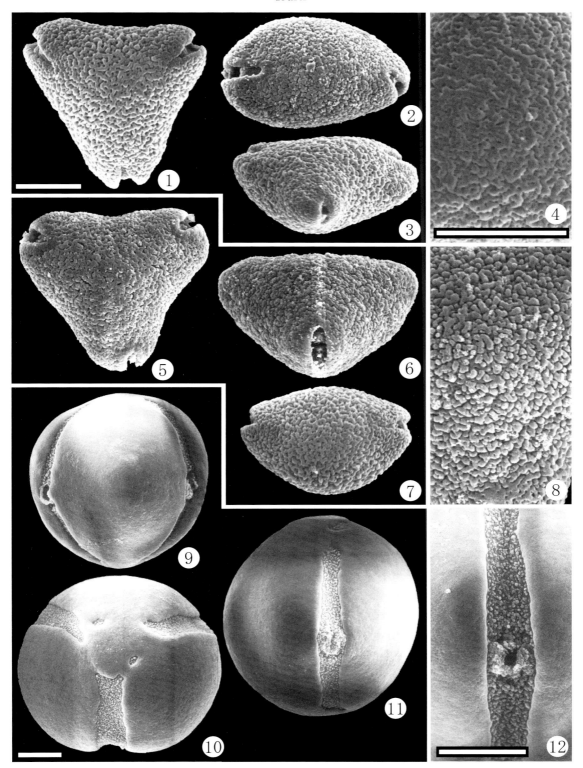

1-4：サワフタギ Symplocos chinensis var. leucocarpa f. pilosa, 5-8：クロバイ Symplocos prunifolia, 9-12：カキノキ Diospyros kaki （＊：5-6・9-11）

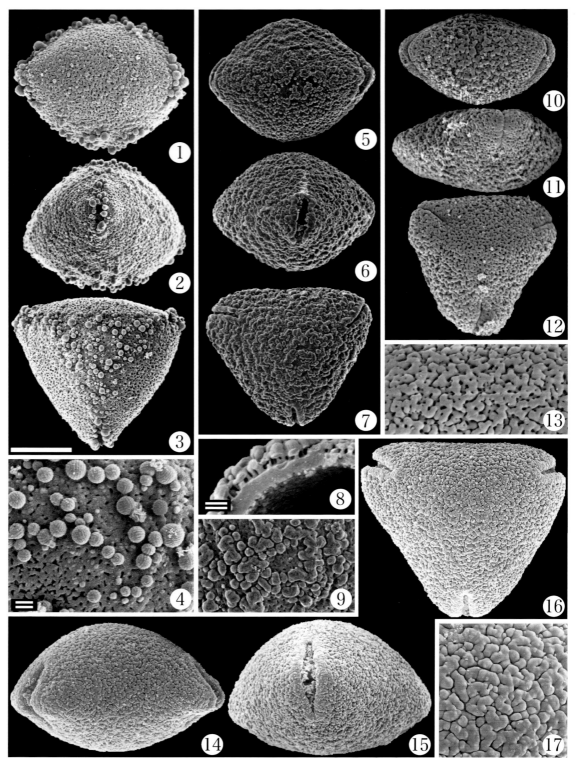

1-4：ウチダシクロキ *Symplocos kawakamii*, 5-9：クロキ *Symplocos lucida*, 10-13：タンナサワフタギ *Symplocos coreana*, 14-17：アオバナハイノキ *Symplocos caudata*

Pl.244

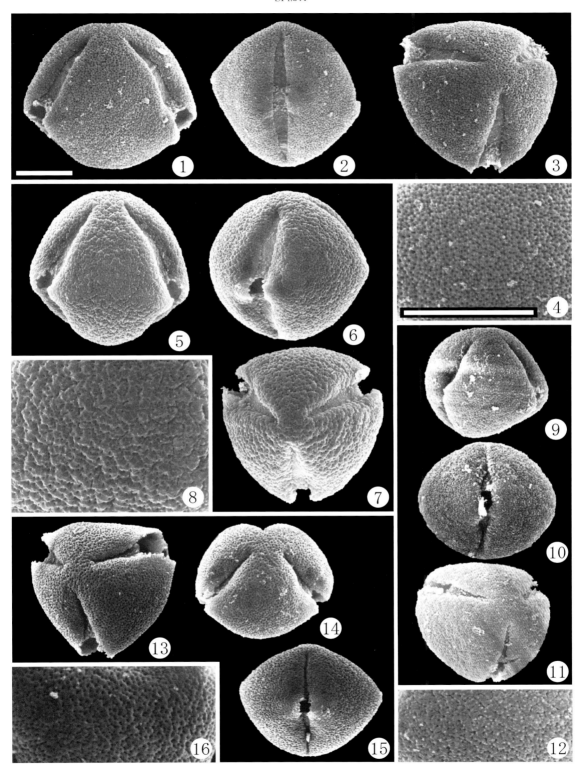

1-4：エゴノキ *Styrax japonica*, 5-8：ハクウンボク *Styrax obassia*, 9-12：アサガラ *Pterostyrax corymbosa*, 13-16：オオバアサガラ *Pterostyrax hispida* （＊：9・11）

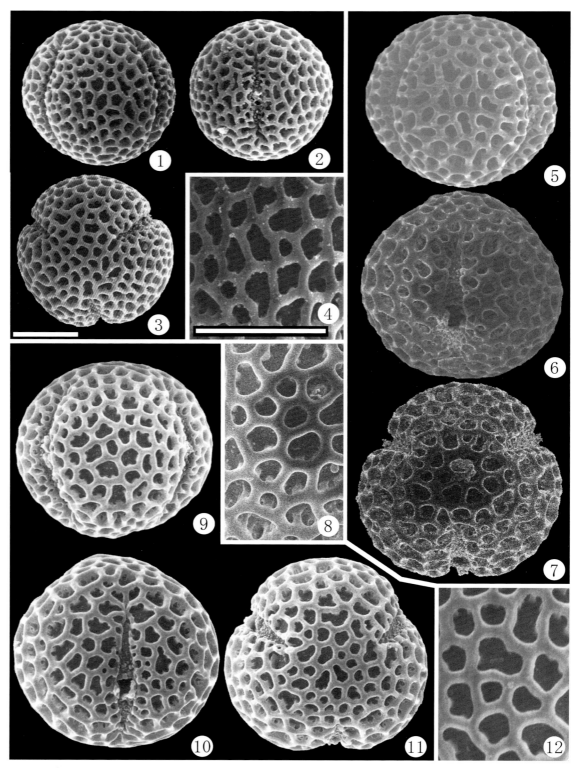

1-4：イボタノキ *Ligustrum obtusifolium*, 5-8：オオバイボタ *Ligustrum ovalifolium*, 9-12：ネズミモチ *Ligustrum japonicum*

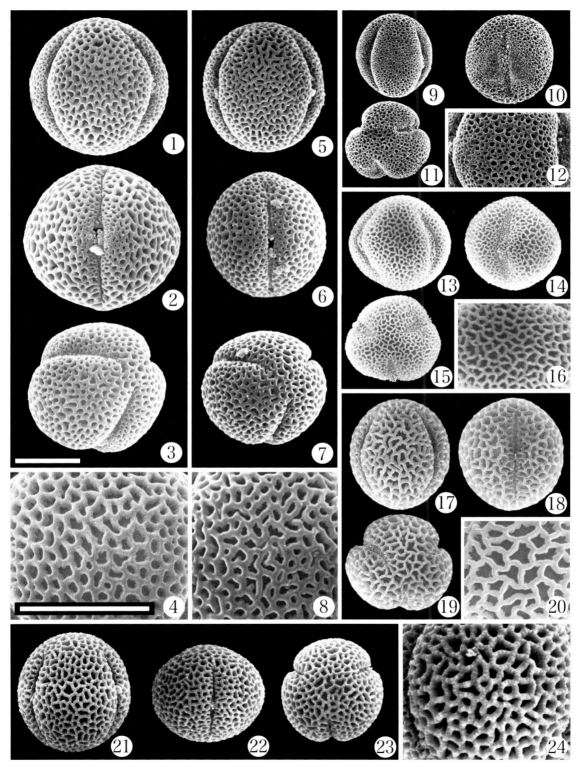

1-4：アオダモ Fraxinus lanuginosa f. serrata, 5-8：マルバアオダモ Fraxinus sieboldiana, 9-12：シマタゴ Fraxinus floribunda, 13-16：キンモクセイ Osmanthus fragrans var. aurantiacus, 17-20：ヒイラギ Osmanthus heterophyllus, 21-24：オリーブ Olea europea

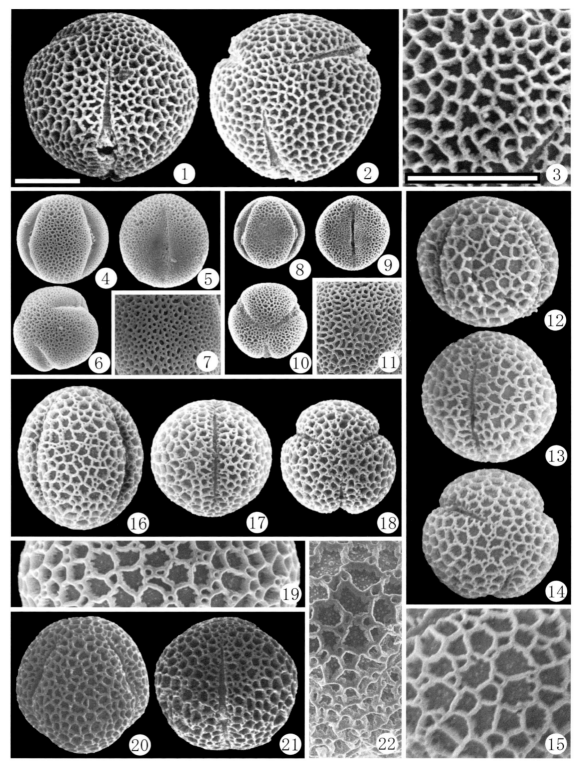

1-3：ウチワノキ *Abeliophyllum distichum*, 4-7：ヒトツバタゴ *Chionanthus retusus*, 8-11：コウトウナタオレ *Chionanthus ramiflora*, 12-15：ヤマトレンギョウ *Forsythia japonica*, 16-19：レンギョウ *Forsythia suspensa*, 20-22：チョウセンレンギョウ *Forsythia viridissima* var. *koreana*

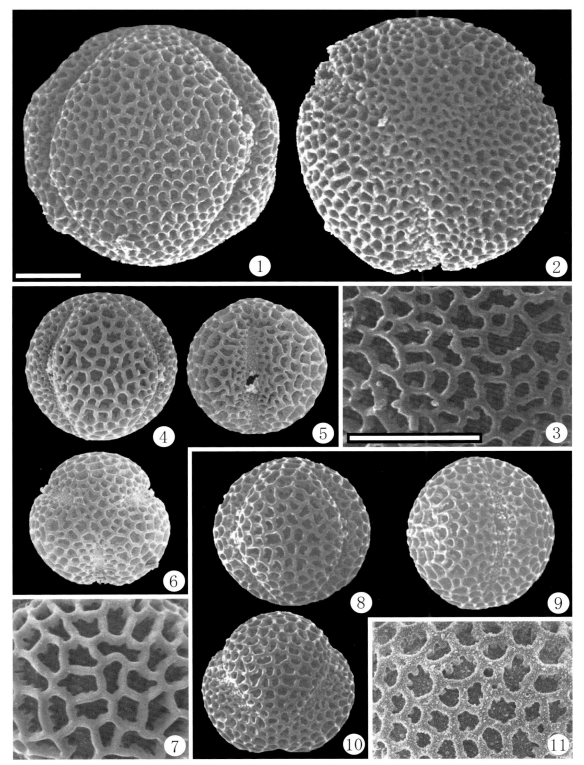

1-3：オウバイ *Jasminum nudiflorum*，4-7：ハシドイ *Syringa reticulata*，8-11：ムラサキハシドイ *Syringa vulgaris*

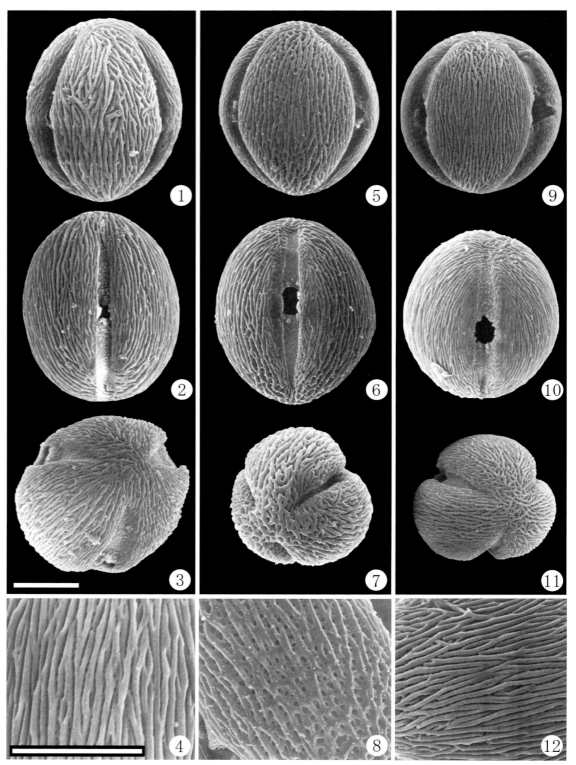

1-4：ツルリンドウ *Tripterospermum japonicum*, 5-8：リンドウ *Gentiana scabra* var. *buergeri*, 9-12：トウヤクリンドウ *Gentiana algida* （＊：1-2）

SPl.250

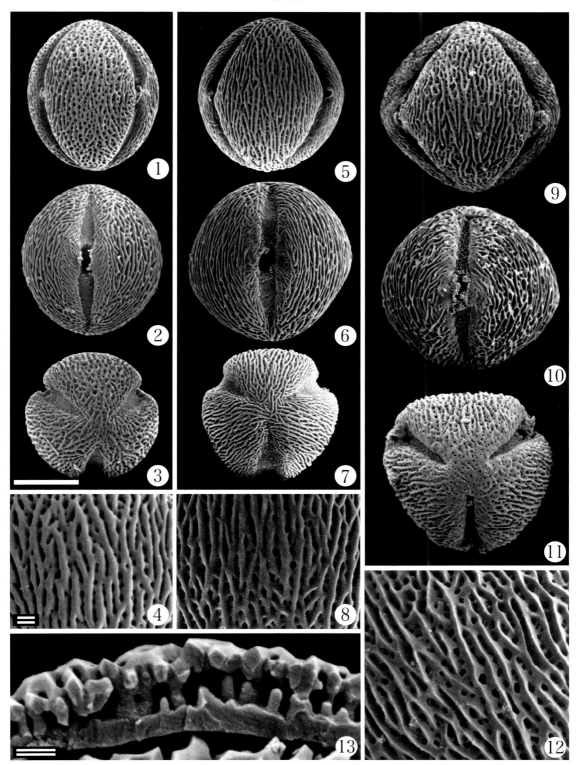

1-4：アサマリンドウ Gentiana sikokiana, 5-8：エゾオヤマリンドウ Gentiana triflora var. japonica subvar. montana,
9-13：アケボノソウ Swertia bimaculata

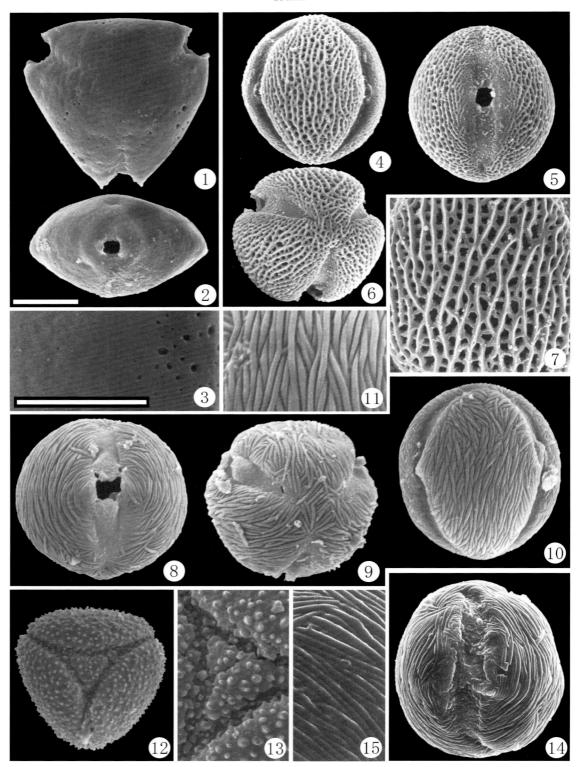

1-3：ハナイカリ *Halenia corniculata*, 4-7：センブリ *Swertia japonica*, 8-11：イワイチョウ *Fauria crista-galli*, 12-13：ガガブタ *Nymphoides indica*, 14-15：ミツガシワ *Menyanthes trifoliata*

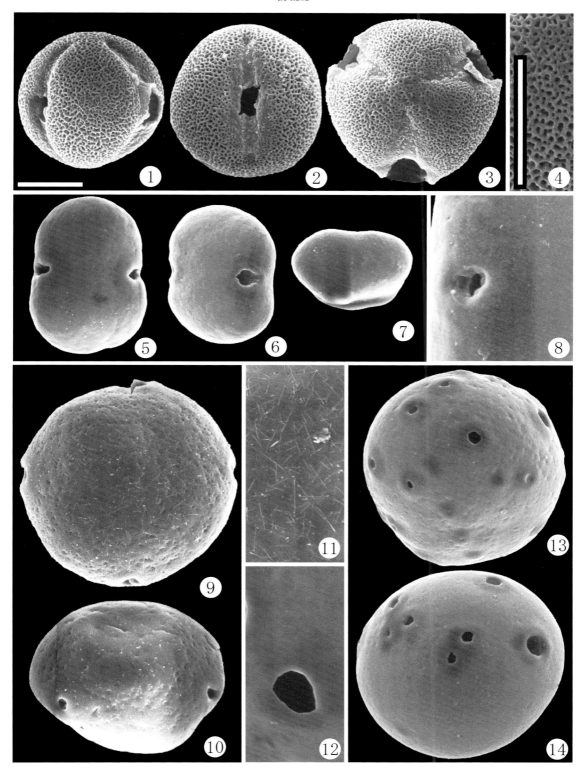

1-4：アイナエ *Mitrasacme pygmaea*, 5-8：サカキカズラ *Anodendron affine*, 9-11：キョウチクトウ *Nerium indicum*, 12-14：テイカカズラ *Trachelospermum asiaticum*

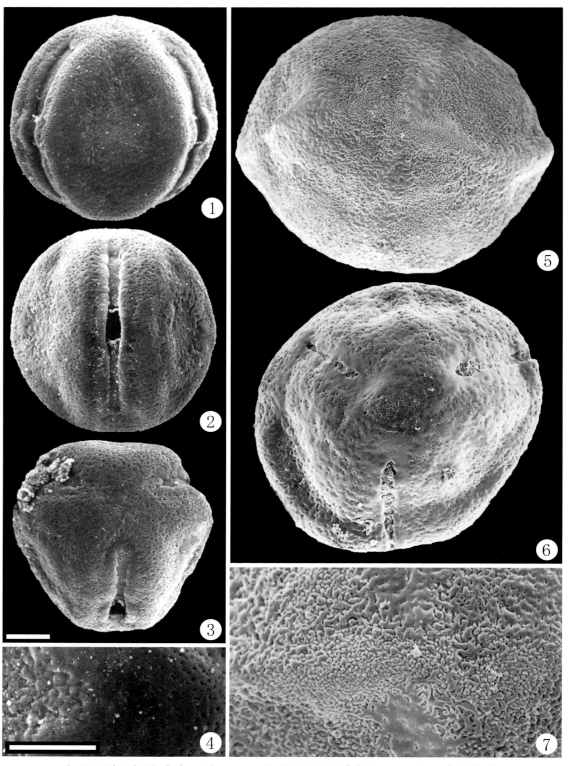

1-4：ニチニチソウ *Catharanthus roseus*, 5-7：ミフクラギ *Cerbera manghas* （＊：3-4）

SPl.254

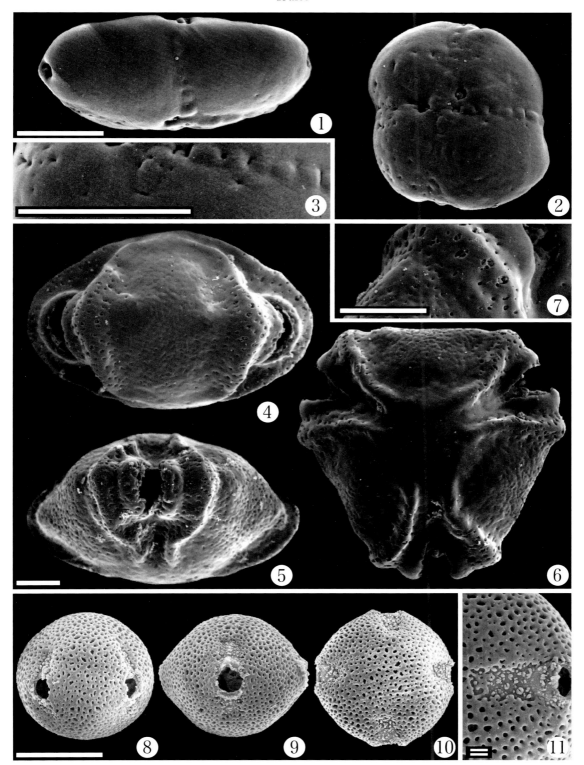

1-3：バシクルモン *Apocynum venetum* var. *basikurumon*, 4-7：インドジャボク *Rauvolfia serpentina*, 8-11：コンロンカ *Mussaenda parviflora*

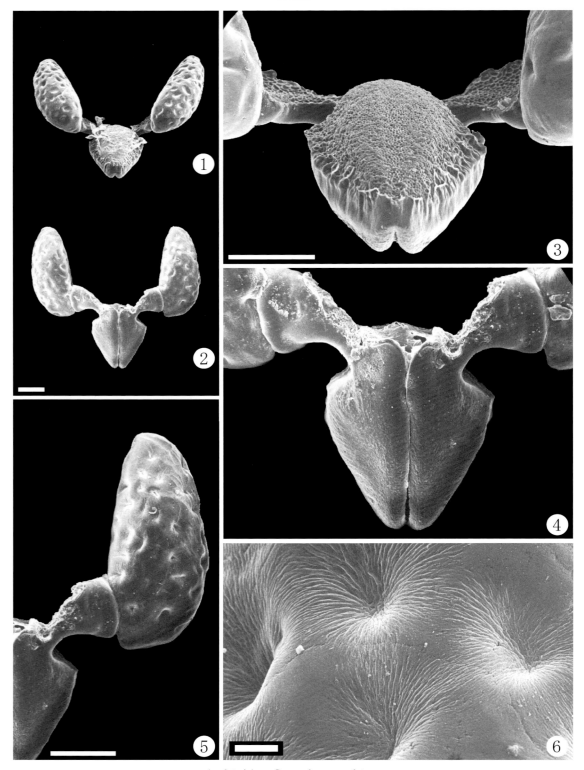

1-6：イケマ Cynanchum caudatum

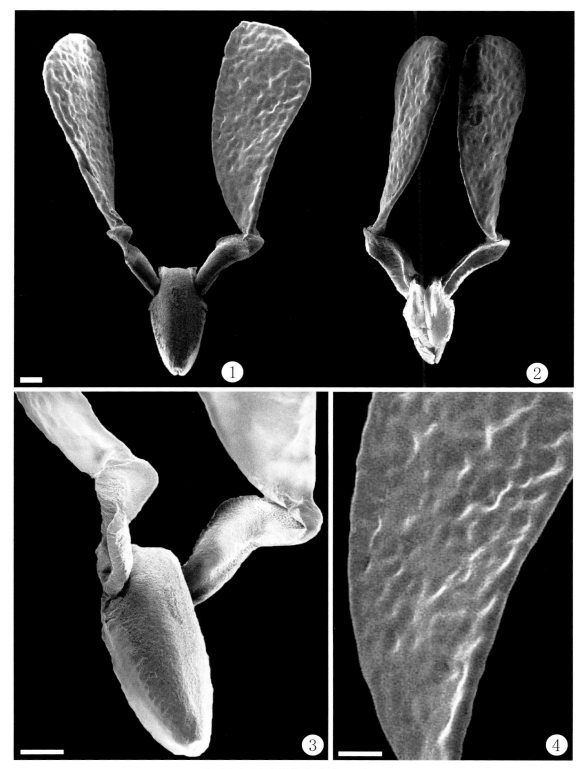

1-4：オオトウワタ *Asclepias syriaca*

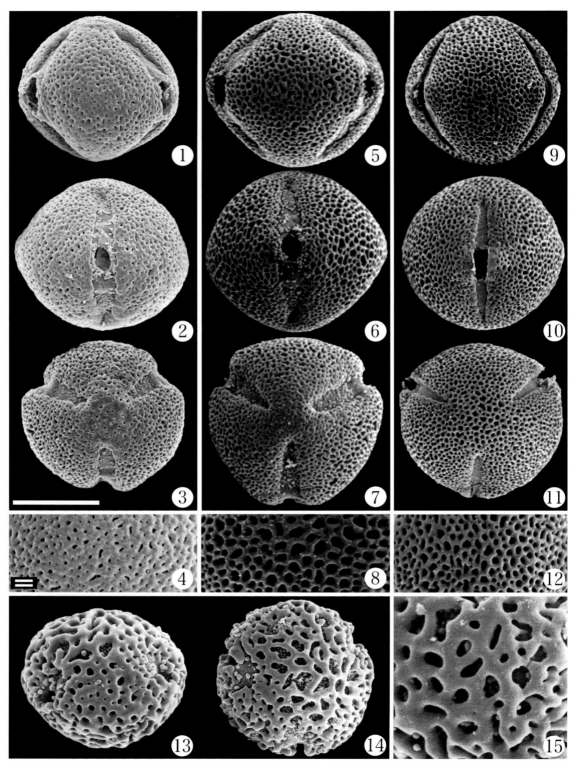

1-4：ギョクシンカ *Tarenna gracilipes*, 5-8：シマギョクシンカ *Tarenna subsessilis*, 9-12：アツバシマザクラ *Hedyotis pachyphylla*, 13-15：ミサオノキ *Randia cochinchinensis*

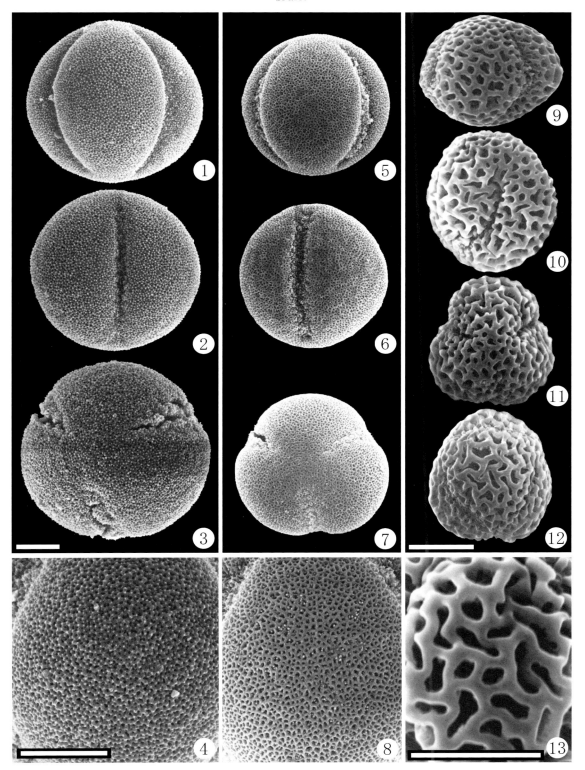

1-8：ハクチョウゲ *Serissa japonica*（1-4：長雄しべ long stamen, 5-8：短雄しべ short stamen), 9-13：シチョウゲ *Leptodermis pulchella* （＊：3）

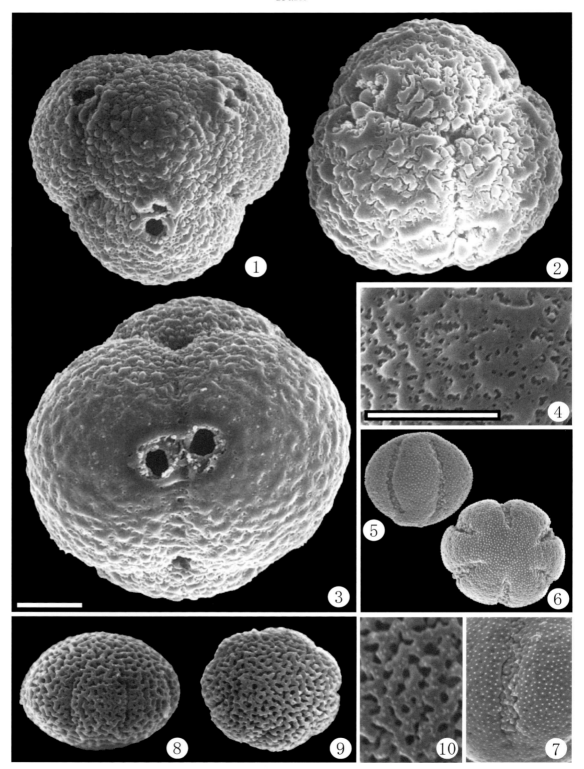

1-4：クチナシ Gardenia jasminoides, 5-7：オオキヌタソウ Rubia chinensis var. glabrescens, 8-10：ハシカグサ Hedyotis lindleyana var. hirsuta

Pl.260

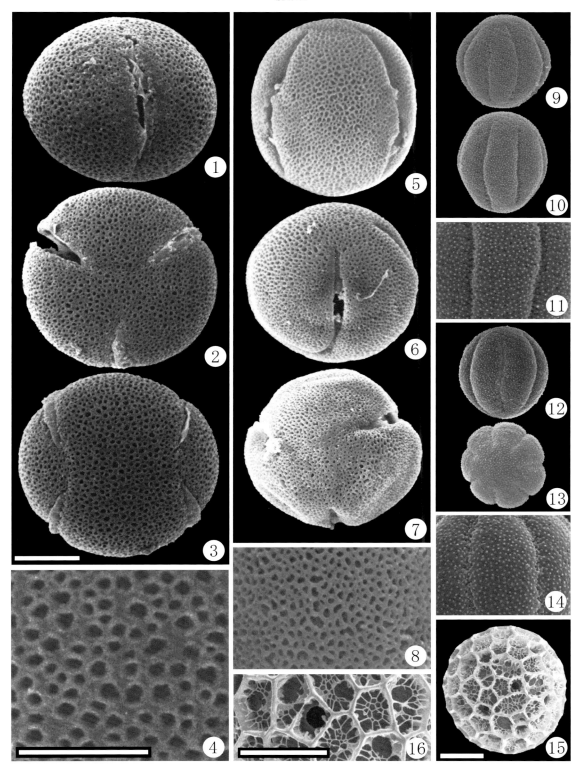

1-4：ヤイトバナ *Paederia scandens*, 5-8：サツマイナモリ *Ophiorrhiza japonica*, 9-11：ヤエムグラ *Galium spurium* var. *echinospermum*, 12-14：カワラマツバ *Galium verum* var. *asiaticum* f. *nikkoense*, 15-16：シバザクラ *Phlox subulata*

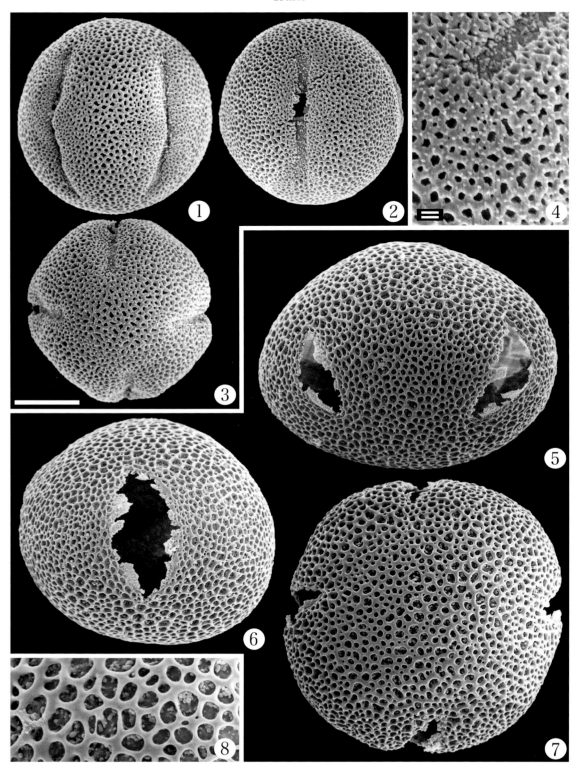

1-4：リュウキュウアリドオシ *Damnacanthus biflorus*, 5-8：ナガミボチョウジ *Psychotria manillensis*

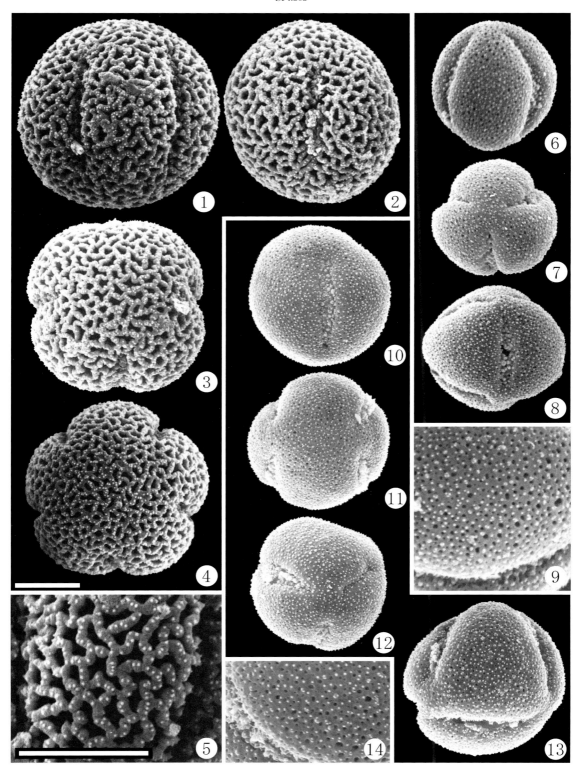

1-5：ネナシカズラ *Cuscuta japonica*, 6-9：マメダオシ *Cuscuta australis*, 10-14：ハマネナシカズラ *Cuscuta chinensis*

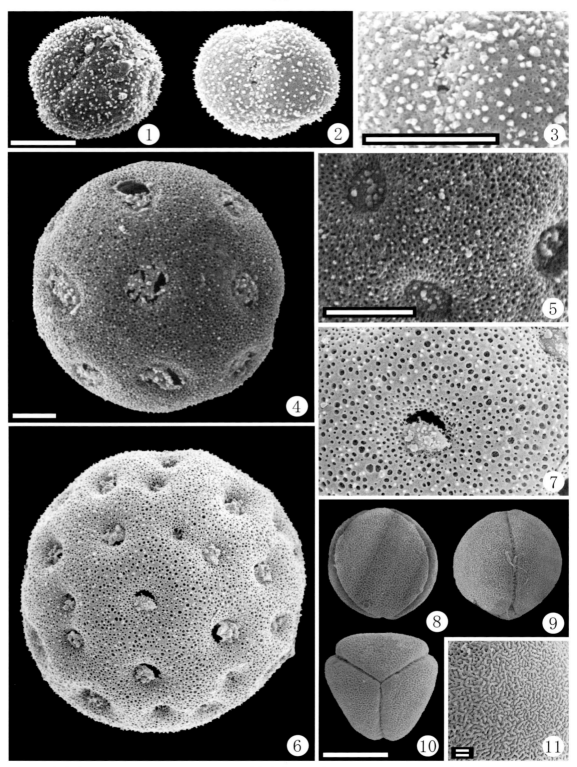

1-3：アオイゴケ *Dichondra repens*, 4-5：ヒルガオ *Calystegia japonica*, 6-7：ハマヒルガオ *Calystegia soldanella*, 8-11：ハゼリソウ *Phacelia tanacetifolia* （＊：8）

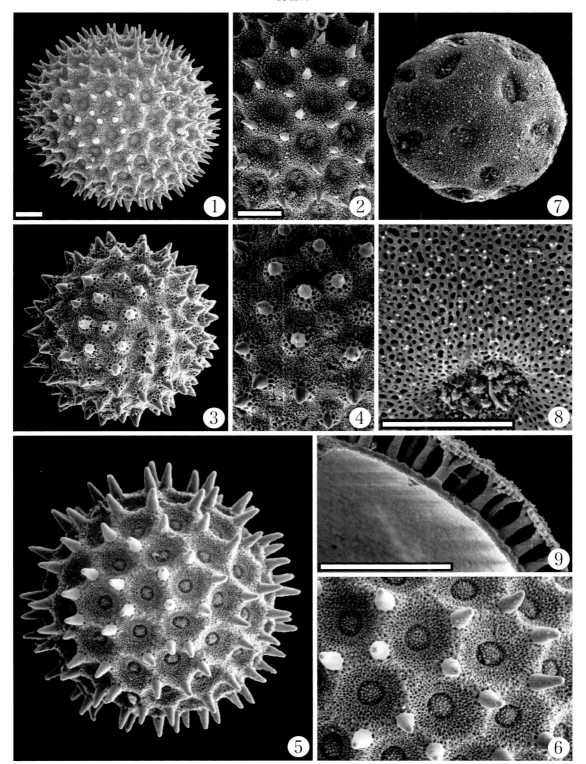

1-2：ヨウサイ *Ipomoea aquatica*, 3-4：グンバイヒルガオ *Ipomoea pes-caprae*, 5-6：ノアサガオ *Ipomoea indica*, 7-9：コヒルガオ *Calystegia hederacea* （＊：4・8）

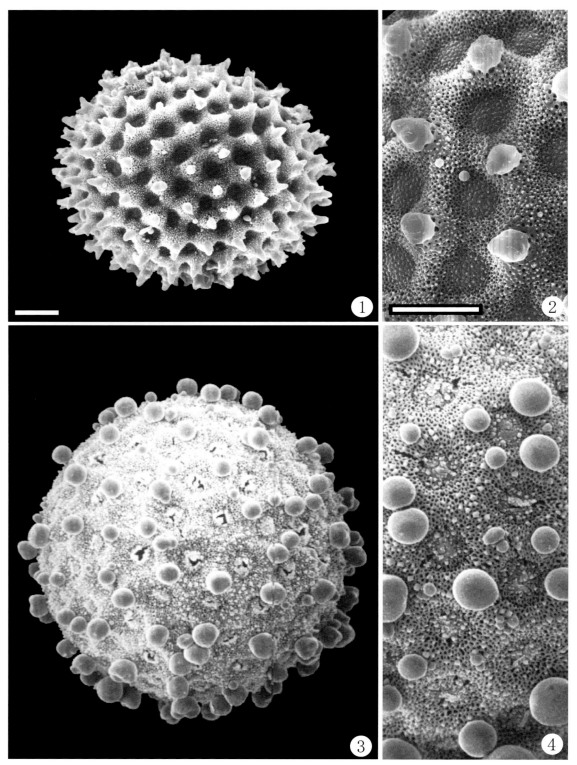

1-2：サツマイモ *Ipomoea batatas*, 3-4：ヨルガオ *Ipomoea alba* （＊：2）

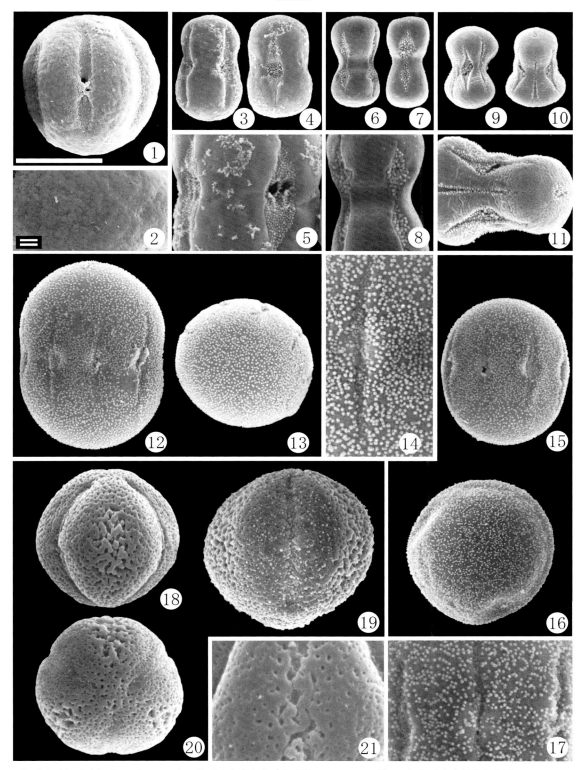

1-2：モンパノキ *Argusia argentea*, 3-5：ホタルカズラ *Lithospermum zollingeri*, 6-8：ムラサキ *Lithospermum officinale* subsp. *erythrorhizon*, 9-11：キュウリグサ *Trigonotis peduncularis*, 12-17：ヒレハリソウ *Symphytum officinale*, 18-21：チシャノキ *Ehretia ovalifolia*

Pl.267

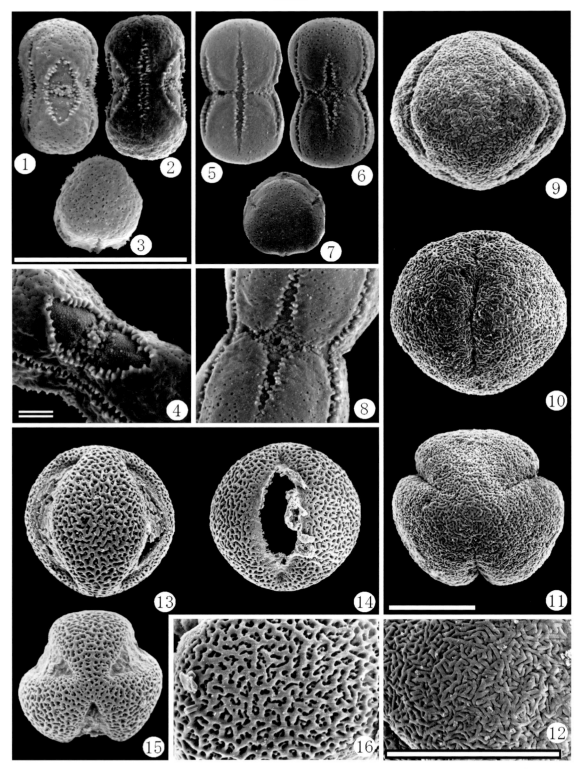

1-4：ハナイバナ *Bothriospermum tenellum*, 5-8：ヤマルリソウ *Omphalodes japonica*, 9-12：フクマンギ *Ehretia microphylla*, 13-16：ダンギク *Caryopteris incana*

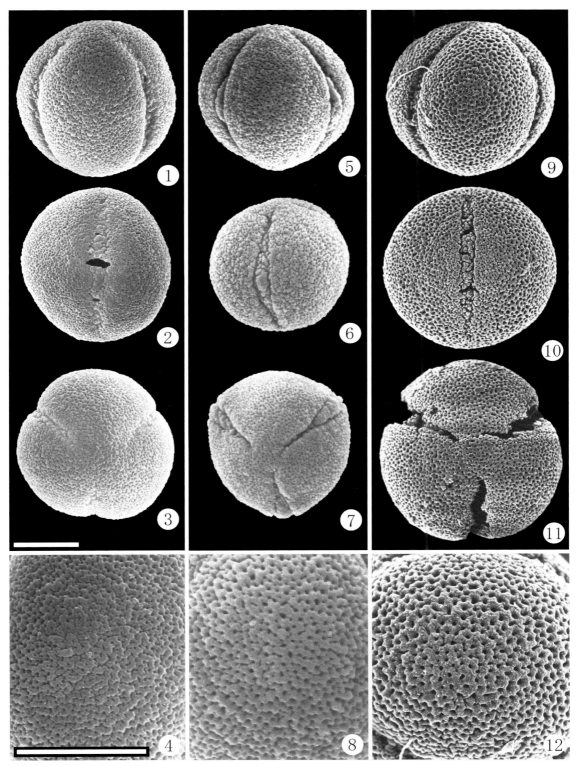

1-4：ムラサキシキブ Callicarpa japonica, 5-8：コムラサキ Callicarpa dichotoma, 9-12：ヤブムラサキ Callicarpa mollis （＊：11）

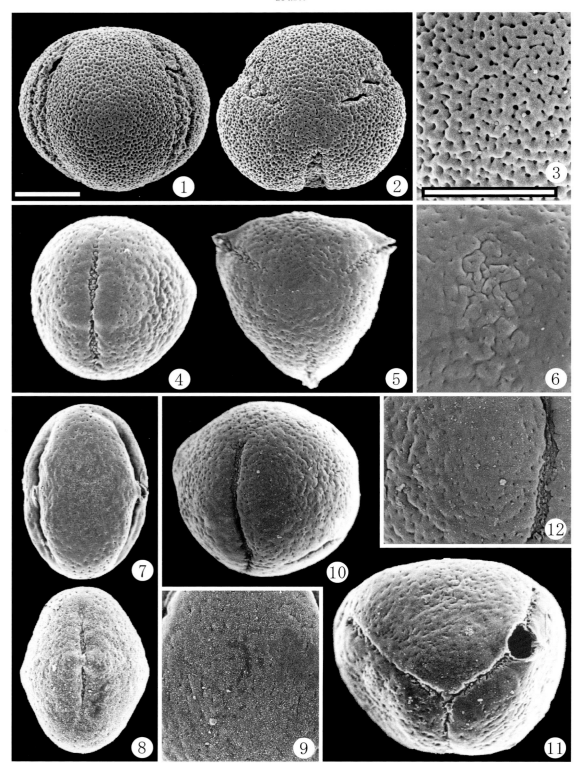

1-3：オオバシマムラサキ *Callicarpa subpubescens*, 4-6：シチヘンゲ *Lantana camara*, 7-9：イワダレソウ *Lippia nodiflora*, 10-12：コバノランタナ *Lantana montevidensis*

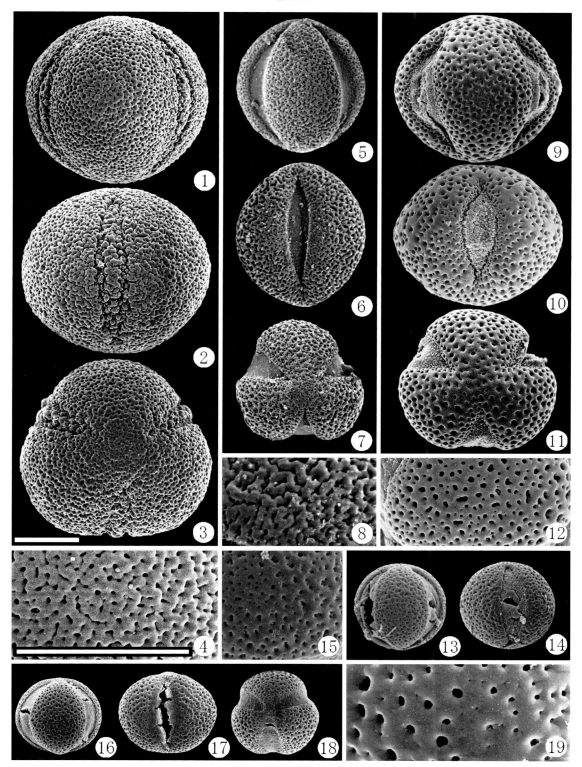

1-4：オオムラサキシキブ *Callicarpa japonica* var. *luxurians*, 5-8：ミツバハマゴウ *Vitex trifolia*, 9-12：ヒルギダマシ *Avicennia marina*, 13-15：ハマクサギ *Premna microphylla*, 16-19：タイワンウオクサギ *Premna corymbosa* var. *obtusifolia*

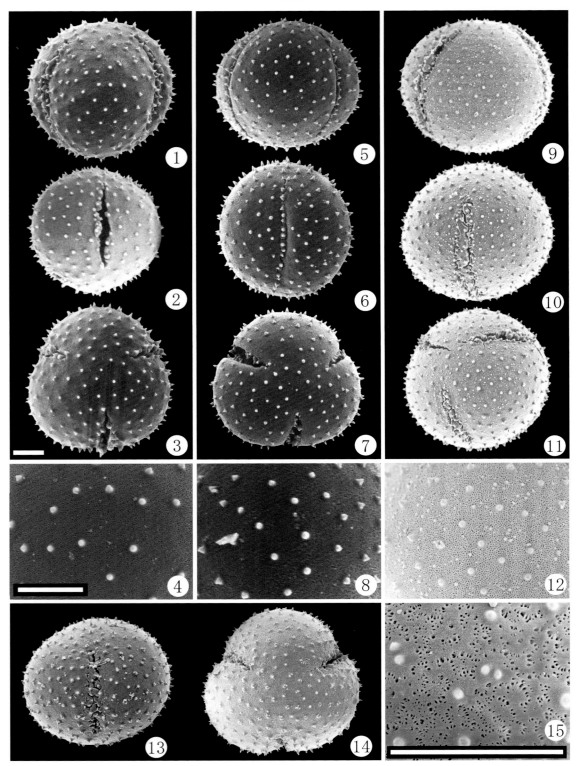

1–4：クサギ *Clerodendrum trichotomum*, 5–8：リュウキュウクサギ *Clerodendrum* sp., 9–12：ジャワヒギリ *Clerodendrum speciosissimum*, 13–15：イボタクサギ *Clerodendrum inerme*

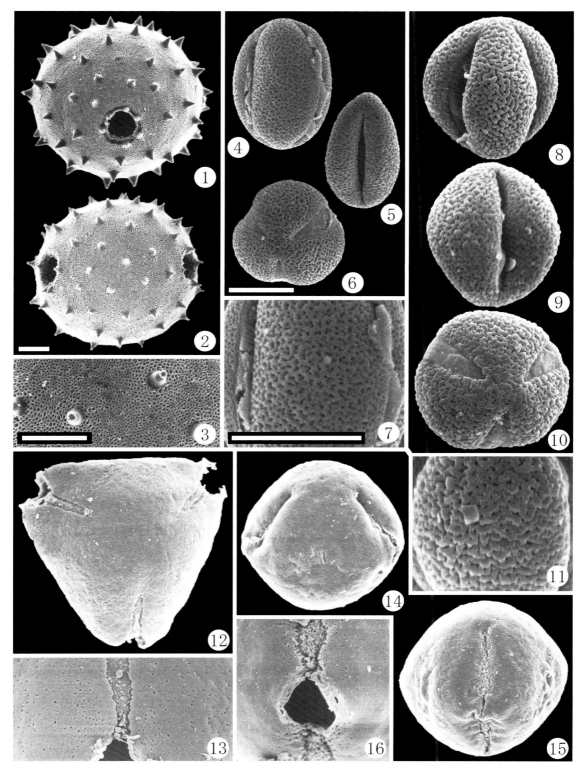

1-3：カリガネソウ *Caryopteris divaricata*, 4-7：ニンジンボク *Vitex cannabifolia*, 8-11：ハマゴウ *Vitex rotundifolia*, 12-13：クマツヅラ *Verbena officinalis*, 14-16：ヤナギハナガサ *Verbena bonariensis* （＊：13・14・16）

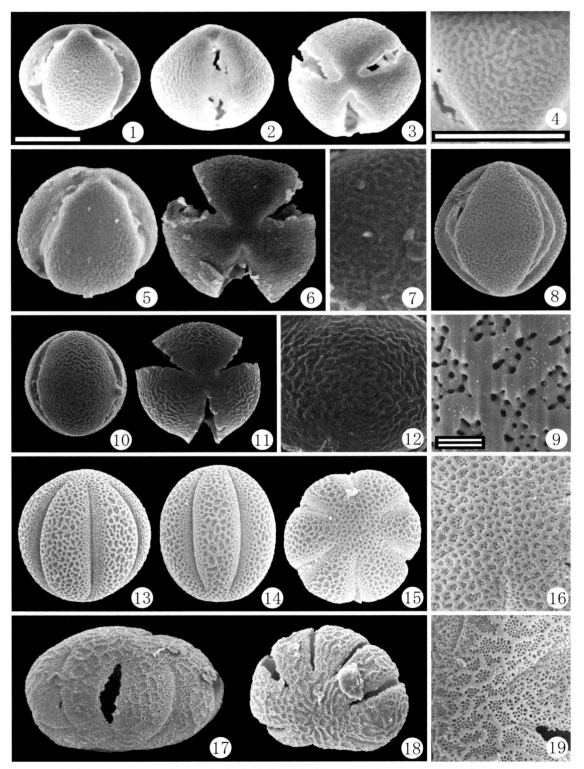

1-4：ジュウニヒトエ *Ajuga nipponensis*, 5-7：キランソウ *Ajuga decumbens*, 8-9：ケブカツルカコソウ *Ajuga shikotanensis* f. *hirsuta*, 10-12：アカボシタツナミソウ *Scutellaria rubropunctata*, 13-16：ヤマハッカ *Rabdosia inflexa*, 17-19：セイヨウハッカ *Mentha×piperita* （＊：9）

Pl.274

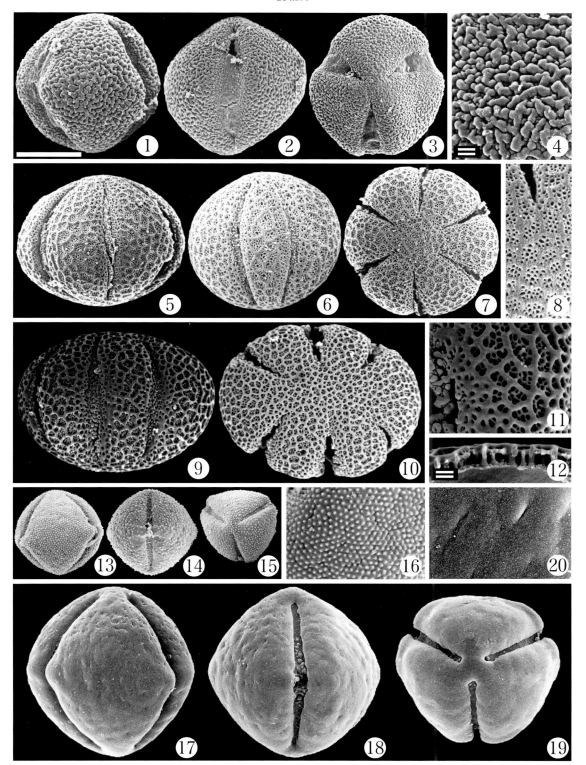

1-4：シマカコソウ *Ajuga boninsimae*, 5-8：タカクマヒキオコシ *Rabdosia shikokiana* var. *intermedia*, 9-12：タジマタムラソウ *Salvia omerocalyx*, 13-16：ヤンバルナスビ *Solanum erianthum*, 17-20：ヤコウカ *Cestrum nocturnum*

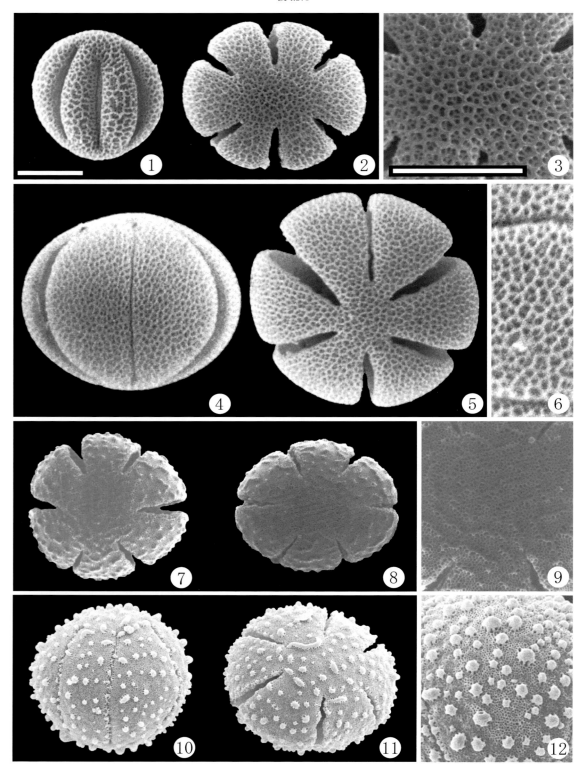

1-3：アキノタムラソウ Salvia japonica, 4-6：キバナアキギリ Salvia nipponica, 7-9：ヒメジソ Mosla dianthera, 10-12：イヌコウジュ Mosla punctulata

Pl.276

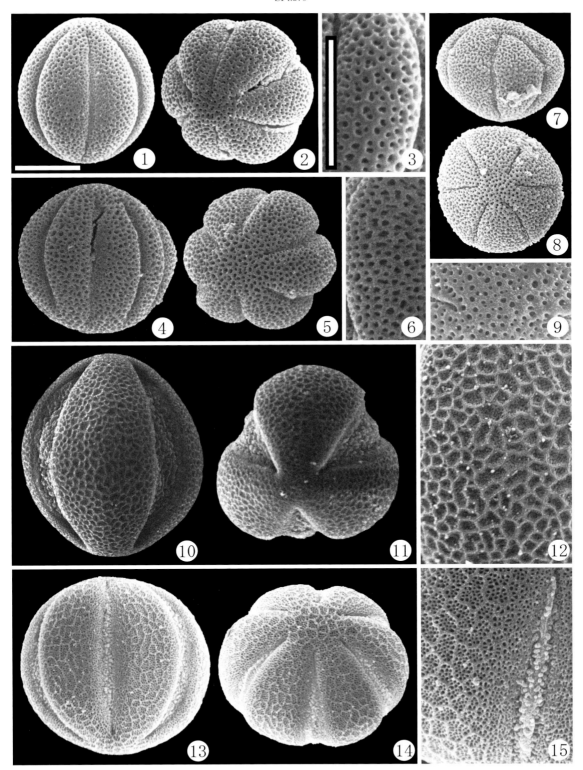

1-3：シロネ *Lycopus lucidus*, 4-6：ハッカ *Mentha arvensis* var. *piperascens*, 7-9：ヒメシロネ *Lycopus maackianus*, 10-12：ハナトラノオ *Physostegia virginiana*, 13-15：ウツボグサ *Prunella vulgaris* subsp. *asiatica*

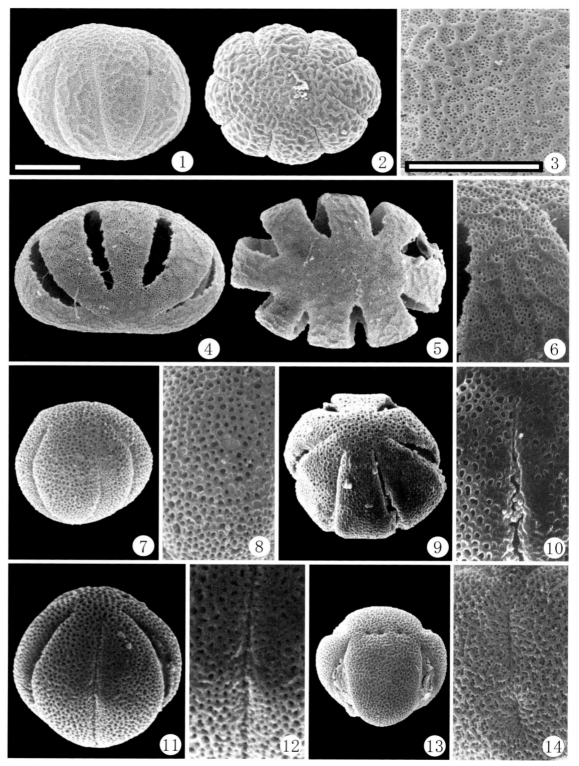

1-3：シソ Perilla frutescens var. crispa, 4-6：アオジソ Perilla frutescens var. crispa f. viridis, 7-8：トウバナ Clinopodium gracile, 9-10：イヌトウバナ Clinopodium micranthum, 11-12：クルマバナ Clinopodium chinense subsp. grandiflorum var. parviflorum, 13-14：チョロギ Stachys sieboldii

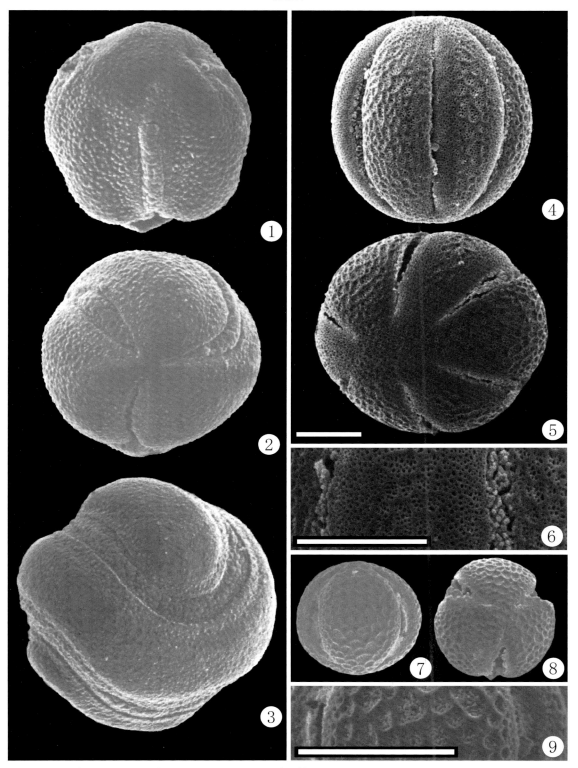

1-3：ニガクサ *Teucrium japonicum*, 4-6：ムシャリンドウ *Dracocephalum argunense*, 7-9：ミカエリソウ *Leucosceptrum stellipilum* （3：奇形）

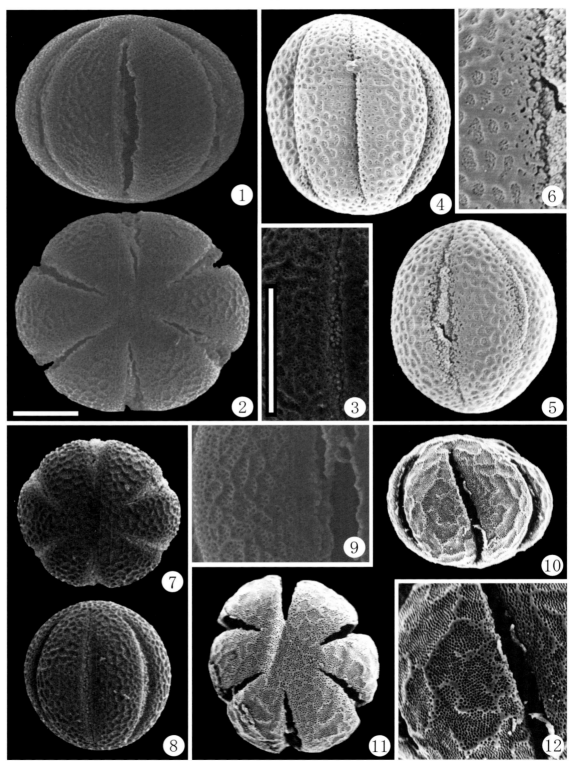

1-3：カワミドリ *Agastache rugosa*, 4-6：ニシキジソ *Coleus blumei*, 7-9：ミソガワソウ *Nepeta subsessilis*, 10-12：シモバシラ *Keiskea japonica* （＊：11）

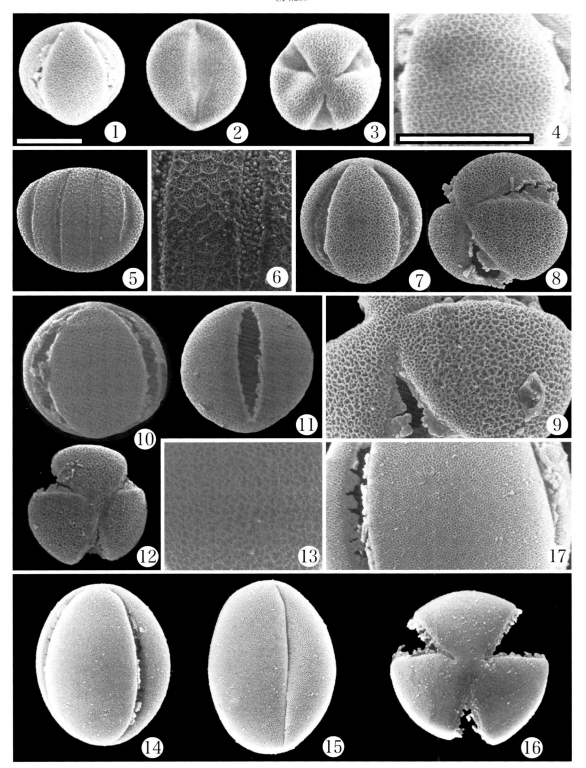

1-4：メハジキ Leonurus japonicus, 5-6：サルビア Salvia splendens, 7-9：ホトケノザ Lamium amplexicaule, 10-13：ヒメオドリコソウ Lamium purpureum, 14-17：オドリコソウ Lamium album var. barbatum

Pl.281

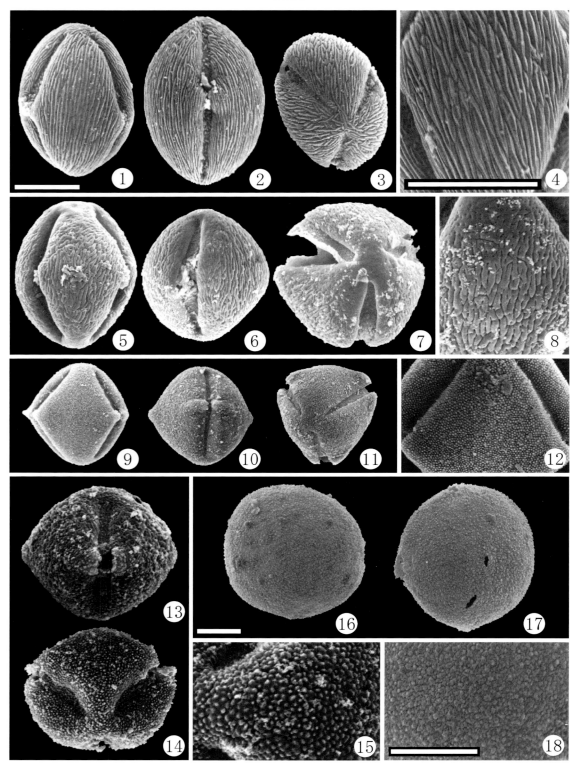

1-4：クコ *Lycium chinense*, 5-8：タバコ *Nicotiana tabacum*, 9-12：トマト *Lycopersicon esculentum*, 13-15：ホオズキ *Physalis alkekengi* var. *franchetii*, 16-18：ハシリドコロ *Scopolia japonica*

SP1.282

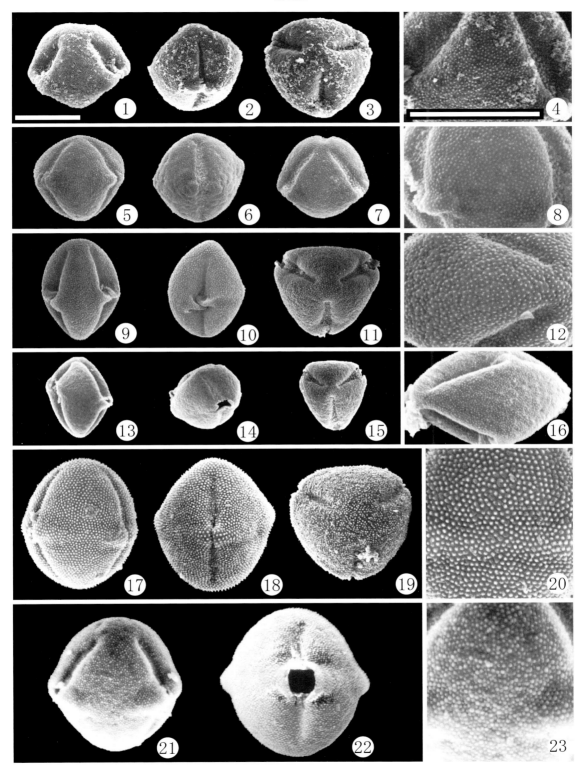

1-4：イヌホオズキ Solanum nigrum, 5-8：タマサンゴ Solanum pseudocapsicum, 9-12：リュウキュウヤナギ Solanum glaucophyllum, 13-16：ヒヨドリジョウゴ Solanum lyratum, 17-20：ワルナスビ Solanum carolinense, 21-23：ナス Solanum melongena （＊：16, 23：焦点の調整不良）

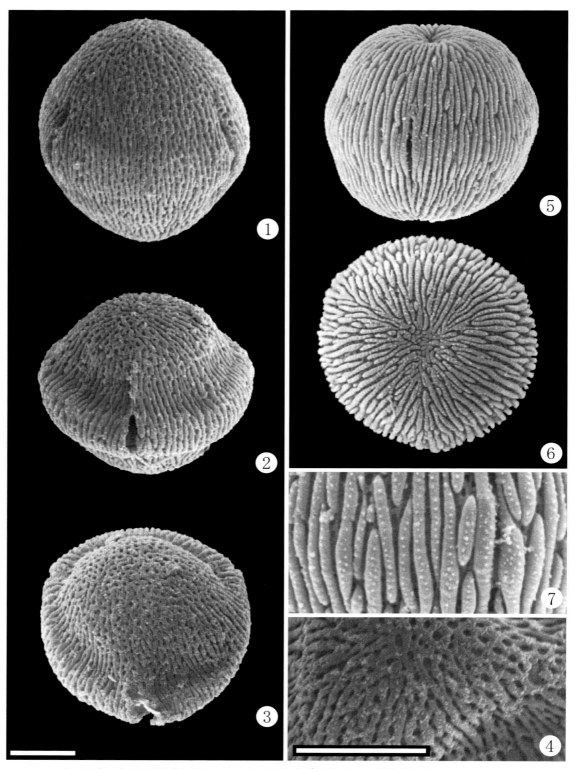

1-4：チョウセンアサガオ *Datura metel*, 5-7：キダチチョウセンアサガオ *Datura suaveolens*

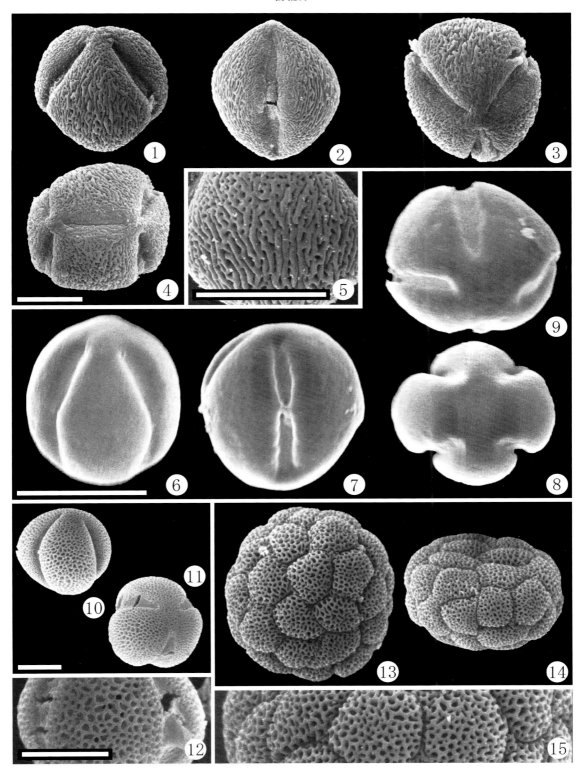

1-5：ペツニア *Petunia × hybrida*, 6-9：フジウツギ *Buddleja japonica*, 10-12：ノウゼンカズラ *Campsis grandiflora*, 13-15：キササゲ *Catalpa ovata* （6-9：焦点の調整不良）

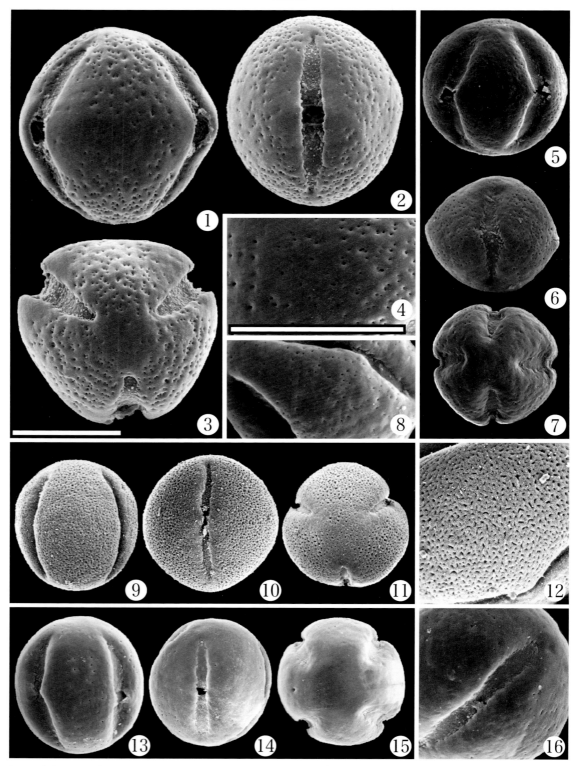

1-4：オオバヒルギ *Rhizophora mucronata*, 5-8：フサフジウツギ *Buddleja davidii*, 9-12：コフジウツギ *Buddleja curviflora*, 13-16：ウラジロフジウツギ *Buddleja curviflora* f. *venenifera*

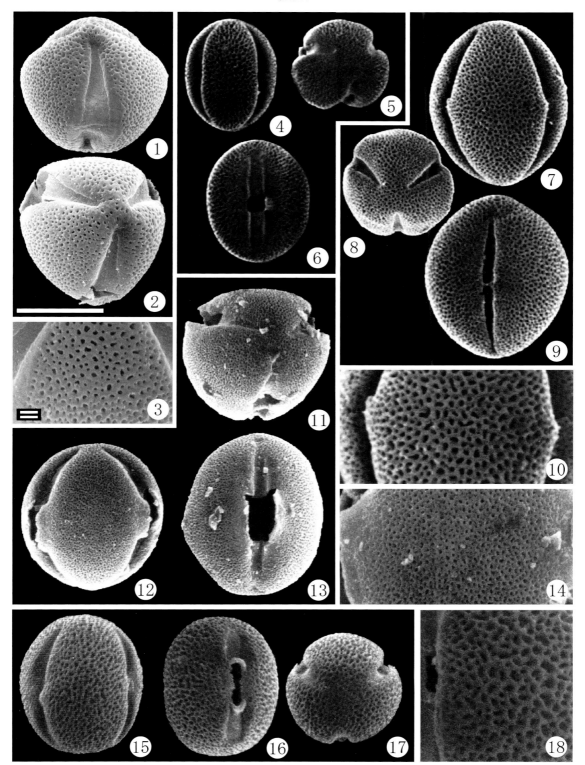

1-3：キリ *Paulownia tomentosa*, 4-6：マツバウンラン *Linaria canadensis*, 7-10：ヒナノウスツボ *Scrophularia duplicato-serrata*, 11-14：イワブクロ *Penstemon frutescens*, 15-18：ギンリョウソウ *Monotropastrum humile*

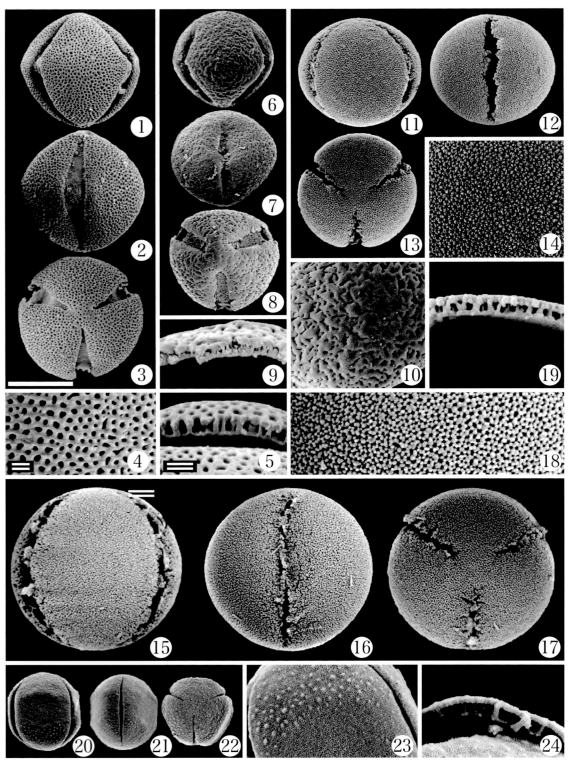

1-5：オオヒナノウスツボ Scrophularia kakudensis, 6-10：キクモ Limnophila sessiliflora, 11-14：オオヒキヨモギ Siphonostegia laeta, 15-19：コシオガマ Phtheirospermum japonicum, 20-24：ミヤママコナ Melampyrum laxum var. nikkoense

Pl.288

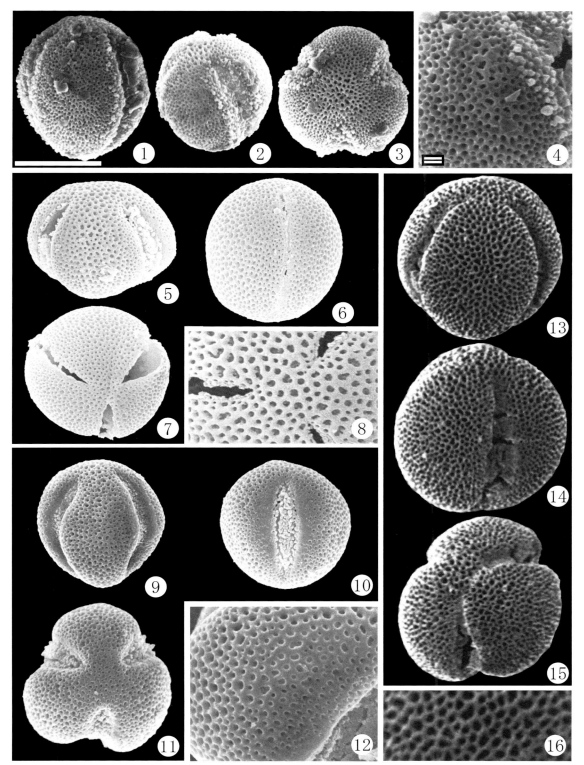

1-4：アゼトウガラシ *Lindernia angustifolia*, 5-8：スズメノトウガラシ *Lindernia antipoda*, 9-12：ウリクサ *Lindernia crustacea*, 13-16：ミゾホオズキ *Mimulus nepalensis* var. *japonicus*

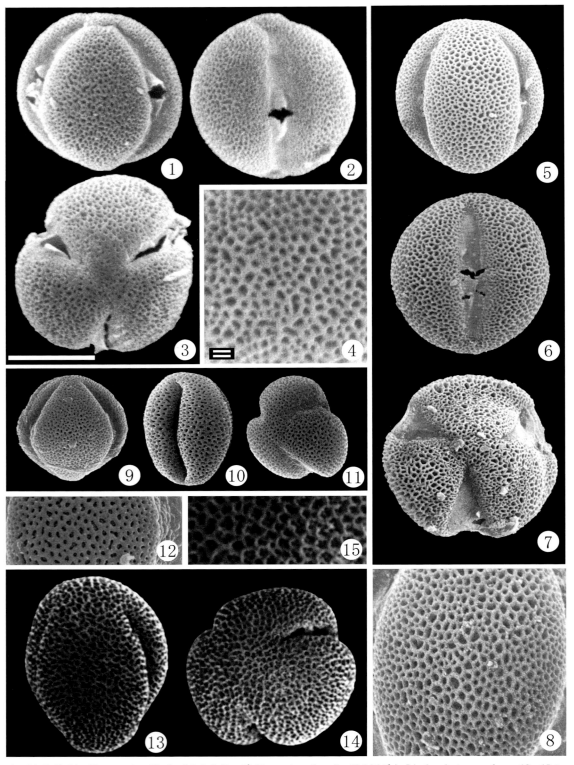

1-4：サギゴケ Mazus miquelii, 5-8：トキワハゼ Mazus pumilus, 9-12：アゼナ Lindernia procumbens, 13-15：ハナウリクサ Torenia fournieri

SPl.290

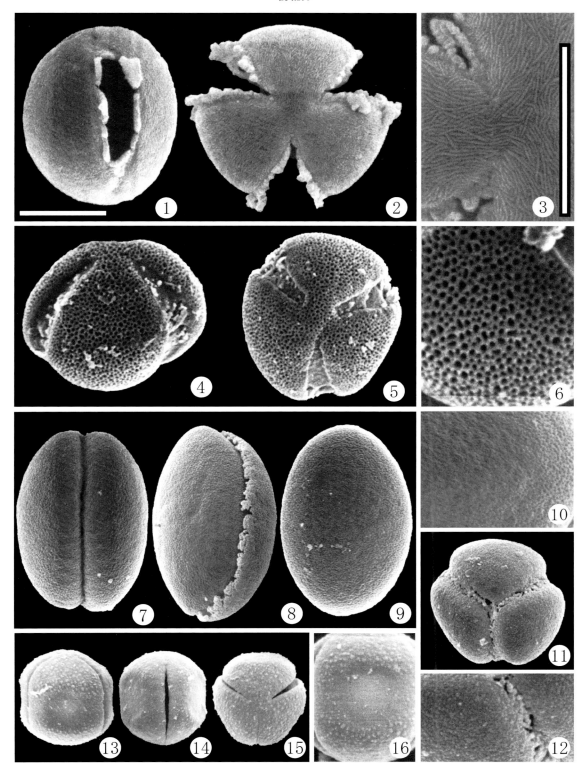

1-3：オオイヌノフグリ *Veronica persica*, 4-6：アカヤジオウ *Rehmannia glutinosa*, 7-10：エゾシオガマ *Pedicularis yezoensis*, 11-12：ヨツバシオガマ *Pedicularis chamissonis* var. *japonica*, 13-16：ママコナ *Melampyrum roseum* var. *japonicum* （＊：1・9）

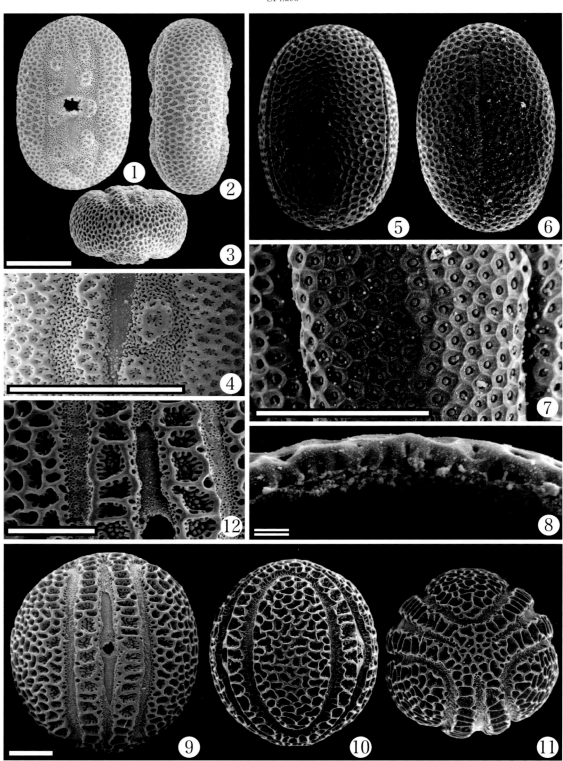

1-4：キツネノヒマゴ *Justicia procumbens* var. *riukiuensis*, 5-8：ハアザミ *Acanthus mollis*, 9-12：ハグロソウ *Peristrophe japonica*

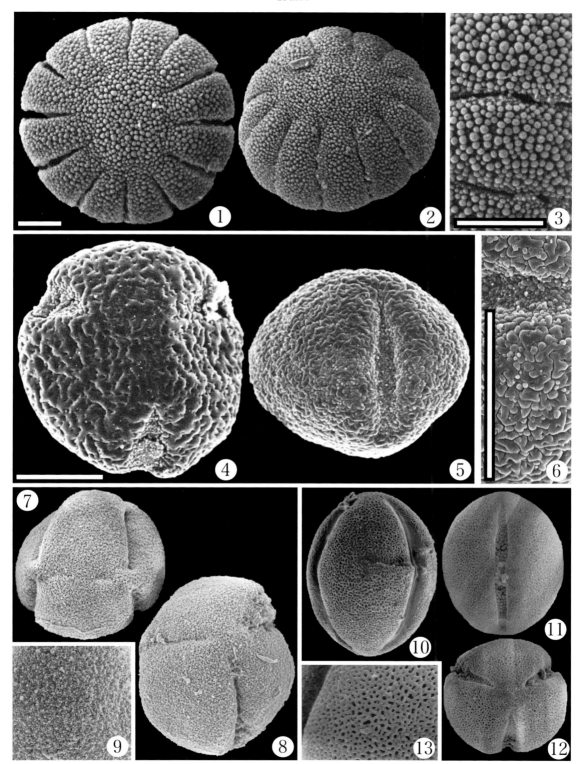

1-3：ゴマ *Sesamum indicum*, 4-6：ヒシモドキ *Trapella sinensis*, 7-9：ナンバンギセル *Aeginetia indica*, 10-13：ギンビロードギリ *Conandron* sp., （＊：11-12）

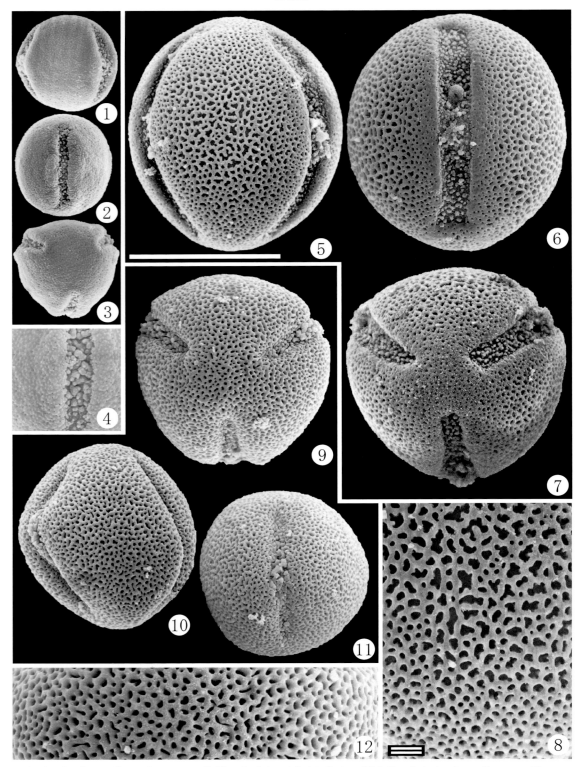

1-4：イワタバコ Conandron ramondioides, 5-8：エスキナンサス・パラシティカス Aeschynanthus parasiticus,
9-12：ストレプトカルプス・ラズベリー Streptocarpus cv. raspberry

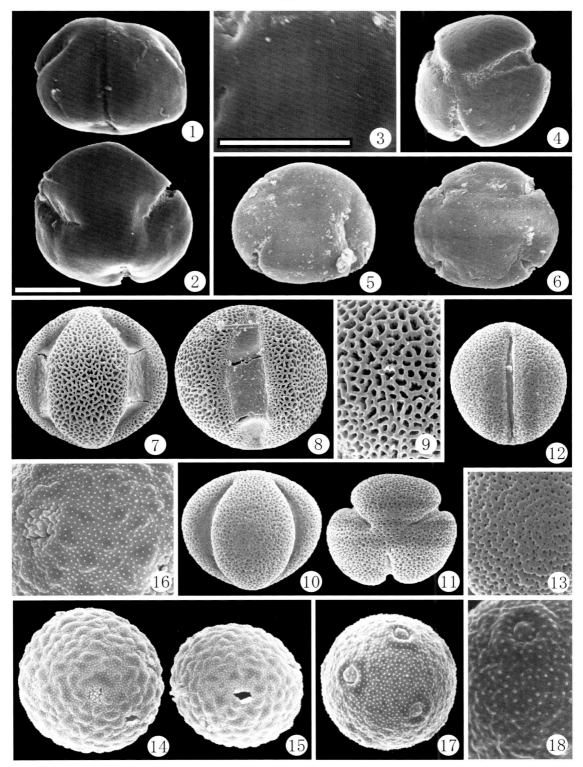

1-3：ミミカキグサ *Utricularia bifida*, 4：ホザキノミミカキグサ *Utricularia racemosa*, 5-6：ムラサキミミカキグサ *Utricularia yakusimensis*, 7-9：ハマジンチョウ *Myoporum bontioides*, 10-13：ハエドクソウ *Phryma leptostachya* var. *asiatica*, 14-16：オオバコ *Plantago asiatica*, 17-18：ヘラオオバコ *Plantago lanceolata* （＊：6・11）

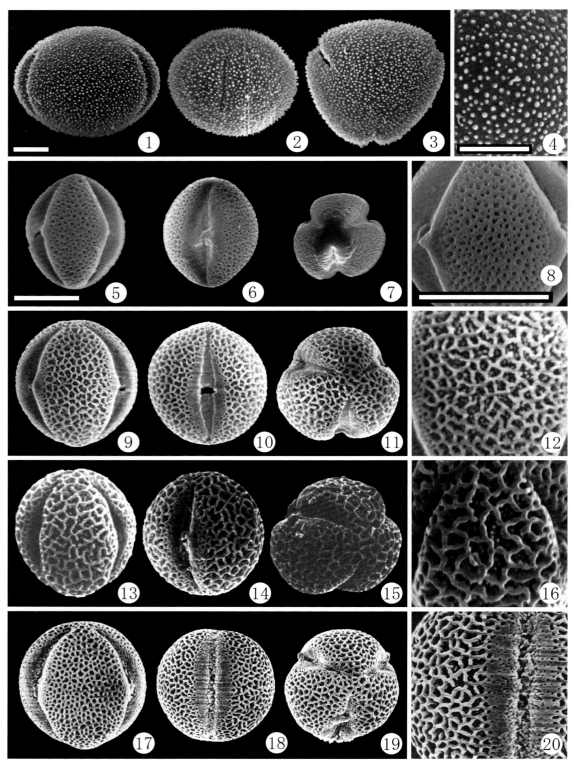

1-4：リンネソウ *Linnaea borealis*、5-8：ニワトコ *Sambucus racemosa* subsp. *sieboldiana*、9-12：オオカメノキ *Viburnum furcatum*、13-16：オオデマリ *Viburnum plicatum* var. *tomentosum* f. *plicatum*、17-20：オトコヨウゾメ *Viburnum phlebotrichum* （＊：2・18・20）

SPl.298

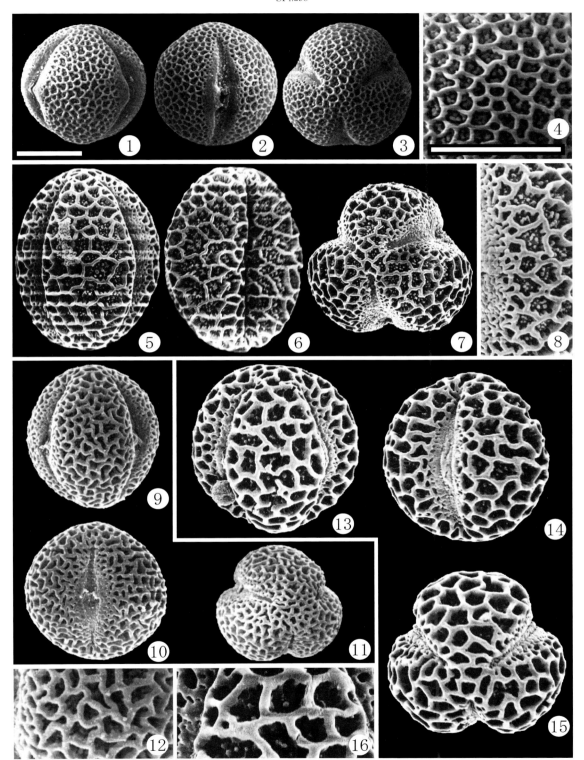

1-4：コバノガマズミ *Viburnum erosum* var. *punctatum*, 5-8：ゴマギ *Viburnum sieboldii*, 9-12：ゴモジュ *Viburnum suspensum*, 13-16：サンゴジュ *Viburnum odoratissimum* var. *awabuki* （＊：5-6・10）

Pl.299

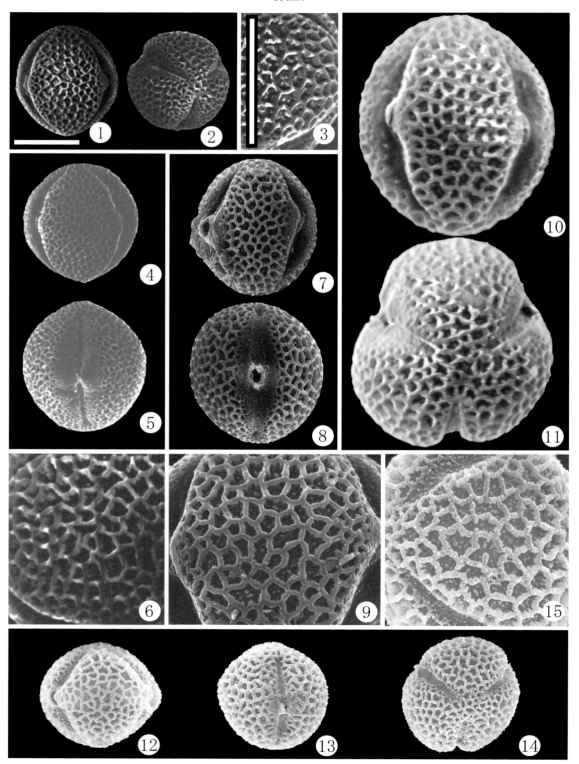

1-3：ガマズミ *Viburnum dilatatum*, 4-6：ミヤマガマズミ *Viburnum wrightii*, 7-9：カンボク *Viburnum opulus* var. *calvescens*, 10-11：ヤブデマリ *Viburnum plicatum* var. *tomentosum*, 12-15：チョウジガマズミ *Viburnum carlesii* var. *bitchiuense* （10-11：焦点の調整不良）

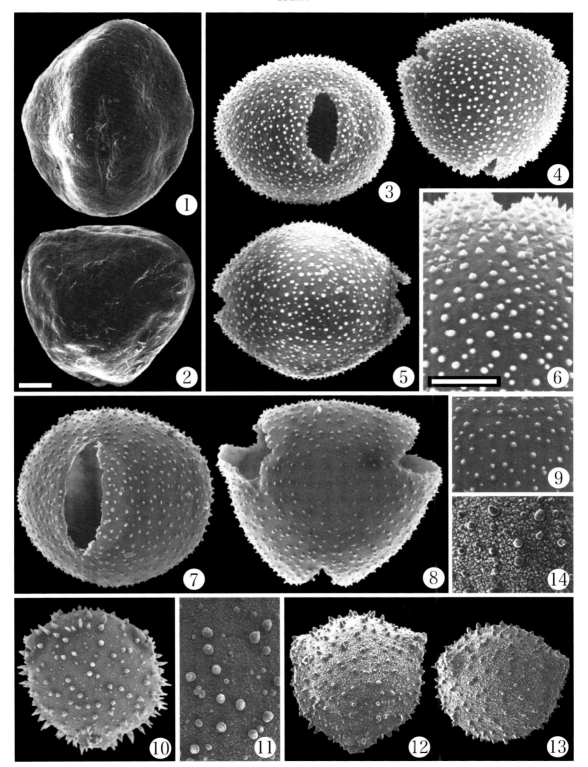

1-2：イワツクバネウツギ Zabelia integrifolia, 3-6：コツクバネウツギ Abelia serrata, 7-9：ツクバネウツギ Abelia spathulata, 10-11：タニウツギ Weigela hortensis, 12-14：キバナウツギ Weigela maximowiczii

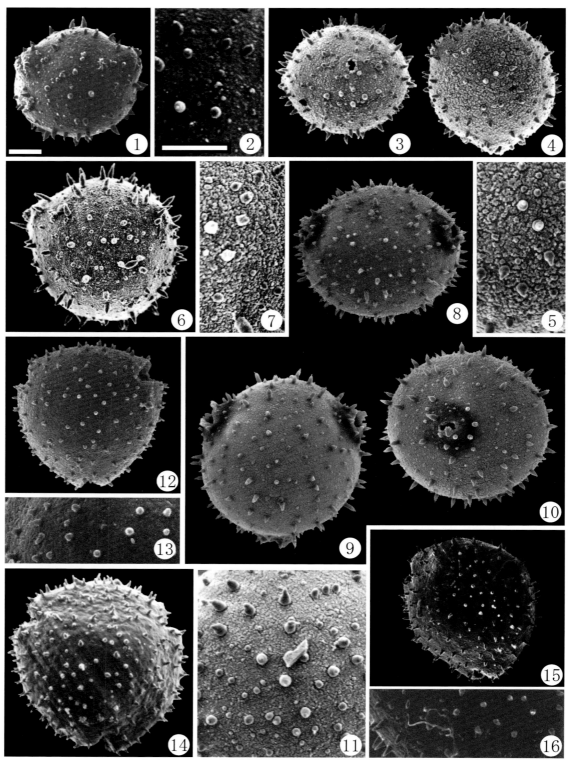

1-2：オオベニウツギ *Weigela florida*, 3-5：ニシキウツギ *Weigela decora*, 6-7：ハコネウツギ *Weigela coraeensis*, 8-11：ヤブウツギ *Weigela floribunda*, 12-13：キンギンボク *Lonicera morrowii*, 14：オニヒョウタンボク *Lonicera vidalii*, 15-16：キダチニンドウ *Lonicera hypoglauca*

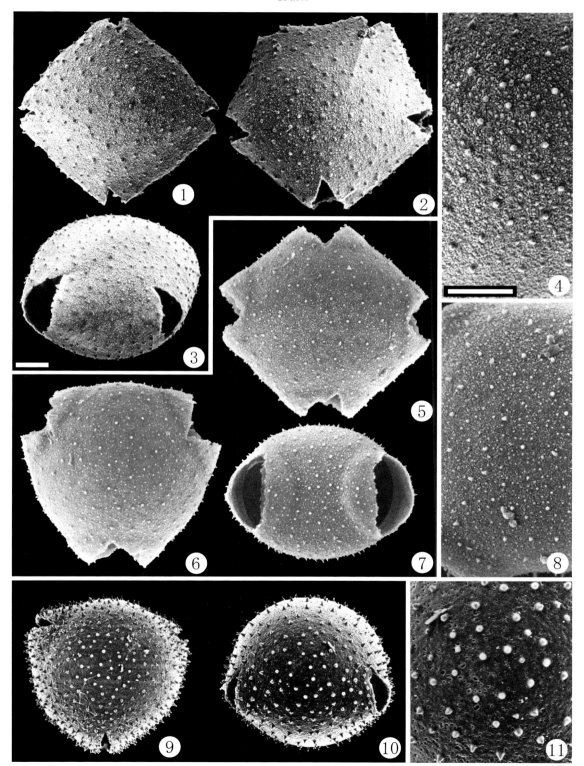

1-4：ウグイスカグラ *Lonicera gracilipes* var. *glabra*, 5-8：ヤマウグイスカグラ *Lonicera gracilipes* var. *gracilipes*, 9-11：スイカズラ *Lonicera japonica*

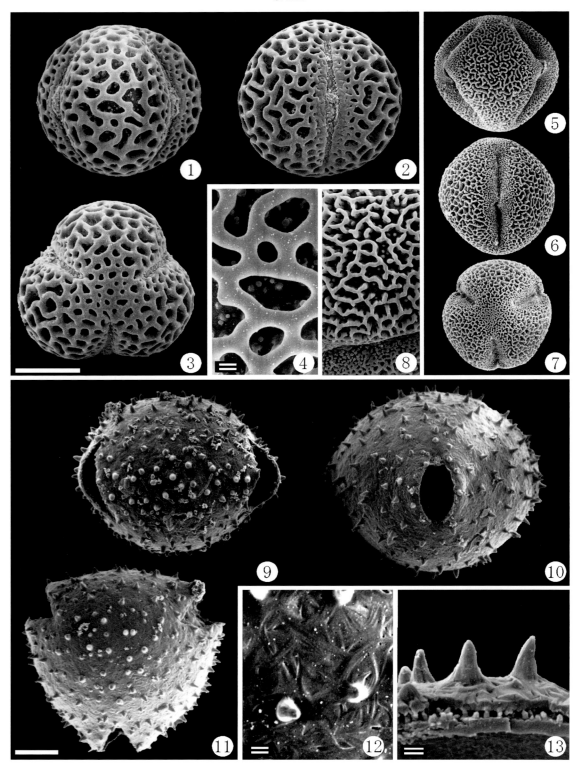

1-4：ハクサンボク *Viburnum japonicum*, 5-8：タイワンソクズ *Sambucus chinensis* var. *formosana*, 9-13：ハナヒョウタンボク *Lonicera maackii*

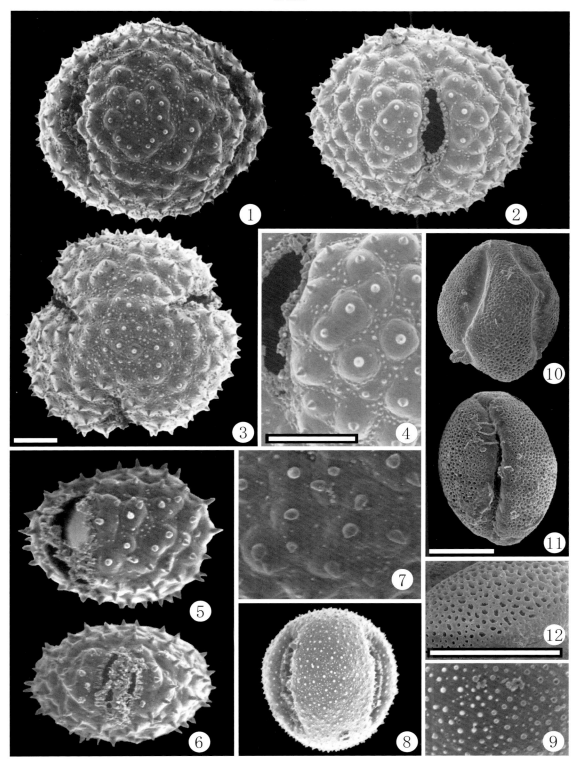

1-4：カノコソウ *Valeriana fauriei*, 5-7：オミナエシ *Patrinia scabiosaefolia*, 8-9：ノヂシャ *Valerianella locusta*, 10-12：レンプクソウ *Adoxa moschatellina*

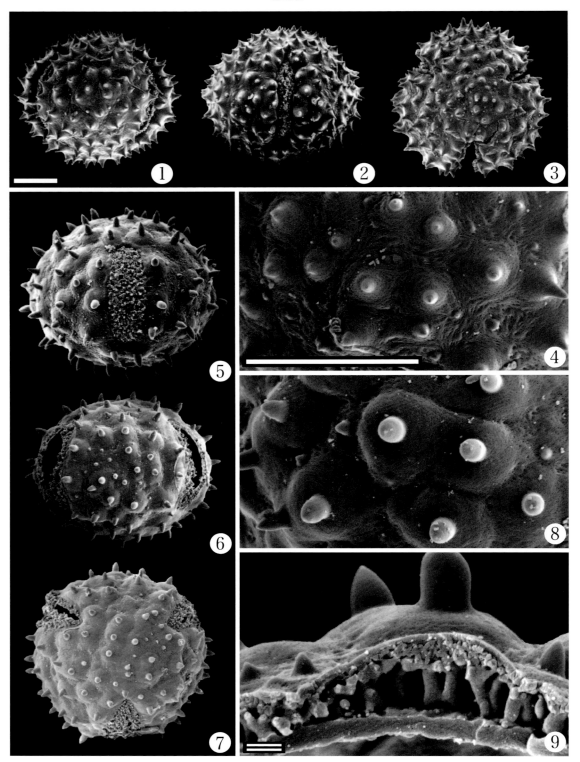

1-4：ツルカノコソウ *Valeriana flaccidissima*, 5-9：チシマキンレイカ *Patrinia sibirica*

SPl.306

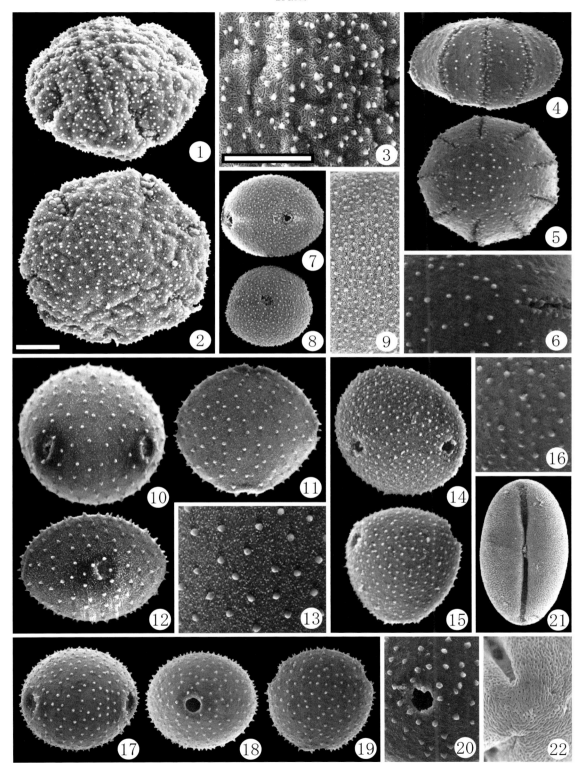

1-3：キキョウ Platycodon grandiflorum, 4-6：ツルニンジン Codonopsis lanceolata, 7-9：タニギキョウ Peracarpa carnosa var. circaeoides, 10-13：ツリガネニンジン Adenophora triphylla var. japonica, 14-16：ヤツシロソウ Campanula glomerata var. dahurica, 17-20：ホタルブクロ Campanula punctata, 21-22：サワギキョウ Lobelia sessilifolia （＊：1・3）

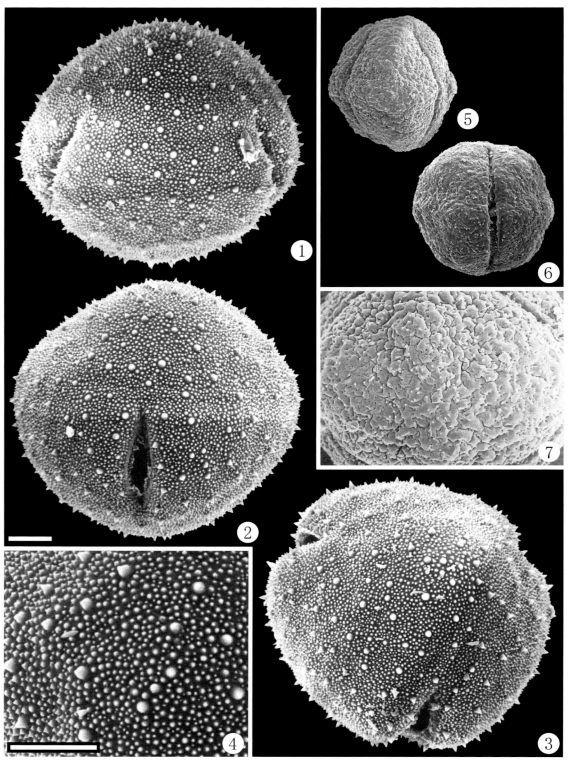

1-4：マツムシソウ *Scabiosa japonica*, 5-7：クサトベラ *Scaevola sericea* （＊：1-2）

Pl.308

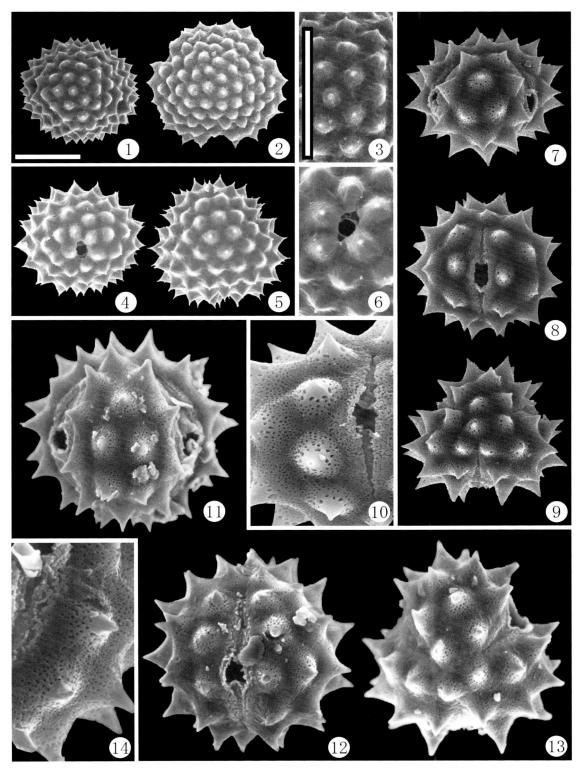

1-3：ブタクサ *Ambrosia artemisiaefolia* var. *elatior*, 4-6：クワモドキ *Ambrosia trifida*, 7-10：カミツレ *Matricaria chamomilla*, 11-14：キク *Chrysanthemum* × *morifolium*

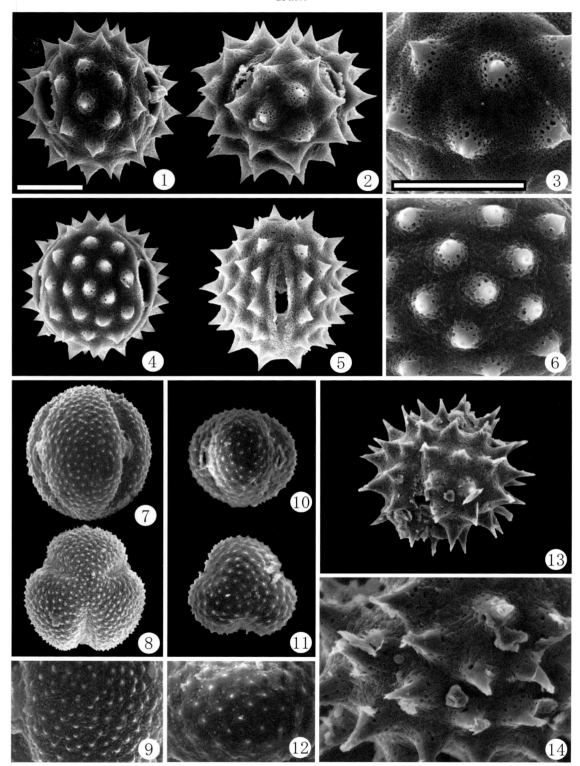

1-3：シュンギク *Chrysanthemum coronarium*, 4-6：フランスギク *Chrysanthemum leucanthemum*, 7-9：ヨモギ *Artemisia princeps*, 10-12：カワラヨモギ *Artemisia capillaris*, 13-14：タカサブロウ *Eclipta prostrata*

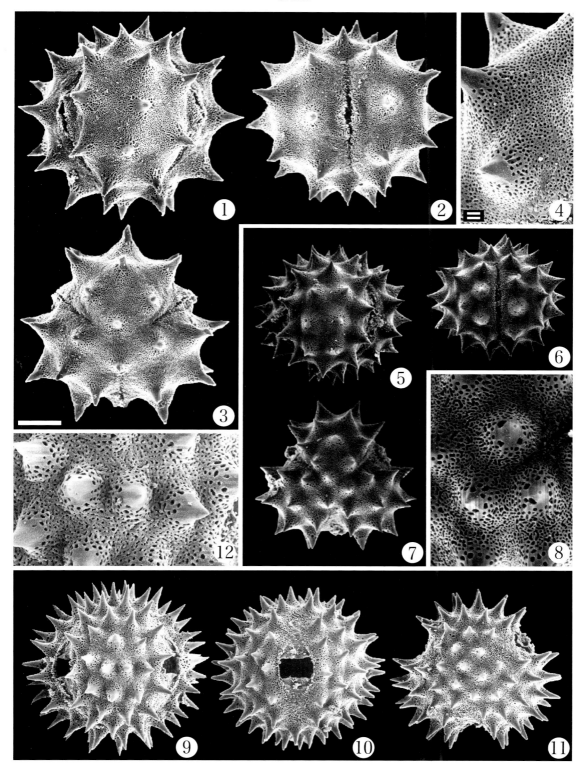

1-4：オオシマノジギク *Chrysanthemum crassum*, 5-8：ナカガワギク *Chrysanthemum yoshinaganthum*, 9-12：ヤブレガサ *Syneilesis palmata*

1-4：ヒマワリ Helianthus annuus, 5-7：ヒメヒマワリ Helianthus debilis, 8-10：クマノギク Wedelia chinensis

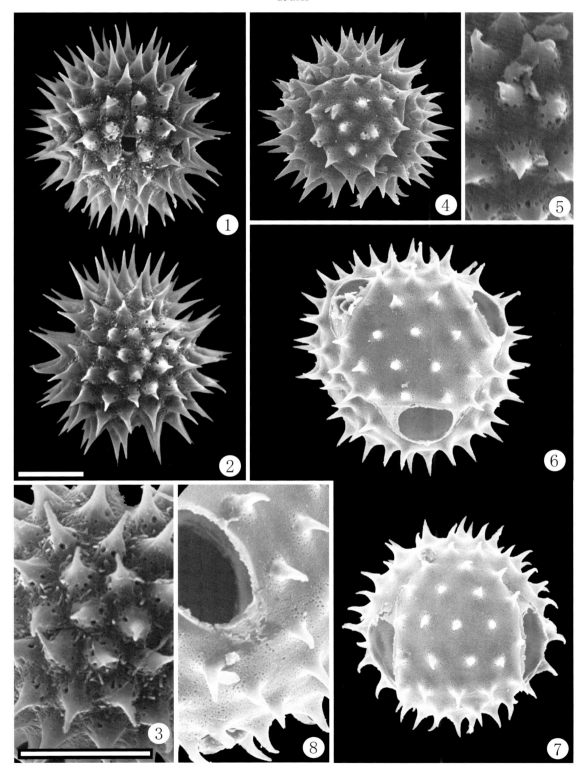

1-3：センダングサ Bidens biternata, 4-5：アメリカセンダングサ Bidens frondosa, 6-8：キンセンカ Calendula officinalis

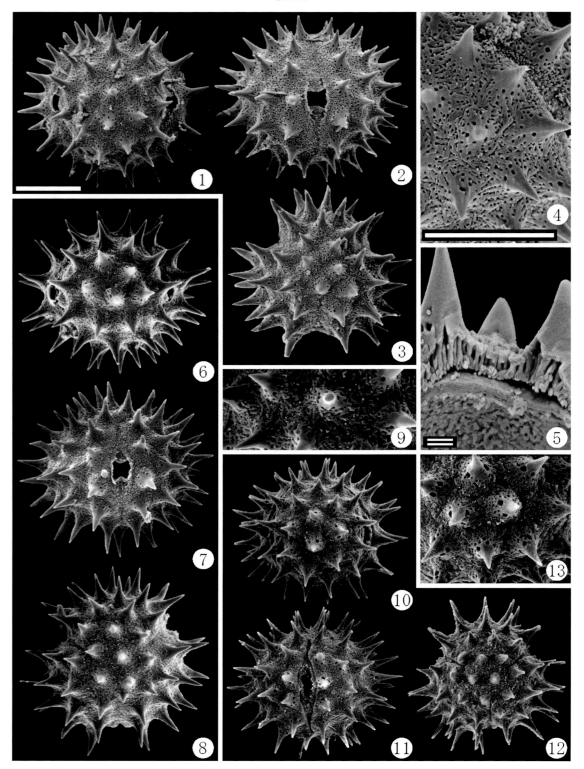

1-5：ツクシメナモミ *Sigesbeckia orientalis*, 6-9：コメナモミ *Sigesbeckia orientalis* subsp. *glabrescens*, 10-13：コシロノセンダングサ *Bidens pilosa* var. *minor*

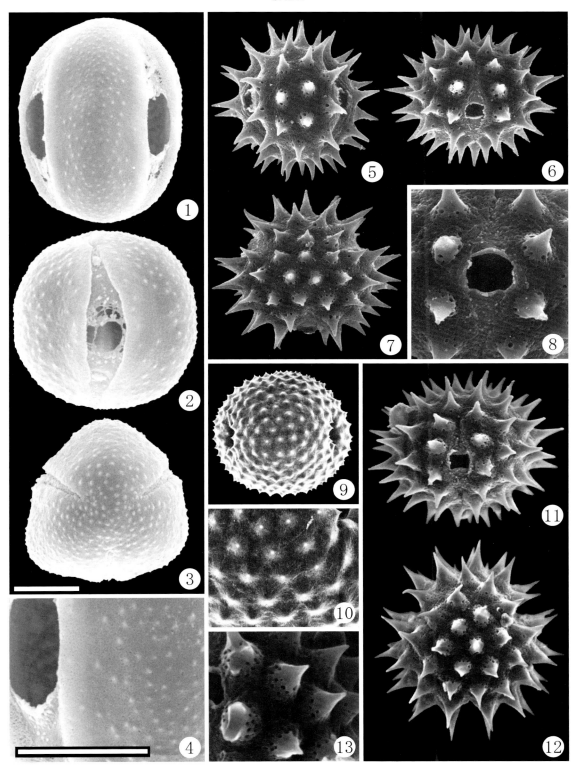

1-4：ヤグルマギク Centaurea cyanus, 5-8：オオキンケイギク Coreopsis lanceolata, 9-10：オナモミ Xanthium strumarium, 11-13：メナモミ Sigesbeckia orientalis subsp. pubescens

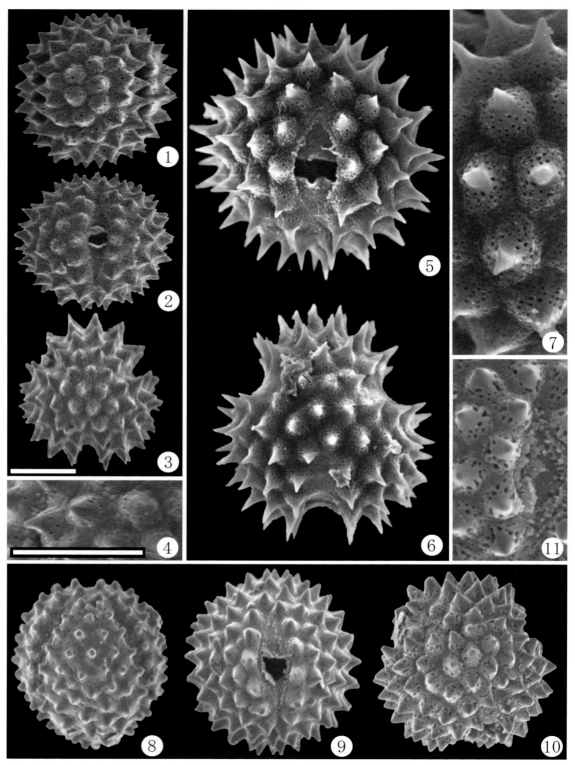

1-4：シネラリア *Senecio × hybridus*, 5-7：ツワブキ *Farfugium japonicum*, 8-11：ベニバナボロギク *Crassocephalum crepidioides*

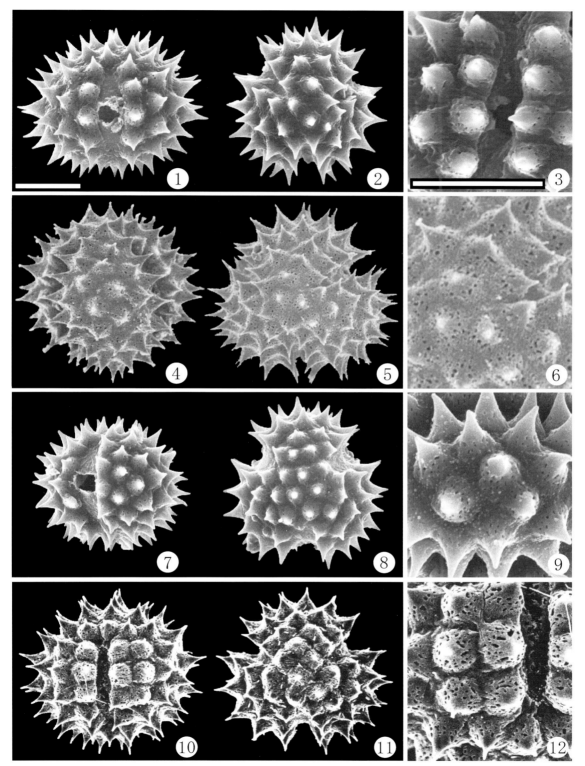

1 - 3：ヨメナ *Kalimeris yomena*, 4 - 6：オオユウガギク *Kalimeris incisa*, 7 - 9：シラヤマギク *Aster scaber*, 10 - 12：シロヨメナ *Aster ageratoides* subsp. *leiophyllus*

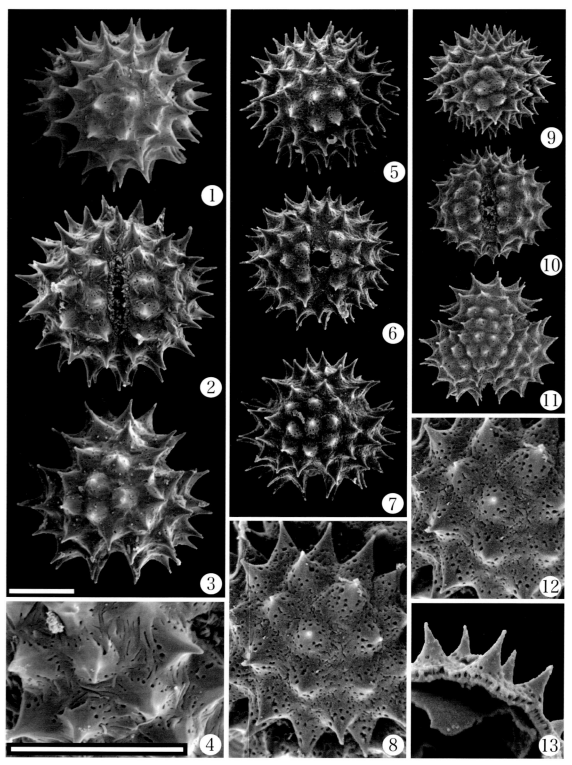

1-4：タカネコンギク *Aster viscidulus* var. *alpinus*, 5-8：ユウガギク *Aster iinumae*, 9-13：カッコウアザミ *Ageratum conyzoides*

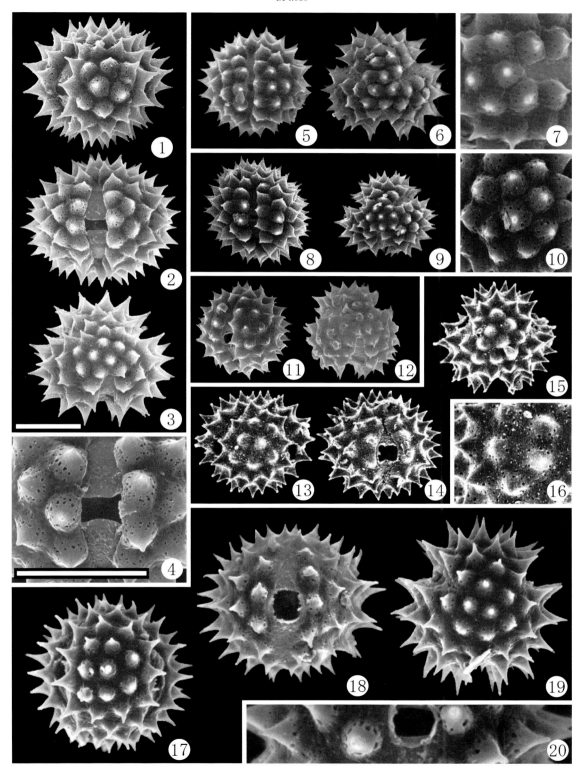

1-4：セイタカアワダチソウ *Solidago altissima*, 5-7：ヒメムカシヨモギ *Erigeron canadensis*, 8-10：ヤナギバヒメジョオン *Stenactis pseudo-annuus*, 11-12：ヒメジョオン *Stenactis annuus*, 13-16：ハハコグサ *Gnaphalium affine*, 17-20：ヒャクニチソウ *Zinnia elegans*

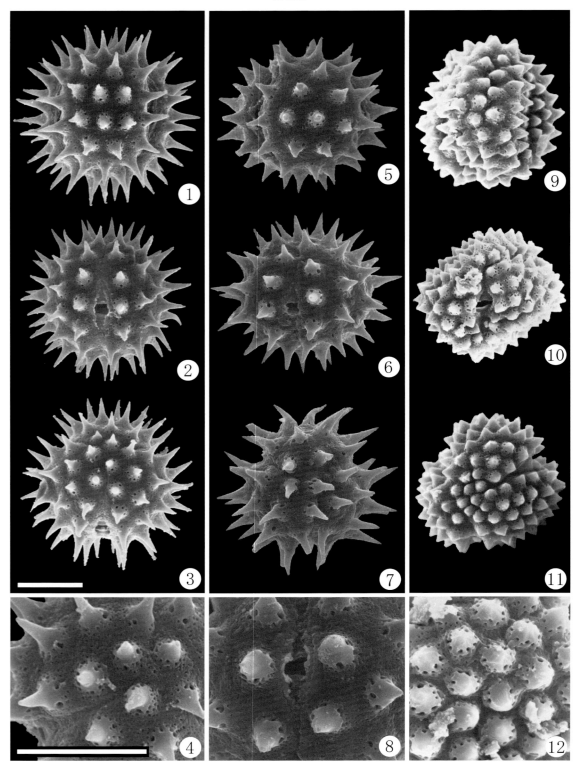

1-4：コスモス Cosmos bipinnatus, 5-8：キバナコスモス Cosmos sulphureus, 9-12：ヤマボクチ Synurus palmatopinnatifidus var. indivisus

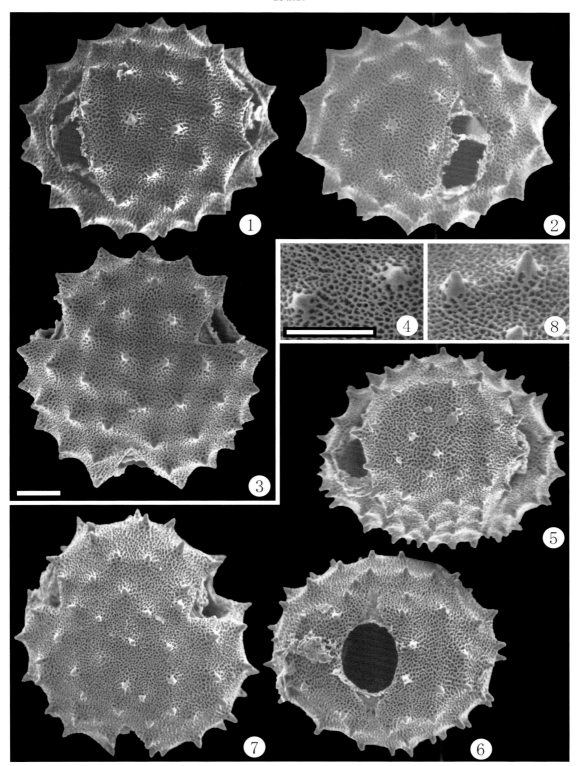

1-4：オケラ *Atractylodes japonica*, 5-8：タムラソウ *Serratula coronata* subsp. *insularis*

Pl.321

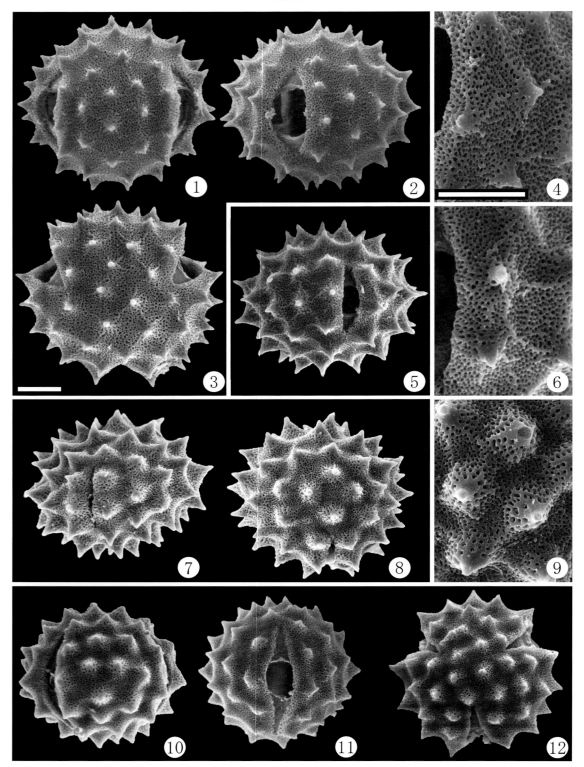

1-4：ノアザミ *Cirsium japonicum*, 5-6：オニアザミ *Cirsium borealinipponense*, 7-9：サワアザミ *Cirsium yezoense*, 10-12：チシマアザミ *Cirsium kamtschaticum*

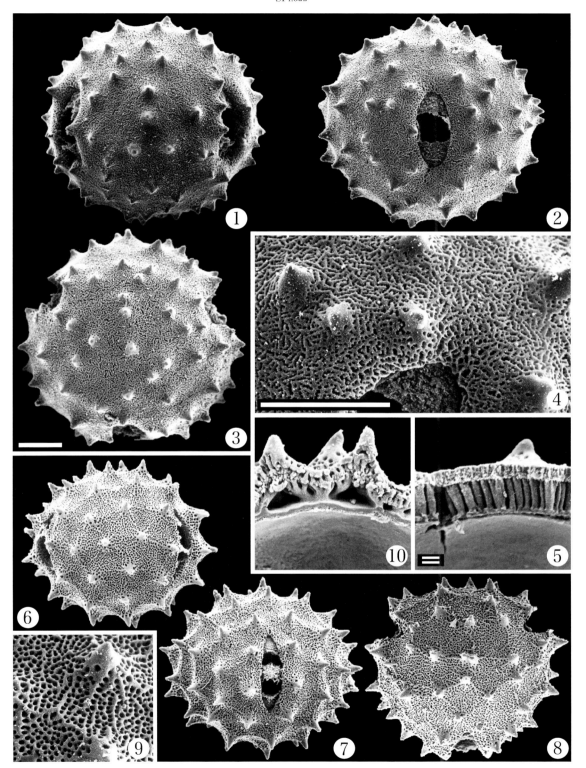

1-5：カシワバハグマ *Pertya robusta*, 6-10：ニッコウアザミ *Cirsium oligophyllum* subsp. *nikkoense*

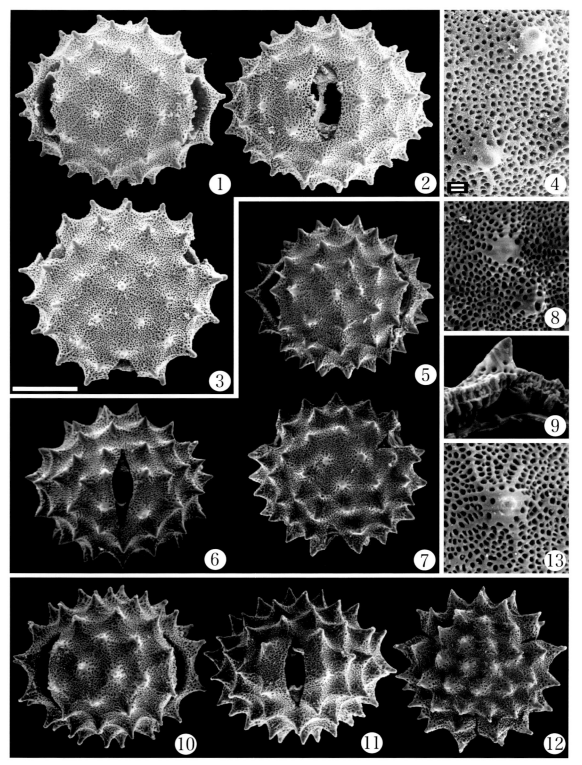

1-4：オガサワラアザミ *Cirsium boninense*, 5-9：シマアザミ *Cirsium brevicaule*, 10-13：モリアザミ *Cirsium dipsacolepis*

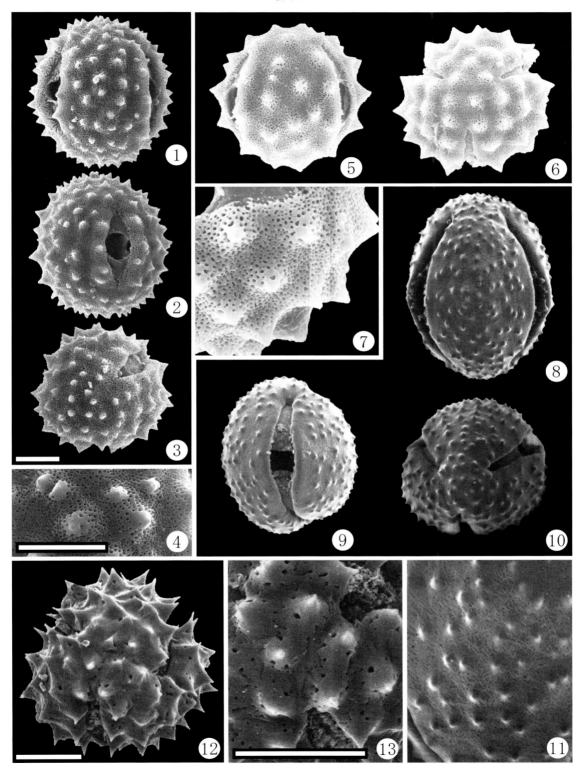

1-4：キツネアザミ *Hemistepta lyrata*, 5-7：ヒレアザミ *Carduus crispus*, 8-11：コウヤボウキ *Pertya scandens*, 12-13：ヒヨドリバナ *Eupatorium chinense*

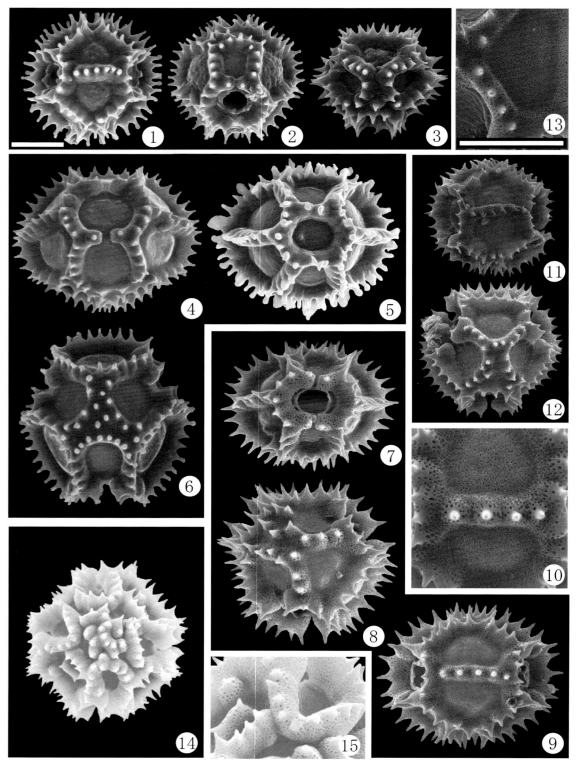

1-3：オニタビラコ *Youngia japonica*, 4-6：オオジシバリ *Ixeris debilis*, 7-10：ヤクシソウ *Youngia denticulata*, 11-13：アキノノゲシ *Lactuca indica*, 14-15：ノゲシ *Sonchus oleraceus*

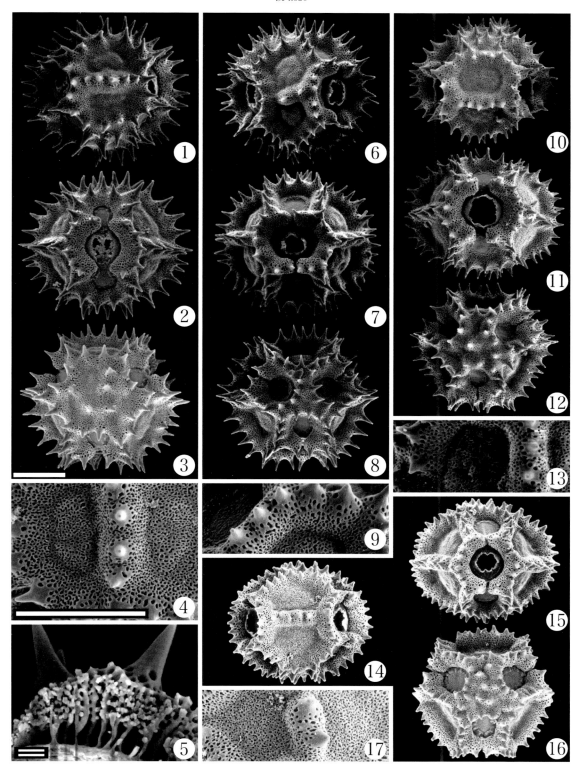

1-5：ユズリハワダン *Crepidiastrum ameristophyllum*, 6-9：ホソバワダン *Crepidiastrum lanceolatum*, 10-13：ダイトウワダン *Crepidiastrum lanceolatum* var. *daitoense*, 14-17：ツルワダン *Ixeris longirostra*

SP1.327

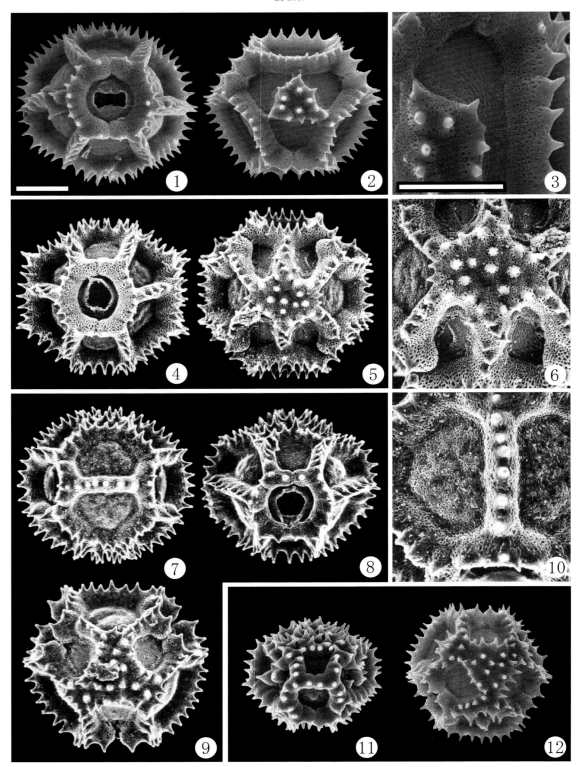

1-3：シロバナニガナ *Ixeris dentata* var. *albiflora*, 4-6：ニガナ *Ixeris dentata*, 7-10：イワニガナ *Ixeris stolonifera*, 11-12：シロバナタンポポ *Taraxacum albidum*

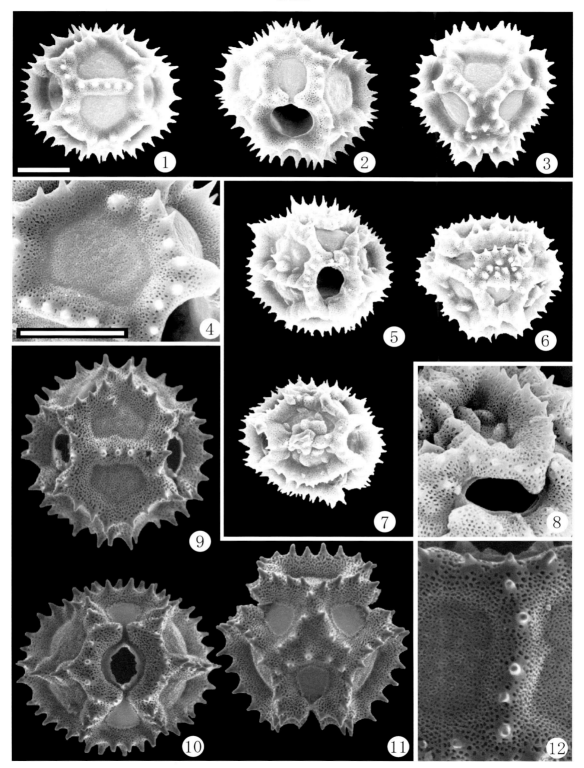

1-4：カンサイタンポポ *Taraxacum japonicum*, 5-8：セイヨウタンポポ *Taraxacum officinale*, 9-12：スイラン *Hololeion krameri*

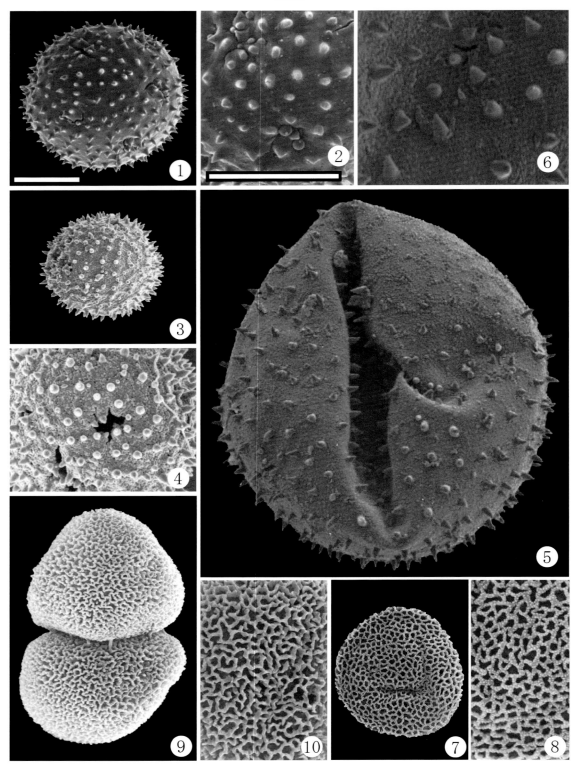

1-2：アギナシ *Sagittaria aginashi*, 3-4：トチカガミ *Hydrocharis dubia*, 5-6：ミズオオバコ *Ottelia japonica*, 7-8：シバナ *Triglochin maritimum*, 9-10：ホロムイソウ *Scheuchzeria palustris*

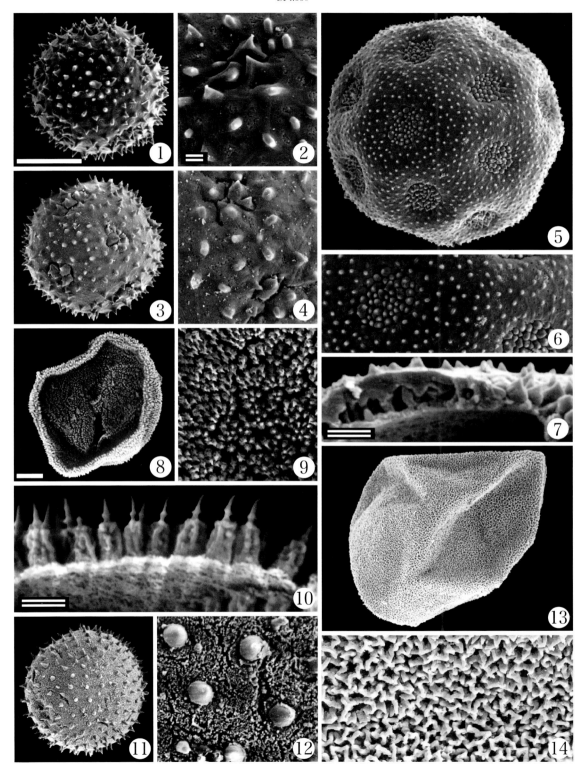

1-2：オモダカ *Sagittaria trifolia*, 3-4：クワイ *Sagittaria trifolia* var. *edulis*, 5-7：ヘラオモダカ *Alisma canaliculatum*, 8-10：クロモ *Hydrilla verticillata*, 11-12：オオカナダモ *Egeria densa*, 13-14：ウミショウブ *Enhalus acoroides*

Pl.331

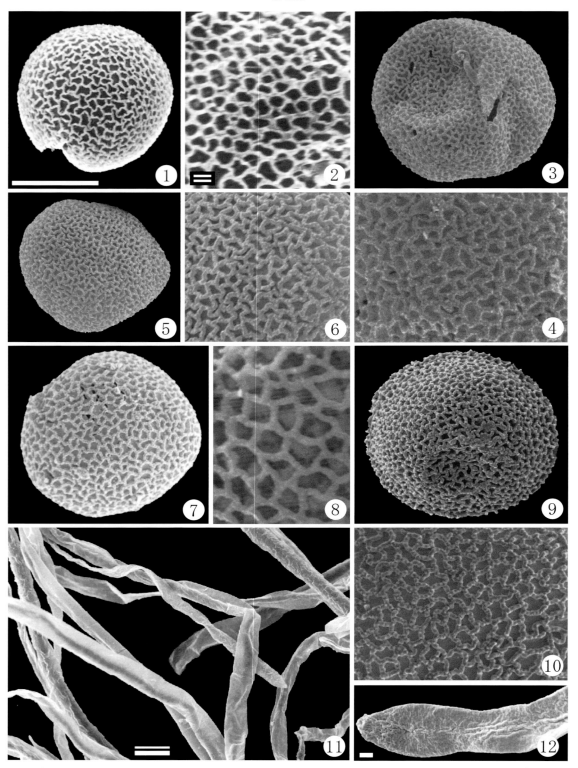

1-2：ササバモ Potamogeton malaianus, 3-4：ヒルムシロ Potamogeton distinctus, 5-6：ホソバミズヒキモ Potamogeton octandrus var. octandrus, 7-8：エビモ Potamogeton crispus, 9-10：ヤナギモ Potamogeton oxyphyllus, 11-12：アマモ Zostera marina

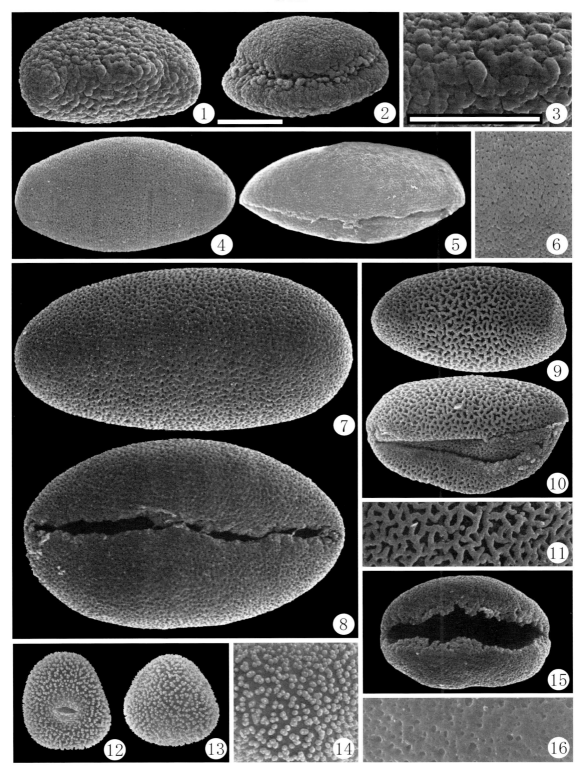

1-3：ヤブラン *Liriope platyphylla*, 4-6：ジャノヒゲ *Ophiopogon japonicus*, 7-8：ジョウロウホトトギス *Tricyrtis macrantha*, 9-11：コバイケイソウ *Veratrum stamineum*, 12-14：シライトソウ *Chionographis japonica*, 15-16：ケイビラン *Alectorurus yedoensis*

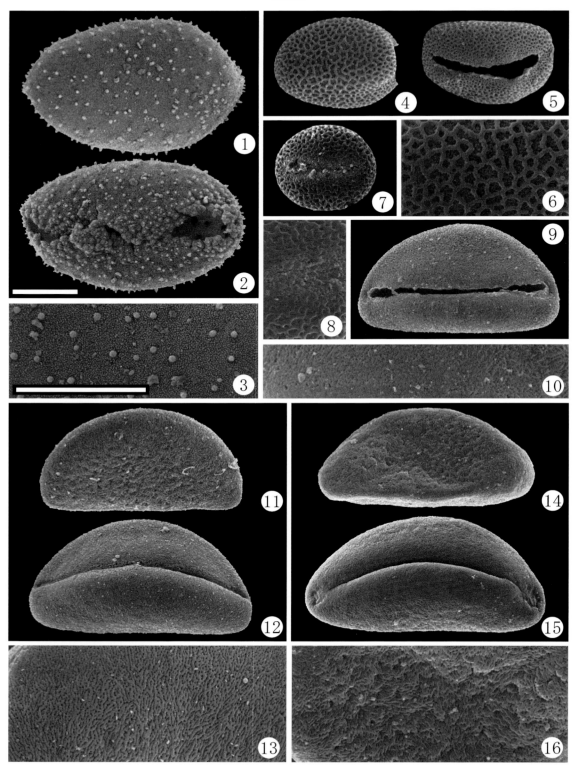

1-3：ショウジョウバカマ *Heloniopsis orientalis*, 4-6：ノギラン *Metanarthecium luteo-viride*, 7-8：チシマゼキショウ *Tofieldia coccinea*, 9-10：タマネギ *Allium cepa*, 11-13：ラッキョウ *Allium chinense*, 14-16：ニラ *Allium tuberosum*

Pl.334

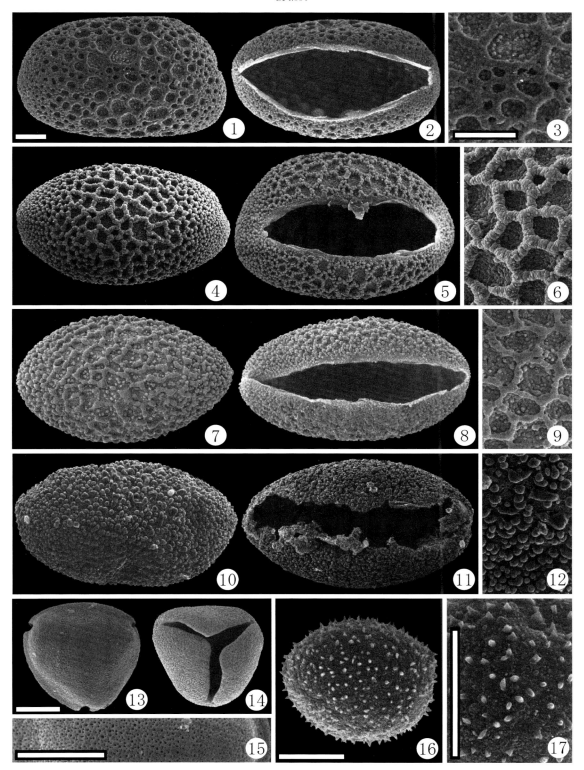

1-3：トビシマカンゾウ *Hemerocallis dumortieri* var. *exaltata*, 4-6：ユウスゲ *Hemerocallis citrina* var. *vespertina*, 7-9：ノカンゾウ *Hemerocallis fulva* var. *longituba*, 10-12：コバギボウシ *Hosta albo-marginata*, 13-15：キキョウラン *Dianella ensifolia*, 16-17：サルトリイバラ *Smilax china*

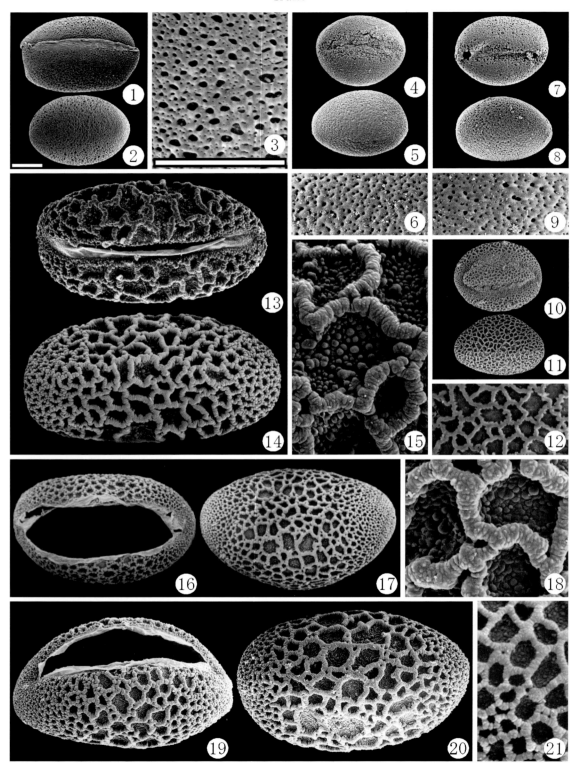

1-3：カイソウ *Drimia maritima*, 4-6：キチジョウソウ(単性花) *Reineckea carnea* (unisexual flower), 7-9：キチジョウソウ(両性花) *Reineckea carnea* (bisexual flower), 10-12：オオバイケイソウ *Veratrum grandiflorum* f. var. *maximum*, 13-15：ハマカンゾウ *Hemerocallis fulva* var. *littorea*, 16-18：ゼンテイカ *Hemerocallis dumortieri* var. *esculenta*, 19-21：エゾキスゲ *Hemerocallis flava* var. *yezoensis*

SPl.336

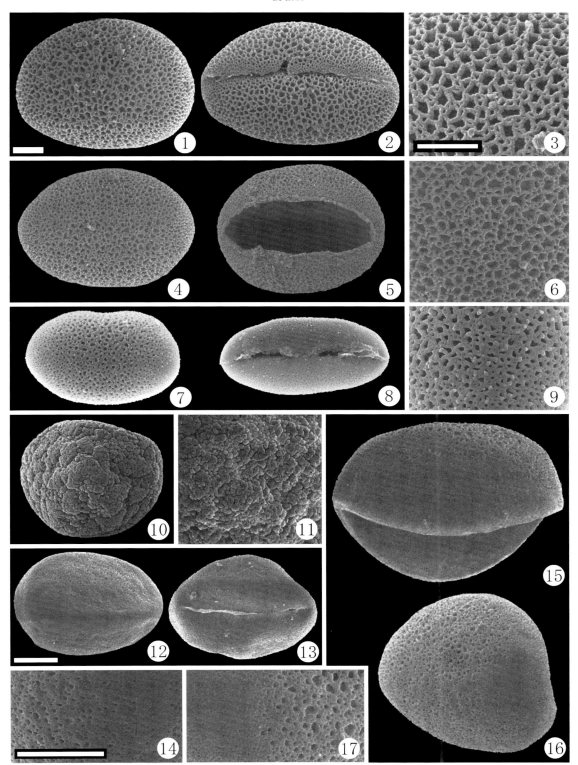

1-3：ウバユリ *Cardiocrinum cordatum*, 4-6：オオウバユリ *Cardiocrinum cordatum* var. *glehnii*, 7-9：バイモ *Fritillaria verticillata* var. *thunbergii*, 10-11：チューリップ *Tulipa gesneriana*, 12-14：ツルボ *Scilla scilloides*, 15-17：オニツルボ *Scilla scilloides* var. *major*

SPl.337

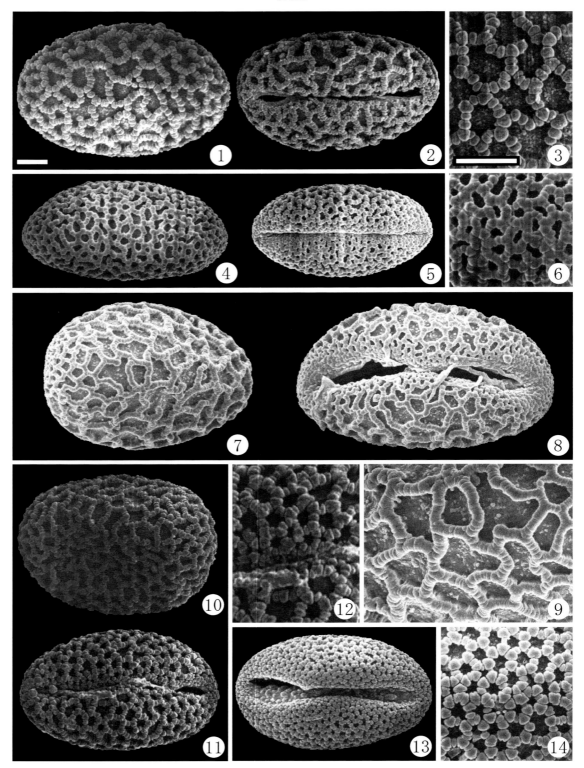

1-3：ササユリ *Lilium japonicum*, 4-6：スカシユリ *Lilium maculatum*, 7-9：テッポウユリ *Lilium longiflorum*, 10-12：カサブランカ *Lilium* Oriental Group *'Casa Blanca'*, 13-14：オニユリ *Lilium lancifolium* （＊：3-6・10-11）

SPl.338

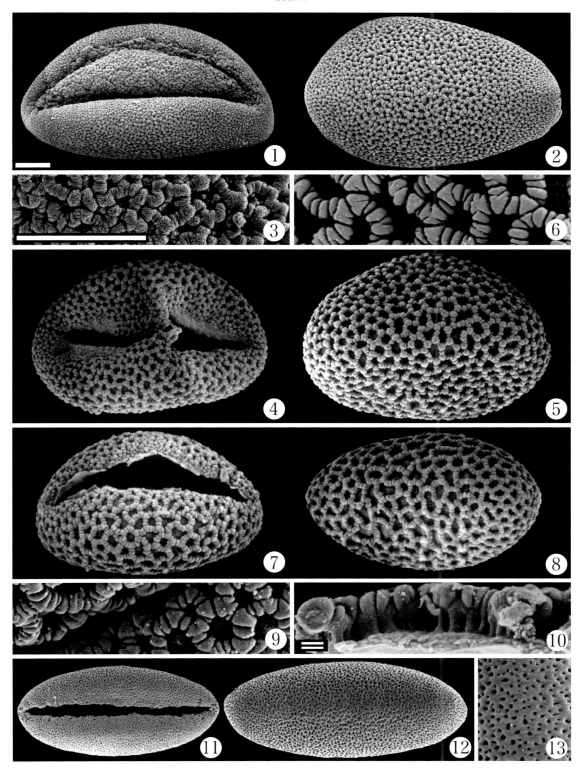

1-3：カタクリ *Erythronium japonicum*, 4-6：オウゴンオニユリ *Lilium lancifolium* var. *flaviflorum*, 7-10：カノコ
ユリ *Lilium speciosum*, 11-13：キイジョウロウホトトギス *Tricyrtis macranthopsis*

SPl.339

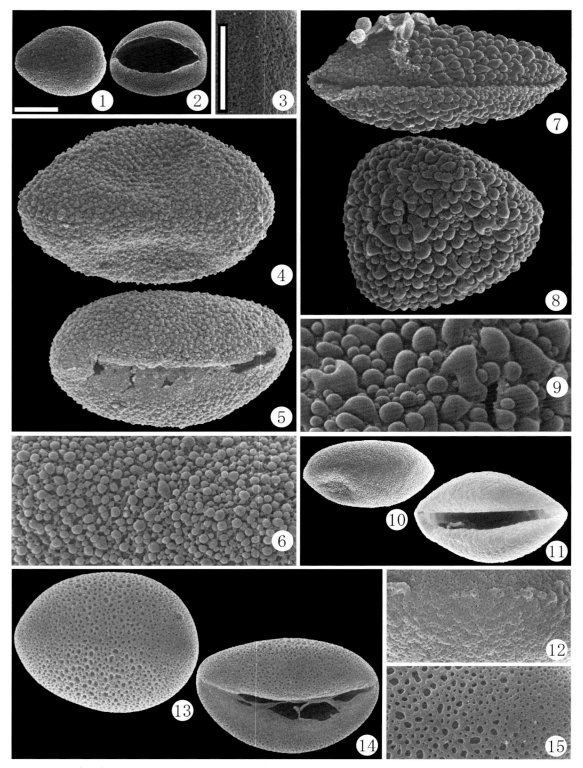

1‒3：クサスギカズラ *Asparagus cochinchinensis*, 4‒6：ツバメオモト *Clintonia udensis*, 7‒9：キヌガサソウ *Paris japonica*, 10‒12：スズラン *Convallaria keiskei*, 13‒15：ヒヤシンス *Hyacinthus orientalis*

Pl.340

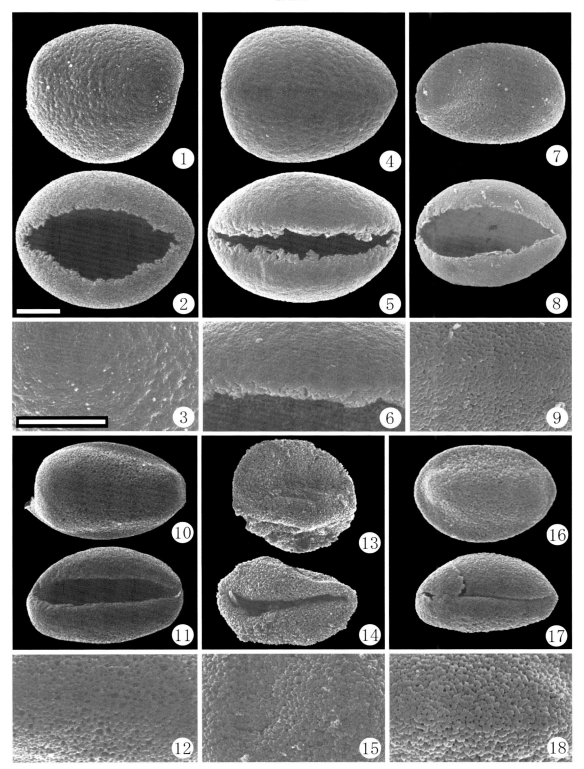

1-3：ミヤマナルコユリ Polygonatum lasianthum, 4-6：ナルコユリ Polygonatum falcatum, 7-9：オオナルコユリ Polygonatum macranthum, 10-12：ユキザサ Smilacina japonica, 13-15：ハラン Aspidistra elatior, 16-18：マイヅルソウ Maianthemum dilatatum

SPl.341

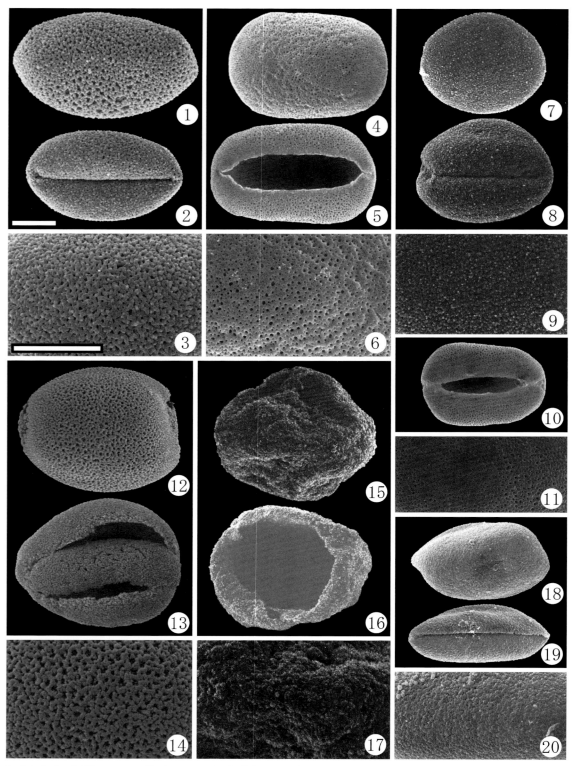

1-3：チゴユリ *Disporum smilacinum*, 4-6：キダチアロエ *Aloe arborescens*, 7-9：ホウチャクソウ *Disporum sessile*, 10-11：チヨダニシキ *Aloe variegata*, 12-14：タケシマラン *Streptopus streptopoides* var. *japonicus*, 15-17：エンレイソウ *Trillium smallii*, 18-20：オリヅルラン *Chlorophytum comosum*

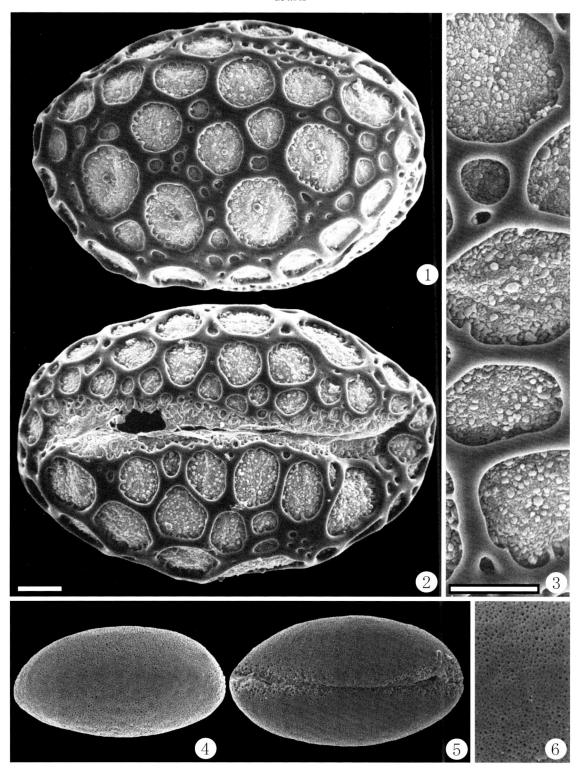

1-3：リュウゼツラン *Agave americana*, 4-6：イトラン *Yucca filamentosa*

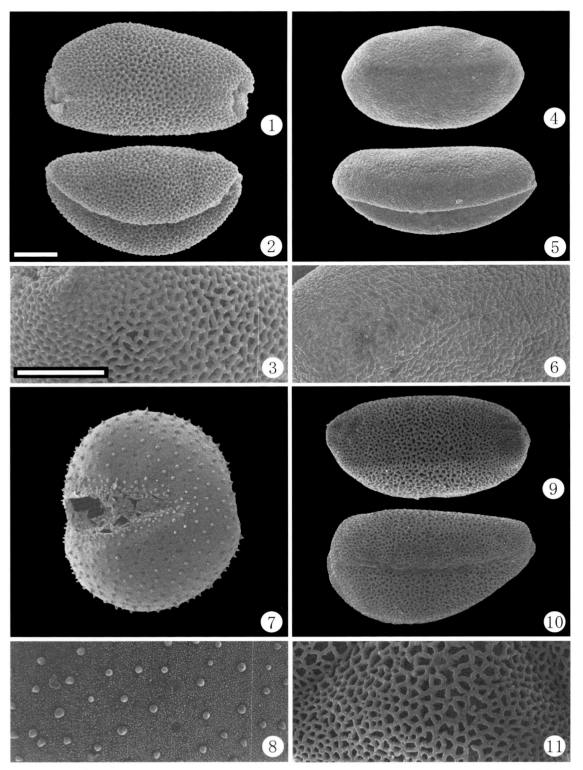

1-3：タマスダレ Zephyranthes candida, 4-6：アマリリス Hippeastrum × hybridum, 7-8：ハマオモト Crinum asiaticum var. japonicum, 9-11：クンシラン Clivia miniata

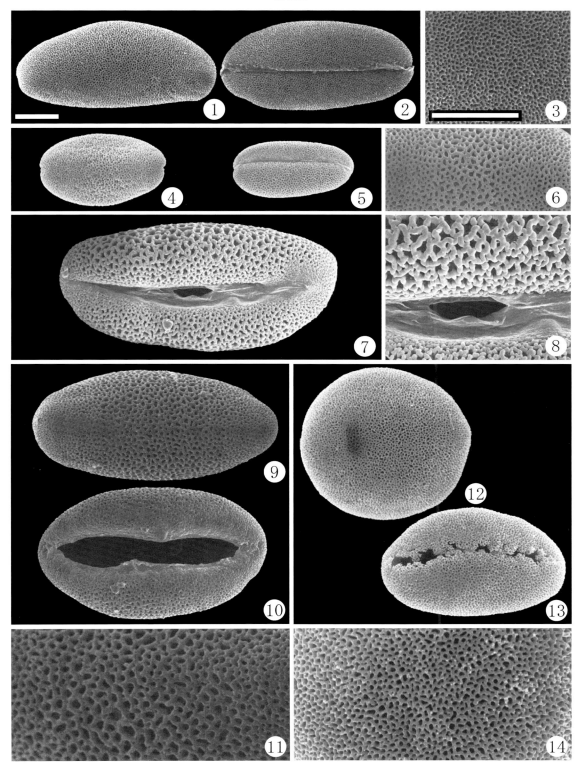

1-3：ラッパズイセン *Narcissus pseudo-narcissus*, 4-6：キズイセン *Narcissus tazetta* var. *chinensis*, 7-8：ヒガンバナ *Lycoris radiata*, 9-11：キツネノカミソリ *Lycoris sanguinea*, 12-14：ナツズイセン *Lycoris squamigera*

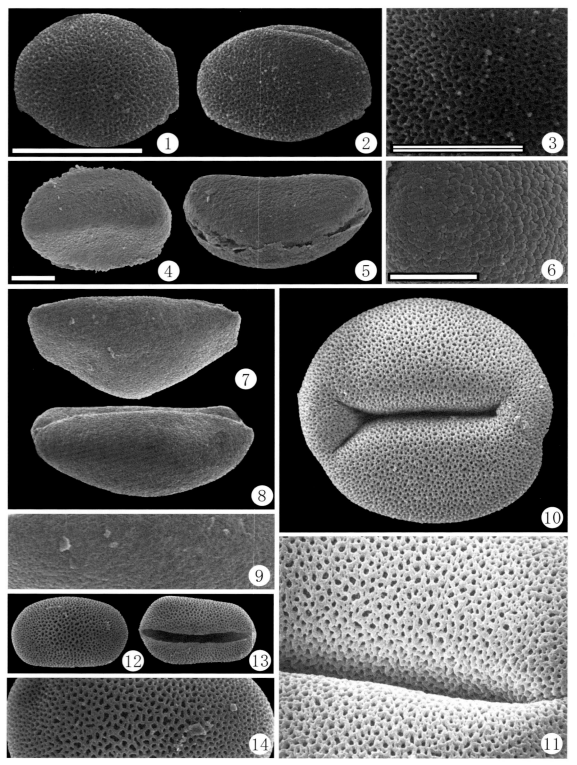

1-3：ヤマノイモ *Dioscorea japonica*, 4-6：コナギ *Monochoria vaginalis* var. *plantaginea*, 7-9：ホテイアオイ *Eichhornia crassipes*, 10-11：イヌサフラン *Colchicum autumnale*, 12-14：ニワゼキショウ *Sisyrinchium rosulatum*

SPl.346

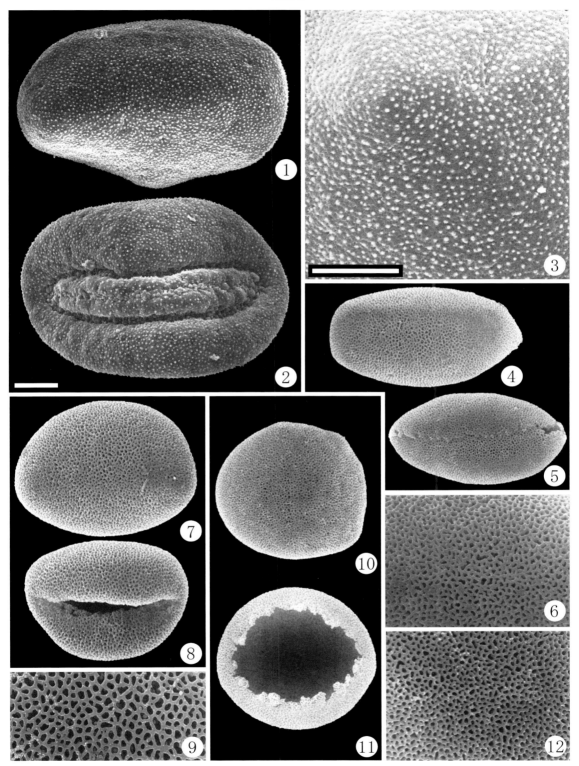

1-3：フリージア *Freesia refracta*, 4-6：ホメリア・テヌイス *Homeria tenuis* (2n=16), 7-9：ホメリア・フロベッセンス *Homeria flovescens* (2n=18), 10-12：ホメリア・テヌイス *Homeria tenuis* (2n=20)

SPl.347

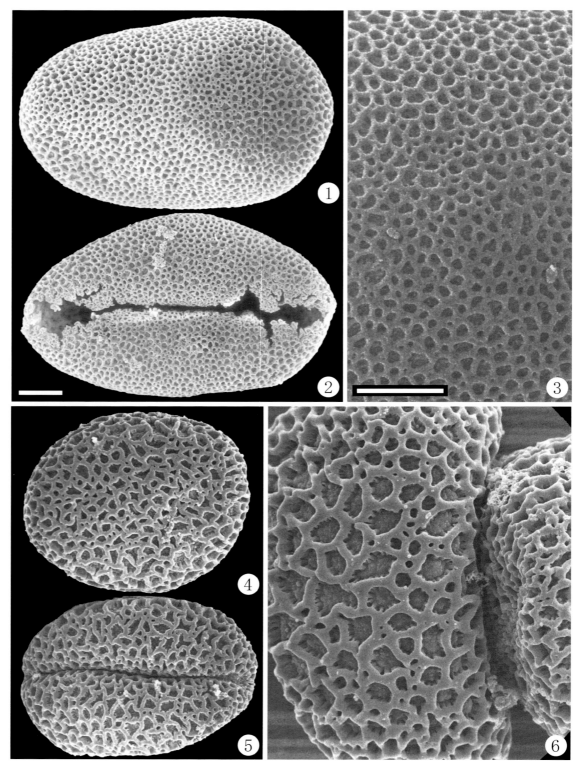

1-3：キショウブ Iris pseudacorus, 4-6：イチハツ Iris tectorum （＊：6）

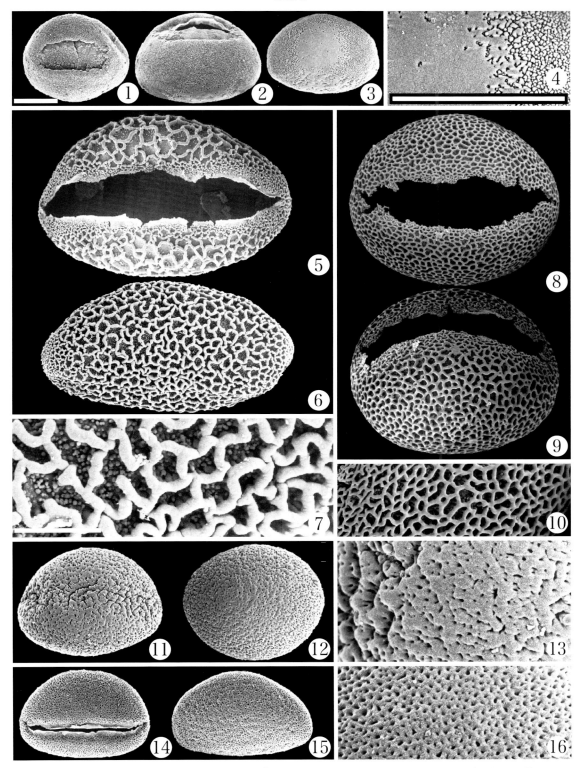

1-4：ビャクブ *Stemona japonica*, 5-7：ショウキズイセン *Lycoris traubii*, 8-10：ヒメシャガ *Iris gracilipes*, 11-13：オオキンバイザサ *Curculigo capitulata*, 14-16：コキンバイザサ *Hypoxis aurea*

Pl.349

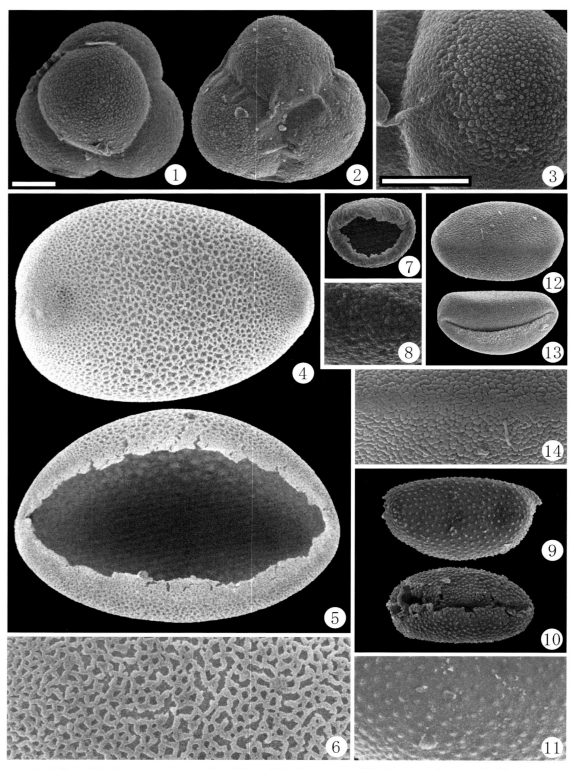

1-3：スズメノヤリ *Luzula capitata*, 4-6：ムラサキゴテン *Setcreasea pallida*, 7-8：ヤブミョウガ *Pollia japonica*, 9-11：イボクサ *Murdannia keisak*, 12-14：ムラサキツユクサ *Tradescantia ohiensis*

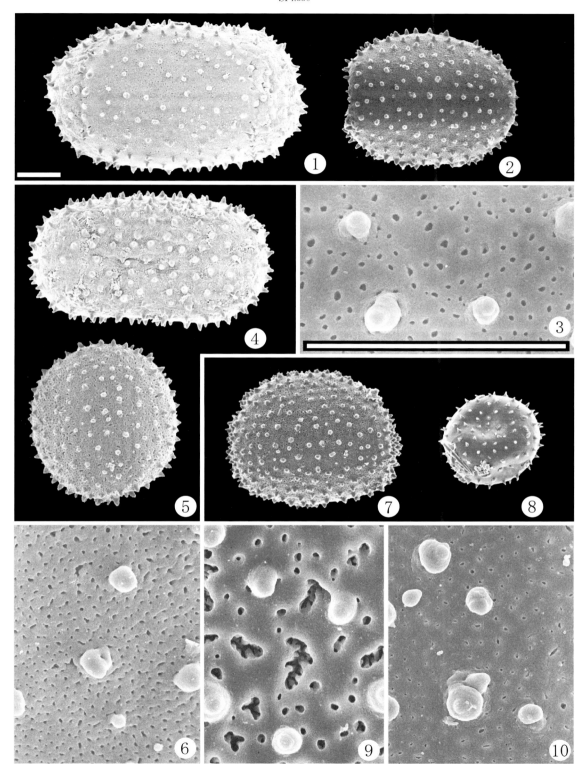

1 - 3：ツユクサ（両性花・普通型，稔性）*Commelina communis*(bisexual flower, fertility), 4 - 6：ツユクサ（両性花・人字型，稔性）*Commelina communis*(bisexual flower, fertility), 7 - 10：ツユクサ（両性花・肥大型，不稔性）*Commelina communis*(bisexual flower, sterility)

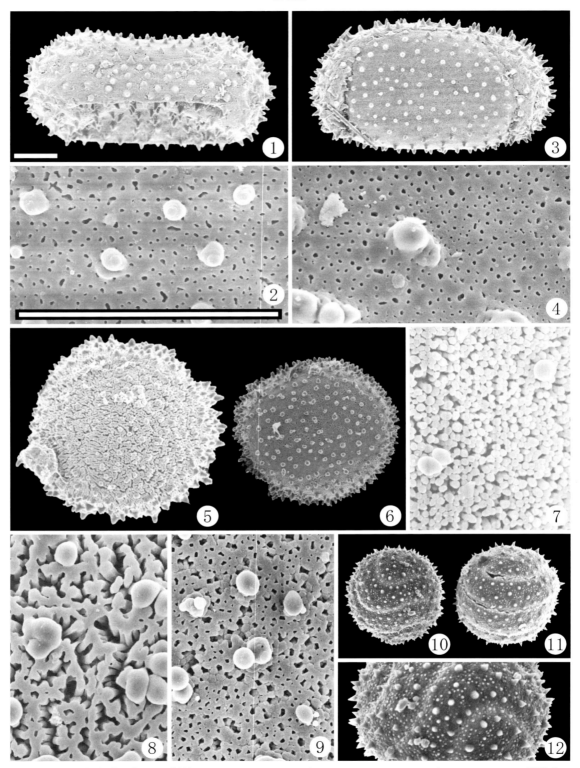

1-2：ツユクサ（単性花・普通型，稔性）*Commelina communis* (unisexual flower, fertility)，3-4：ツユクサ（単性花・人字型，稔性）*Commelina communis* (unisexual flower, fertility)，5-9：ツユクサ（単性花・肥大型，不稔性）*Commelina communis* (unisexual flower, sterility)，10-12：シラタマホシクサ *Eriocaulon nudicuspe*

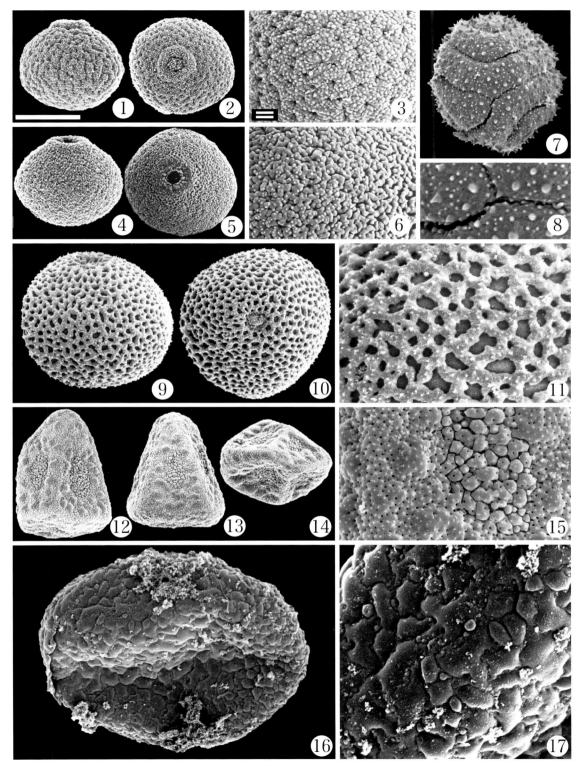

1-3：トウツルモドキ Flagellaria indica, 4-6：フラゲラリア・グイネエンシス Flagellaria guineensis, 7-8：イトイヌノヒゲ Eriocaulon decemflorum, 9-11：ミクリ Sparganium erectum, 12-15：ハタベカンガレイ Schoenoplectiella gemmifera, 16-17：リュウキュウバショウ Musa liukiuensis

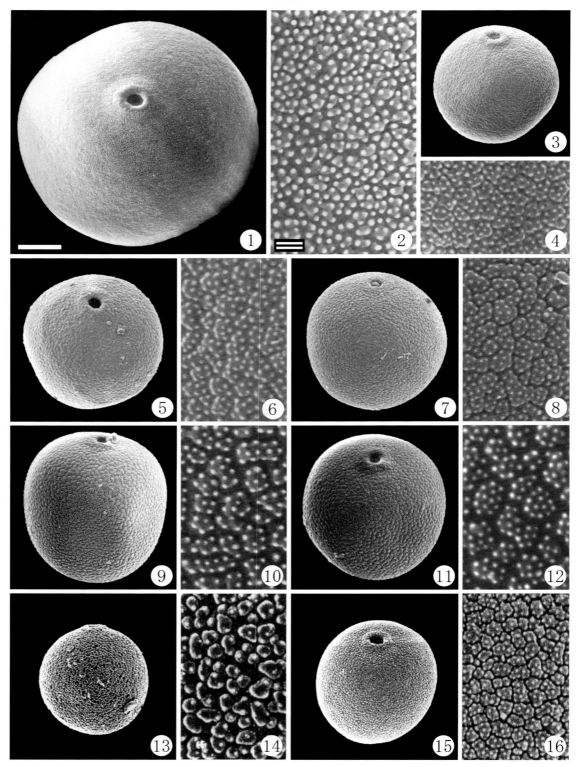

1-2：ジュズダマ Coix lacryma-jobi, 3-4：ススキ Miscanthus sinensis, 5-6：チガヤ Imperata cylindrica, 7-8：アブラススキ Eccoilopus cotulifer, 9-10：サトウキビ Saccharum officinarum, 11-12：チクシャ Saccharum sinense, 13-14：ササガヤ Microstegium japonicum, 15-16：スズメノヒエ Paspalum thunbergii （＊：1）

SPl.354

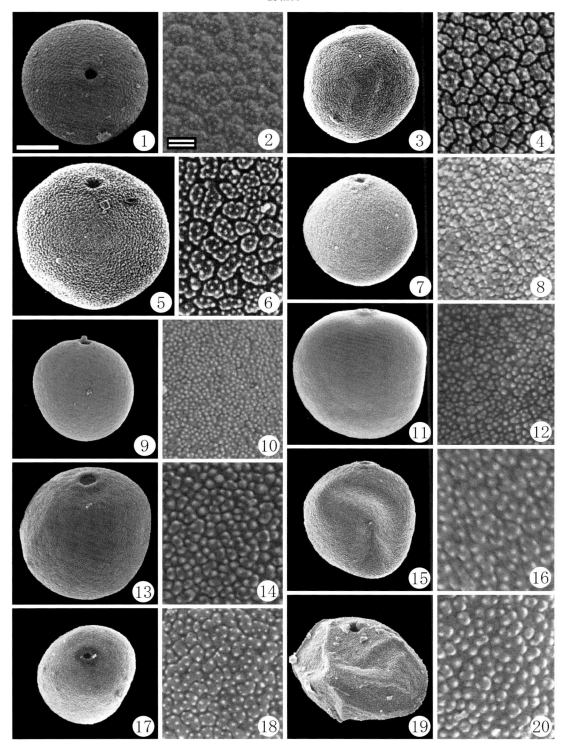

1-2：エノコログサ Setaria viridis, 3-4：コツブキンエノコロ Setaria pallide-fusca, 5-6：キンエノコロ Setaria glauca, 7-8：サヤヌカグサ Leersia sayanuka, 9-10：アシカキ Leersia japonica, 11-12：マコモ Zizania latifolia, 13-14：ハルガヤ Anthoxanthum odoratum, 15-16：シバ Zoysia japonica, 17-18：スズメノテッポウ Alopecurus aequalis, 19-20：ヒエガエリ Polypogon fugax

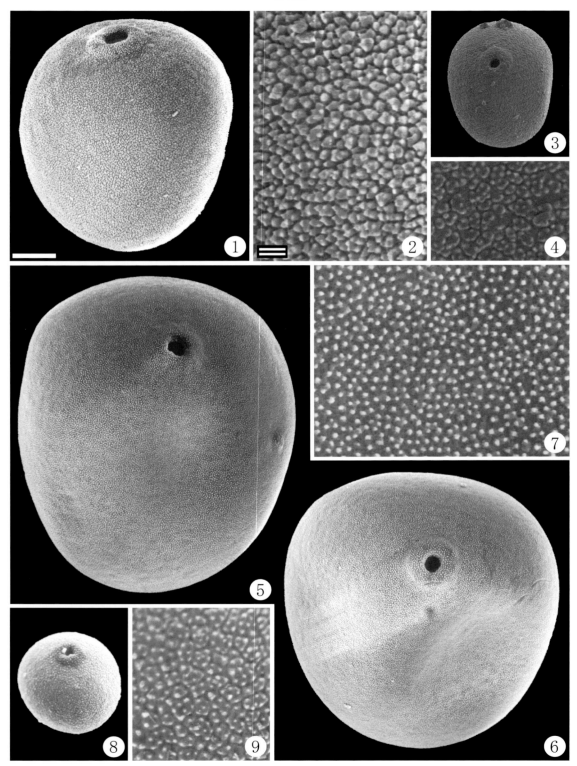

1-2：コムギ *Triticum aestivum*, 3-4：チゴザサ *Isachne globosa*, 5-7：トウモロコシ *Zea mays*, 8-9：ミノゴメ *Beckmannia syzigachne* （＊：6）

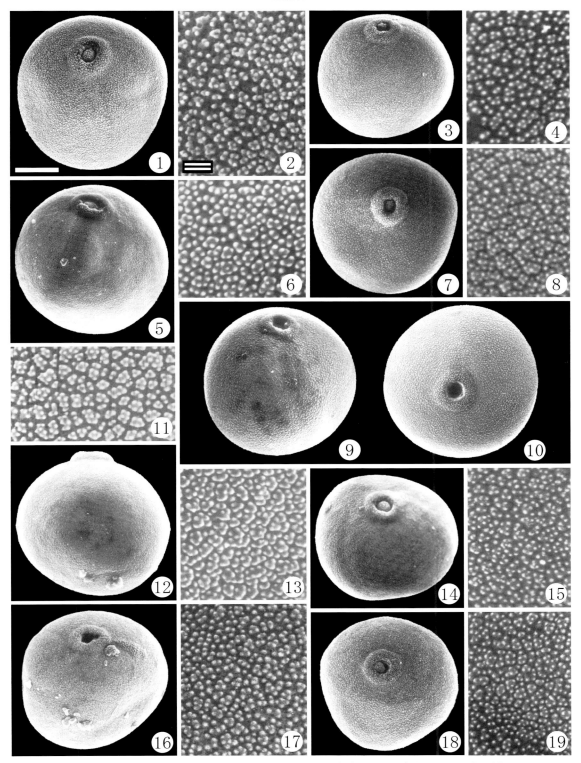

1-2：イネ Oryza sativa, 3-4：コシヒカリ, 5-6：吟坊主, 7-8：日本晴, 9-11：赤米, 12-13：亀の尾, 14-15：ロシア米, 16-17：アメリカ米, 18-19：フィリピン米

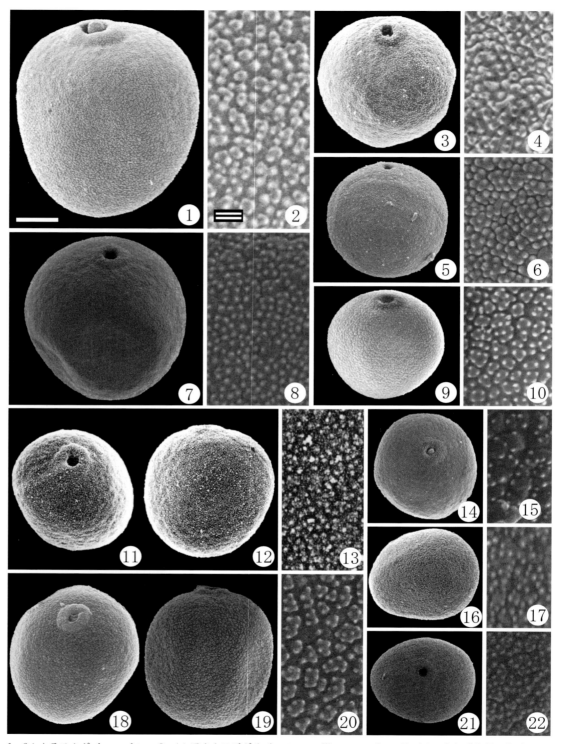

1-2：カラスムギ *Avena fatua*, 3-4：アオカモジグサ *Agropyron ciliare* var. *minus*, 5-6：コウヤザサ *Brachyelytrum japonicum*, 7-8：ハマムギ *Elymus dahuricus*, 9-10：ヨシ *Phragmites communis*, 11-13：オニウシノケグサ *Festuca arundinacea*, 14-15：ヌカボ *Agrostis clavata* var. *nukabo*, 16-17：スズメガヤ *Eragrostis cilianensis*, 18-20：カモガヤ *Dactylis glomerata*, 21-22：ヒメコバンソウ *Briza minor* （7：焦点の調整不良）

Pl.358

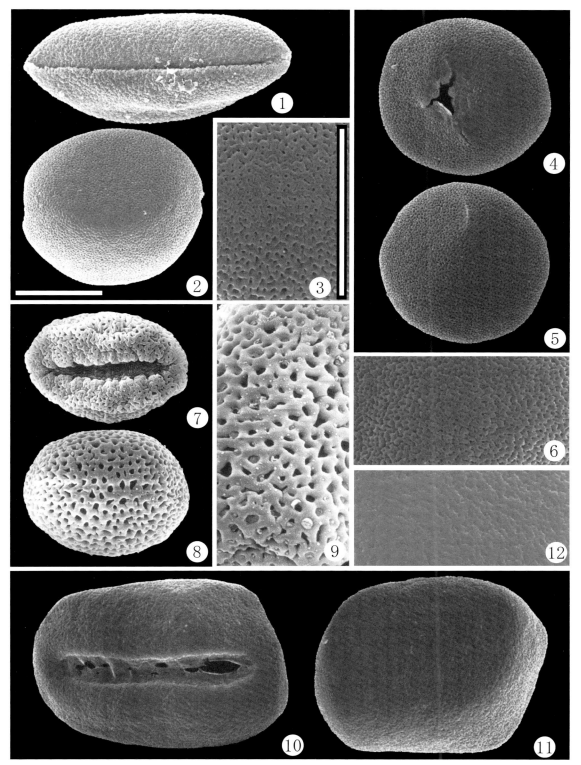

1-3：ビロウ *Livistona chinensis* var. *subglobosa*, 4-6：ダイトウビロウ *Livistona chinensis* var. *amanoi*, 7-9：トウジュロ *Trachycarpus wagnerianus*, 10-12：トックリヤシモドキ *Mascarena verschaffeltii* （＊：7-8）

Pl.359

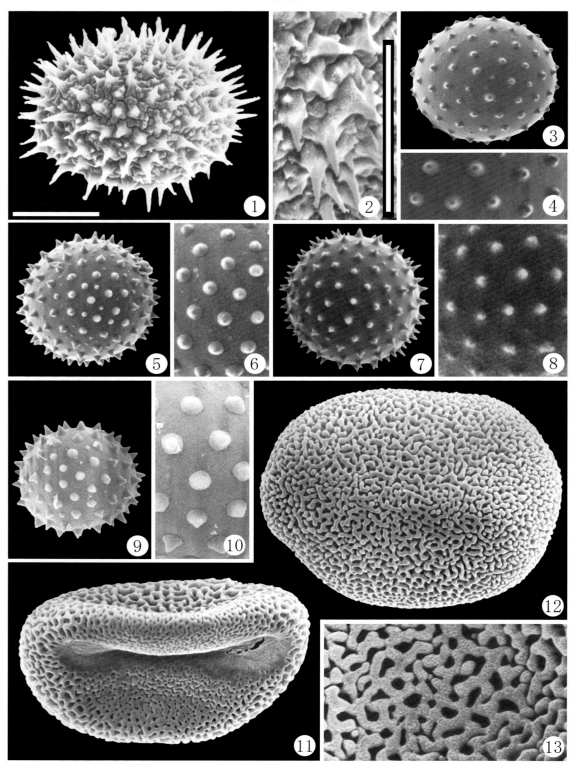

1-2：サトイモ *Colocasia esculenta*, 3-4：コンニャク *Amorphophallus rivieri* var. *konjac*, 5-8：マムシグサ *Arisaema serratum*, 9-10：ムサシアブミ *Arisaema ringens*, 11-13：ミズバショウ *Lysichiton camtschatcense*

SPl.360

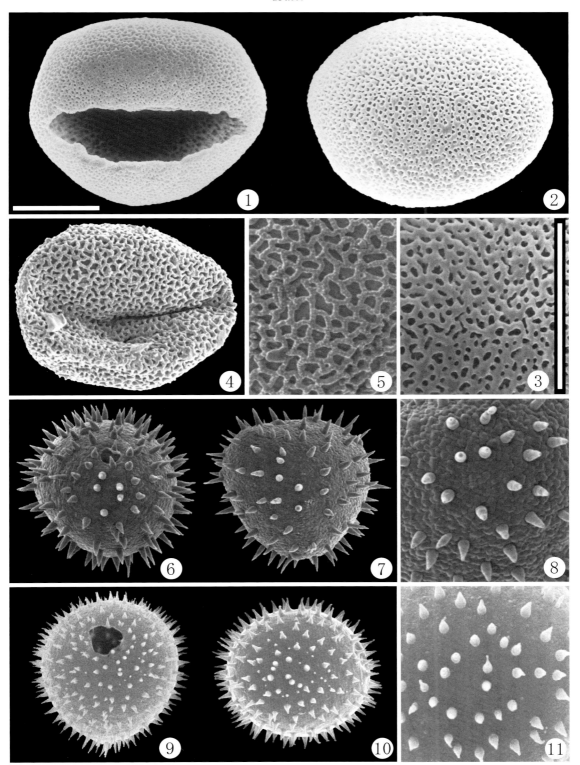

1-3：ザゼンソウ Symplocarpus foetidus var. latissimus, 4-5：ヒメザゼンソウ Symplocarpus nipponicus, 6-8：ウキクサ Spirodela polyrhiza, 9-11：アオウキクサ Lemna perpusilla

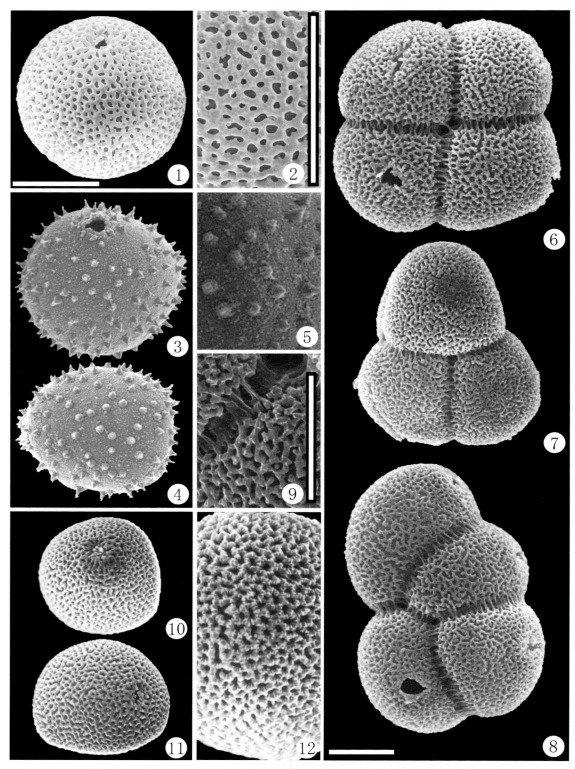

1-2：ヒメミクリ *Sparganium stenophyllum*, 3-5：アダン *Pandanus odoratissimus*, 6-9：ガマ *Typha latifolia*, 10-12：ヒメガマ *Typha angustifolia*

SPl.362

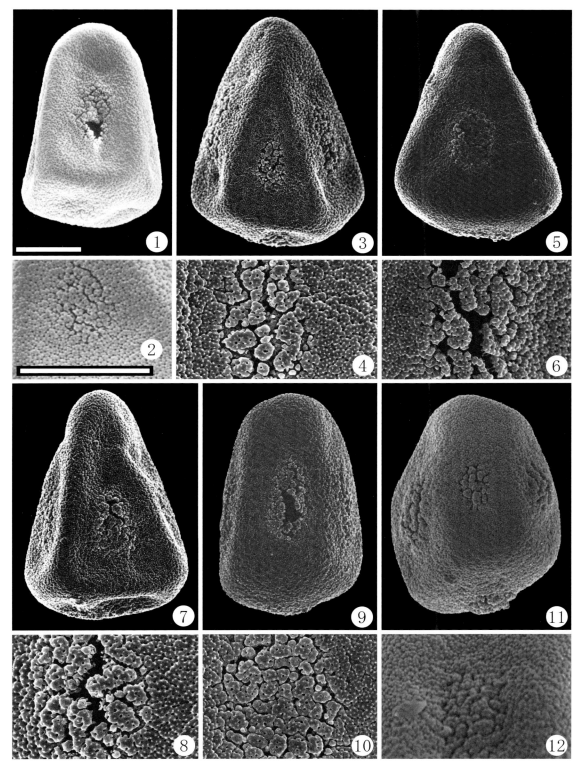

1-2：ヒメカンスゲ Carex conica, 3-4：ヒメカンスゲ(2n=32) Carex conica, 5-6：ヒメカンスゲ(2n=34) Carex conica, 7-8：ヒメカンスゲ(2n=36) Carex conica, 9-10：ヒメカンスゲ(2n=38) Carex conica, 11-12：ショウジョウスゲ Carex blepharicarpa

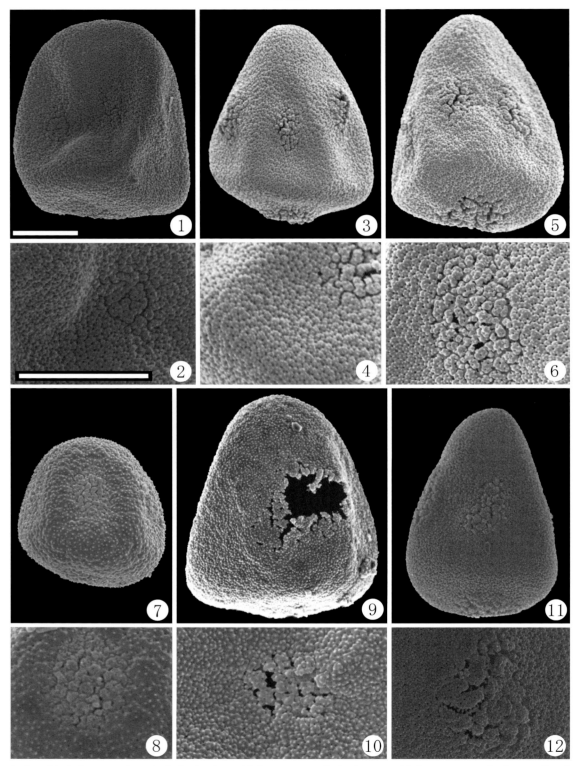

1-2：ゴウソ *Carex maximowiczii*, 3-4：カンスゲ *Carex morrowii*, 5-6：シバスゲ *Carex nervata*, 7-8：モエギスゲ *Carex tristachya*, 9-10：ヤマタヌキラン *Carex angustisquama*, 11-12：ケタガネソウ *Carex ciliato-marginata*

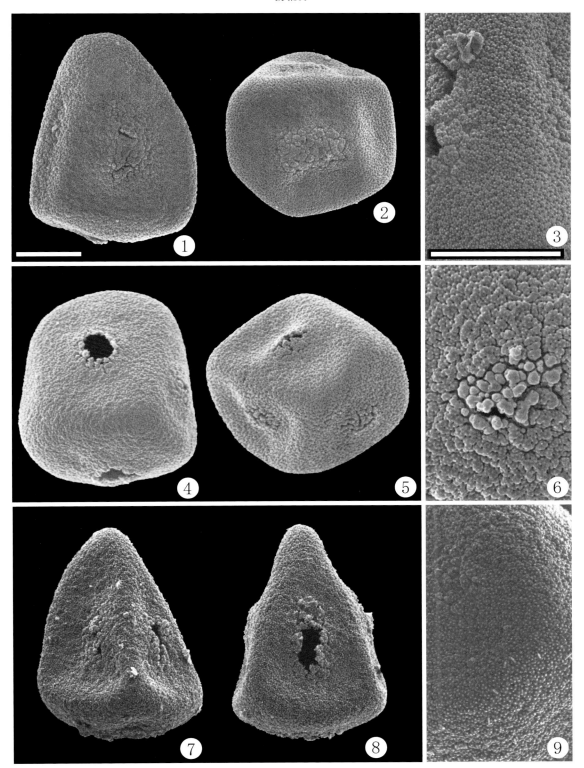

1-3：ケスゲ *Carex duvaliana*, 4-6：アゼスゲ *Carex thunbergii*, 7-9：ミヤマカンスゲ *Carex multifolia*

SPl.365

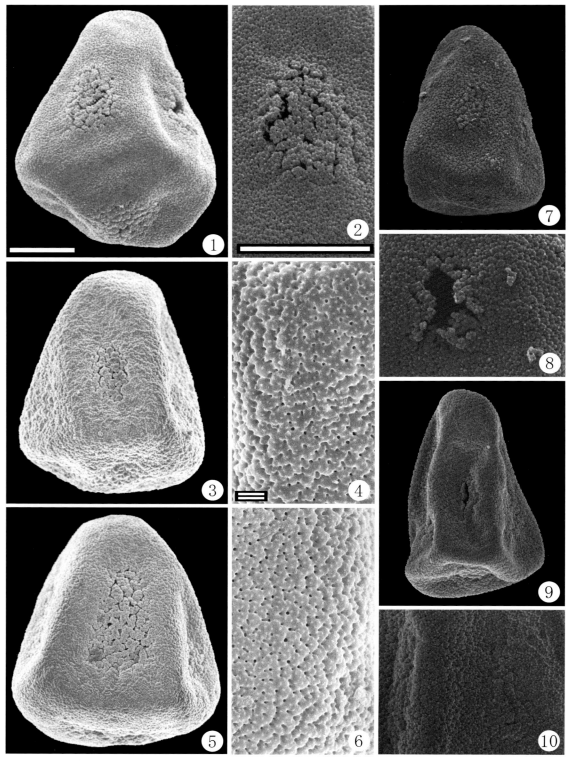

1-2：ヒカゲスゲ *Carex lanceolata*, 3-4：ビッチュウヒカゲスゲ(2n=36) *Carex bitchuensis*, 5-6：ヒカゲスゲ (2n=72) *Carex lanceolata*, 7-8：ハガクレスゲ *Carex jacens*, 9-10：ベニイトスゲ *Carex sachalinensis* var. *sikokiana*

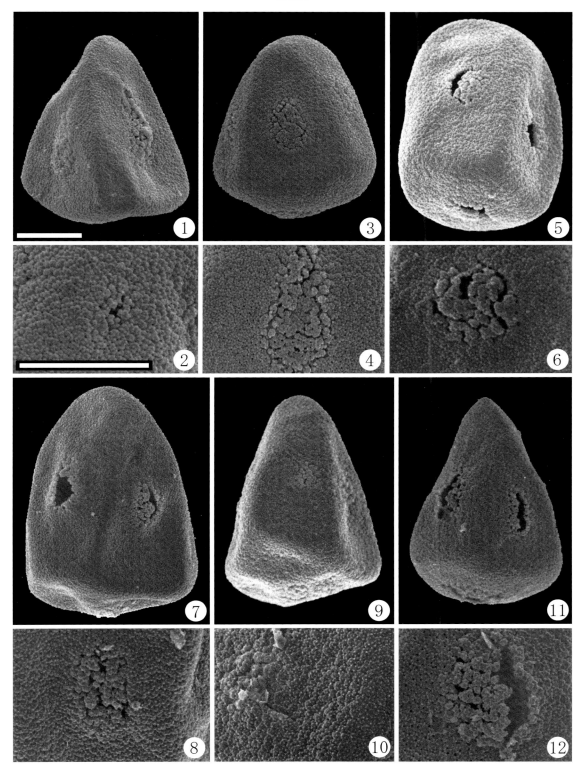

1-2：ナキリスゲ *Carex lenta*, 3-4：ニシノホンモンジスゲ *Carex stenostachys*, 5-6：ヒナスゲ *Carex grallatoria*, 7-8：キビノミノボロスゲ *Carex paxii*, 9-10：タシロスゲ *Carex sociata*, 11-12：ミチノクホンモンジスゲ *Carex stenostachys* var. *cuneata*

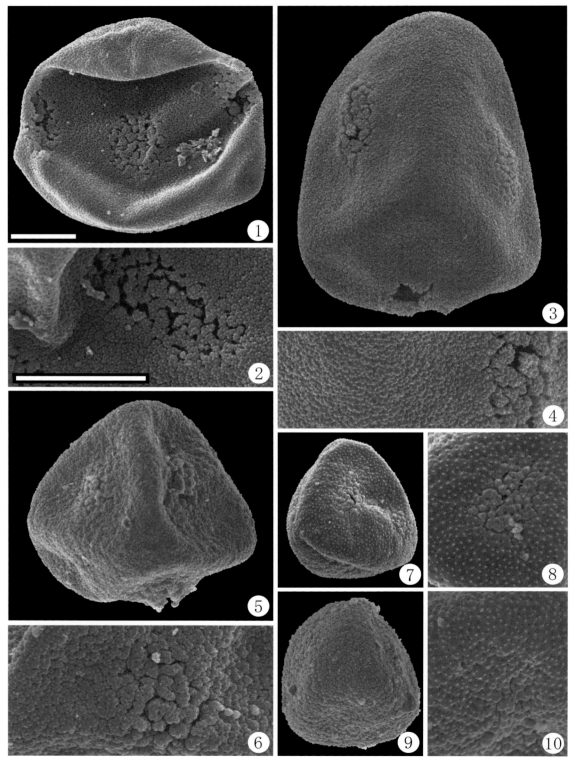

1-2：ツルスゲ *Carex pseudocuraica*, 3-4：シオクグ *Carex scabrifolia*, 5-6：ヤマアゼスゲ *Carex heterolepis*, 7-8：ササノハスゲ *Carex pachygyna*, 9-10：ヒメモエギスゲ *Carex tristachya* var. *pocilliformis*

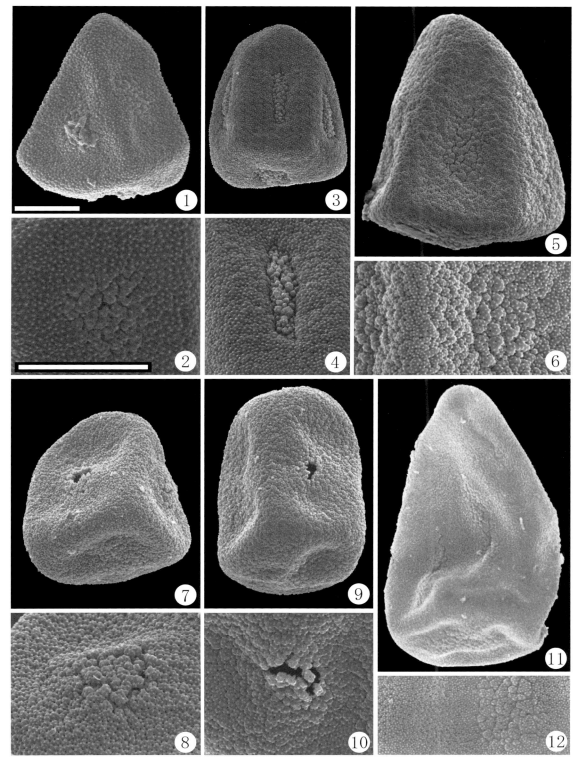

1-2：タイワンスゲ *Carex formosensis*, 3-4：ハマスゲ *Cyperus rotundus*, 5-6：イワカンスゲ *Carex makinoensis*, 7-8：フサナキリスゲ *Carex scabriculmis*, 9-10：マツバスゲ *Carex biwensis*, 11-12：ノグサ *Schoenus apogon*

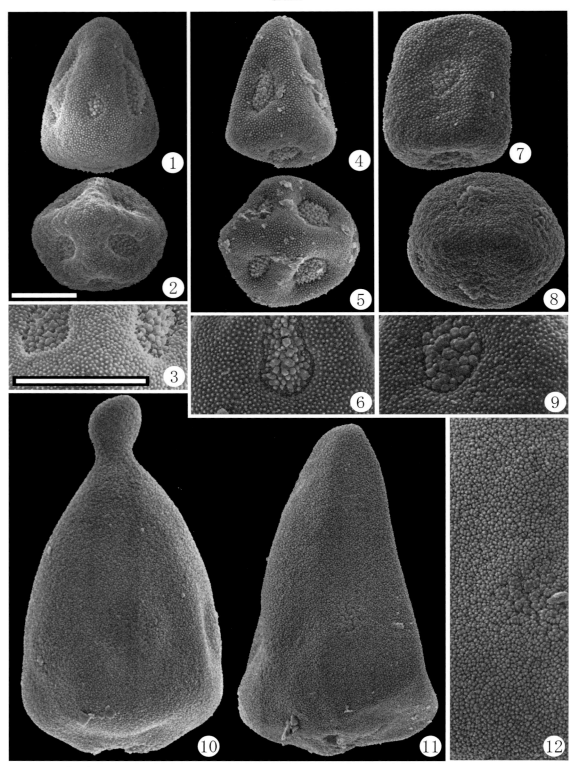

1-3：アイダクグ Kyllinga brevifolia var. brevifolia, 4-6：ヒメクグ Kyllinga brevifolia var. leiolepis, 7-9：イヌクグ Cyperus cyperoides, 10-12：ヒトモトススキ Cladium chinense

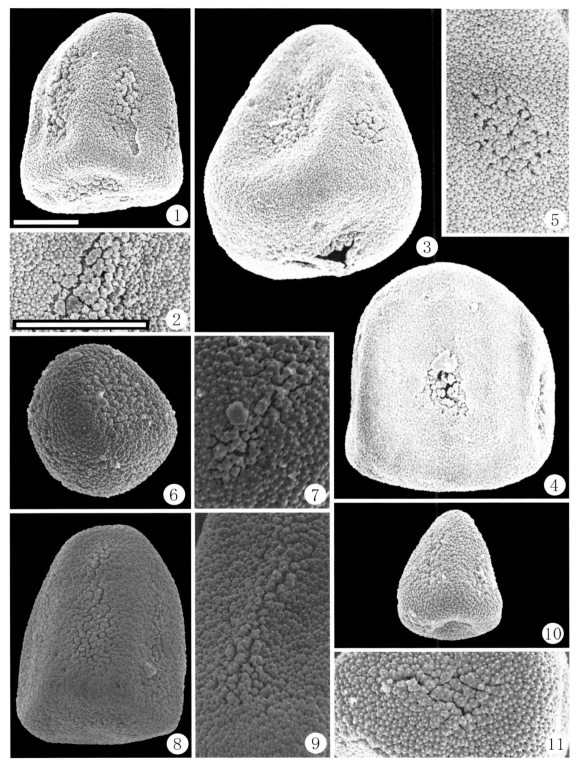

1-2：コブレシア・ロイレアナ Kobresia royleana, 3-5：コブレシア・ネパレンシス Kobresia neparensis, 6-7：ミカヅキグサ Rhynchospora alba, 8-9：オオイヌノハナヒゲ Rhynchospora fauriei, 10-11：イトイヌノハナヒゲ Rhynchospora faberi

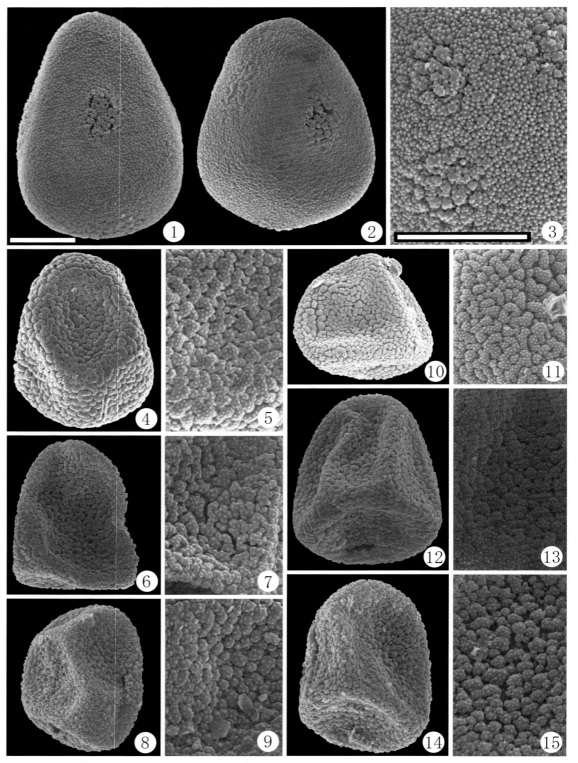

1-3：ワタスゲ *Eriophorum vaginatum*, 4-5：アゼテンツキ *Fimbristylis squarrosa*, 6-7：ノテンツキ *Fimbristylis complanata*, 8-9：テンツキ *Fimbristylis dichotoma*, 10-11：ヒデリコ *Fimbristylis miliacea*, 12-13：イソヤマテンツキ *Fimbristylis ferruginea* var. *sieboldii*, 14-15：クロテンツキ *Fimbristylis diphylloides*

SPl.372

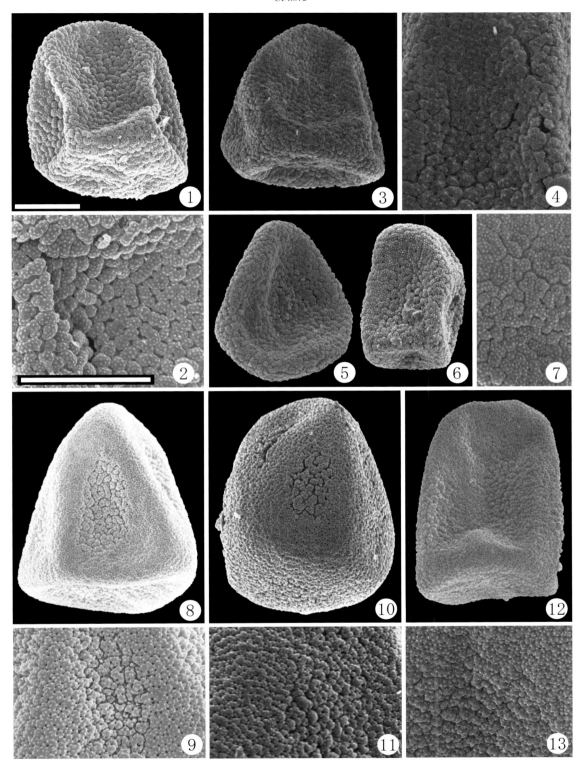

1-2：ヤマイ *Fimbristylis subbispicata*, 3-4：ナガボテンツキ *Fimbristylis longispica*, 5-7：ヒメヒラテンツキ *Fimbristylis autumnalis*, 8-9：オオヌマハリイ *Eleocharis mamillata* var. *cyclocarpa*, 10-11：シカクイ *Eleocharis wichurae*, 12-13：マシカクイ *Eleocharis tetraquetra*

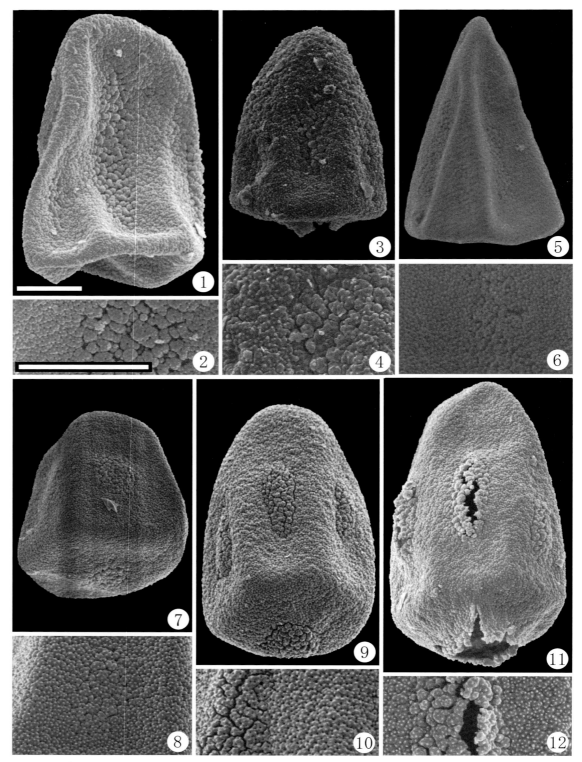

1-2：クログワイ *Eleocharis kuroguwai*, 3-4：ヒメシカクイ *Eleocharis × yezoensis*, 5-6：サンカクイ *Schoenoplectus triqueter*, 7-8：ホタルイ *Schoenoplectiella hotarui*, 9-10：カンガレイ *Schoenoplectiella triangulata*, 11-12：ウキヤガラ *Bolboshoenus fluviatilis* subsp. *yagara* （＊：7）

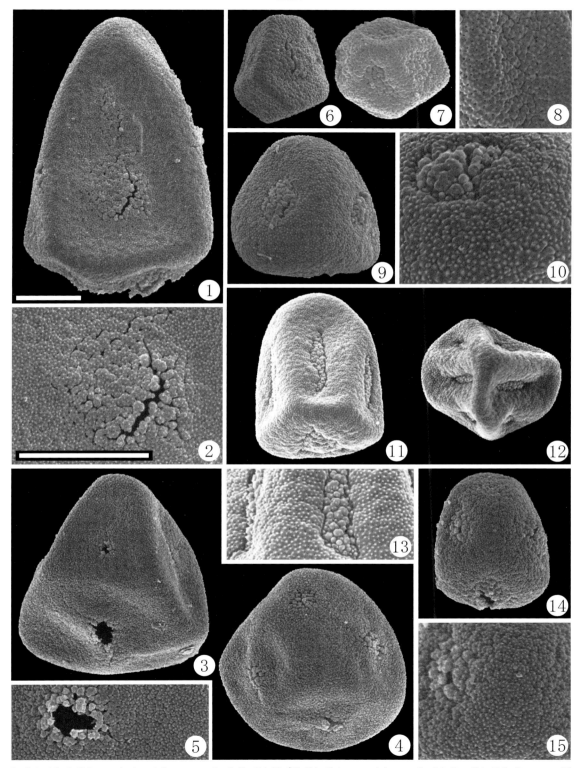

1-2：フトイ *Schoenoplectus tabernaemontani*, 3-5：アブラガヤ *Scirpus wichurae*, 6-8：タマガヤツリ *Cyperus difformis*, 9-10：コゴメガヤツリ *Cyperus iria*, 11-13：アゼガヤツリ *Cyperus flavidus*, 14-15：シロガヤツリ *Cyperus pacificus*

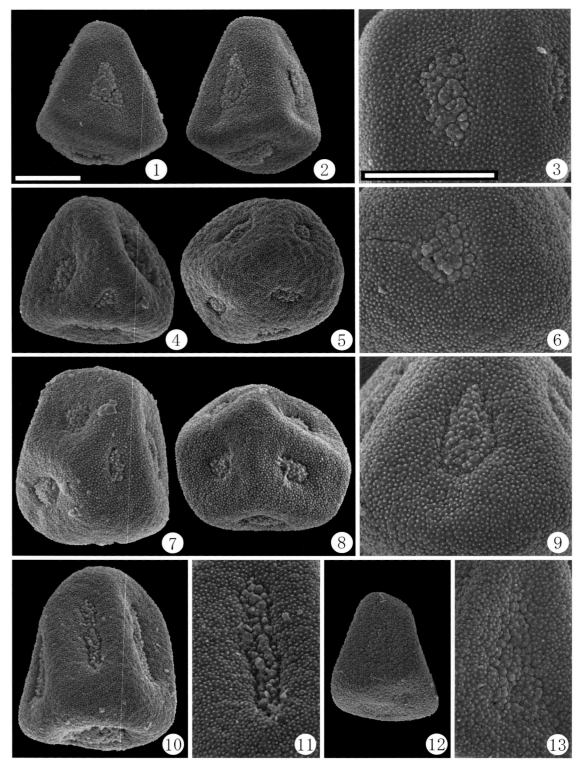

1-3：イガガヤツリ *Cyperus polystachyos*, 4-6：オニガヤツリ *Cyperus pilosus*, 7-9：カワラスガナ *Cyperus sanguinolentus*, 10-11：ミズガヤツリ *Cyperus serotinus*, 12-13：コアゼガヤツリ *Cyperus haspan*

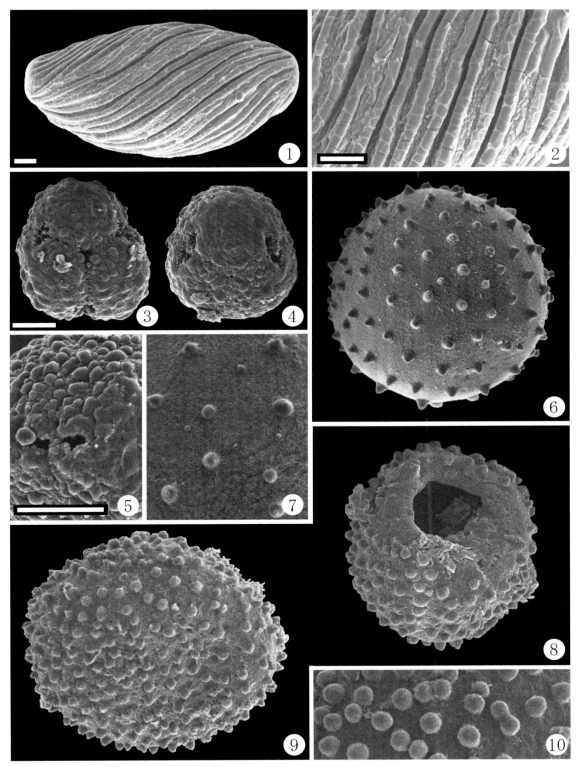

1-2：ミョウガ *Zingiber mioga*, 3-5：タイリンゲットウ *Alpinia purpurata*, 6-7：ハナカンナ *Canna×generalis*, 8-10：ダンドク *Canna indica*

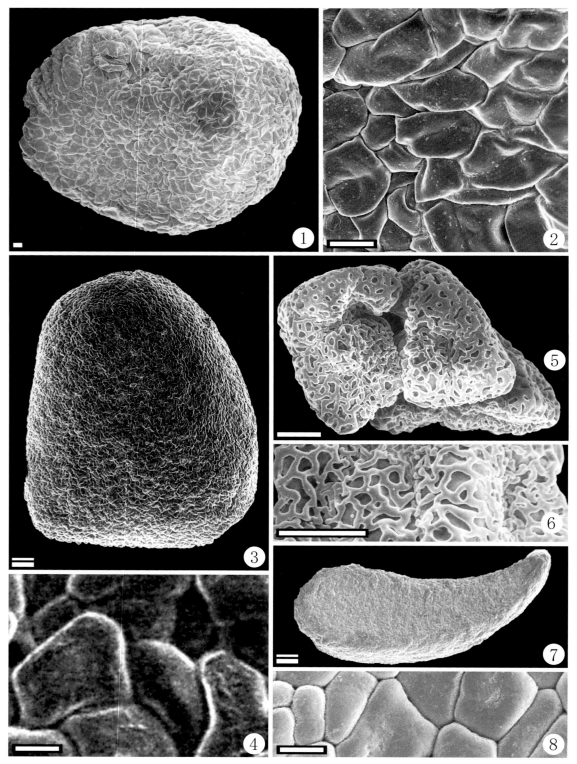

1-2：コケイラン *Oreorchis patens*, 3-4：シュンラン *Cymbidium goeringii*, 5-6：ミヤマウズラ *Goodyera schlechtendaliana*, 7-8：セッコク *Dendrobium* sp.(snow body) （＊：4）

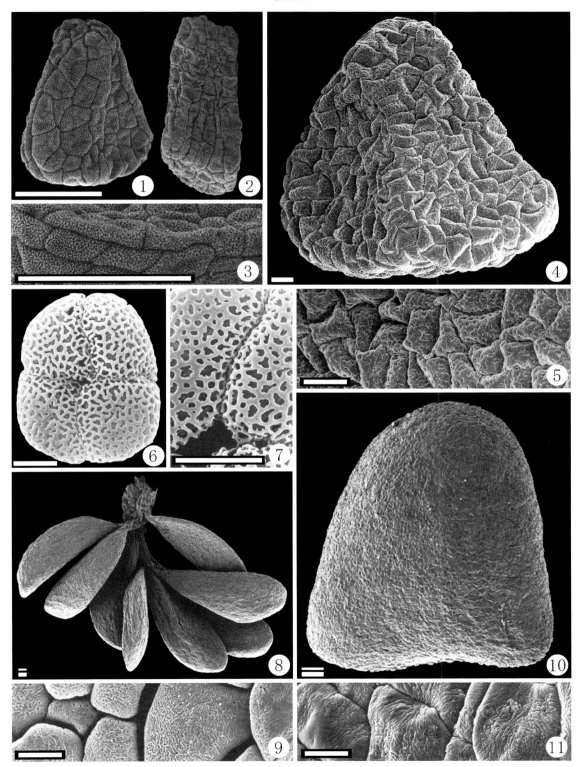

1-3：サギソウ *Habenaria radiata*, 4-5：ミズチドリ *Platanthera hologlottis*, 6-7：ネジバナ *Spiranthes sinensis* var. *amoena*, 8-9：エビネ *Calanthe discolor*, 10-11：シラン *Bletilla striata*

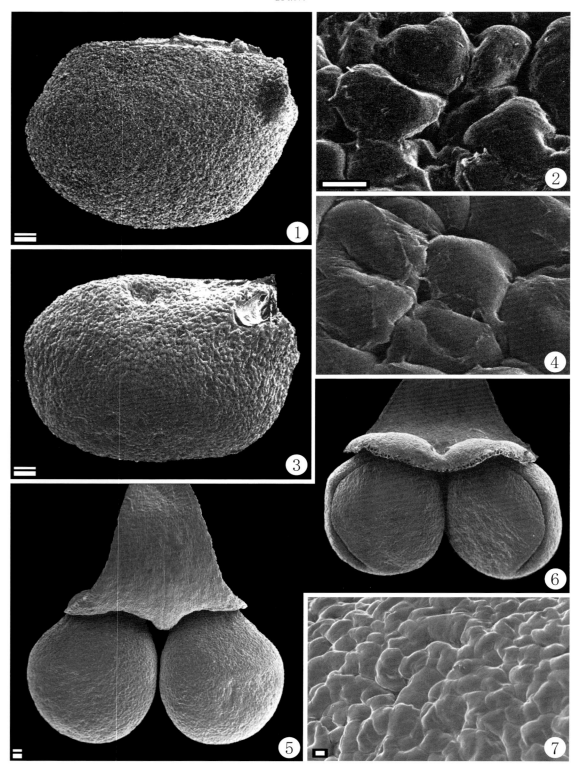

1-2：バンドプシス・パリッシー *Vandopsis parishii*, 3-4：ナゴラン *Sedirea japonica*, 5-7：コチョウラン *Phalaenopsis mannii*

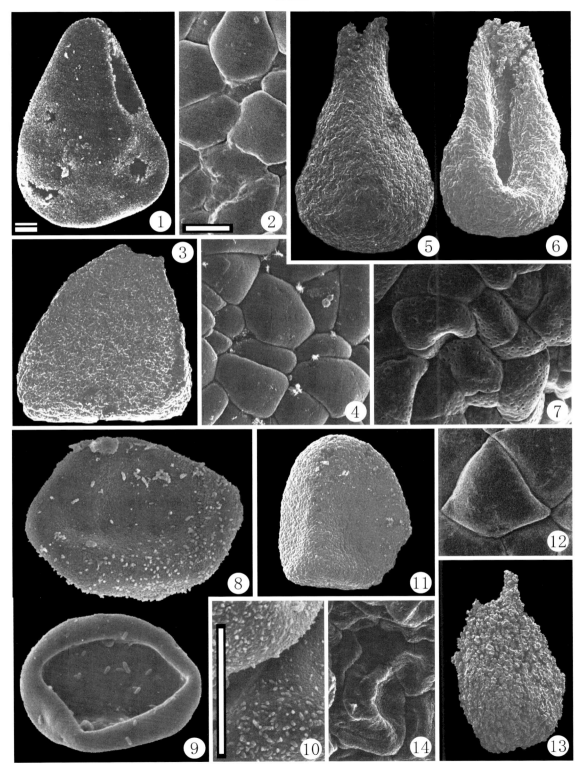

1-2：カトレヤ *Cattleya* sp., 3-4：ションバーグキア・ウンドゥラタ *Schomburgkia undulata*, 5-7：フォリドタ・キネンシス *Pholidota chinensis*, 8-10：パフィオペディルム・ミクランツム *Paphiopedilum micranthum*, 11-12：ソフロニティス・コッキネア *Sophronitis coccinea*, 13-14：ソブラリア・デコラ *Sobralia decora*

Pl.381

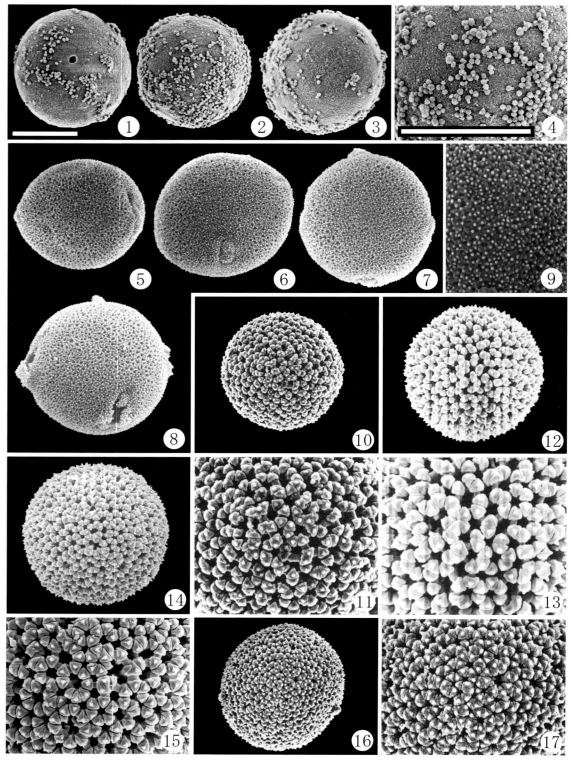

1-4：シマムロ *Juniperus taxifolia*, 5-9：カイノキ *Pistacia chinensis*, 10-11：アオガンピ *Wikstroemia retusa*, 12-13：オニシバリ *Daphne pseudo-mezereum*, 14-15：ムニンアオガンピ *Wikstroemia pseudoretusa*, 16-17：コガンピ *Diplomorpha ganpi* （＊：12-13）

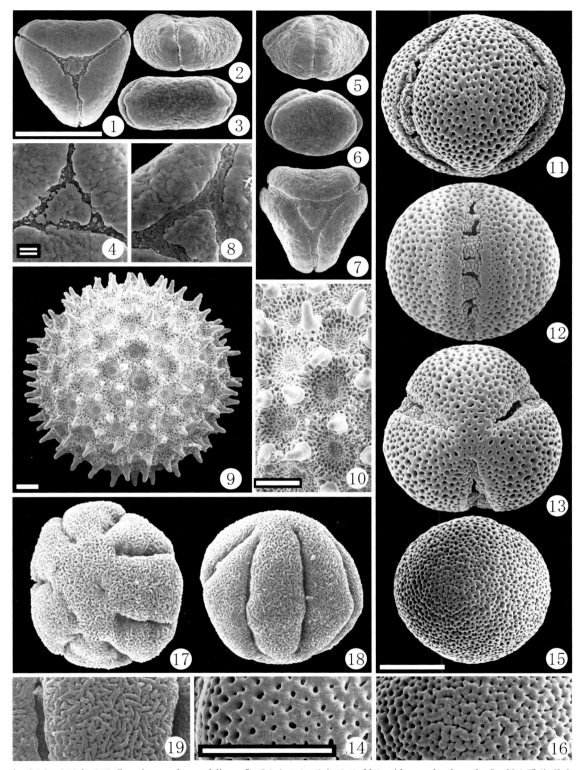

1-4：ヒメフトモモ Syzygium cleyeraefolium, 5-8：ムニンフトモモ Metrosideros boninensis, 9-10：アサガオ Ipomoea nil, 11-16：オオバシマムラサキ Callicarpa subpubescens (15-16：花粉もどき，不稔性), 17-19：ムシトリスミレ Pinguicula vulgaris var. macroceras

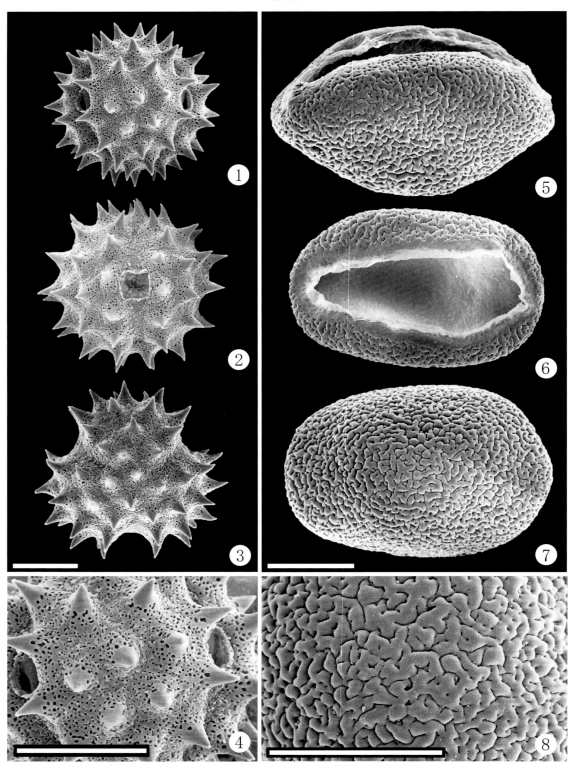

1-4：ワダンノキ Dendrocacalia crepidifolia, 5-8：ノヤシ Clinostigma savoryanum

第2章
現生花粉の光学顕微鏡写真
LPl.

Light Microscope Plates of Modern Pollen

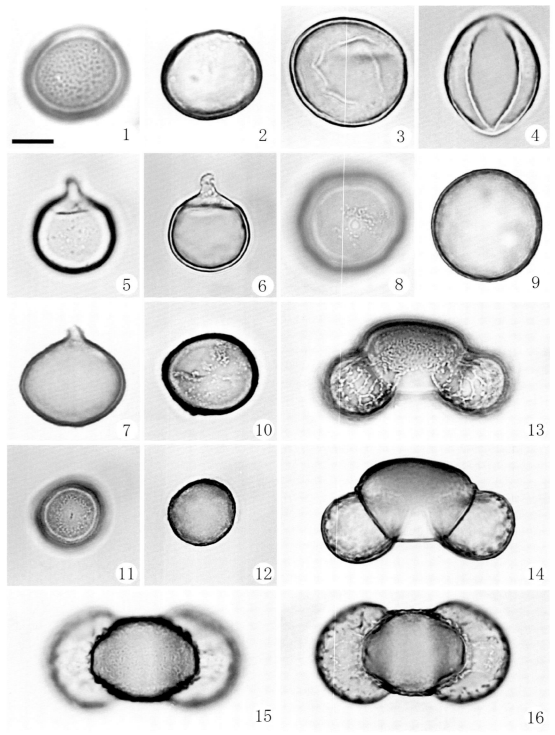

1-2：ソテツ Cycas revoluta 沖縄県粟国島 2005.3.19, 3-4：イチョウ Ginkgo biloba 岡山市後楽園(植栽) 1990.4.27(守田), 5-6：スギ Cryptomeria japonica 岡山市三徳園(植栽) 1998.3.8, 7：メタセコイア Metasequoia glyptostroboides 岡山市総合グラウンド(植栽) 1990.2.27, 8-9：ヒノキ Chamaecyparis obtusa 岡山市法界院 1973.4.11, 10：イヌガヤ Cephalotaxus harringtonia 三徳園(植栽) 1984.4.16, 11-12：イチイ Taxus cuspidata 京都市武田薬品薬用植物園(植栽) 1991.4.5(岡), 13-16：イヌマキ Podocarpus macrophyllus 岡山市津島 1990.6.2(市谷)

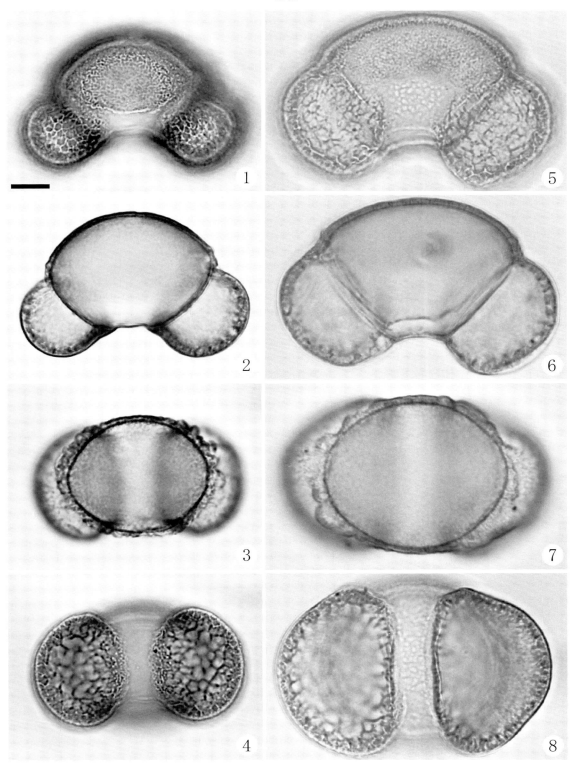

1-4：アカマツ Pinus densiflora 岡山市三徳園(植栽) 1983.5, 5-8：ゴヨウマツ Pinus parviflora 三徳園(植栽) 1991.5.2(岡)

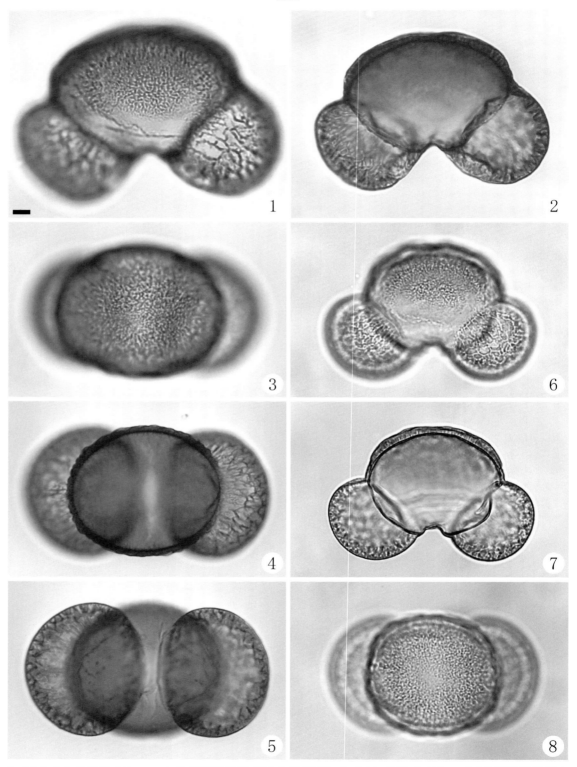

1-5：オオシラビソ *Abies mariesii* 青森県黄瀬 1979.6.22(守田), 6-8：シラビソ *Abies veitchii* 福島県吾妻山 1988.6(守田)

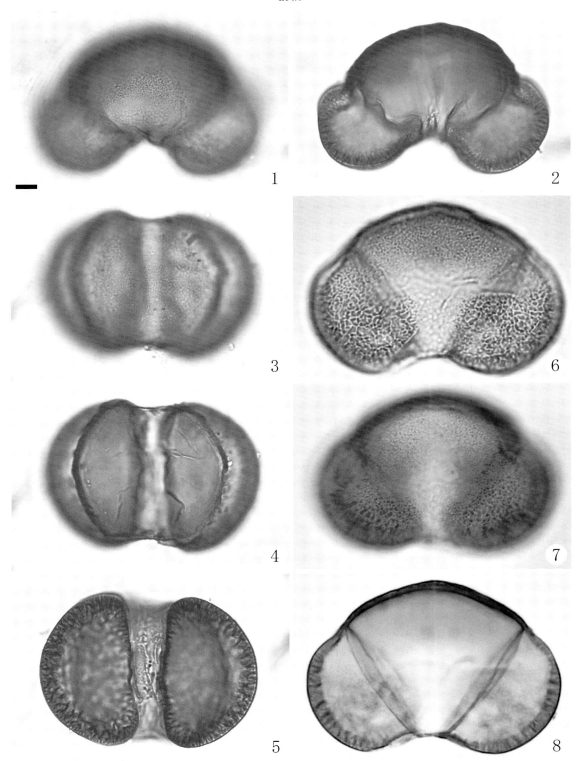

1-5：アカエゾマツ *Picea glehnii* 北海道落石岬 1999.9.12(守田), 6-8：トウヒ *Picea jezoensis* var. *hondoensis* 奈良県大台ケ原 1976.5.18(守田)

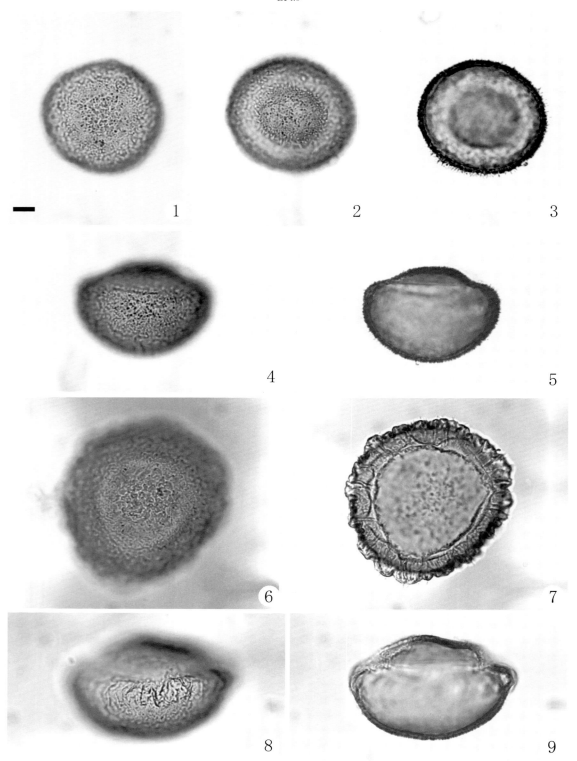

1-5：ツガ *Tsuga sieboldii* 長野県乗鞍岳 2006.5.25, 6-9：コメツガ *Tsuga diversifolia* 乗鞍岳 2006.5.25

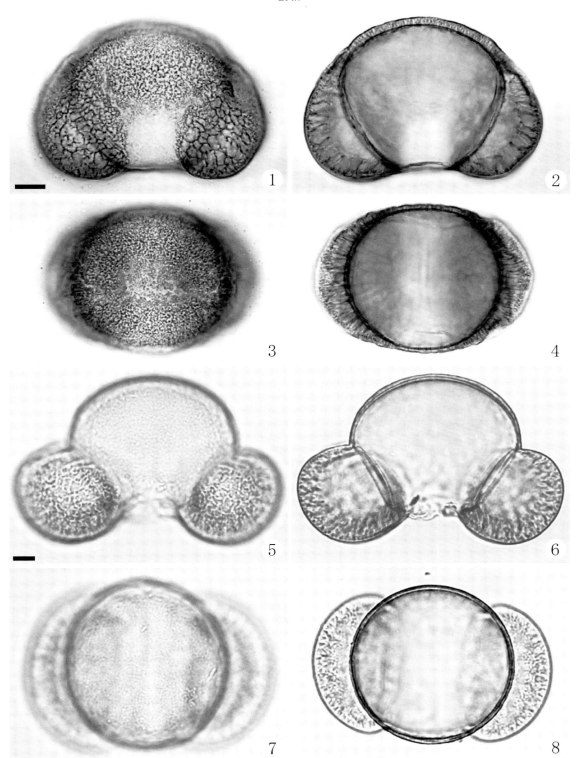

1-4：ヒマラヤスギ *Cedrus deodara* 岡山市総合グラウンド(植栽) 1974.10.26, 5-8：テッケンユサン *Keteleeria davidiana* 京都市京都大学上賀茂試験地(植栽) 1989.4.18

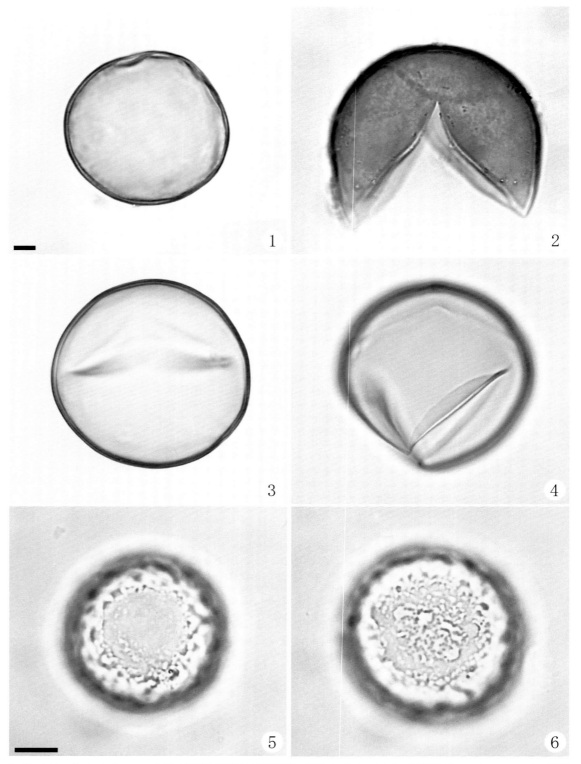

1-2：カラマツ *Larix kaempferi* 岡山県真庭市蒜山高原(植栽) 1976.4.29, 3-4：トガサワラ *Pseudotsuga japonica* 東京都多摩森林学園(植栽) 1982.3.29〜4.2(池田重), 5-6：コウヤマキ *Sciadopitys verticillata* 名古屋市名城大学(植栽) 2004.4.26(安藤)

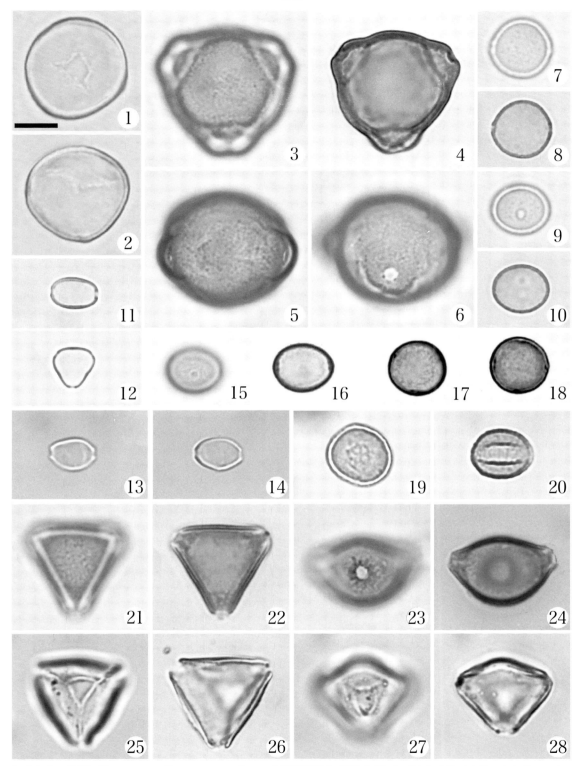

1-2：チャボガヤ *Torreya nucifera* var. *radicans* 金沢市高尾山 2013.5.12, 3-6：トクサバモクマオウ *Casuarina equisetifolia* 沖縄県西表島（植栽）1989.3.12（宮城）, 7-10：ヤマグワ *Morus australis* 沖縄県国頭村 2004.4.10, 11-12：オオイタビ *Ficus pumila* 沖縄県久米島町儀間 1984.4.26（仲吉）, 13-14：ムクイヌビワ *Ficus irisana* 沖縄県南大東島 1989.2.23（宮城）, 15-18：ツルマオ *Gonostegia hirta* 西表島 1989.3.5（宮城）, 19-20：フウトウカズラ *Piper kadzura* 国頭村 1989.3.6, 21-24：ヤマモガシ *Helicia cochinchinensis* 久米島町儀間 1984.8.28（仲吉）, 25-28：ボロボロノキ *Schoepfia jasminodora* 熊本県烏帽子岳 1956.4.22（初島）

Pl.9

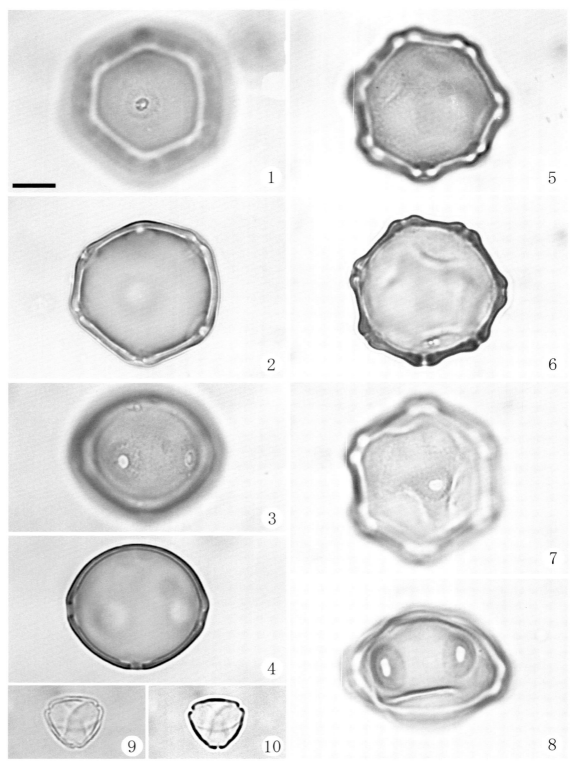

1-5：オニグルミ *Juglans mandschurica* var. *sachalinensis* 岡山県真庭市蒜山高原 1991.6.1(岡), 6-8：サワグルミ *Pterocarya rhoifolia* 愛媛県石鎚山 1976.4(守田), 9-10：ノグルミ *Platycarya strobilacea* 岡山市法界院 1973.6.9

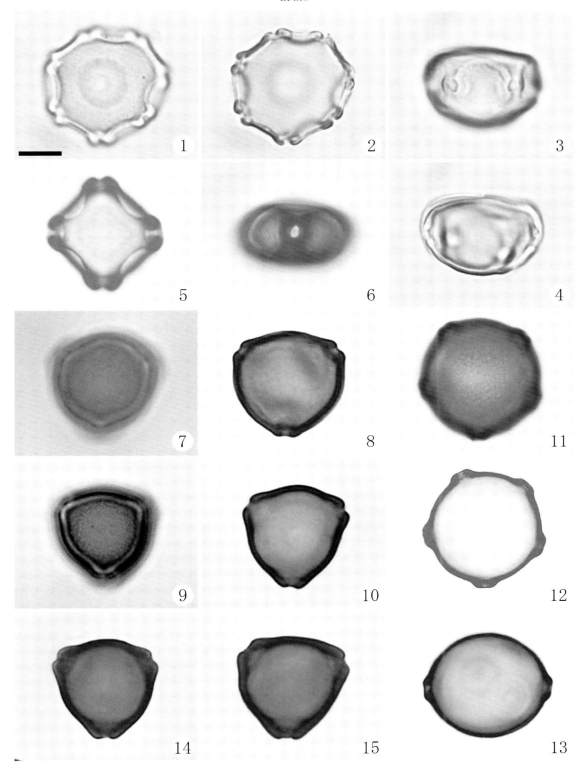

1-4：オオバヤシャブシ *Alnus sieboldiana* 岡山市半田山 1973.4.20, 5-6：カワラハンノキ *Alnus serrulatoides* 京都市府立植物園（植栽）1991.4.7（岡），7-8：シラカンバ *Betula platyphylla* var. *japonica* 東京都多摩森林学園（植栽）1994.4.24（岡），9-10：ツノハシバミ *Corylus sieboldiana* 京都市武田薬品薬用植物園（植栽）1991.4.5（岡），11-13：イヌシデ *Carpinus tschonoskii* 岡山県真庭市蒜山高原 1985.4.27，14-15：ヤマモモ *Myrica rubra* 愛知県日本モンキーセンター（植栽）1976.4.16（岡）

Pl.11

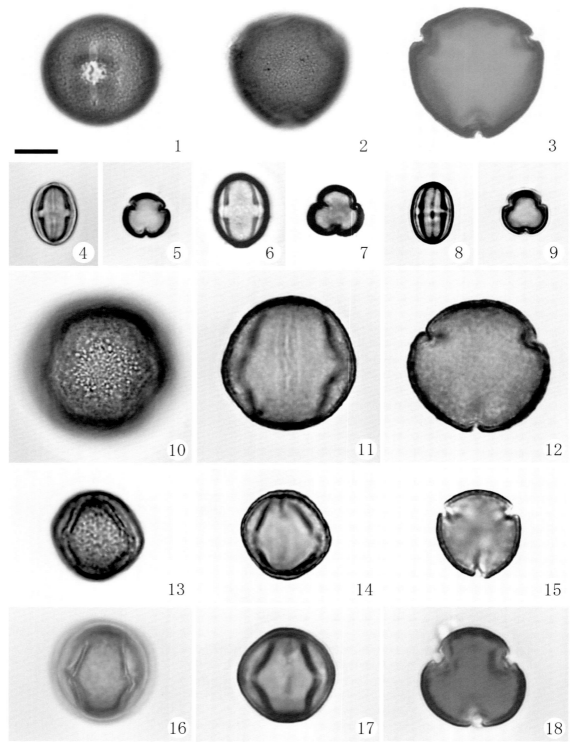

1-3：ブナ *Fagus crenata* 鳥取県大山 1995.5.16, 4-5：クリ *Castanea crenata* 岡山市岡山理科大学 1982.6.11(太田), 6-7：スダジイ *Castanopsis sieboldii* 伊勢市 1995.5.18(清末), 8-9：シリブカガシ *Lithocarpus glabra* 岡山市三徳園 (植栽) 1982.9.5, 10-12：カシワ *Quercus dentata* 三徳園(植栽) 1983.5.8, 13-15：ウバメガシ *Quercus phillyraeoides* 岡山理科大学 1991.4.23, 16-18：ウラジロガシ *Quercus salicina* 三徳園(植栽) 1983.4.30

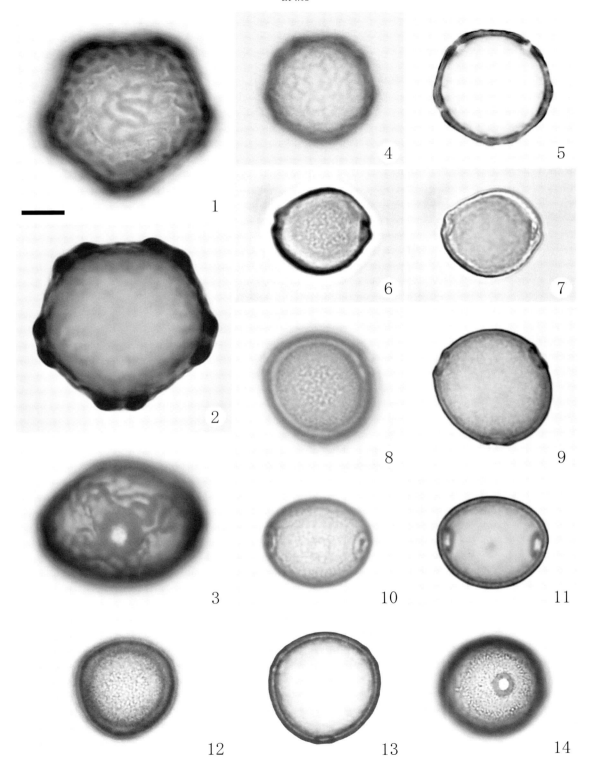

1-3：ケヤキ *Zelkova serrata* 仙台市青葉通(植栽) 1978.5.18(守田), 4-5：ハルニレ *Ulmus davidiana* var. *japonica* 岡山市三徳園(植栽) 1982.4.4, 6-7：ウラジロエノキ *Trema orientalis* 沖縄県石垣島於茂登岳 1973.4.2, 8-11：エノキ *Celtis sinensis* var. *japonica* 名古屋市名古屋大学(植栽) 2006.4.19, 12-14：ムクノキ *Aphananthe aspera* 岡山市宿 1974.5.11

Pl.13

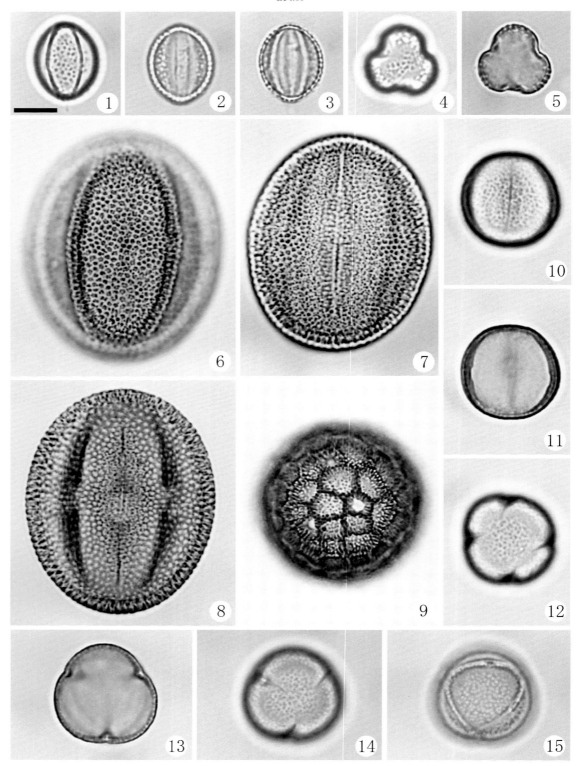

1-5：ネコヤナギ *Salix gracilistyla* 京都府大江町(植栽) 1980.3.25, 6-8：ソバ *Fagopyrum esculentum* 岡山県高梁市井倉(植栽) 1973.10.5(波田), 9：オオケタデ *Persicaria pilosa* 岡山県赤磐市山陽 1982.9.21, 10-15：ヒメスイバ *Rumex acetosella* 岡山県真庭市蒜山高原 1995.5.28(岡)

LPl.14

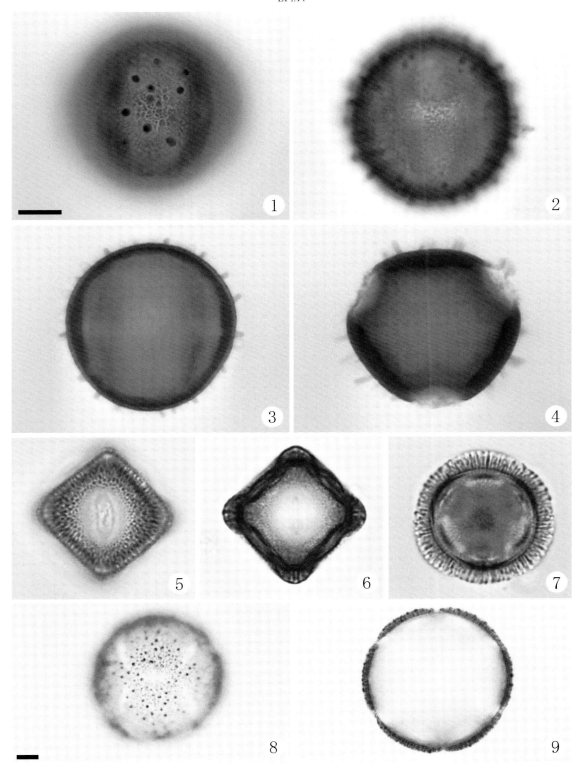

1-4：ヤドリギ *Viscum album* subsp. *coloratum* 京都府八丁平湿原 1988.2.28(高原), 5-7：ツルムラサキ *Basella rubra* 岡山県赤磐市山陽(植栽) 1984.10.3, 8-9：マツバボタン *Portulaca grandiflora* 岡山市中島田(植栽) 1982.8.2

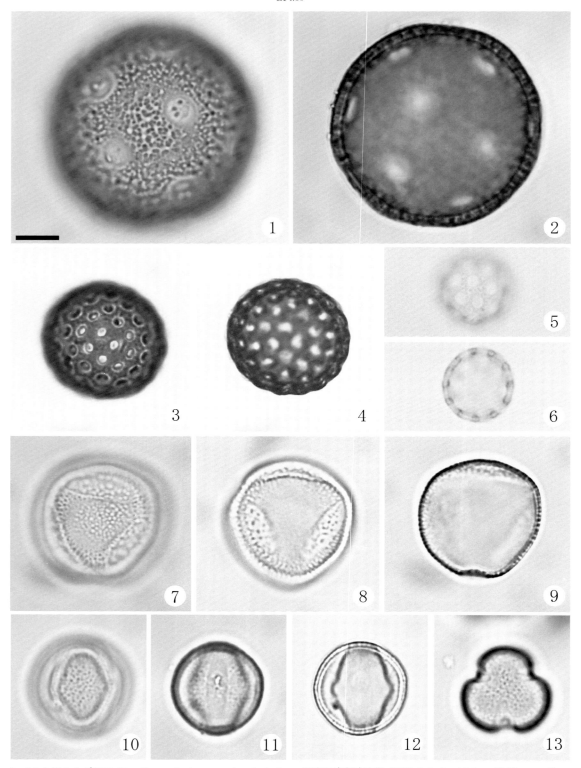

1-2：カワラナデシコ *Dianthus superbus* var. *longicalycinus* 岡山県赤磐市山陽 1982.8.2, 3-4：シロザ *Chenopodium album* 沖縄県南大東島 1989.3.22(宮城), 5-6：イノコズチ *Achyranthes bidentata* var. *japonica* 岡山市半田町 1982.9.17, 7-9：フサザクラ *Euptelea polyandra* 岡山市三徳園(植栽) 1983.4.2, 10-13：アケビ *Akebia quinata* 鳥取県岩美町 1995.5.20(清末)

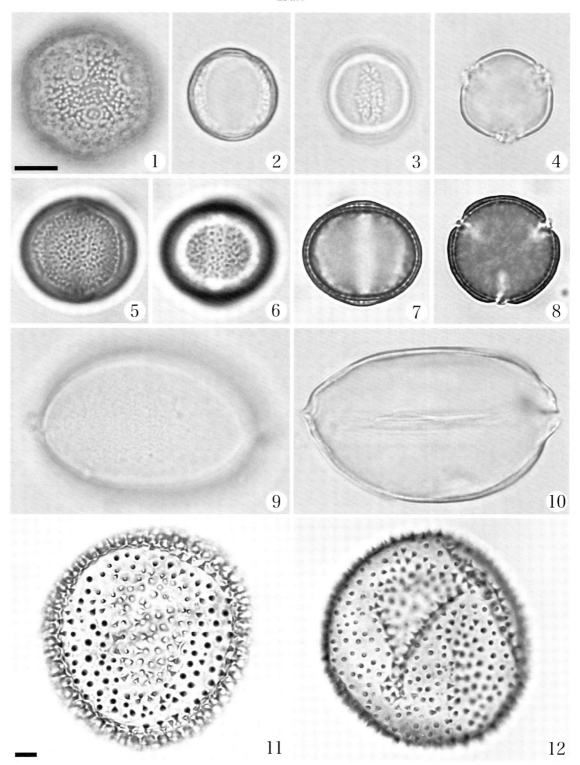

1：エゾマンテマ *Silene foliosa* さいたま市大宮(植栽) 2013.7.13(岡), 2-4：アズマレイジンソウ *Aconitum pterocaule* 栃木県東京大学理学部附属日光植物園(植栽) 2011.10.1(岡), 5-8：リュウキュウヒキノカサ *Ranunculus extorris* var. *lutchuensis* 沖縄県名護市 2005.5.20, 9-10：ウケザキオオヤマレンゲ *Magnolia×watsonii* 埼玉県慶応義塾大学薬学部附属薬用植物園(植栽) 2013.5.16(岡), 11-12：ハスノハギリ *Hernandia nymphaeifolia* 沖縄県西表島 2006.6.28(中村健)

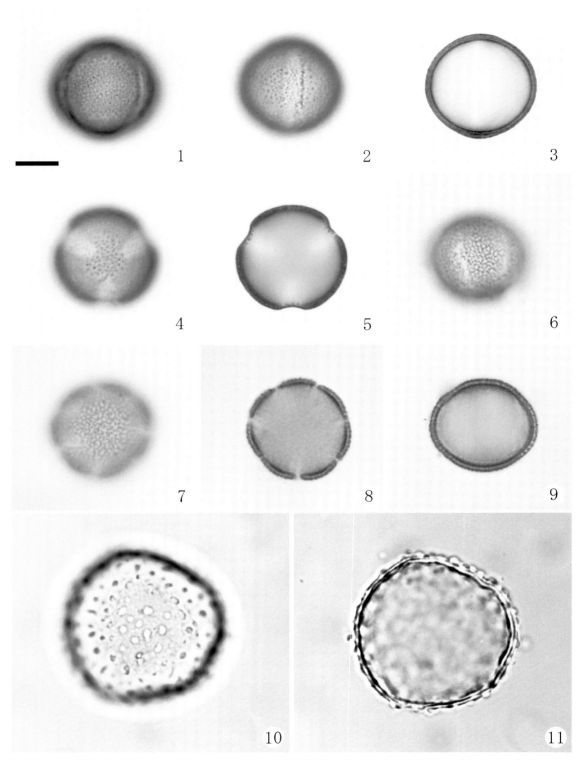

1-5：エンコウソウ Caltha palustris var. enkoso 北海道釧路市温根沼 2001.6.2, 6-9：ヒトリシズカ Chloranthus japonicus 岡山市岡山理科大学(植栽) 1985.4.4, 10-11：ウスバサイシン Asiasarum sieboldii 岡山県西粟倉村 1995.4.15

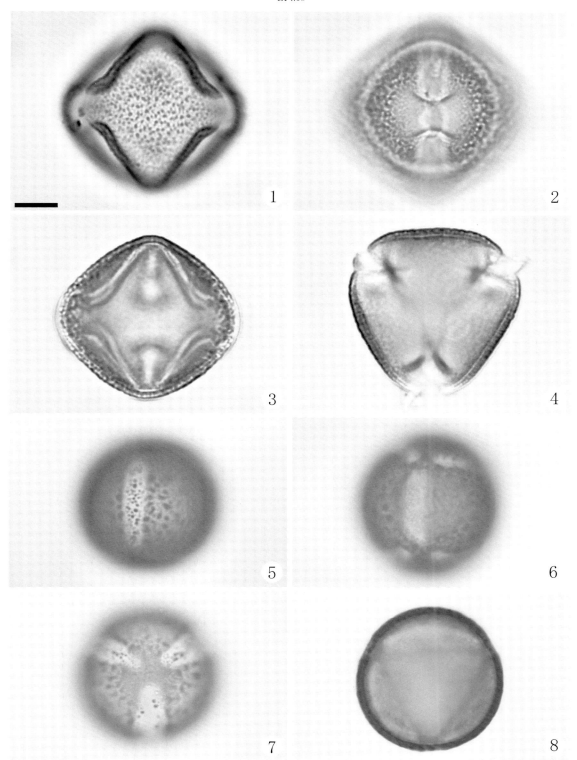

1-4：ヤブツバキ Camellia japonica 岡山県赤磐市山陽 2004.3.20, 5-8：エゾエンゴサク Corydalis ambigua 北海道根室市落石 2001.6.2

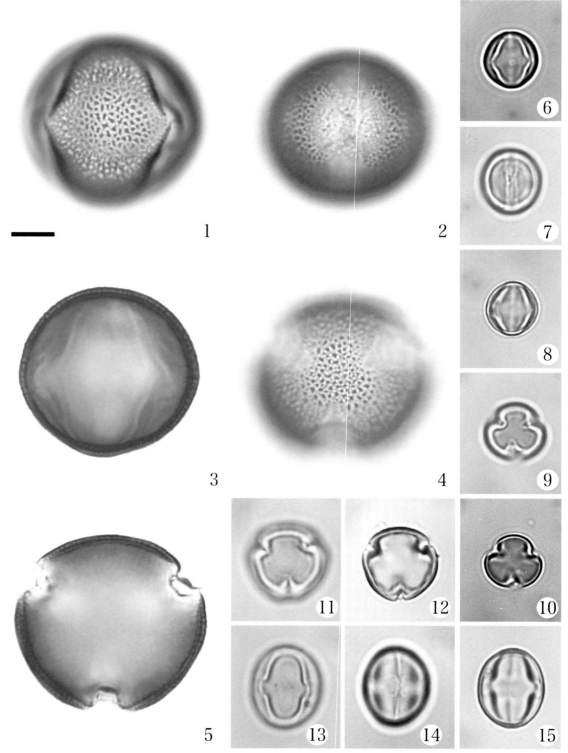

1-5：ヒメツバキ *Schima wallichii* 沖縄県国頭村 2004.4.9, 6-10：ハマヒサカキ *Eurya emerginata* 沖縄県名護市 1981.11.2(宮城), 11-15：モッコク *Ternstroemia gymnanthera* 沖縄県玉城村 2004.4.11(真謝)

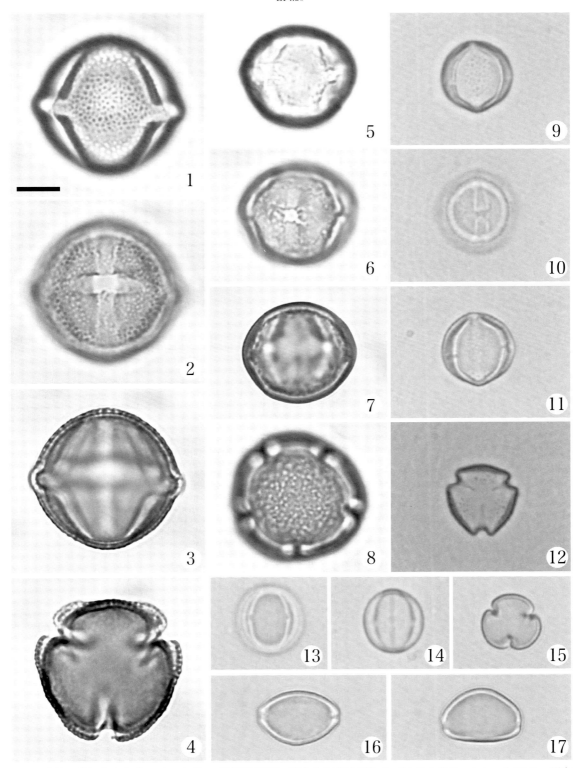

1-4：テリハボク *Calophyllum inophyllum* 沖縄県西表島 2006.6.24(中村健), 5-8：フクギ *Garcinia subelliptica* 西表島 2006.4.12(中村健), 9-12：キレンゲショウマ *Kirengeshoma palmata* 栃木県東京大学理学部附属日光植物園(植栽) 2011.7.13(岡), 13-15：フジアカショウマ *Astilbe thunbergii* var. *fujisanensis* 神奈川県足柄下郡箱根町 2013.7.14(岡), 16-17：ヒイラギズイナ *Itea oldhamii* 京都市日本新薬山科植物資料館 2011.5.11

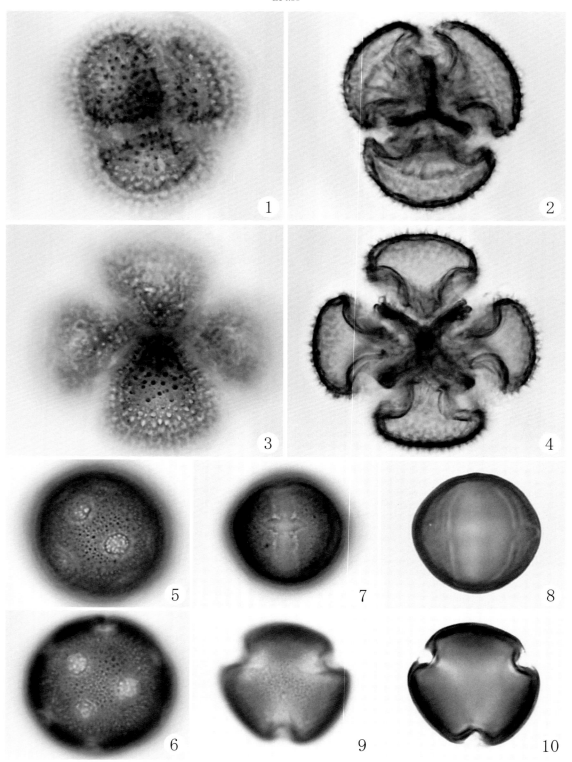

1-4：コモウセンゴケ *Drosera spathulata* 名古屋市八事山 1977.6.30（守田），5-6：フウ *Liquidambar formosana* 岡山市グリーンシャワー公園（植栽） 1992.5.10（岡），7-10：トベラ *Pittosporum tobira* 岡山市三徳園（植栽） 1983.5.29

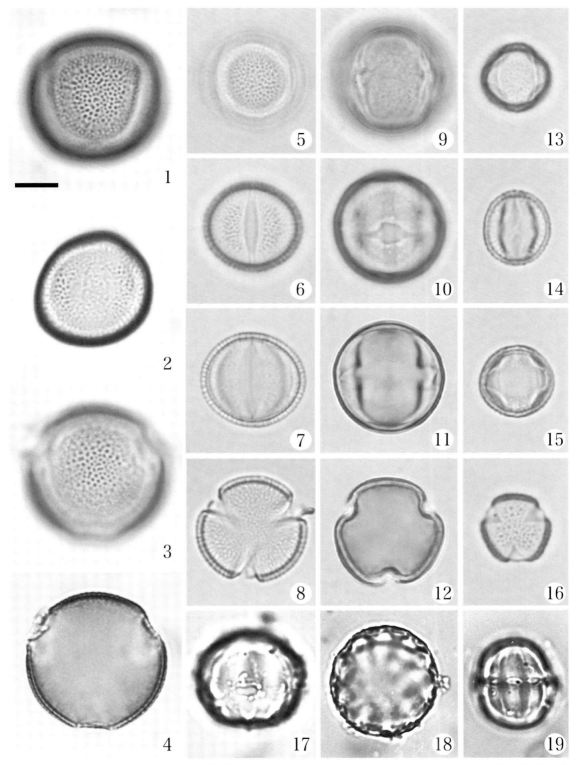

1-4：イスノキ Distylium racemosum 沖縄県国頭村 2004.4.9, 5-8：シナミズキ Corylopsis sinensis 東京都東京大学理学部附属小石川植物園（植栽）2013.3.13（岡）, 9-12：ハハジマトベラ Pittosporum parvifolium var. beecheyi 東京大学理学部附属小石川植物園（植栽）2013.10.25（岡）, 13-16：ゴレンシ Averrhoa carambola 沖縄県国営沖縄記念公園（植栽）1992.7.7（岡）, 17-19：コバナヒメハギ Polygala paniculata 沖縄県与那安田 1989.3.5（宮城）

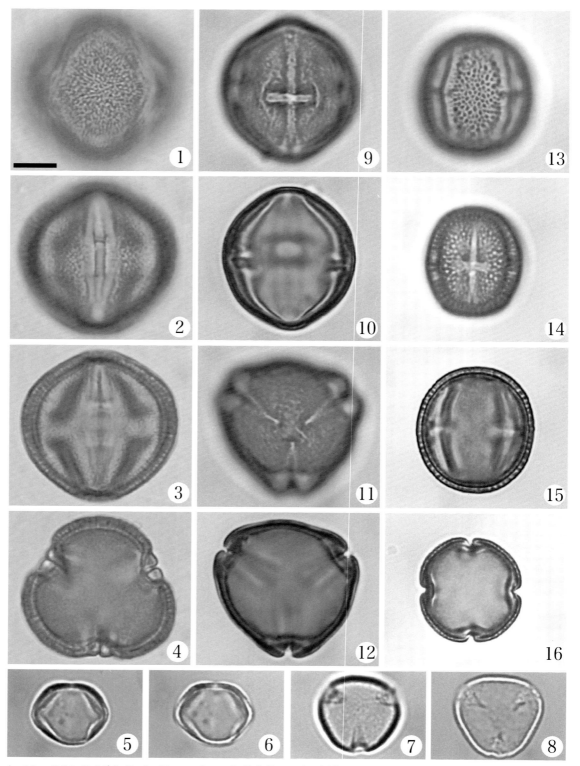

1-4：ハクサンタイゲキ *Euphorbia togakusensis* 岐阜県ひるがの高原 2013.7.18(岡), 5-8：ユズリハ *Daphniphyllum macropodum* 沖縄県国頭村 2004.4.10, 9-12：ゲッキツ *Murraya paniculata* 沖縄県久米島町儀間 1984.8.28(仲吉), 13-16：シークワシャー *Citrus depressa* 国頭村 1989.3.7(宮城)

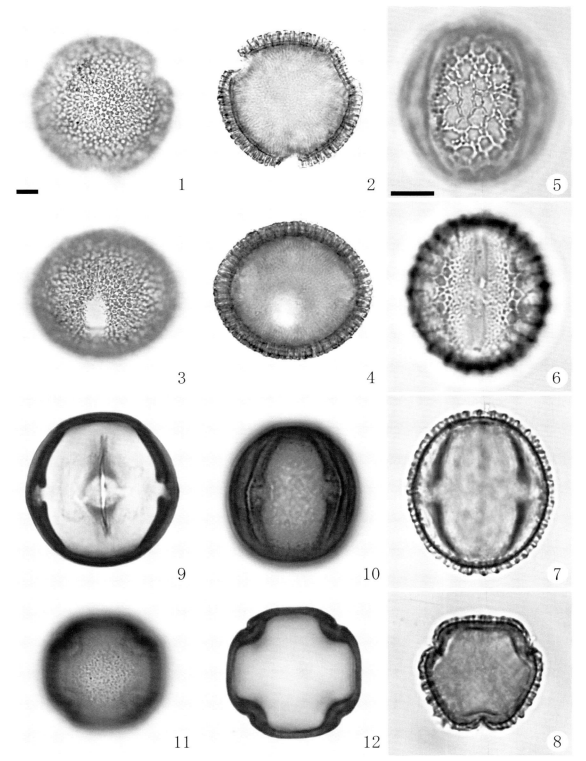

1-4: アメリカフウロ *Geranium carolinianum* 神戸市神戸学院大学薬学部附属薬用植物園(植栽) 1991.5.20(岡), 5-8: ニガキ *Picrasma quassioides* 岡山市三徳園(植栽) 1983.4.30, 9-12: センダン *Melia azedarach* var. *subtripinnata* 山口県徳佐盆地 1989.3.25

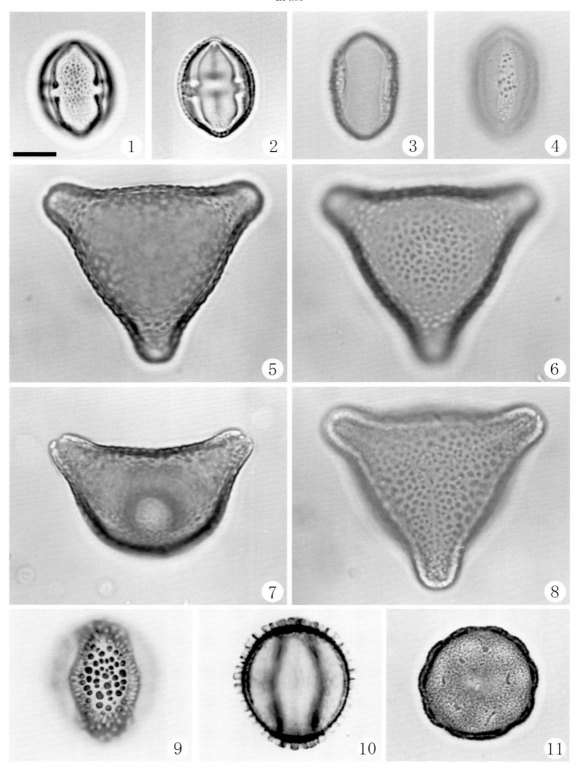

1-2：ヤマウルシ Rhus trichocarpa 岡山市岡山理科大学 1984.4.25, 3-4：トチノキ Aesculus turbinata 岡山県鏡野町 1990.6.30, 5-8：フウセンカズラ Cardiospermum halicacabum 岡山県赤磐市山陽(植栽) 1983.9.20, 9-10：モチノキ Ilex integra 岡山市三徳園(植栽) 1992.4.30(岡), 11：ツゲ Buxus microphylla var. japonica 大阪市長居公園(植栽) 1982.4.6

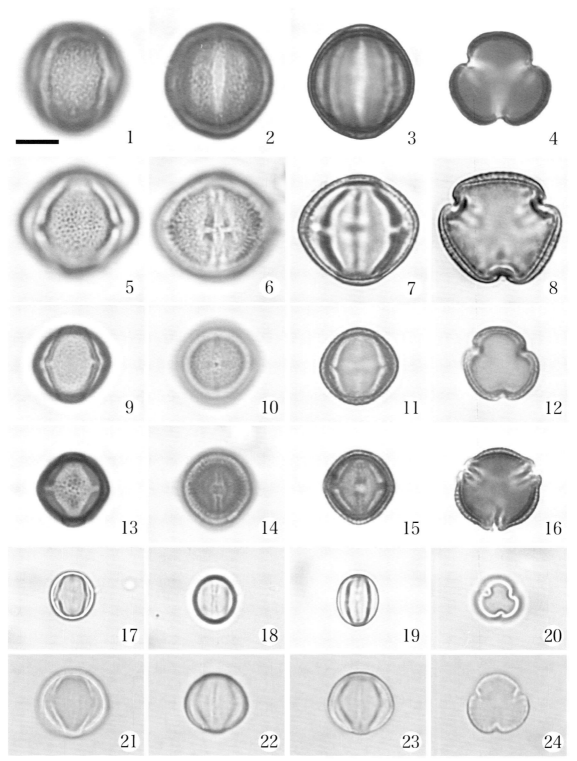

1-4：クスノハカエデ *Acer oblongum* subsp. *itoanum* 沖縄県国頭村 1989.3.6, 5-8：フシノハアワブキ *Meliosma oldhamii* 沖縄県西表島 2005.4(中村健), 9-12：ヤマビワ *Meliosma rigida* 国頭村 2004.4.10, 13-16：マサキ *Euonymus japonicus* 国頭村 1989.3.6, 17-20：ホルトノキ *Elaeocarpus sylvestris* var. *ellipticus* 国頭村 2004.4.10, 21-24：ナギナタソウ *Datisca cannabina* 東京都東京大学理学部附属小石川植物園(植栽) 2011.6.6(岡)

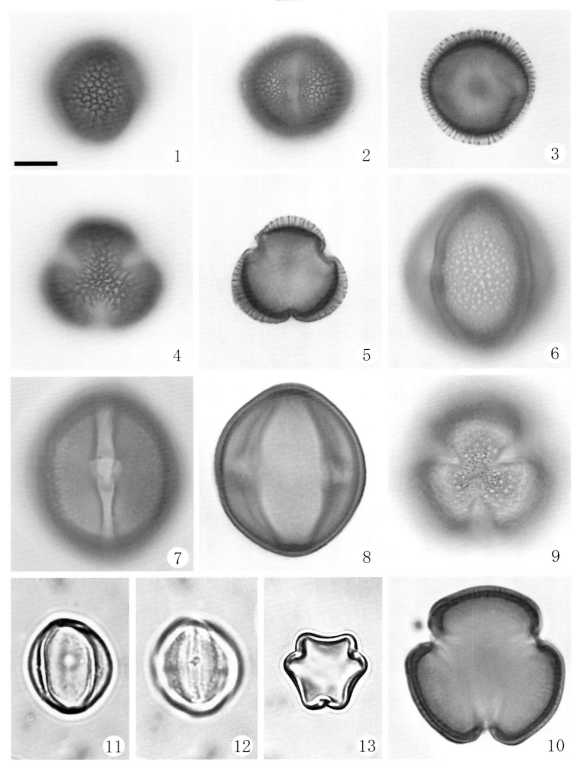

1-5：ツリバナ *Euonymus oxyphyllus* 鳥取県佐谷峠 1995.5, 6-10：ミツバウツギ *Staphylea bumalda* 神戸市神戸学院大学薬学部附属薬用植物園 1992.5.21(岡), 11-13：ブドウ(マスカット) *Vitis vinifera* 岡山県赤磐市山陽(植栽) 1987.6.2(真野)

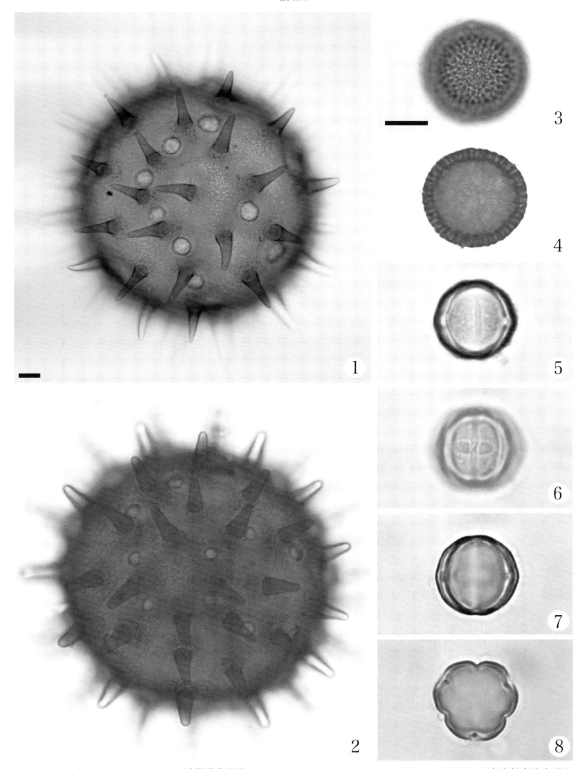

1：オオハマボウ *Hibiscus tiliaceus* 沖縄県北谷町 2004.2.17, 2：サキシマフヨウ *Hibiscus makinoi* 東京都東京大学理学部附属植物園（植栽） 2013.11.19(岡), 3-4：アオガンピ *Wikstroemia retusa* 沖縄県国頭村 2005.3.18(真謝), 5-8：ノボタン *Melastoma candidum* 沖縄県名護市 2004.6.1(嵩原)

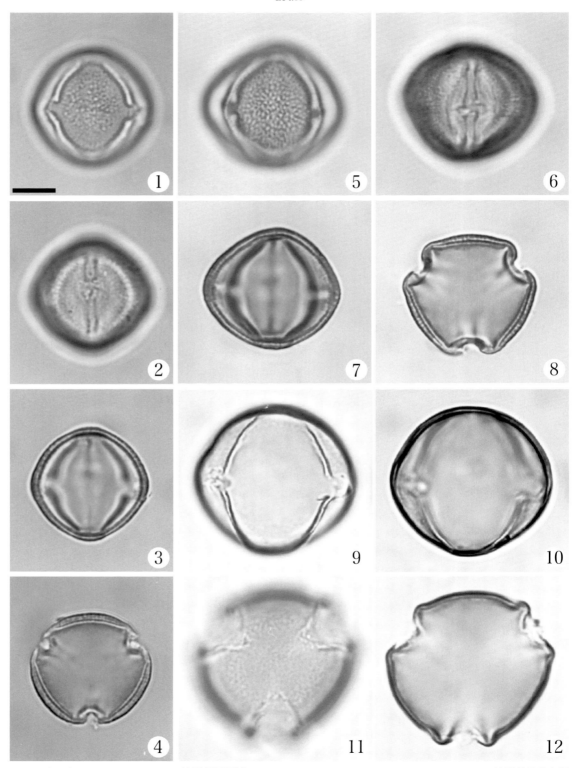

1-4：ゴンズイ *Euscaphis japonica* 沖縄県国頭村 2004.4.9, 5-8：ショウベンノキ *Turpinia ternata* 沖縄県琉球大学（植栽）1983.3（宮城），9-12：タチツボスミレ *Viola grypoceras* 岡山市半田山 2014.5.1

Pl.36

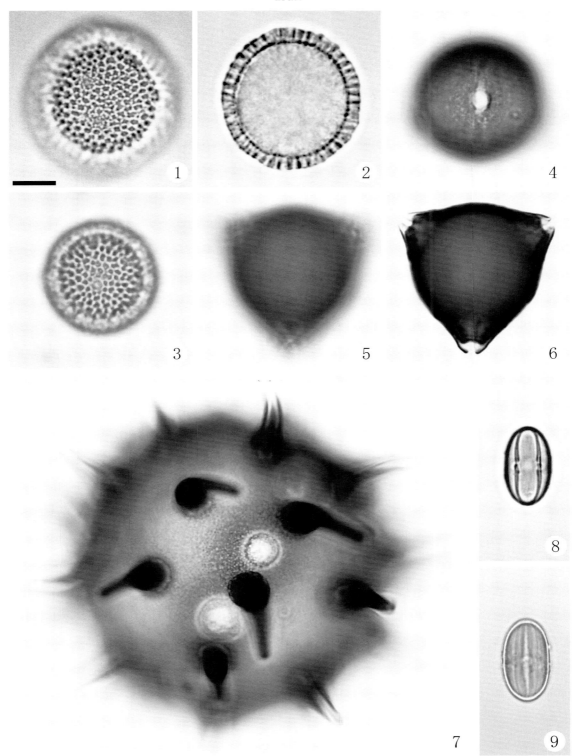

1-2：ミツマタ *Edgeworthia chrysantha* 岡山県鏡野町（植栽）1973.4.8, 3：ナニワズ *Daphne pseudo-mezereum* subsp. *jezoensis* 各務原市内藤記念くすり博物館薬用植物園（植栽）1994.2.27（岡），4-6：ナツグミ *Elaeagnus multiflora* 岡山市岡山理科大学 1994.4.18, 7：ムクゲ *Hibiscus syriacus* 京都市西京区（植栽）2002.7.23, 8-9：シュウカイドウ *Begonia evansiana* 赤磐市山陽（植栽）1991.9.15

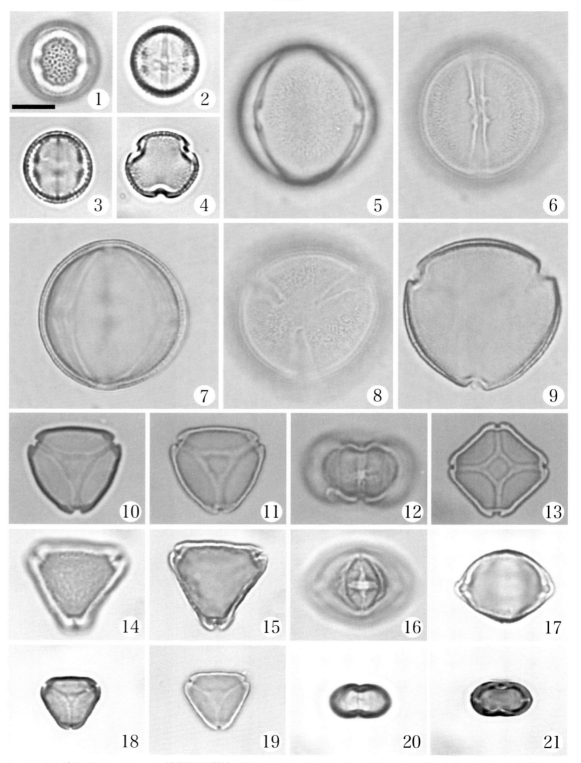

1-4：イイギリ *Idesia polycarpa* 沖縄県国頭村 2004.4.10, 5-9：クロミノオキナワスズメウリ *Melothria liukiuensis* 沖縄県名護市 2013.2.14(岡), 10-13：フトモモ *Syzygium jambos* 国頭村 2004.4.9, 14-17：テンニンカ *Rhodomyrtus tomentosa* 名護市 2004.3.23(嵩原), 18-21：アデク *Syzygium buxifolium* 国頭村 2004.3.23(真謝)

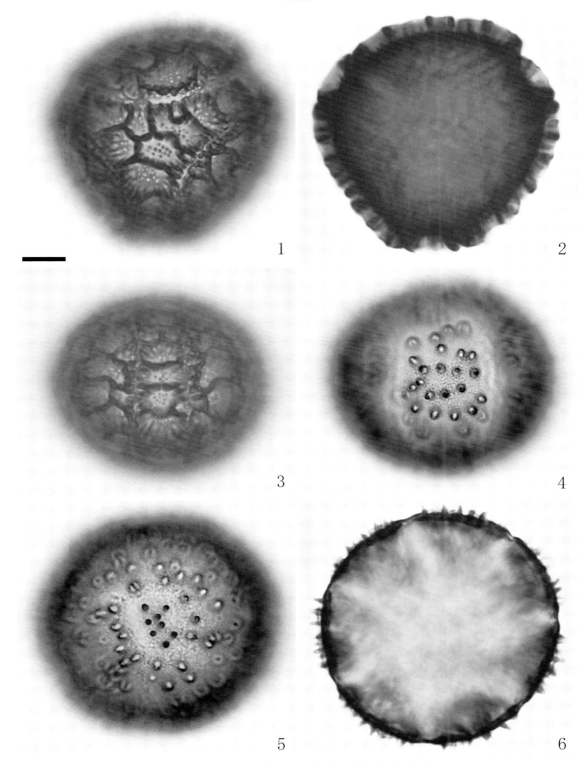

1-3：ベニバナトケイソウ *Passiflora coccinea* 名古屋市東山動植物園(植栽) 1996.5.4(岡), 4-6：アレチウリ *Sicyos angulatus* 岡山県真庭市落合垂水 1992.9.13

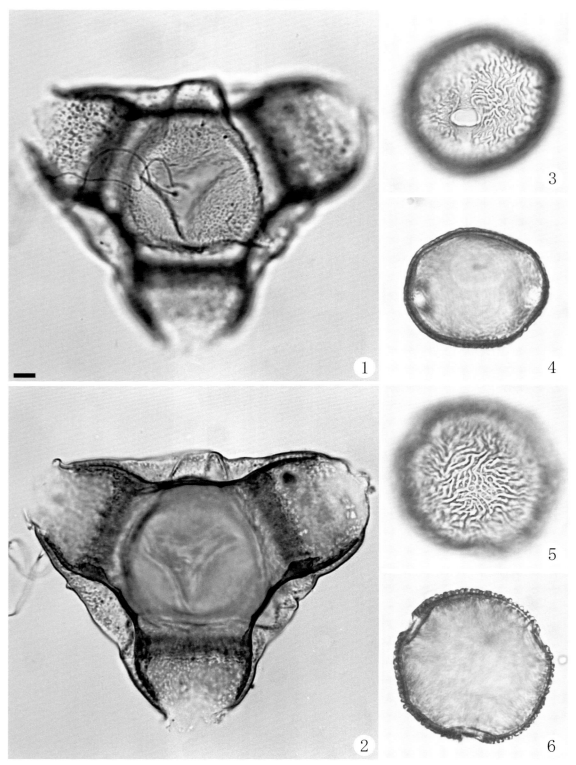

1-2：コマツヨイグサ *Oenothera laciniata* 愛知県渥美半島 2004.4.18, 3-6：ウリノキ *Alangium platanifolium* var. *trilobum* 愛知県豊田市金蔵連 2004.6.7

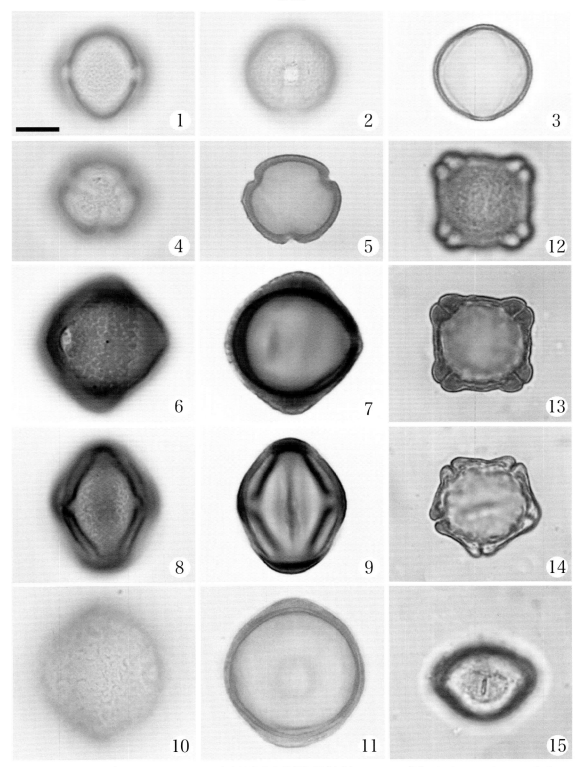

1-5：キバナミソハギ *Heimia myrtifolia* 名古屋市東山動植物園(植栽) 1995.6.25(岡), 6-9：シマサルスベリ *Lagerstroemia subcostata* 大阪府大阪市立大学理学部附属植物園(植栽) 1999.8.2, 10-11：サルスベリ *Lagerstroemia indica* 岡山市岡山理科大学(植栽) 1992.8.4, 12-15：アリノトウグサ *Haloragis micrantha* 鳥取県大山 1977.8.8

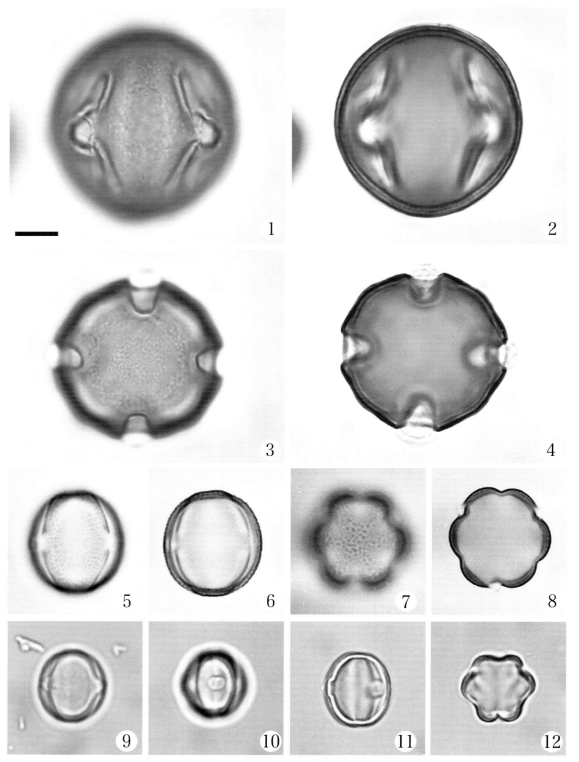

1-4：ミズガンピ *Pemphis acidula* 沖縄県西表島 2006.6.24(中村健), 5-8：ヒルギモドキ *Lumnitzera racemosa* 沖縄県金武町 1985.6.8(宮城), 9-12：モモタマナ *Terminalia catappa* 西表島 2006.6.11

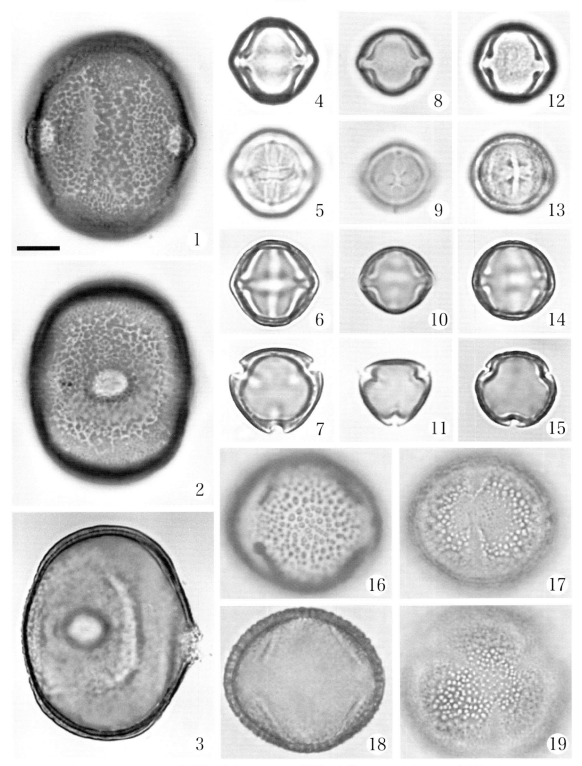

1-3：ハマザクロ *Sonneratia alba* 沖縄県西表島 1984.12.18(根平・中越), 4-7：オオバヒルギ *Rhizophora mucronata* 西表島 2006.6.24(中村健), 8-11：オヒルギ *Bruguiera gymnorrhiza* 沖縄県東村 2004.4.11, 12-15：メヒルギ *Kandelia candel* 沖縄県金武町 1985.6.8(根平・中越), 16-19：ヒメアオキ *Aucuba japonica* var. *borealis* 金沢市高尾山 2013.5.12

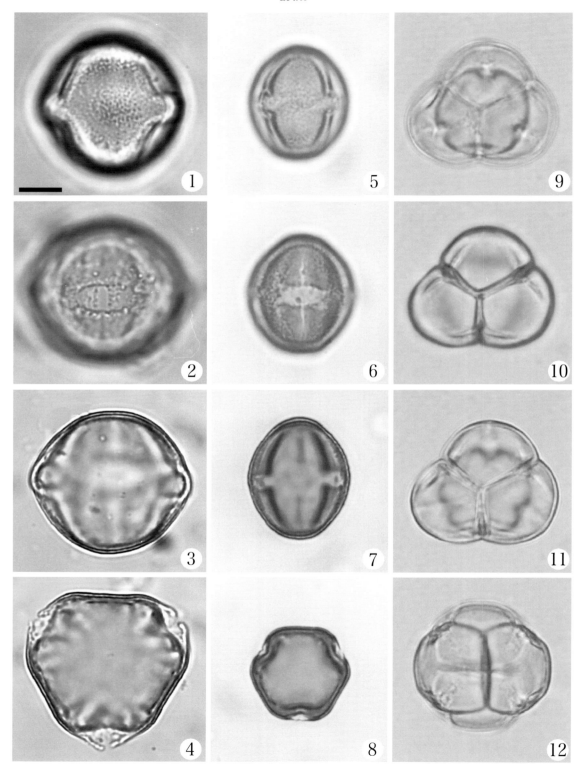

1-4：カクレミノ *Dendropanax trifidus* 沖縄県名護市 1984.8.26(仲吉), 5-8：フカノキ *Schefflera octophylla* 沖縄県国頭村 1989.3.7(宮城), 9-12：エゾノツガザクラ *Phyllodoce caerulea* 大阪市花博記念公園鶴見緑地(植栽) 1992.4.20(岡)

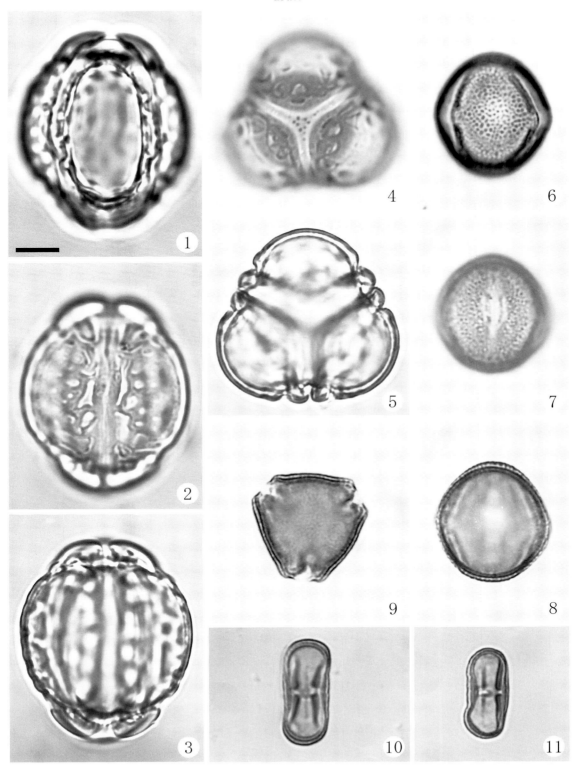

1-5：サガリバナ *Barringtonia racemosa* 沖縄県西表島 2006.7.11, 6-9：タラノキ *Aralia elata* 岡山市三徳園(植栽) 1983.7.30, 10-11：ハマボウフウ *Glehnia littoralis* 愛知県渥美半島 2004.4.18

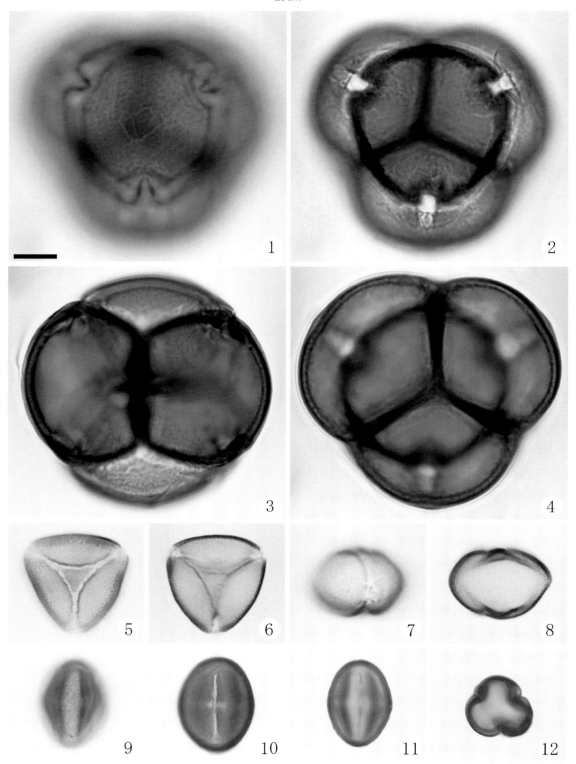

1-4：ダイセキナン *Rhododendron maximum* 神戸市六甲森林植物園（植栽）1992.5.21(岡), 5-8：エゾオオサクラソウ *Primula jesoana* var. *pubescens* 北海道温根沼 2001.6.2(那須), 9-12：ウミミドリ *Glaux maritima* var. *obtusifolia* 北海道イクラウシ湿原 2001.6.4

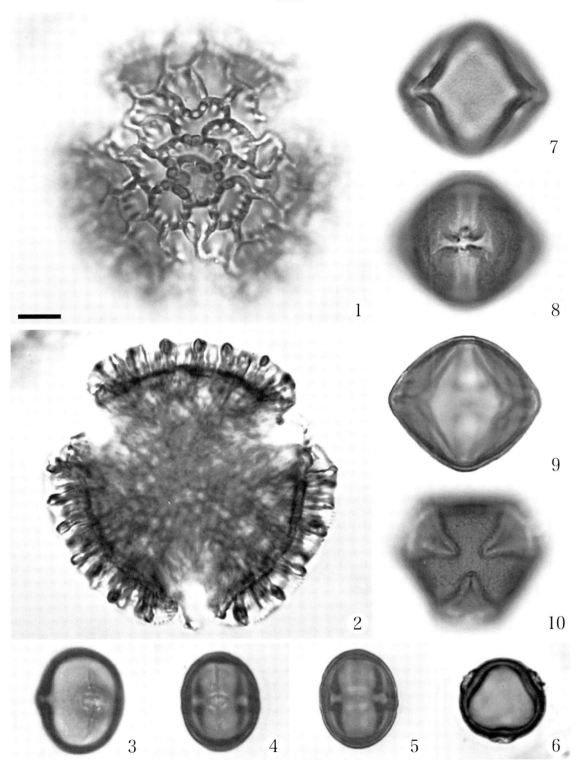

1-2：イソマツ *Limonium wrightii* 沖縄県黒島 1974.11.4(宮城), 3-6：アカテツ *Pouteria obovata* 沖縄県国頭村 2005.3.20, 7-10：エゴノキ *Styrax japonica* 国頭村 2004.4.10

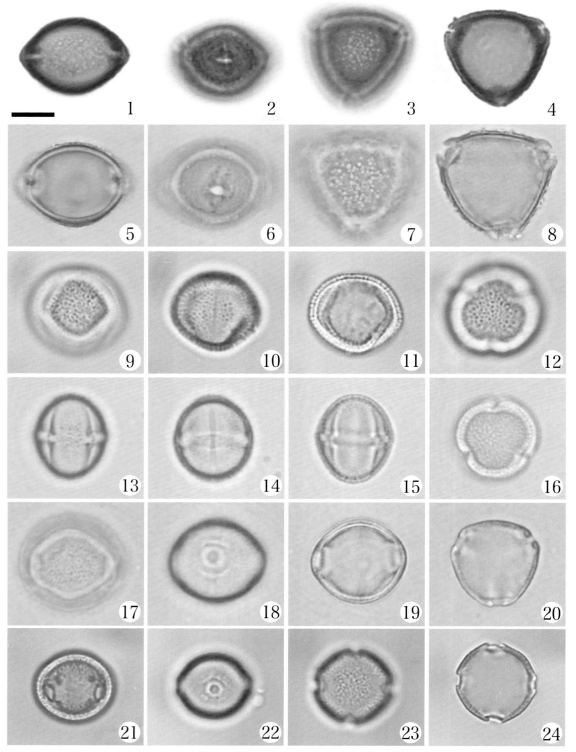

1-4：クロバイ *Symplocos prunifolia* 沖縄県国頭村 2004.4.10, 5-8：ウチダシクロキ *Symplocos kawakamii* 東京都東京大学理学部附属小石川植物園(植栽) 2011.10.19(岡), 9-12：シマタゴ *Fraxinus floribunda* 国頭村 1989.3.5(宮城), 13-16：アツバシマザクラ *Hedyotis pachyphylla* 和歌山県田辺市(植栽) 1993.6.7, 17-20：ギョクシンカ *Tarenna gracilipes* 東京大学理学部附属小石川植物園(植栽) 2011.6.10(岡), 21-24：コンロンカ *Mussaenda parviflora* 沖縄県西表島 1989.3.11(宮城)

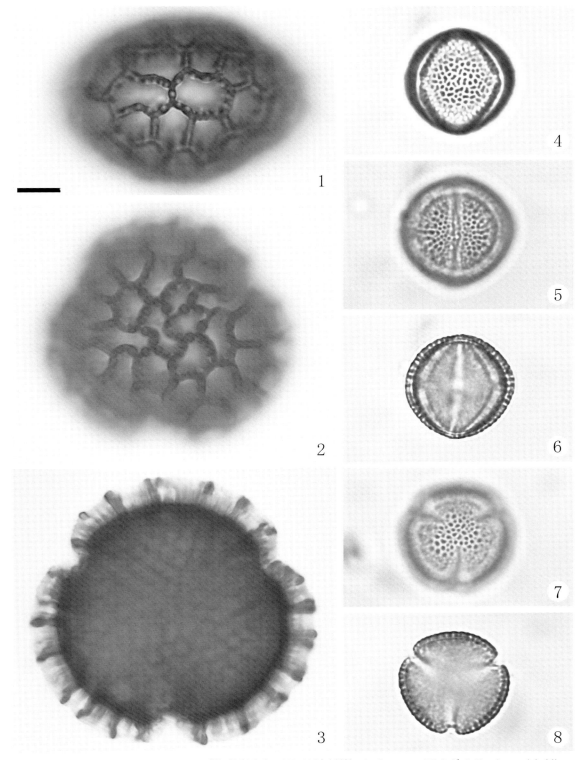

1-3：ハマサジ *Limonium tetragonum* 高知県宿毛市 1963.11(中村純), 4-8：マルバアオダモ *Fraxinus sieboldiana* 岡山市三徳園(植栽) 1986.5.10

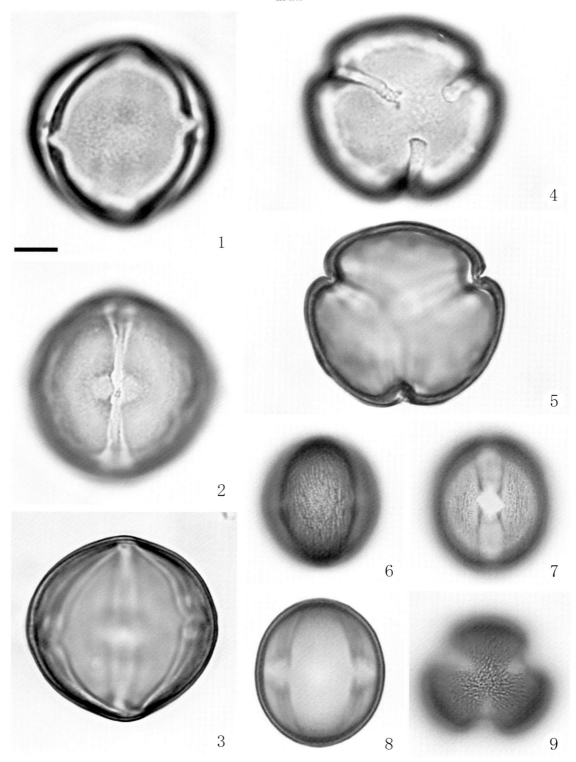

1-5：カキノキ *Diospyros kaki* 岡山県笠岡市大島 1985.6.2(安原), 6-9：トウヤクリンドウ *Gentiana algida* 長野県八ケ岳 1982.8.5(加藤靖)

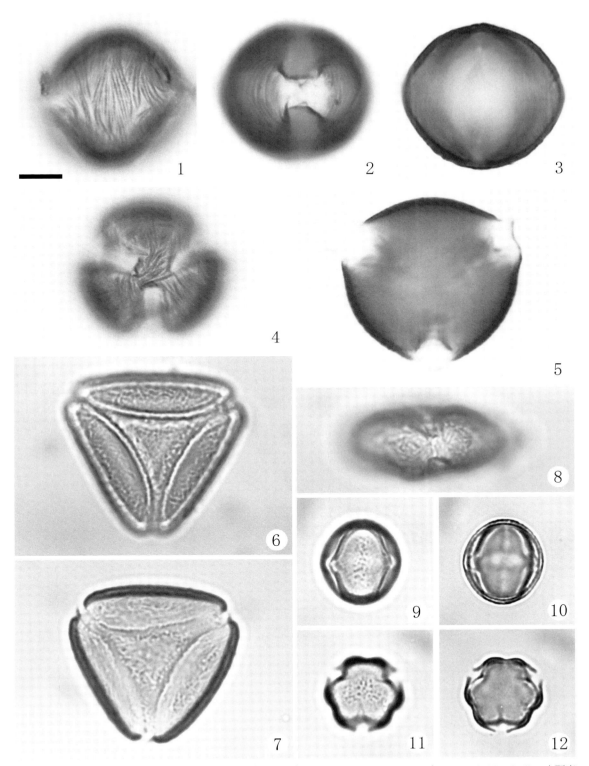

1-5：ミツガシワ Menyanthes trifoliata 岡山県真庭市蒜山高原 1976.4.29, 6-8：ガガブタ Nymphoides indica 大阪府交野市大阪市立大学理学部附属植物園(植栽) 1999.8.2, 9-12：チシャノキ Ehretia ovalifolia 岡山県総社市神在小学校(植栽) 1995.7.11(土岐)

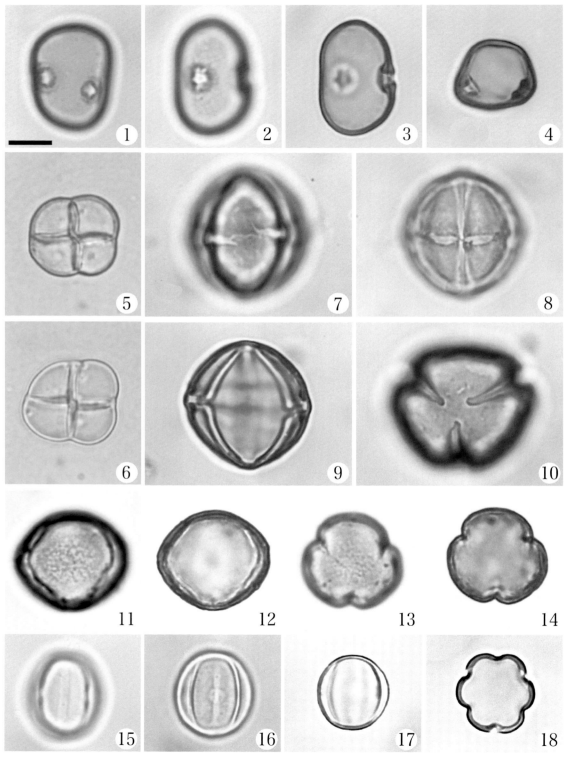

1-4：サカキカズラ *Anodendron affine* 沖縄県西表島 2005.3.20, 5-6：バシクルモン *Apocynum venetum* var. *basikurumon* 神戸市神戸学院大学薬学部附属薬用植物園（植栽）1991.7.5（岡），7-10：ヤコウカ *Cestrum nocturnum* 西表島 1989.3.12（宮城），11-14：フクマンギ *Ehretia microphylla* 西表島 1989.3.26（宮城），15-18：モンパノキ *Argusia argentea* 沖縄県北谷町 2004.2.17

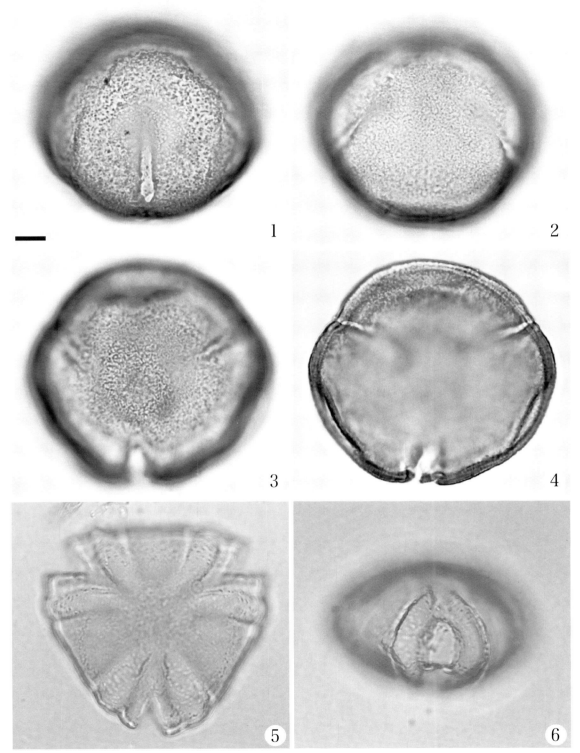

1-4：ミフクラギ *Cerbera manghas* 沖縄県国頭村 2004.4.11, 5-6：インドジャボク *Rauvolfia serpentina* 東京都東京大学理学部附属小石川植物園（植栽） 2013.8.20（岡）

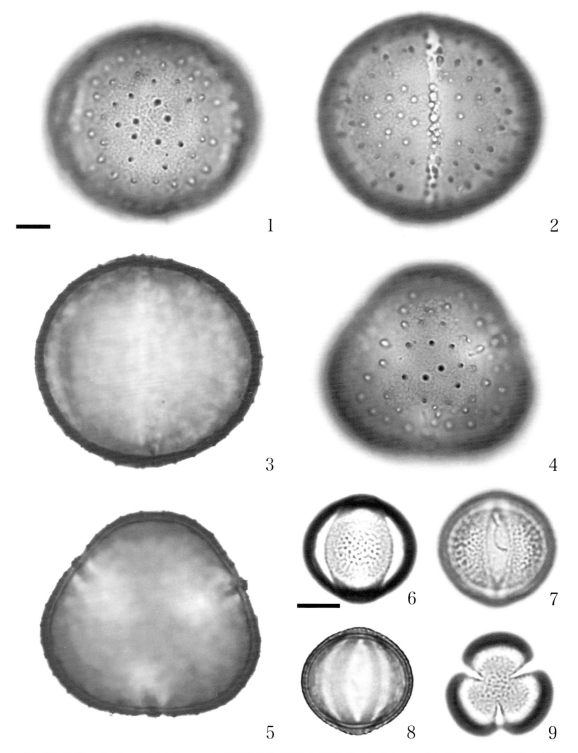

1-5：クサギ *Clerodendrum trichotomum* 沖縄県久米島 1984.8.25(仲吉), 6-9：ハマゴウ *Vitex rotundifolia* 沖縄県西表島 2006.7.11

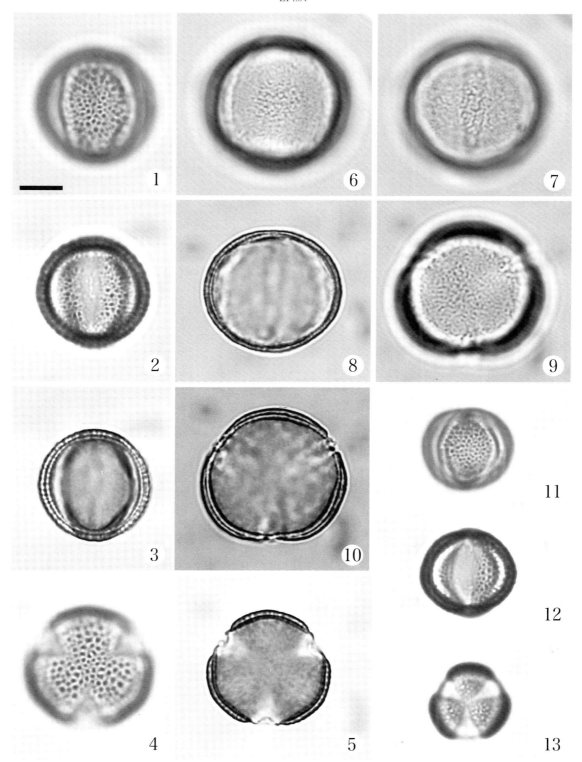

1-5：ヒルギダマシ *Avicennia marina* 沖縄県西表島 2006.6.18(中村健), 6-10：オオムラサキシキブ *Callicarpa japonica* var. *luxurians* 西表島 1998.4.18(野村), 11-13：タイワンウオクサギ *Premna corymbosa* var. *obtusifolia* 西表島 2006.6.11

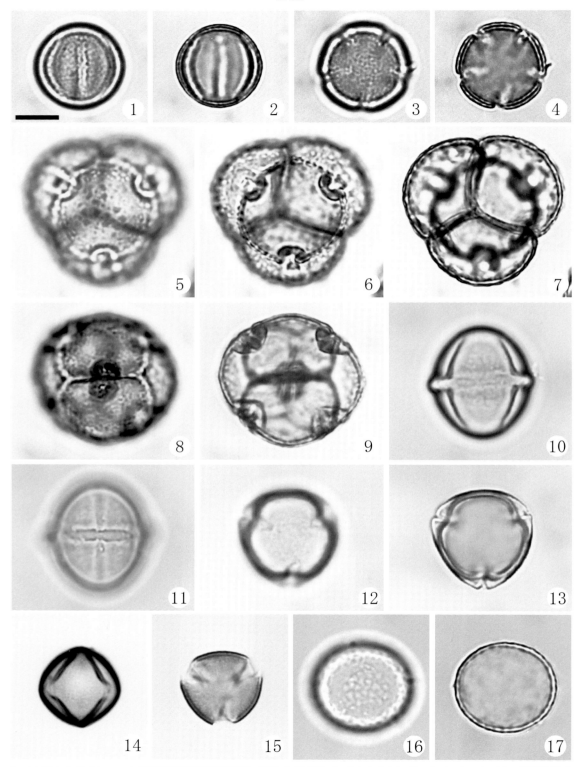

1-4：アカネ *Rubia argyi* 東京都薬用植物園(植栽) 1991.9.11(岡), 5-9：クチナシ *Gardenia jasminoides* 京都市西京区(植栽) 2004.9.10, 10-13：ワルナスビ *Solanum carolinense* 山口県徳佐盆地 1985.9.6, 14-15：キリ *Paulownia tomentosa* 岡山市岡山理科大学 1980.5.16, 16-17：オオバコ *Plantago asiatica* 岡山市半田山 1972.5.2

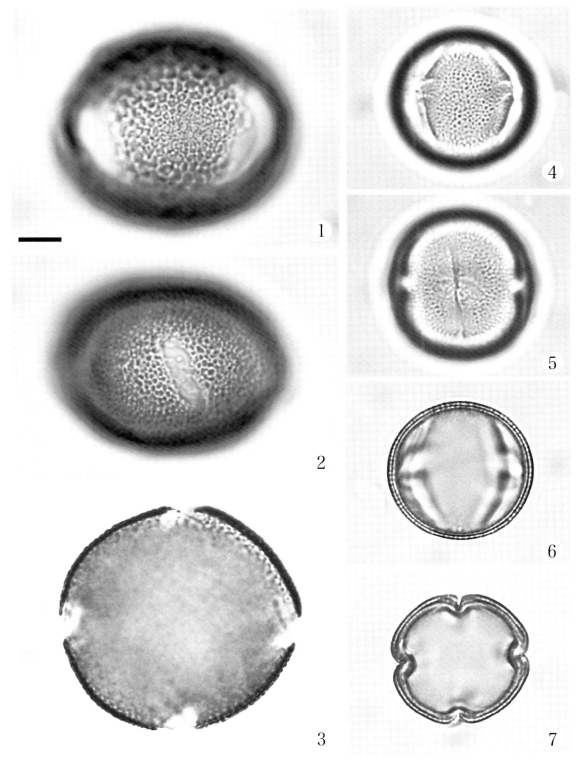

1-3：ナガミボチョウジ *Psychotria manillensis* 沖縄県西表島 2006.7.11, 4-7：リュウキュウアリドオシ *Damnacanthus biflorus* 沖縄県読谷村 2004.2.17

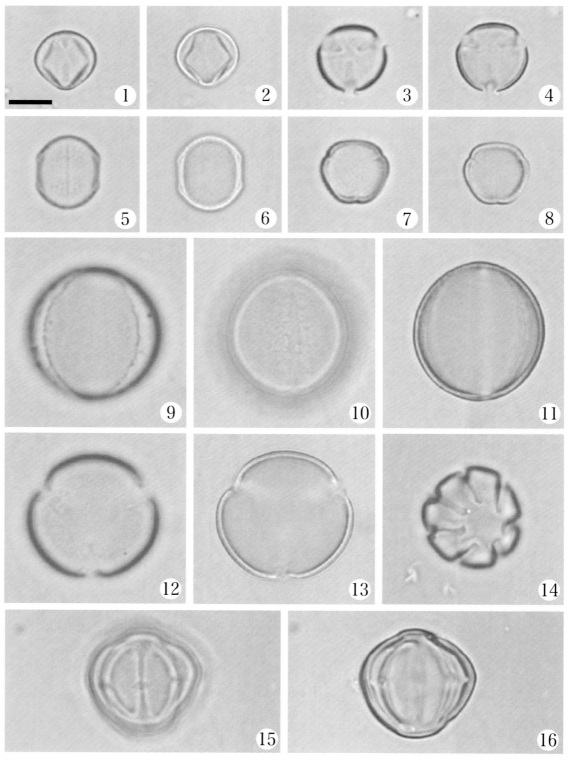

1-4：キクモ *Limnophila sessiliflora* 埼玉県さいたま緑の森博物館(植栽) 2012.9.1(森), 5-8：ミヤママコナ *Melampyrum laxum* var. *nikkoense* 神戸市北区山田町 1993.10.20, 9-13：コシオガマ *Phtheirospermum japonicum* 岡山県自然保護センター 1996.9.22(岡), 14-16：アミメミミカキグサ *Utricularia reticulata* 東京都東京大学理学部附属小石川植物園(植栽) 2011.6.10(岡)

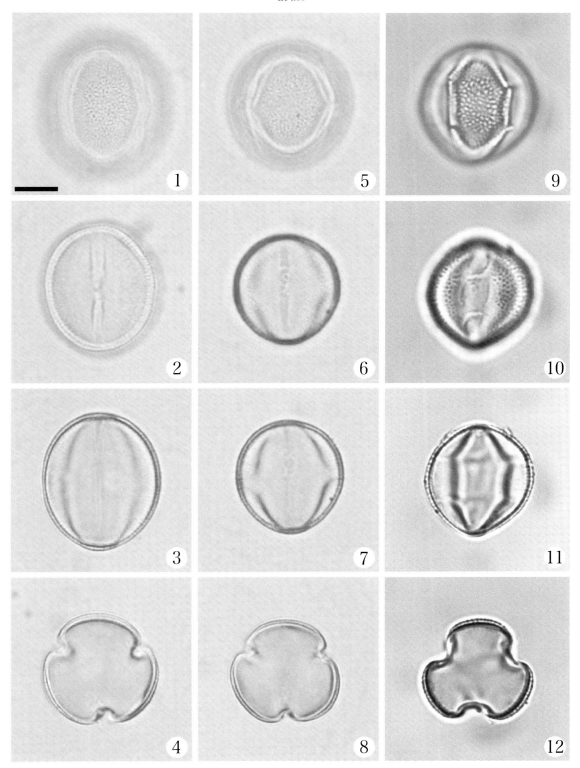

1-4：ウルップソウ *Lagotis glauca* 長野県五竜岳 1993.6.12(緑川), 5-8：ユウバリソウ *Lagotis takedana* 北海道夕張岳 1938.8(本田), 9-12：ハマジンチョウ *Myoporum bontioides* 沖縄県北谷町 2004.2.17

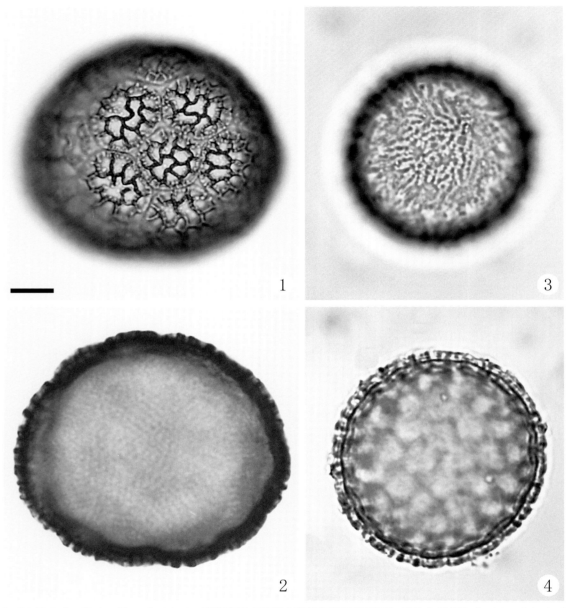

1-2：ツノゴマ *Proboscidea louisianica* 京都市日本新薬山科植物資料館(植栽) 1990.7.11(岡), 3-4：ハナシノブ *Polemonium kiushianum* 仙台市(植栽) 1985.5.11(守田)

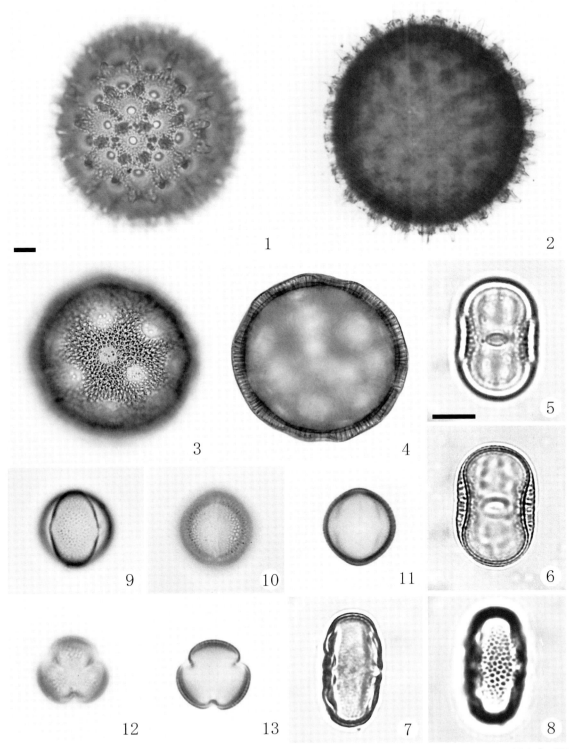

1-2：アサガオ *Ipomoea nil* 岡山県赤磐市山陽（植栽）2001.8.24, 3-4：ヒルガオ *Calystegia japonica* 岡山市三野 1977.8.26, 5-8：キツネノマゴ *Justicia procumbens* 福岡県宗像市 1985.8.29（田中）, 9-13：エゾニワトコ *Sambucus racemosa* subsp. *kamtschatica* 北海道金田崎 2001.6.5

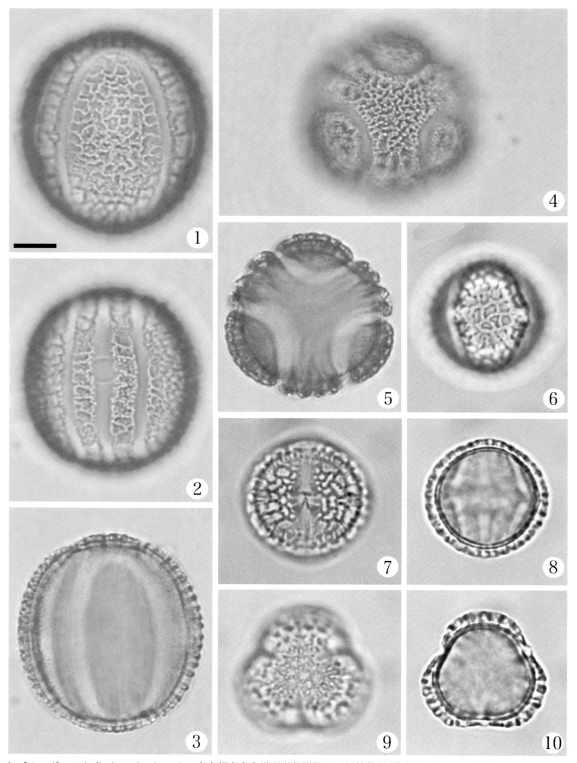

1-5：ハグロソウ *Peristrophe japonica* 東京都東京大学理学部附属小石川植物園(植栽) 1996.9.10(岡), 6-10：サンゴジュ *Viburnum odoratissimum* var. *awabuki* 沖縄県国頭村 2004.4.9

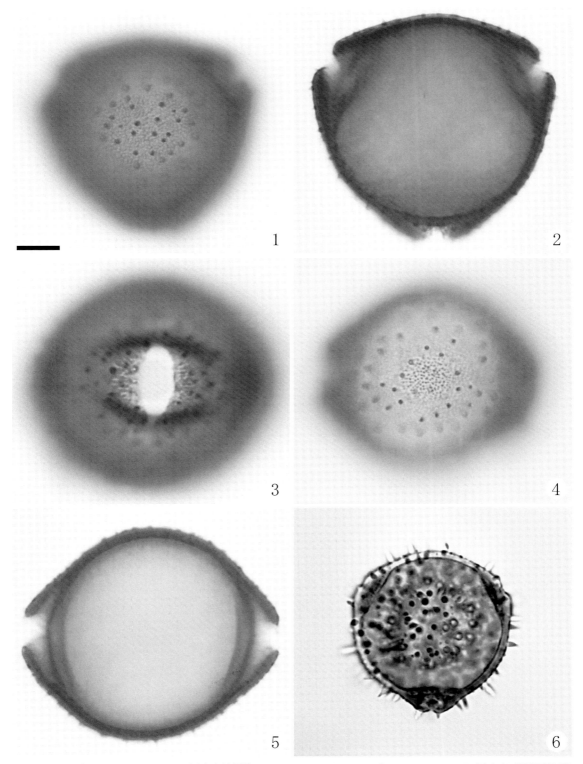

1-5：スイカズラ Lonicera japonica 岡山市法界院 1980.5.29, 6：タニウツギ Weigela hortensis 岡山市三徳園(植栽) 1983.5.15(渡辺)

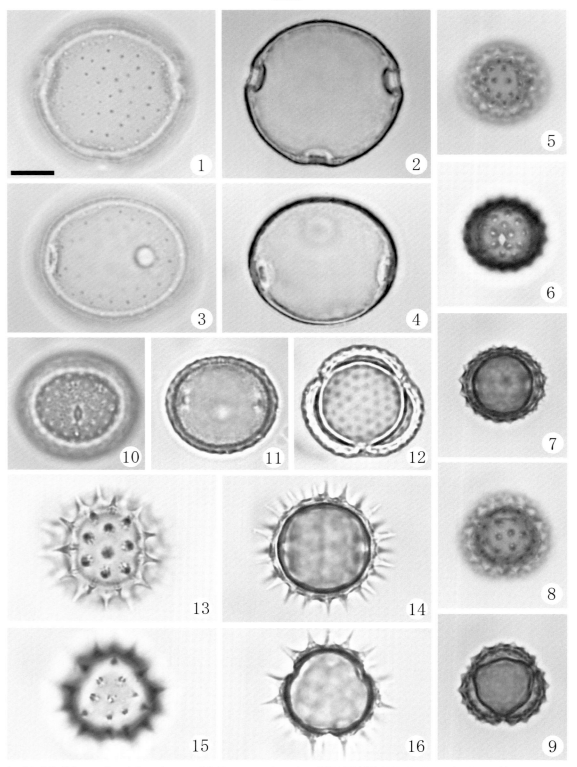

1-4：ツリガネニンジン *Adenophora triphylla* var. *japonica* 京都市西京区 2001.7.10, 5-9：クワモドキ *Ambrosia trifida* 岡山市旭川 1987.9.26, 10-12：オナモミ *Xanthium strumarium* 岡山市 1991.9.11, 13-16：コスモス *Cosmos bipinnatus* 岡山県赤磐市山陽(植栽) 1981.9.16

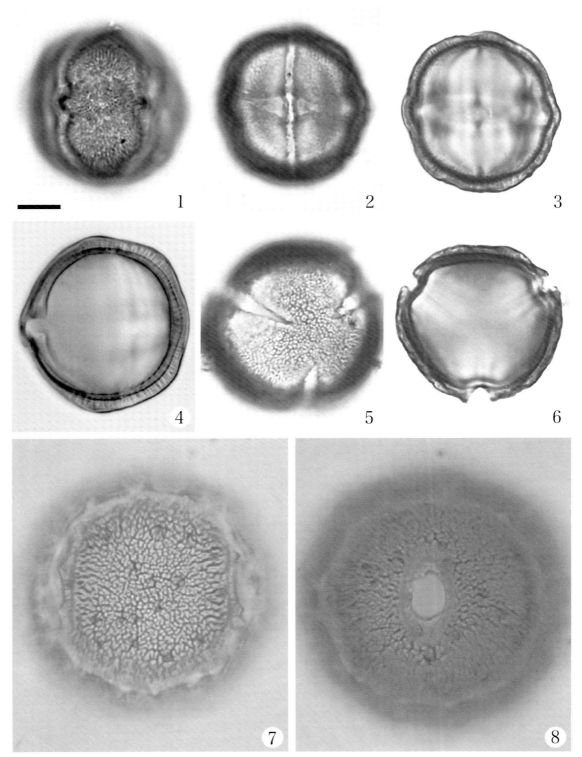

1-6：クサトベラ *Scaevola sericea* 沖縄県北谷町 2004.2.17, 7-8：カシワバハグマ *Pertya robusta* 栃木県東京大学理学部附属日光植物園(植栽) 2011.10.1

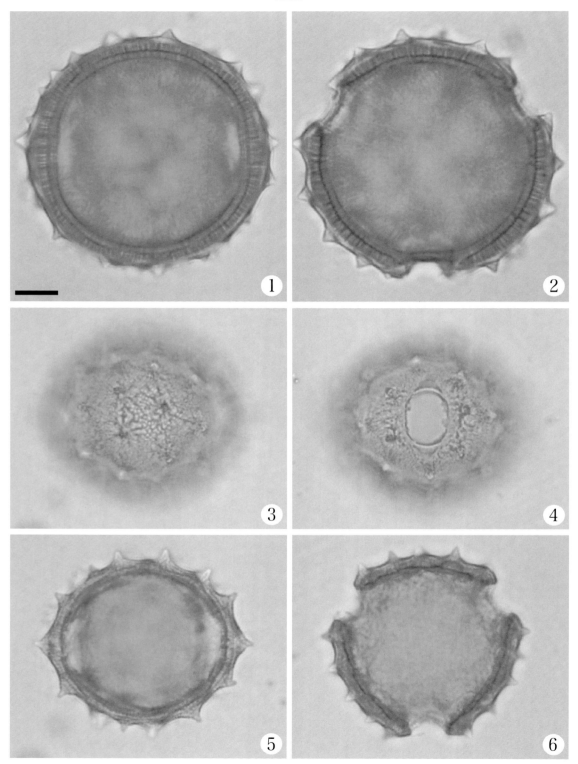

1-2：カシワバハグマ Pertya robusta 栃木県東京大学理学部附属日光植物園（植栽）2011.10.1(岡)，3-6：オガサワラアザミ Cirsium boninense 東京都東京大学理学部附属小石川植物園（植栽）2011.5.18(岡)

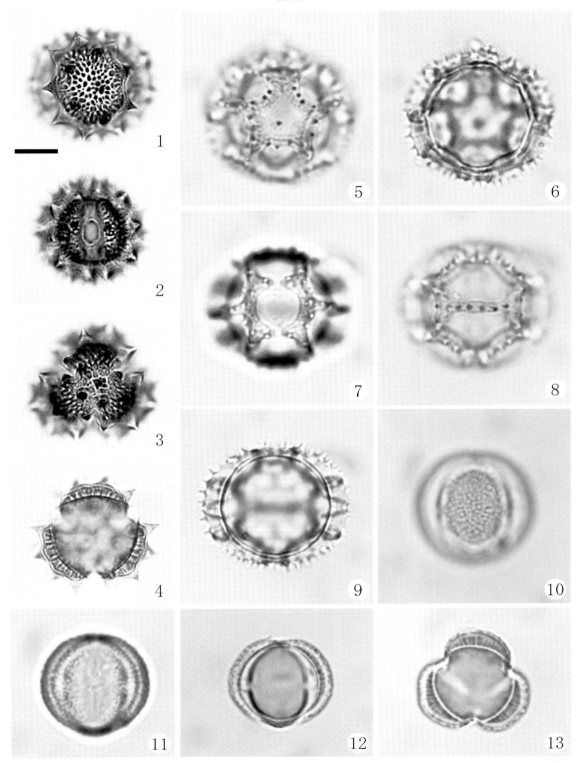

1-4：シオギク *Chrysanthemum shiwogiku* 広島市市立植物公園(植栽) 1990.10.28(岡), 5-9：セイヨウタンポポ *Taraxacum officinale* 名古屋市名古屋大学 2004.10.29, 10-13：ヨモギ *Artemisia princeps* 岡山市半田町 1972.10.10

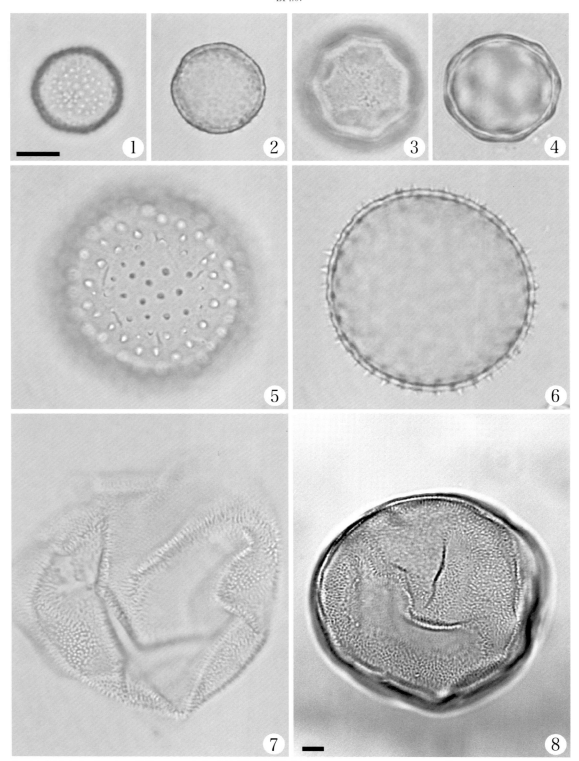

1-2：クワイ *Sagittaria trifolia* var. *edulis* 岡山県赤磐市佐古田 2006.8.18, 3-4：ヘラオモダカ *Alisma canaliculatum* 埼玉県さいたま緑の森博物館(植栽) 2011.8.3(森), 5-6：オオカナダモ *Egeria densa* 岡山市 1993.8.20(中尾), 7：クロモ *Hydrilla verticillata* 仙台市東北大学学術資源研究公開センター植物園(植栽) 1990.8.31(守田), 8：ウミショウブ *Enhalus acoroides* 沖縄県西表島 2006.6.11

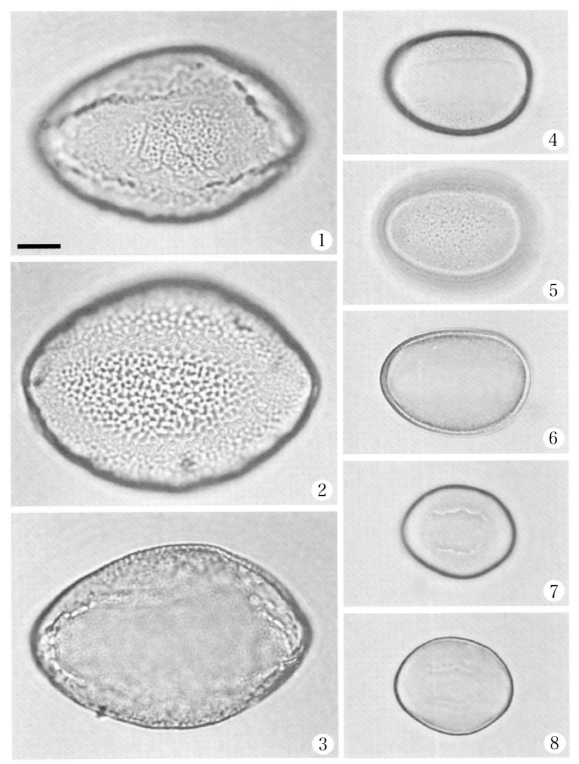

1-3：カタクリ *Erythronium japonicum* 金沢市高尾山 2013.5.12, 4-6：カイソウ *Drimia maritima* 埼玉県慶応義塾大学薬学部附属薬用植物園（植栽） 2012.8.6, 7-8：ビャクブ *Stemona japonica* 京都市日本新薬山科植物資料館（植栽） 2011.5.11（岡）

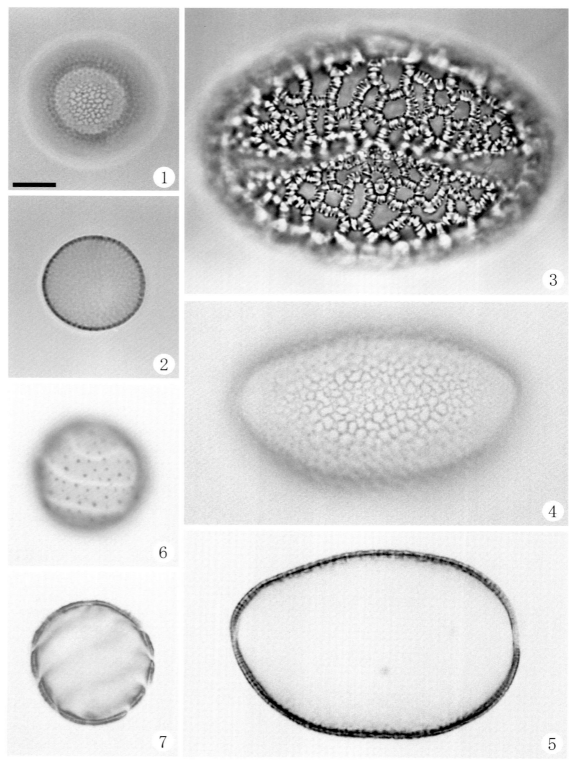

1-2：シバナ *Triglochin maritimum* 北海道イクラウシ湿原 2001.6.4, 3：ササユリ *Lilium japonicum* 神戸市西区藍那 1993.6.20, 4-5：ヒガンバナ *Lycoris radiata* 岡山市旭川 1988.10.11(中川), 6-7：シロイヌノヒゲ *Eriocaulon sikokianum* 広島県虚空蔵山湿原 1989.9.23(安原)

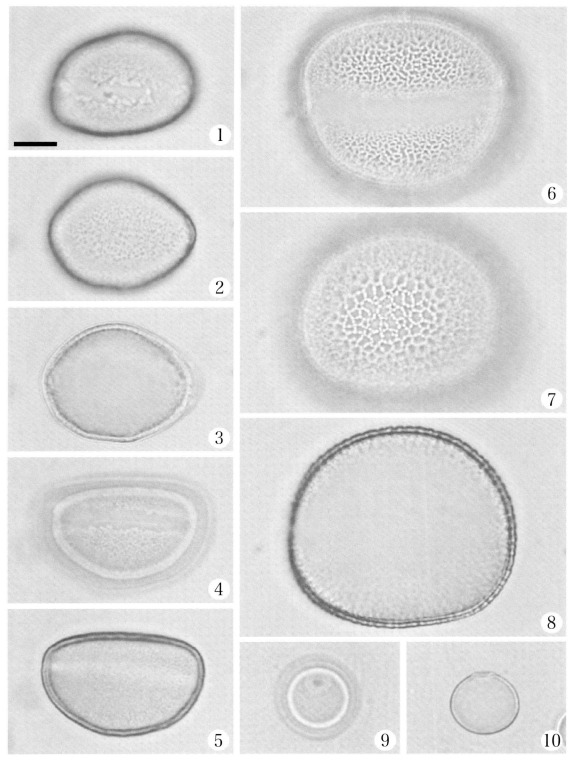

1-3：オオキンバイザサ *Curculigo capitulata* 京都市日本新薬山科植物資料館（植栽） 2011.5.11, 4-5：コキンバイザサ *Hypoxis aurea* 日本新薬山科植物資料館（植栽） 2011.5.11, 6-8：ヒメシャガ *Iris gracilipes* 金沢市高尾山 2013.5.12, 9-10：トウツルモドキ *Flagellaria indica* 沖縄県南城市知念具志堅 2012.5.14（上田）

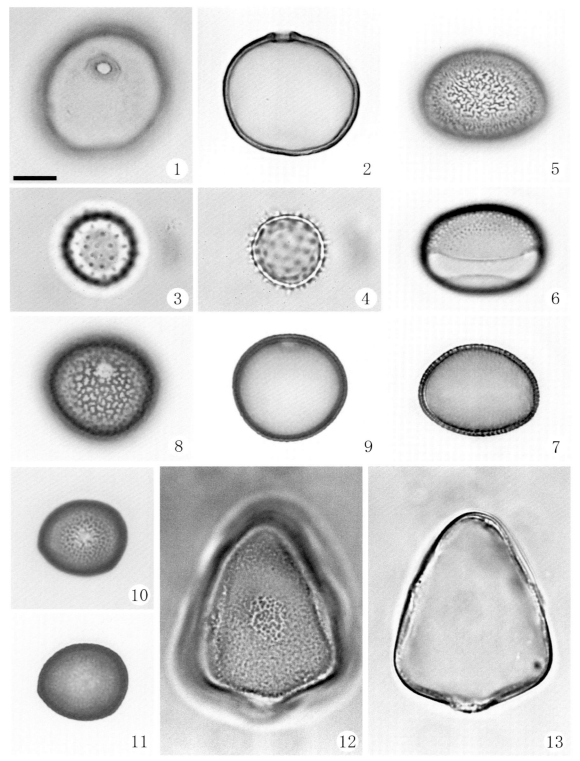

1-2：ハルガヤ *Anthoxanthum odoratum* 岡山県真庭市蒜山高原 1991.6.1(岡), 3-4：ムサシアブミ *Arisaema ringens* 愛知県渥美半島 2004.4.18, 5-7：ミズバショウ *Lysichiton camtschatcense* 北海道温根沼 2001.6.2, 8-9：ミクリ *Sparganium erectum* 岡山県自然保護センター(植栽) 1993.6.6(岡), 10-11：ヒメガマ *Typha angustifolia* 岡山県玉野市市民病院(植栽) 1995.7.18(岡), 12-13：コウボウシバ *Carex pumila* 渥美半島 2004.4.18

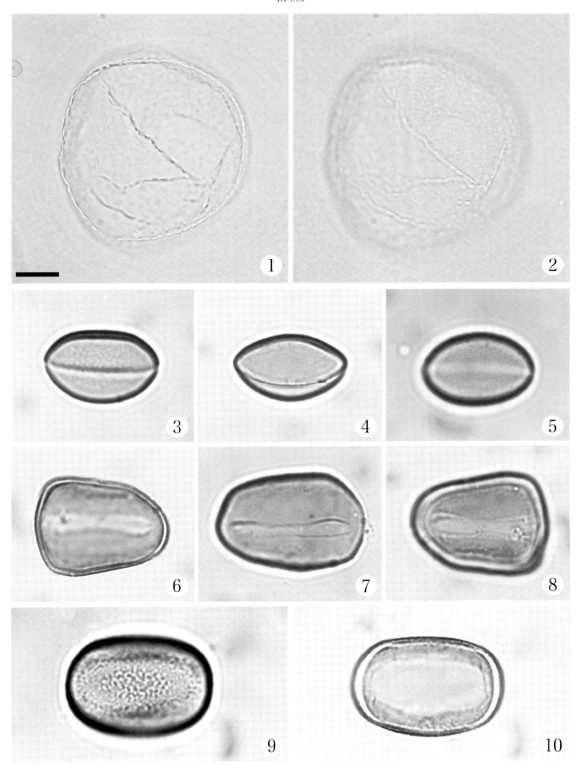

1-2：リュウキュウバショウ *Musa liukiuensis* 沖縄県奄美大島 2013.4.22(岡), 3-5：ビロウ *Livistona chinensis* var. *subglobosa* 沖縄県西表島船浦 1989.3.12(宮城), 6-8：トックリヤシモドキ *Mascarena verschaffeltii* 西表島船浦 1989.3.12(宮城), 9-10：ノヤシ *Clinostigma savoryanum* 東京都小笠原諸島父島 1975.7.7(村田・田端)

第3章
化石花粉の走査型電子顕微鏡写真
FPl.
Scanning Electron Microscope Plates of Fossil Pollen

FPl.1

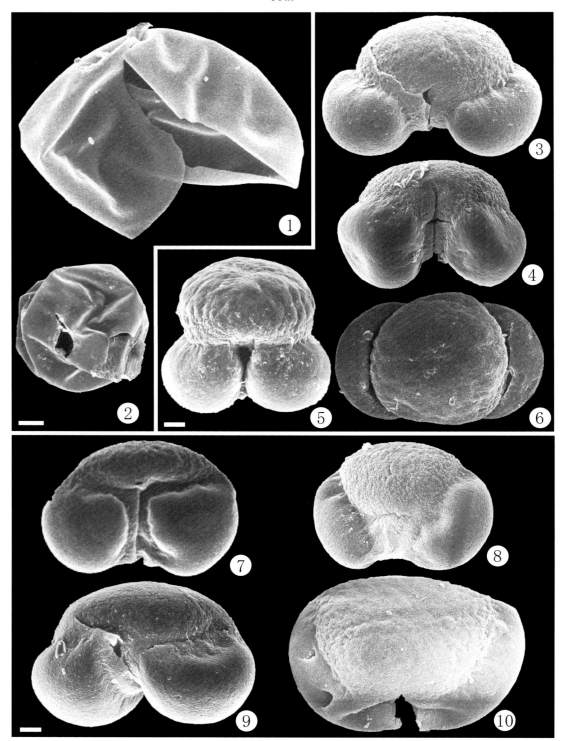

1-2：カラマツ属 *Larix*, 3-6：モミ属 *Abies*, 7-10：トウヒ属 *Picea* （＊：10）
1：岡山県津山市加茂町細池湿原 265-270 cm, 2：山口県徳佐盆地 920-925 cm, 3：徳佐盆地 560-565 cm, 4：栃木県日光市鬼怒沼 35-40 cm, 5：東広島市遺跡 K-14, 6：徳佐盆地 TK 131-3, 7：細池湿原 340-345 cm, 8：徳佐盆地 800-805 cm, 9：兵庫県大沼 560-565 cm, 10：細池湿原 190-195 cm

FPl.2

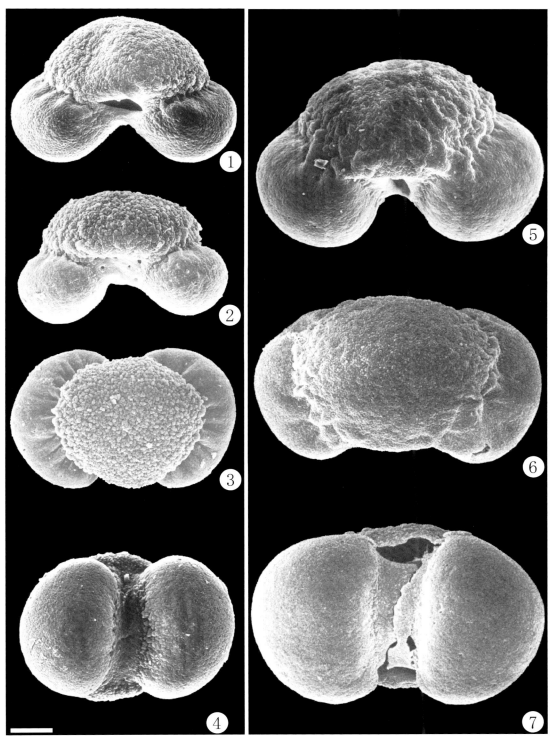

1-4：マツ属複維管束亜属 *Pinus* subgen. *Diploxylon*, 5-7：マツ属単維管束亜属 *Pinus* subgen. *Haploxylon*
1：長崎県島原市原生沼 300-305 cm, 2：島根県米子市淀江遺跡 60 cm, 3：岡山県玉野市八浜 455-460 cm, 4：岡山県野原湿原 155-160 cm, 5：兵庫県大沼 560-565 cm, 6-7：山口県徳佐盆地 6340-6345 cm

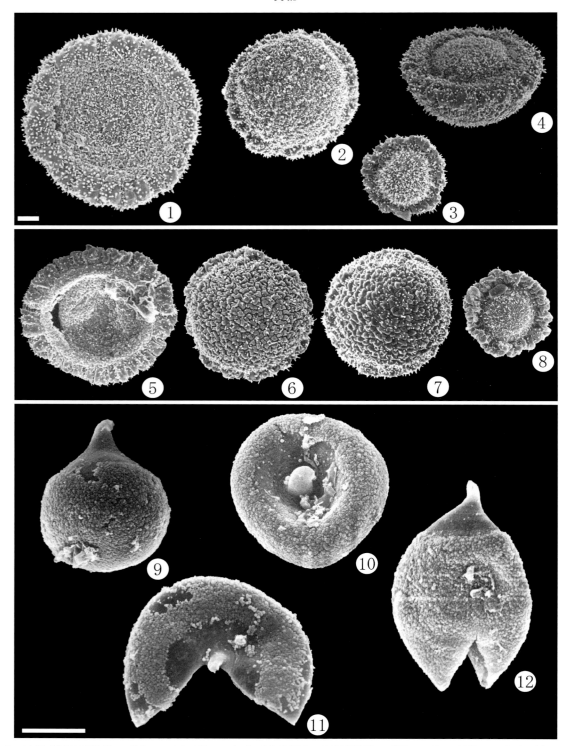

1-4：ツガ属ツガ型 *Tsuga* (*Tsuga sieboldii* type), 5-8：ツガ属コメツガ型 *Tsuga* (*Tsuga diversifolia* type), 9-12：スギ属 *Cryptomeria*

1：岡山県備前市頭島 4375 - 4380 cm, 2：兵庫県大沼 360 - 365 cm, 3：岡山県津山市加茂町細池湿原 335 - 340 cm, 4：山口県徳佐盆地 TK11 - 3A, 5：栃木県日光市鬼怒沼 20 - 25 cm, 6：細池湿原 95 - 100 cm, 7：岡山県野原湿原 60 - 65 cm, 8：大沼 560 - 565 cm, 9：大沼 200 - 205 cm, 10：細池湿原 485 - 490 cm, 11：岡山市岡山大学農学部 黒色粘土2, 12：徳佐盆地 1310 - 1315 cm

FPl.4

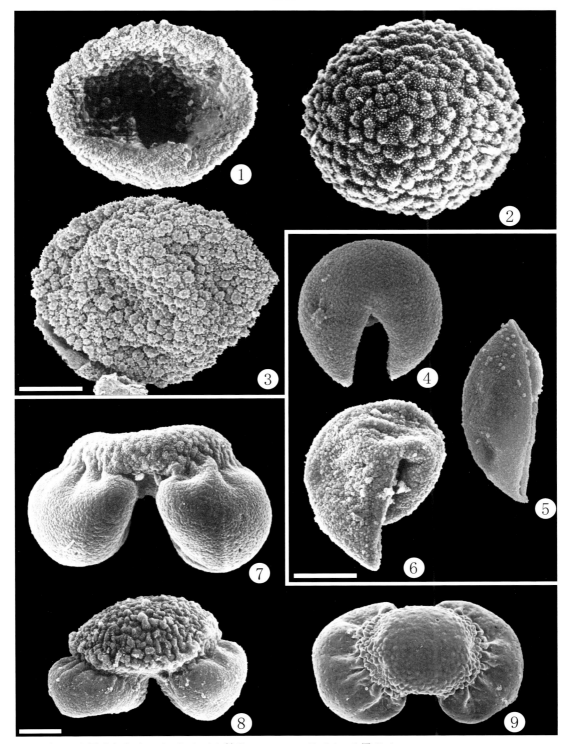

1-3：コウヤマキ属 *Sciadopitys*, 4-6：ヒノキ科 Cupressaceae, 7-9：マキ属 *Podocarpus*
1：鹿児島市鹿児島大学 S-2 300 cm, 2：岡山県野原湿原 155-160 cm, 3：滋賀県琵琶湖 835 cm, 4：岡山県津山市加茂町細池湿原 295-300 cm, 5：東広島市 K-5, 6：山口県徳佐盆地 800-805 cm, 7：長崎県対馬市田ノ浜 485-490 cm, 8：大分県別府市別府湾 440 cm, 9：徳佐盆地 280-285 cm

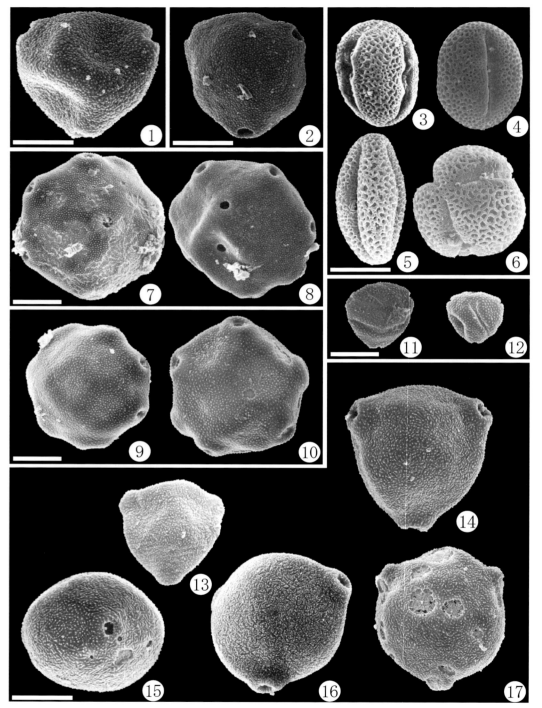

1：ヤマモモ属 *Myrica*, 2：ヤチヤナギ属 *Gale*, 3-6：ヤナギ属 *Salix*, 7-8：クルミ属 *Juglans*, 9-10：サワグルミ属 *Pterocarya*, 11-12：ノグルミ属 *Platycarya*, 13-17：カバノキ属 *Betula*
1：長崎県対馬市田ノ浜 725-730 cm, 2：兵庫県丹波市氷上町 500-505 cm, 3：岡山県野原湿原 155-160 cm, 4：鳥取県菅野湿原 100-105 cm, 5：仙台市泉崎前 J, 6：岡山市岡東浄化 深度不明, 7：兵庫県大沼 340-345 cm, 8：福島県雄国沼 135-140 cm, 9：日光市鬼怒沼 50-55 cm, 10：泉崎前 F, 11：東広島市 K-9, 12：鬼怒沼 50-55 cm, 13：岡山県津山市加茂町細池湿原 35-40 cm, 14：細池湿原 40-45 cm, 15：野原湿原 155-160 cm, 16：鬼怒沼 35-40 cm, 17：大沼 340-345 cm

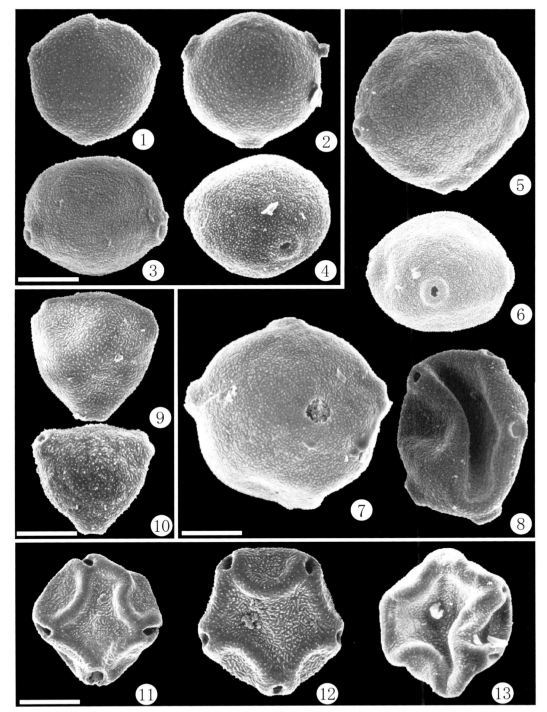

1-4：クマシデ属 Carpinus, 5-8：クマシデ属イヌシデ型 Carpinus (Carpinus tschonoskii type), 9-10：ハシバミ属 Corylus, 11-13：ハンノキ属ハンノキ亜属 Alnus subgen. Alnus
1：岡山県津山市加茂町細池湿原 335-340 cm, 2：津山市阿波大ケ山湿原 10-105 cm, 3：兵庫県大沼 360-365 cm, 4：鳥取県菅野湿原 140-145 cm, 5：細池湿原 65-70 cm, 6：細池湿原 265-270 cm, 7：岡山市岡山大学農学部 黒色粘土2, 8：細池湿原 45-50 cm, 9：長崎県対馬市田ノ浜 725-730 cm, 10：山口県徳佐盆地 560-565 cm, 11-12：岡山市矢坂大橋 2210-2230 cm, 13：兵庫県鉢伏湿原 100-105 cm

FPl.7

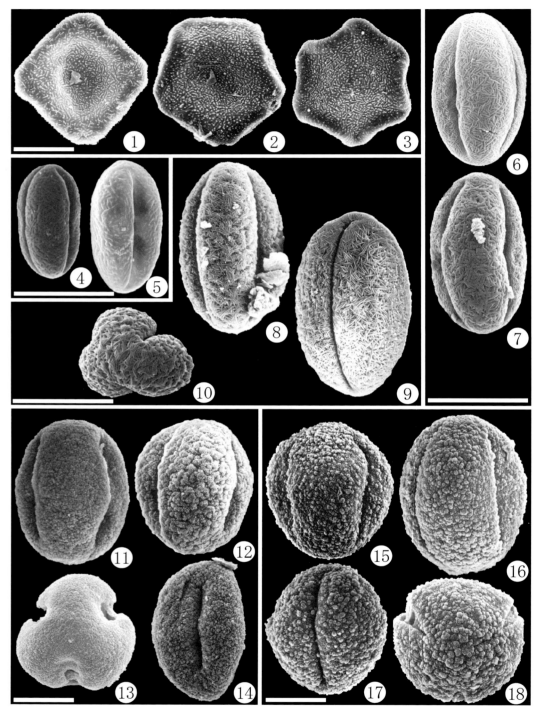

1‑3：ハンノキ属ヤシャブシ亜属 *Alnus* subgen. *Alnaster*, 4‑5：クリ属 *Castanea*, 6‑7：シイ属スダジイ型 *Castanopsis* (*Castanopsis sieboldii* type), 8‑10：シイ属ツブラジイ型 *Castanopsis* (*Castanopsis cuspidata* type), 11‑14：コナラ属アカガシ亜属 *Quercus* subgen. *Cyclobalanopsis*, 15‑18：コナラ属コナラ亜属 *Quercus* subgen. *Lepidobalanus*
1：岡山県津山市加茂町細池湿原 485‑490 cm, 2：岡山県野原湿原 155‑160 cm, 3・17：山口県徳佐盆地 560‑565 cm, 4：細池湿原 55‑60 cm, 5：野原湿原 1‑5 cm, 6：長崎県島原市原生沼 深度不明, 7：沖縄県伊是名島 1450 cm, 8：兵庫県南あわじ市志知川沖田南遺跡 4 束 60 cm, 9：原生沼 300‑305 cm, 10：岡山市矢坂大橋 2210‑2230 cm, 11：細池湿原 65‑70 cm, 12：不詳, 13：兵庫県姫路市辻井遺跡 1, 14：細池湿原 35‑40 cm, 15：野原湿原 155‑160 cm, 16：鳥取県菅野湿原 60‑65 cm, 18：徳佐盆地 280‑285 cm

FPl.8

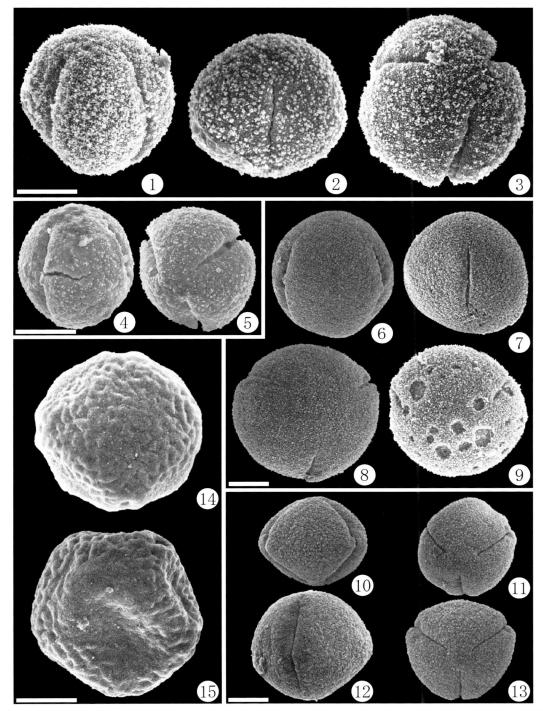

1 - 3：コナラ属コナラ亜属カシワ型 *Quercus* subgen. *Lepidobalanus*(*Quercus dentata* type), 4 - 5：コナラ属コナラ亜属ウバメガシ型 *Quercus* subgen. *Lepidobalanus*(*Quercus phillyraeoides* type), 6 - 9：ブナ属ブナ型 *Fagus*(*Fagus crenata* type), 10 - 13：ブナ属イヌブナ型 *Fagus*(*Fagus japonica* type), 14 - 15：ニレ属 *Ulmus*

1・3：兵庫県大沼 560 - 565 cm, 2：栃木県日光市鬼怒沼 0 - 5 cm, 4 - 5：愛媛県大山神社遺跡 II上, 6・8・10・13：山口県徳佐盆地 11 - 3 A, 7：岡山県津山市加茂町細池湿原 40 - 45 cm, 9：大沼 340 - 345 cm, 11：細池湿原 75 - 80 cm, 12：細池湿原 35 - 40 cm, 14：不詳, 15：細池湿原 50 - 55 cm

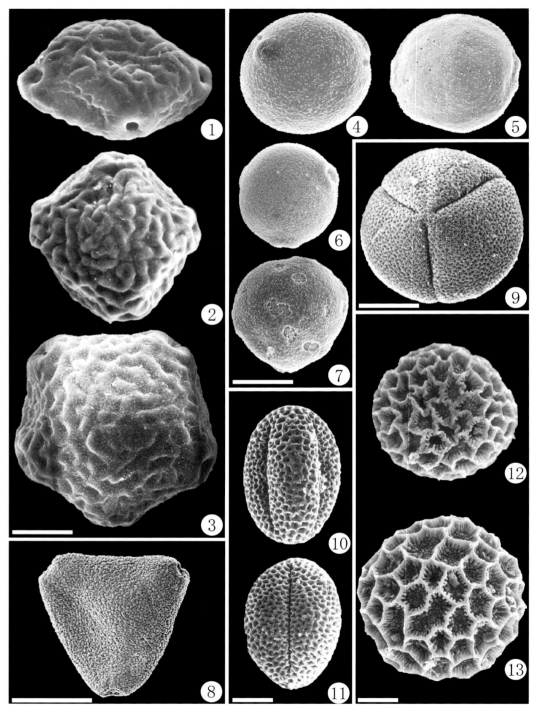

1-3：ケヤキ属 *Zelkova*, 4-7：ムクノキ属・エノキ属 *Aphananthe* · *Celtis*, 8：ヤマモガシ科 Proteaceae, 9：ギシギシ属 *Rumex*, 10-11：ソバ属 *Fagopyrum*, 12-13：ミチヤナギ属 *Polygonum*
1：岡山市岡山大学農学部 灰色粘土, 2：対馬市 深度不明, 3：栃木県日光市鬼怒沼 60-65 cm, 4：仙台市泉崎前 深度不明, 5：鹿児島市鹿児島大学 S1-220 cm, 6：山口県徳佐盆地 250-255 cm, 7：徳佐盆地 300-305 cm, 8：沖縄県名護市屋部 Yb-8, 9：岡山県倉敷市上東遺跡 185-190 cm, 10-11：岡山県野原湿原 60-65 cm, 12：岡山大学農学部 黒色粘土 2, 13：泉崎前 I

FPl.10

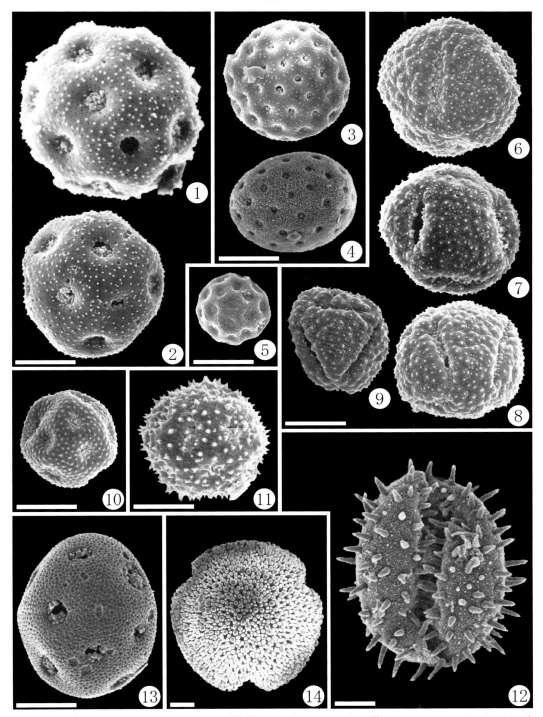

1-2：ナデシコ科 Caryophyllaceae, 3-4：アカザ科 Chenopodiaceae, 5：ヒユ科 Amaranthaceae, 6-9：キンポウゲ科 *Ranunculaceae*, 10：カラマツソウ属 *Thalictrum*, 11：オウレン属 *Coptis*, 12：コウホネ属 *Nuphar*, 13：フウ属 *Liquidambar*, 14：フウロソウ科 Geraniaceae

1：鳥取県羽合町長瀬高浜遺跡 下3, 2：仙台市泉崎前 J, 3：岡山市釜田遺跡 J層, 4：山口県徳佐盆地 4320-4325 cm, 5：岡山市岡東浄化 深度不明, 6：岡山県津山市加茂町細池湿原 375-380 cm, 7：徳佐盆地 3260-3265 cm, 8：細池湿原 90-100 cm, 9：細池湿原 40-45 cm, 10：徳佐盆地 6340-6345 cm, 11：兵庫県辻井遺跡 K17, 12-13：徳佐盆地 1810-1815 cm, 14：細池湿原 115-120 cm

FPl.11

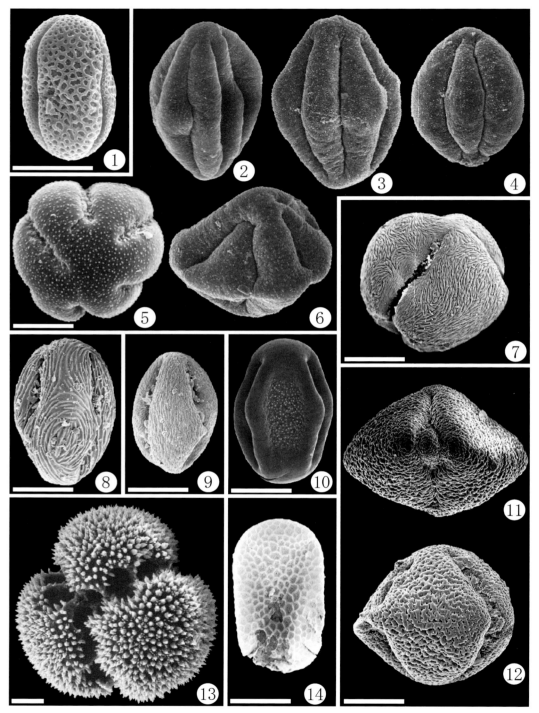

1：マメ科 Leguminosae, 2-6：ワレモコウ属 Sanguisorba, 7-9：バラ科 Rosaceae, 10：ミズキ科 Cornaceae, 11-12：ツバキ科 Theaceae, 13：モウセンゴケ属 Drosera, 14：ツリフネソウ科 Balsaminaceae
1：仙台市泉崎前遺跡 J層, 2：岡山県津山市加茂町細池湿原 275-280 cm, 3：岡山県真庭市富掛田 13, 4：真庭市尾崎谷 50-55 cm, 5：島根県隠岐の島町都万湿原 170-175 cm, 6：岡山県玉野市八浜 1485-1490 cm, 7-8：富山県立山町みくりが池 5 cm, 9：東京都国立科学博物館附属自然教育園 180-190 cm, 10：岡山市本陣山 表層, 11-12：沖縄県名護市屋部 Yb-8, 13：栃木県日光市鬼怒沼 20-25 cm, 14：岡山県倉敷市上東遺跡 130 cm

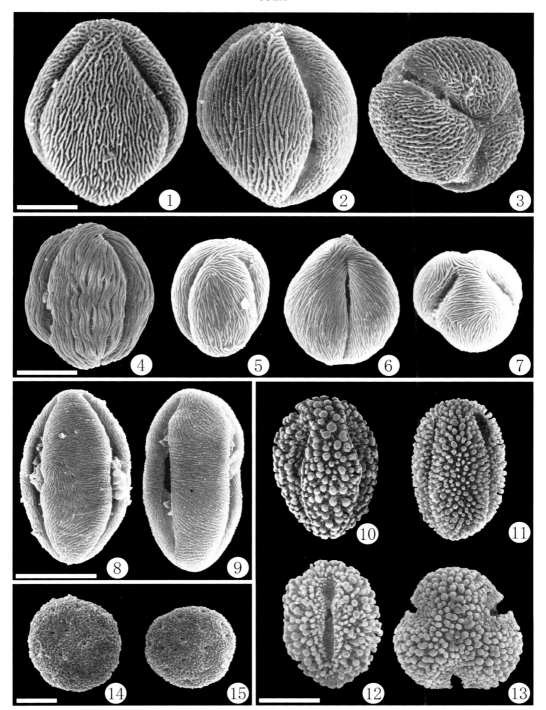

1-3：ウルシ属 *Rhus*, 4-7：カエデ属 *Acer*, 8-9：トチノキ属 *Aesculus*, 10-13：モチノキ属 *Ilex*, 14-15：ツゲ属 *Buxus*

1：岡山県津山市加茂町細池湿原 190-195 cm, 2：栃木県日光市鬼怒沼 35-40 cm, 3：岡山県真庭市富掛田 13, 4：細池湿原 40-45 cm, 5：山口県徳佐盆地・貞行 深度不明, 6：仙台市泉崎前 B, 7：倉敷市上東遺跡 130 cm, 8：泉崎前 J, 9：鬼怒沼 35-40 cm, 10：岡山市矢坂大橋 2210-2230 cm, 11：細池湿原 40-45 cm, 12：滋賀県琵琶湖 2413 cm, 13：細池湿原 50-55 cm, 14-15：徳佐盆地 920-925 cm

Pl.13

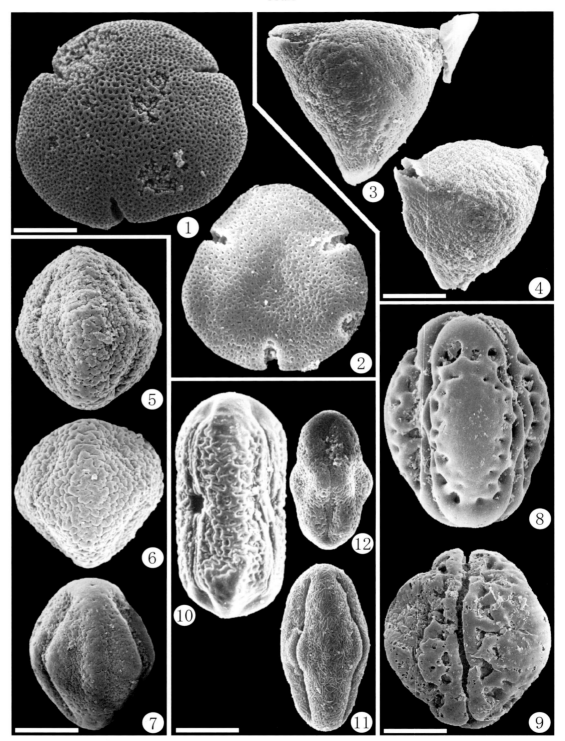

1-2：シナノキ属 *Tilia*, 3-4：グミ属 *Elaeagnus*, 5-7：サルスベリ属 *Lagerstroemia*, 8-9：サガリバナ科 Lecythidaceae, 10-12：セリ科 Umbelliferae
1：岡山県真庭市尾崎谷 200-205 cm, 2：島根県隠岐の島町都万湿原 510-515 cm, 3-4：鹿児島市鹿児島大学 S-1 220 cm, 5-7：岡山県備前市頭島 4375-4380 cm, 8-9：沖縄県石垣市名蔵アンパル湿原 180 cm, 10：滋賀県琵琶湖 1351 cm, 11：仙台市泉崎前 J, 12：兵庫県姫路市辻井遺跡 K17

474

1-3：ツツジ科 Ericaceae, 4-5：ハイノキ属 *Symplocos*, 6-7：トネリコ属 *Fraxinus*, 8-11：イボタノキ属 *Ligustrum*, 12：リンドウ科 Gentianaceae, 13-14：シソ科 Labiatae (Lamiaceae)
1：岡山県津山市加茂町細池湿原 60-65 cm, 2：山口県徳佐盆地 3210-3215 cm, 3：細池湿原 50-55 cm, 4：細池湿原 75-80 cm, 5：島原市原生沼 200-205 cm, 6：細池湿原 335-340 cm, 7：徳佐盆地 560-565 cm, 8：島根県隠岐の島町都万湿原 90-95 cm, 9-10：細池湿原 40-45 cm, 11：千葉市加曽利貝塚 320 cm, 12：岡山市岡山大学農学部 黒色粘土 2, 13：栃木県日光市鬼怒沼 35-40 cm, 14：徳佐盆地 38-3A

Pl.15

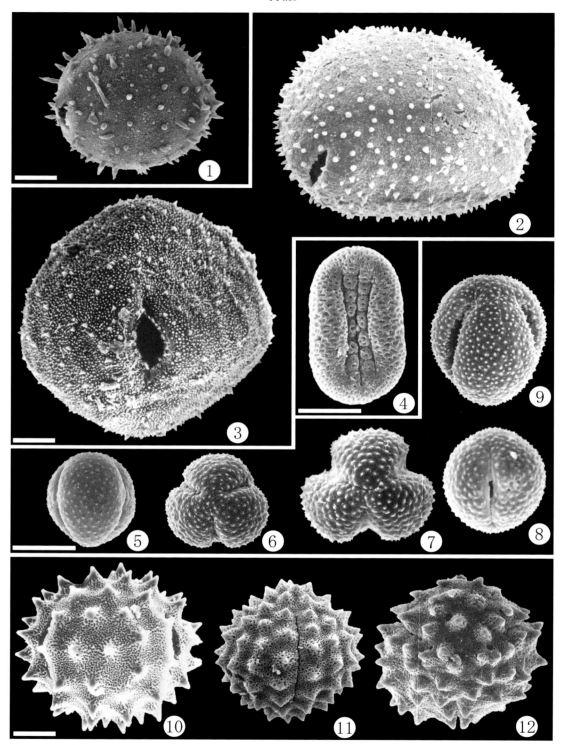

1：タニウツギ属 *Weigela*, 2-3：スイカズラ属 *Lonicera*, 4：キツネノマゴ属 *Justicia*, 5-9：ヨモギ属 *Artemisia*, 10-12：キク科 Compositae
1：岡山県津山市加茂町細池湿原 25-30 cm, 2：兵庫県姫路市辻井遺跡 深度不明, 3：岡山県野原湿原 60-65 cm, 4：長崎市川原池 170-175 cm, 5-6：細池湿原 145-150 cm, 7：岡山市岡山大学農学部 灰色粘土 1, 8：島根県隠岐の島町都万湿原 510-515 cm, 9：山口県徳佐盆地 300-305 cm, 10：兵庫県大沼 360-365 cm, 11：徳佐盆地 280-285 cm, 12：徳佐盆地 6340-6345 cm

Pl.16

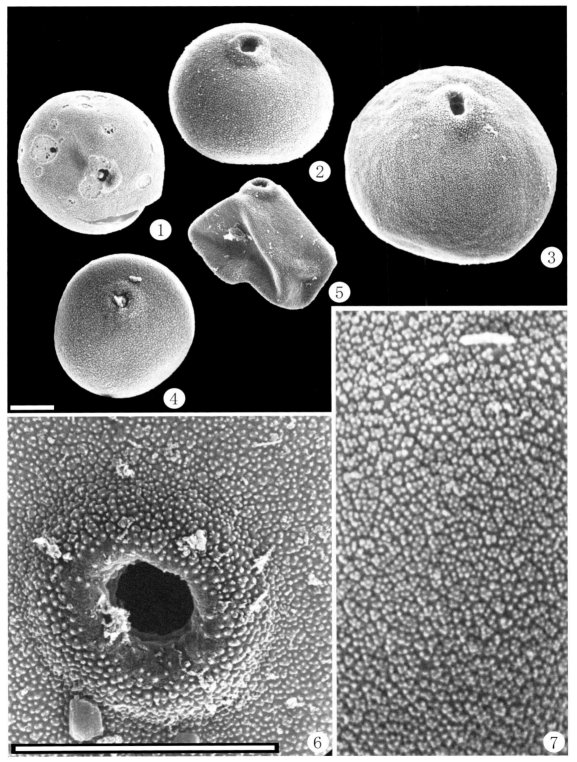

1-7：イネ科(栽培型) Poaceae(Gramineae, cultivated type)
1：仙台市泉崎前 F, 2：島根県米子市淀江遺跡 60 cm, 3：鹿児島市鹿児島大学 S1 220 cm, 4：岡山県倉敷市上東遺跡
185 - 190 cm, 5：佐賀県唐津市菜畑遺跡 11 層, 6：菜畑遺跡 8 層, 7：淀江遺跡 60 cm

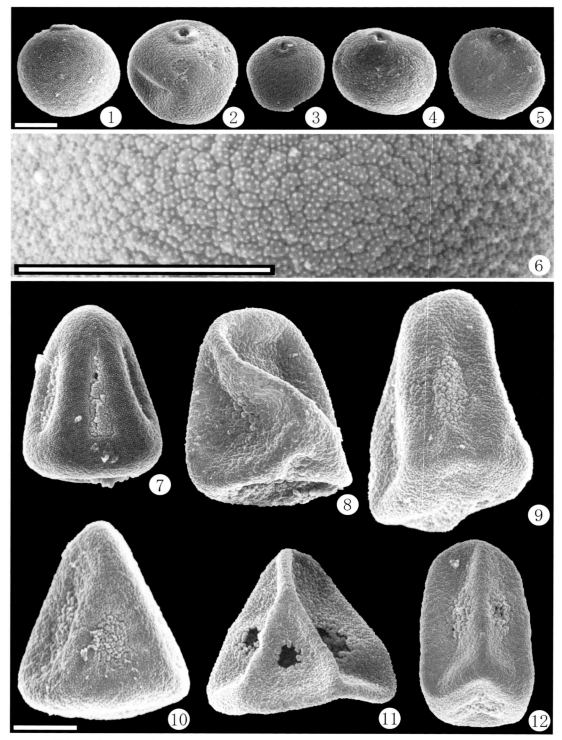

1-6：イネ科(野生型) Poaceae(Gramineae, wild type), 7-12：カヤツリグサ科 Cyperaceae
1：島根県米子市淀江遺跡 60 cm, 2：島根県安来市上ノ台 255 cm, 3：山口県徳佐盆地 3880 - 3885 cm, 4：岡山市岡山大学農学部 黒色粘土2, 5：佐賀県唐津市菜畑遺跡 8層, 6：鳥取県羽合町長瀬高浜遺跡 下1, 7：仙台市泉崎前 B, 8：泉崎前 I, 9：鳥取県菅野湿原 140 - 145 cm, 10：淀江遺跡 60 cm, 11：徳佐盆地 250 - 255 cm, 12：岡山県津山市加茂町細池湿原 145 - 150 cm

Pl.18

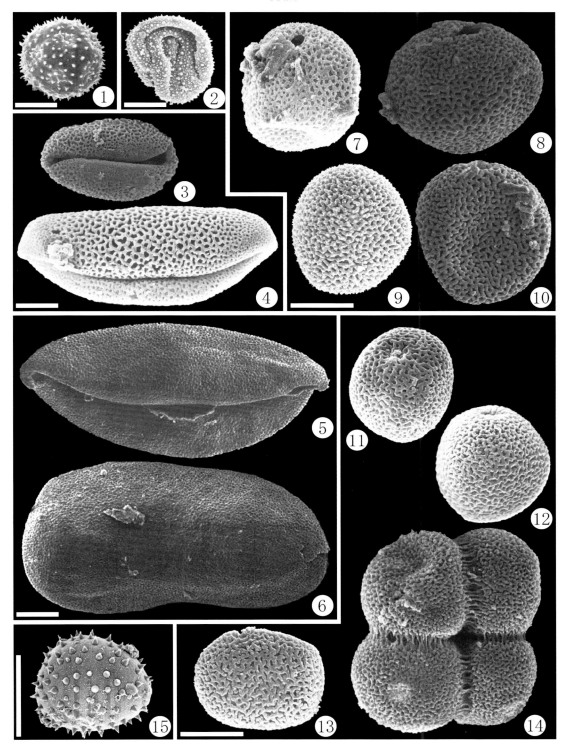

1：オモダカ属 *Sagittaria*, 2：ホシクサ科 Eriocaulaceae, 3-4：ユリ科 Liliaceae, 5-6：ヒガンバナ科 Amaryllidaceae, 7-10：ミクリ科 Sparganiaceae, 11-14：ガマ科 Typhaceae, 15：タコノキ属 *Pandanus*
1：兵庫県辻井遺跡 K-17, 2：滋賀県琵琶湖 67-71 m, 3：兵庫県南あわじ市志知川沖田南遺跡 60 cm, 4：鳥取県菅野湿原 60-65 cm, 5-6：兵庫県村岡町銚子ヶ谷 C 75-80 cm, 7：岡山市釜田遺跡 T, 8：辻井遺跡 1, 9：岡山県玉野市八浜 1485-1490 cm, 10-12：島根県安来市上ノ台 395 cm, 13-14：山口県徳佐盆地 920-925 cm, 15：沖縄県石垣市名蔵アンパル湿原 180 cm

FPl.19

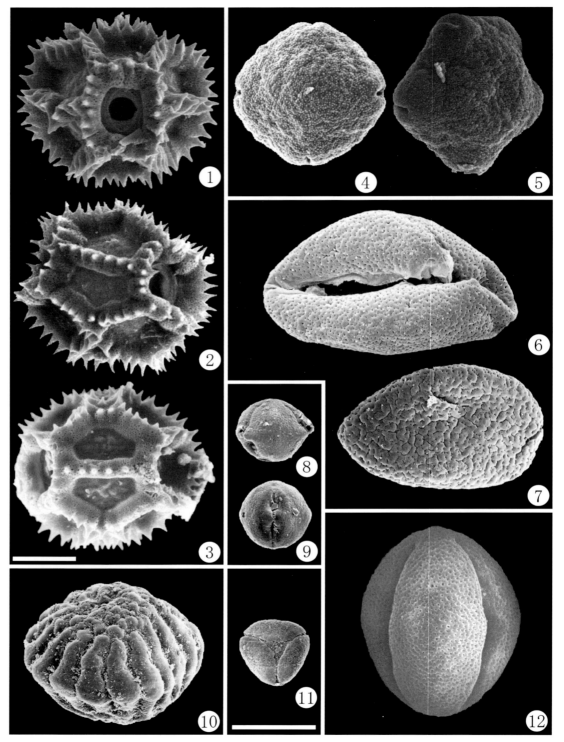

1-3：タンポポ亜科 Cichorioideae, 4-5：アリノトウグサ属 Haloragis, 6-7：ヤシ科 Palmae, 8-9：ヒルギ科 Rhizophoraceae, 10：タヌキモ属 Utricularia, 11：フトモモ科 Myrtaceae, 12：シラキ属 Sapium
1：岡山県津山市加茂町細池湿原 30-35 cm, 2：細池湿原 35-40 cm, 3：長崎市川原池 350-351 cm, 4：津山市阿波大ケ山湿原 100-105 cm, 5：岡山県真庭市百合ケ原 深度不明, 6-7：チリ, イースター島ラノララク湖 50 cm, 8-9：沖縄県石垣市名蔵アンパル湿原 180 cm, 10：愛知県刈谷市西池小堤, 11：名蔵アンパル湿原 458 cm, 12：滋賀県琵琶湖 90.92 m

第4章

現生花粉外壁断面の透過型電子顕微鏡写真
TPI.

Transmission Electron Microscope Plates of
Modern Pollen Exine by Cross Section

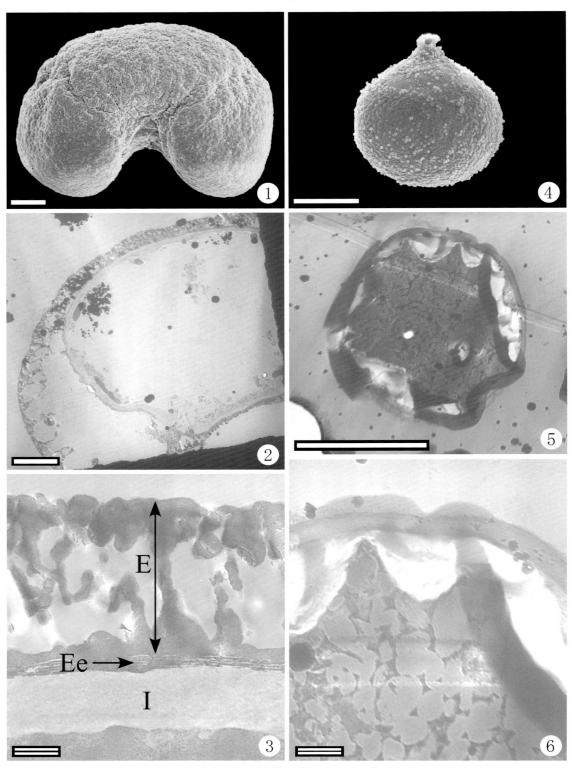

1-3：ヒマラヤスギ *Cedrus deodara* 岡山市岡山理科大学（植栽）1992.11.25（板野），4-6：メタセコイア *Metasequoia glyptostroboides* 岡山理科大学（植栽）1993.3.1（板野）　E：外壁 exine, Ee：内層 endexine, I：内壁 intine

TPl.2

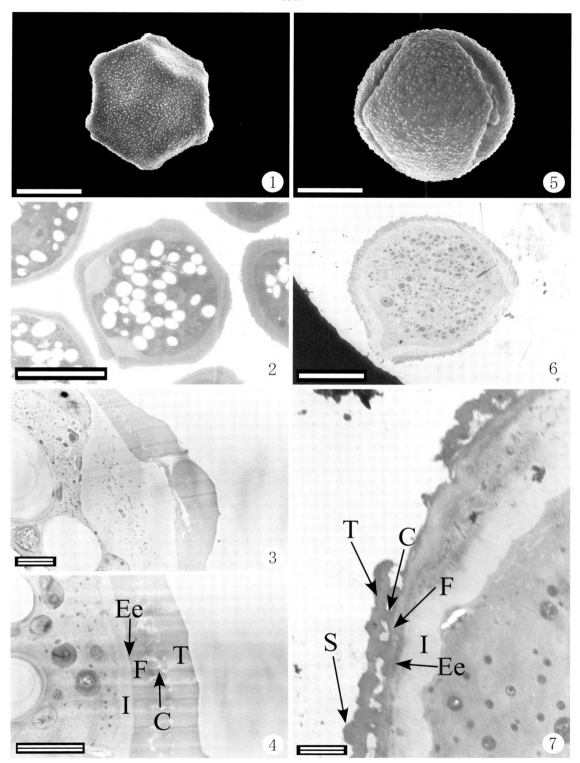

1-4：ヒメヤシャブシ *Alnus pendula* 岡山市岡山理科大学 1993(板野), 5-7：コナラ *Quercus serrata* 岡山理科大学 1993.15(板野) C：柱状層 columella, Ee：内層 endexine, F：底部層 foot layer, I：内壁 intine, S：彫紋構成要素 sculpture element T：外表層 tectum

TPl.3

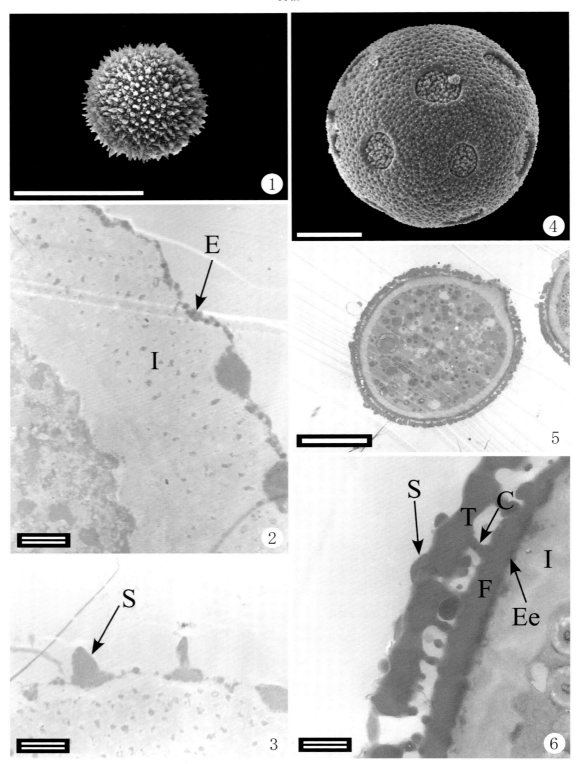

1-3：クスノキ *Cinnamomum camphora* 岡山市岡山理科大学 1993（板野），4-6：フウ *Liquidambar formosana* 岡山理科大学（植栽）1993（板野） C：柱状層 columella, E：外壁 exine, Ee：内層 endexine, F：底部層 foot layer, I：内壁 intine, S：彫紋構成要素 sculpture element, T：外表層 tectum

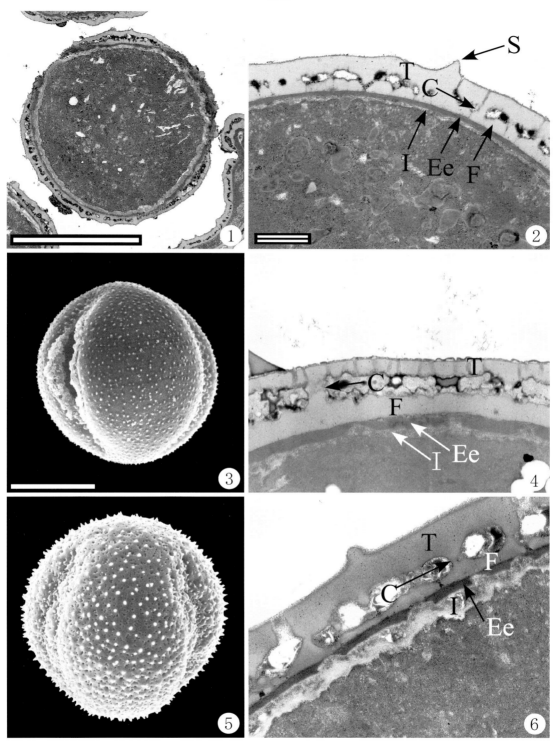

1-2：モミジカラマツ *Trautvetteria caroliniensis* var. *japonica* 青森県八甲田山 1978.7.12(守田), 3-4：センニンソウ *Clematis terniflora* 岡山市半田山 1972.9.2, 5-6：フクジュソウ *Adonis amurensis* 岡山市岡山理科大学(植栽) 1982.2.3 C：柱状層 columella, Ee：内層 endexine, F：底部層 foot layer, I：内壁 intine, S：彫紋構成要素 sculpture element, T：外表層 tectum

TPl.5

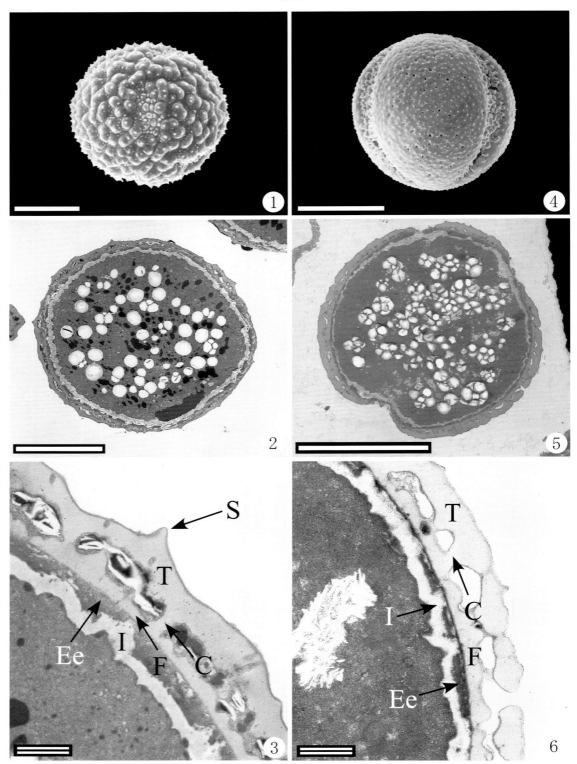

1-3：ウマノアシガタ *Ranunculus japonicus* 岡山県笠岡市御嶽山 1985.6.2(安原), 4-6：シラネアオイ *Glaucidium palmatum* 仙台市東北大学生物学実験園(植栽) 1978.4.14(守田) C：柱状層 columella, Ee：内層 endexine, F：底部層 foot layer, I：内壁 intine, S：彫紋構成要素 sculpture element, T：外表層 tectum

486

TP1.6

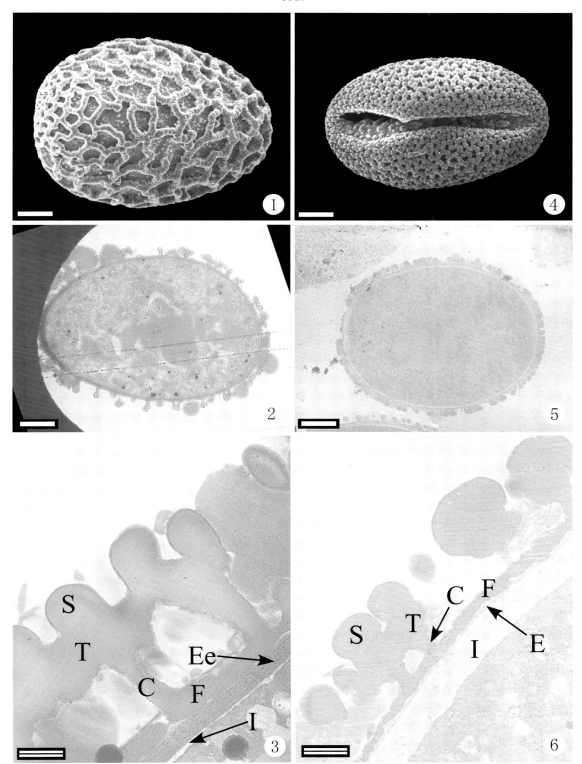

1-3：テッポウユリ *Lilium longiflorum* 岡山県早島町 1992.6.15(板野), 4-6：オニユリ *Lilium lancifolium* 神戸市北区 1992.7.21 C：柱状層 columella, E：外壁 exine, Ee：内層 endexine, F：底部層 foot layer, I：内壁 intine, S：彫紋構成要素 sculpture element, T：外表層 tectum

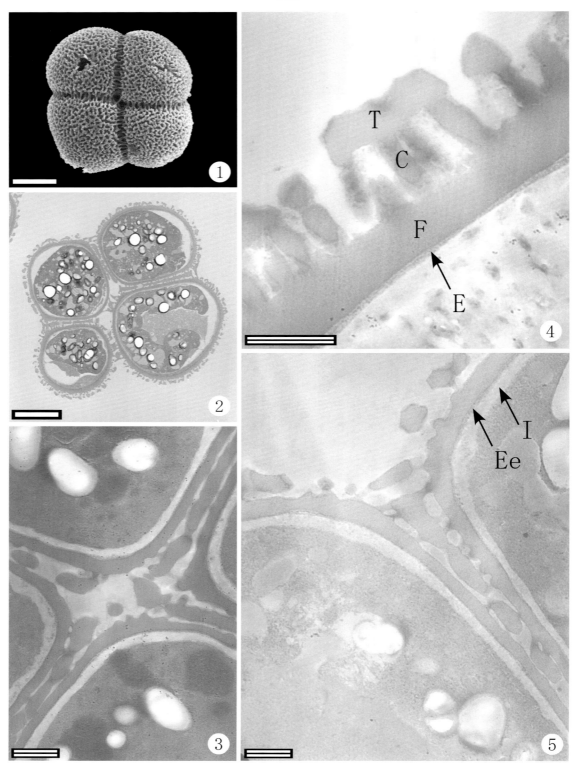

1-5：ガマ *Typha latifolia* 岡山市岡山理科大学 1993.6.19(竹本) C：柱状層 columella, E：外壁 exine, Ee：内層 endexine, F：底部層 foot layer, I：内壁 intine, T：外表層 tectum

第 5 章
花粉症原因植物花粉の光学顕微鏡写真
PPI.
Light Microscope Plates of Pollinosis Source Pollen

PPl.1

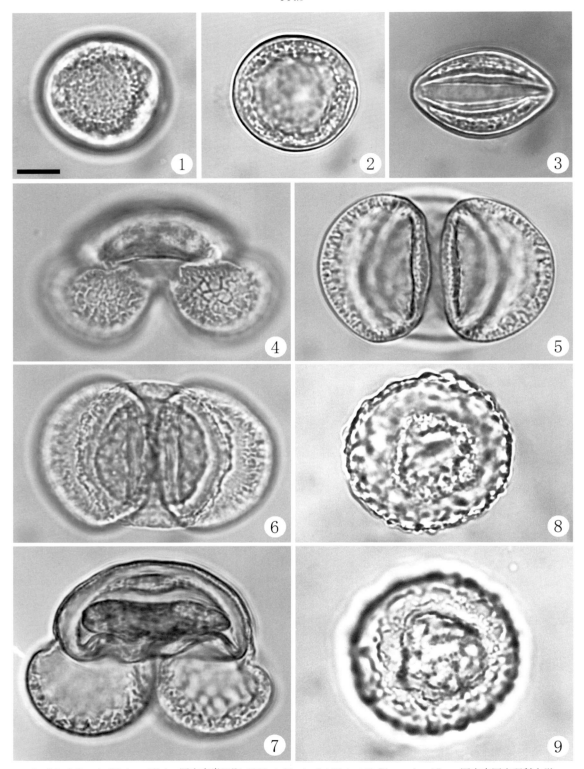

1-3：イチョウ *Ginkgo biloba* 岡山市半田町 1980.4.25, 4-5：アカマツ *Pinus densiflora* 岡山市岡山理科大学 1984.5.4, 6-7：クロマツ *Pinus thunbergii* 岡山市三徳園(植栽) 1983.4.24, 8-9：コウヤマキ *Sciadopitys verticillata* 名古屋市名城大学(植栽) 2004.4.26(安藤)

PPl.2

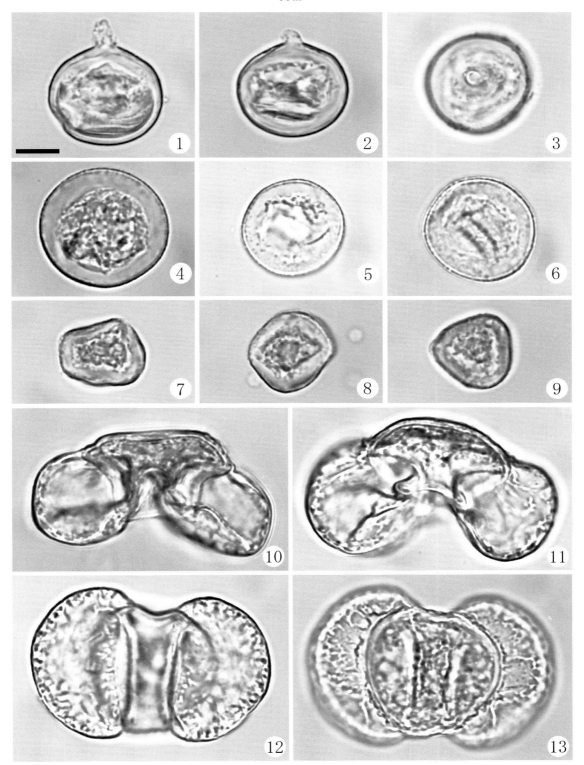

1-3：スギ Cryptomeria japonica 岡山市三徳園(植栽) 1998.3.8, 4：ヒノキ Chamaecyparis obtusa 岡山市半田町 1973.4.11, 5-6：ネズミサシ Juniperus rigida 三徳園(植栽) 1985.4.15, 7-9：イチイ Taxus cuspidata 京都市武田薬品薬草園(植栽) 1991.4.5(岡), 10-13：イヌマキ Podocarpus macrophyllus 赤磐市山陽 1991.6.4

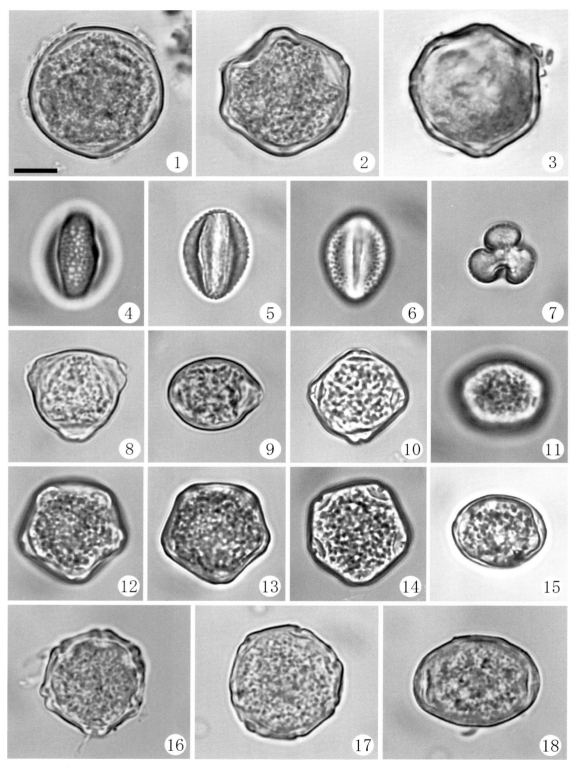

1-3：オニグルミ *Juglans mandschurica* var. *sachalinensis* 岡山県真庭市蒜山高原 1991.6.1, 4-7：ネコヤナギ *Salix gracilistyla* 京都府大江町 1986.3.25, 8-9：ヤマモモ *Myrica rubra* 東京都東京大学理学部附属小石川植物園(植栽) 1995.4.21, 10-15：ハンノキ *Alnus japonica* 蒜山高原 1973.3.29, 16-18：オオバヤシャブシ *Alnus sieboldiana* 岡山市龍ノ口 1998.5.6(上田)

PPl.4

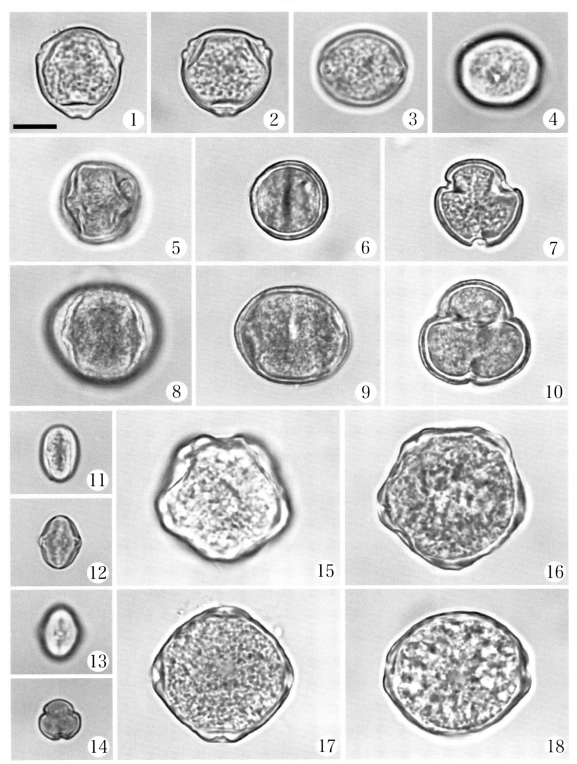

1-4：シラカンバ *Betula platyphylla* var. *japonica* 東京都森林総合研究所浅川実験林 1994.4.24(岡), 5-7：アラカシ *Quercus glauca* 岡山市三徳園(植栽) 1990.4.30, 8-10：コナラ *Quercus serrata* 岡山市半田町 1994.4.18(門脇), 11-14：クリ *Castanea crenata* 岡山県赤磐市山陽 1978.6.10, 15-18：ケヤキ *Zelkova serrata* 兵庫県香美町 1995.5.11(清末)

PPl.7

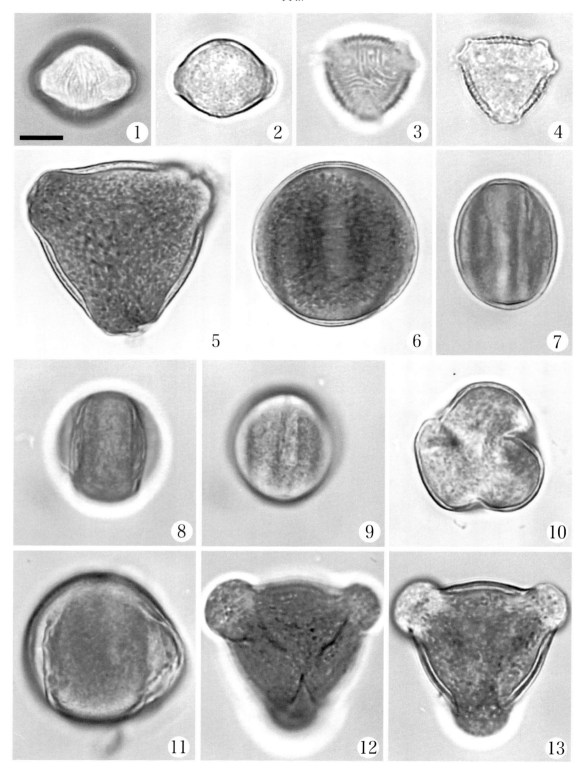

1-4：オランダイチゴ *Fragaria × ananassa* 岡山県赤磐市南佐古田(植栽) 2004.3.28, 5-6：モモ *Prunus persica* 赤磐市神田(植栽) 1986.4.17(真野), 7-10：リンゴ *Malus domestica* 赤磐市山陽(植栽) 1987.4.30, 11-13：ウメ *Prunus mume* 岡山市半田山植物園(植栽) 1973.2.25

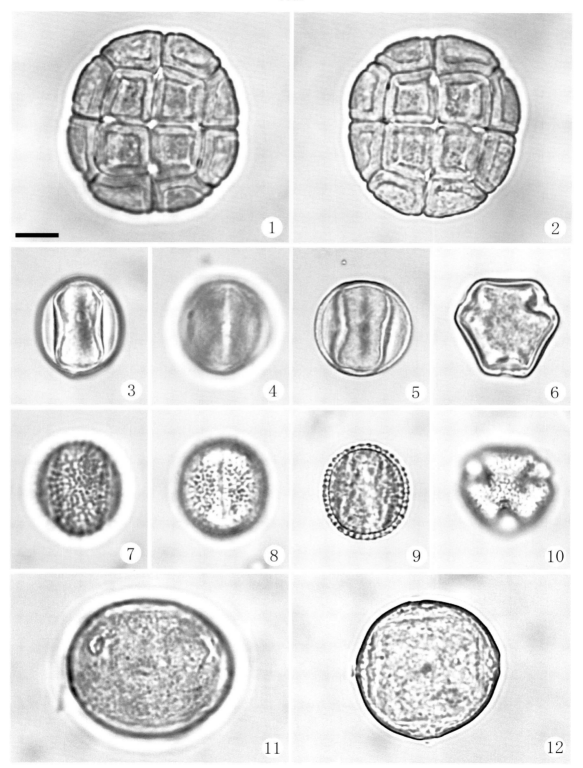

1-2：フサアカシア *Acacia dealbata* 岡山市半田町 1973.3.30, 3-6：ブドウ（マスカット） *Vitis vinifera* 岡山県赤磐市神田（植栽） 1987.6.2(真野), 7-10：オリーブ *Olea europea* 香川県小豆島町オリーブ研究所（植栽）1969.6, 11-12：キョウチクトウ *Nerium indicum* 名古屋市名古屋大学（植栽） 2005.8.2

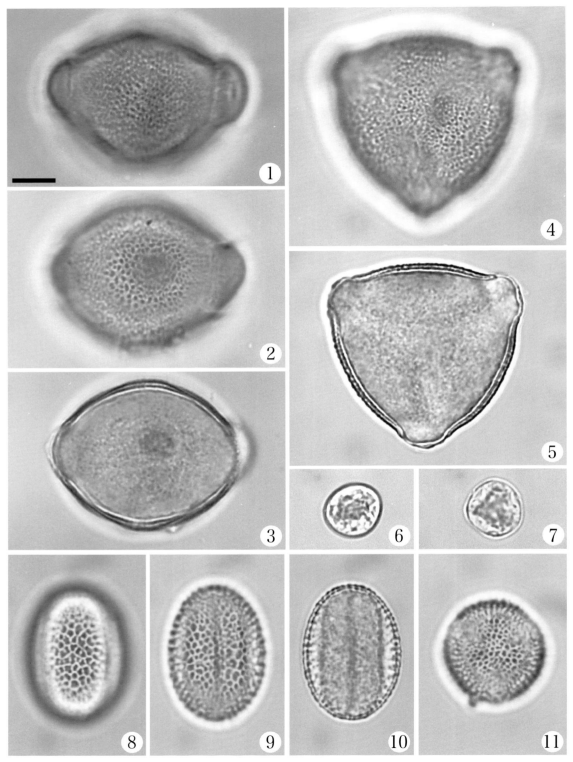

1-5：ヤブツバキ Camellia japonica 岡山県赤磐市山陽 2004.3.20, 6-7：カラムシ Boehmeria nipononivea 東京都立神代植物公園（植栽）1991.9.11（岡），8-11：セイヨウカラシナ Brassica juncea 岡山市半田町 1994.4.18（門脇）

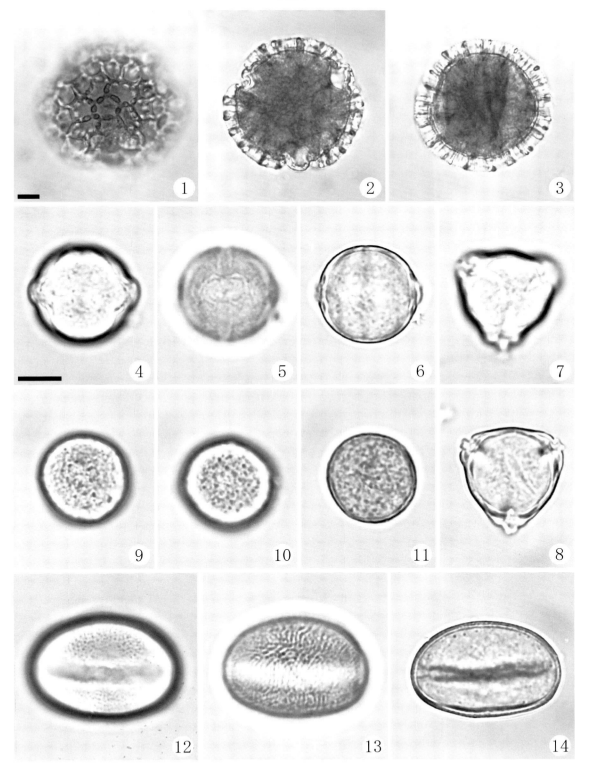

1-3：イソマツ *Limonium wrightii* 那覇市 1984.8.25(仲吉), 4-8：トウガラシ(ピーマン) *Capsicum annuum* 岡山県赤磐市南佐古田(植栽) 2004.6.23, 9-11：オオバコ *Plantago asiatica* 岡山県高清水高原 1982.8.31, 12-14：ユリグルマ *Gloriosa superba* 神戸市神戸学院大学(植栽) 1996.8.24(岡)

Pl.11

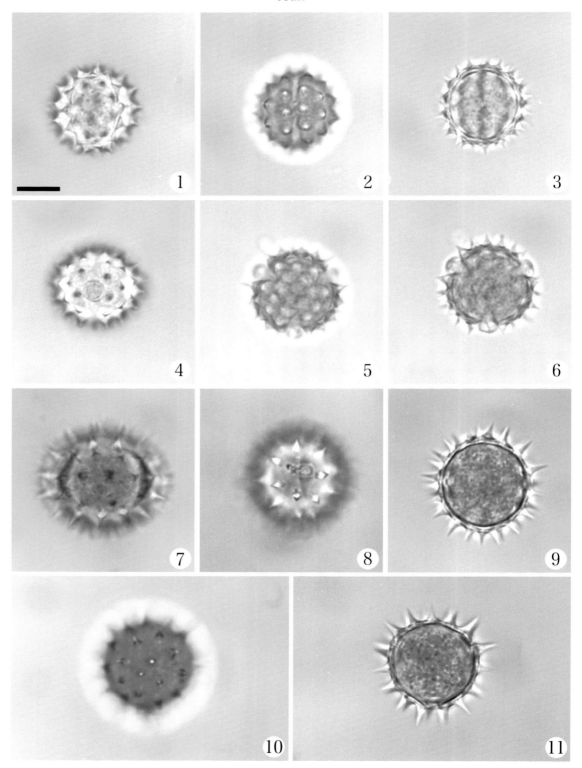

1-6：セイタカアワダチソウ Solidago altissima 岡山市岡山理科大学 1987.10.26(金井)，7-11：コスモス Cosmos bipinnatus 岡山理科大学(植栽) 1987.9.26(金井)

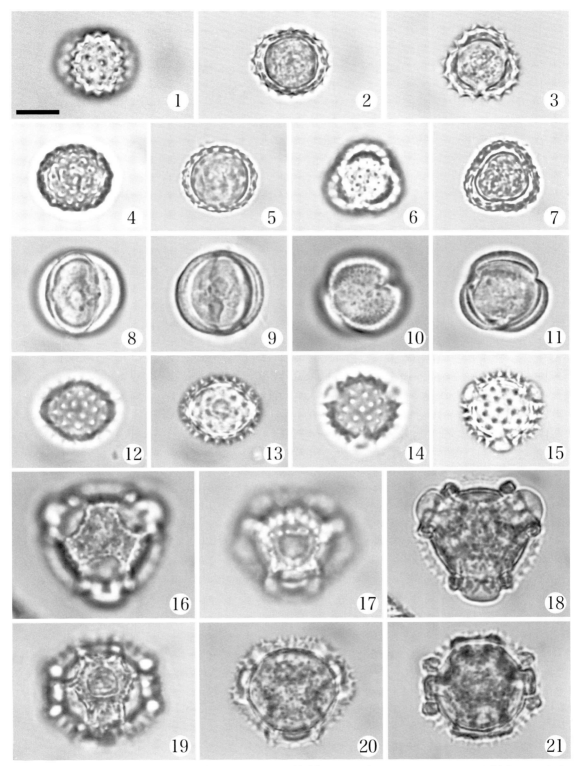

1-3：クワモドキ *Ambrosia trifida* 岡山市旭川 1992.10.26（岩瀬），4-7：ブタクサ *Ambrosia artemisiifolia* var. *elatior* 東京都立神代植物公園（植栽） 1991.9.11（岡），8-11：ヨモギ *Artemisia princeps* 岡山市半田町 1972.10.10, 12-15：ハルジオン *Erigeron philadelphicus* 名古屋市名古屋大学 2004.4.30, 16-21：セイヨウタンポポ *Taraxacum officinale* 名古屋大学 2004.10.29

PPl.13

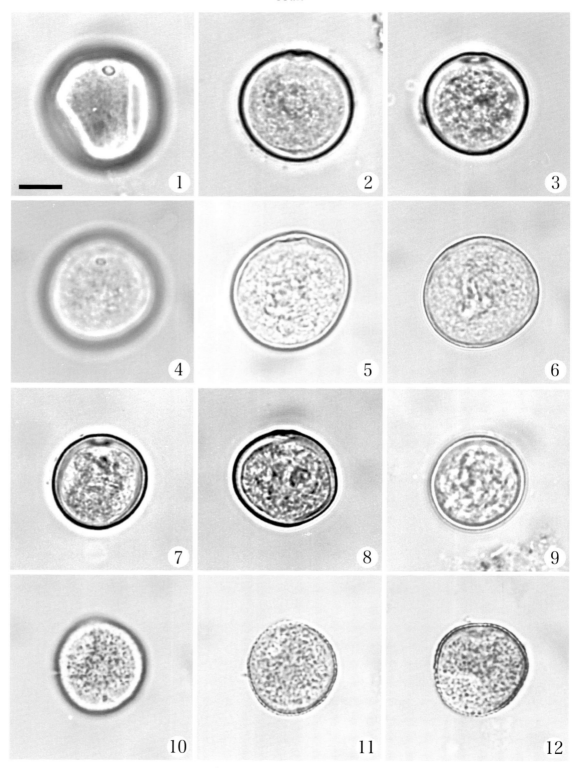

1-3：カモガヤ *Dactylis glomerata* 岡山市岡山理科大学 1979.5.11, 4-6：スズメノテッポウ *Alopecurus aequalis* 岡山市法界院 1994.4.10, 7-9：スズメノカタビラ *Poa annua* 岡山理科大学 2004.3.19, 10-12：ヒメガマ *Typha angustifolia* 岡山市百間川 1979.7.7（高橋）

第 II 部

解 説 篇

第1章

総　論

1. 花粉形態の研究史

人類はいつごろから花粉の存在に気づいたのだろうか。遺跡からの証拠によれば，ロンドンの大英博物館，ニューヨークのメトロポリタン美術館，岡山市のオリエント美術館などに鷲の頭を持ち，背に翼を広げた男がナツメヤシの人工授粉をしているらしい様子が刻まれた B.C. 9 世紀ころのイラク・ニムルド遺跡から出土した石版(有翼鷲頭精霊像)が展示されている(図1)。ナツメヤシは雌雄異株であるから，花粉を雌しべにつけて実を結ばせることを当時の人たちが知っていたとすれば，明らかに花粉の存在に気づいていたことになる。

図1 有翼鷲頭精霊像彫刻(岡山市立オリエント美術館所蔵)。イラク・ニムルド遺跡から出土。紀元前9世紀，高さ 106 cm。鷲の頭を持ち，背に翼を広げた男が右手にナツメヤシの雄花を持って，雌花に人工授粉をしていると見られる石版。

花粉は 10－200 μm の範囲の大きさであるから，花粉の形が人類に認められたのは当然顕微鏡の発明以後のことである。イギリスの Hooke(1665) は顕微鏡をつくってニワトコの髄を観察し，多数の蜂の巣のような仕切りがあることから，この小室を細胞(cell)と名づけたことで有名であるが，彼が花粉を顕微鏡で見たという記録は残っていない。花粉を初めて観察したのは，イタリアの Malpighi(1671) とイギリスの Grew(1671) で，両者は別々に花粉の観察結果をロンドン王立学会から発表した。これらはきわめて漠然とした内容ではあったが，世界最初の報告である。Malpighi は"Dpera umnia"の中で「ユリの花粉はコムギの種子のような溝を持っている」と記し，Grew は"Anatomy of plants"の中で「花粉は球状のものが多く，ゼニアオイの花粉は大きく，ルリジンヤの花粉は大変小粒である」と述べている。しかし，両者とも言葉で表現しただけで，花粉の形を描くことはしなかった。18世紀の後半に Bawer(1758-1840) はノートに花粉のスケッチを行い，57科120属にわたる花粉粒の形態を詳細に記録したが，残念ながら論文として発表しなかった。後にこの図を見た Brown(1830) は「花粉を見ることによって，植物の科のみならず属をも見分けられる」と断言している。20世紀になると花粉分析や空中花粉など花粉の形態から植物を見分ける，まさにその通りの研究分野が誕生した。この他にも花粉にかかわる研究としては，17世紀後半にドイツの Camerarius(1665-1721) がクワの雌花に花粉をつけると実を結ぶことを示し，ナツメヤシ以外の植物でも雌雄性が認められてきた。18世紀に入るとドイツの有名な植物学者 Kölreuter (1761) は，花粉についてその外壁が内膜と外膜の2層に包まれていることを発見している(岩波，1964)。19世紀前半には Fritsche(1837) が，この2層を intine(内壁)と exine(外壁)と名づけ，pollenine(花粉外壁を構成する主要物質の名称)の述語も彼が初めて使ったものである。ドイツの Göppert (1836) は第三紀石炭中から初めてハンノキ属の化石花粉を報告し，Ehrenberg(1839) はもっと古い白亜紀のチャート質岩石からトウヒ属の化石花粉

を報告した。20世紀に入ると Lagerheim（1902）により泥炭の花粉分析が始まり，von Post（1916）により花粉分析が古生態学の一分野として本格的にスタートした（岩波，1964；中村，1967）。

　花粉の形態についても，種レベルでは似ているものが多いが属や科レベルになると，異なる形態を示すことが多くなることから研究者の注目を集め，Woudehouse（1935），Erdtman（1952），王ほか（1955），Faegri & Iversen（1964）などの先駆的研究が多数報告された。日本でも 1933 年に Jimbo（1933），山崎（1933），熊沢（1933），志佐（1933）が一斉に花粉の形態についての研究を発表しており，この年はまさに日本における花粉の形態学的研究の元年である。その後も，神保（1936），Kumasawa（1936），Nakamura（1943）などの発表が続いたが，太平洋戦争の前後で研究が一時停止した。戦後アメリカ軍の進駐に伴う花粉症とその原因となる空中花粉への関心が刺激となって，花粉学の研究がしだいに復活し，Ueno（1949a），幾瀬（1953），Ikuse（1954），Nakamura（1954）などの研究が発表された。そしてついに幾瀬（1956）が日本産種子植物全般にわたる花粉粒判定の基準となる図説である『日本植物の花粉』を出版した。この本には約 190 科 2300 種が含まれている。その後も，島倉（1973，146 科 737 種），中村（1980，155 科 1144 種），坊田（1980，1981，1983，1987，192 科 3080 種），幾瀬（2001，207 科 3080 種）の光顕による花粉図説が出版されて，花粉分析や空中花粉の同定に役立てられている。

　光顕の分解能の限界は 0.2 μm であるため，拡大倍率は 1000-1500 倍が限度である。花粉の大きさは，大多数が 30-50 μm の範囲に集中するため，光顕で全体像は把握できても花粉外壁表面や膜断面の微細構造を詳しく観察することは不可能であった。この壁を打ち破ったのが電子顕微鏡（以下，電顕。EM：electron microscope）である。その倍率は電顕の保証分解能を 5Å とすると，解像力において光顕の 400 倍の飛躍がもたらされることになる。花粉に最初に適用された電顕は透過電顕で，Rowley（1959），Ueno（1960）などはウルトラミクロトームで花粉を超薄切片にし，これまで光顕では

見ることのできなかった花粉外壁断面の微細構造を明らかにしている。透過電顕は花粉外壁断面のような超薄切片による微細構造の解明にはその機能を十分に発揮したが，花粉外壁表面のような厚い膜では電子線が透過しにくいため，その威力を引き出せなかった。

　この障壁を取り除くために考案されたのが，カーボンレプリカ法である。Muhlethaler（1955）はカーボンレプリカ法によって，数種の花粉表面にカーボンを蒸着し，その膜を花粉から分離して供試した。これをさらに発展させたのが山崎・竹岡（1957）で，木材組織の観察に適用された原田ほか（1958）の創案によるカーボンレプリカ法（樹脂板で試料を挟んで電気恒温器内で約 100℃で 1 時間加温。放冷後樹脂板をはがしてカーボン蒸着をしてレプリカを作成）を花粉に応用し，針葉樹（クロマツ・スギ・コノテガシワ）と広葉樹（オニグルミ・クマシデ）の花粉外壁表面の微細構造を比較している。さらに山崎・竹岡（1958a, b, c；1959a, b）は次々と 5 報も発表し，その成果は世界の花粉学者から高い評価を受けた。竹岡はこれらの研究成果によって，当時スットクホルム大学花粉学研究所所長で花粉学の世界での第一人者であった Dr. Erdtman から客員研究員として招聘されている。このことは恐らくわが国の花粉学の成果が世界に認められた最初の記念すべき快挙であった。

　花粉の形態学的研究にカーボンレプリカ法が普及しはじめたころ，本法より試料の作成が簡単で，しかも焦点深度が深くて立体的な像が得られる走査電顕が開発され普及しはじめた。このため，残念ながらカーボンレプリカ法は花粉外壁表面の微細構造の研究には適用されなくなった。光顕や透過電顕ではレンズを用いて試料の拡大像を空間的な対応をもって同時に結像させるのに対し，走査電顕では試料上の場所的な分離を時系列の信号として取り出し結像させる。すなわち金や金バラジウム合金を蒸着させた花粉の表面に電子線を照射し，試料の表面を 2 次元的に走査し，そこから発生する 2 次電子の信号を増幅して陰極線チューブ（CRT：cathode ray tube）のグリットに送り，陰極線チューブのビームを輝度変調してテレビと同様

な方式により2次元的な走査像を得る。走査電顕は光顕よりも焦点深度が深く，立体的で美しい花粉外壁表面の像が得られるため，花粉表面の微細構造の解明にとって有力な手段となることから，花粉の形態学的研究に広く活用されるようになってきた。

すでに Punt(1976)，Punt et al.(1988)，Fujiki et al.(2004)，藤木ほか(2007)などは，光顕と走査電顕の両方の特徴を活かした写真を用いた研究報告を行っている。また，走査電顕写真だけの花粉写真集や花粉図鑑も黒沢(1991)，清宮(1995)，韋(2003)，李(2010)，宮澤・中村(2012)などにより出版されている。Kessler & Harley(2005)は花粉を材料にして，アーティストと花粉学者が協力した「アートと科学の融合」による見て楽しく美しい写真集を出版している。これまで花粉の走査電顕写真は必ず白黒と決まっていたが，この本では花粉の色にあわせて画像処理ソフトで美しい色に着色している。

2．花粉の採集法

花粉を研究するための花の採集は，各地の大学・研究所・博物館・植物園・薬草園などが標本庫に所蔵する植物分類学者がきちんと同定した腊葉標本から分与してもらえれば，一番正確である。しかし，これらの施設にとって腊葉標本は貴重な試料であり，標本から花を採取することは標本を傷つけることにもなるため，特定の科・属や素人には採集しにくい貴重な種類だけを部分的に分与していただけることはあっても，種子植物のすべてについて分与を受けることは難しいことが多い。そのため花粉の形態を調べたい者は，どうしても自力で花を採集しなければならない。

採集用具としては，花・葯・花粉を入れるための紙の封筒が不可欠である。封筒は使用済みの手紙の封筒を半分に切ったものでも十分であるが，本格的に取り組む場合は，植物名・採集地・採集年月日・採集者・同定者の項目を表に印刷した紙封筒を作っておくとよい（ビニール袋は，水分が蒸散しないため花が腐ったりカビが生えたりすることがあるの

で，使わない方がよい）。この封筒は，採集目的以外で外出する際にも常に携帯しておけば，思いもかけないところで珍しい花を採集できることがある。その他の採集用具としては，剪定鋏・ピンセット・ルーペ・ノート・筆記用具・薬包紙・サンプル管・手袋などで，高い木の花を取るのには，長柄つきの鋏があると大変役立つ。

採集して持ち帰った花は，できるだけ早く陰干しにするか，乾燥剤の入ったデシケーターに入れて乾燥させる。マツ・スギ・ガマのように多量の花粉をつける花穂については，花粉だけを取り出して薬包紙に包んで保管すれば，不純物の少ないきれいなプレパラートを作成できる。また花粉だけを集めるのが無理でもピンセットで葯だけを取れるものは，葯だけを集めておくとよい。また，長雄しべ・短雄しべをつけるサルスベリ・ハクチョウゲ・サクラソウのような花では，両者の花粉が混合してしまわないように持ち帰ったらすぐにピンセットでそれぞれの葯を取り，薬包紙に包んで保管する。ヤマモモやアカメガシワのような雌雄異株の植物については，当然のことながら雄花であることをよく確認して採集しなければならない。

観察に使う花粉は，植物名が判明していても花だけでなく葉・枝・茎，場合によっては根まで含む植物体を採集し，腊葉標本を作成して保管しておき，いつでも花粉と腊葉標本を照会できるようにしておくことが，研究の基本姿勢である。しかし，現実には時間的あるいは空間的な制約により腊葉標本まで作成することが無理な場合が多い。このようなときも採集した花の植物名が不明だったり不確かな場合だけは，必ず花だけでなく枝や葉のついた植物体も採集して，後日図鑑で調べたり専門家に同定を依頼しなければならない。また，国立公園・植物園・薬草園などで花を採集する場合には，当然のことながら前もって管理者の許可を受けておく必要がある。

一般に花は，ロウバイ・ハンノキ・スハマソウ・フクジュソウなどのように早春に開花するものから，晩秋〜初冬にかけて咲くヤツデやビワまで，四季を通じて開花が見られるので，花粉を採

集しようと思えば1年中常に気をつけていなけれ
ばならないが，花が一番多く咲くのはやはり春で，
次に秋・夏・冬の順となる。花の開花時期は，同
一植物でも緯度・高度によりかなりの幅があるの
で，本書ではここに使った試料の採集日と各種植
物図鑑に記載されている開花期を勘案し，その植
物の開花期として記してある。また，温室で栽培
された植物では，屋外で生育するものより早く
なったり，外来植物で本来の開花期が不明のもの
は，花の採集月の前の月と後の月を合わせた3か
月と仮にしている。

本図鑑に収録した花粉の試料は，筆者らが自分
で集めたものだけでなく，多くの方々から提供さ
れたものである。走査電顕写真用に使用した試料
は，記載欄に採集場所・採集年月日を最高で3点
まで記し，提供を受けた試料については採集者名
も付した。ただ，試料の管理が不十分で，採集場
所・年月日・採集者名の記録を紛失してしまった
ものがあり，これらは「不詳」と記している。こ
れら出所不明の試料は，本来学術的価値が著しく
低下してしまっているが，参考程度には役立つと
考え，あえて削除せず掲載してあるので，これら
の事情を考慮のうえご活用いただきたい。

3. 花粉の処理法

採集した花粉は，無処理のままスライドガラス
の上にのせ，水やグリセリンゼリーを1滴落とし
てよくかき混ぜカバーガラスをかけて検鏡すれば，
その姿を観察できる。特に空中花粉の同定のため
には，参考にする現生花粉も無処理のプレパラー
トが適している。しかし，現生花粉表面の微細な
形態を調べたり，化石花粉を同定するため参考と
する現生花粉のプレパラートは，花粉の表面に付
着する花蜜やほこり，花粉粒内の細胞質を取り除
いておかないと，その花粉の特徴を十分観察する
ことができない。一般的によく使われている処理
方法は，アルコール・キシロール法（幾瀬，1956），
水酸化カリウム（KOH）法（von Post, 1916），アセト
リシス（錯化液）法（Erdtman, 1934）である。

3.1 アルコール・キシロール法

本法は，器具として洗浄びんとシャーレぐらい
があればできる簡便な方法であるが，花粉粒内の
細胞質まで取り除くことはできない。クスノキ科
のような壊れやすい花粉は，本法で処理するとよ
い。

①スライドガラスの上に95％か無水アルコー
ルを1滴落とし，その中で葯から花粉だけを
ピンセットや柄付針を使って取り出す。

②スライドガラスを少し傾斜させ，上方からキ
シロールのような溶剤でよく洗う（風媒花粉は
流れやすいので要注意）。

③さらに95％以上のアルコールで洗う。

④表面の模様を見やすくする目的で色素（ゲンチ
アナ紫，フクシンなどのアルコール溶液）で染め，
アルコールの揮発後過剰の色素を無水アル
コールで洗い，よく乾いてから封じる。

3.2 水酸化カリウム（KOH）法

花粉分析が始まった初期のころから使われてい
るもっとも簡便な方法で，現在もその価値は失わ
れていない。現生花粉だけでなく花粉分析の処理
でも，まず最初に本法を適用することが多い。薬
品処理をするため，遠心管（ガラス製・ポリエチレン
製のどちらでもよい）と花粉を沈殿させるための遠
心分離機（手動・電動のどちらでもよい）が必要である。
壊れやすい花粉は，本法を適用するだけにとどめ
るのがよい。またシダの胞子では，本法を適用す
ると外被層（周皮，ペリン）が剝離することが多いの
で注意が必要である。

①花粉（あるいは葯，花全体）を10 mlの遠心管に
入れ，10％KOH 5 mlを加える。沸騰してい
る湯煎器の中に10-20分間置き，その間と
きどきガラス棒で攪拌する。

②0.5 mm前後のフィルターで，花粉の入った
KOH液を別の遠心管に濾過する。フィル
ターの上の残渣には，洗浄びんの蒸留水を強
く吹き付けて，花粉を落とす。

③5分間前後1500-2000回転で，遠心分離。上
澄液は廃液容器に捨てる（沈殿している花粉が浮
き上がらないように，一気に上澄液を捨てるのがコ

ツ)。

④残渣は水洗し，再び遠心分離(2-3回)。

3.3 アセトリシス(錯化液)法

Erdtman(1934)が考案した方法で，花粉中のセルロースを酸で加水分解してもっとも効率的に取り除くことができ，化石花粉にも適用される。写真撮影する花粉は，本法で処理しておくとより鮮明な像を得ることができる。ただ壊れやすい花粉には，本法を適用しない方がよい。

①KOH 処理の終わった花粉残渣は，脱水のため氷酢酸(CH_3COOH)を 3-4 ml 加えて，攪拌してから遠心分離。上澄液は，有機物廃液容器に捨てる(以下同様)。

②残渣に錯化液 5 ml を加えて攪拌しながら湯煎器の中で 3-5 分間加熱する。錯化液は無水酢酸〔$(CH_3CO)_2O$〕が 9 割に濃硫酸(H_2SO_4)が 1 割を混入した液で，水気のないメスシリンダーで使用する直前に調合する。

③加熱の終わった錯化液に氷酢酸を 5 ml 加えて攪拌し，遠心分離。上澄液は廃液容器に捨てる。

④残渣は水洗し，遠心分離(2-3回)。

なお，3.2 や 3.3 で処理した花粉外壁は，黄褐色に着色してコントラストがつくため，さらに染色をする必要のない場合が多い。染色する場合は，花粉外壁をよく染色する色素としてはアジン系(サフラニンなど)，トリフェニールメタン系(塩基性フクシンなど)が広く用いられ，永久プレパラートにしても退色しない。

3.4 塩化亜鉛比重分離法

化石花粉の処理の際に用いる方法である。この方法により花粉を含む有機物と粘土などの土壌を分離することができ，綺麗な化石花粉を観察することが可能となる。

①水酸化カリウム処理後の堆積物に，比重を 1.6〜1.8 に調整した重液を 4〜5 ml 加え，よく攪拌してから遠心分離。

②上澄液を蒸留水が入った別の遠心管に移し，比重を下げて遠心分離。

①〜②を 2〜3 回繰り返し，最後に残渣を水洗し遠心分離する。

4. 封入剤と封入法

4.1 封 入 剤

花粉は花粉外壁と封入剤の屈折率の差が大きいほど，コントラストが強くなりきれいに見える。花粉の屈折率は，幾瀬(1953)によると新しい花粉では 1.4860-1.5144 の範囲にあり，Christensen(1954)によると 1.55-1.60 くらいであるという。このことから封入剤は，1.4860 以下か 1.60 以上の屈折率を持つものを用いるとよいことになる。

無処理の花粉も化学的処理をした花粉も，スライドガラスの上で封入して観察し測定するが，その封入剤としては，水(屈折率：1.33)，シリコンオイル(1.4)，グリセリンゼリー(1.43)，無水グリセリン(1.47)，バルサム(1.53)，ポリビニールアルコール(1.54)，オイキット(1.53)などがある。このうち日本や北米ではグリセリンゼリーが，ヨーロッパではシリコンオイルがよく使われているが，最近ではオイキットによる包埋も増えてきている。

(1)グリセリンゼリー

本剤はこれまでもっともよく利用されており，屈折率が低くてコントラストがよくつくこと，水溶性なので化学的処理した残渣を水洗後直ちに封入できること，かなり長期間にわたり半永久プレパラートとして利用できることなどの利点がある。欠点は，年月がたち古くなると花粉が膨潤して大きくなること(25%前後膨らむ)，プレパラートの水分が蒸発するとしだいにコントラストが減少してくることである。本剤のつくり方は，次の通りである。

ゼラチン：150 g，水：175 ml，グリセリン：150 ml，フェノール：7 g

ゼラチンを水に浸して吸水・膨潤させてから加熱して溶かし，ガーゼで濾過する。これにグリセリン，フェノールを加えて混和させる(夏季は水を少なめに，冬季は多めにするとよい)。

(2)シリコンオイル

本剤の最大の利点は，封入後花粉の大きさがほ

とんど変動せず，生の花粉とほぼ同じ大きさを永久に保持できることである。ただ本剤は液体で固化しないため，作成したプレパラートは常に水平に保っておかなければならない不便さがある。また本剤は水溶性でないため化学的処理した残渣は，以下のような脱水処理をしてからプレパラートを作成する必要がある。

①60%エタノールで脱水し，遠心分離。

②80%エタノールで脱水し，遠心分離。

③99.5%エタノールで脱水し，遠心分離。

④ベンゼンを加えて遠心分離。

⑤少量のベンゼンを加え，続いてシリコンオイルを入れて混和。

⑥24時間ドラフト内に放置してベンゼンを揮発させてから，プレパラートを作成。

(3)オイキット

シリコンオイルと同様にプレパラート作成後花粉の大きさが変動せず永久保存できるため，最近使われはじめている。

①上記のシリコンオイルと同様のエタノールシリーズで脱水し，遠心分離。

②キシレンを加えて攪拌し，遠心分離。

③残渣をオイキットで包埋。

4.2　封　入　法

封入剤を用いて花粉を封入する際，カバーガラスをかけたとき周囲に余分の封入剤ができるだけはみ出さないように滴下する量を調節する必要がある。封入剤と花粉はガラス棒でよく混和させ，カバーガラス内全体に均等に分散するようにしてからカバーガラスをかける。またグリセリンゼリーのように，低温で固化する封入剤で封入するときは，保温器の上で封入処理を行うとよい。グリセリンゼリーは水分が蒸発すると屈折率が高くなり花粉のコントラストが低下するため，カバーガラスの周囲をパラフィン・バルサム・マニキュアなどで封じて水分の蒸発を防止することが大切である。

5.　試料の作成法

5.1　走査型電子顕微鏡

走査電顕で花粉を観察するためには，非導電性の花粉に電子線を照射したら2次電子線が発生するように，花粉の表面に金属の薄膜を蒸着しなければならない。そのため水酸化カリウム処理・アセトリシス処理を済ませた花粉を，次のような方法で固定し，さらに金属を蒸着させる。

(1)カルノア法

①化学的処理の済んだ花粉残渣にカルノア液(無水アルコール3：氷酢酸1)を5ml加えて攪拌し，1昼夜前後固定してから遠心分離。

②99.5%エタノールを加えて，遠心分離。

③キシレンを加えて洗い，遠心分離。

④残渣をスポイトに取り，試料台に1滴落として柄つき針で花粉を拡散させながらキシレンを揮発させて乾燥させる(1980-1994年までは，この方法で試料を作成)。

(2)四酸化オスミウム法

①化学的処理の済んだ花粉残渣に市販の四酸化オスミウム2%溶液を加えて2時間固定を行う。この間に導電染色(非導電性の生物試料を導電化する技術)も行われる。

②蒸留水で水洗(4回)し，遠心分離。

③エタノールシリーズ(4.1(2)参照)で脱水し，遠心分離。

④キシレンで置換して遠心分離。

⑤試料台上での処理は，カルノア法と同様(1995年以降は，この方法で試料を作成)。

花粉断面用の試料は，乾燥後に試料台上の一部の花粉を，柄付針で軽く潰したのち金属蒸着を試みた。

(3)金属蒸着法

花粉表面への金属薄膜の作成は，低温イオンスパッタリング装置内で，金パラジウム合金を10-15分間蒸着させることによって行う。花粉表面の微細構造を消さないためには，できるだけ金属薄膜は薄い方が望ましいが，あまり薄いと観察中にチャージング(走査電顕観察中に非導電性試料上に荷

電が蓄積される現象)して像障害を起こす。加速電
圧は5-10kvの範囲で行ったが，加速電圧は，高
くするとチャージングが起こりやすいので，少し
低めの加速電圧で撮影する方が，よい画像が得ら
れる。

5.2 透過型電子顕微鏡

(1)アルデヒド－オスミウム酸二重固定法

①減圧浸透：花粉を固定液に入れて減圧浸透処
理を1-2分，2-3回繰り返す。

②前固定：5%グルタルアルデヒド(0.1Mリン酸
緩衝液，pH7.4)，4時間，4°C。

③水洗：リン酸緩衝液で洗浄する。5分×3-4
回。

④後固定：2%四酸化オスミウム，2-4時間，
遮光し4°C。

⑤水洗：リン酸緩衝液で洗浄する。5分×2-4
回。

⑥脱水：50%，70%，90%のエタノール(各10
分，室温)，100%エタノール(10分×3回)。

⑦樹脂浸透：通常の樹脂浸透法

　a．プロピレンオキサイド，5分×2回，室
　　温。

　b．プロピレンオキサイドと樹脂の混液(2：
　　1，v/v)，2時間，室温。

　c．プロピレンオキサイドと樹脂の混液(1：
　　1，v/v)，2時間，室温。

　d．プロピレンオキサイドと樹脂の混液(1：
　　2，v/v)，2時間，室温。

　e．樹脂，18‐24時間，室温。防湿のため
　　デシケータの中に保存(浸透が困難な組織の場
　　合には，長時間樹脂浸透法がある)。

⑧低粘性エポキシ樹脂(Spurrの樹脂)の包埋法
EM-Spurrセット(ERL-4206，D.E.R736，
NSA，S-1)の混合液を用いる。

⑨樹脂の作成法

　a．ERL-4206：D.E.R.736：NSA＝10.0：
　　4.0：26.0(g)を軽くスターラーで攪拌す
　　る。

　b．加速剤s-1 0.4(g)を加え，再度攪拌する。

　c．パラフィルムで蓋をし，1-3日保存後使

用する。

⑩熱重合：花粉をビームカプセルに入れ，新し
い樹脂(加速剤添加)に封入した後，70°C，8時
間調合を行う。

(2)超薄切片法

超薄切片用ミクロトームにより，超薄切片を作
成する。

①準超薄切片の作成

　a．試料面の露出(荒削り)：試料ブロックを
　　ガラスナイフで切削し，試料の面出しをす
　　る。

　b．トリミング：不必要な樹脂の部分を取り
　　除く(長方形，台形)。

　c．表面の研磨：ガラスナイフで切削面の研
　　磨をする。

　d．ボード液の注入：ボード液を刃になじま
　　せ，水面が白く光る程度に注ぐ。

　e．準超薄切片作成：厚さ0.5-1.0μmの切
　　片を薄切りし，白金耳でスライドガラス上
　　に載せ加温，乾燥させる。

　f．染色：トルイジン青やメチレン青で，加
　　温染色。

　g．水洗・乾燥。

　h．光顕観察：目的の試料断面がなければ，
　　資料面を切り込み，再度c.‐g.を繰り返
　　す。

②超薄切片の作成

　a．薄切用トリミング：準超薄切片(光顕像)
　　と試料ブロック表面(実体顕微鏡)を照らし
　　合わせて目的部位を残し，トリミングする
　　(0.5mm²程度の台形や長方形)。

　b．切削面とナイフの角度の調整：試料表面
　　の水平方向(左右)と垂直方向(上下)がナイ
　　フの刃先に合うように取り付ける。

　c．表面の研磨：ダイヤモンドナイフを使用
　　の際もガラスナイフで切削面の研磨をする。

　d．ボード液の注入：ボード液を刃になじま
　　せ，水面が白く光る程度に注ぐ。

　e．目的の厚さに切削(通常は60-80nmで灰色
　　～銀金色の干渉色)。

　f．グリッドに載せる：試料を白金耳でエタ

ノールに浸して親水性を持たせたグリッドに載せる。内径3mmグリッドでは，中央部の内径2mmの範囲に切片を載せる。

g．電子染色
　㋐パラフィルムの上に5％酢酸ウラニルを滴下し，メッシュの試料の乗った面をその液面に浮かべて10分間染色する。
　㋑メッシュを蒸留水で十分染色する。
　㋒酢酸ウラニルと同様にクエン酸鉛で10分間染色する。
　㋓メッシュを蒸留水で再び十分洗浄する。
　㋔試料を風乾させる。

h．観察・写真撮影：透過電顕による撮影は，加速電圧80kvで花粉外壁断面の拡大像を撮影。

5.3　光学顕微鏡

(1)花粉分析用の現生花粉

水酸化カリウム処理・アセトリシス処理が済んだ試料に下記の処理を行った。
　①エタノールシリーズで脱水し，遠心分離。
　②キシレンで置換して遠心分離。
　③残渣をオイキットで包埋しプレパラートを作成。

撮影にはNikon XF-21を使用し，フィルムはKodak Technical Panを使用した。400倍で写真撮影を行った。撮影は1種につき1枚のものから5枚のものまであり，焦点をどこに合わせるかにより，さまざまな組み合わせがある。

(2)空中花粉測定用の現生花粉

空中花粉にできるだけよく似た状態とするため，無処理のまま下記の方法で試料を作成した。
　①エタノールで洗浄してから，篩でゴミを除去し，遠心分離。
　②エタノールシリーズで脱水し，遠心分離。
　③キシレンで置換して遠心分離。
　④残渣をオイキットで包埋しプレパラートを作成。

撮影には光学顕微鏡用試料(現生花粉)の作成法と同様に行った。

6．試料作成や観察に使った装置

試料作成や観察・撮影に用いた装置は，次のような機種である。

光学顕微鏡：Nikon Optiphot-2，Nikon Eclipse E 600，Nikon XF-21。
走査電顕・透過電顕：日本電子株式会社の次の5機種
　JSM-35型(1980-1994)，JSM-5300・JSM-890型(1994-2004) ……………岡山理科大学
　JSM-6300F(1998-2014)
　……………国際日本文化研究センター
　JTM-2000EX ………………岡山理科大学
超薄切片用ミクロトーム：EM-ULTRACUT・S(日本電子) ……岡山理科大学
蒸着装置：JFC-1100
　…岡山理科大学・国際日本文化研究センター

撮影に使ったフィルムは，Fuji-Neopan SS，Kodak Professional Plus-X125，Kodak Technical Panで，現像はD-76で行った。撮影した画像は，ニコンスーパクールスキャン8000で取り込み，Adobe PhotoshopとCanvasを使って図版を作成した。

7．撮影法・測定法

これまで光顕での花粉の写真は，一部の巨大花粉以外はほぼ400-600倍で撮影し，1000倍に固定して焼き付ける方法がとられてきた。しかし，走査電顕写真では，大きさよりも表面の微細構造に重点をおくため，倍率は固定せず，全体像では100倍程度の低倍率から3000-5000倍もの高倍率を使い，表面の微細構造の拡大像では，全体像のさらに2-3倍の倍率を使った(例えば，1000倍で全体像を撮影した場合の拡大倍率は，2000-3000倍とした)。ただ分類群により花粉の大きさが重要な特徴となる場合があるので，同一属内や同一科内の倍率は，できるだけ同じようになるように心がけた。このように分類群により撮影倍率が頻繁に異なるため，すべての図版に目盛(スケール)を入れてある。そ

第II部　解説篇

の目盛は，▭ と ▬ が 100 μm，▭ と ▬ が 10 μm，▭ と ▬ が 1 μm で，白線は走査電顕，黒線は光顕である。例えば，目盛の長さが 10 mm の場合，100 μm の目盛の写真は 100 倍，10 μm の目盛の写真は 1000 倍，1 μm の目盛の写真は 10000 倍となっている。大きさの測定法は，極性のある花粉については，極軸長（P：polar axis）の（最小 - 最大）×赤道径（E：equatorial diameter）の（最小 - 最大）μm を記し，極性のない花粉では，直径（最小 - 最大）μm の幅を示した（図 2a, b）。また裸子植物の気嚢を持つ花粉については，花粉本体と気嚢を含めた長さを P×E として記した。

走査電顕写真での花粉の大きさは，各種類につき撮影した 6〜10 枚の像を物さしで測ったものなので，記載文中の数字は大体の範囲で正確な値ではない。花粉の大きさは，無処理やアルコール処理をしただけのものと化学的処理をしたもので異なり，さらにグリセリンゼリーやシリコンオイルなどの包埋剤によっても差が出てくる。そのため本書利用者の便宜をはかるため，次の 3 種類の異なる処理法・包埋法による花粉の大きさを記載文中に引用した。

現在花粉をオイキッド封入した試料については，その大きさが SEM 像とほぼ同じであったため，光学顕微鏡にて大きさの測定を行った。そのため，大きさは小数点第一位まで表記している。

①幾瀬（1956）アルコール処理・グリセリンゼリー包埋：（I）

②島倉（1973）アセトリシス処理・グリセリンゼリー包埋：（S）

③中村（1980）アセトリシス処理・シリコンオイル：（N）

引用した花粉の大きさについては，その著者名の頭文字（I），（S），（N）を付してある。なお，これら 3 著書の中に記載のない種類の大きさについては，Erdtman（1952）・Huang（1972）・坊田（1989）・王ほか（1995）から引用し，それぞれ（E），（H），（B），（W）を付した。

包埋法により大きさは異なり，一般的には乾燥（無包埋）＜シリコンオイル＝オイキット＜グリセ

リンゼリーの順で大きくなる。走査電顕の花粉写真は，他の包埋法のものより全体に小さくなる。また，化石花粉の走査電顕写真は，堆積物中から分離・抽出する際にフッ化水素酸（HF）を使用した場合，花粉が収縮するため現生花粉より小さくなる傾向がある。

走査電顕は機械の調整がうまくいかなかったり，電圧が安定しなかったりすると，斜線が現れたり，像が乱れたりすることがある。また花粉は非導電性であるため，金属蒸着をしてもチャージングして走査線が乱れるなどの異状が発生する。このような異状が発生したネガフィルムは，できるだけ使わないように努力したが，満足のいく画像が得られなかった種類については，本来ないはずの斜線が入ったり，たくさんのチャージングの線が入った写真を一部使っている。このような 2 次的な像が入った写真については，＊印を付してあるのでご留意いただきたい。

図版の作成にあたっては，同じ分類群の種類はできるだけ同じ図版中に納めるようにしたが，まれに花粉の大小により同一図版に納まらないものがあるため，かけ離れたところに入れている種類もあるので留意していただきたい。

8. 植物分類体系

種子植物の分類体系は，Melchior and Werdermann（eds. 1964）により編集された "A. Engler's Syllabus der Pflanzenfamilien" に準拠して配列した。学名や和名については，佐竹ほか（1981）の『日本の野生植物』（草本類 3 巻）と佐竹ほか（1982）『日本の野生植物』（木本 2 巻）にしたがった。各分類群の世界での種類数・日本での種類数と分布地域や開花期については，上記書の他に北村・村田（1971）の『原色日本植物図鑑』や牧野（1996, 1997）の『原色牧野植物大図鑑』，岩槻ほか（1994 - 1997）の「週刊朝日百科 植物の世界」の各シリーズを参考にした。園芸植物については，塚本（1988, 1994）の『園芸植物大事典』などを参考にした。

第1章　総　論

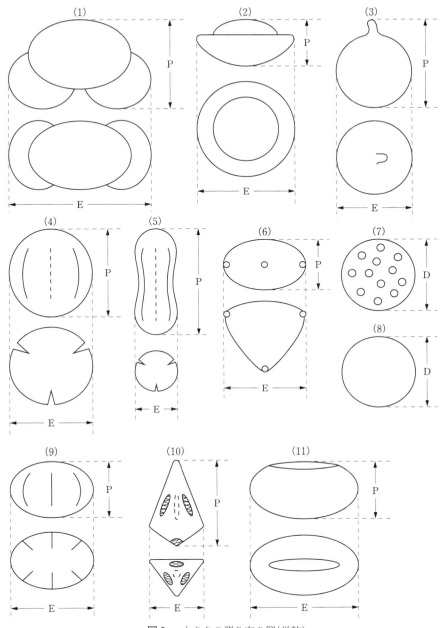

図2a　大きさの測り方の例(単粒)
1：マツ属，2：ツガ属，3：スギ属，4：コナラ属，5：セリ科，6：カバノキ科，7：アカザ科，8：クスノキ科，9：シソ科，10：カヤツリグサ科，11：ユリ科，D：極性のない花粉の径，E：赤道径，P：極軸長

9. 花粉形態の特徴と記載用語

花粉学の用語は，Erdtman(1952)やTraverse(1988)など多数の花粉学者によって定義されている。国際花粉学会も花粉学用語に関する小委員会を設けて検討を重ね，その成果としてBlackmore et al.(1992)による"Pollen and spore terminology"が出ている。日本花粉学会編(1994)『花粉学事典』は，これを土台にして編集されて

515

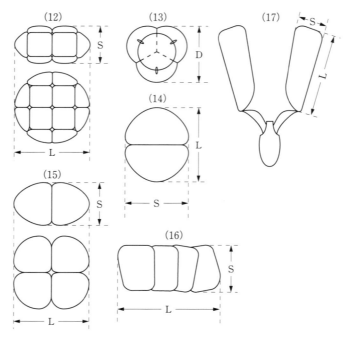

図 2b 大きさの測り方の例 (複粒)
12：ネムノキ属，13：ツツジ科，14：ホロムイソウ属，15・16：ガマ属，
17：ガガイモ科，D：極性のない花粉の径，L：長径，S：短径

いるので，本書での用語も花粉学事典の用語に準拠している。その後 Punt et al.(2007) により "Glossary of pollen and spore terminology" の改訂版が出た。この用語集は各術語にその命名者・命名年代とその説明文が記され，大多数の術語にはカラーの図が付けられていて，大変わかりやすいものである。これらは，インターネットでも公表されているので，ぜひ活用していただきたい (http://www.pollen.mtu.edu/glos-gtx/glos-p1.htm)。

花粉の形態で重要な特徴は，集合状態・付属物・極性・外観・大きさ・花粉管口・外壁断面の構造・外壁表面の模様・色などである。

10. 花粉形態の特徴

10.1 集合状態

花粉は，葯の中で1個の花粉母細胞が第一分裂 (減数分裂) と第二分裂 (体細胞分裂) の2回の分裂によって4集粒の状態となり，その配列には四面体型と双同側型がある。この4集粒は成熟の前後に分離して4個の単粒花粉となるのが普通である (図3)。ところがカヤツリグサ科のように1個の花粉母細胞が2回分裂して4核となるが，そのうちの3核は退化してしまい，1個の花粉しかできないものもある。また，2回の分裂が終わっても4集粒のまま分離せず結合した状態でとどまる多集粒もある。

多集粒花粉は，2集粒・4集粒・16集粒・花粉塊の4種類がよく知られている。このうち2集粒は，カワゴケソウ科とホロムイソウ科の2科だけである。4集粒は，もっとも種類が多い。双子葉類ではイチヤクソウ科のイチヤクソウ属，ツツジ科のドウダンツツジ属を除くすべての属，モウセンゴケ科，アカネ科のクチナシ属などに見られる。単子葉類ではガマ科，イグサ科，ラン科の一部の属に見られる。16集粒は，マメ科のネムノキ属とアカシア属だけである。花粉塊は，ガガイモ科とラン科に見られ，この塊を構成する花粉の基本単位は，単粒からなるもの (キンラン属，ムギラン属

第1章 総　論

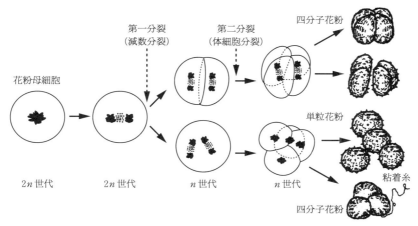

図3　花粉のでき方の代表的な2例(岩波，1964より一部改変)
上段は双同側型，下段は四面体型

など)と4集粒からなるもの(ネジバナ属，シラン属など)がある。まれな例として，熱帯・亜熱帯産のマメ科ベニゴウカンは，8集粒である。集合状態は大多数が単粒であることから，本書の記載では，単粒の場合はそのことを記載文には記さずに省略し，2粒以上の多集粒の場合のみ，その集合状態を明記した。

10.2　付属物

花粉本体に付着する付属物としては，気囊と粘着糸があり，同定の際の特徴の1つとなる。気囊は翼とも呼ばれ，花粉外壁の一部が袋状に膨張した構造である。一般には柱状層と底部層との境が分離することで形成され，気囊部分の柱状層は蜂巣状になっている。これを持つのは，裸子植物のマツ科とマキ科の花粉である。その大多数は2気囊型(マツ属・モミ属・トウヒ属・イヌマキ属など)であるが，単気囊型(ツガ属)や3気囊型(ダクリカパスマキ)もあり，花粉の同定に際して重要な特徴となり，さらに気囊の大きさや気囊の本体への付着の仕方なども区分の目安となる。

粘着糸は花粉の向心極面から出ている粘性の糸状物で，アカバナ科の花粉に広く見られる。それに対してツツジ科の花粉のように遠心極面から出ている粘性の糸状物は，粘結糸として区別される。しかしどちらも花粉外壁の外被層が粘性の糸状になったもので，基本的にまったく同じものである

ため，上野(1949)は両方をあわせて粘糸と命名している。本書では一番普及していると思われる粘着糸を両者の総称として使う。その形態はツツジ科のシロリュウキュウツツジでは細い棒状，アカバナ科のマツヨイグサでは数珠玉状，ハクチョウソウ・ヤマモモソウでは不規則なラセン状の糸で，幅は0.5 μm前後であるが，長さは花粉の粒径の20-30倍もある。粘着糸の役目は，吸蜜に訪れた昆虫に花粉を付着させ紐状となって葯から出て昆虫の体につき，花粉の媒介を助けることである。

10.3　極　性

花粉の極性は，花粉母細胞が2回の細胞分裂をして4個の花粉ができる四分子期に決まる。4細胞が接合している中心に接する部分を向心極，外側に面する部分を遠心極と呼ぶ。この両極面の中央を結ぶ軸を考え，これを極軸という。この両極面の接するところで極軸と直角となる軸を赤道軸といい，その広がりを赤道面と呼ぶ(図4)。シダやコケの胞子や花粉の一部では，この両極面をはっきり区別できるものが多く，異極性という。これに対して大多数の花粉は4集粒が分離した後ではこの両極面の違いが消失し，確認できないものが多く，等極性という。ただ極軸と赤道軸は残っているので，極観と赤道観の区別のできるものはたくさんある。本書の記載では，極性は等極性(大多数)であるか異極性(少数)であるかを記した。

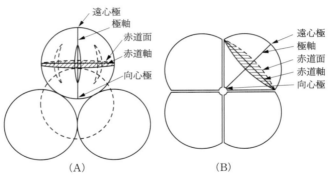

図4 花粉粒の極性(日本花粉学会，1994より一部改変)
A：四面体型配列の場合，B：双同側型配列の場合

10.4 外　観

外観は，乾燥状態と膨潤状態，無処理と化学的処理などで異なることがあるため，絶対的な特徴ではないが，かなり特異的な外観を持ち同定の目安となる。花粉の3次元的外観は，球形・長球形・半球形・偏平球形などの立体像をしている。これを極性により極観・赤道観で2次元的に見ると，多様な形が見られる。極観像(AMB：ambit)の基本型は，円形・三角形・四角形・五角形・多角形の5型からなり，これらがさらに変形して微妙な差を生み出している(図5)。Erdtman(1952)は，赤道観像をはっきりした形で表現するため，極軸長(P)と赤道径(E)の比P/Eから5型に大別している(表1)。全体的にみて赤道観像は，双子葉類では長球形が多く，単子葉類では偏平体形が多く見られる傾向がある。本書の記載では，まず3次元的外観について記し，その後に2次元的外観を示した。

10.5 大きさ

花粉の大きさは処理法・封入剤・封入後の時間の経過などによって大きく異なることがあるので，外観と同様に絶対的な特徴ではないが，役立つことが多いので必ず測定しておかねばならない。Erdtman(1945)は花粉の大きさを，次の6段階に分けている。

　　微粒：<10μm，　やや大粒：50-100μm，
　　小粒：10-25μm，　大粒：100-200μm，
　　中粒：25-50μm，　巨粒：>200μm

花粉の大きさは，大多数が10〜100μmの範囲に入り，特に中粒が多い。微粒ではムラサキ科のキュウリグサやマメ科のオジギソウの4集粒は10μm以下である。大粒ではアオイ科，オシロイバナ科，アカバナ科などに大きな花粉を持つものが多い。巨粒はラン科の花粉塊に見られ，肉眼でも取り出せるほど大きいものがあり，アマモの糸状花粉は，2000μm以上もある。本書の記載では，まず走査電顕像での大きさを記し，その次に光顕による上記の各著書より引用した大きさを示した(撮影法・測定法を参照)。

10.6 発芽口

発芽口とは，花粉粒の表面につき，受粉に際して花粉管の正常な出口としてあらかじめ形成された花粉外壁の弱くなった部分の総称である。花粉管の出口となる発芽口の有無と，ある場合にはその位置・形・数などは，分類群の科や属のレベルでかなり一定しているので，空中花粉や化石花粉を同定するときの重要な特徴となる。無口の花粉もあり，ヤブニッケイやシロダモなどクスノキ科のように花粉管の出口となるあらかじめ予定された薄膜部がないものがあるが，その種類は少ない。大多数の種子植物は発芽口を持ち，その形態から3型に大別される。

(1)溝型：薄膜部の長さは幅の2倍以上あり，乾燥すると陥入して溝状となるもの。
(2)孔型：円または楕円形の薄膜部で，長さが幅の2倍以内のもの。

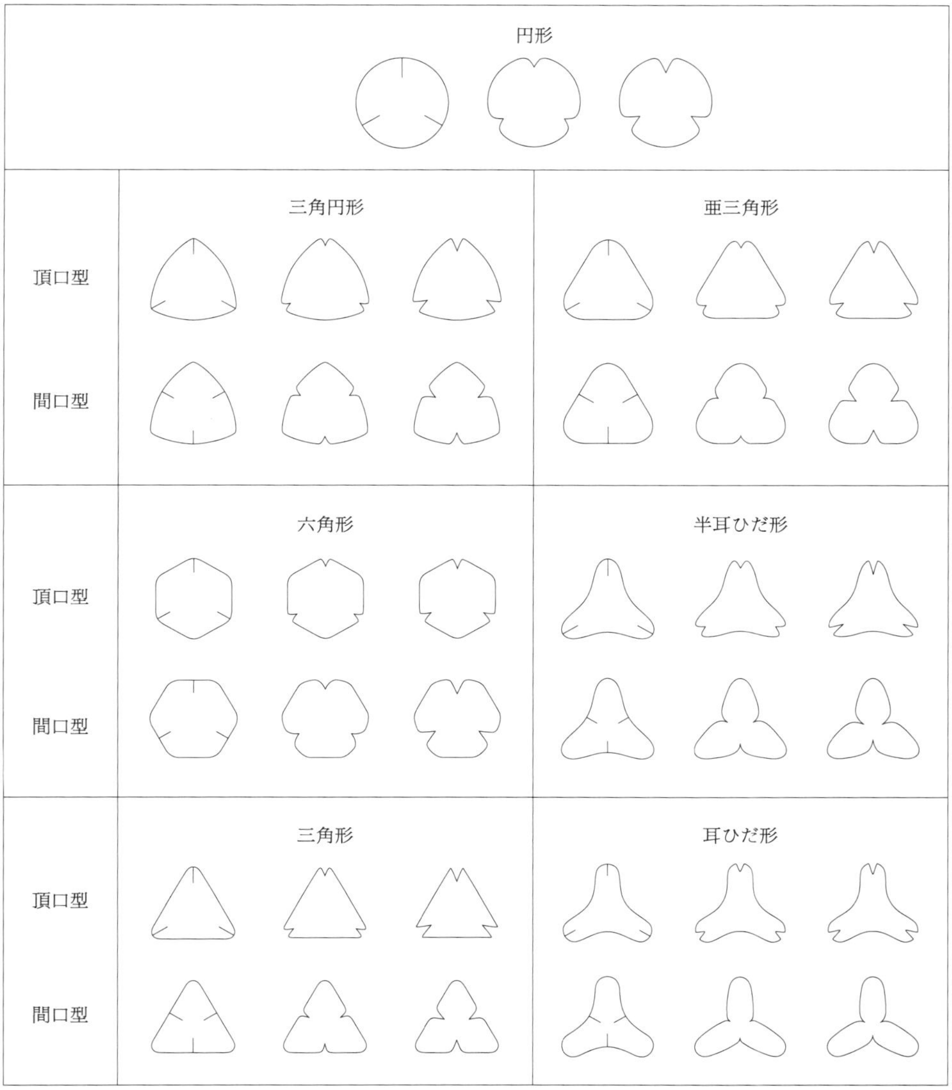

第 1 章　総　論

図5　極観輪郭像（AMB：ambit）の種類（Kuyl et al., 1955, Erdtman, 1952 を改変）

(3)溝孔型：溝型の発芽口の内側にさらに孔型が
　　複合しているもの。

　このように発芽口は3型に大別されるが，さら
にこれらを詳しく表現するために次のような述語
があり，本書の記載でも使っている。

①散溝：長さと幅の比が2：1以上の発芽口が
　　全表面に多少とも規則的に散在しているもの。
②ラセン溝：1あるいは数本のラセン状になっ
　　た発芽口を持つもの。
③合流溝：溝型発芽口の先端が極域で融合して

表1　極軸長（P）と赤道径（E）の比（P/E）によ
　　る花粉の外観区分（Erdtman, 1952 より）
　　稍球形形はさらに4亜形に細分されている。

外観の形	P/E	100 P/E
過偏平体形	<4/8	<50
偏平体形	4/8-6/8	50-75
稍球形	6/8-8/6	75-133
長球形	8/6-8/4	133-200
過長球形	>8/4	>200

いるもの。
④不同溝：ヘテロ溝型とも呼ばれ，1つの花粉

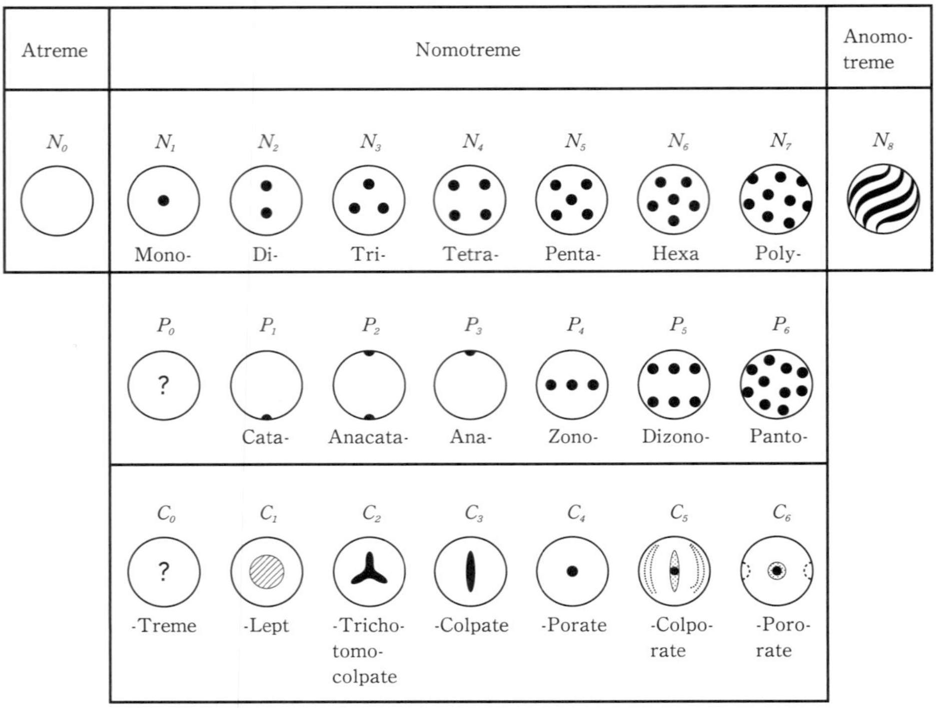

第Ⅱ部　解説篇

Atreme	Nomotreme							Anomotreme
N_0	N_1	N_2	N_3	N_4	N_5	N_6	N_7	N_8
	Mono-	Di-	Tri-	Tetra-	Penta-	Hexa	Poly-	

P_0	P_1	P_2	P_3	P_4	P_5	P_6
?	Cata-	Anacata-	Ana-	Zono-	Dizono-	Panto-

C_0	C_1	C_2	C_3	C_4	C_5	C_6
?	-Lept	-Trichotomo-colpate	-Colpate	-Porate	-Colporate	-Pororate
-Treme						

図6　NPC システム（Erdtman, 1969 より）

粒の中に異なる形の溝を持つもの。例えばミソハギ属では6本ある溝のうち3本は溝孔型で，残りの3本は溝型，しかも後者は発芽機能のない偽溝である。

⑤無口：発芽口を持たないもの。

⑥長口：発芽口の長さが幅の＞2倍で，普通はその口の中心に極がある。主として単子葉類の赤道軸に沿って長く伸びる発芽口に使われる。

⑦単口：単一の発芽口を持つものの総称であるが，一般に単子葉類の遠心極面の極の付近にある単一の口に使われる。

⑧散孔：長さと幅の比が2：1以下の発芽口が全面に散在しているもの。

⑨小窓状孔：外表層の欠如によって大型の窓状の空間を持つもの。タンポポ亜科やヒメハギ属などがこの型に属する。

これら3型はその数と配列方法や外観との組み合わせによって，さらに詳細に分けることができる。Erdtman(1969)は，発芽口の数(N：number)，位置(P：position)，性質(C：character)をもとにしてNPCシステムを考案し，数字で発芽口の特徴を表している(図6)。例えば，スギのNPCは131，ブナは345，イネは114である。Faegri and Iversen(1964)は，発芽口を中心に集合状態と外観の特徴を組み合わせて北欧の花粉の形態を24型に大別している(図7)。日本でも幾瀬(1956)が日本産の花粉を集合状態，発芽口の有無や発芽口の形とその位置，数などにより28型に大別している(図8)。

発芽口は，その外観や数と配列方法だけでなく発芽口外壁・内壁断面の構造的な特徴が花粉の識別に役立つことが多い。発芽孔の内壁が肥厚して中肋になっているもの(例：イネ科)，発芽孔の外壁が外方向に突出し内壁と分離して発芽孔の中に前腔と呼ばれる空間ができるもの(例：カバノキ属)，あまり肥厚しない外壁が発芽孔を覆い内側の内壁が欠けているもの(例：ヤマモモ属)，発芽孔周辺の外壁が肥厚して口環を形成し，孔の入口は口蓋によって覆われているもの(例：オオバコ属)などがあ

第 1 章 総 論

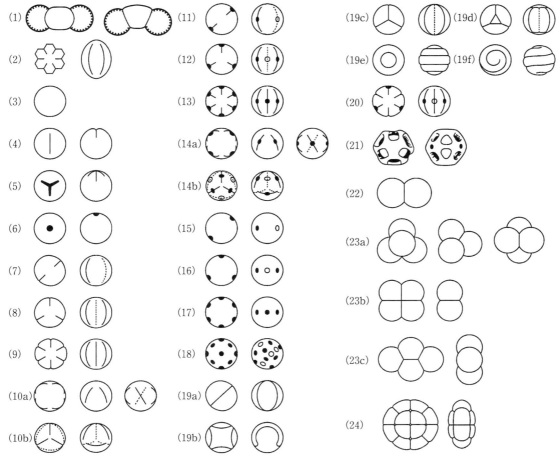

図7 北欧の典型的な花粉型(Faegri & Iversen, 1950 より改変)
1：気囊型，2：多ひだ型，3：無口型，4：単溝型，5：遠心面合流3溝型，6：単孔型，7：2溝型，8：3溝型，9：多環溝型，10a-b：多散溝型，11：2溝孔型，12：3溝孔型，13：多環溝孔型，14a-b：多散溝孔型，15：2孔型，16：3孔型，17：多環孔型，18：多散孔型，19：合流溝型(a-b：合流溝型，c-d：叉状合流溝型，e-f：螺旋(らせん)口型)，20：不同溝孔型，21：小窓状孔型，22：2集粒型，23a-c：4集粒型，24：多集粒型

る。また、赤道軸に沿って内壁からなる内溝が形成され、外壁からつくられた発芽溝と直交溝をつくるものもある(例：ヤグルマギク)。

このような外壁断面の特徴は、光顕の透過光線では観察しやすいが、走査電顕は表面しか観察できないため、内部の観察には不向きである。本書の記載では、まず発芽口の型(3孔型、3溝孔型など)について記し、次にその孔や溝の特徴である大・小や長・短、孔・溝内の模様の有無などを示した。大溝については両極近くまで長く伸びているもの(極軸長の2/3以上)・やや短いもの(極軸長の2/3-1/3)・短いもの(極軸長の1/3以下)の3段階に大別し

て示した。溝孔型では溝内の内孔は溝が開いていて確認しやすいか、溝があまり開かなくて確認しにくいかも記した。

10.7 外壁表面の模様

外壁表面の模様(図9)は、外壁断面の構造によって決まる。外表層型では外表層の外側に外表層(彫紋)構成要素があり、その凹凸や柱状層の配列によって様々な模様ができる。それに対して外表層欠失型では柱状層が露出しているため、その柱状層そのものが突出した模様となる。

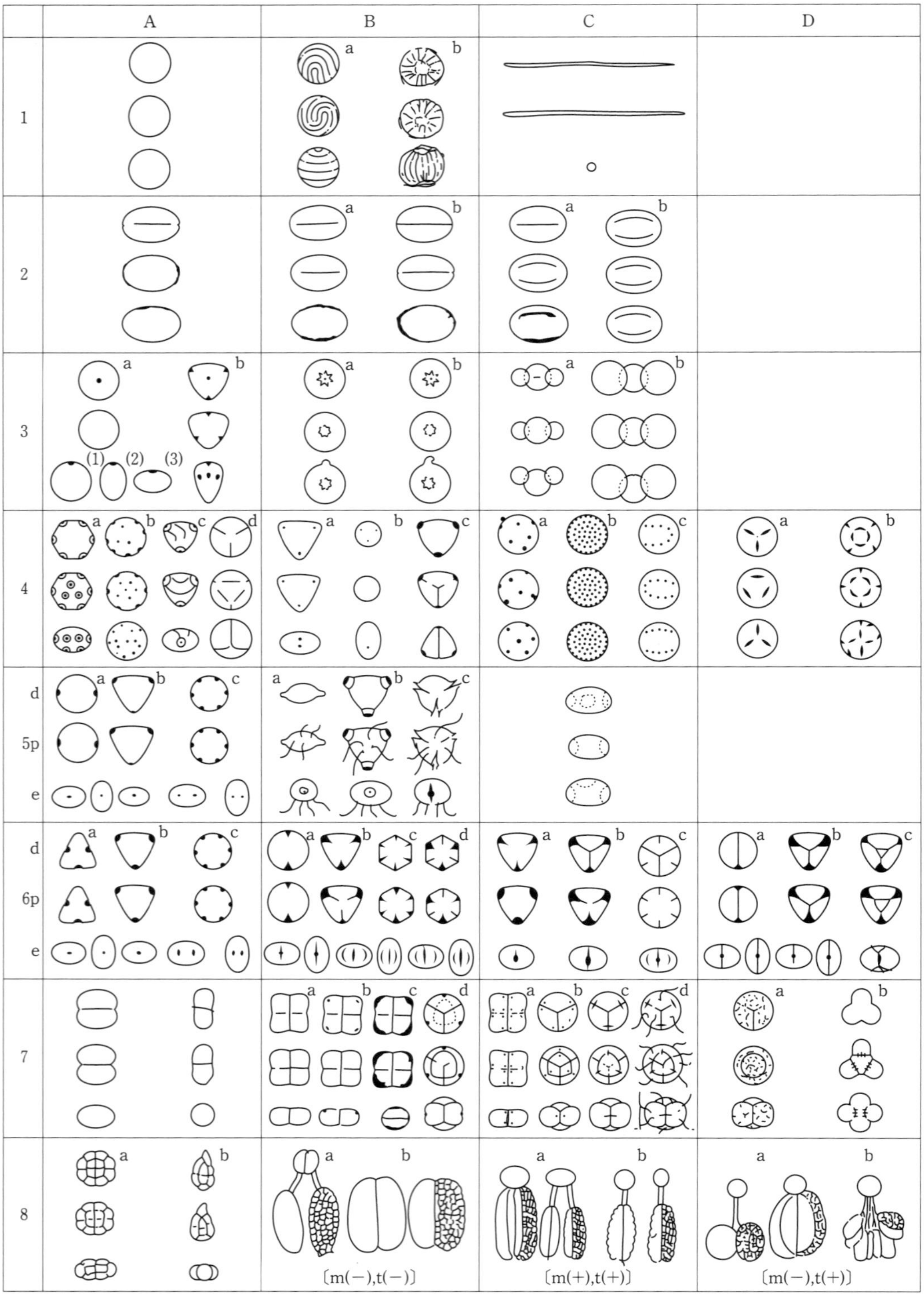

図8 日本の典型的な花粉型（幾瀬，2001 より）

1-8：花粉の全般的な外形の区分（1-6：単粒，7-8：複粒），A-D：発芽口の有無やその形態（溝・孔・溝孔など）による区分，a-c：極性の違いによる外形の区分（1-8 の各グループ内で a-c の意味がそれぞれ異なり複雑なため，本文を参照のこと），5-6 グループ中の d：遠心極観 distal polar view，p：向心極観 proximal polar view，e：赤道観 equatorial view，m：花粉小塊 massula，t：4 集粒 tetrad，＋：有，－：無

第1章 総　論

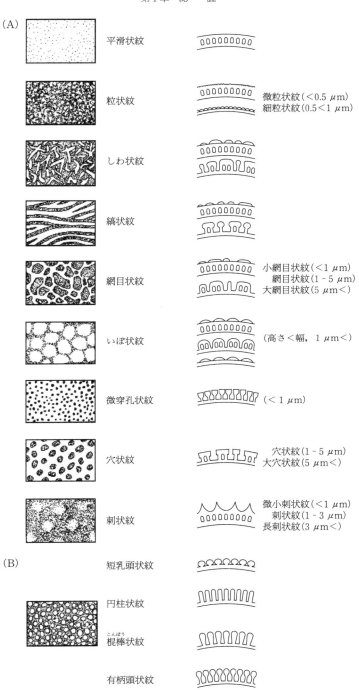

図9　花粉外壁の模様と断面構造(Moore et al., 1991 より一部改変)
　A：外表層型，B：外表層欠失型

(1)外表層型

①平滑状紋：ほとんど平滑で，光顕で識別できる模様のないもの。

②粒状紋：高さ・幅とも1μmより小さいもの（粒状紋は次の2つに区分した。微粒状紋：径が0.5μm以下の微細な突起を持つもの。細粒状紋：径が0.5-1.0μmの小さな突起を持つもの）。

③しわ状紋：幅より長さが2倍以上の突起が不規則に分布するもの。

④縞状紋：幅より長さが2倍以上の突起がほぼ平行に配列しているもの（線状紋）。

⑤網目状紋：畝によって網目状の配列がみられるもの（網目状紋は多数見られるので，次の3段階に区分した。小網目状紋：網目の径が1μm以下，網目状紋：1-5μm，大網目状紋：5μm以上）。また，網目型のネガ像のように見えるものを溝網型という。

⑥いぼ状紋：1μm以上で高さよりも幅が大きい突起を持つもの。

⑦微穿孔状紋：1μmより小さい穴を持っているもの。

⑧穴状紋：1μmより大きい穴を持っているもの（穴状紋は次の2つに区分した。穴状紋：穴の径が1-5μm，大穴状紋：5μm以上）。

⑨刺状紋：先端が細くなり，尖った突起を持つもの（刺状紋は多数見られるので，次の3段階に区分した。微小刺状紋：長さが1μm以下，刺状紋：1-5μm，長刺状紋：5μm以上）。

(2)外表層欠失型

①短乳頭状紋：高さと幅が同じくらいの大きさで，基部がくびれているもの。

②円柱状紋：高さが幅より大きくて，基部から頂部までほぼ同じ太さのもの（棒状紋）。

③棍棒状紋：高さが幅より大きくて，基部に向かって細くなっているもの。

④有柄頭状紋：高さが幅より大きくて，頂頭部が肥大して乳頭状となっているもの。

10.8　花粉の色

花粉の色は，黄色色素（カロチノイドとフラボノイド）で構成されている。黄色色素は，受粉に際して昆虫を引き付けるのに役立っていると見られており，また太陽光線にさらされる花粉は，黄色色素を花粉外壁中に貯えて紫外線による酸化反応防止に役立てるように進化してきたと考えられている。黄色や赤色の色素はカロチノイドの蓄積が関係し，青色はアントシアンである。花粉の色は一般に黄色～黄褐色のものが多いが，オニユリのように赤褐色のもの，シデシャジンのように青色のものなどもある。

無処理やアルコール処理をした花粉は，本来の花粉の色を残しているが，水酸化カリウム処理やアセトリシス処理をした花粉では，薬品処理のために一様に黄褐色に変色し，花粉本来の色を残さない場合が多い。そのため，花粉の色は第四紀のような比較的新しい試料の化石花粉の同定の特徴としての意義は一般的に少ない。それに対して第三紀や中生代・古生代のような古い試料では，化石花粉・胞子の色調の変化は，化石に加えられた地質学的影響（続成作用）によるものであるから，パラメーターとして利用されている（例えば，石油鉱床の探査）。

10.9　花粉もどき

花粉は本来雄の遺伝情報を運搬するための袋であるが，植物の種類によってはもう1つの重要な役割を持っている。それは花粉媒介動物を引き付ける役目である。花粉にはタンパク質・脂肪・デンプンや糖分が含まれ，訪花する動物自身の栄養源となるだけでなく，社会性昆虫であれば幼虫への栄養豊富な養育食としても利用されている。

日本本土に自生するムラサキシキブ属植物は，1つの花に両性花を咲かせる雌雄同株である。ところが日本のガラパゴス諸島といわれている海洋島の小笠原諸島にはムラサキシキブ属3種（オオバシマムラサキ・シマムラサキ・ウラジロコムラサキ）が自生していて，そのいずれもが本諸島にしか分布しない固有種で，完全な雌雄異株であり，世界中に同属では報告のない性表現を持っている。本属の花粉は「球形で，等極性。極観は間口型の3裂円形で，赤道観は円形。3溝型。溝は両極近くまで伸び，赤道部では大きく開くが，両端では鋭く細

くなる。溝内には微粒やいぼ状の粒子が詰まり，盛り上がっていることもある。外壁の彫紋は微穿孔状紋で，溝以外の全表面を覆う。大きさは，P×E＝ca.30×ca.30μm」であるのに，Kawakubo(1990)はオオバシマムラサキの花粉を走査電顕で観察して，長花柱花には発芽口がないことを発見し，これに「花粉もどき」と命名した。この花粉もどきは3溝が消失し，花粉管の発芽能力もなくなってしまい，訪花動物の栄養源に特化していて，性機能を持たなくなった大変珍しい花粉である(SPl 382. 15-16)。

ツユクサの雄しべも普通型(O型)・人字型(λ型)・肥大型(X型)の3種類があり，普通型と人字型は正常な単長口型の発芽口を持つ横長の楕円形をした花粉を持つが，肥大型の花粉はやや長球形や球形で，表面の彫紋もさまざまな構造が見られ，発芽口もなくて，訪花昆虫の栄養源となっているらしいことから(田中，1993)，花粉もどきの可能性があり(SPl 350. 7-10)，今後再検討が必要である(藤木ほか，1997)。

第2章
各　論

1. 現生花粉の記載
2. 現生花粉外壁断面
3. 花粉症原因植物の花粉形態

1. 現生花粉の記載

種子植物門
Phylum **Spermatophyta**

裸子植物亜門
Subphylum **Gymnospermae**

ソテツ綱
Classis **Cycadopsida**

ソテツ科
Family **Cycadaceae**

　世界に9属約90種が熱帯・亜熱帯を中心に分布するが，日本にはソテツ属1種が自生するのみである。花粉は単溝型で，乾燥するとボート状を呈する。日本の第三紀層からは，本科の化石花粉を産出するが，第四紀層からはあまり産出しない。

ソテツ属
Genus *Cycas* L.

ソテツ　　　　　　　　SP1.1.1-3, LP1.1.1-2
Cycas revoluta Thunb.

【形態】　長球形〜半球形で，異極性。極観は向心極面も遠心極面も円形であるが，乾燥すると遠心極面が窪んでボート状になり，その両端は尖らず丸みがある。赤道観は楕円形であるが，乾燥するとカシューナッツ状に窪む。発芽口は単溝型であるが，走査電顕では発芽口域（類溝）を包み，偽発芽溝のように見える。外壁の彫紋は網目状紋〜穴状紋が全表面を覆う。畝は幅0.5μm前後で，長く複雑に曲がりくねる。畝の間は，網目状よりも溝状〜凹状に近い。

【大きさ】　20-35×15-25μm; 20-22×21-23μm(I), 30×25μm(S), 17.5-25.0×22.5-30.0μm(N)

【試料】　高知市高知大学（植栽）：1976.5（守田），沖縄県粟国島：2005.3.19

【開花期】　5-8月

【分布】　九州（宮崎県以南）・沖縄。台湾・中国（南部）

イチョウ科
Family **Ginkgoaceae**

　中生代に栄えた植物群で，「生きた化石」といわれる。ジュラ紀には多数の化石種が報告されているが，現在は世界に1属1種しか生育していない。花粉の外観はソテツ科と同じであるが，乾燥してボート状となったその両端はやや尖り，外壁の彫紋は異なる。本種の花粉については，Sahashi(1997)が詳しく報告している。

イチョウ属
Genus *Ginkgo* L.

イチョウ　　　　　　SP1.1.4-6, LP1.1.3-4, PP1.1.1-3
Ginkgo biloba L.

【形態】　外観はソテツ属に似るが，乾燥すると遠心極面が窪んでボート状となり，発芽口域が包み込まれて偽発芽溝状を呈する。外壁の彫紋は凹凸のある表面に幅0.1μm，長さ1μm前後の微細なしわ状突起が密に全表面を覆う。

【大きさ】　30-35×10-25μm; 26-28×24-26μm(I), 40-45×20-30μm(S), 32.5-42.5×15.0-20.0μm(N)

【試料】　岡山市法界院（植栽）：1973.4.16，岡山市後楽園（植栽）：1990.4.27（守田）

【開花期】　4-5月

【原産地】　中国（安徽省・浙江省）の原産といわれる

マツ科

マツ綱
Classis **Coniferopsida**

マツ科
Family **Pinaceae**

　本科は大きな分類群で世界に9属200余種が知られ、マツ亜科とモミ亜科に大別される。主として北半球の亜寒帯～暖帯の森林を構成する重要な種を多数含み、日本にも6属23種が自生する。花粉では気嚢の有無により、次のように大別できる。

　気嚢をつけないもの：
　　　　　　カラマツ属・トガサワラ属
　気嚢をつけるもの
　　単気嚢型：ツガ属
　　2気嚢型：マツ属・モミ属・トウヒ属・ヒマラヤスギ属・シマモミ属

　日本の新生代堆積物の花粉分析では、第三紀層・第四紀層ともしばしば本科の化石花粉が多産するため、本科の花粉の特徴は十分に理解しておくことが大切である。

カラマツ属
Genus *Larix* Mill.

FPl.1.1-2
カラマツ(フジマツ、ラクヨウショウ)

　　　　　　　　　SPl.1.7-10、LPl.7.1-2
Larix kaempferi (Lamb.) Carrière
【形態】　球形で、異極性。極観・赤道観ともにほぼ円形。無口型で、向心極面と遠心極面の境に環状肥厚が鉢巻状に認められる。外壁の彫紋は平滑状紋である。
【大きさ】　63-69 μm; 67-71×67-71 μm(I)、80-90(70-80) μm(S)、53.3-73.3 μm(N)
【試料】　岡山県真庭市蒜山高原(植栽)：1976.4.29、仙台市青葉山(植栽)：1979.5.10(守田)
花期：4-5月
【分布】　本州(宮城県・新潟県以南～中部山岳地帯)

トガサワラ属
Genus *Pseudotsuga* Carrière

トガサワラ(サワラトガ)　　　SPl.1.11-12、LPl.7.3-4
Pseudotsuga japonica (Shiras.) Beissn.
【形態】　カラマツ属に似る。両極面の境には環状肥厚が見られ、向心極面には、四分子接合時の跡が少し肥厚して三矢状に認められるものがある。外壁の彫紋は平滑状紋である。
【大きさ】　69-81 μm; 77.7-98.0 μm(N)
【試料】　東京都多摩森林学園(植栽)：1982.3.29～4.2(池田重)
【開花期】　3-4月
【分布】　本州(紀伊半島)・四国(高知県)

マツ属
Genus *Pinus* L.

複維管束亜属
Subgenus *Diploxylon*

FPl.2.1-4
　2気嚢型で異極性。本体は楕円体で、その遠心極面の両側に類半球状の2気嚢をつける。本体の向心極面は、微粒状紋で密に覆われる。遠心極面の2気嚢の間(カプラ)は発芽口域となり、平滑状紋である。気嚢と本体との接着部分は溝状に切れ込み、区別が明瞭で、境界付近はしぼり状の凹凸があり、細粒が見られる。気嚢の表面は平滑状紋で微穿孔が点在するが、光顕では網目状紋に見える。

　後氷期の花粉分析で本亜属が急増するのは、人類による原生林破壊の跡にアカマツ二次林が進出したことを示唆するもので、遺跡の花粉分析では人類の農耕活動開始を示す目安となる。複維管束亜属と単維管束亜属の花粉の粒径については、守田ほか(1999)による詳しい粒径測定がある。

アカマツ(メマツ)　SPl.2.1-2、LPl.2.1-4、PPl.1.4-5
Pinus densiflora Siebold et Zucc.
【大きさ】　29-38×55-60 μm(気嚢を含む); 43-47×47-52 μm(I)、45-55(40-50×45-52) μm(S)、

マツ科

27-40×32.5-45.0 μm(本体のみ), 52.5-65.0 μm
(気嚢を含む)(N)

【試料】 岡山市岡山理科大学：1991.4.29, 岡山市三徳園(植栽)：1983.5

【花期】 4-5月

【分布】 北海道(南部)・本州・四国・九州(屋久島まで)。朝鮮半島・中国(東北部)

クロマツ(オマツ)　　　　SPl.2.5-8, PPl.1.6-7
Pinus thunbergii Parl.

【大きさ】 30-40×55-65 μm(気嚢を含む); 38-46×47-50 μm(I), 32.5-45.0×30.0-47.5 μm(本体のみ), 52.5-70.0 μm(気嚢を含む)(N)

【試料】 岡山市岡山理科大学：1972.5.5

【花期】 4-5月

【分布】 本州(青森県以南)・四国・九州・沖縄(トカラ列島まで)。朝鮮半島(南部)

ニイタカアカマツ　　　　SPl.2.4
Pinus taiwanensis Hayata

【大きさ】 28-40×64-80 μm(気嚢を含む)

【試料】 東京都多摩森林学園(植栽)：1990.9.12(岡)

【花期】 3-4月

【原産地】 中国(南部)・台湾

リュウキュウマツ　　　　SPl.2.3
Pinus luchuensis Mayr

【大きさ】 27-35×53-58 μm(気嚢を含む); 35.0-45.0×40.0-57.5 μm(本体のみ), 57.5-70.0 μm(気嚢を含む)(N)

【試料】 沖縄県国頭村：1989.3.5, 沖縄県石垣島：1972.6.4(中村)

【花期】 3-4月

【分布】 沖縄(トカラ列島以南)

ミツバマツ　　　　SPl.3.1-2
Pinus rigida Mill.

【大きさ】 37-47×76-80 μm(気嚢を含む)

【試料】 岡山市三徳園(植栽)：1983.4.30

【花期】 4月

【原産地】 北米(東部)

ノブコーンパイン　　　　SPl.4.1-4
Pinus attenuate Lemmon

【大きさ】 48.4-53.4×73.5-80.2 μm

【試料】 京都市京都大学上賀茂試験地(植栽)：2008.5.29(中澤・藤木)

【開花期】 4-6月

【原産地】 北米カリフォルニア州北部〜オレゴン州南部

バンクスマツ　　　　SPl.4.9-12
Pinus banksiana Lamb.

【大きさ】 35.1-40.1×51.8-60.1 μm; 37-39×43-44 μm(I), 30×30 μm(B)

【試料】 京都市京都大学上賀茂試験地(植栽)：2008.5.29(中澤・藤木)

【開花期】 5-7月

【原産地】 北米北部

サンドパイン　　　　SPl.4.5-8
Pinus clausa (Chapm. ex Engelm.) Sarg.

【大きさ】 41.8-48.4×63.5-38.5 μm

【試料】 京都市京都大学上賀茂試験地(植栽)：2008.5.29(中澤・藤木)

【開花期】 冬-春

【原産地】 北米フロリダ州

ロッジポールマツ　　　　SPl.5.1-4
Pinus contorta Douglas

【大きさ】 45.1-51.8×68.5-76.8 μm

【試料】 京都市京都大学上賀茂試験地(植栽)：2008.5.29(中澤・藤木)

【開花期】 5月

【原産地】 北米の太平洋側(カリフォルニア州〜アラスカ州南部)

シダレマツ　　　　SPl.5.5-8
Pinus densiflora Siebold et Zucc. 'Pendula'

【大きさ】 48.4-55.1×71.8-78.5 μm

【試料】 京都市京都大学上賀茂試験地(植栽)：

マツ科

2008.5.29（中澤・藤木）
【開花期】 5月
【備考】 園芸品種

タギョウショウ（ウツクシマツ）　　　SP1.5.9-12
Pinus densiflora Siebold et Zucc. 'Umbraculifera'
【大きさ】 30.1-35.1×50.1-56.8 μm
【試料】 京都市京都大学上賀茂試験地（植栽）：
2008.5.29（中澤・藤木）
【開花期】 5月
【備考】 アカマツの品種

アパッチマツ　　　　　　　　　　　SP1.6.1-4
Pinus engelmannii Carr.
【大きさ】 46.8-53.4×66.8-78.5 μm
【試料】 京都市京都大学上賀茂試験地（植栽）：
2008.5.29（中澤・藤木）
【開花期】 4-6月
【原産地】 北米・メキシコ北部

アレッポマツ　　　　　　　　　　　SP1.6.5-8
Pinus halepensis Miller
【大きさ】 45.6-49.1×71.4-76.7 μm
【試料】 京都市京都大学上賀茂試験地（植栽）：
2008.5.29（中澤・藤木）
【開花期】 5-6月
【原産地】 地中海沿岸

ホンシャンマツ（黄山松）　　　　　　SP1.6.9-12
Pinus hwangshanensis W. Y. Hsia
【大きさ】 40.1-45.1×58.5-68.5 μm
【試料】 京都市京都大学上賀茂試験地（植栽）：
2008.5.29（中澤・藤木）
【開花期】 5-6月
【原産地】 中国東部（安徽・福建・貴州・湖北・湖南・江西・浙江省）

カシヤマツ　　　　　　　　　　　　SP1.7.1-4
Pinus kesiya Royle ex Gordon
【大きさ】 46.8-53.4×68.5-78.5 μm

【試料】 京都市京都大学上賀茂試験地（植栽）：
2008.5.29（中澤・藤木）
【開花期】 5-6月
【原産地】 インド～東南アジア

ムゴマツ　　　　　　　　　　　　　SP1.7.5-8
Pinus mugo Turra
【大きさ】 36.7-41.8×51.8-58.5 μm
【試料】 京都市京都大学上賀茂試験地（植栽）：
2008.5.29（中澤・藤木）
【開花期】 5-6月
【原産地】 ヨーロッパ

ビショップマツ　　　　　　　　　　SP1.7.9-12
Pinus muricata D. Don
【大きさ】 44.7-50.9×64.5-71.2 μm
【試料】 京都市京都大学上賀茂試験地（植栽）：
2008.5.29（中澤・藤木）
【開花期】 5-6月
【原産地】 北米・カリフォルニア州

ヨーロッパクロマツ　　　　　　　　SP1.8.9-12
Pinus nigra J. F. Arnold
【大きさ】 31.5-33.4×49.7-54.9 μm
【試料】 京都市京都大学上賀茂試験地（植栽）：
2008.5.29（中澤・藤木）
【開花期】 4-6月
【原産地】 地中海

フランスカイガンショウ　　　　　　SP1.8.5-8
Pinus pinaster Aiton
【大きさ】 55.1-63.5×88.5-98.5 μm
【試料】 京都市京都大学上賀茂試験地（植栽）：
2008.5.29（中澤・藤木）
【開花期】 5月
【原産地】 地中海西部沿岸

ポンデローサマツ　　　　　　　　　SP1.8.1-4
Pinus ponderosa Douglas ex C. Lawson
【大きさ】 43.7-49.4×57.3-69.8 μm
【試料】 京都市京都大学上賀茂試験地（植栽）：

マツ科

2008.5.29(中澤・藤木)
【開花期】　5-6月
【原産地】　北米

テーブルマウンテンマツ　　　　SPl.9.1-4
Pinus pungens Lamb.
【大きさ】　48.4-53.4×76.8-86.8μm
【試料】　京都市京都大学上賀茂試験地(植栽)：
2008.5.29(中澤・藤木)
【開花期】　4-6月
【原産地】　アメリカ東部(アパラチア山脈)

レジノサマツ　　　　SPl.9.9-12
Pinus resinosa Sol. ex Aiton
【大きさ】　33.4-36.7×51.8-55.1μm
【試料】　京都市京都大学上賀茂試験地(植栽)：
2008.5.29(中澤・藤木)
【開花期】　4-6月
【原産地】　北米

ヒマラヤマツ　　　　SPl.9.5-8
Pinus roxburghii Sarg.
【大きさ】　45.1-50.1×71.8-76.8μm
【試料】　京都市京都大学上賀茂試験地(植栽)：
2008.5.29(中澤・藤木)
【開花期】　4-6月
【原産地】　ヒマラヤ

ルディスマツ　　　　SPl.10.1-4
Pinus rudis Endl.
【大きさ】　40.1-46.8×58.5-61.8μm
【試料】　京都市京都大学上賀茂試験地(植栽)：
2008.5.29(中澤・藤木)
【開花期】　4-6月
【原産地】　北米

ポンドマツ　　　　SPl.10.5-8
Pinus serotina Michx.
【大きさ】　41.8-46.8×66.8-75.25μm
【試料】　京都市京都大学上賀茂試験地(植栽)：
2008.5.29(中澤・藤木)

【開花期】　4-6月
【原産地】　アメリカ東部

ヨーロッパアカマツ　　　　SPl.10.9-12
Pinus sylvestris L.
【大きさ】　46.8-50.1×68.5-81.8μm
【試料】　京都市京都大学上賀茂試験地(植栽)：
2008.5.29(中澤・藤木)
【開花期】　4-5月
【原産地】　ヨーロッパ・アジア

マンシュウクロマツ(アブラマツ)　　　　SPl.11.5-8
Pinus tabulaeformis Carr.
【大きさ】　34.5-35.1×50.8-54.9μm
【試料】　京都市京都大学上賀茂試験地(植栽)：
2008.5.29(中澤・藤木)
【開花期】　4-6月
【原産地】　中国北部

テーダマツ　　　　SPl.11.1-4
Pinus taeda L.
【大きさ】　43.4-50.1×68.5-75.2μm
【試料】　京都市京都大学上賀茂試験地(植栽)：
2008.5.29(中澤・藤木)
【開花期】　4-6月
【原産地】　アメリカ南東部

バージニアマツ　　　　SPl.13.1-4
Pinus virginiana Mill.
【大きさ】　43.4-45.1×70.1-75.2μm
【試料】　京都市京都大学上賀茂試験地(植栽)：
2008.5.29(中澤・藤木)
【開花期】　4-6月
【原産地】　アメリカ東部

ウンナンマツ　　　　SPl.11.9-12
Pinus yunnanensis Franch.
【大きさ】　46.9-49.4×70.4-83.6μm
【試料】　京都市京都大学上賀茂試験地(植栽)：
2008.5.29(中澤・藤木)
【開花期】　5-6月

マツ科

【原産地】 中国雲南省

単維管束亜属
Subgenus *Haploxylon*

FPl.2.5-7

　外観は複維管束亜属に似る。本体と気嚢の接続部分は漸移的に融合して，切れ込みが少なく，波状の肥厚が見られる。2気嚢間の発芽口域は，走査電顕では平滑状紋であるが，光顕ではソバカス状の模様が認められ，複維管束亜属と単維管束亜属を区別する重要な特徴となる。

　花粉分析では，第四紀堆積物のうち氷期の試料からよく産出し，寒冷気候の指標として重要である。

ゴヨウマツ(ヒメコマツ) SPl.3.3-5, LPl.2.5-8
Pinus parviflora Siebold et Zucc.
【大きさ】 20-25×60-70 μm(気嚢を含む); 40-50×60-70 μm(S), 32.5-45.0×37.5-50.0 μm(本体のみ), 52.5-67.5 μm(気嚢を含む)(N)
【試料】 岡山市三徳園(植栽):1991.5.12，岡山市三徳園(植栽):1991.5.2(岡)，高知市朝倉(植栽):1977.5.22(守田)
【花期】 5-7月
【分布】 北海道(南部)・本州(静岡県以西)・四国・九州(鹿児島県高隈山まで)

ハイマツ SPl.3.6
Pinus pumila (Pall.) Regel
【大きさ】 35-45×68-78 μm(気嚢を含む); 45-53×54-56 μm(I), 55-60×65-75(50-55×55-60) μm(S), 35.0-52.5×37.5-50.0 μm(本体のみ), 60.0-85.5 μm(気嚢を含む)(N)
【試料】 青森県八甲田大岳:1978.6(守田)，東京都多摩森林学園(植栽):1990.9.12(岡)
【開花期】 6-7月
【分布】 北海道・本州(中北部，南限は南アルプス光岳)の高山帯。シベリア(東部)・カムチャツカ・サハリン・千島・朝鮮半島・中国(東部)

ハッコウダゴヨウ(ザオウゴヨウ) SPl.3.7-8
Pinus × hakkodensis Makino
【大きさ】 35×61 μm(気嚢を含む)
【試料】 山形県蔵王:1980.7.5(守田)
【開花期】 6-7月
【分布】 北海道(アポイ岳)・本州(八甲田山・蔵王山・至仏山・立山など)

チョウセンゴヨウ(チョウセンマツ) SPl.12.1-3
Pinus koraiensis Siebold et Zucc.
【大きさ】 37-47×76-80 μm(気嚢を含む); 55-57×56-60 μm(I), 55-65×70-80(55-60×60-65) μm(S), 32.5-52.5×37.5-50.0 μm(本体のみ), 57.5-80.0 μm(N)
【試料】 韓国忠北青洲:1987.5.25(崔)
【花期】 5-6月
【分布】 本州(中部)・四国(愛媛県東赤石山)。ウスリー・朝鮮半島・中国(東部)

キタゴヨウ SPl.12.4-6
Pinus parviflora Siebold et Zucc. var. *pentaphylla* (Mayr) A. Henry
【大きさ】 26-40×51-58 μm(気嚢を含む)
【試料】 宮城県笹谷:1980.7.4(守田)
【開花期】 6-7月
【分布】 北海道(日高)・本州(中北部)

ヤクタネゴヨウ(アマミゴヨウ) SPl.12.7-10
Pinus amamiana Koidz.
【大きさ】 31-41×54-59 μm(気嚢を含む)
【試料】 鹿児島県屋久島:1969.5.15(竹内)
【開花期】 5-6月
【分布】 九州(屋久島・種子島)

シロマツ SPl.13.9-12
Pinus bungeana Zucc. ex Endl.
【大きさ】 35.2-41.8×55.6-63.3 μm
【試料】 京都市京都大学上賀茂試験地(植栽):2008.5.29(中澤・藤木)
【開花期】 4-5月
【原産地】 中国東北部・中部

マツ科

ハイナンゴヨウマツ（海南五針松） SPl.14.5-8
Pinus fenzeliana Hand.-Mazz.
【大きさ】 43.4-46.8×65.1-66.8μm
【試料】 京都市京都大学上賀茂試験地（植栽）：
2008.5.29（中澤・藤木）
【開花期】 4-6月
【原産地】 中国南部（海南島）

モンティコーラマツ SPl.13.5-8
Pinus monticola Douglas ex D. Don
【大きさ】 40.2-43.4×63.5-67.4μm
【試料】 京都市京都大学上賀茂試験地（植栽）：
2008.5.29（中澤・藤木）
【開花期】 5月
【原産地】 北米東部

タイワンゴヨウマツ SPl.14.1-4
Pinus morrisonicola Hayata
【大きさ】 41.8-50.1×63.5-68.5μm
【試料】 京都市京都大学上賀茂試験地（植栽）：
2008.5.29（中澤・藤木）
【開花期】 4-6月
【原産地】 台湾

ストローブマツ SPl.14.9-12
Pinus strobus L.
【大きさ】 34.8-38.1×54.2-61.7μm
【試料】 京都市京都大学上賀茂試験地（植栽）：
2008.5.29（中澤・藤木）
【開花期】 4-6月
【原産地】 北米東部

メキシコシロマツ SPl.15.1-4
Pinus strobiformis Engelm.
【大きさ】 41.8-50.1×60.1-75.2μm
【試料】 京都市京都大学上賀茂試験地（植栽）：
2008.5.29（中澤・藤木）
【開花期】 4-6月
【原産地】 アメリカ南西部・メキシコ

ヒマラヤゴヨウ SPl.15.5-8
Pinus wallichiana A. B. Jacks.
【大きさ】 38.5-43.8×55.9-64.7μm
【試料】 京都市京都大学上賀茂試験地（植栽）：
2008.5.29（中澤・藤木）
【開花期】 5月
【原産地】 ヒマラヤ山脈・中国西南

モミ属
Genus *Abies* Mill.

FPl.1.3-6

　マツ属複維管束亜属に似るが，2気嚢型花粉の中ではもっとも大型。本体の向心極面は微粒状紋で密に覆われるが，遠心極面の2気嚢の間の発芽口域は平滑状紋である。気嚢は本体の両側にしっかり開き，両者の境界はくびれて明瞭である。気嚢は平滑状紋で，微穿孔が点在する。本体の向心極面には，タエニア（ひも状構造）が認められるもの（アオモリトドマツ，ダケモミなど）と認められないもの（モミ，トドマツなど）がある。

　光顕で見ると本体帽部の外壁断面は，縦縞が見られて厚く，気嚢は網目状紋に見える。本属の花粉の形態については，Saito & Tsuchida（1992）が光顕と走査電顕の両方で詳しく調べた研究報告がある。

オオシラビソ（アオモリトドマツ）
SPl.16.1-3, LPl.3.1-5
Abies mariesii Mast.
【大きさ】 55-65×110-140μm; 100-107×107-116μm（I）, 75.0-90.0×82.5-112.5μm（本体のみ）, 112.5-150.0μm（気嚢を含む）（N）
【試料】 青森県黄瀬：1979.6.22（守田）
【花期】 6月
【分布】 本州（青森県八甲田山～中部地方，南限は加賀白山）

ウラジロモミ（ダケモミ，ニッコウモミ） SPl.16.4-5
Abies homolepis Siebold et Zucc.
【大きさ】 40-60×60-100μm; 60.0-67.5×

87.5-95.0 μm(本体のみ), 88.7-107.5 μm(気嚢を含む)(N)

【試料】 高知県香美市物部：1972.5.3(山中)

【花期】 5-6 月

【分布】 本州(福島県吾妻山以南)・四国・九州(鹿児島県高隈山まで)

モミ SPl.16.6

Abies firma Siebold et Zucc.

【大きさ】 53-73×68-104 μm(気嚢を含む)；39-96×92-100 μm(I), 80×120×100(70×100×80) μm(S), 50.0-77.5×67.5-87.5 μm(本体のみ), 70.0-112.5 μm(N)

【試料】 岡山市龍ノ口山：1981.4, 宮城県蔵山：1981.4.28(守田)

【花期】 4-5 月

【分布】 本州(秋田県・岩手県以南)・四国・九州(屋久島まで)

トドマツ(アカトドマツ) SPl.16.7-9

Abies sachalinensis (F. Schmidt) Mast.

【大きさ】 32-46×60-68 μm(気嚢を含む)

【試料】 東京都多摩森林学園(植栽)：1990.1.9(岡)

【花期】 6 月

【分布】 北海道。サハリン・南千島

シラビソ(シラベ) SPl.17.1-4, LPl.4.6-8

Abies veitchii Lindl.

【大きさ】 54-58×96-106 μm

【試料】 福島県吾妻山：1988.6(守田)

【開花期】 5-6 月

【分布】 本州(福島県以南～中部・紀伊半島)の亜高山帯

シコクシラベ SPl.17.5-8

Abies veitchii Lindl. var. *sikokiana* (Nakai) Kusaka

【大きさ】 50-63×94-113 μm(気嚢を含む)；65.0-97.5×75.0-115.0 μm(本体のみ), 97.5-137.5 μm(気嚢を含む)(N)

【試料】 愛媛県石鎚山：1952.7.5(中村純)

【開花期】 6-7 月

【分布】 四国(剣山・石鎚山)

トウヒ属
Genus *Picea* A. Dietr.

FPl.1.7-10

　マツ属単維管束亜属に似るが，2気嚢型花粉の中ではモミ属とともに大型。本体と気嚢の境界が深くくびれ込まず，ゆるやかに移行する。本体の外壁の彫紋は向心極面では微粒状紋が密に覆うが，遠心極面の発芽口域は平滑状紋である。気嚢は発芽口域側に包み込まれるようになり，外観は丸みを帯びた半円形を呈する。光顕では本体帽部の外壁断面は縦縞が見られるが，モミ属のものよりも薄く，気嚢は網目状紋に見える。

トウヒ SPl.18.1-4, LPl.4.6-8

Picea jezoensis (Siebold et Zucc.) Carrière var. *hondoensis* (Mayr) Rehder

【大きさ】 45-50×95-105 μm(気嚢を含む)；69-80×80-82 μm(I), 65-70×90-110×70-80 μm(S), 52.5-82.5×62.5-85.0 μm(本体のみ), 90.0-117.5 μm(気嚢を含む)(N)

【試料】 奈良県大台ケ原：1976.5.18(守田)

【花期】 5-6 月

【分布】 本州(中部の亜高山帯，紀伊半島の大台ケ原・大峰山系)

ヤツガタケトウヒ SPl.18.5-8

Picea koyamae Shirasawa

【大きさ】 40-53×77-100 μm(気嚢を含む)；45.0-67.5×60.0-85.0 μm(本体のみ), 85.0-112.5 μm(気嚢を含む)(N)

【試料】 長野県八ヶ岳西岳：1969.5.23(小林), 東京都多摩森林学園(植栽)：1990.9.9(岡)

【花期】 5 月

【分布】 長野県(八ヶ岳西岳)

マツ科

アカエゾマツ　　　　SPl.18.9-10，19.1-2，LPl.4.1-5
Picea glehnii (F. Schmidt) Mast.
【大きさ】　50-67×92-107 μm(気嚢を含む)；70-80×100-110×80-90 μm(S)，42.5-75.0×55.0-75.0 μm(本体のみ)，82.5-110.0 μm(気嚢を含む)(N)
【試料】　岩手県早池峰山：1968.6(石塚)，北海道落石岬：1999.9.12(守田)
【花期】　6-7月
【分布】　北海道・本州(岩手県早池峰山)。サハリン(南部)・南千島

ドイツトウヒ　　　　　　　SPl.19.3-6
Picea abies (L.) Karst.
【大きさ】　50-56×90-106 μm(気嚢を含む)；47.5-70.0×62.5-85.0 μm(本体のみ)，92.5-120.0 μm(気嚢を含む)(N)
【試料】　仙台市東北大学(植栽)：1979.5.9(守田)
【花期】　5月
【原産地】　ヨーロッパ(中部～北部)

ハリモミ(バラモミ)　　　　SPl.19.7-10
Picea polita (Siebold et Zucc.) Carrière
【大きさ】　40-50×82-95 μm(気嚢を含む)；40.0-75.0×50.0-82.5 μm(本体のみ)，82.5-115.0 μm(気嚢を含む)(N)
【試料】　徳島県剣山：1953.5.20(中村純)
【花期】　5月
【分布】　本州(福島県以西)・四国・九州

ツガ属
Genus *Tsuga* Carrière

FPl.3.1-8
　単気嚢型で，異極性。極観は円形で，赤道観は半円形。両極の境界にひだ状の気嚢が帯状に取り巻く。遠心極面には円状の発芽口域があるが，無口型。外壁の彫紋はいぼ状紋～歈状紋の突起が覆い，その突起の間からは微小刺が出る。
　本属については，高原(1992)が詳しく研究し，ツガとコメツガの化石花粉の識別が可能であるこ

とを明らかにしている。

ツガ(トガ)　　　　SPl.20.1-4，LPl.5.1-5，FPl.3.1-4
Tsuga sieboldii Carrière
【形態】　気嚢のひだは幅が狭く，外壁表面の微小刺はイガ栗状に密につく。
【大きさ】　50-60 μm；60-80 μm(S)，56.6-70.4 μm(N)
【試料】　愛知県鳳来寺山：1977.6(守田)，長野県乗鞍岳：2006.5.25
【花期】　4-6月
【分布】　本州(福島県八溝山以西)・四国・九州(屋久島まで)

コメツガ　　　　SPl.20.5-7，LPl.5.6-9，FPl.3.5-8
Tsuga diversifolia (Maxim.) Mast.
【形態】　前者よりやや大型で，気嚢のひだは幅が広く，外壁表面の微小刺はまばらに点在する。
【大きさ】　65-80 μm；78-85×78-85 μm(I)，70-90(80-85) μm(S)，57.5-85.8 μm(N)
【試料】　岩手県早池峰山：1990.6.21(守田)，長野県乗鞍岳：2006.5.25
【花期】　5-7月
【分布】　本州(中北部および紀伊半島)・四国・九州(祖母山)

ヒマラヤスギ属
Genus *Cedrus* Trew

ヒマラヤスギ(ヒマラヤシーダー)
　　　　SPl.20.8-11，LPl.6.1-4，TPL.1.1-3
Cedrus deodara (Roxb. ex D. Don) G. Don
【形態】　外観はトウヒ属と同じであるが，やや小型である。本属については，藤木ほか(2003)が詳しく研究をしている。
【大きさ】　36-48×64-80 μm(気嚢を含む)；42.5-62.5×52.5-67.5 μm(本体のみ)，77.5-100.0 μm(気嚢を含む)(N)
【試料】　岡山市総合グラウンド(植栽)：1974.10.26，岡山市岡山理科大学(植栽)：1992.11.25(板野)

マツ科・ナンヨウスギ科・コウヤマキ科

【花期】 10-11 月
【原産地】 西ヒマラヤ〜ヒンズークシ東部(ヌーリ
スタン)

シマモミ属(ユサン属)
Genus *Keteleeria* Carrière

本属の化石花粉は日本の第三紀以前の試料から
よく検出される。

テッケンユサン(シマモミ,ユサン)
SPl.20.12-14, LPl.6.5-8
Keteleeria davidiana (C. Bertrand) Beissn.
【形態】 外観はモミ属に似るがやや小型で,帽部
はモミ属に比べてやや薄く,本体に比べて気嚢が
少し小さい。
【大きさ】 50-70×93-103 μm(気嚢を含む); 60-
82×84-86 μm(I)
【試料】 京都市京都大学上賀茂試験地(植栽):
1989.4.18(不明)
【花期】 4 月
【分布】 中国(中部〜北部)・台湾

ナンヨウスギ科
Family **Araucariaceae**

南半球に特異的に分布し,日本では植物園や公
園に植栽されたり,鉢植えにして観葉植物として
も活用されている。花粉の形態は,まだ十分な検
討がなされていない。

ナンヨウスギ属
Genus *Araucaria* Juss.

ナンヨウスギ SPl.22.7-8
Araucaria cunninghamii Aiton ex D. Don
【形態】 ほぼ球形で,異極性。極観・赤道観とも
に円形。向心極面は微〜細粒状紋に覆われる。単
孔型と見られるが,遠心極面のよい像が得られて
いないため詳細は不明。

【大きさ】 55-70 μm; 49.8-66.7 μm(N)
【試料】 沖縄県東南植物園(植栽):1972.3
【花期】 3-4 月
【原産地】 南米・ニューギニア・ニューヘブリデ
ス・ニューカレドニア・オーストラリア

コウヤマキ科
Family **Sciadopityaceae**

日本特産で,1属1種が自生する。花粉はヒノ
キ科のように遠心極面に発芽口域があり,その極
点に発芽口を持つが,外壁の彫紋はいぼ状紋がよ
く発達し,ヒノキ科とはまったく異なる。花粉分
析でもよく産出するが,だいたい低率が多い。

コウヤマキ属
Genus *Sciadopitys* Siebold et Zucc.

FPl.4.1-3
コウヤマキ(ホンマキ)
SPl.22.3-5, LPl.7.5-6, PPl.1.8-9
Sciadopitys verticillata (Thunb.) Siebold et Zucc.
【形態】 ほぼ球形で,異極性。極観・赤道観とも
に円形。向心極面に薄膜の発芽口域を持ち,単孔
型。発芽口域は平滑状紋で,それ以外の遠心・向
心極面は,すべて円形〜長円形のいぼ状紋が密に
覆い,これらの突起の上には,さらに微小刺状突
起が密に分布する。
【大きさ】 30-40 μm; 35-44×39-48 μm(I), 50-
55(35-45)μm(S), 36.8-48.3 μm(N)
【試料】 仙台市東北大学理学部植物園(植栽):
1978.5.19(守田), 名古屋市名城大学(植栽):
2004.4.26(安藤)
【花期】 4-5 月
【分布】 本州(福島県以南)・四国・九州(宮崎県南部
まで)

ヒノキ科
Family **Cupressaceae**

　現在，スギ科はヒノキ科に統合されており，空中花粉の分野でもヒノキ科のスギ属と表示されているため，ヒノキ科へ移動させた。

旧スギ科

　世界に8属14種あるが，現在日本に自生する本科の植物はスギだけである。しかし，かつては日本にもメタセコイア・セコイアなど本科の植物が自生していたため，第三紀層からはこれら絶滅種の化石花粉が産出する。第四紀層からはスギ属が多産し，間氷期湿潤気候の指標として重要である。後氷期についてみると，縄文海進期が終わってやや冷涼化したころから本属の急激な増加が見られ，樹木花粉(AP: arboreal pollen)で50%を超える報告例も多い。

　本科の花粉の大きな特徴は，遠心極面の発芽口域に指状突起(パピラ)を持つことである。スギ花粉は，日本に自生する植物の中で最初に発見された花粉症原因植物で，現在では花粉症の代名詞になるほどよく知られるようになっている(堀口・斎藤，1963)。

　スギの花粉は，現代の国民病とまでいわれる花粉症の一番の元凶とされ，市民からは悪者扱いをされがちであるが，スギの材は日本建築にとって最高の資材の1つであることを忘れてはならない。

スギ属
Genus *Cryptomeria* D. Don

FPl.3.9-12
スギ(オモテスギ)　SPl.21.1-4, LPl.1.5-6, PPl.2.1-3
Cryptomeria japonica (L.f.) D. Don
【形態】　ほぼ球形で，異極性。極観・赤道観ともに円形。遠心極面に薄膜の発芽口域を持った単孔型。孔は高さが4μm前後の指状突起となり，先

端がやや曲がる。発芽口域は平滑状紋であるが，その他の表面は細粒状紋で覆われ，両者の境界は明瞭。さらに0.5μm前後の金平糖状をしたユービッシュ体(花粉表面に付着している小円形または金平糖状の微粒子。スギやヒノキ科の花粉症原因物質(cryj-1, cryj-2)はこの粒子の中に含まれる)が全表面に不均一に点在する。

【大きさ】　25-35μm; 28-33×30-35μm(I), 30-35(25-30)μm(S), 26.5-31.5μm(N)
【試料】　岡山市半田山：1973.3.3，岡山市三徳園(植栽)：1998.3.7
【花期】　2-3月
【分布】　本州・四国・九州(屋久島まで)。中国

メタセコイア属
Genus *Metasequoia* Hu et W. C. Cheng

メタセコイア(アケボノスギ)
　　　　SPl.21.5-7, LPl.1.7, TPl.1.4-6
Metasequoia glyptostroboides Hu et W. C. Cheng
【形態】　外観はスギ属に似る。指状突起の突出が小さく，発芽口域とその他の表面との境界が不明瞭。ユービッシュ体の付着が多い。Sohoma (1985)は，本種の花粉外壁断面がスギのものと異なるため，両属の化石花粉を区別できる可能性を示唆している。
【大きさ】　20-25μm; 24-28×24-28μm(I), 18.7-23.5μm(N)
【試料】　広島市広島大学植物園(植栽)：1974.2.19(高木)，岡山市総合グラウンド(植栽)：1990.2.27
【花期】　2-3月
【原産地】　中国(長江の一支流にある磨刀渓)

セコイア属
Genus *Sequoia* Endl.

セコイア　　　　　　　　　　SPl.21.8-10
Sequoia sempervirens (D. Don) Endl.
【形態】　外観はスギ属に似る。指状突起の突出はメタセコイアよりもさらに小さく，発芽口域とそ

ヒノキ科

の他の表面との境界は不明瞭。ユービッシュ体は全表面に多く点在。

【大きさ】 23-29×24-29 μm; 33-40×35-43 μm (I), 30-40(28-35) μm(S), 24.2-30.8 μm(N)

【試料】 広島市広島大学植物園(植栽)：1974.2.18(高木)，岡山市岡山理科大学(植栽)：1990.2.17

【花期】 2-3月

【原産地】 北米(西北部：オレゴン・カリフォルニア)

コウヨウザン属
Genus *Cunninghamia* R. Br.

外観はスギ属に似る。発芽孔はほとんど指状に突出しない。発芽口域とその他の表面との境界は，波状～凹凸状の隆起によって取り囲まれ，明瞭に区別される。ユービッシュ体が点在するが，多くない。

コウヨウザン SPl.21.11-12
Cunninghamia lanceolata (Lamb.) Hook

【大きさ】 25-35 μm; 49-52×50-54 μm(I), 40-45(30-40) μm(S), 27.5-36.4 μm(N)

【試料】 東京都立神代植物園(植栽)：1979.3.16，岡山県美作市美作(植栽)：1990.3.31

【花期】 3-4月

【原産地】 中国(南部)

ランダイスギ SPl.22.6
Cunninghamia lanceolata (Lamb.) Hook. var. *konishii* (Hayata) Fujita

【大きさ】 28-36 μm; 40-45 μm(S)

【試料】 京都市武田薬品薬草園(植栽)：1991.4.5 (岡)

【花期】 3-4月

【原産地】 台湾

ヌマスギ属
Genus *Taxodium* Rich.

ヌマスギ(ラクウショウ) SPl.22.2
Taxodium distichum (L.) Rich.

【形態】 外観はスギ属に似る。指状突起は低く基部が太い。ユービッシュ体は多く付着する。

【大きさ】 20-30 μm; 23-25×25-28 μm(I), 23.7-29.5 μm(N)

【試料】 高知市高知中部森管理署(植栽)：1973.3(守田)

【花期】 2-4月

【原産地】 北米(南東部)・メキシコ

スイショウ属
Genus *Glyptostrobus* Endl.

スイショウ SPl.22.1
Glyptostrobus pensilis (Staunton ex D. Don) K. Koch

【形態】 外観はセコイア属に似る。

【大きさ】 25-35 μm; 27-35×30-37 μm(I), 23.2-31.3 μm(N)

【試料】 高知市牧野植物園(植栽)：1978.3.5(守田)

【花期】 2-3月

【原産地】 中国(南部)

旧ヒノキ科

FPl.4.4-6

世界に約18属140種もあり，主として北半球に分布し，日本には4属9種が自生する。花粉はスギに似るが，発芽口域の極点は小さな発芽孔となって開き，指状突起にはならない。本科の花粉もスギ・ヒノキ科花粉として，春の花粉症の元凶として悪者扱いをされがちであるが，木曽五木といわれるヒノキ・コウヤマキ・サワラ・アスナロ・クロベ(ネズコ)は，本科の有用材で，日本建

ヒノキ科

築の第一級の資材であることを忘れてはならない。本科の化石花粉は，スギ属と比べるとパピラがないのでやや同定しにくいこともあり，「ヒノキ科」と表示してあるものと，「ヒノキ科タイプ」とか「ヒノキ科＋イチイ科」さらには「スギ科・ヒノキ科・イチイ科」「イチイ科・ヒノキ科・イヌガヤ科」とし，よく似た花粉を持つ他科のものと一緒に集めて花粉分布図に表示されることもある。また北欧の氷河が去った跡地に先駆種として進出するネズミサシ属は，その化石花粉が産出するため属名で花粉分布図に表示されている。

ネズミサシ属
Genus *Juniperus* L.

　球形で異極性。極観・赤道観ともに円形。単孔型で0.5 μm前後の発芽孔の周囲は，肥厚するものとしないものがある。またスギ属のような明瞭な発芽口域はない。外壁の彫紋は細粒状紋が全表面を覆うものと，平滑状紋の表面に細粒(ユービッシュ体)がまばらに点在するものがある。

ネズミサシ(ネズ，ムロ)　　SPl.23.10-11，PPl.2.5-6
Juniperus rigida Siebold et Zucc.
【大きさ】　17-21 μm; 28-32×28-32 μm(I), 28-35(27-33)μm(S), 21.0-30.8 μm(N)
【試料】　岡山市岡山理科大学：1990.4.12
【花期】　4-5月
【分布】　本州(岩手県以南)・四国・九州。中国(北部)・朝鮮半島

ハイネズ　　SPl.23.12
Juniperus conferta Parl.
【大きさ】　20-25×25-30 μm; 21.2-28.2 μm(N)
【試料】　高知市牧野植物園(植栽)：1976.5.11(守田)
【花期】　5-6月
【分布】　北海道・本州・四国・九州(種子島まで)。サハリン(南部)

シマムロ(ヒデ)　　SPl.381.1-4
Juniperus taxifolia Hook. et Arn.
【大きさ】　18-20 μm
【試料】　東京都小笠原諸島母島傘山：1981.12.26(安井)
【花期】　1-3月
【分布】　小笠原諸島

イブキ属
Genus *Sabina* Mill.

ビャクシン(イブキ，イブキビャクシン)　　SPl.23.6
　外観はネズミサシ属に似るが，平滑状紋表面の細粒は，まばらに点在する。
Sabina chinensis (L.) Antoine var. *chinensis*
【大きさ】　18-22 μm; 28-30×30-32 μm(I)
【試料】　和歌山県潮岬(植栽)：1994.4.3
【花期】　3-4月
【分布】　本州(岩手県以南)・四国・九州。朝鮮半島・中国・モンゴル

ハイビャクシン(ソナレ，イワダレネズ)　　SPl.23.7
Sabina chinensis (L.) var. *procumbens* (Siebold et Zucc.) Honda
【大きさ】　18-22 μm; 26-30×27-32 μm(I)
【試料】　仙台市東北大学理学部植物園(植栽)：1978.5.15(守田)
【花期】　4-5月
【分布】　長崎県(対馬・壱岐)・福岡県(沖島)。朝鮮半島(南部)

ヒノキ属
Genus *Chamaecyparis* Spach

　外観はネズミサシ属に似るが，花粉はやや大きい。

ヒノキ　　SPl.23.1-3，LPl.1.8-9，PPl.2.4
Chamaecyparis obtusa (Siebold et Zucc.) Endl.
【大きさ】　25-30 μm; 26-39×28-34 μm(I), 30-35(26-32)μm(S), 24.4-30.8 μm(N)

ヒノキ科・マキ科

【試料】 岡山市半田山：1973.4.11，岡山市法界院：1973.4.10
【花期】 3-4 月
【分布】 本州(福島県以南)・四国・九州(屋久島まで)

サワラ SPl.23.4-5
Chamaecyparis pisifera (Siebold et Zucc.) Endl.
【大きさ】 25-30 μm; 28-33×29-35 μm(I)，25-30 μm(S)，23.5-30.8(N)
【試料】 東京都立神代植物園(植栽)：1979.3.16
【花期】 3-4 月
【分布】 本州(岩手県以南)・四国・九州(長崎県まで)

コノテガシワ属
Genus *Thuja* Spach

コノテガシワ SPl.23.8-9
Thuja orientalis (L.) Franco
【形態】 外観はヒノキ属に似る。
【大きさ】 20-30 μm; 28-43×33-45 μm(I)，30-35 μm(S)，23.7-32.5 μm(N)
【試料】 東京都府中市東京農工大学(植栽)：1990.3.7
【花期】 2-4 月
【原産地】 中国

アスナロ属
Genus *Thujopsis* Siebold et Zucc.

アスナロ(アスヒ，ヒバ) SPl.23.13
Thujopsis dolabrata (L. f.) Siebold et Zucc.
【形態】 外観はネズミサシ属に似ると思われるが，遠心極面像が撮影できていないので詳細は不明。花粉の大きさは，ヒノキ科の中ではもっとも大型。外壁の彫紋は平滑状紋で，多数のユービッシュ体が付着する。
【大きさ】 35-45 μm; 25.5-36.8 μm(N)
【試料】 長野県木曽福島：1978.3(守田)
【花期】 2-3 月

【分布】 本州・四国・九州(高隈山まで)

マキ科
Family **Podocarpaceae**

　世界に 7 属 100 余種が知られ，主として南半球の熱帯に産し，日本では暖地に 2 種あるだけである。本科の花粉はマツ科と同じ 2 気嚢型であるが，大きな気嚢を持つのが特徴である。北九州における縄文海進期の花粉分析では，本科の化石花粉が多数産出する。

マキ属
Genus *Podocarpus* L'Hèer. ex Pers.

FPl.4.7-9
　2 気嚢型で，異極性。本体は楕円体で，その遠心極面の両側に類半球状の 2 気嚢をつける。本体の向心極面はほぼ平滑状紋であるが，気嚢と接する赤道部はいぼ状紋がよく発達している。大きな気嚢は平滑状紋であるが，光顕では網目状紋に見える。

イヌマキ(クサマキ)
SPl.24.1-4，LPl.1.13-16，PPl.2.10-13
Podocarpus macrophyllus (Thunb.) D. Don var. *macrophyllus*
【大きさ】 22-29×53-63 μm(気嚢を含む); 30-32×30-32 μm(I)
【試料】 岡山県瀬戸内市牛窓(植栽)：1981.5.18，岡山市岡山大学演習林(植栽)：1990.6.16(市谷)，岡山市津島：1990.6.2(市谷)
【花期】 5-6 月
【分布】 本州(関東以西)・四国・九州・沖縄。中国・台湾

ラカンマキ SPl.24.5
Podocarpus macrophyllus (Thunb.) D. Don var. *maki* Siebold
【大きさ】 23-28×47-54 μm(気嚢を含む); 30-

マキ科・イヌガヤ科

32×30-32 μm(I)，27.5-37.5×21.2-37.5 μm(本体のみ)，47.5-62.5 μm(気嚢を含む)(N)

【試料】 高知市(植栽)：1949.5.22(中村純)

【花期】 5-6月

【分布】 本州(中部)

ナギ属
Genus *Nageia* Gaertn.

ナギ SPl.24.6-8
Nageia nagi (Thunb.) Kuntze

【形態】 外観はマキ属に似る。

【大きさ】 12-20×45-55 μm(気嚢を含む)；30-32×30-32 μm(I)，体部：20×30(18×26)μm，翼部；30×50(30×40)μm(S)，27.5-35.0×22.5-35.0 μm(本体のみ)，45-65 μm(N)

【試料】 広島市広島大学(植栽)：1974.5.31(高木)

【花期】 4-6月

【分布】 本州(和歌山県・山口県)・四国・九州・沖縄。台湾

イヌガヤ SPl.24.9-10，LPl.1.10
Cephalotaxus harringtonia (Knight) K. Koch

【大きさ】 20-30 μm；28-34×29-34 μm(I)，30-35 μm(S)，17.8-26.9 μm(N)

【試料】 岡山県真庭市蒜山高原：1974.5.10

【花期】 3-5月

【分布】 本州(岩手県以南)・四国・九州(屋久島まで)。朝鮮半島・中国(東北部)

ハイイヌガヤ SPl.24.11
Cephalotaxus harringtonia (Knight ex Forbes) K. Koch var. *nana* (Nakai) Rehder

【大きさ】 22-25 μm；28-34×30-36 μm(I)，12.7-26.5 μm(N)

【試料】 宮城県薬来山：1984.6.1(守田)

【花期】 6月

【分布】 北海道(南西部)・本州・四国

イヌガヤ科
Family **Cephalotaxaceae**

東亜とヒマラヤに2属6種が知られ，日本にはイヌガヤ属2種が自生する。花粉は角ばった球状で，発芽口域は確認されたが，発芽口があるかどうかはまだ不明で，さらなる観察が必要である。

イヌガヤ属
Genus *Cephalotaxus* Siebold et Zucc.

類球形であるが角ばった形となり，異極性。極観・赤道観ともにほぼ円形。薄膜からなる発芽口域はあるが，裂けているため発芽孔があるかどうかは不明。発芽口域以外の外壁の彫紋は，細粒状紋で覆われ，ユービッシュ体が点在する。

イチイ科

イチイ綱
Classis **Taxopsida**

イチイ科
Family **Taxaceae**

　世界に5属15種が知られ，北半球の温帯とニューカレドニアに産する。日本には2属2種が自生する。イチイ属の花粉はまだきちんとした走査電顕像が撮影できていないので，今後の再調査が期待される。カヤ属は本科のイチイ属よりも，イヌガヤ科のイヌガヤ属に近い形態を示す。本科の化石花粉は変形して同定しにくいため，「イチイ科＋イヌガヤ科」とか「ヒノキ科＋イチイ科」と表示されている。

イチイ属
Genus *Taxus* L.

　不規則な球形で尖ったり角ばったりした形をとることが多く，異極性。極観・赤道観ともに円形〜楕円形。発芽口域らしきものは認められるが，発芽孔があるかどうかは不明。外壁の彫紋は全表面を細粒状紋が覆い，ユービッシュ体が点在する。

イチイ（アララギ，オンコ）
SPl.25.8，LPl.1.11-12，PPl.2.7-9
Taxus cuspidata Siebold et Zucc.
【大きさ】　13-20 μm; 31-34×32-35 μm(I)，20-30×25-35(20-35)μm(S)，22.3-27.6 μm(N)
【試料】　宮城県面白山：1978.5.6(守田)，京都市武田薬品薬用植物園(植栽)：1991.4.5(岡)
【花期】　3-5月
【分布】　北海道・本州・四国・九州。シベリア(東部)・サハリン・千島・朝鮮半島・中国(東北部)

キャラボク
SPl.25.4-7
Taxus cuspidata Siebold et Zucc. var. *nana* Hort. ex Rehder
【大きさ】　20-25 μm; 32-37×32-37 μm(I)，

17.8-26.0 μm(N)
【試料】　岡山県真庭市蒜山高原(植栽)：1991.4.11，岡山市三徳園(植栽)：1993.3.20(岡)
【花期】　3-4月
【分布】　本州(日本海側)

カヤ属
Genus *Torreya* Arn.

　外観は本科のイチイ属よりもイヌガヤ科のイヌガヤ属に似る。

カヤ
SPl.25.1-3
Torreya nucifera (L.) Siebold et Zucc.
【大きさ】　19-25 μm; 30-34×30-34 μm(I)，25-35(24-30)μm(S)，25.6-35.2 μm(N)
【試料】　岡山市グリーンシャワー公園(植栽)：1992.5.10(岡)
【花期】　4-5月
【分布】　本州(宮城県以南)・四国・九州(屋久島まで)

チャボガヤ
SPl.15.9-11，LPl.8.1-2
Torreya nucifera Siebold et Zucc. var. *radicans* Nakai
【大きさ】　23.4-27.5 μm
【試料】　金沢市高尾山：2013.5.12
【開花期】　5月
【分布】　山形県以西の日本海側

マオウ綱
Classis Gnetopsida

マオウ科
Family Ephedraceae

　北半球と南米の乾燥地に30種以上が分布し，日本には自生していないが，薬草として栽培されている。本科の花粉は，飛行船のような特異な形態をしている。日本の第四紀層の花粉分析でまれに本科の化石花粉が検出される。これは，中国大陸からの黄砂と一緒に長距離飛来したものと推定されている。

マオウ属
Genus *Ephedra* L.

　楕円体形で，等極性。極観は円形〜多角形。赤道観は楕円形。極軸方向に6-10本の高く隆起したリッジ（陵）が走る。その谷間の溝には，横方向に1本のジグザグ状の線条が走り，そこからさらに短い線条が上下に10本以上出る。横と縦の線条で区切られた部分は，凸状の突起となり，いぼ状紋のように見える。この溝は類溝で，発芽口域とみられる。類溝の両端のトウラは，まれに観察でき星状型である。外壁の彫紋はすべて平滑状紋。

マオウ　　　　　　　　　　　　SPl.25.9-10
Ephedra sinica Stapf
【大きさ】　30-32×21-26 μm; 47-58×30-34 μm
(I)
【試料】　岡山県玉野市深山公園（植栽）：1994.5.22（岡）
【花期】　5-7月
【原産地】　中国（山西省北部）

コダチマオウ　　　　　　　　　SPl.25.11-12
Ephedra equisetina Bunge
【大きさ】　31-44×22-28 μm
【試料】　京都市武田薬品薬草園（植栽）：1990.5.

29（岡）
【花期】　5-6月
【原産地】　中国

ウェルイッチア科
Family Welwitschiaceae

　砂漠でオモトのような葉を2枚出して終生伸び続け，長く昆布状となる。大変な長生きで，推定樹齢が2,000年のものも知られている。わずか2枚の葉を持つだけであるが，裸子植物なので球果をつける。その類例を見ない特徴のため，「奇想天外」とか「百歳葉」の異名もある。花粉はマオウ科に近い形態を持つが，やや異なる点もある。

ウェルイッチア属
Genus *Welwitschia* Hook. f.

ウェルイッチア（キソウテンガイ）　SPl.25.13-15
Welwitschia mirabilis Hook. f.
【形態】　楕円体形で，異極性。極観・赤道観ともに楕円形。マオウ科に似るが，遠心極面に明確な発芽溝域（長溝）があり，その他の部分のリッジの数も20本前後ある。溝の中の線条はマオウ科のようにジグザグ状にならず，直線状に走り，上下への分岐もない。溝の線条は，ほぼ全表面を薄膜が覆う。外壁の彫紋は両極面とも平滑状紋。本種は珍しい植物なので，花粉についてもよく調べられており，日本でも佐橋ほか(1976)の光顕と走査電顕による詳しい研究がある。
【大きさ】　50-58×28-35 μm
【試料】　京都市日本新薬山科植物資料館（植栽）：2002.6.4（岡）
【花期】　6-7月（日本での開花記録）
【原産地】　アフリカ（南部ナミブ砂漠）

被子植物亜門
Subphylum **Angiospermae**

双子葉植物綱
Classis **Dicotyledoneae**

離弁花亜綱
Subclassis **Choripetalae**

モクマオウ科
Family **Casuarinaceae**

オーストラリアを中心にして，ポリネシア・東南アジアに分布し，2属65種が知られている。日本では沖縄や小笠原諸島で防風林として植えられ，一部は野生化している。花粉はヤマモモ科に似るが，しわ状紋〜縞状紋が明瞭で，やや大きくて頑丈な感じがする。

モクマオウ属
Genus *Casuarina* Adans.

トクサバモクマオウ　　　　SPl.26.1-4，LPl.8.3-6
Casuarina equisetifolia Forster

【形態】　やや偏平球形で，等極性。極観は三角形で，頂口型の3孔型。赤道観は楕円形。孔は円〜楕円形で，やや突出する。孔を除く外壁の彫紋はしわ状紋〜縞状紋からなり，その上に微小刺がかなり密に分布する。本種花粉の走査電顕による検討は，三好(1981a)が実施している。

【大きさ】　25×25-30 μm

【試料】　沖縄県西表島(植栽)：1973.4.3，沖縄県西表島(植栽)：1989.3.12(宮城)

【開花期】　4-6月

【原産地】　オーストラリア(北部)

ヤマモモ科
Family **Myricaceae**

ヨーロッパ・アフリカ・アジア・南米・北米の熱帯〜寒帯に3属50種ほどが知られている。日本にはヤマモモ属とヤチヤナギ属が各1種自生している。前者は暖温帯の，後者は亜寒帯の指標となり，花粉分析では両者とも検出される。花粉の形態だけで両属を区別するのはやや難しいが，花粉分析で随伴する花粉組成からもほぼ推定できる。両種の花粉の識別については，守田・崔(1988)が詳しく検討している。

ヤマモモ属
Genus *Myrica* L.

ヤマモモ
　　　SPl.26.5-8，LPl.10.14-15，FPl.5.1，PPl.3.8-9
Myrica rubra Siebold et Zucc.

【形態】　やや偏平球形で，等極性。極観は三角形で，頂口型の3孔型。孔は円〜楕円形で周囲が肥厚し，やや突出する。赤道観は楕円形。外壁の彫紋はいぼ状紋で，その隆起の上に微小刺が密に分布する。モクマオウ属に似るが，やや小型で，しわ状紋〜縞状紋にならない。

【大きさ】　17×17-22 μm；18-21×21-24 μm(I)，24-30(20-25)μm(S)，15.6-21.4×20.4-27.1 μm(N)

【試料】　岡山県赤磐市山陽(植栽)：1979.4.20，愛知県日本モンキーセンター(植栽)：1976.4.16(岡)

【開花期】　4-5月

【分布】　本州(関東以西)・四国・九州・沖縄。中国(南部)・台湾・フィリピン

ヤマモモ科・クルミ科

ヤチヤナギ属
Genus *Gale* Duham.

ヤチヤナギ　　　　　　　　SP1.26.9-12，FP1.5.2
Gale belgica Duham. var. *tomentosa* (C. DC.)
Yamazaki
【形態】　ヤマモモ属に似るが，やや大きくていぼ
状紋の隆起が顕著でない。
【大きさ】　20×23-26 μm; 22-24×25-27 μm(I)，
26-32(24-28)μm(S)，15.6-29.6×23.3-36.0 μm
(N)
【試料】　青森県田代湿原：1978.6.19(守田)
【開花期】　4-6月
【分布】　北海道・本州(北中部・三重県以北)。シベ
リア(東部)・サハリン・千島・朝鮮半島(北部)

クルミ科
Family **Juglandaceae**

　北半球の熱帯～温帯に分布し，8属60種ほど
知られる。日本には3属3種が自生し，ペカン属
も栽培されている。クルミ属とサワグルミ属の花
粉は比較的よく似ているが，ノグルミ属とペカン
属は3孔型で，異なる特徴を持つ。花粉分析では
自生する3種は第四紀層から産出し，ペカン属も
第三紀層からは検出され，かつては日本にも自生
していたことを示している。またペカン属化石花
粉は，石油鉱床の探査に利用する目的で，深度別
の透光率を測って5000-700 mの地層の年代測定
が試みられたことでも知られる(Grayson, 1975)。
本科花粉の走査電顕による検討は，三好(1981a)
が行っている。

クルミ属
Genus *Juglans* L.

FP1.5.7-8
オニグルミ　　　　SP1.27.1-4，LP1.9.1-5，PP1.3.1-3
Juglans mandschurica Maxim. var. *sachalinen-
sis* (Miyabe et Kudo) Kitamura
【形態】　やや偏平な多角球形で，異極性。極観は
五～八角形で，頂口型の多(5-8)環孔型。孔は円～楕
円形で肥厚して突出し，赤道面に並ぶが，遠心極
面にも1-2孔があり，全部で8-10孔型。赤道観
は楕円形。外壁の彫紋は微小刺状紋で，微小刺が
密に分布する。
【大きさ】　35×34-38 μm; 30-31×34-37 μm(I)，
40-50(32-40)μm(S)，21.8-36.0×27.3-41.9 μm
(N)
【試料】　仙台市東北大学(植栽)：1978.5.8(守田)，
岡山県真庭市蒜山高原：1991.6.1(岡)
【開花期】　4-6月
【分布】　北海道・本州・四国・九州

サワグルミ属
Genus *Pterocarya* Kunth

FP1.5.9-10
サワグルミ　　　　　　　SP1.27.5-7，LP1.9.6-8
Pterocarya rhoifolia Siebold et Zucc.
【形態】　外観はクルミ属に似るが，やや小さく，
遠心極面に孔はないか，あってもまれである。
【大きさ】　28×30-40 μm; 29-32×35-38 μm(I)，
35-40×35-42 μm(S)，23.4-29.2×22.4-37.0 μm
(N)
【試料】　愛媛県石鎚山：1976.4(守田)
【開花期】　4-6月
【分布】　北海道・本州・四国・九州。中国(山東
省)

ノグルミ属
Genus *Platycarya* Siebold et Zucc.

FPl.5.11-12

ノグルミ　　　　　　　　SPl.27.8-10, LPl.9.9-10
Platycarya strobilacea Siebold et Zucc.
【形態】　偏平な三角球形で，等極性。極観は亜三角形で，頂口型の3孔型。孔は細くスリット状で，長軸が赤道軸に対し直角に配列。両極面には条溝が弓状に走る。外壁の彫紋は微小刺状紋である。
【大きさ】　10×12-14 μm; 11-12$\times$14-15 μm(I), 12-16$\times$10-12 μm(S), 9.7-19.8$\times$13.6-17.9 μm(N)
【試料】　岡山市法界院：1973.6.9
【開花期】　6月
【分布】　本州(東海地方以西)・四国・九州。朝鮮半島・中国・台湾

ペカン属
Genus *Carya* Nutt.

ペカンクルミ(ペカンヒッコリー)　　　SPl.27.11-14
Carya illinoinensis (Wangenh.) K. Koch
【形態】　やや偏平球形で，等極性。極観は三角形～円形で，頂口型の3孔型。孔は円形で周囲はほとんど肥厚しない。外壁の彫紋は全表面を微小刺状紋で密に覆う。
【大きさ】　35×35-41 μm; 32-38$\times$40-50 μm(S)
【試料】　広島市広島大学植物園(植栽)：1974.5.25(高木)
【開花期】　4-5月
【原産地】　北米(東部)・中米

ヤナギ科
Family **Salicaceae**

　本科はヤマナラシ亜科とヤナギ亜科からなり，前者は小さな分類群であるが，後者は44属400種以上もの大きな分類群で，日本には4属約39種が自生する。おもに北半球の亜熱帯～亜寒帯まで分布し，湿地に生育する種類も多いことから，花粉分析でも必ず産出する。両亜科の花粉の形態は大きく異なる。前者は微小刺が全表面を覆って，遠心極面に発芽口域らしきものを持つだけである。後者は網目状紋で，3溝孔型からなる。網目状紋は多数の分類群で認められるため，ヤナギ亜科の網目模様の特徴をよく観察しておくことが肝要である。本科花粉の走査電顕による全般的な検討は，三好(1981a)が実施している。

ヤマナラシ亜科
Subfamily **Populoideae**

ヤマナラシ属
Genus *Populus* L.

　半球形で，異極性。極観は円形で，遠心極面に発芽口域があり，円～三角形の凹状になる。赤道観は半月状。外壁の彫紋は全表面を微粒状紋が覆い，その上に微小刺が分布する。

ドロノキ　　　　　　　　　　　　SPl.28.1-3
Populus maximowiczii A. Henry
【大きさ】　21-23$\times$23-27 μm; 21.4-29.2 μm(N)
【試料】　青森県八甲田山：1978.5(守田)
【開花期】　4-5月
【分布】　北海道・本州(中部以北)。カムチャツカ・サハリン・アムール・ウスリー・千島(エトロフ島)・朝鮮半島(中部以北)

セイヨウハコヤナギ(ポプラ)　　　　SPl.28.4-6
Populus nigra L. var. *italica* Münchh.
【大きさ】　17-23 μm; 32-35 μm(S)
【試料】　仙台市市民プール(植栽)：1980.4.19(守田)
【開花期】　4月
【原産地】　不明
【備考】　*P. nigra* は全ヨーロッパ～中央アジアに分布

ヤナギ亜科
Subfamily **Salicoideae**

オオバヤナギ属
Genus *Toisusu* Kimura

オオバヤナギ　　　　　　　　　　SPl.28.7-10

Toisusu urbaniana (Seemen) Kimura

【形態】　長球形～球形で，等極性。極観は円形で，3溝孔型。赤道観は楕円形で，発芽溝が2本見えるものと1本しか見えない像がある。溝は両極近くまで伸び，先端は尖る。溝の中の孔は赤道部にあって，円形～楕円形で薄膜に覆われる。外壁の彫紋は発芽溝以外の全表面が角ばった網目状紋で，その網目は溝間域で大きく，溝に近づくにつれて小さくなり，溝の周辺では網目がなくなりしわ状紋～平滑状紋となる。

【大きさ】　17-21×16-18 μm; 19-20×20-21 μm (I), 21.6-26.3×15.9-22.4 μm(N)

【試料】　長野県上高地：1980.5(守田)

【開花期】　5-6月

【分布】　北海道・本州(中部以北・南限は鳥取県大山)。千島(国後島)

ケショウヤナギ属
Genus *Chosenia* Nakai

ケショウヤナギ　　　　　　　　　SPl.28.11-14

Chosenia arbutifolia (Pallas) Skvortsov

【形態】　外観はオオバヤナギ属に似るが，やや小さく小網目状紋となる。

【大きさ】　20-24×12-20 μm; 20-21×21-22 μm (I), 17.5-23.4×21.4-27.6 μm(N)

【試料】　仙台市：1978.5.28(守田)

【開花期】　4-5月

【分布】　北海道(日高・十勝)・本州(長野県上高地・梓川下流)。アナドウイル・カムチャツカ・サハリン・バイカル湖(東部)～アムール川流域・沿海州・朝鮮半島(中北部)

ヤナギ属
Genus *Salix* L.

FPl.5.3-6

　長球形～球形で，等極性。極観は円形で，3溝孔型。赤道観は楕円形～ほぼ球形で，3本の発芽溝が両極近くまで伸び，その先端は尖る。溝の赤道部には孔があり薄膜に覆われるが，薄膜が破れて長円形や円形など様々な穴が見られる。発芽溝を除く外壁の彫紋は，角ばって畝が陵線状となった網目状紋によって覆われ，溝間域の中央部の網目は大きく，溝に近づくにつれてしだいに小さくなり，両者の境界では平滑状紋となる。溝の内側は薄膜に覆われ，その上に微粒が分布している。本属については，Sohma(1993)の走査電顕による詳しい報告がある。

ネコヤナギ　　　SPl.28.15-18，LPl.13.1-5，PPl.3.4-7

Salix gracilistyla Miq.

【大きさ】　15-20×13-15 μm; 17-18×18-20 μm (I), 20-22×24-28 μm(S), 19.6-25.7×13.6-18.5 μm(N)

【試料】　仙台市東北大学理学部植物園(植栽)：1978.3.7(守田)，京都府大江町(植栽)：1980.3.25

【開花期】　3-4月

【分布】　北海道・本州・四国・九州。ウスリー・朝鮮半島・中国(東北部)

ヤマヤナギ　　　　　　　　　　　SPl.29.1-4

Salix sieboldiana Blume

【大きさ】　22-23×17-20 μm

【試料】　岡山県那岐山：1992.9.7(岡)

【開花期】　3月

【分布】　本州(近畿以西)・四国・九州

ミヤマヤナギ(ミネヤナギ)　　　　SPl.29.5-8

Salix reinii Franch. et Savat.

【大きさ】　24-26×18-22 μm; 21.4-36.0×15.6-21.4 μm(N)

【試料】　山形県蔵王山：1978.5.28(守田)

【開花期】　5-6月

ヤナギ科・カバノキ科

【分布】　北海道・本州(中部以北)

マルバヤナギ(アカメヤナギ)　　SPl.29.9-12
Salix chaenomeloides Kimura
【大きさ】　20-22×18-20 μm; 17.5-23.4×11.7-
17.5 μm(N)
【試料】　仙台市東北大学理学部植物園(植栽)：
1978.4.7(守田)
【開花期】　4-5月
【分布】　本州(宮城・山形両県の中部以南)・四国・九
州。朝鮮半島・中国(中部以南)

シダレヤナギ(イトヤナギ)　　SPl.29.13-15
Salix babylonica L.
【大きさ】　16-19×16-17 μm; 16.5-17.5×19.5-
21 μm(I), 20-22×24-26(18-20×20-22) μm(S),
19.8-28.2×15.6-19.8 μm(N)
【試料】　岡山市三徳園(植栽)：1984.4.16
【開花期】　4-5月
【原産地】　不明(起源は中国と信じられている)

ヤマネコヤナギ(バッコヤナギ)　　SPl.29.16-17
Salix bakko Kimura
【大きさ】　17-21×14-16 μm; 17-18×18-19 μm
(I), 20-22×24-30(18-20×22-24) μm(S), 14.6-
18.5×19.5-25.3 μm(N)
【試料】　仙台市東北大学理学部植物園(植栽)：
1980.4.7(守田)
【開花期】　3-5月
【分布】　北海道(西南部)・本州(近畿以東)・四国

キツネヤナギ　　SPl.29.18-20
Salix vulpina Andersson
【大きさ】　20-40×18-20 μm; 15-16×15-17 μm
(I), 19.5-23.2×13.6-19.5 μm(N)
【試料】　長野県上高地：1980.5.1(守田)
【開花期】　4-6月
【分布】　北海道(利尻島を含む)・本州(東北)。南千
島

エゾヤナギ　　SPl.30.1-4
Salix rorida Laksch.
【大きさ】　20.1-23.4×16.7-18.4 μm
【試料】　東京都多摩森林学園：1993.3.7(岡)
【開花期】　4-5月
【分布】　北海道・本州(長野県)。サハリン・朝鮮
半島・ウスリー

ロッコウヤナギ　　SPl.30.5-8
Salix × gracilistyloides Kimura
【大きさ】　21.7-25.1×18.4-20.0 μm
【試料】　東京都多摩森林学園：1993.3.7(岡)
【開花期】　2-4月
【分布】　六甲連山の麓から中腹

エゾノタカヤナギ　　SPl.30.9-12
Salix yezoalpina Koidz.
【大きさ】　23.4-25.1×19.2-21.7 μm
【試料】　神戸市六甲高山植物園(植栽)：1993.5.
21(岡)
【開花期】　4-6月
【分布】　北海道

カバノキ科
Family **Betulaceae**

　本科は6-7属100-170種を含み，カバノキ連と
ハシバミ連に大別される。おもに北半球の温帯を
中心に分布し，日本にも5属約30種が自生する。
花粉分析ではこれら5属がすべて産出する。ハン
ノキ属はハンノキが湿原周辺に生育するため，湿
原堆積物の花粉分析では多量に産出することがあ
る。本属を樹木花粉(AP: arboreal pollen)に入れる
と，これだけで90％を超えてしまうこともある
ため，本属をAPから除いて非樹木花粉(NAP:
non-arboreal pollen)として花粉分布図を作成した
報告書も多い。カバノキ属は冷温帯から亜寒帯の
花粉分析で多産し，氷期→間氷期の植生変遷に際
しても，先駆種としてよく産出する。ハシバミ連
の3属もすべて産出し，アサダ属とクマシデ属の

花粉がよく似ていて区別しにくいため「クマシデ属・アサダ属」として一緒に表示されることが多いが，イヌシデだけは大きく多(4-6)環孔型であることから，種まで同定して別に示されることもある。本科花粉の走査電顕による全般的な検討は，三好(1981b)が行っている。

カバノキ連
Tribe **Betuleae**

ハンノキ属
Genus *Alnus* Mill.

　本属花粉の走査電顕による両亜属に分類するための検討結果は，Morita & Miyoshi(1988)が報告している。

ヤシャブシ亜属
Subgenus *Alnaster*

FPl.7.1-3

　偏平な角ばった球形で，等極性。極観は四～六角形で，頂口型の多(4-6)環孔型。孔はスリット状で，周囲が肥厚して突出し，赤道面に等間隔に並ぶ。隣接する孔と孔の間には湾曲線状肥厚(アルクス)が認められるが，ハンノキ亜属ほど顕著でない。赤道観は楕円形で，まれにしか観察できない。外壁の彫紋は不明瞭な縞状紋で，畝の上に微小刺が密に分布する。

オオバヤシャブシ
SPl.31.1-4，LPl.10.1-4，PPl.3.16-18
Alnus sieboldiana Matsumura
【大きさ】　23-26 μm；22-26×27-31 μm(I)，25.9-30.7 μm(N)
【試料】　岡山市半田山：1973.4.20
【開花期】　3-4 月
【分布】　福島県(木戸川)～和歌山県(田辺市，太平洋側)・八丈島

ヒメヤシャブシ
SPl.31.5-9，TPl.2.1-4
Alnus pendula Matsumura
【大きさ】　19-22 μm；17-20×20-23 μm(I)，26-30(16-20×22-24)μm(S)，21.6-27.0 μm(N)
【試料】　宮城県面白山：1978.5.6(守田)
【開花期】　3-5 月
【分布】　北海道・本州・四国

ヤシャブシ
SPl.31.10-11
Alnus firma Siebold et Zucc.
【大きさ】　19-24 μm；22-23×24-27 μm(I)，20-25×35-40 μm(S)，26.8-30.7 μm(N)
【試料】　高知市：1977.4.13(守田)
【開花期】　3-4 月
【分布】　本州(福島県以南～紀伊半島までの太平洋側)・四国・九州(屋久島まで)

ミヤマハンノキ
SPl.31.12-13
Alnus maximowiczii Call.
【大きさ】　19-20 μm；16-18×22-24 μm(I)，21.1-27.0 μm(N)
【試料】　栃木県日光市：1980.6.3(守田)
【開花期】　5-7 月
【分布】　本州(加賀白山以北・鳥取県烏ヶ山)。ウスリー・カムチャツカ・サハリン・千島・朝鮮半島

ハンノキ亜属
Subgenus *Alnus*

FPl.6.11-13

　外観はヤシャブシ亜属に似るが，発芽孔は多(3-6)環孔型で，湾曲線条肥厚は顕著に盛り上がるものが多い。外壁の彫紋の縞状紋も鮮明に確認できるものが多く，その上には微小刺が列になる。

ケヤマハンノキ
SPl.31.14-15
Alnus hirsuta Turcz.
【大きさ】　19-21 μm
【試料】　仙台市東北大学理学部植物園(植栽)：1978.3.7(守田)
【開花期】　3-4 月

カバノキ科

【分布】 北海道・本州・四国・九州。シベリア（東部）・カムチャツカ・サハリン・朝鮮半島・中国

ヤハズハンノキ　　　　　　　　SPl.31.16-19
Alnus matsumurae Call.
【大きさ】 14×16-20 μm
【試料】 山形県月山：1982.6(守田)
【開花期】 4-6月
【分布】 山形県(月山)〜滋賀県(三国岳)

ハンノキ　　　　　　SPl.32.1-3，PPl.3.10-15
Alnus japonica (Thunb.) Steud.
【大きさ】 20-30 μm；18-20×23-25 μm(I)，20-23×30-35(18-20×24-30) μm(S)，17.2-23.0 μm(N)
【試料】 岡山県真庭市蒜山高原：1973.3.29
【開花期】 11月(暖地)-4月(寒地)
【分布】 北海道・本州・四国・九州・沖縄。ウスリー・南千島・朝鮮半島・中国・台湾

カワラハンノキ　　　　SPl.32.4-7，LPl.10.5-6
Alnus serrulatoides Call.
【大きさ】 13×16-20 μm；15-19.5×20-24 μm(I)
【試料】 東京都多摩森林学園(植栽)：1978.3.28(守田)，京都市府立植物園(植栽)：1991.4.7(岡)
【開花期】 2-3月
【分布】 本州(東海〜中国)・四国・九州(宮崎県)

ミヤマカワラハンノキ　　　　　　SPl.32.8-11
Alnus fauriei Lev. et Van't.
【大きさ】 15-20 μm
【試料】 東京都多摩森林学園(植栽)：1978.3.28(守田)
【開花期】 3-5月
【分布】 本州(岩手県〜岐阜県)

サクラバハンノキ　　　　　　SPl.32.12-14
Alnus trabeculosa Hand. -Mazz.
【大きさ】 19-22 μm；19-20×21-25 μm(I)

【試料】 東京都多摩森林学園(植栽)：1978.5.28(守田)
【開花期】 2-3月
【分布】 本州(茨城県・新潟県以西)・九州(宮崎県)。中国(南東部)

タニガワハンノキ(コバノヤマハンノキ) SPl.32.15-17
Alnus inokumae Murai et Kusaka
【大きさ】 15×16-21 μm
【試料】 東京都多摩森林学園(植栽)：1982.6(守田)
【開花期】 6月
【分布】 北海道・本州(岐阜県・長野県以北)

ヤマハンノキ　　　　　　　　SPl.32.18-19
Alnus hirsuta Trucz. var. *sibirica* (Fischer) C. K. Schn.
【大きさ】 21-24 μm；19-20×24-26 μm(I)，20-25×30-35(20×25-30) μm(S)，23.0-27.8 μm(N)
【試料】 宮城県白石市：1978.4.24(守田)
【開花期】 4月
【分布】 北海道・本州・四国・九州。シベリア（東部）・カムチャツカ・サハリン・朝鮮半島・中国

タイワンハンノキ　　　　　　　SPl.33.1-4
Alnus formosana (Burkill) Makino
【大きさ】 12.1-17.0×17.5-23.8 μm
【試料】 沖縄県国頭村：2005.3.20
【開花期】 11-4月
【分布】 沖縄。台湾・朝鮮半島・中国・ウスリー

オウシュウシロハンノキ　　　　　SPl.33.5-8
Alnus incana (L.) Moench
【大きさ】 16.0-17.3×21.3-26.0 μm
【試料】 不詳
【開花期】 4-5月
【原産地】 ユーラシア

カバノキ科

オウシュウクロハンノキ(ヨーロッパハンノキ)

SP1.33.9-12

Alnus glutinosa (Linnaeus) Gaertner

【大きさ】 13.3-14.7×19.3-22.7 μm
【試料】 不詳
【開花期】 4月
【原産地】 ヨーロッパ

カバノキ属
Genus *Betula* L.

FP1.5.13-17

　やや偏平な三角球形で，等極性。極観は三角円形で，頂口型の3孔型であるが，まれに4孔型もある。孔は赤道面に並び円形で肥厚し，突出する。孔の内側は外層と内層が分離して前腔が形成され，外孔と内孔の大きさはほぼ同じである。その有無はカバノキ科の他属との区別の重要な目安となり，光顕で観察できる。外壁の彫紋は比較的短い縞状紋で覆われ，その上には微小刺が並ぶ。

ミズメ(ヨグソミネバリ，アズサ，アズサカンバ)

SP1.34.1-3

Betula grossa Siebold et Zucc.

【大きさ】 25-35 μm; 20-22×22-26 μm(I), 30-34×34-40 μm(S), 24.0-32.4 μm(N)
【試料】 宮城県面白山：1978.5.6(守田)
【開花期】 4-5月
【分布】 本州(新潟県・岩手県以南)・四国・九州(高隈山まで)

ダケカンバ(エゾノダケカンバ，ソウシカンバ) SP1.34.4

Betula ermanii Cham.

【大きさ】 29-32 μm; 19-21×22-23 μm(I), 26-30×32-35 μm(S), 30.0-39.6 μm(N)
【試料】 青森県八甲田山：1979.6.23(守田)
【開花期】 4-6月
【分布】 北海道・本州(中部以北)・四国。カムチャツカ・サハリン・千島・朝鮮半島・中国(東北部・内蒙古)

シラカンバ(シラカバ，ガンピ)

SP1.34.6, LP1.10.7-8, PP1.4.1-4

Betula platyphylla Sukatchev. var. *japonica* (Miq.) Hara

【大きさ】 20-23 μm; 22-24×24-26 μm(I), 25-30×28-35(22-28×25-30)μm(S), 23.0-28.8 μm(N)
【試料】 岡山県真庭市蒜山高原(植栽)：1975.5.5, 東京都多摩森林学園(植栽)：1994.4.24(岡)
【開花期】 3-5月
【分布】 北海道・本州(中部以北)。東シベリア・サハリン・千島・朝鮮半島・中国

ウダイカンバ(サイハダカンバ)　　　　　　SP1.34.7

Betula maximowicziana Begel

【大きさ】 18-20 μm
【試料】 長野県信州大学(植栽)：2006.5.24
【開花期】 5-6月
【分布】 北海道・本州(岐阜県以北)。南千島(国後島)

ヤチカンバ(ヒメオノオレ，ルクタマカンバ)　SP1.34.5

Betula ovalifolia Rupr.

【大きさ】 21.8-24.5 μm
【試料】 不詳
【花期】 4-6月
【分布】 北海道(十勝および根室地方)。サハリン・朝鮮半島(北部)・中国(東北部)・ウスリー

ハシバミ連
Tribe **Coryleae**

ハシバミ属
Genus *Corylus* L.

FP1.6.9-10

　偏平な三角球形で，等極性。極観は三角円形で，頂口型の3孔型。孔は円形で赤道面に並び，外壁は外層と内層に分離せず孔に向かってやや肥厚する。赤道観は楕円形。外壁の彫紋は畝が短い直線状の縞状紋で，畝上に微小刺が列になる。

ハシバミ（オヒョウハシバミ，オオハシバミ）SPl.34.8-9

Corylus heterophylla Fischer ex Besser var. *thunbergii* Bl.

【大きさ】　21-25 μm; 20-21×22-24 μm(I), 21.1-23.0 μm(N)

【試料】　仙台市青葉山：1978.3.7(守田)

【開花期】　3-4月

【分布】　北海道・本州・九州。アムール・ウスリー・朝鮮半島・中国

ツノハシバミ（ナガハシバミ）

SPl.34.10-12, LPl.10.9-10

Corylus sieboldiana Bl.

【大きさ】　20-23 μm; 20-22×24-27 μm(I), 22-25×25-30(20-24×24-28) μm(S), 22.0-26.8 μm(N)

【試料】　仙台市東北大学理学部植物園(植栽)：1978.4.12(守田), 京都市武田薬品薬用植物園(植栽)：1991.4.5(岡)

【開花期】　3-5月

【分布】　北海道・本州・四国・九州。朝鮮半島

アサダ属
Genus *Ostrya* Scop.

アサダ（ミノカブリ，ハネカワ）　　SPl.35.1-3

Ostrya japonica Sargent

【形態】　偏平状球形で，等極性。極観は円形～三角円形で，頂口型の3孔型(まれに4環孔型)。孔は円形で赤道面に並ぶが，まれに極面に見られることもあり，肥厚して突出する。孔の外壁は外層だけから形成され，内層は孔の突出部の基部で消失するため前腔を形成せず，アトリウムとなり，外孔より内孔が大きくなる。赤道観は楕円形。外壁の彫紋は畝が短い直線状の縞状紋からなり，畝上に微小刺が列になる。

【大きさ】　22-25 μm; 21-22×23-25 μm(I), 24.0-26.8 μm(N)

【試料】　東京都多摩森林学園(植栽)：1994.4.24(岡)

【開花期】　4-5月

【分布】　北海道（北部にはない）・本州・四国・九州（霧島山まで）。韓国（済州島・莞島）・中国（湖北省・四川省など）

クマシデ属
Genus *Carpinus* L.

FPl.6.1-4

　外観はアサダ属に似る。Yamanaka(1988)が大きさと発芽口の数から種レベルでの同定を検討している。

クマシデ（カタシデ）　　　　　　SPl.35.4-6

Carpinus japonica Bl.

【大きさ】　25-29 μm; 22.5-23.5×24-27 μm(I), 24.9-30.6 μm(N)

【試料】　岡山県真庭市蒜山高原：1974.5.10(波田)

【開花期】　4-5月

【分布】　本州・四国・九州（南限は大隅半島）

アカシデ（シデノキ，コシデ，ソロノキ，コソネ）

SPl.35.7

Carpinus laxiflora (Siebold et Zucc.) Bl.

【大きさ】　22-24 μm; 23-24×25-28 μm(I), 30-32×32-35(24-30×25-30) μm(S), 24.0-30.7 μm(N)

【試料】　仙台市野草園(植栽)：1978.4.26(守田)

【開花期】　4-5月

【分布】　北海道・本州・四国・九州。朝鮮半島

イワシデ（コシデ）　　　　　　　SPl.35.8

Carpinus turczaninovii Hance

【大きさ】　25-28 μm; 24.0-32.4 μm(N)

【試料】　高知県鳥形山：1979.5.20(中村純)

【開花期】　4-5月

【分布】　本州（中国）・四国・九州。朝鮮半島・中国

イヌシデ(シロシデ, ソネ)
SPl.35.9-12, LPl.10.11-13, FPl.6.5-8
Carpinus tschonoskii Maxim.

【形態】 本種だけは発芽孔が4-6孔あり多環孔型，大きさも30μm前後ある。20μm前後の他の種よりもずっと大きく，種まで区別が可能である。

【大きさ】 33-37μm; 23-24×25-26μm(I), 28-34×34-38μm(S), 24.0-38.4μm(N)

【試料】 仙台市東北大学理学部植物園(植栽)：1978.4.27(守田)，岡山県真庭市蒜山高原：1985.4.27

【開花期】 4-5月

【分布】 本州(岩手県・新潟県以南)・四国・九州(南限は大隅半島)。朝鮮半島・中国

ブナ科
Family **Fagaceae**

世界の温帯～亜熱帯に6属約600種があり，ブナ亜科・コナラ亜科・クリ亜科に大別され，日本には5属22種が自生する。ブナ亜科のブナ属は冷温帯の，コナラ亜科のコナラ属は冷温帯から暖温帯の主要な樹木であるため，花粉分析においてもマツ科とともにもっとも重要な分類群の1つである。ブナ属は第四紀層の花粉分析ではブナ型とイヌブナ型に種レベルまで光顕で同定が可能であるが，第三紀層からは両種と異なる形態の化石花粉も産出し，今後の研究が期待される。コナラ属は落葉型のコナラ亜属と常緑型のアカガシ亜属に大別され，花粉の形態からも亜属への区別が可能なので，亜属で同定しておけば植生変遷の考察がより詳しくできる。クリ亜科の3属(クリ属・シイ属・マテバシイ属)の花粉は，光顕では区別しにくいため「シイ属・クリ属」として表示されることが多いが，考察にあたってはブナ科の産出状況からシイ属由来かクリ属由来かを見極める必要がある。走査電顕レベルではこの両属の花粉は，彫紋の手鞠状の糸の太さの違いにより，比較的簡単に区別が可能である。シイ属とマテバシイ属も現生花粉を走査電顕で観察すると糸の太さで区別が可能であるが，西日本の花粉分析で産出する化石花粉を調べてみると，シイ属タイプばかりで，マテバシイ属タイプが産出しない。その理由については，今後植物地理学的検討や考古学的視点からの解明が期待される。本科花粉の走査電顕による全般的な検討は，三好(1982)が行っている。

ブナ亜科
Subfamily **Fagoideae**

ブナ属
Genus *Fagus* L.

球形～三角球形で，等極性。極観は円形～三角円形で，各角に溝孔のある3溝孔型。溝は赤道面から両極に向かって伸び，その長さは種類により長短がある。溝内の孔は赤道部にあり，走査電顕では溝が孔の両側を少し覆っているため長円形に見えるが，光顕で見ると円形である。赤道観は円形～楕円形で，やや極軸長の方が長い。溝域を除く外壁の彫紋は，円柱状突起が密に折れ重なったような畝が短い縞状紋もしくはしわ状紋からなる。本属の現生・化石花粉については，Miyoshi & Uchiyama(1987)とSaito(1992)が詳しく調べている。

ブナ　　　　SPl.36.1-4, LPl.11.1-3, FPl.8.6-9
Fagus crenata Blume

【形態】 溝は極軸長の半分ほどで短く，大型の花粉である。

【大きさ】 35-40μm; 37-40×42-47μm(I), 40-48×40-45(35-40×32-38)μm(S), 34.5-40.3×36.4-44.1μm(N)

【試料】 宮城県金華山：1978.5.20(守田)，鳥取県大山：1995.5.16

【開花期】 5月

【分布】 北海道(渡島半島)・本州・四国・九州(南限は高隈山)

ブナ科

イヌブナ　　　　　　　　SPl.36.5-8, FPl.8.10-13
Fagus japonica Maxim.

【形態】　溝は極軸長の 2/3 以上も伸びて両極の近くまで達する。大きさもブナよりかなり小さいためブナとの区別は比較的容易である。

【大きさ】　30-35 μm; 28-29×30-32 μm(I), 26.8-36.0×28.8-36.6 μm(N)

【試料】　鳥取県大山：1977.5.17(篠原)

【開花期】　4-5 月

【分布】　本州(岩手県以南)・四国・九州(熊本県以北)

タケシマブナ　　　　　　　　　SPl.36.9-10
Fagus multinervis Nakai

【形態】　大きさ・溝・外壁の彫紋はイヌブナに似るが，SPl.36.9 のようにブナ属の特徴を持ちながら，外壁の彫紋がいぼ状突起となった花粉も認められた。

【大きさ】　34-37 μm

【試料】　韓国慶尚北道鬱陵島聖人峯：1988.5.21(朴)

【開花期】　5 月

【原産地】　朝鮮半島

タイワンブナ　　　　　　　　　SPl.36.11-12
Fagus hayatae Palibin ex Hayata

【形態】　大きさ・溝などの特徴は，ブナに似る。

【大きさ】　36-38 μm

【試料】　台湾台北市山椒：1933.4.13(鈴木)

【開花期】　5 月

【原産地】　台湾

コナラ亜科
Subfamily **Quercoideae**

コナラ属
Genus *Quercus* L.

コナラ亜属
Subgenus *Quercus* (= *Lepidobalanus*)

FPl.7.15-18

　やや長球形で，等極性。極観は円形で，溝が両極まで伸びた 3 溝孔型。溝内の孔は赤道部にあり円形であるが，溝が両側の一部を覆うため長円形に見える。赤道観は極軸長がやや長い長円形か円形。外壁の彫紋はいぼ状紋のものが多く，いぼの間に微穿孔のあるものと，ないものがある。その他のいぼの形態は，金平糖状の微粒や円柱状突起が押し倒されたような短い畝のしわ状紋の中にもみ殻状の微小刺が点在する特殊なものもあり，その特徴により種レベルまで同定できるものがある(藤木ほか，1996；牧野ほか，2009)。

ウバメガシ　　SPl.38.5-8, LPl.11.13-15, FPl.8.4-5
Quercus phillyraeoides A. Gray

【形態】　落葉型のコナラ亜属の中にあって本種は唯一の常緑型であるが，花粉の外壁の彫紋も本亜属のものとは異なり，ブナ属と同じような円柱状突起が押し倒されたような短い畝のしわ状紋からなり，さらにその中にもみ殻状の微小刺が点在する。大きさも本亜属よりもアカガシ亜属に近いため，光顕で本種の化石花粉を同定すると常緑型となる。

【大きさ】　19-21×20-22 μm; 20-23×23-26 μm(I), 17.2-23.0×20.1-24.6 μm(N)

【試料】　岡山県赤磐市山陽(植栽)：1978.4.26, 岡山市岡山理科大学(植栽)：1991.4.23

【開花期】　4-5 月

【分布】　本州(神奈川県以西の太平洋側)・四国・九州・沖縄。中国・台湾

ブナ科

カシワ　　　　　SPl.37.1-4, LPl.11.10-12, FPl.8.1-3
Quercus dentata Thunberg
【形態】　外壁には金平糖状の微粒が分布するので，光顕でも同定が可能。走査電顕では金平糖状の微粒の間に多数の微穿孔がある。
【大きさ】　26-32×28-30 μm; 30-31×35-37 μm (I), 24.9-28.8×23.0-27.8 μm(N)
【試料】　岡山県三平山：1977.5.14(篠原)，岡山市三徳園(植栽)：1983.5.8
【開花期】　5-6月
【分布】　北海道・本州・四国・九州。ウスリー・南千島・朝鮮半島・中国・台湾

コナラ　　　　　SPl.38.11-12, TPl.2.5-7, PPl.4.8-10
Quercus serrata Thunberg
【形態】　外壁の彫紋は不規則ないぼ状紋が密に重なりながら分布し，その上に短いしわ状紋が刻まれている。
【大きさ】　22-27×21-27 μm; 23-25×25-27 μm (I), 36-40×28-32(30-36×26-30)μm(S), 21.1-24.9×19.2-24.9 μm(N)
【試料】　岡山市半田山：1972.5.2，岡山市三野：1996.4.29
【開花期】　4-5月
【分布】　北海道・本州・四国・九州

アベマキ　　　　　SPl.37.5-8
Quercus variabilis Blume
【形態】　コナラに似るが，花粉はやや大型である。
【大きさ】　25-29×27-30 μm; 29-30×32-34 μm (I)
【試料】　岡山市法界院：1980.4.23，岡山市半田山：1992.4.11
【開花期】　4-5月
【分布】　本州(山形県以西)・四国・九州。朝鮮半島・中国・台湾

クヌギ　　　　　SPl.38.9-10
Quercus acutissima Carruthers
【形態】　外観はコナラに似るが，いぼ状突起が角ばって金平糖状の微粒に近い。

【大きさ】　27-31×28-30 μm; 27-30×35-38 μm (I), 28.8-42.2×27.8-40.3 μm(N)
【試料】　岡山市法界院：1973.4.22，仙台市東北大学：1978.5.8(守田)
【開花期】　4-5月
【分布】　本州(岩手県・山形県以南)・四国・九州・沖縄。朝鮮半島・中国・台湾・インドシナ半島～ヒマラヤ

ミズナラ　　　　　SPl.37.9-12
Quercus mongolica Fischer ex Turcz. var. *grosseserrata* (Bl.) Rehder et Wilson
【形態】　いぼ状紋が比較的まばらに点在し，その間に多数の微穿孔が認められる。
【大きさ】　26-29×26-27 μm; 23-25×26-27 μm (I), 34-38×30-34(30-35×26-32)μm(S), 24.0-28.8×20.1-26.8 μm(N)
【試料】　青森県八甲田山：1978.7(守田)，岡山市三徳園(植栽)：1983.4.24
【開花期】　4-5月
【分布】　北海道・本州・四国・九州。南サハリン・南千島・朝鮮半島

ナラガシワ　　　　　SPl.38.1-4
Quercus aliena Blume
【形態】　外観はミズナラに似るが，いぼ状紋の分布がより密である。
【大きさ】　25-27 μm; 28.8-32.4×24.0-28.8 μm (N)
【試料】　岡山市三徳園(植栽)：1982.5.9，岡山市御津：1995.4.30
【開花期】　4-5月
【分布】　本州(岩手県・秋田県以南)・四国・九州。朝鮮半島・中国・台湾・インドシナ半島～ヒマラヤ

アカガシ亜属
Subgenus *Cyclobalanopsis*

FPl.7.11-14
　　　外観はコナラ亜属に似るが，花粉は全体に小さ

く，溝もやや短くて両極近くまで達しない。外壁の彫紋は角ばったいぼ状紋か，細長く畝状に伸びた突起の上にさらに微小刺が多数分布し，走査電顕を使えば種レベルまで同定できる可能性がある（藤木・三好，1995；牧野ほか，2009）。

ウラジロガシ　　SPl.39.1-4, LPl.11.16-18
Quercus salicina Blume

【形態】　外壁の彫紋はいぼ状紋の上に1μm以上の細長い刺が分布し，それらが数個集まってカリフラワー状に見える。

【大きさ】　19-23×20-26μm；20.1-23.0×18.2-21.1μm(N)

【試料】　香川県小豆島寒霞渓：1977.5(守田)，岡山市三徳園(植栽)：1983.4.30, 1983.5.30

【開花期】　5月

【分布】　本州(宮城県・新潟県以西)・四国・九州・沖縄。韓国(済州島)・台湾

アラカシ　　SPl.39.5-8, PPl.4.5-7
Quercus glauca Thunb. ex Murray

【形態】　外観はウラジロガシに似るが，角ばったいぼ状紋の上には微小刺がある。

【大きさ】　18-22×20-21μm；19-20×21.5-23μm(I)，20.1-24.0×16.3-21.1μm(N)

【試料】　高知市：1977.5(守田)，岡山市三徳園(植栽)：1983.4.30

【開花期】　4-5月

【分布】　本州(宮城県・石川県以西)・四国・九州。韓国(済州島)・中国・台湾

ツクバネガシ　　SPl.39.12-14
Quercus sessilifolia Blume

【形態】　外観はアラカシに似る。

【大きさ】　14-20×17-21μm(D)；21.1-26.8×19.2-24.0μm(N)

【試料】　徳島県剣山：1953.5.16(中村純)，岡山市三徳園(植栽)：1983.4.30

【開花期】　4-5月

【分布】　本州(宮城県・富山県以西)・四国・九州

アカガシ　　SPl.39.15-17
Quercus acuta Thunb. ex Murray

【形態】　外観はアラカシに似るが，外壁の彫紋はカリフラワー状にならない。

【大きさ】　20-24×19-23μm；21.5-23×25.5-27μm(I)，24-28×20-24μm(S)，17.2-22.0×16.3-19.2μm(N)

【試料】　高知市：1977.5(守田)，滋賀県西浅井町：1987.5.23(高原)

【開花期】　5-6月

【分布】　本州(宮城県・新潟県以南)・四国・九州。朝鮮半島(南部)・中国・台湾

シラカシ　　SPl.39.9-11
Quercus myrsinaefolia Blume

【形態】　角ばったいぼ状紋〜細粒状紋からなる。

【大きさ】　19-23×20-23μm；18.0-21.6×19.8-27.0μm(N)

【試料】　京都市京都府立大学(植栽)：1977.5.4(高原)，仙台市川内(植栽)：1978.5.19(守田)

【開花期】　5月

【分布】　本州(福島県・新潟県以西)・四国・九州。韓国(済州島)・中国(中南部)

イチイガシ　　SPl.39.18-20
Quercus gilva Blume

【形態】　角ばったいぼ状紋と円柱状突起が混在する。

【大きさ】　16-24×18-24μm；30-32×26-30(26-30×24-26)μm(S)，19.2-24.0×18.2-21.1μm(N)

【試料】　三重県伊勢：1985.5(守田)

【開花期】　4-5月

【分布】　本州(関東南部以西の太平洋側)・四国・九州。韓国(済州島)・中国・台湾

クリ亜科
Subfamily **Castanoideae**

クリ属
Genus *Castanea* L.

FPl.7.4-5

クリ　　　　　SPl.40.14-16, LPl.11.4-5, PPl.4.11-14
Castanea crenata Siebold et Zucc.

【形態】　長球形で，等極性。極観は円形で，溝は極近くまで長く伸びる3溝孔型。赤道観は楕円形で，溝は赤道面で幅が広く，両極に向かって狭くなり，孔は円形で赤道面にある。外壁の彫紋は畝が手鞠状に交叉したようなしわ状紋であるが，シイ属やマテバシイ属のように鮮明な彫紋ではない。

【大きさ】　12-17×9-14 μm; 12.5-14×10-12 μm (I), 16-18×12-14(12-15×10-12) μm(S), 12.4-14.4×8.6-9.6 μm(N)

【試料】　岡山県赤磐市山陽(植栽)：1978.6.10, 岡山市岡山理科大学：1982.6.11(太田)

【開花期】　6-7月

【分布】　北海道(石狩・日高以南)・本州・四国・九州。朝鮮半島(中南部)

シイ属
Genus *Castanopsis* Spach

　長球形で，等極性。極観は円形で3本の溝が両極近くまで伸びる3溝孔型。赤道観は長円形で，各溝の赤道面には孔があり，円形で薄膜に覆われるか破れて穴になる。外壁の彫紋は畝が手鞠状に交叉するような鮮明なしわ状紋からなり，その畝の太さがスダジイとツブラジイで異なる。両種を種レベルで区別できることについては，Miyoshi (1983)が報告している。

スダジイ (イタジイ, ナガジイ)
SPl.40.1-4, LPl.11.6-7, FPl.7.6-7
Castanopsis sieboldii (Makino) Hatusima ex Yamazaki et Mashiba

【形態】　0.2 μm 前後の比較的太い畝からなるしわ状紋(手鞠状に交叉している)を持つ。

【大きさ】　17-21×13-18 μm; 15-16×13-14 μm (I), 12-20×12-13(14-18×11-13) μm(S)

【試料】　岡山市総合グラウンド(植栽)：1973.5.12, 伊勢市：1995.5.18(清末)

【開花期】　5-6月

【分布】　本州(福島県・新潟県以西)・四国・九州(屋久島まで)。韓国(済州島)

ツブラジイ (コジイ)
SPl.40.5-7, FPl.7.8-10
Castanopsis cuspidata (Thunb. ex Murray) Schottky

【形態】　0.1 μm 以下の非常に細い畝からなるしわ状紋(手鞠状に交叉している)を持つ。

【大きさ】　17-25×13-17 μm; 18-20×12-14 (S), 15.3-18.2×10.5-12.5 μm(N)

【試料】　福岡県平尾台：1964.4.28(畑中)

【開花期】　5-6月

【分布】　本州(関東以南)・四国・九州(屋久島まで)。韓国(済州島)

マテバシイ属
Genus *Lithocarpus* Blume

　外観はシイ属に似るが，外壁彫紋のしわ状紋の畝の幅はスダジイよりもっと広く 0.4 μm 前後もあり，またその畝はシイ属のものほど激しく交叉しない。

マテバシイ
SPl.40.11-13
Lithocarpus edulis (Makino) Nakai

【大きさ】　15-21×11-15 μm; 14-15×12-13 μm (I), 20-24×14-16(15-20×12-14) μm(S), 14.4-18.2×10.5-12.4 μm(N)

【試料】　岡山県赤磐市山陽(植栽)：1978.6.17

【開花期】　6月

【分布】　本州・四国・九州・沖縄

シリブカガシ
SPl.40.8-10, LPl.11.8-9
Lithocarpus glabra (Thunb. ex Murray) Nakai

【大きさ】　13-20×10-14 μm; 13.4-16.3×9.6-

14.4 μm(N)

【試料】 北九州市小倉：1996.9.27(畑中)，岡山市三徳園(植栽)：1982.9.5

【開花期】 9-10月

【分布】 本州(近畿以西)・四国・九州・沖縄。中国・台湾

ニレ科
Family **Ulmaceae**

　世界に約15(-18)属150種あり，おもに北半球の熱帯と温帯に分布し，日本には5属10種が自生する。このうちムクノキ属とエノキ属の花粉はよく似ているので，花粉分析では両属をまとめて「ムクノキ属・エノキ属」と一括して表示する。それに対してニレ属とケヤキ属も比較的よく似ているが，前者はやや小さくて丸みがあり，後者はやや大きくて角ばっているため，別々に同定して図示することが多い。また沖縄での花粉分析では，ウラジロエノキ属がかなりの高率で産出する。本科には，日本の最終氷期最寒冷期直前まで生存していたとされる化石種ヒメハリゲヤキの果実・材の産出が各地の更新世堆積層から報告されている(Minaki et al., 1988)。ハリゲヤキ属の花粉は，円頭いぼ状紋で，いぼの表面に微粒状紋が見られ，弧状肥厚部が明瞭に存在する(楡井，1996)。このことからもハリゲヤキ属の花粉は，最終氷期堆積層の花粉分析においては，今後しわ状紋のニレ属・ケヤキ属とは区別して同定することが期待される。本科花粉の走査電顕による全般的な検討は，三好(1993)が実施している。

ムクノキ属
Genus *Aphananthe* **Planch.**

FPl.9.4-7

ムクノキ(ムク，ムクエノキ)

SPl.41.1-3，LPl.12.12-14

Aphananthe aspera (Thunb.) Planch.

【形態】 ほぼ球形で，等極性。極観は円形で，

120°の間隔で孔のある3孔型。孔は円形で周囲が肥厚するが，ほとんど突出しない。赤道観もほぼ円形。外壁の彫紋は微粒状紋で，微粒が粉のようにまばらに付着する。

【大きさ】 21-26 μm；26-28×28-30 μm(I)，40-44×36-42(30-34×28-32) μm(S)，24.0-30.6 μm(N)

【試料】 岡山市宿：1974.5.11，香川県丸亀市丸亀城：1976.5.6(関)

【開花期】 4-5月

【分布】 本州(関東以南)・四国・九州・沖縄。韓国(済州島)・中国・台湾・インドネシア

エノキ属
Genus *Celtis* **L.**

FPl.9.4-7

エノキ　　　　　SPl.41.4-6，LPl.12.8-11

Celtis sinensis Pers. var. *japonica* (Planch.) Nakai

【形態】 外観はムクノキ属に似るが，外壁の彫紋は微粒状紋で，微粒がやや密に分布する。

【大きさ】 21-26 μm；22-24×24-27 μm(I)，32-36×30-34(26-30×24-30) μm(S)，23.0-26.8 μm(N)

【試料】 岡山市三野公園：1980.4.24，名古屋市名古屋大学(植栽)：2006.4.19

【開花期】 4-5月

【分布】 本州・四国・九州。朝鮮半島・中国

ウラジロエノキ属
Genus *Trema* **Loureiro**

ウラジロエノキ　　SPl.41.11-14，LPl.12.6-7

Trema orientalis (L.) Blume

【形態】 外観はムクノキ属やエノキ属と同じであるが，花粉はかなり小型で，外壁の彫紋は微粒状紋ではなく細粒状紋で，細粒が密に覆う。

【大きさ】 17-21 μm；15-17×17-18 μm(I)，16.3-20.1×20.1-26.8 μm(N)

【試料】 沖縄県石垣島於茂登岳：1973.4.2

【開花期】 4-6月

【分布】 屋久島・種子島・沖縄。中国(南部)・東南アジア・マレーシア・インド・オーストラリア

ケヤキ属
Genus *Zelkova* Spach

FPl.9.1-3

ケヤキ　　　　SPl.41.7-10, LPl.12.1-3, PPl.4.15-18
Zelkova serrata (Thunb.) Makino

【形態】 角ばった偏平球形で，異極性。極観は四〜五角形で，頂口型の多(4-5)環孔型。孔は赤道面に並び，周囲が肥厚して突出する。赤道観は楕円形。外壁の彫紋は向心極面ではやや不鮮明なしわ状紋からなり，遠心極面では鮮明なしわ状紋となる。

【大きさ】 29-36 μm; 30-32×33-36 μm(I), 36-45×30-38(34-38×30-34) μm(S), 25.9-29.7×32.6-39.3 μm(N)

【試料】 広島市広島大学植物園(植栽)：1976.4.16(高木)，仙台市青葉通(植栽)：1978.5.18(守田)

【開花期】 4-6月

【分布】 本州・四国・九州。朝鮮半島・中国・台湾

ニレ属
Genus *Ulmus* L.

FPl.8.14-15

　ケヤキ属に似るが，花粉はやや小型で，孔もあまり突出しないため丸みのある四〜五角形をしている。両属花粉の識別については，Morita et al.(1998)による報告がある。

ハルニレ(ニレ)　　　SPl.42.5-7, LPl.12.4-5
Ulmus davidiana Planch. var. *japonica* (Rehder) Nakai

【大きさ】 27-30 μm; 38-40×34-36 μm(S), 21.1-26.8×27.8-32.6 μm(N)

【試料】 岡山市三徳園(植栽)：1982.4.4

【開花期】 3-5月

【分布】 北海道・本州・四国・九州。朝鮮半島・中国(東北部・北部)

アキニレ　　　　　　　　　　SPl.42.1-4
Ulmus parvifolia Jacquin

【大きさ】 21-23 μm; 21-22×26-27 μm(I), 28-32×26-30(26-28×22-26) μm(S), 15.3-21.1×24.9-29.7 μm(N)

【試料】 仙台市東北大学：1978.9.18(守田)

【開花期】 9月

【分布】 本州(中部以西)・四国・九州・沖縄。朝鮮半島・中国・台湾

クワ科
Family **Moraceae**

　世界の温帯〜熱帯に広く分布し，53属1,400種も知られ，その半数以上はイチジク属である。日本には4属が自生する。本科のアサ属とカラハナソウ属の花粉は，3孔型で大きさや外壁の彫紋も似ているが，クワ属とカジノキ属，イチジク属は2孔型で，各属の大きさはかなりの差がある。本科の化石花粉はまれに報告されているが，まだ検討が不十分である。カナムグラの花粉は，秋の花粉症の原因花粉として注意が必要である。本科花粉の走査電顕による調査は，三好(1983)が行っている。

アサ属
Genus *Cannabis* L.

アサ　　　　　　　　　　SPl.42.8-12
Cannabis sativa L.

【形態】 やや偏平で，等極性。極観は円形で，3孔型(まれに2, 4孔型)。孔は赤道面に並び，円形で肥厚し突出する。赤道観は楕円形。外壁の彫紋は微粒状紋で，微粒が密に全表面を覆う。

【大きさ】 19-25 μm; 21-22×22-26 μm(I), 24-26×22-26 μm(S), 21.1-24.0 μm(N)

【試料】 宮城県釜房(植栽)：1956.7(日比野)

クワ科

【開花期】　6-8月
【原産地】　アジア（東部・中央部）

インドシナ半島・ヒマラヤ・インド

カラハナソウ属
Genus *Humulus* L.

アサ属に似るが，外壁表面の微粒の分布密度は，アサ属よりも粗密である。

カナムグラ　　　　　　SPl.43.7-9，PPl.5.1-3
Humulus japonicus Siebold et Zucc.
【大きさ】　18-23 μm；19-20×21-22 μm(I)，24-26×22-24 μm(S)，21.6-28.8 μm(N)
【試料】　岡山市旭川：1980.9.18
【開花期】　9-10月
【分布】　北海道〜九州・奄美大島。台湾・中国

カラハナソウ　　　　　　　SPl.43.10-11
Humulus lupulus L. var. *cordifolius* (Miq.) Maxim.
【大きさ】　15×15-17 μm；19-20×21-22 μm(I)
【試料】　仙台市青葉山：1978.9.6（守田）
【開花期】　8-9月
【分布】　北海道・本州（中部以北）

クワ属
Genus *Morus* L.

ヤマグワ　　　　　　SPl.43.1-3，LPl.8.7-10
Morus australis Poir.
【形態】　球形で，等極性。極観・赤道観ともに円形で，2-3孔型。孔は赤道面に並び，円形でわずかに肥厚する程度で，突出もしない。外壁の彫紋は微粒状紋に覆われるが，かなりまばらで平滑状紋に見える部分もある。
【大きさ】　16-18 μm；15-18×15-21 μm(I)，18-20×18-22 μm(S)
【試料】　仙台市青葉山：1980.5.12（守田），沖縄県国頭村：2004.4.10
【開花期】　4-5月
【分布】　北海道〜九州・沖縄。サハリン・中国・

カジノキ属
Genus *Broussonetia* L'Hèrit ex Vent.

クワ属に似るが，花粉はかなり小さい。外壁表面の微粒の大きさは，クワ属とほぼ同じである。

コウゾ　　　　　　　　　　　SPl.43.4-6
Broussonetia kazinoki × *B. papyrifera*
【大きさ】　12-13 μm；13-14×13-15 μm(I)，14-18×14-16 μm(S)，11.5-15.3 μm(N)
【試料】　仙台市東北大学薬学部薬草園（植栽）：1978.5.17（守田）
【開花期】　5月
【分布】　本州・四国・九州。朝鮮半島

カジノキ　　　　　　　　　　SPl.44.4-6
Broussonetia papyrifera (L.) L'Hér. ex Vent.
【大きさ】　7.5-11.7 μm；12-14×12-14 μm(I)，14-16×14-16 μm(S)，10-12 μm(B)
【試料】　東京都東京大学理学部附属小石川植物園（植栽）：2013.4.14（岡）
【開花期】　5月
【分布】　中部以西の本州・四国・九州

イチジク属
Genus *Ficus* L.

偏平な楕円球形か三角球形で，等極性。極観は楕円形か亜三角形の頂口型で，2-3孔型。孔は円形で，外層は肥厚しない大きな孔を開き，その中に内層からなる小さな孔が穴となって開く。外壁の彫紋は不明瞭ないぼ状紋〜しわ状紋からなる。

オオイタビ　　　　SPl.43.12-15，LPl.8.11-12
Ficus pumila L.
【大きさ】　10×6-7 μm
【試料】　福岡県北九州市曽根（植栽）：1981.8.6（畑中），長崎県亜熱帯植物園（植栽）：1990.11.16（岡），沖縄県久米島町儀間：1984.4.26（仲吉）

【開花期】　8-10月

【分布】　本州(千葉県以南)・四国・九州・沖縄。
中国(南部)・台湾・インドシナ半島

ムクイヌビワ　　　　　　　　SPl.44.1-3, LPl.8.13-14

Ficus irisana Elmer

【大きさ】　5.0-7.5×10.0-11.3 μm

【試料】　沖縄県南大東島：1989.2.23(宮城)

【開花期】　4-5月

【分布】　大東諸島・八重山諸島

イラクサ科
Family **Urticaceae**

　世界に42属700種ほどあり，草本が多い。日本には草本が10属約40種，木本が4属5種自生する。本科の花粉は大多数が20 μm以下で，2孔型のムカゴイラクサ属・ミズ属などと，3孔型のイラクサ属・カラムシ属などの2群に大別できる。外壁の彫紋はカテンソウだけが微小刺状紋で，その他のものはすべて微粒状紋である。これまでの花粉分析では本科の化石花粉の報告はあまり見ないが，水辺に生育する植物が多いため，よく検討すれば本科の化石花粉の産出する可能性はある。三好(1983)は本科花粉の走査電顕による大まかな調査をしている。

イラクサ属
Genus *Urtica* **L.**

イラクサ　　　　　　　　　　　　SPl.45.7-9

Urtica thunbergiana Siebold et Zucc.

【形態】　やや偏平な三角球形で，等極性。極観は三角円形の頂口型で，3孔型(まれに4孔型)。孔は円形で肥厚し，突出する。赤道観は楕円形。外壁の彫紋は微粒状紋で，微粒がかなり密に分布する。

【大きさ】　12-15 μm; 16-18×15-18 μm(S),
10.5-15.3 μm(N)

【試料】　福岡県古処山：1981.9.29(畑中)

【開花期】　9-10月

【分布】　本州・四国・九州。朝鮮半島

ムカゴイラクサ属
Genus *Laportea* Gaudich.

　球形で，等極性。極観は円形で，赤道観は円形～楕円形の2孔型。孔は円形で赤道面に並び，肥厚して突出する。外壁の彫紋は細粒状紋～微粒状紋で，細粒や微粒が粗密に分布し，平滑状紋になるところもある。

ムカゴイラクサ　　　　　　　　　SPl.45.1-3

Laportea bulbifera (Siebold et Zucc.) Wedd.

【大きさ】　13-14 μm; 10-13×10-14 μm(I),
11.5-15.3 μm(N)

【試料】　岡山県鏡野町県立森林公園：1981.9.23(堀)

【開花期】　8-9月

【分布】　北海道～九州。中国

ミヤマイラクサ　　　　　　　　　SPl.45.4-6

Laportea macrostachya (Maxim.) Ohwi

【大きさ】　11-13×9-10 μm

【試料】　岡山県後山：1982.8.25

【開花期】　7-9月

【分布】　北海道・本州・九州。朝鮮半島・中国

ミズ属
Genus *Pilea* **L.**

アオミズ　　　　　　　　　　　　SPl.45.10-11

Pilea mongolica Wedd.

【形態】　偏平状の球形で，等極性。極観・赤道観ともに円形～楕円形で，2孔型。孔は円形で周囲がやや肥厚し，わずかに突出する。外壁の彫紋は微粒状紋で，イラクサ属やムカゴイラクサ属よりもまばらに微粒が分布する。

【大きさ】　13-16 μm; 14-15×16-17.5 μm(I)

【試料】　岡山県鏡野町県立森林公園：1981.9.23(堀)

【開花期】　7-10月

イラクサ科

【分布】　北海道〜九州。シベリア（東部）・朝鮮半島・中国

ウワバミソウ属
Genus *Elatostema* Forst.

ウワバミソウ　　　　　　SPl.45.12-13
Elatostema umbellatum Blume var. *majus* Maxim.

【形態】　ミズ属に似るが，花粉はかなり小型である。微粒は同じぐらいの大きさで，やや密に分布する。

【大きさ】　9-12 μm; 8-13×11-13 μm(I)

【試料】　岡山県鏡野町県立森林公園：1981.9.23（堀）

【開花期】　4-9月

【分布】　北海道〜九州。中国

カテンソウ属
Genus *Nanocnide* Blume

カテンソウ　　　　　　SPl.46.1-3
Nanocnide japonica Blume

【形態】　球形で，等極性。極観・赤道観ともに円形で，2孔型。孔は赤道面に並び，円形で肥厚も突出もしない。外壁の彫紋は微小刺状紋で，微小刺は等間隔に整然と並ぶ。

【大きさ】　10-13 μm

【試料】　岡山県高梁市備中：1998.3.3（岡）

【開花期】　4-5月

【分布】　本州〜九州。朝鮮半島・中国（中部）・台湾

カラムシ属
Genus *Boehmeria* Jacq.

　球形で，等極性。極観・赤道観ともに円形で，3孔型。孔は赤道面に並び円形で，あまり肥厚も突出もせず，口蓋を持つ。外壁の彫紋は微粒状紋〜細粒状紋で，微粒や細粒がかなり密に分布する。

カラムシ　　　　　　SPl.46.4-6, PPl.9.6-7
Boehmeria nipononivea Koidz.

【大きさ】　10-11 μm; 10-11×11-12 μm(I), 10.5-13.4 μm(N)

【試料】　佐賀県唐津市：1981.8.30（畑中）

【開花期】　7-9月

【分布】　本州〜沖縄。アジア（東部〜南部）

コアカソ　　　　　　SPl.46.7-9
Boehmeria spicata (Thunb.) Thunb.

【大きさ】　11-12 μm; 11-12×12-13 μm(I), 14-16×14-16(12-13×12-13) μm(S), 10.5-12.4 μm(N)

【試料】　岡山県津山市加茂五輪原高原：1982.8.17

【開花期】　8-10月

【分布】　本州〜九州。朝鮮半島・中国

ツルマオ属
Genus *Gonostegia* Turcz.

ツルマオ　　　　　　SPl.44.7-9, LPl.8.15-18
Gonostegia hirta (Blume ex Hassk.) Miq.

【形態】　球形で，等極性。極観・赤道観ともに円形で，3孔型（まれに4環孔型）。孔は円形で突出しない。外壁の彫紋は細粒状紋〜微粒状紋で，粗密に分布する。ムカゴイラクサ属に似る。

【大きさ】　11.3-13.8 μm; 13-15×13-15 μm(I)

【試料】　沖縄県西表島：1989.2（宮城）

【開花期】　9-10月

【分布】　本州（静岡県・紀伊半島南部・中国地方）・屋久島・種子島〜沖縄。台湾・中国中南部・東南アジア・インド

ミリオカルパ属
Genus *Myriocarpa* Benth.

ミリオカルパ・スティピタタ　　　　SPl.44.10-13
Myriocarpa stipitata Benth.

【形態】　偏球形で，等極型。極観は三角形で，頂口型の3孔型。孔は円形。赤道観は楕円形。外壁

の彫紋は刺状紋で長さ約3μmの刺が分布する。その間に微穿孔がある。

【大きさ】 44.0-52.8×56.8-68.0μm
【試料】 東京都東京大学理学部附属小石川植物園（植栽）：2013.7.30（岡）
【開花期】 6-8月
【原産地】 ブラジル

ヤマモガシ科
Family **Proteaceae**

FPl.9.8

世界に約60属1,000種も知られる大きな分類群であるが，日本にはヤマモガシ1属1種が自生するだけである。花粉は3孔型で，両極面が少し異なるのが特徴とされる（幾瀬，1956）。

ヤマモガシ属
Genus *Helicia* Lour.

ヤマモガシ　　　　　　　SPl.46.10-12，LPl.8.21-24
Helicia cochinchinensis Lour.
【形態】 偏平な三角形状の球形で，異極性。極観は三角形で，頂口型の3孔型。孔は赤道面に並び円形で，外側へは肥厚も突出もしないが，光顕で見ると孔内では内層が分離して前腔を形成している。赤道観は楕円形よりも凸レンズ状に近くて，両極面の曲線が少し異なる。外壁の彫紋は細粒状紋で，細粒が密に分布し，その間に微穿孔がある。
【大きさ】 14×18-21μm；12-14×18-20μm(I)，20.1-24.0×15.3-18.2μm(N)
【試料】 高知市：1976.8（守田），沖縄県久米島町儀間：1984.8.24（仲吉），長崎県長崎亜熱帯植物園（植栽）：1990.11.16（岡）
【開花期】 7-8月
【分布】 本州（東海以西）・四国・九州・沖縄。中国（南部）・台湾・インドシナ半島

ボロボロノキ科
Family **Olacaceae**

熱帯・亜熱帯に約25属250種が知られるが，日本にはボロボロノキ1属1種が自生するだけである。本種の花粉は異極性で，赤道部に3孔と向心極の中心に1孔がある珍しい4孔型である。

ボロボロノキ属
Genus *Schoepfia* Schreb.

ボロボロノキ　　　　　　SPl.47.1-3，LPl.8.25-28
Schoepfia jasminodora Siebold et Zucc.
【形態】 三角錐形で，異極性。極観は三角形で，赤道観も偏平な三角形。4孔型。3つの孔は赤道部の各頂部にあり，残りの1つは向心極面の極点にある。向心極面では両方の孔が1本の線で三等分されるが，遠心極面にはそのような線はない。外壁の彫紋はほぼ平滑状紋で，その上にまばらに微粒が点在する。
【大きさ】 18-19μm
【試料】 熊本県烏帽子岳：1956.4.22（初島）
【開花期】 4月
【分布】 九州（中部以南）・沖縄

ビャクダン科
Family **Santalaceae**

世界の熱帯・温帯を中心に約30属350種ほどあり，日本には草本が1属2種，木本が2属2種分布する。ツクバネ属の花粉は3溝孔型で，陵線状になった縞状紋を持つが，カナビキソウ属は，類3叉状合流溝（幾瀬，1956）という珍しい形態をした花粉を持つ。

ビャクダン科・ヤドリギ科・ツチトリモチ科

ツクバネ属
Genus *Buckleya* Torr.

ツクバネ　　　　　　　　　　SPl.47.4-7
Buckleya lanceolata (Siebold et Zucc.) Miq.
【形態】　球形〜長球形で，等極性。極観は円形で，溝が両極近くまで伸びた3溝孔型。溝内の赤道部に孔があり，溝は赤道部では広く，両極に向かって狭くなる。赤道観は長円形。溝内の彫紋は平滑状紋であるが，その他の外壁の彫紋は縞状紋で覆われる。
【大きさ】　18-20×16-19 μm；20-22×22-25 μm (I)，21.1-24.9×16.3-20.0 μm(N)
【試料】　仙台市東北大学薬学部薬草園(植栽)：1978.5.9(守田)
【開花期】　5-6月
【分布】　本州(関東以西)・四国・九州(北部)

カナビキソウ属
Genus *Thesium* L.

カナビキソウ　　　　　　　　SPl.47.8-11
Thesium chinense Turcz.
【形態】　三角錐状四面体で，異極性。極観・赤道観ともに三角形。3叉状合流溝とされているが，走査電顕では3溝型。向心極面の中心部より三稜に沿って溝が配列するが，極点では合流しない。各面の中央部は大きな網目状紋からなり，周囲に向かってしだいに小さくなり，稜線や溝縁では平滑状紋となって網目を縁取る。極域には微穿孔が見られ，極点ではやや大きくて，離れるとしだいに小さくなり，最後は平滑状紋となる。
【大きさ】　16-19 μm
【試料】　岡山県真庭市蒜山高原：1995.5.28(岡)
【開花期】　4-6月
【分布】　北海道南部〜沖縄。シベリア(東部)・サハリン・朝鮮半島・中国(東北部)

ヤドリギ科
Family **Loranthaceae**

　世界の熱帯〜温帯に広く分布し，約36属1,300種も知られ，日本には5属6種が自生する。まだヤドリギ1属1種しか調べていないが，花粉の外壁は棍棒状〜円柱状の突起がまばらに分布する特異な模様を持ち確認しやすい花粉である。日本の花粉分析でヤドリギ属は，まれに報告がある程度である。ところがヨーロッパの後氷期では，温帯湿潤気候期(アトランティック期)にセイヨウキヅタやセイヨウヒイラギとともにヤドリギの化石花粉が低率ながら産出し，これらが温暖化の指標植物となっている。

ヤドリギ属
Genus *Viscum* L.

ヤドリギ　　　　　SPl.47.12-15，LPl.14.1-4
Viscum album L. subsp. *coloratum* Komarov
【形態】　球形で，等極性。極観・赤道観ともにほぼ円形で，3溝孔型。溝はやや短く，両極まで達しない。孔は溝内の赤道部にあるが不明瞭。溝内の彫紋は微小刺状紋〜微粒状紋で覆われ，外壁の彫紋は棍棒状紋〜円柱状紋で，大きな棍棒状〜円柱状突起がまばらに分布する。
【大きさ】　35-40×33-36 μm；40-44×40-46 μm (I)，28.8-38.4 μm(N)
【試料】　京都市八丁平湿原：1988.2.28(高原)
【開花期】　2-3月
【分布】　北海道〜九州。朝鮮半島・中国(北部・東北部)

ツチトリモチ科
Family **Balanophoraceae**

　おもに熱帯性で，6亜科に分けられ，16属100種余りも知られるが，日本にはツチトリモチ属5種が自生するだけである。まだリュウキュウツチトリモチ1種を調べただけで，3孔型で外壁の彫

紋は微小刺状紋であったが，キイレツチトリモチは無口型とのことである（幾瀬，1956）。

ては，三好・守田(1986)が走査電顕で，那須・飯田(1978)が光顕で詳しく調べている。

ツチトリモチ属
Genus *Balanophora* Forst.

リュウキュウツチトリモチ　　SP1.48.1-4
Balanophora kuroiwai Makino
【形態】　三角球形で，等極性。極観は丸みのある三角形で，赤道観は楕円形。頂口型の3孔型。孔は赤道面に並び，大きな円形をし5μm前後もある。孔内は微穿孔を持つ薄膜で覆われ，その上に微小刺が点在する。外壁は微穿孔状紋で，その中に微小刺状突起がまばらに分布する。
【大きさ】　16-17×17-19μm
【試料】　不詳
【開花期】　12-1月
【分布】　沖縄本島・先島諸島

タデ科
Family Polygonaceae

　世界に約50属800余種あり，北半球に広く分布する。日本には10属約70種あり，帰化植物もかなりある。その中には，ソバ・ダイオウ・アイなど有用植物も含まれる。花粉の形態は比較的変化に富み，発芽口には溝孔型・散溝型・散孔型が見られる。外壁の彫紋は大小の網目状紋が多いが，微粒状紋や微小刺状紋もある。花粉分析では多くはないが必ず産出し，タデ科として一括して表示したり，ミチヤナギ属・イヌタデ属など属レベルまで区別したりして花粉分布図に入れられている。遺跡の花粉分析では，ソバ属化石花粉の産出は雑穀栽培の指標となるため大切である。これまでに日本では山口県宇生賀盆地で，縄文時代早期の約6,600年前の堆積層からソバ属化石花粉が報告されている(Tsukada et al., 1986)。さらに高知県越智盆地の楠原粘土層からは，9,330±200 yr.B.P. の年代値が出た堆積層から8個のソバ属化石花粉が検出されている（野田，1993）。本科の花粉につい

ソバ属
Genus *Fagopyrum* Mill.

FP1.9.10-11
　長球形で，等極性。極観は円形で，赤道観は長円形。3溝孔型。溝は両極近くまで伸び，その幅は狭いが赤道部に長円形の孔がある。外壁の彫紋は網目状紋～微穿孔状紋。その畝は四～七角形の網目を形成し，網目は擂鉢状に窪んでおり，その中の穴がソバとダッタンソバで異なる。

ソバ　　　　　　　　SP1.48.5-7, LP1.13.6-8
Fagopyrum esculentum Moench
【形態】　網目の中の穴は，不規則に枝分かれをしていて，大きい。
【大きさ】　38-51×29-39μm; 57-62×50-55μm (I), 40-50×50-65μm(S), 21.1-46.0×46.0-66.6μm(N)
【試料】　岡山県高梁市井倉(植栽)：1973.10.5(波田)
【開花期】　5-10月
【原産地】　中国(東北部)・アジア(中央部)

ダッタンソバ　　　　　　　SP1.48.8-10
Fagopyrum tataricum (L.) Gaertn.
【形態】　網目の中の穴は，円形～長円形で小さくて枝分かれしない。花粉もソバより小さい。
【大きさ】　29-38×25-30μm; 22.5-30.0×30.0-45.0μm(N)
【試料】　盛岡市岩手大学農学部(植栽)：1980.6.21(守田)
【開花期】　6-9月
【原産地】　中国(東北部)・アジア(中央部)

ギシギシ属
Genus *Rumex* L.

FP1.9.9

ほぼ球形で，等極性。極観・赤道観ともに円形。3-4溝孔型。溝は両極近くまで伸びる。溝内の赤道部には孔があり，光顕では観察できるが，走査電顕では乾燥して溝が閉じるためほとんど確認できない。外壁の彫紋は微穿孔状紋と微粒〜微小刺状紋で，微穿孔，微粒，微小刺が溝域を除く全表面を覆う。

ギシギシ　　　　　　　SPl.49.1-4，PPl.5.7-11

Rumex japonicus Houtt.

【大きさ】　24-29×25-30 μm；35-36×37-40 μm(I)，36-38×32-36 μm(S)，25.9-31.6 μm(N)

【試料】　岡山市牟佐：1981.5.18

【開花期】　5-8月

【分布】　日本全土。サハリン・千島・朝鮮半島・中国

ヒメスイバ　　SPl.49.5-9，LPl.13.10-15，PPl.5.4-6

Rumex acetosella L.

【大きさ】　16-17×17-20 μm；19-22×22-23 μm(I)，24-26×22-24 μm(S)

【試料】　仙台市東北大学理学部：1978.5.18(守田)，岡山県真庭市蒜山高原：1995.5.28(岡)

【開花期】　5-8月

【分布】　北海道〜九州(ユーラシア原産)

スイバ(スカンポ)　　　　　　SPl.49.14-16

Rumex acetosa L.

【大きさ】　16-18×16-21 μm；21-22.5×23-24 μm(I)，15.3-19.2 μm(N)

【試料】　岡山市玉柏：1981.5

【開花期】　5-8月

【分布】　北海道〜九州。北半球の温帯に広く分布

ジンヨウスイバ属
Genus *Oxyria* Hill

ジンヨウスイバ(マルバギシギシ)　　SPl.49.10-13

Oxyria digyna (L.) Hill

【形態】　外観はギシギシ属に似る。

【大きさ】　18-21×17-21 μm；22-25×24-28 μm

(I)

【試料】　北海道：1937.7.7(鈴木兵)

【開花期】　7-8月

【分布】　北海道・本州(中部)。北半球に広く分布

ミチヤナギ属
Genus *Polygonum* L.

FPl.9.12-13

ミチヤナギ(ニワヤナギ)　　　　SPl.48.18-20

Polygonum aviculare L.

【形態】　長球形で，等極性。赤道観は長円形で，極観は間口型の亜三角形。3溝孔型。溝は両極近くまで伸び，溝内の孔は赤道軸方向に沿って長い楕円形で，光顕では観察できるが，走査電顕ではほとんど確認できない。外壁の彫紋は微穿孔状紋で，微穿孔の大きさは，極域ではやや大きく，溝間域では小さい傾向が見られ，その間に微小刺が点在する。

【大きさ】　26-31×21-26 μm；25-27×23-24 μm(I)，30-32×33-35(26×30) μm(S)，25.9-28.8×20.1-26.8 μm(N)

【試料】　福岡県前原市前原：1980.8.9

【開花期】　5-10月

【分布】　北海道〜沖縄。北半球の温帯〜熱帯に広く分布

イブキトラノオ属
Genus *Bistorta* Scop.

イブキトラノオ　　　　　　SPl.48.11-14

Bistorta major S. F. Gray var. *japonica* Hara

【形態】　外観はミチヤナギ属に似るが，花粉はかなり大型である。

【大きさ】　33-43×24-34 μm；37-42×33-38 μm(I)，38-44×24-28 μm(S)，39.6-46.8×32.4-36.0 μm(N)

【試料】　栃木県戦場ヶ原：1980.8.1(守田)

【開花期】　7-9月

【分布】　北海道〜九州

タデ科

ミズヒキ属
Genus *Antenoron* Rafin.

ミズヒキ　　　　　　　　　　　SPl.48.15-17
Antenoron filiforme (Thunb.) Roberty et Vautier

【形態】　球形で，無極性。外観は円形。溝が15本前後全表面に分散している多散溝型。溝は幾何学的な配列をするため，角度によって三矢形や四角形・五角形に見える。溝域以外の全表面は10本前後の柱状層に支えられた外表層の畝からなる網目状紋で覆われる。網目の中には外表層を持たない円柱状突起が少ないもので数本，多いものでは5本前後認められる。

【大きさ】　31-44 μm; 37-40×37-40(35-43×35-43) μm(I), 40-45×40-45 μm(S), 33.6-42.2 μm(N)

【試料】　福岡県古処山：1981.9.29(畑中)，岡山県後山：1982.8.25

【開花期】　8-10月

【分布】　北海道〜沖縄。朝鮮半島・中国・インドシナ半島・ヒマラヤ

イヌタデ属
Genus *Persicaria* Miller

　本属は大きな分類群であるが，すべて外壁の彫紋は網目状紋である。しかし，発芽口には多様性が見られ，多散溝型(エゾノミズタデ)・3溝孔型(タニソバ・ツルソバ)・多散孔型(イシミカワ・ママコノシリヌグイ・アイ・ボントクタデ・ハルタデ・ハナタデ・ミゾソバ)の3つのタイプが認められる。

エゾノミズタデ　　　　　　　　　SPl.50.1-2
Persicaria amphibia (L.) S. F. Gray

【形態】　球形で，無極性。外観は円形。溝が30本前後分散した多散溝型。溝は五角形を形成するように幾何学的に全表面に均等に配列する。外壁の彫紋は柱状層に支えられた畝からなる網目状紋で覆われる。網目の中には外表層がなく小柱状になった円柱状突起が，少ないもので10本前後，

多いものでは40本前後も詰まる。溝の配列はミズヒキ属と同じであるが，網目は大きくて花粉直径あたり10個前後で，ミズヒキ属の小さなものが20個前後あるのに比べて少ない。

【大きさ】　49-59 μm; 46-50×46-50 μm(I), 55.8-70.2 μm(N)

【試料】　青森県清久溜池：1980.7.21(守田)

【開花期】　7-9月

【分布】　北海道・本州(東北・長野県北部)。北半球に広く分布

タニソバ　　　　　　　　　　　　SPl.50.5-7
Persicaria nepalensis (Meisn.) H. Gross

【形態】　球形で，等極性。極観・赤道観ともにほぼ円形。3溝孔型。溝は比較的短く，両極近くまでは達しない。網目状紋の特徴は，ミズヒキ属やエゾノミズタデと同じで，花粉直径あたりの網目の数は10前後である。

【大きさ】　36-38×36-42 μm; 38-40×40-44 μm(I), 50-58×50-58 μm(S), 36.4-51.8 μm(N)

【試料】　秋田県森吉山：1979.9.12(守田)

【開花期】　7-10月

【分布】　北海道〜九州。朝鮮半島・中国〜北アフリカ

ツルソバ　　　　　　　　　　　　SPl.50.8-11
Persicaria chinensis (L.) Nakai

【形態】　外観はタニソバに似る。

【大きさ】　34-38×35-38 μm; 37-40×38-42 μm(I), 32.6-44.1 μm(N)

【試料】　長崎県諫早市唐比：1982.9.21

【開花期】　5-12月

【分布】　本州(伊豆七島・紀伊半島)・四国・九州・沖縄。朝鮮半島(南部)・中国・マレーシア・ヒマラヤ・インド

イシミカワ　　　　　　　　　　　SPl.51.1-2
Persicaria perfoliata (L.) H. Gross

【形態】　球形で，無極性。外観は円形。孔が全表面に分布する多散孔型。孔は網目の中に点在し，円形で15個前後ある。孔のない網目の中には，

570

エゾノミズタデのように多数の円柱状突起が詰まる。

【大きさ】 36-46 μm；41-44×41-44 μm(I)，45-55×45-55 μm(S)，34.5-53.7 μm(N)

【試料】 名古屋市八事裏山：1977.6.30(守田)

【開花期】 7-10 月

【分布】 北海道〜沖縄。アジアに広く分布

ママコノシリヌグイ(トゲソバ)　　SPl.51.3-4
Persicaria senticosa (Franch. et Savat.) H. Gross

【形態】 外観はイシミカワに似るが，孔の数はやや少ない。

【大きさ】 36-46 μm；52-62×52-62 μm(I)，50-60×50-60 μm(S)，36.4-49.9 μm(N)

【試料】 岡山県瀬戸内市牛窓：1982.9.26

【開花期】 5-10 月

【分布】 北海道〜沖縄。ウスリー・朝鮮半島・中国

アイ(タデアイ)　　SPl.51.5-6
Persicaria tinctoria (Lour.) H. Gross

【形態】 外観はママコノシリヌグイに似る。

【大きさ】 41-53 μm；52-56×52-56 μm(I)

【試料】 仙台市東北大学薬学部薬草園(植栽)：1980.9.23(守田)

【開花期】 7-10 月

【原産地】 中国

ボンドクタデ　　SPl.51.9-10
Persicaria pubescens (Blume) Hara

【形態】 外観はママコノシリヌグイに似る。

【大きさ】 43-49 μm；60-63×60-63 μm(I)

【試料】 宮城県奥新川：1980.10.6(守田)

【開花期】 9-10 月

【分布】 本州〜沖縄。中国・台湾・マレーシア・インド

ハルタデ　　SPl.51.7-8
Persicaria vulgaris Webb. et Moq.

【形態】 外観はママコノシリヌグイに似る。

【大きさ】 36-44 μm

【試料】 仙台市青葉山：1981.8.27(守田)

【開花期】 4-7 月

【分布】 北海道〜沖縄。北半球に広く分布

ハナタデ(ヤブタデ)　　SPl.50.3-4
Persicaria yokusaiana (Makino) Nakai

【形態】 外観はママコノシリヌグイに似る。

【大きさ】 43-49 μm；44-50×44-50 μm(I)

【試料】 宮城県奥新川：1980.10.6(守田)

【開花期】 8-10 月

【分布】 北海道〜沖縄。朝鮮半島・中国

ミゾソバ　　SPl.52.1-4
Persicaria thunbergii (Siebold et Zucc.) H. Gross

【形態】 外観はイシミカワに似るが，孔の数はやや多く20個前後ある。本種は開放花と閉鎖花をつけるが，花粉の形態には大差がなく，やや閉鎖花の方が小型で，孔の数も少なく小さい。

【大きさ】 55-72 μm(開放花)，49-63 μm(閉鎖花)；72-80×72-80 μm(I)，60-70×60-80 μm(S)

【試料】 岡山市半田町：1982.10.8

【開花期】 7-10 月

【分布】 北海道〜九州。アジア(東北部)

オオケタデ　　LPl.13.9
Persicaria pilosa (Roxb.) Kitag.

【形態】 外観・発芽口・外壁の彫紋は，イシミカワやミゾソバなどに似る。

【大きさ】 44.5-47.8 μm；43-47×43-47 μm(I)，50-60×50-60 μm(S)

【試料】 岡山県赤磐市山陽：1982.9.21

【開花期】 8-11 月

【原産地】 朝鮮半島・ウスリー・中国・チベット・ヒマラヤ・インド・フィリピン・インドネシア

イタドリ属
Genus *Reynoutria* Houtt.

長球形で，等極性。極観は円形で，赤道観は長円形〜円形。3溝孔型。溝は両極近くまで伸び，

タデ科・ヤマゴボウ科

孔は溝内の赤道部にあり，横に長い楕円形であるが，走査電顕では縦に長い楕円形に見える。外壁の彫紋はソバ属に似た角ばった網目状紋(イタドリ)と微穿孔状紋(オオイタドリ)があり，やや異なる。

イタドリ SPl.52.5-8

Reynoutria japonica Houtt.

【大きさ】 16-21 μm; 21-23×20-22 μm(I)，23.0-28.8×20.1-23.0 μm(N)

【試料】 岡山市祇園：1981.9.13

【開花期】 7-10月

【分布】 北海道〜九州・奄美諸島。朝鮮半島・中国(北米へ帰化)・台湾

オオイタドリ SPl.52.9-11

Reynoutria sachalinensis (Fr. Schm.) Nakai

【大きさ】 18-21 μm; 26-28×25-28 μm(I)，32-36×34-40(24-28×24-30)μm(S)，21.1-27.8×17.2-23.0 μm(N)

【試料】 仙台市東北大学教養部：1977.9.21(守田)

【開花期】 7-9月

【分布】 北海道・本州(中部以北)。サハリン・千島・韓国(鬱陵島)

ツルドクダミ属
Genus *Pleuropterus* Turcz.

ツルドクダミ SPl.53.5-8

Pleuropterus multiflorus (Thunb.) Turcz.

【形態】 外観はイタドリ属のオオイタドリによく似る。

【大きさ】 21-26×18-25 μm; 21-22×20-21 μm(I)，21.1-24.9×19.2-23.0 μm(N)

【試料】 仙台市片平：1978.10.13(守田)

【開花期】 8-10月

【原産地】 中国

オンタデ属
Genus *Pleuropteropyrum* H. Gross

ウラジロタデ SPl.53.1-4

Pleuropteropyrum weyrichii (Fr. Schm.) H. Gross

【形態】 外観や溝孔型はイタドリ属に似るが，外壁の彫紋はやや凹凸のある表面に多数の微穿孔が分布し，さらに微小刺がまばらに点在する。

【大きさ】 22-26×18-25 μm; 21-24×24-26 μm(I)，24-28×24-28 μm(S)

【試料】 青森県岩木山：1980.7.21(守田)

【開花期】 6-10月

【分布】 北海道・本州(中北部)。サハリン・千島

ソバカズラ属
Genus *Fallopia* Adanson

ソバカズラ SPl.53.9-12

Fallopia convolvulus (L.) A. Love

【形態】 長球形で，等極性。極観は頂口型の六角形で，赤道観は楕円形。3溝孔型。その角の陵はやや肥厚し突出する。外壁の彫紋は陵の上と両極域は平滑状紋で，それ以外のところは微小刺が密に覆う。

【大きさ】 21-26×16-23 μm; 28-29×26-27 μm(I)

【試料】 宮城県名取市：1985.7.17(守田)

【開花期】 6-9月

【原産地】 ヨーロッパ

ヤマゴボウ科
Family **Phytolaccaceae**

アメリカ(熱帯)・アフリカ南部に多く分布し，約22属120種ある。日本にはヤマゴボウ属3種が自生・帰化している。

ヤマゴボウ属
Genus *Phytolacca* L.

　長球形～球形で，同極性。極観は円形で，赤道観は楕円形。3溝型で，まれに多(4-5)散溝型もある。溝は両極近くまで伸び，4溝型以上では溝が合流して連なる。外壁の彫紋は多数の微穿孔状紋で覆われ，その間には微小刺が分布する。

ヨウシュヤマゴボウ（アメリカヤマゴボウ） SPl.54.1-5
Phytolacca americana L.

【大きさ】　26-28×23-28 μm；26-28×28-30 μm (I)，30-34×32-36 μm(S)，22.5-30.0×20.0-28.7 μm(N)

【試料】　岡山市岡山理科大学：1982.7.16(加藤靖)

【開花期】　6-8月

【原産地】　北米

オンブノキ　　　　　　　　　　　SPl.59.1-4
Phytolacca dioica L.

【断面】　花粉外壁は外表層，柱状層，底部層からなる。

【大きさ】　16.7-18.4×18.4-20.9 μm

【試料】　東京都東京大学理学部附属小石川植物園(植栽)：2013.9.20(岡)

【開花期】　9-12月

【原産地】　南アメリカ中部

オシロイバナ科
Family **Nyctaginaceae**

　熱帯アメリカに多く分布し，約30属300種ある。オシロイバナは日本で観賞用に栽培されているが，一部は野生化している。本種は夏から秋にかけて花が手軽に入手できて，しかも花粉が大きいので，花粉の初歩的観察材料として適している。

オシロイバナ属
Genus *Mirabilis* L.

オシロイバナ　　　　　　　　　　SPl.54.6-7
Mirabilis jalapa L.

【形態】　球形で，無極性。外観は円形。多散孔型。孔は円形で，全表面にほぼ均等に100個以上点在する。外壁の彫紋は周囲が肥厚した微穿孔状紋で覆われ，その間には微小刺が分布する。

【大きさ】　90-130 μm；110-157×110-157 μm(I)，130-200 μm(S)，155-170 μm(N)

【試料】　岡山市津島(植栽)：1972.7.28，岡山県赤磐市山陽(植栽)：1977.8.17

【開花期】　6-10月

【原産地】　メキシコ

イカダカズラ属
Genus *Bougainvillea* Comm. ex Juss.

イカダカズラ（ブーゲンビリア）　　SPl.54.8-10
Bougainvillea spectabilis Willd.

【形態】　球形で，等極性。極観・赤道観ともに円形。3溝孔型。溝は狭くて短く，両極に達しない。外壁の彫紋は小柱に支えられた畝からなる網目状紋で，網目の中には10-30本の円柱状突起が詰まっている。

【大きさ】　29-34 μm；28-29×28.5-30 μm(I)，30-34×26-34 μm(S)

【試料】　那覇市(植栽)：1989.3.6

【開花期】　3-5月

【原産地】　南米

ザクロソウ科
Family **Molluginaceae**

　アフリカの熱帯～亜熱帯の乾燥した地域に多く，約14属95種ある。日本にはザクロソウ属2種があるだけである。ザクロソウ花粉の溝は，様々な配列が見られるため，無極性・等極性・異極性のどれがよいのか判定しにくい。

ザクロソウ属
Genus *Mollugo* L.

球形で，等極性。極観・赤道観ともに円形。多散溝型で，溝は6本，もしくは10本。溝は広くて短い長楕円形で，規則的に配列し，角度によって三矢形や三角形に見える。溝と外壁との境はくびれ込んで明瞭に区別でき，外壁・溝内とも彫紋は同じような微穿孔状紋と微小刺状紋で覆われる。

ザクロソウ　　　　　　　　　　　　SPl.55.9-12
Mollugo pentaphylla L.
【大きさ】　13-15 μm；17-18×19-20 μm(I)，20-22 μm(S)，16.2-21.6 μm(N)
【試料】　岡山市三徳園：1983.9.25
【開花期】　7-10月
【分布】　本州〜沖縄。東アジア〜インド

クルマバザクロソウ　　　　　　　　SPl.44.14-15
Mollugo verticillata L.
【形態】　ザクロソウよりも溝の数が多い。
【大きさ】　26.7-30.1 μm
【試料】　鳥取県西伯郡南部町福頼：1990.7.13(清末)
【開花期】　7-10月
【原産地】　熱帯アメリカ

ツルナ科
Family **Aizoaceae**

アフリカ南部・オーストラリアに多く，約11属2,500種ある。日本でも観賞用として，多く栽培されている。

ツルナ属
Genus *Tetragonia* L.

ツルナ　　　　　　　　　　　　　　SPl.55.1-4
Tetragonia tetragonoides (Pall.) O. Kuntze
【形態】　球形で，等極性。極観は頂口型の三角円形，赤道観は楕円形〜円形。頂口型の3溝型。溝は広く短く，両極に達しない。外壁の彫紋は微小刺状紋と微穿孔状紋が溝内も含めた全表面を覆う。
【大きさ】　20-22×19-23 μm；21-22.5×24-25.5 μm(I)，28-30(22-26) μm(S)，23.5-32.4 μm(N)
【試料】　岡山県玉野市渋川海岸：1982.11.10(加藤靖)
【開花期】　4-11月
【分布】　北海道西南部〜沖縄

マツバギク属
Genus *Mesembryanthemum* L.

マツバギク　　　　　　　　　　　　SPl.55.5-8
Mesembryanthemum spectabile Haw.
【形態】　外観はツルナ属に似るが，花粉はツルナよりも大きく，外壁の彫紋もより大きな微小刺状紋と微穿孔状紋によって覆われる。
【大きさ】　21-25×24-27 μm；25-26×28-30 μm(I)，26-30×30-34 μm(S)，23.4-30.6 μm(N)
【試料】　岡山県赤磐市山陽(植栽)：1982.6.3
【開花期】　6-8月
【原産地】　アフリカ(南部のナミビア・南アフリカ共和国など)

スベリヒユ科
Family **Portulacaceae**

寒地性と熱帯性のものが世界に約16属500種ある。日本には2属2種が分布するだけである。今回調べたスベリヒユ属2種の花粉は，外壁の彫紋が微小刺状紋と火口のように周囲が肥厚した微穿孔状紋が混在する変わった模様を持つ。

スベリヒユ属
Genus *Portulaca* L.

球形で，無極性。外観は円形。20本前後の溝からなる多散溝型。溝は凸レンズ状で，三矢形に規則的に配列し全表面に五角形をつくる。溝を除

く外壁の彫紋はリング状に肥厚した微穿孔状紋と微小刺状紋が密に覆い，その孔・刺ともスベリヒユでは小さく，マツバボタンではやや大きい。

スベリヒユ   SPl.56.6-7
Portulaca oleracea L.
【大きさ】 49-61 μm; 60-73×60-73 (53-77×53-77) μm(I), 60-75 μm(S), 54.0-63.0 μm(N)
【試料】 岡山市上道：1982.7.31
【開花期】 7-9月
【分布】 日本全土。世界中の温帯～熱帯に広がっている雑草

マツバボタン   SPl.56.8-9，LPl.14.8-9
Portulaca grandiflora Hook.
【大きさ】 58-74 μm; 68-75×68-75 μm(I), 77.4-97.2 μm(N)
【試料】 岡山県赤磐市山陽(植栽)：1978.8.14，岡山市中島田(植栽)：1982.8.2
【開花期】 6-9月
【原産地】 ブラジル・アルゼンチン

ツルムラサキ科
Family **Basellaceae**

本科は熱帯アフリカと熱帯アジアに4属22種が分布し，日本ではツルムラサキが栽培されている。本種の花粉は，日本産の花粉には見られない6面体のサイコロ状で，各面には1個の大きな発芽孔があり，その中に発芽溝のある変わりものである(普通は溝の中に内孔がある)。また，六面体のため1・2・3面の形態が観察できる。本科花粉の走査電顕による研究は，三好(1984)が実施している。

ツルムラサキ属
Genus *Basella* L.

ツルムラサキ   SPl.56.1-5，LPl.14.5-7
Basella rubra L.
【形態】 六面体のサイコロ形で，等極性。極観は

ほぼ円形で，赤道観は菱形。6溝孔型。溝は六面体の各面に1個あり，楕円状の大きな孔の中に凸レンズ状の小さな溝があるため，溝孔型の反対の孔溝型ともいえる。溝以外の溝域は小網目状紋となり，その他の外壁の彫紋は小柱に支えられた畝からなる網目状紋で覆われ，網目の中には5本前後の円柱状突起が詰まる。
【大きさ】 27-32×28-32 μm; 27-30×30-33 μm (I), 34-38×28-30 μm(S), 34.0-42.4 μm(N)
【試料】 名古屋市矢場町(植栽)：1977.9.3(守田)，岡山県赤磐市山陽(植栽)：1984.10.3
【開花期】 4-8月
【原産地】 アジア(熱帯)

ナデシコ科
Family **Caryophyllaceae**

FPl.10.1-2

世界に約70属1,750種あり，日本にも16属68種ある。本科の花粉は，オオツメクサ属だけが多散溝型で，その他の属はすべて多散孔型である。孔の数はカスミソウのように12個しかないものから，チシママンテマのように40-50個もあるものまで様々である。花粉分析では，孔の数を正確に数えれば，属レベルでの化石花粉の同定も可能と思われるが，現在はまだナデシコ科として一括表示されている。本科花粉の走査電顕による検討は，三好(1984)が実施している。

カスミソウ属
Genus *Gypsophila* L.

カスミソウ   SPl.57.12-13
Gypsophila elegans Bieb.
【形態】 球形で，無極性。外観は円形。12散孔型。孔は均等に分布し，孔の周辺は乾燥すると擂鉢状に窪み，境界の稜は五角形になる。孔の中は20個前後の微小刺が密に詰まり，孔に栓をしているように見える。外壁の彫紋は微穿孔状紋と微小刺状紋からなり，その刺は稜線部にまばらで均

ナデシコ科

等に分布し，窪みの中では孔の周辺に少しあるだけである。

【大きさ】 20-26 μm

【試料】 岡山市半田町(植栽)：1982.9.1(加藤靖)

【開花期】 6-9月

【原産地】 ウクライナ(南部)・コーカサス・イラン(北部)

オオツメクサ属
Genus *Spergula* L.

ノハラツメクサ　　　　　　　　SPl.57.1-3

Spergula arvensis L.

【形態】 球形で，無極性。外観は円形〜四角形。6散溝型。溝は4本の長い溝と2本の短い溝からなり，2本の長溝と1本の短溝が1点に集まって三矢を形成する。溝内・外壁とも微小刺が密に分布する。

【大きさ】 24-28 μm; 27-29×27-29 μm(I)

【試料】 北海道上川町：1981.8.11(守田)

【開花期】 6-9月

【分布】 北海道・本州。ユーラシア

ハコベ属
Genus *Stellaria* L.

　球形で，無極性。外観は円形。発芽孔が12-18個の多散孔型。孔は大きな円形で，全面にほぼ均等に分布し，孔の周辺はやや窪む。孔内は外壁より大きな刺で覆われるが，化学処理で壊れ消失する場合が多い。外壁の彫紋は微穿孔状紋で，微穿孔は孔を除く全表面に分布する。その間に微小刺があり，孔と孔の間の稜線に多く分布し，窪んだ孔域周辺では少ない。

ハコベ(コハコベ)　　　　　　　SPl.57.4-5

Stellaria media (L.) Villars

【大きさ】 37-40 μm; 30-35×30-35 μm(I), 38-44×38-44 μm(S)

【試料】 岡山市上道：1982.2.27

【開花期】 2-11月

【分布】 日本全土。全世界

シコタンハコベ(ネムロハコベ)　SPl.57.8-9

Stellaria ruscifolia Pall.

【大きさ】 29-36 μm; 36-38×36-38 (40-44×40-44) μm(I)

【試料】 神戸市六甲高山植物園(植栽)：1982.7.13(加藤靖)

【開花期】 7-8月

【分布】 北海道・本州(中部)。カムチャツカ・オホーツク・サハリン・アムール・千島

ミミナグサ属
Genus *Cerastium* L.

オランダミミナグサ　　　　　　SPl.57.10-11

Cerastium glomeratum Thuill.

【形態】 外観はハコベ属に似る。

【大きさ】 25-31 μm

【試料】 岡山市半田町：1982.4.2(加藤靖)

【開花期】 4-5月

【分布】 本州〜沖縄・小笠原諸島。ヨーロッパ

ツメクサ属
Genus *Sagina* L.

ツメクサ　　　　　　　　　　　SPl.57.6-7

Sagina japonica (Sw.) Ohwi

【形態】 球形で，無極性。外観は円形。孔が40個前後の多散孔型。ハコベ属などに比べると小さな孔で，多数が均等に分布し，孔の周囲は窪み，ゴルフボールのように見える。孔内は数個の微小刺が詰まる。外壁の彫紋は微穿孔状紋で，微穿孔の間に微小刺が点在する。

【大きさ】 24-26 μm; 24-28 μm(S), 28.3-35.8 μm(N)

【試料】 岡山県赤磐市山陽：1982.5.7

【開花期】 3-7月

【分布】 日本全土。サハリン・千島・朝鮮半島・中国・チベット・ヒマラヤ・インド

ナデシコ科

ナデシコ属
Genus *Dianthus* L.

　球形で，無極性。外観は円形。多散孔型で，孔は約20個。孔は大きく深く窪み，角ばった畝に囲まれ網目状紋を呈する。孔内は薄膜で覆われて微粒が点在し，外壁の畝の上には微穿孔と微小刺が分布する。

カワラナデシコ（ナデシコ）
　　　　　　SPl.58.1-2，LPl.15.1-2，PPl.5.12-13
Dianthus superbus L. var. *longicalycinus* (Maxim.) Williams
【大きさ】　24-26 μm；47-50×47-50 μm(I)，45-50×45-50 μm(S)，39.6-43.2 μm(N)
【試料】　岡山県赤磐市山陽：1982.8.2，岡山市半田町：1982.9.1(加藤靖)
【開花期】　7-10月
【分布】　本州～九州。朝鮮半島・中国・台湾

ハマナデシコ　　　　　　SPl.59.10-11
Dianthus japonicus Thunb.
【大きさ】　36.8-43.4 μm；38-43×38-43 μm(I)
【試料】　高知市：1994.5.4(岡)
【開花期】　6-11月
【分布】　本州(太平洋沿岸)から沖縄。中国

センノウ属
Genus *Lychnis* L.

フシグロセンノウ　　　　　　SPl.58.7-8
Lychnis miqueliana Rohrb.
【形態】　外観はハコベ属に似るが，孔の数は30個前後もあり多い。
【大きさ】　32-38 μm；33-38×33-38(44-48×44-48) μm(I)，48-56×48-56 μm(S)，41.6-58.2 μm(N)
【試料】　岡山県津山市五輪原高原：1982.8.18
【開花期】　7-10月
【分布】　本州～九州

マンテマ属
Genus *Silene* L.

　球形で，無極性。外観は円形。多(約20-50)散孔型。孔は小さくて丸く，均等に配列し窪むため稜線が突出して網目状を呈する。孔内には10本前後の円柱状突起が詰まる。外壁の彫紋は微穿孔状紋とまばらに点在する微小刺状紋からなる。

チシママンテマ　　　　　　SPl.58.3-4
Silene repens Patrin var. *latifolia* Turcz.
【形態】　孔は40個以上あり，多い。
【大きさ】　26-29 μm；30-35×30-35 μm(I)
【試料】　神戸市六甲高山植物園(植栽)：1982.7.13(加藤靖)
【開花期】　7-8月
【分布】　北海道。千島

ムシトリナデシコ　　　　　　SPl.58.5-6
Silene armeria L.
【形態】　孔は25-30個で，少ない。
【大きさ】　24-28 μm；33-36×33-36(28-30×28-30) μm(I)，38-42×38-42 μm(S)
【試料】　岡山市半田町(植栽)：1982.6.12(加藤靖)
【開花期】　5-7月
【原産地】　ヨーロッパ

エゾマンテマ　　　　　　SPl.59.12-13，LPl.16.1
Silene foliosa Maxim.
【形態】　孔は20個程度で，他の2種よりさらに少ない。
【大きさ】　31.7-39.2 μm；39.0-51.4 μm(N)，30×30 μm(B)
【試料】　さいたま市大宮(植栽)：2013.7.13(岡)
【開花期】　7-9月
【分布】　北海道

ナデシコ科・アカザ科

フシグロ属
Genus *Melandryum* Fries

マツヨイセンノウ　　　　　　　SPl.58.9-10

Melandryum noctiflorum Fries

【形態】　本種はマンテマ属に入れられる場合と，フシグロ属として分けられる場合があるが，花粉はマンテマ属とかなり異なる特徴を持つため，フシグロ属とした。球形で，無極性。外観は円形。多（約20）散孔型。孔の数はマンテマ属より少なく，丸くて大きい。その孔の中には微小刺が2-5本ある。外壁の彫紋は交叉する繊維状で微細な手鞠のようなしわ状紋からなり，多数の微穿孔が開き，その間に比較的大きな刺が全表面を覆う。

【大きさ】　31-42 μm

【試料】　北海道札内川：1981.8.15（守田）

【開花期】　7-9月

【分布】　北海道。サハリン・ヨーロッパ～アルタイ

アカザ科
Family **Chenopodiaceae**

FPl.10.3-4

　世界に約102属1,500種あり，日本には約6属25種が分布する。帰化植物にはホウレンソウ・ビートなど有用植物も含まれる。日本の花粉分析ではほぼ必ず産出するが，花粉分布図に随伴種として表示される程度である。ところが中近東や北米内陸部の乾燥した地域の花粉分析では，本科の化石花粉はヨモギ属・ヒユ科とともに乾燥気候の指標植物として重要で，SFI（steppe forest index）でステップの花粉総数に入れられる。本科の各属はすべて多散孔型で，外観はほぼ同じであるが，花粉の大きさ，孔の数，孔の大きさなどには，属による違いの見られるものもある。

　本科の花粉は球形で，無極性。外観は円形。多（約60-130）散孔型。孔は直径が2 μm以下で小さく（オカヒジキ属だけは2 μmより大きい），全表面に均等に分布し窪んでおり網目状やゴルフボール状

を呈する。孔内には数個の微小刺がある。外壁の彫紋は微刺状紋である。本科の花粉については三好（1984）が走査電顕で詳しく調べている。

ホウレンソウ属
Genus *Spinacia* L.

ホウレンソウ　　　　　　　SPl.60.5-6

Spinacia oleracea L.

【形態】　本科の中ではもっとも大型の花粉で，孔の数は約90個。

【大きさ】　27-36 μm；24-26×24-26（27-33×27-33）μm（I），32-38 μm（S），23.7-35.6 μm（N）

【試料】　東かがわ市西村（植栽）：1982.4.1

【開花期】　4-5月

【原産地】　西南アジア（カスピ海南西部）

ホウキギ属
Genus *Kochia* Roth

ホウキギ　　　　　　　SPl.60.13-14

Kochia scoparia (L.) Schrad.

【形態】　本科の中では孔の数がもっとも多く，120個以上ある。

【大きさ】　26-32 μm；27-30×27-30 μm（I），28-32 μm（S），21.8-26.8 μm（N）

【試料】　岡山市弓之町（植栽）：1982.10.2（加藤靖）

【開花期】　8-10月

【原産地】　オーストラリア・ユーラシア・アフリカ

アカザ属
Genus *Chenopodium* L.

　栽培型のホウレンソウ属やホウキギ属より花粉は小型で，孔の数も60-80個でやや少ない。

アカザ　　　　　　　SPl.60.7-8

Chenopodium centrorubrum (Makino) Nakai

【大きさ】　19-25 μm；24-27×24-27 μm（I），13.8-23.0 μm（N）

アカザ科・ヒユ科

【試料】　山形市境田：1982.9.9
【開花期】　9-10月
【原産地】　中国

シロザ　　　　　　　　　SPl.60.9-10, LPl.15.3-4
Chenopodium album L.
【大きさ】　22-23 μm; 26-30 μm(S)
【試料】　沖縄県南大東島：1989.3.22(宮城)
【開花期】　6-8月
【原産地】　ユーラシア

アリタソウ属
Genus *Ambrina* Spach

アメリカアリタソウ　　　　　　SPl.60.15-16
Ambrina anthelmintica (L.) Spach
【形態】　外観はアカザ属に似る。
【大きさ】　19-22 μm; 28-32 μm(S), 23.5-30.1 μm(N)
【試料】　東京都東京大学理学部附属小石川植物園
(植栽)：1991.9.11(岡)
【開花期】　9-11月
【原産地】　南米

マツナ属
Genus *Suaeda* Forsk.

マツナ　　　　　　　　　　SPl.60.3-4
Suaeda glauca (Bunge) Bunge
【形態】　外観はアカザ属に似る。
【大きさ】　17-20 μm; 22-25×22-25 μm(I)
【試料】　岡山県玉野市渋川海岸：1982.10.11(加藤靖)
【開花期】　8-10月
【分布】　本州(関東以西)・四国・九州。シベリア
(東部)・朝鮮半島・中国(東北部・華北・蒙古)

アッケシソウ属
Genus *Salicornia* L.

アッケシソウ　　　　　　　　SPl.60.11-12
Salicornia europaea L.
【形態】　外観はアカザ属に似る。
【大きさ】　21-23 μm; 24-25×24-25 μm(I)
【試料】　北海道サロマ湖：1981.8.12(守田)
【開花期】　8-9月
【分布】　北海道・岡山県・四国(愛媛県・香川県)。
南千島・朝鮮半島

オカヒジキ属
Genus *Salsola* L.

オカヒジキ　　　　　　　　　SPl.60.1-2
Salsola komarovii Iljin
【形態】　本科の他属より孔の直径が約2倍ぐらい
大きく，その数は少ない(約40個)。
【大きさ】　26-32 μm; 28-36 μm(S)
【試料】　岡山県瀬戸内市牛窓：1982.9.26
【開花期】　7-10月
【分布】　北海道～九州。サハリン・ウスリー・朝
鮮半島・中国(北部・東北部)・ウドスコイ

ヒユ科
Family **Amaranthaceae**

FPl.10.5

　熱帯～温帯に約65属900種ある。日本には5
属が自生するが，帰化雑草や観賞用・食用として
栽培されるものがたくさんある。本科の化石花粉
は，アカザ科と似ているためアカザ科として同定
されてしまったり，別々に同定されても花粉分布
図では「アカザ科＋ヒユ科」として一括表示され
ることが多い。本科の化石花粉も SFI(steppe for-
est index)のステップ要素の花粉総数に入れられる。
　本科の各属〔センニチコウ属とツルノゲイトウ属(中
村，1980)を除く〕の基本形は，アカザ科に似るが孔
の数がやや少なく(<50個)，ナデシコ科にも似る

が孔の直径が小さく，両科と少し異なる。本科の花粉の走査電顕による検討は，三好(1984)が詳しく報告している。

センニチコウ属
Genus *Gomphrena* L.

センニチコウ　　　　　　　SPl.61.9-10
Gomphrena globosa L.
【形態】　六角形の大きな網目状紋に覆われ，その各網目の中には1個の孔がある。
【大きさ】　18-21 μm; 24-28×24-28 μm(I), 24-28 μm(S)
【試料】　岡山県津山市平福(植栽)：1982.10.16(加藤靖)
【開花期】　7-10 月
【原産地】　アメリカ(熱帯)

ケイトウ属
Genus *Celosia* L.

ケイトウ　　　　　　　SPl.61.1-2
Celosia cristata L.
【形態】　孔の数が20個以下で，孔の直径も大きくてナデシコ科に近い特徴を示すが，外壁の微小刺が不明瞭である。
【大きさ】　21-27 μm; 24-28×24-28 μm(I), 26-30 μm(S)
【試料】　岡山県赤磐市山陽(植栽)：1982.8.29
【開花期】　8-11 月
【原産地】　アジア(熱帯)・インド

ヒユ属
Genus *Amaranthus* L.

　孔の直径が小さくてアカザ科に似るが，孔の数はやや少なく(30-50個)，孔の中には微小刺がぎっしり詰まる。

ハゲイトウ　　　　　　　SPl.61.3-4
Amaranthus tricolor L.
【大きさ】　10-23 μm

【試料】　岡山市三徳園(植栽)：1982.7.3(加藤靖)
【開花期】　8-10 月
【原産地】　アジア(熱帯)

アオビユ(ホナガイヌビユ)　　　SPl.61.7-8
Amaranthus viridis L.
【大きさ】　21-27 μm
【試料】　仙台市片平：1981.7.28(守田)
【開花期】　7-10 月
【原産地】　アメリカ(熱帯)

イノコズチ属
Genus *Achyranthes* L.

イノコズチ　　　　SPl.61.5-6, LPl.15.5-6
Achyranthes bidentata Blume var. *japonica* Miq.
【形態】　孔の直径は2 μm 以上あり，大きくナデシコ科に似るが，小さな花粉に大きな孔が密に分布するため，外壁に占める孔の割合が高い。また孔内には薄くて壊れやすい外膜の上に外壁の微小刺よりも大きな刺が多数(約30個以上)詰まる。
【大きさ】　13-15 μm; 16-20×16-20 μm(I), 18-22×18-22 μm(S), 16.1-18.8 μm(N)
【試料】　岡山市半田町：1982.9.17
【開花期】　8-9 月
【分布】　本州〜九州

サボテン科
Family **Cactaceae**

　南北アメリカの暖温帯〜熱帯におもに分布し，その分類は研究者により大きく異なり，属は30-200 属以上，種数も 1,000-2,000 種と開きが大きい。日本には自生しないが，愛好家により多数栽培されている。今回調べた花粉は，3溝型と6散溝型であったが，さらに調べればいろいろな形態の発芽口や彫紋が出てくる可能性がある。

クジャクサボテン属
Genus *Epiphyllum* evs.

球形で，等極性。極観・赤道観ともに円形。3溝型。溝は細長く両極近くまで伸びる。外壁の彫紋は穴の周囲が肥厚した微穿孔状紋と微小刺状紋がかなり密に分布する。

ゲッカビジン SPl.61.11-14
Epiphyllum oxypetalum (D. C.) Haw
【大きさ】 61-67×67-79 μm; 75-85×82-95 μm (I)
【試料】 岡山市岡山理科大学(植栽)：1987.7.23
【開花期】 5-9月
【原産地】 メキシコ～ブラジル

クジャクサボテン SPl.61.15-17
Epiphyllum pegasus hyb. Cv. Goliath
【大きさ】 58-73×55-67 μm; 70-75×80-88 μm (I)
【試料】 岡山市岡山理科大学(植栽)：1986.5.26
【開花期】 3-5月
【備考】 中米・南米熱帯産の森林性サボテンの複雑な属間雑種

シャコバサボテン属
Genus *Schlumbergera* Lem.

シャコバサボテン SPl.61.18-20
Schlumbergera truncata (Haw.) Moran
【形態】 球形で，等極性。極観・赤道観ともに円形。6散溝型。凸レンズ状の溝が3本ずつ両極に向かって三矢形に配列する。外壁の彫紋は穴の周囲が肥厚した微穿孔状紋と微小刺状紋がかなり密に分布する。
【大きさ】 45-55 μm; 53-58×53-58 μm(I)
【試料】 岡山県赤磐市山陽(植栽)：1982.11.10
【開花期】 11-12月
【原産地】 ブラジル

モクレン科
Family **Magnoliaceae**

本科は12属230種が新・旧大陸に分かれて分布する。日本には2属7種が自生し，タイサンボク・ユリノキなど外国産のものも花木として栽培されている。原始的被子植物の仮説「モクレン目説」において，記録上もっとも古い被子植物の化石花粉(単溝型，*Clavatipollenites*)や花化石(*Archaeanthus*)は，モクレン目やその仲間とよく似ているとされる(戸部，1994)。

ユリノキ属
Genus *Liriodendron* L.

ユリノキ SPl.63.1-3
Liriodendron tulipifera L.
【形態】 長球形(壊れると両端が尖る)で，異極性。極観・赤道観ともに凸レンズ状。単溝型。溝は赤道軸方向に両端まで伸びる。溝内・外壁とも彫紋は微穿孔状紋で，不規則な凹凸のある表面に多数の微穿孔がある。
【大きさ】 29-38×47-61 μm; 47-52×61-64 μm (I), 50-65×65-90 μm(S), 38.4-51.8×49.9-67.2 μm(N)
【試料】 岡山市総合グラウンド(植栽)：1975.5.15，岡山市三徳園(植栽)：1983.5.21(山口)
【開花期】 5-6月
【原産地】 北米(東部～中部)

モクレン属
Genus *Magnolia* L.

外観はユリノキ属とほぼ同じであるが，花粉の大きさは種類によりかなり大小の差がある。

コブシ SPl.62.1-3
Magnolia praecocissima Koidz.
【大きさ】 18-26×35-45 μm; 30-32×33-42 μm (I), 28-32×40-46 μm(S)
【試料】 岡山市三徳園(植栽)：1994.4.9(岡)

【開花期】 3-5月
【分布】 北海道～九州。韓国（済州島）

タイサンボク SPl.62.4-6
Magnolia grandiflora L.
【大きさ】 43-46×63-71μm; 56-66×72-79μm
(I), 56-65×75-90μm(S)
【試料】 岡山市岡山理科大学（植栽）：1973.6.20，
岡山市三徳園（植栽）：1991.5.20（岡）
【開花期】 5-6月
【原産地】 北米（南東部）

ホオノキ SPl.62.7-9
Magnolia obovata Thunb.
【大きさ】 29-40×60-70μm; 52-60×72-80μm
(I), 55-65×70-90μm(S), 32.6-49.9×69.1-97.5
μm(N)
【試料】 岡山県真庭市蒜山高原：1974.5.5，鳥取
県関金町：1995.5.26（清末）
【開花期】 5-6月
【分布】 北海道～九州。南千島

ウケザキオオヤマレンゲ SPl.64.1-3, LPl.16.9-10
Magnolia × *watsonii* Carrière
【大きさ】 33.4-50.1×55.1-66.8μm
【試料】 さいたま市慶応義塾大学薬学部附属薬用
植物園（植栽）：2013.5.16（岡）
【開花期】 5-7月
【備考】 オオヤマレンゲとホオノキの交雑種

オガタマノキ属
Genus *Michelia* L.

トウオガタマ SPl.64.4-6
Michelia fuscata Blume
【形態】 外観はユリノキ属に似る。
【大きさ】 28.4-31.7×41.8-45.1μm; 30-35×
40-50μm(I)
【試料】 神戸市神戸学院大学薬学部附属薬用植物
園（植栽）：1991.5.20（岡）
【開花期】 5月

【原産地】 中国南部
【備考】 江戸時代中期に日本に渡来

バンレイシ科
Family **Annonaceae**

　分布の中心は熱帯で，約120属2,100種ある。
日本には1種（クロボウモドキ）が自生する。バンレ
イシ（シャカトウ）やポポーなどが栽培されている。

アシミナ属
Genus *Asimina* Adams.

ポポー SPl.63.4-5
Asimina triloba (L.) Dunal
【形態】 球形～サイコロ形で，異極性。外観は丸
みのある四角形。双同側型の4分子。外壁の彫紋
は網目状紋であるが，太い畝状の隆起の間に穴
～微穿孔状紋があるように見える。
【大きさ】 82-100μm; t.100-120μm, s.65-68×
72-80μm(I)
【試料】 岡山市半田町（植栽）：1986.5.9
【開花期】 4-5月
【原産地】 北米

マツブサ科
Family **Schisandraceae**

　本科は2属40種があり，東アジア～東南アジ
アと北米南東部に隔離分布し，温帯から亜熱帯に
多い。本科の花の構造はモクレン科に似ているた
め，以前はモクレン科に含まれたこともある。し
かし，発芽口は，モクレン科が1溝型であるのに
対して，本科では6環溝型であることなどにより，
別科とされるようになった。

マツブサ属
Genus *Schisandra* Michx.

マツブサ　　　　　　　　　　　　　SPl.63.6-9
Schisandra nigra Maxim.

【形態】　半球形で，異極性。極観は円形で，赤道観は扁円形。6環溝型。3本の溝は向心極から三矢形になって遠心極側へ伸び，残りの3本は各三矢の溝の間に入って赤道面から両極に向かって伸びる。これらの溝は線状で細長く，赤道部でも広がらない。溝内は盛り上がった外表皮で覆われる。外壁の彫紋は網目状紋からなる。

【大きさ】　18-22×23-25 μm; 27-28.5×29.5-33 μm(I)

【試料】　宮城県金華山島：1980.7.1(守田)

【開花期】　5-7月

【分布】　北海道〜九州。朝鮮半島(南部)

シキミ科
Family **Illiciaceae**

シキミ属のみからなる分類群で，世界に40種余りあり，新・旧大陸に隔離分布する。日本では，1種1変種がある。花粉分析では，第四紀層からまれに産出する程度である。

シキミ属
Genus *Illicium* L.

シキミ　　　　　　　　　　　　　SPl.65.1-3
Illicium anisatum L.

【形態】　球形で，等極性。極観・赤道観ともに円形。3溝型。溝は両極近くまで伸びる。外壁の彫紋は網目状紋で，溝間域で大きな網目を持ち，溝に近づくにつれて小さくなる。畝の基部には微穿孔がある。

【大きさ】　21-22×24-27 μm; 23-25×27-31 μm (I), 38-40×38-40 μm(S), 21.1-27.8×24.0-28.8 μm(N)

【試料】　岡山市玉柏：1982.3.6(太田)，東京都薬用植物園(植栽)：1993.3.7(岡)

【開花期】　3-4月

【分布】　本州(宮城県以西)・四国・九州・沖縄。韓国(済州島)・中国(南部)・台湾

ロウバイ科
Family **Calycanthaceae**

中国・オーストラリア・アメリカに3属7種が分布する。日本では中国から渡来したロウバイが栽培されている。2溝型の花粉を持つ珍しい植物である。

ロウバイ属
Genus *Chimonanthus* Lindley

ロウバイ(ナンキンウメ)　　　　　SPl.65.4-6
Chimonanthus praecox (L.) Link

【形態】　長球形で，等極性。極観は円形で，赤道観は楕円形。2溝型。溝は両極近くまで伸びる。溝内の外表膜は薄く壊れやすい。外壁の彫紋は微粒〜細粒状紋で，微粒〜細粒が密に分布し，その間に微穿孔が点在する。

【大きさ】　40-51×36-44 μm; 40-50×39-43 μm (I), 50-56×42-45 μm(S)

【試料】　岡山市岡山理科大学(植栽)：1986.2.19

【開花期】　12-2月

【起源】　中国(中部)

ハスノハギリ科
Family **Hernandiaceae**

世界の熱帯〜亜熱帯に分布し，4属60種ほど知られる。日本には2属2種が自生する。本科の花粉は後述のクスノキ科と同様に化学処理で壊れやすく，しかも彫紋の刺が両科でよく似る。特にテングノハナとクスノキの刺はよく似る。

ハスノハギリ属
Genus *Hernandia* L.

ハスノハギリ　　　　SPl.65.7-8, LPl.16.11-12
Hernandia nymphaeifolia (Presl) Kubitzki
【形態】　球形で，無極性。外観は円形(外壁がもろいため錯化液処理をした試料では，形が崩れて本来の外観が失われる)。無口型。外壁の彫紋は密に敷き詰められた微粒～細粒状紋の表面に長刺がまばらに点在する。
【大きさ】　88-108 μm; 140-150×140-150 μm(I)
【試料】　沖縄県竹富町：1971.6.15(山崎)，沖縄県西表島：2006.6.28(中村健)
【開花期】　7-8月
【分布】　小笠原～沖縄(沖永良部島以南)

テングノハナ属
Genus *Illigera* Blume

テングノハナ　　　　SPl.65.9-10
Illigera luzonensis (Presl) Merr.
【形態】　外観はハスノハギリ属に似るが，外壁の彫紋は微粒～細粒状紋に覆われず，長刺だけが密に分布する。その長刺状紋は細い糸状の縞状紋からなり，毛筆の筆状を呈する。
【大きさ】　86-94 μm
【試料】　不詳
【開花期】　7-8月
【分布】　沖縄(石垣島)。台湾・フィリピン

クスノキ科
Family **Lauraceae**

　アジア・アメリカの熱帯～暖温帯に多く分布し，約31属2,000種からなる大きな科である。日本には8属28種が知られている。本科の花粉外壁は非常にもろくて，錯化処理ですぐ壊れてしまうため，無処理かエタノール処理だけした花粉を扱った。花粉が壊れやすいため化石としても残らず，花粉分析で照葉樹林帯の植生復元をした場合も，アカガシ亜属やシイ属は産出するが，タブノキのようなクスノキ科は産出しなくて弱点となる分類群である。

ニッケイ属
Genus *Cinnamomum* Blume

クスノキ　　　　SPl.66.1-2, TPl.3.1-3
Cinnamomum camphora (L.) Presl
【形態】　球形で，無極性。外観は円形。無口型。外壁は大小の刺が入り混じって密に分布し，大きな刺には縦に4-5本の稜線が走り，もみ殻状を呈する。
【大きさ】　9-10 μm; 30-36×30-36(20-24) μm(I), 34-38×34-38 μm(S)
【試料】　岡山市法界院(植栽)：1979.5.17，岡山市三徳園(植栽)：1992.4.20，岡山市岡山理科大学：1993(板野)
【開花期】　5-6月
【分布】　本州・四国・九州(野生かどうか不明)。中国(江南)原産ともいわれる

クロモジ属
Genus *Lindera* Thunb.

　外観はニッケイ属に似るが，外壁の彫紋には微小刺状紋が均等に分布し，刺に大小の差がない。

アブラチャン　　　　SPl.66.3-4
Lindera praecox (Siebold et Zucc.) Blume
【大きさ】　17-18 μm
【試料】　京都市武田薬品薬草園(植栽)：1991.4.5(岡)
【開花期】　3-4月
【分布】　本州・四国・九州

ダンコウバイ　　　　SPl.66.5-6
Lindera obtusiloba Blume
【大きさ】　18-21 μm; 34-38×34-38(24-26) μm(I)
【試料】　岡山市三徳園(植栽)：1984.4.16

【開花期】　3-4月
【分布】　本州(関東・新潟以西)・四国・九州。朝鮮半島・中国(東北部)

シロモジ
SP1.66.7-8

Lindera triloba (Siebold et Zucc.) Blume

【大きさ】　21-22 μm
【試料】　京都市日本新薬山科植物資料館(植栽)：1991.4.5(岡)
【開花期】　4月
【分布】　本州(中部以西)・四国・九州

カナクギノキ
SP1.66.9-10

Lindera erythrocarpa Makino

【大きさ】　18-22 μm
【試料】　岡山市三徳園(植栽)：1989.4.11
【開花期】　4月
【分布】　本州(箱根以西)・四国・九州。朝鮮半島・中国

ハマビワ属
Genus *Litsea* Lamarck

アオモジ
SP1.66.13-14

Litsea citriodora (Siebold et Zucc.) Hatusima

【形態】　外観はクロモジ属に似る。
【大きさ】　21-29 μm; 34-40×34-40(30-33) μm (I)
【試料】　長崎県川原池：1974.3.11
【開花期】　3-4月
【分布】　九州(西部・南部)・沖縄

ゲッケイジュ属
Genus *Laurus* L.

ゲッケイジュ
SP1.66.11-12

Laurus nobilis L.

【形態】　外観はクロモジ属に似るが，花粉はより大きく，外壁の彫紋の微小刺状紋がまばらに点在する。
【大きさ】　28-38 μm; 36-40×36-40(30-33) μm

(I)
【試料】　岡山県赤磐市山陽(植栽)：1988.4.24
【開花期】　4月
【原産地】　地中海沿岸

シロダモ属
Genus *Neolitsea* Merrill

イヌガシ(マツラニッケイ)
SP1.66.15-16

Neolitsea aciculata (Bl.) Koidz.

【形態】　外観はクロモジ属に似るが，外壁の彫紋は密に敷き詰められた微粒状紋の中に，刺(多)と微小刺(少)がまばらに分布する。
【大きさ】　22-27 μm; 45-48×45-48(33-35) μm (I)
【試料】　岡山市三徳園(植栽)：1991.3.17(岡)
【開花期】　3-4月
【分布】　本州(関東南部以西)・四国・九州・沖縄。朝鮮半島(南部)

ヤマグルマ科
Family **Trochodendraceae**

　東アジアに特産し，ヤマグルマ1属1種が自生するだけである。材が仮導管からなるため原始的被子植物とされることもあるが，花粉学的にはすでにきちんとした3溝型になっていて，原始的な特徴は見当たらない。本種の花粉については，Tsuji & Matsushita(1991)が詳しく検討している。

ヤマグルマ属
Genus *Trochodendron* Siebold et Zucc.

ヤマグルマ
SP1.67.1-4

Trochodendron aralioides Siebold et Zucc.

【形態】　長球形で，等極性。極観は円形で，赤道観は楕円形。3溝孔型。溝は両極近くまで伸び，孔は赤道部にあるが，微粒が詰まった薄膜に覆われ確認しにくい。外壁の彫紋は網目状紋で，溝間域では網目が大きく，溝辺に向かってだんだん小

さくなる。

【大きさ】　17-18μm；18-19×20-22μm(I)，19.8-23.4×16.2-19.8μm(N)

【試料】　名古屋市東山動植物園(植栽)：2000.3.3(岡)

【開花期】　5-6月

【分布】　本州(山形県南部以南)・四国・九州・沖縄・伊豆諸島。朝鮮半島(南端部)・台湾

フサザクラ科
Family Eupteleaceae

　ヒマラヤ・中国・日本に1属3種が分布し，日本にはフサザクラが自生する。系統上，本科は孤立した科で，植物体に油細胞を含まない点ではカツラ科に似ているが，材の構造はシキミ科・マンサク科に似ているとされる。花粉の形態から見ると，本科とカツラ科は小判型の発芽口を持つ点で近縁と見られる。

フサザクラ属
Genus *Euptelea* Siebold et Zucc.

フサザクラ　　　　　SPl.67.8-13，LPl.15.7-9
Euptelea polyandra Siebold et Zucc.

【形態】　球形で，異極性。外観はほぼ円形。多(4-8)散溝型。溝は幅が広く大きく開き両端が丸くなっているため，小判状と呼ばれる。溝は角度によって1・2・3・4・5溝など様々な配列が見られる。溝内は薄膜上に細粒〜いぼがまばらに，あるいは密に分布する。外壁の彫紋は小網目状紋〜微穿孔状紋で覆われる。

【大きさ】　25-27μm；28-32×28-32μm(I)，25.2-30.6μm(N)

【試料】　岡山市三徳園(植栽)：1983.4.2，岡山市御津(植栽)：1985.4.4

【開花期】　3-5月

【分布】　本州・四国・九州

カツラ科
Family Cercidiphyllaceae

　日本と中国の主として温帯に2種1変種が自生する。発芽口が小判状になる点ではフサザクラと同様であるが，溝の数は3溝型でやや異なる。花粉分析では多産はしないが，比較的よく記載されている。

カツラ属
Genus *Cercidiphyllum* Siebold et Zucc.

カツラ　　　　　　　　　　　SPl.67.5-7
Cercidiphyllum japonicum Siebold et Zucc.

【形態】　球形〜長球形で，等極性。極観は間口型の三角形で，赤道観は円形〜楕円形。3溝型。溝はフサザクラと同様に大きく開いた小判状を呈し，溝内は微粒が覆う。外壁の彫紋は小網目状紋〜微穿孔状紋で，畝の上には微粒が点在する。

【大きさ】　25-26×21-26μm；25-28×25-28μm(I)，27.0-30.6×23.4-25.2μm(N)

【試料】　岡山市三徳園(植栽)：1983.4.2

【開花期】　3-5月

【分布】　北海道・本州・四国・九州

キンポウゲ科
Family Ranunculaceae

FPl.10.6-9

　世界に広く分布し，58属3,000種余りもある大きな群で，特に東アジアの温帯に多くの属や種が集中している。日本もその一角にあるため22属145種を産する。被子植物の中でもっとも原始的な科の1つと考えられ，6亜科に分けられる。花粉の発芽口は，溝型と孔型の2型がある。溝型には3溝型と多散溝型の2種類があり，孔型は多散孔型だけである。花粉分析では少数ではあるが様々な属が産出し，それらは一括してキンポウゲ科として示すか，多散孔型のカラマツソウ属とその他のキンポウゲ科(溝型)とに分離して表示する

方法がとられている。Kumazawa(1936)は，本科とアケビ科・メギ科の3科の花粉について，形態学的視点から記載している。

リュウキンカ属
Genus *Caltha* L.

　球形で，等極性。極観・赤道観ともに円形。多(3-6)溝型。溝は，3溝型のものは両極近くまで伸びるが，6散溝型のものは両端が丸く小判状になる。溝内は薄膜上に微小刺が密に詰まる。外壁の彫紋は全表面に溝内よりもさらに小さな微小刺状紋が点在する。大きさは種類によりかなりの差がある。

エンコウソウ　　　　　SPl.69.1-6, LPl.17.1-5
Caltha palustris L. var. *enkoso* Hara
【大きさ】　20-23×20-22 μm; 25-27×28-30 μm (I)
【試料】　北海道釧路市温根沼：2001.6.2
【開花期】　4-6月
【分布】　北海道・本州。サハリン・千島

リュウキンカ　　　　　SPl.69.7-9
Caltha palustris L. var. *nipponica* Hara
【大きさ】　29-31×27-33 μm; 27-29×28-30 μm (I), 22.9-30.8×16.9-26.1 μm (N)
【試料】　神戸市六甲高山植物園(植栽)：1993.5.21(岡)
【開花期】　4-7月
【分布】　本州・九州。朝鮮半島

キンバイソウ属
Genus *Trollius* L.

　球形で，等極性。極観は円形で，赤道観は三角円形。3溝型。溝は両極近くまで伸び，溝内は長さ1-2 μm の微小刺が詰まる。外壁の彫紋は基部が大きく高さの低い刺状紋(かぶと状突起)からなり，その間には微粒が点在する。大きさは種類によりかなりの差がある。

キンバイソウ　　　　　SPl.70.1-2
Trollius hondoensis Nakai
【大きさ】　20-30 μm; 18-20×18-20 μm (I)
【試料】　岡山県赤磐市山陽(植栽)：1977.8.17
【開花期】　7-8月
【分布】　本州(中部・滋賀県伊吹山)

シナノキンバイ　　　　　SPl.70.3
Trollius riederianus Fisch. et Mey var. *japonicus* (Miq.) Ohwi
【大きさ】　17-19×16-24 μm; 18-21×18-21 μm (I), 18.0-23.4×16.2-19.8 μm (N)
【試料】　長野県蝶ヶ岳：1982.8.3(加藤靖)
【開花期】　7-9月
【分布】　北海道・本州(中北部)。朝鮮半島(北部)

サラシナショウマ属
Genus *Cimicifuga* L.

　長球形で，等極性。極観は円形で，赤道観は円形～楕円形。3溝型。溝は両極近くまで伸び，溝内には微小刺が詰まる。外壁の彫紋は多数の微穿孔状紋が開いて，その間に微小刺が分布する。

サラシナショウマ　　　　　SPl.70.14-17
Cimicifuga simplex Wormsk.
【大きさ】　24-28×23-26 μm; 24-26×26-28 μm (I), 26-28×28-30 μm (S), 23.3-35.1×21.8-29.6 μm (N)
【試料】　兵庫県氷ノ山：1995.9.16(岡)
【開花期】　8-10月
【分布】　本州(関東～近畿)

オオバショウマ　　　　　SPl.68.1-4
Cimicifuga acerina (Siebold et Zucc.) Tanaka
【大きさ】　23.4-26.8×25.1-27.6 μm; 20.0-28.7×24.8-32.3 μm (N), 25×30 μm (B)
【試料】　栃木県東京大学理学部附属日光植物園(植栽)：2011.10.1(岡)
【開花期】　8-9月
【分布】　本州～九州の主に温帯

ルイヨウショウマ属
Genus *Actaea* L.

ルイヨウショウマ SPl.69.10-13

Actaea asiatica Hara

【形態】 球形で，等極性。極観・赤道観ともにほぼ円形。3溝型。溝は比較的短く両極近くまで伸びない。溝内には微小刺が詰まる。外壁の彫紋はキンバイソウ属と同じような基部が大きく高さが低い刺状紋(かぶと状突起)からなる。

【大きさ】 23-25×22-24 μm; 24-27×26-31 μm (I)，26-30×30-34 μm(S)

【試料】 岩手県早池峰山：1984.6(守田)

【開花期】 5-7月

【分布】 北海道〜九州。ウスリー・朝鮮半島・中国

トリカブト属
Genus *Aconitum* L.

長球形〜球形で，等極性。極観は円形で，赤道観は楕円形。3溝型(溝孔型?)。溝は両極近くまで伸び，赤道部に孔が見られるものがある。溝内は外壁より大きな刺状突起が詰まる。外壁の彫紋は微小刺状紋と微穿孔状紋が全表面を覆う。

トリカブト(ハナトリカブト) SPl.70.6-8

Aconitum carnichaelii Debeaux

【大きさ】 21-23×21-23 μm

【試料】 不詳

【開花期】 9-10月

【原産地】 中国

エゾトリカブト SPl.70.9

Aconitum yesoense Nakai

【大きさ】 22-23×19-23 μm

【試料】 北海道札内川：1981.8.4(守田)

【開花期】 8月

【分布】 北海道

オオレイジンソウ SPl.70.4-5

Aconitum gigas Lev. et Van't. var. *hondoense* (Nakai) Tamura

【大きさ】 20-24×20-22 μm; 26-28×28-34 μm (I)，26-28×28-34 μm(S)

【試料】 栃木県日光白根山：1980.8.7(守田)

【開花期】 6-8月

【分布】 北海道・本州(中部以北)。オホーツク海沿岸・サハリン・ウスリー・朝鮮半島(北部)・中国(東北部)

アズマレイジンソウ SPl.68.13-16，LPl.16.2-4

Aconitum pterocaule Koidz.

【大きさ】 23.4-25.1×18.9-21.7 μm

【試料】 栃木県東京大学理学部附属日光植物園(植栽)：2011.10.1(岡)

【開花期】 8-10月

【分布】 本州中北部の主に日本海側

ヒエンソウ属
Genus *Consolida* (DC.) S. F. Gray

ヒエンソウ(チドリソウ) SPl.70.10-13

Consolida ambigua (L.) P. W. Ball et Heyw.

【形態】 長球形で，等極性。極観は円形で，赤道観は楕円形。3溝型。溝は両極近くまで伸び，溝内には微小刺が密に詰まる。外壁の彫紋は微小刺状紋が全表面にまばらに分布する。

【大きさ】 27-30×22-25 μm; 23-24×28-29 μm (I)

【試料】 Dresden, Nieder-Lossnitz：1884.7.24 (Lodny, S. N.)

【開花期】 5-6月

【原産地】 ヨーロッパ(南部)

イチリンソウ属
Genus *Anemone* L.

長球形〜球形で，等極性か無極性。発芽口は変化に富み，3溝型(イチリンソウ，ヒメイチゲ，アズマイチゲ，アネモネ)，多(6-7)環溝型(ニリンソウ)，多

(10-12)散溝型(ハクサンイチゲ，サンリンソウ)がある。外壁の彫紋は微小刺状紋であり，種類により多少の疎密がある。

イチリンソウ　　　　　　　　SP1.71.3-6
Anemone nikoensis Maxim.
【大きさ】　18-21×14-19 μm; 20-22×22-25 μm (I), 25-28×27-30 μm(S), 14.3-23.7×19.0-24.9 μm(N)
【試料】　岡山市御津：1994.4.16
【開花期】　4-5月
【分布】　本州〜九州

ヒメイチゲ　　　　　　　　SP1.72.7-8
Anemone debilis Fisch.
【大きさ】　22-25×21-25 μm; 25.5-28.0×27.5-30.0 μm(N)
【試料】　秋田県八幡平大場谷地：1981.6.2(守田)
【開花期】　6-7月
【分布】　北海道・本州(近畿以北)。シベリア(東部)・サハリン・千島・朝鮮半島・中国(北部・東北部)

アズマイチゲ　　　　　　　　SP1.72.9-11
Anemone raddeana Regel
【大きさ】　24-25×24-26 μm; 25-27×27-29 μm (I)
【試料】　東京都神代植物公園(植栽)：1992.3.20 (岡)
【開花期】　3-5月
【分布】　北海道〜九州。サハリン・ウスリー・朝鮮半島

ハクサンイチゲ　　　　　　　　SP1.72.1-6
Anemone narcissiflora L. var. *nipponica* Tamura
【大きさ】　26-28×24-29 μm; 25-28×26-30 μm (I), 23.4-28.8×23.4-30.6 μm(N)
【試料】　長野県長塀山：1982.8.6(加藤靖)
【開花期】　6-8月
【分布】　北海道・本州(東北)。サハリン

ニリンソウ　　　　　　　　SP1.71.7-9
Anemone flaccida Fr. Schm.
【大きさ】　27-29×26-33 μm; 24-27×26-30 μm (I), 28-32×30-34 μm(S), 28.2-40.5×25.8-34.5 μm(N)
【試料】　岡山県新見市：1993.4.18(岡)，鳥取県鳴滝：1995.5.16(清末)
【開花期】　4-5月
【分布】　北海道〜九州。サハリン・ウスリー・朝鮮半島・中国(北部・東北部)

サンリンソウ　　　　　　　　SP1.71.10-13
Anemone stolonifera Maxim.
【大きさ】　26-29 μm; 26-29×26-29 μm(I)
【試料】　不詳
【開花期】　5-7月
【分布】　北海道・本州(中部以北)。朝鮮半島・中国(東北部)・台湾

アネモネ(ハナイチゲ)　　　　　　　　SP1.71.1-2
Anemone coronaria L.
【大きさ】　27-33×23-31 μm; 28-30×28-30 μm (I)
【試料】　岡山県赤磐市山陽(植栽)：1982.3.21
【開花期】　3-5月
【原産地】　地中海沿岸

ミスミソウ属
Genus *Hepatica* Mill.

ミスミソウ(ユキワリソウ)　　　　　　　　SP1.73.5-6
Hepatica nobilis Schreber var. *japonica* Nakai
【形態】　球形で，等極性。極観・赤道観ともに円形。3溝型。溝は幅広く開く。両極に伸びる溝の両端は丸みを帯び短い。溝内・外壁の彫紋はともに微小刺状紋が全表面に分布する。
【大きさ】　25-27×25-30 μm; 28-32×30-33 μm (I)
【試料】　香川県小豆島：1993.3.17(星野)
【開花期】　3-4月
【分布】　本州(中部以西)・四国・九州(北部)

キンポウゲ科

スハマソウ　SPl.73.1-4

Hepatica nobilis Schreber var. *japonica* Nakai f. *variegata* (Makino) K. Tam.

【大きさ】　30-32 μm
【試料】　岡山市大福(植栽)：不詳(岡)
【開花期】　3-4 月
【分布】　本州・四国

オキナグサ属
Genus *Pulsatilla* Mill.

発芽口は 3 溝型と多散溝型がある。

オキナグサ　SPl.73.10-11

Pulsatilla cernua (Thunb.) Sprengel

【形態】　球形で，等極性。極観・赤道観ともに円形。3 溝型。溝は両極近くまで伸び，両端は細く尖る。外壁の彫紋は小網目状紋～網目状紋からなり，溝間域で大きく，溝に近づくと小さくなる。
【大きさ】　19×16-22 μm
【試料】　仙台市東北大学薬学部薬草園(植栽)：1978.4.26(守田)
【開花期】　4-6 月
【分布】　本州～九州。朝鮮半島・中国

ツクモグサ　SPl.73.7-9

Pulsatilla nipponica (Takeda) Ohwi

【形態】　球形で，無極性。外観は円形。多(6-8)散溝型。溝は太短く，角度によって三矢形や四角形の配列が見られる。外壁の彫紋は細粒状紋～いぼ状紋で，細粒といぼが密に分布する。
【大きさ】　29-33 μm; 31-33×31-33 μm(I), 32.4-39.6 μm(N)
【試料】　長野県白馬岳：1962.6.26(古瀬)
【開花期】　6-8 月
【分布】　北海道・本州(中北部)

センニンソウ属
Genus *Clematis* L.

発芽口は 3 溝型と多孔型がある。

センニンソウ　SPl.74.1-4，TPl.4.3-4

Clematis terniflora DC.

【形態】　長球形で，等極性。極観は円形で，赤道観は円形。3 溝型。溝は両極近くまで伸びる。外壁の彫紋は微小刺状紋である。溝内には微粒が分布する。
【大きさ】　21-24×17-24 μm; 23-25×24-27 μm (I), 26-28×24-30 μm(S), 16.2-21.6 μm(N)
【試料】　岡山市半田山：1972.9.2
【開花期】　8-9 月
【分布】　北海道(南部)～沖縄・小笠原諸島。朝鮮半島(南部)・中国(中部)・台湾

ボタンヅル　SPl.74.11-14

Clematis apiifolia DC.

【形態】　外観はセンニンソウに似るが，花粉はやや小さく，刺は少し大きい。
【大きさ】　16-17×16-19 μm; 17-20×18-21 μm (I), 26-28×30-32 μm(S), 18.1-23.5×13.9-23.1 μm(N)
【試料】　山口県阿東町：1983.8.19，仙台市青葉山：1978.9.6(守田)
【開花期】　7-9 月
【分布】　本州～九州。朝鮮半島・中国

ハンショウヅル　SPl.68.5-8

Clematis japonica Thunb.

【形態】　外観はセンニンソウに似るが，外壁の彫紋は微小刺状紋と微穿孔状紋である。溝内には微粒が分布する。
【大きさ】　25.1-26.7×25.1-26.7 μm; 22-24×23-26 μm(I), 18.0-25.2 μm(N), 15-20×25 μm (B)
【試料】　金沢市高尾山：2013.5.12.
【開花期】　5-6 月
【分布】　本州・九州

テッセン　SPl.73.12-13

Clematis florida Thunb.

【形態】　球形で，無極性。外観は円形。多(約14)散孔型。孔は円形で，中には外壁より大きな刺が

590

キンポウゲ科

詰まる。外壁の彫紋は微穿孔状紋が開き，微小刺がまばらに分布する。

【大きさ】　20-25 μm; 25-28×25-28 μm(I)

【試料】　香川県東かがわ市西村(植栽)：1982.6.22 (三好マ)

【開花期】　5-6月

【原産地】　中国

フクジュソウ属
Genus *Adonis* L.

フクジュソウ　　　　　SPl.74.15-18，TPl.4.5-6
Adonis amurensis Regel et Radde

【形態】　長球形で，等極性。極観は円形で，赤道観は円形〜楕円形。3溝型。溝は両極近くまで伸び，溝内には微小刺が点在する。外壁の彫紋は微小刺状紋で，その間に微穿孔が分布する。

【大きさ】　24-32×23-31 μm; 29-31×30-33 μm (I), 27.0-36.0×27.0-32.4 μm(N)

【試料】　東京都府中市万葉園(植栽)：1984.4.6，東京都薬用植物園(植栽)：1993.3.5(岡)

【開花期】　2-4月

【分布】　北海道〜九州。シベリア(東部)・朝鮮半島・中国(東北部)

キンポウゲ属
Genus *Ranunculus* L.

　球形で，等極性か無極性。外観は円形。3溝型〜多(約6-8)散溝型。溝は太短くて長方形か小判状を呈し，角度によって三矢形や三角形・四角形などの配列を示す。溝内は微粒〜微小刺が詰まる。外壁の彫紋は刺状紋で，基部が2 μm以上もある幅が高さよりも大きなかぶと状突起が密に分布する。

イトキンポウゲ　　　　　　　　SPl.75.1-4
Ranunculus reptans L.

【大きさ】　22-31 μm; 23-25×28-30 μm(I)

【試料】　栃木県日光市刈込湖：1980.8.6(守田)

【開花期】　7-8月

【分布】　北海道(空沼)・本州(群馬県：尾瀬・野反湖，栃木県：刈込湖)など

ウマノアシガタ　　　　SPl.75.5-7，TPl.5.1-3
Ranunculus japonicus Thunb.

【大きさ】　21-26 μm; 28-33×28-33 μm(I), 23.4-33.0 μm(N)

【試料】　岡山県赤磐市馬屋：1981.5.2，岡山県笠岡市御嶽山：1985.6.2(安原)

【開花期】　4-6月

【分布】　北海道(西南部)〜九州・沖縄。朝鮮半島・中国

ミヤマキンポウゲ　　　　　　　SPl.75.8-12
Ranunculus acris L. var. *nipponicus* Hara

【大きさ】　24-27 μm; 27-30×27-30 μm(I)

【試料】　長野県長塀山：1982.8.6(加藤靖)

【開花期】　6-8月

【分布】　北海道・本州(東北)

リュウキュウヒキノカサ　SPl.68.9-12，LPl.16.5-8
Ranunculus extorris Hance var. *lutchuensis* (Nakai) Tamura ex Shimabuku

【形態】　外壁の彫紋は微刺状紋で，微刺の間は微穿孔が分布する。他の3種と異なる。

【大きさ】　21.3-26.3×21.3-27.5 μm

【試料】　沖縄県名護市：2005.5.20.

【開花期】　4-5月

【分布】　喜界島・徳之島・沖永良部島・沖縄島・伊江島・瀬底島

モミジカラマツ属
Genus *Trautvetteria* Fisch. et. Mey.

モミジカラマツ　　　　　　　　　TPl.4.1-2
Trautvetteria caroliniensis (Walt.) Vail. var. *japonica* (Siebold. et Zucc.)

【形態】　長球形で，等極性。極観は円形で，赤道観は楕円形。3溝型。溝は両極近くまで長く伸びる。外壁の彫紋は微小刺状で，溝内を除く全表面に散在する。

キンポウゲ科

【大きさ】 12-20×15-16 μm；19-20×20-23 μm
(I)，23.4-30.6×23.4-27.0 μm(N)
【試料】 青森県八甲田山：1978.7.12(守田)
【開花期】 7-8月
【分布】 北海道～本州(中部以北)。南千島・サハ
リン・ウスリー

シロカネソウ属
Genus *Dichocarpum* W. T. Wang et Hsiao

ツルシロカネソウ(シロカネソウ) SPl.74.5-7
Dichocarpum stoloniferum (Maxim.) W. T.
Wang et Hsiao
【形態】 球形で，無極性。外観は円形。多(約10)
散溝型。溝は太く短い小判形か凸レンズ状で，角
度により三矢形や四角形に配列する。溝内・外壁
とも微小刺で覆われるが，溝内の刺の方がやや大
きい。外壁の彫紋は微小刺状紋で，微小刺の間に
多数の微穿孔がある。
【大きさ】 26-29 μm；32-38×32-38 μm(I)，34-
38×34-38 μm(S)
【試料】 山梨県中岳：1958.6.2(古瀬)
【開花期】 5-8月
【分布】 本州(太平洋側神奈川県～奈良県)

オダマキ属
Genus *Aquilegia* L.

オダマキ SPl.74.8-10
Aquilegia flabellata Siebold et Zucc. var. *flabel-
lata*
【形態】 球形で，等極性。極観・赤道観ともに円
形。3溝型。溝は細長く両極まで伸びる。溝内は
微小刺が分布し，外壁の彫紋はもっと小さな微小
刺状紋が覆う。
【大きさ】 16-17×15-18 μm；17-18×18-20 μm
(I)，18-22×20-24 μm(S)，15.8-23.1 μm(N)
【試料】 岡山市玉柏(植栽)：1982.5.16(太田)
【開花期】 5-9月
【備考】 北海道・本州(中北部)に分布するミヤマ
オダマキが観賞用に改良されたもの

カラマツソウ属
Genus *Thalictrum* L.

FPl.10.10

　球形で，無極性。外観は円形。多(約10-12)散
孔型。孔は直径が3-5 μmの円形で，孔内には微
小刺が密に詰まる。外壁の彫紋は微小刺状紋が全
表面に分布する。

カラマツソウ SPl.76.13-14
Thalictrum aquilegifolium L. var. *intermedium*
Nakai
【大きさ】 16-21 μm；15.5-18.5×15.5-18.5 μm
(I)，16.7-23.4 μm(N)
【試料】 鳥取県烏ヶ山：1982.7.26
【開花期】 7-9月
【分布】 本州・四国・九州。シベリア・サハリ
ン・千島・中国(北部・東北部)

アキカラマツ SPl.76.11-12
Thalictrum minus L. var. *hypoleucum* (Siebold
et Zucc.) Miq.
【大きさ】 10-19 μm；19.5-23×19.5-23 μm(I)，
22-25×22-25 μm(S)，18.1-23.1 μm(N)
【試料】 静岡市静岡県立大学薬学部薬草園(植
栽)：1991.10.5(岡)
【開花期】 7-9月
【分布】 北海道～奄美諸島。サハリン・千島・朝
鮮半島・中国(中北部・東北部)・モンゴル

ミヤマカラマツ SPl.76.15-16
Thalictrum filamentosum Maxim. var. *tenerum*
(H. Boiss.) Ohwi
【大きさ】 15-20 μm；15-18×15-18 μm(I)，24-
26×24-26(20-22) μm(S)，11.9-17.4 μm(N)
【試料】 宮城県御鼻部山：1978.9.6(守田)
【開花期】 5-8月
【分布】 北海道～九州。アムール・南千島・朝鮮
半島・中国(東北部)

キンポウゲ科・ボタン科・シラネアオイ科

オウレン属
Genus *Coptis* Salisb.

FPl.10.11

セリバオウレン
SPl.76.1-2

Coptis japonica (Thunb.) Makino var. *dissecta* (Yatabe) Nakai

【形態】 外観はカラマツソウ属に似るが，外壁の微小刺はやや大きい。

【大きさ】 21-23 μm

【試料】 仙台市東北大学生物学実験園(植栽)：1978.4.6(守田)

【開花期】 2-4月

【分布】 本州・四国

ボタン科
Family **Paeoniaceae**

ボタン属は花の外見の類似からキンポウゲ科の一員と見なされてきたが，現在はボタン科として独立させる処置が受け入れられている。花粉の彫紋もキンポウゲ科とはやや異なる特徴を持つことから，独立の科とするのが適当と思われる。

ボタン属
Genus *Paeonia* L.

長球形で，等極性。極観は円形で，赤道観は楕円形。3溝型。溝は細長く両極近くまで伸びる。外壁の彫紋は小網目状紋(シャクヤク)～微穿孔状紋(ボタン)で，その網目は孔や溝間域で大きく，溝に近づくにしたがい小さくなる。

シャクヤク
SPl.76.3-6

Paeonia lactiflora Pall.

【大きさ】 28-30×20-31 μm; 30-33×33-35 μm (I)

【試料】 岡山市津島東(植栽)：1975.5.28，岡山県赤磐市山陽(植栽)：1987.5.23

【開花期】 5-6月

【原産地】 中国

ボタン
SPl.76.7-10

Paeonia suffruticosa Andr.

【大きさ】 21-26×18-23 μm; 28-30×30-33 μm (I), 21.8-31.0×23.3-27.9 μm(N)

【試料】 岡山県赤磐市山陽(植栽)：1980.5.9

【開花期】 4-5月

【原産地】 中国

シラネアオイ科
Family **Glaucidiaceae**

日本特産の科で，シラネアオイ属1種のみからなる。本属はこれまでキンポウゲ科に分類されてきたが，その後の研究による様々な特徴から独立の科とされた。花粉について見ると，キンポウゲ科やボタン科とはやや異なるが，彫紋が微小刺状紋である点では，前者に近い。

シラネアオイ属
Genus *Glaucidium* Siebold et Zucc.

シラネアオイ
SPl.77.1-4, TPl.5.4-6

Glaucidium palmatum Siebold et Zucc.

【形態】 球形で，等極性。極観・赤道観ともに円形。3溝型。溝は細長く両極近くまで伸び，溝内には細粒～微粒が詰まる。外壁の彫紋は溝間域では微穿孔状紋が顕著で，微小刺状紋は全表面に分布する。

【大きさ】 19-20×18-19 μm; 22-24×24-26 μm (I)

【試料】 仙台市東北大学生物学実験園(植栽)：1978.4.14(守田)

【開花期】 6-7月

【分布】 北海道・本州(中部以北)

メギ科
Family **Berberidaceae**

　北米を中心とする北半球の温帯に 14 属約 650 種が分布し，日本には 7 属 14 種が自生する。花粉の発芽口は，3 溝型(ナンテン属・イカリソウ属)・多散孔型(サンカヨウ属)・螺旋状型(ヒイラギナンテン属，不稔性花粉?)の 3 型を確認したが，さらにトガクシショウマ属は多散溝型(幾瀬，1956)で，本科の発芽口は，4 型に分類できる。

ナンテン属
Genus *Nandina* Thunb.

ナンテン　　　　　　　　　　　　　SPl.78.7-10
Nandina domestica Thunb.
【形態】　長球形で，等極性。極観は円形で，赤道観は楕円形。3 溝孔型。溝は細長く両極まで伸び，孔は楕円形で溝内の赤道部に開く。外壁の彫紋は微穿孔状紋で覆われる。
【大きさ】　24-29×21-23 μm; 27-31×27-31 μm (I), 28-34×30-40 μm(S), 24.9-31.6×33.6-40.3 μm(N)
【試料】　岡山県赤磐市山陽(植栽)：1982.6.9
【開花期】　5-7 月
【分布】　西日本の暖帯に野生(本来の自生かどうかは不明)。中国

ヒイラギナンテン属
Genus *Mahonia* Nutt.

ヒイラギナンテン　　　　　　　　　SPl.78.11-13
Mahonia japonica (Thunb.) DC.
【形態】　球形で，無極性。外観は円形〜楕円形。発芽口は螺旋状や三矢状の溝のようなものが認められるが，これは発芽口ではなく，4 分子不稔花粉の接合面のように思われる。外壁の彫紋は平滑状紋で，微穿孔がまばらに点在する。
【大きさ】　29-44 μm; 44-48×44-48 μm(I)
【試料】　高知県足摺岬(植栽)：1983.3.14，名古屋市東山(植栽)：1993.2.21(岡)

【開花期】　2-4 月
【原産地】　中国(浙江省以南)・台湾

サンカヨウ属
Genus *Diphylleia* Mich.

サンカヨウ　　　　　　　　　　　　SPl.78.5-6
Diphylleia grayi Fr. Schm.
【形態】　球形で，無極性。外観は円形。多(約 10)散孔型。孔は円形で外壁に点在するが，確認しにくい。外壁の彫紋は角ばった長刺状紋がかなり密に分布し，その間の表面には微穿孔が開く。
【大きさ】　27-37 μm; 34-36×34-36 μm(I)，45-54×45-54 μm(S)，28.8-45.5 μm(N)
【試料】　岡山市南方(植栽)：1991.6.1(岡)
【開花期】　5-8 月
【分布】　北海道・本州。サハリン

イカリソウ属
Genus *Epimedium* L.

　長球形で，等極性。極観は円形で，赤道観は楕円形。3 溝孔型。溝は両極近くまで伸び，孔は溝内の赤道部に見られるが，不明瞭である。外壁の彫紋は微穿孔状紋と微小刺状紋である。

イカリソウ　　　　　　　　　　　　SPl.78.1-4
Epimedium grandiflorum Morr.
【大きさ】　26-29×20-24 μm; 26-28×28-30 μm (I)，15.3-24.9×24.9-32.6 μm(N)
【試料】　岡山県赤磐市山陽(植栽)：1982.4.24，岡山市岡山理科大学(植栽)：不詳
【開花期】　4-5 月
【分布】　北海道(南西部)〜九州

トキワイカリソウ　　　　　　　　　SPl.59.6-9
Epimedium sempervirens Nakai ex F. Maek.
【形態】　外壁の彫紋は微刺状紋で，溝には微刺をもった微粒が密に分布する。
【大きさ】　26.7-30.1×22.5-25.1 μm; 24-26×27-28 μm(I)，20×25-35 μm(B)

【試料】　金沢市高尾山：2013.5.21
【開花期】　4-5月
【分布】　日本海沿岸

アケビ科
Family **Lardizabalaceae**

　アジアと南米に隔離分布するつる植物で，7属20種の小さい科である。日本には2属3種が自生する。花粉の発芽口は両属とも同じであるが，外壁の彫紋はムベ（常緑型）ではしわ状紋であるが，アケビ・ミツバアケビ・ゴヨウアケビ（落葉型）では微穿孔状紋で，両属で異なる。

ムベ属
Genus *Stauntonia* DC.

ムベ　　　　　　　　　　　　SP1.79.1-4
Stauntonia hexaphylla (Thunb.) Decaisne
【形態】　長球形〜球形で，等極性。極観は円形で，赤道観は楕円形で。3溝孔型。溝は両極近くまで伸び，溝内は微粒で覆われ，孔は不明瞭。外壁の彫紋は糸が複雑に交叉して手鞠状のしわ状紋となる。
【大きさ】　17-19×16-18 μm; 18-19×19-21 μm (I), 18-22×24-28 μm(S), 16.3-19.2×14.4-17.2 μm(N)
【試料】　仙台市東北大学薬学部薬草園（植栽）：1978.5.9(守田)，京都市日本新薬山科植物資料館（植栽）：1990.4.2(岡)
【開花期】　4-5月
【分布】　本州（関東以西）・四国・九州・沖縄。朝鮮半島（南部）・中国・台湾

アケビ属
Genus *Akebia* Decaisne

　外観は，ムベ属に似るが外壁の彫紋は微穿孔状紋で，畝には縞模様がみられる。

アケビ　　　　　　SP1.79.5-8，LP1.15.10-13
Akebia quinata (Thunb.) Decaisne
【大きさ】　18-20×16-18 μm; 17-19×18-20 μm (I), 20-24×24-28 μm(S), 14.4-19.2×19.2-23.0 μm(N)
【試料】　岡山市半田山：1972.5.2，岡山県奥津町：1993.6.9(岡)，鳥取県岩美町：1995.5.20(清末)
【開花期】　4-5月
【分布】　本州・四国・九州。朝鮮半島・中国

ミツバアケビ　　　　　　　SP1.79.9-12
Akebia trifoliata (Thunb.) Koidz.
【大きさ】　16-17×19-20 μm; 17-19×18-20 μm (I), 18-22×24-26 μm(S), 15.3-18.2×17.2-22.0 μm(N)
【試料】　岡山市笠井山：1980.4.21(新井)，岡山市岡山理科大学：1984.4.25
【開花期】　4-5月
【分布】　北海道〜九州。中国（暖帯〜温帯）

ゴヨウアケビ　　　　　　　SP1.64.7-11
Akebia × pentaphylla (Makino) Makino
【大きさ】　20.0-21.7×18.4-21.7 μm; 16-17×17-18 μm(I)
【試料】　金沢市高尾山：2013.5.12
【開花期】　4-5月
【分布】　本州・四国・九州
【備考】　アケビとミツバアケビとの自然雑種

ツヅラフジ科
Family **Menispermaceae**

　熱帯〜亜熱帯を中心に約70属400種が分布し，日本には5属6種が自生する。ハスノハカズラ属の花粉は3孔型で網目状紋であるのに対し，ツヅラフジ属とアオツヅラフジ属の花粉は3溝孔型で微穿孔状紋であり，大きく異なる。

ツヅラフジ科・スイレン科

アオツヅラフジ属
Genus *Cocculus* DC.

アオツヅラフジ（カミエビ）　SPl.77.8-10
Cocculus trilobus (Thunb.) DC.
【形態】　長球形で，等極性。極観は円形で，赤道観は楕円形。3溝孔型。溝は両極近くまで伸び，孔は溝内の赤道部に開く。外壁の彫紋は微穿孔状紋で覆われる。
【大きさ】　16-23×12-15 μm; 15-16.5×15-16.5 μm(I), 12-14×16-20 μm(S), 14.4-18.2×17.2-20.1 μm(N)
【試料】　山口県阿東町：1983.8.19，岡山県玉野市：1992.9.30（岡）
【開花期】　7-9月
【分布】　北海道～沖縄。朝鮮半島・中国・台湾・フィリピン

ハスノハカズラ属
Genus *Stephania* Lour.

タマザキツヅラフジ　SPl.77.5-7
Stephania cephalantha Hayata
【形態】　球形で，無極性。外観は円形。3孔型。孔は大きさが1-2 μmの円形～楕円形で，周囲を網目の畝で囲まれる。外壁の彫紋は小柱に支えられた曲がりくねった畝からなる網目状紋である。
【大きさ】　9-11 μm; 16-20 μm(I)
【試料】　不詳
【開花期】　7-9月
【備考】　ツヅラフジの園芸品（?）

ツヅラフジ属
Genus *Sinomenium* Diels

オオツヅラフジ　SPl.80.1-4
Sinomenium acutum (Thunb.) Rehder et Wilson
【形態】　球形～長球形で，等極性。極観は円形で，赤道観は円形～楕円形。3溝孔型。溝は極近くまで伸びる。外壁の彫紋は微穿孔状紋で，微穿孔は溝周辺で小さくなる。溝内には微粒が分布する。
【大きさ】　16.7-18.4×15.0-16.7 μm
【試料】　さいたま市慶応義塾大学薬学部附属薬用植物園（植栽）：2011.7.8（岡）
【開花期】　6-8月
【分布】　関東地方以西～四国・九州・南西諸島。台湾・中国

スイレン科
Family **Nymphaeaceae**

　本科の植物は道管がなく，被子植物のうちもっとも原始的な群の1つと考えられている。モクレン科と同様に単溝型であるが，溝の周囲が肥厚したり環状溝となったりし，外壁の彫紋も各属で異なる。花粉分析の試料は本科の植物が生育するような沼沢地で採取するため，その化石花粉はよく産出するが，数は多くない。

ジュンサイ属
Genus *Brasenia* Schreb.

ジュンサイ　SPl.81.1-3
Brasenia schreberi J. F. Gmel.
【形態】　長球形で，異極性。向心極観・遠心極観・赤道観ともに長円形。単溝型。溝は赤道軸方向に長く伸び，周囲が肥厚し唇状に見える。外壁の彫紋は微粒状紋が密に覆う。
【大きさ】　36-46×26-33 μm; 38-43×49-52 μm(I), 38-42×50-54 μm(S), 30.6-37.8×46.8-63.0 μm(N)
【試料】　岡山県自然保護センター：1993.7.4（岡）
【開花期】　6-8月
【分布】　北海道～沖縄

スイレン科・ハス科

コウホネ属
Genus *Nuphar* Smith

FPl.10.12

コウホネ SPl.79.13-15, LPl.23.1-2

Nuphar japonicum DC.

【形態】 長形〜球形で，異極性。向心極観・遠心極観・赤道観とも楕円形。単溝型。溝は赤道軸方向に沿って長く伸びる。外壁の彫紋は長刺状紋で，長さが5-7 μm もある長刺が分布する。その間はしわ状紋が密に覆う。

【大きさ】 33-49 μm; 38-42×45-50 μm(I)，42-48×50-60 μm(S)，32.4-36.0×41.4-50.4 μm(N)

【試料】 広島県福山市：1980.5.30(星野)，名古屋市東山動植物園(植栽)：1995.6.25(岡)

【開花期】 5-9月

【分布】 本州・四国

スイレン属
Genus *Nymphaea* L.

ヒツジグサ SPl.81.4-7, LPl.23.3-6

Nymphaea tetragona Georgi

【形態】 球形〜半球形で，異極性。向心極観と遠心極観は円形で，赤道観は楕円形。単環溝型。溝は両極面の境界に環状に取り巻き，細くて狭いため中に模様は認められない。外壁の彫紋は短乳頭状紋や円柱状紋で，長さが2-3 μm もある大きな短乳頭や円柱が点在し，その間に微粒や細粒がある。

【大きさ】 23-41 μm; 34-35×39-43 μm(I)，34-38×40-46 μm(S)，23.4-32.4×34.2-41.4 μm(N)

【試料】 岡山県赤磐市山陽：1977.10.23，青森県十和田市睡蓮沼：1979.8.12(守田)，岡山県津山市加茂細池湿原：1982.8.19

【開花期】 6-9月

【分布】 北海道〜九州。シベリア・東アジア・インド・ヨーロッパ

エゾノヒツジグサ SPl.81.8-11

Nymphaea tetragona Georgi var. *tetragona*

【形態】 植物は形態変異が連続的でヒツジグサと分類学的に十分区別できないとされるが(田村，1982；滝田，2001)，外壁の彫紋はいぼ状紋で，花粉では形態的な違いが見られる。

【大きさ】 34-37 μm

【試料】 不詳

【開花期】 7-8月

【分布】 本州中部山岳地帯〜東北・北海道

オニバス属
Genus *Euryale* Salisb.

オニバス SPl.81.12-15

Euryale ferox Salisb.

【形態】 半球形で，異極性。向心極観と遠心極観は円形で，赤道観は楕円形。単環溝型。溝は両極面の境界に環状に取り巻く。外壁の彫紋は長刺状紋で，長さが1-2 μm の長刺がイガ栗状に分布する。

【大きさ】 27-33×40-55 μm; 43-50×47-53 μm(I)，38-42×42-48 μm(S)，23.4-36.0×36.0-55.8 μm(N)

【試料】 岡山県里庄町：1993.10.3(安原)

【開花期】 8-10月

【分布】 本州(宮城県以南)〜九州

ハス科
Family **Nelumbonaceae**

　本科はスイレン科のハス亜科とされてきたが，現在はハス科として独立に扱われ，ハス属だけからなる。ハスはオーストラリアからアジア大陸にかけて，キバナハスは北米に分布する。日本には自生がなく，古く中国より渡来したとされている。しかし，埼玉県行田市で木片の ^{14}C 年代測定で約1,400年前の堆積層に埋もれていたハスの種子が発芽・開花し「古代ハス」として有名であるように，かつて日本にあったことは確かなようである。花粉分析でも長崎県唐比の泥炭採取地でボーリングした8mのコアでは，最深720 cmからハス属の化石花粉が産出しはじめ，^{14}C 年代測定が約5,000年前後とみられる480 cm以浅では，低率

ではあるがほぼ全層で検出される（竹内ほか，2009）。

ハス属
Genus *Nelumbo* Adans.

ハス　　　　　　　　　　　　　　　　SPl.82.1-3

Nelumbo nucifera Gaertn.

【形態】　球形で，等極性。極観・赤道観ともに円形。3溝型。溝は両極近くまで伸び溝内には微粒が密に詰まる。外壁の彫紋は曲がりくねった畝が連なり，網目状紋よりも大脳のようなしわ状紋に近い。

【大きさ】　49-53×49-56 μm; 58-63×61-64 μm (I), 60-70×65-70 μm(S), 46.8-61.2×59.4-63.0 μm(N)

【試料】　名古屋市名古屋城内（植栽）：1977.7.1（守田）

【開花期】　7-8月

【原産地】　アジア（南部・南東部）・オーストラリア（北部）・ヨーロッパ（南東部）

【備考】　日本へは中国より渡来

ドクダミ科
Family **Saururaceae**

　アジア・北米に4属5種あり，日本には2属2種が自生している。

　本科と次のコショウ科・センリョウ科の花粉形態については，三好・加藤広（1982）が走査電顕で調べ，報告している。

ハンゲショウ属
Genus *Saururus* L.

ハンゲショウ（カタシログサ）　　　　SPl.83.6-8

Saururus chinensis (Lour.) Baill.

【形態】　長球形で，異極性。向心極観・遠心極観・赤道観ともに楕円形。単溝型。溝は赤道軸方向に長く伸び，溝内には微粒が密に詰まる。外壁の彫紋は平滑状紋の表面に不定形の微穿孔が不規

則に分布し，その間にしわ状の線がまばらに走る。

【大きさ】　6-8×10-12 μm; 8-10×9-11 μm(I), 10-12 μm(S), 7.8-16.5 μm(N)

【試料】　岡山市旭川：1978.7.7（波田）

【開花期】　6-8月

【分布】　本州～沖縄。朝鮮半島・中国・フィリピン

ドクダミ属
Genus *Houttuynia* Thunb.

ドクダミ　　　　　　　　　　　　　SPl.83.1-5

Houttuynia cordata Thunb.

【形態】　球形か長球形で，無極性。外観は円形か楕円形であるが，単為生殖で不稔性のためか不揃いのものが多い。単溝型。溝の末端は中央部より広くなり，棍棒状紋に見える。溝内の薄膜は盛り上がり，微粒が覆う。外壁の彫紋はハンゲショウと同様に不定形の微穿孔が不規則に分布する。

【大きさ】　10-20 μm; 12-16×12-18 μm(I), 15-16×20 μm(S), 7.9-18.5 μm(N)

【試料】　岡山市北方：1981.6.4

【開花期】　6-7月

【分布】　本州～沖縄。中国・東南アジア・ヒマラヤ

コショウ科
Family **Piperaceae**

　熱帯域に多く分布し，約12属1,400種ある。日本には2属4種がある。

サダソウ属
Genus *Peperomia* Ruiz et Pavón

サダソウ　　　　　　　　　　　　　SPl.83.9-12

Peperomia japonica Makino

【形態】　球形で，無極性。外観は円形。無口型。表面に凹状部分が見られることがあるが，これが発芽口域かどうか不明。Huang（1972）では，本属

は単溝型(光顕)となっている。外壁の彫紋は1-2
μmのいぼ状突起が重なるように密に覆い，各突
起の上には微小刺が金平糖状につく。

【大きさ】 8-10μm
【試料】 鹿児島市平松：1957(浜田)
【開花期】 6-8月
【分布】 四国・九州・沖縄

コショウ属
Genus *Piper* L.

フウトウカズラ　　　　SPl.83.13-14, LPl.8.19-20
Piper kadzura (Chois.) Ohwi

【形態】 光顕によれば溝型であるが，走査電顕で
は発芽口のよい画像が得られていないため詳細は
不明。外壁の彫紋はサダソウに似る。

【大きさ】 10-15μm；12-13.5×14-17μm(I)，
8.7-17.5μm(N)
【試料】 高知県土佐市宇佐：1975.7.23(守田)，
沖縄県国頭村：1989.3.6
【開花期】 4-6月
【分布】 本州(関東南部以西)～沖縄・小笠原諸島。
朝鮮半島(南部)

センリョウ科
Family **Chloranthaceae**

東アジア・南米・マダガスカルなどに5属75
種ほどが知られ，日本には2属4種が自生する。
原始的被子植物の仮説「古草本説」で，単溝型花
粉を持つとされた本科や前述のコショウ科・ドク
ダミ科が，この説に該当する植物群である(戸部，
1994)。ただ，ハンゲショウは明確な単溝型であ
るが，サダソウやセンリョウは無口型のようであ
り，本科のチャラン属は，すでに多(6-7)環溝型
となっている。

センリョウ属
Genus *Sarcandra* Gardner

センリョウ　　　　　　　　　　SPl.84.1-4
Sarcandra glabra (Thunb.) Nakai

【形態】 球形で，無極性。外観は円形。無口型。
明確な発芽口は認められないが，走査電顕処理し
た花粉では表面が凹状となった発芽口域らしいも
のが見られる。外壁の彫紋は径が1-2μmの網目
状紋である。

【大きさ】 25-30μm；32-36×32-36μm(I)，
23.4-33.1μm(N)
【試料】 広島市牛田(植栽)：1981.6.10(佐藤タ)
【開花期】 6-7月
【分布】 本州(関東南部・東海・紀伊半島以南)・四
国・九州・沖縄。中国・フィリピン・インドシナ
半島・マレー半島・アッサム

チャラン属
Genus *Chloranthus* Swartz

球形で，等極性。極観・赤道観ともにほぼ球形。
多(6-7)環溝型。溝は細短く極近くまでは達せず，
溝内には微粒がある。外壁の彫紋は0.5μm前後
の小網目状紋からなり，極域でやや大きく溝間域
では小さい。

ヒトリシズカ　　　　　　SPl.84.9-11, LPl.17.6-9
Chloranthus japonicus Siebold

【大きさ】 24-28μm；21-23×23-26μm(I)，28-
32×28-35(24-28×25-30)μm(S)，20.4-29.2μm
(N)
【試料】 岩手県五葉山：1980.5.21(守田)，岡山
県新見市哲多町(植栽)：1990.3.24(星野)，岡山市
岡山理科大学(植栽)：1985.4.4
【開花期】 4-5月
【分布】 北海道～九州。サハリン・南千島・朝鮮
半島・中国(中北部・東北部)

センリョウ科・ウマノスズクサ科・ラフレシア科

キビヒトリシズカ SPl.84.6-8
Chloranthus fortunei (A. Gray) Solms-Laub.
【大きさ】 23-25×21-25 μm
【試料】 岡山市岡山理科大学(植栽):1985.4.25,
岡山県矢掛町(植栽):1990.5.7(星野)
【開花期】 4-5月
【分布】 岡山県・香川県(小豆島)・九州(北部)。朝
鮮半島(南部)・中国(中部)

フタリシズカ SPl.84.5
Chloranthus serratus (Thunb.) Roem et Schult.
【大きさ】 16-18×19-21 μm; 20-21×22-24 μm
(I), 24-28(23-28)μm(S), 17.5-32.9 μm(N)
【試料】 岡山市岡山理科大学(植栽):1985.4.25,
岡山県後山(植栽):1990.4.25(星野)
【開花期】 4-5月
【分布】 北海道〜九州

ウマノスズクサ科
Family **Aristolochiaceae**

　熱帯〜温帯に主として分布し,約7属600種ほ
どあり,南米に多く,日本には4属30種が自生
する。発芽口には無口型と多(4-6)環孔型,多
(4-6)溝型の3型が認められるが,本科の花粉の
調査はまだ不十分で,今後の研究が待たれる。

ウマノスズクサ属
Genus *Aristolochia* L.

ウマノスズクサ SPl.85.1-3
Aristolochia debilis Siebold et Zucc.
【形態】 球形で,無極性。外観は円形。無口型。
外壁の彫紋は不定形に隆起した大脳のようなしわ
状紋が密に覆い,その上に微穿孔があるものとな
いものがある。
【大きさ】 36-43 μm; 37-45×37-45 μm(I)
【試料】 東京都立薬用植物園(植栽):1990.9.10
(岡)
【開花期】 6-8月

【分布】 本州(関東以南)〜九州

カンアオイ属
Genus *Heterotropa* Morr. et Decne.

カンアオイ(カントウカンアオイ) SPl.85.7-10
Heterotropa nipponica (F. Maek.) F. Maek.
【形態】 長球形〜球形で,等極性。極観は円形で,
赤道観は楕円形。多(4-6)環孔型。孔は円形で赤
道面に等間隔で並ぶ。外壁の彫紋は突起状になっ
た小網目状紋〜微穿孔状紋で覆われ,その上に1
μm前後のいぼ状紋がまばらに分布する。
【大きさ】 26-31×25-36 μm; 36-39×41-43 μm
(I), 32.6-36.4×38.4-44.1 μm(N)
【試料】 東京都東京大学(植栽):1993.3.7(岡)
【開花期】 10-3月
【分布】 千葉県・埼玉県・東京都・神奈川県・静
岡県

ウスバサイシン属
Genus *Asiasarum* F. Maek.

ウスバサイシン SPl.85.4-6, LPl.17.10-11
Asiasarum sieboldii (Miq.) F. Maek.
【形態】 球形で,等極性。極観・赤道観ともに円
形。多(4-6)環溝型。光顕では短かく幅が広い溝が
赤道面に並ぶが(幾瀬, 2001),走査電顕ではまだよ
い像が得られておらず無口型のように見える。外
壁の彫紋は微穿孔状紋〜小網目状紋が覆い,その
上にさらに2-3 μmの大きないぼ状紋が点在する。
【大きさ】 27-36 μm; 25.9-40.3 μm(N)
【試料】 岡山県西栗倉村:1995.4.15
【開花期】 3-5月
【分布】 本州〜九州(北部)

ラフレシア科
Family **Rafflesiaceae**

　おもに熱帯域に分布する寄生植物で,9属60
種が知られている。花粉は単粒または4集粒であ

る。日本には1属1種が自生するのみである。

ヤッコソウ属
Genus *Mitrastemon* Makino

ヤッコソウ　　　　　　　　　SPl.82.4-6

Mitrastemon yamamotoi Makino

【形態】　球形〜長球形で，等極性。極観は頂口型の三角円形，赤道観は楕円形。3孔型。孔は円形で大きく5-7 μm もあり，絞り状に閉じたり，擂鉢（すりばち）状に窪む。外壁の彫紋は全表面を微粒状紋が覆う。

【大きさ】　44-46×46-52 μm; 19-20×22-25 μm (I)

【試料】　高知県室戸市最御崎寺（ほつみさききじ）：1989.12.3(島田)

【開花期】　11-12月

【分布】　四国(徳島県・高知県)・九州(宮崎県・鹿児島県)・沖縄

マタタビ科
Family **Actinidiaceae**

熱帯・温帯アジア，オーストラリア北部，熱帯アメリカに分布し，約4属350種が知られる。日本には1属5種が自生する。

マタタビ属
Genus *Actinidia* Lindley

球形〜長球形で，等極性。極観は亜円形で，赤道観は円形〜楕円形。3溝孔型。溝は両極近くまで伸び，孔は赤道軸方向に沿って開き，溝内には微粒がある。外壁の彫紋は各種により少し異なる。

サルナシ(シラクチヅル，コクワ)　　SPl.86.5-8

Actinidia arguta (Siebold et Zucc.) Planch. ex Miq.

【形態】　外壁の彫紋は微粒とそれらが数個集まって細粒となったものが混在して密に覆う。

【大きさ】　16-20×16-19 μm; 22-23×22-23 μm (I), 24-26×25-27 μm(S), 18.0-21.6×14.4-18.0 μm(N)

【試料】　岡山市三徳園(植栽)：1983.5.25

【開花期】　5-7月

【分布】　北海道〜九州。サハリン・ウスリー・千島(南部)・朝鮮半島・中国

マタタビ　　　　　　　　　　SPl.86.9-11

Actinidia polygama (Siebold et Zucc.) Planch. ex Maxim.

【形態】　外壁の彫紋は微粒状紋と微穿孔状紋で覆われる。

【大きさ】　17-24×15-19 μm; 21-23×21-23 μm (I), 19.8-23.4×16.2-19.8 μm(N)

【試料】　仙台市東北大学薬学部薬草園(植栽)：1978.6.5，岡山市三徳園(植栽)：1983.6.5

【開花期】　6-7月

【分布】　北海道〜九州

キウイ(シナサルナシ，オニマタタビ)　SPl.86.1-4

Actinidia chinensis Planch.

【形態】　外壁の彫紋は微粒とそれらが集まった細粒が混在し，盛り上がるように重なって分布する。

【大きさ】　20-22×18-22 μm; 18-19×20-21 μm (I)

【試料】　岡山県倉敷市(植栽)：1983.6.2(川辺)，岡山県赤磐市南佐古田(植栽)：2003.5.29

【開花期】　5-6月

【原産地】　中国(長江沿岸)

ツバキ科
Family **Theaceae**

FPl.11.11-12

約30属500種が世界の熱帯・亜熱帯に主として分布し，暖温帯〜冷温帯にも及ぶ。日本ではヤブツバキが暖温帯林の標徴種となっているが，花粉分析では，本科の花は虫媒花で化石花粉の産出がまれなため，アカガシ亜属の方が重要となる。本科花粉の走査電顕による研究は，片岡ほか(2001)により報告されている。

ツバキ科

ツバキ属
Genus *Camellia* L.

球形〜長球形で，等極性。極観は円形か三角円形で，赤道観は円形〜楕円形。3溝孔型。溝は両極近くまで伸び，孔は縦長の楕円形である。外壁の彫紋は大脳のしわのように曲がりくねった畝からなるしわ状紋と微穿孔状紋からなる。畝には線状の模様がみられ，溝内にオパキュルムが発達している。

ヤブツバキ(ヤマツバキ，ホウザンツバキ)

SPl.88.1-4，LPl.18.1-4，PPl.9.1-5

Camellia japonica L.

【大きさ】 $32-36\times32-38\,\mu$m; $33-34\times37-39$($37-43\times40-45$)μm(I), $48-50\times48-56\,\mu$m(S), $30.6-37.8\times36.0-39.6\,\mu$m(N)

【試料】 岡山県矢掛町：2000.3.18，岡山県赤磐市熊山：2000.3.31，岡山市赤磐市山陽：2004.3.20

【開花期】 11-12月，2-4月

【分布】 本州(青森県以南)〜沖縄。台湾

ハクミョウレンジ　　　　　　　SPl.87.7-8

Camellia japonica L. 'Hakumyourenzi'

【大きさ】 $38-41\times36-46\,\mu$m

【試料】 岡山市半田山植物園(植栽)：2000.2.23

【開花期】 2-4月

【備考】 ヤブツバキの園芸品種

トウツバキ　　　　　　　　　　SPl.88.5-6

Camellia reticulata Lindl.

【大きさ】 $27-36\times27-38\,\mu$m; $38-48\times47-50$($70-100$)μm(I)

【試料】 岡山市宿本町(植栽)：1985.3.16

【開花期】 3-4月

【原産地】 中国(雲南省)

カンツバキ　　　　　　　　　　SPl.87.9-10

Camellia×*hiemalis* Nakai

【大きさ】 $32-35\times32-35\,\mu$m; $37-40\times41-45\,\mu$m

(I)

【試料】 岡山市半田山植物園(植栽)：1999.11.15

【開花期】 11-3月

【備考】 サザンカとツバキとの雑種交配とする説が有力

サザンカ(オキナワサザンカ)　　SPl.87.1-4

Camellia sasanqua Thunb. ex Murray

【大きさ】 $31-32\times27-28\,\mu$m; $32-34\times35-40$($37-42\times44-49$)μm(I), $36.0-43.2\times36.0-39.6\,\mu$m(N)

【試料】 岡山市半田山植物園(植栽)：1999.11.15

【開花期】 10-12月

【分布】 本州(山口県)・四国(南部・南西部)・九州(中南部・壱岐・西岸の島々)・沖縄

チャノキ(チャ)　　　　　　　　SPl.89.12-15

Camellia sinensis L.

【大きさ】 $27-29\times26-30\,\mu$m; $32-35\times36-39\,\mu$m (I), $36.0-43.2\times34.2-39.6\,\mu$m(N)

【試料】 岡山県勝央町(植栽)：1998.10.19

【開花期】 9-12月

【原産地】 中国(四川省・雲南省)

ユキツバキ　　　　　　　　　　SPl.91.9-13

Camellia japonica L. var. *decumbens* Sugim.

【断面】 花粉外壁は外表層，柱状層，底部層からなる。柱状層はあまり発達していないように見える。発芽溝域は外表層と柱状層を欠く。

【大きさ】 $31.7-36.7\times33.4-35.1\,\mu$m; $35-37\times39-42\,\mu$m(I), $27.0-36.0\times30.6-32.4\,\mu$m(N)

【試料】 金沢市高尾山：2013.5.21

【開花期】 4-6月

【分布】 東北地方から北陸地方の日本海側

ナツツバキ属
Genus *Stewartia* L.

外観はツバキ属に似るが，外壁の彫紋は微穿孔状紋である。

ツバキ科

ナツツバキ（シャラノキ）　　SPl.87.11-12
Stewartia pseudo-camellia Maxim.
【大きさ】　26-29×26-29 μm; 30-34×35-38 μm (I), 42-46×40-44 μm(S), 41.0-45.0×34.2-41.4 μm(N)
【試料】　鳥取県倉吉市三朝：2000.6.9，岡山県真庭市蒜山高原：2000.6.15(田中)
【開花期】　6-7月
【分布】　本州(福島県・新潟県以西)〜九州(高隈山まで)。朝鮮半島(南部)

ヒコサンヒメシャラ　　SPl.87.5-6
Stewartia serrata Maxim.
【大きさ】　31-36×32-42 μm; 45-48×50-53 μm (I)
【試料】　福岡県英彦山：2000.6.13
【開花期】　6-7月
【分布】　本州(神奈川県丹沢以西)〜九州。朝鮮半島(済州島)

ヒメツバキ属
Genus *Schima* Reinw. ex Bl.

ヒメツバキ（イジュ）　　SPl.89.1-3, LPl.19.1-5
Schima wallichii (DC.) Korthals
【形態】　外観はナツツバキ属に似る。
【大きさ】　31.8-34.1×31.8-35.3 μm(D); 34.2-37.8×34.2-43.2 μm(N)
【試料】　沖縄県国頭村：2004.4.9，同：2004.5.10
【分布】　小笠原諸島(硫黄列島は除く)・沖縄(奄美以南)

モッコク属
Genus *Ternstroemia* Mutis ex L. fil.

モッコク　　SPl.88.7-10, LPl.19.11-15
Ternstroemia gymnanthera (Wight et Arn.) Sprague.
【形態】　外観はツバキ属に似るが，花粉はやや小さく，外壁の彫紋は微粒状紋が密に覆う。

【大きさ】　16-18×14-15 μm; 15-17×17-18 μm (I), 20-22×24-26 μm(S), 18.0-19.8×14.4-18.0 μm(N)
【試料】　岡山県赤磐市山陽(植栽♂)：2000.6.14，岡山市建部(植栽♂♀)：2000.6.27，沖縄県玉城村：2004.4.11(真謝)
【開花期】　6-7月
【分布】　本州(関東南部以西の主として太平洋側)〜沖縄。朝鮮半島(南部)・中国・東南アジア

サカキ属
Genus *Cleyera* Thunb.

サカキ　　SPl.89.4-5
Cleyera japonica Thunb.
【形態】　外観はツバキ属と似ているが，花粉はモッコク属よりさらに小さく，外壁の彫紋は微粒状紋と微穿孔状紋からなる。
【大きさ】　13×13-14 μm; 16-17×16-17 μm(I), 18-19×18 μm(S), 16.2-18.0×12.6-14.4 μm(N)
【試料】　岡山県倉敷市真備：2000.7.4
【開花期】　6-7月
【分布】　本州(茨城県・石川県以西)〜九州。朝鮮半島(南部)・中国・台湾

ヒサカキ属
Genus *Eurya* Thunb.

外観はサカキ属に似る。

ヒサカキ（ムニンヒサカキ，シマヒサカキ）　　SPl.89.6-7
Eurya japonica Thunb.
【大きさ】　12-13×10-12 μm; 13-14×14-15 μm (I), 16-17×15-16 μm(S), 14.4-16.2×11.0-12.6 μm(N)
【試料】　岡山県自然保護センター：2000.2.25，岡山市岡山理科大学自然植物園：2000.4.4
【開花期】　2-4月
【分布】　本州(岩手県・秋田県以南)〜沖縄(西表島まで)・小笠原諸島(硫黄列島を含む)。朝鮮半島(南部)

ハマヒサカキ　　　　　　　SPl.89.8-11，LPl.19.6-10
Eurya emerginata (Thunb.) Makino
【大きさ】　11-15×12-14 μm；13.5-14.4×12.6-14.4 μm(N)
【試料】　長崎県壱岐島：1978.11.17，鳥取県米子市境港：1991.11.24(岡)，沖縄県名護市：1981.11.2(宮城)
【開花期】　9-11 月
【分布】　本州(中南部)〜沖縄

オトギリソウ科
Family **Guttiferae (Hypericaceae)**

　熱帯から温帯域に約 50 属 1000 種以上がある。日本には 3 属が自生する。

ミズオトギリ属
Genus *Triadenum* **Rafin.**

ミズオトギリ　　　　　　　　SPl.90.5-7
Triadenum japonicum Makino
【形態】　長球形で，等極性。極観は円形で，赤道観は楕円形。3 溝孔型。溝は両極近くまで伸び，孔はやや突出して溝を両極に 2 分することがある。外壁の彫紋は微穿孔状紋で覆われる。
【大きさ】　19-23×16-19 μm；21-23×21-23 μm(I)，18.0-21.6×19.8-25.2 μm(N)
【試料】　福島県法正尻湿原：1980.8.15(不詳)
【開花期】　8-9 月
【分布】　北海道〜九州。アムール・朝鮮半島・中国(東北部)

オトギリソウ属
Genus *Hypericum* **L.**

　外観はミズオトギリ属に似る。

オトギリソウ　　　　　　　　SPl.90.8-11
Hypericum erectum Thunb.
【形態】　孔はあまり突出せず，溝を両極で 2 分し

ない。溝内は平滑状紋である。
【大きさ】　30-39×26-30 μm；17-20×17-20 μm(I)，15-16×18-20 μm(S)
【試料】　金沢市高尾山：1983.7.14
【開花期】　7-9 月
【分布】　北海道〜沖縄。サハリン(南部)・南千島・朝鮮半島

トモエソウ　　　　　　　　　SPl.80.5-8
Hypericum ascyron L.
【形態】　外壁の彫紋は微穿孔状紋〜網目状紋である。
【大きさ】　20.0-22.5×28.4-31.7 μm；21-23×21-23 μm(I)，26-28×30-33 μm(S)，16.2-18.0×21.6-23.4 μm(N)，14×32 μm(B)
【試料】　栃木県東京大学理学部附属日光植物園(植栽)：2011.7.13(岡)
【開花期】　7-8 月
【分布】　北海道〜九州。朝鮮半島・中国・シベリア

タイワンオトギリ　　　　　　SPl.80.9-12
Hypericum subalatum Hayata
【形態】　外壁の彫紋は微穿孔状紋〜しわ状紋である。
【大きさ】　20.0-23.4×15.9-18.4 μm
【試料】　東京都東京大学理学部附属小石川植物園(植栽)：2013.10.29(岡)
【開花期】　1-3 月
【原産地】　台湾・中国

テリハボク科
Family **Clusiaceae**

　熱帯・亜熱帯域に約 30 属 500 種ある。日本には 2 属 2 種が分布している。

テリハボク属
Genus *Calophyllum* L.

テリハボク(ヤラボ) SPl.90.1-4, LPl.20.1-4
Calophyllum inophyllum L.
【形態】 球形で，等極性。極観は頂口型の亜三角形で，赤道観は円形。3溝孔型。溝は両極近くまで伸び，溝内には微粒が点在する。孔は溝内の赤道部で横軸方向に長く開き，やや突出するため溝はくの字形に曲がる。外壁の彫紋は微穿孔状紋で覆われる。
【大きさ】 26-28×24-31 μm
【試料】 沖縄県西表島：2006.6.24(中村健)
【開花期】 6-8月
【原産地】 アジア(熱帯)・ポリネシア・マダガスカル
【備考】 小笠原諸島・沖縄のものは，移入されたものが半野生化したものと推定されている

フクギ属
Genus *Garcinia* L.

フクギ SPl.91.1-3, LPl.20.5-8
Garcinia subelliptica Merr.
【形態】 偏球形～球形で，等極性。極観は円形で，赤道観は円形～楕円形。多(5-6)環溝孔型。溝は極域まで達せず，溝には微粒が点在する。外壁の彫紋は平滑状紋である。
【大きさ】 22.5-28.8×25.0-30.0 μm
【試料】 沖縄県西表島：2006.4.12(中村健)
【開花期】 4-6月
【分布】 沖縄。台湾・フィリピン

ウツボカズラ科
Family **Nepenthaceae**

　本科はサラセニア科とモウセンゴケ科に類縁があるとされる。食虫植物として有名で，ボルネオを中心に熱帯アジアに約70種が分布する。日本には自生しないが，園芸品として多数栽培されて

いる。

ウツボカズラ属
Genus *Nepenthes* L.

ネペンテス(ウツボカズラの1品種) SPl.92.1-4
Nepenthes ventricosa × *N. dyeriana* Reinw.
【形態】 球形で，異極性。外観は円形。4集粒型。各粒は正四面体状で，向心極面の各外壁が柱状になり強く結合。発芽口の有無は不明。遠心極面は長刺状紋と微小刺状紋で，長刺と微小刺が密に混在する。
【大きさ】 27-31 μm
【試料】 広島市植物公園(植栽)：1983.8.17(橋本)
【開花期】 7-8月
【備考】 交雑による園芸品種

サラセニア科
Family **Sarraceniaceae**

　本科は3属15種からなり，北米南部と中南米の限られた地域にのみ分布する。

ヘイシソウ属
Genus *Sarracenia* L.

アミメヘイシソウ SPl.92.5-7
Sarracenia leucophylla Raf.
【形態】 球形で，等極性。極観・赤道観ともに円形。多(8-9)環溝孔型。溝は両極近くまで伸び，幅は狭く溝内には微粒がある。孔は溝内の赤道部で縦長に開く。外壁の彫紋は微穿孔状紋からなる。
【大きさ】 17-19×15-19 μm
【試料】 岡山市岡山理科大学(植栽)：1982.7.5(加藤靖)
【開花期】 3-5月
【原産地】 北米(フロリダ・ジョージア・アラバマ・ミシシッピ)

モウセンゴケ科・ケシ科

モウセンゴケ科
Family **Droseraceae**

すべて食虫植物で，世界に4属90種余りが分布し，日本には2属6種が自生する。本科は生育地が湿地や水生であるため，花粉分析でも時々4集粒の化石花粉が産出するが，数は多くない。本科の花粉の形態については，Takahashi & Sohma(1982)が詳細に研究している。

モウセンゴケ属
Genus *Drosera* L.

FPl.11.13

球形で，異極性。外観は円形。4集粒型。単粒は正四面体形で，向心極面の外壁が柱状になって隣接する花粉と固く結合。向心極中央部に単孔がある(Takahashi & Sohma, 1982)。遠心極面の外壁の彫紋は長刺状紋と微小刺状紋で，長刺と微小刺が密に分布し，かなり規則的に配列する。

イシモチソウ　　　　　　　　　　SPl.93.1-3
Drosera piltata Smith var. *nipponica* (Masam.) Ohwi

【大きさ】　33-38 μm; t.40-49 μm, s.25-29 μm(I)
【試料】　広島県呉市下黒瀬(植栽)：1982.5.27(佐藤タ)
【開花期】　5-6月
【分布】　本州(関東以西)〜沖縄(西表島)。朝鮮半島・中国・台湾

モウセンゴケ　　　　　　　　　　SPl.93.4-7
Drosera rotundifolia L.

【大きさ】　53-63 μm; t.50-52 μm, s.28-31 μm(I)，28.8-34.2 μm(N)
【試料】　青森県八甲田山高田谷地：1978.7.10(守田)，岡山県自然保護センター：1993.6.16(楠原)
【開花期】　6-8月
【分布】　北海道〜九州。サハリン・千島・朝鮮半島。北半球の温帯〜亜寒帯に広く分布

コモウセンゴケ　　　　　　　　　LPl.21.1-4
Drosera spathulata Labill.

【形態】　外観・発芽口・外壁の彫紋は，モウセンゴケに似る。
【大きさ】　57.7-62.7 μm; t.48-57, s.27-36 μm(I), 34.2-41.4 μm(N)
【試料】　名古屋市八事山：1977.6.30(守田)
【開花期】　6-9月
【分布】　本州(宮城県以南)〜沖縄。中国・台湾・東南アジア・オーストラリア

ケシ科
Family **Papaveraceae**

北半球の暖帯〜亜寒帯に多く，約47属700種があり，日本には6属19種が自生する。本科花粉の発芽口は，3溝型・多散溝型・多散孔型の3型が認められる。

ケシ属
Genus *Papaver* L.

球形〜長球形で，等極性。極観は円形〜三角円形で，赤道観は円形か楕円形。3溝型。溝は両極近くまで伸びて幅広く開き，溝内には微小刺が分布する。外壁の彫紋は微小刺状紋と微穿孔状紋で覆われる。

ヒナゲシ　　　　　　　　　　　　SPl.94.1-4
Papaver rhoeas L.

【大きさ】　16-21×18-21 μm; 22-24×23-25 μm(I), 22-26×24-28 μm(S)
【試料】　岡山県赤磐市山陽(植栽)：1980.6.1
【開花期】　5-6月
【原産地】　ヨーロッパ(中部)

オニゲシ　　　　　　　　　　　　SPl.94.5-7
Papaver orientale L.

【大きさ】　13-20×11-21 μm; 24-27×27-30 μm(I)

ケシ科

【試料】 不詳
【開花期】 5-6月
【原産地】 アジア

クサノオウ属
Genus **Chelidonium L.**

クサノオウ　SPl.94.8-11
Chelidonium majus L. var. *asiaticum* (Hara) Ohwi
【形態】 外観はケシ属に似る。
【大きさ】 18-19×16-21μm; 24-26×25-30μm (I), 28-32×30-36μm(S), 21.5-28.8×19.9-26.1μm(N)
【試料】 岡山市御津：1994.4.16
【開花期】 5-7月
【分布】 北海道〜九州。東アジア(温帯)

タケニグサ属
Genus *Macleaya* R. Br.

タケニグサ　SPl.95.5-6
Macleaya cordata (Willd.) R. Br.
【形態】 球形で，無極性。外観は円形。多(6-8)散溝型。孔は円形でほぼ均等に分布し，溝内は平滑状紋。外壁の彫紋は微粒状紋と微穿孔状紋で覆われる。
【大きさ】 18-20μm; 20-22×20-22μm(I), 22-26×22-26μm(S), 15.2-22.0μm(N)
【試料】 岡山市金山口：1982.6.6(太田)
【開花期】 7-8月
【分布】 本州〜九州。中国・台湾

コマクサ属
Genus *Dicentra* Bernh.

コマクサ　SPl.95.1-4
Dicentra peregrina (Rudolph) Makino
【形態】 球形で，等極性。極観・赤道観ともに円形。3溝型。溝は両極近くまで伸び，幅広く開いて末端は鈍頭となり，溝内には微小刺が密に分布

する。外壁の彫紋は微穿孔状紋からなり，溝間域では大きく溝縁では小さくなり，微穿孔内には微粒が数個見られる。
【大きさ】 28-29×28-29μm; 30.7-48.0×25.3-36.4μm(N)
【試料】 仙台市野草園(植栽)：1978.6.24(守田)
【開花期】 6-8月
【分布】 北海道・本州(中北部)。カムチャツカ・サハリン・千島

キケマン属
Genus *Corydalis* DC.

球形で，無極性。外観は円形。6散溝型。溝は幅広く開き角度により様々な配列を示すが，基本的には1点で三矢形に集まり，3つの溝が各辺となった三角形を形成する。溝内には微粒や小さな円柱状突起が分布する。外壁の彫紋は網目状紋よりもしわ状紋に近い模様で覆われ，その中に微穿孔がある。

ヤマキケマン　SPl.96.5-8
Corydalis ophiocarpa Hook et Thoms.
【大きさ】 24-26μm
【試料】 不詳
【開花期】 5-7月
【分布】 本州(関東以西)・四国。中国・台湾・インド(北部)

ムラサキケマン　SPl.96.1-4
Corydalis incisa (Thunb.) Pers.
【大きさ】 24-27μm; 28-30×28-30μm(I), 30-32×30-32μm(S), 22.0-30.9μm(N)
【試料】 岡山市大福(植栽)：1993.5.21(岡)，岡山市御津：1994.4.16
【開花期】 4-6月
【分布】 北海道〜沖縄。中国・台湾

エゾエンゴサク　LPl.18.5-8
Corydalis ambigua Cham. et Schltdl.
【形態】 外観・発芽口・外壁の彫紋は，ヤマキケ

607

マンやムラサキケマンに似る。

【大きさ】　31.3-36.3 μm

【試料】　北海道根室市落石：2001.6.2

【開花期】　4-6月

【分布】　北海道・本州(北部)。南千島・サハリン・オホーツク沿岸

オサバグサ属
Genus *Pteridophyllum* Siebold et Zucc.

オサバグサ　　　　　　　　　　SPl.95.7-10

Pteridophyllum racemosum Siebold et Zucc.

【形態】　長球形で，等極性。極観は円形で，赤道観は楕円形。3溝型。溝は両極近くまで伸びて幅広く開き，溝内には微粒が分布する。外壁の彫紋は微小刺状紋と微穿孔状紋で覆われる。

【大きさ】　22-27×21-23 μm; 26-27.5×27-28 μm(I), 23.0-31.6×19.2-28.8 μm(N)

【試料】　長野県黒姫山：1972.6(守田)

【開花期】　6-8月

【分布】　本州(中北部の亜高山帯)

フウチョウソウ科
Family **Capparaceae**

　新世界の熱帯〜亜熱帯域に分布し，約42属900種がある。日本にはギョボク属のギョボクが自生する。

フウチョウソウ属
Genus *Gynandropsis* DC.

フウチョウソウ　　　　　　　　　SPl.97.1-3

Gynandropsis gynandra (L.) Briq.

【形態】　長球形で，等極性。極観は円形で，赤道観は楕円形。3溝孔型。溝は両極近くまで伸び，両端は細く尖り，孔は溝内の赤道部に開く。溝内には微小刺が点在する。外壁の彫紋は微小刺状紋で，微刺がまばらに分布し，その間の表面には微穿孔がある。

【大きさ】　18-21×17-18 μm

【試料】　岡山県赤磐市山陽(植栽)：1994.6.17

【開花期】　6-8月

【原産地】　マレーシア・インド

カッパリス属
Genus *Capparis* L.

ケーパー　　　　　　　　　　　SPl.97.4-7

Capparis spinosa L.

【形態】　球形で，等極性。極観・赤道観ともに円形。3溝型。溝は細長く伸び両極でわずかに合流。溝内は平滑状紋。外壁の彫紋も平滑状紋であるが，まれにやや大きな凹状部分がある。微穿孔は全表面にある。

【大きさ】　8-10×9-10 μm

【試料】　京都市日本新薬山科植物資料館(植栽)：2001.11.3(岡)

【開花期】　4-10月

【原産地】　ヨーロッパ(南部)

ギョボク属
Genus *Crateva* L.

ギョボク　　　　　　　　　　　SPl.91.4-8

Crateva religiosa G. Forst.

【形態】　球形〜長球形で，等極性。極観は円形。赤道観は円形〜楕円形。3溝孔型。溝は極域まで伸び，微粒〜細粒が分布する。外壁の彫紋は微穿孔状紋である。

【断面】　花粉外壁は外表層，柱状層，底部層からなる。発芽溝域は外表層と柱状層を欠く。

【大きさ】　18.4-22.5×18.4-22.5 μm

【試料】　東京都東京大学理学部附属小石川植物園(植栽)：2011.6.6(岡)

【開花期】　6月

【分布】　鹿児島県(大隅・薩摩半島)〜沖縄。中国南部・台湾〜東南アジア・インド・アフリカ・オーストラリア

アブラナ科
Family **Cruciferae (Brassicaceae)**

　本科は世界に375属3,200種，日本にも21属約60種ある大きな科である。花粉の発芽口は，アラセイトウ属で無口型が認められるだけで，他のすべての属は3溝型である。遺跡の花粉分析では本科の化石花粉も含まれると思うが，なかなか自信を持って同定しにくい。

　長球形〜球形で，等極性。極観は円形で，赤道観は楕円形か円形。3溝型。溝は両極近くまで伸び，両端は細くなり尖る。溝内は微粒で覆われる。外壁の彫紋は角ばった網目状紋からなり，網目の大きさは溝間域と溝縁であまり差がない。網目の畝は小柱で支えられていて，網目の中はほとんど空洞で，微粒はあまり認められない。

ナズナ属
Genus *Capsella* **Medicus**

ナズナ　　　　　　　　　　　　SPl.97.8-11
Capsella bursa-pastoris Medicus
【大きさ】　16-17×15-18 μm；17-18×18-19 μm (I)，18-20×20-22 μm(S)，12.6-18.0 μm(N)
【試料】　岡山市岡山理科大学：1975.4.10，香川県東かがわ市西村：1982.4.1(三好マ)
【開花期】　3-6月
【分布】　日本全土。北半球に広く分布

マメグンバイナズナ属
Genus *Lepidium* **L.**

マメグンバイナズナ　　　　　　SPl.97.12-15
Lepidium virginicum L.
【大きさ】　16-18×14-16 μm；19.5-21×18-19.5 μm(I)
【試料】　岡山県笠岡市大島：1985.6.2(安原)
【開花期】　5-6月
【原産地】　北米

ダイコン属
Genus *Raphanus* **L.**

ダイコン　　　　　　　　　　　　SPl.99.1-4
Raphanus sativus L.
【大きさ】　13-18×13-15 μm；19-21×20-22 μm (I)，16.2-23.4 μm(N)
【試料】　岡山県赤磐市山陽(植栽)：1997.5.24
【開花期】　4-6月
【原産地】　ヨーロッパ

ハマダイコン　　　　　SPl.99.5-8，LPl.23.7-10
Raphanus sativus L. var. *raphanistroides* Makino
【大きさ】　14-21×14-18 μm；25-27×25-27 μm (I)
【試料】　鳥取市白兎海岸：1995.6.1(清末)，岡山県瀬戸内市前島：1998.7.4(古田)
【開花期】　4-6月
【分布】　日本全土。朝鮮半島(南部)
【備考】　ダイコンの野生化したもの

タネツケバナ属
Genus *Cardamine* **L.**

タネツケバナ　　　　　　　　　　SPl.98.1-4
Cardamine flexuosa With.
【大きさ】　23-26×19-24 μm；23-25×25-27 μm (I)，26-28×30-38 μm(S)
【試料】　岡山県赤磐市山陽：1996.5.28
【開花期】　3-6月
【分布】　北海道〜沖縄。北半球の温帯に広く分布

コンロンソウ　　　　　　　　　　SPl.98.5-8
Cardamine leucantha (Tausch) O. E. Schulz
【大きさ】　12-14×16-19 μm；18-20×19-21 μm (I)，21-23×21-25 μm(S)，16.2-21.6 μm(N)
【試料】　岡山市御津：1994.4.16
【開花期】　4-7月
【分布】　北海道〜九州。サハリン・朝鮮半島・中国(北部・東北部)・シベリア(東部)・アムール・ウ

アブラナ科

スリー・ウダ

マルバコンロンソウ　　　　　　　SPl.98.9-12

Cardamine tanakae Franch. et Savat.

【大きさ】　21-23×16-18 μm；24-26×25-27 μm
(I)

【試料】　宮城県白石市：1978.5(守田)

【開花期】　4-6 月

【分布】　本州〜九州

アブラナ属
Genus *Brassica* L.

キャベツ　　　　　　　　　　　　SPl.100.3-4

Brassica oleracea L. var. *capitata* L.

【大きさ】　15-21×16-23 μm

【試料】　岡山市岡山理科大学(植栽)：1991.4.18

【開花期】　3-5 月

【原産地】　ヨーロッパ(西部・南部)

アブラナ　　　　　　　　　　　　SPl.100.1-2

Brassica rapa L.

【大きさ】　18-20×19-20 μm；20-23×21-24 μm
(I), 23-25×25-28 μm(S)

【試料】　高知市朝倉(植栽)：1978.3.3(守田)

【開花期】　2-4 月

【原産地】　ヨーロッパ

ナノハナ　　　　　　　　　　　　SPl.100.8-9

Brassica rapa L. var. *amplexicaulis* Tanaka et
Ono

【大きさ】　16×17 μm

【試料】　香川県東かがわ市西村(植栽)：1982.4.1
(三好マ)

【開花期】　2-4 月

【原産地】　ヨーロッパ

セイヨウカラシナ　　　　SPl.100.5-7，PPl.9.8-11

Brassica juncea (L.) Czernick

【大きさ】　16-17×15-19 μm；28-29×27-28 μm
(I)

【試料】　岡山市岡山理科大学：1991.4.17

【開花期】　2-4 月

【原産地】　ヨーロッパ

ワサビ属
Genus *Wasabia* Matsum.

ワサビ　　　　　　　　　　　　　SPl.99.9-12

Wasabia japonica (Miq.) Matsum.

【大きさ】　20-22×17-22 μm；20-22×21-22 μm
(I), 22-24×26-28 μm(S)

【試料】　山形県山寺：1980.5.1(守田)

【開花期】　3-5 月

【分布】　北海道〜九州

ユリワサビ　　　　　　　　　　　SPl.99.13-16

Wasabia tenuis (Miq.) Matsum.

【大きさ】　18-20×16-19 μm；21-22×22-23 μm
(I)

【試料】　岡山県新見市：1993.4.18(岡)

【開花期】　3-5 月

【分布】　北海道〜九州

ヤマハタザオ属
Genus *Arabis* L.

スズシロソウ　　　　　　　　　　SPl.101.1-4

Arabis flagellosa Miq.

【大きさ】　19-21×15-17 μm；20-21×21-22.5
μm(I)

【試料】　岡山県高梁市備中：1998.3(岡)

【開花期】　3-6 月

【分布】　本州(近畿以西)〜沖縄

ハクサンハタザオ　　　　　　　　SPl.101.5-8

Arabis gemmifera (Matsum.) Makino

【大きさ】　13-15×13-14 μm；19-21×19-20 μm
(I)

【試料】　京都市府立植物園(植栽)：1991.4.7(岡)

【開花期】　3-6 月

【分布】　北海道・本州・四国(剣山)・九州(宮崎県)

イヌガラシ属
Genus *Rorippa* Scopoli

スカシタゴボウ SPl.101.9-12
Rorippa islandica (Oeder) Borbas
【大きさ】 15-20×16-21 μm；25-26×25-26 μm (I)
【試料】 宮城県丸森町：1978.10.24(守田)
【開花期】 4-7月
【分布】 北海道〜沖縄。北半球に広く分布

イヌガラシ SPl.101.13-16
Rorippa indica (L.) Hiern
【大きさ】 20-21×19-20 μm；24-25×24-25 μm (I)，22-25×24-27 μm(S)
【試料】 岡山県赤磐市鴨前：1984.6.17，岡山県笠岡市大島：1985.6.2(安原)
【開花期】 4-9月
【分布】 北海道〜沖縄。朝鮮半島・中国・台湾・フィリピン・インド

シロガラシ属
Genus *Sinapis* L.

シロガラシ SPl.100.10-13
Sinapis alba L.
【大きさ】 17-20×17-19 μm
【試料】 神戸市神戸学院大学薬学部附属薬用植物園(植栽)：1991.3.22(岡)
【開花期】 3-5月
【原産地】 地中海沿岸

オオアラセイトウ属
Genus *Orychophragmus* Bunge

オオアラセイトウ(ムラサキハナナ) SPl.97.16-18
Orychophragmus violaceus (L.) O. E. Schulz
【大きさ】 25-26×15-20 μm；24-27×24-26 μm (I)
【試料】 香川県東かがわ市西村(植栽)：1986.5.18
【開花期】 3-4月

【原産地】 中国

スズカケノキ科
Family **Platanaceae**

分布の中心は北米東部〜メキシコで，1属約10種からなる。日本に自生はなく，2種と1交配種が植栽されている。

スズカケノキ属
Genus *Platanus* L.

スズカケノキ SPl.102.1-2
Platanus orientalis L.
【形態】 長球形で，等極性。極観は円形で，赤道観は楕円形。3溝型。溝は極軸長がやや短く幅広く開いて凹状を呈し，溝内は角ばった微粒が覆う。外壁の彫紋も角ばった微粒が密に分布し，その間に微穿孔が点在する。
【大きさ】 21-26 μm；17-18×18-20 μm(I)
【試料】 仙台市市民プール(植栽)：1980.5.12(守田)
【開花期】 4-5月
【原産地】 バルカン半島〜ヒマラヤ

マンサク科
Family **Hamamelidaceae**

世界の温帯〜熱帯に22属80種ほどが分布し，5亜科に分類されるが，そのうち日本には3亜科5属9種が自生する。フウ属を除くすべての属は，3溝型である。現在日本に植栽されているフウは外国産であるが，第三紀堆積層の花粉分析では本属の化石花粉が産出し，当時は今よりももっと温暖な気候であったことを示す証拠の1つとなっている。

マンサク科

トサミズキ属
Genus *Corylopsis* Siebold et Zucc.

球形～長球形で，等極性。極観は円形で，赤道観は円形～楕円形。3溝型。溝は両極近くまで細長く伸びる。溝内には微粒がある。化学処理で溝膜は破れてしまうことも多い。外壁の彫紋は小網目状紋で，溝間域でやや大きく，極域や溝縁で少し小さい傾向がある。

トサミズキ SP1.103.5-8
Corylopsis spicata Siebold et Zucc.
【大きさ】 20-23×20-23 μm; 23-24×25-27 μm (I), 24-28×26-30 μm(S), 28.8-37.8×30.6-34.2 μm(N)
【試料】 岡山市半田山植物園(植栽)：1973.3.30，兵庫県赤穂市大石神社(植栽)：1982.3.22
【開花期】 3-5月
【分布】 高知県

コウヤミズキ(ミヤマトサミズキ) SP1.103.1-4
Corylopsis gotoana Makino
【大きさ】 22-25×19-26 μm; 19.5-21×22-24 μm(I), 21.6-23.4×21.6-25.2 μm(N)
【試料】 不詳
【開花期】 3-4月
【分布】 本州(山梨県西部・長野県南東部・愛知県以西)・四国

ヒュウガミズキ SP1.103.9-12
Corylopsis pauciflora Siebold et Zucc.
【大きさ】 22-23×19-24 μm; 21-23×24-26 μm (I), 20-22×22-24 μm(S), 23.4-27.0×25.2-30.6 μm(N)
【試料】 京都市日本新薬山科植物資料館(植栽)：1991.4.4(岡)
【開花期】 3-5月
【分布】 石川・福井・京都・兵庫の各府県の日本海側

シナミズキ SP1.103.13-16, LP1.22.5-8
Corylopsis sinensis Hemsl.
【大きさ】 21-25×23-25 μm
【試料】 東京都東京大学理学部附属小石川植物園 (植栽)：2013.3.13(岡)
【開花期】 3-5月
【原産地】 中国(中西部)

マンサク属
Genus *Hamamelis* L.

球形か長球形で，等極性。極観は円形で，赤道観は円形～楕円形。3溝型。溝は両極近くまで伸び，大きく開いた丈夫な溝膜上には微粒が分布する。外壁の彫紋はトサミズキ属よりも大きな網目状紋で覆われ，網目の大きさは全域であまり差がない。

アテツマンサク SP1.104.1-4
Hamamelis japonica Siebold et Zucc. var. *bitchuensis* (Makino) Ohwi
【大きさ】 17-22×18-24 μm
【試料】 岡山市三徳園(植栽)：1982.2.7
【開花期】 2-4月
【分布】 本州(中国)・四国・九州

シナマンサク SP1.104.5-8
Hamamelis mollis Oliver
【大きさ】 15×16-19 μm; 15-16×17-18 μm(I)
【試料】 名古屋市東山動植物園(植栽)：1993.2.22(岡)
【開花期】 12-3月
【原産地】 中国

ニシキマンサク SP1.104.9-12
Hamamelis japonica Siebold et Zucc. f. *flavopurpurascens* (Makino) Rehd.
【大きさ】 18-21×19-23 μm
【試料】 京都市日本新薬山科植物資料館(植栽)：1991.4.5(岡)
【開花期】 2-3月

【備考】 北海道～九州に分布するマンサクの園芸品種

マルバマンサク SPl.104.13-16

Hamamelis japonica Siebold et Zucc. var. *obtusata* Matsumura

【大きさ】 16-18×15-18 μm; 17-18×19-22 μm (I)

【試料】 岡山県鏡野町県立森林公園(植栽)：1981.9.23(堀)

【開花期】 3-7月

【分布】 北海道(西南部)～本州(日本海側の鳥取県まで)

フウ属
Genus *Liquidambar* L.

FPl.10.13

球形で，無極性。外観は円形。多(12-16)散孔型。孔は大きな円形で，ほぼ均等に全表面に点在し，孔内には角ばった微粒が詰まる。外壁の彫紋は微小刺状紋と微穿孔状紋で覆われる。

フウ SPl.102.7-8，LPl.21.5-6，TPl.3.4-6

Liquidambar formosana Hance

【大きさ】 32-35 μm; 36-38×36-38 μm(I)，46-50×46-50 μm(S)，28.8-37.8 μm(N)

【試料】 岡山市三徳園(植栽)：1992.4.20(岡)，岡山市グリーンシャワー公園(植栽)：1992.5.10(岡)，岡山市岡山理科大学(植栽)：1993(板野)

【開花期】 4-5月

【原産地】 中国(中南部)・台湾

モミジバフウ SPl.102.9-10

Liquidambar styraciflua L.

【大きさ】 31-33 μm; 44-48×44-48 μm(S)，28.8-37.8 μm(N)

【試料】 広島市広島大学理学部植物園(植栽)：1974.4.18(高木)

【開花期】 4-5月

【原産地】 北米(中南部)・中米

イスノキ属
Genus *Distylium* Siebold et Zucc.

イスノキ SPl.102.3-6，LPl.22.1-4

Distylium racemosum Siebold et Zucc.

【形態】 球形で，等極性。極観は円形で，赤道観は円形。3溝型。溝は縦が比較的短く，横に大きく開き，溝内には微粒が分布する。外壁の彫紋は小網目状紋で，網目の畝の上には微小刺が点在する。

【大きさ】 24-31×27-32 μm; 28-31×35-38 μm (I)，30-40×38-42 μm(S)，28.8-36.0×23.4-34.2 μm(N)

【試料】 岡山県赤磐市山陽(植栽)：1980.4.20，沖縄県国頭村：2004.4.9

【開花期】 4-5月

【分布】 本州(関東南部以西)～沖縄。朝鮮半島(済州島)・中国(中南部)・台湾

ベンケイソウ科
Family **Crassulaceae**

全世界に分布し，約35属1,500種ある。特にアフリカ～ユーラシア，北アメリカに多く分布する。日本には3属35種が自生する。

長球形で，等極性。極観は亜円形で，赤道観は楕円形。3溝孔型。溝は両極近くまで伸び幅広く開き，赤道部に円形の孔があり，溝内は平滑状紋で，孔はオパキュルムで覆われているが，処理の段階でほとんど損失している。外壁の彫紋はベニベンケイだけは縞状紋で，畝が2重に直交する模様であるが，その他の種類はすべて手鞠状のしわ状紋で，畝が複雑に交叉し，シイ属に似た彫紋を呈する。ただ本科のしわ状紋は畝が直線的で交叉する回数がシイ属よりも少ない。

ベンケイソウ科

マンネングサ属
Genus *Sedum* L.

メノマンネングサ　　　　SPl.105.7-9
Sedum uniflorum Hook et Arnott subsp. *japonicum* (Sieb. ex Miq.) Ohba
【大きさ】　13-19×9-12 μm; 17-18×17-18 μm (I), 20-22×22-24 μm(S)
【試料】　岡山市三野：1986.5.16(端野)
【開花期】　5-6月
【分布】　本州〜九州

マルバマンネングサ　　　SPl.105.14-17
Sedum makinoi Maxim.
【大きさ】　14-15×12-13 μm
【試料】　岡山市上道：1996.7.8
【開花期】　6-7月
【分布】　本州〜九州

コモチマンネングサ　　　SPl.106.5-8
Sedum bulbiferum Makino
【大きさ】　17.5-20.0×11.7-19.2 μm; 15-20×15-20 μm(I), 12.6-18.0×16.5-18.0 μm(N), 10-15×20-25 μm(B)
【試料】　鳥取市布勢：1998.5.31(清末)
【開花期】　5-6月
【分布】　本州の東北南部以南〜沖縄。朝鮮半島・中国

ヒメレンゲ　　　　SPl.106.9-12
Sedum subtile Miq.
【大きさ】　20.0-21.7×15.0-17.5 μm; 16-17×16-17 μm(I), 16-18×20-22 μm(S), 10×20 μm(B)
【試料】　鳥取県八頭郡若桜町加地：1998.4.29(清末)
【開花期】　5-6月
【分布】　関東以西の本州・四国・九州

ニイタカマンネングサ　　SPl.106.13-12
Sedum morrisonense Hayata
【大きさ】　15.0-20.0×10.9-14.2 μm
【試料】　東京都東京大学理学部附属小石川植物園(植栽)：2013.6.11(岡)
【開花期】　6-8月
【原産地】　台湾(南湖大山，中央尖山，無名山，能高山，奇莱山，大剣山，大霸尖山，雪山，玉山，秀姑巒山などの標高 2,500〜3,900 m)

イワレンゲ属
Genus *Orostachys* Fisch.

ツメレンゲ　　　　SPl.105.1-3
Orostachys japonicus (Maxim.) A. Berger
【大きさ】　16-18×12-14 μm; 16-17×16-17 μm (I), 18.0-19.8×10.8-14.4 μm(N)
【試料】　高知県工石山：1960.9.15(中村純)，兵庫県西宮市塩瀬町：1993.10.1
【開花期】　9-11月
【分布】　本州(関東以西)〜九州。朝鮮半島・中国(東北部)

ムラサキベンケイソウ属
Genus *Hylotelephium* H. Ohba

ミセバヤ　　　　SPl.105.4-6
Hylotelephium sieboldii (Sweet ex Hook) H. Ohba
【大きさ】　13-17×12-13 μm; 14.5-16×14.5-16 μm(I), 16-18×20-24 μm(S), 18.0-19.8×10.8-16.2 μm(N)
【試料】　岡山県赤磐市山陽(植栽)：1986.11.8
【開花期】　10-11月
【分布】　香川県(小豆島)。中国

ベンケイソウ科・ユキノシタ科

カランコエ属
Genus *Kalanchoe* Adans.

ベニベンケイ　　　　　　　　SPl.105.10-13

Kalanchoe blossfeldiana Poelln.

【大きさ】　14-16×10-13 μm

【試料】　岡山市岡山理科大学（植栽）：1986.5.27

【開花期】　11-12 月

【原産地】　マダガスカル

ベンケイソウ属
Genus *Rhodiola* L.

イワベンケイ　　　　　　　　SPl.106.1-4

Rhodiola rosea L.

【大きさ】　15.1-19.2×15.0-17.5 μm; 15-16×
15-16 μm(I), 15×30 μm(B)

【試料】　神戸市六甲高山植物園（植栽）：1993.5.
21（岡）

【開花期】　6-8 月

【分布】　本州中部以北〜北海道の山の稜線など

ユキノシタ科
Family **Saxifragaceae**

　全世界に分布し，約80属1,200種ある。日本
には21属約100種があり，そのうちヤワタソウ
属は日本固有属である。本科の花粉形態から見た
類縁関係については，若林(1970)による詳しい研
究がある。

スグリ亜科
Subfamily **Ribesoideae**

スグリ属
Genus *Ribes* L.

ヤシャビシャク　　　　　　　SPl.106.17-19

Ribes ambiguum Maxim.

【形態】　球形〜長球形で，等極性。極観は円形で，
赤道観は円形〜楕円形。多環溝散孔型。溝は 6-8
本見られる。溝には微粒が分布する。孔は赤道面
には並ばず，1 つの溝に孔が 1-2 つ見られる。外
壁の彫紋は微穿孔状紋と平滑状紋である。

【大きさ】　28.4-33.4×25.1-28.4 μm; 26-27×
27-29 μm(I)

【試料】　青森県猿倉：1980.5.30（守田）

【開花期】　4-5 月

【分布】　本州・四国・九州。中国西部

ズイナ亜科
Subfamily **Iteoideae**

ズイナ属
Genus *Itea* L.

【形態】　偏球形で，異極性。極観は頂口型の楕円
形。赤道観は円形。2 孔型。外壁の彫紋は平滑状
紋で，微穿孔が点在する。

ヒイラギズイナ　　　　SPl.107.1-4，LPl.20.16-17

Itea oldhamii Schneider

【形態】　4 集粒で観察された場合，接合部に 2
μm 程度の大きな顆粒が見られる。

【大きさ】　12.5-14.2×43.4-45.1 μm; 14-16×
20-24 μm(I)

【試料】　京都市日本新薬山科植物資料館：2011.
5.11

【開花期】　3-5 月

【分布】　奄美大島・徳之島・沖縄島・石垣島・与
那国島。台湾

ユキノシタ科

シナズイナ　SPl.107.5-7
Itea ilicifolia Oliv.
【大きさ】　13.4-17.5×21.7-26.7 μm
【試料】　東京都東京大学理学部附属小石川植物園
(植栽)：2013.6.11(岡)
【開花期】　7-9 月
【原産地】　中国西部

アジサイ亜科
Subfamily **Hydrangeoideae**

　長球形で，等極性。極観は円形で，赤道観は楕円形。3溝孔型。溝は両極近くまで伸び，孔は赤道部に丸く開き，溝内はほぼ平滑状紋である。外壁の彫紋は小網目状紋で，溝間域では大きくて，溝縁に近づくと小さくなり，溝縁部は平滑状紋となる。

イワガラミ属
Genus *Schizophragma* Siebold et Zucc.

イワガラミ　SPl.108.1-3
Schizophragma hydrangeoides Siebold et Zucc.
【大きさ】　11-13×10-11 μm；11-12×12-13.5 μm(I)，12-14×14-16 μm(S)
【試料】　鳥取県大山：1995.7.8(岡)
【開花期】　5-7 月
【分布】　北海道〜九州。朝鮮半島(鬱陵島)

アジサイ属
Genus *Hydrangea* L.

コアジサイ　SPl.108.4-6
Hydrangea hirta (Thunb.) Siebold et Zucc.
【大きさ】　14-15×10-12 μm；12-13×13-14 μm(I)
【試料】　岡山県高梁市成羽：1980.6.4(星野)
【開花期】　6-7 月
【分布】　本州(関東以西)〜九州

ノリウツギ　SPl.108.7-9
Hydrangea paniculata Siebold et Zucc.
【大きさ】　15-16×11-12 μm；14.5-16.0×15.5-17.0 μm(I)
【試料】　鳥取県烏ヶ山：1982.7.24
【開花期】　7-9 月
【分布】　北海道〜九州(屋久島まで)。サハリン・南千島・中国(中南部)・台湾

ガクアジサイ　SPl.108.10-13
Hydrangea macrophylla (Thunb.) Ser. f. *normalis* (E. H. Wilson) H. Hara
【大きさ】　12-14×10-12 μm；12-14×13-15 μm(I)，10.8-14.4×14.4-18.0 μm(N)
【試料】　岡山県赤磐市山陽(植栽)：1981.7.1
【開花期】　6-7 月
【分布】　本州(関東以南)〜九州

アジサイ　SPl.108.14-17
Hydrangea macrophylla (Thunb.) Ser. f. *macrophylla*
【大きさ】　14-16×12-13 μm；13-15×14-16 μm(I)
【試料】　岡山市津島(植栽)：1990.6.1(市谷)
【開花期】　6-7 月
【備考】　ガクアジサイの園芸品種

ガクウツギ(コンテリギ)　SPl.108.18-21
Hydrangea scandens (L. f.) Ser.
【大きさ】　13-14×10-12 μm；13-14×13-15 μm(I)，12.6-15.3×10.8-13.5 μm(N)
【試料】　岡山市柏：1982.5.15
【開花期】　5-6 月
【分布】　本州(関東南部以西)〜九州

ヤマアジサイ(サワアジサイ)　SPl.109.1-4
Hydrangea serrata (Thunb. ex Murray) Ser.
【大きさ】　13-15×9-11 μm；13-14×13-14 μm(I)
【試料】　鳥取県烏ヶ山：1982.7.26
【開花期】　6-7 月

【分布】 本州（福島県以南の主として太平洋側）〜九州

ヤクシマアジサイ SPl.111.5-8
Hydrangea grosseserrata Engl.
【大きさ】 13.4-15.0×10.9-12.5 μm；10.8-13.5×10.8-14.4 μm(N)
【試料】 名古屋市東山動植物園（植栽）：1996.5.3（岡）
【開花期】 5-6月
【分布】 屋久島

バイカウツギ属
Genus *Philadelphus* L.

バイカウツギ SPl.109.5-7
Philadelphus satsumi Siebold ex Lindl. et Paxton
【大きさ】 11-14×10-12 μm；12-14×13-15 μm(I)，16-18×18-22 μm(S)，17.1-19.8×12.6-18.0 μm(N)
【試料】 岡山市三徳園（植栽）：1983.5.21（山口），1984.6.2
【開花期】 5-8月
【分布】 本州（岩手県以南）〜九州

ウツギ属
Genus *Deutzia* Thunb.

ヒメウツギ SPl.109.8-10
Deutzia gracilis Siebold et Zucc.
【大きさ】 13-15×13-15 μm；13-14.5×14.5-16 μm(I)，16.2-18.0×12.6-16.0 μm(N)
【試料】 岡山県新見市羅生門：1980.6.20
【開花期】 4-6月
【分布】 本州（関東以西）〜九州

ウツギ（ウノハナ） SPl.109.11-14
Deutzia crenata Siebold et Zucc. var. *crenata*
【大きさ】 13-15×13-15 μm；18-19×19-20 μm(I)，18-20×18-20 μm(S)，18.0-23.4×16.2-18.0 μm(N)

【試料】 岡山市三徳園（植栽）：1983.5.25，鳥取市白兎：1995.5.28（清末）
【開花期】 5-7月
【分布】 北海道（南部）〜九州

キレンゲショウマ属
Genus *Kirengeshoma* Yatabe

キレンゲショウマ SPl.107.8-12，LPl.20.9-12
Kirengeshoma palmata Yatabe
【形態】 球形〜長球形で，等極性。極観は頂口型の亜三角形。赤道観は円形〜楕円形。3溝孔型。溝は極域まで伸び長い。溝には微粒が分布する。外壁の彫紋は小網目状紋で，溝間域では大きく，溝縁に近づくにつれ小さくなり，微穿孔となる。溝縁部は平滑状紋。溝間域の網目の中には微粒が分布する。
【断面】 花粉外壁は外表層，柱状層，底部層からなる。畝となる外表層を小柱が支えている。発芽溝域は外表層と柱状層を欠く。
【大きさ】 18.4-20.0×16.7-18.4 μm；19-20×19.5-21 μm(I)，14.4-19.8×19.8-21.6 μm(N)，14×23 μm(B)
【試料】 栃木県東京大学理学部附属日光植物園（植栽）：2011.7.13（岡）
【開花期】 7-8月
【分布】 本州（大和山脈）・四国・九州。朝鮮半島・中国東部

ウメバチソウ亜科
Subfamily **Parnassioideae**

球形〜長球形で，等極性。極観は円形で，赤道観は円形〜楕円形。3溝孔型。溝は両極直前まで細長く伸び末端は尖る。溝内は赤道部で孔が開き，表面は平滑状紋。外壁の彫紋は小網目状紋で，溝間域でやや大きく，溝縁で少し小さくなる。

ユキノシタ科

ウメバチソウ属
Genus *Parnassia* L.

ウメバチソウ SPl.112.1-3

Parnassia palustris L. var. *multiseta* Ledeb.

【大きさ】 16-21×16-18 μm; 17.5-20×20-23 μm(I), 24-26×26-28 μm(S), 21.6-28.8×18.0-23.4 μm(N)

【試料】 不詳

【開花期】 8-10 月

【分布】 北海道～九州。サハリン・千島・台湾・東アジア(北部)

シラヒゲソウ SPl.112.4-7

Parnassia foliosa Hook. f. et Thomsom var. *nummularia* (Maxim.) T. Ito

【大きさ】 21-25×19-24 μm; 21-22×22-23 μm (I), 25.2-27.0×19.8-25.2 μm(N)

【試料】 兵庫県氷ノ山：1995.9.16(岡)

【開花期】 8-9 月

【分布】 本州～九州

タコノアシ亜科
Subfamily Penthoroideae

外観はウメバチソウ亜科に似るが，大きさはやや小さい。

タコノアシ属
Genus *Penthorum* L.

タコノアシ SPl.109.15-17

Penthorum chinense Pursh

【大きさ】 13-14×9-10 μm; 12-13×13-14.5 μm (I), 12.6-13.5×10.8-12.6 μm(N)

【試料】 高知市：1964.8.9(中村純)

【開花期】 8-10 月

【分布】 本州～奄美大島。東アジアに広く分布

ユキノシタ亜科
Subfamily Saxifragoideae

球形～長球形で，等極性。極観は円形で，赤道観は楕円形～円形。3 溝孔型。溝は両極近くまで伸び，末端は尖る。溝内の孔は薄膜に覆われ確認しにくい場合が多いが，赤道軸方向に長く伸びる。溝内の彫紋はほとんど平滑状紋であるが，ユキノシタ属だけは溝内の彫紋は刺状紋よりも大きな角ばった細粒状紋が分布する。外壁の彫紋は各属でやや異なるので，属ごとに記載する。

ネコノメソウ属
Genus *Chrysosplenium* L.

ハナネコノメ SPl.114.8-9

Chrysosplenium album Maxim. var. *stamineum* (Franch.) H. Hara

【形態】 外壁の彫紋は小網目状紋である。

【大きさ】 14-16×12-14 μm; 10-11×11-12 μm (I)

【試料】 岡山県新見市阿哲：1991.3.31(岡)

【開花期】 3-4 月

【分布】 本州(福島県～京都府)

チャルメルソウ属
Genus *Mitella* L.

チャルメルソウ SPl.114.5-7

Mitella furusei Ohwi var. *subramosa* Wakab.

【形態】 外壁の彫紋は手鞠状のしわ状紋で，溝間域では畝が顕著であるが，溝縁では畝がほとんど消失する。

【大きさ】 18-20×14-17 μm; 16-17×18-19 μm (I)

【試料】 岡山県新見市阿哲：1991.3.31(岡)

【開花期】 4-5 月

【分布】 本州(福井県・滋賀県・三重県以西)・九州(佐賀県・長崎県)

ユキノシタ科

ヤグルマソウ属
Genus *Rodgersia* A. Gray

ヤグルマソウ　　　　　　　　SPl.114.10-11
Rodgersia podophylla A. Gray
【形態】　外壁の彫紋は小網目状紋であるが，畝の幅が広く網目が小さいため，微穿孔状紋に近い模様を呈する。
【大きさ】　$10-12 \times 10-13 \mu$m; $11-12 \times 12-13 \mu$m (I)
【試料】　仙台市東北大学理学部植物園(植栽)：1978.5.21(守田)
【開花期】　5-7月
【分布】　北海道(西南部)・本州。朝鮮半島

チダケサシ属
Genus *Astilbe* Buch.-Ham.

アカショウマ　　　　　　　　SPl.113.1-4
Astilbe thunbergii (Siebold et Zucc.) Miq. var. *thunbergii*
【形態】　外壁の彫紋は小網目状紋である。
【大きさ】　$11-12 \times 11-13 \mu$m; $12.6-14.5 \mu$m (N)
【試料】　岡山県真庭市蒜山高原：1981.7.27，鳥取県智頭町：1998.5.30(清末)
【開花期】　5-7月
【分布】　本州(東北南部～近畿)・四国

アワモリショウマ(アワモリソウ)　　SPl.113.5-8
Astilbe japonica (C. Morren et Decne.) A. Gray
【形態】　外壁の彫紋は手鞠状のしわ状紋～縞状紋である。
【大きさ】　$12-15 \times 11-12 \mu$m; $12-13 \times 13-14.5 \mu$m (I), $12.6-16.2 \mu$m (N)
【試料】　不詳
【開花期】　5-7月
【分布】　本州(中部以西)～九州

チダケサシ　　　　　　　　SPl.113.9-12
Astilbe microphylla Knoll
【形態】　外壁の彫紋は微穿孔状紋である。

【大きさ】　$11-17 \times 10-13 \mu$m; $12-13 \times 13-14.5 \mu$m (I), $14-16 \times 16-18 \mu$m (S)
【試料】　岡山県真庭市蒜山高原：1986.7.27
【開花期】　6-8月
【分布】　本州～九州

ヒトツバショウマ　　　　　　SPl.113.13-16
Astilbe simplicifolia Makino
【形態】　外壁の彫紋はチダケサシに似る。
【大きさ】　$13-14 \times 12-15 \mu$m
【試料】　不詳
【開花期】　6-8月
【分布】　神奈川県・静岡県

トリアシショウマ　　　　　　SPl.114.1-4
Astilbe thunbergii (Siebold et Zucc.) Miq. var. *congesta* H. Boissieu
【形態】　外壁の彫紋はチダケサシに似る。
【大きさ】　$9-11 \times 9-10 \mu$m; $12-13 \times 13-14.5 \mu$m (I)
【試料】　岡山県津山市阿波：1993.7.11(岡)
【開花期】　7-8月
【分布】　北海道・本州(中北部)

フジアカショウマ　　　SPl.111.9-12, LP1.20.13-15
Astilbe thunbergii (Siebold et Zucc.) Miq. var. *fujisanensis* (Nakai) Ohwi
【形態】　球形～長球形で，等極性。極観は円形で，赤道観は円形～楕円形。3溝孔型。溝は極域まで伸びる。外壁の彫紋は縞状紋＋小網目状紋。網目は溝近くで小さくなる。
【大きさ】　$15.0-18.4 \times 11.7-14.2 \mu$m; $12-13 \times 13-14.5 \mu$m (I)
【試料】　神奈川県足柄下郡箱根町：2013.7.14(岡)
【開花期】　6-7月
【分布】　本州(神奈川県・山梨県・静岡県)

ユキノシタ科・トベラ科

ユキノシタ属
Genus *Saxifraga* L.

　本属の外壁の彫紋は微小刺状紋で，微小刺の間に微穿孔があるが，シコタンソウだけは縞状紋で，他の種類とまったく異なる模様を呈する。

ユキノシタ　　　　　　　　　　SPl.110.1-4
Saxifraga stolonifera Meerb.
【大きさ】　18-20×18-20 μm; 20-22×22-24 μm (I)，28-30×26-30 μm(S)，21.5-23.3×21.5-24.3 μm(N)
【試料】　岡山市岡山理科大学(植栽)：1976.6.1，香川県東かがわ市西村(植栽)：1983.5.22(三好マ)
【開花期】　5-7月
【分布】　本州〜九州。中国

ダイモンジソウ　　　　　　　　SPl.110.5-6
Saxifraga fortunei Hook. f. var. *incisolobata* (Engl. et Irmsch.) Nakai
【大きさ】　15-17×13-18 μm; 18-20×20-22 μm (I)，20-22×24-28 μm(S)，19.8-25.3×16.2-23.4 μm(N)
【試料】　鳥取県烏ヶ山：1984.9.20
【開花期】　7-10月
【分布】　北海道〜九州。サハリン・ウスリー・南千島・朝鮮半島・中国

シコタンソウ　　　　　　　　　SPl.110.7-9
Saxifraga cherlerioides D. Don. var. *rebunshiren-sis* (Engl. et Irmsch.) H. Hara
【大きさ】　20-21×20-22 μm; 22-23.5×23-24 μm(I)
【試料】　広島市植物公園(植栽)：1994.5.28(岡)
【開花期】　7-8月
【分布】　北海道・本州(中部以北)。シベリア・カムチャツカ・サハリン・千島・中国(東北部)

ヒマラヤユキノシタ属
Genus *Bergenia* Moench.

ヒマラヤユキノシタ　　　　　　SPl.240.20-23
Bergenia stracheyi (Hook. f. et Thomson) Engl.
【形態】　手鞠状の細い糸が交叉するしわ状で，赤道観では全表面がしわ状紋であるが，極域ではしわが消失し，平滑状紋となる。
【大きさ】　19-21×18-20 μm
【試料】　岡山県赤磐市南佐古田(植栽)：2002.4.19
【開花期】　3-6月
【原産地】　ヒマラヤ

ヤワタソウ属
Genus *Peltoboykinia* Hara

ヤワタソウ　　　　　　　　　　SPl.111.1-4
Peltoboykinia tellimoides (Maxim.) Hara
【形態】　外壁の彫紋は小網目状紋である。
【大きさ】　16.7-20.0×18.4-20.0 μm; 19-20×21-22 μm(I)
【試料】　栃木県東京大学理学部附属日光植物園(植栽)：2011.7.13(岡)
【開花期】　5-7月
【分布】　本州中部以北

トベラ科
Family **Pittosporaceae**

　旧世界の熱帯〜暖帯域に分布し，9属約200種ある。日本にはトベラ属のみある。

トベラ属
Genus ***Pittosporum*** Banks ex Gaertner

　長球形で，等極性。極観は円形で，赤道観は楕円形〜菱形。3溝孔型。溝は両極近くまで伸び，孔はやや突出するが，薄膜に覆われ確認しにくい。溝内はほぼ平滑状紋。外壁の彫紋は微穿孔状紋である。

トベラ　　　　　　　　SPl.114.12-14, LPl.21.7-10
Pittosporum tobira (Thunb. ex Murray) Aiton
【大きさ】　21-23×16-21 μm; 24-26×28-30 μm
(I), 24-26×28-30 μm(S), 25.4-28.8×23.4-28.8
μm(N)
【試料】　広島市東千田町(植栽)：1981.5.24，岡山
市三徳園(植栽)：1983.5.29
【開花期】　3-6月
【分布】　本州(岩手県・新潟県以南)〜沖縄。朝鮮半
島(南部)・中国(変種)・台湾(変種)

ハハジマトベラ　　　　SPl.111.13-17, LPl.22.9-12
Pittosporum parvifolium Hayata var. *beecheyi*
(Tuyama) H. Ohba
【断面】　花粉外壁は外表層，柱状層，底部層から
なる。小柱はあまり発達していないように見える。
【大きさ】　27.6-30.1×30.1-31.8 μm
【試料】　東京都東京大学理学部附属小石川植物園
(植栽)：2013.10.25(岡)
【開花期】　3-4月
【分布】　小笠原諸島(平島以外の母島列島)

バラ科
Family **Rosaceae**

FPl.11.7-9

　本科は世界に約126属3,400種が知られ，日本
にも30属250種が自生する大きな分類群である。
花粉の形態については，ワレモコウ属以外はすべ
て発芽口が3溝孔型で，外壁の彫紋は縞状紋を持
ち，あまり変化が見られないため，形態の概略は
亜科単位で行う。本科の発芽口については，幾瀬
(1956)と島倉(1973)は，ワレモコウ属を除くすべ
てを3溝孔型とし，中村(1980)は3溝型と3溝孔
型があるとしている。今回の走査電顕による観察
では，薄膜に覆われ観察しにくいものもあるが，
本科はワレモコウ属を除くすべてを3溝孔型とす
るのが適当であると思われる。花粉分析では，ワ
レモコウ属は特徴的な発芽溝を持つため同定しや
すいこともあってよく報告されているが，その他

の本科については，虫媒花が多いことや，発芽口
も彫紋もよく似て区別しにくいため，科として一
括して時々記載されている程度である。

シモツケ亜科
Subfamily **Spiraeoideae**

　球形〜長球形で，等極性。極観は円形〜三角円
形で，赤道観は楕円形が多く，まれに円形。3溝
孔型。溝は両極近くまで長く伸び，赤道部でやや
外壁が突出していることから，孔は薄膜に覆われ
確認しにくいが，溝内の赤道部にある。外壁の彫
紋は縞状紋で，極軸方向に走る線となる。線の太
さはほとんどの種類では0.3 μm以下で細いが，
ミヤマヤマブキショウマだけは0.5 μm以上あり，
かなり太い線を持つ。

コゴメウツギ属
Genus *Stephanandra* Siebold et Zucc.

コゴメウツギ　　　　　　　　SPl.115.1-4
Stephanandra incisa (Thunb.) Zabel
【大きさ】　14-16×13-15 μm; 18-19.5×21-23
μm(I), 18.0-21.6×14.4-19.8 μm(N)
【試料】　岡山市三徳園(植栽)：1986.5.10，静岡
県：1986.5.19(岡)
【開花期】　5-6月
【分布】　北海道〜九州。朝鮮半島・中国・台湾

シモツケ属
Genus *Spiraea* L.

ユキヤナギ　　　　　　　　SPl.115.13-14
Spiraea thunbergii Siebold ex Blume
【大きさ】　9-13×9-12 μm; 11-12×13-14 μm(I)
【試料】　香川県東かがわ市西村(植栽)：1973.2.12
【開花期】　2-4月
【分布】　本州(関東以西)〜九州。中国

バラ科

コデマリ SPl.115.15-17
Spiraea cantoniensis Lour.
【大きさ】 11-13×8-13 μm; 11-12×12-13 μm (I)
【試料】 岡山県赤磐市山陽(植栽):1986.5.4
【開花期】 4-5月
【原産地】 中国(中南部)

イブキシモツケ SPl.115.5-8
Spiraea dasyantha Bunge
【大きさ】 12-13×10-12 μm; 14.4-16.2×14.4-16.2 μm(N)
【試料】 岡山市三徳園(植栽):1986.5.10
【開花期】 4-6月
【分布】 本州(近畿以西)～九州。朝鮮半島・中国

シモツケ SPl.115.9-12
Spiraea japonica L. f.
【大きさ】 11-12×11-12 μm; 13-15×14-16 μm (I), 13-14×14-15 μm(S), 12.6-16.2×11.7-14.4 μm(N)
【試料】 鳥取県鳥ヶ山:1981.7.26, 鳥取県大山町大休峠:1998.6.14(清末)
【開花期】 5-7月
【分布】 本州～九州。朝鮮半島・中国

ホザキナナカマド属
Genus *Sorbaria* (Ser.) A. Br. ex Aschers.

ホザキナナカマド SPl.126.13-16
Sorbaria sorbifolia (L.) A. Br.
【大きさ】 13-15×14-16 μm
【試料】 岡山市三徳園(植栽):1983.6.5
【開花期】 6-8月
【分布】 北海道・本州(北部)。シベリア・中国(東北部)・ウラル

ヤマブキショウマ属
Genus *Aruncus* Kostel.

ミヤマヤマブキショウマ SPl.115.18-20
Aruncus dioicus (Walter) Fernald var. *astilboides* (Maxim.) H. Hara
【大きさ】 14-15×12-13 μm
【試料】 岩手県早池峰:1982.7.18(守田)
【開花期】 6-8月
【分布】 岩手県

サクラ亜科
Subfamily **Prunoideae**

球形～長球形で，等極性。極観は頂口型の三角円形で，赤道観は円形～楕円形。3溝孔型。溝は両極近くまで伸び幅広く開いて，溝内の孔は確認しやすい。外壁の彫紋は縞状紋で，平行に走り交叉することはまれ。線の太さも種類による差は少なく，0.3 μm前後である。

サクラ属
Genus *Prunus* L.

ヤマザクラ SPl.117.1-4
Prunus jamasakura Siebold ex Koidz.
【大きさ】 26-33×25-31 μm; 27-30×33-37 μm (I)
【試料】 岡山市岡山理科大学:1984.4.18, 岡山市半田山:1994.4.18(門脇)
【開花期】 4月
【分布】 本州(宮城県・新潟県以西)～九州

ソメイヨシノ SPl.118.9-12, PPl.6.9-13
Prunus × *yedoensis* Matsum.
【大きさ】 23-26×22-27 μm; 28-30×32-35 μm (I), 38-42×40-44 μm(S), 25.2-41.4×25.2-30.6 μm(N)
【試料】 岡山市岡山理科大学(植栽):1990.4.7 (市谷)

622

バラ科

【開花期】 3-4月
【備考】 オオシマザクラとエドヒガンの雑種起源の園芸品

エドヒガン(アズマヒガン, ヒガンザクラ, ウバヒガン)
SPl.116.8-10
Prunus pendula var. *ascendens* Makino
【大きさ】 26-28×22-24μm; 28-31×33-35μm (I)
【試料】 東京都多摩森林学園(植栽):1992.3.20 (岡)
【開花期】 3-4月
【分布】 本州〜九州。朝鮮半島(済州島)・中国(中部)・台湾

ウワミズザクラ SPl.118.5-8
Prunus grayana Maxim.
【大きさ】 24-29×18-27μm; 24-26×27-30μm (I)
【試料】 岡山市三徳園(植栽):1983.4.30, 鳥取県三朝町俵原:1998.4.28(清末)
【開花期】 4-5月
【分布】 北海道(石狩平野以南)・本州〜九州(熊本県南部まで)

スモモ SPl.116.1-4
Prunus salicina Lindley
【大きさ】 25-28×22-28μm; 38-42×40-44μm (S)
【試料】 岡山県赤磐市南佐古田(植栽):2003.4.10
【開花期】 4-5月
【原産地】 中国(中部)

モモ SPl.116.5-7:品種・大久保;
SPl.117.5-7:品種・清水白桃
PPl.7.5-6
Prunus persica (L.) Batsch
【大きさ】 26-31×25-35μm(大久保), 31-35×32-46μm(清水白桃); 38-41×44-46μm(I), 36.0-37.8×30.6-36.0μm(N)
【試料】 岡山県赤磐市神田(植栽):1986.4.17(真

野)
【開花期】 3-4月
【原産地】 中国(北部)

ウメ SPl.118.1-4, PPl.7.11-13
Prunus mume (Siebold) Siebold et Zucc.
【大きさ】 20-26×18-28μm; 32-34×37-39(27-32×33-36)μm(I)
【試料】 岡山県赤磐市南佐古田(植栽):2003.3.21
【開花期】 1-3月
【原産地】 中国(中部)

オウトウ(サクランボ) PPl.6.5-8
Prunus avium L.
【大きさ】 24.7-28.0×21.4-28.0μm; 33-35×28-30μm(I)
【試料】 岡山県赤磐市山陽:1986.4.8(植栽)
【開花期】 3-4月
【備考】 欧米の栽培品種

キンキマメザクラ SPl.123.18-21
Prunus incisa Thunb. subsp. *kinkiensis* (Koidz.) Kitam.
【大きさ】 26.7-30.1×21.7-31.7μm; 25×32μm(B)
【試料】 金沢市高尾山:2013.5.12
【開花期】 3-5月
【分布】 富山・石川・福井・長野・岐阜の各県および近畿・中国地方

バラ亜科
Subfamily **Rosoideae**

　長球形〜球形で, 等極性。極観は円形〜頂口型の三角円形で, 赤道観は楕円形〜円形。3溝孔型。溝は両極近くまで長く伸び, 赤道部の孔の上部は盛り上がって突出する。溝内はほとんど平滑状紋であるが, ヤブヘビイチゴだけは縞状紋で覆われる。外壁の彫紋はすべて縞状紋であるが, 畝の太さは2通りある。その1つは普通の縞状で, ある

程度幅があり丸みのある畝が平行に走る（バラ属・キイチゴ属など）。それに対して別の１つは畝が三角形の陵をなし、外壁に接する底辺は幅が広いが、上部に向かうほど狭くなって頂点ではごく細い畝となるため、彫刻刀で削ったときのような模様となる（ダイコンソウ属・オランダイチゴ属・ヘビイチゴ属）。

ダイコンソウ属
Genus *Geum* L.

ダイコンソウ　　　　SP1.119.1-3
Geum japonicum Thunb.
【大きさ】　17-20×16-19 μm; 19-22×19-22 μm (I), 20-22×22-24 μm(S)
【試料】　名古屋市東山動植物園(植栽)：1977.7.1(守田)
【開花期】　7-9月
【分布】　北海道(南部)〜九州。中国(中部)

チングルマ　　　　SP1.119.4-7
Geum pentapetalum (L.) Makino
【大きさ】　22-26×16-20 μm; 21-22×22-24 μm (I), 20-22×22-24 μm(S), 21.6-22.5×18.0-19.8 μm(N)
【試料】　岩手県〜秋田県乳頭山：1981.7.2(守田), 神戸市六甲高山植物園(植栽)：1992.8.4(岡)
【開花期】　6-8月
【分布】　北海道・本州(中北部)。カムチャツカ・サハリン・千島・アリューシャン列島

ヤマブキ属
Genus *Kerria* DC.

ヤマブキ　　　　SP1.119.8-11
Kerria japonica (L.) DC.
【大きさ】　17-19×15-18 μm; 18-19×20-22 μm (I), 18-20×26-30 μm(S), 18.0-20.7×16.2-18.0 μm(N)
【試料】　岡山県吉備中央町：1973.4.4
【開花期】　4-5月

【分布】　北海道〜九州。中国

シロヤマブキ属
Genus *Rhodotypos* Siebold et Zucc.

シロヤマブキ　　　　SP1.124.1-4
Rhodotypos scandens (Thunb.) Makino
【大きさ】　17-21×17-20 μm; 22-24×24-26 μm (I)
【試料】　岡山市三徳園(植栽)：1982.5.9, 1991.4.16
【開花期】　4-5月
【分布】　本州(中国)。朝鮮半島・中国

バラ属
Genus *Rosa* L.

ノイバラ(ノバラ)　　　　SP1.120.1-4
Rosa multiflora Thunb.
【大きさ】　26-31×25-30 μm; 26-27×26-28 μm (I)
【試料】　岡山市半田山：1973.5.19
【開花期】　5-7月
【分布】　北海道(西南部)〜九州。朝鮮半島

ハマナシ(ハマナス)　　　　SP1.120.5-8
Rosa rugosa Thunb.
【大きさ】　20-25×16-23 μm; 26-27×27-29 μm (I), 28.8-32.4×21.6-27.0 μm(N)
【試料】　広島県中国縦貫道吉和サービスエリア(植栽)：1984.8.1, 北海道網走：1990.7.26(市谷貴)
【開花期】　5-8月
【分布】　北海道・本州(太平洋側：茨城県南部まで, 日本海側：島根県まで)

ヤマイバラ　　　　SP1.120.9-12
Rosa sambucina Koidz.
【大きさ】　21×18-20 μm
【試料】　岡山市三徳園：1982.5.18, 岡山県自然保護センター：1994.5.15(岡)

【開花期】 5-6 月
【分布】 本州(愛知県以西)〜九州。台湾

ナニワイバラ SPl.127.1-3
Rosa laevigata Mich.
【大きさ】 22-26×18-23 μm; 26-27×27-28 μm(I), 27.0-32.4×23.4-27.0 μm(N)
【試料】 岡山市半田山植物園(植栽):1974.5.16, 1986.5.16(端野)
【開花期】 5 月
【原産地】 中国(中部以南)・台湾

サクラバラ SPl.121.1-4
Rosa uchiyama Rosa
【大きさ】 25.1-29.2×19.2-22.5 μm; 15×30 μm(B)
【試料】 東京都東京大学理学部附属小石川植物園(植栽):2013.4.14(岡)
【開花期】 3-4 月
【備考】 中国の四川省や雲南省に分布するコウシンバラ(*R. chinensis*)とノイバラ(*R. multiflora*)との自然交雑種

サンショウバラ SPl.121.5-8
Rosa hirtula (Regel) Nakai
【大きさ】 20.9-25.1×19.2-23.4 μm; 23-24×24-26 μm(I), 20×30 μm(B)
【試料】 東京都東京大学理学部附属小石川植物園(植栽):2013.4.14(岡)
【開花期】 6 月
【分布】 神奈川県・山梨県・静岡県の富士箱根地区

キイチゴ属
Genus ***Rubus*** L.

ナガバモミジイチゴ SPl.122.5-8
Rubus palmatus Thunb. var. *palmatus*
【大きさ】 16-21×15-20 μm
【試料】 岡山市半田山:1973.4.11
【開花期】 3-5 月
【分布】 本州(中部以西)〜九州

コバノフユイチゴ(マルバフユイチゴ) SPl.122.15-18
Rubus pectinellus Maxim.
【大きさ】 24-28×23-31 μm
【試料】 岡山県津山市加茂細池湿原:1983.6.4
【開花期】 5-7 月
【分布】 本州〜九州

クサイチゴ SPl.122.1-4
Rubus hirsutus Thunb.
【大きさ】 17-20×16-20 μm; 20-21×21-22 μm(I), 18.0-21.6×14.4-17.1 μm(N)
【試料】 岡山市岡山理科大学:1984.4.25
【開花期】 3-5 月
【分布】 本州〜九州。朝鮮半島・中国

ナワシロイチゴ SPl.122.12-14
Rubus parvifolius L.
【大きさ】 17×17-19 μm; 22-23×23-24 μm(I), 23.4-30.6×18.0-25.2 μm(N)
【試料】 岡山市半田山植物園:1974.5.16, 1986.5.16(端野)
【開花期】 5-7 月
【分布】 北海道〜沖縄。朝鮮半島・中国

クマイチゴ SPl.122.9-11
Rubus crataegifolius Bunge
【大きさ】 18-21×17-18 μm; 22-23×25-26 μm(I)
【試料】 岡山県真庭市蒜山高原:1991.6.1(岡), 東京都多摩森林学園:1994.4.24(岡)
【開花期】 4-7 月
【分布】 北海道〜九州。朝鮮半島・中国(東北部・北部)

テンチャ SPl.123.6-9
Rubus suavissimus S. Lee.
【大きさ】 18.4-20.9×18.4-20.0 μm
【試料】 埼玉県慶応義塾大学薬学部附属薬用植物園(植栽):2011.4.25(岡)
【開花期】 5-6 月
【原産地】 中国南部の山岳地帯・広西壮族自治区

バラ科

ホウロクイチゴ　　　　　　　　SPl.123.10-13
Rubus sieboldii Blume
【大きさ】　28.0-35.0×24.5-27.5μm
【試料】　沖縄県国頭村：2004.4.10
【開花期】　3-4 月
【分布】　本州(中部以西)・四国・九州・沖縄

ハスノハイチゴ　　　　　　　　SPl.123.1-5
Rubus peltatus Maxim.
【断面】　花粉外壁は外表層，柱状層，底部層からなる。外表層が非常に厚いように見える。
【大きさ】　20.0-21.7×16.7-20.0μm
【試料】　鳥取県大山町：1998.6.14(清末)
【開花期】　5-6 月
【分布】　本州(中部地方以西)・四国・九州

オオバライチゴ　　　　　　　　SPl.123.14-17
Rubus croceacanthus H.Lév.
【大きさ】　17.5-20.0×17.5-20.0μm
【試料】　沖縄県粟国島：2005.3.19
【開花期】　3-4 月
【分布】　本州(房総・伊豆・紀伊半島・山陽地方)・四国・九州・沖縄。朝鮮半島南部

オランダイチゴ属
Genus *Fragaria* L.

オランダイチゴ
　　　　　　　　SPl.127.4-7, LPl.24.1-5, PPl.7.1-4
Fragaria × ananassa Duchesne
【大きさ】　19-22×13-21μm; 21-22×22-24μm
(I), 19.8-23.4×16.2-21.6μm(N)
【試料】　岡山県赤磐市南佐古田(植栽)：2004.3.28
【開花期】　4-5 月
【原産地】　南米(チリ南部)
【備考】　ヨーロッパで交雑による改良により作出された栽培品種

キジムシロ属
Genus *Potentilla* L.

ミツバツチグリ　　　　　　　　SPl.127.8-10
Potentilla freyniana Bornm.
【大きさ】　17-23×16-20μm; 21-23×24-26μm
(I), 18-20×23-25μm(S)
【試料】　岡山県赤磐市熊山：1980.4.27(新井)
【開花期】　4-5 月
【分布】　本州〜九州。アムール・ウスリー・朝鮮半島・中国(北部・東部)

オヘビイチゴ　　　　　　　　　SPl.119.12-13
Potentilla sundaica (Bl.) O. Kuntze var. *robusta*
(Franch. et Savat.) Kitag.
【大きさ】　16-26×13-18μm; 18-22×22-24μm
(I)
【試料】　岡山県赤磐市吉井：1986.5.5，倉敷市庄上東遺跡：不詳
【開花期】　5-7 月
【分布】　本州〜九州。朝鮮半島・中国・マレーシア・インド

カワラサイコ　　　　　　　　　SPl.121.9-12
Potentilla chinensis Ser.
【大きさ】　19.2-21.7×19.2-20.9μm; 18-19.5×21-23μm(I), 15-30μm(B)
【試料】　東京都東京大学理学部附属小石川植物園(植栽)：2013.6.11(岡)
【開花期】　6-8 月
【分布】　本州・四国・九州

ヘビイチゴ属
Genus *Duchesnea* Sm.

ヤブヘビイチゴ　　　　　　　　SPl.119.14-17
Duchesnea indica (Andrews) Focke
【大きさ】　25-27×26-27μm; 26-27×29-31μm
(I)
【試料】　岡山市半田山：1986.5.21
【開花期】　4-6 月

【分布】 本州(関東以西)〜沖縄。アジア東部〜南部

ワレモコウ属
Genus *Sanguisorba* L.

FPl.11.2-6

球形〜長球形で，等極性。極観は円形で，赤道観は円形〜菱形。6環溝孔型。溝は両極近くまで伸び，赤道部でやや突出し，あまり開かないため孔は確認しにくい。外壁の彫紋は縞状紋であるが，他のバラ科のような畝状の縞状紋とは異なり，微粒が点々と連なった不明瞭な縞状紋である。

ワレモコウ　　　　　SPl.124.11-14，LPl.24.6-10
Sanguisorba officinalis L.
【大きさ】 16-18×15-18 μm; 18-19.5×19.5-21 μm(I)，18-20×20-22 μm(S)
【試料】 岡山県真庭市蒜山高原：1977.8.9，京都市西京区：2003.7.18
【開花期】 8-10 月
【分布】 北海道〜九州。サハリン・朝鮮半島・中国・シベリア〜ヨーロッパ

カライトソウ　　　　　　SPl.124.8-10
Sanguisorba hakusanensis Makino
【大きさ】 22-26×23-24 μm; 27-28×28-30 μm (I)
【試料】 広島市植物公園(植栽)：1990.10.28(岡)，神戸市六甲高山植物園(植栽)：1992.8.4(岡)
【開花期】 6-9 月
【分布】 本州(中部の日本海側山地)

キンミズヒキ属
Genus *Agrimonia* L.

キンミズヒキ　　　　　SPl.124.5-7
Agrimonia pilosa Ledeb. var. *japonica* (Miq.) Nakai
【形態】 長球形で，等極性。極観は円形〜三角円形で，赤道観は楕円形。3溝孔型。溝は両極近く

まで伸び，赤道部の孔の周辺はやや突出し，かなり厚い発芽口膜に覆われるため孔は確認しにくい。外壁の彫紋は縞状紋であるが，本属以外のすべてのバラ科の縞状紋が極軸に沿った縦方向に走るのに対し，本属の縞状紋は赤道軸に沿った横方向に走る。
【大きさ】 41-46×24-27 μm; 33-40×27-30 μm (I)，50-60×32-36 μm(S)，30.6-43.2×23.4-27.0 μm(N)
【試料】 岡山県真庭市蒜山高原：1979.9.7
【開花期】 8-10 月
【分布】 北海道〜九州。サハリン・ウスリー・南千島・朝鮮半島・中国・インドシナ半島

ナシ亜科
Subfamily **Maloideae**

サンザシ属
Genus *Crataegus* L.

サンザシ　　　　　　SPl.125.1-3
Crataegus cuneata Siebold et Zucc.
【形態】 球形〜長球形で，等極性。極観は円形で，赤道観は円形〜楕円形。3溝孔型。溝は両極で合流寸前になるまで長く伸び，孔は縦長に開く。外壁の彫紋は縦に走る縞状紋であるが，他のバラ科の縞状紋は1本の縞が平行に走るのに対し，本属では5本前後の縞が束になって太くなった縞状紋となって走る。また本種の花粉では，粘着糸のようなものの付着が認められた。これが確実に粘着糸なら，バラ科では初の記録なので，さらに詳細な検討が期待される。
【大きさ】 35×31-35 μm
【試料】 神戸市神戸学院大学(植栽)：1991.5.20 (岡)
【開花期】 4-5 月
【原産地】 中国

バラ科

ザイフリボク属
Genus *Amelanchier* Medik.

ザイフリボク（シデザクラ）　　　　SPl.129.9-12
Amelanchier asiatica (Siebold et Zucc.) Endl. ex Walp.
【形態】　長球形～球形で，等極性。極観は円形～頂口型の三角円形で，赤道観は楕円形～円形。3溝孔型。溝は両極近くまで伸び，赤道部の孔の周辺はやや隆起する。外壁の彫紋は縞状紋が全表面を覆うが，孔の周囲では線が不明瞭になる。
【大きさ】　18-19×15-18 μm; 20-21×21-23 μm (I), 22-24×24-26 μm(S), 18.0-21.6×12.6-16.2 μm(N)
【試料】　岡山市半田山：1973.4.11，仙台市東北大学（植栽）：1978.5.22（守田）
【開花期】　4-5月
【分布】　本州（岩手県以南）～九州。朝鮮半島・中国

ナナカマド属
Genus *Sorbus* L.

外観はザイフリボク属に似る。

ナナカマド　　　　SPl.126.9-12
Sorbus commixta Hedl.
【大きさ】　18-22×16-21 μm; 21-22×22-23 μm (I)
【試料】　青森県八甲田山大岳：1971.6.30（守田），神戸市六甲高山植物園（植栽）：1993.5.21（岡），兵庫県浜坂町居組：1994.5.11（清末）
【開花期】　5-7月
【分布】　北海道～九州。サハリン・南千島・朝鮮半島

ウラジロノキ　　　　SPl.126.5-8
Sorbus japonica (Decne.) Hedl.
【大きさ】　16-20×17-23 μm; 22-24×24-26 μm (I)
【試料】　岡山県津山市阿波大ケ山：1984.5.27，

兵庫県浜坂町：1994.5.11（清末）
【開花期】　5-6月
【分布】　本州～九州

アズキナシ（ハカリノメ）　　　　SPl.126.1-4
Sorbus alnifolia (Siebold et Zucc.) C. Koch
【大きさ】　20-23×19-26 μm; 24-25×25-27 μm (I)
【試料】　青森県八甲田山田代平：1971.6.8（守田），岡山市三徳園（植栽）：1983.4.27（山口）
【開花期】　5-6月
【分布】　北海道～九州。ウスリー・朝鮮半島・中国

ビワ属
Genus *Eriobotrya* Lindl.

外観はザイフリボク属に似る。

ビワ　　　　SPl.127.11-14
Eriobotrya japonica (Thunb.) Lindl.
【大きさ】　21-22×17-22 μm; 23-25×25-27 μm (I), 28-32×30-32 μm(S), 25.2-27.0×18.6-23.4 μm(N)
【試料】　香川県東かがわ市西村（植栽）：1978.12.25（三好マ），鳥取市相生町（植栽）：1990.1.4（市谷年）
【開花期】　11-1月
【分布】　本州（西部）～九州（石灰岩地帯，野生化？）。中国

トキワサンザシ属
Genus *Pyracantha* M. J. Roem.

外観はザイフリボク属に似る。

タチバナモドキ　　　　SPl.125.11-14
Pyracantha angustifolia (Franch.) C. K. Schneid.
【大きさ】　18-22×17-21 μm; 25-27×28-30 μm (I)
【試料】　岡山市半田山植物園（植栽）：1973.5.9
【開花期】　5-6月

バラ科

【原産地】　中国(南西部)

シャリンバイ属
Genus *Rhaphiolepis* Lindl.

外観はザイフリボク属に似る。

シャリンバイ　　　　　　　　SPl.128.1-4
Rhaphiolepis indica (L.) Lindl. ex Ker var. *umbellata* (Thunb.) H. Ohashi
【大きさ】　20-31×18-29 μm; 27-29×31-32 μm (I), 32-34×32-36 μm(S)
【試料】　岡山県赤磐市山陽(植栽)：1976.5.21, 岡山県自然保護センター(植栽)：1993.6.6(岡)
【開花期】　4-7月
【分布】　本州(宮城県・山形県以西)〜沖縄・小笠原諸島。朝鮮半島・中国・台湾・フィリピン・ボルネオ

ホソバシャリンバイ　　　　　　SPl.128.5-8
Rhaphiolepis indica (L.) Lindl. ex Ker var. *liukiuensis* (Koidz.) Kitam.
【大きさ】　26-27×22-25 μm
【試料】　不詳
【開花期】　3-6月
【分布】　沖縄

カナメモチ属
Genus *Photinia* Lindl.

外観はザイフリボク属に似る。

カナメモチ(アカメモチ)　　　　SPl.129.5-8
Photinia glabra (Thunb.) Maxim.
【大きさ】　18-22×17-21 μm; 23-25×24-27 μm (I)
【試料】　岡山県赤磐市山陽(植栽)：1982.5.15
【開花期】　5-6月
【分布】　本州(東海道以西)〜九州。中国・ミャンマー・タイ

オオカナメモチ　　　　　　　　SPl.129.1-4
Photinia serratifolia (Desf.) Kalkman
【大きさ】　16-19×16-22 μm
【試料】　岡山市三徳園(植栽)：1986.5.9(岡), 1995.5.9(岡)
【開花期】　4-5月
【分布】　岡山県・愛媛県宇和島・奄美諸島・沖縄(西表島)。中国(南部)・台湾・インドネシア

カマツカ属
Genus *Pourthiaea* Decne.

外観はザイフリボク属に似る。

ワタゲカマツカ　　　　　　　　SPl.125.8-10
Pourthiaea villosa (Thunb.) Decne. var. *villosa*
【大きさ】　21-26×15-24 μm; 21.6-27.0×18.0-23.4 μm(N)
【試料】　岡山市龍ノ口山：1982.5.6(太田)
【開花期】　4-6月
【分布】　北海道〜九州。朝鮮半島・中国

ケカマツカ　　　　　　　　　　SPl.125.4-7
Pourthiaea villosa (Thunb.) Decne. var. *zollingeri* (Decne.) Nakai
【大きさ】　20-23×16-24 μm
【試料】　岡山市三徳園(植栽)：1983.4.30(渡辺), 岡山県自然保護センター：1995.5.14(岡), 鳥取県関金町：1995.5.26(清末)
【開花期】　4-5月
【分布】　北海道〜九州。朝鮮半島・中国

リンゴ属
Genus *Malus* Mill.

外観はザイフリボク属に似る。

リンゴ(セイヨウリンゴ)　　SPl.127.15-18, PPl.7.7-10
Malus domestica Borkh.
【大きさ】　19-22×17-21 μm; 27-28×30-33 μm (I)

629

【試料】　岡山県赤磐市山陽(植栽)：1987.4.30，岡山県自然保護センター(植栽)：1998.5.5

【開花期】　4-5月

【原産地】　西アジア・ヨーロッパ

ハナカイドウ(カイドウ)　　　　SPl.130.1-4

Malus halliana Koehne

【大きさ】　30-38×21-31 µm; 27-29×30-33 µm (I)

【試料】　名古屋市東山動植物園(植栽)：1996.5.4 (岡)

【開花期】　3-4月

【原産地】　中国

ナシ属
Genus *Pyrus* L.

外観はザイフリボク属に似る。

ナシ　　　　　SPl.130.9-12, PPl.6.1-4

Pyrus pyrifolia (Burm. f.) Nakai var. *culta* (Makino) Nakai

【大きさ】　26-27×23-27 µm; 28-30×31-33 µm (I)

【試料】　岡山市牟佐(植栽)：1986.4.25，岡山県赤磐市山陽(植栽)：1998.4.24

【開花期】　4月

【原産地】　中国

ミチノクナシ(イワテヤマナシ)　　SPl.130.5-8

Pyrus ussuriensis Maxim.

【大きさ】　26-29×26-27 µm

【試料】　岩手県五葉山：1983.4.27(守田)

【開花期】　4-5月

【分布】　本州・九州。ウスリー・朝鮮半島・中国 (北部・東北部)

ボケ属
Genus *Chaenomeles* Lindl.

球形～長球形で，等極性。極観は円形で，赤道観は楕円形～円形。3溝孔型。溝は両極近くまで伸び，溝内の彫紋は平滑状紋。外壁の彫紋は縞状紋であるが，その特徴は種類により異なる。

ボケ　　　　　　　　　　　SPl.131.5-8

Chaenomeles speciosa (Sweet) Nakai

【形態】　縞状紋はよく交叉する。

【大きさ】　24-27×19-23 µm; 26-29×30-33 µm (I), 32-34×34-36 µm(S), 25.2-28.8×25.2-30.6 µm(N)

【試料】　岡山市岡山理科大学(植栽)：1990.4.7(市谷年)

【開花期】　3-4月

【原産地】　中国

クサボケ　　　　　　　　　SPl.131.9-12

Chaenomeles japonica (Thunb.) Lindl. ex Spach

【形態】　縞状紋は縞が2-3本集まった束からなり，縦・横によく曲がる。

【大きさ】　29-34×30-32 µm; 26-28×31-34 µm (I), 27.0-30.6×25.2-30.6 µm(N)

【試料】　東京都多摩森林学園(植栽)：1994.9.12 (岡)

【開花期】　4-5月

【分布】　本州・九州

カリン　　　　　　　　　　SPl.131.1-4

Chaenomeles sinensis (Thouin) Koehne

【形態】　縞状紋はきれいに平行に走る。

【大きさ】　24-30×23-30 µm; 27-29×30-32 µm (I)

【試料】　岡山市岡山理科大学(植栽)：1986.4.26，岡山市三徳園(植栽)：1995.4.30(岡)

【開花期】　3-5月

【原産地】　中国

マメ科
Family **Leguminosae (Fabaceae)**

FPl.11.1

マメ科

約650属18,000種からなる種子植物中3番目に大きな科で，世界に広く分布する。日本にも56属150種ほどが自生し，帰化植物も多い。花粉の形態は大別して3型からなる。まず多集粒型として16・8・4集粒型の3種類の複粒花粉がある。圧倒的に多いのは，長球形で3溝孔型の花粉で，外壁の彫紋は網目状紋が多いが，他の彫紋も見られる。種類は少ないが，デイコ・インゲンマメ・ノササゲなど3孔型の発芽口を持つ花粉もある。花粉分析では，虫媒花であるため化石花粉の報告は少なく，属レベルではなく科として一括記載されることが多い。

ネムノキ亜科
Subfamily Mimosoideae

ネムノキ連
Tribe Ingeae

ネムノキ属
Genus *Albizia* Durazz.

ネムノキ（ネム）　　　　SPl.132.4-6，LPl.24.11-13
Albizia julibrissin Durazz.
【形態】　楕円球形で，異極性。極観は円形で，赤道観は楕円形。16集粒。複粒は中央に4集粒が2段に重なり，その外壁の各辺に単粒が8個付着する。中央の8個はほぼ正方体であるが，周囲の8個は外周が丸みを持った辺となり，変形した長方体となる。外壁の彫紋はほぼ平滑状紋で，かすかに凹凸が見られる。
【大きさ】　72-81 μm; p.76-90×33-34 μm, s.16-18×25-28 μm(I)，85-95×35-45 μm(S)，85.0-90.0 μm(N)
【試料】　岡山県真庭市蒜山高原：1985.7.28，京都市西京区：2002.7.23
【開花期】　6-8月
【分布】　本州〜沖縄。朝鮮半島・中国・台湾・東南アジア

ベニゴウカン属
Genus *Calliandra* Benth.

ベニゴウカン　　　　　　SPl.132.10-11
Calliandra eriophylla Benth.
【形態】　長球形で，等極性。外観は凸レンズ状。8集粒。複粒は中央に2個が並び，その外側の各面に6個の単粒が付着して構成される。中央の2個はほぼ正方体であるが，尖った両端の2個と側面の4個は変形した長方体となる。外壁の彫紋は平滑状紋であるが，粗い凹凸がある。
【大きさ】　124-146×75-82 μm
【試料】　不詳
【開花期】　10-11月
【原産地】　北米（テキサス・カリフォルニア・メキシコ）

オジギソウ連
Tribe Mimoseae

オジギソウ属
Genus *Mimosa* L.

オジギソウ　　　　　　　SPl.132.7-9
Mimosa pudica L.
【形態】　球形で，無極性。外観は円形〜三角円形。4集粒。複粒の接合は正四面体型で，3個の接したY接合を示す。乾燥すると大きく凹む。外壁の彫紋はいぼ状紋である。
【大きさ】　6-7 μm; t.8-9 μm, s.6-7 μm(I)
【試料】　名古屋市東山動植物園（植栽）：1991.4.20（岡），岡山県赤磐市山陽（植栽）：1991.7.16
【開花期】　7-8月
【原産地】　南米

ギンゴウカン属
Genus *Leucaena* Benth.

ギンゴウカン（ギンネム）　SPl.121.13-16，LPl.25.5-8
Leucaena leucocephala (Lam.) de Wit
【形態】　球形で，等極性。極観・赤道観ともに円

形。3溝孔型。溝は両極近くまで伸び，溝内は平滑状紋。外壁の彫紋は微穿孔状紋。

【大きさ】 35.0-42.5×37.5-45.0 μm; p.49-65×34-36 μm, s.14-16×15-20 μm(I)

【試料】 沖縄県名護市：2004.4.9

【開花期】 通年

【分布】 小笠原・奄美大島以南。熱帯アメリカ

アカシア連
Tribe **Acacieae**

アカシア属
Genus *Acacia* **Mill.**

フサアカシア SPl.132.1-3, PPl.8.1-2
Acacia dealbata Link

【形態】 偏平球形で，異極性。極観は円形で，赤道観は長円形。16集粒。複粒は中央に4個が2段に重なり，その周囲に8個の単粒が付着する。中央の8個はほぼ正方体であるが，周囲の8個は外側が極面となるため変形した長方体となる。各単粒の遠心極面には角ばった環状線があるが，これが環状発芽口かどうかは不明。各環状線内の中央部には小さな凹みがある。外壁の彫紋は平滑状紋で，かすかに凹凸がある。

【大きさ】 18×36-40 μm; p.41-46×22-26 μm, s.10-12×13-17 μm(I)

【試料】 岡山市半田山(植栽)：1973.3.30, 岡山県赤磐市山陽(植栽)：1991.3.24

【開花期】 2-4月

【原産地】 オーストラリア(南東部)・タスマニア

ジャケツイバラ亜科
Subfamily **Caesalpinioideae**

ハナズオウ連
Tribe **Cercideae**

ハナズオウ属
Genus *Cercis* **L.**

ハナズオウ SPl.133.9-12
Cercis chinensis Bunge

【形態】 球形～長球形で，等極性。極観は円形で，赤道観は円形～楕円形。3溝孔型。溝は両極近くまで伸び，溝内の彫紋はほぼ平滑状紋。外壁の彫紋は微穿孔状紋で，溝縁では不明瞭となる。

【大きさ】 15-19×16-19 μm; 20-22×22-24 μm(I), 23.4-25.2×21.6-23.4 μm(N)

【試料】 岡山市半田町(植栽)：1986.4.25(端野)

【開花期】 4-5月

【原産地】 中国

ジャケツイバラ連
Tribe **Caesalpinieae**

サイカチ属
Genus *Gleditsia* **L.**

サイカチ SPl.133.5-8
Gleditsia japonica Miq.

【形態】 ほぼ球形で，等極性。極観・赤道観ともに円形。3溝孔型。溝は両極近くまで伸び，孔は円形で溝内の赤道部に開く。外壁の彫紋は小網目状紋で，溝間域では網目が大きく溝縁に向かって小さくなり，溝の周辺部では平滑状紋となる。

【大きさ】 26-28×26-28 μm; 26-28×30-31 μm(I), 36-40×42-44 μm(S)

【試料】 岡山市三徳園(植栽)：1986.5.10

【開花期】 4-6月

【分布】 本州～九州。朝鮮半島・中国

マメ科

ジャケツイバラ属
Genus *Caesalpinia* L.

【形態】　偏球形〜亜偏球形で，等極性。極観は間口型の亜三角形。赤道観は楕円形。3溝孔型。外壁の彫紋は網目状紋で，網目の中に微粒がある。溝の幅は広く，微粒が接合したような構造を呈す。孔は細く短い。

ナンテンカズラ　　　　　SPl.134.1-5, LPl.25.1-4
Caesalpinia crista L.
【大きさ】　32.5-37.5×37.5-46.3 μm
【試料】　沖縄県国頭村：2004.4.10
【開花期】　3-4月
【分布】　屋久島〜沖縄。アジアの熱帯・亜熱帯域

ジャケツイバラ　　　　　SPl.134.6-9
Caesalpinia decapetala (Roth) Alston var. *japonica* (Siebold et Zucc.) H.Ohashi
【大きさ】　40.1-46.8×41.8-46.8 μm; 40-43×45-48 μm(I), 44-52×50-56 μm(S), 37.6-43.2×36.0-50.4 μm(N), 35×50 μm(B)
【試料】　鳥取県東浜：1995.5.20(清末)
【開花期】　5-6月
【分布】　宮城県以南の本州・四国・九州・南西諸島。ユーラシア大陸東部の暖温帯

カワラケツメイ連
Tribe **Cassieae**

カワラケツメイ属
Genus *Cassia* L.

ハブソウ　　　　　　　　SPl.133.1-4
Cassia occidentalis L.
【形態】　長球形で，等極性。極観は円形で，赤道観は角ばった長円形。3溝孔型。溝は短く幅も狭く，孔は確認しにくい。外壁の彫紋はいぼ状紋で，溝間域では明瞭であるが，溝縁では平滑状紋となる。
【大きさ】　31-34×21-23 μm; 37.8-43.2×27.0-

36.0 μm(N)
【試料】　岡山県赤磐市吉井川(植栽)：1988.10.10,東京都薬用植物園(植栽)：1993.9.15(岡)
【開花期】　7-9月
【原産地】　北米

マメ亜科
Subfamily **Papilionoideae**

エニシダ連
Tribe **Genisteae**

エニシダ属
Genus *Cytisus* Willd.

エニシダ　　　　　　　　SPl.132.12-15
Cytisus scoparius (L.) Link
【形態】　球形〜長球形で，等極性。極観は円形で，赤道観は円形〜楕円形。3溝孔型。溝は両極近くまで伸びて先端が尖り，赤道部に孔が大きく開く。溝内は平滑状紋。外壁の彫紋は小網目状紋で，溝間域で大きく，溝辺に向かって小さくなり，溝の周囲は平滑状紋となる。
【大きさ】　21-24×19-21 μm; 23-24×26-27 μm(I), 28-29×30-34 μm(S)
【試料】　岡山県赤磐市山陽(植栽)：1981.5.18,1986.5.7
【開花期】　4-6月
【原産地】　ヨーロッパ(中部)・地中海沿岸

ハリエニシダ属
Genus *Ulex* L.

ハリエニシダ　　　　　　SPl.133.13-16
Ulex europaeus L.
【形態】　外観はエニシダ属に似る。
【大きさ】　23-27×20-27 μm; 27-28×28-30 μm(I)
【試料】　京都市日本新薬山科植物資料館(植栽)：1990.4.24(岡), 1991.4.5(岡)

マメ科

【開花期】　2-3月
【原産地】　ヨーロッパ（西部）

クララ連
Tribe Sophora

クララ属
Genus *Sophora* L.

クララ　　　　　　　　　　SPl.135.12-13
Sophora flavescens Ait.
【形態】　長球形で，等極性。極観は円形で，赤道観は丸みのある長方形。3溝孔型。溝は両極近くまで長く伸びるが幅は狭く，溝内の彫紋は平滑状紋。外壁の彫紋は微穿孔状紋である。
【大きさ】　16-17×14-15 μm；20-21×21-22 μm (I)，18-20×18-20 μm(S)，19.8-21.6×14.4-18.9 μm(N)
【試料】　仙台市野草園（植栽）：1978.6.25（守田）
【開花期】　5-7月
【分布】　本州〜九州。シベリア・朝鮮半島・中国

イヌエンジュ属
Genus *Maackia* Rupr. et Maxim.

イヌエンジュ　　　　　　　SPl.135.16-18
Maackia amurensis Rupr. et Maxim.
【形態】　外観はクララ属に似るが，大きさはかなり大きい。
【大きさ】　24-28×21-24 μm；14-15×15-16 μm (I)
【試料】　三重県紀宝町（植栽）：1981.4.28（星野）
【開花期】　7-8月
【分布】　北海道・本州（中部以北）

ハリエンジュ連
Tribe Robinueae

ハリエンジュ属
Genus *Robinia* L.

ハリエンジュ（ニセアカシア）　　SPl.135.14-15
Robinia pseudoacacia L.
【形態】　外観はクララ属に似る。
【大きさ】　22-25×12-16 μm；25-26×28-30 μm (I)，22-24×22-24 μm(S)
【試料】　岡山市総合グラウンド（植栽）：1974.5.12，岡山市竹原（植栽）：1981.5.16
【開花期】　5-6月
【原産地】　北米

コマツナギ連
Tribe Indigofereae

コマツナギ属
Genus *Indigofera* L.

コダチニワフジ　　　　　　SPl.135.1-4
Indigofera heterantha Wall. ex Brandis
【形態】　角ばった球形〜長球形で，等極性。極観は頂口型の亜三角形で，赤道観は丸みのある四角形〜楕円形。3溝孔型。溝はやや短くて大きく開き，孔は横長に開き，その周囲はやや突出する。外壁の彫紋は微穿孔状紋で覆われるが，溝縁では平滑状紋となる。
【大きさ】　24-31×22-26 μm
【試料】　京都市日本新薬山科植物資料館（植栽）：1990.7.10（岡）
【開花期】　7-9月
【原産地】　ヒマラヤ（西北部）

マメ科

フジ連
Tribe **Tephrosieae**

フジ属
Genus **Wisteria** Mutt.

フジ（ノダフジ）　　　　　　　SPl.135.5-7

Wisteria floribunda (Willd.) DC.

【形態】　球形〜長球形で，等極性。極観は円形で，赤道観は円形〜楕円形。3溝孔型。溝はやや短くて大きく開き，孔は横長で，その上部はやや突出する。外壁の彫紋は小網目状紋で，溝縁に向かって小さくなり，溝の周縁は平滑状紋である。網目の中には微粒が数個見られる。

【大きさ】　26-31×23-26 μm; 27-29×29-31 μm (I), 34-36×36-38 μm(S), 27.0-32.4×23.4-28.8 μm(N)

【試料】　岡山市半田山：1972.5.2，岡山県赤磐市吉井：1981.5.16

【開花期】　4-5月

【分布】　本州〜九州

ナツフジ属
Genus **Millettia** Wight et Arn.

ナツフジ　　　　　　　　　　SPl.135.8-11

Millettia japonica Siebold et Zucc.

【形態】　外壁の特徴は，フジ属に似る。

【大きさ】　17-20×16-21 μm; 23-24×25-26 μm (I), 26-28×27-29 μm(S), 21.6-27.0×18.0-23.4 μm(N)

【試料】　岡山県赤磐市吉井：1994.7.24(岡)

【開花期】　7-8月

【分布】　本州(東海道以西)〜九州。

ドクフジ属
Genus **Derris** Lour.

シイノキカズラ　　　　　　　　SPl.136.1-2

Derris trifoliata Lour.

【形態】　長球形で，等極性。極観は円形で，赤道観は楕円形。3溝孔型。溝はやや短く，溝内は平滑状紋で，孔は縦長に大きく開く。外壁の彫紋は微穿孔状紋である。

【大きさ】　22-26×18-21 μm; 24-25×26-27 μm (I)

【試料】　不詳

【開花期】　8月

【分布】　沖縄。中国・台湾・東南アジア・ポリネシア

インゲンマメ連
Tribe **Phaseoleae**

デイゴ属
Genus *Erythrina* L.

デイゴ　　　　　　SPl.136.3-5, LPl.26.5-7

Erythrina variegata L. ex Stickman

【形態】　やや偏平な三角球形で，等極性。極観は頂口型の三角形で，赤道観は楕円形。3孔型。孔は円形〜楕円形で，大きく開く(5 μm 前後)。外壁の彫紋は網目状紋で，網目は孔間域で大きく，孔に向かって小さくなり，孔縁では平滑状紋となる。

【大きさ】　18-21×18-28 μm; 26-28×29-31 μm (I)

【試料】　香川県東かがわ市西村(植栽)：1983.7.3，沖縄県西表島(植栽)：1989.3.12(宮城)

【開花期】　3-6月

【原産地】　マレー半島・インド・スリランカ

トビカズラ属
Genus *Mucuna* Adans

ウジルカンダ　　　SPl.134.10-13, LPl.26.1-4

Mucuna macrocarpa Wall.

【形態】　球形で，等極性。極観は頂口型の三角円形，赤道観は円形。3溝孔型。外壁の彫紋は微穿孔状紋。微穿孔は単独のものと数個が集合しているものがある。溝の周辺は平滑状紋となる。

【大きさ】　46.3-52.3×40.0-50.0 μm

【試料】　沖縄県名護市：2004.4.9

マメ科

【開花期】 3-5月

【分布】 大分県浦江町・鹿児島県馬毛島・奄美大島・徳之島・沖永良部島・伊平屋島・沖縄島。台湾・中国・東南アジア・インド・東ヒマラヤ

ハマセンナ属
Genus *Ormocarpum* Beauv.

ハマセンナ　　　　　　　　　　SPl.141.9-11

Ormocarpum cochinchinense (Lour.) Merr.

【形態】 やや偏平な三角球形で，等極性。極観は頂口型の亜三角形で，赤道観は横長の楕円形。3孔型。3つの隅にそれぞれ孔があり，その孔の中にまた小さな孔がある。外壁の彫紋は大きな網目状紋で，網目の中には多数の微粒がある。

【大きさ】 12-14×11-13μm

【試料】 沖縄県久米島アーラ浜：1984.8.5(仲吉)

【開花期】 6-9月

【分布】 奄美大島以南の沖縄。中国・台湾・東南アジアの熱帯〜亜熱帯

ホドイモ属
Genus *Apios* Fabricius

ホドイモ　　　　　　　　　　SPl.139.11-13

Apios fortunei Maxim.

【形態】 三角球形で，等極性。極観は頂口型の亜三角形で，赤道観は丸みのある四角形。3溝孔型。溝は短く大きく開き，溝内は微粒が詰まっていて孔は不明瞭。外壁の彫紋はしわ状紋で，畝は細い。

【大きさ】 29-35×29-36μm；40-44×48-50μm(I)，36.0-41.4×34.2-41.4μm(N)

【試料】 高知市：1977.9.19(守田)

【開花期】 7-9月

【分布】 北海道〜九州。中国

インゲンマメ属
Genus *Phaseolus* L.

インゲンマメ　　　　　　　　SPl.138.13-15

Phaseolus vulgaris L.

【形態】 角ばった球形で，等極性。極観は頂口型三角形で，赤道観は横長の楕円形。3孔型。孔は頂孔型で丸く大きく開く。外壁の彫紋は不規則な網目状紋で，網目の中には1-5個以上の微粒がある。孔間域に2本の細長い窪み(偽溝?)のようなものがあることがある。

【大きさ】 34-36×33-39μm；38-41×40-43μm(I)

【試料】 東京都薬用植物園(植栽)：1990.9.10(岡)

【開花期】 6-8月

【原産地】 アメリカ(熱帯)

クズ属
Genus *Pueraria* DC.

クズ　　　　　　　　　　　SPl.142.1-4

Pueraria lobata (Willd.) Ohwi

【形態】 長球形で，等極性。極観は円形で，赤道観は楕円形。3溝孔型。溝はやや短い。溝内は平滑状紋。外壁の彫紋は微穿孔状紋〜小網目状紋で，微穿孔と網目の中には突起が見られる。極域と溝縁に向かって微穿孔と網目は小さくなる。

【大きさ】 23-24×21-22μm

【試料】 岡山市岡山理科大学：1993.9.4

【開花期】 8-9月

【分布】 北海道〜九州・奄美大島。朝鮮半島・中国・台湾・フィリピン・インドネシア・ニューギニア。沖縄本島や北米に帰化

ナタマメ属
Genus *Canavalia* DC.

ハマナタマメ　　　　　　　　SPl.142.5-7

Canavalia lineata (Thunb.) DC.

【形態】 偏平三角球形で，等極性。極観は頂口型の亜三角形で，赤道観は横長の長球形。3合流溝

型。溝は両極まで伸びて合流する。両極に三角形の極域を形成し，その中にいぼ状突起や微粒が見られる。外壁の彫紋は微穿孔状紋であるが，溝縁部では不明瞭となる。

【大きさ】 35-36×45-51 μm

【試料】 沖縄県石垣島：1973.4.5(中村純)

【開花期】 6-8月

【分布】 本州(太平洋側は千葉県以西，日本海側は山形県以西)・四国・九州・沖縄・小笠原諸島。中国・台湾

ノササゲ属
Genus *Dumasia* DC.

ノササゲ SPl.141.7-8
Dumasia truncata Siebold et Zucc.

【形態】 やや偏平な三角球形で，等極性。極観は半耳ひだ形で，赤道観は横長の楕円形。6孔型。3つの各隅に円形の孔が2個ずつ相対して開く。外壁の彫紋は太いしわ状紋～網目状紋である。

【大きさ】 41-51 μm; 28-32×38-43 μm(I), 40-42×26-28 μm(S), 36.0-41.4 μm(N)

【試料】 宮城県泉市：1983.9.7(守田)

【開花期】 7-10月

【分布】 本州～九州

フジマメ属
Genus *Dolichos* L.

フジマメ SPl.143.8-10
Dolichos lablab L.

【形態】 長球形で，等極性。極観は円形で，赤道観は楕円形。3溝孔型。溝はやや短くて大きく開き，孔の周辺は隆起する。外壁の彫紋は微穿孔状紋であるが，溝縁部ではかなりの幅で平滑状紋となる。

【大きさ】 36-40×31-36 μm; 39-40×36-39 μm(I)

【試料】 京都市武田薬品薬草園(植栽)：1991.10.18(岡)

【開花期】 6-8月

【原産地】 アフリカ(熱帯)

ヌスビトハギ連
Tribe **Desmodieae**

ハギ属
Genus *Lespedeza* Michx.

長球形で，等極性。極観は円形で，赤道観は楕円形。3溝孔型。溝は両極近くまで細長く伸び，溝内の孔は不明瞭。外壁の彫紋は凹の大きさにより，微穿孔状紋を持つもの(マルバハギ・ヤマハギなど)と小網目状紋を持つもの(メドハギ・ミヤギノハギなど)に大別できる。

マルバハギ SPl.136.6-8
Lespedeza cyrtobotrya Miq.

【大きさ】 17-20×14-19 μm; 21-22×20-21 μm(I), 20-22×22-24 μm(S)

【試料】 岡山市三徳園(植栽)：1986.9.23，東京都立神代植物公園(植栽)：1992.9.10(岡)

【開花期】 8-10月

【分布】 本州～九州。朝鮮半島・中国

ヤマハギ SPl.136.9-11
Lespedeza bicolor Turcz.

【大きさ】 17-20×13-16 μm; 20-22×20-21 μm(I)

【試料】 岡山市三徳園：1986.9.23，東京都立神代植物公園(植栽)：1992.9.10(岡)

【開花期】 7-9月

【分布】 北海道～九州。ウスリー・朝鮮半島・中国(東北部)

メドハギ SPl.136.12-14
Lespedeza juncea (L. fil.) Pers. var. *subsessilis* Miq.

【大きさ】 20-22×16-17 μm; 22-24×21-24 μm(I), 24-26×26-28 μm(S), 18.9-23.4×19.8-21.6 μm(N)

【試料】 沖縄県久米島アーラ岳：(仲吉)

マメ科

【開花期】 8-10月
【分布】 北海道～沖縄。朝鮮半島・中国・マレーシア・ヒマラヤ・アフガニスタン

ミヤギノハギ　　　　　　　　SP1.136.15-16
Lespedeza thunbergii (DC.) Nakai
【大きさ】 20-21×15-16 μm
【試料】 東京都立神代植物公園(植栽)：1992.9.10(岡)
【開花期】 6-10月
【備考】 ケハギ(山形県・福島県・北陸地方・長野県)からの園芸品

ヌスビトハギ属
Genus *Desmodium* Desv.

ヌスビトハギ　　　　　　　　SP1.136.21-23
Desmodium podocarpum DC. subsp. *oxyphyllum* (DC.) Ohashi
【形態】 長球形で，等極性。極観は円形で，赤道観は楕円形。3溝孔型。溝は両極近くまで伸び，溝内に微粒の見られるもの(ヌスビトハギなど)と見られないもの(ミソナオシなど)がある。孔の周辺はやや突出する。外壁の彫紋はしわ状紋(ヌスビトハギなど)と網目状紋(ミソナオシなど)の2通り見られる。
【大きさ】 23-28×18-22 μm; 25-27×25-27 μm (I), 30-34×34-36 μm(S), 21.6-27.0×16.2-19.8 μm(N)
【試料】 鳥取県大山寺：1977.8.8，1986.7.28
【開花期】 7-9月
【分布】 北海道～沖縄。朝鮮半島・中国・台湾・ミャンマー・ヒマラヤ

ナハキハギ属
Genus *Dendrolobium* Desv.

ナハキハギ　　　　　　　　SP1.137.10-13
Dendrolobium umbellatum (L.) Benth.
【形態】 外観はミソナオシ属に似る。
【大きさ】 20.0-25.9×15.0-18.4 μm

【試料】 東京都東京大学理学部附属小石川植物園(植栽)：2013.4.14(岡)
【開花期】 6-10月
【分布】 西表島・石垣島・沖縄島。アフリカ・オーストラリア・インド・東南アジア・太平洋諸島・中国大陸・台湾

ミソナオシ属
Genus *Ohwia* H. Ohashi

ミソナオシ　　　　　　　　SP1.136.17-20
Ohwia caudatum (Thunb.) H. Ohashi
【大きさ】 21-24×16-18 μm; 31-32×32-33 μm (I), 23.4-28.8×18.0-21.6 μm(N)
【試料】 岡山市三徳園(植栽)：1983.8.30
【開花期】 8-10月
【分布】 本州(関東以西)～沖縄。朝鮮半島・中国・台湾・インドシナ半島・ミャンマー・ヒマラヤ(西部)・インド

センダイハギ連
Tribe **Thermopsideae**

センダイハギ属
Genus *Thermopsis* R. Br.

センダイハギ　　　　　　　　SP1.138.1-4
Thermopsis lupinoides (L.) Link
【形態】 長球形で，等極性。極観は円形で，赤道観は楕円形。3溝孔型。溝は両極近くまで伸び，溝内には微粒がある。孔は縦長に大きく開く。外壁の彫紋は小網目状紋よりも微穿孔状紋に近い。微穿孔は溝間域で大きく，溝縁に向かって小さくなり，溝の周囲では平滑状紋になる。
【大きさ】 16-23×13-15 μm; 16-17×17-18 μm (I), 25.2-28.8×19.8-21.6 μm(N)
【試料】 仙台市東北大学植物園(植栽)：1978.5.15(守田)，岡山県玉野市深山公園薬草園(植栽)：1994.4.26
【開花期】 4-8月
【分布】 北海道・本州(中部以北)。ロシア(極東)・

朝鮮半島・中国・北米

ムラサキセンダイハギ属
Genus *Baptisia* Vent.

ムラサキセンダイハギ　　　　　SPl.138.5-8
Baptisia australis R. Br.
【形態】　外観はセンダイハギ属に似る。
【大きさ】　16-17×12-14 μm；15-16×15.5-16.5 μm(I)
【試料】　香川県東かがわ市西村(植栽)：1986.5.18
【開花期】　5-7月
【原産地】　北米(ペンシルバニア・ジョージア・テキサス)

ゲンゲ連
Tribe **Astragaleae**

ゲンゲ属
Genus *Astragalus* L.

ゲンゲ(レンゲソウ)　　　　　SPl.138.9-12
Astragalus sinicus L.
【形態】　外観はセンダイハギ属に似る。
【大きさ】　14-16×10-12 μm；14-16×13-15 μm(I)，14-16×18-20 μm(S)，16.2-18.0×9.0-12.6 μm(N)
【試料】　岡山市津島：1973.4.11，岡山県赤磐市馬屋：1981.5.2
【開花期】　4-6月
【原産地】　中国

ソラマメ連
Tribe **Vicieae**

エンドウ属
Genus *Pisum* L.

エンドウ　　　　　SPl.138.16-18
Pisum sativum L.
【形態】　長球形で，等極性。極観は円形で，赤道

観は丸みのある縦長の長方形で，赤道部でやや窪む。3溝孔型。溝は両極近くまで細長く伸び，溝内は平滑状紋。孔の周辺はやや隆起している。外壁の彫紋は網目状紋であるが，溝縁は平滑状紋となる。網目の中には微粒が数個入っている。
【大きさ】　41-46×20-23 μm；45-50×26-28 μm(I)
【試料】　香川県東かがわ市西村(植栽)：1982.4.1(三好マ)
【開花期】　4-5月
【原産地】　中近東・地中海沿岸・アビシニア

ソラマメ属
Genus *Vicia* L.

　長球形で，等極性。極観は円形で，赤道観は縦長の丸みのある長方形。3溝孔型。溝はやや短めで両極近くまでは達しない。溝縁部が肥厚し，赤道部の孔の周囲は隆起する。外壁の彫紋は基本的には網目状紋で網目の中に微粒があるが，変形してしわ状紋〜畝状紋に見えるものも多い。

ソラマメ　　　　　SPl.139.9-10
Vicia faba L.
【大きさ】　37-41×20-23 μm；40-48×28-32 μm(I)，43.2-46.9×19.8-23.4 μm(N)
【試料】　香川県東かがわ市西村(植栽)：1982.4.1，岡山市三徳園(植栽)：1986.5.10
【開花期】　4-5月
【原産地】　アジア(西南部)・アフリカ(北部)

ヤハズエンドウ(カラスノエンドウ)　　SPl.139.1-4
Vicia angustifolia L.
【大きさ】　29-32×17-19 μm；35-38×26-29 μm(I)，36-38×24-26 μm(S)，30.6-34.2×14.4-27.0 μm(N)
【試料】　沖縄県南大東島：1989.3.21(宮城)
【開花期】　3-6月
【原産地】　ヨーロッパ

マメ科

スズメノエンドウ　　　SPl.139.5-8，LPl.24.14-15
Vicia hirsuta (L.) S.F. Gray
【大きさ】　29-34×20-24 μm；21.6-27.0×10.8-16.2 μm(N)
【試料】　岡山市岡山理科大学：1975.4.10，岡山県自然保護センター：1993.5.9(岡)
【開花期】　4-6月
【分布】　本州～沖縄。ユーラシア・アフリカ(北部)

ナンテンハギ　　　SPl.137.1-4，LPl.25.9-11
Vicia unijuga A. Braun
【大きさ】　45.1-50.1×25.1-31-7 μm；44-48×28-32 μm(I)，30-32×46-50 μm(S)，21.6-27.0×36.0-45.0 μm(N)
【試料】　東京都東京大学理学部附属小石川植物園(植栽)：2013.9.26(岡)
【開花期】　6-10月
【分布】　北海道～九州

レンリソウ属
Genus *Lathyrus* L.

　長球形で，等極性。極観は円形で，赤道観は縦長の丸みのある長方形。3溝孔型。溝はやや短くて大きく開かず，溝内には微粒があり，孔は不明瞭であるがその周辺は隆起する。外壁の彫紋は網目状紋で，溝間域の赤道部では網目が顕著であるが，両極部と溝縁では網目が不明瞭となる。特にハマエンドウでは両極部の上下1/4がほぼ平滑状紋となる。

スイートピー(ジャコウレンリソウ)　　　SPl.141.1-3
Lathyrus odoratus L.
【大きさ】　41-44×27-29 μm；39-42×31-33 μm(I)
【試料】　岡山県赤磐市山陽(植栽)：1993.5.19
【開花期】　2-5月
【原産地】　地中海

ハマエンドウ　　　SPl.141.4-6
Lathyrus japonicus Willd.
【大きさ】　31-32×19-20 μm；33-41×20-30 μm(I)，40-45×30-32 μm(S)，37.8-43.2×25.2-27.0 μm(N)
【試料】　三重県紀宝町：1981.4.28(星野)，岡山県玉野市沼：1992.6.9(岡)
【開花期】　4-7月
【分布】　北海道～沖縄。北半球の暖帯～亜寒帯・チリ

ミヤコグサ連
Tribe **Loteae**

ミヤコグサ属
Genus *Lotus* L.

ミヤコグサ　　　SPl.140.15-17
Lotus corniculatus L. var. *japonicus* Regel
【形態】　長球形で，等極性。極観は円形で，赤道観は楕円形。3溝孔型。溝はやや短くて，溝内は平滑状紋で，孔は丸く開く。外壁の彫紋は平滑状紋である。
【大きさ】　13-16×8-12 μm；16-17.5×13-14 μm(I)，16-18×12-13 μm(S)，14.4-16.2×9.0-12.6 μm(N)
【試料】　岡山県赤磐市高倉山：1984.6.17，岡山市半田町：1986.5.23(端野)
【開花期】　4-10月
【分布】　北海道～沖縄。朝鮮半島・中国・台湾

タヌキマメ連
Tribe **Crotalarieae**

タヌキマメ属
Genus *Crotalaria* L.

タヌキマメ　　　SPl.137.5-9
Crotalaria sessiliflora L.
【形態】　長球形で，等極性。極観は円形で，赤道観は楕円形。3溝孔型。溝は長い。溝内は平滑状

マメ科

紋か微穿孔状紋である。外壁の彫紋は小網目状紋であるが，網目は溝縁に向かって小さくなり，溝周辺は平滑状紋で微穿孔が少し見られる。

【断面】 花粉外壁は外表層，柱状層，底部層からなる。畝となる外表層は小柱に支えられている。

【大きさ】 20.9-23.4×15.0-18.4 μm；12.6-14.4×21.6-23.4 μm(N)，15×28 μm(B)

【試料】 岡山県自然保護センター：1996.5.28 (岡)

【開花期】 7-9月

【分布】 本州・四国・九州

シャジクソウ連
Tribe **Trifolieae**

シナガワハギ属
Genus **Melilotus** Mill.

シナガワハギ SPl.140.1-4

Melilotus officinalis (L.) Pallas

【形態】 長球形で，等極性。極観は円形で，赤道観は縦長の楕円形。3溝孔型。溝はやや短く，溝内は平滑状紋。孔は横長に開き，その周辺は少し隆起する。外壁の彫紋は微穿孔状紋であるが，極域と溝縁では不明瞭となる。

【大きさ】 23-26×16-18 μm；24-26×19-20 μm (I)，27.0-30.6×16.2-19.8 μm(N)

【試料】 沖縄県西表島：1989.3.11(宮城)

【開花期】 7-12月

【分布】 北海道〜沖縄(帰化したものとみられている)。ユーラシア

ウマゴヤシ属
Genus **Medicago** L.

外観はシナガワハギ属に似る。

ウマゴヤシ SPl.140.5-8

Medicago polymorpha L.

【大きさ】 25-26×21-23 μm；27-28×25-26 μm (I)

【試料】 岡山県赤磐市山陽：1994.5.23

【開花期】 3-5月

【原産地】 ヨーロッパ

コメツブウマゴヤシ SPl.140.9-12

Medicago lupulina L.

【大きさ】 23-24×21-23 μm；19.8-27.0×16.2-21.6 μm(N)

【試料】 高知市：1955.4.30(中村純)

【開花期】 3-6月

【原産地】 ヨーロッパ

シャジクソウ属
Genus **Trifolium** L.

シロツメクサ SPL.140.13-14

Trifolium repens L.

【形態】 外観はシナガワハギ属に似る。

【大きさ】 22-26×16-17 μm；23-26×22-24 μm (I)

【試料】 岡山市半田山：1972.7.4，岡山県赤磐市馬屋：1981.5.2

【開花期】 5-10月

【原産地】 ヨーロッパ

イワオウギ連
Tribe **Hedysareae**

イワオウギ属
Genus **Hedysarum** L.

イワオウギ(タテヤマオウギ) SPl.140.18-20

Hedysarum vicioides Turcz.

【形態】 長球形で，等極性。極観は円形で，赤道観は縦長の楕円形〜丸みのある長方形。3溝孔型。溝は両極近くまで細長く伸び，孔は不明瞭。外壁の彫紋は小網目状紋である。

【大きさ】 19-22×11-15 μm；20-21×15-16 μm (I)

【試料】 山形県飯豊山：1979.8(守田)

【開花期】 6-8月

【分布】 北海道・本州(中部以北)。シベリア・朝鮮半島(北部)・中国(東北部)

ナンキンマメ属
Genus *Arachis* L.

ナンキンマメ(ラッカセイ) SPl.143.1-4

Arachis hypogaea L.

【形態】 長球形で，等極性。極観は頂口型の三角円形，赤道観は楕円形。3溝孔型。溝は両極近くまで長く伸びたり，両極まで達して合流溝となり極域に三矢マークをつくることもある。孔は確認しにくい。外壁の彫紋は微穿孔状紋で，溝縁まで広く覆われる。

【大きさ】 32-35×20-29 μm

【試料】 岡山県赤磐市南佐古田(植栽)：2002.8.24

【開花期】 7-9月

【原産地】 ボリビア(アンデス山脈東麓)

ルピナス連
Tribe **Luppineae**

ルピナス属
Genus *Lupinus* L.

カサバルピナス(ケハウチワマメ) SPl.143.5-7

Lupinus hirsutus L.

【形態】 長球形で，等極性。極観は円形で，赤道観は縦長の楕円形。3溝孔型。溝は両極近くまで長く伸び，溝内には微粒があり，孔は不明瞭。外壁の彫紋は大きな網目状紋で，溝間域では大きな網目を持つが，しだいに小さくなり溝縁では平滑状紋となる。

【大きさ】 26-29×20-23 μm

【試料】 神戸市神戸学院大学薬学部附属薬用植物園(植栽)：1990.5.29(岡)

【開花期】 4-5月

【原産地】 ヨーロッパ(南部)

カワゴケソウ科
Family **Podostemaceae**

熱帯に主として産するが，温帯にも分布し，43属200種が知られている。日本には2属6種が九州南部(宮崎県以南)に分布する。双子葉植物で2集粒花粉を持つのは，本科だけである。

カワゴロモ属
Genus *Hydrobryum* Endl.

ウスカワゴロモ SPl.144.1-3

Hydrobryum floribundum Koidz.

【形態】 長球形で，等極性。極観は円形で，赤道観は楕円形。2集粒で釣鐘状の単粒が極軸方向に上下に接合する。3溝型(？)。溝らしきものは幅広く窪み，溝内には微粒が密に分布する。外壁の彫紋は微小刺状紋である。

【大きさ】 26-27×14-15 μm(L×S)；d.28-36×12-21 μm, s.13-21 μm(I)

【試料】 鹿児島県志布志市：1981.12.13(新)

【開花期】 10-2月

【分布】 鹿児島県(安楽川・前川)

カタバミ科
Family **Oxalidaceae**

南アフリカや南米の熱帯を中心に7属約900種もあるが，日本にはカタバミ属1属しかない。カタバミ属の花は異型雄しべを持ち，長短の雄しべにより花粉に大小があったり，彫紋に差のあるものまである。そのため本属の花は，異型雄しべ花粉の観察材料として好適である。

カタバミ属
Genus *Oxalis* L.

球形で，等極性。極観は円形で，赤道観は楕円形～円形。発芽口は3溝型(イモカタバミ，ミヤマカタバミなど)と3-6散溝型(ムラサキカタバミ，アカカ

タバミなど)がある(溝型でなく，溝孔型とする報告もある)。外壁の彫紋は網目状紋(イモカタバミ，ムラサキカタバミなど)と微穿孔状紋(ミヤマカタバミ)がある。本属は異型雄しべで，長雄しべの花粉が短雄しべのものより大きい傾向が見られ，イモカタバミで顕著である。外壁の彫紋は両者であまり差のないもの(イモカタバミ，カタバミ)とかなり差のあるもの(ミヤマカタバミ)があった。

イモカタバミ　　　　　　　　　　SPl.145.1-6
Oxalis articulata Savigny
【形態】　長雄しべの花粉は短雄しべのものよりかなり大きいが，外壁の彫紋は両者に大差はない。
【大きさ】　l.s.20-23×17-23 μm, s.s.13-16×14-17 μm
【試料】　岡山市岡山理科大学：1972.7.8
【開花期】　7-10月
【原産地】　パラグアイ

ミヤマカタバミ　　　　　　　　　SPl.145.7-12
Oxalis griffithii Edgew. et Hook.
【形態】　長雄しべの花粉は短雄しべのものよりも少し大きく，外壁の彫紋もかなり異なる。長雄しべでは微穿孔状紋の上にまばらにいぼ状紋が点在するが，短雄しべでは多数の大きくて不規則ないぼ状紋が分布する。
【大きさ】　l.s.32-37×35-40 μm, s.s.33-40×33-39 μm; 34-40×40-45 μm(I), 41.4-43.0×37.8-48.6 μm(N)
【試料】　岡山県津山市加茂細池湿原：1984.5.7，京都市武田薬品薬草園(植栽)：1991.4.7(岡)
【開花期】　3-6月
【分布】　本州(東北南部以西)・四国。中国・ヒマラヤ

ムラサキカタバミ　　　　　　　　SPl.146.1-4
Oxalis corymbosa DC.
【大きさ】　29-34 μm; 33-36×35-39 μm(I)
【試料】　岡山県赤磐市山陽：1977.8.17，沖縄県国頭村：1989.3
【開花期】　6-10月

【原産地】　南米

コミヤマカタバミ　　　　　SPl.146.5-6，LPl.28.1-5
Oxalis acetosella L.
【形態】　外壁の彫紋は不規則ないぼ状紋からなり，本属の他のものが網目状紋〜微穿孔状紋であるのと大きく異なり，要再検討。
【大きさ】　30-38 μm; 34-41×43-46 μm(I)
【試料】　青森県八甲田山：1979.6.22(守田)，北海道温根沼：2001.6.2
【開花期】　5-8月
【分布】　北海道〜九州(中国地方を除く)。サハリン・千島・朝鮮半島・アジア・ヨーロッパ・北アフリカ・北米

カタバミ　　　　　　　　　　　　SPl.147.1-6
Oxalis corniculata L.
【形態】　長雄しべの花粉は短雄しべよりもやや大きいが，外壁の彫紋は両者とも網目状紋で大差はない。
【大きさ】　l.s.21-22×24-27 μm, s.s.24×25-31 μm; l.s.37-41×39-43 μm, s.s.32-34×34-36.5 μm(I), 35-38×38-42 μm(S), 28.3-37.8 μm(N)
【試料】　岡山市岡山理科大学：1984.5.14
【開花期】　5-10月
【分布】　日本全国。熱帯〜温帯

アカカタバミ　　　　　　　　　　SPl.146.7-9
Oxalis corniculata L. f. *rubrifolia* (Makino) Hara
【形態】　本種は4-6散溝型で，カタバミ属は3溝型が多い点で異なるが，外壁の彫紋は同じ網目状紋である。
【大きさ】　28-32 μm
【試料】　岡山県赤磐市山陽：1983.6.25
【開花期】　4-10月
【分布】　熱帯〜温帯
【備考】　カタバミの変異種

カタバミ科・フウロソウ科

ゴレンシ属
Genus *Averrhoa* L

ゴレンシ(スターフルーツ)

SPl.111.18-22, LPl.22.13-16

Averrhoa carambola L.

【形態】 球形で，等極性。極観は円形で，赤道観は楕円形。3溝型。溝は極域まで達し，溝内は微粒状紋である。外壁の彫紋は網目状紋である。

【断面】 花粉外壁は外表層，柱状層，底部層からなる。畝となる外表層を小柱が支えている。

【大きさ】 15.9-17.5×16.7-18.4μm

【試料】 沖縄県国営沖縄記念公園(植栽)：1992.7.7(岡)

【開花期】 7-9月

【原産地】 熱帯アジア

フウロソウ科
Family **Geraniaceae**

FPl.10.14

世界の温帯に主として分布し，5属約700種あるが，日本にはフウロソウ属だけが自生している。日本の花粉分析では，フウロソウ属の大きく黒褐色の化石花粉がしばしば産出するが，数は多くない。

テンジクアオイ属
Genus *Pelargonium* L'Hèer. ex Ait.

テンジクアオイ

SPl.147.7-10

Pelargonium inquinans (L.) L'Hèer. ex Ait.

【形態】 球形で，等極性。極観・赤道観ともに円形。3溝型。溝は短く極軸長の半分以下で，溝内は平滑状紋。外壁の彫紋は高く伸びた小柱に支えられた類線状の網目状紋で，網目は長方形をした不規則な形態のものが多く，溝縁までよく発達する。

【大きさ】 44-49×40-50μm; 68-72×65-70μm(S)

【試料】 岡山市岡山理科大学(植栽)：1972.10.21，岡山県赤磐市山陽(植栽)：1983.4.17

【開花期】 4-11月

【原産地】 南アフリカ

フウロソウ属
Genus *Geranium* L.

球形で，等極性。極観・赤道観ともに円形。3溝型。発芽口は溝型や類溝型とされているが，溝は非常に短く極軸長の1/4ぐらいの長さしかない楕円形。また円形のものもあることから孔型に近い。外壁の彫紋は棍棒状紋で，大小の棍棒が密に全表面を覆う。大きな棍棒の頭部には，数本の縞状紋がある。

ゲンノショウコ(フウロソウ)

SPl.148.1-4

Geranium nepalense Sweet subsp. *thunbergii* (Siebold et Zucc.) Hara

【大きさ】 49-55×49-56μm; 58-64×60-70μm(I), 70-80×60-80μm(S), 68.4-77.4μm(N)

【試料】 鳥取県高清水高原：1982.8.31，岡山市岡山理科大学：1983.9.4

【開花期】 7-10月

【分布】 北海道～奄美大島。南千島

ハクサンフウロ

SPl.148.5-8

Geranium yesoense Franch. et Savat. var. *nipponicum* Nakai

【大きさ】 81×77-89μm; 80-90×82-95μm(I), 76-88×76-88μm(S)

【試料】 栃木県戦場ヶ原：1980.8.1(守田)，長野県蝶ヶ岳：1993.9.5(加藤靖)

【開花期】 7-8月

【分布】 本州(中部以北)

チシマフウロ

SPl.148.9-12

Geranium erianthum DC.

【大きさ】 91×77-93μm; 90-95×95-100μm(I)

【試料】 北海道野付：1981.8.13(守田)，北海道雨竜沼：1982.7.4(星野)

【開花期】　7-8月

【分布】　北海道・本州（北部早池峰山まで）。シベリア（東部）・北米（北部）

アメリカフウロ　　　　　　　　　　LPl.30.1-4

Geranium carolinianum L.

【形態】　外観・発芽口・外壁の彫紋は，ゲンノショウコ・チシマフウロなどに似る。

【大きさ】　62.7-66.0×62.7-69.3 μm；50×50 μm（B）

【試料】　神戸市神戸学院大学薬学部附属薬用植物園（植栽）：1991.5.20（岡）

【開花期】　5-8月

【原産地】　北米

ハマビシ科
Family **Zygophyllaceae**

熱帯～暖帯の海岸や砂漠に生える。約25属240種あり，日本にはハマビシのみが自生する。

ハマビシ属
Genus ***Tribulus*** L.

ハマビシ　　　　　　　　　　　　SPl.149.1-2

Tribulus terrestris L.

【形態】　球形で，無極性。外観は円形。多散孔型（約100個）。直径が1.5 μm前後の孔が網目状紋の各網目の中に1個ずつ入っている。外壁の彫紋は大きな網目状紋で，五～六角形のものが多くて，その網の籂は各辺が2-3本の太い小柱に支えられている。

【大きさ】　39-42 μm

【試料】　不詳

【開花期】　7-10月

【分布】　本州（千葉県と福井県以西）・四国・九州。熱帯～暖帯の海岸・内陸

アマ科
Family **Linaceae**

世界に広く分布し，12属290種あるが，日本にはアマ属マツバニンジン1種だけが自生する。本科の一部は合弁花類のイソマツ科と系統的な関係があるとの見解もあり，花粉の形態からも支持されているが（大橋，1999），日本のマツバニンジンとハマビシの花粉は，あまり類似していない。

アマ属
Genus ***Linum*** L.

マツバニンジン　　　　　　　　　SPl.144.4-5

Linum stelleroides Planch.

【形態】　球形で，無極性。外観は円形。本属の発芽口は3溝孔型や多散孔型（15個以上）が報告されており，本種は多散孔型と見られるが，はっきりとした孔を確認しにくく，再検討が必要。外壁の彫紋は円錐状（フジツボ状）突起が全表面を覆い，多くの小さな突起の中に大きな突起が点在する。突起の表面には頂点から底辺に向かって縞状紋が認められる。

【大きさ】　23-38 μm；54.0-64.8 μm（N）

【試料】　不詳

【開花期】　8-9月

【分布】　北海道～九州。アジア（東部）

トウダイグサ科
Family **Euphorbiaceae**

世界の寒帯～熱帯に280属約8,000種が分布し，特に熱帯・亜熱帯の乾燥地・準乾燥地に多い。日本には19属約36種が知られている。日本の第四紀堆積層の花粉分析では，アカメガシワ属がよく報告されているが，高率になることはない。それに対して，アジアの亜熱帯や熱帯の花粉分析では，本属や本属を含む本科が全層を通してかなりの高率で産出する花粉分布図が見られる。また，シラキ属化石花粉の産出数は多くはないが，サルスベ

リ属の化石花粉とともに最終間氷期以前の各間氷期の指標となる大切な属である。

マルヤマカンコノキ亜科
Subfamily **Bridelioideae**

アカギ属
Genus *Bischofia* Blume

アカギ　　　　　SPl.149.3-7，LPl.27.7-10

Bischofia javanica Blume

【形態】　球形で，等極性。極観は円形で，赤道観は楕円形。3(まれに6)溝孔型。溝は両極近くまで細長く伸び，あまり開かないため孔は確認しにくい。外壁の彫紋は微穿孔状紋が溝間域から溝縁まで一様に密に覆う。

【大きさ】　18-20×17-19 μm; 16.2-19.8 μm(N)

【試料】　那覇市(植栽)：1989.3.7(宮城)

【開花期】　4-6月

【原産地】　アジア(熱帯)・南太平洋諸島・オーストラリア

コミカンソウ亜科
Subfamily **Phyllanthoideae**

コミカンソウ属
Genus *Phyllanthus* L.

　球形〜長球形で，等極性(無極性もあるかもしれない?)。極観は円形で，赤道観は円形〜楕円形。発芽口と外壁の彫紋は種によりかなり異なるので，種別に記載する。

コバンノキ　　　　　SPl.150.1-4

Phyllanthus flexuosus (Siebold et Zucc.) Muell. Arg.

【形態】　これまでに発芽口は6類散溝型と3-4溝孔型の報告があるが，溝が隣のものと連なっていることから，合流溝型とするのがよいと思われる。

外壁の彫紋は網目状紋で，溝以外の全表面を覆う。

【大きさ】　18-20 μm; 22-27×22-27 μm(I), 24-26×24-26 μm(S), 18.0-25.2 μm(N)

【試料】　三重県赤目四十八滝：1976.5.4(守田)

【開花期】　4-5月

【分布】　本州(岐阜県・福井県以西)〜沖縄。中国・ヒマラヤ

コミカンソウ　　　　　SPl.150.5-8

Phyllanthus urinaria L.

【形態】　3-4溝孔型。溝は両極近くまで伸び，溝内は平滑状紋で，孔は確認しにくい。外壁の彫紋は凹凸のある表面に微穿孔状紋があり，その間に微粒が点在する。

【大きさ】　19-21×13-21 μm; 20-21×17-18 μm(I), 23.4-25.2×14.4-18.0 μm(N)

【試料】　岡山市三徳園：1982.10.11

【開花期】　7-10月

【分布】　本州〜沖縄(帰化)。スリランカ

ヒトツバハギ属
Genus *Securinega* Comm. ex Juss.

　長球形で，等極性。極観は円形で，赤道観は楕円形。3溝孔型。溝は両極近くまで伸び，溝内には微粒が分布し，孔は丸く開いて確認しやすい。外壁の彫紋は網目状紋で，網目は溝間域で大きく，溝縁に向かって小さくなり，溝の周辺部は平滑状紋となる。

ヒトツバハギ　　　　　SPl.150.9-12

Securinega suffruticosa (Pallas) Rehder var. *japonica* (Miq.) Hurusawa

【大きさ】　21-25×15-21 μm; 20-21×21-22 μm(I), 19.8-21.6×16.2-18.0 μm(N)

【試料】　岡山市三徳園(植栽)：1983.6.5

【開花期】　6-8月

【分布】　本州(中部以西)・四国・九州。シベリア(東部)・朝鮮半島・中国・ヒマラヤ

トウダイグサ科

アマミヒトツバハギ　SPl.137.14-17, LPl.27.11-14
Securinega suffruticosa (Pall.) Rehder var. *amamiensis* Hurus.
【大きさ】　20.9-21.7×18.4-20.0 μm
【試料】　京都市日本新薬山科植物資料館(植栽)：2011.5.11
【開花期】　6-8月
【分布】　甑島・種子島〜沖縄。台湾

カンコノキ属
Genus *Glochidion* J. R. Forst. et G. Forst.

　球形〜長球形で，等極性。極観は円形で，赤道観は楕円形〜円形。多(4-5)環溝孔型。溝は両極近くまで伸び，溝縁は網目状紋の畝で縁取られ，溝内は平滑状紋で，孔は確認しにくい。外壁の彫紋は溝間域から溝縁まで全表面を立体感のある網目状紋が覆う。

ウラジロカンコノキ　SPl.149.8-9, LPl.27.15-18
Glochidion acuminatum Muell. Arg.
【大きさ】　22-23 μm
【試料】　沖縄県国頭村：2004.4.10
【開花期】　3-5月
【分布】　沖縄。中国(南部)・台湾・マレーシア・インド

キールンカンコノキ　SPl.149.10-13
Glochidion lanceolatum Hayata
【大きさ】　16-18×14-17 μm; 17-18×18-19 μm (I)
【試料】　沖縄県西表島：1989.3.12(宮城)
【開花期】　3-8月
【分布】　沖縄。台湾・フィリピン

ハズ亜科
Subfamily **Crotonoideae**

シラキ属
Genus *Sapium* P. Browne

FPl.19.12
　球形〜長球形で，等極性。極観は円形で，赤道観は円形〜楕円形。3溝孔型。溝は両極近くまで長く伸び，幅広く開いて孔は確認しやすく，溝内は平滑状紋。外壁の彫紋は微穿孔状紋で，溝間域では明瞭であるが，溝縁に向かって不鮮明となり，溝の周囲は平滑状紋となる。

シラキ　SPl.151.5-8
Sapium japonicum (Siebold et Zucc.) Pax et K. Hoffm.
【大きさ】　30-32×28-33 μm; 39-42×40-43 μm (I), 42-44×46-50 μm(S), 37.8-41.4×30.6-34.2 μm(N)
【試料】　岡山市三徳園(植栽)：1983.6.5, 広島市植物公園(植栽)：1994.5.28(岡)
【開花期】　5-7月
【分布】　本州(岩手県・山形県以南)〜沖縄。朝鮮半島・中国

ナンキンハゼ　SPl.151.1-4
Sapium sebiferum (L.) Roxb.
【大きさ】　29-31×25-31 μm; 35-38×38-42 μm (S), 39.6-41.4×30.6-36.0 μm(N)
【試料】　岡山県赤磐市山陽(植栽)：1981.7.24, 岡山市三徳園(植栽)：1983.7.9
【開花期】　7月
【分布】　本州〜沖縄(植栽)。中国(山東省〜雲南省)

アブラギリ属
Genus *Aleurites* J. R. Forst. et G. Forst.

アブラギリ　SPl.152.1-2
Aleurites cordata (Thunb.) R. Br. Ex Steud.
【形態】　球形で，無極性。外観は円形。無口型。

トウダイグサ科

外壁の彫紋は全表面を棍棒状紋が密に覆う。棍棒の頭部は，三角形・四角形・円形など様々な形をしており，その表面には数本の縞状紋が見られる（このような彫紋は「ハズ型模様」と呼ばれる）。
【大きさ】 49-62 μm; 73-88×73-88 μm(I)，85-95 μm(S)
【試料】 福井県永平寺：1979.6.3(守田)，岡山市グリーンシャワー公園(植栽)：1991.5.20(岡)
【開花期】 5-6月
【分布】 本州(中部以西)～九州。朝鮮半島・中国・台湾

タイワンアブラギリ属
Genus *Jatropha* L.

テイキンザクラ　　　　SPl.153.11-13，LPl.27.1-2
Jatropha integerrima Jacq.
【形態】 外観はハズ属に似るが，孔らしきものが見られる。
【断面】 花粉外壁は外表層がなく，柱状層と底部層からなる。小柱が棍棒状で，底部層は薄いように見える。
【大きさ】 56.8-66.8 μm
【試料】 沖縄県：2013.2.2(岡)
【開花期】 3-9月
【原産地】 キューバ

オオバギ属
Genus *Macaranga* Thouars

オオバギ　　　　　　　SPl.153.1-4，LPl.27.3-6
Macaranga tanarius (L.) Müll. Arg.
【形態】 球形～長球形で，等極性。極観は円形で，赤道観は円形～楕円形。3溝孔型。溝は短い。外壁の彫紋は微穿孔を伴った微小刺状紋。
【大きさ】 12.5-15.0×12.5-16.3 μm
【試料】 沖縄県国頭村：2004.4.9
【開花期】 3-5月
【分布】 沖縄。台湾・中国南部～マレーシア

アカメガシワ属
Genus *Mallotus* Lour.

アカメガシワ　　　　　SPl.152.3-6，LPl.28.6-8
Mallotus japonicus (Thunb. ex Murray) Muell. Arg.
【形態】 球形で，等極性。極観は頂口型の円形で，赤道観は円形。3溝孔型。溝はやや短くあまり開かないため，孔は確認しにくい。溝内には外壁の刺よりも大きな長刺が1列並ぶ。外壁の彫紋は溝間域から溝縁まで全表面を微小刺状紋が覆い，その間に微穿孔が分布する。
【大きさ】 22-25×24-26 μm; 24-25×26-28 μm(I)，26-28×24-26 μm(S)，25.2-27.0×21.6-25.2 μm(N)
【試料】 沖縄県石垣島於茂登岳：1973.4.2，岡山市岡山理科大学：1983.6.10(山下)，京都市西京区：2002.7.12
【開花期】 6-8月
【分布】 本州(宮城県・秋田県以西)～沖縄。朝鮮半島・中国・台湾

ハズ属
Genus *Croton* L.

球形で，無極性。外観は円形。無口型。外壁の彫紋は棍棒状紋が全表面を覆う。棍棒の頭部は三角形・四角形・円形など様々で，2 μm前後のほぼ同じ大きさのもが多いが，その隙間にもっと小さい棍棒も詰まる。

ハズ　　　　　　　　　　　　　　　SPl.154.4-5
Croton tiglium L.
【大きさ】 29-30 μm
【試料】 京都市武田薬品薬草園(植栽)：1991.10.18(岡)，東京都薬用植物園(植栽)：1993.9.15(岡)
【開花期】 9-10月
【分布】 九州(南部)～沖縄(栽培)。中国・東南アジア

トウダイグサ科

グミモドキ　SPl.153.9-10
Croton cascarilloides Raeusch.
【大きさ】　42.5-60.0 μm
【試料】　沖縄県粟国島：2005.3.19
【開花期】　4-12 月
【分布】　沖縄。台湾・中国南部〜マレーシア

トウダイグサ亜科
Subfamily **Euphorbioideae**

ヘンヨウボク属
Genus *Codiaeum* A. Juss.

クロトン（ヘンヨウボク，クロトンノキ）　SPl.154.1-3
Codiaeum variegatum (L.) Blume var. *pictum* (Lodd.) Müll. Arg.
【形態】　球形で，無極性。外観は円形。無口型（本属は無口型となっているが，SPl.154.2 のように発芽溝らしいものが認められるので，再検討が必要）。外壁の彫紋は棍棒状紋が全表面を密に覆う。棍棒の頭部は，形も大きさも様々なものが入り混じる。
【大きさ】　33-41 μm
【試料】　京都市日本新薬山科植物資料館(植栽)：1991.4.5(岡)，沖縄市東南植物楽園(植栽)：1996.7.11
【開花期】　4-7 月
【原産地】　マレーシア・太平洋諸島・ニューギニア・ニューカレドニア

トウゴマ属
Genus *Ricinus* L.

トウゴマ　SPl.155.1-4
Ricinus communis L.
【形態】　長球形で，等極性。極観は円形で，赤道観は楕円形。3 溝孔型。溝は両極近くまで伸びるが，横にはあまり開かないため，孔は確認しにくい。外壁の彫紋は微小刺状紋と微穿孔状紋からなり，溝間域から溝縁まで全表面を覆う。
【大きさ】　23-25×21-24 μm；26-28×29-30 μm

(I)，21.6-27.0×23.4-25.0 μm(N)
【試料】　岡山市三徳園(植栽)：1986.6.7，沖縄県宜野湾市(植栽)：1989.3.9
【開花期】　4-10 月
【原産地】　熱帯アフリカかインドに起源があると推察されている。

トウダイグサ属
Genus *Euphorbia* L.

　　長球形で，等極性。極観は円形〜間口型の亜三角形で，赤道観は楕円形〜円形。3 溝孔型。溝は両極近くまで長く伸び，横に大きく開いて外壁の低部層が平滑状紋のまま幅広く溝縁部に露出する。溝自体は閉じているため，孔は確認しにくい。外壁の彫紋はほとんどの種類では微穿孔状紋であるが，ポインセチアだけは大きな網目状紋を持つ。

コニシキソウ　SPl.155.5-8
Euphorbia supina Rafin.
【大きさ】　21-26×16-21 μm；28-29×23-25 μm
(I)，23-25×30-33 μm(S)，21.6-27.0×18.0-23.4 μm(N)
【試料】　岡山県赤磐市山陽：1983.7.9
【開花期】　6-9 月
【原産地】　北米

オオニシキソウ　SPl.155.9-12
Euphorbia maculata L.
【大きさ】　21-22×13-16 μm；26-27×24-25 μm
(I)，27.0-30.6×18.0-21.6 μm(N)
【試料】　岡山市神下：1982.4.13
【開花期】　8-9 月
【原産地】　北米

ハナキリン　SPl.156.1-4
Euphorbia milii Des Moul. var. *splendens* (Bojer ex Hook) Ursch et Leandri
【大きさ】　30-39×25-30 μm
【試料】　広島市植物公園(植栽)：1990.10.28(岡)，岡山市後楽園(植栽)：1992.5.19(岡)

トウダイグサ科・ユズリハ科

【開花期】 5-10月
【原産地】 マダガスカル

ポインセチア(ショウジョウボク)　SPl.156.5-8
Euphorbia pulcherrima Willd. ex Klotzsch
【大きさ】 28-31×30-32 μm; 34-36×37-39 μm
(I)
【試料】 岡山県赤磐市山陽(植栽):1981.11.21,
沖縄県(植栽):1989.3
【開花期】 11-3月
【原産地】 メキシコ

トウダイグサ　SPl.157.1-3
Euphorbia helioscopia L.
【大きさ】 27-29×27-28 μm; 37-40×38-42 μm
(I), 38-40×36-40 μm(S), 37.8-41.4×34.2-37.8
μm(N)
【試料】 那覇市首里石嶺町:1989.3.9
【開花期】 3-8月
【分布】 本州〜沖縄。北半球の温帯〜暖帯

オトギリバニシキソウ(セイタカオオニシキソウ)
　SPl.157.4-6
Euphorbia hyssopifolia L.
【大きさ】 18-20×13-16 μm
【試料】 那覇市:1992.7.7(岡)
【開花期】 6-8月
【分布】 南西諸島。北米

ハクサンタイゲキ　SPl.153.5-8, LPl.29.1-4
Euphorbia togakusensis Hayata
【大きさ】 32.6-41.8×31.8-40.9 μm
【試料】 岐阜県ひるがの高原:2013.7.18(岡)
【開花期】 6-7月
【分布】 本州〜九州

エノキグサ属
Genus *Acalypha* L.

エノキグサ(アミガサソウ)　SPl.157.7-9
Acalypha australis L.
【形態】 偏平な三角から四角球形で，等極性。極
観は頂口型の三角円形か四角形で，赤道観は横長
の楕円形。3-4溝孔型。溝孔型とされているが，
溝は非常に短くて孔型に近いと思われる。外壁の
彫紋は微粒の点在する大きくて不規則ないぼ状紋
で密に覆われる。
【大きさ】 9-13 μm; 11-12.5×11.5-13 μm(I),
12-14×10-12 μm(S), 16.2-19.8 μm(N)
【試料】 岡山県赤磐市山陽:1986.8.4, 岡山県赤
磐市鳴滝:1993.9.15(岡)
【開花期】 7-10月
【分布】 北海道〜沖縄。台湾・アジア(東部)

ヤマアイ属
Genus *Mercurialis* L.

ヤマアイ　SPl.157.10-11
Mercurialis leiocarpa Siebold et Zucc.
【形態】 長球形で，等極性。極観は円形で，赤道
観は縦長の楕円形〜長方形。3溝孔型。溝は両極
近くまで伸び，あまり広く開かないため孔は確認
しにくい。外壁の彫紋は全表面を微穿孔状紋が覆
う。
【大きさ】 11-13×11-12 μm; 28-33×30-34 μm
(S), 30.6-32.4×23.4-27.0 μm(N)
【試料】 高知市:1976.3.15(中村), 岡山県新見
市:1993.4.18(岡)
【開花期】 3-7月
【分布】 本州〜沖縄。朝鮮半島・中国・台湾・イ
ンドシナ半島

ユズリハ科
Family **Daphniphyllaceae**

東アジア〜ヒマラヤ，マレーシアに分布し，1

属約10種ある。日本には3種が分布する。

ユズリハ属
Genus *Daphniphyllum* Blume

球形〜長球形で，等極性。極観は円形〜頂口型の亜三角形で，赤道観は円形〜楕円形。3溝孔型。溝は両極近くまで伸び，広く開くので孔は確認しやすい。溝内には微粒が分布。外壁の彫紋は凹凸のある表面に微穿孔状紋と不規則な形をした微粒状紋がまばらに分布する。

ユズリハ　　　　　　SPl.144.6-8，LPl.29.5-8
Daphniphyllum macropodum Miq.
【大きさ】　15-16×18-20 μm; 22-25×23-26 μm
(I)，19.8-21.6×19.8-23.4 μm(N)
【試料】　岡山市三徳園(植栽)：1982.5.9，1983.4.27(渡辺・山口)，沖縄県国頭村：2004.4.10
【開花期】　4-5月
【分布】　本州(福島県以西)〜沖縄。朝鮮半島(南部)・中国

エゾユズリハ　　　　　　SPl.144.9-11
Daphniphyllum macropodum Miq. var. *humile* (Maxim.) Rosenthal
【大きさ】　16-21×18-27 μm; 19-20×20-23 μm
(I)
【試料】　岩手県・宮城県境の栗駒山：1982.6.4(守田)
【開花期】　5-6月
【分布】　北海道・本州(中北部のおもに日本海側)

ヒメユズリハ　　　　　　SPl.153.14-17
Daphniphyllum teijsmannii Zoll. ex Kurz
【大きさ】　12.5-15.0×16.3-18.8 μm
【試料】　沖縄県国頭村：2004.4.10
【開花期】　3-5月
【分布】　本州(福島県以西)・四国・九州・沖縄。中国・朝鮮半島南部

ミカン科
Family **Rutaceae**

熱帯から温帯に150属約900種が分布し，日本には12属約23種が自生する。花粉分析ではキハダ属とサンショウ属が報告されているが，低率である。

ヘンルーダ亜科
Subfamily **Rutoideae**

サンショウ連
Tribe **Zanthoxyleae**

コクサギ属
Genus *Orixa* Thunb.

コクサギ　　　　　　SPl.158.1-4
Orixa japonica Thunb.
【形態】　長球形で，等極性。極観は円形で，赤道観は楕円形。多(4-5)環溝孔型。溝は両極近くまで伸びるが，あまり大きく開かないため孔は確認しにくい。外壁の彫紋は極軸方向に沿った縦方向に流れる縞状紋で覆われる。
【大きさ】　21-26×20-24 μm; 24-25×26-27 μm
(I)，32-34×40-42 μm(S)，21.6-28.8×19.8-25.2 μm(N)
【試料】　宮城県白石市：1978.4.24(守田)，岡山市三徳園：1983.4.18
【開花期】　3-5月
【分布】　本州〜九州。朝鮮半島(南部)・中国

サンショウ属
Genus *Zanthoxylum* L.

球形〜長球形で，等極性。極観は円形で，赤道観は楕円形。3溝孔型。溝は両極近くまで伸びるが，左右にはあまり開かないため，孔は確認しにくい。外壁の彫紋は網目状紋が全表面を覆うが，網目の特徴には2種類ある。サンショウの網目は

ミカン科

小さく浅く，畝も細いのに対して，イヌザンショウやカラスザンショウの網目は大きく深く立体的で，小柱に支えられた畝も太い。

サンショウ亜属
Subgenus *Zanthoxylum*

サンショウ　　　　　　　　SPl.158.9-12

Zanthoxylum piperitum (L.) DC.

【大きさ】　17-24×12-21 μm; 18-20×17-18 μm (I), 17-19×22-24 μm(S), 20.7-23.4×14.4-18.0 μm(N)

【試料】　岡山市三徳園(植栽)：1983.4.17

【開花期】　4-5月

【分布】　北海道〜九州。朝鮮半島(南部)

カラスザンショウ亜属
Subgenus *Fagara*

イヌザンショウ　　　　　　SPl.158.5-8

Zanthoxylum schinifolium Siebold et Zucc.

【大きさ】　18-21×16-18 μm; 19-22×19-22 μm (I), 18-20×24-25 μm(S), 23.4-27.0×18.0-21.6 μm(N)

【試料】　岡山県真庭市蒜山高原：1981.7.28，岡山市岡山理科大学：1981.8.5，岡山市三徳園(植栽)：1986.9.23

【開花期】　7-9月

【分布】　本州〜九州。朝鮮半島・中国

カラスザンショウ　　　　　SPl.158.13-16

Zanthoxylum ailanthoides Siebold et Zucc.

【大きさ】　20-21×16-21 μm; 22-23×20-21 μm (I), 18-20×23-25 μm(S), 23.4-27.0×18.0-21.6 μm(N)

【試料】　仙台市川内：1978.5.19(守田)，福岡県北九州市十倉：1981.8.20(畑中)

【開花期】　6-8月

【分布】　本州〜沖縄。朝鮮半島(南部)・中国・台湾・フィリピン

サルカケミカン亜科
Subfamily **Toddalioideae**

キハダ属
Genus *Phellodendron* Rupr.

キハダ　　　　　　　　　　SPl.158.17-19

Phellodendron amurense Rupr.

【形態】　球形で，等極性。極観・赤道観ともに円形。3溝孔型。溝は両極近くまで伸びるが，横には大きく開かないため孔は確認しにくい。外壁の彫紋は網目状紋で，網目は溝間域で大きく溝縁では小さくなる。カラスザンショウの網目状紋に似る。

【大きさ】　23-25×24-27 μm; 31-34×31-35 μm (I), 30-32×36-38 μm(S), 32.4-43.2×30.6-39.6 μm(N)

【試料】　青森県十和田市：1978.7(守田)，岡山市三徳園(植栽)：1983.5.25

【開花期】　5-7月

【分布】　北海道〜九州。アムール・朝鮮半島・中国(北部・東北部)

ミヤマシキミ属
Genus *Skimmia* Thunb.

ミヤマシキミ　　　　　　　SPl.159.11-13

Skimmia japonica Thunb.

【形態】　長球形で，等極性。極観は円形で，赤道観は楕円形。多(4-5)環溝孔型。溝は両極近くまで伸びるが，あまり開かないので孔は確認しにくい。外壁の彫紋は縞状紋で，極軸方向に沿って縦に流れる。コクサギの縞状紋に似る。

【大きさ】　23-29×20-26 μm; 29-32×29-32 μm (I), 36-38×42-46 μm(S), 32.4-45.0×25.2-34.2 μm(N)

【試料】　京都市武田薬品薬草園(植栽)：1991.4.5 (岡)，広島市植物公園(植栽)：1996.3.31(岡)

【開花期】　3-5月

【分布】　本州(関東以西)〜九州。台湾

ミカン科

ツルミヤマシキミ（ツルシキミ）

SPl.163.1-5, LPl.28.9-12

Skimmia japonica Thunb. var. *intermedia* Komatsu f. *repens* (Nakai) Hara

【形態】　外観・発芽口・外壁の彫紋は，ミヤマシキミに似る。

【大きさ】　28.0-31.3×26.4-28.0 μm; 29-33×28-32 μm(I)

【試料】　鳥取県烏ヶ山：1992.5.24(岡)，金沢市高尾山：2013.5.13

【開花期】　4-6月

【分布】　北海道・本州

ミカン亜科
Subfamily **Aurantioideae**

カラタチ連
Tribe **Aurantieae**

キンカン属
Genus ***Fortunella* Swingle**

キンカン

SPl.159.6-10

Fortunella japonica (Thunb.) Swingle

【形態】　球形〜長球形で，等極性。極観は円形で，赤道観は楕円形。多(4-5)環溝孔型。溝はやや短く大きくは開かないが，孔の確認できるものもある。溝内には微粒が分布する。外壁の彫紋はキンカン属とカラタチ属では網目状紋であるが，ミカン属では凹みが網目よりももっと小さいため微穿孔状紋である。網目も微穿孔も溝間域では大きく，溝縁では小さくなる。

【大きさ】　20×18-21 μm; 20-21×21-23 μm(I)，23.4-25.2×21.6-23.4 μm(N)

【試料】　香川県東かがわ市西村(植栽)：1975.6.10(三好マ)

【開花期】　4-7月

【原産地】　中国(湖南省・浙江省)

カラタチ属
Genus ***Poncirus* Raf.**

カラタチ

SPl.159.1-5

Poncirus trifoliata (L.) Raf.

【形態】　外観はキンカン属に似る。

【大きさ】　24-26×18-29 μm; 26-28×27-29 μm(I), 32-34×34-36 μm(S), 30.6-36.0×27.0-36.0 μm(N)

【試料】　愛媛県松山市(植栽)：1983.4.21(中村純)，岡山市三野(植栽)：1983.5.14(山口)

【開花期】　4-5月

【原産地】　中国

ミカン属
Genus ***Citrus* L.**

外観はキンカン属に似る。

ウンシュウミカン

SPl.160.1-4

Citrus unshiu Marcov.

【大きさ】　27-28×22-26 μm; 27-29×28-30 μm(I)

【試料】　岡山県瀬戸内市牛窓オリーブ園(植栽)：1982.5.18

【開花期】　5-6月

【分布】　本州(関東以西)〜九州(栽培)

ユズ

SPl.160.5-8

Citrus junos Siebold ex T. Tanaka

【大きさ】　25-27×23-27 μm

【試料】　岡山県赤磐市山陽(植栽)：1982.5.15

【開花期】　5-6月

【原産地】　中国

シークワシャー（ヒラミレモン）

SPl.160.9-12, LPl.29.13-16

Citrus depressa Hayata

【大きさ】　25-26×17-23 μm

【試料】　沖縄県国頭村：1989.3(宮城)

【開花期】　3-4月

【分布】 沖縄(奄美大島以南)。台湾

ゲッキツ連
Tribe **Clauseneae**

ゲッキツ属
Genus *Murraya* L.

ゲッキツ SPl.159.14, LPl.29.9-12

Murraya paniculata (L.) Jack

【形態】 長球形で，等極性。極観は円形で，赤道観は楕円形。3溝孔型。溝は両極近くまで長く伸び，溝内には微粒が見られるが，孔は確認しにくい。外壁の彫紋は縞状紋で，縦に流れるものが多いが，横に流れる縞もあり，数か所で一点に縞が集まる。

【大きさ】 20-29×20-25 μm

【試料】 沖縄県久米島町儀間：1984.8.28(仲吉)

【開花期】 5-9月

【分布】 沖縄(奄美大島以南)。東南アジア(熱帯)

ニガキ科
Family **Simaroubaceae**

熱帯・亜熱帯に分布し，約20属120種ある。日本には自生のニガキと中国から帰化したニワウルシの2種がある。

ニガキ属
Genus *Picrasma* Blume

ニガキ SPl.161.1-4, LPl.30.5-8

Picrasma quassioides (D. Don) Benn.

【形態】 長球形で，等極性。極観は円形で，赤道観は楕円形。3溝孔型。溝は両極近くまで伸び，あまり開かないが孔は確認できる。外壁の彫紋は網目状紋で，溝間域では非常に大きく，溝縁では極端に小さくなる。網目は立体的で小柱が認められる。

【大きさ】 20-27×20-25 μm; 29-31×30-32 μm

(I)

【試料】 仙台市東北大学薬学部薬草園(植栽)：1978.5.17(守田)，岡山市三徳園(植栽)：1982.5.9

【開花期】 4-5月

【分布】 北海道～九州。朝鮮半島・中国・ヒマラヤ

ニワウルシ属
Genus *Ailanthus* Desf.

ニワウルシ(シンジュ) SPl.161.5-8

Ailanthus altissima Swingle

【形態】 球形で，等極性。極観は円形～亜三角形で，赤道観は円形。3溝孔型。溝は両極近くまで伸び，孔の周辺は隆起する。外壁の彫紋は縞状紋で，縦に走る縞が多いが，まれに横に走る縞も見られる。

【大きさ】 20-23×20-26 μm; 24-26×25-27 μm (I), 25.2-28.8×21.6-28.8 μm(N)

【試料】 岡山市総合グラウンド(植栽)：1974.6.9，岡山県玉野市深山公園(植栽)：1993.6.14(岡)，岡山市宿(植栽)：1994.5.28

【開花期】 5-7月

【原産地】 中国

センダン科
Family **Meliaceae**

熱帯・亜熱帯域に分布し，約50属1,400種ある。日本にはセンダンのみ自生する。センダン属の現生・化石花粉の形態については，辻(1986)が検討している。

センダン属
Genus *Melia* L.

センダン SPl.161.9-12, LPl.30.9-12

Melia azedarach L. var. *subtripinnata* Miq.

【形態】 長球形で，等極性。極観は四角形か菱形で，赤道観は楕円形。多(4-5)環溝孔型。溝はやや短く，あまり開かないため孔は確認しにくい。

外壁の彫紋は凹凸の少ない縞状紋〜手鞠状のしわ状紋で，線の間には微穿孔が見られる。

【大きさ】 28-35×24-30 μm; 39-43×41-46 μm (I), 46-50×54-56 μm(S), 41.4-45.0×36.0-43.2 μm(N)

【試料】 沖縄県石垣島：1973.4.5, 高知市高知大学(植栽)：1983.5.11(守田)，岡山市三徳園(植栽)：1983.5.21(渡辺・山口)

【開花期】 5-6月

【分布】 本州(植栽)・四国〜沖縄

キントラノオ科
Family **Malpighiaceae**

熱帯域に分布。特に南米に多い。60属約800種ある。日本にはササキカズラが自生する。

ササキカズラ属
Genus *Ryssopterys* Bl. ex A. Juss.

ササキカズラ　　　　　　　　　SPl.161.13-14

Ryssopterys timoriensis (DC.) A. Juss.

【形態】 球形で，無極性。外観は円形。無口型(Huang, 1972 によれば台湾の本属は6孔型，再検討を要する)。外壁の彫紋は大きないぼ状紋と棍棒状紋がまばらに分布し，それ以外のところは不規則な細粒突起が全表面を覆う。

【大きさ】 29-38 μm

【試料】 不詳

【開花期】 8-9月

【分布】 沖縄。台湾・フィリピン・インドネシア・メラネシア・オーストラリア(北東部)

ヒメハギ科
Family **Polygalaceae**

世界中に分布し，約13属800種ある。

ヒメハギ属
Genus *Polygala* L.

長球形で，等極性。極観は円形で，赤道観は円形〜楕円形。多(約15)環溝孔型。溝はやや短く，極域は大きな円形となる。溝内と溝間域が同じぐらいの幅で極軸方向に並ぶ。溝内も外壁の彫紋も平滑状紋である。

ヒメハギ　　　　　　　　　SPl.162.1-3

Polygala japonica Houtt.

【大きさ】 26-30×19-24 μm

【試料】 高知市：不詳(守田)

【開花期】 4-7月

【分布】 北海道〜沖縄。朝鮮半島・中国・フィリピン・インドシナ半島・ヒマラヤ

コバナヒメハギ　　　SPl.163.6-8，LPl.22.17-19

Polygala paniculata L.

【大きさ】 23.5-24.5×23.0-24.0 μm

【試料】 沖縄県国頭村与那・安田：1989.5.5(宮城)

【開花期】 通年

【原産地】 南米。

【備考】 ベトナム戦争時，沖縄の米軍基地から侵入したといわれる

ドクウツギ科
Family **Coriariaceae**

温帯アジア〜地中海，ニュージーランド，メキシコからチリに隔離分布する。1属約10種あり，日本にはただ1種ドクウツギが自生する。

ドクウツギ属
Genus *Coriaria* L.

ドクウツギ　　　　　　　　　SPl.162.4-6

Coriaria japonica A. Gray

【形態】 偏平三角球形で，等極性。極観は頂口型

の三角円形で，赤道観は横長の楕円形。3 孔型。孔は丸く，その周囲は環状に隆起する。外壁の彫紋は大きく浅い凹凸のある表面に微粒状紋が密に分布する。

【大きさ】 19-24 μm；22-24.5×24-27 μm(I)，25-28×22-25 μm(S)，19.8-21.6×25.2-28.8 μm(N)

【試料】 不詳：1983.4.23

【開花期】 4-5 月

【分布】 北海道・本州(近畿以東)

ウルシ科
Family **Anacardiaceae**

　熱帯～温帯に 79 属約 600 種が分布し，日本には 3 属 8 種が自生する。本科の花粉は，後述のカエデ科と同じ縞状紋でよく似ているため，初期の花粉分析ではほとんどの花粉がカエデ科に入れられていた可能性がある。しかし，ウルシは縄文時代からの重要な産品であったことから，遺跡の花粉分析では是非きちんとした同定が期待され，最近の研究によればヌルデ・ウルシ・ヤマウルシ類(ツタウルシ・ハゼノキ・ヤマハゼ・ヤマウルシ)の 3 タイプに識別されている(叶内，2006；吉川，2006)。

チャンチンモドキ属
Genus *Choerospondias* Burtt et Hill

チャンチンモドキ　　　　SPl.162.9-12
Choerospondias axillaris (Roxb.) Burtt et Hill

【形態】 長球形で，等極性。極観は円形で，赤道観は楕円形。3 溝孔型。溝は両極近くまで伸び，孔の周囲はやや隆起する。外壁の彫紋は縞状紋で，全表面を縦に走る密な縞で覆われるが，ヤマウルシの極域では縞と縞の間に隙間のある粗密な縞状紋となる。

【大きさ】 21-25×18-25 μm；26-31×26-31 μm(I)，26-28×34-38 μm(S)

【試料】 京都府：1973.5.18(富樫)，岡山市グリーンシャワー公園(植栽)：1991.5.20(岡)

【開花期】 5-6 月

【分布】 九州。中国(西部・南部)・東南アジア(北部)・ヒマラヤ

ウルシ属
Genus *Rhus* L.

FPl.12.1-3
　外観はチャンチンモドキ属に似る。

ヌルデ(フシノキ)　　　　SPl.162.13-16
Rhus javanica L. var. *roxburghii* (DC.) Rehder et Wils.

【大きさ】 27-31×21-22 μm；26-28×28-30 μm(I)，28.8-32.4×23.4-25.2 μm(N)

【試料】 岡山市岡山理科大学：不詳

【開花期】 7-9 月

【分布】 北海道～沖縄。朝鮮半島・中国(中部・西部)・インドシナ半島(北部)・ヒマラヤ

ヤマウルシ　　　SPl.162.17-20，LPl.31.1-2
Rhus trichocarpa Miq.

【大きさ】 22-25×19-21 μm；23-25×23-24 μm(I)，25.2-27.0×18.0-23.4 μm(N)

【試料】 岡山市三徳園：1983.5.21(山口・渡辺)，岡山市岡山理科大学：1984.4.25

【開花期】 5-7 月

【分布】 北海道～九州。南千島・朝鮮半島・中国

ヤマハゼ　　　　SPl.163.9-13
Rhus sylvestris Sieb. et Zucc.

【断面】 花粉外壁は外表層，柱状層，底部層からなる。畝となる外表層を小柱が支えている。

【大きさ】 26.7-31.7×23.4-26.7 μm；27-30×32-35 μm(S)，21.6-27.0×25.5-30.6 μm(N)，12-20×25-30 μm(B)

【試料】 岡山市三徳園(植栽)：1983.5.2(山口・渡辺)

【開花期】 5-6 月

【分布】 本州(関東以西)・四国・九州。朝鮮半島・台湾・中国南部

ウルシ科・カエデ科

ツタウルシ SPl.163.19-22
Rhus ambigua Lavalle
【断面】 花粉外壁は外表層，柱状層，底部層からなる。畝となる外表層を小柱が支えている。
【大きさ】 23.4-28.4×20.0-23.3 μm; 24-28×24-26 μm(I)，30-32×32-35 μm(S)，13-15×24-35 μm(B)
【試料】 愛媛県喜多郡内子町中川：2012.6.6(能城ほか)
【開花期】 6-7月
【分布】 北海道・本州・四国・九州・樺太・南千島。朝鮮半島・中国

ウルシ SPl.163.14-18
Rhus verniciflua Stokes
【大きさ】 21.7-25.1×21.7-25.1 μm; 20-24×20-24 μm(I)
【試料】 茨城県常陸大宮市：2011.6.16(佐々木)
【開花期】 5-6月
【原産地】 中国

マンゴー属
Genus *Mangifera* L.

マンゴー SPl.162.7-8
Mangifera indica L.
【形態】 球形で，等極性。極観は円形で，赤道観はほぼ円形。3溝孔型。溝は両極近くまで伸びるが，あまり開かないため孔は確認しにくい。外壁の彫紋は赤道部の溝間域では縞状紋で，比較的短い縞が縦方向に走るが，極域は微穿孔状紋となる。
【大きさ】 20-21×21-24 μm
【試料】 岡山市半田山植物園(植栽)：1983.5.11，沖縄県西表島(植栽)：1986.3.26(宮城)
【開花期】 3-5月
【分布】 西日本(栽培)。マレーシア・インド(北部)

カイノキ属
Genus *Pistacia* L.

カイノキ(トネリバハゼノキ，ランシンボク)
SPl.381.5-9
Pistacia chinensis Bunge
【形態】 球形で，等極性。極観・赤道観ともにほぼ円形。3-4溝型。溝は短くて極軸長の1/3以内で，破れていない口膜上には微粒が分布。本科の他属はすべて3溝孔型なので，本属も溝孔型の可能性があるが，内孔は確認できない。外壁の彫紋は微粒状紋＋微穿孔状紋で，微粒と微穿孔が全表面を密に覆う。
【大きさ】 18-21×20-22 μm
【試料】 岡山市三徳園(植栽)：1990.4.30(岡)
【開花期】 4-6月
【原産地】 中国

カエデ科
Family **Aceraceae**

　北半球に2属約200種が分布し，日本にはカエデ属28種が自生している。本科は温帯落葉広葉樹林の主要な構成樹種であるが，虫媒花で化石花粉の産出が少ないため，コナラ亜属やブナ属に比べると花粉分析での役割は小さい。

カエデ属
Genus *Acer* L.

FPl.12.4-7
　長球形で，等極性。極観は円形で，赤道観は円形～楕円形。3溝孔型。溝は両極近くまで伸び，よく開いて孔の確認できるものが多い。溝内は平滑状紋。外壁の彫紋は縞状紋で，極軸方向に沿って全表面に長い縞が密に走るものが多く，横に走る縞は少ない。ウリハダカエデとチドリノキでは縞状紋の縞が切れてその一端が棒状に突出している。

カエデ科

イロハモミジ(イロハカエデ, タカオカエデ, カエデ)
SPl.164.1-4
Acer palmatum Thunb.
【大きさ】　23-27×20-24μm; 30-31×31-32μm
(I), 24-26×32-36μm(S), 25.2-28.8×21.6-27.0
μm(N)
【試料】　岡山市法界院(植栽):1973.4.12, 岡山
県赤磐市山陽(植栽):1980.4.20, 東京都東京大
学理学部附属小石川植物園(植栽):1995.4.21(岡)
【開花期】　4-5月
【分布】　本州(太平洋側は福島県, 日本海側は福井県以
南)〜九州。朝鮮半島・中国

イタヤカエデ(アサヒカエデ, エンコウカエデ, ナナバ
ケイタヤ)
SPl.164.9-12
Acer mono Maxim. var. *marmoratum* (Ni-
chols.) Hara f. *dissectum* (Wesmael) Rehder
【大きさ】　23-26×19-27μm
【試料】　仙台市片平(植栽):1980.4.25(守田), 岡
山市三徳園(植栽):1986.4.23
【開花期】　4-5月
【分布】　本州(岩手県〜兵庫県)〜九州

アカイタヤ(ベニイタヤ)
SPl.164.5-8
Acer mono Maxim. var. *mayrii* (Schwerin)
Sugimoto
【大きさ】　22-30×19-26μm
【試料】　不詳
【開花期】　4-5月
【分布】　北海道・本州(東北〜島根県までの日本海側)

ミネカエデ
SPl.164.13-16
Acer tschonoskii Maxim.
【大きさ】　20-25×20-25μm; 22-24×23-25μm
(I), 21.6-23.4×19.8-23.4μm(N)
【試料】　青森県東北大学附属植物園八甲田山分
園:1971.6.19(守田)
【開花期】　6-7月
【分布】　北海道・本州(中部以北)。南千島

オオモミジ(ヒロハモミジ)
SPl.165.1-4
Acer amoenum Carr.
【大きさ】　23-26×18-23μm
【試料】　岡山市三徳園(植栽):1983.4.24
【開花期】　4-5月
【分布】　本州(太平洋側は青森県, 日本海側は福井県以
南)〜九州

オガラバナ(ホザキカエデ)
SPl.165.5-8
Acer ukurunduense Trautv. et Meyer
【大きさ】　20-22×19-23μm; 23-25×23-25μm
(I), 24-26×27-30μm(S), 25.2-32.4×19.8-25.2
μm(N)
【試料】　岐阜県笠松峠:1978.7.9(守田)
【開花期】　6-8月
【分布】　北海道・本州(中部以北と奈良県)

ハウチワカエデ(メイゲツカエデ)
SPl.165.13-15
Acer japonicum Thunb.
【大きさ】　24-31×21-26μm; 26-27.5×27.5-
28.5μm(I)
【試料】　宮城県関山:1979.5.11(守田), 岡山市
三徳園(植栽):1983.4.17, 岡山県真庭市蒜山高
原:1995.5.28(岡)
【開花期】　4-6月
【分布】　北海道・本州

ウリカエデ(メウリノキ)
SPl.166.1-3
Acer crataegifolium Siebold et Zucc.
【大きさ】　22-23×16-17μm; 21-23.5×22-23.5
μm(I)
【試料】　大阪府妙見山:1982.4.28(古宮), 京都
市府立植物園(植栽):1991.4.7(岡)
【開花期】　4-5月
【分布】　本州(福島県以南)〜九州

ウリハダカエデ
SPl.166.4-6
Acer rufinerve Siebold et Zucc.
【形態】　本種の縞状紋は長く走る縞と, 縞が切れ
てその一端が突出しているものが混在する。前述
のイロハモミジからウリカエデの彫紋とチドリノ

キの彫紋の中間のような特徴を呈する。

【大きさ】　19-20×19-21 μm; 20-21×21-22 μm(I), 25-28×30-34 μm(S), 25.2-28.8×21.6-23.4 μm(N)

【試料】　岡山県真庭市蒜山高原：1974.5.10(波田), 神戸市立森林植物園(植栽)：1993.5.21(岡)

【開花期】　5-6月

【分布】　本州〜九州(屋久島まで)

チドリノキ(ヤマシバカエデ)　SPl.165.9-12
Acer carpinifolium Siebold et Zucc.

【形態】　本種は外壁の彫紋の縞状紋が短く切れ, その一端が上向きに突出して円柱状紋のようになり, ブナ属の外壁にやや似た彫紋を呈する。

【大きさ】　22-23×21-31 μm; 24-25×26-27.5 μm(I), 28-30×36-38 μm(S)

【試料】　山形県蔵王：1978.5.28(守田), 岡山市三徳園(植栽)：1983.4.30

【開花期】　4-5月

【分布】　本州(岩手県以南)〜九州

クスノハカエデ　SPl.169.1-4, LP1.32.1-4
Acer oblongum Wall. ex DC. subsp. *itoanum* (Hayata) Hatus. ex Shimabuku

【大きさ】　23.8-30.0×21.3-27.5 μm

【試料】　沖縄県国頭村：1989.3.6

【開花期】　3-4月

【分布】　奄美(沖永良部島・与論島)以南の沖縄。台湾

ハナノキ　SPl.169.5-8
Acer pycnanthum K. Koch

【大きさ】　27.0-31.5×27.5-30.0 μm; 30-32×30-34 μm(I)

【試料】　長野県阿南町(栽培)：2010.4.25

【開花期】　4月

【分布】　長野県・岐阜県・愛知県・滋賀県

コハウチワカエデ　SPl.169.9-12
Acer sieboldianum Miq.

【大きさ】　21.7-26.7×21.7-25.9 μm; 28-30×

36-40 μm(S), 21.6-25.2×23.4-28.8 μm(N)

【試料】　金沢市高尾山：2013.5.12

【開花期】　4-5月

【分布】　北海道・本州・四国・九州

ヤマモミジ　SPl.169.13-16
Acer amoenum Carrière var. *matsumurae* (Koidz.) K.Ogata

【大きさ】　23.4-26.7×20.9-25.1 μm; 30-31×30-32 μm(I)

【試料】　金沢市高尾山：2013.5.12

【開花期】　5月

【分布】　北海道・島根県以東の日本海側の多雪地帯

ムクロジ科
Family **Sapindaceae**

　世界中の熱帯・亜熱帯域に分布し, 約140属1,500種がある。日本には2属2種が自生する。

フウセンカズラ属
Genus *Cardiospermum* L.

フウセンカズラ　SPl.166.11-15, LP1.31.5-8
Cardiospermum halicacabum L.

【形態】　偏平体形で, 異極性。遠心極観は頂口型の三〜四角形で, 向心極観は三〜四角錐形である。3-4孔型。孔は円形で細長く突出し糸巻き状を呈する。外壁の彫紋は微穿孔状紋が全表面を覆うが, 孔の周辺部は微穿孔がやや不鮮明になる。また, 向心極面では四分子期の三矢跡が見られ, 三矢部分の微穿孔は, 他の部分に比べて小さい。

【大きさ】　23-24×36-46 μm; 25-27×40-45 μm(I), 48-52 μm(S)

【試料】　香川県東かがわ市西村(植栽)：1977.8.17(三好マ)

【開花期】　8-10月

【原産地】　北米(南部)

ムクロジ科・トチノキ科

ムクロジ属
Genus *Sapindus* L.

ムクロジ(ムク)　　　　　　　　SPl.166.7-10

Sapindus mukorossi Gaertn.

【形態】　球形で，等極性。極観は頂口型の亜三角形で，赤道観は円形。3溝孔型。溝は両極近くまで伸び，孔の周囲はやや隆起し，大きく開く。外壁の彫紋は微穿孔状紋で，溝縁部では不鮮明になる。

【大きさ】　11-12×12-14 μm; 14-16×16-17.5 μm(I), 18-20×18-20 μm(S), 10.8-12.6×12.6-18.0 μm(N)

【試料】　福井県永平寺：1979.6.3(守田)，広島県宮島：1986.7.4(関)

【開花期】　6-7月

【分布】　本州(茨城県・新潟県以南)～沖縄・小笠原諸島。アジア(東部・南東部・南部)

モクゲンジ属
Genus *Koelreuteria* Laxm.

　球形で，等極性。極観は円形～四角形で，赤道観は円形。3溝孔型。溝は3-4溝孔型では両極近くまで伸びるが合流しないのに対し，6散溝孔型では部分的に合流が見られる。孔は確認しやすい。外壁の彫紋は縞状紋で，縞はあまり交叉しないで縦方向に走る。まれに粘着糸(?)が見られる。

モクゲンジ(センダンバノボダイジュ)　　SPl.167.8-12

Koelreuteria paniculata Laxm.

【大きさ】　23-27×25-31 μm; 24-26×26-28.5 μm(I), 28-32×28-30 μm(S)

【試料】　広島県廿日市市(植栽)：1986.7.6(関)

【開花期】　6-8月

【分布】　本州(日本海側)。朝鮮半島・中国

オオモクゲンジ　　　　　　　　SPl.167.4-7

Koelreuteria bipinnata Franch.

【大きさ】　21-22×23-24 μm

【試料】　東京都多摩森林学園(植栽)：1990.9.

12(岡)

【開花期】　8-9月

【分布】　本州(自生かどうか不明)。朝鮮半島・中国

リュウガン属
Genus *Euphoria* Comm. ex Steud.

リュウガン　　　　　　　　　　SPl.167.1-3

Euphoria longana Lam.

【形態】　長球形で，等極性。極観は円形で，赤道観は楕円形。3溝孔型。溝はやや短く，あまり開かないため孔は確認しにくい。外壁の彫紋は縞状紋で，縞はあまり交叉しないで縦に走る。

【大きさ】　16-17×13-17 μm

【試料】　沖縄県西表島(植栽)：1989.3.26(宮城)

【開花期】　4-5月

【原産地】　中国(南部)・インド

トチノキ科
Family **Hippocastanaceae**

　アジア・ヨーロッパ・北米に2属約15種が分布し，日本にはトチノキ属1種が自生する。本科の花粉はカエデ科と同じく彫紋は縞状紋であるが，カエデ科では縞状紋が主として極軸(縦)方向に走るのに対し，本科では赤道(横)軸方向に走る違いがある。本種は低山帯の渓流沿いに生育するため，化石花粉もよく検出されるが，虫媒花のため多産はしない。

トチノキ属
Genus *Aesculus* L.

FPl.12.8-9

トチノキ　　　　　　SPl.168.1-3, LPl.31.3-4

Aesculus turbinata Blume

【形態】　長球形で，等極性。極観は観察しにくいが円形，赤道観は縦長の丸みのある長方形。3溝孔型。溝は両極近くまで伸び，大きく開いて各溝内に10本前後の刺が突出し，孔は確認しにく

い。外壁の彫紋は縞状紋で，溝間域では赤道軸方向に沿って横に走るが，溝縁部では縦に走る縞もある。

【大きさ】　23-24×12-13 μm
【試料】　青森県十和田市猿子沢：1971.6.9(守田)，岡山県真庭市蒜山高原：1974.5.30
【開花期】　5-6月
【分布】　北海道(札幌市手稲・小樽市銭函)〜九州

アワブキ科
Family **Sabiaceae**

アジアと北米南部に3属約600種ある。日本には2属6種が分布する。

アワブキ属
Genus *Meliosma* Blume

長球形で，等極性。極観は円形で，赤道観は楕円形。3溝孔型。溝は両極近くまで伸び，大きく開いて溝内には微粒が分布し，孔は確認しやすい。外壁の彫紋は微穿孔状紋が全表面を覆うが，溝間域では微穿孔が大きく，溝縁に向かって小さくなり，不鮮明になる。

アワブキ　　　　　　SP1.168.4-7
Meliosma myriantha Siebold et Zucc.
【大きさ】　18-19×13-17 μm
【試料】　岡山市三徳園(植栽)：1983.5.29，岡山市後楽園(植栽)：1985.5.15
【開花期】　6-7月
【分布】　本州〜九州。朝鮮半島・中国(東北部)

フシノハアワブキ　SP1.169.17-20，LP1.32.5-8
Meliosma oldhamii Maxim.
【大きさ】　23.8-27.5×22.5-28.8 μm
【試料】　沖縄県西表島：2005.4(中村健)
【開花期】　4-6月
【分布】　本州(山口県，対馬)・沖縄。台湾・中国

ヤマビワ　　　　　SP1.169.21-24，LP1.32.9-12
Meliosma rigida Siebold et Zucc.
【大きさ】　17.5-20.0×15.0-20.0 μm；14.4-18.0×19.8-23.4 μm(N)
【試料】　沖縄県国頭村：2004.4.10
【開花期】　4-6月
【分布】　本州(伊豆半島以西)・四国・九州・沖縄。台湾・中国

ツリフネソウ科
Family **Balsaminaceae**

FP1.11.14

アジアの熱帯域とアフリカに多く，2属約450種が分布し，日本にはツリフネソウ属3種が自生する。本属は湿地や水辺に生育するため，花粉分析でも多くはないがよく検出される。

ツリフネソウ属
Genus *Impatiens* L.

偏平体形で，等極性。極観は丸みのある長方形で，赤道観は横長の楕円形。多(4(-5))環溝型。溝は短く短溝型，四隅にスリット状につき，ほとんど開かない(溝孔型とする記載もあり，要再検討)。外壁の彫紋は網目状紋で，網目の中には10個以上の微粒が詰まる。網目の大きさは種類により異なり，キツリフネはツリフネソウよりかなり大きい。

ホウセンカ　　　　　SP1.168.15-16
Impatiens balsamina L.
【大きさ】　30-38(Ea)×18-28 μm(Eb)；21-23×(37-40×23-26) μm(I)，22-24×30-40 μm(S)
【試料】　香川県東かがわ市西村(植栽)：1972.7.25(三好マ)，岡山県赤磐市山陽(植栽)：1981.8.3
【開花期】　7-9月
【原産地】　中国・マレー半島・インド

ツリフネソウ SPl.168.11-12

Impatiens textori Miq.

【大きさ】 $12\times25\text{-}42\times11\text{-}16\,\mu\text{m}$（P$\times$Ea$\times$Eb）；
$16\text{-}18\times(31\text{-}35\times17\text{-}19)\,\mu\text{m}$(I)，$20\text{-}22\times38\text{-}40\,\mu\text{m}$
(S)，$30.0\text{-}32.4\times14.4\text{-}18.0\times10.8\text{-}12.6\,\mu\text{m}$(N)

【試料】 岡山県真庭市蒜山高原：1979.9.7，岡山
県後山：1982.8.25，岡山県真庭市中和：
1998.10.8(古田)

【開花期】 8-10月

【分布】 北海道～九州。朝鮮半島・中国(東北部)

キツリフネ SPl.168.8-10

Impatiens noli-tangere L.

【大きさ】 $15\times29\text{-}36\times17\text{-}23\,\mu\text{m}$；$20\text{-}22\times(26\text{-}$
$31\times21\text{-}23)\,\mu\text{m}$(I)，$32.4\text{-}41.4\times25.2\text{-}27.0\times12.6\text{-}$
$14.4\,\mu\text{m}$(N)

【試料】 岡山市玉柏：1982.6.30(太田)，岡山県
森吉山：1979.9.13

【開花期】 7-9月

【分布】 北海道～九州。アジア(東部)・シベリ
ア・北米・ヨーロッパ

アフリカホウセンカ SPl.168.13-14

Impatiens walleriana Hook. f. ex D. Oliver

【大きさ】 $22\times37\text{-}43\times17\text{-}29\,\mu\text{m}$

【試料】 岡山県赤磐市山陽(植栽)：1999.8.27

【開花期】 7-9月

【原産地】 アフリカ(熱帯)

モチノキ科
Family **Aquifoliaceae**

　世界の熱帯～温帯に4属450種ほどが知られ，
日本にはモチノキ属23種が自生する。

　本属は高木から低木までであるが，花粉分析では
湿原内に自生する低木のイヌツゲに由来する化石
花粉が多いため，樹木花粉としてよりも非樹木花
粉に入れられることが多い。

モチノキ属
Genus *Ilex* L.

FPl.12.10-13

　球形～長球形で，等極性。極観は円形で，赤道
観は楕円形～円形。3溝孔型。溝は両極近くまで
伸び，凸レンズ状に大きく開くものと，孔の周辺
があまり開かず，上部と下部だけが大きく開いて
ヒョウタン状になるものがある。溝内はわずかに
微粒が点在するか平滑状紋である。外壁の彫紋は
棍棒状紋で覆われるが，溝縁部に向かってだんだ
ん小さくなり，棍棒状紋ではなく細粒状紋となる。

クロガネモチ SPl.170.1-4

Ilex rotunda Thunb.

【大きさ】 $20\text{-}24\times18\text{-}21\,\mu\text{m}$；$23\text{-}24\times24\text{-}25\,\mu\text{m}$
(I)，$21.6\text{-}25.2\times18.0\text{-}19.8\,\mu\text{m}$(N)

【試料】 岡山市三徳園(植栽)：1983.5.29

【開花期】 5-6月

【分布】 本州(関東・福井県以西)～沖縄。朝鮮半島
(南部)・台湾・中国(中南部)・ベトナム

イヌツゲ SPl.170.5-8

Ilex crenata Thunb.

【大きさ】 $21\text{-}28\times19\text{-}26\,\mu\text{m}$；$28\text{-}29\times29\text{-}31\,\mu\text{m}$
(I)，$28\text{-}32\times34\text{-}36\,\mu\text{m}$(S)，$18.0\text{-}23.4\times15.5\text{-}18.0$
μm(N)

【試料】 仙台市東北大学薬学部薬草園(植栽)：
1978.6.24(守田)

【開花期】 5-7月

【分布】 本州(岩手県以南の太平洋側・近畿以西)～九
州。朝鮮半島(南部)

ナナミノキ(ナナメノキ) SPl.170.9-12

Ilex chinensis Sims

【大きさ】 $23\text{-}26\times18\text{-}26\,\mu\text{m}$；$24\text{-}26\times25\text{-}27\,\mu\text{m}$
(I)，$21.6\text{-}25.2\times16.2\text{-}19.8\,\mu\text{m}$(N)

【試料】 岡山市半田山：1979.6.5，岡山県赤磐市
高倉山：1979.6.17

【開花期】 6-7月

【分布】 本州(静岡県以西)～九州。中国

モチノキ科・ニシキギ科

ウメモドキ　SPl.170.13-14
Ilex serrata Thunb.

【大きさ】　19×19-20 μm；24-26×26-27 μm(I)，18.0-23.4×18.0-19.8 μm(N)

【試料】　岡山市三徳園(植栽)：1983.6.5，1992.5.10(岡)

【開花期】　5-7月

【分布】　本州～九州

モチノキ　SPl.171.1-5，LPl.31.9-10
Ilex integra Thunb.

【形態】　外観・発芽口・彫紋の特徴は，クロガネモチ・ウメモドキなどに似る。

【断面】　花粉外壁は外表層がなく，柱状層と底部層からなる。小柱が棍棒状である。

【大きさ】　27.5-35.0×25.0-32.5 μm；30-32×26-30 μm(I)，33-35×32-34 μm(S)，25.0-30.4×23.0-26.8 μm(N)

【試料】　岡山市三徳園(植栽)：1992.4.30(岡)

【開花期】　4-5月

【分布】　本州(東北南部以西)～沖縄。朝鮮半島(南部)

ヒメモチ　SPl.171.6-10
Ilex leucoclada (Maxim.) Makino

【断面】　モチノキと類似するが，底部層が薄い。

【大きさ】　26.7-30.1×26.7-31.7 μm；25-27×26-28 μm(I)

【試料】　鳥取県東伯郡三朝町中津：1995.5.28(清末)

【開花期】　6-7月

【分布】　北海道西南部・本州東北地方・北陸地方～山陰地方日本海側

タラヨウ　SPl.171.11-14
Ilex latifolia Thunb

【形態】　外壁の彫紋はヒメモチに似る。

【大きさ】　23.4-26.7×23.4-27.6 μm

【試料】　東京都東京大学理学部附属小石川植物園(植栽)：2013.4.14(岡)

【開花期】　4-5月

【分布】　静岡以西～九州・中国・四国

ニシキギ科
Family **Celastraceae**

　熱帯・亜熱帯域に約50属800種あり，日本には5属27種ある。

ニシキギ属
Genus *Euonymus* L.

　球形～長球形で，等極性。極観は円形で，赤道観は円形～楕円形。3溝孔型。まれに多(4-6)散溝孔型。溝は両極近くまで伸び，凸レンズ状に大きく開き，孔も確認しやすい。溝内は微粒が点在するか平滑状紋である。外壁の彫紋は網目状紋で，溝間域では大きいが溝縁に向かってしだいに小さくなる。畝は小柱を観察できるが，網目の中に微粒は認められない。

ツリバナ　SPl.172.1-6，LPl.33.1-5
Euonymus oxyphyllus Miq.

【大きさ】　24-25×22-28 μm；28-30×28-31 μm(I)，21.6-23.4×21.6-25.2 μm(N)

【試料】　宮城県面白山：1978.5.21(守田)，岡山市三徳園(植栽)：1983.5.21(渡辺・山口)，岡山県鏡野町：1993.6.9(岡)

【開花期】　5-6月

【分布】　北海道～九州

マユミ　SPl.172.7-10
Euonymus sieboldianus Bl.

【大きさ】　23-26×20-25 μm；25-27×26-28 μm(I)

【試料】　岡山市三徳園(植栽)：1983.5.8，鳥取県中津北尾根：1995.5.28(清末)

【開花期】　5-6月

【分布】　北海道～九州。サハリン・朝鮮半島(南部)

ニシキギ　SPl.173.1-4
Euonymus alatus (Thunb.) Siebold

【大きさ】　25-27×22-25 μm；26-28×26-28 μm(I)，26-30×30-32 μm(S)，27.0-30.6×27.0-28.8

μm(N)

【試料】 広島市牛田(植栽)：1982.5.3(佐藤タ)，岡山市三徳園(植栽)：1983.4.27(渡辺・山口)，京都市日本新薬山科植物資料館(植栽)：1990.4.24(岡)

【開花期】 5-6月

【分布】 北海道～九州。サハリン・ウスリー・南千島・朝鮮半島・中国(東北部)

コマユミ　　　　　　　　　　SPl.172.11-14
Euonymus alatus (Thunb.) Siebold f. *striatus* (Thunb.) Makino

【大きさ】 25-26×21-23μm；24-26×24-26μm(I)，30-32×34-36μm(S)

【試料】 岡山市三徳園(植栽)：1983.5.21(渡辺・山口)

【開花期】 5-6月

【分布】 北海道～九州。サハリン・ウスリー・南千島・朝鮮半島・中国(東北部)

マサキ　　　　　　SPl.163.23-26，LPl.32.13-16
Euonymus japonicus Thunb.

【大きさ】 20.0-27.5×20.0-26.3μm；26-28×27-29μm(I)，24-26×26-28μm(S)，21.6-25.2×19.8-25.2μm(N)

【試料】 沖縄県国頭村：1989.5.6

【開花期】 5-7月

【分布】 北海道(渡島半島)・本州・四国・九州・沖縄・小笠原。朝鮮半島・中国

クロヅル属
Genus *Tripterygium* Hook. fil.

クロヅル(ベニヅル)　　　　　　SPl.173.5-8
Tripterygium regelii Sprague et Takeda

【形態】 外観はニシキギ属に似る。

【大きさ】 21-22×20-28μm；22-24×25-27μm(I)，24-26×22-24μm(S)，19.8-23.4×21.6-27.0μm(N)

【試料】 青森県八甲田山：1979.7.24(守田)，東京都東京大学(植栽)：1992.6.14(岡)

【開花期】 7-9月

【分布】 本州(東北～兵庫県の日本海側・奈良県)・四国・九州。朝鮮半島・中国(東北部)

ミツバウツギ科
Family **Staphyleaceae**

ユーラシア・南米・北米に分布し5属約30種ある。日本には3属3種が自生する。

ミツバウツギ属
Genus *Staphylea* L.

ミツバウツギ　　　　　SPl.174.1-4，LPl.33.6-10
Staphylea bumalda (Thunb.) DC.

【形態】 球形で，等極性。極観は円形で，赤道観はほぼ円形。3溝孔型。溝は両極近くまで長く伸び，大きく開いた溝内には微粒が点在する。孔は横長の楕円形で，確認しやすい。外壁の彫紋は微穿孔状紋で全表面を覆うが，溝縁では小さくなって不鮮明となる。

【大きさ】 31-35×29-36μm；36-38×40-42μm(I)，44-48×48-52μm(S)，30.6-34.2×28.8-39.6μm(N)

【試料】 宮城県面白山：1978.5.6(守田)，鳥取県芦津：1995.5.17(清末)

【開花期】 5-6月

【分布】 北海道～九州。朝鮮半島・中国

ゴンズイ属
Genus *Euscaphis* Siebold et Zucc.

ゴンズイ　　　　　SPl.174.5-8，LPl.35.1-4
Euscaphis japonica (Thunb.) Kanitz.

【形態】 外観はミツバウツギ属に似る。

【大きさ】 19-20×21-26μm；28-29×31-33μm(I)，34-36×36-38μm(S)，23.4-28.8×25.2-27.0μm(N)

【試料】 岡山市三徳園(植栽)：1983.5.21(渡辺・山口)，1995.4.30(岡)

【開花期】 5-6月

【分布】 本州(茨城県・富山県以西)〜沖縄。朝鮮半島(南部)・中国(中部)・台湾(北部)

ショウベンノキ属
Genus *Turpinia* Vent

ショウベンノキ　　　　SPl.174.9，LPl.35.5-8
Turpinia ternata Nakai
【形態】 外観はミツバウツギ属に似る。
【大きさ】 17-20×16-26 μm
【試料】 沖縄県琉球大学：1989.3(宮城)
【開花期】 5-6月
【分布】 四国(高知県西南部)・九州(大分県・長崎県以南)・沖縄。台湾

ツゲ科
Family **Buxaceae**

おもに熱帯・亜熱帯に4属約100種が分布し，日本にはフッキソウ属とツゲ属が自生する。両属とも20-30個の孔を持つ多散孔型であるが，彫紋の特徴は下記の通りまったく異なる。後者の化石花粉は最終間氷期以前の堆積層からよく検出され，しかも間氷期だけでなく氷期と思われる堆積層からもまれに産出し，非樹木花粉に入れられる。

フッキソウ属
Genus *Pachysandra* Michx.

フッキソウ　　　　　　SPl.174.13-15
Pachysandra terminalis Siebold et Zucc.
【形態】 球形で，無極性。外観は円形。多(約30)散孔型。孔は大きな円形(2-3μm)で，ほぼ均等に網目の中に分布する。外壁の彫紋は大きな網目状紋で，その畝は様々な形の突起物が連なった凹凸のある特異な網を形成し，孔のない網目の中は平滑状紋である。
【大きさ】 36-40 μm；38-45×38-45 μm(I)，50-54×50-54 μm(S)
【試料】 京都市武田薬品薬草園(植栽)：1991.4.

5(岡)，東京都神代植物公園(植栽)：1992.4.20(岡)
【開花期】 3-6月
【分布】 北海道〜九州。中国

ツゲ属
Genus *Buxus* L.

FPl.12.14-15
ツゲ　　　　　　　　　SPl.174.10-12，LPl.31.11
Buxus microphylla Siebold et Zucc. var. *japonica* (Muell. Arg. ex Miq.) Rehder et Wils.
【形態】 球形で，無極性。外観は円形。多(約20)散孔型。孔は小さく(1-2μm)やや窪む程度で，ほぼ全表面に均等に分布する。外壁の彫紋は角ばった微粒が全表面を覆い，微粒の間には微穿孔が見られる。
【大きさ】 21-24 μm；30-33×30-33 μm，36-40×36-40 μm(S)
【試料】 沖縄県石垣島於茂登岳：1973.4.2，岡山県赤磐市山陽(植栽)：1982.3.28，大阪市長居公園(植栽)：1982.4.6(守田)
【開花期】 3-4月
【分布】 本州(関東以西)〜屋久島

クロタキカズラ科
Family **Icacinaceae**

熱帯を中心に約45属400種ある。日本には2属2種が自生する。

クロタキカズラ属
Genus *Hosiea* Hemsl. et E. H. Wilson

クロタキカズラ　　　　SPl.173.9-12
Hosiea japonica (Makino) Makino
【形態】 球形で，等極性。極観は頂口型の亜三角形で，赤道観は球形。3溝孔型。溝は両極近くまで伸び，大きく開くが，溝内に細粒が詰まっているため，孔は確認しにくい。外壁の彫紋は微小刺

状紋で，まばらな微小刺の間の表面には，微穿孔が密に分布する。

【大きさ】 27-28×32-36 μm; 31-32×31-35 μm (I)

【試料】 不詳

【開花期】 4-5月

【分布】 本州(近畿北部以西)～九州(北中部)

クロウメモドキ科
Family **Rhamnaceae**

熱帯～温帯に分布し，約58属900種がある。日本には7属17種が分布する。

クロウメモドキ属
Genus *Rhamnus* L.

球形～長球形で，等極性。極観は頂口型の三角形～亜三角形で，赤道観は楕円形～円形。3溝孔型。溝は両極近くまで伸び，孔の周囲はかなり隆起する。溝内は平滑状紋で，孔は確認しやすい。外壁の彫紋は微穿孔状紋からなり，溝間域では微穿孔が顕著であるが，溝縁に向かって不鮮明となり，溝の周囲は完全に平滑状紋となる。

イソノキ　　　　　　　　　　SPl.175.1-3
Rhamnus crenata Siebold et Zucc.

【大きさ】 12-21×18-27 μm; 17-18×20-22 μm (I), 24-26×20-22 μm(S), 18.0-23.4×16.2-19.8 μm(N)

【試料】 岡山市三徳園(植栽)：1983.6.5

【開花期】 6-7月

【分布】 本州～九州。朝鮮半島・中国

コバノクロウメモドキ　　　SPl.176.5-8
Rhamnus japonica Maxim. var. *microphylla* Hara

【大きさ】 19-21×16-24 μm

【試料】 岡山市三徳園(植栽)：1983.4.30(渡辺・山口)

【開花期】 4-5月

【分布】 本州(東海以西)・九州

クマヤナギ属
Genus *Berchemia* Necker

クマヤナギ　　　　　　　　SPl.176.12-14
Berchemia racemosa Siebold et Zucc.

【形態】 外観はクロウメモドキ属に似る。

【大きさ】 12-13×14-22 μm; 14-16×16-18 μm (I), 20-22×18-20 μm(S), 14.4-18.0×16.2-18.0 μm(N)

【試料】 高知市城山：1976.6.5(守田)

【開花期】 7-9月

【分布】 北海道～九州

ネコノチチ属
Genus *Rhamnella* Miq.

ネコノチチ　　　　　　　　SPl.175.4-7
Rhamnella franguloides (Maxim.) Wiberb.

【形態】 外観はクロウメモドキ属に似る。

【大きさ】 16-17×19-24 μm; 20-22×22-24 μm (I), 22-23×21-22 μm(S)

【試料】 岡山市三徳園(植栽)：1983.4.30, 6.19

【開花期】 5-6月

【分布】 本州(岐阜県以西)～九州。朝鮮半島(南部)

ケンポナシ属
Genus *Hovenia* Thunb.

ケンポナシ　　　　　　　　SPl.176.1-4
Hovenia dulcis Thunb.

【形態】 球形～長球形で，等極性。極観は頂口型の三角円形で，赤道観は楕円形～円形。3溝孔型。溝は両極近くまで伸び，あまり開かないが孔は確認しやすい。孔の周辺は隆起し，溝内は平滑状紋である。外壁の彫紋はしわ状紋で，細い線が複雑に交叉し，溝間部では鮮明であるが，溝縁に向かって不明瞭となり，溝縁は平滑状紋となる。

【大きさ】 21-26×22-26 μm; 20-22×23-25 μm

(I), 21.6-25.2×23.4 μm(N)

【試料】　神奈川県厚木市飯山：1986.6.29(中川重)

【開花期】　6-8月

【分布】　北海道(奥尻島)・本州〜九州。朝鮮半島・中国

ハマナツメ属
Genus *Paliurus* Miller

ハマナツメ　　　　　　　　SPl.175.12-14
Paliurus ramosissimus (Lour.) Poiret

【形態】　外観はケンポナシ属に似る。

【大きさ】　16-18×17-18 μm; 23-25×20-22 μm (S), 18.0-21.6×19.8-21.6 μm(N)

【試料】　高知県春野町：1960.9.23(中村純)

【開花期】　7-9月

【分布】　本州(東海・南畿・山陽)〜沖縄。韓国(済州島)・中国・台湾・インドシナ半島

ナツメ属
Genus *Zizyphus* Miller

ナツメ　　　　　　　　　　SPl.176.9-11
Zizyphus jujuba Miller

【形態】　外観はケンポナシ属に似る。

【大きさ】　18-19×16-20 μm; 17-18×19-20 μm (I), 20-22×18-21 μm(S)

【試料】　岡山市岡山理科大学(植栽)：1983.6.6, 長野県松本市深志町(植栽)：1983.7.26

【開花期】　6-7月

【原産地】　中国(北部)

ヨコグラノキ属
Genus *Berchemiella* Nakai

ヨコグラノキ　　　　　　　SPl.175.8-11
Berchemiella berchemiaefolia (Makino) Nakai

【形態】　外観はケンポナシ属に似る。

【大きさ】　14-17×12-18 μm; 18-20×20-22 μm (I)

【試料】　神奈川県丹沢札掛：1986.7.16(中川重)

【開花期】　6-7月

【分布】　本州〜九州

ブドウ科
Family **Vitaceae**

　12属約700種が熱帯〜温帯に分布し，日本には4属10種が自生する。花粉分析ではブドウ属とツタ属が非樹木花粉としてまれに報告される。

ブドウ属
Genus *Vitis* L.

　長球形で，等極性。極観は円形〜頂口型の亜三角形で，赤道観は楕円形。3溝孔型。溝は両極近くまで伸び，溝内には微粒が分布する。孔はほぼ円形で，確認しやすい。外壁の彫紋は微穿孔状紋で，全表面に分布し，溝縁に向かって不鮮明になる。

エビヅル　　　　　　　　　SPl.177.1-4
Vitis thunbergii Siebold et Zucc.

【大きさ】　20-22×16-19 μm; 20-22×20-22 μm (I), 18-19×19-20 μm(S), 19.8-23.4×18.0-21.6 μm(N)

【試料】　岡山市半田山：1983.5.9, 岡山県玉野市沼：1992.5.9(岡)

【開花期】　5-9月

【分布】　北海道(南西部)〜九州。朝鮮半島

ブドウ(マスカット)
　　　　　SPl.177.5-8, LPl.33.11-13, PPl.8.3-6
Vitis vinifera L. 'Muscat of Alexandria'

【大きさ】　20-23×18-22 μm

【試料】　岡山県赤磐市神田(植栽)：1987.6.2(真野)

【開花期】　6月

【原産地】　北アフリカ(北部)

ヤマブドウ　　　　　　　　　SPl.177.9-12

Vitis coignetiae Pulliat ex Planch.

【大きさ】　12-22×16-21 μm; 18-19×18-20 μm
(I), 19.8-23.4×20.7-25.2 μm(N)

【試料】　宮城県大ナメ沢：1980.6.14(守田)

【開花期】　6-8月

【分布】　北海道〜四国。サハリン・アムール・ウスリー・南千島・韓国(鬱陵島)

ヤブガラシ属
Genus *Cayratia* Juss.

ヤブガラシ　　　　　　　　　SPl.177.17-20

Cayratia japonica (Thunb.) Gagn.

【形態】　外観はブドウ属に似る。

【大きさ】　28-31×24-33 μm; 32-35×35-38 μm
(I), 30-35×32-36 μm(S), 30.6-36.0×27.0-36.0
μm(N)

【試料】　岡山市岡山理科大学：1983.6.9(岡)，岡山市三徳園：1984.7.9(岡)

【開花期】　5-8月

【分布】　北海道(南西部)〜沖縄・小笠原諸島。朝鮮半島・中国・マレーシア・インド

ツタ属
Genus *Parthenocissus* Planch.

ツタ(ナツヅタ)　　　　　　　SPl.177.13-16

Parthenocissus tricuspidata (Siebold et Zucc.)
Planch.

【形態】　長球形で，等極性。極観は円形で，赤道観は楕円形。3溝孔型。溝は両極近くまで伸び，大きく開いて孔は確認しやすい。溝内には微粒が分布する。外壁の彫紋は網目状紋で，溝間域と極域は鮮明であるが，溝縁に向かって小さくなり，溝の周囲は平滑状紋となる。

【大きさ】　36-38×26-35 μm; 40-47×33-38 μm
(I), 48-52×35-38 μm(S), 39.6-45.0×30.6-32.4
μm(N)

【試料】　岡山市岡山理科大学(植栽)：1983.7.16
(山口)

【開花期】　6-8月

【分布】　北海道〜九州。朝鮮半島・中国

ノブドウ属
Genus *Ampelopsis* Michx.

カガミグサ　　　　　　　　　SPl.171.15-18

Ampelopsis japonica (Thunb.) Makino

【形態】　球形で，等極性。極観・赤道観ともに円形。3溝孔型。溝には微粒が点在する。外壁の彫紋は微穿孔状紋で，微穿孔には微粒があることがある。

【大きさ】　27.2-30.3×26.9-30.4 μm; 32-34×
32-34 μm(I), 22×44 μm(B)

【試料】　京都市日本新薬山科植物資料館(植栽)：
2011.5.11

【開花期】　6-7月

【原産地】　中国

ホルトノキ科
Family **Elaeocarpaceae**

　熱帯・亜熱帯域に約12属400種がある。日本にはホルトノキ属4種1変種が自生する。

ホルトノキ属
Genus *Elaeocarpus* L.

　球形で，等極性。極観・赤道観ともに円形。3溝孔型。溝は比較的短くあまり開かないが，孔は確認できる。外壁の彫紋は微穿孔状紋で，微穿孔は凹凸の窪みに分布する。

ホルトノキ(モガシ)　　SPl.178.1-4, LPl.32.17-20

Elaeocarpus sylvestris (Lour.) Poir. var. *ellipticus*
(Thunb. ex Murray) Hara

【大きさ】　7×6-8 μm; 7-8×8-9 μm(I), 8-9×9-
10 μm(S), 7.2-9.0×7.2-8.1 μm(N)

【試料】　高知県南国市稲生：1954.7.16(中村純)，
沖縄県国頭村：2004.4.10

【開花期】 6-8月

【分布】 本州(千葉県南部以西)〜沖縄。中国(南部)・台湾・インドシナ半島

セイロンオリーブ　　　　　　　　　SPl.178.5-6

Elaeocarpus serratus L.

【大きさ】 7-9×7-8 μm

【試料】 東京都東京大学理学部附属小石川植物園(植栽):1995.9.12(岡)

【開花期】 9月

【原産地】 スリランカ

シマホルトノキ　　　　　　　　　SPl.178.7-8

Elaeocarpus photiniaefolius Hook. et Arn.

【大きさ】 7-8×6-8 μm; 7-8×8-9 μm(I)

【試料】 長崎市亜熱帯植物園(植栽):1990.11.16(岡)

【開花期】 6-7月

【分布】 小笠原諸島(硫黄列島を除く)

コバンモチ　　　　　　　　　SPl.171.19-22

Elaeocarpus japonicus Siebold et Zucc.

【大きさ】 9.5-10.5×8.5-10.0 μm; 9.0-10.0×10.8-12.6 μm(N)

【試料】 沖縄県国頭村:2005.5.20

【開花期】 5-6月

【分布】 本州(紀伊半島〜中国地方)・四国・九州・沖縄。台湾・中国

シナノキ科
Family **Tiliaceae**

　世界の熱帯〜温帯に50属約450種が分布し，日本には3属7種が自生する。花粉分析では，シナノキ属がよく検出されるが，数%以内である。

シナノキ属
Genus ***Tilia*** L.

FPl.13.1-2

偏平球形で，等極性。極観は円形〜間口型の三角円形で横側口型，赤道観は横長の楕円形。3溝孔型。溝は短くスリット状で，大きく開かず，孔も確認しにくい。外壁の彫紋は微穿孔状紋で，全表面に密に分布するが，ボダイジュでは微穿孔が大きく広がり，網目状紋になる。

ヘラノキ　　　　　　　　　SPl.179.1-3

Tilia kiusiana Makino et Shirasawa

【大きさ】 19×27-31 μm; 26-28×31-33 μm(I), 23-25×34-36 μm(S), 16.2-21.6×32.4-36.0 μm(N)

【試料】 名古屋市東山動植物園(植栽):1977.7.26

【開花期】 7-8月

【分布】 本州(紀伊半島・中国)〜九州

シナノキ　　　　　　　　　SPl.179.4-6

Tilia japonica (Miq.) Simonkai

【大きさ】 22×25-33 μm; 28-32×34-37 μm(I), 30-32×38-40 μm(S), 18.0-23.4×30.6-36.0 μm(N)

【試料】 鳥取県烏ヶ山:1982.7.26

【開花期】 6-7月

【分布】 北海道〜九州

ボダイジュ　　　　　　　　　SPl.179.7-8

Tilia miqueliana Maxim.

【大きさ】 24×28-32 μm; 24-26×32-34 μm(I), 34-36×39-42 μm(S), 18.0-19.8×32.4-39.6 μm(N)

【試料】 広島市広島大学理学部植物園(植栽):1977.9.21(高木)

【開花期】 6-7月

【原産地】 中国

オオバボダイジュ　　　　　　　　　SPl.179.9-10

Tilia maximowicziana Shirasawa

【大きさ】 34-38 μm; 36-37×41-47 μm(I), 19.8-25.2×34.2-41.4 μm(N)

【試料】 不詳

【開花期】 6-8月
【分布】 北海道・本州(東北・北陸・関東北部)

コルコルス属
Genus *Corchorus* L.

シマツナソ(モロヘイヤ)　　　SPl.179.11-13
Corchorus olitorius L.
【形態】 長球形で，等極性。極観は円形で，赤道観は楕円形。3溝孔型。溝は両極近くまで伸び，大きく開いて孔は確認しやすい。溝内は平滑状紋。外壁の彫紋は網目状紋で，網目は溝間域で大きく，溝縁に向かって小さくなるが，溝の周囲まで鮮明である。各網目の中は薄膜で覆われ，5-10個の微穿孔が見られる。
【大きさ】 26-35×20-23μm
【試料】 静岡市静岡県立大学薬学部薬草園(植栽)：1991.10.5(岡)，岡山県赤磐市南佐古田(植栽)：2003.9.26
【開花期】 8-9月
【原産地】 アジア～アフリカ(熱帯)

パンヤ科
Family **Bombacaceae**

　熱帯に28属200種が分布し，和名ではキワタ科とも呼ばれる。日本には自生しないが，ドリアンの果実はよく知られている。

パンヤノキ属
Genus *Ceiba* Mill.

パンヤノキ(カポック)　　　SPl.178.9-12
Ceiba pentandra (L.) Gaertn.
【形態】 長球形で，等極性。極観は円形で，赤道観は楕円形。3溝孔型。溝は両極近くまで伸び幅広く開いて，孔は確認しやすい。外壁の彫紋はしわ状紋で，しわが交叉した窪みに微穿孔が分布する。
【大きさ】 15-18×15-16μm

【試料】 岡山県赤磐市山陽(植栽)：1999.4.28
【開花期】 3-5月
【原産地】 アジア・アフリカ・南米

アオギリ科
Family **Sterculiaceae**

　熱帯・亜熱帯域を中心に68属1,100種ほどある。日本には5属が自生している。

サキシマスオウノキ属
Genus *Heritiera* Dryand.

サキシマスオウノキ　　　SPl.178.13-15
Heritiera littoralis Dryand.
【形態】 長球形で，等極性。極観は円形で，赤道観は楕円形。3溝孔型。溝は両極近くまで伸びるが，あまり開かないため孔は確認しにくい。外壁の彫紋は細粒状紋で，細粒が全表面に密に分布する。
【大きさ】 16-23×14-16μm
【試料】 沖縄県西表島：1989.3.12(宮城)
【開花期】 5-7月
【分布】 沖縄。台湾・アジア(熱帯)・ポリネシア・アフリカ

カカオノキ属
Genus *Theobroma* L.

カカオノキ　　　SPl.178.16-17
Theobroma cacao L.
【形態】 球形で，等極性。外観は円形。3溝孔型。溝・孔とも確認しにくい。外壁の彫紋は網目状紋で，網目の形は円形よりも長方形が様々な形に変形した不規則なものが多い。
【大きさ】 16-21μm；14-16×15-17μm(I)
【試料】 大阪市花博記念公園鶴見緑地(植栽)：1990.4.24(岡)
【開花期】 4-5月
【原産地】 南米(アマゾン盆地・コロンビア)

アオギリ属
Genus *Firmiana* Marsigli

アオギリ　　　　　　　　　　SPl.178.18-21
Firmiana simplex (L.) W. F. Wight

【形態】　長球形で，等極性。極観は円形で，赤道観は楕円形。3溝孔型。溝は両極近くまで伸びて開いているため，孔は確認しやすい。外壁の彫紋は網目状紋で，大小の網目からなり，小さな網目が連なって畝を形成し，大きな網目を囲む二重の網目となる。また大きな網目の中は微粒が10個以上詰まる。

【大きさ】　39-43×32-37 μm; 42-45×41-44 μm (I), 44-46×46-48 μm(S), 41.4-45.0×30.6-36.0 μm(N)

【試料】　岡山市御野幼稚園(植栽)：1973.7.1，岡山県赤磐市岩田(植栽)：1983.6.30

【開花期】　5-7月

【分布】　本州(伊豆半島・紀伊半島)・四国(愛媛県・高知県)・九州(大隅半島)・沖縄。中国・台湾

アオイ科
Family **Malvaceae**

世界の熱帯～温帯に約85属1,500種もある大きな科であるが，日本には4属が自生するだけである。ただ本科は帰化したり，観賞用に栽培されているものが多い。大きな花粉に大きな刺を持った本科の花は，花期も長くてオシロイバナとともに花粉の初歩的観察材料として適している。

イチビ属
Genus *Abutilon* Mill.

球形で，等極性。外観は円形。3溝孔型。溝・孔ともに確認しにくい。外壁の彫紋は長刺状紋で，火口状の穴から大きな長刺が突き出ている。長刺を除く火口状の部分を含む全表面は細粒が密に分布する。

イチビ(キリアサ)　　　　　　　SPl.183.5-6
Abutilon theophrasti Medik.

【大きさ】　56-59 μm; 53-63×61-66 μm(I), 70-75×65-70 μm(S), 39.6-45.0 μm(N)

【試料】　岡山県赤磐市山陽(植栽)：1979.7.3

【開花期】　8-9月

【原産地】　インド

ウキツリボク　　　　　　　　　SPl.183.7-8
Abutilon megapotamicum (K. Spreng.) St.-Hil. et Naud.

【大きさ】　58-72 μm

【試料】　東京都立神代植物公園(植栽)：1992.3.20(岡)

【開花期】　6-8月

【原産地】　ブラジル

エノキアオイ属
Genus *Malvastrum* A. Gray

エノキアオイ(アオイモドキ)　　　SPl.183.9-10
Malvastrum coromandelianum (L.) Garcke

【形態】　大きさや外壁の彫紋はイチビ属に似るが，発芽口数は約30個でフヨウ属に似る。

【大きさ】　68-69 μm; 63-84 μm(I)

【試料】　沖縄県南大東島(植栽)：1989.3.22(宮城)

【開花期】　9-11月

【原産地】　北米

フヨウ属
Genus *Hibiscus* L.

球形で，無極性。外観は円形。多(約30-40)散孔型。孔は径が10 μm前後の大きな円形であるが，孔を薄膜が覆うため確認できなかったり，薄膜が細長く破れてスリット状に見えたりする。外壁の彫紋は長刺状紋で，長さ10-20 μmもの大きな長刺がまばらに分布し，その基部の周囲には微穿孔が分布する。

アオイ科

ムクゲ SP1.180.1-2, LP1.36.7
Hibiscus syriacus L.
【大きさ】 90-110 μm; 110-130×110-130 μm(I),
120-130 μm(S), 126.0-158.0 μm(N)
【試料】 岡山市三徳園(植栽):1985.9.12, 京都市
西京区(植栽):2002.7.23
【開花期】 7-9月
【原産地】 中国

アメリカフヨウ SP1.180.3-4
Hibiscus moscheutos L.
【大きさ】 146-155 μm; 110-130×110-130 μm
(I)
【試料】 岡山市岡山理科大学(植栽):1988.8
【開花期】 7-8月
【原産地】 北米

ブッソウゲ(ハイビスカス) SP1.182.3-4
Hibiscus rosa-sinensis L.
【大きさ】 136-161 μm; 140-160 μm(S)
【試料】 沖縄県石垣島(植栽):1973.4.5, 岡山市
後楽園(植栽):1993.5.18(岡)
【開花期】 6-10月
【原産地】 中国(南部)

オオハマボウ(ヤマアサ) SP1.181.1-2, LP1.34.1
Hibiscus tiliaceus L.
【大きさ】 150-170 μm; 100-120×100-120 μm
(I)
【試料】 沖縄県西表島:1973.4.22, 沖縄県名護
市:1984.7.22(仲吉), 沖縄県北谷町:2004.2.17
【開花期】 6-8月
【分布】 屋久島・種子島～沖縄・小笠原諸島

フヨウ SP1.181.3-4
Hibiscus mutabilis L.
【大きさ】 168-172 μm; 115-135×115-135 μm
(I), 110-120 μm(S)
【試料】 岡山市(植栽):1991.9.11(岡)
【開花期】 7-10月
【原産地】 中国(中部)

ハマボウ SP1.189.1-3
Hibiscus hamabo Siebold et Zucc.
【大きさ】 131.9-146.9 μm; 95-105×95-105 μm
(I), 99 μm(N), 60×60 μm(B)
【試料】 高知県立牧野植物園(植栽):1993.7.18
(岡)
【開花期】 7-8月
【分布】 千葉県以西～奄美大島の沿岸部。朝鮮半
島の海岸沿部

サキシマフヨウ SP1.189.4-5, LP1.34.2
Hibiscus makinoi Jotani et H. Ohba
【大きさ】 148.6-170.0 μm
【試料】 東京都東京大学理学部附属小石川植物園
(植栽):2013.11.19(岡)
【開花期】 10-12月
【分布】 鹿児島県西部の島～沖縄

トロロアオイ属
Genus *Abelmoschus* Medik

オクラ SP1.182.1-2
Abelmoschus esculentus (L.) Moench
【形態】 外観はフヨウ属に似る。
【大きさ】 170-182 μm; 150-180×150-180 μm
(I)
【試料】 岡山県赤磐市南佐古田(植栽):2001.9.1
【開花期】 7-9月
【原産地】 アフリカ(東北部)

ワタ属
Genus *Gossypium* L.

ワタ SP1.180.5-6
Gossypium arboreum L.
【形態】 外観はフヨウ属に似る。
【大きさ】 113-140 μm; 80-100×80-100 μm(I),
90-110 μm(S)
【試料】 岡山市三徳園(植栽):1986.9.23
【開花期】 9-10月
【原産地】 インド・アジア(熱帯)

アオイ科・ジンチョウゲ科

タチアオイ属
Genus *Alcea* L.

タチアオイ SPl.183.3-4
Alcea rosea L.

【形態】 球形で，無極性。外観は円形。多(約100-200)散孔型。孔は径が5μm前後の円形で，全表面にほぼ等間隔に分布し，薄膜に覆われないため確認しやすい。外壁の彫紋は刺状紋で，長刺と短刺が1：2ぐらいの割合で見られ，刺と孔以外の表面は微穿孔が密に分布する。

【大きさ】 91-121μm；110-120×110-120μm(I)，99.0-135.0μm(N)

【試料】 沖縄県南大東島(植栽)：1989.3.23(宮城)

【開花期】 5-8月

【原産地】 地中海沿岸

ゼニアオイ属
Genus *Malva* L.

ゼニアオイ SPl.183.1-2
Malva sylvestris L. var. *mauritiana* (L.) Boiss.

【形態】 外観はタチアオイ属に似る。

【大きさ】 115-124μm；95-110×95-110μm(I)，110-120μm(S)

【試料】 岡山県赤磐市山陽(植栽)：1983.5.28

【開花期】 5-6月

【原産地】 ヨーロッパ

ジンチョウゲ科
Family **Thymelaeaceae**

　寒帯を除く世界の各地に50属800余種が分布し，日本には5属18種が自生する。花粉分析では，ジンチョウゲ属とガンピ属の化石花粉がまれに報告されている程度である。本科花粉の走査電顕の検討は三好ほか(2007)が行っている。

　球形で，無極性。外観は円形。多(約20)散孔型。孔は丸くてほぼ均等に分布し，確認しやすいものと，網目や微穿孔と区別しにくいものがある。外壁の彫紋は属によりやや異なるので，各属ごとに記す。

ミツマタ属
Genus *Edgeworthia* Meissn.

ミツマタ SPl.184.1-2，LPl.36.1-2
Edgeworthia chrysantha Lindley

【形態】 外壁の彫紋は網目状紋で，網目の交叉点上には三角錐の刺状突起が分布し，各網目あたり6-8個の突起が取り囲み，ハズ模様となる。

【大きさ】 30-33μm；1.40-44×40-44μm；s.33-38×33-38μm(I)，40-44×40-44μm(S)，30.6-34.2μm(N)

【試料】 岡山県鏡野町(植栽)：1973.4.8，岡山県真庭市神庭の滝(植栽)：1974.4.3，岡山市三徳園(植栽)：1982.3.21

【開花期】 3-4月

【原産地】 中国(南部)・ヒマラヤ

ジンチョウゲ属
Genus *Daphne* L.

オニシバリ(ナツボウズ) SPl.381.12-13
Daphne pseudo-mezereum A.Gray

【形態】 外観はミツマタ属に似る。

【大きさ】 21-26μm；30-33×30-33μm(I)

【試料】 京都市武田薬品薬草園(植栽)：1991.4.5(岡)

【開花期】 2-7月

【分布】 本州(関東南部・東海地方東部・近畿北部)・九州(中部)

ジンチョウゲ SPl.184.7-8
Daphne odora Thunb.

【形態】 外壁の彫紋は微小刺状紋で，その刺が密に丸く連なり(ハズ模様)，中に孔か微穿孔か区別しにくい穴が点在する。

【大きさ】 15-27μm；36-38×36-38μm(I)，38-42×38-42μm(S)

【試料】 岡山市岡山理科大学(植栽)：1973.3.9

【開花期】 2-4月
【原産地】 中国

ナニワズ

LPl.36.3

Daphne pseudo-mezereum A. Gray subsp. *jezoensis* (Maxim.) Hayata
【形態】 外観・発芽口・外壁の彫紋は，ジンチョウゲやオニシバリに似る。
【大きさ】 24.0-27.5 μm；27-30×27-30 μm(I)
【試料】 岐阜県各務原市内藤記念くすり博物館薬用植物園(植栽)：1994.2.27(岡)
【開花期】 2-5月
【分布】 北海道・本州(福井県・福島県以北)。南千島・サハリン(南部)

アオガンピ属
Genus *Wikstroemia* Endl.

アオガンピ(オキナワガンピ)

SPl.184.5-6，SPl.381.10-11，LPl.34.3-4

Wikstroemia retusa A. Gray
【形態】 外壁の彫紋は微小刺状紋で，その刺は三角錐形で，これらが6-8個集まって丸く連なり(ハズ模様)，その中は孔か微穿孔か区別しにくい穴となる。
【大きさ】 19-26 μm
【試料】 沖縄県国頭村：2005.3.18(真謝)
【開花期】 7-9月
【分布】 沖縄

ムニンアオガンピ(オガサワラガンピ) SPl.381.14-15

Wikstroemia pseudoretusa Koidz.
【形態】 外観はアオガンピに似る。
【大きさ】 22-23 μm
【試料】 小笠原諸島姪島：1980.8.24(小野・小林)，東京都小笠原諸島父島：1980.12.13(小林)，小笠原諸島兄島：1981.7.2(小野)
【開花期】 7-9月
【分布】 小笠原諸島(父島列島・母島列島)

ガンピ属
Genus *Diplomorpha* Meissn.

ガンピ

SPl.184.3-4

Diplomorpha sikokiana (Franch. et Savat.) Honda
【形態】 外観はミツマタ属に似る。外壁の彫紋は微小刺状紋で，その刺は三角錐形。これらが6-8個集まって丸く連なり(ハズ模様)，その中は孔で大きな穴となり，それ以外のものは小さな穴となる。
【大きさ】 21-23 μm；28-30×28-30 μm(I)，18.0-23.4 μm(N)
【試料】 岡山県鏡野町：1972.7.24(波田)，岡山市龍ノ口山：1982.5.15(太田)
【開花期】 5-6月
【分布】 本州(静岡県・石川県以西)～九州(佐賀県黒髪山)

コガンピ(イヌガンピ)

SPl.381.16-17

Diplomorpha ganpi (Siebold et Zucc.) Nakai
【形態】 外観はガンピに似るが，発芽孔が小さく，その数も数えにくい。
【大きさ】 18-22 μm；27-30×27-30 μm(I)，30-32×30-32 μm(S)，19.8-23.4 μm(N)
【試料】 岡山県赤磐市山陽：1977.8.11(守田)
【開花期】 7-9月
【分布】 本州(群馬県赤城山・茨城県・福井県東部以西)・四国・九州(奄美大島まで)

グミ科
Family **Elaeagnaceae**

　北米・ユーラシア大陸～マレーシアに分布し，3属50種からなる小さな科で，日本にはグミ属が16-17種ある。日本の花粉分析では，本属の化石花粉が低率ながら産出し，NAPに記載される程度であるが，北欧ではウマグミ属 *Hippophae* が晩氷期の堆積層から産出し，氷期から後氷期への植生の移行期を特徴づける重要な属となってい

る。本科花粉の走査電顕による検討は三好ほか（2007）が行っている。

グミ属
Genus *Elaeagnus* L.

FPl.13.3-4

　偏平三角球形で，異極性。極観は頂口型の三角形で，赤道観は横長の半円形。3（まれに 4）溝孔型。溝はスリット状で短く，向心極面の方が遠心極面のものより少し長く見え，その中の内孔は丸くて大きい。内孔の周辺部は，溝が閉じている状態ではイルカの口のように見え，溝が開くと外表層が反り返ってラッパ状になるものもある。外壁の彫紋は平滑状紋に近いものから大きないぼ状紋まで様々で，向心極面の外壁はわずかに盛り上がった偏平状であるのに対し，遠心極面はドーム状に盛り上がる。外壁の彫紋もいぼ状紋〜平滑状紋であるが，遠心極面の彫紋の方が顕著で，向心極面では不鮮明になる。また，微穿孔の見られるものもある。大きさは 20 μm 前後の小さいものから，50 μm 以上の大きなものもある。

アキグミ　　　　　　　　　　　SPl.186.8-11
Elaeagnus umbellata Thunb.
【大きさ】　18-22×26-32 μm; 32-38×39-43 μm (I)，40-44×32-34 μm(S)，25.2-32.4×30.6-41.4 μm(N)
【試料】　岡山市三徳園(植栽)：1983.4.27(渡辺・山口)
【開花期】　4-5 月
【分布】　北海道(渡島半島)〜九州(屋久島まで)

ナツアサドリ　　　　　　　　　SPl.186.1-4
Elaeagnus yoshinoi Makino
【大きさ】　19-23×26-40 μm
【試料】　岡山市三徳園(植栽)：1986.4.23
【開花期】　4-5 月
【分布】　兵庫県飾磨郡以西・中国地方一帯

ナワシログミ　　　　　　　　　SPl.186.5-7
Elaeagnus pungens Thunb.
【大きさ】　27-33×29-43 μm; 36-37×41-43 μm (I)，38-42×32-34 μm(S)，25.2-34.2×34.2-36.0 μm(N)
【試料】　岡山市三野公園：1977.10.5
【開花期】　9-11 月
【分布】　本州(伊豆半島以西)〜九州。中国

ナツグミ　　　　　　　SPl.187.1-3，LPl.36.4-6
Elaeagnus multiflora Thunb.
【大きさ】　26-40 μm; 35-37×43-46 μm(I)，27.0-39.6×39.6-46.8 μm(N)
【試料】　岡山市岡山理科大学：1994.4.18
【開花期】　3-5 月
【分布】　本州(関東〜静岡県西部)

トウグミ　　　　　　　　　　　SPl.187.7-8
Elaeagnus multiflora Thunb. var. *hortensis* (Maxim.) Servettaz
【大きさ】　22-35 μm
【開花期】　4-5 月
【試料】　兵庫県高砂市阿弥陀町(植栽)：1983.4.9 (山下)
【分布】　北海道渡島半島(日本海側)・東北・北陸〜近畿中部・愛知県東部(太平洋側)〜近畿中部

ダイオウグミ　　　　　　　　　SPl.187.4-6
Elaeagnus multiflora Thunb. var. *gigantea* Araki
【大きさ】　40-41×44-56 μm
【試料】　京都市日本新薬山科植物資料館(植栽)：1990.4.29(岡)
【開花期】　4-5 月
【分布】　北海道・本州・四国(？)

ツルグミ　　　　　　　　　　　SPl.188.1-3
Elaeagnus glabra Thunb.
【大きさ】　20-24×28-30 μm(小型)，27-33×32-39 μm(大型)
【試料】　沖縄県読谷村：2004.2.17

【開花期】 10-11 月

【分布】 本州(関東以西)〜沖縄。朝鮮半島(南部)・中国・台湾

オガサワラグミ
SPl.188.4-13

Elaeagnus rotundata (Maxim.) Nakai

【大きさ】 20-23×26-29 μm(小型)，28-30×32-39 μm(大型)

【試料】 東京都小笠原諸島父島：1980.12.17(安井)

【開花期】 11-12 月

【分布】 小笠原諸島

イイギリ科
Family **Flacourtiaceae**

熱帯・亜熱帯・温帯に分布し，約90属1,250種がある。日本には2属2種が自生する。

イイギリ属
Genus *Idesia* Maxim.

イイギリ
SPl.184.13-16, LPl.37.1-4

Idesia polycarpa Maxim.

【形態】 長球形で，等極性。極観は円形で，赤道観は楕円形。3溝孔型。溝は両極近くまで伸び，大きく開いて孔は確認しやすい。溝内の彫紋は平滑状紋。外壁の彫紋は網目状紋で，網目は溝間域と極域では明瞭であるが，溝縁に向かって小さくなり，溝の周囲は平滑状紋となる。

【大きさ】 15-18×13-16 μm；16-17×16-17 μm(I)，18-21×24-26(15-18×18-22)μm(S)

【試料】 岡山市三徳園(植栽)：1983.5.21(渡辺・山口)，沖縄県国頭村：2004.4.10

【開花期】 3-6 月

【分布】 本州〜沖縄。朝鮮半島・中国・台湾

スミレ科
Family **Violaceae**

世界の熱帯〜温帯に約16属850種もあるが，日本にはスミレ属のみで，約50種ある。花粉分析では，発芽口が3溝孔型で，外壁の彫紋が平滑状紋の化石花粉を本科に入れてきたが，さらに検討の必要な群である。

スミレ属
Genus *Viola* L.

長球形で，等極性。極観は円形で，赤道観は楕円形。3溝孔型(サンシキスミレだけは多(4-5)環溝孔型で別記)。溝は両極近くまで伸び，大きく開いて，孔は確認しやすい。溝内には微粒が分布する。外壁の彫紋は平滑状紋で，ほとんど平滑状紋の表面に微穿孔がわずかに確認できる。

スミレ
SPl.190.1-4

Viola mandshurica W. Becker

【大きさ】 27-34×26-29 μm；26-28×27-30 μm(I)，30-34×40-45(28-30)μm(S)

【試料】 岡山市三徳園：1983.4.17

【開花期】 4-5 月

【分布】 北海道〜九州。シベリア(東部)・南千島・朝鮮半島・中国

シハイスミレ
SPl.190.5-8

Viola violacea Makino

【大きさ】 28-32×23-28 μm；30-31×31-33 μm(I)，32.4-37.8×21.6-25.2 μm(N)

【試料】 岡山市半田山：1973.4.11

【開花期】 4-5 月

【分布】 本州(長野県南部以西)〜九州。朝鮮半島(南部)

ヒメスミレ
SPl.191.1-4

Viola confusa Champ. ex Bentham subsp. *nagasakiensis* (W. Becker)

【大きさ】 23-33×22-32 μm

【試料】　兵庫県高砂市阿弥陀町：1983.4.9(山下)

【開花期】　4-5月

【分布】　本州〜九州

タチツボスミレ　　SPl.191.5-7, LPl.35.9-12
Viola grypoceras A. Gray

【大きさ】　23-30×20-30 μm；32-36×36-40 μm
(S), 25.2-30.6×23.4-28.8 μm(N)

【試料】　岡山県津山市細池湿原：1983.6.4, 岡山市半田山：2014.5.1

【開花期】　4-5月

【分布】　北海道〜沖縄。朝鮮半島(南部)

オリヅルスミレ　　SPl.191.8-10
Viola stoloniflora Yokota et Higa

【大きさ】　24-27×20-26 μm

【試料】　広島市植物公園(植栽)：1990.1(横田),
東京都東京大学(植栽)：1992.3.21(岡)

【開花期】　2-4月

【分布】　沖縄

シロスミレ　　SPl.191.11-13
Viola patrinii DC.

【大きさ】　20-30×22-32 μm；28-30×30-32 μm
(I)

【試料】　山口県阿東町：1983.4.23, 兵庫県高砂市阿弥陀町：1983.4.24(山下)

【開花期】　4-7月

【分布】　北海道〜九州。シベリア・サハリン・南千島・朝鮮半島・中国(東北部)

ナガバタチツボスミレ　　SPl.191.14-16
Viola ovato-oblonga (Miq.) Makino

【大きさ】　19-28×18-26 μm；26-28×28-29 μm
(I), 30.6-37.8×25.2-32.4 μm(N)

【試料】　岡山市グリーンシャワー公園：1993.4.16(竹本), 岡山市半田山：1994.4.18(門脇)

【開花期】　3-4月

【分布】　本州(愛知県以西)〜九州。朝鮮半島(南部)

サンシキスミレ(パンジー)　　SPl.190.9-13
Viola × wittrockiana Gams

【形態】　角ばった球形で，等極性。極観は四〜五角形で，赤道観はほぼ円形か横長の楕円形。多(4-5)環溝孔型。溝はやや短く大きく開き，溝内には微粒が分布する。孔は大きく丸く，確認しやすい。外壁の彫紋は平滑状紋であるが，両極域は凹状になり，その中に微粒が詰まる。

【大きさ】　46-56×42-62 μm；57-70×66-88 μm
(I), 60-80×55-70 μm(S)

【試料】　岡山県赤磐市山陽(植栽)：1987.3.22

【開花期】　2-4月

【備考】　数種の複雑な交配から生まれた園芸品種

ニオイスミレ　　SPl.189.6-10
Viola odorata L.

【断面】　花粉外壁は外表層，柱状層，底部層からなる。外表層は薄いように見える。

【大きさ】　25.1-30.1×26.7-30.6 μm；25-26×
27-28 μm(I)

【試料】　岡山県赤磐市山陽(植栽)：1995.5.4

【開花期】　4-5月

【原産地】　西アジアからヨーロッパ・北アフリカ

リュウキュウコスミレ　　SPl.189.11-15
Viola pseudojaponica Nakai

【形態】　外観はニオイスミレに似る。

【断面】　花粉外壁はニオイスミレに似る。

【大きさ】　28.4-31.8×28.4-31.7 μm

【試料】　沖縄県国頭村：1989.3.5(宮城)

【開花期】　11-4月

【分布】　九州(黒島・屋久島以南)〜沖縄県

キブシ科
Family **Stachyuraceae**

　東アジア〜ヒマラヤに分布し，キブシ属1属数種からなる。日本には1属1種が自生する。

キブシ属
Genus *Stachyurus* Siebold et Zucc.

キブシ   SPl.184.9-12
Stachyurus praecox Siebold et Zucc.

【形態】 長球形で，等極性。極観は頂口型の三角円形〜亜三角形で，赤道観は楕円形。3溝孔型。溝はやや短く大きく開き微粒が分布する。孔は確認しやすい。外壁の彫紋は微穿孔状紋で，微穿孔は溝間域では鮮明であるが，極域では不鮮明で，溝縁では平滑状紋となる。

【大きさ】 18-20×16-19 μm; 19-21×21-22 μm (I), 28-30×28-30 (24-28) μm (S), 18.0-21.6×18.0-21.6 μm (N)

【試料】 岡山県自然保護センター：1971.3.30(波田)，仙台市東北大学薬学部薬草園(植栽)：1978.4.17(守田)

【開花期】 2-5月

【分布】 北海道(南西部)〜九州・小笠原諸島

ナギナタソウ科
Family **Datiscaceae**

　ナギナタソウ科は，3属4種からなる。ナギナタソウ属は草本だが，他の2属は高木である。ナギナタソウ属には2種あり，ひとつは地中海の東側〜中央アジアに，もうひとつは北アメリカに分布する。日本には分布していない。

ナギナタソウ属
Genus *Datisca* L.

ナギナタソウ   SPl.185.1-4, LPl.32.21-24
Datisca cannabina L.

【形態】 球形で，等極性。極観・赤道観ともに円形。3溝孔型。溝は極域まで達する。外壁の彫紋は微小刺を伴ったしわ状紋〜いぼ状紋。

【大きさ】 13.4-15.0×13.4-15.0 μm; t.22-23 μm, s.12-13×13-14 μm (I)

【試料】 東京都東京大学理学部附属小石川植物園

(植栽)：2011.6.6(岡)

【開花期】 6-7月

【原産地】 インド〜西アジア・ヨーロッパの一部

トケイソウ科
Family **Passifloraceae**

　熱帯，特に南米とアフリカの熱帯域に多く，約10属500種ある。日本ではトケイソウが観賞用として，パッションフルーツが食用として栽培されている。

トケイソウ属
Genus *Passiflora* L.

トケイソウ   SPl.192.1-5
Passiflora caerulea L.

【形態】 球形で，無極性。外観は円形。4円形溝型。溝は径30-35 μmの円形でほとんど開かず縞状で，溝内には微粒が密に詰まる。外壁の彫紋は網目状紋で，網目は溝間域から溝縁まで鮮明で，その中に微粒が入る。

【大きさ】 40-48 μm; 52-55×58-61 μm (I), 68-78×68-78 μm (S)

【試料】 岡山県赤磐市山陽(植栽)：1983.4.30

【開花期】 6-8月

【原産地】 ブラジル

ベニバナトケイソウ   LPl.38.1-3
Passiflora coccinea Aubl.

【形態】 外観・発芽口・外壁の彫紋は，トケイソウに似る。

【大きさ】 54.4-61.0×51.1-54.4 μm

【試料】 名古屋市東山動植物園(植栽)：1996.5.4(岡)

【開花期】 5-8月

【原産地】 ベネズエラ・ボリビア

トケイソウ科・ギョリュウ科・シュウカイドウ科・ウリ科

オオミトケイソウ　　　　　　　SPl.185.15-17
Passiflora quadrangularis L.
【大きさ】　50.1-58.5×50.1-58.5 μm; 58-60× 62-68 μm(I)
【試料】　さいたま市(植栽)：2013.3.2(岡)
【開花期】　3-9 月
【原産地】　南米大陸・中米

ギョリュウ科
Family **Tamaricaceae**

　亜熱帯・温帯の海岸地域や乾燥地域に分布し，4 属約 100 種が知られている。日本には自生していないが，庭木として植えられている。

ギョリュウ属
Genus *Tamarix* L.

ギョリュウ　　　　　　　　　　SPl.192.9-12
Tamarix chinensis Lour.
【形態】　球形で，等極性。極観は円形で，赤道観は円形。3 溝孔型。溝は両極近くまで伸び大きく開いて，溝内は平滑状紋で，孔は確認しやすい。外壁の彫紋は網目状紋で，その網目は溝間域や極域では鮮明であるが，溝縁に向かって小さく不明瞭になる。
【大きさ】　12-16×10-13 μm; 14-16×15-17 μm (I), 15-17×16-18 μm(S), 14.4-16.2×14.4-16.2 μm(N)
【試料】　高知市朝倉(植栽)：1977.8.20(守田)，香川県東かがわ市西村(植栽)：1990.4.30
【開花期】　4-8 月
【原産地】　中国(西部)

シュウカイドウ科
Family **Begoniaceae**

　熱帯・亜熱帯域に広く分布し，5 属約 2,000 種ある。日本では帰化したシュウカイドウが見られる。

シュウカイドウ属
Genus *Begonia* L.

シュウカイドウ　　　　SPl.192.6-8，LPl.36.8-9
Begonia evansiana Andr.
【形態】　長球形で，等極性。極観は円形で，赤道観は長円形。3 溝孔型。溝は細長く両極近くまで伸び，溝内には微粒が多数分布し，孔は確認しにくい。外壁の彫紋は縞状紋で，縞の太さの 3-5 倍の間隔をあけて縦方向に平行に走り，まれに交叉し，部分的に横線が入り込んでいる。また全表面に微穿孔が点在する。
【大きさ】　16-19×9-10 μm; 19-21×11-13 μm (I), 23-25×12-14 μm(S), 18.0-21.6×9.0-10.0 μm(N)
【試料】　岡山県赤磐市山陽：1991.9.15，岡山県赤磐市南佐古田(植栽)：2004.9.17
【開花期】　8-9 月
【原産地】　中国

ウリ科
Family **Cucurbitaceae**

　おもに熱帯〜亜熱帯に 100 属 850 種が分布し，日本でもウリ・メロン・ヒョウタンなど多数が栽培されている。原産地がアフリカ北部とされるヒョウタンが 9,600 年前の琵琶湖の栗津湖底遺跡から出土しており(滋賀県教育委員会編，1997，2000)，花粉分析でもスズメウリ属やキュウリ属などの化石花粉が遺跡の花粉分析で報告されている(滋賀県教育委員会編，1997，2000)。これらのことから今後本科の花粉の形態をもっと詳しく研究すれば，遺跡の花粉分析で食料として栽培されているウリ科の様々な属が同定できる可能性がある。

ウリ科

キュウリ属
Genus *Cucumis* L.

偏平三角球形で，等極性。極観は頂口型の三角円形で，赤道観は横長の楕円形。3（まれに4）孔型。孔は径が5μm前後の大きな円で，環状肥厚して隆起し，口蓋を持つ。外壁の彫紋は平滑状紋の表面に無数の微穿孔が見られる。

キュウリ　　　　　　　　　SPl.193.1-4
Cucumis sativus L.
【大きさ】　40×43-52μm；49-51×52-56μm（I），40-50×60-70μm（S），39.6-43.2×45.0-55.8μm（N）
【試料】　香川県東かがわ市西村（植栽）：1977.8.23
【開花期】　6-8月
【原産地】　インド（北西部）

マクワウリ　　　　　　　　SPl.193.5-6
Cucumis melo L. var. *makuwa* Makino
【大きさ】　40-49μm；39.6-41.4×43.2-50.4μm（N）
【試料】　香川県東かがわ市西村（植栽）：1977.8.24
【開花期】　6-8月
【原産地】　インド

ニガウリ属
Genus *Momordica* L.

ツルレイシ（ニガウリ）　　　SPl.194.1-4
Momordica charantia L.
【形態】　球形で，等極性。極観・赤道観ともに円形。3溝孔型。溝は両極近くまで伸び大きく開き，孔は確認しやすい。溝内は平滑状紋か微粒状紋が少し分布する。外壁の彫紋は網目状紋で，網目は溝間域で大きく，溝縁に向かって小さくなるが，平滑状紋にはならない。
【大きさ】　43-47×46-49μm；53-58×55-60μm（I）
【試料】　名古屋市八事裏山（植栽）：1977.8.31（守田），神戸市神戸学院大学薬学部附属薬用植物園

（植栽）：1996.8.24（岡）
【開花期】　6-9月
【原産地】　アジア（熱帯）

ヘチマ属
Genus *Luffa* Mill.

ヘチマ　　　　　　　　　　SPl.196.1-4
Luffa aegyptiaca Mill.
【形態】　外観はニガウリ属に似る。
【大きさ】　70-76×70-82μm；70.2-81.0×59.4-72.0μm（N）
【試料】　岡山県赤磐市山陽（植栽）：1977.8.17，沖縄県南大東島（植栽）：1989.3.22（宮城）
【開花期】　7-9月
【原産地】　アジア（熱帯）

カラスウリ属
Genus *Trichosanthes* L.

カラスウリ（タマズサ）　　　SPl.194.9-11
Trichosanthes cucumeroides (Ser.) Maxim.
【形態】　偏平球形で，等極性。極観は円形で，赤道観は横長の楕円形。3孔型。孔は丸くて擂鉢状に窪み，口蓋で覆われる。外壁の彫紋は凹凸の激しい表面に微穿孔状紋が多数分布する。
【大きさ】　30-35μm；65-76×70-80μm（I），75-85μm（S），41.4-45.0μm（N）
【試料】　岡山県真庭市蒜山高原：1981.7.26
【開花期】　7-9月
【分布】　本州（東北南部以南）～九州。中国

ミヤマニガウリ属
Genus *Schizopepon* Maxim.

ミヤマニガウリ　　　　　　SPl.194.5-8
Schizopepon bryoniaefolius Maxim.
【形態】　長球形で，等極性。極観は円形で，赤道観は縦長の楕円形。3溝孔型。溝は両極近くまで伸びるが，ほとんど開かないため孔は確認しにくい。外壁の彫紋は微穿孔状紋で，その微穿孔は波

ウリ科

状や畝状の複雑な凹凸の窪みに点在する。

【大きさ】　23-25×20-27 μm; 33-35×35-37 μm
(I), 25.2-27.0 μm(N)

【試料】　秋田県発荷峠：1980.9.16(守田)

【開花期】　7-10 月

【分布】　北海道・本州・九州。サハリン・南千島・朝鮮半島・中国(東北部)

スイカ属
Genus *Citrullus* Schrad.

スイカ　　　　　　　　　　　　SPl.194.12-14
Citrullus lanatus (Thunb.) Matsum. et Nakai

【形態】　球形で，等極性。極観は三角円形で，赤道観は円形。3(まれに 4)溝孔型。溝はやや短くて大きく開き，孔は確認しやすい。溝内には微粒が見られる。外壁の彫紋は網目状紋で，細い畝と大きな網目からなり，その中に微粒が 5-10 個詰まり，小柱も確認できる。

【大きさ】　43×40-47 μm; 50-52×52-54 μm(I), 55-60×52-58 μm(S), 50.4-63.0×48.6-59.4 μm(N)

【試料】　香川県東かがわ市西村(植栽)：1989.7.1

【開花期】　6-8 月

【原産地】　アフリカ(カラハリ砂漠)

カボチャ属
Genus *Cucurbita* L.

　球形で，無極性。外観は円形。多(8-10)散孔型。孔は，径が 15 μm 前後もある大きな円形で，長刺 1 本と多数の短刺からなる口蓋で覆われる。外壁の彫紋は刺状紋で，10 μm 前後の間隔で分布する長刺と，その他の表面全部を覆う微小刺からなる。

ニホンカボチャ(カボチャ)　　　SPl.197.1-2
Cucurbita moschata (Duchesne) Duchesne ex Poir

【大きさ】　84-100 μm; 130-150×130-150 μm(I), 100-130 μm(S)

【試料】　岡山県赤磐市南佐古田(植栽)：2001.7.13

【開花期】　6-8 月

【原産地】　中米・南米(アフリカ・アジア起源説もある)

セイヨウカボチャ　　　　　　　SPl.197.3-4
Cucurbita maxima Duchesne

【大きさ】　96-109 μm; 130-150×130-150 μm(I), 117-130 μm(N)

【試料】　岡山県赤磐市南佐古田(植栽)：2002.7.25

【開花期】　6-8 月

【原産地】　中米・南米

ユウガオ属
Genus *Lagenaria* Ser.

　球形で，等極性。極観・赤道観ともに円形。3(まれに合流溝)溝孔型。溝は両極近くまで伸び，幅広く開いて孔も確認しやすい。溝内は平滑状紋。外壁の彫紋は微穿孔状紋で，平滑状かやや凹凸のある表面に微穿孔が密に分布する。

カンピョウ　　　　　　　　　　SPl.193.7-9
Lagenaria siceraria (Mol.) Standl.

【大きさ】　51-52×43-53 μm

【試料】　岡山県赤磐市南佐古田(植栽)：2005.7.15

【開花期】　6-8 月

【原産地】　北米

ヒョウタン　　　　　　　　　　SPl.195.1-4
Lagenaria siceraria (Molina) Standl. var. *gourda* (Ser.) H. Hara

【大きさ】　44-50×42-53 μm; 57-58×58-61 μm(I), 50.4-52.2×48.6-55.8 μm(N)

【試料】　福岡県北九州市中曽根(植栽)：1981.8.7(畑中)

【開花期】　6-8 月

【原産地】　アフリカ・アジア(熱帯)

ウリ科・ミソハギ科

ヒメヒョウタン
SPl.195.5-8

Lagenaria sp.

【大きさ】 $52×48-57\,\mu$m

【試料】 不詳

【開花期】 6-8月

【原産地】 アフリカ

ハヤトウリ属
Genus *Sechium* P. Br.

ハヤトウリ（センナリ，チャヨテ）
SPl.196.5-7

Sechium edule (Jacq.) Swartz

【形態】 球形～長球形で，等極性。極観は円形で，赤道観は楕円形。多(8-10)環溝型。溝はあまり開かず細長く伸び，薄膜に覆われるが破れやすい。溝間域は小網目状紋で覆われ，各溝間域には長さ2-3$\,\mu$mの刺が30本前後点在する。

【大きさ】 53-57×40-45$\,\mu$m; 65-80×75-90$\,\mu$m (I), 72-78$\,\mu$m(S)

【試料】 広島市植物公園(植栽)：1990.10.28(岡)，静岡市静岡県立大学薬草園(植栽)：1991.10.5(岡)

【開花期】 6-10月

【原産地】 メキシコ・中米・西インド諸島

アレチウリ属
Genus *Sicyos* L.

アレチウリ
LPl.38.4-6

Sicyos angulatus L.

【形態】 ウリ科の発芽口は多様であるが，本属の外観・発芽口・外壁の彫紋はハヤトウリ属に似る。

【大きさ】 57.2-59.4$\,\mu$m; 64.8-72.0×54.0-72.0$\,\mu$m(N)

【試料】 岡山県真庭市落合垂水：1992.9.13

【開花期】 8-9月

【原産地】 北米

スズメウリ属
Genus *Melothria* L.

クロミノオキナワスズメウリ
SPl.185.5-8, LPl.37.5-9

Melothria liukiuensis Nakai

【形態】 球形で，等極性。極観・赤道観ともに円形。3溝孔型。溝は極域まで達し，溝内は平滑か微粒が少し分布する。外壁の彫紋は小網目状紋。網目は溝縁に向かって小さくなり，微穿孔状紋になる。

【大きさ】 34.2-36.7×35.1-40.1$\,\mu$m

【試料】 沖縄県名護市：2013.2.14(岡)

【開花期】 11-4月

【分布】 奄美大島～沖縄

ミソハギ科
Family **Lythraceae**

25属約550種が世界の熱帯～暖帯に分布し，日本には5属11種がある。庭園に広く植栽されているサルスベリは中国原産であるが，屋久島以南にはシマサルスベリが自生している。後氷期の花粉分析では，サルスベリ属の化石花粉は産出しないが，最終間氷期以前の間氷期には本属が検出される堆積層があり，アカガシ亜属・シイ属・シラキ属とともに間氷期の指標となる分類群である。本属が本州でも産出するような間氷期は，現間氷期とは気候的に異なる環境であったことを示唆している。

サルスベリ属
Genus *Lagerstroemia* L.

FPl.13.5-7

長球形で，等極性。極観は間口型の三角円形で，赤道観は楕円形。3溝孔型。溝は両極近くまで伸び，幅広く開いて，孔は確認しやすい。溝内は微粒が分布する。外壁は溝と溝の間の境界が大きく肥厚して隆起し，稜線を形成している。極観から

見ると三矢形となる。この隆起は短雄しべでは微穿孔が分布し凹凸の激しいしわ状紋であるが，長雄しべでは平滑状紋に近い。隆起部以外の外壁は，短雄しべでは細粒に覆われるが，長雄しべでは微粒で覆われ，本属は短・長雄しべで大きさや外壁の彫紋が異なるよい例である。

本属の現生・化石花粉については，藤木ほか(2001)で詳しく述べている。

サルスベリ

SPl.198.1-4：短雄しべ，5-8：長雄しべ，LPl.40.10-11

Lagerstroemia indica L.

【大きさ】　l.s.25-29×20-30 μm, s.s.32×25-29 μm; l.s.29-34×28-32 μm; s.s.35-40×30-37 μm (I), 40-44×44-46 μm(S), 36.0-43.2×28.8-36.0 μm(N)

【試料】　岡山県赤磐市山陽(植栽)：1981.8.3，岡山市三徳園(植栽)：1983.7.9，岡山市岡山理科大学(植栽)：1992.8.4

【開花期】　7-10 月

【原産地】　中国(南部)

シマサルスベリ

SPl.198.9-10：短雄しべ，11-12：長雄しべ，LPl.40.6-9

Lagerstroemia subcostata Koehne

【大きさ】　32-34×28-30 μm; 28-32×27-30 μm (I), 28.8-34.2×27.0-28.8 μm(N)

【試料】　広島市植物公園(植栽)：1995.8.20(岡)，大阪府大阪市立大学理学部附属植物園(植栽)：1999.8.2

【開花期】　6-9 月

【分布】　沖縄。台湾・中国

シロバナサルスベリ

SPl.198.13-15

Lagerstroemia indica L. cv. Alba

【大きさ】　27-35×24-32 μm

【試料】　岡山市三徳園(植栽)：1985.9.17，1986.9.12

【開花期】　6-9 月

【原産地】　中国

ヒメミソハギ属
Genus *Ammannia* L.

ヒメミソハギ

SPl.199.7-9

Ammannia multiflora Roxb.

【形態】　長球形で，等極性。極観は円形で，赤道観は楕円形。3 溝孔型＋多(6-9)環溝型(不同溝孔型)。9-12 本の溝は両極近くまで伸びる。そのうちの 3 本には孔があり，溝はよく開いて確認しやすい。溝内には，微粒が点在する。溝だけの発芽口はあまり開かず，そのうちの 2 本は片極で合流溝になる。外壁の彫紋は手鞠状のしわ状紋で，そのしわは交叉するものが多いが，極域では線が平行に走り，縞状紋に近い。

【大きさ】　21-22×16-19 μm; 18-20×15-18 μm (I)

【試料】　岡山県真庭市蒜山高原：1984.8(西村)

【開花期】　9-11 月

【分布】　本州〜沖縄。熱帯〜亜熱帯(アジア・オーストラリア・アフリカ)

ミソハギ属
Genus *Lythrum* L.

ミソハギ

SPl.199.1-3：長雄しべ，4-6：短雄しべ

Lythrum anceps (Koehne) Makino

【形態】　長球形で，等極性。極観は円形で，赤道観は楕円形〜円形。3 溝孔型＋3 溝型(不同溝孔型)。溝は 6 本あり，両極近くまで伸び，大きく開いて溝間域の幅とほぼ同じぐらいある。溝内には微粒が密に分布する。6 本の溝のうち 3 本には孔があり，確認しやすい。外壁の彫紋は縞状紋で，その縞は赤道部では比較的よく交叉するが，極域では平行に走る縞が多い。

【大きさ】　l.s.19-27×23-26 μm, s.s.23-26 μm; a.l.s.25-30×27-33 μm; a.s.s.16-17×17-22 μm, b.l.s.19-20×22-23 μm; b.s.s.16-17×18-19 μm (I), 34-38×38-40 μm(S), 25.2-30.6×18.0-21.6 μm(N)

【試料】　岡山県真庭市蒜山高原：1981.7.28，岡山市備前原駅：1984.7.25(辻本)

【開花期】 7-8月

【分布】 北海道～九州。朝鮮半島

キバナミソハギ属
Genus *Heimia* Link

キバナミソハギ　　　　　　LPl.40.1-5

Heimia myrtifolia Cham et Schlechtend

【形態】 球形～長球形で，等極性。極観は円形で，赤道観は楕円形～円形。3溝孔型。ミソハギ属やヒメハギ属は「溝孔型＋溝型(不同溝孔型)」の発芽口を持つが，本属は溝孔型のみである。外壁の彫紋は光顕では確認しにくい。

【大きさ】 23.2-24.0×22.1-23.3μm

【試料】 名古屋市東山動植物園(植栽)：1995.6.25(岡)

【開花期】 6-9月

【原産地】 南米・北米

ミズガンピ属
Genus *Pemphis* J. R. Forst & G. Forst

ミズガンピ　　　　SPl.185.18-21, LPl.41.1-4

Pemphis acidula J.R. et G. Forst.

【形態】 球形～亜長球形で，等極性。極観は円形。赤道観は円形～楕円形。4環溝孔型。溝は極域まで達しない。溝内は平滑状紋。外壁の彫紋は微穿孔状紋。微穿孔はまばらである。

【大きさ】 35.0-45.0×28.0-42.5μm; 35-40×35-40μm(I)

【試料】 沖縄県西表島：2006.6.24(中村健)

【開花期】 ほぼ通年

【分布】 沖縄。台湾・東南アジア・オーストラリア・ポリネシア

キカシグサ属
Genus *Rotala* L.

キカシグサ　　　　　　　　SPl.185.9-14

Rotala indica (Willd.) Koehne var. *uliginosa* (Miq.) Koehne

【形態】 長球形で，等極性。極観は間口型の三角円形。赤道観は楕円形。3溝孔型。溝の両側には若干の凹みが見られることがあり，これを偽溝とするならば，3溝孔型＋6偽溝の不同溝孔型となる。溝は極域まで達し，溝内は微粒が分布する。まれに環状溝などが観察される。外壁の彫紋はしわ状紋である。

【大きさ】 21.1-23.4×14.1-16.4μm; 21-22×19-20μm(I), 18.0-21.6×23.4-25.2μm(N)

【試料】 埼玉県：2012.10.6(森将)

【開花期】 8-10月

【分布】 北海道～沖縄。朝鮮半島・中国東北部・台湾・アムール

ヒシ科
Family **Trapaceae**

　ヒシ属だけからなる小さな科で，旧世界に約30種あり，日本には3種が自生する。花粉分析ではまれに検出されるが，本属は水生植物のため非樹木花粉には入れない。

ヒシ属
Genus *Trapa* L.

ヒシ　　　　　　　　　　　SPl.199.10-11

Trapa japonica Flerow

【形態】 球形で，等極性。極観は三角円形で，赤道観は円形～楕円形。3溝孔型(3溝型とする記載もある)。大きなひだ状突起が3本走り，これが溝で，赤道部に孔が認められる(SPl.199.11)。ひだは大きく突出し，赤道部で10μm前後あり，極域で20μm前後も盛り上がる。赤道部のひだは細粒状紋で覆われるが，極域のものは平滑状紋で，

リボン状の凹凸が見られる。ひだに取り囲まれた外壁の彫紋は平滑状紋である。

【大きさ】 67-73×55-61 μm; 75-80×70-78 μm (I), 60-70×100-110 μm(S), 45.0-50.4 μm(ひだを除く, N)

【試料】 岡山市児島湖：1972.8.25, 岡山県赤磐市赤坂大池：1977.8.15

【開花期】 7-10月

【分布】 北海道〜九州。ウスリー・朝鮮半島・中国

フトモモ科
Family **Myrtaceae**

FPl.19.11

熱帯・亜熱帯域, 特にオーストラリアとアメリカ(熱帯)に多く分布している。約100属3,000種があり, 日本には3属4種が自生する。

バンジロウ属
Genus *Plidium* L.

バンジロウ(グアバ) SPl.200.1-4

Psidium guajava L.

【形態】 偏平三角球形で, 等極性。極観は頂口型の三角円形〜亜三角形で, 赤道観は横長の楕円形。3溝孔型。溝は両極近くまで伸び, あまり開かないが, 孔は確認しやすい。極軸長が短いので, 溝は赤道観でスリット状となる。外壁の彫紋は細粒状紋で, 円形や楕円形の細粒が密に分布する。

【大きさ】 4×14-16 μm

【試料】 沖縄県西表島(植栽)：1973.4.3, 静岡市静岡県立大学薬草園(植栽)：1996.5.18(岡)

【開花期】 4-5月

【原産地】 メキシコ

ムニンフトモモ属
Genus *Metrosideros* Banks ex Gaertn.

ムニンフトモモ(オガサワラフトモモ) SPl.382.5-8

Metrosideros boninensis (Hayata ex Koidz.) Tuyama

【形態】 偏平三角球形で, 等極性。極観は頂口型の三角円形〜亜三角形で, 赤道観は横長の長円形。3合流溝型(3溝型との記載もある。坊田, 1989)。溝は両極近くまで伸び合流するため, 両極に三角形の極域を形成し, その中には細粒が詰まる。孔はありそうであるが, 確認できる像は得られていない。外壁の彫紋は細粒状紋で, 溝間域では細粒が密に分布するが, 溝縁になると不鮮明になり, 平滑状紋に近くなる。

【大きさ】 6-7×13-14 μm

【試料】 東京都小笠原諸島父島：1990.11.30(安井)

【開花期】 9-11月

【分布】 小笠原諸島父島

フトモモ属
Genus *Syzygium* Gaertn.

外観はムニンフトモモ属に似る。

フトモモ SPl.200.5-7, LPl.37.10-13

Syzygium jambos (L.) Alston

【大きさ】 9×18-24 μm

【試料】 岡山市半田山植物園(植栽)：1983.5.11, 沖縄県国頭村：2004.4.9

【開花期】 3-6月

【原産地】 インド

ヒメフトモモ SPl.382.1-4

Syzygium cleyeraefolium (Yatabe) Makino

【大きさ】 12-15×14-16 μm

【試料】 東京都小笠原諸島兄島：1981.11.6(小林・菅原), 小笠原諸島父島：1990.7.10(伊藤・副島ほか), 東京大学理学部附属小石川植物園(植栽)：2013.7.30(岡)

【開花期】 5-7 月

【分布】 小笠原諸島（父島列島・母島）

チョウジノキ　　　　　　　　　SPl.201.1-3

Syzygium aromaticum (L.) Merr. et L. M. Perry

【大きさ】 10.9-12.5×16.7-20.0 μm

【試料】 京都市日本新薬山科植物資料館（植栽）：2005.6.19（岡）

【開花期】 5-6 月

【原産地】 インドネシア・モルッカ諸島・フィリピン南部

アデク　　　　　　　　SPl.201.4-6，LPl.37.18-21

Syzygium buxifolium Hook. et Arn.

【大きさ】 7.0-10.0×10.0-15.0 μm；11-12×12-13 μm(I)，8×8 μm(B)

【試料】 沖縄県国頭村：2004.5.23（真謝）

【開花期】 5-7 月

【分布】 九州南部・屋久島・種子島・奄美大島以南の沖縄。台湾・ベトナム

カリステモン属
Genus *Callistemon* R. Br.

ブラシノキ　　　　　　　　　SPl.200.8-10

Callistemon speciosus (Sims) DC.

【形態】 外観はフトモモ属とほぼ同じであるが，三角形の極域が溝と明確に分離して，細粒状紋は全域で鮮明である。

【大きさ】 6-7×16-20 μm

【試料】 岡山市三徳園（植栽）：1983.5.29

【開花期】 5-6 月

【原産地】 オーストラリア

テンニンカ属
Genus *Rhodomyrtus* (DC.) Rchb.

テンニンカ　　　　　　　SPl.201.7-10，LPl.37.14-17

Rhodomyrtus tomentosa (Aiton) Hassk.

【形態】 偏球形で，等極性。極観は頂口型の亜三角形。赤道観は楕円形。3溝孔型。溝は極域まで達しない。外壁の彫紋はしわ状紋。

【大きさ】 12.5-16.3×17.5-23.8 μm；20×20 μm(B)

【試料】 沖縄県名護市：2004.6.1（嵩原）

【開花期】 5-6 月

【分布】 沖縄。台湾・中国南部・インド・マレーシア・オーストラリア

ハマザクロ科
Family **Sonneratiaceae**

　アフリカ東部・アジア（熱帯）・オーストラリアなどに2属7種が分布し，日本にはハマザクロが沖縄に自生するだけである。沖縄では第四紀の花粉分析でも本属は検出されるが，本州でも新第三紀堆積層からは本属が産出し，かつては本州までマングローブ林が北上していた証拠の1つになっている。また，東南アジアの油田では，その層序の分帯に本属の化石花粉が採用されている例がある。

ハマザクロ属
Genus *Sonneratia* L. fil.

ハマザクロ（マヤプシキ）　　SPl.200.11-15，LPl.42.1-3

Sonneratia alba Sm.

【形態】 長球形で，等極性。極観は頂口型の六角形で，赤道観は楕円形。3孔型。孔の周辺は突出して円錐状に隆起し，孔は細粒に覆われるが，薄膜が破れて確認できるものが多い。孔と孔の間は極軸上に肥厚し隆起した稜線が3本走り，極域で合流し三矢形となる。極域は平滑状紋で微穿孔がまばらに点在した極冠となり，赤道部の稜線はしわ状～こぶ状となる。稜線で三等分された各外壁は楕円形で，その真中に孔があり，その周囲は細粒状紋で覆われる。本種の現生花粉とその化石形態属 *Florschuetzia* の化石花粉については，Yamanoi (1983) が詳しく報告している。

【大きさ】 44-46×26-35 μm；57-65×43-47 μm (Y)

【試料】　沖縄県西表島：1984.12.18(根平・中越)
【開花期】　11-12月
【分布】　沖縄(西表島)。アジア(南東部)・太平洋諸島・オーストラリア(北部)・アフリカ(東部)

ザクロ科
Family **Punicaceae**

　イラン高原・小アジア～アフガニスタン・ヒマラヤにかけて分布するザクロと，ソコトラ島に自生するものだけからなる単型科である。日本には自生しないが，花木として植えられている。

ザクロ属
Genus **Punica** L.

ザクロ　　　　　　　　　　　　　SPl.204.1-4
Punica granatum L.
【形態】　長球形で，等極性。極冠は円形で，赤道観は楕円形。3溝孔型。溝は両極近くまで伸び，幅広く開いて孔は確認しやすい。溝内の彫紋は平滑状紋。外壁の彫紋は細粒状紋で，細粒が全表面を密に覆う。
【大きさ】　19-21×13-18 μm; 20-22×20-22 μm (I), 30-32×24-26 μm(S), 27.0-28.8×18.0-25.2 μm(N)
【試料】　岡山県赤磐市山陽(植栽)：不詳
【原産地】　アジア(西部)

サガリバナ科
Family **Lecythidaceae**

FPl.13.8-9
　南米の熱帯を中心に約20属380種が分布し，日本にはサガリバナ属2種が自生する。沖縄県石垣島の花粉分析では，本属の化石花粉が約5,000年前ころから産出しはじめる(藤木ほか，2007)。

サガリバナ属
Genus **Barringtonia** J. R. Forst. et G. Forst.

　長球形で，等極性。極観は間口型の亜三角形で，赤道観は楕円形。3合流溝型。溝は肥厚した畝で縁取られ，ほぼ同じ幅で極で合流して三矢形となる。口膜は丈夫で破れることは少なく，微粒がまばらに点在するか平滑状紋。外壁の彫紋は網目状紋で，溝縁部の隆起した畝のすぐ横では3-5 μm の大きな網目を持つが，溝間域に向かって小さくなり，溝間部ではほぼ平滑状紋となる。また溝縁の畝は極域で大きな三角形の肥厚となり，平滑状紋を呈する。

サガリバナ　　　　　　SPl.202.1-6，LPl.44.1-5
Barringtonia racemosa (L.) Spreng.
【大きさ】　43-45×34-37 μm; 40×24 μm (B)
【試料】　沖縄県西表島：2006.7.11
【開花期】　6-7月
【分布】　沖縄(奄美大島～与那国島)。中国(南部)・台湾・旧世界の熱帯

ゴバンノアシ　　　　　　　　　　SPl.206.1-4
Barringtonia asiatica (L.) Kurz
【大きさ】　43.5-48.7×33.7-36.1 μm
【試料】　台湾屏東縣墾丁福華渡假飯店(植栽)：2011.8.15
【開花期】　5-6月，8-9月
【分布】　石垣島・西表島に稀産。台湾(南部・蘭嶼)・マレーシア・オーストラリア・太平洋諸島

ノボタン科
Family **Melastomataceae**

　熱帯・亜熱帯域に約180属3,000種が知られている。日本には3属6種が自生する。

ノボタン属
Genus *Melastoma* L.

　長球形で，等極性。極観は円形で，赤道観は楕円形。3溝孔型＋3偽溝型(不同溝孔型)。溝孔型の溝は両極近くまで伸びて中心孔があるが，偽溝は溝孔型の溝の間にあってやや短くて，内孔はなくて開かない。外壁の彫紋は平滑状紋や縞状紋が見られる。

ノボタン　SPl.203.11-12, LPl.34.5-8
Melastoma candidum D. Don
【大きさ】　16-21×9-17 μm; 24-28×19-24 μm
(S)，18.0-23.4×12.6-18.0 μm(N)
【試料】　仙台市(植栽)：1982.9.1(守田)，沖縄県名護市：2004.6.11(嵩原)
【開花期】　5-9月
【分布】　沖縄(奄美大島以南)。中国・台湾・フィリピン・インドシナ半島

オオナンヨウノボタン　SPl.203.1-3
Melastoma decemfidum Roxb. ex Jack
【大きさ】　16-19×15-18 μm
【試料】　名古屋市東山動植物園(植栽)：1995.6.25(岡)
【開花期】　5-7月
【原産地】　アジア(熱帯)・オーストラリア・オセアニア

イオウノボタン　SPl.201.11-14
Melastoma candidum D. Don var. *alessandrense* S. Kobayashi
【大きさ】　16.0-17.1×13.7-17.2 μm
【試料】　東京都東京大学理学部附属小石川植物園(植栽)：2011.6.10(岡)
【開花期】　5-8月
【分布】　小笠原(北硫黄島)

ノボタン属の一種　SPl.203.9-10
Melastoma sp.
【大きさ】　13-18×10-16 μm

【試料】　兵庫県高砂市(花屋より)：1983.4.25(山下)
【開花期】　8-10月

メキシコノボタン属
Genus *Heterocentron* Hook. et Arm

ツルヒメノボタン　SPl.203.7-8
Heterocentron sp.
【大きさ】　13-15×11-12 μm
【試料】　名古屋市東山動植物園(植栽)：1991.4.20(岡)
【開花期】　3-5月
【原産地】　アジア(熱帯)・オーストラリア・オセアニア

メキシコノボタン　SPl.203.13-14
Heterocentron elegans D. Kuntze.
【大きさ】　10-14×8-13 μm
【試料】　名古屋市東山動植物園(植栽)：1993.2.22(岡)
【開花期】　1-3月
【原産地】　アジア(熱帯)・オーストラリア・オセアニア

ヒメノボタン属
Genus *Osbeckia* L.

ヒメノボタン(クサノボタン)　SPl.203.4-6
Osbeckia chinensis L.
【形態】　長球形で，等極性。極観は円形で，赤道観は楕円形〜長方形。3溝孔型＋3偽溝型(不同溝孔型)。偽溝型の溝が溝孔型の溝よりやや短く，大きく開き溝内は細粒が密に分布し，溝孔は両極近くまで伸びるが，ほとんど開かない。外壁の彫紋はしわ状紋で，赤道軸方向に平行に走るしわを持つ。
【大きさ】　12-15×10-13 μm
【試料】　名古屋市東山動植物園(植栽)：1992.9.25(岡)
【開花期】　8-10月

【分布】 本州(紀伊半島)～沖縄。中国・台湾・インドシナ半島・マレーシア・オーストラリア

ハシカンボク属
Genus *Bredia* Bl.

　長球形で，等極性。極観は円形で，赤道観は楕円形。3溝孔型＋3偽溝型(不同溝孔型)。溝孔型の溝は両極近くまで伸び，あまり開かないが，孔は確認しやすい。ここでは偽溝としたが，凸レンズ状なので偽孔とどちらがよいのか不明。外壁の彫紋は凹凸のある表面に微穿孔が偽溝(孔)内も含めた全表面に分布する。

ハシカンボク　　　　　　　　SPl.203.15-17
Bredia hirsuta Bl.
【大きさ】　10-12×8-10 μm; 12-13×11.5-12 μm (I)
【試料】　岡山市後楽園(植栽)：1992.5.19(岡)
【開花期】　7-10月
【分布】　屋久島・種子島・奄美大島以南の沖縄

ヤエヤマノボタン　　　　　　SPl.201.15-18
Bredia yaeyamensis (Matsum.) H. L. Li
【大きさ】　13.4-15.0×10.9-12.5 μm; 14×14 μm(B)
【試料】　東京都東京大学理学部附属小石川植物園 (植栽)：2011.6.6(岡)
【開花期】　5-7月
【分布】　石垣島・西表島

ヒルギ科
Family **Rhizophoraceae**

FPl.19.8-9
　旧世界の熱帯・亜熱帯に約16属120種が分布し，日本には3属3種が自生する。本科はマングローブ林の主林木であるため，沖縄での花粉分析では本科の花粉の形態をよく観察しておくことが大切である。本州でも新第三紀堆積層からはオヒルギ属やメヒルギ属が産出する。東南アジアのマングローブ植物の花粉形態については，山野井(2003)による詳しい研究成果がある。

オヒルギ属
Genus *Bruguiera* Lam.

オヒルギ(アカバナヒルギ) SPl.204.9-12，LPl.42.8-11
Bruguiera gymnorrhiza (L.) Lam.
【形態】　球形で，等極性。極観は円形で，赤道観は円形～楕円形。3溝孔型。溝は両極近くまで伸び，よく開いて孔も確認しやすい。外壁の彫紋は平滑状紋に近い表面に，まばらに微穿孔が点在し，極域で少なく赤道部で多い傾向がみられる。
【大きさ】　15-17×14-18 μm; 16-17×18-20 μm (I), 16.2-18.0×16.2-19.8 μm(N)
【試料】　沖縄県金武町：1985.6.8(根平・中越)，1989.3.6，沖縄県西表島：1989.3.11(宮城)
【開花期】　5-8月
【分布】　沖縄。中国・台湾・太平洋諸島・オーストラリア・アフリカ

メヒルギ属
Genus *Kandelia* Wight et Arnott

メヒルギ　　　　SPl.204.5-8，LPl.42.12-15
Kandelia candel (L.) Druce
【形態】　外観はオヒルギ属に似る。外壁の彫紋はしわ状紋の凹凸の激しい表面の窪みに微穿孔が分布する。
【大きさ】　16-21×15-20 μm; 18.0-21.6×16.2-21.6 μm(N)
【試料】　沖縄県西表島：1973.4.4，沖縄県金武町：1987.5.18(根平・中越)
【開花期】　6-8月
【分布】　鹿児島県薩摩半島～沖縄。中国・台湾・アジア(南東部・南部)

ヒルギ科・シクンシ科・アカバナ科

オオバヒルギ属
Genus *Rhizophora* L.

オオバヒルギ(ヤエヤマヒルギ)

SPl.285.1-4, LPl.42.4-7

Rhizophora mucronata Lam.

【形態】　球形で，等極性。極観は頂口型の亜円形。赤道観は円形。3溝孔型。溝は極域近くまで伸びる。外壁の彫紋は微穿孔状紋で，微穿孔はまばらに散在する。

【大きさ】　18.8-23.8×18.8-22.5μm

【試料】　沖縄県西表島：2006.6.24(中村)

【開花期】　5-7月

【分布】　南西諸島(沖縄諸島・宮古島・八重山諸島)。東アフリカ～南アジア・オセアニアの熱帯

シクンシ科
Family **Combretaceae**

　熱帯・亜熱帯に20属約600種が分布し，日本には2属3種が沖縄に自生する。本科の化石花粉は，本州の新第三紀堆積層からも産出する。

ヒルギモドキ属
Genus *Lumnitzera* **Willd.**

ヒルギモドキ　　　SPl.205.1-4, LPl.41.5-8

Lumnitzera racemosa Willd.

【形態】　長球形で，等極性。極観・赤道観ともに楕円形。3溝孔型＋3偽溝型(不同溝孔型)。どちらの溝も両極近くまで伸び，幅広く開いて孔も確認しやすい。溝内は平滑状紋。外壁の彫紋は網目状紋で，溝間域では明瞭な小網目状紋であるが，溝縁に向かって網目が小さくなり，微穿孔状になる。本種の花粉は，山野井(2003)に記載されている。

【大きさ】　19-27×17-23μm; 20-25×17-22μm(H)

【試料】　沖縄県金武町：1985.6.8(宮城)

【開花期】　3-7月

【分布】　沖縄。中国(南部)・台湾・アジア(熱

帯)・ミクロネシア・オーストラリア(北部)・アフリカ(東部)

モモタマナ属
Genus *Terminalia* L.

モモタマナ　　　SPl.206.5-8, LPl.41.9-12

Terminalia catappa L.

【形態】　球形～亜長球形で，等極性。極観は間口型の六角形で，赤道観は円形～楕円形。不同溝型で，3溝孔型＋3偽溝型(不同溝孔型)。孔は丸く大きい。溝内はしわ状紋～微粒状紋。外壁の彫紋はしわ状紋。

【大きさ】　15.0-21.3×15.0-18.0μm; 17-18×18-19μm(I)

【試料】　沖縄県西表島：2006.7.11

【開花期】　5-7月

【分布】　沖縄島以南・小笠原。台湾・中国南部・旧世界の熱帯域

アカバナ科
Family **Onagraceae**

　北米・南米を中心に約37属640種あり，日本には約5属28種が自生し，帰化植物も多い。花粉分析でまれに産出する本科の化石花粉は，マツヨイグサ属として記載されているが，ヤナギラン属やミズタマソウ属もマツヨイグサ属に似ているので，アカバナ科として表示する方がよいかもしれない。

ヤナギラン属
Genus *Chamaenerion* **Seguier**

ヤナギラン

SPl.205.5-7, 8-10：2n＝36, 11-14：2n＝108

Chamaenerion angustifolium (L.) Scop.

【形態】　球形～三角球形で，等極性。極観は頂口型の三角形～四角形で，赤道観は円形。3(2, 4)孔型。孔は丸く径が10-15μmもあり，大きく隆

690

アカバナ科

起し突出する。外壁の彫紋は平滑状紋のように見えるが，小さな凹凸があり，微粒で密に覆われる。粘着糸がある。また本種には倍数体がり，2倍体では2-3孔で花粉も小さいが，6倍体では3-4孔で花粉が大きい。

【大きさ】　67-68×74-94 μm，46-50×61-70 μm (2n=36)，61-69×79-98 μm(2n=108)；63-66×79-85 μm(I)，100-120×80-90 μm(S)，64.8-72.0 μm(N)

【試料】　長野県八ヶ岳：1984.7.20(守田)，長野県乗鞍岳：1986.8.19(2n=108，河西)，北海道池田町：1987.8.12(2n=36，尾形)

【開花期】　6-8月

【分布】　北海道・本州(中部以北)。アジア・ヨーロッパ・北米

ヤマモモソウ属
Genus *Gaura* L.

ヤマモモソウ(ハクチョウソウ)　　　SP1.207.1-2
Gaura lindheimeri Engelm. et A. Gray

【形態】　三角球形で，等極性。極観は頂口型の三角形で，赤道観は円形。3孔型。孔は丸く乳房状や筒状に大きく突出し前腔を形成し，幅・長さとも大きく，花粉本体の1/2-1/3もある。突出した孔の外壁は平滑状紋であるが，花粉本体の外壁の彫紋は微粒状紋で密に覆われ，乾燥状態では孔と花粉本体の境を中心に大きなしわ模様ができる。粘着糸があり，これが付着する側が向心極とされている。

【大きさ】　108-116 μm；94-98×100-120 μm(I)

【試料】　東京都立神代植物公園(植栽)：1992.9.10(岡)

【開花期】　6-8月

【原産地】　北米

ミズタマソウ属
Genus *Circaea* L.

ミズタマソウ　　　SP1.207.3-6
Circaea mollis Siebold et Zucc.

【形態】　外観はヤマモモソウ属に似る。

【大きさ】　28-30×38-46 μm；32-35×43-48 μm (I)，35-45×50-60 μm(S)，43.2-46.8 μm(N)

【試料】　仙台市青葉山：1977.9.21(守田)

【開花期】　6-9月

【分布】　北海道～九州。朝鮮半島・中国・インドシナ半島

マツヨイグサ属
Genus *Oenothera* L.

外観はヤマモモソウ属に似る。

ヒルザキツキミソウ　　　SP1.208.1-2
Oenothera speciosa Nutt.

【大きさ】　90-106 μm；70-80×112-125 μm(I)

【試料】　沖縄県南大東島(植栽)：1989.3.23(宮城)

【開花期】　5-7月

【原産地】　北米(中南部)

ユウゲショウ　　　SP1.208.3-4
Oenothera rosea Ait.

【大きさ】　66-84 μm；42-47×70-75 μm(I)

【試料】　岡山市三野公園(植栽)：1988.7.29

【開花期】　5-8月

【原産地】　北米・南米

オオマツヨイグサ　　　SP1.208.5-6
Oenothera erythrosepala Borbas

【大きさ】　102-124 μm；88-92×125-150 μm(I)，80-90×120-140 μm(S)

【試料】　岡山市岡山理科大学：1981.7.13，香川県東かがわ市西村：1977.8.23

【開花期】　6-9月

【分布】　北海道～九州(帰化)。北米

【原産地】　不明

アカバナ科・アリノトウグサ科

コマツヨイグサ SPl.208.7-8，LPl.39.1-2
Oenothera laciniata Hill.
【大きさ】 59×87-127 μm; 70-85×110-120 μm
(S)
【試料】 岡山県瀬戸内市前島：1998.7.4(古田)，
愛知県渥美半島：2004.4.18
【分布】 本州(関東以南，帰化)。北米

フクシア属
Genus *Fuchsia* L.

　偏平三角球形〜長球形で，等極性。極観は頂口型の三角形〜四角形で，赤道観は横長の楕円形。3(2,4)孔型。孔は丸く径が3μm前後で，周囲が肥厚して突出する。外壁の彫紋は平滑状紋であるが，拡大すると微粒で密に覆われる。本属は粘着糸があり，単糸のものから数本束になったものや，もっと多数が縄のようにねじれているものがある。また，本属は2・4・8倍体があり，倍数性により発芽口の数や花粉の大きさが異なる。本試料は岡山理科大学星野卓二教授がミズリー植物園に滞在中に，ベネズエラのDr. Paul E. Berryから譲り受けたものである。本属の分布はメキシコ・アルゼンチン・パタゴニア・西インド諸島で，まれにニュージーランド・タヒチ島でも見られる。残念ながら，和名・試料・開花期・分布の大部分が不詳である。本属花粉の走査電顕の検討は三好・星野(1989)が行っている。

フクシア・パキリザ SPl.209.9-10
Fuchsia pachyrrhiza Peru
【形態】 2倍体(2n=22)で，発芽口は2つである。
【大きさ】 17-20×25-35 μm
【試料】 stein 4066
【開花期】 不詳
【原産地】 ペルー

フクシア・コッシネア SPl.209.4-6
Fuchsia coccinea Soland
【形態】 4倍体(2n=44)で，発芽口の数は3つが主で，まれに4つもある。

【大きさ】 13-20×20-32 μm
【試料】 不詳
【開花期】 6-9月
【原産地】 ブラジル

フクシア・アルペストリス SPl.209.1-3
Fuchsia alpestris Gardner
【形態】 4倍体(2n=44)で，発芽口の数は3つが主で，まれに4つもある。
【大きさ】 25-31 μm(Eのみ)
【試料】 PB64-87
【開花期】 不詳
【原産地】 ブラジル

フクシア・レギア SPl.209.7-8
Fuchsia regia (Vell.) Munz subsp. *serrae* P. E. Berry
【形態】 8倍体(2n=88)で，発芽口の数は3つ。
【大きさ】 17-22×27-37 μm
【試料】 PB11-87，71-87
【開花期】 4-8月
【原産地】 ブラジル

アリノトウグサ科
Family **Haloragaceae**

　世界に6属120種余りあり，日本には2属5-6種ある。花粉分析でまれに産出し，その外観がニレ属・ケヤキ属に似ているので，同定の際には注意が必要であるが，外壁の彫紋はかなり異なる。

アリノトウグサ属
Genus *Haloragis* Forst.

FPl.19.4-5
アリノトウグサ SPl.210.1-5，LPl.40.12-15
Haloragis micrantha (Thunb.) R. Br.
【形態】 偏平三・四・五角球形で，等極性。極観は頂口型の三角円形・四・五角形で，赤道観は楕円形。多(3-5)環溝型(中村，1980では，3-5孔型)。

溝は縦方向のスリット状で短く短溝型，赤道面に並び，周囲が肥厚し盛り上がるが，あまり開かない。外壁の彫紋は，いくぶん凹凸のある表面に微小刺状紋が密に分布する。

【大きさ】 $18×20-27\,\mu m$; $25-26×27-30\,\mu m$(I)，$28-30×30-35\,\mu m$(S)，$18.0-27.0×27.0-36.0\,\mu m$(N)

【試料】 鳥取県大山：1977.8.8

【開花期】 7-9月

【分布】 日本全土。温帯～熱帯に産し，南半球に多い

ヤマトグサ科
Family **Theligonaceae**

　北米，地中海沿岸，小アジア，東アジアに1属約4種ある。日本にはヤマトグサ1種のみが自生する。

ヤマトグサ属
Genus *Theligonum* L.

ヤマトグサ 　　　　　　　　SPl.210.6-10

Theligonum japonicum Okubo et Makino

【形態】 偏平球形で，等極性。極観は円形で，赤道観はやや横長の楕円形。多(3-5)環孔型。孔は径が$2\,\mu m$前後の円で，赤道面に並ぶ。外壁の彫紋は小網目状紋で，孔を除く全域に鮮明に網目が見られる。その畝の上には，畝の交点に必ず1個の微小刺があり，交点以外の畝の上にもまれに微小刺が見られる。

【大きさ】 $19-21×21-24\,\mu m$; $21-23×23-26\,\mu m$(I)，$30-34×32-36\,\mu m$(S)，$25.2-28.8\,\mu m$(N)

【試料】 高知県梼原町：1956.5.3(中村純)

【開花期】 4-5月

【分布】 本州(関東以西)～九州

スギナモ科
Family **Hippuridaceae**

　世界に1属3種あり，日本にはスギナモ1種が自生している。

スギナモ属
Genus *Hippuris* L.

スギナモ 　　　　　　　　SPl.210.11-13

Hippuris vulgaris L.

【形態】 球形で，等極性。極観は間口型の四～六角形で，赤道観は円形。多(4-6)環溝孔型。溝は溝間域で肥厚し隆起した稜線で区切られ，その稜線は両極で合流する。大きな凸レンズ状の溝の赤道部には孔があるが，薄膜に覆われ，確認しにくい。溝内も外壁の稜線上も角ばった微粒～細粒状紋で覆われる。

【大きさ】 $24-25×23-26\,\mu m$; $21-24×25-28\,\mu m$(I)

【試料】 不詳

【開花期】 6-8月

【分布】 北海道・本州(中部以北)。アジア・オーストラリア・ヨーロッパ・グリーンランド・北米・南米

ウリノキ科
Family **Alangiaceae**

　2属約20種が熱帯域に分布するが，アジアでは温帯域まで分布する。

ウリノキ属
Genus *Alangium* Lam.

ウリノキ 　　　　SPl.211.1-3，LPl.39.3-6

Alangium platanifolium (Siebold et Zucc.) Harms var. *trilobum* (Miq.) Ohwi

【形態】 偏平球形で，等極性。極観は円形で，赤道観は横長の楕円形。3溝孔型。溝は短く大きく

開き，溝内は平滑状紋。丸い孔は径が10μm前後もあり，赤道面に並ぶ。外壁の彫紋は縞状紋で，極域では太い畝状の縞があまり交叉しないで流れるが，赤道部では強く曲がりくねってしわ状を呈する。

【大きさ】　53-55×65-80μm; 85-92×90-108μm (I), 80-100×100-120μm(S), 80.0-110.0μm(N)

【試料】　岡山県真庭市神庭の滝：1977.8.7，愛知県豊田市金蔵連：2004.6.7

【開花期】　4-8月

【分布】　北海道〜九州。朝鮮半島・中国

ヌマミズキ科
Family **Nyssaceae**

　中国と北米に2属4種が分布する小さな科である。日本にもかつて第三紀には自生していたが，第四紀の寒冷化により絶滅した。そのため第三紀堆積層の花粉分析では，ややブナ属に似た形態を持つ本属の化石花粉が多数産出し，分析結果の考察でも重要な群である。本属の化石花粉については，齋藤ほか(1992)による報告がある。

カンレンボク属
Genus *Camptotheca* Decne

カンレンボク　　　　　　　　SPl.211.4-6
Camptotheca acuminata Decne

【形態】　偏平球形で，等極性。極観は頂口型の三角形で，赤道観は横長の楕円形。3溝孔型。溝は両極近くまで伸び，あまり開かないで，溝内に微粒がある。溝縁部は口唇状に厚く肥厚している。外壁の彫紋は微穿孔状紋で，溝間域と極域では微穿孔が鮮明であるが，溝縁の口唇状肥厚部では不鮮明〜平滑状紋となる。

【大きさ】　22-23×25-38μm; 30.5(27-36)× 42.5(39-48)μm(F)

【試料】　岡山市三徳園(植栽)：不詳

【開花期】　7-8月

【原産地】　中国(長江以南)

ヌマミズキ(ニッサ)属
Genus *Nyssa* L.

　球形で，等極性。極観は円形〜頂口型の三角円形で，赤道観は円形。3溝孔型。溝は両極近くまで伸び，あまり大きくは開かないが，赤道部から両端までほぼ同じ幅で広がり，溝内は平滑状紋。外壁の彫紋は微粒〜細粒状紋が全表面を覆う。両種とも和名は不詳。

ニッサ・シルバティカ　　　　　SPl.212.5-8
Nyssa sylvatica Marsh.

【大きさ】　24-28×24-30μm

【試料】　New Hampshire Cheshire County

【開花期】　4-6月

【原産地】　北米(東北部)

ニッサ・オゲチェ　　　　　　　SPl.212.1-4
Nyssa ogeche Bartram ex Marsh.

【大きさ】　26-32×28-32μm

【試料】　Georgia Ware County, Godfrey, R. K. 54701：1956.4.23

【開花期】　4-6月

【原産地】　中国・マレーシア・インド・北米

ミズキ科
Family **Cornaceae**

FPl.11.10

　主として北半球の温帯に約11属100種が分布し，日本には5属7種が自生する。花粉分析ではサンシュ属がよく報告されているが，ミズキ属も検出されるので，両属を合わせてミズキ科として一括表示の方がよいかもしれない。

ハナイカダ属
Genus *Helwingia* Willd.

ハナイカダ   SP1.213.1-4
Helwingia japonica (Thunb.) F. G. Dietrich
【形態】 長球形で，等極性。極観は円形で，赤道観は楕円形。3溝孔型。溝は両極近くまで伸び，大きく開いて，溝内は平滑状紋。孔は確認しやすい。外壁の彫紋は不鮮明な微粒状紋で覆われる。
【大きさ】 16-19×14-17 μm; 21-22×23-25 μm (I)，18.0-19.8×21.6-22.5 μm(N)
【試料】 仙台市青葉山：1978.5.25(守田)，岡山県真庭市蒜山高原：1985.5.9
【開花期】 5-6月
【分布】 北海道(南部)〜九州

アオキ属
Genus *Aucuba* Thunb.

長球形で，等極性。極観は円形で，赤道観は楕円形。3溝孔型。溝は両極近くまで伸び，極で合流直前のものもある。あまり大きくは開かないが，孔は確認しやすい。外壁の彫紋は円柱状紋〜棍棒状紋で，円柱〜棍棒が全表面を密に覆う。

アオキ   SP1.213.5-8
Aucuba japonica Thunb.
【大きさ】 38-42×35-42 μm; 40-48×46-55 μm (I)，50-54×54-56 μm(S)，32.4-37.8×37.8-43.2 μm(N)
【試料】 岡山県総社市豪渓：1981.5.10，岡山市龍ノ口山：1982.4.24(太田)，岡山市御津：1994.4.16
【開花期】 3-5月
【分布】 本州(中国を除く)・四国(東部)

ヒメアオキ   SP1.206.9-12, LP1.42.16-19
Aucuba japonica Thunb. var. *borealis* Miyabe et Kudô
【大きさ】 36.7-41.8×40.1-50.1 μm; 37-39×41-42 μm(I)

【試料】 金沢市高尾山：2013.5.12
【開花期】 3-5月
【分布】 北海道〜本州の日本海側の多雪地帯

ミズキ属
Genus *Swida* Opiz

長球形で，等極性。極観は頂口型の三角形〜半耳ひだ型で，赤道観は楕円形。3溝孔型。溝はやや短く大きく開き，溝内は平滑状紋。孔は確認しやすい。溝縁部は大きく肥厚して隆起し，溝間部は窪む。外壁の彫紋は種により少し異なるので，別記する。

ミズキ   SP1.213.13-16
Swida controversa (Hemsl. ex Prain) Soják
【形態】 外壁の彫紋は細粒状紋で，溝間域では密に分布し，溝縁と極域ではまばらに点在する。
【大きさ】 31-48×26-35 μm; 33-35×34-36 μm (I)，38-42×44-48 μm(S)，27.0-30.6×36.0-45.0 μm(N)
【試料】 青森県八甲田山：1971.6.29(山中)，岡山県花知ヶ仙：1973.5.20(岡本)，岡山市三徳園 (植栽)：1992.5.10(岡)
【開花期】 5-6月
【分布】 北海道〜九州。南千島(国後島)・朝鮮半島・中国・台湾・ヒマラヤ山地

クマノミズキ   SP1.213.9-12
Swida macrophylla (Wall.) Soják
【形態】 外壁の彫紋は微小刺状紋と平滑状紋からなり，溝間域は微小刺が分布し微穿孔が点在するが，溝縁と極域では平滑状紋となる。
【大きさ】 38-46×27-31 μm; 45-50×50-60 μm (I)，28.8-32.4×37.8-39.6 μm(N)
【試料】 岡山市法界院(植栽)：1973.6.13，岡山県蒜山高校(植栽)：1981.7.4，岡山市三徳園(植栽)：1983.6.19
【開花期】 6-7月
【分布】 本州・四国・九州(屋久島)。朝鮮半島・中国〜ヒマラヤ・アフガニスタンの山地・台湾

ミズキ科

サンシュユ属
Genus *Cornus* L.

サンシュユ(ハルコガネバナ)　　　　　SP1.214.1-3
Cornus officinalis Siebold et Zucc.
【形態】　三角球形で，等極性。極観は頂口型の三角形で，赤道観は楕円形。3溝孔型。溝は両極近くまで長く伸び，2本の溝が極で合流することもあり，大きくは開かないが，孔は確認しやすい。溝縁は肥厚して隆起し，溝間部は窪む。外壁の彫紋は微小刺状紋で，溝間域では密に分布し，溝縁ではまばらに分布する。
【大きさ】　16-19×15-19μm; 20-22×21-23μm (I), 25-26×26-29μm(S), 21.6-23.4×9.8-21.6μm(N)
【試料】　岡山市三徳園(植栽)：1984.4.16，広島県福山市(植栽)：1991.3.16(星野)，岡山県赤磐市山陽(植栽)：1994.3.19
【開花期】　2-4月
【原産地】　朝鮮半島

ゴゼンタチバナ属
Genus *Chamaepericlymenum* Hill

ゴゼンタチバナ　　　　　SP1.214.4-7
Chamaepericlymenum canadense (L.) Aschers. et Graebn.
【形態】　長球形で，等極性。極観は頂口型の三角円形～亜三角形で，赤道観は円形。3溝孔型。溝は両極近くまで伸び，ほとんど開かないため，孔は確認しにくい。しかも孔の周囲の溝縁が肥厚して溝の上までせり出して，孔の上を塞いでいる。外壁の彫紋は微小刺状紋で，微小刺が全表面を覆う。
【大きさ】　17-23×15-19μm; 24-27×25-28μm (I), 21.6-25.2×19.8-23.4μm(N)
【試料】　青森県八甲田山：1978.7.9(守田)，愛媛県東赤石山：1992.6.13(山中)
【開花期】　6-7月
【分布】　北海道・本州・四国(奈良県と愛媛県に点在)

ヤマボウシ属
Genus *Benthamidia* Spach

　三角長球形で，等極性。極観は頂口型の亜三角形で，赤道観は楕円形。3溝孔型。溝は両極近くまで伸び，溝縁が肥厚して隆起し，比較的大きく開くので，孔は確認しやすい。外壁の彫紋は微小刺状紋で，微小刺が全表面を覆う。

ヤマボウシ　　　　　SP1.214.12-15
Benthamidia japonica (Siebold et Zucc.) Hara
【大きさ】　24-33×23-29μm; 28-31×32-34μm (I), 25.2-28.8×23.4-27.0μm(N)
【試料】　鳥取県高清水高原：1973.6.10(岡本)，仙台市青葉山：1978.6.9(守田)，広島市植物公園(植栽)
【開花期】　5-7月
【分布】　本州～沖縄。朝鮮半島

ハナミズキ(アメリカヤマボウシ)　　　　　SP1.214.8-11
Benthamidia florida (L.) Spach
【大きさ】　29-34×29-31μm; 24-27×25-28μm (I)
【試料】　岡山市瀬戸(植栽)：1986.4，神戸市立森林植物園(植栽)：1993.5.21(岡)
【開花期】　4-7月
【原産地】　北米

ハンカチノキ属
Genus *Davidia* Baillon

ハンカチノキ　　　　　SP1.206.13-16
Davidia ivolucrata Baillon
【形態】　球形で，等極性。極観は頂口型の三角円形で，赤道観は円形。3溝孔型。溝は極域まで達し，溝内は微粒が点在する。外壁の彫紋はしわ状紋。
【大きさ】　21.8-23.2×20.1-26.6μm
【試料】　京都市日本新薬山科植物資料館：2011.5.11
【開花期】　4-5月

【原産地】 中国の四川省・雲南省付近

ウコギ科
Family **Araliaceae**

熱帯〜温帯に55属700種が分布し，日本には10属19種が自生する。花粉分析では，ウコギ科として一括して樹木花粉欄に表示され，10%以上産出している報告もあるが，一般には数%止まりが多い。本科の花粉は各属でやや異なるため，もっと検討が必要な群である。

タラノキ属
Genus *Aralia* L.

球形で，等極性。極観は頂口型の亜三角形。赤道観は円形。3溝孔型。溝は両極近くまで伸び，大きく開いて，溝内は平滑状紋。孔は確認しやすい。外壁の彫紋は小網目状紋で，全表面に分布しているが，溝縁部は消失して平滑状紋となる。

ウド　　　　　　　　　　　　SPl.215.1-4
Aralia cordata Thunb.

【大きさ】　25-27×23-25 μm; 26-28×27-29 μm (I), 32-34×36-38 μm(S), 31.5-34.2×24.3-27.0 μm(N)

【試料】　岡山県真庭市蒜山高原：1998.8.29

【開花期】　8-9月

【分布】　北海道〜九州。サハリン・朝鮮半島・中国

タラノキ　　　　　　SPl.215.5-8，LPl.44.6-9
Aralia elata (Miq.) Seem.

【大きさ】　24-25×21-24 μm; 27-29×27-29 μm (I), 23.4-28.8×19.8-27.0 μm(N)

【試料】　高知市：1977.7.30(守田)，岡山県赤磐市南佐古田(植栽)：2002.8.4

【開花期】　8-9月

【分布】　北海道・本州・四国・九州。シベリア(東部)・サハリン・朝鮮半島・中国(東北部)

フカノキ属
Genus *Schefflera* Forst.

フカノキ　　　　　SPl.216.9-11，LPl.43.5-8
Schefflera octophylla (Lour.) Harms

【形態】　外観はタラノキ属に似るがやや小さい。外壁の彫紋は微穿孔状紋である。

【大きさ】　23-25×17-19 μm

【試料】　沖縄県国頭村：1989.3.7(宮城)

【開花期】　11-1月

【分布】　九州南部・沖縄。中国(南部)・台湾・フィリピン(バタン島)・インドシナ半島

カクレミノ属
Genus *Dendropanax* Decne et Planch.

カクレミノ　　　　SPl.217.1-4，LPl.43.1-4
Dendropanax trifidus (Thunb.) Makino

【形態】　三角長球形で，等極性。極観は頂口型の亜三角形で，赤道観は楕円形。3溝孔型。溝は両極近くまで伸び，大きく開いて，溝内は平滑状紋。孔は確認しやすい。外壁の彫紋は微穿孔状紋で，微穿孔が溝間域と極域では密に分布し鮮明であるが，肥厚して隆起した溝縁部では不鮮明となり，平滑状紋となる。

【大きさ】　30-35×29-35 μm; 32.4-37.6×32.4-36.0 μm(N)

【試料】　岡山市三徳園(植栽)：1983.8.30，沖縄県名護市：1984.8.26(仲吉)

【開花期】　7-8月

【分布】　本州(関東南部以南)〜沖縄。朝鮮半島(南部)・台湾

ヤツデ属
Genus *Fatsia* Decne. et Planch.

ヤツデ　　　　　　　　　　　SPl.215.9-12
Fatsia japonica (Thunb.) Decne. et Planch.

【形態】　球形で，等極性。極観は頂口型の三角円形で，赤道観は円形。3溝孔型。溝は短くて3-5 μm の畝状突起の列で囲まれ，大きく開いて，溝

内は平滑状紋。孔は大きく開いて確認しやすい。外壁の彫紋は微穿孔状紋～小網目状紋で，その上にさらに短乳頭状突起がまばらに点在する。

【大きさ】　29-31×26-31 μm; 29-31×32-34 μm (I)，36-38×38-40 μm(S)

【試料】　岡山県赤磐市山陽(植栽)：1982.12.4

【開花期】　11-1月

【分布】　本州(茨城県以南)・四国(太平洋側)・九州(南部)

ウコギ属
Genus *Acanthopanax* Miq.

　三角長球形で，等極性。極観は頂口型の亜三角形で，赤道観は円形。3溝孔型。溝は両極近くまで伸び，ほとんど閉じているが，肥厚して隆起した赤道部の孔の周囲だけは開いて，孔も確認しやすい。外壁の彫紋は微穿孔状紋～小網目状紋で，全域にわたって密に分布するが，溝縁部だけは消失して平滑状紋となる。

ヤマウコギ(ウコギ)　　　　　　SPl.217.5-7
Acanthopanax spinosus (L. fil.) Miq.

【大きさ】　23-26×20-26 μm; 15-16×16-17 μm (I)，28.8-36.0×25.2-30.6 μm(N)

【試料】　岡山県美咲町：1982.6.6

【開花期】　5-8月

【分布】　本州(岩手県以南)

コシアブラ　　　　　　　　　　SPl.217.8-11
Acanthopanax sciadophylloides Franch. et Sav.

【大きさ】　25-27 μm; 22-24×23-25 μm(I)，27.0-39.6×25.2-28.8 μm(N)

【試料】　仙台市青葉山：1978.10.26(守田)

【開花期】　8-9月

【分布】　北海道・本州・四国・九州

ハリブキ属
Genus *Oplopanax* Miq.

ハリブキ　　　　　　　　　　　SPl.216.1-4
Oplopanax japonicus (Nakai) Nakai

【形態】　球形で，等極性。極観は頂口型の三角円形。赤道観は円形。3溝孔型。溝は両極近くまで伸び，大きく開いて溝内は平滑状紋。孔は確認しやすい。外壁の彫紋は柱状層に支えられた畝からなる網目～小網目状紋である。

【大きさ】　28-30×29-31 μm; 34-35×35-37 μm (I)，32-34×32-34 μm(S)，28.8-34.2×30.6-34.2 μm(N)

【試料】　青森県酸ヶ湯：1979.6.26(守田)

【開花期】　6-7月

【分布】　北海道・本州(中部以北と紀伊半島)・四国

トチバニンジン属
Genus *Panax* L.

トチバニンジン(チクセツニンジン)　　SPl.216.5-8
Panax japonicus C. A. Mey.

【形態】　球形で，等極性。極観・赤道観ともに円形。3溝孔型。溝は両極近くまで伸び，溝内は平滑状紋。孔は確認しやすい。外壁の彫紋はしわ状紋である。

【大きさ】　27-28×26-28 μm; 25-27×27-29 μm (I)，30-32×32-36 μm(S)，27.0-34.2×25.2-32.4 μm(N)

【試料】　仙台市青葉山：1978.6.14(守田)，鳥取県大山町：1998.6.14(清末)

【開花期】　6-8月

【分布】　北海道～九州

セリ科
Family **Umbelliferae (Apiaceae)**

FPl.13.10-12

　北半球に多くて約275属3,000種が分布し，3亜科に分けられる。日本にも31属約75種があり，

ニンジン・セロリなど食用・薬用に栽培されるものも多い。本科の花粉はトチノキ属にやや似るが，①赤道部がくびれる，②溝内に刺がない，③彫紋が縞状紋よりもしわ状紋で交叉したしわが多い，などに留意すればよい。本科は水辺に生育する種類が多いため，花粉分析でもしばしば産出する。長球状の化石花粉は科としては特徴的であるが，類似した大きさのものがほとんどであるため区別しがたく，一般には科として一括して記載される。

チドメグサ亜科
Subfamily **Hydrocotyloideae**

チドメグサ属
Genus *Hydrocotyle* L.

ハマチドメ（ノチドメ）　　　　　　SPl.218.1-3
Hydrocotyle maritima Honda
【形態】　三角長球形で，等極性。極観はほとんど観察できないが，頂口型の亜三角形で，赤道観は縦長の楕円形〜菱形。3溝孔型。溝は両極近くまで伸び，ほとんど開かないため孔は確認しにくい。外壁の彫紋は手鞠状のしわ状紋〜微穿孔状紋で，溝間域では線〜畝状隆起が見られるが，溝縁部や極域では微穿孔となる。
【大きさ】　18-21×12-14μm; 19.5-21×15-16μm(I)
【試料】　岡山市瀬戸：不詳
【開花期】　6-9月
【分布】　本州〜沖縄・小笠原諸島。朝鮮半島・中国

ウマノミツバ亜科
Subfamily **Saniculoideae**

ウマノミツバ属
Genus *Sanicula* L.

ウマノミツバ　　　　　　　　　　SPl.218.4-6
Sanicula chinensis Bunge
【形態】　三角長球形で，等極性。極観は観察しにくいが円形で，赤道観は楕円形。3溝孔型。溝はやや短くあまり開かないが，赤道部の孔の周囲だけは開いて，孔も確認しやすい。外壁の彫紋は全域が手鞠状のしわ状紋で，線〜畝が交叉した窪みは微穿孔となる。
【大きさ】　19-20×13-14μm; 32-34×18-22μm(I)，40-42×23-25μm(S)，19.8-25.2×14.4-16.2μm(N)
【試料】　名古屋市東山動植物園（植栽）：1977.7.1（守田）
【開花期】　7-9月
【分布】　日本全土。サハリン・ウスリー・千島・朝鮮半島・中国

セリ亜科
Subfamily **Apioideae**

　三角長球形で，等極性。極観は亜三角形で，赤道観は赤道部がやや細くくびれ鼓状になるのが本亜科の特徴であるが，赤道部がくびれず楕円形となるものもあり，鼓状が必ずしも絶対的特徴ではない。3溝孔型。溝は比較的長いが両極近くまでは達しないで，あまり開かない。赤道部の孔の周りだけは少し広がるので，孔は比較的確認しやすい。また孔の周りの外壁は肥厚して盛り上がっていることが多い。外壁の彫紋は基本的には細い線〜太い畝が交叉した手鞠状のしわ状紋であるが，種類により交叉が少なく縞状紋に近いものや，曲がりくねった大脳のようなしわ状紋に見えるものもある。

セリ科

ヤブジラミ属
Genus *Torilis* Adans.

ヤブジラミ SP1.218.10-11
Torilis japonica (Houtt.) DC.
【大きさ】 21×11 μm; 22-24×11-13 μm(I), 28-30×12-13 μm(S), 22.5-25.2×10.8-11.7 μm(N)
【試料】 岡山市法界院：1973.6.9，金沢市高尾山：1983.7.14，岡山市岡山理科大学：1986.5.6
【開花期】 5-7月
【分布】 日本全土。ユーラシア

オヤブジラミ SP1.218.7-9
Torilis scabra (Thunb.) DC.
【大きさ】 23-26×13 μm; 22-25×12-13 μm(I)
【試料】 岡山市岡山理科大学：1987.5.21
【開花期】 5-7月
【分布】 本州〜沖縄。朝鮮半島・中国・台湾

シャク属
Genus *Anthriscus* Hoffm.

シャク SP1.232.5-8
Anthriscus aemula auct. non (Woronow) Schischk.
【大きさ】 25.1-30.1×13.4-15.9 μm; 25-26×14.5-15 μm(I)
【試料】 金沢市高尾山：2013.5.12
【開花期】 5-6月
【分布】 北海道・本州・四国・九州・沖縄。カムチャツカ〜ヨーロッパ東部(ユーラシア中北部)

ヤブニンジン属
Genus *Osmorhiza* Raf.

ヤブニンジン SP1.218.15-18
Osmorhiza aristata (Thunb.) Rydb.
【大きさ】 21-24×10-12 μm; 25-28×14-15 μm(I), 30-32×17-18 μm(S)
【試料】 岡山県真庭市上蒜山：1979.9.6，岡山県赤磐市吉井：1986.5.5

【開花期】 4-5月
【分布】 北海道〜九州。シベリア・アムール・ウスリー・朝鮮半島・中国・インド・カフカース

ミシマサイコ属
Genus *Bupleurum* L.

ホタルサイコ SP1.219.1-2
Bupleurum longeradiatum Turcz. var. *elatius* (Koso-Pol.) Kitag.
【大きさ】 19-20×12-13 μm; 19.5-21.0×14.5-16.0 μm(I), 24-26×15-16 μm(S)
【試料】 京都市武田薬品薬草園(植栽)：1990.5.29(岡)
【開花期】 7-10月
【分布】 本州〜九州。朝鮮半島

ミシマサイコ SP1.219.3-6
Bupleurum scorzoneraefolium Wild. var. *stenophyllum* Nakai
【大きさ】 20-21×15-17 μm; 21-23×17-18 μm(I), 18.0-27.0×18.0-21.6 μm(N)
【試料】 高知市城山：1975.6.15(守田)
【開花期】 6-10月
【分布】 本州〜九州。朝鮮半島

レブンサイコ SP1.219.7-10
Bupleurum ajanense (Regel) Krasnob. ex T. Yamaz.
【大きさ】 18-21×15-16 μm
【試料】 神戸市六甲高山植物園(植栽)：1992.5.21(岡)
【開花期】 7-8月
【分布】 北海道。シベリア・カムチャツカ・サハリン・アムール・ウスリー・千島

セリ科

ミツバ属
Genus *Cryptotaenia* DC.

ミツバ　　　　　　　　　SPl.219.11-13
Cryptotaenia japonica Hassk.
【大きさ】　21-23×14-15 μm; 20-23×14-16 μm
(I), 34-36×20-22 μm(S), 19.8-23.4×14.4-16.2
μm(N)
【試料】　岡山県赤磐市山陽(植栽)：1994.7.21
【開花期】　6-8月
【分布】　北海道～九州。サハリン・南千島・朝鮮
半島・中国

セリ属
Genus *Oenanthe* L.

セリ　　　　　　　　　　SPl.219.14-16
Oenanthe javanica (Blum.) DC.
【大きさ】　29-31×17-18 μm; 25-27×15-16 μm
(I), 28.8-34.2×14.4-18.0 μm(N)
【試料】　岡山県自然保護センター：1994.8.7(岡)
【開花期】　6-8月
【分布】　日本全土。サハリン・ウスリー・千島・
東アジア・オーストラリア・インド

セントウソウ属
Genus *Chamaele* Miq.

セントウソウ　　　　　　SPl.218.12-14
Chamaele decumbens (Thunb.) Makino
【大きさ】　20-22×11-12 μm; 23-25×14-15 μm
(I), 27.0-30.6×14.4-18.0 μm(N)
【試料】　高知市朝倉：(守田)
【開花期】　3-5月
【分布】　北海道～九州

ミツバグサ属
Genus *Pimpinella* L.

アニス　　　　　　　　　SPl.220.1-3
Pimpinella anisum L.
【大きさ】　21-22×11-12 μm
【試料】　神戸市神戸学院大学薬学部附属薬用植物
園(植栽)：1993.5.21(岡)
【開花期】　4-6月
【原産地】　地中海(東部)

ニンジン属
Genus *Daucus* L.

ニンジン　　　　　　　　SPl.220.4-6
Daucus carota L.
【大きさ】　22-27×11-14 μm; 27.0-34.2×12.6-
14.4 μm(N)
【試料】　岡山県赤磐市南佐古田(植栽)：不詳
【開花期】　5-8月
【原産地】　ユーラシア

ヌマゼリ属
Genus *Sium* L.

ヌマゼリ(サワゼリ)　　　SPl.220.7-9
Sium suave Walter subsp. *nipponicum* (maxim.)
H. Hara
【大きさ】　20-26×11-14 μm
【試料】　不詳
【開花期】　7-9月
【分布】　北海道・本州。北半球に広く分布

シラネニンジン属
Genus *Tilingia* Regel

シラネニンジン　　　　　SPl.220.10-12
Tilingia ajanensis Regel
【大きさ】　20-23×12-14 μm; 23-25×14-15 μm
(I), 28-30×14-15 μm(S)
【試料】　岩手県五葉山：1978.7.21(守田)

セリ科

【開花期】 7-9 月
【分布】 北海道・本州(中部以北)。ロシア(極東・シベリア東部)

ハマゼリ属
Genus *Cnidium* Cusson

ハマゼリ   SP1.220.13-16
Cnidium japonicum Miq.
【大きさ】 20-21×10-12 μm
【試料】 京都市府立植物園(植栽):1990.10.19(岡)
【開花期】 8-10 月
【分布】 北海道〜九州。朝鮮半島・中国(東北南部)

ドクゼリ属
Genus *Cicuta* L.

ドクゼリ   SP1.220.17-20
Cicuta virosa L.
【大きさ】 24-25×11-13 μm; 28-30×15-17 μm (I)
【試料】 宮城県・山形県境舟形山:1984.8.23(守田)
【開花期】 5-8 月
【分布】 北海道〜九州

マルバトウキ属
Genus *Ligusticum* L.

マルバトウキ   SP1.221.12-15
Ligusticum hultenii Fernald
【大きさ】 22-28 μm; 25-27×13-14 μm(I), 28.8-30.6×14.4-16.2 μm(N)
【試料】 秋田県男鹿半島:1978.6.20(守田)
【開花期】 6-9 月
【分布】 北海道〜本州(北部)。カムチャツカ・サハリン・千島・北米(アラスカを含む)

ハマボウフウ属
Genus *Glehnia* Fr. Schmidt

ハマボウフウ   SP1.221.1-3, LP1.44.10-11
Glehnia littoralis Fr. Schmidt ex Miq.
【大きさ】 32-42×30-38 μm; 32-34×15-16 μm (I), 30.6-34.2×12.6-14.4 μm(N)
【試料】 鳥取市伏野海岸:1998.6.1(清末)
【開花期】 6-8 月
【分布】 北海道〜沖縄。サハリン・アムール・ウスリー・千島・朝鮮半島・中国

シシウド属
Genus *Angelica* L.

シシウド   SP1.221.7-9
Angelica pubescens Maxim.
【大きさ】 22-25×11-13 μm; 25-26×13-15 μm (I), 27.0-30.6×12.6-14.4 μm(N)
【試料】 不詳
【開花期】 7-11 月
【分布】 本州〜九州

ハマウド   SP1.221.10-11
Angelica japonica A. Gray
【大きさ】 19-24 μm
【試料】 沖縄県名護市:1989.3(宮城)
【開花期】 4-6 月
【分布】 本州(関東以西)〜沖縄。朝鮮半島(南部)・台湾

ミヤマシシウド   SP1.221.4-6
Angelica matsumurae Ohwi
【大きさ】 15-18×15-19 μm
【試料】 長野県安曇野市横尾:1982.8.3(加藤靖)
【開花期】 8-10 月
【分布】 本州

セリ科

カワラボウフウ属
Genus *Peucedanum* L.

ボタンボウフウ SP1.232.1-4

Peucedanum japonicum Thunb.

【大きさ】 18.4-44.5×12.5-15.9 μm; 10×25 (B)

【試料】 京都市日本新薬山科植物資料館：2011. 5.11

【開花期】 7-9月

【分布】 千葉県・石川県以西の本州～沖縄の海岸砂地。朝鮮半島・中国・フィリピン

オランダゼリ属
Genus *Petroselinum* Hill

オランダゼリ（パセリ） SP1.222.1-3

Petroselinum crispum (Mill.) Nyman

【大きさ】 23-26×12-13 μm

【試料】 岡山市津島（植栽）：1993.6.16

【開花期】 5-6月

【原産地】 地中海沿岸

カルム属
Genus *Carum* L.

ヒメウイキョウ（キャラウエイ） SP1.222.10-11

Carum carvi L.

【大きさ】 30-34×11-12 μm

【試料】 神戸市神戸学院大学薬学部附属薬用植物園（植栽）：1992.5.21（岡）

【開花期】 4-6月

【原産地】 西アジア・ヨーロッパ（東部）

ドクゼリモドキ属
Genus *Ammi* L.

ドクゼリモドキ（アミー） SP1.222.4-6

Ammi majus L.

【大きさ】 25-28×10-11 μm

【試料】 不詳

【開花期】 3-5月

【原産地】 地中海沿岸

ドクニンジン属
Genus *Conium* L.

ドクニンジン SP1.222.7-9

Conium maculatum L.

【大きさ】 21-24×10-11 μm

【試料】 京都市武田製薬薬草園（植栽）：1990.5. 29（岡）

【開花期】 6-9月

【原産地】 ヨーロッパ

ウイキョウ属
Genus *Foeniculum* Mill.

イタリアウイキョウ SP1.222.12-15

Foeniculum vulgare Mill. var. *azoricum* (Mill.) Thell.

【形態】 外壁の彫紋は，赤道部ではしわ状紋で，畝が交叉するが，極域では縞状紋となる。

【大きさ】 24-25×9-12 μm

【試料】 岡山県赤磐市南佐古田（植栽）：2002.7.27

【開花期】 6-8月

【原産地】 ヨーロッパ

合弁花亜綱
Subclassis **Sympetalae**

イワウメ科
Family **Diapensiaceae**

　イワウメは北半球の寒帯に広く分布し，その他の種は東アジアと北米の限られた地域に分布している。6属約19種あり，日本には3属6種が自生する。

イワカガミ属
Genus **Schizocodon** Siebold et Zucc.

イワカガミ　　　　　　　　　　SPl.223.4-7

Schizocodon soldanelloides Siebold et Zucc.

【形態】　球形で，等極性。極観・赤道観ともに円形。3溝孔型。溝は両極近くまで伸び大きく開き，孔は確認しやすい。溝内は平滑状紋。外壁の彫紋は小網目状紋〜微穿孔状紋で，網目と微穿孔の中間のような彫紋を呈する。

【大きさ】　19-21×19-23 μm; 20-22×22-23 μm (I)，26-28×30-34(24×26) μm(S)，23.4-27.0×19.8-23.4 μm(N)

【試料】　山形県蔵王：1978.6.18(守田)

【開花期】　4-7月

【分布】　北海道・本州(東北)

イワウチワ属
Genus **Shortia** Torrey et Gray

イワウチワ　　　　　　　　　　SPl.223.1-3

Shortia uniflora (Maxim.) Maxim.

【形態】　長球形で，等極性。極観は円形で，赤道観は楕円形。3溝孔型。溝は両極近くまで伸びてよく開き，孔は確認しやすい。溝内は平滑状紋。外壁の彫紋は網目状紋で，網目は溝間域では大きく，溝縁では小さい。

【大きさ】　32-39×26-30 μm; 29-34×31-33 μm (I)

【試料】　仙台市東北大学薬学部薬草園(植栽)：1979.4.6(守田)

【開花期】　3-5月

【分布】　本州(東北〜中国東部)

イワウメ属
Genus **Diapensia** L.

イワウメ　　　　　　　　　　SPl.223.12-15

Diapensia lapponica L. subsp. *obovata* (Fr. Schm.) Hulten

【形態】　やや長球形で，等極性。極観は頂口型の三角円形で，赤道観は楕円形〜円形。3溝孔型。溝は両極近くまで伸び，あまり開かないため孔は確認しにくい。外壁の彫紋は微粒状紋で，微粒が全表面に密に分布する。

【大きさ】　15-16×15-16 μm; 24-25×26-27 μm (I)，25.2-28.8×21.6-23.4 μm(N)

【試料】　宮城県乳頭山：1981.7.2(守田)

【開花期】　7-8月

【分布】　北海道・本州(中部以北)。カムチャツカ・サハリン・アラスカ

リョウブ科
Family **Clethraceae**

　日本，中国，インドシナ半島，マレーシア，インド，北米・南米の熱帯〜温帯域に分布し，1属約64種ある。日本にはリョウブ1種が自生している。

リョウブ属
Genus **Clethra** L.

リョウブ　　　　　　　　　　SPl.223.8-11

Clethra barvinervis Siebold et Zucc.

【形態】　球形で，等極性。極観・赤道観ともに円形。3溝孔型。溝はやや短く，開かないため，孔は確認しにくい。外壁の彫紋は平滑状紋で，表面にわずかに凹凸が見られる。

【大きさ】 17-18×17-21 μm; 19-21×22-24 μm (I), 24-26×24-26 μm(S), 19.8-25.2×21.6-25.2 μm(N)

【試料】 岡山市三徳園(植栽):1982.7.31,岡山県真庭市蒜山高原:1989.8.10

【開花期】 6-8月

【分布】 北海道(南部)〜九州。朝鮮半島(済州島)

イチヤクソウ科
Family **Pyrolaceae**

　10属30種が北半球の温帯に分布し,2亜科に分けられる。日本には6属13種が自生する。イチヤクソウ亜科の花粉は4集粒であるが,ギンリョウソウ亜科では単粒に分離している。

イチヤクソウ亜科
Subfamily **Pyroloideae**

イチヤクソウ属
Genus *Pyrola* L.

イチヤクソウ　　　　　　　　　SPl.224.1-3
Pyrola japonica Klenze (L.) House

【形態】 四面体形の4集粒で結合は強固。球形〜三角球形で,異極性。単粒は等極性の3溝孔型で,溝はやや短くて結合した他粒の溝の半分と連なる。2粒で1つの溝を形成するような姿(共同口)を呈する。外壁の彫紋は微粒状紋で,微粒が全表面を密に覆う。本種については,Takahashi(1987)が詳しく研究している。

【大きさ】 29-36 μm; t.43-46 μm, s.24-26×31-33 μm(I), 40-44 μm(S), 30.0-39.6 μm(N)

【試料】 秋田県五城目町浅見内:1978.6.23(守田)

【開花期】 5-8月

【分布】 北海道・本州(中部以北)

ウメガサソウ属
Genus *Chimaphila* **Pursh**

ウメガサソウ　　　　　　　　　SPl.224.4-6
Chimaphila japonica Miq.

【形態】 四面体形の4集粒で,結合はゆるい。三角球形〜三角錐形で,異極性。単粒は等極性の3溝孔型。溝はやや短く大きく開くが,孔は確認しにくい。溝内には微粒が密に詰まる。外壁の彫紋は平滑状紋で,平滑な表面にまれに微穿孔が点在する。

【大きさ】 16-24 μm; t.31-33 μm, s.17-18×18-21 μm(I)

【試料】 青森県南八甲田:1980.7.15(守田)

【開花期】 6-8月

【分布】 北海道〜九州。サハリン・千島・朝鮮半島・中国(中部・北部)

ギンリョウソウ亜科
Subfamily **Monotropoideae**

ギンリョウソウ属
Genus *Monotropastrum* **H. Andres**

ギンリョウソウ　　　　　　　　SPl.224.7-10
Monotropastrum humile (D. Don) Hara

【形態】 三角球形で,等極性。極観は三(四)角形で,赤道観は横長の楕円形。3(まれに4)孔型。孔は円形で,わずかに突出する。外壁の彫紋は微粒状紋が全表面を覆う。

【大きさ】 22-33 μm; 27.0-30.6 μm(N)

【試料】 仙台市東北大学薬学部植物園(植栽):1978.5.21(守田),岡山県鏡野町:1990.6.3(岡)

【開花期】 4-8月

【分布】 北海道〜沖縄。サハリン・千島・朝鮮半島・中国・台湾・インドシナ半島・ミャンマー・ヒマラヤ

ツツジ科
Family **Ericaceae**

FPl.14.1-3

　世界の亜熱帯から寒帯まで広く分布し，100属3,000種ほど知られ，4亜科に大別される。日本には23属約100種が自生する。本科の4集粒化石花粉は，日本の花粉分析でもよく検出され，10-20%も産出した報告もある。本科は低木が多いため，樹木花粉ではなく非樹木花粉に含まれることが多い。北欧では人類による植生破壊を示す証拠の1つとして重要で，カルナ属 *Colluna* が4,000-3,000年前から急増し，総花粉数の20%以上を占めることもある。

　本科では，スノキ亜科のドウダンツツジ属以外の花粉は，すべて四面体形の4集粒である。その結合は強固で，単粒に分離することはない。外観は球形〜三角錐形で，異極性。一方の極から見ると鏡餅を重ねたように，3粒が接合した花粉の上に1粒の花粉が乗った4集粒に見え(SPl.225.9)，その反対極から見ると3粒の接合した花粉だけが見え，その接合線が三矢状になる(SPl.225.10)。さらにこれを赤道方向から見ると，だるま状に接合した2個の花粉とそのくびれの左右に凸レンズに残り2個の花粉がついている(SPl.225.11)。4個の花粉が接合したときには各花粉粒の発芽口も必ず接合し，孔も対をなす(共同口)。外壁の彫紋は微粒・細粒・いぼ状などの粒状紋が全表面に分布するものと(SPl.225.9-11)，溝間域だけ粒状紋が分布し，溝縁と極域では平滑状紋となるものがある(SPl.225.13)。また，粒状紋ではなく，細い畝が交叉するしわ状紋もある(SPl.231.7)。本科の雄しべは，長・短2種類あるが，花粉は短雄しべのものが長雄しべのものよりやや大きい程度で，外壁の彫紋に差異はない。本科は虫媒花なので，粘着糸を持つ種類が多くある。単粒状態での花粉は等極性で，3溝孔型。溝はやや短く，両極近くまで達しないものが多い。

アクシバ(スノキ)属
Genus *Vaccinium* L.

アクシバ　　　　　　　　　　　SPl.224.11-13
Vaccinium japonicum Miq.

【形態】　四面体形の4集粒。外壁の彫紋は微粒状紋〜細粒状紋。溝縁と極域は微粒が密に分布する。粘着糸はない。

【大きさ】　33-37 μm; t.32-39 μm, s.18-20×26-30 μm(I)

【試料】　鳥取県烏ヶ山：1982.7.26

【開花期】　6-8月

【分布】　北海道〜九州。朝鮮半島(南部)

エリカ亜科
Subfamily **Ericoideae**

エリカ属
Genus *Erica* L.

ジャノメエリカ　　　　　　　　SPl.224.14-16
Erica canaliculata Andr.

【形態】　四面体形の4集粒。外壁の彫紋は微粒状紋〜細粒状紋，いぼ状紋。共同口はない。

【大きさ】　24-29 μm; t.29-35 μm, s.16×22 μm(I)

【試料】　岡山県赤磐市山陽(植栽)：1984.3.25，神戸市神戸学院大学薬学部附属薬用植物園(植栽)：1991.3.22(岡)

【開花期】　11-3月

【原産地】　南アフリカ(ケープタウン)

ツツジ科

イワナシ亜科
Subfamily Epigaeoideae

イワナシ属
Genus *Epigaea* L.

イワナシ SPl.225.1-3

Epigaea asiatica Maxim.

【形態】 四面体形の4集粒。外壁の彫紋は微粒状紋〜細粒状紋。溝縁と極域は幾何学的な彫紋をしている。粘着糸がある。

【大きさ】 30-36 μm; t.34-37 μm, s.19-21×25-27 μm(I), 34.2-43.2 μm(N)

【試料】 宮城県・山形県境の面白山：1978.5.6 (守田)，岐阜県高山市：1980.4.7(星野)，鳥取県鳥ヶ山：1992.5.24(岡)

【開花期】 4-6月

【分布】 北海道(西南部)・本州(日本海側)

ツツジ亜科
Subfamily Rhododendroideae

ホツツジ属
Genus *Elliottia* Muehlenb.

ホツツジ SPl.225.9-12

Elliottia paniculata (Siebold et Zucc.) Benth et Hook.

【形態】 四面体形の4集粒。外壁の彫紋は微粒状紋〜細粒状紋。微粒や細粒が全表面を覆う。粘着糸がある。

【大きさ】 36-38 μm; t.47-54 μm, s.26-28×32-39 μm(I), 46-50 μm(S), 41.4-57.6 μm(N)

【試料】 青森県八甲田山：1979.7.24(守田)，鳥取県烏ヶ山：1984.9.20

【開花期】 7-8月

【分布】 北海道(南部)〜九州

イソツツジ属
Genus *Ledum* L.

イソツツジ SPl.225.7-8

Ledum palustre L. subsp. *diversipilosum* (Nakai) Hara var. *nipponicum* Nakai

【形態】 外観はホツツジ属に似るが，溝縁と極域はやや凹凸のある平滑状紋である。

【大きさ】 26-32 μm; t.35-41 μm, s.17-21×24-28 μm(I)

【試料】 青森県八幡平：1982.6.21(守田)，神戸市立森林植物園(植栽)：1993.5.21(岡)

【開花期】 6-7月

【分布】 北海道(南部)・本州(東北)

ツガザクラ属
Genus *Phyllodoce* Salisbury

外観はイソツツジ属に似る。粘着糸はない。

アオノツガザクラ SPl.225.4-6

Phyllodoce aleutica (Spreng.) A. Heller

【大きさ】 23-31 μm; t.33-40 μm, s.15-20×22-28 μm(I), 30.5-35.2 μm(N)

【試料】 山形県蔵王：1978.6.18(守田)

【開花期】 7-8月

【分布】 北海道・本州(中部以北)。カムチャツカ・サハリン・千島・アラスカ

エゾノツガザクラ SPl.230.10-13, LPl.43.9-12

Phyllodoce caerulea (L.) Bab.

【大きさ】 33.4-41.8 μm; t.30-38 μm, s.15-19×23-26 μm(I), 7.0-34.2 μm(N)

【試料】 大阪市花博記念公園鶴見緑地(植栽)：1992.4.20(岡)

【開花期】 7-8月

【分布】 本州北部・北海道の高山帯

ツツジ科

ヨウラクツツジ属
Genus *Menziesia* J. E. Smith

外観はイソツツジ属に似るが，溝縁と極域は細いしわ状紋となる。

ツリガネツツジ（ウスギヨウラク）　　SPl.231.5-7
Menziesia cilicalyx (Miq.) Maxim.
【大きさ】　26-31 μm; t.34-40 μm, s.18-22×28-30 μm(I), 37-40 μm(S), 32.4-39.6 μm(N)
【試料】　茨城県妙見山：1982.4.29(守田)
【開花期】　4-7月
【分布】　本州(山梨・石川県以西)・四国(徳島県)

ヨウラクツツジ　　　　　　　　　SPl.231.8-10
Menziesia purpurea Maxim.
【大きさ】　22-27 μm; 35×35 μm(B)
【試料】　神戸市立森林植物園(植栽)：1993.5.21(岡)
【開花期】　5-7月
【分布】　九州(中北部)

ツツジ属
Genus *Rhododendron* L.

外観はイソツツジ属に似る。溝縁と極域は微粒～細い畝が非常に密に分布し，平滑状紋のように見える。粘着糸がある。

ミツバツツジ　　　　　　　　　SPl.225.13-14
Rhododendron dilatatum Miq.
【大きさ】　39-52 μm; t.58-61 μm, s.31-33×45-49 μm(I)
【試料】　東京都多摩森林学園(植栽)：1994.4.24(岡)
【開花期】　4-5月
【分布】　本州(関東～中部，西限は岐阜県東部)

コメツツジ　　　　　　　　　　SPl.225.15-17
Rhododendron tschonoskii Maxim.
【大きさ】　34-44 μm; t.35-41 μm, s.20-22×28-30 μm(I)
【試料】　不詳
【開花期】　6-8月
【分布】　北海道～九州。千島(南部)・朝鮮半島(南部)

コバノミツバツツジ　　　　　　　SPl.226.1-3
Rhododendron reticulatum D. Don.
【大きさ】　47-55 μm; t.49-54 μm, s.26-28×34-41 μm(I)
【試料】　岡山市岡山理科大学：1984.4.17，岡山市三徳園：1991.4.16
【開花期】　4-5月
【分布】　本州(静岡県西部・長野県南部以西)～九州(北部)

レンゲツツジ　　　　　　　　　SPl.226.4-6
Rhododendron japonicum (A. Gray) Suringar
【大きさ】　50-55 μm; t.50-58 μm, s.27-33×38-45 μm(I), 58-62 μm(S)
【試料】　岡山県津山市加茂細池湿原：1983.6.4
【開花期】　5-7月
【分布】　本州～九州

ゲンカイツツジ　　　　　　　　SPl.226.7-9
Rhododendron mucronulatum Turcz. var. *ciliatum* Nakai
【大きさ】　37-45 μm; t.43-47 μm, s.21-25×31-35 μm(I)
【試料】　岡山市三徳園(植栽)：1984.4.16，東京都多摩森林学園(植栽)：1992.3.20(岡)
【開花期】　3-4月
【分布】　本州(中国)～九州(北部)。朝鮮半島(南部・東部)

ヒラドツツジ（ケラマツツジ×キシツツジ) SPl.227.1-3
Rhododendron scabrum× *R. ripense*
【大きさ】　33-53 μm
【試料】　岡山市岡山理科大学(植栽)：1984.5.22(辻本)
【開花期】　4-5月

ツツジ科

【備考】 ケラマツツジを母体にした園芸品種

モチツツジ　　　　　　　　　　　SP1.227.4-6
Rhododendron macrosepalum Maxim.
【大きさ】　38-51 μm; t.45-48 μm, s.24-26×32-36 μm(I), 39.6-45.0 μm(N)
【試料】　神戸市立森林植物園(植栽)：1993.5.21(岡)
【開花期】　4-5 月
【分布】　本州(山梨県・福井県以西〜岡山県まで)・四国

キシツツジ　　　　　　　　　　　SP1.227.7-9
Rhododendron ripense Makino
【大きさ】　42-59 μm; 45.0-54.0 μm(N)
【試料】　静岡市静岡県立大学薬学部薬草園(植栽)：1993.2.21(岡)
【開花期】　4-5 月
【分布】　本州(岡山県・島根県以西)・四国・九州(大分県)

サツキ　　　　SP1.228.1-4：短雄しべ, 5-8：長雄しべ
Rhododendron indicum (L.) Sweet
【大きさ】　短雄しべ：43-51 μm, 長雄しべ：39-48 μm; ss.44-55 μm, ls.36-42 μm, t.45-49 μm, s.25-28×34-37 μm(I)
【試料】　岡山県玉野市深山公園(植栽)：1991.6.10
【開花期】　5-6 月
【分布】　本州(神奈川県以西)・九州(佐賀県・熊本県・鹿児島県)

ヨウシュシャクナゲ(セイヨウシャクナゲ)
　　　　　　　　　　　　　　　　　SP1.229.1-3
Rhododendron sp.
【大きさ】　46-56 μm
【試料】　不詳
【開花期】　5 月
【分布】　不明

ハクサンシャクナゲ　　　　　　　SP1.229.4-5
Rhododendron brachycarpum G. Don
【大きさ】　42-55 μm; t.48-52 μm, s.25-29×35-39 μm(I)
【試料】　青森県東北大学附属植物園八甲田山分園：1972.6.25(山中)
【開花期】　7-8 月
【分布】　北海道・本州(中北部)・四国(亜高山)。朝鮮半島(北部)

ツクシシャクナゲ　　　　　　　　SP1.229.6-7
Rhododendron metternichii Siebold et Zucc.
【大きさ】　37-45 μm; t.52-60 μm, s.26-30×40-45 μm(I), 57-60 μm(S)
【試料】　岡山市グリーンシャワー公園(植栽)：1992.5.10(岡), 神戸市立森林植物園(植栽)：1993.5.21(岡)
【開花期】　5 月
【分布】　本州(紀伊半島)〜九州

セイシカ　　　　　　　　　　　　SP1.231.1-4
Rhododendron latoucheae Franch.
【大きさ】　40-47 μm; t.47-56 μm, s.24-28×35-42 μm(I)
【試料】　沖縄県西表島：1988.3.4(仲吉)
【開花期】　3-7 月
【分布】　沖縄(石垣島・西表島)。中国(中南部)・台湾

ダイセキナン　　　　　　　　　　LP1.45.1-4
Rhododendron maximum L.
【大きさ】　57.9-61.3 μm
【試料】　神戸市森林公園(植栽)：1992.5.21(岡)
【開花期】　5-7 月
【原産地】　北米(東北部)

サキシマツツジ　　　　　　　　　SP1.232.9-12
Rhododendron amanoi Ohwi
【大きさ】　42.5-58.8 μm
【試料】　沖縄県西表島：1988.4.4(仲吉)
【開花期】　3-4 月

ツツジ科

【分布】 石垣島・西表島。台湾・中国南部

ケラマツツジ　　　　SPl.232.13-16
Rhododendron scabrum G. Don
【大きさ】 51.8-56.8 μm
【試料】 神戸市六甲高山植物園(植栽)：1993.5.
21(岡)
【開花期】 2-4 月
【分布】 奄美～沖縄

アマミセイシカ　　　　SPl.233.1-3
Rhododendron amamiense Ohwi
【大きさ】 60.1-66.8 μm
【試料】 京都市日本新薬山科植物資料館(植栽)：
1990.4.24(岡)
【開花期】 3-5 月
【分布】 奄美大島

ヤクシマシャクナゲ　　　　SPl.233.4-7
Rhododendron yakushimanum Nakai
【断面】 花粉外壁は外表層，柱状層，底部層から
なる。柱状層はあまり発達しておらず，底部層が
厚いように見える。
【大きさ】 50.1-61.1 μm
【試料】 神戸市神戸学院大学薬学部附属薬用植物
園(植栽)：1992.5.21(岡)
【開花期】 5-6 月
【分布】 屋久島

アマギシャクナゲ　　　　SPl.233.8-10
Rhododendron degronianum Carrière var.
amagianum (T. Yamaz.) T. Yamaz.
【大きさ】 51.8-66.8 μm
【試料】 神戸市六甲高山植物園(植栽)：1992.5.
21(岡)
【開花期】 5-6 月
【分布】 静岡県伊豆半島

ユキグニミツバツツジ　　　　SPl.230.1-4
Rhododendron lagopus Nakai var. *niphophilum*
(T. Yamaz.) T. Yamaz.
【大きさ】 45.1-53.4 μm
【試料】 金沢市高尾山：2013.5.12
【開花期】 5 月
【分布】 本州の日本海側・近畿地方

ナツザキツツジ　　　　SPl.230.5-9
Rhododendron prunifolium (Small) Millais
【大きさ】 43.4-58.5 μm
【試料】 東京都東京大学理学部附属小石川植物園
(植栽)：2013.7.30(岡)
【開花期】 夏
【原産地】 アメリカジョージア州・アラバマ州の
渓谷地帯

スノキ亜科
Subfamily **Vaccinioideae**

イワナンテン属
Genus *Leucothoe* D. Don

ハナヒリノキ　　　　SPl.234.7-9
Leucothoe grayana Maxim.
【形態】 四面体形の 4 集粒。外壁の彫紋は微粒状
紋。溝縁と極域は平滑状紋となる。粘着糸はない。
【大きさ】 32-36 μm; t.37-40 μm, s.19-22×28-
30 μm(I)
【試料】 不詳
【開花期】 6-8 月
【分布】 北海道・本州(東北～近畿)

アセビ属
Genus *Pieris* D. Don

外観はイワナンテン属に似る。

ツツジ科

アセビ　　　　　　　　　　　SPl.234.1-3
Pieris japonica (Thunb.) D. Don
【大きさ】　31-36 μm; t.37-43 μm, s.18-20×28-30 μm(I), 48-50 μm(S), 36.0-39.6 μm(N)
【試料】　高知市高知大学(植栽):1977.5.1(守田), 岡山県赤磐市山陽(植栽):1991.4.14
【開花期】　2-5月
【分布】　本州(宮城県以南・関東中部の太平洋側・近畿・中国)〜九州。中国

リュウキュウアセビ　　　　　SPl.234.4-6
Pieris koidzumiana Ohwi
【大きさ】　33-40 μm
【試料】　神戸市神戸学院大学薬学部附属薬用植物園(植栽):1993.5.21(岡), 広島市植物公園(植栽):1995.3.19(岡)
【開花期】　3-4月
【分布】　沖縄

ネジキ属
Genus *Lyonia* Nutt.

ネジキ　　　　　　　　　　　SPl.235.11-13
Lyonia ovalifolia (Wall.) Drude var. *elliptica* (Siebold et Zucc.) Hand.-Mazz.
【形態】　外観はイワナンテン属に似る。
【大きさ】　22-29 μm; t.30-33 μm, s.16-17×21-22 μm(I), 28.8-32.4 μm(N)
【試料】　名古屋市八事裏山:1978.6(守田), 岡山市岡山理科大学:1984.6.4(下村), 岡山市半田山:1994.5.17(宮田)
【開花期】　5-6月
【分布】　本州(山形県・岩手県以南)〜九州。中国・台湾

イワヒゲ属
Genus *Cassiope* D. Don

イワヒゲ　　　　　　　　　　SPl.234.10-12
Cassiope lycopodioides (Pall.) D. Don
【形態】　外観はイワナンテン属に似るが, 溝縁と

極域は細いしわ状紋となる。
【大きさ】　29-36 μm; 21.6-25.2 μm(N)
【試料】　岩手県岩木山:1980.7.21(守田)
【開花期】　7-8月
【分布】　北海道・本州(中部以北)。カムチャツカ・千島・アラスカ

ジムカデ属
Genus *Harrimanella* Coville

ジムカデ　　　　　　　　　　SPl.235.1-3
Harrimanella stelleriana (Pall.) Coville
【形態】　外観はイワナンテン属に似る。花粉はイワナンテン属より小さい。
【大きさ】　24-28 μm; t.28-30 μm, s.14-16×19-22 μm(I), 30.6-36.0 μm(N)
【試料】　北海道大雪山旭岳:(堀)
【開花期】　7-8月
【分布】　北海道・本州(中部)。カムチャツカ・千島・北米

シラタマノキ属
Genus *Gaultheria* L.

　外観はイワナンテン属に似るが, 外壁の彫紋は微粒〜細粒状紋。微粒と細粒が全表面を覆う。

シラタマノキ(シロモノ)　　　SPl.234.17-18
Gaultheria pyroloides Hook. et Thoms.
【大きさ】　24-28 μm; t.30-34 μm, s.16-18×21-25 μm(I), 30-32 μm(S)
【試料】　青森県八甲田山:1979.7.24(守田)
【開花期】　6-8月
【分布】　北海道・本州(伯耆大山・中部以北)。千島・サハリン・アリューシャン列島

アカモノ(イワハゼ)　　　　　SPl.234.13-16
Gaultheria adenothrix (Miq.) Maxim.
【大きさ】　27-35 μm; t.35-37 μm, s.15-18×25-28 μm(I), 27.0-32.4 μm(N)
【試料】　岡山県鏡野町:1990.6.4(岡)

【開花期】　5-8 月
【分布】　北海道～四国

スノキ属
Genus *Vaccinium* L.

外観はジムカデ属に似る。

ナツハゼ　　　　　　　　　　　　SPl.235.7-10
Vaccinium oldhamii Miq.
【大きさ】　24-29 μm; t.40-42 μm, s.22-23×30-33 μm(I)
【試料】　岡山県赤磐市高倉山：1984.6.17，岡山市半田山：1994.5.17(宮田)
【開花期】　5-8 月
【分布】　北海道～九州。朝鮮半島(南部)・中国(中部)

シャシャンボ　　　　　　　　　　SPl.235.4-6
Vaccinium bracteatum Thunb.
【大きさ】　26-29 μm
【試料】　佐賀県唐津市鏡山：1981.8.7
【開花期】　4-8 月
【分布】　本州(関東南部以南)～沖縄。中国(南部)・台湾・インドシナ半島・マレーシア

ツルコケモモ　　　　　　　　　　SPl.235.14-17
Vaccinium oxycoccus L.
【形態】　溝縁と極域はいぼ状紋である。
【大きさ】　34-40 μm
【試料】　秋田県白地山：1980.7.16(守田)
【開花期】　7-8 月
【分布】　北海道・本州(中部以北)。北半球の寒帯に広く分布

ギーマ　　　　　　　　　　　　　SPl.236.1-4
Vaccinium wrightii A. Gray
【大きさ】　37.4-45.0 μm
【試料】　沖縄県国頭村：2004.4.10
【開花期】　3-4 月
【分布】　奄美大島以南の沖縄。台湾

ムニンシャシャンボ　　　　　　　SPl.236.5-7
Vaccinium boninense Nakai
【大きさ】　38.4-48.4 μm
【試料】　東京都東京大学理学部附属小石川植物園(植栽)：2013.6.11(岡)
【開花期】　1-4 月
【分布】　小笠原諸島

ドウダンツツジ属
Genus *Enkianthus* Lour.

　本属はツツジ科の中で唯一単粒花粉となる分類群である。球形～長球形で，等極性。極観は円形か間口型の四角形で，赤道観は楕円形。3(まれに4)溝孔型。溝は両極近くまで伸びるものと(ベニドウダン，サラサドウダン)，やや短いもの(ドウダンツツジ)があり，孔は比較的確認しやすい。溝内は平滑状紋。外壁の彫紋は微粒状紋で，全表面を微粒状紋が密に覆うもの(ドウダンツツジ，サラサドウダン)と，網目状紋を持つもの(ベニドウダン)がある。

ドウダンツツジ　　　　　　　　　SPl.237.1-4
Enkianthus perulatus (Miq.) Schneider
【大きさ】　16-20 μm; 26-29×30-32 μm(I)
【試料】　岡山県赤磐市山陽(植栽)：1991.4.28
【開花期】　4-5 月
【分布】　本州(静岡県・愛知県・紀伊半島)・四国(高知県)・九州(鹿児島県)。台湾

サラサドウダン　　　　　　　　　SPl.237.9-11
Enkianthus campanulatus (Miq.) Nicholson
【大きさ】　17-26 μm; 23-25×25-26 μm(I), 25-27×25-27 μm(S)
【試料】　岡山市グリーンシャワー公園(植栽)：1992.5.10(岡)，名古屋市東山動植物園(植栽)：1996.5.3(岡)
【開花期】　5-6 月
【分布】　北海道(西南部)・本州(兵庫県以東)・四国(徳島県)

ツツジ科・ガンコウラン科・ヤブコウジ科

ベニドウダン
SP1.237.5-8

Enkianthus cernuus (Siebold et Zucc.) Makino f. *rubens* (Maxim.) Ohwi

【大きさ】　19-26 μm；19-21×21-23 μm(I)，16.2-19.8×19.0-21.6 μm(N)

【試料】　鳥取県鳥ヶ山：1992.5.24(岡)

【開花期】　4-6月

【分布】　本州(関東以南)〜九州

ガンコウラン科
Family **Empetraceae**

北半球の寒帯・スペイン・南米・北米などに隔離分布し，3属8種が知られている。日本には，ガンコウラン属1種のみが自生する。北欧の花粉分析では，氷河の去った跡地に先駆種の1つとしてガンコウラン属が進出することが，化石花粉の産出により示されている。

ガンコウラン属
Genus *Empetrum* L.

ガンコウラン
SP1.237.12-14

Empetrum nigrum L. var. *japonicum* K. Koch

【形態】　ツツジ科の四面体形の4集粒花粉に似る。外観は球形〜三角錐形で，異極性。外壁の彫紋は微粒状紋で，微粒が全表面を密に覆う。単粒では3溝孔型。溝は短く，接合した隣の花粉の溝と必ず対をなす。粘着糸はない。

【大きさ】　25-31 μm；t.30-35 μm，s.17-18×23-25 μm(I)，38-40 μm(S)，t.36.0 μm，s.28.8 μm(N)

【試料】　山形県蔵王：1978.5.28(守田)

【開花期】　4-6月

【分布】　北海道・本州(中部以北)。シベリア(東部)・カムチャツカ・サハリン・千島・朝鮮半島・中国(東北部)

ヤブコウジ科
Family **Myrsinaceae**

熱帯〜温帯域に分布する。約32属1,000種が知られており，日本には3属が分布している。

ツルマンリョウ属
Genus *Myrsine* L.

タイミンタチバナ
SP1.238.1-4

Myrsine seguinii Lév.

【形態】　球形で，等極性。極観・赤道観ともに円形。4(まれに5)環溝孔型。溝は短くあまり開かないため，孔は確認しにくい。外壁の彫紋は微粒状紋で，微粒が全表面を密に覆う。

【大きさ】　23-25×23-26 μm；21-23×22-24 μm(I)，20-22×22-25 μm(S)，21.6-25.2×23.4-25.2 μm(N)

【試料】　高知市：1977.4(守田)

【開花期】　3-6月

【分布】　本州(千葉県以西)〜沖縄。中国・台湾・ベトナム・ミャンマー

イズセンリョウ属
Genus *Maesa* Forsk.

長球形で，等極性。極観は円形で，赤道観は円形〜楕円形。3(まれに4)溝孔型。溝は両極近くまで伸び，かなり開いて孔は確認しやすい。溝内は平滑状紋。外壁の彫紋は微穿孔状紋で，全表面に微穿孔が分布する。

イズセンリョウ
SP1.238.5-8

Maesa japonica (Thunb.) Moritzi

【大きさ】　13-16×13-16 μm；15-17×17-18 μm(I)，16-18×17-19 μm(S)，12.6-16.2×16.2-18.9 μm(N)

【試料】　沖縄県石垣島：1973.4.5，高知市：1977.4.10(守田)，静岡市静岡県立大学薬学部薬草園(植栽)：1992.3.3(岡)

【開花期】　2-6月

【分布】 本州（関東南部以西）〜沖縄。中国・台湾・インドシナ半島

シマイズセンリョウ SPl.238.9-12
Maesa tenera Mez
【大きさ】 8-10×8-9 μm
【試料】 沖縄県国頭村：2004.4.9
【開花期】 3-4月
【分布】 九州（南部）〜沖縄。中国・台湾

ヤブコウジ属
Genus *Ardisia* Swartz

マンリョウ SPl.238.13-16
Ardisia crenata Sims
【形態】 三角球形で，等極性。極観は頂口型の三角円形で，赤道観は円形〜楕円形。3合流溝孔型。3つの溝は両極まで伸びて合流し，やや開く。赤道部では外壁がせり出しているため，孔は確認しにくい。溝内には微粒が分布する。外壁の彫紋は網目状紋で，角ばった網目が全表面を覆う。
【大きさ】 11-12×11-13 μm; 11-13×14.4 μm (I), 12.6-14.4 μm(N)
【試料】 香川県東かがわ市西村（植栽）：1972.7.25, 高知市：1977.7.7（守田）
【開花期】 7-8月
【分布】 本州（関東以西）〜沖縄。朝鮮半島・中国・台湾・東南アジア・インド

サクラソウ科
Family **Primulaceae**

　北半球の温帯域に多く分布し，約20属1,000種がある。日本には9属37種が分布している。

シクラメン属
Genus *Cyclamen* L.

シクラメン SPl.240.16-19
Cyclamen persicum Mill.
【形態】 球形で，等極性。極観・赤道観ともに楕円形。3溝孔型。溝は両極近くまで伸びるが，あまり開かないため孔は確認しにくい。外壁の彫紋は，小網目状紋〜微穿孔状紋で，微細な穴が全表面を覆う。
【大きさ】 15-17×15-16 μm; 13-14×13-15 μm (I)
【試料】 岡山県赤磐市（花店より）：1983.12.10
【開花期】 12-3月
【原産地】 地中海沿岸（東部）

オカトラノオ属
Genus *Lysimachia* L.

　長球形で，等極性。極観は円形〜間口型の三角形で，赤道観は楕円形。3溝孔型。溝は両極近くまで伸び，かなり開くが，赤道部では外壁がせり出しているため，孔は確認しにくい。光顕では孔を横長の内孔として観察できる。外壁の彫紋は手鞠状のしわ状紋になるもの（ヌマトラノオ・オカトラノオ・ハマボッス）と，網目状紋になるもの（クサレダマ）がある。

ヌマトラノオ SPl.239.1-4
Lysimachia fortunei Maxim.
【大きさ】 22-25×15-18 μm; 23-26×22-25 μm (I), 25.2-27.0×19.8-23.4 μm(N)
【試料】 岡山県赤磐市熊山：1972.7.25（波田），岡山県真庭市蒜山高原：1977.8.9，鳥取県高清水高原：1982.8.31
【開花期】 6-8月
【分布】 本州〜九州。朝鮮半島・中国・台湾・インドシナ半島

サクラソウ科

オカトラノオ SPl.239.9-11
Lysimachia clethroides Duby
【大きさ】 25-29×18-21 μm; 27-30×25-27 μm
(I), 30-32×24-27 μm(S), 27.0-34.2×19.8-27.0
μm(N)
【試料】 岐阜県高山市荘川：1977.7.24(守田)，
岡山県赤磐市高倉山：1984.6.17
【開花期】 6-8月
【分布】 北海道〜九州。朝鮮半島・中国

ハマボッス SPl.239.5-8
Lysimachia mauritiana Lam.
【大きさ】 25-28×19-21 μm; 30-33×26-27 μm
(I), 30-32×23-25 μm(S), 28.8-30.6×21.6-25.2
μm(N)
【試料】 沖縄県西表島：1989.3.11(宮城)，高知
県：1994.5.4(岡)
【開花期】 5-6月
【分布】 北海道〜沖縄。中国・東南アジア・太平
洋諸島・インド

クサレダマ SPl.239.12-15
Lysimachia vulgaris L. var. *davurica* (Ledeb.) R.
Kunth
【大きさ】 17-20×15-19 μm; 20-21×19-20 μm
(I), 22-24×21-23 μm(S), 19.8-21.6×16.2-18.0
μm(N)
【試料】 岡山県真庭市蒜山高原：1981.7.28，岡
山県新庄村：1995.7.23(岡)
【開花期】 7-8月
【分布】 北海道・本州・九州。シベリア・サハリ
ン・朝鮮半島・中国

オオハマボッス SPl.236.8-11
Lysimachia mauritiana Lam. var. *rubida*
(Koidz.) T. Yamaz.
【大きさ】 31.7-38.4×23.4-29.2 μm
【試料】 東京都東京大学理学部附属小石川植物園
(植栽)：2013.6.11(岡)
【開花期】 2-5月
【分布】 硫黄列島を除く小笠原諸島

ツマトリソウ属
Genus *Trientalis* L.

　長球形で，等極性。極観は頂口型の亜三角形で，
赤道観は楕円形。3(まれに4)溝孔型。溝は両極近
くまで伸びやや開いて，孔は確認しやすい。外壁
の彫紋は小網目状紋で，網目は全表面を覆い，溝
間域の方が溝縁部よりもやや大きい。

ツマトリソウ SPl.239.16-19
Trientalis europaea L.
【大きさ】 20-21×18-19 μm; 40-46×40-46 μm
(I), 23.4-30.6×23.4-27.0 μm(N)
【試料】 不詳
【開花期】 6-7月
【分布】 北海道〜四国。北半球の亜寒帯に広く分
布

ルリハコベ属
Genus *Anagallis* L.

ルリハコベ SPl.239.20-23
Anagallis arvensis L.
【形態】 外観はツマトリソウ属に似る。
【大きさ】 19-21×16-20 μm; 23-24×24-25 μm
(I), 26-28×24-27 μm(S), 23.4-27.0×19.8-23.4
μm(N)
【試料】 沖縄県石垣島：1973.4.5，沖縄県国頭
村：1989.3.5
【開花期】 3-6月
【分布】 本州(紀伊半島)〜沖縄・伊豆七島

ウミミドリ属
Genus *Glaux* L.

ウミミドリ(シオマツバ) SPl.240.1-4, LPl.45.9-12
Glaux maritima L. var. *obtusifolia* Fern.
【形態】 長球形で，等極性。極観は円形で，赤道
観は楕円形。3溝孔型。溝は両極近くまでの伸び，
ほとんど開かないため孔は確認しにくい。外壁の
彫紋は手鞠状のしわ状紋で，細糸が絡み合い，そ

の交叉した隙間が微穿孔状に見える。

【大きさ】 20-21×16-17 μm；20-22×20-22 μm
(I)

【試料】 北海道イクラウシ湿原：2001.6.4

【開花期】 5-8月

【分布】 北海道・本州(北部)。アジア・北米(北部)

サクラソウ属
Genus *Primula* L.

三角球形で，等極性。極観は頂口型の三角円形〜亜三角形で，赤道観は横長の楕円形。3合流溝孔型。溝は両極まで達して3つの溝が合流して三矢形となり，あまり開かないため内孔は確認しにくい。極域の合流点には三角形の島ができることもある。外壁の彫紋は小網目状紋〜微穿孔状紋で，微細な穴が全表面を覆う。本属は長・短2種類の雄しべを持ち，長雄しべ(ls.)の花粉が大きく，短雄しべ(ss.)の方が小さい。

トキワザクラ(プリムラ・オブコニカ) SPl.240.14-15
Primula obconica Hance

【大きさ】 9-12 μm

【試料】 岡山県赤磐市山陽(植栽)：1984.4.8

【開花期】 3-4月

【原産地】 中国

クリンザクラ(プリムラ・ポリアンタ)
SPl.240.9-11：短雄しべ，12-13：長雄しべ
Primula × *polyantha* Hort. ex L. H. Bailey

【形態】 本属の花粉は3合流溝孔型であるが，本種だけは交配により作出された園芸品で，発芽口が8-10本もの溝からなり，内孔があるかどうかも確認できていない。外壁の彫紋は小網目状紋で，小さな網目が全表面を覆う。

【大きさ】 ss.12-15 μm，ls.17-20 μm

【試料】 岡山県赤磐市山陽(植栽)：1984.3.4

【開花期】 3-4月

【備考】 ヨーロッパ原産の *P. elatior*×*P. vulgaris* の交配により作り出された園芸種

エゾオオサクラソウ SPl.240.5-8，LPl.45.5-8
Primula jesoana Miq. var. *pubescens* (Takeda) Takeda et H. Hara

【大きさ】 15-17×17-21 μm

【試料】 北海道厚岸町：2001.5.24(那須)

【開花期】 6-7月

【分布】 北海道。朝鮮半島

イソマツ科
Family **Plumbaginaceae**

世界中に広く分布する。特に乾燥地や海岸に多い。約19属750種あり，日本にはイソマツ属2種が自生している。

イソマツ属
Genus *Limonium* Mill.

球形で，等極性。極観は円形で，赤道観は横長の楕円形。3溝型。溝はやや短くて，ほとんど開かないもの(イソマツ)と，大きく開くもの(ハナハマザジ)がある。外壁の彫紋は網目状紋で，その網目の特徴は種類により異なる。

イソマツ SPl.241.1-3，LPl.46.1-2，PPl.10.1-3
Limonium wrightii (Hance) O. Kuntze

【形態】 角ばった5-6辺からなる網目は，10 μm前後もある長い小柱の列からなる網(畝)に取り囲まれて，深い穴になる。畝の上には1辺に5-10個の微小刺が並ぶ。

【大きさ】 21-25 μm；59-62×63-69 μm(I)，72.0-81.0 μm(N)

【試料】 沖縄県黒島：1974.11(宮城)

【開花期】 8-11月

【分布】 伊豆七島・小笠原諸島・屋久島・沖縄

ハナハマサジ SPl.241.4-6
Limonium sinuatum (L.) Mill.

【形態】 角ばった5-6辺からなる網目は，1-2 μmの短い小柱に支えられた畝に取り囲まれ，浅

い窪みとなる。畝の上には1辺に2-4個の微小刺が並ぶ。

【大きさ】 34-46μm; 51-55×60-68μm(I)

【試料】 岡山県赤磐市山陽(植栽)：1984.3.22

【開花期】 3-6月

【原産地】 地中海沿岸

ハマサジ　　　　　　　　　　　　　LPl.48.1-3

Limonium tetragonum (Thunb.) A. A. Bullock

【形態】 外観・発芽口・外壁の彫紋の特徴は，イソマツに似る。

【大きさ】 66.0-72.6×69.3-72.6μm; 60-63×62-70μm(I), 45.0-72.0μm(N)

【試料】 高知県宿毛市：1963.11(中村)

【開花期】 9-11月

【分布】 本州(三陸海岸以南の太平洋側)〜九州。朝鮮半島・中国(東部)

アカテツ科
Family **Sapotaceae**

熱帯域を中心に分布するが，研究がとても遅れており，十分整理されていない。30-40属約800種あると推定されているが，定かではない。日本には，アカテツとムニンノキの1属2種が分布する。

アカテツ属
Genus *Pouteria* **Aubl.**

アカテツ　　　　　　　SPl.241.7-9, LPl.46.3-6

Pouteria obovata (R. Br.) Baehni

【形態】 長球形で，等極性。極観は円形で，赤道観は楕円形。3溝孔型。溝は両極近くまで達し，やや開いて溝内に微粒が詰まり，赤道部では外壁がやや隆起し，孔は確認しにくい。外壁の彫紋は微穿孔状紋で，微穿孔が全表面に点在する。

【大きさ】 21-23×17-19μm

【試料】 沖縄県国頭村：2005.3.20

【開花期】 6-8月

【分布】 トカラ列島宝島〜沖縄・小笠原諸島。中国(南部)・台湾

カキノキ科
Family **Ebenaceae**

熱帯・亜熱帯域に多く6属約300種が知られている。日本にはカキノキ属のみが自生している。

カキノキ属
Genus *Diospyros* **L.**

カキノキ　　　　　　　SPl.242.9-12, LPl.49.1-5

Diospyros kaki Thunb.

【形態】 球形〜長球形で，等極性。極観は円形で，赤道観は円形〜楕円形。3溝孔型。溝は両極近くまで伸び，広く開いて溝内には微粒が密に詰まり，孔は確認しやすい。外壁の彫紋は平滑状紋で，極域に数個の窪みが見られる。

【大きさ】 42-47×41-46μm; 40-42×42-44μm(I), 48-54×48-54μm(S), 50.4-55.8×36.0-46.8μm(N)

【試料】 岡山県赤磐市山陽(植栽)：1983.5.23, 岡山県笠岡市大島：1985.6.2(安原)

【開花期】 5-6月

【分布】 本州(西部)〜九州。韓国(済州島)・中国

エゴノキ科
Family **Styracaceae**

北半球の暖温帯〜熱帯にかけて約11属150種が知られ，日本には2属5種が自生する。花粉分析ではあまり産出せず，一般的に低率が多い。沖縄では60%以上産出する報告もある。

エゴノキ属
Genus *Styrax* **L.**

球形〜長球形で，等極性。極観は頂口型の三角

円形で，赤道観は楕円形から円形。3溝孔型。溝は両極近くまで達し，大きく開いて内孔は確認しやすい。溝内は平滑状紋。外壁の彫紋は微穿孔状紋で，微穿孔が全表面を覆う。

エゴノキ（ロクロギ，チシャノキ）

SP1.244.1-4, LP1.46.7-10

Styrax japonica Siebold. et Zucc.

【大きさ】　26-28×26-31 μm；32-35×36-40 μm (I)，38-40×38-44 μm(S)，32.4-37.8×28.8-39.6 μm(N)

【試料】　岡山県真庭市蒜山高原：1977.6.8(篠原)，岡山市三徳園(植栽)：1986.7.7，鳥取県倉吉市関金町：1995.5.26(清末)，沖縄県国頭村：2004.4.10

【開花期】　5-6月

【分布】　北海道〜沖縄。朝鮮半島・中国

ハクウンボク（オオバヂシャ）　SP1.244.5-8

Styrax obassia Siebold. et Zucc.

【大きさ】　28-30×29-32 μm；31-34×33-35 μm (I)，38-40×40-42 μm(S)，27.0-34.2×30.6-36.0 μm(N)

【試料】　仙台市青葉山：1979.5.29(守田)，岡山県真庭市蒜山高原：1981.6.1(星野)，岡山市三徳園(植栽)：1983.5.8

【開花期】　5-6月

【分布】　北海道〜九州。朝鮮半島・中国

アサガラ属
Genus *Pterostyrax* Siebold et Zucc.

外観はエゴノキ属に似る。

アサガラ　SP1.244.9-12

Pterostyrax corymbosa Siebold et Zucc.

【大きさ】　21-26×23-28 μm；27-28×30-31 μm (I)，36-38×38-40 μm(S)，23.4-29.7×27.0-30.6 μm(N)

【試料】　高知市：1977.5(守田)

【開花期】　5-6月

【分布】　本州(近畿以西)〜九州。中国

オオバアサガラ　SP1.244.13-16

Pterostyrax hispida Siebold et Zucc.

【大きさ】　20-21×25-28 μm；26-27×29-30 μm (I)

【試料】　岡山県真庭市蒜山高原：1977.6.11(篠原)

【開花期】　6月

【分布】　本州〜九州(中北部・対馬)。中国(中部)

ハイノキ科
Family **Symplocaceae**

　アジア・オーストラリア・アメリカのおもに熱帯・亜熱帯に分布し，ハイノキ属だけからなり，300種以上が知られている。日本には21種が自生する。花粉分析ではよく産出するが，多産することは少ない。

ハイノキ属
Genus *Symplocos* Jacq.

FP1.14.4-5

　偏平三角球形で，等極性。頂口型の亜三角形〜三角形で，赤道観は横長の楕円形。3溝孔型。溝は非常に短いスリット状でよく開き，内孔は確認しやすい。外壁の彫紋は種類によりやや異なる。本属の花粉については，Nagamasu(1989)による詳しい研究がある。

サワフタギ　SP1.242.1-4

Symplocos chinensis (Lour.) Druce var. *leucocarpa* (Nakai) Ohwi f. *pilosa* (Nakai) Ohwi

【形態】　外壁の彫紋はしわ状紋で，畝の間に微穿孔が多数ある。

【大きさ】　15-17×23-28 μm；18-20×24-27 μm (I)，44-48×32-36 μm(S)，18.0-19.8×23.4-34.2 μm(N)

【試料】　鳥取県高清水高原：1973.6.10(岡本)，仙台市東北大学植物園(植栽)：1978.5.25(守田)，

岡山市三徳園(植栽)：1982.5.25(守田)

【開花期】 5-6月

【分布】 北海道〜九州。朝鮮半島・中国

クロバイ　　　　　　　SPl.242.5-8，LPl.47.1-4

Symplocos prunifolia Siebold et Zucc.

【形態】 外壁の彫紋はしわ状紋〜微粒状紋で，しわや微粒が密に全表面を覆う。

【大きさ】 17-18×24-30 μm；19.8-21.6×27.0-36.0 μm(N)

【試料】 岡山市三徳園(植栽)：1983.4.30，名古屋市東山動植物園(植栽)：1986.5.5(岡)，岡山県鷲羽山：1990.5.12(波田)，沖縄県国頭村：2004.4.10

【開花期】 3-5月

【分布】 本州(関東以西)〜沖縄。朝鮮半島(南部)・中国

ウチダシクロキ　　　　SPl.243.1-4，LPl.47.5-8

Symplocos kawakamii Hayata

【形態】 外壁の彫紋は細いしわ状紋〜微穿孔状紋であり，極域の溝間域や溝の周辺は短乳頭状紋となる。短乳頭には縞模様がみられる。

【大きさ】 10.9-12.5×26.7-31.7 μm

【試料】 東京都東京大学理学部附属小石川植物園(植栽)：2011.10.19(岡)

【開花期】 11月頃

【分布】 小笠原父島

アオバナハイノキ　　　　　　SPl.243.14-17

Symplocos caudata auct. non Wall. ex G. Don

【形態】 外壁の彫紋はしわ状紋である。

【大きさ】 20.0-30.0×31.3-40.0 μm

【試料】 沖縄県名護市：2005.3.20

【開花期】 3-4月

【分布】 沖永良部島以南の沖縄。台湾・中国南部・ヒマラヤ

クロキ　　　　　　　　　　　SPl.243.5-9

Symplocos lucida (Thunb.) Siebold et Zucc.

【形態】 外壁の彫紋はいぼ状紋である。

【断面】 花粉外壁は外表層，柱状層，底部層からなる。外表層を小柱が支えている。底部層が厚いように見える。

【大きさ】 22.5-25.1×29.2-33.4 μm；21-23×25-27 μm(I)，27.0-30.6×19.8-23.4 μm(N)

【試料】 広島市植物公園(植栽)：1993.3.28(岡)

【開花期】 3-4月

【分布】 関東地方以西〜四国・九州・沖縄

【備考】 日本固有種

タンナサワフタギ　　　　　　SPl.243.10-13

Symplocos coreana (H. Lév.) Ohwi

【形態】 外壁の彫紋はしわ状紋で，畝はアオバナハイノキより幅が細く，微穿孔がみられる。

【大きさ】 16.7-19.2×25.1-28.4 μm；30-32×40-44 μm(S)，27.0-32.4×17.1-21.6 μm(N)，12×16 μm(B)

【試料】 鳥取県東伯郡三朝町中津神社：1995.6.4(清末)

【開花期】 3-4月

【分布】 本州関東以西〜九州。朝鮮半島

モクセイ科
Family **Oleaceae**

　温帯〜熱帯にかけて27属約600種が知られ，日本には7属26種が自生する。花粉分析ではイボタノキ属とトネリコ属がよく記載されるが，両属とも高率に産出することは少ない。

　球形で，等極性。極観は円形で，赤道観は円形〜楕円形。3溝孔型。溝は両極近くまで伸び，比較的よく開くので内孔は確認しやすく，溝内はほぼ平滑状紋。外壁の彫紋は小柱に支えられた畝からなる網目状紋で，網目の大きさは大小様々であるが，畝や網目に属レベルでの特徴のある場合は，その属の項に記載する。本科花粉の走査電顕による研究は，郭ほか(1994)がある。

モクセイ科

イボタノキ属
Genus *Ligustrum* L.

FPl.14.8-11

　球形。極観・赤道観ともに円形。3溝孔型。孔は明瞭でなく，溝は両極近くまで伸びる。外壁の彫紋は網目状紋。網目は非常に大きく，畝は小柱に支えられている。

イボタノキ　　　　　　　　　SPl.245.1-4
Ligustrum obtusifolium Siebold et Zucc.

【形態】　網目の中には15個前後の微粒が入っている。

【大きさ】　22-23×22-23 μm; 27-29×28-30 μm (I), 38-40×38-40 μm(S), 28.8-34.2×30.6-32.4 μm(N)

【試料】　岡山市三徳園(植栽)：1982.5.18，岡山市半田山：1992.6.20

【開花期】　5-6月

【分布】　北海道〜九州。朝鮮半島

オオバイボタ　　　　　　　　SPl.245.5-8
Ligustrum ovalifolium Hassk.

【大きさ】　28-30×28-29 μm; 28-30×30-32 μm (I), 34.2-36.0×34.2-37.8 μm(N)

【試料】　岡山県自然保護センター：1992.6.17(長瀬)

【開花期】　5-7月

【分布】　本州〜九州。朝鮮半島

ネズミモチ　　　　　　　　　SPl.245.9-12
Ligustrum japonicum Thunb.

【大きさ】　28-31×29-31 μm; 33-35×34-37 μm (I), 38-40×38-40 μm(S), 36.0-39.6×36.0-41.4 μm(N)

【試料】　岡山市半田山：1973.5.27，岡山市龍ノ口山：1998.5.30(上田)

【開花期】　5-6月

【分布】　本州〜沖縄。朝鮮半島・中国・台湾

フクロモチ　　　　　　　　　SPl.236.12-16
Ligustrum japonicum Thunb. var. *rotundifolium* Blume

【断面】　花粉外壁は外表層，柱状層，底部層からなる。畝となる外表層を小柱が支えている。

【大きさ】　30.1-33.4×31.7-35.1 μm

【試料】　広島市植物公園(植栽)：1994.5.28(岡)

【開花期】　5-6月

【備考】　園芸品種

トネリコ属
Genus *Fraxinus* L.

FPl.14.6-7

　長球形。極観は円形。赤道観は円形〜楕円形。3溝孔型。孔は明瞭ではない。溝は両極近くまで伸びる。外壁の彫紋は網目〜小網目状紋。網目は小さい。

アオダモ(コバノトネリコ)　　　SPl.246.1-4
Fraxinus lanuginosa Koidz. f. *serrata* (Nakai) Murata

【大きさ】　20-23×20-24 μm; 25-26×26-28 μm (I), 24-28×26-30 μm(S), 18.0-21.6×16.2-21.6 μm(N)

【試料】　岡山市龍ノ口山：1981.4.28，岡山市三徳園(植栽)：1990.4.30(岡)

【開花期】　4-5月

【分布】　北海道〜九州。南千島・朝鮮半島

マルバアオダモ(ホソバアオダモ，トサトネリコ，コガネアオダモ)　　　SPl.246.5-8，LPl.48.4-8
Fraxinus sieboldiana Blume

【大きさ】　19-21×18-19 μm; 22-24×23-25 μm (I), 23.4-25.2×19.8-25.2 μm(N)

【試料】　岡山市三徳園(植栽)：1986.5.10

【開花期】　4-6月

【分布】　北海道〜九州。朝鮮半島

モクセイ科

シマタゴ　　　　　SPl.246.9-12，LPl.47.9-12
Fraxinus floribunda Wall.
【形態】　他の2種に比べて花粉の大きさが小さく，網目も非常に小さい。
【大きさ】　13-14×11-13 μm；21.6-23.4×19.8-21.6 μm(N)
【試料】　沖縄県国頭村：1989.3.5(宮城)
【開花期】　3-5月
【分布】　奄美大島以南の沖縄。中国・台湾・ヒマラヤ

モクセイ属
Genus *Osmanthus* Lour.

　ほぼ球形。極観は円形。赤道観は円形〜やや楕円形。3溝孔型。溝内に微粒が点在し，溝は両極近くまで伸びる。外壁の彫紋は網目〜小網目状紋。畝は小柱に支えられている。

キンモクセイ　　　　　SPl.246.13-16
Osmanthus fragrans Lour. var. *aurantiacus* Makino
【形態】　網目は小さく，小網目状紋。
【大きさ】　14-15×14-16 μm；14-15.5×16-17 μm(I)
【試料】　広島市牛田(植栽)：1972.10.6(佐藤夕)，岡山県赤磐市山陽(植栽)：1977.10.2
【開花期】　9-10月
【原産地】　中国

ヒイラギ　　　　　SPl.246.17-20
Osmanthus heterophyllus (G. Don) P. S. Green
【形態】　網目は大きく，網目状紋。
【大きさ】　16-18×16-17 μm；17-19×19-20 μm(I)，18-20×17-20 μm(S)，19.8-21.6 μm(N)
【試料】　岡山市半田山植物園(植栽)：1975.11.4，高知市(植栽)：1977.10.15(守田)
【開花期】　10-11月
【分布】　本州(関東以西)〜沖縄。台湾

オリーブ属
Genus *Olea* L.

オリーブ　　　　　SPl.246.21-24，PPl.8.7-10
Olea europaea L.
【形態】　外観はモクセイ属に似る。孔は楕円形で，溝は両極近くまで伸びる。外壁の彫紋は網目状紋で，網目の形態は，他の属と大差はないが，畝の上に微粒が一列に連なって凹凸になるのが特徴的である。
【大きさ】　16-19×17-18 μm
【試料】　香川県小豆島町(植栽)：1969.6
【開花期】　6月
【原産地】　小アジア・地中海東部沿岸・アフリカ(北部)

ウチワノキ属
Genus *Abeliophyllum* Nakai

ウチワノキ　　　　　SPl.247.1-3
Abeliophyllum distichum Nakai
【形態】　ほぼ球形。極観・赤道観ともほぼ円形。3溝孔型。孔は円形で約3 μm。溝は両極近くまで伸びる。外壁の彫紋は網目状紋で，畝は多数の小柱によって支えられている。
【大きさ】　26-28×24-27 μm
【試料】　広島市植物公園(植栽)：1995.3.19，1996.3.31(岡)
【開花期】　2-4月
【原産地】　朝鮮半島

ヒトツバタゴ属
Genus *Chionanthus* L.

ヒトツバタゴ(ナンジャモンジャ)　　　　　SPl.247.4-7
Chionanthus retusus Lindl. et Paxton
【形態】　長球形。極観・赤道観ともに円形。3溝孔型。孔は不明瞭で，溝は両極近くまで伸びる。外壁の彫紋は小網目状紋。
【大きさ】　14-16×13-14 μm；14.5-15.0×14.5-15.5 μm(I)

モクセイ科

【試料】 長崎県対馬：1983.6(小宮)，岐阜県各務原市内藤記念くすり博物館附属薬植物園(植栽)：1990.5.5(岡)

【開花期】 5月

【分布】 長野県・岐阜県・愛知県の一部・対馬。朝鮮半島・中国・台湾の一部に隔離分布

コウトウナタオレ SPl.247.8-11

Chionanthus ramiflora Roxb.

【形態】 外観はヒトツバタゴ属に似る。

【大きさ】 11-12×11-12 μm

【試料】 New Guinea：1967.4.12(R. Pullen)

【開花期】 3-5月

【原産地】 オーストラリア北部・ニューギニア・インド・ネパール・中国南部・台湾

レンギョウ属
Genus *Forsythia* Vahl

球形〜長球形。極観はほぼ円形。赤道観は楕円形〜円形。3溝孔型。溝は両極近くまで伸びる。外壁の彫紋は網目状紋。畝は小柱に支えられ，膨らんで珠数状に見える。網目の畝が交叉するところに1-2個の小網目をつくるため，多くの大網目とわずかの小網目からなり(不同網目型)，たやすく他属と区別できる。

ヤマトレンギョウ SPl.247.12-15

Forsythia japonica Makino

【大きさ】 21-22×20-22 μm; 25-28×26-29(22-23×24-26) μm(I)

【試料】 岡山市三徳園(植栽)：1982.4.4

【開花期】 3-4月

【分布】 本州(中国地方の石灰岩地)

レンギョウ SPl.247.16-19

Forsythia suspensa (Thunb.) Vahl

【大きさ】 18-23×18-19 μm; 22-25×23-26 μm (I), 28-30×30-32 μm(S), 25.2-32.4×25.2-32.4 μm(N)

【試料】 福岡県大牟田市三池(植栽)：1985.3.27

(田中)，東京都立神代植物公園(植栽)：1992.3.20(岡)，広島市植物公園(植栽)：1996.3.31(岡)

【開花期】 2-4月

【原産地】 中国

チョウセンレンギョウ SPl.247.20-22

Forsythia viridissima Lindl. var. *koreana* Rehder

【大きさ】 21-23×21-22 μm; 24-26×26-28 μm (I)

【試料】 岡山県赤磐市運動公園(植栽)：1982.3.22，広島市植物公園(植栽)：1996.3.31(岡)

【開花期】 3-5月

【原産地】 朝鮮半島

ソケイ属
Genus *Jasminum* L.

オウバイ SPl.248.1-3

Jasminum nudiflorum Lindl.

【形態】 球形。極観はほぼ円形。赤道観も円形。3溝孔型。溝は両極近くまで伸びる。外壁の彫紋は網目状紋。畝は小柱に支えられ，網目の中には10個前後の微粒がある。本科花粉の中でもっとも大きい花粉である。

【大きさ】 37-39×39-41 μm; 41-43×44-47 μm (I), 44-46×44-46 μm(S)

【試料】 岡山県赤磐市山陽(植栽)：1994.3.15

【開花期】 2-4月

【原産地】 中国

ハシドイ属
Genus *Syringa* L.

外観はソケイ属に似るが，小さい。

ハシドイ SPl.248.4-7

Syringa reticulata (Bl.) Hara

【大きさ】 22-26×21-25 μm; 28-30×30-32 μm (I), 36.0-37.8×37.8-41.4 μm(N)

【試料】 仙台市青葉山：1980.6.16(守田)，東京都東京大学(植栽)：1992.6.14(岡)

モクセイ科・リンドウ科

【開花期】 6-8月
【分布】 北海道〜九州。千島(南部)・朝鮮半島

ムラサキハシドイ(ライラック, リラ)　SPl.248.8-11
Syringa vulgaris L.
【大きさ】 23-24×22-24 μm; 29-32×31-34(23-27×25-29)μm(I), 38-40×38-40 μm(S)
【試料】 岡山市三野(植栽):1976.4.17, 岡山県赤磐市山陽(植栽):1994.4.20
【開花期】 4-5月
【原産地】 ヨーロッパ(南部)

リンドウ科
Family **Gentianaceae**

FPl.14.12
　世界の温帯〜熱帯に約70属1,100種が分布し, 日本には10属約30種が自生する。花粉分析でもときどき産出するので, カエデ科と混同しないように慎重に同定しなければならない。

リンドウ属
Genus *Gentiana* L.

　長球形で, 等極性。極観は円形で, 赤道観は円形〜楕円形。3溝孔型。溝は両極近くまで伸び, 大きく開き内孔は観察しやすい。溝内の彫紋はほぼ平滑状紋か微粒が点在。外壁の彫紋は縞状紋で, 赤道部では極軸方向に沿って縦に縞が密に並んで平行に走るが, 極域では縞が交叉し, その間が窪んで微穿孔状紋や網目状紋に見える。

リンドウ　SPl.249.5-8
Gentiana scabra Bunge var. *buergeri* (Miq.) Maxim.
【大きさ】 28-30×24-25 μm; 26-28×28-30 μm(I), 30-32×26-28 μm(S), 25.2-36.0×23.4-30.6 μm(N)
【試料】 岡山県自然保護センター:1972.10.25(波田), 岡山県赤磐市山陽:1972.11.8, 岡山県

津山市加茂:1982.10.19(太田)
【開花期】 8-11月
【分布】 本州〜奄美諸島

トウヤクリンドウ　SPl.249.9-12, LPl.49.6-9
Gentiana algida Pallas
【大きさ】 26-33×23-25 μm; 32-33×32.5-34 μm(I), 40-44×38-40 μm(S)
【試料】 長野県八ヶ岳:1982.8.5(加藤靖)
【開花期】 7-9月
【分布】 本州(中部以北)・北海道。シベリア・カムチャツカ・千島・朝鮮半島・北米

アサマリンドウ　SPl.250.1-4
Gentiana sikokiana Maxim.
【大きさ】 28.4-31.7×26.7-30.1 μm; 18.0-32.4×19.8-28.8 μm(N)
【試料】 愛媛県石鎚山:1995.10.15(岡)
【開花期】 10-11月
【分布】 紀伊半島南部・中国地方・四国・九州

エゾオヤマリンドウ　SPl.250.5-8
Gentiana triflora Pall. var. *japonica* (Kusn.) H. Hara subvar. *montana* (H. Hara) Toyok.
【大きさ】 26.7-32.6×25.1-30.1 μm; 30×30 μm(B)
【試料】 北海道美深町松山湿原:1984.8.13(堀)
【開花期】 8-10月
【分布】 北海道・山形県以北の本州

ツルリンドウ属
Genus *Tripterospermum* Blume

ツルリンドウ　SPl.249.1-4
Tripterospermum japonicum (Siebold et Zucc.) Maxim.
【形態】 外観はリンドウ属に似る。
【大きさ】 23-30×24-25 μm; 30-32×32-35 μm(I), 36-38×32-36 μm(S)
【試料】 岡山県後山:1982.8.25, 岡山市日応寺湿原:1987.8.26(金井), 岡山県那岐山:1992.9.

リンドウ科・マチン科

7(岡)
【開花期】 8-10月
【分布】 北海道〜九州。サハリン・千島(南部)・朝鮮半島・中国

センブリ属
Genus *Swertia* L.

　外観は上記のリンドウ属・ツルリンドウ属とほぼ同じであるが，外壁の彫紋は縞状紋がまばらで隙間があり，その隙間に赤道軸方向に沿った側線が多数走るため，赤道部では縞状紋＋網目状紋に見え(類線状網目型)，極域では完全に網目状紋となる。

センブリ　　　　　　　　　　　SP1.251.4-7
Swertia japonica (Schult.) Makino
【大きさ】 23-27×22-24 μm; 26-27.5×27-30 μm(I), 34-36×30-32 μm(S), 27.0-34.2×25.2-30.6 μm(N)
【試料】 岡山県自然保護センター：1972.10.25 (波田)，宮城県牡鹿半島：1979.10.14(守田)
【開花期】 8-11月
【分布】 北海道(西南部)〜九州。朝鮮半島・中国

アケボノソウ　　　　　　　　SP1.250.9-13
Swertia bimaculata (Siebold et Zucc.) Hook.f. et Thomson ex C. B. Clarke
【断面】 花粉外壁は外表層，柱状層，底部層からなる。畝となる外表層を小柱が支えている。
【大きさ】 28.4-33.4×28.4-33.4 μm; 29-31×30-32.5 μm(I), 25.2-30.6×27.0-32.4 μm(N), 22×40 μm(B)
【試料】 岡山県細池湿原：1984.9.1
【開花期】 9-10月
【分布】 北海道〜九州。中国・ヒマラヤ

ハナイカリ属
Genus *Halenia* Borckh.

ハナイカリ　　　　　　　　　　SP1.251.1-3
Halenia corniculata (L.) Cornaz
【形態】 偏平三角球形で，等極性。極観は頂口型の三角円形で，赤道観は横長の凸レンズ状。3溝孔型。孔は丸く，その直径と同じくらいの幅の肥厚した外壁で囲まれる。外壁の彫紋は平滑状紋であるが，赤道部の孔間域には不規則な微穿孔が点在する。
【大きさ】 15-16×27-29 μm; 20-21×27-30 μm (I), 21.6-23.4×28.8-36.0 μm(N)
【試料】 岩手県早池峰山：1982.8.10(守田)
【開花期】 7-9月
【分布】 北海道〜九州(?)。シベリア・カムチャツカ・サハリン・千島・朝鮮半島・中国(東北部)・ヨーロッパ(東部)

マチン科
Family **Loganiaceae**

　熱帯・亜熱帯域を中心に分布している。約22属550種があり，日本には3属6種がある。

アイナエ属
Genus *Mitrasacme* Labill.

アイナエ　　　　　　　　　　　SP1.252.1-4
Mitrasacme pygmaea R. Br.
【形態】 球形で，等極性。極観・赤道観ともに円形。3溝孔型。溝は両極近くまで伸び大きく開いて，溝内は大きく開き5 μm以上もある。外壁の彫紋は小網目状紋であるが，微穿孔状紋にも見える。
【大きさ】 22-26×20-25 μm; 25-26×26-27 μm (I)
【試料】 高知市：1977.10(守田)
【開花期】 8-10月
【分布】 本州〜沖縄。朝鮮半島・中国・マレーシ

ア・インド・ミクロネシア・オーストラリア

ホウライカズラ属
Genus *Gardneria* Wall.

チトセカズラ　　　　　　　SPl.236.17-19

Gardneria multiflora Makino

【形態】　球形で，無極性。溝は多数確認され，多散溝型や合流溝など。外壁の彫紋は細いしわ状紋〜微穿孔状紋。

【大きさ】　$29.8-32.6\,\mu m$

【試料】　岡山市(植栽)：1991.6.20(岡)

【開花期】　6-7月

【分布】　兵庫県〜中国地方。中国南部・台湾

ミツガシワ科
Family **Menyanthaceae**

　世界に約5属40種があり，日本には3属5種が自生する。ミツガシワ属は花粉分析で多産することは少ないが，氷河期の遺存種であることから寒冷気候の指標となるので，確実に同定できるようにすることが大切である。

ミツガシワ属
Genus *Menyanthes* L.

ミツガシワ　　　　SPl.251.14-15，LPl.50.1-5

Menyanthes trifoliata L.

【形態】　球形〜長球形で，等極性。極観は円形で，赤道観は楕円形〜円形。3溝孔型。溝は両極近くまで伸びて大きく開き，溝内の彫紋は確認しやすく，平滑状紋か微粒が点在する。外壁の彫紋は縞状紋で，赤道部では密な縞が縦にかつ平行に走るが，極域ではかなり交叉する。

【大きさ】　$27-30\,\mu m$；l.s.$30-32.5\times37-40\,\mu m$；s.s.$30-32\times33-35\,\mu m$(I)，$32-40\times34-40\,\mu m$(S)，$36.0-46.8\times28.8-36.0\,\mu m$(N)

【試料】　岡山県真庭市蒜山高原：1976.4.29，青森県八甲田山：1978.7.10(守田)

【開花期】　4-8月

【分布】　北海道〜九州。サハリン・千島・その他の北半球

イワイチョウ属
Genus *Fauria* Franch.

イワイチョウ　　　　　　　SPl.251.8-11

Fauria crista-galli (Menz.) Makino

【形態】　外観はミツガシワ属に似る。

【大きさ】　$25-30\times24-29\,\mu m$；$28-30\times31-32.5\,\mu m$(I)，$28-30\times36-40\,\mu m$(S)，$34.2-36.0\times28.8-32.4\,\mu m$(N)

【試料】　青森県八甲田山：1978.7.9(守田)

【開花期】　6-8月

【分布】　北海道・本州(中部以北)。千島(南部)・北米(北西部)

アサザ属
Genus *Nymphoides* Hill

ガガブタ　　　　SPl.251.12-13，LPl.50.6-8

Nymphoides indica (L.) O. Kuntze

【形態】　偏平三角球形で，等極性。極観は頂口型の三角円形で，赤道観は横長の凸レンズ型。合流溝型。3本の溝が極域で合流し，極点に三角州をつくる。溝内には微粒が分布する。外壁の彫紋は微粒状紋で，やや大きさの異なる微粒が接触しない程度の密度で分布する。

【大きさ】　$22-29\,\mu m$；l.s.$25-26\times22-24\,\mu m$；s.s.$22-23\times26-28\,\mu m$(I)，$22-24\times28-30\,\mu m$(S)，$18.0-23.4\times23.4-30.6\,\mu m$(N)

【試料】　広島市植物公園(植栽)：1991.9.29(岡)，大阪府大阪市立大学理学部附属植物園(植栽)：1999.8.2

【開花期】　6-9月

【分布】　本州〜九州。朝鮮半島・中国〜ユーラシア

キョウチクトウ科
Family **Apocynaceae**

熱帯・亜熱帯域に多く分布し，約200属2,000種が知られている。アルカロイドを含み，有毒のものが多い。各属により孔型や溝型でいろいろな種類が見られる。日本には5属7種が自生する。

サカキカズラ属
Genus *Anodendron* A. DC.

サカキカズラ　　　　　　SP1.252.5-8，LP1.51.1-4
Anodendron affine (Hook. et Arn.) Druce
【形態】　長球形で，等極性。極観は楕円形で，赤道観は楕円形～縦長の長方形で，赤道部がやや窪む。2孔型。孔は丸く，赤道部でほぼ対になって位置する。外壁の彫紋は完全な平滑状紋である。
【大きさ】　18-26 μm；24-26×18-20 μm(I)，16.2-27.0×16.2-18.0 μm(N)
【試料】　千葉市：1978.7(田原)，岡山市三野公園：1981.6.3，沖縄県西表島：2005.3.20
【開花期】　4-7月
【分布】　本州(千葉県以西)～沖縄。中国・台湾・インド

テイカカズラ属
Genus *Trachelospermum* Lemaire

テイカカズラ　　　　　　　SP1.252.12-14
Trachelospermum asiaticum (Siebold et Zucc.) Nakai
【形態】　球形で，無極性。外観は円形。多散孔型。孔は大小があり，不規則に分布する。さらに孔の周囲が肥厚して発芽口が開いて火口型になっているものと，孔の周囲は肥厚しているが発芽口は薄膜に覆われたものや，孔の周囲が肥厚せず痕跡的なものがある。外壁の彫紋は平滑状紋であるが，外壁を貫通しない浅い窪みが点在する。
【大きさ】　27-32 μm；30-44×35-38 μm(I)，36-40×36-40 μm(S)，37.8-45.0 μm(N)
【試料】　広島県庄原市帝釈峡：1980.6.10(星野)，

岡山市若宮八幡神社：1983.5.25
【開花期】　5-6月
【分布】　本州～九州。朝鮮半島

キョウチクトウ属
Genus *Nerium* L.

キョウチクトウ　　　　SP1.252.9-11，PP1.8.11-12
Nerium indicum Mill.
【形態】　球形で，等極性。極観は円形～丸みがかった四角形で，赤道観は横長の楕円形。4(まれに5)環孔型。孔は丸く，赤道面にほぼ等間隔に並ぶ。外壁の彫紋は細くて短い不鮮明な2-3 μm のしわが交錯するしわ状紋で，浅く窪んだ微穿孔もまばらに点在する。
【大きさ】　23-24×26-38 μm；32-36×37-43 μm(I)，30-34×32-36 μm(S)
【試料】　岡山市岡山理科大学(植栽)：1972.7.8，岡山県倉敷市児島(植栽)：1985.10.6
【開花期】　6-9月
【原産地】　インド

ミフクラギ属
Genus *Cerbera* L.

ミフクラギ(オキナワキョウチクトウ)
　　　　　　　　　　SP1.253.5-7，LP1.52.1-4
Cerbera manghas L.
【形態】　偏平球形で，等極性。極観は円形で，赤道観は横長の凸レンズ形。3溝孔型。溝はやや長く両極面にまたがるものと，片極面で切れてしまう短いものがある。また，溝がまったく認められない不稔性花粉らしきものもある(SP1.213.5)。外壁の彫紋はしわ状紋～微粒状紋で，しわと微粒は極域で少なく，赤道部で多い。
【大きさ】　73-75×61-63 μm
【試料】　那覇市：1992.7.7(岡)，沖縄県国頭村：2004.4.11
【開花期】　7-8月
【分布】　沖縄

キョウチクトウ科・ガガイモ科

ニチニチソウ属
Genus *Catharanthus* G. Don

ニチニチソウ
SPl.253.1-4

Catharanthus roseus (L.) G. Don

【形態】 球形〜長球形で，等極性。極観は頂口型の亜三角形で，赤道観は円形か縦長の楕円形。3溝孔型。溝は両極近くまで伸び，先端が細くならず全体に広く開いて内孔も確認しやすい。溝内の表面は平滑状紋。外壁の彫紋は微穿孔状紋で，全表面にわたって浅い微穿孔が密に分布する。

【大きさ】 46-52×43-47 μm；53-57×54-58 μm (I)

【試料】 岡山県赤磐市山陽(植栽)：1982.8.29

【開花期】 7-10月

【原産地】 インド(西部)

バシクルモン属
Genus *Apocynum* L.

バシクルモン
SPl.254.1-3, LPl.51.5-6

Apocynum venetum L. var. *basikurumon* (H. Hara) H. Hara

【形態】 偏平体形で，異極性。4集粒型。極観は円形〜楕円形で，赤道観は楕円形。孔は単粒に1-2個見られる。外壁の彫紋は平滑状紋であるが，まれに微穿孔が分布する。

【大きさ】 25.1-40.1×14.2-18.4 μm；t.26-40×18-20 μm，14-20×μm(I)

【試料】 神戸市神戸学院大学薬学部附属薬用植物園(植栽)：1991.7.5(岡)

【開花期】 6-7月

【分布】 北海道・本州(青森〜新潟)の日本海側

ラウオルフィア属
Genus *Rauvolfia* L.

インドジャボク
SPl.254.4-7, LPl.52.5-6

Rauvolfia serpentina (L.) Benth. ex Kurz

【形態】 扁平球形で，等極性。極観は頂口型の亜三角形。赤道観は横長の楕円形。3溝孔型。溝の周辺は隆起し，孔は細長く突出する。外壁の彫紋は微穿孔状紋で，微穿孔は溝周辺で大きく，極域では数が少なく平滑状紋となる。

【大きさ】 46.8-50.1×61.8-75.2 μm；42-47×62-71 μm(I)

【試料】 東京都東京大学理学部附属小石川植物園(植栽)：2013.8.20(岡)

【開花期】 6-11月

【原産地】 インド周辺

ガガイモ科
Family **Asclepiadaceae**

世界に約220属2,000種が分布し，日本には6属29種が自生する。本科の植物は，すべて花粉塊をつくる。粘着部(線体)から2本の花粉塊柄をだし，その先端に各1個ずつ長球形の花粉塊をつける。日本に自生する29種のうちイケマと外国産のオオトウワタの2種しか調べられていないので，今後さらに研究が期待される群である。

カモメヅル属
Genus *Cynanchum* L.

イケマ
SPl.255.1-6

Cynanchum caudatum (Miq.) Maxim.

【形態】 花粉塊は長球形で，無極性。外観は楕円形であるが，一端が花粉塊柄に付着するためややいびつな形になる。個々の花粉はお互いに強く付着しているが，拡大してみると接触面が認められ(SPl.255.6)，各花粉には発芽口とみられる擂鉢状の窪みがあり，その底から上辺に向かって放射状に細い線が無数に走る。粘着部は三角立方体で，その一面はドーム状に盛り上がり，微穿孔状紋で，別の一面は中央に溝が走り，表面は平滑状紋である。塊柄は丸く粘着部では細く，花粉塊に向かって太くなる。

【大きさ】 250-310×200-230 μm；g.190-250×290-330 μm，c.50-120×130-150 μm，p.170-230×350-410 μm，s.26-65 μm(I)，280×400 μm

(S)

【試料】 鳥取県大山寺：1986.7.28

【開花期】 7-8月

【分布】 北海道〜九州。千島(南部)・中国

アスクレピアス属
Genus *Asclepias* L.

オオトウワタ　　　　　　　　　SPl.256.1-4

Asclepias syriaca L.

【形態】 外観はイケマに似る。

【大きさ】 100-106×40-50 μm

【試料】 岡山県玉野市深山公園薬草園(植栽)：
1990.6.18(岡)

【開花期】 7-9月

【原産地】 北米

アカネ科
Family **Rubiaceae**

　世界の熱帯〜亜寒帯まで広く分布し，500属
7,000種も知られている大きな科で，日本にも25
属81種が自生する。ハクチョウゲ属のハクチョ
ウゲは二型花柱性で，長・短花柱花では花粉の大
きさや彫紋がやや異なるため，観察材料として適
していて開花期も長い。

キナノキ亜科
Subfamily **Cinchonoideae**

クチナシ属
Genus *Gardenia* Ellis

クチナシ　　　　　　SPl.259.1-4，LPl.55.5-9

Gardenia jasminoides Ellis

【形態】 球形で，異極性。外観は円形か丸みのあ
る三角形。4集粒の3孔型。花粉は四面体形に強
く接合し，2個の孔が対になって120°の間隔で分
布する。孔のない側から見ると三矢形に見える。

外壁の彫紋は不規則ないぼ状紋で，その隙間に微
穿孔が分布する。

【大きさ】 36-53 μm; t.43-45 μm, s.21-23.5×
32-33 μm(I), 50-55 μm(S), 41.4-57.6 μm(N)

【試料】 岡山市岡山理科大学(植栽)：1982.6.16,
岡山県赤磐市山陽(植栽)：1982.6.25，京都市西
京区(植栽)：2004.9.10

【開花期】 6-7月

【分布】 本州(静岡県以西)〜沖縄。中国(中南部)・
台湾・インドシナ半島

コンロンカ属
Genus *Mussaenda* L.

コンロンカ　　　SPl.254.8-11，LPl.47.21-24

Mussaenda parviflora Miq.

【形態】 球形で，等極性。極観・赤道観ともに円
形。4環溝孔型。溝は短く，微粒が点在する。孔
は円形。外壁の彫紋は小網目状紋である。

【大きさ】 13.8-20.0×15.0-22.5 μm; 20-22×
20-22 μm(I)

【試料】 沖縄県西表島：1989.3.11(宮城)

【開花期】 3-5月

【分布】 屋久島・種子島〜沖縄。台湾・中国南部

ギョクシンカ属
Genus *Tarenna* Gaertn.

【形態】 球形で，等極性。極観・赤道観ともに円
形。3溝孔型。溝内はほぼ平滑。孔は円形。外壁
の彫紋は微穿孔状紋である。

ギョクシンカ　　SPl.257.1-4，LPl.47.17-20

Tarenna gracilipes (Hayata) Ohwi

【大きさ】 18.4-23.4×20.9-28.4 μm

【試料】 東京都東京大学理学部附属小石川植物園
(植栽)：2011.6.10(岡)

【開花期】 6-7月

【分布】 九州南部〜沖縄。台湾

アカネ科

シマギョクシンカ SPl.257.5-8

Tarenna subsessilis (A. Gray) T. Itô

【大きさ】 20.0-21.7×20.0-25.1 μm

【試料】 東京都東京大学理学部附属小石川植物園
(植栽)：1992.3.21(岡)

【開花期】 3-4 月

【分布】 小笠原諸島

ミサオノキ属
Genus *Randia* L.

ミサオノキ SPl.257.13-15

Randia cochinchinensis (Lour.) Merr.

【形態】 球形で，等極性。極観・赤道観ともに円形。3孔型。外壁の彫紋は網目状紋で，網目の中に微粒がある。

【大きさ】 10.7-11.2×11.2-12.9 μm; 19-21×19-22 μm(I), 16.2-18.0×10.8-13.5 μm(N)

【試料】 和歌山県田辺市(植栽)：1993.6.7

【開花期】 5-6 月

【分布】 本州(紀伊半島)・四国・九州・沖縄。台湾・中国南部・東南アジア・オーストラリア・太平洋諸島

アカネ亜科
Subfamily **Rubioideae**

シチョウゲ属
Genus *Leptodermis* Wall.

シチョウゲ SPl.258.9-13

Leptodermis pulchella Yatabe

【形態】 長球形で，等極性。極観は円形で，赤道観は円形〜楕円形。3溝型。溝は両極近くまで伸び，あまり開かないため溝内は確認しにくい。外壁の彫紋は網目状紋で，網は太い畝からなり，網目はその形や大きさが不規則である。

【大きさ】 17-23×14-23 μm; 43-45×43-47 μm(I), 32.4-41.4×27.0-30.6 μm(N)

【試料】 愛媛県大洲市：1978.8.29(守田)

【開花期】 7-9 月

【分布】 本州(紀伊半島)・四国(高知県)

ハクチョウゲ属
Genus *Serissa* Comm. ex Juss.

ハクチョウゲ

SPl.258.1-4：長雄しべ，5-8：短雄しべ

Serissa japonica (Thunb.) Thunb.

【形態】 球形で，等極性。極観・赤道観ともに円形。3溝型。溝は両極近くまで伸び，かなり広く開き溝内には微粒が分布。外壁の彫紋は網目状紋であるが，微細な網目状なので，微穿孔状紋のようにも見える。本種は二形花柱花で，長花柱花では網の畝上に微刺が並びでこぼこし，花粉がやや大きいのに対し，短花柱花では網の畝上に微小刺が分布せず平滑状で，花粉が前者よりやや小さい。

【大きさ】 ss.35-38×35-38 μm, ls.39-41×37-44 μm; 35-37×38-40 μm(I), 40-44×46-50 μm(S), 43.2-50.4×32.4-46.8 μm(N)

【試料】 岡山市半田山植物園(植栽)：1983.11.27, 東京都東京大学理学部附属小石川植物園(植栽)：1994.9.12(岡)

【開花期】 5-10 月

【原産地】 中国

アカネ属
Genus *Rubia* L.

オオキヌタソウ SPl.259.5-7

Rubia chinensis Regel et Maack var. *glabrescens* (Nakai) Kitag.

【形態】 球形で，等極性。極観は円形で，赤道観は楕円形〜円形。多(6-8(9))環溝型。溝は両極のやや手前まで伸び，あまり開かない。よく開いたもので見ると溝内には微小刺が見られる。外壁の彫紋は微小刺状紋で，密に溝以外の全表面にほぼ均等に分布する。

【大きさ】 16-18×17-19 μm; 19-21×20-22 μm(I)

【試料】 不詳

【開花期】 5-7 月

【分布】 北海道〜九州。朝鮮半島・中国(東北部)

アカネ　LP1.55.1-4

Rubia argyi (Lév.) Hara

【形態】 外観・発芽口・外壁の彫紋は，オオキヌタソウに似る。

【大きさ】 18.9-21.4×18.1-20.6 μm; 20-23×19.5-21.5 μm(I), 20-21×20-21 μm(S), 23.4-25.2×18.0-23.4 μm(N)

【試料】 東京都薬用植物園(植栽)：1991.9.11(岡)

【開花期】 8-10 月

【分布】 本州〜九州。朝鮮半島・中国(中部)・台湾

ヤエムグラ属
Genus *Galium* L.

外観はアカネ属に似る。

ヤエムグラ　SP1.260.9-11

Galium spurium L. var. *echinospermum* (Wallr.) Hayek

【大きさ】 16-18×15-16 μm; 16-18×18-20 μm(I), 19-20×20-22 μm(S)

【試料】 岡山県笠岡市大島：1985.6.2(安原)，岡山市岡山理科大学：1987.5.16(金井)，岡山市半田山：1994.4.18(門脇)

【開花期】 4-6 月

【分布】 北海道〜沖縄。アジア・ヨーロッパ・アフリカ

カワラマツバ　SP1.260.12-14

Galium verum L. var. *asiaticum* Nakai f. *nikkoense* Ohwi

【大きさ】 14-16×12-13 μm; 17-18×18-20 μm(I)

【試料】 岡山市旭川：1984.6.13，岡山県笠岡市大島：1985.6.2(安原)，岡山県自然保護センター：1991.6.16(岡)

【開花期】 6-8 月

【分布】 北海道〜九州。朝鮮半島

フタバムグラ属
Genus *Hedyotis* L.

ハシカグサ　SP1.259.8-10

Hedyotis lindleyana Hook. var. *hirsuta* (L. fil.) Hara

【形態】 球形〜偏平球形で，等極性。極観は円形で，赤道観は偏平形。多((5-)6(-7))環溝型。溝は短くて極域まで達せず，広く開かないため溝内の有無も確認できない。外壁の彫紋は網目状紋で，網の畝は太いのに網目が小さいため，ごつい感じの模様である。

【大きさ】 19-20×21-25 μm; 25-28×29-34 μm(I), 24-26×24-27 μm(S)

【試料】 岡山市岡山理科大学：1983.9.14

【開花期】 8-9 月

【分布】 本州〜沖縄。中国・東南アジア

アツバシマザクラ　SP1.257.9-12，LP1.47.13-16

Hedyotis pachyphylla Tuyama

【形態】 球形で，等極性。極観・赤道観ともに円形。3溝孔型。溝は細長く極域まで伸び，溝内は平滑状紋である。外壁の彫紋は小網目状紋である。

【大きさ】 18.4-20.9×15.9-19.2 μm

【試料】 和歌山県田辺市(植栽)：1993.6.7

【開花期】 7-9 月頃

【分布】 小笠原諸島

サツマイナモリ属
Genus *Ophiorrhiza* L.

サツマイナモリ　SP1.260.5-8

Ophiorrhiza japonica Blume

【形態】 球形〜長球形で，等極性。極観は円形で，赤道観は円形〜楕円形。3溝孔型。溝は両極近くまで伸び，比較的よく開くので内孔は確認しやすい。外壁の彫紋は小網目状紋〜微穿孔状紋で，赤道部の溝間域では網目状紋に見えるが，溝の周辺や極域では網目が小さくなり微穿孔状紋に見える。

【大きさ】　25-29×26-28 μm; 40-42×43-46 μm
(I)

【試料】　不詳

【開花期】　12-5月

【分布】　本州(関東南部以西)〜沖縄

ヤイトバナ属
Genus *Paederia* L.

ヤイトバナ(ヘクソカズラ)　　　　SPl.260.1-4

Paederia scandens (Lour.) Merrill

【形態】　外観はサツマイナモリ属に似るが，網目状紋の網目がやや大きいこと，3溝型であること，まれに4溝型があること，などの違いがある。

【大きさ】　27-30 μm; 30-35×32-37 μm(I), 38-40×40-42 μm(S), 30.0-34.2×32.4-37.8 μm(N)

【試料】　岡山市半田山：1972.7.5, 岡山市岡山理科大学：1987.8.7(金井)

【開花期】　8-9月

【分布】　日本全土。東南アジア

ボチョウジ属
Genus *Psychotria* L.

ナガミボチョウジ　　　SPl.261.5-8, LPl.56.1-3

Psychotria manillensis Bartl. ex DC.

【形態】　球形で，等極性。極観・赤道観ともに円形。4環溝型。溝は短く幅が広い。外壁の彫紋は網目状紋である。

【大きさ】　37.5-50.0×45.0-60.0 μm; 38-43×48-53 μm(I)

【試料】　沖縄県西表島：2006.7.11

【開花期】　6-7月

【分布】　トカラ列島以南の沖縄。台湾・フィリピン

アリドオシ属
Genus *Damnacanthus* C.F. Gaertn.

リュウキュウアリドオシ　　SPl.261.1-4, LPl.56.4-7

Damnacanthus biflorus (Rehder) Masam.

【形態】　球形で，等極性。極観・赤道観ともに円形。4環溝孔型。外壁の彫紋は網目状紋で，畝の交差部分に小さな突起が見られる。本属には二型花柱性があり(Naiki and Nagamasu, 2003)，短花柱花と長花柱花とで花粉の形態が異なる(Naiki and Nagamasu, 2004)。Naiki and Nagamasu(2004)によれば，本種の短花柱花の花粉外壁の畝には小さな突起が見られ，長花柱花には見られない。本書に掲載した種は短花柱花のようである。

【大きさ】　27.5-37.5×32.5-37.5 μm

【試料】　沖縄県読谷村：2004.2.17

【開花期】　3-4月

【分布】　奄美大島・徳之島・沖縄島

ハナシノブ科
Family **Polemoniaceae**

　南北アンデス地方や北米に多く18属約320種が知られている。日本にはハナシノブ属2種のみ。

フロックス属
Genus *Phlox* L.

シバザクラ　　　　　　　　　SPl.260.15-16

Phlox subulata L.

【形態】　球形で，無極性。外観は円形。多(約20)散孔型。孔は丸くて，大きな網目状紋の中に不規則に分布。外壁の彫紋は網目状紋で，孔の入っていない網目では大きな網目の中にさらに小さな網目があり，大小二重の網目状紋(bireticulate というが，まだ適切な日本語はない)となる。

【大きさ】　30-37 μm; 32-35×32-35 μm(I), 40-42×40-42 μm(S), 28.8-36.0 μm(N)

【試料】　岡山県赤磐市南佐古田(植栽)：2003.4.20

【開花期】　3-7月

【原産地】 北米(東部)

ハナシノブ属
Genus *Polemonium* L.

ハナシノブ　　　　　　　　　　LPl.59.3-4
Polemonium kiushianum Kitam.
【形態】 球形で，無極性。外観は円形。多(50-60)散孔型。孔は丸く，ほぼ規則的に全表面に分布する。外壁の彫紋はしわ状紋で，孔以外の全表面を覆う。
【大きさ】 50.2-52.7 μm；33×33 μm(B)
【試料】 仙台市(植栽)：1985.5.11(守田)
【開花期】 5-8 月
【分布】 九州

ヒルガオ科
Family **Convolvulaceae**

　熱帯・亜熱帯に多く，約55属1,600種が知られている。日本には5属約10種が分布し，アサガオやサツマイモがよく知られている。

ネナシカズラ属
Genus *Cuscuta* L.

　球形～六面体形で，等極性。極観は円形で，赤道観は円形～楕円形。多((3-)4-5(-6))環溝型。溝は短くて極域まで達せず，溝内には微粒が分布。本属では2種類の彫紋が見られ，網目状紋を持つネナシカズラと，微小刺状紋＋微穿孔状紋を持つマメダオシ・ハマネナシカズラがある。

ネナシカズラ　　　　　　　　　SPl.262.1-5
Cuscuta japonica Choisy
【形態】 外壁の彫紋は網目状紋で，網の畝は太く，その上に微小刺が並び，網目の形は不規則で，丸いものから多角形のものまで様々である。
【大きさ】 31-35×27-34 μm；30-33×33-36 μm(I)，34-36×32-34 μm(S)，32.4-36.0×28.8-36.0

μm(N)
【試料】 仙台市青葉山：1978.9.6(守田)
【開花期】 8-10 月
【分布】 北海道～沖縄。アムール・朝鮮半島・中国

マメダオシ　　　　　　　　　　SPl.262.6-9
Cuscuta australis R. Br.
【形態】 外壁の彫紋は微小刺状紋＋微穿孔状紋で，溝を除く全表面に密に分布。
【大きさ】 20-21×19-20 μm；24-26×26-28 μm(S)，18.0-23.4×23.4-28.8 μm(N)
【試料】 岡山県真庭市蒜山高原：1980.7.28，岡山県玉野市：1992.8.31(岡)
【開花期】 7-10 月
【分布】 北海道～沖縄。中国・東南アジア・オーストラリア

ハマネナシカズラ　　　　　　SPl.262.10-14
Cuscuta chinensis L.
【形態】 外観はマメダオシに似る。
【大きさ】 23-24×21-25 μm；24-25×26-28 μm(I)，25.2-28.8×21.6-28.8 μm(N)
【試料】 香川県東かがわ市番屋：1977.8.23
【開花期】 6-11 月
【分布】 本州(中部以西)～沖縄。中国・東南アジア・オーストラリア

アオイゴケ属
Genus *Dichondra* Forst.

アオイゴケ　　　　　　　　　　SPl.263.1-3
Dichondra repens Forst.
【形態】 球形で，等極性。極観は円形で，赤道観は円形～やや偏平形。3溝孔型。溝も彫紋で覆われるため確認しにくいが，かなり開いて内孔が認められる(これまでの報告はすべて3溝型)。外壁の彫紋は微小刺状紋＋微穿孔状紋で，溝内も含めた全域に微小刺が分布し，その間の表面には多数の微穿孔がある。
【大きさ】 18-22×21-23 μm；25-26×26-28 μm

(I)，23.4-28.8 μm(N)

【試料】　不詳

【開花期】　3-8月

【分布】　本州(西南部)〜沖縄。亜熱帯〜熱帯

ヒルガオ属
Genus *Calystegia* R. Br.

　球形で，無極性。外観は円形。多(約20-45)散孔型。孔は円形で，その大きさや数は種類によりかなり異なる。孔内の薄膜上には外壁の彫紋よりも大きな微小刺がある。外壁の彫紋は微小刺状紋＋微穿孔状紋で，まばらな微小刺の間に多数の微穿孔がある。

ヒルガオ　　　　　　　　　SP1.263.4-5, LP1.60.3-4
Calystegia japonica Choisy

【形態】　孔は比較的大きく，その数は20個前後で少ない。

【大きさ】　52-64 μm；70-90×70-90 μm(I)，75-85×75-85 μm(S)

【試料】　岡山市三徳園(植栽)：1984.6.2

【開花期】　7-8月

【分布】　北海道〜九州。朝鮮半島・中国

ハマヒルガオ　　　　　　　　　SP1.263.6-7
Calystegia soldanella (L.) Roem. et Schult.

【形態】　孔は比較的小さく，その数は40個前後で多い。

【大きさ】　66-68 μm；82-88×82-88 μm(I)

【試料】　宮城県牡鹿半島：1978.6.20(守田)，岡山県瀬戸内市牛窓海岸：1982.5.18，鳥取市伏野海岸：1998.6.1(清末)

【開花期】　4-6月

【分布】　北海道〜沖縄。アジア・太平洋諸島・オーストラリア・ヨーロッパ・北米〜南米の太平洋岸

コヒルガオ　　　　　　　　　SP1.264.7-9
Calystegia hederacea Wall.

【形態】　外観はヒルガオに似る。

【断面】　花粉外壁は外表層，柱状層，底部層からなる。分枝円柱型の小柱が外表層を支えている。

【大きさ】　61.8-75.2 μm；75-85×75-85 μm(I)，80×80 μm(B)

【試料】　神奈川県足柄下郡箱根町：2013.5.28(岡)

【開花期】　8-9月

【分布】　本州・四国・九州。東南アジア

サツマイモ属
Genus *Ipomoea* L.

サツマイモ　　　　　　　　　SP1.265.1-2
Ipomoea batatas (L.) Poir.

【形態】　球形で，無極性。外観は円形。多(約100<)散孔型。径3 μm前後の多数の孔が全表面にほぼ均等にある。外壁の彫紋は長刺状紋＋微穿孔状紋であるが，孔からなる網目状紋にも見える。各孔の周囲には3-4本の長さ5 μm前後の長刺が点在し，孔と長刺以外の表面は微穿孔で覆われる。

【大きさ】　90-135 μm；100-120×100-120 μm(I)，108-117 μm(N)

【試料】　沖縄県西表島(植栽)：1989.3.12(宮城)

【開花期】　9-11月

【原産地】　メキシコ・グアテマラ

アサガオ　　　　　　SP1.382.9-10, LP1.60.1-2
Ipomoea nil (L.) Roth.

【形態】　外観はサツマイモに似るが，網目の交叉点にある鈍頭の長刺は長く10 μm前後もある。孔を中心とした網目は美しいレース状になる。

【大きさ】　90-110 μm；120-140×120-140 μm(I)，110-120×110-120 μm(S)

【試料】　岡山県赤磐市山陽(植栽)：2001.8.24

【開花期】　6-10月

【原産地】　ヒマラヤ(沖縄以南の亜熱帯〜熱帯に広く分布)

ヨルガオ(ヤカイソウ)　　　　　　SP1.265.3-4
Ipomoea alba L.

【形態】　外観はサツマイモに似るが，口膜はやや

弱くて破れているものがある。また網目の交叉点にある突起が長刺状ではなく短乳頭状となり，大きさに大小があり，分布もかなり不規則である。

【大きさ】 71-82 μm；135-160×135-160 μm(I)，110-120 μm(S)

【試料】 岡山県赤磐市山陽(植栽)：1984.9.6

【開花期】 7-10 月

【原産地】 アメリカ(熱帯)

ヨウサイ (空心菜) SP1.264.1-2

Ipomoea aquatica Forssk.

【形態】 外観はアサガオに似る。

【大きさ】 83.5-90.2 μm；80-90×80-90 μm(I)，60-70×60-70 μm(B)

【試料】 埼玉県さいたま市(植栽)：2012.10.15(岡)

【開花期】 9-10 月

【原産地】 東南アジア

ノアサガオ SP1.264.5-6

Ipomoea indica (Burm.) Merr.

【形態】 外観はアサガオに似る。

【大きさ】 123.6-133.6 μm；112.6-123.4 μm(N)，100×100 μm(B)

【試料】 沖縄県石垣市：1996.12.9(岡)

【開花期】 6-12 月

【原産地】 東南アジア

グンバイヒルガオ SP1.264.3-4

Ipomoea pes-caprae (L.) Sweet

【形態】 外観はアサガオに似るが，刺はやや密で短い。

【大きさ】 73.5-60.1 μm；80-96×80-96 μm(I)，75.6-90.0 μm(N)，70×70 μm(B)

【試料】 鹿児島県奄美大島：2013.4.21(岡)

【開花期】 8-9 月

【分布】 鹿児島県〜沖縄県の海岸・大分県佐伯市の元猿海岸。世界中の熱帯〜亜熱帯の海岸

ハゼリソウ科
Family **Hydrophyllaceae**

南米・北米に多く，22 属 280 種ほどが知られている。その半分以上がハゼリソウ属に属する。日本には自生しない。

ハゼリソウ属
Genus *Phacelia* Juss.

ハゼリソウ SP1.263.8-11

Phacelia tanacetifolia Benth.

【形態】 球形〜長球形で，等極性。極観は頂口型の亜三角形で，赤道観は円形〜長円形。3 合流溝型。溝は狭い幅で両極まで長く伸び，極点で合流し三矢型となる。外壁の彫紋は手鞠状のしわ状紋で，細いしわが激しく交叉し，その隙間は微穿孔状となる。

【大きさ】 16-17×15-17 μm

【試料】 名古屋市東山動植物園(植栽)：1991.4.20(岡)

【開花期】 6-9 月

【原産地】 北米・南米(アンデス)

ムラサキ科
Family **Boraginaceae**

ほぼ全世界に約 100 属 2,000 種が分布し，日本には 13 属 30 種が自生する。本科の花粉は，ムラサキ属とキュウリグサ属では比較的よく似た形態が見られるが，その他の属は，それぞれ発芽口や外壁の彫紋に特徴的な違いが見られる。

ムラサキ属
Genus *Lithospermum* L.

長球形で，等極性。極観は円形，赤道観は長円形で，赤道部が少しへこんでヒョウタン状となる。3 溝孔型。溝は種類によりやや異なる特徴を示す。外壁の彫紋は平滑状紋である。

ムラサキ科

ホタルカズラ SP1.266.3-5

Lithospermum zollingeri DC.

【形態】 溝は凸レンズ状に開き，溝内に微粒が密に詰り，丸い内孔は赤道部にある。

【大きさ】 12-14×7-9 μm; 14-15×10-11 μm(I)

【試料】 高知県三宝山：1960.4.10(中村純)

【開花期】 4-5月

【分布】 北海道〜沖縄。朝鮮半島・中国・台湾

ムラサキ SP1.266.6-8

Lithospermum officinale L. subsp. *erythrorhizon* (Siebold et Zucc.) Hand.-Mazz.

【形態】 溝は赤道部でくびれたヒョウタン状に開き，溝内には微粒が密に詰まる。内孔は赤道部ではなく，どちらか一方の極側の開いた溝の中にある。

【大きさ】 10-12×5-6 μm; 11-12×6-7 μm(I)

【試料】 不詳：1980.6.20(守田)

【開花期】 6-7月

【分布】 北海道〜九州。アムール・朝鮮半島・中国

ハナイバナ属
Genus *Bothriospermum* Bunge

ハナイバナ SP1.267.1-4

Bothriospermum tenellum (Hornem.) Fisch. et C. A. Mey.

【形態】 長球形で，等極性。極観は円形で，赤道観は楕円形。3溝孔型＋3偽溝型(不同溝孔型)。孔のある溝とない溝が交互に配列し，孔のある溝は短く，幅が広い。溝内には平滑状紋で，微粒が見られる。孔には微刺を伴った微粒があり，溝の縁には微刺が配列する。孔周辺には微刺を持った微粒が見られる。外壁の彫紋は平滑状紋で，微穿孔が見られる。

【大きさ】 7.5-8.3×4.0-4.6 μm; 8.5-9.5×6-6.5 μm(I), 6-7×10-11 μm(S), 4-7×8-10 μm(B)

【試料】 沖縄県那覇市首里：1989.3.5(宮城)

【開花期】 3-12月

【分布】 北海道〜沖縄

スナビキソウ属
Genus *Argusia* Boehmer

モンパノキ(ハマムラサキノキ)
SP1.266.1-2, LP1.51.15-18

Argusia argentea (L. fil.) H. Hein

【形態】 長球形〜球形で，等極性。極観・赤道観ともに円形。3溝孔型＋3溝型(不同溝孔型)。孔のある溝とない溝が交互に配列し，両極のやや手前まで伸びる。溝内には微粒が分布するが，外壁の彫紋は平滑状紋で，微穿孔が点在する。

【大きさ】 17-19×18-20 μm(I), 23.4-28.8×18.0-21.6 μm(N)

【試料】 沖縄県西表島：1973.4.3, 沖縄県琉球大学(植栽)：1989.3.7(宮城), 那覇市：1996.12.11(岡), 沖縄県北谷町：2004.2.17

【開花期】 8-11月

【分布】 トカラ列島宝島〜沖縄。台湾・アジア(熱帯)・オーストラリア・アフリカ

チシャノキ属
Genus *Ehretia* L.

球形で等極性。極観・赤道観ともに円形。3溝孔型＋3溝型(不同溝孔型)。溝孔と溝が交互に配列し，前者は大きく開くが，いぼ状紋〜しわ状紋の彫紋で覆われるため孔は確認できない。後者はあまり開かず両極近くまで細く長く伸びる。外壁の彫紋は微穿孔状紋で，発芽口を除く全表面に微穿孔が分布する。

チシャノキ(カキノキダマシ)
SP1.266.18-21, LP1.50.9-12

Ehretia ovalifolia Hassk.

【大きさ】 16-19×16-19 μm; 19.8-25.2×16.2-21.6 μm(N)

【試料】 高知市朝倉：1977.6.9(守田), 岡山県総社市神在小学校(植栽)：1995.7.11(土岐)

【開花期】 6-7月

【分布】　四国〜沖縄。中国・台湾

フクマンギ　　　　　SPl.267.9-12, LPl.51.11-14
Ehretia microphylla Lam.
【大きさ】　18.8-23.8×17.5-26.3 μm; 26-29×28-30 μm(I)
【試料】　沖縄県西表島：1989.3.26(宮城)
【開花期】　4-6月
【分布】　奄美大島以南の沖縄。台湾・中国南部

ヒレハリソウ属
Genus *Symphytum* L.

ヒレハリソウ(コンフリー)　　　　SPl.266.12-17
Symphytum officinale L.
【形態】　長球形で，等極性。極観は円形で，赤道観は楕円形。多(8-10)環溝孔型。溝孔は極軸長の半分ぐらいで，短く幅も狭い。外壁の彫紋は微粒状紋で，微粒が溝内も含めた全表面に密にある。
【大きさ】　18-23×15-17 μm; 26-28×30-32 μm(I)
【試料】　岡山県瀬戸内市牛窓オリーブ園(植栽)：1982.5.18，岡山市岡山理科大学(植栽)：1984.6.21
【開花期】　5-7月
【原産地】　ヨーロッパ

キュウリグサ属
Genus *Trigonotis* Steven

キュウリグサ　　　　　　SPl.266.9-11
Trigonotis peduncularis (Trevir.) Benth.
【形態】　外観はムラサキ属とほぼ同じであるが，発芽口は3溝孔型＋3偽溝型(不同溝孔型)である。3本の溝は菱形〜凸レンズ状に赤道部が幅広く開き，溝内には微粒が詰まり，内孔は赤道部にある。偽溝は各溝の間に1本あり，溝のように赤道部で開かず細い縞状で，どちらか一方の極の方に長く伸び，他方の極側は短くなる。
【大きさ】　9-10×6-8 μm; 9.5-10.5×6-6.5 μm(I)，9-10×5-6 μm(S)，9.9-10.8×5.4-7.2 μm

(N)
【試料】　兵庫県高砂市阿弥陀町：1983.4.24(山下)，岡山県里庄町：1985.6(安原)，岡山市御津：1994.4.16
【開花期】　3-5月
【分布】　北海道〜沖縄。アジアの温帯〜暖帯

ルリソウ属
Genus *Omphalodes* Moench

ヤマルリソウ　　　　　　SPl.267.5-8
Omphalodes japonica (Thunb.) Maxim.
【形態】　長球形で，等極性。極観は円形で，赤道観は楕円形。3溝孔型＋3偽溝型(不同溝孔型)。孔のある溝とない溝が交互に配列し，孔のある溝は短く，幅が広い。溝内には平滑状紋で，微粒が見られる。孔には微刺を伴った微粒があり，溝の縁には微刺が配列する。孔周辺には微刺をもった微粒が見られる。外壁の彫紋は平滑状紋で，微穿孔が見られる。
【大きさ】　10.0-10.9×5.0-6.7 μm; 10-11×6-6.5 μm(I)，5×10 μm(B)
【試料】　岡山県新見市：1993.4.18(岡)
【開花期】　4-5月
【分布】　本州福島県以南〜九州

クマツヅラ科
Family **Verbenaceae**

　熱帯〜亜熱帯を中心に約100属3,000種が分布し，日本には10属28種がある。本科の発芽口は，3溝型と3溝孔型が多く，3孔型はカリガネソウ属だけである。外壁の彫紋は各属によりそれぞれ異なる。花粉分析では，ムラサキシキブ属がまれに報告されている。小笠原諸島の固有種オオバシマムラサキは，発芽口を持たないで昆虫の餌となる「花粉もどき」をつくる珍しい植物である。

クマツヅラ科

ヒルギダマシ属
Genus *Avicennia* L

ヒルギダマシ　　　　　SP1.270.9-12，LP1.54.1-5
Avicennia marina (Forssk.) Vierh.
【形態】　球形で，等極性。極観・赤道観ともに円形。3溝型。溝は幅広く，凸レンズ状。外壁の彫紋は微穿孔状紋である。
【大きさ】　20.0-30.0×22.5-30.0μm；23.4-27.0×25.2-27.0μm(N)
【試料】　沖縄県西表島：2006.6.18(中村健)
【開花期】　6-7月
【分布】　宮古島以南の沖縄。台湾・海南島・東南アジア・太平洋諸島・オーストラリア・東アフリカ

シチヘンゲ属
Genus *Lantana* L.

シチヘンゲ(ランタナ)　　　　SP1.269.4-6
Lantana camara L.
【形態】　長球形で，等極性。極観は頂口型の三角円形〜三角形で，赤道観は楕円形。3溝孔型。溝は細長く両極近くまで伸び，赤道部の孔周辺で鋭く突出し，孔は確認しにくい。溝内には微粒が詰まる。外壁の彫紋は溝孔の周辺では平滑状紋であるが，溝間域では凹凸のある表面に多数の微穿孔がある。
【大きさ】　25-27×26-28μm；45×45μm(B)
【試料】　不詳
【開花期】　8-9月
【原産地】　南米

コバノランタナ　　　　　SP1.269.10-12
Lantana montevidensis (Spreng.) Briq.
【形態】　球形で，異極性。三矢型溝と大きな孔が1つ認められたが，これが正常花粉かどうかは，再検討が必要。外壁の彫紋はシチヘンゲに似る。
【大きさ】　27-29×29-36μm
【試料】　広島市植物公園(植栽)：1991.9.29(岡)
【開花期】　8-9月

【原産地】　南米

ムラサキシキブ属
Genus *Callicarpa* L.

　球形で，等極性。極観・赤道観ともに円形。3溝型。溝は両極近くまで伸び，赤道部では大きく開くが，両端では鋭く細くなる。溝内には微粒やいぼ状の粒子が詰まり，盛り上がっていることもある。外壁の彫紋は微穿孔状紋で，溝以外の全表面を覆う。

ムラサキシキブ　　　　　SP1.268.1-4
Callicarpa japonica Thunb.
【大きさ】　26-30×24-25μm；27-30×30-33μm(I)，28-30×32-34μm(S)，28.8-36.0×21.6-32.4μm(N)
【試料】　岡山市藤田(植栽)：1982.7.31，岡山市三徳園(植栽)：1982.7.31
【開花期】　6-8月
【分布】　北海道〜沖縄。朝鮮半島・中国・台湾

コムラサキ(コシキブ)　　　　SP1.268.5-8
Callicarpa dichotoma (Lour.) K. Koch
【大きさ】　22-24×21-25μm；30-33×31-34μm(I)，27.0-36.0×28.8-34.2μm(N)
【試料】　岡山市三徳園(植栽)：1982.7.31，岡山県赤磐市高倉山：1984.6.17
【開花期】　7-8月
【分布】　本州〜沖縄。朝鮮半島・中国

ヤブムラサキ　　　　　SP1.268.9-12
Callicarpa mollis Siebold et Zucc.
【大きさ】　25-29×27-29μm；28-31×32-34μm(I)，27.0-28.8×28.8-32.4μm(N)
【試料】　岡山県笠岡市御嶽山：1985.6.2(安原)
【開花期】　6-7月
【分布】　本州(宮城県以南)〜九州。朝鮮半島

クマツヅラ科

オオバシマムラサキ SP1.269.1-3
Callicarpa subpubescens Hook. et Arn.
【形態】 本種は小笠原諸島の固有種で，長花柱花を持つ両性株と短花柱花を持つ雄株がある。短花柱花は3溝型の発芽口を持つ正常な花粉を形成するが，長花柱花では発芽口のない花粉(花粉もどき)になることが報告されている(川窪，1999，SP1.318.15-16)。
【大きさ】 25-26×26-28 μm，花粉もどき：23-25 μm
【試料】 東京都東京大学理学部附属小石川植物園(植栽)：1993.9.24(岡)，東京都小笠原諸島父島：2006.5.9(加藤英)
【開花期】 5-6月
【分布】 小笠原諸島

オオムラサキシキブ SP1.270.1-4，LP1.54.6-10
Callicarpa japonica Thunb. var. *luxurians* Rehder
【大きさ】 28.8-32.5×31.3-36.3 μm；27-30×30-33 μm(I)，25×35 μm(B)
【試料】 沖縄県西表島：1998.4.18(野村)
【開花期】 6-7月
【分布】 南日本

クサギ属
Genus *Clerodendrum* L.

球形で，等極性。極観・赤道観ともに円形。3溝型。溝は両極近くまで伸び，溝内の薄膜上には微小刺が分布する。外壁の彫紋は微小刺状紋で，全表面にまばらにあり，その他の表面は平滑状紋に見えるが，密な微穿孔で覆われる。

クサギ SP1.271.1-4，LP1.53.1-5
Clerodendrum trichotomum Thunb.
【大きさ】 44-55×44-55 μm；54-58×58-64 μm(I)，55-60×55-60 μm(S)，66.6-68.4×50.4-72.0 μm(N)
【試料】 鳥取県米子市淀江：1978.8.4，岡山市瀬戸：1981.7.31，沖縄県久米島：1984.8.25(仲吉)
【開花期】 8-10月
【分布】 北海道～沖縄。朝鮮半島・中国・台湾

リュウキュウクサギ SP1.271.5-8
Clerodendrum trichotomum var. *esculentum*
【大きさ】 47-51×47-52 μm
【試料】 沖縄県久米島アーラ岳：1984.8.25(仲吉)
【開花期】 7-9月
【分布】 沖縄

ジャワヒギリ SP1.271.9-12
Clerodendrum speciosissimum Van Geert
【大きさ】 46-47×47-50 μm
【試料】 名古屋市東山動植物園(植栽)：1996.9.14(岡)
【開花期】 8-10月
【原産地】 チモール・ジャワ・スマトラ

イボタクサギ(ガシャンギ) SP1.271.13-15
Clerodendrum inerme (L.) Gaertn.
【大きさ】 14-16×13-14 μm；52.2-61.2×45.0-54.0 μm(N)
【試料】 沖縄県西表島：1873.4.3
【開花期】 3-5月
【分布】 種子島～沖縄。アジア(熱帯)・ポリネシア・オーストラリア

ハマゴウ属
Genus *Vitex* L.

長球形で，等極性。極観は円形で，赤道観は楕円形。3溝型。溝は両極近くまで伸びて広く開き，口膜は丈夫で平滑状紋。外壁の彫紋はしわ状紋で，その畝の上には微穿孔が分布する。

ハマゴウ SP1.272.8-11，LP1.53.6-9
Vitex rotundifolia L. fil.
【大きさ】 20-23×20-24 μm；27-29×30-32 μm(I)，30-32×34-38 μm(S)，25.2-28.8×19.8-23.4 μm(N)

クマツヅラ科

【試料】 沖縄県石垣島：1973.4.5，高知市：1976.8(守田)，沖縄県西表島：2006.7.11
【開花期】 7-10月
【分布】 本州〜沖縄。朝鮮半島・中国・東南アジア・ポリネシア・オーストラリア

ニンジンボク SPl.272.4-7
Vitex cannabifolia Siebold et Zucc.
【大きさ】 18-21×11-16 μm; 22-23.5×23-24 μm(I)，21-23×26-29 μm(S)
【試料】 東京都東京大学(植栽)：1993.9.10(岡)
【開花期】 7-8月
【原産地】 中国

ミツバハマゴウ SPl.270.5-8
Vitex trifolia L.
【大きさ】 24.2-30.1×20.0-28.4 μm
【試料】 沖縄県恩納村：1992.7.7(岡)
【開花期】 5-10月
【分布】 奄美大島〜沖縄

ハマクサギ属
Genus *Premna* L.

【形態】 球形で，等極性。極観・赤道観ともに円形。3溝型。溝は極域まで達し，幅が広い。溝内は平滑状紋。外壁の彫紋は微穿孔状紋。

タイワンウオクサギ SPl.270.16-19, LPl.54.11-13
Premna corymbosa (Burm.f.) Rottb. et Willd. var. *obtusifolia* (R.Br.) Flecher
【大きさ】 15.0-20.0×15.5-21.3 μm; 19-20×23-24 μm(I)
【試料】 沖縄県西表島：2006.6.11
【開花期】 5-7月
【分布】 沖縄。台湾・熱帯アジア

ハマクサギ SPl.270.13-15
Premna microphylla Turcz.
【大きさ】 15.0-18.4×16.7-18.4 μm; 18.0-21.0×18.0-32.4 μm(N)

【試料】 東京都国立科学博物館附属自然教育園：2013.6.2(岡)
【開花期】 5-6月
【分布】 近畿地方以西・四国・九州・沖縄

カリガネソウ属
Genus *Caryopteris* Bunge

カリガネソウ SPl.272.1-3
Caryopteris divaricata (Siebold et Zucc.) Maxim.
【形態】 球形で，等極性。極観・赤道観ともに円形。3孔型。孔は直径が10 μm前後もある大きな発芽口で，口膜は薄くて破れ消失。外壁の彫紋は刺状紋で，長さ3-5 μmの刺がまばらに等間隔であり，それ以外の表面は微穿孔状紋になる。
【大きさ】 54-57 μm; 57-60×57-62 μm(I)，55-60×50-55 μm(S)
【試料】 不詳
【開花期】 8-9月
【分布】 北海道〜九州。朝鮮半島・中国

ダンギク SPl.267.13-16
Caryopteris incana (Houtt.) Miq.
【形態】 球形で，等極性。極観・赤道観ともにほぼ円形。3溝型。溝は極域まで達し，溝内は平滑状紋。外壁の彫紋はしわ状紋。
【大きさ】 18.4-20.9×18.4-20.0 μm; 15×32 μm(B)
【試料】 さいたま市(植栽)：2011.9.9(岡)
【開花期】 9-10月
【分布】 九州北部・対馬。朝鮮半島・台湾・中国

クマツヅラ属
Genus *Verbena* L.

　三角球形で，等極性。極観は頂口型の三角形で，赤道観は円形。3溝孔型。溝はやや短く極軸長の半分ほどで，溝内は微粒が点在。赤道部の内孔は大きく開くものが多い。外壁の彫紋は平滑状紋であるが，微穿孔が多数見られる。

739

クマツヅラ SPl.272.12-13
Verbena officinalis L.

【大きさ】 59-64 μm; 33-35×36-38 μm(I), 34-36×32-34 μm(S), 30.6-36.0×27.0-36.0 μm(N)

【試料】 岡山市岡山大学：1985.5.31(安原)

【開花期】 6-11月

【分布】 本州〜沖縄。アジア・ヨーロッパ・アフリカ

ヤナギハナガサ SPl.272.14-16
Verbena bonariensis L.

【大きさ】 50-53×54-56 μm

【試料】 千葉県船橋市東邦大学(植栽)：1986.8.31

【開花期】 8-9月

【原産地】 南米(中央部)

イワダレソウ属
Genus *Lippia* L.

イワダレソウ SPl.269.7-9
Lippia nodiflora (L.) L. C. Richard ex Michx.

【形態】 長球形で，等極性。極観は円形で，赤道観は楕円形。3溝孔型。溝は両極近くまで細く伸び，赤道部がやや突出するため内孔は確認しにくい。外壁の彫紋は平滑状紋であるが，ゆるやかな凹凸とその上に多数の微穿孔が認められる。

【大きさ】 57-60×41-43 μm; 29-31×23-24 μm(I), 32-34×24-26 μm(S), 30.6-39.6×30.6-34.2 μm(N)

【試料】 広島市植物公園(植栽)：1996.9.1(岡)

【開花期】 7-10月

【分布】 本州(関東南部以西)〜沖縄。世界中の亜熱帯〜熱帯

シソ科
Family **Labiatae (Lamiaceae)**

FPl.14.13-14

約200属3,500種が全世界に広く分布し，日本には約28属90種ほど自生している。本科の発芽口は3溝型と多(6-8)環溝型の2型だけである。その外壁の彫紋は，大多数の属が網目状紋で，その網目が一重のものと二重のものがある。一重のものでは網目というよりも微穿孔に近い穴のものがあり，また二重のものでは大きな網目の中に小さな網目が数個しか見られないものから，30-40個も見られるものまで様々である。二重の網目状紋は「bireticulate」というが，まだ適切な日本語はない。花粉分析では，多(6-8)環溝型の化石花粉がよく検出され，シソ科として花粉分布図にも入れられるが，高率に産出することは少ない。本科の3溝型化石花粉の同定は，今後の課題である。

キランソウ亜科
Subfamily **Ajugoideae**

キランソウ属
Genus *Ajuga* L.

球形で，等極性。極観は円形で，赤道観は円形〜楕円形。3溝型。溝は両極近くまで伸び，大きく開く。溝内は平滑状紋。外壁の彫紋は小網目状紋で，不規則な形をした大小の網目で覆われる。

ジュウニヒトエ SPl.273.1-4
Ajuga nipponensis Makino

【大きさ】 17-20×18-19 μm; 22-23.5×23-25 μm(I), 21.6-26.1×19.8-27.0 μm(N)

【試料】 岡山市(植栽)：1985.4.22(田坂)，岡山市三野(植栽)：2002.4.23

【開花期】 4-5月

【分布】 本州・四国

キランソウ(ジゴクノカマノフタ) SPl.273.5-7
Ajuga decumbens Thunb.

【大きさ】 19-21×21-23 μm; 27-28×28-30 μm(I), 26-30×38-40 μm(S), 32.4-36.0×30.6-34.2 μm(N)

【試料】 岡山市宿本町：1985.4.21

【開花期】 3-5月

シソ科

【分布】 本州～九州。朝鮮半島・中国

ケブカツルカコソウ SPl.273.8-9
Ajuga shikotanensis Miyabe et Tatew. f. *hirsuta* (Honda) Murata
【大きさ】 21-23×19-21 μm; 27-28×28-30 μm (I)
【試料】 不詳
【開花期】 5-7月
【分布】 本州。南千島

シマカコソウ SPl.274.1-4
Ajuga boninsimae Maxim.
【大きさ】 26.7-30.1×25.1-30.1 μm
【試料】 東京都東京大学理学部附属小石川植物園 (植栽):2011.6.6(岡)
【開花期】 7-8月
【分布】 小笠原諸島父島・母島・妹島

ニガクサ属
Genus *Teucrium* L.

ニガクサ SPl.278.1-3
Teucrium japonicum Houtt.
【形態】 球形で，等極性。極観・赤道観ともに円形。3溝型～3合流溝型。溝は両極点近くまで伸びるが，接合して合流溝となるものもある。外壁の彫紋はいぼ状紋で，溝内も含めた全表面にいぼ状の突起がある。
【大きさ】 30-37×30-43 μm; 30-32×30-32.5 μm(I)
【試料】 不詳
【開花期】 7-9月
【分布】 北海道～沖縄。朝鮮半島

タツナミソウ亜科
Subfamily **Scutellarioideae**

タツナミソウ属
Genus *Scutellaria* L.

アカボシタツナミソウ SPl.273.10-12
Scutellaria rubropunctata Hayata
【形態】 外観はキランソウ亜科とほぼ同じであるが，外壁の彫紋はやや大きな網目状紋からなる。
【大きさ】 17-18×16-19 μm
【試料】 不詳
【開花期】 1-5月
【分布】 屋久島～沖縄諸島

ヤマハッカ亜科
Subfamily **Ocimoideae**

ヤマハッカ属
Genus *Rabdosia* Hassk.

長球形で，等極性。極観は円形で，赤道観は円形～楕円形。6環溝型。溝は両極近くまで伸び，ほとんど開かない。外壁の彫紋は二重の網目状紋で，大きな網目状紋は溝間域では大きな網目を持つが，溝縁部に向かってしだいに小さくなる。大きな網目の中の小網目は10個以下で，微穿孔状紋にも見える。

ヤマハッカ SPl.273.13-16
Rabdosia inflexa (Thunb.) Hara
【大きさ】 21-22×18-24 μm; 20-35 μm(B)
【試料】 岡山市三徳園(植栽):1986.9.23，広島市植物公園(植栽):1990.10.28(岡)
【開花期】 9-10月
【分布】 北海道～九州。朝鮮半島・中国

シソ科

タカクマヒキオコシ　　　　　SPl.274.5-8

Rabdosia shikokiana (Makino) Hara var. *intermedia* (Kudo) Hara

【大きさ】　25.1-28.4×28.4-31.7 μm；24-25×(24-25×32-34)μm(I)

【試料】　栃木県東京大学理学部附属日光植物園(植栽)：2011.10.1(岡)

【開花期】　8-10月

【分布】　本州(関東地方以西の太平洋側)・四国・九州の山地

オドリコソウ亜科
Subfamily **Lamioideae**

アキギリ属
Genus *Salvia* L.

　長球形～球形で，等極性。極観・赤道観ともに円形～楕円形。6 環溝型。溝は両極近くまで伸び，口膜は薄くて破れ消失。外壁の彫紋は二重の網目状紋で，1 μm 前後の網目の中にさらに 2-6 個の微細な網目が形成される。

アキノタムラソウ　　　　　SPl.275.1-3

Salvia japonica Thunb.

【大きさ】　19-23×19-22 μm；26-28×(26-28×30-39)μm(I)，32-36×28-32 μm(S)

【試料】　岡山市岡山理科大学：1985.7.5(田中光)

【開花期】　7-11月

【分布】　本州～沖縄。朝鮮半島・中国

キバナアキギリ(コトジソウ)　　SPl.275.4-6

Salvia nipponica Miq.

【大きさ】　27-29×30-35 μm；30×30 μm(B)

【試料】　岡山県真庭市上蒜山：1979.9.6，真庭市津黒高原：1998.10.8(古田)

【開花期】　8-10月

【分布】　本州～九州

サルビア(ヒゴロモソウ)　　　SPl.280.5-6

Salvia splendens Ker Gawl.

【大きさ】　30-33×30-36 μm；36-38×(39-42×43-43)μm(I)

【試料】　岡山県赤磐市山陽(植栽)：1981.8.12，1985.10.7，福岡県大牟田市(植栽)：1985.7.20(田中光)，名古屋市東山動植物園(植栽)：1992.9.29(岡)

【開花期】　5-10月

【原産地】　ブラジル

タジマタムラソウ　　　　　SPl.274.9-12

Salvia omerocalyx Hayata

【断面】　花粉外壁は外表層，柱状層，底部層からなる。畝となる外表層を小柱が支えている。

【大きさ】　26.7-33.4×31.7-36.7 μm

【試料】　鳥取県岩美町：1998.6.5(清末)

【開花期】　6-7月

【分布】　近畿地方北部

シモバシラ属
Genus *Keiskea* Miq.

シモバシラ　　　　　　　　SPl.279.10-12

Keiskea japonica Miq.

【形態】　外観はアキギリ属に似る。

【大きさ】　21-23×25-30 μm；25-26×(25-27×32-35)μm(I)，23.4-27.0×19.8-30.6 μm(N)

【試料】　岡山市花屋より(植栽)：1992.1.16(岡)

【開花期】　9-10月

【分布】　本州(関東以西)～九州

カワミドリ属
Genus *Agastache* Clayton

カワミドリ　　　　　　　　SPl.279.1-3

Agastache rugosa (Fisch. et Mey.) O. Kuntze

【形態】　外観はアキギリ属に似る。

【大きさ】　24-26×23-25 μm；35-37×(35-37×37-39)μm(I)，45-48×44-48 μm(S)

【試料】　岡山県玉野市深山公園薬草園(植栽)：

シソ科

1989.9.21(岡)

【開花期】 7-10月

【分布】 北海道〜九州。シベリア(東部)・朝鮮半島・中国

ムシャリンドウ属
Genus *Dracocephalum* L.

ムシャリンドウ SP1.278.4-6

Dracocephalum argunense Fisch.

【形態】 外観はアキギリ属に似る。

【大きさ】 31-32×31-35 μm; 34-36×(38-39×43-45)μm(I), 34.2-37.8×34.2-41.4 μm(N)

【試料】 神戸市神戸学院大学薬学部附属薬用植物園(植栽):1990.5.29(岡)

【開花期】 6-7月

【分布】 北海道〜本州(中部以北)。シベリア(東部)・朝鮮半島・中国(北部)

イヌハッカ属
Genus *Nepeta* L.

ミソガワソウ SP1.279.7-9

Nepeta subsessilis Maxim.

【形態】 外観はアキギリ属に似る。

【大きさ】 29-30×30-36 μm; 30-40×18-27 μm(B)

【試料】 栃木県日光市白根山:1980.8.7(守田)

【開花期】 7-8月

【分布】 北海道〜四国

ウツボグサ属
Genus *Prunella* L.

ウツボグサ SP1.276.13-15

Prunella vulgaris L. subsp. *asiatica* (Nakai) Hara

【形態】 外観はアキギリ属に似る。

【大きさ】 27-29×28-33 μm; 30.0-34.2×28.8-37.8 μm(N)

【試料】 岡山県赤磐市山陽:1987.7.28, 岡山市

半田山:1991.9.10

【開花期】 6-8月

【分布】 北海道〜九州。シベリア(東部)〜東アジア

コレウス属
Genus *Coleus* Lour.

ニシキジソ(コレウス) SP1.279.4-6

Coleus blumei Benth.

【形態】 外観はアキギリ属に似る。

【大きさ】 31-33×26-29 μm; 40×20 μm(B)

【試料】 岡山県赤磐市山陽(植栽):1984.7.25

【開花期】 7-9月

【原産地】 アジア(亜熱帯・熱帯)・太平洋諸島・オーストラリア・アフリカ(熱帯・亜熱帯)

イヌコウジュ属
Genus *Mosla* Buch.- Hamilt.

イヌコウジュ SP1.275.10-12

Mosla punctulata (J. F. Gmel.) Nakai

【形態】 球形で，等極性。極観・赤道観ともに円形。6環溝型。溝は両極近くまで伸び，口膜は消失しているものが多い。外壁の彫紋は細粒状紋〜いぼ状紋まで大小の突起がまばらに分布し，その彫紋以外の表面は小網目状紋である。

【大きさ】 19-23×25-29 μm; 26-29×(30-33×33-37)μm(I)

【試料】 岡山市少年自然の家:1985.9.27(塩田)

【開花期】 9-10月

【分布】 北海道〜沖縄。朝鮮半島・中国・台湾

ヒメジソ SP1.275.7-9

Mosla dianthera (Hamilt.) Maxim.

【大きさ】 20-26 μm(Eのみ)

【試料】 岡山市岡山理科大学(植栽):1983.9.29, 岡山県赤磐市山陽(植栽):1985.8.29

【開花期】 9-10月

【分布】 北海道〜沖縄。東アジア・マレーシア・インド

シソ科

シロネ属
Genus *Lycopus* L.

　長球形〜球形で，等極性。極観は円形で，赤道観は円形〜楕円形。6環溝型。溝は細く両極近くまで伸び，口膜は破れず平滑状紋。外壁の彫紋は小網目状紋〜微穿孔状紋で，網目よりも微穿孔に近い穴が溝以外の全表面を覆う。

シロネ　　　　　　　　　　　SP1.276.1-3
Lycopus lucidus Turcz.
【大きさ】　21-23×18-22 μm；23-25×（26-27×28-30）μm(I)
【試料】　岡山市百間川：1977.9.2，岡山県玉野市深山公園薬草園(植栽)：1989.9.21(岡)
【開花期】　8-10 月
【分布】　北海道〜九州。東アジア・北米

ヒメシロネ　　　　　　　　　SP1.276.7-9
Lycopus maackianus (Maxim.) Makino
【大きさ】　15-16×19-21 μm；28-30×（30-32×32-35）μm(I)
【試料】　岡山市少年自然の家：1985.9.27(田中光)
【開花期】　6-10 月
【分布】　北海道〜九州。シベリア(東部)・朝鮮半島・中国(東北部)

ハッカ属
Genus *Mentha* L.

　外観はシロネ属に似る。

ハッカ　　　　　　　　　　　SP1.276.4-6
Mentha arvensis L. var. *piperascens* Malinv.
【大きさ】　23-25×22-24 μm；28-30×（30-32×33-36）μm(I)，28-30×29-31 μm(S)
【試料】　岡山市三徳園(植栽)：1986.9.23，1989.6.21(岡)
【開花期】　8-10 月
【分布】　北海道〜九州。シベリア・サハリン・朝鮮半島・中国

セイヨウハッカ　　　　　　SP1.273.17-19
Mentha × *piperita* L.
【形態】　外壁の彫紋はハッカとは異なり，二重の網目状紋になる。
【大きさ】　19-20×24-30 μm
【試料】　岡山県赤磐市山陽(植栽)：1985.9.27，静岡市静岡県立薬科大学薬草園(植栽)：1991.10.5(岡)
【開花期】　9-10 月
【原産地】　ヨーロッパ

トウバナ属
Genus *Clinopodium* L.

　外観はシロネ属に似る。

トウバナ　　　　　　　　　　SP1.277.7-8
Clinopodium gracile (Benth.) O. Kuntze
【大きさ】　19-23×20-23 μm；35-38×（35-42×38-45）μm(I)，27-28×27-28 μm(S)，27.0-30.0×27.0-32.4 μm
【試料】　岡山市半田町：1979.5.16
【開花期】　5-8 月
【分布】　本州〜沖縄。朝鮮半島・中国

クルマバナ　　　　　　　　SP1.277.11-12
Clinopodium chinense (Benth.) O. Kuntze subsp. *grandiflorum* (Maxim.) Hara var. *parviflorum* (Kudo) Hara
【大きさ】　24-25×25-30 μm；35-37×（35-37×37-42）μm(I)，36-40×36-40 μm(S)，25.2-30.6×25.2-32.4 μm(N)
【試料】　岡山市宿本町(植栽)：1985.8.19(田中光)
【開花期】　7-9 月
【分布】　北海道〜九州。南千島・朝鮮半島

イヌトウバナ　　　　　　　　SP1.277.9-10
Clinopodium micranthum (Regel) Hara
【大きさ】　25-29 μm；28-30×（30-32×31-33）μm(I)
【試料】　岡山県真庭市蒜山高原：1985.7.27(田中

シソ科

光)

【開花期】 8-10 月

【分布】 北海道～九州

ハナトラノオ属
Genus *Physostegia* Benth.

ハナトラノオ SPl.276.10-12

Physostegia virginiana (L.) Benth.

【形態】 長球形～球形で，等極性。極観は円形で，赤道観は楕円形～円形。3溝型。溝は両極近くまで伸び，口膜は丈夫で大きく開き，その上に微粒が分布する。外壁の彫紋は二重の網目状紋で，1-2 μm の網目の中にさらに微細な網目が形成される。

【大きさ】 28-33×25-34 μm; 50×25 μm(B)

【試料】 岡山市宿本町(植栽)：1985.8.19(田中光)

【開花期】 8-10 月

【原産地】 北米

テンニンソウ属
Genus *Leucosceptrum* J. E. Smith

ミカエリソウ SPl.278.7-9

Leucosceptrum stellipilum (Miq.) Kitam. et Murata

【形態】 外観はハナトラノオ属に似る。

【大きさ】 17-19×18-21 μm; 21-22×22-23 μm (I)

【試料】 京都市府立植物園(植栽)：1991.10.19 (岡)

【開花期】 9-11 月

【分布】 本州(福井県以西)～九州

シソ属
Genus *Perilla* L.

偏平球形で，等極性。極観・赤道観ともに円形～楕円形。8環溝型。溝は両極近くまで伸び，口膜はシソでは全然破れていないが，アオジソでは全部消失し，大きく開く。外壁の彫紋は二重の網

目状紋で，2-3 μm の大きな網目の中にさらに微細な網目が形成される。

シソ SPl.277.1-3

Perilla frutescens (L.) Britton var. *crispa* (Benth.) W. Deane

【大きさ】 20-22×25-31 μm; 28-30×(28-33×34-38)μm; 23-25×(25-28×30-33)μm(I), 25.2-27.0×21.6-32.4 μm(N)

【試料】 岡山県赤磐市山陽(植栽)：1979.9.24

【開花期】 8-9 月

【原産地】 中国(中部・南部)

アオジソ SPl.277.4-6

Perilla frutescens (L.) Britton var. *crispa* (Benth.) W. Deane f. *viridis* Makino

【大きさ】 19-22×26-32 μm; 25-27×(27-29×35-38)μm(I)

【試料】 岡山県赤磐市南佐古田(植栽)：2002.9.17

【開花期】 9-10 月

【原産地】 中国(中部・南部)

メハジキ属
Genus *Leonurus* L.

メハジキ SPl.280.1-4

Leonurus japonicus Houtt.

【形態】 球形～長球形で，等極性。極観は円形で，赤道観は円形～楕円形。3溝型。溝は両極近くまで伸び大きく開く。口膜は破れているものが多い。外壁の彫紋は小網目状紋である。

【大きさ】 16-18×15-19 μm; 20-21×(21-22×22-23)μm(I), 20-21×20-22 μm(S), 19.8-21.6×18.0-21.6 μm(N)

【試料】 岡山市旭川：1972.7.7(波田)，岡山県赤磐市吉井川：1981.8.16，沖縄県南大東島：1989.3.22(宮城)

【開花期】 5-9 月

【分布】 本州～沖縄。朝鮮半島・中国・東南アジア

シソ科・ナス科

イヌゴマ属
Genus *Stachys* L.

チョロギ SPl.277.13-14

Stachys sieboldii Miq.

【形態】 外観はメハジキ属に似る。

【大きさ】 20-24×20-26 μm; 26-27×(26-27×28-29)μm(I)

【試料】 岡山県赤磐市山陽(植栽):1998.9.23

【開花期】 7-9月

【原産地】 中国

オドリコソウ属
Genus *Lamium* L.

外観はメハジキ属に似る。オドリコソウの網目は微細である。

オドリコソウ SPl.280.14-17

Lamium album L. var. *barbatum* (Siebold et Zucc.) Franch. et Savat.

【大きさ】 25-27×15-19 μm; 23-24×(24.5-26.0×26.0-27.5)μm(I), 18.0-21.6×18.0-19.8 μm(N)

【試料】 岡山市三野公園:1976.4.27, 岡山市宿本町:1985.4.9(田中光), 岡山県赤磐市吉井:1986.5.5

【開花期】 4-6月

【分布】 北海道～九州。朝鮮半島・中国

ヒメオドリコソウ SPl.280.10-13

Lamium purpureum L.

【大きさ】 19-25×20-23 μm; 25-26×(26-27×28-31)μm(I)

【試料】 京都市府立植物園(植栽):1991.4.7(岡), 岡山県赤磐市吉井川:1994.4.19

【開花期】 3-5月

【原産地】 小アジア・ヨーロッパ

ホトケノザ SPl.280.7-9

Lamium amplexicaule L.

【大きさ】 19-20×18-23 μm; 27-29×(29-31×31-33)μm(I)

【試料】 岡山市半田町:1979.5.16, 岡山市理大町:1989.5.21(岡)

【開花期】 3-6月

【分布】 本州～沖縄。東アジア・ヒマラヤ・ヨーロッパ・アフリカ(北部)

ナス科
Family **Solanaceae**

世界の熱帯～温帯に90属2,000種ほど知られ, 日本には約9属24種が自生し, トマト属・トウガラシ属など有用種が多く, 栽培または帰化している。本科の発芽口は, 大多数の属で3溝孔型になる。ハシリドコロ属だけは3溝型のようであるが, はっきりしない。外壁の彫紋は縞状紋と微粒状紋だけであるが, 縞の特徴や微粒の大小は, 属によりやや異なる。

クコ属
Genus *Lycium* L.

クコ SPl.281.1-4

Lycium chinense Miller

【形態】 長球形で, 等極性。極観は亜円形～亜三角形で, 赤道観は楕円形。3溝孔型。溝は両極近くまで伸び, やや開いているが, 赤道部でやや肥厚するため内孔は確認しにくい。溝内には微粒が点在する。外壁の彫紋は縞状紋で稜線状となり, 鋭く切れ込んだ窪みを持つ縞が極軸方向に平行に走る。

【大きさ】 25-26×16-18 μm; 27-28×28-30 μm (I), 22-25×23-25 μm(S), 23.4-27.0×19.8-23.4 μm(N)

【試料】 高知市朝倉:1977.8.21(守田), 岡山市三徳園(植栽):1984.9.23

【開花期】 6-11月

【分布】 北海道〜沖縄。朝鮮半島・中国・台湾

ハシリドコロ属
Genus *Scopolia* Jacq.

ハシリドコロ　　　　　　　　SPl.281.16-18
Scopolia japonica Maxim.

【形態】 球形で，等極性。極観・赤道観ともに円形。3溝型。溝は不明瞭で確認しにくい。外壁の彫紋は微粒状紋が全表面を覆う。

【大きさ】 31-42 μm; 34-37×40-44 μm(I)，41.4-45.0 μm(N)

【試料】 宮城県面白山：1978.5.6(守田)

【開花期】 4-5月

【分布】 本州〜九州。朝鮮半島

ホオズキ属
Genus *Physalis* L.

ホオズキ　　　　　　　　SPl.281.13-15
Physalis alkekengi L. var. *franchetii* (Masters) Makino

【形態】 長球形で，等極性。極観は頂口型の三角円形〜三角形で，赤道観は楕円形。3溝孔型。溝は両極近くまで伸び，赤道部で肥厚するため内孔は確認しにくいものが多い。口膜の上には微粒が分布するものと平滑状紋のものがある。外壁の彫紋は微粒状で全表面が微粒で覆われる。

【大きさ】 20-21×23-26 μm; 24-25×26-27 μm(I)，23.4-25.2×23.4-27.0 μm(N)

【試料】 岡山県赤磐市山陽(植栽)：1983.7.7

【開花期】 5-7月

【原産地】 アジア

ナス属
Genus *Solanum* L.

　外観はホオズキ属に似るが，微粒の大きさは種類によってやや異なる。

イヌホオズキ　　　　　　　　SPl.282.1-4
Solanum nigrum L.

【大きさ】 13-14×14-16 μm; 16-18×18-19 μm(I)

【試料】 岡山市三徳園：1983.9.25，岡山県赤磐市鴨前：1984.7.17

【開花期】 7-10月

【分布】 北海道〜九州。世界の温帯〜熱帯に広く分布

タマサンゴ(フユサンゴ)　　　　　　SPl.282.5-8
Solanum pseudocapsicum L.

【大きさ】 12-14×12-14 μm; 16-17×16-17 μm(I)，15-17×17-20 μm(S)

【試料】 東京都立神代植物公園(植栽)：1992.9.10(岡)

【開花期】 5-10月

【原産地】 ブラジル

リュウキュウヤナギ(スズカケヤナギ)　　SPl.282.9-12
Solanum glaucophyllum Desf.

【大きさ】 16-18×12-13 μm

【試料】 香川県東かがわ市西村(植栽)：1983.9.23

【開花期】 8-9月

【原産地】 ブラジル・ウルグアイ

ヒヨドリジョウゴ　　　　　　SPl.282.13-16
Solanum lyratum Thunb.

【大きさ】 11-14×10-13 μm; 11-12×12-13 μm(I)，18-20×20-23 μm(S)，10.8-12.6×12.6-14.4 μm(N)

【試料】 仙台市片平：1978.9.7(守田)

【開花期】 7-10月

【分布】 北海道〜沖縄。朝鮮半島・中国・インドシナ半島

ワルナスビ　　　　SPl.282.17-20，LPl.55.10-13
Solanum carolinense L.

【大きさ】 21-24×18-20 μm

【試料】 岡山市上道：1984.9，岡山市岡山大学：1985.5.31(安原)，山口県阿東町：1985.9.6，山

ナス科

口県徳佐盆地：1985.9.6
【開花期】　6-10月
【原産地】　北米

ナス　　　　　　　　　　　　SPl.282.21-23
Solanum melongena L.
【大きさ】　20-24×16-23 μm; 28-31×27-30 μm
(I), 28-30×30-32 μm(S), 23.4-30.6×19.8-27.0
μm(N)
【試料】　岡山県赤磐市山陽(植栽)：1977.8.19,
岡山市原(植栽)：1979.7.4(新井)
【開花期】　7-10月
【原産地】　インド

ヤンバルナスビ　　　　　　　SPl.274.13-16
Solanum erianthum D. Don
【大きさ】　14.5-18.0×15.0-17.5 μm; 16-17×
17-18 μm(I)
【試料】　沖縄県読谷村：2004.2.17
【開花期】　通年
【分布】　奄美大島以南の沖縄。台湾・中国・東南
アジア・インド・オーストラリア・熱帯アフリカ

トウガラシ属
Genus *Capsicum* L.

トウガラシ(ピーマン)　　　　PPl.10.4-8
Capsicum annuum L.
【形態】　外観・発芽口・外壁の彫紋は，ホオズキ
属やナス属に似る。
【大きさ】　23.1-24.7×23.1-24.7 μm; 26-29×
25-27 μm(I), 30-45×20 μm(B)
【試料】　岡山県赤磐市南佐古田(植栽)：2004.6.23
【開花期】　6-9月
【原産地】　中米・南米

トマト属
Genus *Lycopersicon* Mill.

トマト　　　　　　　　　　　SPl.281.9-12
Lycopersicon esculentum Mill.
【形態】　外観はホオズキ属に似る。
【大きさ】　16-17×15-16 μm; 19-21×19-21 μm
(I)
【試料】　岡山県赤磐市山陽(植栽)：1977.8.15
【開花期】　6-8月
【原産地】　南米(アンデス山脈のやや高地)

チョウセンアサガオ属
Genus *Datura* L.

　長球形で，等極性。極観・赤道観ともほぼ円形。
3溝孔型。溝は赤道部に短くて細く開くだけで，
内孔は確認できない。赤道部はやや肥厚して輪状
になる。外壁の彫紋は極軸方向に平行な縞状紋で，
縞は長短様々。その上に微粒が一列に並ぶ。

チョウセンアサガオ　　　　　SPl.283.1-4
Datura metel L.
【大きさ】　29-36×32-35 μm; 42-44×43-46 μm
(I)
【試料】　岡山市津島(植栽)：1972.7.6, 岡山県赤
磐市山陽(植栽)：1981.8.4
【開花期】　7-9月
【原産地】　アジア(熱帯)

キダチチョウセンアサガオ　　SPl.283.5-7
Datura suaveolens Humb. et Bonpl. ex Willd.
【大きさ】　31-36×33-36 μm; 42-44×43-46 μm
(I)
【試料】　岡山市岡山理科大学(植栽)：1973.9.12,
沖縄県名護市(植栽)：1989.3.5, 高知県土佐清水
市足摺亜熱帯自然植物園(植栽)：1994.5.4(岡)
【開花期】　6-9月
【原産地】　アメリカ(熱帯・ブラジル中部)

ナス科・フジウツギ科

タバコ属
Genus *Nicotiana* L.

長球形で，等極性。極観は円形～頂口型の三角円形で，赤道観は楕円形。3溝孔型。溝は両極近くまで伸び，やや開くものが多く，口膜は平滑状紋。外壁の彫紋は縞状紋であるが，クコ属のように陵線状にはならず，畝状の縞となって極軸方向に走る。極域では縞状紋が変化し，タバコ属とペツニア属でやや異なる。

タバコ
SP1.281.5-8

Nicotiana tabacum L.

【形態】　縞状紋は畝状で短く，極軸方向に平行に走り，溝間域では明瞭であるが，極域では不鮮明となる。

【大きさ】　21-28×17-21 μm; 24-25×26-27 μm (I), 28-30×32-36 μm(S)

【試料】　岡山県新見市（植栽）：1980.6.20，鳥取県（植栽）：1993.6.9（岡）

【開花期】　6-7月

【原産地】　南米（アルゼンチン）

ペツニア（ペチュニア）属
Genus *Petunia* Juss.

ペツニア（ペチュニア）
SP1.284-1-5

Petunia × hybrida Hort. Vilm.-Andr.

【形態】　外観はタバコ属に似る。溝間域では縞状紋であるが，極域では微穿孔状となる。

【大きさ】　20-22×19-22 μm; 23-25×26-28 μm (I), 30-32×32-36 μm(S), 25.2-32.4×23.4-27.0 μm(N)

【試料】　岡山県赤磐市山陽（植栽）：1984.7.1

【開花期】　5-10月

【原産地】　南米（ブラジル・ウルグアイ・アルゼンチン）

キチョウジ属
Genus *Cestrum* L.

ヤコウカ
SP1.274.17-20

Cestrum nocturnum L.

【形態】　球形～亜長球形で，等極性。極観は円形か頂口型の三角円形で，赤道観は円形～楕円形。3溝孔型。溝は極域まで達し，溝内は平滑状紋で微粒がまばらにみられる。外壁の彫紋は平滑状紋で，微穿孔や長さが1μm以下の溝がみられる。

【大きさ】　27.5-31.3×25.0-30.0 μm

【試料】　沖縄県西表島：1989.5.12（宮城）

【開花期】　6-10月

【原産地】　西インド諸島・南アジア

フジウツギ科
Family **Buddlejaceae**

アフリカと南米を中心に分布しているが，フジウツギ属のみ熱帯から温帯域に広く分布する。約6属160種ある。日本には1属2種が自生する。

フジウツギ属
Genus *Buddleja* L.

長球形で，等極性。極観は円形で，赤道観は楕円形。3-4溝孔型。溝は両極近くまで伸び，比較的よく開く。外壁の彫紋はしわ状紋。

フジウツギ
SP1.284.6-9

Buddleja japonica Hemsley

【大きさ】　12-13×12-13 μm; 15-16×15-16 μm (I), 16-17×18-20 μm(S)

【試料】　香川県東かがわ市西村（植栽）：1983.7.9

【開花期】　7-8月

【分布】　本州（東北～兵庫県の太平洋側）・四国

コフジウツギ
SP1.285.9-12

Buddleja curviflora Hook. et Arn.

【大きさ】　15.0-16.7×14.2-15.0 μm

【試料】 東京都東京大学理学部附属小石川植物園（植栽）：2011.6.10（岡）

【開花期】 6-9月

【分布】 四国南部・九州南部・沖縄島

ウラジロフジウツギ SP1.285.13-16

Buddleja curviflora Hook. et Arn. f. *venenifera* (Makino) T. Yamazaki

【大きさ】 12.2-13.2×11.4-12.9 µm

【試料】 高知県立牧野植物園（植栽）：1993.7.18（岡）

【開花期】 6-9月

【分布】 四国南部・九州南部

フサフジウツギ SP1.285.5-8

Buddleja davidii Franch.

【大きさ】 15.0-16.7×13.4-16.7 µm

【試料】 京都市日本新薬山科植物資料館（植栽）：2011.5.11

【開花期】 6-10月

【原産地】 中国西部

ゴマノハグサ科
Family **Scrophulariaceae**

　熱帯～寒帯まで全世界に220属3,000種ほどが知られ，日本には28属約89種が自生する。本科は大多数が草本類で，高木はキリ属だけである。草本類は3亜科に分けられるがそのうちゴマノハグサ亜科の花粉は，ほとんどの属が3溝孔型か3溝型で，微網目状紋を持ち，大きさには大小が見られるが，形態的にはあまり変化のない分類群である。それに対してシオガマギク亜科では，発芽口は3溝孔型・3溝型・合流溝型・3溝＋偽溝型があり，さらに溝内に多数の微粒が詰まるものがあったり，口膜が破れて反り返るものがある。外壁の彫紋も小網目状紋・縞状紋・平滑状紋があり，変化に富む分類群である。

ゴマノハグサ亜科
Subfamily **Scrophularioideae**

　本亜科の花粉は，大多数が3溝孔型で微網目状紋を持ち，よく似た形態である。ただアゼトウガラシ属だけは溝内に多数の微粒が詰まった発芽口を持ち，特徴的である。

キリ属
Genus *Paulownia* Siebold et Zucc.

キリ SP1.286.1-3, LP1.55.14-15

Paulownia tomentosa (Thunb.) Steud.

【形態】 三角球形で，等極性。極観・赤道観はともに円形。3溝孔型。溝は両極近くまで伸びて大きく開き，溝内の彫紋は平滑状紋。外壁の彫紋は微穿孔状紋で，全表面を微穿孔が覆う。

【大きさ】 16-17×16-18 µm; 18-19×19-21 µm (I), 22-24×26-28 µm(S), 18.0-19.8×16.2-19.8 µm(N)

【試料】 岡山市総合グラウンド（植栽）：1975.5.15，岡山市岡山理科大学（植栽）：1980.5.16

【開花期】 5-6月

【原産地】 中国（中部）

ウンラン属
Genus *Linaria* Mill.

マツバウンラン SP1.286.4-6

Linaria canadensis (L.) Dum.

【形態】 長球形で，等極性。極観は円形で，赤道観は楕円形である。3溝孔型。溝は両極近くまで伸び，比較的よく開いて内孔の確認できるものが多く，口膜は平滑状紋である。外壁の彫紋は微穿孔状紋である。

【大きさ】 14-15×11-13 µm; 15.5-17×15.5-17 µm(I)

【試料】 岡山市岡山理科大学：1991.9.30（野村）

【開花期】 3-9月

【原産地】 北米

ゴマノハグサ科

ゴマノハグサ属
Genus *Scrophularia* L.

外観はウンラン属に似る。

ヒナノウスツボ SPl.286.7-10
Scrophularia duplicato-serrata (Miq.) Makino
【大きさ】 18-20×14-17 μm; 22-24×23-25 μm
(I), 24-26×26-29 μm(S), 21.6-23.4×18.0-23.4
μm(N)
【試料】 不詳
【開花期】 5-9月
【分布】 本州(関東以西)〜九州

オオヒナノウスツボ SPl.287.1-5
Scrophularia kakudensis Franch.
【断面】 花粉外壁は外表層，柱状層，底部層からなる。畝となる外表層を小柱が支えている。
【大きさ】 20.0-25.1×20.0-25.1 μm; 22-24×
24-26 μm(I)
【試料】 さいたま市慶応義塾大学薬学部附属薬用植物園(植栽)：2013.10.3(岡)
【開花期】 8-9月
【分布】 北海道南部〜九州。朝鮮半島

イワブクロ属
Genus *Penstemon* Mitchell

イワブクロ SPl.286.11-14
Penstemon frutescens Lamb.
【形態】 外観はウンラン属に似る。
【大きさ】 17-20×15-18 μm; 21-22×21-22 μm
(I)
【試料】 青森県井戸岳：1979.8.14(守田)
【開花期】 7-8月
【分布】 北海道〜本州(北部)。シベリア・サハリン

シソクサ属
Genus *Limnophila* R. Br.

キクモ SPl.287.6-10，LPl.57.1-4
Limnophila sessiliflora (Vahl) Blume
【形態】 球形で，等極性。極観・赤道観ともに円形。3溝孔型。溝内は平滑状紋である。外壁の彫紋はしわ状紋である。
【断面】 花粉外壁の厚さは約1 μmで，外表層，柱状層，底部層からなる。外表層を小柱が支えている。
【大きさ】 16.7-20.0×18.4-25.1 μm; 20-21×
20-22 μm(S), 16.2-19.8×18.0-19.8 μm(N),
12×27 μm(B)
【試料】 埼玉県さいたま緑の森博物館(植栽)：
2012.9.1(森将)
【開花期】 8-9月
【分布】 本州(宮城県以南)・四国・九州・沖縄。中国・東南アジア・オーストラリア・インド

ミゾホオズキ属
Genus *Mimulus* L.

ミゾホオズキ SPl.288.13-16
Mimulus nepalensis Benth. var. *japonicus* Miq.
【形態】 外観はウンラン属に似る。
【大きさ】 19-21×19-20 μm; 23.5-26×26-28.5
μm(I)
【試料】 岡山県真庭市蒜山高原：1991.6.1(岡)
【開花期】 5-8月
【分布】 北海道〜九州。朝鮮半島(南部)・中国・台湾

サギゴケ属
Genus *Mazus* Lour.

外観はウンラン属に似る。

サギゴケ(ムラサキサギゴケ) SPl.289.1-4
Mazus miquelii Makino
【大きさ】 18-20×19-20 μm; 21-23×23-25 μm

ゴマノハグサ科

(I), 23-25×28-32 μm(S), 19.8-25.2×19.8-23.4
μm(N)

【試料】 岡山市玉柏：1982.5.11(太田)，兵庫県
高砂市阿弥陀町：1983.4.9(山下)，岡山県赤磐市
山陽：1984.5.5

【開花期】 4-5月

【分布】 本州～九州。中国・台湾

トキワハゼ　　　　　　　　SPl.289.5-8

Mazus pumilus (Burm. fil.) van Steenis

【大きさ】 17-21×16-19 μm; 21-22×22-24 μm
(I)

【試料】 岡山市半田町：1985.4.19，福岡県高田
町：1985.9.17(田中光)

【開花期】 6-10月

【分布】 日本全土。朝鮮半島・中国・東南アジ
ア・インド

ツルウリクサ属
Genus *Torenia* L.

ハナウリクサ(トレニア)　　　SPl.289.13-15

Torenia fournieri Linden ex E. Foum.

【形態】 外観はウンラン属に似る。

【大きさ】 20-21×19-22 μm; 30×20 μm(B)

【試料】 不詳

【開花期】 8-9月

【原産地】 インドシナ半島

アゼトウガラシ属
Genus *Lindernia* All.

　長球形で，等極性。極観は円形で，赤道観は円
形～楕円形。3溝孔型。溝は両極近くまで伸び，
比較的大きく開き，丈夫な口膜の上には微小刺が
詰まるため，内孔は確認しにくい。外壁の彫紋は
小網目状紋～微穿孔状紋で，畝が太いため網目よ
りも微穿孔に近い彫紋である。

アゼトウガラシ　　　　　　SPl.288.1-4

Lindernia angustifolia (Benth.) Wettst.

【大きさ】 15-17×13-16 μm; 17-19×19-21 μm
(I)

【試料】 不詳

【開花期】 8-11月

【分布】 本州～沖縄。東南アジアに広く分布

スズメノトウガラシ　　　　　SPl.288.5-8

Lindernia antipoda (L.) Alston

【大きさ】 15-17×13-14 μm; 17-18.5×19-20
μm(I)

【試料】 福岡県八女市：1985.8.24(田中光)

【開花期】 8-11月

【分布】 本州(福島県以南)～沖縄。東南アジアに
広く分布

ウリクサ　　　　　　　　　SPl.288.9-12

Lindernia erustacea (L.) F. v. Mueller

【大きさ】 14-16×15-17 μm; 16-17×18-20 μm
(I)

【試料】 岡山市三徳園：1986.9.23

【開花期】 8-10月

【分布】 日本全土。朝鮮半島・中国・東南アジ
ア・ミクロネシア

アゼナ　　　　　　　　　　SPl.289.9-12

Lindernia procumbens (Krock.) Philcox

【大きさ】 13-16×9-13 μm; 27-28×27-28 μm
(I)

【試料】 不詳

【開花期】 8-10月

【分布】 本州・四国・九州。北半球の温帯～熱帯
に広く分布

ゴマノハグサ科

シオガマギク亜科
Subfamily Rhinanthoideae

ジオウ属
Genus *Rehmannia* Libosch.

アカヤジオウ（ジオウ）　　　　SPl.290.4-6

Rehmannia glutinosa (Gaertn.) Libosch. ex Fisch. et C. A. Mey.

【形態】　球形で，等極性。極観・赤道観ともに円形。3溝孔型。溝は両極近くまで伸び，大きく開いて内孔は確認しやすい。口膜の上は平滑状紋。外壁の彫紋は小網目状紋で，微細な網目が全表面を覆う。

【大きさ】　18-19×20-21 μm；43×20 μm（B）

【試料】　京都市日本新薬山科植物資料館（植栽）：1992.5.2（岡）

【開花期】　4-6月

【原産地】　中国（北部）

クワガタソウ属
Genus *Veronica* L.

オオイヌノフグリ　　　　SPl.290.1-3

Veronica persica Poir.

【形態】　長球形で，等極性。極観は円形で，赤道観は楕円形。3溝型。溝は両極近くまで伸び，大きく開いて口膜は破れ，膜の破片が溝縁に残る。外壁の彫紋は本科では唯一の縞状紋を持ち，細い縞が時々交叉しながら極軸方向に走る。

【大きさ】　19-22×17-18 μm

【試料】　岡山市岡山理科大学：1978.3.22

【開花期】　3-4月

【分布】　日本全土

【原産地】　ヨーロッパ

【備考】　大正時代初期に全国に拡大

ヒキヨモギ属
Genus *Siphonostegia* Benth.

オオヒキヨモギ　　　　SPl.287.11-14

Siphonostegia laeta S. Moore

【形態】　球形で，等極性。極観・赤道観ともに円形。3溝型。溝内は微粒状紋である。外壁の彫紋も微粒状紋であるが，5-7個の微粒が円を形成し，ハズ型模様を呈する。

【断面】　花粉外壁は外表層，柱状層，底部層からなる。外表層を小柱が支えている。

【大きさ】　20.0-23.4×20.0-23.4 μm

【試料】　神戸市北区藍那：1993.10.14

【開花期】　8-10月

【分布】　関東以西・四国

ママコナ属
Genus *Melampyrum* L.

　長球形で，等極性。極観は円形～頂口型の亜三角形で，赤道観は楕円形。3溝型。溝は両極近くまで伸び，細く開いて口膜は破れて消失。溝間域はやや丸く窪んで，偽口のようにも見える。外壁の彫紋は微粒状紋で，微粒がややまばらにある。

ママコナ　　　　SPl.290.13-16

Melampyrum roseum Maxim. var. *japonicum* Franch. et Savat.

【大きさ】　11-12×10-11 μm；17-18×17-18 μm（I）

【試料】　仙台市東北大学生物学実験園：1979.9.6（守田）

【開花期】　7-11月

【分布】　北海道（西南部）～九州。朝鮮半島（南部）

ミヤママコナ　　　SPl.287.20-24, LPl.57.5-8

Melampyrum laxum Miq. var. *nikkoense* Beauverd

【断面】　花粉外壁は外表層，柱状層，底部層からなる。畝となる外表層を小柱が支えている。

【大きさ】　15.9-17.5×13.4-15.0 μm；17×17-

21 μm(S)
【試料】 兵庫県神戸市北区山田町：1993.10.20
【開花期】 8-9月
【分布】 北海道・本州

コシオガマ属
Genus *Phtheirospermum* Bunge

コシオガマ　　　　　SPl.287.15-19，LPl.57.9-13
Phtheirospermum japonicum (Thunb.) Kanitz
【形態】 外観はヒキヨモギ属に似る。
【大きさ】 33.4-35.1×30.1-31.8 μm; 32-36×32-36 μm(S)
【試料】 岡山県自然保護センター：1996.9.22(岡)
【開花期】 9-10月
【分布】 北海道・本州・四国・九州

シオガマギク属
Genus *Pedicularis* L.

長球形で，等極性。極観は円形で，赤道観は楕円形。2-3合流溝型。溝はほぼ同じ幅で両極まで達して合流する。溝内は平滑状紋か微粒が点在する。外壁の彫紋は平滑状紋で，かすかに小さな凹凸を持つ。

エゾシオガマ　　　　　　　　SPl.290.7-10
Pedicularis yezoensis Maxim.
【形態】 2合流溝型で，細く開いた溝が両極で合流し，花粉を左右に二分したようになる。口膜上は平滑状紋。
【大きさ】 21-23×15-16 μm; 22-23×21-22 μm(I)，24-26×26-28 μm(S)
【試料】 長野県蝶ヶ岳：1982.8.5(加藤靖)
【開花期】 8-9月
【分布】 北海道～本州（中部以北）

ヨツバシオガマ　　　　　SPl.290.11-12
Pedicularis chamissonis Steven var. *japonica* (Miq.) Maxim.
【形態】 3合流溝型で，細く開いた溝が両極で合流して三矢形となり，口膜上には微粒が詰まる。
【大きさ】 13-18×13-16 μm; 19.5-20×20-21 μm(I)，18.0-21.6 μm(N)
【試料】 不詳
【開花期】 7-8月
【分布】 北海道～本州（中部以北）

ウルップソウ科
Family **Globulariaceae**

多くは多年草，ときに1年草または低木。アフリカ，ヨーロッパ，アジアに分布し，11属約300種が知られている。日本には1属3種が自生する。一般的にゴマノハグサ科として扱われるが，ウルップソウ科とするのが適当である。

ウルップソウ属
Genus *Lagotis* Gaertn.

球形～長球形で，等極性。極観は円形で，赤道観は円形～楕円形。3溝孔型。溝内は平滑状紋である。外壁の彫紋は小網目状紋で，畝に微小刺が点在する。

ユウバリソウ　　　　SPl.291.1-4，LPl.58.5-8
Lagotis takedana Miyabe et Tatew.
【大きさ】 24.5-30.4×21.5-26.0 μm
【試料】 北海道夕張岳：1938.8(本田)
【開花期】 7-8月
【分布】 北海道夕張岳

ウルップソウ　　　　SPl.291.5-8，LPl.58.1-4
Lagotis glauca Gaertn.
【大きさ】 26.6-30.7×22.9-25.1 μm
【試料】 長野県五竜岳：1990.6.12(緑川)
【開花期】 7-8月

【分布】 本州中部の八ヶ岳・白馬岳・雪倉岳など北アルプス北部の高山帯・北海道礼文島。千島・カムチャツカ・アリューシャン列島

ノウゼンカズラ科
Family **Bignoniaceae**

　熱帯を中心に分布し，約120属650種ある。日本には自生しないが，キササゲやノウゼンカズラなどが栽培されている。

ノウゼンカズラ属
Genus *Campsis* Lour.

ノウゼンカズラ　　　　　SPl.284.10-12
Campsis grandiflora (Thunb.) K. Schum.
【形態】　球形で，等極性。極観・赤道観ともに円形。3溝孔型。溝は両極近くまで伸びてよく開き，口膜の上は平滑状紋。外壁の彫紋は小網目状紋で，微細な網目が全表面を覆う。
【大きさ】　21-22×21-23 μm; 26-28×27-30 μm (I)，33-35×37-40 μm(S)，25.2-36.0×23.4-27.0 μm(N)
【試料】　岡山市岡山理科大学(植栽)：1973.6.30(波田)，岡山市玉柏(植栽)：1982.5.20(太田)
【開花期】　5-8月
【原産地】　中国

キササゲ属
Genus *Catalpa* Scop.

キササゲ　　　　　　　SPl.284.13-15
Catalpa ovata G. Don
【形態】　球形で，無極性。外観は円形～楕円形。塊状の4集粒。無口型。集粒の状態は光顕では確認しやすいが，走査電顕では観察しにくい。各集粒は10個ぐらいの小塊の集まりで，外観は卵発生の桑実胚のように見える。外壁の彫紋は小網目状紋で，全表面が網目状紋で発芽口は認められない。

【大きさ】　36-44 μm; t.48-55 μm, s.23-24×34-40 μm(I), 65-70×65-70 μm(S)
【試料】　岡山県真庭市蒜山高原(植栽)：1980.7.28, 神戸市神戸学院大学薬学部附属薬用植物園(植栽)：1994.6.6(岡)
【開花期】　6-7月
【原産地】　中国

キツネノマゴ科
Family **Acanthaceae**

　熱帯～亜熱帯域に広く分布し，約250属2,500種ある。日本には9属13種が自生する。

キツネノマゴ亜科
Subfamily **Acanthoideae**

イセハナビ属
Genus *Strobilanthes* Blume

イセハナビ　　　　　　SPl.292.1-4
Strobilanthes japonicus (Thunb.) Miq.
【形態】　球形で，等極性。極観は円形で，赤道観は円形～長円形。3孔型。孔は長径が10 μm前後もある大きな長円形であるが，走査電顕では確認しにくい場合が多い。この孔以外に極軸方向に走る15本前後の溝があり，これが発芽溝や偽溝なのか，それとも単なる畝の間の窪みなのかは不明。外壁の彫紋はしわ状紋と短乳頭状紋からなり，15本前後のしわは大きく丘陵状に隆起し，その各しわの上に大きな短乳頭が一列に並び，その他のところは小さな短乳頭やいぼ，微粒が全表面を覆う。
【大きさ】　29-46×27-35 μm; 52-63×52-63 μm (I)
【試料】　高知市朝倉(植栽)：1977.9.27(守田)，名古屋市東山動植物園(植栽)：1992.9.25(岡)
【開花期】　7-9月
【原産地】　中国(中南部)

ハグロソウ属
Genus *Peristrophe* Nees

ハグロソウ　　　　SPl.293.9-12, LPl.61.1-5
Peristrophe japonica (Thunb.) Bremek.
【形態】　球形〜長球形で，等極性。極観は円形〜間口型の三角円形。赤道観は円形〜楕円形。不同溝型で，3溝孔型と3合流溝型からなる。合流溝は偽溝で，溝間域に楕円形で配置。溝内は平滑状紋であるが，溝の先端は小網目状紋となる。偽溝内は小網目状紋である。外壁の彫紋は畝が小柱に支えられた網目状紋で，網目の中に微粒がみられる。
【大きさ】　50.9-60.1×48.4-51.8μm; 56-63×43-52μm(I), 45-50×55-65μm(S), 45.0-55.8×57.5-63.0μm(N), 30×35-40μm(B)
【試料】　東京都東京大学理学部附属小石川植物園(植栽)：1996.9.10(岡)
【開花期】　7-10月
【分布】　関東以西の本州〜九州。朝鮮南部・中国

キツネノマゴ属
Genus *Justicia* L.

FPl.15.4
　偏平長球形で，等極性。極観は長方形で，赤道観は溝側では楕円形で，側面では細長い長方形，2溝孔型。溝はやや短くて，細く開き，口膜上には微粒が点在し，内孔は確認しやすい。外壁の彫紋は小網目状紋であるが，溝縁部の両側には6-10個のいぼ状突起が並び，各いぼには火口のような大小の穴がある。

キツネノマゴ　　　SPl.292.5-8, LPl.60.5-8
Justicia procumbens L.
【大きさ】　24-27×17-23(l)×10-11(s)μm; 27-33×(15-17×19-22)μm(I), 29-31×10-18μm(S), 30.6-34.2×14.4-19.8μm(N)
【試料】　福岡県宗像市：1985.8.29(田中光)
【開花期】　8-11月
【分布】　本州〜九州。朝鮮半島・中国(中南部)・

インドシナ半島・マレーシア・インド・スリランカ

キツネノヒマゴ　　　　SPl.293.1-4
Justicia procumbens L. var. *riukiuensis* Yamam.
【大きさ】　26.3-31.3×15.0-20.0μm
【試料】　沖縄県西表島：1989.5.11(宮城)
【開花期】　8-10月
【分布】　沖縄。台湾

ハアザミ属
Genus *Acanthus* L.

ハアザミ　　　　SPl.293.5-8
Acanthus mollis L.
【形態】　長球形で，等極性。極観は円形で，赤道観は楕円形。3溝型。外壁の彫紋は網目状紋で，網はすり鉢状で，中央部に突起が1つ分布する。
【断面】　花粉外壁は外表層，柱状層，底部層からなる。外表層を小柱が支えている。
【大きさ】　33.4-42.6×21.7-25.9μm
【試料】　さいたま市(植栽)：2013.6.12(岡)
【開花期】　6-7月
【原産地】　地中海沿岸

ゴマ科
Family **Pedaliaceae**

　東南アジア，南アジア，マダガスカルなどの熱帯域を中心に分布し，日本には自生しないが，ゴマは有名な栽培植物である。

ゴマ属
Genus *Sesamum* L.

ゴマ　　　　SPl.294.1-3
Sesamum indicum L.
【形態】　円盤形で，等極性。極観は円形で，赤道観は横長の楕円形。多(11-12)環溝型。溝はやや短くて細く開き，口膜は破れやすい。外壁の彫紋は

微粒状紋で，やや大きさの異なる微粒が互いに接触しない程度の密度で分布する。

【大きさ】　36-40×46-49 μm; 56-60×60-65 μm (I), 65-72×55-65 μm(S), 57.6-68.4 μm(N)

【試料】　香川県東かがわ市西村(植栽)：1977.8.23 (三好マ)

【開花期】　7-9月

【原産地】　アフリカ(熱帯)説とインド説がある

ツノゴマ科
Family **Martyniaceae**

　本科は熱帯・亜熱帯アメリカの乾燥地や海岸に生育し，世界に4属10数種がある。日本には自生しない。形態的にはゴマ科・ノウゼンカズラ科・イワタバコ科に近縁で，ゴマ科に含めてツノゴマ亜科と分類することもあるが，両科の花粉の形態はあまり似ていない。

ツノゴマ属
Genus **Proboscidea** Schmide

ツノゴマ　　　　　　　SPl.291.12-14，LPl.59.1-2

Proboscidea louisianica (Mill.) Thell.

【形態】　球形で無極性。外観は円形〜長楕円形。発芽口について幾瀬(2001)はオオツノゴマで無口粒とし，坊田(1987)はツノゴマで類散溝型としている。本属の花粉は，ノウゼンカズラ科のキササゲ花粉(4集粒)によく似て，卵発生の桑実胚のように見えることから，塊状の4集粒か花粉塊かもしれない。外壁の彫紋は網目状紋で，小塊が大網目状紋となり，さらに各小塊が網目状紋〜小網目状紋となっている。

【断面】　花粉外壁は外表層，柱状層，底部層からなる。畝となる外表層を小柱が支えている。

【大きさ】　56.5-64.2 μm; 60×60 μm(B)

【試料】　京都市日本新薬山科植物資料館(植栽)：1990.7.11(岡)，1991.5.9(岡)

【開花期】　6-9月

【原産地】　西インド諸島・北米(ユタ・テキサス・ニュー・メキシコ諸州)

ヒシモドキ科
Family **Trapellaceae**

　東アジアのみに分布し，1属1種。ヒシモドキは日本にも自生が見られる。

ヒシモドキ属
Genus **Trapella** Oliver

ヒシモドキ　　　　　　　　　SPl.294.4-6

Trapella sinensis Oliver

【形態】　本種は開放花と閉鎖花を持ち，花粉の柱状層は前者の方がよく発達する。

　球形で，等極性。極観は円形で，赤道観はやや偏平形。3溝型か3類溝孔型。溝はやや短くて両極近くまでは達しないで大きく開き，溝内には微粒が詰まる。外壁の彫紋はしわ状紋のように見えるが，拡大してみると様々な形のいぼ状紋が密に接している。本種の花粉については，Kataoka & Miyoshi(2002)が走査電顕と光顕で詳しく調べている。

【大きさ】　22-24×24-26 μm

【試料】　岡山県自然保護センター：2001.7.28

【開花期】　7-9月

【分布】　本州・九州。朝鮮半島・中国

イワタバコ科
Family **Gesneriaceae**

　本科は熱帯〜亜熱帯に主に分布し，120属2,000種もあるが，日本に自生するのは7属7種だけである。本研究では日本産はイワタバコだけしか調べていないが，観賞用に栽培されるものを3種紹介する。

　長球形〜球形で，等極性。極観は円形〜頂口型の三角円形〜亜三角形で，赤道観は円形〜楕円形である。3溝孔型。溝は両極近くまで伸び比較的

広く開くが，両端はしだいに細くならず，途中で切断されたように長方形で終わる。その溝内には微粒が詰まり，内孔は確認しにくい。外壁の彫紋は平滑状紋から網目状紋〜微穿孔状紋まで種類により異なる。

イワタバコ属
Genus *Conandron* Siebold et Zucc.

イワタバコ   SP1.295.1-4
Conandron ramondioides Siebold et Zucc.
【形態】 溝内には微粒が詰まり，外壁は平滑状紋のように見えるが，拡大すると溝内の微粒よりさらに小さい微粒状の表面に微穿孔が見られる。
【大きさ】 6-8×5-7 μm；9-10×10-11 μm(I)，10×10-12 μm(S)，9.0-9.9×7.2-8.1 μm(N)
【試料】 高知県大川村：2005.7.22(池田博)
【開花期】 6-8月
【分布】 本州(福島県以南)〜九州

シンニンギア属
Genus *Sinningia* Nees

ギンビロードギリ   SP1.294.10-13
Sinningia sp.
【形態】 溝の両端は，本科の他の種類のように切断型とはならず，鋭く細く尖った先端となる。外壁の彫紋も網目状紋よりも微穿孔状紋に近い模様である。
【大きさ】 17-20×15-19 μm
【試料】 不詳
【開花期】 8-9月
【備考】 園芸種

エスキナンサス属
Genus *Aeschynanthus* Jack.

エスキナンサス・パラシティカス   SP1.295.5-8
Aeschynanthus parasiticus
【形態】 外壁の彫紋は網目状紋で，溝縁に向かって網目はしだいに小さくなる。

【大きさ】 15-17×14-17 μm
【試料】 名古屋市東山動植物園(植栽)：1993.2.22(岡)
【開花期】 1-3月(?)
【原産地】 インド

ウシノシタ属
Genus *Streptocarpus* Lindl.

ストレプトカルプス・ラズベリー   SP1.295.9-12
Streptocarpus cv. *raspberry*
【形態】 外観はエスキナンサス属に似る。
【大きさ】 11-13×11-13 μm
【試料】 京都市日本新薬山科植物資料館(植栽)：1990.7.10(岡)
【開花期】 6-8月
【原産地】 アジア・マダガスカル・アフリカ

ハマウツボ科
Family **Orobanchaceae**

　北半球の亜熱帯から温帯を中心に分布し，14属約180種ある。日本には4属7種が自生する。

ナンバンギセル属
Genus *Aeginetia* L.

ナンバンギセル   SP1.294.7-9
Aeginetia indica L.
【形態】 球形で，等極性。極観・赤道観ともに円形。3溝型。溝はほとんど閉じた状態で，両極近くまで伸びる。外壁の彫紋は微穿孔状紋で，やや凹凸のある表面に多数の微穿孔が分布する。
【大きさ】 35-42 μm；25-26×26-27 μm(I)，21.6-27.0×18.0-23.4 μm(N)
【試料】 神戸市山田町：1993.10.14
【開花期】 7-9月
【分布】 北海道〜沖縄。中国(中南部)・台湾・インドシナ半島・マレーシア・インド

タヌキモ科
Family **Lentibulariaceae**

熱帯〜寒帯に分布する食虫植物。5属約300種あり，日本には2属が自生する。ムシトリスミレ属は多(7-8)環溝孔型で，手鞠状のしわ状紋であるが，タヌキモ属は多(3-4)環溝孔型・多(5-7)環溝孔型・10以上の多環溝孔型があり，外壁の彫紋は平滑状紋である。

ムシトリスミレ属
Genus *Pinguicula* L.

ムシトリスミレ　　　　　SP1.382.17-19
Pinguicula vulgaris L. var. *macroceras* Herder

【形態】　球形で，等極性。極観・赤道観ともほぼ円形。多(7-8)環溝孔型。溝は両極近くまで伸び，ほとんど閉じているため口膜や内孔は確認できない。外壁の彫紋はしわ状紋で，細いしわが複雑に絡まって交叉し，手鞠状のしわ状紋となって全表面を覆う(光顕ではこのしわが網となり，その中が網目となって網目状紋を呈する)。

【大きさ】　23-25×23-26 μm; 33-34×35-36 μm (I), 23.4-27.0×27.0-34.2 μm(N)

【試料】　秋田県乳頭山：1981.7.2(守田)

【開花期】　7-8月

【分布】　北海道・本州(中部以北)・四国(高山帯・亜高山帯)

タヌキモ属
Genus *Utricularia* L.

FP1.19.10

球形で，等極性。極観・赤道観ともに円形。3(4)溝孔型。溝は両極近くまで伸び，かなり開いているが内孔は確認しにくい。溝内には微粒が分布する。外壁の彫紋は平滑状紋で，目立った凹凸がほとんど見られない。本属の現生・化石花粉については，Sohma(1975)と辻(1979)が詳しく検討している。

ミミカキグサ　　　　　SP1.296.1-3
Utricularia bifida L.

【大きさ】　18-19×23-25 μm; 21-24×25-28 μm (I), 23.4-27.0×27.0-34.2 μm(N)

【試料】　岡山県赤磐市赤坂大池：1984.7.1，岡山県自然保護センター：1994.8.7(岡)

【開花期】　8-10月

【分布】　本州〜沖縄。中国・マレーシア・インド・オーストラリア

ホザキノミミカキグサ　　　　　SP1.296.4
Utricularia racemosa Wall.

【大きさ】　22-23 μm; 23-25×24-27 μm(I)

【試料】　岡山県赤磐市赤坂大池：1983.9.24，不詳：1985.9.27(田中光・塩田)

【開花期】　6-9月

【分布】　北海道〜沖縄。朝鮮半島・中国・インド

ムラサキミミカキグサ　　　　　SP1.296.5-6
Utricularia yakusimensis Masam.

【大きさ】　19-20×22-23 μm; 20-22×24-26 μm (I), 27.0-32.4×28.8-36.0 μm(N)

【試料】　岡山県赤磐市赤坂大池：1984.9.30

【開花期】　8-9月

【分布】　北海道〜屋久島

アミメミミカキグサ　　　SP1.291.9-11，LP1.57.14-16
Utricularia reticulata Sm.

【大きさ】　25.1-28.4×25.1-28.4 μm

【試料】　東京都東京大学理学部附属小石川植物園(植栽)：2011.6.10(岡)

【開花期】　12-3月

【原産地】　インド・スリランカ

ハマジンチョウ科
Family **Myoporaceae**

オーストラリア，東南アジア，南太平洋の熱帯・亜熱帯域に多く分布し，世界で4属90種ほど知られるが，日本にはハマジンチョウ属2種の

みが自生する。本属の花粉には，1つの溝に2個の内孔が見られる珍しい発芽口を持つ。

ハマジンチョウ属
Genus *Myoporum* Bankset Soland. ex Forst. fil.

ハマジンチョウ（モクベンケイ）
SPl.296.7-9, LPl.58.9-12

Myoporum bontioides A. Gray

【形態】 球形で，等極性。極観・赤道観ともに円形。3溝6孔型。溝は両極近くまで伸び，広く大きく開いて，口膜上は平滑状紋。各溝内には，極軸長の上下1/3ぐらいのところに横長の内孔があり，ひび割れ状に細く開く。外壁の彫紋は小網目状紋である。

【大きさ】 23-24×22-24 μm; 28-31×28-31 μm (I)

【試料】 神戸市神戸学院大学薬学部附属薬用植物園(植栽)：1999.2.24(岡)，沖縄県北谷町：2004.2.17

【開花期】 5-7月

【分布】 九州(南部)～沖縄。台湾・インドシナ半島

ハエドクソウ科
Family **Phrymaceae**

東アジアと北米に1属1種が分布し，日本にも自生している。

ハエドクソウ属
Genus *Phryma* L.

ハエドクソウ
SPl.296.10-13

Phryma leptostachya L. var. *asiatica* Hara

【形態】 球形で，等極性。極観・赤道観ともに円形。3溝型。外壁の彫紋は微穿孔状紋である。

【大きさ】 18-20×18-22 μm; 23-26×25-28 μm (I), 25-29×24-27 μm(S), 21.6-23.4×23.4-27.0 μm(N)

【試料】 仙台市青葉山：1978.7.22(守田)，岡山県笠岡市御嶽山：1985.6.2(安原)，岡山県赤磐市血洗いの滝：1994.7.24(岡)

【開花期】 6-8月

【分布】 北海道～九州。シベリア・朝鮮半島・中国・ヒマラヤ

オオバコ科
Family **Plantaginaceae**

3属270種ほどが世界に広く分布し，日本には1属6種が自生する。日本の花粉分析では，本属の化石花粉はまれに記録されるだけであるが，北欧では5,000年前ごろから本属がワラビ・ヒメスイバ・イネ科とともに産出し，人類活動による雑草増加の証拠の1つとなっている。

オオバコ属
Genus *Plantago* L.

球形で，無極性。外観は円形。多散孔型。孔の数はオオバコのように10個以下のものから，ヘラオオバコのように10個以上のものまで種類により異なる。孔は丸く，その周囲が火口状に肥厚するものと，しないものがある。孔内はオオバコのように薄膜上に微粒が詰まるものと，ヘラオオバコのように厚い口蓋となり，その上に微小刺が点在するものがある。外壁の彫紋は微小刺状紋＋大いぽ状紋で，微小刺は全表面に均等にあるが，いぽ状の隆起はオオバコのように顕著なものと，ヘラオオバコのようにあまり顕著でないものがある。

オオバコ
SPl.296.14-16, LPl.55.16-17, PPl.10.9-11

Plantago asiatica L.

【大きさ】 21-24 μm; 21-24×21-24 μm(I), 24-26×24-26 μm(S), 19.8-23.4 μm(N)

【試料】 岡山市半田山：1972.5.2，岡山県里庄町：1979.6.10(新井)，岡山市龍ノ口山：1982.5.15(太田)，岡山県高清水高原：1982.8.31

【開花期】 4-9 月
【分布】 北海道～沖縄。サハリン・千島・朝鮮半島・中国・台湾

ヘラオオバコ　　　　　　　　SPl.296.17-18
Plantago lanceolata L.
【大きさ】 19-23 μm；22-27×22-27 μm(I)，28-32×28-32 μm(S)，18.0-34.8 μm(N)
【試料】 岡山市旭川：1984.5.7，岡山市岡山大学：1984.7.25(辻本)，岡山県里庄町：1985.6.1(安原)
【開花期】 4-8 月
【原産地】 ヨーロッパ

スイカズラ科
Family **Caprifoliaceae**

　主として北半球の温帯～熱帯に18属約500種が分布し，日本には8属55種が自生する。本科は3亜科からなり，ニワトコ亜科では微小刺状紋と微穿孔状紋が見られるのに対し，ガマズミ亜科ではすべて網目状紋，スイカズラ亜科では大多数が刺状紋となる。花粉分析では，タニウツギ属・スイカズラ属・ガマズミ属がよく報告されているが，一般に低率である。

ニワトコ亜科
Subfamily **Sambucoideae**

ニワトコ属
Genus *Sambucus* L.

ニワトコ　　　　　　　　　SPl.297.5-8
Sambucus racemosa L. subsp. *sieboldiana* (Miq.) Hara
【形態】 長球形で，等極性。極観は円形で，赤道観は楕円形。3溝孔型。溝は両極近くまで伸び，大きく開くが，内孔は確認しにくい。溝内の彫紋は平滑状紋。外壁の彫紋は網目状紋で，網目は溝

間域で大きく，溝縁に近づくと小さくなる。畝の幅が広いので，微穿孔に近い網目模様である。
【大きさ】 17-19×14-16 μm；17-18×17.5-18.5 μm(I)，18-20×20-22 μm(S)，18.0-19.8×14.4-18.0 μm(N)
【試料】 岡山県真庭市蒜山高原：1974.5.10(波田)，京都府比叡山：1981.4.29(星野)，岡山市三徳園(植栽)：1982.3.21
【開花期】 3-7 月
【分布】 本州～奄美大島。朝鮮半島(南部)

エゾニワトコ　　　　　　　　LPl.60.9-13
Sambucus racemosa L. subsp. *kamtschatica* (E. Wolf) Hultén
【形態】 外観・発芽口・外壁の彫紋は，ニワトコに似る。
【大きさ】 16.5-18.9×16.6-17.3 μm；18-19×17-18 μm(I)
【試料】 北海道金田崎：2001.6.5
【開花期】 4-6 月
【分布】 北海道・本州(北中部)。南千島・サハリン・カムチャツカ・朝鮮半島(北中部)・中国(東北)

タイワンソクズ　　　　　　　SPl.303.5-8
Sambucus chinensis Lindl. var. *formosana* (Nakai) H. Hara
【大きさ】 17.5-18.8×16.3-18.8 μm
【試料】 沖縄県西表島：2006.7.11
【開花期】 6-8 月
【分布】 九州南部～沖縄・小笠原。台湾

リンネソウ属
Genus *Linnaea* Gronov. ex L.

リンネソウ　　　　　　　　　SPl.297.1-4
Linnaea borealis L.
【形態】 球形で，等極性。極観は頂口型の三角円形～亜三角形で，赤道観は偏平形。3溝型。溝は短くてあまり開かない。外壁の彫紋は微小刺状紋で，全表面に微小刺が密にある。
【大きさ】 33-35×38-44 μm；40-44×43-50(48-

スイカズラ科

52×45-60)μm(I), 43.2-50.4×43.2-55.8 μm(N)

【試料】 スウェーデン・アビスコ：1987.8.21

【開花期】 7-8月

【分布】 北海道～本州(長野県以北の高山)。シベリア・サハリン・千島・朝鮮半島・中国・モンゴル・ヨーロッパ・北米(西部)など北半球の亜寒帯

ガマズミ亜科
Subfamily **Viburnoideae**

ガマズミ属
Genus *Viburnum* L.

　長球形～球形で，等極性。極観は円形で，赤道観は楕円形～円形。3溝孔型。溝は両極近くまで伸びかなり大きく開き，口膜は丈夫で破れることはなく，その上には微粒が点在する。外壁の彫紋は網目状紋で，網目の大きさはサンゴジュのように5μm前後の大きなものからオオカメノキのように1μm前後の小さなものまで様々である。一般的に溝間域では大きく溝縁部に向かって小さくなる傾向がある。この網目の中にはたくさんの微粒が詰まる。

オオカメノキ(ムシカリ)　　SPl.297.9-12
Viburnum furcatum Blume ex Maxim.

【大きさ】 20-22×19-21 μm; 20-23×21-24 μm(I), 23.4-28.8×19.8-23.4 μm(N)

【試料】 青森県八甲田山大岳：1971.6.30(守田)，鳥取県烏ヶ山：1983.4.30(星野)

【開花期】 4-6月

【分布】 北海道～屋久島(対馬を含む)

オオデマリ(テマリバナ)　　SPl.297.13-16
Viburnum plicatum Thunb. var. *tomentosum* (Thunb. ex Murray) Miq. f. *plicatum*

【大きさ】 20-21×19-20 μm; 22-24×23-26 μm(I)

【試料】 神戸市立森林植物園(植栽)：1992.5.21

【開花期】 4-6月

【分布】 本州～九州

オトコヨウゾメ　　SPl.297.17-20
Viburnum phlebotrichum Siebold et Zucc.

【大きさ】 17-20×17-20 μm; 19-21×21-22 μm(I), 19.8-23.4×18.0-19.8 μm(N)

【試料】 岡山市三徳園(植栽)：1992.5.5, 1995.4.30(岡)

【開花期】 4-6月

【分布】 本州～九州

コバノガマズミ　　SPl.298.1-4
Viburnum erosum Thunb. ex Murray var. *punctatum* Franch. et Savat.

【大きさ】 19-21×18-20 μm; 18-19×19-20 μm(I), 21.6-25.2×18.0-21.6 μm(N)

【試料】 岡山県総社市豪渓：1981.5.10，岡山市龍ノ口山：1982.5.6(太田)，岡山市三徳園(植栽)：1983.4.27(渡辺・山口)

【開花期】 4-6月

【分布】 本州(関東以西の太平洋側)～九州

ゴマギ(ゴマキ)　　SPl.298.5-8
Viburnum sieboldii Miq.

【大きさ】 24-29×21-26 μm; 26-27.5×27.5-28.5 μm(I)

【試料】 岡山市三徳園(植栽)：1982.5.9, 1983.4.30(渡辺・山口)，1995.4.30(岡)

【開花期】 4-6月

【分布】 本州(関東以西の太平洋側)～九州

ゴモジュ　　SPl.298.9-12
Viburnum suspensum Lindley

【大きさ】 21-23×20-22 μm; 22-24×22-24 μm(I), 32.4-34.2×28.8-32.4 μm(N)

【試料】 沖縄県琉球大学(植栽)：1989.3.7，京都市府立植物園(植栽)：1991.4.7(岡)

【開花期】 12-4月

【分布】 沖縄

スイカズラ科

サンゴジュ　　　　　SPl.298.13-16, LPl.61.6-10
Viburnum odoratissimum Ker-Gawler var.
awabuki (K. Koch) Zabel
【大きさ】　26-28×25-27 μm; 26-28×26-28 μm
(I), 26-30×30-34 μm(S), 23.4-30.6×21.6-30.6
μm(N)
【試料】　岡山市半田山植物園(植栽)：1979.6(河
西)，岡山県赤磐市南佐古田(植栽)：2001.7.10,
沖縄県国頭村：2004.4.9
【開花期】　6-7月
【分布】　本州(関東南部以西)〜沖縄

ガマズミ(アラゲガマズミ)　　　SPl.299.1-3
Viburnum dilatatum Thunb. ex Murray
【大きさ】　17-18×15-18 μm; 18-20×18-20 μm
(I), 19-20×20-22 μm(S)
【試料】　岡山県赤磐市熊山：1980.4.27(新井)，
岡山県真庭市蒜山高原：1980.6.11, 1981.6.1(星
野)
【開花期】　5-6月
【分布】　北海道(南部)〜九州(種子島まで)

ミヤマガマズミ　　　　　SPl.299.4-6
Viburnum wrightii Miq.
【大きさ】　20-22×18-20 μm; 20-21×21-22 μm
(I)
【試料】　岡山市三徳園(植栽)：1995.4.30(岡)，鳥
取県中津北尾根：1995.6.4(清末)
【開花期】　4-6月
【分布】　北海道〜九州

カンボク(ケナシカンボク)　　　SPl.299.7-9
Viburnum opulus L. var. *calvescens* (Rehder)
Hara
【大きさ】　20-23×19-23 μm; 21-22×22-23 μm
(I), 24-26×28-30 μm(S)
【試料】　岡山市三徳園(植栽)：不詳(岡)
【開花期】　5-7月
【分布】　北海道・本州(中北部，西部ではまれ)

ヤブデマリ　　　　　SPl.299.10-11
Viburnum plicatum Thunb. var. *tomentosum*
(Thunb. ex Murry) Miq.
【大きさ】　17-22×17-18 μm; 18-19×20-22 μm
(I)
【試料】　岡山市三徳園(植栽)：1982.5.18, 1983.
5.15(渡辺)
【開花期】　5-6月
【分布】　本州〜九州

チョウジガマズミ　　　　SPl.299.12-15
Viburnum carlesii Hemsley var. *bitchiuense*
(Makino) Nakai
【大きさ】　17-22×17-18 μm; 21-22×23.5-24.5
μm(I)
【試料】　岡山市三徳園(植栽)：1983.4.17, 1989.
4.11，岡山市西原邸(植栽)：1991.4.18(岡)
【開花期】　4-5月
【分布】　本州(中国)・四国(香川県・愛媛県)・九州
(福岡県)

ハクサンボク　　　　　SPl.303.1-4
Viburnum japonicum (Thunb.) Spreng.
【大きさ】　25.0-28.8×24.5-30.0 μm; 19-20×
20-22 μm(I), 10×18 μm(B)
【試料】　沖縄県国頭村：2004.4.9
【開花期】　3-5月
【分布】　本州(伊豆半島・伊豆諸島・愛知県・山口
県)・九州・沖縄

スイカズラ亜科
Subfamily **Caprifolioideae**

イワツクバネウツギ属
Genus *Zabelia* (Rehder) Makino

　本亜科の中で本属だけは刺状紋を持たず，平滑
状紋のように見える。しかし，拡大して見ると微
粒のわずかな凹凸は認められる。

スイカズラ科

イワツクバネウツギ　　　　　　　SPl.300.1-2
Zabelia integrifolia (Koidz.) Makino

【形態】　長球形で，等極性。極観は頂口型の亜三角形で，赤道観は楕円形。3溝孔型。溝はやや短く開き，口膜は丈夫で破れない。本種は走査電顕では観察しにくいが，横長内口が互いに連なり，赤道部を取り巻く帯口粒を持つ。外壁の彫紋は平滑状紋に近いが，拡大して見ると微細な凹凸状となっている。

【大きさ】　55-65×47-55 μm; 55-60×52-58 μm (I), 80-85×65-70 μm(S), 50.4-63.0×45.0-57.6 μm(N)

【試料】　高知県横倉山：1976.5(守田)

【開花期】　5-6月

【分布】　本州(中西部)〜九州

ツクバネウツギ属
Genus *Abelia* R. Brown

　亜偏球形で，等極性。極観は円形〜頂口型の三角円形で，赤道観は偏平形。3溝型。溝孔型とする報告(幾瀬，1956；島倉，1973)もあるが，短く凸レンズ状に大きく開いた溝の内膜は壊れやすくて消失し，内孔は確認できない。外壁の彫紋は微小刺状紋で，やや大きさの異なる微小刺が全表面を覆う。

ツクバネウツギ　　　　　　　　SPl.300.7-9
Abelia spathulata Siebold et Zucc.

【大きさ】　42-58×43-64 μm; 48-53×54-61(43-61×50-63) μm(I), 65-70×65-70 μm(S), 46.8-59.4×48.6-66.6 μm(N)

【試料】　岡山市笠井山：1987.5.19(金井)，鳥取県倉吉市関金町：1995.5.8(清末)，岡山県瀬戸内市前島：1998.7.4(古田)

【開花期】　4-6月

【分布】　本州(東北の太平洋側・関東・中部以西)〜九州(北西部)

コツクバネウツギ　　　　　　　SPl.300.3-6
Abelia serrata Siebold et Zucc.

【大きさ】　48-49×53-58 μm; 52-54×62-64 μm (I), 66.0-70.2×59.4-72.0 μm(N)

【試料】　岡山市三徳園(植栽)：1982.5.9

【開花期】　5-6月

【分布】　本州(中部以西)〜屋久島

タニウツギ属
Genus *Weigela* Thunb.

FPl.15.1

　偏平三角球形で，等極性。極観は頂口型の三角円形で，赤道観は横長の楕円形。3孔型。本属の発芽口については，溝の面影の残った孔であるため，幾瀬(1956)・島倉(1970)は3溝孔型とし，中村(1980)は3孔型としている。本書では孔型が適切と判断し，孔型とする。その孔は赤道面に等間隔で並び，孔縁がやや突出して火口状となり，口膜は破れて消失している。外壁の彫紋は刺状紋で，長さ5 μm前後の長刺と長さ1 μm以下の微小刺がまばらにあり，それ以外の表面は微粒状紋で覆われる。

タニウツギ　　　　　　SPl.300.10-11，LPl.62.6
Weigela hortensis (Siebold et Zucc.) K. Koch

【大きさ】　25-30×36-49 μm; 40-45×45-52 μm (I), 36.0-50.4 μm(N)

【試料】　青森県十和田市猿子沢：1971.6.9(守田)，岡山県真庭市蒜山高原：1980.6.11，岡山市三徳園(植栽)：1983.5.15(渡辺)

【開花期】　5-7月

【分布】　北海道(西半)〜東北・北陸・山陰(日本海型気候の山地)

キバナウツギ　　　　　　　　SPl.300.12-14
Weigela maximowiczii (S. Moore) Rehder

【大きさ】　40-41×42-45 μm; 42-45×43-48 μm (I), 40×40 μm(B)

【試料】　京都市日本新薬山科植物資料館(植栽)：1990.7.10(岡)，栃木県東京大学理学部附属日光

植物園(植栽)：2011.5.18(岡)

【開花期】 4-6月

【分布】 本州(北中部，北限は秋田県太平山，西限は長野県南部)

オオベニウツギ SP1.301.1-2

Weigela florida (Bunge) A. DC.

【大きさ】 40-51×42-54 μm

【試料】 神戸市立森林植物園：1992.5.21(岡)

【開花期】 5-6月

【分布】 福岡県(古処山)。朝鮮半島・中国(北部)・モンゴル

ニシキウツギ SP1.301.3-5

Weigela decora (Nakai) Nakai

【大きさ】 41-42×41-45 μm; 40-42×42-45 μm (I), 41.0-54.0 μm(N)

【試料】 岡山市笠井山：1986.5.15(金井)

【開花期】 5-8月

【分布】 本州(中国山脈東部)〜九州

ハコネウツギ SP1.301.6-7

Weigela coraeensis Thunb.

【大きさ】 55-62 μm; 43-45×45-47 μm(I), 70-80×70-80 μm(S), 43.2-48.6 μm(N)

【試料】 鳥取県水尻池：1995.5.29(清末)

【開花期】 5-6月

【分布】 本州(中部の太平洋側)

ヤブウツギ(ケウツギ) SP1.301.8-11

Weigela floribunda (Siebold et Zucc.) K. Koch

【大きさ】 40-54×44-57 μm; 55-60×56-62 μm (S), 43.2-50.4 μm(N)

【試料】 岡山市三徳園(植栽)：1983.5.25，1991.5.29(岡)

【開花期】 5-6月

【分布】 本州(東京都以西の太平洋側)・四国

スイカズラ属
Genus *Lonicera* L.

FP1.15.2-3

偏平三(四・五)角球形で，等極性。極観は円形〜頂口型の三(四・五)角円形で，赤道観は円形〜横長の楕円形。3(4-5)溝孔型。本属の発芽口は溝が極軸長の1/2か1/3と短く大きく開くが，口膜はもろく消失している。そのため走査電顕では3(4-5)溝型に見えるが，無処理の花粉を光顕で観察すると内口が存在するので，本来は3(4-5)溝孔型である。外壁の彫紋は刺状紋で，長さ2-3 μmの刺がまばらに点在し，それ以外の表面は微小刺状紋で覆われる。

キンギンボク(ヒョウタンボク) SP1.301.12-13

Lonicera morrowii A. Gray

【大きさ】 44-47 μm; 45-47×47-52 μm(I)

【試料】 岡山市三徳園(植栽)：1986.5.10，1990.4.30(岡)

【開花期】 4-6月

【分布】 北海道(西南部)・本州(東北日本海側)。韓国(鬱陵島)

オニヒョウタンボク SP1.301.14

Lonicera vidalii Franch. et Savat.

【大きさ】 47-49×51-56 μm; 49-52×52-55 μm (I)

【試料】 岡山市三徳園(植栽)：1986.5.10

【開花期】 4-6月

【分布】 本州(群馬県・長野県・広島県・島根県隠岐島)。朝鮮半島(南部)

キダチニンドウ SP1.301.15-16

Lonicera hypoglauca Miq.

【大きさ】 38-44×43-49 μm; 50×50×50 μm(B)

【試料】 岡山市三徳園(植栽)：1982.5.9

【開花期】 5-7月

【分布】 本州(東海・瀬戸内海沿岸)〜九州。中国・台湾・ベトナム

スイカズラ科・レンプクソウ科・オミナエシ科

ヤマウグイスカグラ　　　　　SPl.302.5-8
Lonicera gracilipes Miq. var. *gracilipes* Maxim.
【大きさ】　40-45×50-62 μm；46-50×55-60 μm
(I)
【試料】　岡山市御津：1994.4.16
【開花期】　3-6 月
【分布】　本州(中西部)〜九州

ウグイスカグラ　　　　　SPl.302.1-4
Lonicera gracilipes Miq. var. *glabra* Miq.
【大きさ】　56-64 μm；48-53×54-64 μm(I)，
45.0-50.0×57.6-75.6 μm(N)
【試料】　岡山県妙見山：1982.4.28(太田)，岡山
市三徳園(植栽)：1983.5.11
【開花期】　2-6 月
【分布】　本州・四国

スイカズラ(ニンドウ)　　　SPl.302.9-11，LPl.62.1-5
Lonicera japonica Thunb.
【大きさ】　49-53×53-56 μm；50-53×52-60 μm
(I)，52-58×55-60 μm(S)，50.4-54.0×63.0-73.8
μm(N)
【試料】　岡山市半田山植物園(植栽)：1973.5.11，
岡山市岡山理科大学：1975.5.23，岡山市半田
山：1994.5.17(宮田)
【開花期】　5-7 月
【分布】　本州〜沖縄。朝鮮半島・中国・台湾

ハナヒョウタンボク　　　　SPl.303.9-13
Lonicera maackii (Rupr.) Maxim.
【断面】　花粉外壁は外表層，柱状層，底部層から
なる。外表層を小柱が支えている。
【大きさ】　43.4-58.5×48.4-60.1 μm；42×42
μm(B)
【試料】　東京都東京大学理学部附属小石川植物園
(植栽)：2013.4.14(岡)
【開花期】　5-6 月
【分布】　長野県以北の本州。朝鮮半島・中国北部

レンプクソウ科
Family **Adoxaceae**

　ユーラシアの温帯〜寒帯に分布し，1属1種が
あるだけである。日本にも自生する。

レンプクソウ属
Genus ***Adoxa*** L.

レンプクソウ(ゴリンバナ)　　SPl.304.10-12
Adoxa moschatellina L.
【形態】　長球形で，等極性。極観は円形で，赤道
観は楕円形。3溝型。溝は両極近くまで伸びてや
や開き，口膜上は平滑状紋か微粒が点在する。外
壁の彫紋は小網目状紋で，全表面を微細な網目が
覆い，溝縁部ではその網目がさらに小さくなる。
【大きさ】　23-25×17-19 μm；22-23×22-24 μm
(I)，28.8-36.0×21.6-27.0 μm(N)
【試料】　岡山市大福(植栽)：1992.4.5(岡)
【開花期】　3-5 月
【分布】　北海道〜近畿。北半球の温帯に広く分布

オミナエシ科
Family **Valerianaceae**

　本科は世界に13属約360種もあるが，日本に
は3属9種しかない。

カノコソウ属
Genus **Valeriana** L.

　球形で，等極性。極観は円形で，赤道観は円形
〜横長の楕円形。3溝型。溝は短くて極軸長の1/
3程度で大きく開き，口膜は破れて破片が溝縁に
残る。外壁の彫紋は刺状紋で，基部がドーム状に
盛り上がり，その頂点に長さ3 μm前後の刺がサ
イの角のように突出する(かぶと状突起)。ドーム状
の刺の間には微粒が点在する。

カノコソウ SP1.304.1-4

Valeriana fauriei Briq.

【大きさ】 45-51×55-61 μm; 43-45×55-57 μm (I), 60-65×60-65 μm(S), 45.0-54.0×52.2 μm (N)

【試料】 愛媛県西予市大野ケ原：1976.7(守田)，岡山県真庭市蒜山高原：1991.6.1(岡)

【開花期】 5-7月

【分布】 北海道〜九州。サハリン・朝鮮半島・中国

ツルカノコソウ SP1.305.1-4

Valeriana flaccidissima Maxim.

【大きさ】 35.1-43.4×40.1-48.4 μm; 39-42×42-46 μm(I), 36.0-37.8×32.4-37.8 μm(N), 25-28×30-40 μm(B)

【試料】 鳥取県岩美町唐川：1994.5.3(清末)

【開花期】 4-5月

【分布】 関東以南

オミナエシ属
Genus *Patrinia* Juss.

外観はカノコソウ属に似る。

オミナエシ(オミナメシ) SP1.304.5-7

Patrinia scabiosaefolia Fisch.

【大きさ】 32-36×46-49 μm; 33-40×42-46 μm (I), 45-52×50-55 μm(S), 27.0-34.2×30.6-39.6 μm(N)

【試料】 不詳(新井)

【開花期】 7-10月

【分布】 北海道〜九州。シベリア(東部)・朝鮮半島・中国

チシマキンレイカ SP1.305.5-9

Patrinia sibirica (L.) Juss.

【断面】 花粉外壁は外表層，柱状層，底部層からなる。外表層を分枝円柱型の小柱が支えている。

【大きさ】 43.4-51.8×46.8-53.4 μm; 40×40 μm(B)

【試料】 神戸市六甲高山植物園(植栽)：1993.5.21(岡)

【開花期】 6-8月

【分布】 北海道。千島・樺太・シベリア東部

ノヂシャ属
Genus *Valerianella* Mill.

ノヂシャ SP1.304.8-9

Valerianella locusta (L.) Betcke

【形態】 球形〜長球形で，等極性。極観は円形で，赤道観は円形〜楕円形。3溝型。溝はやや短く大きく開くが，口膜の様子や内孔の有無は不明。外壁の彫紋は微小刺状紋で，微小刺が点在し，その間にさらに微粒がある。

【大きさ】 22-24×20-22 μm; 39-43×39-42 μm (I)

【試料】 岡山県赤磐市馬屋(植栽)：1981.5.2

【開花期】 4-6月

【原産地】 ヨーロッパ

マツムシソウ科
Family **Dipsacaceae**

地中海沿岸から西アジアに10属270種が分布し，日本には2属2種が自生する。花粉分析では，マツムシソウ属の化石花粉がよく報告されるが，低率である。

マツムシソウ属
Genus *Scabiosa* L.

マツムシソウ SP1.307.1-4

Scabiosa japonica Miq.

【形態】 球形で，等極性。極観・赤道観ともに円形。3溝型。溝は短く大きく凸レンズ状に開き，溝内の薄膜は破れて消失している。外壁の彫紋は刺状紋で，5-10 μmのまばらな間隔で大きな刺が点在し，それ以外の表面は微小刺が密に覆う。

【大きさ】 60-65×66-70 μm; 65-72×65-74 μm

(I)，72.0-86.4×68.4-81.0 μm(N)

【試料】　岡山県赤磐市高倉山：1989.9.24

【開花期】　8-10月

【分布】　北海道〜九州

キキョウ科
Family **Campanulaceae**

　世界に60属1,500種あるが，日本では9属25種ほどである。日本産は2亜科に分けられ，発芽口はホタルブクロ亜科では多環溝型と多環孔型があり，ミゾカクシ亜科では3溝孔型である。外壁はホタルブクロ亜科ではすべて刺状紋で，その基盤となる表面は微細な糸が交叉する手鞠状のしわ状紋からなり，ミゾカクシ亜科では網目状紋よりも微穿孔状紋に近い彫紋を持つ。

ホタルブクロ亜科
Subfamily **Campanuloideae**

キキョウ属
Genus *Platycodon* A. DC.

キキョウ　　　　　　　　　　SPl.306.1-3

Platycodon grandiflorum (Jacq.) A. DC.

【形態】　偏球形で，等極性。極観は円形〜五〜九角形で，赤道観は偏平形。多環溝型で，溝の数は5-7個で少ない。溝は短くてスリット状となり，あまり開かず，溝内や溝縁に微粒がある。彫紋は細い糸のしわ状紋からなるが，表面全体が大脳のしわのように隆起し，その上を微小刺がかなりの密度で覆う。

【大きさ】　44-46 μm; 43-47×48-53 μm(I), 54-58×52-56 μm(S), 37.8-43.2×41.4-45.0 μm(N)

【試料】　岡山県赤磐市山陽(植栽)：1981.8.3，岡山市岡山空港(植栽)：1987.8.26(金井)，岡山市玉柏(植栽)：1987.9.15(尾形)

【開花期】　6-8月

【分布】　北海道〜奄美諸島。ウスリー・朝鮮半島・中国

ツルニンジン属
Genus *Codonopsis* Wallich

ツルニンジン　　　　　　　　SPl.306.4-6

Codonopsis lanceolata (Siebold et Zucc.) Trautv.

【形態】　外観はキキョウ属に似る。溝の数は7-9個で多い。彫紋はしわ状紋の上に，まばらに微小刺が点在する。

【大きさ】　23-27×33-38 μm; 36-43×43-47 μm(I), 40-44×40-44 μm(S), 27.0-34.2 μm(N)

【試料】　仙台市川内：1978.9.3(守田)，岡山県真庭市蒜山高原：1998.9.9(古田)

【開花期】　7-10月

【分布】　北海道〜九州。アムール・ウスリー・朝鮮半島・中国

ツリガネニンジン属
Genus *Adenophora* Fischer

ツリガネニンジン　　SPl.306.10-13, LPl.63.1-4

Adenophora triphylla (Thunb.) A. DC. var. *japonica* (Regel) Hara

【形態】　球形〜三(四)角球形で，等極性。極観は円形〜三(四)角形で，赤道観は横長の楕円形〜円形。3(まれに4)孔型。孔は赤道面に等間隔で並び，孔縁はわずかに隆起し，口膜は破れて消失しているものが多い。外壁の彫紋は微小刺状紋で，手鞠状のしわ状紋の表面に1-2 μmの間隔でまばらに微小刺が点在する。

【大きさ】　28-34×35-43 μm; 36-38×37-42 μm(I), 32-36×38-42 μm(S), 34.2-43.2 μm(N)

【試料】　岡山県赤磐市高倉山：1985.9.29，京都市西京区：2001.7.10

【開花期】　7-10月

【分布】　北海道〜九州。サハリン

キキョウ科・クサトベラ科

ホタルブクロ属
Genus *Campanula* L.

外観はツリガネニンジン属に似る。

ホタルブクロ SPl.306.17-20
Campanula punctata Lam.
【大きさ】 23-25×25-28 μm; 28-31×31-33 μm
(I), 33-35×34-36 μm(S), 28.8-32.4 μm(N)
【試料】 園芸店より：1983.6.11, 鳥取県熊井浜：1995.6.12(清末), 岡山県赤磐市南佐古田(植栽)：2001.6.21
【開花期】 6-7月
【分布】 北海道(西南部)〜九州。朝鮮半島・中国

ヤツシロソウ SPl.306.14-16
Campanula glomerata L. var. *dahurica* Fisch. ex
Ker Gawl.
【大きさ】 29-31×29-34 μm; 24-26×26-30 μm
(I)
【試料】 香川県東かがわ市西村：不詳(三好マ)
【開花期】 8-9月
【分布】 九州。シベリア(東部)・中国(東北部)

タニギキョウ属
Genus *Peracarpa* Hook. fil. et Thomson

タニギキョウ SPl.306.7-9
Peracarpa carnosa (Wall.) Hook. fil et Thomson
var. *circaeoides* (Fr. Schm.) Makino
【形態】 外観はツリガネニンジン属に似る。
【大きさ】 19-20×20-24 μm; 26-30×28-34 μm
(I), 32-36×36-40 μm(S)
【試料】 青森県仙人平：1979.6.26(守田)
【開花期】 5-8月
【分布】 北海道〜九州。カムチャツカ・サハリン・南千島・韓国(済州島)・中国

ミゾカクシ亜科
Subfamily **Lobelioideae**

ミゾカクシ属
Genus *Lobelia* L.

サワギキョウ SPl.306.21-22
Lobelia sessilifolia Lamb.
【形態】 長球形で, 等極性。極観は円形で, 赤道観は楕円形。3溝孔型。溝は両極近くまで伸び大きく開くが, 赤道部でくびれて狭くなるため杵状となり, 内孔は確認しにくい。外壁の彫紋は微穿孔状紋であるが, 交叉の多い縞状紋のようにも見える。
【大きさ】 35-46×20-29 μm; 30-33×34-36 μm
(I), 33-36×34-36 μm(S), 34.2-39.6×23.4-27.0
μm(N)
【試料】 広島県北広島町：1972.9.3(波田)
【開花期】 7-9月
【分布】 北海道〜九州。シベリア・サハリン・千島・朝鮮半島・中国

クサトベラ科
Family **Coodeniaceae**

オーストラリア, ポリネシアの熱帯域に多く分布し, 約12属300種が知られている。日本には1属1種が自生する。

クサトベラ属
Genus *Scaevola* L.

クサトベラ SPl.307.5-7, LPl.64.1-6
Scaevola sericea Vahl
【形態】 長球形で, 等極性。極観は円形で, 赤道観は楕円形。3溝孔型。溝は両極近くまで伸びやや開くが, 内孔は確認しにくい。外壁の彫紋はいぼ状紋で, 不規則な形のいぼが重なり合うように密に覆い, いぼには数個の微穿孔がある。
【大きさ】 31-33×30-33 μm; 40-42×37-40 μm

(I), 59.4-61.2×48.6-54.0 μm(N)

【試料】　沖縄県石垣島：1972.8.19(中村純)，沖縄県北谷町：2004.2.17

【開花期】　5-11月

【分布】　小笠原諸島・屋久島～沖縄。中国(南部)・東南アジア・インド・ポリネシア・オーストラリア・アフリカ(東部熱帯)

キク科
Family **Compositae**

FPl.15.10-12

　双子葉植物中もっとも進化し，もっとも大きな科といわれ，世界におよそ95属2万種もある。日本には70属約350種が自生し，帰化植物も100種以上ある。大きな分類群であるが，花粉の形態は発芽口がほとんど3(まれに4)溝孔型で(幾瀬, 1956によればダリアは6散溝粒)，外壁の彫紋もすべて刺状紋からなり変化に乏しいため，小カテゴリーの分類群まで区別するのは難しい場合が多い。ただ刺状紋の配列の特徴からキク亜科とタンポポ亜科への区別は可能であり，刺の大小や外壁の彫紋の特徴からヨモギ属のように属レベルに同定しているものもある。花粉分析では比較的多く産出する群で，キク科として一括して報告しているもの，キク科とヨモギ属の2タイプに分けているもの，キク亜科・タンポポ亜科・ヨモギ属の3タイプに分けて記載しているものがある。

キク亜科
Subfamily **Carduoideae**

ワダンノキ属
Genus *Dendrocacalia* Nakai ex Tuyama

ワダンノキ(ニガナノキ)　　　　　　SPl.383.1-4
Dendrocacalia crepidifolia Nakai ex Tuyama

【形態】　日本で見られるキク科は大多数が草本か低木であるが，本種だけは東アジアで唯一の常緑

小高木となる種類である。

　球形で，等極性。極観は間口型の亜三角形で，赤道観は円形。3溝孔型。溝は凸レンズ状に大きく開き，内孔も破れた口膜に縁取られて確認しやすい。外壁の彫紋は刺状紋で，基部が2-3μm，高さが5μm前後の大きな刺がやや密にあり，金平糖状を呈する。各刺の基部を含む全表面は微穿孔からなり，レース状に見える。刺には微穿孔はできない。

【大きさ】　25-27×25-26μm

【試料】　東京都小笠原諸島母島：1981.10.21(小林・菅原)

【開花期】　10-12月

【分布】　小笠原諸島(母島)

オナモミ連
Tribe **Ambrosieae**

ブタクサ属
Genus *Ambrosia* L.

　球形で，等極性。極観は間口型の亜三角形で，赤道観は円形。3溝孔型。溝は短くて大きく開き，内孔も確認しやすい。外壁の彫紋は微小刺状紋で，底面が2μm前後ある円錐状の先端が鋭く尖った刺が密に覆い，刺の先端以外の表面はすべて微穿孔状の穴が開いている。

ブタクサ　　　　　　SPl.308.1-3，PPl.12.4-7
Ambrosia artemisiifolia L. var. *elatior* (L.) Descurtilz

【大きさ】　17-20×19-23μm；16-18×18-20μm(I)，20-23×20-22μm(S)，16.2-18.0×18.0-19.8μm(N)

【試料】　岡山県新見市井倉：1973.10.5(波田)，岡山県赤磐市熊山吉井川：1988.10.10

【開花期】　7-10月

【原産地】　北米

キク科

クワモドキ（オオブタクサ）

SPl.308.4-6，LPl.63.5-9，PPl.12.1-3

Ambrosia trifida L.

【大きさ】　19-23×20-22 μm；16-17×17-18 μm
(I)，16.2-19.8×18.0-19.8 μm(N)

【試料】　岡山市旭川：1987.9.26

【開花期】　8-9月

【原産地】　北米

オナモミ属
Genus *Xanthium* L.

オナモミ

SPl.314.9-10，LPl.63.10-12

Xanthium strumarium L.

【形態】　外観はブタクサ属に似る。

【大きさ】　21-23×22-25 μm；22-25×24-27 μm
(I)，26-30×30-32 μm(S)，9.8-21.6×23.4 μm
(N)

【試料】　岡山県赤磐市山陽：1989.9.24

【開花期】　8-10月

【分布】　日本全土。アジア

キク連
Tribe **Anthemideae**

オナモミ連よりさらに退化し小さくなった微小
刺を持つヨモギ属と，オナモミ連よりもっと大き
な長刺を持つキク属などの2つのグループがある。

シカギク属
Genus *Matricaria* L.

カミツレ

SPl.308.7-10

Matricaria chamomilla L.

【形態】　球形で，等極性。極観は間口型の亜三角
形で，赤道観は楕円形。3溝孔型。溝は両極近く
まで凸レンズ状に開き，口膜はあまり破れていな
いが内孔の膜は破れているものが多い。外壁の彫
紋は基部・高さが5 μm前後もある長刺状紋が全
表面を覆う。

【大きさ】　20-24×22-28 μm；18-19×20-22 μm

(I)

【試料】　不詳

【開花期】　5-9月

【原産地】　シベリア・サハリン

キク属
Genus *Chrysanthemum* L.

外観はシカギク属に似る。

キク

SPl.308.11-14

Chrysanthemum × *morifolium* Ramat.

【大きさ】　32-34×31-37 μm；20×25 μm(B)

【試料】　岡山県赤磐市山陽(植栽)：1988.10.18

【開花期】　9-11月

【備考】　園芸品種

シュンギク

SPl.309.1-3

Chrysanthemum coronarium L.

【大きさ】　24-26×25-29 μm；20×20 μm(B)

【試料】　岡山県赤磐市山陽(植栽)：1987.5.8(金
井)，赤磐市南佐古田(植栽)：2002.4.30

【開花期】　3-6月

【原産地】　ヨーロッパ(南部・地中海沿岸)

フランスギク

SPl.309.4-6

Chrysanthemum leucanthemum L.

【大きさ】　24-28×22-24 μm；25-27×27-30 μm
(I)

【試料】　岡山県赤磐市山陽：1987.5.23

【開花期】　4-6月

【原産地】　ヨーロッパ

シオギク

LPl.66.1-4

Chrysanthemum shiwogiku Kitam.

【大きさ】　34.6-36.3×33.0-36.3 μm；28-31×
27-30 μm(I)

【試料】　広島市植物公園(植栽)：1990.10.28(岡)

【開花期】　10-12月

【分布】　四国(徳島県蒲生田崎～高知県物部川)

オオシマノジギク SPl.310.1-4

Chrysanthemum crassum (Kitam.) Kitam.

【大きさ】 33.4-38.4×31.7-38.4 μm

【試料】 東京都東京大学理学部附属小石川植物園
（植栽）：2011.10.19（岡）

【開花期】 11-12月

【分布】 屋久島・奄美大島・喜界島・加計呂麻
島・与路島・徳之島

ナカガワギク SPl.310.5-8

Chrysanthemum yoshinaganthum Makino ex
Kitam.

【大きさ】 30.4-42.5×30.6-46.8 μm

【試料】 東京都東京大学理学部附属小石川植物園
（植栽）：2013.11.19（岡）

【開花期】 10-12月

【分布】 徳島県那賀川・日和佐川周辺

ヨモギ属
Genus *Artemisia* L.

FPl.15.5-9

　長球形で，等極性。極観は円形で，赤道観は長
円形。3溝孔型。溝は両極近くまで伸び，かなり
開いて内孔は確認しやすい。外壁の彫紋は微小刺
状紋で，微小刺が全表面にほぼ均等にある。

ヨモギ（カズザキヨモギ）
　　　　SPl.309.7-9, LPl.66.10-13, PPl.12.8-11

Artemisia princeps Pamp.

【大きさ】 18-23×19-23 μm; 21-23×22-25 μm
(I), 24-26×24-26 μm(S), 18.0-21.6×21.6-23.4
μm(N)

【試料】 岡山市半田山：1972.10.10

【開花期】 9-10月

【分布】 本州〜九州・小笠原諸島。朝鮮半島

カワラヨモギ SPl.309.10-12

Artemisia capillaris Thunb.

【大きさ】 16-17×16-18 μm; 17-18×19-21 μm
(I), 16.2-18.0 μm(N)

【試料】 長崎市長崎大学：1990.11.15（岡）

【開花期】 8-10月

【分布】 本州〜沖縄。朝鮮半島・中国・フィリピ
ン・ネパール

メナモミ連
Tribe **Heliantheae**

　タカサブロウ属をはじめほとんどの属の刺は，
細く長く鋭く尖った長刺状であるが，ヤグルマギ
ク属だけは，ヨモギ属のような微小刺を持つ。

タカサブロウ属
Genus *Eclipta* L.

タカサブロウ SPl.309.13-14

Eclipta prostrata L.

【形態】 球形で，等極性。極観は間口型の亜三角
形で，赤道観は円形。3溝孔型。溝は長刺の間に
あって確認しにくいが，両極近くまで伸び，口膜
は破れにくいが，内孔の膜は破れて横長円形の発
芽口が見られる。外壁の彫紋は長刺状紋で，本属
の長刺はキク連の長刺よりも細く長く鋭く尖る。
基部は2 μm前後で細いが，高さは6 μm前後も
あり，本科の中ではキク連とともにもっとも長い
刺を持つグループである。

【大きさ】 25-26×27-30 μm; 19-21×21.5 μm
(I), 20-22×20-22 μm(S)

【試料】 岡山県赤磐市山陽：1979.8.22

【開花期】 7-10月

【分布】 本州〜沖縄・小笠原諸島。世界に広く分
布

ヒマワリ属
Genus *Helianthus* L.

　外観はタカサブロウ属に似る。

ヒマワリ SPl.311.1-4

Helianthus annuus L.

【大きさ】 29-35×30-32 μm; 26-27×27-29 μm

(I)

【試料】　岡山県赤磐市山陽(植栽)：1987.7.29

【開花期】　6-8 月

【原産地】　北米(フロリダ・テキサス)

ヒメヒマワリ　　　　　　　　　SPl.311.5-7

Helianthus debilis Nutt.

【大きさ】　26-29×32-34 μm; 25×25 μm(B)

【試料】　岡山県赤磐市山陽(植栽)：1988.8.25

【開花期】　6-9 月

【原産地】　北米(フロリダ・テキサス)

ハマグルマ属
Genus *Wedelia* Jacq.

クマノギク(ハマグルマ)　　　　SPl.311.8-10

Wedelia chinensis (Osbeck) Merr.

【形態】　外観はタカサブロウ属に似る。

【大きさ】　24-34×27-32 μm; 22-25×22-26 μm
(I)

【試料】　不詳

【開花期】　5-9 月

【分布】　本州(伊豆半島・紀伊半島)〜沖縄。中国・
台湾・マレーシア・インド

センダングサ属
Genus *Bidens* L.

外観はタカサブロウ属に似る。

センダングサ　　　　　　　　　SPl.312.1-3

Bidens biternata (Lour.) Merr. et Sherff

【大きさ】　34-36×29-36 μm; 24-25.5×24.5-26
μm(I)

【試料】　群馬県藤岡市：1987.10.14(金井)，岡山
市岡山理科大学：1987.10.27(金井)

【開花期】　8-11 月

【分布】　本州(関東以西)〜九州。朝鮮半島・中
国・マレーシア・オーストラリア・小アジア・ア
フリカ

アメリカセンダングサ(セイタカタウコギ)

　　　　　　　　　　　　　　　SPl.312.4-5

Bidens frondosa L.

【大きさ】　29-32 μm; 30-32×30-32 μm(S)，
25.2-27.0 μm(N)

【試料】　沖縄県伊平屋島：1995.11

【開花期】　8-10 月

【原産地】　北米

コシロノセンダングサ　　　　SPl.313.10-13

Bidens pilosa L. var. *minor* (Blume) Sherff

【大きさ】　21.8-24.5×26.6-29.0 μm; 25-30×
25-30 μm(B)

【試料】　沖縄県那覇市：2013.2.4(岡)

【開花期】　9-11 月

【分布】　本州の暖地・九州・沖縄。世界の熱帯域

キンセンカ属
Genus *Calendula* L.

キンセンカ　　　　　　　　　　SPl.312.6-8

Calendula officinalis L.

【形態】　外観はタカサブロウ属に似る。

【大きさ】　30-34×33-38 μm; 27-28×28-30 μm
(I)

【試料】　岡山県赤磐市南佐古田(植栽)：2002.4.26

【開花期】　2-5 月

【原産地】　ヨーロッパ(南部)

キンケイギク属
Genus *Coreopsis* L.

オオキンケイギク　　　　　　　SPl.314.5-8

Coreopsis lanceolata L.

【形態】　外観はタカサブロウ属に似る。

【大きさ】　23-26×26-28 μm; 15-20×15-20 μm
(B)

【試料】　岡山市旭川：1987.6.30

【開花期】　6-8 月

【原産地】　北米

キク科

メナモミ属
Genus *Sigesbeckia* L.

外観はタカサブロウ属に似る。

メナモミ SP1.314.11-13
Sigesbeckia orientalis L. subsp. *pubescens* (Makino) Kitam.
【大きさ】 25-27×26-31 μm; 24-26×26-28 μm (S)
【試料】 岡山県本陣山：1987.10.19(尾形)
【開花期】 9-10月
【分布】 北海道～九州。朝鮮半島・中国

ツクシメナモミ SP1.313.1-5
Sigesbeckia orientalis L.
【断面】 花粉外壁は外表層，柱状層，底部層からなる。外表層を小柱が支え，小柱は密に配列している。
【大きさ】 30.1-33.4×31.7-35.1 μm
【試料】 沖縄県国頭村：1989.3.5(宮城)
【開花期】 4-11月
【分布】 本州以南・四国・九州・沖縄

コメナモミ SP1.313.6-9
Sigesbeckia orientalis L. subsp. *glabrescens* (Makino) Kitam. ex Shimabuku
【大きさ】 28.4-31.7×28.4-33.4 μm; 20×15 μm(B)
【試料】 沖縄県那覇市：2013.2.3(岡)
【開花期】 9-10月
【分布】 日本全土

ヤグルマギク属
Genus *Centaurea* L.

本連の中で本属だけは刺が退化して微小刺となっている。

ヤグルマギク(ヤグルマソウ) SP1.314.1-4
Centaurea cyanus L.
【形態】 長球形で，等極性。極観は間口型の亜三角形で，赤道観は長円形。3溝孔型。溝は両極近くまで伸び，大きく開いて，薄膜の破れた円形～長円形の大きな内孔がある。外壁の彫紋は微小刺状紋で，微小刺は溝間域ではやや多いが，溝縁ではまばらに点在する。
【大きさ】 21-33×20-25 μm; 40-43×30-33 μm (I), 42-46×42-46 μm(S)
【試料】 岡山県赤磐市山陽(植栽)：1985.5.5，岡山市法界院(植栽)：1987.5.18(金井)
【開花期】 4-7月
【原産地】 小アジア・ヨーロッパ(地中海沿岸)

キオン連
Tribe Senecioneae

キオン属
Genus *Senecio* L.

シネラリア(サイネリア) SP1.315.1-4
Senecio × hybridus (Willd.) Regel
【形態】 球形で，等極性。極観は間口型の亜三角形～円形で，赤道観は円形。3溝孔型。溝は短くて大きく開き，内孔は確認しやすい。溝内は平滑状紋。外壁の彫紋は大長刺状紋で，底面が3-6 μmあり先端が鋭く尖った円錐形の刺からなり，これらが密に全表面を覆う。刺の先端部以外の全表面は微穿孔が認められる。
【大きさ】 22-28×25-29 μm
【試料】 岡山県赤磐市山陽(植栽)：1998.3.20
【開花期】 3-5月
【原産地】 カナリア諸島

ツワブキ属
Genus *Farfugium* Lindl.

ツワブキ SP1.315.5-7
Farfugium japonicum (L. fil.) Kitam.
【形態】 外観はキオン属に似る。

キク科

【大きさ】 35-41×38-41 μm; 33-35×34-36 μm (I), 34-38×36-38 μm(S)

【試料】 岡山県赤磐市山陽(植栽)：1977.10.23, 岡山市岡山理科大学(植栽)：1987.10.19(金井)

【開花期】 10-11 月

【分布】 本州(太平洋側では福島県以南・日本海側では石川県以南)〜沖縄。朝鮮半島(南部)・中国・台湾

ベニバナボロギク属
Genus *Crassocephalum* Moench

ベニバナボロギク
SPl.315.8-11

Crassocephalum crepidioides (Bentham) S. Moore

【形態】 外観はキオン属に似る。

【大きさ】 27-29×24-36 μm; 25-26×26-28(27-28×28-29)μm(I)

【試料】 那覇市：1989.3, 沖縄県久米島アーラ岳：1989.8.25(仲吉)

【開花期】 8-10 月

【原産地】 マダガスカル・アフリカ

ヤブレガサ属
Genus *Syneilesis* Maxim

ヤブレガサ
SPl.310.9-12

Syneilesis palmata (Thunb.) Maxim.

【形態】 外観はツワブキ属に似る。

【大きさ】 41.8-45.1×41.8-45.1 μm; 34-35×35-36 μm(I)

【試料】 東京都東京大学理学部附属小石川植物園(植栽)：2011.6.10(岡)

【開花期】 7-10 月

【分布】 本州〜九州。朝鮮半島

シオン連
Tribe Astereae

キオン連とほぼ同じ3溝孔型で, 長刺状紋を持ち, 長刺の先端以外の全表面は微穿孔がある。

ヨメナ属
Genus *Kalimeris* Cass.

ヨメナ
SPl.316.1-3

Kalimeris yomena Kitam.

【大きさ】 22-29×24-29 μm; 21-22×23-24 μm (I), 21.6-23.4×21.6-25.2 μm(N)

【試料】 岡山市笠井山：1987.8.6(金井), 岡山市岡山理科大学：1987.10.19(谷川)

【開花期】 7-11 月

【分布】 本州(中部以西)〜九州

オオユウガギク
SPl.316.4-6

Kalimeris incisa (Fisch.) DC.

【大きさ】 27-29×27-29 μm

【試料】 不詳

【開花期】 8-10 月

【分布】 本州(愛知県以西)〜九州。シベリア・朝鮮半島・中国(北部・東北部)

ムカシヨモギ属
Genus *Erigeron* L.

ヒメムカシヨモギ
SPl.318.5-7

Erigeron canadensis L.

【大きさ】 18-19×18-20 μm; 15-16×16-17.5 μm(I)

【試料】 岡山県赤磐市山陽：1987.9.28

【開花期】 8-10 月

【原産地】 北米

ハルジオン
PPl.12.12-15

Erigeron philadelphicus L.

【大きさ】 18.2-19.1×18.2-20.3 μm; 7-22×7-22 μm(I)

【試料】 名古屋市名古屋大学

【開花期】 4-5 月

【原産地】 北アメリカ

キク科

シオン属
Genus *Aster* L.

シラヤマギク　　　　　　　　　SPl.316.7-9
Aster scaber Thunb.
【大きさ】　21-25×21-27 μm; 21-23×22-24 μm
(I), 26-28×26-28 μm(S), 21.6-23.4 μm(N)
【試料】　岡山市日応寺湿原：1987.8.26(金井)，
東京都立神代植物公園(植栽)：1992.9.10(岡)
【開花期】　6-10月
【分布】　北海道〜九州。朝鮮半島・中国

シロヨメナ(ヤマシロギク)　　　SPl.316.10-12
Aster ageratoides Turcz. subsp. *leiophyllus*
(Franch. et Savat.) Kitam.
【大きさ】　25-26×27-28 μm; 23-24×24-26 μm
(I)
【試料】　不詳
【開花期】　8-10月
【分布】　本州〜九州。台湾

タカネコンギク　　　　　　　　SPl.317.1-4
Aster viscidulus (Makino) Makino var. *alpinus*
(Koidz.) Kitam.
【大きさ】　28.4-33.4×31.7-36.7 μm
【試料】　広島市植物公園(植栽)：1996.9.1(岡)
【開花期】　8-9月
【分布】　本州(中部以北)高山帯

ユウガギク　　　　　　　　　　SPl.317.5-8
Aster iinumae Kitam.
【大きさ】　23.4-27.6×23.4-26.8 μm
【試料】　東京都東京大学理学部附属小石川植物園
(植栽)：2011.6.10(岡)
【開花期】　7-10月
【分布】　本州(近畿地方以北)

ヒメジョオン属
Genus *Stenactis* Cass.

ヒメジョオン　　　　　　　　　SPl.318.11-12
Stenactis annuus (L.) Cass.
【大きさ】　15-16×15-17 μm; 7-22×7-22 μm(I),
19.8-21.3×18.0-23.4 μm(N)
【試料】　岡山県旭川：1984.7.25(辻本)，岡山県
里庄町：1985.5.30(安原)
【開花期】　4-10月
【原産地】　北米

ヤナギバヒメジョオン　　　　　SPl.318.8-10
Stenactis pseudo-annuus Makino
【大きさ】　17-18×16-17 μm
【試料】　不詳
【開花期】　6-8月
【原産地】　北米

アキノキリンソウ属
Genus *Solidago* L.

セイタカアワダチソウ　　SPl.318.1-4, PPl.11.1-6
Solidago altissima L.
【大きさ】　21-22×23-25 μm; 19-20×20-22 μm
(I), 22-24×22-25 μm(S), 16.4-18.0 μm(N)
【試料】　岡山市半田山：1972.10.20，岡山市岡山
理科大学：1987.10.26(金井)
【開花期】　7-11月
【原産地】　北米

オグルマ連
Tribe **Inuleae**

　本連の長刺は，メナモミ連の長刺と同様に基部
が細く高く鋭く尖る。

キク科

コスモス属
Genus *Cosmos* Cav.

コスモス　SPl.319.1-4，LPl.63.13-16，PPl.11.7-11
Cosmos bipinnatus Cav.
【大きさ】　25-28×26-29 μm；27-29×28-30 μm，
22-24×22-25 μm(I)
【試料】　岡山県赤磐市山陽(植栽)：1981.9.16
【開花期】　9-10月
【原産地】　メキシコ

キバナコスモス　SPl.319.5-8
Cosmos sulphureus Cav.
【大きさ】　25-32×28-30 μm；21-24×22-25 μm
(I)
【試料】　京都市京都フラワーセンター(植栽)：
1990.7
【開花期】　6-10月
【原産地】　メキシコ

ヒャクニチソウ属
Genus *Zinnia* L.

ヒャクニチソウ　SPl.318.17-20
Zinnia elegans Jacq.
【大きさ】　23-26×25-30 μm；20-30×22-24 μm
(I)
【試料】　岡山県赤磐市山陽(植栽)：1986.9.1
【開花期】　8-10月
【原産地】　北米(主としてメキシコ)・南米

ハハコグサ属
Genus *Gnaphalium* L.

ハハコグサ　SPl.318.13-16
Gnaphalium affine D. Don
【形態】　オグルマ連の中では他の属の長刺より少
し短い。
【大きさ】　17-18×18-20 μm；15-16×16-17 μm
(I)，19-20×20-21 μm(S)
【試料】　兵庫県高砂市阿弥陀町：1983.4.24(山

下)，岡山市岡山理科大学：1987.5.6(尾形・金井)，
岡山県赤磐市吉井川：1994.4.19
【開花期】　4-6月
【分布】　日本全土。朝鮮半島・中国・インドシナ
半島・マレーシア・インド

コウヤボウキ連
Tribe **Mutisieae**

コウヤボウキ属
Genus *Pertya* Sch. Bip.

　本種の刺は退化し小さくなりヨモギ属の花粉に
近い外観を呈するが，微小刺の分布する数がいく
ぶん少なく，大きさはやや大きい。

コウヤボウキ　SPl.324.8-11
Pertya scandens (Thunb.) Sch. Bip.
【大きさ】　40-47×34-37 μm；40-45×35-39 μm
(I)
【試料】　岡山市半田山：1973.5.27
【開花期】　9-10月
【分布】　本州(関東以西)〜九州。中国

カシワバハグマ　SPl.322.1-5，LPl.64.7-8，65.1-2
Pertya robusta (Maxim.) Beauv
【断面】　花粉外壁は外表層，柱状層，底部層から
なる。外表層を小柱が支えている。小柱は密に配
列している。
【大きさ】　60.1-63.5×60.1-65.1 μm；57-60×
57-60 μm(I)
【試料】　栃木県東京大学理学部附属日光植物園
(植栽)：2011.10.1(岡)
【開花期】　9-11月
【分布】　本州〜九州

キク科

ヒヨドリバナ連
Tribe Eupatorieae

ヒヨドリバナ属
Genus *Eupatorium* L.

ヒヨドリバナ　　　　　　　　　SPl.324.12-13
Eupatorium chinense L.
【形態】　本種はキク連に似た長刺を持つが，長刺の基部に見られる微穿孔の穴は，本種のものがやや大きい。
【大きさ】　27-31 μm; 17-19×19-20 μm(I)
【試料】　金沢市高尾山：1983.7.14
【開花期】　8-10 月
【分布】　北海道〜九州。朝鮮半島・中国・フィリピン

カッコウアザミ属
Genus *Ageratum* Nakai

カッコウアザミ　　　　　　　　SPl.317.9-13
Ageratum conyzoides L.
【断面】　外観はアザミ属に似る。花粉外壁は外表層，柱状層，底部層からなる。外表層を小柱が支えている。
【大きさ】　18.4-21.7×21.7-23.4 μm; 15×25 μm(B)
【試料】　沖縄県(植栽)：2013.2.3(岡)
【開花期】　5-10 月
【原産地】　中南米

アザミ連
Tribe Cordueae

　本連の刺は基部が広くてピラミット状を呈し，刺以外の外壁は他連のものより顕著な微穿孔状紋になるのが特徴である。

アザミ属
Genus *Cirsium* Adans

　球形で，等極性。極観は円形で，赤道観は円形〜楕円形。3 溝孔型。溝は凸レンズ状に開き，口膜は内孔膜だけが破れて大きく開く。外壁の彫紋は長刺状紋で，基部が広くピラミッド状となり，刺以外の表面は他属のものより顕著な微穿孔状紋を持つ。

ノアザミ　　　　　　　　　　　SPl.321.1-4
Cirsium japonicum DC.
【大きさ】　35-42×41-49 μm; 40-43×44-47 μm (I), 45-50×46-50 μm(S)
【試料】　沖縄県石垣島：1973.4.4
【開花期】　5-8 月
【分布】　本州〜九州

オニアザミ(オニノアザミ)　　　SPl.321.5-6
Cirsium borealinipponense Kitam.
【大きさ】　38-42×45-46 μm; 30×30 μm(B)
【試料】　不詳
【開花期】　6-9 月
【分布】　本州(東北〜中部の日本海側)

サワアザミ　　　　　　　　　　SPl.321.7-9
Cirsium yezoense (Maxim.) Makino
【大きさ】　35-36×43-45 μm; 30×30 μm(B)
【試料】　岡山市日応寺湿原：1987.8.26(金井)
【開花期】　8-10 月
【分布】　北海道(南部)・本州(滋賀県北部より北の日本海側)

チシマアザミ　　　　　　　　　SPl.321.10-12
Cirsium kamtschaticum Ledeb.
【大きさ】　25-36×32-40 μm; 33-36×33-36 μm (B)
【試料】　不詳
【開花期】　7-9 月
【分布】　北海道。カムチャツカ・サハリン・千島・アリューシャン

キク科

オガサワラアザミ　　　　　SPl.323.1-4, LPl.65.3-6
Cirsium boninense Koidz.
【大きさ】　46.8-50.1×50.1-55.1 μm
【試料】　東京都東京大学理学部附属小石川植物園
（植栽）：2011.5.18（岡）
【開花期】　5-6月
【分布】　小笠原諸島

ニッコウアザミ　　　　　　　SPl.322.6-10
Cirsium oligophyllum (Franch. et Sav.) Matsum.
subsp. *nikkoense* (Nakai ex Matsum. et Koidz.)
Kitam.
【断面】　花粉外壁は外表層，柱状層，底部層から
なる。外表層を分枝円柱型の小柱が支えている。
【大きさ】　41.8-50.1×45.1-55.1 μm
【試料】　栃木県東京大学理学部附属日光植物園
（植栽）：2011.10.1（岡）
【開花期】　8-10月
【分布】　中部地方・関東地方北部

シマアザミ　　　　　　　　　SPl.323.5-9
Cirsium brevicaule A. Gray
【断面】　花粉外壁は外表層，柱状層，底部層から
なる。外表層を分枝円柱型の小柱が支えている。
【大きさ】　40.1-50.1×43.4-53.4 μm；30×30
μm（B）
【試料】　鹿児島県奄美大島：2013.4.20（岡）
【開花期】　2-5月
【分布】　奄美大島・沖縄

モリアザミ　　　　　　　　　SPl.323.10-13
Cirsium dipsacolepis (Maxim.) Matsum.
【大きさ】　38.4-51.8×46.8-58.5 μm；40×40
μm（B）
【試料】　京都市日本新薬山科植物資料館（植栽）：
2011.5.11
【開花期】　9-10月
【分布】　本州・四国・九州

ヒレアザミ属
Genus *Carduus* L.

ヒレアザミ　　　　　　　　　SPl.324.5-7
Carduus crispus L.
【形態】　外観はアザミ属に似る。
【大きさ】　34-35×35-37 μm；31-33×34-36 μm
（I）
【試料】　岡山市大福：1992.5.19（岡）
【開花期】　5-7月
【分布】　本州～九州。シベリア・朝鮮半島・中
国・カフカズ・ヨーロッパ

キツネアザミ属
Genus *Hemistepta* Bunge

キツネアザミ　　　　　　　　SPl.324.1-4
Hemistepta lyrata Bunge
【形態】　アザミ属やヒレアザミ属よりやや小さい
刺を持つ。
【大きさ】　36-43×29-38 μm；36-38×30-32 μm
（I）
【試料】　岡山市岡山大学：1985.5.31（安原）
【開花期】　5-6月
【分布】　本州～沖縄。朝鮮半島・中国・インド・
オーストラリア

ヤマボクチ属
Genus *Synurus* Iljin

ヤマボクチ　　　　　　　　　SPl.319.9-12
Synurus palmatopinnatifidus (Makino) Kitam.
var. *indivisus* Kitam.
【形態】　外観はアザミ属に似るが，刺の分布はよ
り密である。
【大きさ】　22-25×20-24 μm；46-48×50-52 μm
（I）
【試料】　不詳
【開花期】　10-11月
【分布】　本州（愛知県以西）～九州。朝鮮半島（南部）

タムラソウ属
Genus *Serratula* L.

タムラソウ SPl.320.5-8
Serratula coronata L. subsp. *insularis* (Iljin) Kitam.
【形態】 外観はアザミ属・ヒレアザミ属と同じであるが，より大型である。
【大きさ】 45-47×50-55 μm; 46-48×50-52 μm (I), 43.2-48.6×45.0-50.4 μm(N)
【試料】 岡山市：1980.10(新井)
【開花期】 8-10月
【分布】 本州～九州。朝鮮半島

オケラ属
Genus *Atractylodes* DC.

オケラ SPl.320.1-4
Atractylodes japonica Koidz. ex Kitam.
【形態】 外観はタムラソウ属に似る。
【大きさ】 48-50×50-56 μm; 43-45×45-50 μm (I), 43.2-48.6×45.0-54.0 μm(N)
【試料】 岡山県真庭市蒜山高原：1979.9.6，仙台市青葉山：1980.9.10(守田)
【開花期】 9-10月
【分布】 本州～九州。朝鮮半島・中国(東北部)

タンポポ亜科
Subfamily Cichorioideae

FPl.19.1-3
　本亜科の化石花粉は，勲章のような形態をしていて識別しやすいため，ヨモギ属やその他のキク亜科と区別して報告されることがある。

タンポポ連
Tribe Cichorieae

　他の連が刺状紋であるのに対して，本連は大きな12-16個の網目状紋を持ち，その畝の上に大きな刺が一列に並び，勲章のような模様を呈するのが特徴である。

オニタビラコ属
Genus *Youngia* Cass.

　球形で，等極性。極観は頂口型の亜三角形で，赤道観は円形～楕円形。3溝孔型。本連の発芽口はすべて3溝孔型とされているが，実際には外表層の欠如によって大型の窓状になるため小窓状孔型(fenestrate)と呼ばれている。溝は上下の畝に切り込んでいるが，ほとんど両極に向かって伸びないため3孔型のようになり，5-10 μmの大きな円状となり，溝と内孔との区別もはっきりしない。外壁の彫紋は大きさ10 μm以上の大網目状紋で，網目の数は12-16個あり，そのうちの3個に発芽口がある。網目の中の微穿孔は不明瞭であるが，畝は幅が3-5 μmもあり広く隆起し，その上に，一列に長刺が並び勲章のような模様となる。長刺の先端以外の畝の上には，顕著な微穿孔が多数見られる。

オニタビラコ SPl.325.1-3
Youngia japonica (L.) DC.
【大きさ】 26-27 μm; 21-22×23-24 μm(I), 16.2-21.6 μm(N)
【試料】 岡山県笠岡市大島：1985.6.2(安原)，岡山市笠井山：1987.5.19(金井)，岡山市半田山：1994.4.18(門脇)
【開花期】 4-10月
【分布】 北海道～沖縄。朝鮮半島・中国・東南アジア・マレーシア・インド・ミクロネシア・オーストラリア

ヤクシソウ SPl.325.7-10
Youngia denticulata (Houttuyn) Kitam.
【大きさ】 34-36 μm; 24-26×28-29 μm(I), 30-34×30-34 μm(S), 19.8-23.4 μm(N)
【試料】 不詳
【開花期】 9-11月
【分布】 北海道～九州。朝鮮半島・中国・ベトナ

キク科

ム

ノゲシ属
Genus *Sonchus* L.

ノゲシ(ハルノノゲシ)　　　　SPl.325.14-15

Sonchus oleraceus L.

【形態】　外観はオニタビラコ属に似る。

【大きさ】　29-34 μm; 25-27×28-31 μm(I)

【試料】　岡山市半田山：1994.4.18(門脇)

【開花期】　4-7月

【原産地】　ヨーロッパ

【備考】　日本では古く中国より帰化

アキノノゲシ属
Genus *Lactuca* L.

アキノノゲシ　　　　SPl.325.11-13

Lactuca indica L.

【形態】　外観はオニタビラコ属に似る。

【大きさ】　33-38 μm; 34-38×34-38 μm(S)

【試料】　岡山県赤磐市山陽：1987.9.22

【開花期】　8-11月

【分布】　北海道〜沖縄。朝鮮半島・中国・東南アジア・マレーシア

ニガナ属
Genus *Ixeris* Cass.

外観はオニタビラコ属に似る。

ニガナ　　　　SPl.327.4-6

Ixeris dentata (Thunb.) Nakai

【大きさ】　28-30×31-33 μm; 24-25×27-30 μm(I)

【試料】　岡山県赤磐市山陽：1979.5.17，岡山市半田山：1995.6.18

【開花期】　5-7月

【分布】　日本全土

イワニガナ(ジシバリ)　　　　SPl.327.7-10

Ixeris stolonifera A. Gray

【大きさ】　29-31×33-34 μm; 22-24×25-26 μm(I)

【試料】　岡山市岡山理科大学：1987.5.6，16(尾形・金井)

【開花期】　4-7月

【分布】　北海道〜沖縄。朝鮮半島・中国

オオジシバリ　　　　SPl.325.4-6

Ixeris debilis A. Gray

【大きさ】　30-35 μm(Eのみ)

【試料】　岡山県自然保護センター：1993.5.9(岡)

【開花期】　4-6月

【分布】　北海道(西南部)〜沖縄。朝鮮半島・中国

シロバナニガナ　　　　SPl.327.1-3

Ixeris dentata (Thumb.) Nakai var. *albiflora* (Makino) Nakai

【大きさ】　30-32×33-35 μm; 28-30×32-34 μm(I)

【試料】　岡山市笠井山：1987.5.19(金井)，岡山県真庭市蒜山高原：1988.6.11(川中)

【開花期】　5-8月

【分布】　北海道〜九州

ツルワダン　　　　SPl.326.14-17

Ixeris longirostra (Hayata) Nakai

【大きさ】　26.7-31.7×30.1-33.4 μm

【試料】　東京都東京大学理学部附属小石川植物園(植栽)：2011.6.10(岡)

【開花期】　3-5月

【分布】　小笠原諸島

アゼトウナ属
Genus *Crepidiastrum* Nakai

外観はオニタビラコ属に似る。

キク科

ユズリハワダン SPl.326.1-5
Crepidiastrum ameristophyllum (Nakai) Nakai
【断面】 花粉外壁は外表層，柱状層，底部層からなる。外表層を分枝円柱型の小柱が支えている。
【大きさ】 33.4-36.7×33.4-38.4 μm；22-23×25-26 μm(I)
【試料】 東京都東京大学理学部附属小石川植物園（植栽）：1993.9.7(岡)
【開花期】 7-10月
【分布】 小笠原諸島

ホソバワダン SPl.326.6-9
Crepidiastrum lanceolatum (Houtt.) Nakai
【大きさ】 31.7-41.8×35.1-45.1 μm；25-27×28-30 μm(I)
【試料】 沖縄県：2013.3.4(岡)
【開花期】 10-11月
【分布】 島根県・山口県(日本海側)・九州・沖縄。朝鮮半島南部・中国(海岸)

ダイトウワダン SPl.326.10-13
Crepidiastrum lanceolatum (Houtt.) Nakai var. *daitoense* (Tawada) Hatus.
【大きさ】 26.8-30.1×20.1-35.1 μm
【試料】 東京都東京大学理学部附属小石川植物園（植栽）：2013.10.29(岡)
【開花期】 11-3月
【分布】 沖縄(大東島)

スイラン属
Genus *Hololeion* Kitam.

スイラン SPl.328.9-12
Hololeion krameri (Franch. et Savat.) Kitam.
【形態】 外観はオニタビラコ属に似る。
【大きさ】 34-40 μm；34-38×36-40 μm(S)
【試料】 岡山県自然保護センター：1992.10.11(岡)
【開花期】 9-11月
【分布】 本州(中部以西)〜九州

タンポポ属
Genus *Taraxacum* Wigg.

外観はオニタビラコ属に似る。

カンサイタンポポ SPl.328.1-4
Taraxacum japonicum Koidz.
【大きさ】 29-33 μm；32-36×32-36 μm(S)
【試料】 岡山市津島東：1979.4.28(桜井)，岡山県笠岡市大島：1985.6.2(安原)
【開花期】 3-5月
【分布】 本州〜沖縄

シロバナタンポポ SPl.327.11-12
Taraxacum albidum Dahlst.
【大きさ】 23-25 μm
【試料】 岡山県高梁市備中：1999.3(岡)
【開花期】 3-5月
【分布】 本州(東京以西)・四国・九州

セイヨウタンポポ
SPl.328.5-8，LPl.66.5-9，PPl.12.16-21
Taraxacum officinale Weber
【大きさ】 29-30 μm；22-28×27-33 μm，30-45×33-45 μm(I)
【試料】 岡山市岡山理科大学：1996.4.10(徳永)
【開花期】 3-6月
【原産地】 ヨーロッパ

被子植物亜門
Subphylum **Angiospermae**

単子葉植物綱
Classis **Monocotyledoneae**

オモダカ科
Family **Alismataceae**

　熱帯〜温帯域に広く分布し，約10属70種ある。日本には3属6種が自生する。

オモダカ属
Genus *Sagittaria* L.

FPl.18.1

　球形で，無極性。外観は円形。多（約10）散孔型。孔は丸くてほぼ均等に分布し，5-15本の刺のついた口蓋で覆われている。外壁の彫紋は刺状紋で，全表面にほぼ均等で，ややまばらに散在する。

アギナシ　　　　　　　　　SPl.329.1-2
Sagittaria aginashi Makino
【大きさ】　23-26 μm; 28-32 μm(S), 22.1-30.1 μm(N)
【試料】　大分県小野田町：1977.9.5（畑中）
【開花期】　8-10月
【分布】　北海道〜九州。朝鮮半島

オモダカ　　　　　　　　　SPl.330.1-2
Sagittaria trifolia L.
【大きさ】　23.4-26.7 μm; 24-26×24-26 μm(I), 32-34×32-34 μm(S)
【試料】　埼玉県さいたま緑の森博物館（植栽）：2011.8.13（森将）
【開花期】　8-10月
【分布】　北海道〜沖縄。アジアの温帯〜熱帯

クワイ　　　　　　　SPl.330.3-4，LPl.67.1-2
Sagittaria trifolia L. var. *edulis* (Siebold ex Miq.) Ohwi
【大きさ】　25.1-27.6 μm; 26-28×26-28 μm (I), 17.3-22.0 μm(N)
【試料】　岡山県赤磐市佐古田：2006.8.15
【開花期】　8-10月
【原産地】　アジア・ヨーロッパ・アメリカの温帯〜熱帯

サジオモダカ属
Genus *Alisma* L.

ヘラオモダカ　　　　　SPl.330.5-7，LPl.67.3-4
Alisma canaliculatum A. Braun et C. D. Bouché
【形態】　球形で，無極性。外観は円形で，多散孔型。孔は円形で，微小刺を伴った微粒が密に分布する。外壁の彫紋は微小刺状紋である。
【断面】　花粉外壁は外表層，柱状層，底部層からなる。外表層を小柱が支えている。
【大きさ】　26.7-30.1 μm; 34-36×34-36 μm(I), 19.3-29.4 μm(N)，25×25 μm(B)
【試料】　埼玉県さいたま緑の森博物館（植栽）：2011.8.3（森将）
【開花期】　8-10月
【分布】　北海道〜沖縄。朝鮮半島・中国

トチカガミ科
Family **Hydrocharitaceae**

　熱帯〜温帯に広く分布し，約15属100種が知られている。日本には6属約10種が分布する。

ミズオオバコ属
Genus *Ottelia* Pers.

ミズオオバコ　　　　　　　SPl.329.5-6
Ottelia japonica Miq.
【形態】　球形で，無極性。外観は円形。無口型。外壁の彫紋は刺状紋で，1-2 μm の間隔で比較的

まばらに刺が散在し，その他の表面はやや凹凸のある平滑状紋である。

【大きさ】　52-63 μm; 55-59×55-59 μm(I), 60-65×60-65 μm(S), 36.0-56.8 μm(N)

【試料】　岡山市百間川：1977.10.6，岡山県自然保護センター：1997.8.6(岡)

【開花期】　8-10月

【分布】　本州〜九州

トチカガミ属
Genus *Hydrocharis* L.

トチカガミ　　　　　　　　SPl.329.3-4

Hydrocharis dubia (Blume) Backer

【形態】　外観はミズオオバコ属に似る。

【大きさ】　18-19 μm; 22-24×22-24 μm(I), 36.0-56.8 μm(N)

【試料】　不詳

【開花期】　8-10月

【分布】　本州〜沖縄。東南アジア・オーストラリア

ウミショウブ属
Genus *Enhalus* Rich.

ウミショウブ　　　SPl.330.13-14，LPl.67.8

Enhalus acoroides (L.f.) Rich. ex Steud.

【形態】　球形で，無極性。外観は円形で，無口型。外壁は壊れやすく，本来の形態を留めていないことが多い。外壁の彫紋は小網目状紋である。

【大きさ】　80.0-112.5 μm

【試料】　沖縄県西表島：2006.6.11

【開花期】　6-7月の大潮の干潮

【分布】　西表島・石垣島周辺海域。インド洋〜太平洋西部(熱帯・亜熱帯)

オオカナダモ属
Genus *Egeria* Planch.

オオカナダモ　　　SPl.330.11-12，LPl.67.5-6

Egeria densa Planch.

【形態】　球形で，無極性。外観は円形で，無口型。外壁の彫紋は微小刺状紋である。

【大きさ】　53.4-61.8 μm; 52-57×52-57 μm(I)

【試料】　岡山市：1993.8.20(中尾)

【開花期】　6-10月

【原産地】　アルゼンチン

【備考】　本州・九州・四国に広く帰化

クロモ属
Genus *Hydrilla* Rich.

クロモ　　　　　　SPl.330.8-10，LPl.67.7

Hydrilla verticillata (L.fil.) Caspary

【形態】　球形で，無極性。外観は円形で，無口型。外壁の彫紋は微小刺状紋である。微小刺は長さが約1 μmで基部の約0.5 μmが太く，先端の約0.5 μmが細い。また先端の微小刺には少し太くなる部分がある。

【断面】　花粉外壁は外表層がなく，柱状層と底部層からなる。小柱は微小刺となる。

【大きさ】　50.1-80.2 μm; 52-58×52-58 μm(S)

【試料】　仙台市東北大学学術資源研究公開センター植物園(植栽)：1990.8.31(守田)

【開花期】　8-10月

【分布】　北海道〜沖縄。東南アジア・オーストラリア・マダガスカル・ヨーロッパ(温帯〜熱帯)

ホロムイソウ科
Family **Scheuchzeriaceae**

　北半球の温帯〜亜寒帯に広く分布し，ホロムイソウ1属1種からなる。日本でも本州の中部以北にみられる。

ホロムイソウ属
Genus *Scheuchzeria* L.

ホロムイソウ
SPl.329.9-10

Scheuchzeria palustris L.

【形態】 中央にくびれのある長球形で，無極性。外観は雪だるま状。単子葉植物で唯一の2集粒型で，無口型。両粒は小柱で強く接合し，分離しにくい。外壁の彫紋は小網目状紋で，高く伸びた小柱からなる畝は，深く不規則な形の小網目を形成し，全表面を覆う。

【大きさ】 d.29-37×21-29 μm, s.13-21×21-29 μm; d.36-48×24-35 μm, s.20-24×24-35 μm(I), 18.7-31.5 μm(N)

【試料】 青森県八甲田山ソデガ谷地：1980.5.20(守田)

【開花期】 6-8月

【分布】 北海道・本州(中北部)

シバナ科
Family **Juncaginaceae**

　温帯～寒帯にかけて分布し，4属約20種が知られている。日本には1属2種が自生する。

シバナ属
Genus *Triglochin* L.

シバナ
SPl.329.7-8, LPl.69.1-2

Triglochin maritimum (Kitag.) Á. et D. Löve

【形態】 球形で，無極性。外観は円形。無口型。外壁の彫紋は小網目状紋で，畝の上に微粒が一列に並んだ網によりつくられた網目は様々な形をし，全表面を覆う。

【大きさ】 21-23 μm; 30-33×30-33 μm(I), 16.2-23.4 μm(N)

【試料】 北海道別海町野付：1981.8(守田)，北海道イクラウシ湿原：2001.6.4

【開花期】 4-10月

【分布】 北海道～九州。北半球の温帯に広く分布

ヒルムシロ科
Family **Potamogetonaceae**

　世界中に広く分布し，3属100種が知られている。日本にも3属約15種が自生する。

ヒルムシロ属
Genus *Potamogeton* L.

　球形で，無極性。外観は円形。発芽口については，これまでの報告を見ると，無口型(Erdtman, 1952；幾瀬，1956；島倉，1973)，単孔型(中村，1980)，単長口型(Huang, 1972)などがあるが，筆者らは確実に発芽口と見られる像を得ていないので，無口型としておく。外壁の彫紋は小網目状紋で，シバナ科の網目状紋に似ており，畝の上に微粒が一列に並ぶ。

ササバモ
SPl.331.1-2

Potamogeton malaianus Miq.

【大きさ】 18-20 μm; 24-28×24-28 μm(I), 19.5-26.3 μm(N)

【試料】 岡山市児島湖：1972.8.7，岡山市三野：1977.9.24

【開花期】 6-9月

【分布】 本州(関東以西)～沖縄。朝鮮半島・中国・東南アジア

ヒルムシロ
SPl.331.3-4

Potamogeton distinctus A. Benn.

【大きさ】 21-24 μm; 24-28×24-28 μm(I), 26-30 μm(S), 17.6-23.7 μm(N)

【試料】 岡山県自然保護センター：1993.5.9(岡)

【開花期】 6-10月

【分布】 北海道～沖縄。朝鮮半島・中国

ホソバミズヒキモ
SPl.331.5-6

Potamogeton octandrus Poir. var. *octandrus*

【大きさ】 16-18 μm

【試料】 岡山県備前市片上：1988.9.15(波田)

【開花期】 5-9月

【分布】 北海道～沖縄。朝鮮半島・中国・東南アジア

エビモ
SPl.331.7-8

Potamogeton crispus L.

【大きさ】 18-21 μm；32-40×32-40 μm（I），20.1-27.7 μm（N）

【試料】 高知市：1977.5.10（守田）

【開花期】 5-9 月

【分布】 日本全土。世界中に広く分布

ヤナギモ
SPl.331.9-10

Potamogeton oxyphyllus Miq.

【大きさ】 21-24 μm；23-28×26-31 μm（I）

【試料】 岡山県赤磐市山陽：1986.6.14

【開花期】 6-9 月

【分布】 北海道～九州。朝鮮半島・中国

アマモ科
Family **Zosteraceae**

海底の浅瀬に生える多年草で，世界中に広く分布し，3 属約 18 種が知られている。日本にも 3 属 4 種が分布する。

アマモ属
Genus *Zostera* L.

アマモ
SPl.331.11-12

Zostera marina L.

【形態】 花粉は過長球形から過偏平球形まで様々な立体的構造を示すが，本科の花粉だけは長い繊維状型で，異色の珍しい形態を持つ。幾瀬（1956）によればグリセリンゼリーで包埋した光顕では，表面にたくさんの薄膜部があると記されているが，乾燥させた走査電顕試料では，薄膜部は確認しにくい。外壁の彫紋は平滑状紋～しわ状紋である。

【大きさ】 約 1000-2000×2-4 μm；1200-2900×3-8 μm（I）

【試料】 岡山県瀬戸内市牛窓海岸：1985.5.27

【開花期】 4-8 月

【分布】 北海道～九州。北半球の寒帯～温帯に広く分布

ユリ科
Family **Liliaceae**

FPl.18.3-4

約 220 属 3,500 種もある大きな科で，世界に広く分布し，11 亜科に分類されている。日本には 9 亜科 41 属約 135 種が自生している。花粉分析ではまれに検出され，ユリ科として一括して記載される。本科の花粉はよく研究されており，光顕では Handa et al.（2001）による新しい分類体系に従った詳しい報告がある。走査電顕や透過電顕では Takahashi（1982, 1987）や Takahashi & Sohma（1980, 1983）などによる詳細な研究がある。

ヤブラン亜科
Subfamily **Ophiopogonoideae**

ヤブラン属
Genus *Liriope* Lour.

ヤブラン
SPl.332.1-3

Liriope platyphylla Wang et Tang

【形態】 偏平球形で，異極性。極観・赤道観ともに横長の楕円形。単長口型。長口は遠心極面の中央部を両端まで長く伸び，その全表面を大きないぼ状粒子が覆う。外壁の彫紋もいぼ状紋で，全表面に大きないぼ状粒子が密に覆う。

【大きさ】 16-19×24-28 μm；23-26×32-35 μm（I），22.5-25.0×30.0-37.5 μm（N）

【試料】 岡山県赤磐市山陽（植栽）：1983.8.7

【開花期】 8-10 月

【分布】 本州～沖縄。朝鮮半島（南部）・中国・台湾

ユリ科

ジャノヒゲ属
Genus *Ophiopogon* Ker-Gawl.

ジャノヒゲ　　　　　　　　　　SPl.332.4-6
Ophiopogon japonicus (Thunb.) Ker-Gawl.

【形態】　偏平球形で，異極性。極観・赤道観ともに横長の楕円形。単長口型。長口は遠心極面の中央部を両端まで長く伸び，長口内の模様は不明。外壁の彫紋は微穿孔状紋で，網目状紋が縮小し網目が微穿孔に変わったような彫紋を呈する。

【大きさ】　17-20×31-39 μm; 27-29×36-41 μm (I), 17.5-25.0×27.5-35.0 μm(N)

【試料】　岡山県赤磐市山陽：1983.8.14

【開花期】　7-8月

【分布】　北海道(西南部)～沖縄。中国・朝鮮半島・台湾

シュロソウ亜科
Subfamily **Melanthioideae**

　本亜科は，発芽口については大多数が単長口型であるが，シライトソウ属だけは4孔型である。彫紋については網目状紋が多いが，網目が圧縮して微穿孔状紋となったもの，刺状紋・微粒状紋の4種類が見られる。

ホトトギス属
Genus *Tricyrtis* Wall.

　偏平球形で，異極性。極観・赤道観ともに横長の楕円形。単長口型。長口は遠心極面の中央部を両端まで長く伸び，内膜は壊れやすくて破れ，口縁部は不規則に曲がりくねっている。外壁の彫紋は微穿孔状紋で，本来網目状紋の網目が圧縮されて小さな微穿孔状紋となったような彫紋で覆われる。

ジョウロウホトトギス　　　　　　SPl.332.7-8
Tricyrtis macrantha Maxim.

【大きさ】　27-30×49-60 μm; 20.0-30.0×55.0-61.2 μm(N)

【試料】　高知県佐川町：1960.10.15(中村純)

【開花期】　8-10月

【分布】　四国・九州

キイジョウロウホトトギス　　　　SPl.338.11-13
Tricyrtis macranthopsis Masam.

【大きさ】　26.7-33.4×56.8-62.6 μm

【試料】　東京都東京大学理学部附属小石川植物園(植栽)：2013.10.29(岡)

【開花期】　9月下旬～10月下旬

【分布】　紀伊半島南部(和歌山県・奈良県・三重県)

ケイビラン属
Genus *Alectorurus* Rauschert

ケイビラン　　　　　　　　　　SPl.332.15-16
Alectorurus yedoensis (Maxim.) Makino

【形態】　外観はホトトギス属に似る。

【大きさ】　16-19×24-26 μm; 23-26×30-33 μm (I), 17.5-22.5×25.0-30.0 μm(N)

【試料】　高知市土佐山：1960.8.15(中村純)

【開花期】　7-8月

【分布】　本州(関東以西)・四国・九州。シベリア(東部)・朝鮮半島・中国(北部)

シュロソウ属
Genus *Veratrum* L.

コバイケイソウ　　　　　　　　SPl.332.9-11
Veratrum stamineum Maxim.

【形態】　外観や発芽口は上述のホトトギス属やケイビラン属に似るが，外壁の彫紋は網目状紋で，小さな網目が長口以外の全表面を覆う。

【大きさ】　15-19×26-31 μm; 24-25×30-34 μm (I), 20.0-25.0×27.9-35.0 μm(N)

【試料】　北アルプス：不詳(加藤靖)

【開花期】　6-8月

【分布】　北海道・本州(中部以北)

ユリ科

オオバイケイソウ　SPl.335.10-12

Veratrum grandiflorum Loes. f. var. *maximum* Nakai

【形態】　偏球形で，異極性。極観・赤道観ともに横長の楕円形。単長口型。長口は遠心極側の赤道部の両端まで伸びる。外壁の彫紋は小網目状紋で，両端部で網目が小さくなる。

【大きさ】　20.0-25.1×31.7-36.7μm

【試料】　神奈川県足柄下郡箱根町：2013.7.14 (岡)

【開花期】　7-8月

【分布】　北海道・中部地方高山帯

ノギラン属
Genus *Metanarthecium* Maxim.

ノギラン　SPl.333.4-6

Metanarthecium luteo-viride Maxim.

【形態】　外観はシュロソウ属に似る。

【大きさ】　13-14×18-20μm; 15-17×21-25μm (I)

【試料】　名古屋市八事裏山：1977.7.28(守田)，鳥取県鳥ヶ山：1982.7.26，岡山県那岐山：1992.9.7(岡)

【開花期】　6-8月

【分布】　北海道〜九州。南千島

チシマゼキショウ属
Genus *Tofieldia* Huds.

チシマゼキショウ　SPl.333.7-8

Tofieldia coccinea Richards

【形態】　外観はシュロソウ属に似る。

【大きさ】　14-16×16-17μm; 40×80μm(B)

【試料】　岩手県早池峰山：1982.7.18(守田)

【開花期】　7-8月

【分布】　北海道〜四国。シベリア・カムチャッカ・サハリン・千島・朝鮮半島(北部)・中国(北部)・アラスカ・カナダ・アリューシャン

ショウジョウバカマ属
Genus *Heloniopsis* A. Gray

ショウジョウバカマ　SPl.333.1-3

Heloniopsis orientalis (Thunb.) N. Tanaka

【形態】　外観はチシマゼキショウ属に似るが，外壁の彫紋は刺状紋で，微小刺が不規則でまばらに散在し，遠心極側がやや多い。

【大きさ】　21-24×34-35μm; 26-28×30-33μm (I), 26-32×40-45μm(S)

【試料】　岡山県真庭市蒜山高原：1976.4.28，鳥取県鳥ヶ山：1983.4.30(星野)

【開花期】　3-7月

【分布】　北海道〜九州。サハリン・朝鮮半島

シライトソウ属
Genus *Chionographis* Maxim.

シライトソウ　SPl.332.12-14

Chionographis japonica Maxim.

【形態】　三角球形で，等極性。極観は亜三角形で，赤道観は三〜四角形で。4孔型。孔といっても横に長くて本亜科の長口に似るが，赤道軸の両端まで伸びず非常に短く，孔域も丸くなる。外壁の彫紋は微粒状紋で，微粒がかなり密にあり，孔域周辺では小さい。

【大きさ】　15-17μm(Eのみ); 13-17×15-18μm (I), 18-20μm(S), 12.5-17.5μm(N)

【試料】　愛媛県東赤石山：1962.8.25(守田)

【開花期】　5-8月

【分布】　本州(秋田県以南)〜九州。朝鮮半島(南部)

ネギ亜科
Subfamily **Allioideae**

ネギ属
Genus *Allium* L.

偏平球形で，異極性。極観・赤道観ともに横長の楕円形〜半円形。単長口型。長口は遠心極側の

赤道部の中央部を両端近くまで長く伸び，あまり大きくは開かない。外壁の彫紋は手鞠状のしわ状紋〜縞状紋で，細く短い畝が同じ方向に交叉しながら走る。

タマネギ   SPl.333.9-10

Allium cepa L.

【大きさ】　17-19×25-32 μm

【試料】　広島県福山市郷分町(植栽)：1979.6.14 (高橋雅)

【開花期】　5-7 月

【原産地】　中央アジア山岳地帯

ラッキョウ   SPl.333.11-13

Allium chinense G. Don

【大きさ】　16-19×31-34 μm

【試料】　鳥取市湯村(植栽)：不詳(市谷年)

【開花期】　9-11 月

【原産地】　中国・インド

ニラ   SPl.333.14-16

Allium tuberosum Rottler ex Spreng.

【大きさ】　16-22×33-37 μm；28-32×39-43 μm (I), 20.0-27.5×37.5-42.5 μm(N)

【試料】　広島県福山市郷分町(植栽)：1979.8.2(高橋雅)

【開花期】　8-9 月

【分布】　本州〜九州(古くから栽培されており，本当に自生かどうか疑わしい)

ツボラン亜科
Subfamily Asphodeloideae

本亜科の発芽口は，ワスレグサ属とギボウシ属では単長口型であるが，キキョウラン属では合流溝型である。外壁の彫紋は各属によりそれぞれ異なる。

ワスレグサ属
Genus *Hemerocallis* L.

偏平球形で，異極性。極観・赤道観ともに横長の楕円形。単長口型。長口は遠心極面の赤道部を両端まで長く伸び，大きく開いて内膜は消失している。外壁の彫紋は網目状紋で，向心極の中央部では大きな網目を持つが両端部や口縁部に向かって小さくなる。網の畝は微粒が数珠玉状に連なって形成されている。網目の中には 20-30 個の微粒が詰まる。

トビシマカンゾウ   SPl.334.1-3

Hemerocallis dumortieri Morr. var. *exaltata* (Stout) Kitam.

【大きさ】　30-48×49-68 μm

【試料】　仙台市(植栽)：1978.6.14(守田)

【開花期】　7-8 月

【分布】　日本海の飛島・佐渡の海岸

ユウスゲ   SPl.334.4-6

Hemerocallis citrina Baroni var. *vespertina* (H. Hara) M. Hotta

【大きさ】　42-49×67-73 μm；50-56×74-80 μm (I), 65-70×100-110 μm(S), 45.0-57.5×70.0-75.0 μm(N)

【試料】　愛媛県滑床渓谷：1973.8.21(中村純)

【開花期】　7-9 月

【分布】　本州〜九州

ノカンゾウ   SPl.334.7-9

Hemerocallis fulva L. var. *longituba* (Miq.) Maxim.

【大きさ】　42-55×62-76 μm；56-63×78-85 μm (I), 47.5-67.5×70.7-97.5 μm(N)

【試料】　岡山県瀬戸町：1983.7.9，高知市牧野植物園(植栽)：1993.7.18(岡)

【開花期】　7-8 月

【分布】　本州〜沖縄。中国・台湾

ユリ科

エゾキスゲ SPl.335.19-21

Hemerocallis flava L. var. *yezoensis* (Hara) M. Hotta

【大きさ】 46.8-51.8×78.5-83.5 μm; 50-54×73-80 μm(I)

【試料】 栃木県東京大学理学部附属日光植物園(植栽):2011.7.13(岡)

【開花期】 6-8月

【分布】 北海道・南千島の海岸草地や砂浜

ゼンテイカ(ニッコウキスゲ) SPl.335.16-18

Hemerocallis dumortieri Morren var. *esculenta* (Koidz.) Kitam.

【大きさ】 40.1-51.8×63.5-75.2 μm; 53-55×74-78 μm(I), 70-75×120-140 μm(S), 47.5-60.0×77.5-90.0 μm(N), 40×60 μm(B)

【試料】 神戸市六甲高山植物園(植栽):1992.8.4(岡)

【開花期】 6-8月

【分布】 本州中部・北部・北海道

ハマカンゾウ SPl.335.13-15

Hemerocallis fulva L. var. *littorea* (Makino) M. Hotta

【大きさ】 41.8-58.5×88.5-103.5 μm; 56-58×78-85 μm(I), 42.5-55.0×77.5-90.0 μm(N)

【試料】 東京都東京大学理学部附属小石川植物園(植栽):2013.9.26(岡)

【開花期】 7-10月

【分布】 本州(関東以西)・四国・九州

ギボウシ属
Genus *Hosta* Tratt.

コバギボウシ SPl.334.10-12

Hosta albo-marginata (Hook.) Ohwi

【形態】 外観や発芽口はワスレグサ属と同じであるが, 外壁の彫紋はいぼ状紋で, 向心極面の中央部のいぼは大きく, 両端部や口縁部では小さくなる。

【大きさ】 37-58×58-76 μm; 60-66×73-88 μm

(I), 50.0-60.0×72.5-87.5 μm(N)

【試料】 岡山県真庭市蒜山高原:1977.8.9

【開花期】 7-8月

【分布】 北海道～九州

キキョウラン属
Genus *Dianella* Lam.

キキョウラン SPl.334.13-15

Dianella ensifolia (L.) DC.

【形態】 偏平球形で, 異極性。極観は三角円形～亜三角形で, 赤道観は楕円形。合流溝型。3つの溝が遠心極の極点で合流して三矢形となり, 内膜は消失している。外壁の彫紋は微穿孔状紋で, 微細な微穿孔が全表面を覆う。

【大きさ】 22-28 μm(Eのみ); 22-23×24-26 μm(I)

【試料】 沖縄県琉球大学:1989.3.7(宮城), 神戸市神戸学院大学薬学部附属薬用植物園(植栽):1993.5.21(岡)

【開花期】 5-8月

【分布】 本州(紀伊半島)～沖縄・小笠原諸島。中国・台湾・マレーシア・インド

ユリ亜科
Subfamily **Lilioideae**

　本亜科の発芽口は, チューリップだけは3長口型で, それ以外のものはすべて単長口型である。外壁の彫紋もチューリップ(いぼ状紋+微粒状紋)以外はすべて網目状紋であるが, その網目がバイモ属とウバユリ属では小さく, ユリ属では非常に大きい。

カタクリ属
Genus *Erythronium* L.

カタクリ SPl.338.1-3, LP1.68.1-3

Erythronium japonicum Decne

【形態】 偏平球形で, 異極性。極観・赤道観とも

に横長の楕円形。単長口型。長口は外蓋に覆われ，粒状紋である。外壁の彫紋は網目状紋で，畝には線状の模様がある。また網目は両端では小さくなり，粒状紋となる。

【大きさ】　38.7-63.4×71.0-85.5 μm; 65-69×85-94 μm(I)，62.5-85.0×35.0-62.5 μm(N)，40×80 μm(B)

【試料】　金沢市高尾山：2013.5.12

【開花期】　4-6月

【分布】　北海道・本州・四国・九州(熊本県)の平地から山地の林内。朝鮮半島・千島列島・サハリン・ロシア沿海州

チューリップ属
Genus *Tulipa* L.

チューリップ　　　　　　　　　SPl.336.10-11

Tulipa gesneriana L.

【形態】　球形で，異極性。極観は円形で，赤道観は横長の楕円形。3長口型〜3合流溝型。走査電顕では明確な発芽口の像を撮影できていないが，光顕では幾瀬(1956)が3類長口型，坊田(1980)が「2-3長口で，口は一極で合流している合流溝粒」と記載している。外壁の彫紋はいぼ状紋＋微粒状紋で，大きないぼの上に微粒がまったく隙間なく密に覆う。

【大きさ】　21-38×29-44 μm; 50-58×55-68 μm(I)，35-55 μm(B)

【試料】　岡山県赤磐市山陽(植栽)：1977.2.7，広島県福山市郷分町(植栽)：1979.4(高橋雅)

【開花期】　2-5月

【原産地】　小アジア

バイモ属
Genus *Fritillaria* L.

バイモ(アミガサユリ)　　　　　SPl.336.7-9

Fritillaria verticillata Willd. var. *thunbergii* (Miq.) Baker

【形態】　偏平球形で，異極性。極観・赤道観ともに横長の楕円形。単長口型。長口は遠心極面の中央部を両端まで長く伸び，ほとんど開かないが，まれに大きく開く。外壁の彫紋は網目状紋で，その網目は両極面の中央部では大きく，口縁部では小さくなる。網目の大きさは1 μm より小さく，畝の交叉点の所々に微小刺が点在する。

【大きさ】　27-36×44-55 μm; 38-45×50-55 μm(I)

【試料】　岡山県赤磐市山陽(植栽)：1989.3.20

【開花期】　3-5月

【原産地】　中国

ウバユリ属
Genus *Cardiocrinum* (Endl.) Lindl.

　外観はバイモ属に似る。網目はバイモよりは大きいが2 μm 以下で，畝の交点に1 μm 以下のさらに小さな網目が見られる。

ウバユリ　　　　　　　　　　　SPl.336.1-3

Cardiocrinum cordatum (Thunb.) Makino

【大きさ】　35-44×58-65 μm; 50-53×60-65 μm(I)，48-55×75-80 μm(S)，37.5-57.5×62.5-75.0 μm(N)

【試料】　岡山県真庭市蒜山高原：1980.7.28，神戸市北区藍那：1993.7.21

【開花期】　7-8月

【分布】　本州(宮城・石川県以西)〜九州

オオウバユリ　　　　　　　　　SPl.336.4-6

Cardiocrinum cordatum (Thunb.) Makino var. *glehnii* (F. Schmidt) H. Hara

【大きさ】　40-48×48-58 μm; 46-50×60-66 μm(I)

【試料】　栃木県戦場ヶ原：1989.8.2(守田)

【開花期】　7-8月

【分布】　北海道〜本州(中部以北)。サハリン・南千島

ユリ科

ユリ属
Genus *Lilium* L.

　外観・発芽口・外壁の彫紋ともバイモ属やウバユリ属とほぼ同じであるが，網目状紋の特徴はやや異なり，網目は 10 μm 前後もの大きなものであり，畝は球形や三角錐形の微粒が数珠玉状に連なってできている。

サササユリ　　　　　　　SPl.337.1-3，LPl.69.3
Lilium japonicum Houtt.
【大きさ】　40-48×64-73 μm；58-66×64-86 μm (I)，45.0-57.5×75.0-90.0 μm(N)
【試料】　神戸市北区藍那：1993.7.21
【開花期】　5-8 月
【分布】　本州(中部以西)〜九州

スカシユリ　　　　　　　　　SPl.337.4-6
Lilium maculatum Thunb.
【大きさ】　33-37×60-74 μm；65-73×90-97 μm (I)，65-75×110-120 μm(S)
【試料】　岡山県赤磐市山陽(園芸店より)：2001.6.27
【開花期】　5-8 月
【分布】　本州(紀伊半島・新潟県以北)

テッポウユリ　　　　　SPl.337.7-9，TPl.6.1-3
Lilium longiflorum Thunb.
【大きさ】　46-54×65-85 μm；77-85×100-115 μm(I)，60.0-80.0×75.0-113.5 μm(N)
【試料】　岡山県赤磐市山陽(植栽)：1972.5.27
【開花期】　4-7 月
【分布】　薩南諸島・沖縄

カサブランカ　　　　　　　　SPl.337.10-12
Lilium Oriental Group 'Casa Blanca'
【大きさ】　40-47×66-74 μm
【試料】　岡山県赤磐市山陽(植栽)：1991.7.10
【開花期】　6-8 月
【備考】　オリエンタルハイブリッドの一品種

オニユリ　　　　　SPl.337.13-14，TPl.6.4-6
Lilium lancifolium Thunb.
【大きさ】　36-46×64-69 μm；65-75×90-97 μm (I)，50.0-60.0×85.0-102.5 μm(N)
【試料】　岡山県赤磐市山陽(植栽)：1972.7.25，神戸市北区藍那：1993.7.21
【開花期】　7-8 月
【分布】　北海道〜九州。朝鮮半島・中国

オウゴンオニユリ　　　　　　SPl.338.4-6
Lilium lancifolium Thunb. var. *flaviflorum* Makino
【大きさ】　38.4-51.8×71.8-83.5 μm
【試料】　京都市日本新薬山科植物資料館(植栽)：2011.5.11
【開花期】　7-8 月
【分布】　対馬

カノコユリ　　　　　　　　SPl.338.7-10
Lilium speciosum Thunb.
【断面】　花粉外壁は外表層，柱状層，底部層からなる。畝となる外表層を小柱が支えている。
【大きさ】　41.8-55.1×68.5-95.2 μm；77.5-87.5×45.0-52.5 μm(N)
【試料】　東京都東京大学理学部附属小石川植物園(植栽)：2013.7.30(岡)
【開花期】　7-8 月
【分布】　九州(薩摩半島〜長崎・福岡西海岸)・四国(愛媛県・徳島県山間部)。台湾北部・中国江西省

ツルボ亜科
Subfamily **Scilloideae**

　外観や発芽口はユリ亜科に似るが，外壁の彫紋は少し異なる。

ツルボ属
Genus *Scilla* L.

　オニツルボの外壁の彫紋は網目状紋で，中・小

の様々な大きさの網目が見られるが，ツルボの外壁の彫紋は微穿孔状紋に近い。

ツルボ　　　　　　　　　　　SPl.336.12-14
Scilla scilloides (Lindl.) Druce
【大きさ】　23-27×32-35 μm; 28-35×40-43 μm
(I), 20.0-32.5×42.5-47.5 μm(N)
【試料】　岡山県瀬戸内市前島：1983.8.11，岡山県赤磐市山陽：1985.9.29
【開花期】　8-10月
【分布】　北海道(西南部)〜沖縄。ウスリー・朝鮮半島・中国・台湾

オニツルボ　　　　　　　　　SPl.336.15-17
Scilla scilloides (Lindl.) Druce var. *major* Uyeki et Tokuni
【大きさ】　36-40×38-54 μm; 38-42×56-62 μm(I)
【試料】　香川県東かがわ市西村(植栽)：1989.4.4
【開花期】　4-5月
【分布】　四国・九州

カイソウ属
Genus *Drimia* Jacq.

カイソウ　　　　　　SPl.335.1-3, LPl.68.4-6
Drimia maritima (L.) Stearn
【形態】　偏球形で，異極性。極観・赤道観ともに横長の楕円形。単長口型。長口の内膜は平滑状紋。外壁の彫紋は小網目状紋で，畝は幅広く微穿孔が散在する。
【大きさ】　30.1-35.1×40.1-43.4 μm
【試料】　埼玉県慶応義塾大学薬学部附属薬用植物園(植栽)：2012.8.6(岡)
【開花期】　7-8月
【原産地】　地中海沿岸

クサスギカズラ亜科
Subfamily Asparagoideae

本亜科の発芽口は，ハラン属とエンレイソウ属

が無口型で，その他の属はすべて単長口型である。外壁の彫紋は4種類見られ，いぼ状紋(ツクバネソウ属)，微粒状紋(ツバメオモト属・ナルコユリ属・ハラン属・マイヅルソウ属・エンレイソウ属・オリヅルラン属)，網目状紋(ヒアシンス属・タケシマラン属・ユキザサ属)，微穿孔状紋(アロエ属)，微穿孔状紋＋微粒状紋(チゴユリ属・クサスギカズラ属・スズラン属)に大別できる。

ハラン属
Genus *Aspidistra* Ker Gawl.

ハラン　　　　　　　　　　　SPl.340.13-15
Aspidistra elatior Blume
【形態】　球形〜長球形で，無極性。外観は円形〜楕円形。無口型。無口型とされているが，発芽口らしきものが認められることがある。外壁の彫紋は微粒状紋で，微粒が全表面を密に覆う。
【大きさ】　20-27×25-33 μm; 38-43×38-43 μm
(I)
【試料】　岡山県赤磐市山陽(植栽)：1984.10.28
【開花期】　3-5月
【分布】　南西諸島黒島。中国

エンレイソウ属
Genus *Trillium* L.

エンレイソウ　　　　　　　　SPl.341.15-17
Trillium smallii Maxim.
【形態】　外観はハラン属に似る。
【大きさ】　32-39 μm; 36-45×36-45 μm(I), 40-44 μm(S)
【試料】　宮城県面白山：1978.5.6(守田)，岡山市岡山理科大学(植栽)：1986.4.1
【開花期】　4-6月
【分布】　北海道〜九州。サハリン・南千島

ユリ科

ツクバネソウ（キヌガサソウ）属
Genus *Paris* L.

キヌガサソウ　　　　　　　　SPl.339.7-9
Paris japonica (Franch. et Savat.) Franch.
【形態】　長球形〜三角球形で，異極性。極観は横長の楕円形〜三角形で，赤道観も横長の楕円形。単長口型。長口は遠心極面の中央部を両端まで長く伸び，ほとんど開かない。外壁の彫紋はいぼ状紋で，大きさ 3-5 μm のいぼが全表面に密にあるが，口縁部の周囲では小さい。
【大きさ】　26-42×36-60 μm; 48-54×54-65 μm (I), 54-58×60-66 μm(S)
【試料】　岩手県・秋田県境八幡平：1981.6.2(守田)
【開花期】　5-8 月
【分布】　北海道〜九州

キチジョウソウ属
Genus *Reineckea* Kunth

キチジョウソウ　　　　　　　SPl.335.4-9
Reineckea carnea (Andrews) Kunth
【形態】　偏球形で，異極性。極観・赤道観ともに横長の楕円形。単長口型。長口は遠心極側の赤道部を両端まで伸びる。内膜は微粒が点在する。外壁の彫紋はしわ状紋〜微穿孔状紋である。向心極側の中央部は微穿孔状紋であるが，両端部や長口縁部はしわ状紋〜微穿孔状紋となる。両性花と単性花で花粉の形態に違いはない。
【大きさ】　両性花：20.0-25.9×33.4-38.4 μm; 単性花：21.7-25.9×30.1-38.4 μm; 25-26×35-36 μm(I)
【試料】　赤磐市佐古田(植栽)：2009.11.9
【開花期】　9-10 月
【分布】　本州(関東以西)・四国・九州。中国

ツバメオモト属
Genus *Clintonia* Raf.

ツバメオモト　　　　　　　　SPl.339.4-6
Clintonia udensis Trautv. et C. A. Mey.
【形態】　長球形で，異極性。極観・赤道観ともに横長の楕円形。単長口型。長口は遠心極面の中央部を両端まで長く伸び大きく開くものが多く，その内膜は破れて消失してしまうものが多い。外壁の彫紋は微粒状紋で，微粒が長口を除く全表面に密に覆う。
【大きさ】　33-49×49-59 μm; 43-49×53-59 μm (I)
【試料】　青森県猿倉：1979.6.22(守田)
【開花期】　5-7 月
【分布】　北海道〜本州(奈良県以北)。シベリア・サハリン・南千島・朝鮮半島・中国

ナルコユリ属
Genus *Polygonatum* Mill.

外観はツバメオモト属に似る。

ミヤマナルコユリ　　　　　　SPl.340.1-3
Polygonatum lasianthum Maxim.
【大きさ】　31-33×34-41 μm; 38-41×47-50 μm (I)
【試料】　宮城県大和町：1987.6.6(守田)
【開花期】　5-6 月
【分布】　北海道〜九州。朝鮮半島

ナルコユリ　　　　　　　　　SPl.340.4-6
Polygonatum falcatum A. Gray
【大きさ】　19-35×39-45 μm; 36-42×45-54 μm (I), 36-40×45-54 μm(S)
【試料】　岡山市半田山：1979.6.6(新井)
【開花期】　5-6 月
【分布】　本州〜九州。朝鮮半島・中国(東北部)

ユリ科

オオナルコユリ　　　　　　　SP1.340.7-9
Polygonatum macranthum (Maxim.) Koidz.
【大きさ】　24-25×34-37 μm；25×60 μm（B）
【試料】　岡山県真庭市蒜山高原：1991.6.1（岡）
【開花期】　5-7月
【分布】　北海道～九州

マイヅルソウ属
Genus *Maianthemum* Weber.

マイヅルソウ　　　　　　　SP1.340.16-18
Maianthemum dilatatum (A. W. Wood) A. Nelson et J. F. Macbr.
【形態】　外観はツバメオモト属に似る。
【大きさ】　19-23×33-34 μm；25-28×35-38 μm（I）
【試料】　岡山県真庭市中蒜山：1980.6.13
【開花期】　5-7月
【分布】　北海道～九州。シベリア（東部）・カムチャツカ・サハリン・千島・朝鮮半島・中国（東北部）・北米

オリヅルラン属
Genus *Chlorophytum* Ker Gawl.

オリヅルラン　　　　　　　SP1.341.18-20
Chlorophytum comosum (Thunb.) Baker
【形態】　外観はツバメオモト属に似る。
【大きさ】　14-19×26-33 μm；15×30 μm（B）
【試料】　岡山県赤磐市山陽（植栽）：1984.4.27
【開花期】　3-6月
【原産地】　南アフリカ（ナタール）

ヒヤシンス属
Genus *Hyacinthus* L.

ヒヤシンス　　　　　　　SP1.339.13-15
Hyacinthus orientalis L.
【形態】　外観や発芽口は前述のツバメオモト属などに似るが、外壁の彫紋は網目状紋で、1 μm前後かそれ以下の小さな網目で覆われ、向心極面の

極域で大きく、両端部や口縁部では小さい。
【大きさ】　27-34×38-46 μm；15-25×35-50 μm（B）
【試料】　岡山県赤磐市山陽（植栽）：1976.3.15，1988.6.4
【開花期】　3-5月
【原産地】　地中海沿岸（シリア・小アジア・ギリシャ）

ユリグルマ属
Genus *Gloriosa* L.

ユリグルマ　　　　　　　PP1.10.12-14
Gloriosa superba L.
【形態】　外観・発芽口・外壁の彫紋は，ヒヤシンス属に似る。
【大きさ】　21.4-24.7×29.7-37.9 μm
【試料】　神戸市神戸学院大学（植栽）：1996.8.24（岡）
【開花期】　6-8月
【原産地】　アジア（熱帯）・アフリカ

タケシマラン属
Genus *Streptopus* Michaux.

タケシマラン　　　　　　　SP1.341.12-14
Streptopus streptopoides (Ledeb.) Frye et Rigg var. *japonicus* (Maxim.) Fassett
【形態】　外観はヒヤシンス属に似る。
【大きさ】　22-30×34-39 μm；27-30×37-43 μm（I）
【試料】　青森県十和田市猿倉：1979.6.22（守田）
【開花期】　5-6月
【分布】　本州（中北部）

ユキザサ属
Genus *Smilacina* Desf.

ユキザサ　　　　　　　SP1.340.10-12
Smilacina japonica A. Gray
【形態】　外観はヒヤシンス属に似る。
【大きさ】　21-26×33-36 μm；26-30×38-41 μm

ユリ科

(I), 30-34×40-48 μm(S), 20.0-32.5×42.5-52.5 μm(N)

【試料】　仙台市(植栽)：1978.4.14(守田)，岡山県後山：1985.4.20，鳥取県烏ヶ山：1985.5.2

【開花期】　5-7月

【分布】　北海道～九州。アムール・ウスリー・朝鮮半島・中国

アロエ属
Genus *Aloe* L.

　外観や発芽口はツバメオモト属などに似るが，外壁の彫紋は微穿孔状紋あるいは微粒状紋で，微穿孔か微粒が長口を除く全表面にある。

キダチアロエ(キダチロカイ)　　　　SPl.341.4-6
Aloe arborescens Mill.

【大きさ】　24-26×36-38 μm; 15-30 μm(B)

【試料】　岡山市岡山理科大学(植栽)：1974.1.27，1975.2.13

【開花期】　11-3月

【原産地】　南アフリカ(ナタール・ケープ州)

チヨダニシキ　　　　SPl.341.10-11
Aloe variegata L.

【大きさ】　19-21×26-31 μm

【試料】　岡山県赤磐市山陽(植栽)：1986.6.7

【開花期】　5-7月

【原産地】　南アフリカ(ボツワナ・ナミビア南部・オレンジ自由州・ケープ州・カルー)

クサスギカズラ属
Genus *Asparagus* L.

クサスギカズラ　　　　SPl.339.1-3
Asparagus cochinchinensis (Lour.) Merr.

【形態】　外観や発芽口はツバメオモト属などに似るが，外壁の彫紋は微穿孔状紋で，微穿孔が長口を除く全表面を覆う。

【大きさ】　14-18×21-22 μm; 21-24×26-30 μm (I)

【試料】　高知市牧野植物園(植栽)：1977.11.2(守田)

【開花期】　5-6月

【分布】　本州～沖縄。朝鮮半島・台湾

スズラン属
Genus *Convallaria* L.

スズラン　　　　SPl.339.10-12
Convallaria keiskei Miq.

【形態】　外観はクサスギカズラ属に似る。

【大きさ】　16-23×26-35 μm; 15-20×30-35 μm (B)

【試料】　岡山県赤磐市山陽(植栽)：1983.5.4

【開花期】　4-6月

【分布】　北海道・本州・九州。シベリア(東部)・朝鮮半島・中国

チゴユリ属
Genus *Disporum* Salisb.

　外観はクサスギカズラ属に似る。

チゴユリ　　　　SPl.341.1-3
Disporum smilacinum A. Gray

【大きさ】　16-27×33-46 μm; 28-32×37-44 μm (I), 20.0-25.0×32.5-42.5 μm(N)

【試料】　岡山県赤磐市山陽(植栽)：1999.6.8

【開花期】　4-6月

【分布】　北海道～九州。南千島・朝鮮半島・中国

ホウチャクソウ　　　　SPl.341.7-9
Disporum sessile Don

【大きさ】　24-25×29-32 μm; 31-34×44-48 μm (I), 32-36×48-52 μm(S), 25.0-30.0×32.5-40.0 μm(N)

【試料】　岡山県後山：1985.5.5，鳥取県三朝町：1994.6.4(清末)

【開花期】　4-5月

【分布】　北海道～九州。サハリン・朝鮮半島・中国

シオデ亜科
Subfamily **Smilacoideae**

シオデ属
Genus **Smilax** L.

サルトリイバラ SPl.334.16-17
Smilax china L.

【形態】 球形〜長球形で，無極性。外観は円形〜横長の楕円形。無口型。外壁の彫紋は刺状紋＋微粒状紋で，1μm前後の刺がまばらに散在し，その間の表面は微粒が密に覆う。

【大きさ】 17-21×23-28μm; 24.5-27×24.5-27μm(I), 17.5-22.0μm(N)

【試料】 広島県福山市郷分町：1979.4.29(高橋雅)，岡山市半田山：1984.4.25

【開花期】 4-5月

【分布】 北海道〜九州。朝鮮半島・中国・インドシナ半島・フィリピン

リュウゼツラン科
Family **Agavaceae**

ユリ科から独立の科となり，18-19属約580種がアメリカを中心とする熱帯〜亜熱帯の乾燥地に多く分布する。日本には自生しない。本科花粉の外観・発芽口は，ユリ科の大多数のものと基本的に同じである。外壁の彫紋については，リュウゼツラン属はユリ科とまったく異なるが，キミガヨラン属はユリ科のものに似る。

リュウゼツラン属
Genus **Agave** L.

リュウゼツラン SPl.342.1-3
Agave americana L.

【形態】 外壁の彫紋は大穴状紋で，10-15μm前後もの大穴が向心極面だけで30個ぐらいあり，その間には5μm以下の小穴がある。穴の中には微粒が多数見られる。

【大きさ】 55-70×76-97μm

【試料】 長崎市長崎駅前(植栽)：1983.8.2(小宮)

【開花期】 7-9月

【原産地】 メキシコ

キミガヨラン属
Genus **Yucca** L.

イトラン SPl.342.4-6
Yucca filamentosa L.

【形態】 外壁の彫紋は微穿孔状紋で，微穿孔が長口を除く全表面に密に覆う。

【大きさ】 26-33×49-60μm

【試料】 岡山市岡山理科大学(植栽)：1989.6.22

【開花期】 5-9月

【原産地】 北米(南部)

ビャクブ科
Family **Stemonaceae**

多年草で，つる性のものもある。東南アジアを中心に東アジア〜オーストラリアに分布。3〜4属約30種が知られている。日本にはナベワリ属2種が自生し，ビャクブ属2種が栽培される。

ビャクブ属
Genus **Stemona** Lour.

ビャクブ SPl.348.1-4, LPl.68.7-8
Stemona japonica Miq.

【形態】 偏球形で，異極性。極観・赤道観ともに横長の楕円形。単長口型。長口は遠心極側の赤道部を走るが，両端までは伸びない。外壁の彫紋は微粒状紋〜平滑状紋である。向心極側の中央部は平滑であるが，両端部や長口縁部は微粒状紋である。

【大きさ】 19.2-21.6×24.6-29.4μm; 22-24×27.5-32μm(I), 25×35μm(B)

【試料】 京都市日本新薬山科植物資料館(植栽)：2011.5.11

ビャクブ科・ヒガンバナ科

【開花期】 5-8月
【原産地】 中国
【備考】 江戸時代に渡来

ヒガンバナ科
Family **Amaryllidaceae**

FPl.18.5-6

　世界に65属860種が分布し，日本には3属6種が自生する。本科花粉の外観・発芽口・外壁の彫紋はユリ科に似るものが多いが，ハマオモト属だけは2長口型で，外壁の彫紋も刺状紋を持ち，異質である。

タマスダレ属
Genus *Zephyranthes* Herb.

タマスダレ　　　　　　　　　　SPl.343.1-3
Zephyranthes candida (Lindl.) Herb.
【形態】　長球形で，異極性。極観・赤道観ともに横長の楕円形。単長口型。長口は遠心極面の中央部を両端まで長く伸び，大きく開くものは少なく，あまり開かないものの方が多い。内膜も完全に破れて消失するものと残るものがある。外壁の彫紋は網目状紋である。網目は向心極面の中央部で大きく，両端部や口縁部では小さくなるものが多い。
【大きさ】　25-30×37-53 μm；40-42×54-58 μm (I)
【試料】　岡山県赤磐市山陽(植栽)：1987.9.16
【開花期】　7-9月
【原産地】　ペルー

スイセン属
Genus *Narcissus* L.

　外観はタマスダレ属に似る。

キズイセン　　　　　　　　　　SPl.344.4-6
Narcissus tazetta L. var. *chinensis* Roemer
【大きさ】　13-17×28-30 μm；31-36×43-46 μm

(I)，34-36×56-60 μm(S)
【試料】　岡山県赤磐市山陽(植栽)：1988.4.10
【開花期】　12-4月
【原産地】　中国・アジア(中部)～地中海沿岸

ラッパズイセン　　　　　　　　SPl.344.1-3
Narcissus pseudo-narcissus L.
【大きさ】　20-29×41-46 μm；36-42×50-55 μm (I)
【試料】　岡山県赤磐市山陽(植栽)：1989.3.29
【開花期】　3-4月
【原産地】　ドイツ・ベルギー・イギリス・フランス・イタリア(北部)・スペイン・ポルトガル

ヒガンバナ属
Genus *Lycoris* Herb.

　外観はタマスダレ属に似る。

ヒガンバナ　　　　　　SPl.344.7-8，LPl.69.4-5
Lycoris radiata Herb.
【形態】　本科の中では一番大きな網目を持ち，畝も太く頑丈そうな網目状紋である。
【大きさ】　31-32×56-64 μm；42-50×60-75 μm (I)，50-54×80-86 μm(S)，27.5-37.5×60.0-67.5 μm(N)
【試料】　岡山県赤磐市吉井川：1980.9.27
【開花期】　9-10月
【分布】　北海道～沖縄(帰化)
【備考】　中国から渡来

ナツズイセン　　　　　　　　SPl.344.12-14
Lycoris squamigera Maxim.
【大きさ】　29-37×60-66 μm；50-55×70-73 μm (I)，37.5-47.5×70.0-77.5 μm(N)
【試料】　岡山県井原市下稲木町(植栽)：1979.8.14 (安原)
【開花期】　8-9月
【原産地】　中国

キツネノカミソリ　SPl.344.9-11

Lycoris sanguinea Maxim.

【大きさ】　26-31×53-56 μm; 40-45×54-57 μm (I), 48-52×70-76 μm(S), 22.5-35.0×52.5-57.5 μm(N)

【試料】　岡山県和気町閑谷学校：1977.8.28，岡山県真庭市蒜山高原：1980.7.28

【開花期】　7-9月

【分布】　本州〜九州。中国

ショウキズイセン　SPl.348.5-7

Lycoris traubii Hayward

【大きさ】　30.0-37.5×62.5-73.8 μm; 45-53×67-73 μm(I)

【試料】　東京都東京大学理学部附属小石川植物園(植栽)：2011.10.19(岡)

【開花期】　9月

【分布】　四国・九州・沖縄(沖縄島・宮古島・与那国島)。台湾・中国南部

クンシラン属
Genus *Clivia* Lindl.

クンシラン　SPl.343.9-11

Clivia miniata Regel

【形態】　外観はタマスダレ属に似る。

【大きさ】　24-31×44-56 μm; 37-40×54-58 μm (I)

【試料】　岡山県赤磐市山陽(植栽)：1989.3.21

【開花期】　3-5月

【原産地】　南アフリカ(ナタール)

アマリリス属
Genus *Hippeastrum* Herb.

アマリリス　SPl.343.4-6

Hippeastrum × *hybridum* Hort.

【形態】　外観はタマスダレ属に似るが，外壁の彫紋はいぼ状紋である。

【大きさ】　22-30×40-48 μm; 63-66×82-88 μm (I), 50-52×68-76 μm(S)

【試料】　岡山市岡山理科大学(植栽)：1973.6.26 (行本)

【開花期】　5-7月

【原産地】　南米(ブラジル・ペルー)

ハマオモト属
Genus *Crinum* L.

ハマオモト(ハマユウ)　SPl.343.7-8

Crinum asiaticum L. var. *japonicum* Baker

【形態】　球形〜長球形で，等極性。極観・赤道観ともに円形〜横長の楕円形。2長口型。赤道部に2本の長口が両端近くまで伸び，大きく開く。外壁の彫紋は刺状紋で，長さが1 μm前後の刺が長口を除く全表面にまばらに分布する。

【大きさ】　46-49×46-56 μm; 50-55×55-60 μm (I), 56-60×70-80 μm(S), 35.0-45.0×52.5-60.0 μm(N)

【試料】　香川県東かがわ市西村(植栽)：1972.7.25 (三好マ)，沖縄県西表島：1984.12.17(中越)

【開花期】　7-9月

【分布】　本州(関東南部以南)〜沖縄。中国(南部)・台湾・マレーシア・インド

ヤマノイモ科
Family **Dioscoreaceae**

　熱帯〜温帯に分布し，熱帯域に多い。11属650種あり，日本にはヤマノイモ属のみある。地下部は，イモ(Yam)として重要な食料である。

ヤマノイモ属
Genus *Dioscorea* L.

ヤマノイモ　SPl.345.1-3

Dioscorea japonica Thunb.

【形態】　横長の長球形で，等極性。外観は極観・赤道観ともに横長の楕円形。2長口型。長軸の赤道面両側に各1本の長口が見られるが，詳細は不明。外壁の彫紋は微網目状紋で，長口以外の全表

面を覆う。

【大きさ】 9-11×11-13 μm; 14-16×15-19 μm
(I), 22-26×24-28 μm(S)

【試料】 岡山県赤磐市鴨前：1983.8.9, 岡山市岡
山理科大学：1984.7.14

【開花期】 7-8月

【分布】 本州～沖縄。朝鮮半島・中国

ミズアオイ科
Family **Pontederiaceae**

　世界に約7属30種があり, 日本にはミズアオ
イ属2種が自生する。本科花粉は横長の長球形で,
異極性。外観は極観・赤道観ともに半月状か腎臓
形。本科の発芽口は幾瀬(1956)と島倉(1970)では2
長口型, 中村(1980)では単長口型となっており,
走査電顕でも単長口型の像となっているが, 再検
討が必要。長口は両端まで長く開き, 口膜は薄く
破れている。外壁の彫紋は各属でやや異なる。

ミズアオイ属
Genus *Monochoria* **Presl**

コナギ　　　　　　　　　　　　　SPl.345.4-6

Monochoria vaginalis (Burum. fil.) Presl var.
plantaginea (Roxb.) Solms-Laub.

【形態】 外壁の彫紋は微粒状紋で, 長口を除く全
表面にかなりはっきりとした微粒が観察できる。

【大きさ】 19-27×35-44 μm; 33-35×42-47 μm
(I), 24-30×42-46 μm(S), 25.0-32.5×45.0-50.0
μm(N)

【試料】 岡山市百間川：1977.10.6, 岡山県自然
保護センター：1996.9.22(岡)

【開花期】 7-10月

【分布】 本州～沖縄。朝鮮半島・中国・マレーシ
ア・インド

ホテイアオイ属
Genus *Eichhornia* **Kunth**

ホテイアオイ　　　　　　　　　　SPl.345.7-9

Eichhornia crassipes Solms-Laub.

【形態】 外壁の彫紋は微粒状紋であるが, 微粒が
不鮮明で, 平滑状紋のようにも見える。

【大きさ】 21-24×49-51 μm; l.s.43-46×54-58
μm; s.s.36-38×45-49 μm(I), 32.5-40.0×67.5-
72.5 μm(N)

【試料】 岡山市総合グラウンド(植栽)：1991.10.
12

【開花期】 8-10月

【原産地】 アメリカ(熱帯)

アヤメ科
Family **Iridaceae**

　世界に約70属1,500種が分布し, 日本には3
属11種が野生する。本科花粉は長球形～球形で,
異極性。外観は極観・赤道観ともにほとんどが楕
円形で, まれに円形もある。単長口型。長口は大
多数が両端近くまで長く伸びるが, イヌサフラン
では短い。口膜は薄く, 破れて消失するものが多
いが, フリージアのように外壁と同じ丈夫な膜を
持つものもある。外壁の彫紋はほとんどが網目状
紋で, 網目の大きさは各属で異なる。フリージア
だけは微小刺状紋である。

サフラン属
Genus *Colchicum* **L.**

イヌサフラン　　　　　　　　　　SPl.345.10-11

Colchicum autumnale L.

【形態】 長球形～球形で, 単長口型。長口は短く
両端近くまで伸びない(幾瀬, 1956では2孔型)。外
壁の彫紋は小網目状紋で, 畝の交点には微穿孔が
ある。

【大きさ】 46-55×51-58 μm; 34-38×48-56 μm
(I)

アヤメ科

【試料】　岡山県赤磐市山陽(植栽)：1989.10.27
【開花期】　9-10 月
【原産地】　ヨーロッパ・北米

フリージア属
Genus *Freesia* Klatt.

フリージア　　　　　　　　　SP1.346.1-3
Freesia refracta (Jacq.) Ecklon ex klatt
【形態】　長口は外壁と同じような丈夫な口蓋で覆われ，花粉本体と口蓋の境は長口によって縁取られる。外壁の彫紋は長口を含めた全表面が微小刺状紋で，微小刺が密にある。
【大きさ】　33-43×49-63 μm; 25-40×65-100 μm (B)
【試料】　岡山県赤磐市(園芸店で購入)：2001.2.5
【開花期】　1-3 月
【原産地】　南アフリカ(南部のケープ)

ニワゼキショウ属
Genus *Sisyrinchium* L.

ニワゼキショウ　　　　　　　SP1.345.12-14
Sisyrinchium rosulatum Bicknell
【形態】　長球形で，単長口型。長口は両端まで伸びる。外壁は外層が厚く，彫紋は小網目状紋。
【大きさ】　14-17×25-29 μm; 23-29×33-38 μm (I), 28-32×42-46 μm (S), 20.0-30.0×32.5-40.0 μm (N)
【試料】　広島県福山市郷分町：1979.5.29(高橋雅)，岡山市岡山理科大学：1989.6.1
【開花期】　5-6 月
【原産地】　北米

アヤメ属
Genus *Iris* L.

　長口の口膜は薄く破れやすい。外壁の彫紋は網目状紋で，その網目はキショウブでは小さく，イチハツでは大きい。

キショウブ　　　　　　　　　SP1.347.1-3
Iris pseudacorus L.
【形態】　網目の大きさは 1-2 μm で小さい。
【大きさ】　46-47×75-76 μm; 76-84×100-110 μm (S), 60.0-75.0×87.5-105.0 μm (N)
【試料】　岡山市岡山理科大学(植栽)：1989.5.10，神戸市神戸学院大学薬学部附属薬用植物園(植栽)：1991.5.20(岡)
【開花期】　5-6 月
【原産地】　ヨーロッパ

イチハツ　　　　　　　　　　SP1.347.4-6
Iris tectorum Maxim.
【形態】　網目の大きさは 3-5 μm で大きい。
【大きさ】　38-45×47-59 μm; 75-76×85-88 μm (I), 85-95×90-100 μm (S), 62.5-87.5×75.0-110.0 μm (N)
【試料】　岡山県赤磐市山陽(植栽)：1989.5.10
【開花期】　4-5 月
【原産地】　中国

ヒメシャガ　　　　　SP1.348.8-10，LP1.70.6-8
Iris gracilipes A. Gray
【大きさ】　38.4-48.4×53.4-63.5 μm; 66-68×66-68 μm (I)
【試料】　金沢市高尾山：2013.5.12
【開花期】　5-6 月
【分布】　北海道西南部〜九州北部

ホメリア属
Genus *Homeria* Venten.

　本属は，花粉の形態が染色体数の数によってどのように変わるかを目的として調べた。その結果，2n=16 の *H. tenuis* は普通のアヤメ科の横長の楕円形をした花粉であるが，2n=20 の *H. tenuis* と 2n=18 の *H. flovescens* では，球状に近い丸みのある花粉となり，大きさもやや大きくなる。外壁の小網目状紋の大きさは，2n=16 と 2n=20 ではほとんど差がなく，2n=18 ではやや大きくなる。

アヤメ科・キンバイザサ科・イグサ科

ホメリア・テヌイス　　SPl.346.4-6, 10-12
Homeria tenuis
【大きさ】　2n＝16：23-34×38-46 μm; 2n＝20：
26-37×36-42 μm
【試料】　不詳
【開花期】　4-5 月
【原産地】　南アフリカ(南部のケープ)

ホメリア・フロベッセンス　　SPl.346.7-9
Homeria flovescens
【大きさ】　2n＝18：28-36×38-44 μm
【試料】　不詳
【開花期】　4-5 月
【原産地】　南アフリカ(南部のケープ)

キンバイザサ科
Family **Hypoxidaceae**

　ヒガンバナ科とされていたが，別科とされた。
熱帯アジアと南半球に 5 属 140 種あり，日本には
2 属 2 種が分布する。

キンバイザサ属
Genus *Curcligo* Gaertn.

オオキンバイザサ　　SPl.348.11-13, LPl.70.1-3
Curculigo capitulata (Lour.) Kuntze
【形態】　偏球形で，異極性。極観・赤道観ともに
横長の楕円形。単長口型。長口は遠心極側の赤道
部を両極まで伸びる。外壁の彫紋は微穿孔状紋で
あるが，長口と外壁の境界がはっきりせず，長口
はしわ状紋である。
【大きさ】　24.6-28.0×30.3-38.8 μm
【試料】　京都市日本新薬山科植物資料館(植栽)：
2011.5.11
【開花期】　4-6 月
【原産地】　熱帯アジア～オーストラリア

コキンバイザサ属
Genus **Hypoxis** L.

コキンバイザサ　　SPl.348.14-16, LPl.70.4-5
Hypoxis aurea Lour.
【形態】　偏球形で，異極性。極観・赤道観ともに
横長の楕円形。単長口型。長口は遠心極側の赤道
部を両極まで伸びる。内膜は平滑状紋であり，外
壁の彫紋は微穿孔状紋である。
【大きさ】　20.3-21.1×30.1-32.8 μm
【試料】　京都市日本新薬山科植物資料館(植栽)：
2011.5.11
【開花期】　4-6 月
【分布】　本州(宮城県以南)～沖縄。中国南部・台
湾・マレーシア・インド。

イグサ科
Family **Juncaceae**

　世界に 8 属約 300 種があり，多くは湿地に生え，
温帯・寒帯に多い。日本には 2 属 36 種が自生す
る。

スズメノヤリ属
Genus *Luzula* DC.

スズメノヤリ　　SPl.349.1-3
Luzula capitata (Miq.) Maq.
【形態】　塊形～三角錐形で，異極性。四面体型の
4 集粒で，外観はツツジ科の 4 集粒の特徴と同じ
である。単口型。遠心極側の 70-80%も占めるよ
うな大きな単口で口膜の上には微粒が密にあり，
それ以外の部分は平滑状紋である。
【大きさ】　t.24-45 μm; t.37-40 μm, s.24-26×
32-34 μm(I)，45 μm 内外(S)
【試料】　岡山県真庭市蒜山高原：1982.5.8(西村)，
岡山市旭川：1983.4.4，岡山県倉敷市真備町：
1999.3.22
【開花期】　4-5 月
【分布】　北海道～沖縄。シベリア(東部)・カム

チャツカ・サハリン・千島・朝鮮半島・中国

【分布】 本州(関東以西)～九州。中国・台湾

ツユクサ科
Family **Commelinaceae**

　熱帯を中心に約40属660種があり，日本には4属8種が自生する。本科の花粉は横長の長球形で，異極性。外観は極観・赤道観ともにほぼ横長の楕円形。単長口型。長口は両端まで長く伸び，口膜は薄くて破れやすい。外壁の彫紋は属により異なる。ツユクサは両性花と単性花を持ち，その葯にも3型あり，花と花粉の実験材料として好適である。

セトクレアセア属
Genus *Setcreasea* **K. Schum et Sydow**

ムラサキゴテン　　　　　　　　SPl.349.4-6

Setcreasea pallida Rose "Purple Heart"

【形態】 外壁の彫紋は小網目状紋で，向心極面の中央部で網目は大きく，左右の両端に向かって小さくなる。

【大きさ】 41-53×69-76 μm

【試料】 香川県東かがわ市西村(植栽)：1979.9.10
(三好マ)

【開花期】 7-9月

【原産地】 メキシコ

ヤブミョウガ属
Genus *Pollia* **Thunb.**

ヤブミョウガ　　　　　　　　SPl.349.7-8

Pollia japonica Thunb.

【形態】 外壁の彫紋は微粒状紋で，長口を除く全表面に微粒が密に覆う。

【大きさ】 12-14×20-22 μm；20-24×24-28 μm
(I)，24-26×32-36 μm(S)，12.5-17.5×20.0-25.0
μm(N)

【試料】 愛媛県大洲市：1978.8.29(守田)

【開花期】 7-9月

ツユクサ属
Genus *Commelina* **L.**

ツユクサ　　　　　　SPl.350.1-10，351.1-9

Commelina communis L.

【形態】 本種の花には両性花と単性花があり，その葯は普通型(O型)・人字型(λ型)・肥大型(X型)の3種類がある。そのうち，普通型と人字型は正常な花粉で，横長の長球形で，単長口を持ち，外壁の彫紋は微小刺状紋で，微小刺がほぼ均等でまばらに散在し，それ以外の表面には微穿孔が多数見られる。それに対して肥大型では，花粉は球形に近いものが多くなり，長口が欠落した不稔性花粉で，いわゆる「花粉もどき」になる。その外壁の彫紋は正常花粉とほぼ同じ微小刺状紋であるが，微小刺以外の表面は微穿孔はまれで，ひび割れ状・微粒状・細くて不規則な長穴状など様々な彫紋になる(藤木ほか，1997)。

【大きさ】 普通型・人字型：29.1-40.0×58.2-63.6 μm，肥大型：34.5-36.8×36.8-46.0 μm，21.8-22.9 μm；35-43×68-80 μm，35-38×65-70 μm，28-35×40-60 μm(I)，36-40×55-60 μm(S)，25.0-35.0×35.0-47.5 μm(N)

【試料】 岡山市岡山理科大学：1995.9.20，1996.9.27

【開花期】 7-10月

【分布】 北海道～沖縄。サハリン・ウスリー・朝鮮半島・中国

ムラサキツユクサ属
Genus *Tradescantia* **L.**

ムラサキツユクサ　　　　　　SPl.349.12-14

Tradescantia ohiensis Raf.

【形態】 外壁の彫紋は微粒状紋で，長口を除く全表面に密にある。

【大きさ】 15-20×27-34 μm；28-31×41-46 μm
(I)，30-36×48-54 μm(S)

【試料】 岡山県赤磐市山陽(植栽)：1990.5.14

【開花期】 5-7 月
【原産地】 北米(東部～中西部)

イボクサ属
Genus *Murdannia* Royle

イボクサ　　　　　　　　　　SPl.349.9-11
Murdannia keisak (Hassk.) Hand. - Mazz.
【形態】 外壁の彫紋は微小刺状紋で，長口を除く全表面に微小刺がまばらに散在する。
【大きさ】 18-23×34-38 μm; 32-34×54-56 μm (S), 17.5-22.5×32.5-40.0 μm(N)
【試料】 奈良県三宅町石見：1977.10.6(守田)
【開花期】 9-10 月
【分布】 本州～沖縄。朝鮮半島・中国

ホシクサ科
Family **Eriocaulaceae**

FPl.18.2
　南米を中心とした熱帯～亜熱帯に多く分布し，13 属約 1,200 種があり，日本にはホシクサ属 36 種が自生する。本属は湿地や水中に生育するものが多いため，花粉分析でも量的には多くないがよく産出する。

ホシクサ属
Genus *Eriocaulon* L.

　球形で，等極性。外観は円形。合流溝型(螺旋口型)。3 本の螺旋状の溝が褶曲状に走る。外壁の彫紋は微小刺状紋で，まばらに微小刺が点在し，それ以外の表面には微小刺よりさらに小さな微粒がある。

シラタマホシクサ　　　　　　SPl.351.10-12
Eriocaulon nudicuspe Maxim.
【大きさ】 25-30 μm; 20.1-27.8 μm(N)
【試料】 愛知県豊橋市葦毛湿原：1977.8.28(守田)

【分布】 本州(静岡県・愛知県・三重県)伊勢湾北部

シロイヌノヒゲ　　　　　　　LPl.69.6-7
Eriocaulon sikokianum Maxim.
【大きさ】 28.0-31.3 μm; 21.1-37.4 μm(N)
【試料】 岡山県浅口郡里庄町虚空蔵山湿原：1989.9.23(安原)
【開花期】 9-10 月
【分布】 本州～九州。朝鮮半島

イトイヌノヒゲ　　　　　　　SPl.352.7-8
Eriocaulon decemflorum Maxim.
【大きさ】 23.4-30.1 μm; 24-27×24-27 μm(I)
【試料】 岡山県浅口郡里庄町虚空蔵山湿地：1989.9.23(安原)
【開花期】 8-9 月
【分布】 北海道～九州。朝鮮半島

トウツルモドキ科
Family **Flagellariaceae**

　常緑のつる性の多年草で，3 属約 8 種ある。主に東南アジア，太平洋諸島の熱帯に分布するが，トウツルモドキ属のみアフリカ南部，オーストラリアにも分布する。日本にはトウツルモドキのみ自生する。

トウツルモドキ属
Genus *Flagellaria* L.

　球形で，異極性。極観・赤道観ともに円形。単孔型。孔は遠心極の極点にあり，直径が 2-3 μm の円形で，周囲が約 1 μm の幅で肥厚する。孔内には口蓋があり，その表面は外壁と同じ彫紋である。外壁の彫紋は微粒を伴ったしわ状紋で，微穿孔が点在する。外観はイネ科に類似する。

トウツルモドキ　　　　SPl.352.1-3, LPl.70.9-10
Flagellaria indica L.
【大きさ】 14.2-18.4 μm

【試料】 沖縄県南城市知念具志堅：2012.5.14（上田）

【開花期】 5-6月

【分布】 徳之島以南の沖縄に分布し，小笠原父島で野生化。中国南部・東南アジア・インド・オーストラリア・太平洋諸島の熱帯・亜熱帯域

フラゲラリア・グイネエンシス SPl.352.4-6
Flagellaria guineensis Schumach.

【大きさ】 14.1-18.5 μm

【試料】 京都市日本新薬山科植物資料館（植栽）：2011.7.20（大久保）

【開花期】 夏

【原産地】 東南アジア・熱帯アフリカ

イネ科
Family **Poaceae (Gramineae)**

FPl.16.1-7, 17.1-6

　本科は世界に広く分布していて約700属8,000種もあり，日本にも約100属300種余ある。このように非常に大きな分類群であるが，花粉の形態は非常に単純で，球形〜長球形の花粉の遠心極面に1つだけ発芽口を持つ単孔型で，その孔には小さな円形の口蓋が見られ，外壁の彫紋も全表面に微粒状紋が分布するだけである。

　本科は，イネ・コムギ・トウモロコシなど人類の食料源として重要な植物が多数含まれるため，この単純な花粉を何とか区別して研究に役立てようとの試みがこれまでなされてきた。例えば，Firbas（1937）は，ヨーロッパ産215種の粒径を測定し，野生種は35μm以下が多く，栽培種は35-50μmが多いことを指摘し，野生種と栽培種はほぼ区別できるとした。中村（1974）は，日本産イネ科68種の花粉をレプリカ法で処理し，走査電顕で花粉外壁表面の微粒状紋の分布を観察した。その結果，本科の花粉の微粒状突起の分布状態は，次の3群に分けられることを明らかにした。

　①第Ⅰ型：微粒状突起が点状に見えるもの（トウモロコシ・ジュズダマ・オオムギなど）

　②第Ⅱ型：3個以上の微粒状突起が集合して島状となり，溝網型（areolate：小さな円形あるいは多角形部分が溝によって隔てられている型。ちょうど網目型のネガ像のようにも見える）に見えるもの（ヨシ・カラスムギ・マコモなど）

　③第Ⅲ型：微粒状突起と島状突起が混在したⅠとⅡの中間型（イネ・コムギ・トダシバなど）

　ここでは，各種ごとの大きさの記載の後に，（　）してこの3群のどれに属するかを記しておく。

　花粉分析では，本科とカヤツリグサ科が単子葉植物の中では一番よく産出する。また本科は人類の食料となる穀物を多数含むことから，遺跡の花粉分析では農耕の起源を探る重要な鍵となるため，栽培型と雑草型に大別して記載されることが多い。

　本科の花粉は球形〜長球形で，異極性。極観・赤道観とも円形〜縦長の楕円形。単孔型。単孔は遠心極の極点にあり，直径が2-3μmの円形で，周囲が1-2μmの幅で肥厚し，火口のような形をしている。孔内には口蓋があり，その表面には花粉外壁と同じ彫紋がある。外壁の彫紋は微粒状紋で，上述のように3群に分けることができる。大きさは野生型では小さく，栽培型では大きくなる傾向があるが，例外もある。

ジュズダマ属
Genus *Coix* L.

ジュズダマ SPl.353.1-2
Coix lacryma-jobi L.

【大きさ】 53-55μm（Eのみ，Ⅲ型）；60-78×60-78μm，65-73×60-65μm，65-68×70-73μm（Ⅰ），48.8-66.2μm（N）

【試料】 岡山県赤磐市南佐古田：2001.8.25

【開花期】 8-11月

【原産地】 インドシナ半島・インドネシア

イネ科

ススキ属
Genus *Miscanthus* Anderss.

ススキ SP1.353.3-4

Miscanthus sinensis Anderss.

【大きさ】 27-29×28-30 μm（II型）；35-38×35-38 μm, 36-38×34-36 μm（I）, 32-38×32-38 μm（S）, 26.8-37.1 μm（N）

【試料】 岡山市岡山理科大学：1979.10.16, 岡山県赤磐市南佐古田：2001.9.27

【開花期】 7-10月

【分布】 北海道～沖縄。南千島・朝鮮半島・中国

チガヤ属
Genus *Imperata* Cyrillo

チガヤ SP1.353.5-6

Imperata cylindrica (L.) Beauv.

【大きさ】 31-33×31-33 μm（II型）；30-36×30-36 μm（I）, 26.3-35.5 μm（N）

【試料】 高知市：1977.5.10（守田）, 鳥取市鳥取大学：1995.6.5（清末）, 岡山県赤磐市南佐古田：2002.5.5

【開花期】 4-6月

【分布】 日本全土

アブラススキ属
Genus *Eccoilopus* Steud.

アブラススキ SP1.353.7-8

Eccoilopus cotulifer (Thunb.) A. Camus

【大きさ】 32-34×32-34 μm（II型）；33-35×33-35 μm（I）

【試料】 岡山県赤磐市山陽：1990.10.14, 東京都東京大学：1996.9.10（岡）

【開花期】 8-10月

【分布】 日本全土。朝鮮半島・中国・インド

サトウキビ属
Genus *Saccharum* L.

サトウキビ SP1.353.9-10

Saccharum officinarum L.

【大きさ】 34-38×32-36 μm（II型）

【試料】 岡山県井原市下稲木町（植栽）：1979.8.14（高橋雅）, 沖縄県国頭村（植栽）1989.3, 沖縄県石垣島（植栽）：1996.12.11

【開花期】 11-5月

【原産地】 インド

チクシャ（カラザトウ, カラサトウキビ） SP1.353.11-12

Saccharum sinense Roxb.

【大きさ】 35-37×33-35 μm（II型）

【試料】 広島県福山市郷分町（植栽）：1980.9.19（高橋雅）

【開花期】 8-10月

【原産地】 中国

アシボソ属
Genus *Microstegium* Nees

ササガヤ SP1.353.13-14

Microstegium japonicum (Miq.) Koioz.

【大きさ】 20-22×19-21 μm（II型）

【試料】 不詳

【開花期】 8-10月

【分布】 北海道～九州。朝鮮半島（南部）・中国

スズメノヒエ属
Genus *Paspalum* L.

スズメノヒエ SP1.353.15-16

Paspalum thunbergii Kunth

【大きさ】 28-30×27-29 μm（II型）；37-44×37-44 μm, 38-41×35-38 μm, 37-40×40-45 μm（I）, 33.4-45.8 μm（N）

【試料】 岡山市法界院：1981.9.18

【開花期】 6-10月

【分布】 本州～沖縄・小笠原諸島。朝鮮半島・中

イネ科

国

エノコログサ属
Genus *Setaria* Beauv.

エノコログサ　　　　　　　SPl.354.1-2
Setaria viridis (L.) Beauv.
【大きさ】　27-32 μm（Eのみ，II型）；25-27×25-27 μm(I)
【試料】　広島県福山市郷分町：1978.8.13(高橋雅)
【開花期】　7-11 月
【分布】　日本全土。全世界の温帯

コツブキンエノコロ　　　　　SPl.354.3-4
Setaria pallide-fusca (Schumach.) Stapf et C. E. Hubb.
【大きさ】　28-30×27-29 μm(II型)
【試料】　不詳
【開花期】　8-10 月
【分布】　本州〜沖縄。旧世界の暖帯〜熱帯

キンエノコロ　　　　　　　　SPl.354.5-6
Setaria glauca (L.) Beauv.
【大きさ】　35-37×35-37 μm(II型)；33.3-40.5 μm(N)
【試料】　高知市：1977.8.16(守田)
【開花期】　8-10 月
【分布】　日本全土。北半球の温帯

マコモ属
Genus *Zizania* L.

マコモ　　　　　　　　　　SPl.354.11-12
Zizania latifolia Turcz.
【大きさ】　31-33×30-32 μm（II 型）；37-41×33-38 μm，35-39×35-39 μm(I)，28.7-35.5 μm(N)
【試料】　仙台市：1986.7(守田)，岡山市妹尾：1992.9.28(岡)
【開花期】　8-10 月
【分布】　北海道〜九州。シベリア(東部)・中国・インドシナ半島

サヤヌカグサ属
Genus *Leersia* Sw.

サヤヌカグサ　　　　　　　　SPl.354.7-8
Leersia sayanuka Ohwi
【大きさ】　24-26×18-20 μm（I 型）；21.3-30.6 μm(N)
【試料】　不詳
【開花期】　8-10 月
【分布】　北海道(西南部)〜九州。朝鮮半島・中国

アシカキ　　　　　　　　　　SPl.354.9-10
Leersia japonica Makino
【大きさ】　24-26×23-25 μm（I またはIII型）；24.9-29.7 μm(N)
【試料】　鹿児島県：1975.8(守田)，岡山県笠岡市尾坂池：1989.9.24(安原)
【開花期】　8-10 月
【分布】　本州〜沖縄。朝鮮半島・中国

ハルガヤ属
Genus *Anthoxanthum* L.

ハルガヤ　　　　SPl.354.13-14，LPl.71.1-2
Anthoxanthum odoratum L.
【大きさ】　31-33×30-32 μm(I型)；47-51×47-51 μm，47-53×47-51 μm(I)
【試料】　岡山市半田山：1979.5.22，岡山県真庭市蒜山高原：1991.6.1(岡)，1995.5.28(岡)
【開花期】　5-7 月
【原産地】　シベリア・ヨーロッパ

シバ属
Genus *Zoysia* Willd.

シバ　　　　　　　　　　　SPl.354.15-16
Zoysia japonica Steud.
【大きさ】　28-30×26-28 μm(II型)；35-37×35-37 μm，37-38×32-34 μm(I)，20.8-29.8 μm(N)
【試料】　岡山県赤磐市南佐古田：2002.6.7
【開花期】　5-6 月

【分布】 日本全土。朝鮮半島・中国

スズメノテッポウ属
Genus *Alopecurus* L.

スズメノテッポウ SPl.354.17-18, PP1.13.4-6
Alopecurus aequalis Sobol.
【大きさ】 23-25×21-23 μm(II 型); 24-29×24-29 μm(I), 28-30×28-30 μm(S)
【試料】 岡山県赤磐市山陽：1980.5.29, 岡山市法界院：1994.4.10
【開花期】 4-6月
【分布】 北海道〜九州。北半球の温帯

ヒエガエリ属
Genus *Polypogon* Desf.

ヒエガエリ SPl.354.19-20
Polypogon fugax Steud.
【大きさ】 31-33×25-27 μm(III型)
【試料】 高知市：1977.5.10(守田)
【開花期】 6-8月
【分布】 本州〜沖縄。シベリア・東アジア・インド・アフリカ

チゴザサ属
Genus *Isachne* R. Br.

チゴザサ SPl.355.3-4
Isachne globosa (Thunb.) O. Kuntze
【大きさ】 30-34×24-27 μm(II 型); 31-33×27-29 μm, 29-33×29-33 μm(I)
【試料】 岡山市瀬戸：1983.7.9
【開花期】 6-8月
【分布】 北海道〜沖縄。中国・東南アジア・オーストラリア

コムギ属
Genus *Triticum* L.

コムギ SPl.355.1-2
Triticum aestivum L.
【大きさ】 49-55×47-49 μm(III型)
【試料】 岡山市瀬戸(植栽)：1989.4.30
【開花期】 4-5月
【原産地】 西アジア(トルコ・コーカサス・イラク・シリアなど)

トウモロコシ属
Genus *Zea* L.

トウモロコシ SPl.355.5-7
Zea mays L.
【形態】 本科の中ではとても大きい花粉で, 化石花粉の同定は容易である。中・南米の花粉分析では, トウモロコシ栽培の開始時期を特定するのに重要な花粉である。
【大きさ】 73-77×55-64 μm(I 型); 70-85×83-100 μm, 80-100×80-100 μm, 88-100×75-90 μm(I), 62.4-90.2 μm(N)
【試料】 岡山県赤磐市山陽(植栽)：1997.8.22
【開花期】 7-9月
【原産地】 中米(メキシコ・ホンジュラス・グアテマラ)

イネ属
Genus *Oryza* L.

イネ
SPl.356.1-19；1-2：品種名不詳, 3-4：コシヒカリ, 5-6：吟坊主, 7-8：日本晴, 9-11：赤米, 12-13：亀の尾, 14-15：ロシア米, 16-17：アメリカ米, 18-19：フィリピン米
Oryza sativa L.
【形態】 イネには多数の品種があるが, 花粉の大きさは品種による差が小さく, 外壁の彫紋も微粒状突起の特徴はすべてIII型である。
【大きさ】 品種名不詳：30-39×32-36 μm, コシ

イネ科

ヒカリ：29-31×31-33 μm, 吟坊主：35-37×35-37 μm, 日本晴：33-35×32-34 μm, 赤米：35-38×34-37 μm, 亀の尾：34-36×35-37 μm, ロシア米：29-31×32-34 μm, アメリカ米：33-35×33-35 μm, フィリピン米：31-33 μm(Eのみ)；43-45×43-45 μm, 43-47×43-47 μm(I), 日本型(豊年早生)：33.3-36.5 μm, インディカ型：32.6-40.3 μm(N)

【試料】　岡山県赤磐市山陽(植栽, 品種不明)：1994.9.12

(吟坊主〜フィリピン米の7品種は, 高知大学中村純名誉教授が高知県農業試験場から分与を受けた試料と見られるが, 詳細は不明)

【開花期】　6-9月

【原産地】　アジア(インド説, 雲南・インドシナ半島・アッサム説, 長江流域説などがある)・西アフリカ(ニジェール川中流域)

ミノゴメ属
Genus *Beckmannia* Host

ミノゴメ(カズノコグサ)　　　　SPl.355.8-9

Beckmannia syzigachne (Steud.) Fern.

【大きさ】　25-27×22-24 μm(II型)；34-37×34-37 μm(I), 27.5-33.8 μm(N)

【試料】　高知市：1977.5.10(守田)

【開花期】　5-8月

【分布】　北海道〜九州。シベリア(東部)・サハリン・朝鮮半島・北米

ヌカボ属
Genus *Agrostis* L.

ヌカボ　　　　　　　　　　SPl.357.14-15

Agrostis clavata Trin. var. *nukabo* Ohwi

【大きさ】　26-28×24-26 μm(II型)；20×20 μm(B)

【試料】　福島県裏磐梯山：1980.6.25(守田)

【開花期】　6-8月

【分布】　日本全土。朝鮮半島・中国・台湾

コウヤザサ属
Genus *Brachyelytrum* Beauv.

コウヤザサ　　　　　　　　　SPl.357.5-6

Brachyelytrum japonicum Hack.

【大きさ】　28-30×28-30 μm(I型)

【試料】　高知市：1977.8.16(守田)

【開花期】　7-8月

【分布】　本州〜九州。朝鮮半島(済州島)

エゾムギ属
Genus *Elymus* L.

ハマムギ　　　　　　　　　　SPl.357.7-8

Elymus dahuricus Turcz.

【大きさ】　40-42×38-40 μm(I型)

【試料】　石川県内灘町：1983.7.13

【開花期】　6-7月

【分布】　北海道〜九州

カモジグサ属
Genus *Agropyron* Gaertn.

アオカモジグサ　　　　　　　SPl.357.3-4

Agropyron ciliare (Trin.) Franch. var. *minus* (Miq.) Ohwi

【大きさ】　31-33×32-34 μm(III型)；41-44×41-44 μm(I)

【試料】　広島県福山市郷分町：1979.5.13(高橋雅), 岡山県里庄町：1985.5.31(安原)

【開花期】　5-7月

【分布】　北海道〜九州。ウスリー・朝鮮半島・中国

カラスムギ属
Genus *Avena* L.

カラスムギ　　　　　　　　　SPl.357.1-2

Avena fatua L.

【大きさ】　46-51×39-44 μm(III型)；53-63×50-60 μm(I)

イネ科・ヤシ科

【試料】 福山市郷分町（植栽）：1979.5.20（高橋雅）
【開花期】 5-7月
【原産地】 西アジア・ヨーロッパ

ヨシ属
Genus *Phragmites* Adans

ヨシ（キタヨシ，アシ）　　　　SPl.357.9-10
Phragmites communis Trin.
【大きさ】 26-28×27-29 μm（II型）; 32-36×32-38 μm（I）, 25.9-31.2 μm（N）
【試料】 岡山市旭川：1984.9.18
【開花期】 8-10月
【分布】 北海道〜沖縄。世界の亜寒帯〜暖帯

コバンソウ属
Genus *Briza* L.

ヒメコバンソウ　　　　SPl.357.21-22
Briza minor L.
【大きさ】 24-26×20-22 μm（II型）; 28×28 μm（B）
【試料】 岡山県赤磐市南佐古田：2002.7.10
【開花期】 6-9月
【原産地】 ヨーロッパ

カモガヤ属
Genus *Dactylis* L.

カモガヤ　　　　SPl.357.18-20，PPl.13.1-3
Dactylis glomerata L.
【大きさ】 33-36×29-31 μm（II型）; 32-35×32-35 μm, 34-37×30-31 μm, 28-31×29-37 μm（I）, 34-38×34-38 μm（S）
【試料】 石川県内灘町：1983.7.13，宮城県牡鹿半島：1987.6.20（守田），岡山県赤磐市山陽：1989.5.25
【開花期】 7-8月
【分布】 本州〜九州。韓国（済州島）

ウシノケグサ属
Genus *Festuca* L.

オニウシノケグサ　　　　SPl.357.11-13
Festuca arundinacea Schreb.
【大きさ】 31-34×27-31 μm（I型？）
【試料】 岡山県里庄町（植栽）：1985.6.1（安原）
【開花期】 6-8月
【原産地】 ヨーロッパ

ナガハグサ属
Genus *Poa* L.

スズメノカタビラ　　　　PPl.13.7-9
Poa annua L.
【大きさ】 21.3-22.7 μm
【試料】 岡山市岡山理科大学：2004.3.19
【開花期】 3-11月
【分布】 日本全土。世界中に分布

スズメガヤ属
Genus *Eragrostis* Beauv.

スズメガヤ　　　　SPl.357.16-17
Eragrostis cilianensis Link ex Vignolo Lutati
【大きさ】 25-27×22-24 μm（I型）
【試料】 岡山市玉柏：1982.9.16
【開花期】 8-10月
【分布】 本州〜沖縄。世界の温帯〜熱帯

ヤシ科
Family **Palmae**

FPl.19.6-7
　熱帯を中心に6亜科200属が分布し，1,500-3,400種あるとされるが，まだ正確な種類数が明らかになっていない。日本には6属6種しか自生していないが，かなりの種類が観賞用として栽培されている。本科の花粉は偏平球形〜球形で，異極性。極観・赤道観ともに横長の長円形か円形。

ヤシ科

単長口型。長口は遠心極側にあり，両端まで長く伸びるもの，やや短いもの，孔型に近いものがある。長口内膜は平滑状紋と見られるが，破れて消失したり，口が閉じて確認できないものもある。外壁の彫紋は微穿孔状紋か網目状紋である。

日本の花粉分析では，本科の化石花粉は沖縄地域で少し産出する程度であるが，例えばイースター島ラノ・ララク湖では本科が50-90％も産出している(Flenley & King, 1984)。このように熱帯〜亜熱帯での花粉分析では，単子葉植物の本科が樹木花粉として重要な地位を占める場合がある。

ビロウ属
Genus *Livistona* R. Br.

ビロウ　　　　　　　SPl.358.1-3, LPl.72.3-5
Livistona chinensis (N. J. Jacq.) R. Br. ex Mart. var. *subglobosa* (Hassk.) Becc.
【形態】　長口は両端まで長く伸び，口は閉じて口内は不明。外壁の彫紋は微穿孔状紋である。
【大きさ】　12-19×21-23 μm
【試料】　沖縄県西表島船浦：1989.3.12(宮城)
【開花期】　3-5月
【分布】　四国(西南部)・九州(南部)〜西南諸島・小笠原諸島。台湾

ダイトウビロウ　　　　　　SPl.358.4-6
Livistona chinensis (Jacq.) R. Br. ex Mart. var. *amanoi* H. Murata
【形態】　球形で，発芽口は長口とならず，孔型か三矢形のようであるが，再検討が必要。外壁の彫紋は微穿孔状紋である。
【大きさ】　20-23 μm
【試料】　沖縄県南大東島：1989.3.21(宮城)
【開花期】　2-4月
【分布】　沖縄県大東諸島

シュロ属
Genus *Trachycarpus* H. Wendl.

トウジュロ　　　　　　SPl.358.7-9
Trachycarpus wagnerianus Hort. ex Becc.
【形態】　長口はやや短く開いているが，内膜は平滑状紋。外壁の彫紋は向心極面では網目状紋〜穴状紋であるが，遠心極面の長口の周辺では微穿孔状紋となる。
【大きさ】　13-15×17-19 μm
【試料】　岡山市半田山植物園(植栽)：1983.5.10
【開花期】　5-6月
【原産地】　中国(南部)

トックリヤシ属
Genus *Mascarena* L. H. Bailey

トックリヤシモドキ　　SPl.358.10-12, LPl.72.6-8
Mascarena verschaffeltii (H. Wendl.) L. H. Bailey
【形態】　長口はやや短く広く開き，内膜は平滑状紋。外壁の彫紋は全表面が微穿孔状紋である。
【大きさ】　18-21×27-29 μm
【試料】　沖縄県西表島船浦(植栽)：1989.3.12(宮城)
【開花期】　3-5月
【原産地】　ロドリゲス島(インド洋西部)

ノヤシ属
Genus *Clinostigma* H. Wendl.

ノヤシ　　　　　　SPl.383.5-8, LPl.72.9-10
Clinostigma savoryanum (Rehd. et E. H. Wils.) H. E. Moore et Fosb.
【形態】　外観は他属とほぼ同じであるが，外壁の彫紋はしわ状紋で，大脳のように畝が曲がりくねってしわ状となり，長口以外の全表面を覆い，畝の上や口縁には微穿孔が分布することでやや異なる。
【大きさ】　19-21×30-31 μm
【試料】　東京都小笠原諸島父島：1975.7.7(村田，

田端)

【開花期】　6-8月

【分布】　小笠原諸島（父島列島・母島列島）固有

サトイモ科
Family **Araceae**

　約115属2,000種が熱帯〜亜熱帯に分布する大きな科で，日本には12属35種が自生する。本科の花粉は，長球形で発芽口を持つサトイモ属・ミズバショウ属などと，球形で発芽口を持たないコンニャク属・テンナンショウ属などの2つのグループに分けられる。

　花粉分析では，ミズバショウ属がよく検出され寒冷気候の重要な指標となっている。滋賀県山門湿原の最終氷期堆積物では，本属が非樹木花粉で50％以上も占めるほど産出した例がある（高原，1993）。

サトイモ属
Genus *Colocasia* Fabr.

サトイモ　　　　　　　　　SPl.359.1-2

Colocasia esculenta (L.) Schott

【形態】　長球形で，異極性。極観・赤道観ともに横長の長円形。単長口型。長口は遠心極側にあり，両端近くまで伸び，口内は平滑状紋。外壁の彫紋は長刺状紋が長口を除く全表面に密にあり，長刺の隙間には微小刺が詰まる。

【大きさ】　22-25×27-31 μm; 21-27×23-28 μm (I)，24-26×32-36 μm(S)

【試料】　広島県福山市郷合町（植栽）：1989.8.19 （高橋雅）

【開花期】　8-10月

【原産地】　インドシナ半島・インド（東部）

ミズバショウ属
Genus *Lysichiton* Schott

ミズバショウ　　　　SPl.359.11-13, LPl.71.5-7

Lysichiton camtschatcense (L.) Schott

【形態】　外観はサトイモ属に似る。外壁の彫紋は向心極面では網目状紋であるが，遠心極面では長口の周囲に向かって網目がしだいに小さくなり，微穿孔状紋となる。本種とザゼンソウの花粉の区別は，光顕での報告がある（三好ほか，1976）。

【大きさ】　20-27×30-36 μm; 22-26×27-30 μm (I)，18.2-25.9×28.8-36.4 μm(N)

【試料】　名古屋市東山動植物園（植栽）：1991.4.20（岡），北海道温根沼：2001.6.2

【開花期】　4-7月

【分布】　北海道・本州（兵庫県中部以北）。カムチャツカ・サハリン・ウスリー・千島

ザゼンソウ属
Genus *Symplocarpus* Salisb. ex Nutt.

ザゼンソウ　　　　　　　　SPl.360.1-3

Symplocarpus foetidus Nutt. var. *latissimus* (Makino) Hara

【形態】　外観はサトイモ属に似る。外壁の彫紋はミズバショウの網目よりさらに小さく，微穿孔状紋となる。

【大きさ】　21-23×28-36 μm; 24-28×31-34 μm (I)

【試料】　岡山県津山市加茂：1993.5.3（岡）

【開花期】　3-5月

【分布】　北海道・本州。サハリン・アムール・ウスリー・朝鮮半島

ヒメザゼンソウ　　　　　　SPl.360.4-5

Symplocarpus nipponicus Makino

【形態】　外壁の彫紋は網目状紋で，ザゼンソウの網目よりも大きい。

【大きさ】　19-21×25-27 μm; 21×31 μm(B)

【試料】　兵庫県鉢北高原（藤井修）

【開花期】　6-7月

【分布】　北海道・本州。朝鮮半島

コンニャク属
Genus *Amorphophallus* Blime ex Decne.

コンニャク　　　　　　　　　　SPl.359.3-4

Amorphophallus rivieri Durieu var. *konjac* (Scott) Engl.

【形態】　球形で，無極性。外観は円形。無口型。外壁の彫紋は刺状紋で，刺は比較的等間隔でまばらに散在する。

【大きさ】　15-17 μm; 40-50×40-50 μm(I)

【試料】　広島県神石高原町(植栽)：1990.6.5(佐々木)，京都市日本新薬山科植物資料館(植栽)：1992.5.2(日名)

【開花期】　4-6 月

【原産地】　中国(南部)・インドシナ半島

テンナンショウ属
Genus *Arisaema* Martius

外観はコンニャク属に似る。

ムサシアブミ　　　　SPl.359.9-10, LPl.71.3-4

Arisaema ringens (Thunb.) Schott

【大きさ】　13-14 μm; 22-24×22-24 μm(I)

【試料】　岡山市大福(植栽)：1992.5.2(岡)，愛知県渥美半島：2004.4.18

【開花期】　3-5 月

【分布】　本州(関東以西)〜沖縄。朝鮮半島(南部)・中国・台湾

マムシグサ(ムラサキマムシグサ，ホソバテンナンショウなど多数)

　　　　　　　　　　　　　　　SPl.359.5-8

Arisaema serratum (Thunb.) Schott

【大きさ】　14-18 μm; 23-25×23-25 μm(I)

【試料】　岡山市御津：1992.4.28

【開花期】　5-6 月

【分布】　北海道〜九州。千島・朝鮮半島・中国(東北部)

ウキクサ科
Family **Lemnaceae**

　世界に2亜科6属30種が分布し，日本には3属6種が自生する。本科の花粉は球形〜長球形で，異極性。極観・赤道観ともに円形〜楕円形。単孔型。単孔は遠心極面の中央にあり，径が2-3 μm で，孔の周囲は肥厚しないため薄く，内膜や口蓋はない。外壁の彫紋は刺状紋でまばらに散在し，その間の表面は微粒状の凹凸となる。本科は水面や水中に生育する植物なので，花粉分析でも検出されるが，低率で非樹木花粉にも算入しない。本科の花粉については，三好(1988)が走査電顕で調べている。

ウキクサ属
Genus *Spirodela* Schleid.

ウキクサ　　　　　　　　　　SPl.360.6-8

Spirodela polyrhiza (L.) Schleid.

【形態】　外壁の彫紋は刺状紋で，その刺の長さは2-3 μm で，長刺状紋に近い大きさを持つ。

【大きさ】　22-25 μm; 32-35 μm(I)

【試料】　京都市京都大学理学部附属植物園内の池：1982.6.23(別府)

【開花期】　5-8 月

【分布】　日本全土。南米を除く世界中

アオウキクサ属
Genus *Lemna* L.

アオウキクサ(チビウキクサ)　　　SPl.360.9-11

Lemna perpusilla Torrey

【形態】　外壁の彫紋は刺状紋で，その刺の大きさは1-2 μm で，ウキクサに比べてやや小さい。

【大きさ】　20-23 μm; 17-19×17-19 μm(I)

【試料】　佐賀県(別府)

【開花期】　6-8 月

【分布】　日本全土。世界の暖帯〜熱帯

ミクリ科
Family **Sparganiaceae**

FPl.18.7-10

　北半球の温帯〜亜寒帯の湿地にミクリ属約20種だけが分布する小さな科で，日本には8種が野生する。本科は浅い水中に生育する植物なので，花粉分析でも低率ながら産出する。花粉分布図では「ミクリ属」として示される場合と，低率のため「ミクリ属＋ガマ属」として他属と一緒に図示される場合がある。

ミクリ属
Genus *Sparganium* L.

ヒメミクリ　　　　　　　　　　SPl.361.1-2
Sparganium stenophyllum Maxim.
【形態】　球形で，異極性。極観・赤道観ともに円形。単孔型。孔は遠心極の頂点にあり，径が1-1.5μmで，孔の周囲は肥厚しない。外壁の彫紋は小網目状紋で，網目の形は丸いものから長方形まで様々である。
【大きさ】　19-21μm; 18-23×18-23μm(I)
【試料】　岡山県真庭市中和：1993.8.1
【開花期】　6-8月
【分布】　北海道〜沖縄。朝鮮半島・中国(北部)

ミクリ　　　　　　　SPl.352.9-11, LPl.71.8-9
Sparganium erectum L.
【形態】　外観・発芽口・外壁の彫紋の特徴は，ヒメミクリに似る。ガマ科ヒメガマの単粒型花粉もミクリ属花粉に似る。
【大きさ】　23.1-26.4μm; 32-36×32-36μm(I)，34-36×34-36μm(S), 22.5-32.5μm(N)
【試料】　岡山県自然保護センター(植栽)：1993.6.6(岡)，大阪府大阪市立大学理学部附属植物園：1999.8.2
【開花期】　6-8月
【分布】　北海道・本州(中北部の山地)。アジア・ヨーロッパ・北米の温帯〜寒帯

タコノキ科
Family **Pandanaceae**

　旧熱帯を中心に3属300種が分布し，日本には小笠原諸島や沖縄に2属数種が自生する。沖縄県石垣島での花粉分析では，アダン属が5,000年前ごろから産出しはじめ，樹木花粉で10%を超えることもある(藤木ほか，2005)。

タコノキ属
Genus *Pandanus*

FPl.18.15

アダン　　　　　　　　　　　　SPl.361.3-5
Pandanus odoratissimus L.
【形態】　球形で，異極性。極観・赤道観ともに円形。単孔型。孔は遠心極の中央にあり，孔の周囲は肥厚せず，径は1.5-2.5μmである。外壁の彫紋は刺状紋で，その刺は不規則でまばらに散在し，その間の表面は平滑状紋である。
【大きさ】　20-21μm; 17-19×18-28×14-19μm(H)
【試料】　沖縄県久米島仲里：1984.8.25(仲吉)
【開花期】　5-6月
【分布】　沖縄。台湾・亜熱帯〜熱帯の太平洋諸島

ガマ科
Family **Typhaceae**

FPl.18.11-14

　ガマ属15種だけからなる小さな科で，日本には3種が自生する。花粉分析ではよく産出し，4集粒型と単粒型の両方が認められる。花粉分布図では，「ガマ属」として単独に示される場合と，他属と一緒に「ガマ属＋ミクリ属」と表示される場合がある。

ガマ属
Genus *Typha* L.

　球形〜長球形で，異極性。単粒型と4集粒型。極観・赤道観ともに円形〜楕円形。単孔型。孔は遠心極面にあり，あまり肥厚しない。単粒のヒメガマでは孔がほぼ極点近くに位置するが，4集粒のガマでは中央部以外に位置することも多い。外壁の彫紋は小網目〜網目状紋で，網目が孔以外の全表面を覆う。花粉分析ではよく産出し，4集粒型と単粒型の両方が認められる。

ガマ　　　　　　　　　SPl.361.6-9, TPl.7.1-5
Typha latifolia L.
【形態】　本種の4集粒には，四角形・菱形・線形・T字形の様々な異なる接合型が見られる。
【大きさ】　t.29-35 μm, 13-22×45-47 μm, s.13-22 μm; t.34-45×20-25 μm, s.20-22×24-25 μm (I), 20×24 μm (S), 16.6-26.9 μm (N)
【試料】　岡山市岡山理科大学：1993.6.19(竹本)，岡山県真庭市中和：1998.9.9(古田)，岡山県赤磐市南佐古田：2003.6.10
【開花期】　4-9月
【分布】　北海道〜九州。北半球の温帯〜熱帯・オーストラリア

ヒメガマ
　　　　　SPl.361.10-12, LPl.71.10-11, PPl.13.10-12
Typha angustifolia L.
【大きさ】　19-23 μm; 20-26×20-26 μm (I), 17.1-23.8 μm (N)
【試料】　岡山市百間川：1979.7.7(高橋雅)，岡山県玉野市市民病院：1995.7.18(岡)
【開花期】　6-8月
【分布】　北海道〜沖縄。世界の温帯〜熱帯

カヤツリグサ科
Family Cyperaceae

FPl.17.1-6

　本科は世界に約70属700種，日本にも16属320種があり，しかも分類が大変困難な分類群である。また，本科では花粉形成で1個の花粉母細胞が2回分裂して4核となるが，そのうちの3核は退化し，1個の花粉しかできない(偽単粒：pseudomonad)とか，染色体が異数性となる種類が多数あるなど，他の分類群とは大きく異なっている。1個の花粉母細胞から1個の花粉しかできないため，極性をどのように見たらよいのかわからない。そのため本書では単孔を持つ面を遠心極側とし，6溝を持つ面を向心極側として記載する。花粉の形態も，単子葉植物では単長口型・単口型・無口型など発芽口の少ないものが多いが，本科では遠心極側に単孔を，赤道面に6溝を持ち，他の分類群には見られない特異な発芽口の配列をする。本科の大多数は単孔＋6溝型であるが，向心極側の発芽口が溝型でなく孔型になったり，その数が6個でなく4個になるものも見られる(カヤツリグサ属)。また口膜と外壁の彫紋が同じであるため溝が確認しにくいものもある(テンツキ属)。本科のように外壁と口膜の境界が不明瞭な発芽口を「porid」というが，まだ適切な日本語はない。

　本科は湿地に生育する種類が多いため，花粉分析でも大量に産出し，非樹木花粉で50%を超えることも多々あり，単子葉植物の非樹木花粉としてはイネ科とともに重要な分類群である。本科の花粉の形態は全般によく似ているが，数タイプに分類することは可能と思われる。しかし，現在の花粉分布図ではまだ「カヤツリグサ科」として一括表示されているだけである。

　Faegri & Iversen (1975) は本科の花粉の検索で，極軸長に対して赤道面の発芽溝の長さの占める割合を重視している。わが国の本科花粉については，三好ほか (1989) の報告がある。

スゲ属
Genus *Carex* L.

　鋭頭円錐形〜鈍頭円錐形で，異極性。極観は円形〜亜三角形で，赤道観は二等辺三角形が多く，まれに銅鐸形。単孔＋6溝型。孔は遠心極面の中

カヤツリグサ科

央にあり，円形で微小刺状突起や微穿孔を持つ微粒やいぼがゆるやかに連結して覆っているものと，微粒が多数集まって孔全体が盛り上がるものがある。溝はすべてが長円形でほぼ同一の大きさからなるものと，2つの異なる大きさを持ち，それらが交互に配列するものがある。溝内は微粒～いぼがゆるやかに連結した膜で覆われるが，このようなひび割れ状の溝内膜を形成するのは本科の花粉だけである。外壁の彫紋は微小刺状突起を持った微粒が密に覆い，その間に微穿孔が点在する。

ヒメカンスゲ　　　　　　　　　SP1.362.1-10
Carex conica Boott

【形態】　本種の染色体数は異数性で，2n＝32・33・34・35・36・38・42 が知られている。本書では染色体数が 2n＝32・34・36・38 の4種類についてその花粉を調べたが，外形・発芽口・外壁の彫紋などの特徴で染色体数の違いによる確実な差異は認められない。

【大きさ】　33-36×23-29 μm; 42-43×36-40 μm (I), 30.0-42.5×25.0-32.5 μm(N)

【試料】　2n＝32：岡山市半田山：1973.3.27，岡山市笠井山：1989.3.16(星野)，岡山県倉敷市真備町：1999.3.22
2n＝34：和歌山県新宮市高田：1992.5(星野)
2n＝36：広島県福山市山野町：1993.5(星野)
2n＝38：栃木県那須塩原市：1979.8(星野)

【開花期】　4-6月

【分布】　北海道(西南部)～九州。朝鮮半島(南部)

ショウジョウスゲ　　　　　　SP1.362.11-12
Carex blepharicarpa Franch.

【大きさ】　34-42×24-29 μm

【試料】　福島県金山町：1967.5.14(岡本)，鳥取県烏ヶ山：1983.4.30(星野)

【開花期】　4-7月

【分布】　北海道～九州

ゴウソ　　　　　　　　　　　　SP1.363.1-2
Carex maximowiczii Miq.

【大きさ】　28-36×26-27 μm

【試料】　広島県三段峡：1958.5.24(岡本)，岡山県総社市鬼ノ城：1979.5.12，岡山県真庭市蒜山高原：1991.6.1(岡)

【開花期】　5-6月

【分布】　北海道～沖縄。南千島・朝鮮半島・中国

カンスゲ　　　　　　　　　　　SP1.363.3-4
Carex morrowii Boott

【大きさ】　29-35×23-27 μm; 40-45×30-33 μm (I), 30.0-40.0×22.5-27.5 μm(N)

【試料】　岡山県後山：1982.5.30(星野)，鳥取県烏ヶ山：1983.4.30(星野)，東京都立神代植物公園(植栽)：1992.3.20(岡)

【開花期】　3-5月

【分布】　本州(福島県以西の太平洋側)～九州

シバスゲ　　　　　　　　　　　SP1.363.5-6
Carex nervata Franch. et Sav.

【大きさ】　28-35×24-27 μm; 33-35×23-27 μm (I), 28.7-37.5×22.5-32.5 μm(N)

【試料】　岡山県真庭市蒜山高原：1973.4.24(岡本)，福岡県津崎町：1975.5.11(益村)

【開花期】　4-5月

【分布】　北海道(まれ)・本州～九州。朝鮮半島(南部)

モエギスゲ　　　　　　　　　　SP1.363.7-8
Carex tristachya Thunb.

【形態】　他のスゲ属よりも極軸長が短く，球形に近い。

【大きさ】　23-27×22-24 μm

【試料】　静岡県浜松市平松町：1974(北村)

【開花期】　4-5月

【分布】　本州(関東以西)～九州。朝鮮半島・中国・フィリピン

ヤマタヌキラン　　　　　　　　SP1.363.9-10
Carex angustisquama Franch.

【大きさ】　34-36×27-33 μm

【試料】　宮城県大崎市鳴子温泉：1974.5.16(日比野)

カヤツリグサ科

【開花期】 7-8 月
【分布】 本州(東北)

ケタガネソウ　　　　　　　　　SPl.363.11-12
Carex ciliato-marginata Nakai
【大きさ】 30-34×22-27 μm
【試料】 岡山市半田山：1989.3.16(星野)
【開花期】 4-5 月
【分布】 本州(中部)～九州。朝鮮半島・中国(東北部)

ケスゲ　　　　　　　　　　　　SPl.364.1-3
Carex duvaliana Franch. et Sav.
【大きさ】 33-36×24-26 μm；39-41×32-33 μm (I)
【試料】 岡山市笠井山：1982.5.25, 1989.3.16 (星野)
【開花期】 2-4 月
【分布】 本州(関東以西)～九州

アゼスゲ　　　　　　　　　　　SPl.364.4-6
Carex thunbergii Steud.
【大きさ】 30-35×27-28 μm
【試料】 広島県東広島市西条：1957.4.29(山本)，岡山県真庭市蒜山高原：1976.4.28
【開花期】 2-4 月
【分布】 北海道～九州

ミヤマカンスゲ　　　　　　　　SPl.364.7-9
Carex multifolia Ohwi
【大きさ】 33-35×24-26 μm；32.5-37.5×18.7-30.0 μm(N)
【試料】 岡山県井原市芳井：1989.2.26(星野)，岡山県後山：1982.5.18, 1989.3.17(星野)
【開花期】 2-5 月
【分布】 北海道～九州

ヒカゲスゲ　　　　　　　SPl.365.1-2, 5-6
Carex lanceolata Boott
【形態】 ヒカゲスゲには 2 n＝74 の 4 倍体と 2 n＝36 の 2 倍体があり同種とされていたが，Ho-shino & Ikeda(2003)により 2 n＝74 の 4 倍体をヒカゲスゲ，2 n＝36 の 2 倍体をビチュウヒカゲスゲと別種とされた。両者の花粉の極軸長はほぼ同じであるが，赤道径はやや倍数体の方が大きい程度で，外壁の彫紋はほぼ同じである(藤木・三好，1995)。
【大きさ】 36-44×29-33 μm
【試料】 岡山市半田山：1973.3.24，福岡県雄岳：1973.4.8(益村)，岡山市笠井山：1989.3.29 (星野)
【開花期】 2-4 月
【分布】 北海道～九州。ウスリー・朝鮮半島・中国

ビッチュウヒカゲスゲ　　　　　SPl.365.3-4
Carex bitchuensis T. Hoshino et H. Ikeda
【大きさ】 32-37×23-27 μm
【試料】 岡山県高梁市備中町布瀬：1993.2.27(星野)
【開花期】 3-5 月
【分布】 高梁市備中町

ハガクレスゲ　　　　　　　　　SPl.365.7-8
Carex jacens C. B. Clarke
【大きさ】 28-32×22-24 μm
【試料】 群馬県吾妻連峰西大嶺：1966.7.31(守田)，福島県檜枝岐村：1968.8.9(齋藤)
【開花期】 4-5 月
【分布】 北海道・本州(中北部)。南千島

ベニイトスゲ　　　　　　　　　SPl.365.9-10
Carex sachalinensis F. Schmidt var. *sikokiana* (Franch. et Sav.) Ohwi
【大きさ】 23-32×21-26 μm
【試料】 岡山市玉柏：1989.3.16, 29(星野)
【開花期】 3-6 月
【分布】 本州(近畿以西)～九州

ナキリスゲ　　　　　　　　　　SPl.366.1-2
Carex lenta D. Don
【大きさ】 26-32×19-27 μm

【試料】　鹿児島県屋久島：1957.10.30(岡本)，岡山市岡山理科大学：1992.10.5(芳村)
【開花期】　8-10月
【分布】　本州(関東以西)～九州。朝鮮半島・中国・インドシナ半島・インド

フサナキリスゲ　　　　　　　　SP1.368.7-8
Carex scabriculmis Ohwi
【大きさ】　26-28×20-27 μm
【試料】　山口県下関市豊田：1975.8.30(岡本)
【開花期】　8-10月
【分布】　本州～九州

ニシノホンモンジスゲ　　　　　SP1.366.3-4
Carex stenostachys Franch. et Sav.
【大きさ】　28-29×19-22 μm
【試料】　岡山市玉柏：1989.3.16(星野)
【開花期】　3-6月
【分布】　本州(中部以西)・四国

ヒナスゲ　　　　　　　　　　　SP1.366.5-6
Carex grallatoria Maxim.
【大きさ】　30-40×24-30 μm; 40-42×30-33 μm (I)
【試料】　広島県廿日市市佐伯：1962.4.15(峠田)，福岡県宝満山：1983.6.5(星野)
【開花期】　4-6月
【分布】　本州～九州

キビノミノボロスゲ　　　　　　SP1.366.7-8
Carex paxii Kük.
【大きさ】　31-38×26-31 μm
【試料】　岡山市一ノ宮：1977.5.28(岡本)，岡山市南方(植栽)：1991.6.1(岡)
【開花期】　5-6月
【分布】　本州(岡山県)

タシロスゲ　　　　　　　　　　SP1.366.9-10
Carex sociata Boott
【大きさ】　33-36×23-25 μm
【試料】　沖縄県国頭村：1989.3.5

【開花期】　3-5月
【分布】　四国～沖縄。台湾

ミチノクホンモンジスゲ　　　　SP1.366.11-12
Carex stenostachys var. *cuneata* (Ohwi) Ohwi et T. Koyama.
【大きさ】　30-35×21-24 μm
【試料】　福島県白河市表郷：1966.4.30(齋藤)
【開花期】　4-5月
【分布】　本州(東北・関東)

ツルスゲ(ツルカワズスゲ)　　　SP1.367.1-2
Carex pseudocuraica F. Schmidt
【大きさ】　36-39×33-37 μm
【試料】　新潟県上沼鳥屋野潟：1948.5.20(岡本)
【開花期】　4-5月
【分布】　北海道・本州(中部以東部)。サハリン・ウスリー・朝鮮半島

シオクグ　　　　　　　　　　　SP1.367.3-4
Carex scabrifolia Steud.
【大きさ】　40-47×34-37 μm
【試料】　島根県隠岐の島町五箇(星野)
【開花期】　4-7月
【分布】　北海道～沖縄。朝鮮半島・中国

ヤマアゼスゲ　　　　　　　　　SP1.367.5-6
Carex heterolepis Bunge
【大きさ】　32-34×34-36 μm
【試料】　岡山県真庭市蒜山高原：1991.6.1(岡)
【開花期】　5-6月
【分布】　北海道(西南部)～九州。朝鮮半島・中国

ササノハスゲ　　　　　　　　　SP1.367.7-8
Carex pachygyna Franch. et Sav.
【大きさ】　22-23×20-21 μm
【試料】　広島県安芸太田町加計：1958.5.18(岡本)
【開花期】　4-5月
【分布】　本州(近畿以西)・四国

カヤツリグサ科

ヒメモエギスゲ　SPl.367.9-10
Carex tristachya Thun. var. *pocilliformis* (Boott)
Kük
【大きさ】　24-28 μm
【試料】　山口県萩市東光寺：1957.5.20（岡本）
【開花期】　4-5 月
【分布】　本州〜九州

タイワンスゲ　SPl.368.1-2
Carex formosensis Lév. et Vant.
【大きさ】　25-29×24-27 μm
【試料】　福岡県久留米市高良山：1974.5.10（益村）
【開花期】　4-5 月
【分布】　本州（栃木県以西）〜九州。朝鮮半島（南部）・台湾

イワカンスゲ　SPl.368.5-6
Carex makinoensis Franch.
【大きさ】　31-38×26-30 μm
【試料】　宮崎県串間市幸島：1961.4.6（堀川）
【開花期】　4-5 月
【分布】　四国・九州

マツバスゲ　SPl.368.9-10
Carex biwensis Franch.
【大きさ】　33-35×22-27 μm
【試料】　広島県東広島市八本松町：1951.5.12（岡本）
【開花期】　4-6 月
【分布】　本州〜九州。ウスリー・朝鮮半島・中国

コウボウシバ　LPl.71.12-13
Carex pumila Thunb.
【大きさ】　46.2-48.5×35.8-38.4 μm；36×30 μm（B）
【試料】　愛知県渥美半島：2004.4.18
【開花期】　4-7 月
【分布】　北海道〜九州

ノグサ属
Genus *Schoenus* L.

ノグサ　SPl.368.11-12
Schoenus apogon Roem. et Schult.
【形態】　鋭頭円錐形で，異極性。極観は円形で，赤道観はくさび形。単孔＋6 溝型。孔は遠心極側にあり，口膜はゆるく連結した微粒で覆われ，溝域と外壁との境ははっきりしない。外壁の彫紋は微粒状紋で，密に微粒が覆い，その間に微穿孔が多数点在する。本種の花粉の大きさは，ウキヤガラとともにヒトモトススキに次いで大きな花粉を持つグループである。
【大きさ】　36-47×22-31 μm；43-54×27-29 μm（I）
【試料】　岡山県総社市鬼ノ城：1979.5.12；岡山県井原市鬼ケ岳：1980.6.14（星野）
【開花期】　5-8 月
【分布】　本州〜沖縄。インドネシア・オーストラリア

ヒメクグ属
Genus *Kyllinga* Rottb.

　鈍頭円錐形で，異極性。極観はほぼ円形で，赤道観は三角形〜盾形。単孔＋6 溝型。孔は遠心極面にあり，溝は向心極面の極軸方向に沿って並ぶ。口膜は微刺と微粒が密に覆い，孔や溝とそれ以外の外壁との境界がはっきりしているのは，境界があいまいなスゲ属の花粉と異なるところである。溝は楕円形から円形まで様々な形があり，さらに大きさも極軸方向に沿って 10 μm 以上もの大きなものから 2-3 μm の小さなものまで変化に富む。外壁の彫紋は微小刺状紋で，微小刺が密に全表面を覆う。

ヒメクグ　SPl.369.4-6
Kyllinga brevifolia Rottb. var. *leiolepis* (Franch. et Sav.) H. Hara
【大きさ】　18-27×22-24 μm；26-27×22-24 μm（I），32-36×28-32 μm（S）

カヤツリグサ科

【試料】 高知市：1977.7.12(守田)，岡山県里庄町：1989.9.23(安原)
【開花期】 6-10月
【分布】 北海道〜沖縄。朝鮮半島・中国

アイダクグ　　　　　　　　SP1.369.1-3
Kyllinga brevifolia Rottb. var. *brevifolia*
【大きさ】 24-26×19-21 μm
【試料】 岡山県里庄町：1989.9.23(安原)
【開花期】 7-10月
【分布】 本州〜沖縄。中国・台湾・インドネシア・インド

ヒトモトススキ属
Genus *Cladium* P. Br.

ヒトモトススキ(シシギリガヤ)　　SP1.369.10-12
Cladium chinense Nees
【形態】 鋭頭円錐形で，異極性。極観は円形で，赤道観はくさび形であるが，まれに向心極面の頂部がくびれることもある。単孔＋6溝型。遠心極面にある孔は確認しやすいが，向心極面の溝は外壁との境界が不明瞭で判別しにくい。ただ口膜は微粒が数個ずつ集団になってゆるく連結しているので，何とか見分けはつく。外壁の彫紋は微粒状紋で，微粒が密に覆う。本種の花粉は，今回調べたカヤツリグサ科の中ではもっとも大きい。
【大きさ】 53-57×30-32 μm
【試料】 岡山県備前市鹿久居島：1989.9.17(安原)，岡山県瀬戸内市前島：1998.7.4(古田)
【開花期】 7-9月
【分布】 本州(関東・新潟県以西)〜九州

ヒゲハリスゲ属
Genus *Kobresia* Willd.

　本属はスゲ属に近縁と見られ，花粉の形態もスゲ属によく似る。

コブレシア・ロイレアナ　　　　SP1.370.1-2
Kobresia royleana (Nees) Boeck
【大きさ】 31-33×24-26 μm
【試料】 西ネパールダウラギ地区：1996.8.1(星野)
【開花期】 7-8月
【原産地】 ヒマラヤ(高山帯)

コブレシア・ネパレンシス　　　SP1.370.3-5
Kobresia neparensis (Nees) Kük.
【大きさ】 37-41×32-34 μm
【試料】 西ネパールダウラギリ地区：1996.8.1(星野)
【開花期】 7-8月
【原産地】 ヒマラヤ(高山帯)

ミカヅキグサ属
Genus *Rhynchospora* Vahl

　調べた3種は，同属でありながら外観がかなり異なる特徴を示した。

ミカヅキグサ　　　　　　　　SP1.370.6-7
Rhynchospora alba (L.) Vahl
【形態】 球形〜長球形で，異極性。極観は円形で，赤道観は楕円形。単孔＋3-4溝型(?)。溝の数がカヤツリグサ科で普通の6個よりも少ないかもしれない。口膜は微小刺状突起を持った微粒がゆるく連結している。溝域と外壁の境界は，はっきりしない。外壁の彫紋は微小刺を持った微粒状紋で，密な微粒の間には微穿孔が点在する。
【大きさ】 23-27×22-25 μm; 32-35×30-33 μm (I)
【試料】 岡山県玉野市沖野池：1984.9.11(星野)
【開花期】 7-10月
【分布】 北海道・本州(関東以西は少ない)・九州(まれ)。アジア・ヨーロッパ・北米

オオイヌノハナヒゲ　　　　　　SP1.370.8-9
Rhynchospora fauriei Franch.
【形態】 鈍頭円錐形で，異極性。極観は円形で，

赤道観は盾形。単孔＋6溝型。口膜や外壁の彫紋はミカヅキグサと同様。

【大きさ】 30-35×22-27μm；35-37×25-28μm(I)

【試料】 岡山県人形峠：1984.9.1(星野)

【開花期】 7-10月

【分布】 北海道・本州・九州

イトイヌノハナヒゲ　　　　SPl.370.10-11

Rhynchospora faberi C. B. Clarke

【形態】 円錐形で，異極性。極観は円形で，赤道観はくさび形。単孔＋6溝型。口膜や外壁の彫紋はミカヅキグサと同じ。本種の花粉は本科の中では一番小さいグループに入る。

【大きさ】 20-22×9-11μm

【試料】 岡山市長谷池：1984.9.11(星野)

【開花期】 7-10月

【分布】 北海道〜九州。ウスリー・朝鮮半島・中国

ワタスゲ属
Genus *Eriophorum* L.

ワタスゲ　　　　SPl.371.1-3

Eriophorum vaginatum L.

【形態】 卵形で，異極性。極観は円形で，赤道観は楕円形。単孔＋6溝型。口膜や外壁の彫紋はスゲ属とほぼ同様であるが，外観が全体に丸みを帯び，角ばらないのが特徴である。

【大きさ】 34-36×26-30μm；35-37×29-32μm(I)，27.5-37.5×23.7-32.5μm(N)

【試料】 青森県八甲田山：1978.7.10(守田)

【開花期】 6-8月

【分布】 北海道・本州(中部以北)。シベリア・東アジア・ヨーロッパ・北米

テンツキ属
Genus *Fimbristylis* Vahl

本属の発芽口はカヤツリグサ科の他の属と同様に単孔＋6溝型とされているが(幾瀬，1956；坊田，

1989)，走査電顕像では孔も溝もほとんど確認できなくて無口である。花粉の外形は三角錐形の異極性で，外観では本来孔のある遠心極面と溝が6個つく赤道面も見られるが，そこには孔も溝も見当たらない。その原因として，カヤツリグサ科の他の属では大きないぼ状突起を持つ口膜と微粒や微小刺を持つ外壁からなるため，外壁の彫紋の特徴で容易に区別がつくが，本属では口膜も外壁もまったく同じ彫紋で，しかも同じ大きさからなる1-2μmの多数の微小刺のついたいぼ状紋からなるため，孔や溝と外壁の彫紋の境界が不鮮明となることが原因と考えられる。

アゼテンツキ　　　　SPl.371.4-5

Fimbristylis squarrosa Vahl

【大きさ】 22-28×17-27μm；25×20μm(B)

【試料】 高知市：1977.8.16(守田)，岡山県笠岡市尾坂池：1985.11.3(安原)

【開花期】 8-11月

【分布】 北海道・本州。朝鮮半島・中国・インド・アフリカ・ヨーロッパ(南部)

ノテンツキ(ヒラテンツキ)　　　　SPl.371.6-7

Fimbristylis complanata (Retz.) Link

【大きさ】 22-24×18-20μm；34-35×24-26μm(I)

【試料】 岡山県里庄町虚空蔵山：1989.9.23(安原)

【開花期】 7-10月

【分布】 本州〜沖縄。朝鮮半島・中国・インドシナ半島・インド

テンツキ　　　　SPl.371.8-9

Fimbristylis dichotoma (L.) Vahl

【大きさ】 22-24×18-20μm；20×20μm(B)

【試料】 岡山県美作市英田：1979.10.15(星野)

【開花期】 7-10月

【分布】 北海道〜沖縄。朝鮮半島・中国・インドネシア・インド・オーストラリア・アフリカ

カヤツリグサ科

ヒデリコ　　　　　　　　　　SPl.371.10-11
Fimbristylis miliacea (L.) Vahl
【大きさ】　17-23×17-20μm；15×15μm(B)
【試料】　岡山市岡山理科大学：1964.8.2(岡本)
【開花期】　7-10月
【分布】　本州〜沖縄。朝鮮半島・中国・インドネシア・インド・オーストラリア・北米(西海岸)

イソヤマテンツキ　　　　　　SPl.371.12-13
Fimbristylis ferruginea (L.) Vahl var. *sieboldii*
(Miq.) Ohwi
【大きさ】　26-28×22-24μm；30×30μm(B)
【試料】　岡山県浅口市寄島三郎島：1989.9.23(安原)
【開花期】　8-10月
【分布】　本州(千葉県・石川県以西)〜沖縄

クロテンツキ　　　　　　　　SPl.371.14-15
Fimbristylis diphylloides Makino
【大きさ】　26-28×19-21μm
【試料】　岡山市法界院：1989.9.20(安原)，岡山県笠岡市尾坂池：1989.9.24(安原)
【開花期】　8-10月
【分布】　本州(関東・佐渡以西)〜沖縄。朝鮮半島・中国

ヤマイ　　　　　　　　　　　SPl.372.1-2
Fimbristylis subbispicata Nees et Meyen
【大きさ】　28-32×23-30μm；20-30μm(B)
【試料】　岡山県真庭市蒜山高原：1979.9.6(星野)
【開花期】　7-10月
【分布】　北海道〜沖縄。朝鮮半島・中国・インド

ナガボテンツキ　　　　　　　SPl.372.3-4
Fimbristylis longispica Steud.
【大きさ】　26-28×25-27μm
【試料】　岡山県浅口市寄島三郎島：1989.9.23(安原)
【開花期】　8-10月
【分布】　本州〜九州。朝鮮半島・中国

ヒメヒラテンツキ(クサテンツキ)　　SPl.372.5-7
Fimbristylis autumnalis (L.) Roem. et Schult.
【大きさ】　23-26×15-21μm
【試料】　岡山市法界院：1989.9.20(安原)
【開花期】　7-10月
【分布】　北海道〜沖縄。朝鮮半島・中国・北米

ハリイ属
Genus *Eleocharis* R. Br.

　鈍頭まれに鋭頭の円錐形で，異極性。極観は円形で，赤道観は盾形で，まれにくさび形。1孔＋6溝型。口膜は微小刺を持ついぼがゆるやかに連結して覆い，外壁との境界ははっきりしていて区別しやすい。外壁の彫紋は微小刺状紋で，微小刺の間には微穿孔がある。本属の花粉は大きくて溝の長径も長い。

オオヌマハリイ(ヌマハリイ)　　SPl.372.8-9
Eleocharis mamillata H. Lindb. var. *cyclocarpa*
Kitag.
【大きさ】　29-34×24-27μm；20-30μm(B)
【試料】　岡山県真庭市中和：1979.5.23(星野)，岡山県真庭市八束：1988.4.30(星野)
【開花期】　7-10月
【分布】　北海道・本州・九州。ウスリー・朝鮮半島・中国(東北部)

シカクイ　　　　　　　　　　SPl.372.10-11
Eleocharis wichurae Boeck.
【大きさ】　28-33×23-27μm
【試料】　岡山県鏡野町：1979.10.15(星野)，岡山県赤磐市山陽：1988.5.23(星野)
【開花期】　7-10月
【分布】　北海道〜沖縄。ウスリー・南千島・朝鮮半島・中国

マシカクイ　　　　　　　　　SPl.372.12-13
Eleocharis tetraquetra Nees
【大きさ】　38-40×22-24μm
【試料】　岡山県鏡野町：1979.10.12(星野)

【開花期】　6-9月
【分布】　本州(中国)〜沖縄。中国・台湾・インドネシア・インド・オーストラリア

クログワイ　　　　　　　　　SPl.373.1-2
Eleocharis kuroguwai Ohwi
【大きさ】　40-44×24-27 μm; 49-53×38-43 μm (I), 55-60×34-38 μm(S), 37.5-50.0×30.0-37.5 μm(N)
【試料】　高知市：1977.8.16(守田)
【開花期】　7-10月
【分布】　本州(関東・北陸以西)〜九州。朝鮮半島

ヒメシカクイ(シカクイ×ハリイ)　SPl.373.3-4
Eleocharis × *yezoensis* H. Hara
【大きさ】　30-32×23-25 μm
【試料】　岡山市半田山：1989.9.24(安原)
【開花期】　7-8月
【分布】　北海道〜九州

ウキヤガラ属
Genus *Bolboshoenus* (Asch) Palla

ウキヤガラ　　　　　　　　SPl.373.11-12
Bolboshoenus fluviatilis (Torr.) Soják subsp. *yagara* (Ohwi) T. Koyama
【形態】　外観はハリイ属に似る。
【大きさ】　40-53×27-31 μm; 54-70×38-48 μm (I)
【試料】　岡山市旭川：1980.5.31(星野)
【開花期】　5-10月
【分布】　北海道〜九州。中国・朝鮮半島・台湾・北米

クロアブラガヤ属
Genus *Scirpus* L.

アブラガヤ　　　　　　　　　SPl.374.3-5
Scirpus wichurae Boeck.
【形態】　鈍頭の三角錐形で，異極性。極観は円形で，赤道観は盾形で極軸長が短い。発芽口はすべ

て孔型で，その数も単孔＋4孔型である。外壁の彫紋は微粒状紋で，その間に微穿孔がある。
【大きさ】　22-26×21-24 μm; 20×20 μm(B)
【試料】　広島県北広島町：1972.9.3(波田)，岡山県真庭市蒜山高原：1979.9.6(星野)，岡山県里庄町：1989.9.23(安原)
【開花期】　8-10月
【分布】　北海道〜九州

フトイ属
Genus *Schoenoplectus* (Rchb.) Palla

　　鈍頭の三角錐形で，異極性。極観は円形で，赤道観は盾形で極軸長が長い。単孔＋6溝型。口膜のいぼが密に盛り上がって孔や溝の中に分布する。外壁の彫紋は微粒状紋で，その間に微穿孔がある。

フトイ　　　　　　　　　　　SPl.374.1-2
Schoenoplectus tabernaemontani C. C. Gmelin Palla.
【大きさ】　35-44×22-29 μm; 45-48×33-34 μm (I)
【試料】　沖縄県南大東島：1989.3.23(宮城)
【開花期】　5-10月
【分布】　北海道〜九州。中国(東北部)

サンカクイ　　　　　　　　　SPl.373.5-6
Schoenoplectus triqueter L.
【大きさ】　35-37×24-26 μm; 48-50×32-35 μm (I), 50-54×28-34 μm(S), 27.5-48.75×17.5-30.0 μm(N)
【試料】　岡山県真庭市中和：1979.10.12(星野)，徳島市：1990.6.4(岡)
【開花期】　6-10月
【分布】　北海道〜沖縄。ウスリー・朝鮮半島・中国・インドネシア・インド・ヨーロッパ

ホソガタホタルイ属
Genus *Schoenoplectiella* Lye

　　外観はフトイ属に似る。

カヤツリグサ科

ホタルイ　　　　　　　　　SP1.373.7-8

Schoenoplectiella hotarui (Ohwi) J. Jung & H. K. Choi

【形態】　赤道観は盾形であるが，極軸長が短い。

【大きさ】　27-33×28-29 μm; 35-40×28-30 μm (I), 35.0-42.5×25-32.5 μm(N)

【試料】　名古屋市：1977.8.31(守田)，岡山市庭瀬：1978.9.20(星野)，岡山県自然保護センター：1993.7.5(岡)

【開花期】　7-10 月

【分布】　北海道〜沖縄。中国・台湾・インドネシア・インド

カンガレイ　　　　　　　　SP1.373.9-10

Schoenoplectiella triangulata (Roxb.) J. Jung & H. K. Choi

【形態】　赤道観は盾形であるが，極軸長が長い。

【大きさ】　32-53×26-29 μm; 49-52×30-33 μm (I), 50-54×30-34 μm(S)

【試料】　岡山県真庭市中和：1979.10.12(星野)，岡山県赤磐市赤坂大池：1983.9.24，岡山県自然保護センター：1993.7.5(岡)

【開花期】　8-10 月

【分布】　北海道〜沖縄。朝鮮半島・中国・インドネシア・インド

ハタベカンガレイ　　　　　　SP1.352.12-15

Schoenoplectiella gemmifera (C. Sato, T. Maeda et Uchino) Hayasaka

【形態】　外壁には顕著な凹凸が見られ，彫紋は微穿孔を伴ったいぼ状紋〜微粒状紋である。本種については，藤木ほか(2006)の報告がある。

【大きさ】　36.5-40.2×26.2-29.7 μm

【試料】　静岡県浜名市西山町東神田川：2005.9.28(北村)

【開花期】　8-9 月

【分布】　本州・九州

カヤツリグサ属
Genus *Cyperus* L.

　鋭頭〜鈍頭三角錐形で，異極性。極観は円形で，赤道観は盾形。発芽口は単孔＋4孔型(タマガヤツリ・コゴメガヤツリ・シロガヤツリ・イヌクグ)，単孔＋4溝型(コアゼガヤツリ・イガガヤツリ)，単孔＋6孔型(オニガヤツリ・カワラスガヤ)，単孔＋6溝型(アゼガヤツリ・ミズガヤツリ・ハマスゲ)の4型も見られる。カヤツリグサ科の発芽口は単孔＋6溝型を基本とするが，本属では向心極面の発芽口は孔型と溝型があり，しかもその数は4個と6個の2通りある。本属はヒメクグ属とよく似た発芽口を持ち，微刺と微刺のある微粒が密に詰まった口膜と，微小刺状紋からなる外壁の境界がやや窪んで明瞭に区別され，全般に花粉は小型である。

タマガヤツリ　　　　　　　SP1.374.6-8

Cyperus difformis L.

【大きさ】　15-19×13-16 μm; 20-15 μm(B)

【試料】　広島県福山市郷分町：1979.7.28(高橋雅)

【開花期】　8-10 月

【分布】　北海道〜沖縄。世界中の暖地

コゴメガヤツリ　　　　　　SP1.374.9-10

Cyperus iria L.

【大きさ】　20-24×21-23 μm; 15-20 μm(B)

【試料】　広島県福山市郷分町：1979.8.28(星野)

【開花期】　8-10 月

【分布】　本州〜沖縄。朝鮮半島・中国・台湾・マレーシア・インド・オーストラリア・アフリカ

アゼガヤツリ　　　　　　　SP1.374.11-13

Cyperus flavidus Retz.

【大きさ】　23-27×19-22 μm; 25.0-35.0×20.0-27.5 μm(N)

【試料】　高知市：1977.8.16(守田)，岡山県里庄町：1989.9.23(安原)

【開花期】　8-10 月

【分布】　本州〜沖縄。朝鮮半島・中国・インドネシア・インド・アフリカ

カヤツリグサ科・ショウガ科

シロガヤツリ　　　　　　　　SPl.374.14-15
Cyperus pacificus (Ohwi) Ohwi
【大きさ】　20-22×16-18 μm; 20×20 μm(B)
【試料】　不詳
【開花期】　8-10 月
【分布】　北海道・本州。朝鮮半島

イガガヤツリ　　　　　　　　SPl.375.1-3
Cyperus polystachyos Rottb.
【大きさ】　23-25×20-21 μm
【試料】　岡山県浅口市寄島園地三郎島：
1989.9.23(安原)
【開花期】　8-10 月
【分布】　本州(関東以西)〜沖縄。朝鮮半島・中国・インドネシア・インド・オーストラリア・アフリカ

オニガヤツリ　　　　　　　　SPl.375.4-6
Cyperus pilosus Vahl
【大きさ】　23-25×23-25 μm; 20×20 μm(B)
【試料】　岡山県里庄町：1989.9.23(安原)
【開花期】　7-10 月
【分布】　本州(中部以西)〜沖縄。中国・台湾・インド

カワラスガナ　　　　　　　　SPl.375.7-9
Cyperus sanguinolentus Vahl
【大きさ】　27-29×23-27 μm
【試料】　岡山市法界院：1989.9.20(安原)
【開花期】　7-10 月
【分布】　北海道〜沖縄。東アジア・インドネシア・インド・オーストラリア・アフリカ

ミズガヤツリ　　　　　　　　SPl.375.10-11
Cyperus serotinus Rottb.
【大きさ】　28-30×23-25 μm; 25×30 μm(B)
【試料】　岡山県笠岡市尾坂池：1989.9.24(安原)
【開花期】　8-10 月
【分布】　北海道〜沖縄。朝鮮半島・中国・台湾・インド・ヨーロッパ

コアゼガヤツリ　　　　　　　SPl.375.12-13
Cyperus haspan L.
【大きさ】　19-21×16-18 μm
【試料】　岡山市法界院：1989.9.20(安原)
【開花期】　8-11 月
【分布】　本州〜沖縄。世界中の暖地

ハマスゲ　　　　　　　　　　SPl.368.3-4
Cyperus rotundus L.
【大きさ】　25-27×20-22 μm; 26-29×21-22 μm
(I)
【試料】　岡山県浅口市寄島園地三郎島：
1989.9.23(安原)
【開花期】　7-10 月
【分布】　本州(関東以西)〜九州

イヌクグ(クグ)　　　　　　　SPl.369.7-9
Cyperus cyperoides (L.) Kuntze
【大きさ】　24-26×20-23 μm
【試料】　岡山県浅口市寄島園地三郎島：
1989.9.23(安原)
【開花期】　8-10 月
【分布】　本州(関東南部・近畿南部・中国)〜沖縄。朝鮮半島(南部)・中国・インドネシア・インド・アフリカ

ショウガ科
Family **Zingiberaceae**

　熱帯域を中心に分布し，約49属1,500種がある。日本には2属5種が生息する。香辛料や薬用に使われるほか観賞用に栽培されるなど，多くの有用種がある。

ショウガ属
Genus ***Zingiber*** Adans.

ミョウガ　　　　　　　　　　SPl.376.1-2
Zingiber mioga (Thunb.) Roscoe
【形態】　横長の長球形で，等極性。螺旋状長口型。

全面が20本以上のラセン状の縞状紋で覆われ，ラセンを形成する畝の太さは，3μm前後で，畝の間の溝は1-2μmで狭い。どの溝が長口にあたるか判別しにくい。

【大きさ】　53-70×133-147μm；80-100×150-180(70-120×130-240)μm(I)
【試料】　岡山県赤磐市山陽(植栽)：1976.10.17
【開花期】　7-10月
【分布】　本州〜九州(中国から渡来)

ハナミョウガ属
Genus *Alpinia* Roxb.

タイリンゲットウ　　　　　　　SPl.376.3-5
Alpinia purpurata (Vieill.) K. Schum.
【形態】　球形で，異極性。四面体形の4集粒。本属は無口型とされているが(幾瀬，1956)，発芽口らしきものが認められる。外壁の彫紋はいぼ状紋で，2μm前後のいぼが全表面を密に覆う。試料が未熟なため4集粒なのかとか，発芽口の有無などの再検討が必要。
【大きさ】　35-39μm
【試料】　沖縄県南大東島(植栽)：1989.3.23(宮城)
【開花期】　3-8月
【原産地】　ハワイ

カンナ科
Family **Cannaceae**

熱帯アメリカに広く分布し，約50種あり，カンナ属1属からなる多年草である。日本では江戸時代にダンドクが渡来し，南西諸島に野生化する。多くの園芸種がある。

カンナ属
Genus *Canna* L.

球形で，異極性。外観は円形。発芽口は無口型とされているが(幾瀬，1956)，単孔が認められることがある(SPl.313.9参照)。外壁の彫紋は刺状紋

で，基部が2μm前後の刺が分布し，その粗密は種類により異なる。

ダンドク(カンナ)　　　　　　　SPl.376.8-10
Canna indica L.
【形態】　刺はかなり密に覆い，まれに接合するものもある。単孔のあるものが観察された。
【大きさ】　43-61μm；50×50μm(B)
【試料】　香川県東かがわ市西村(植栽)：1983.9.23
【開花期】　7-9月
【原産地】　マラッカ・マレー諸島・インド

ハナカンナ　　　　　　　　　　SPl.376.6-7
Canna × *generalis* L. H. Bailey
【形態】　刺はかなりまばらに散在し，刺のないところは平滑状紋である。
【大きさ】　55-56μm；72-79×72-79μm(I)
【試料】　岡山県赤磐市南佐古田(植栽)：2004.8.21
【開花期】　7-10月
【備考】　園芸的につくられた雑種

バショウ科
Family **Musaceae**

バショウ属
Genus *Musa* L.

リュウキュウバショウ　SPl.352.16-17，LPl.72.1-2
Musa liukiuensis (Matsum.) Makino
【形態】　球形で，無極性。極観・赤道観ともに円形で，無口型。外壁の彫紋はいぼ状紋である。
【大きさ】　20.4-35.8μm
【試料】　奄美大島：2013.4.22(岡)
【開花期】　9-11月
【分布】　南西諸島で栽培
【備考】　ジャワ原産の *M. balbisiana* と同種

ラン科
Family **Orchidaceae**

　本科は世界に730属17,000種，日本にも75属230種あり，種子植物では世界最大の分類群で，単子葉植物ではもっとも進化していると考えられている。さらに本科は顕花植物ではガガイモ科とともに花粉塊を形成する珍しいグループで，その特徴(粘着体の有無，花粉塊の粘質性・粒質性・ロウ質性，花粉塊数などは属により決まっている)は，植物の分類にあたっての検索表の重要な特徴として記載されている。花粉が植物の分類に際しての検索表に重要な特徴の1つとして取り上げられているのは，恐らく本科だけである。本科の検索表によれば(佐竹ほか，1982)，まず花粉塊は粘着体があるか(チドリソウ連)ないかで大別され，ないものでは花粉塊が粒質で柔らかいか(サカネラン連)，ロウ質または角質(ラン連)で分けられ，後者はさらに花粉塊が4-8個と2-4個へと細分化している。

　幾瀬(2001)は光顕で本科の花粉塊を詳しく分類しているが，花粉塊の走査電顕用試料作成が困難なため，本書ではまだ十分な調査ができておらず，今後再検討が必要な分類群である。遺跡の花粉分析でも本科の報告例はあるが，まだ同定が正しいかどうかの判断ができていない(幾瀬(2001)からの大きさの引用は，花粉塊(p)・四分子(t)・単粒(s)のみとし，柄の大きさは省略した)。また，本科は外国産の園芸品種が多いので，これらは国内産の記載の後にまとめて掲載した。

アツモリソウ亜科
Subfamily **Cypripedioideae**

パフィオペディルム属
Genus *Paphiopedilum* Pfitz.

パフィオペディルム・ミクランツム　SPl.380.8-10
Paphiopedilum micranthum Tang et Wang
【形態】　外観は半球形であるが，内側は大きな窪み状になる。外側の表面は微粒がかなり点在する

が，内側はほぼ平滑状紋に近い。
【大きさ】　p.600-800×800-1,000 μm
【試料】　広島市植物公園(植栽)：1990.1(横田)
【開花期】　春
【原産地】　中国(雲南)

ラン亜科
Subfamily **Orchidoideae**

ミズトンボ属
Genus *Habenaria* Willd.

サギソウ　　　　　　　　　　　　　SPl.378.1-3
Habenaria radiata (Thunb.) Spreng.
【形態】　花粉塊は各室に1個入り，粘着体がある。花粉塊の外観は卵形や洋ナシ形で，4集粒花粉の集まりである。単粒は長方形のものが多い。外壁の彫紋は網目状紋である。
【大きさ】　650-890×2,000-2,180 μm; p.950-1,260×1,280-1,850 μm, t.20-60 μm, s.15-30 μm(I)
【試料】　岡山県赤磐市赤坂大池：1977.8.15
【開花期】　7-8月
【分布】　北海道(西南部)～九州。中国(中部)

ツレサギソウ属
Genus *Platanthera* L. C. Rich.

ミズチドリ　　　　　　　　　　　　SPl.378.4-5
Platanthera hologlottis Maxim.
【形態】　花粉塊の外観は，三角錐形で，単粒は角ばった三角形のものが多い。外壁の彫紋は微穿孔状紋である。
【大きさ】　p.1,100-1,300 μm; p.500-640×1,100-1,200 μm, t.17-25 μm, s.10-13 μm(I)
【試料】　岡山県鏡野町県立森林公園：1981.7(波田)，神戸市立森林植物園：1993.7.25(岡)
【開花期】　6-8月
【分布】　北海道～九州。シベリア・南千島・朝鮮半島・中国(東北部)

ラン科

シュスラン属
Genus *Goodyera* R. Br.

ミヤマウズラ　　　　　　　　SPl.377.5-6

Goodyera schlechtendaliana Reichb. fil.

【形態】　花粉塊は2個(普通，縦溝がある)。4集粒に分離しやすく，外壁の彫紋は網目状紋である。

【大きさ】　t.40-71 μm; p.900-1,000×2,200-2,500 μm, t.25-56 μm, s.12-26 μm(I)

【試料】　神戸市北区：1993.9.24

【開花期】　8-9月

【分布】　北海道(中部)～奄美大島。朝鮮半島・中国

ネジバナ属
Genus *Spiranthes* L. C. Rich.

ネジバナ(モジズリ)　　　　　　SPl.378.6-7

Spiranthes sinensis (Pers.) Ames var. *amoena* (Bieberson) Hara

【形態】　4集粒に分離しやすく，外壁の彫紋は網目状紋である。

【大きさ】　t.33-41 μm; p.ma.500-700×1,600-1,800 μm, mi.400-450×1,350-1,550 μm, t.20-45 μm, s.20-25 μm(I), t.16-25 μm(S)

【試料】　広島県福山市郷分町：1979.7.1(高橋雅)，岡山県瀬戸内市前島：1998.7.4(古田)

【開花期】　4-10月

【分布】　北海道～九州。サハリン・ウスリー・千島・朝鮮半島・中国(中部・東北部)・ヒマラヤ

シラン属
Genus *Bletilla* Reichb. fil.

シラン　　　　　　　　　　SPl.378.10-11

Bletilla striata (Thunb.) Reichb. fil.

【形態】　外観は盾形。外壁の彫紋は縞状紋～しわ状紋である。

【大きさ】　p.1,000-1,200×1,100-1,300 μm; p.650-900×2,200-2,500 μm, t.25-55 μm, s.15-28 μm(I)

【試料】　香川県東かがわ市西村(植栽)：1983.5.22

(三好マ)

【開花期】　4-5月

【分布】　本州(中南部)～沖縄。中国・台湾

エビネ属
Genus *Calanthe* R. Br.

エビネ　　　　　　　　　　SPl.378.8-9

Calanthe discolor Lindl.

【形態】　外観はバナナ形で，花粉小塊となり，8個が房状になる。外壁の彫紋は網目状紋で，微穿孔もある。

【大きさ】　p.450-600 × 1,300-1,500 μm; p.600-1,000×1,500-2,000 μm, t.20-60 μm, s.12-32 μm(I)

【試料】　岡山県真庭市三尾寺：1976.5

【開花期】　4-5月

【分布】　北海道(西南部)～沖縄。韓国(済州島)

コケイラン属
Genus *Oreorchis* Lindl.

コケイラン　　　　　　　　SPl.377.1-2

Oreorchis patens (Lindl.) Lindl.

【形態】　外観は球形～長球形。外壁の彫紋は平滑状紋で，微粒がまばらに点在する。

【大きさ】　p.250-270×320-340 μm; p.ma.350-430×430-500 μm, mi.300-370×370-450 μm, t.23-50 μm, s.22-28 μm(I)

【試料】　不詳

【開花期】　5-7月

【分布】　北海道～九州。サハリン・ウスリー・南千島・朝鮮半島・中国(東北部)

シュンラン属
Genus *Cymbidium* Sw.

シュンラン　　　　　　　　SPl.377.3-4

Cymbidium goeringii (Reichb. fil.) Reichb. fil.

【形態】　花粉塊は2個(普通，縦溝がある)。外観は盾形。外壁の彫紋はしわ状紋～縞状紋で，発芽口のような窪みが各単粒に1-2個見られ，しわや縞

はその窪みに向かって走る。

【大きさ】　p.900-1,100×1,200-1,400 μm; p.ma.
1,350-1,700×1,600-1,800 μm, t.18-60 μm,
s.15-30 μm(I)

【試料】　岡山県赤磐市山陽(植栽)：1999.3.15

【開花期】　2-4月

【分布】　北海道(奥尻島)〜九州。中国

ナゴラン属(ヒスイレラン連)
Genus *Sedirea* Garay et Sweet

ナゴラン　　　　　　　　　　　　SPl.379.3-4
Sedirea japonica Garay et Sweet

【形態】　花粉塊は2個で，黄色の楕円形である。
柄に付着していた部分はやや突出し，花粉塊を切
り離すと，その跡が窪む。

【大きさ】　800-1,000×1,200-1,400 μm; p.1,100-
1,300×1,400-2,000 μm, t.30-60 μm, s.12-25 μm(I)

【試料】　広島市植物公園(植栽)：1990.1(横田)

【開花期】　6-8月

【分布】　本州〜沖縄。朝鮮半島(南部)

ソブラリア属(エビネ連)
Genus *Sobralia* Ruiz et Pav.

ソブラリア・デコラ　　　　　　　SPl.380.13-14
Sobralia decora Batem.

【形態】　花粉塊は普通8個。ブドウの房状で，各
4集粒が凹凸状に接合するため，表面はひどい凹
凸状になる。拡大すると表面には微穿孔がある。

【大きさ】　400-600×600-800 μm

【試料】　広島市植物公園(植栽)：1990.1(横田)

【開花期】　春〜夏

【原産地】　中米・南米

フォリドタ属(セロジネ連)
Genus *Pholidota* Lindl.

フォリドタ・キネンシス　　　　　SPl.380.5-7
Pholidota chinensis Lindl.

【形態】　花粉塊は4または2個。4個のときは背

腹に重なった1対となる。先端が細くなった花瓶
状で，外側は丸みのある凸状であるが，内側の柄
に付着していた部分が深く溝状に窪む。各単粒の
表面は微穿孔状紋である。

【大きさ】　600-700×1,000-1,100 μm

【試料】　広島市植物公園(植栽)：1990.1(横田)

【開花期】　春

【原産地】　中国(南部)

カトレヤ属(セッコク連)
Genus *Cattleya* Lindl.

カトレヤ　　　　　　　　　　　　SPl.380.1-2
Cattleya sp.

【形態】　花粉塊は2または4個。花粉塊は4個で，
各花粉塊には大きな穴が1つと3つの小さな穴
(柄に付着していたところ?)が見られる。

【大きさ】　600-800×900-1,100 μm

【試料】　岡山県赤磐市山陽(園芸店より)：1990.1.
6

【開花期】　冬

【原産地】　中米・南米

セッコク属(セッコク連)
Genus *Dendrobium* Swartz

セッコク(品種名 snow body)　　SPl.377.7-8
Dendrobium sp.

【形態】　花粉塊は4個。小柄がない。外観は勾玉
状。外壁の彫紋は平滑状紋であるが，単粒には発
芽口のような窪みが1個あるものがある。

【大きさ】　300-500×1,100-1,300 μm

【試料】　岡山県赤磐市(園芸店より)：1990.1.21

【開花期】　冬

【原産地】　アジア(熱帯)を中心に日本〜ニュー
ジーランド

ラン科

ションバーグキア属（セッコク連）
Genus *Schomburgkia* Lindl.

ションバーグキア・ウンドゥラタ　　SPl.380.3-4
Schomburgkia undulata Lindl.
【形態】　三角形に角ばった花粉塊で，その一端が柄の付着点になる。各単粒の大きさは，かなり大小のばらつきがある。
【大きさ】　700-900 μm
【試料】　広島市植物公園(植栽)：1990.1(横田)
【開花期】　春
【原産地】　アメリカ(熱帯)

ソフロニティス属（セッコク連）
Genus *Sophronitis* Lindl.

ソフロニティス・コッキネア　　SPl.380.11-12
Sophronitis coccinea Rchb.
【形態】　外観はシュンランに似る。
【大きさ】　500-700×600-800 μm
【試料】　広島市植物公園(植栽)：1990.1(横田)
【開花期】　冬〜春
【原産地】　ブラジル

ファレノプシス属（ヒスイラン連）
Genus *Phalaenopsis* Blume

コチョウラン　　SPl.379.5-7
Phalaenopsis mannii Rchb. f.
【形態】　球形の花粉塊が2個柄に付着し，表面は凸状であるが，裏面には半円形の溝が認められる。
【大きさ】　1,400-1,600×1,700-1,900 μm
【試料】　広島市植物公園(植栽)：1990.1(横田)
【開花期】　春〜秋
【原産地】　台湾・フィリピン・インドネシア・インド・オーストラリア(北部)

バンドプシス属（ヒスイラン連）
Genus *Vandopsis* Pfitz.

バンドプシス・パリッシー　　SPl.379.1-2
Vandopsis parishii (Rchb. F.) Schlechter
【形態】　外観はナゴランに似る。
【大きさ】　800-1,000×1,200-1,400 μm
【試料】　広島市植物公園(植栽)：1990.1(横田)
【開花期】　冬〜夏
【原産地】　台湾・インドシナ半島・インド

2. 現生花粉の外壁断面

花粉外壁は花粉内の雄核を保護し，送粉するための非常に丈夫な袋である。古生態学の一翼を担う花粉分析学では，花粉外壁が何千年も何十万年も堆積物中で遺体として残った化石花粉から様々な情報を読み取っている。そのため，花粉学者は花粉外壁についての基礎的知識を持つことが重要である。

1. 花粉外壁断面試料の作成方法

この作成方法については，「総論 5．試料の作成法，5.1 走査電子顕微鏡，5.2 透過型電子顕微鏡」の欄に記してあるので参照のこと。

2. 花粉外壁の形成

細胞質分裂完了後，小胞子はカロース膜に包まれているが，次第にセルロースから構成される微小繊維からなる一次外壁に置き換わる。この時期に小胞子はスポロポレニンの合成を開始する。外表層となる一次外壁にスポロポレニンが沈着すると，柱状や顆粒状の内部外表層が形成され，最後に底部層が形成される。さらに，小胞子がカロース膜から開放されると外表層へのスポロポレニン沈着が盛んとなり，キク科花粉に見られるような刺が形成される。成熟花粉には脂質に富んだ花粉粘着物が花粉外壁に絡むように付着しているが（Blackmore et al., 2007），この花粉粘着物は，花粉が昆虫や雌しべに付着しやすくなっているほかに，自家受精を防ぐ自家不和合性に大きく関係している（Shiba et al., 2001）。この花粉付着物はタペータム層に特徴的なオルガネラであるタペトソームとエライオプラスト内の脂質成分によって作られる（鈴木・永田, 2009）。

3. 外壁断面の構造

花粉外壁の断面は，図1のような構造を持つ。Faegri & Iversen(1989)は外壁を外層と内層に分け，その外層をさらに外から内に向かって彫紋構成要素・外表層・柱状層・底部層に細分した。そ

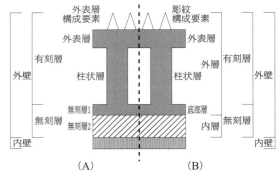

図1 花粉外壁断面の模式図
A：Erdtman(1966)による分類,
B：Faegri & Iversen(1989)による分類

れに対して，Erdtman(1966)は外壁を有刻層と無刻層に分け，その有刻層をさらに外から内に向かって外表層構成要素・外表層・柱状層に分け，無刻層は無刻層1・無刻層2に二分した。花粉外壁表面の模様は，外表層がなく柱状層が裸出して凹凸模様となっているものを外表層欠失型（非外表層型）と呼ぶ（モチノキ：SPl.171.5）。これに対して，柱状層が上部で癒着して連続した外表層を形成し，さらにその上に彫紋構成要素の見られるものを外表層型と呼ぶ（コヒルガオ：SPl.264.9）。また部分的に外表層型と外表層欠失型が混在するものを半外表層型と呼ぶ（図1）。

4. スポロポレニン

花粉外壁は酸素の少ない湖底や湿原の堆積物中などで，何千万年という長い期間化石として残ることができる。それは，外壁にスポロポレニンという非常に分解されにくい物質が含まれているためである。スポロポレニンは，Zetzcshe & Vicari(1931a, b)が花粉や胞子をアルカリで煮沸し，アルカリに不溶な物質に強酸を加えて加水分解させ，酸にもアルカリにも不溶の物質を得て発見された。当初，その物質は花粉の場合はポレニン，胞子の場合はスポロニンと名づけられていたが，両者が似た物質であることから，現在は両者を総称して「スポロポレニン」と呼んでいる。

スポロポレニンは，炭素C・水素H・酸素Oからできた物質で，植物の精油に含まれる有機化

表1 各種の花粉・胞子のスポロポレニンの分子式と含有率(Brooks et al., 1971 を改変)

植物名	学名	分子式	含有率(%)
イワヒバの仲間	*Selaginella kraussia*	$C_{90}H_{124}O_{18}$	27.8
ヒカゲノカズラ	*Lycopodium clavatum*	$C_{90}H_{144}O_{27}$	23.4
ヨーロッパアカマツ	*Pinus silvestris*	$C_{90}H_{158}O_{44}$	23.8
モンタナマツ	*P. montana*	$C_{90}H_{151}O_{33}$	23.7
テッポウユリ	*Lilium longiflorum*	$C_{90}H_{144}O_{37}$	5.1
ヨーロッパナラ	*Quercus robur*	$C_{90}H_{144}O_{33}$	5.8
ヨーロッパブナ	*Fagus silvatica*	$C_{90}H_{144}O_{35}$	6.8
スイバ	*Rumex acetosa*	$C_{90}H_{144}O_{37}$	4.2

合物分であるテルペンに類似した物質からできている(Zetzsche and Huggler, 1928；岩波, 1980)。また，スポロポレニンは C_{90} を持つ高分子物質であることが明らかにされ(Zetzsche and Kälin, 1931)，さまざまな花粉や胞子のスポロポレニンの分子式が報告されている(Brooks and Shaw, 1970; Brooks et al., 1971; Harborne, 1970; Zetzsche et al., 1973)。さらに，Brooks(1971)は，スポロポレニンはカロチノイドの高分子と酸素をもったカロチノイドエステルからなることを明らかにした。スポロポレニンの含有量は種によって異なるが，シダ植物の胞子や裸子植物の花粉の方が被子植物の花粉より含有率が高い傾向がみられる(表1)。

スポロポレニンは高等植物の花粉や胞子だけでなく，藻類や菌類の胞子にも含まれている。さらにスポロポレニンは，2億5千万年前の *Valvisporites auritus* の化石胞子の外壁，3億5千万年前の *Tasmanites punctatus* の化石胞子の外壁にも含まれており，それらは現生の花粉や胞子と同様で全く変質していないことが解っている(Brooks, 1971, 図2)。

スポロポレニンは，数億年もの間全く変質しない非常に安定した物質ではあるが，硫酸と過酸化水素の混合液，40%のクロム酸，オゾンによって完全に壊れてしまう。また，直射日光と酸素によっても化学的に酸化分解され，さらに熱にも比較的弱く，高熱を受けた堆積物中では化石として残ることができない(三好, 1985)。

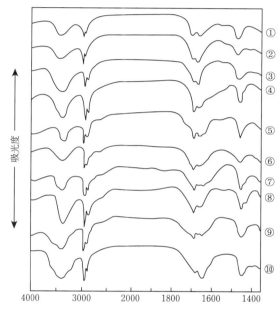

図2 各植物におけるスポロポレニンの赤外線スペクトル ①：シャジクモ属(藻類)の胞子，②：クンショウモ属(藻類)の胞子，③：ケカビ属(菌類)の胞子，④：ヒカゲノカズラ属(シダ類)の胞子，⑤：ユリ属の花粉，⑥：ユリ属のカロチノイドとカトリノイドエステルの酸化高分子，⑦：β-カロチンの酸化高分子，⑧：イワヒバ属(シダ類)の大胞子，⑨：*Valvisporties auritus* の化石大胞子(2億5千万年前)，⑩：*Tasmanites punctatus* の化石胞子(3億5千万年前)(Brooks, 1971 を改変)

3. 花粉症原因植物の花粉形態

近年花粉症は，春が近づくと必ずテレビ・新聞などマスコミに登場するようになってきたアレルギー疾患の一つである。国民の5人に1人は，花粉症に悩まされている。日本の代表的な花粉症は，なんといっても春先のスギ・ヒノキ花粉症であるが，晩春から初夏にかけてのイネ科，秋になるとブタクサ・ヨモギなどキク科雑草による花粉症もあり，1年のうちほぼ10ヶ月間は，日本列島のどこかで花粉症が発症している。

最近では，晩秋から初冬にかけてスギ・ヒノキの着花状態が調査されて，春先の空中花粉飛散の多・少についての予測が出されるようになり，また花粉症の治療・発症を抑える医療技術・医薬品の開発も進歩してきている。日々測定した空中花粉の飛散数と翌日の気象予報を勘案して出される花粉飛散の予報も，ほぼ定着してきた。花粉飛散予報の基礎となる空中花粉の測定も，スライドガラスにワセリンを塗ってダーラム型捕集器で補集する簡易な重力法から，大気を吸引して，その中の花粉を自動的に測定できる精緻な自動装置も開発されてきている。

空中花粉の測定には，花粉に関する基礎知識を持った花粉学者も一部参加しているが，その大部分は，医師・薬剤師・医療検査技師・気象予報士など，どちらかといえばこれまで花粉とはほとんど縁のなかった方々が担っている場合が多い。そのためここでは，空中花粉や花粉症の歴史・測定方法・空中花粉の特性など基礎的な項目について紹介する。なお，花粉症のメカニズムや予防法・治療法などについては，別途たくさんの学術書・解説書が出版されているので，それらを参照していただきたい（佐橋ほか(2002)，斎藤ほか(2006)など）。

1. 花粉症の歴史

花粉によりアレルギーになることが初めて知られたのは，今から約200年も前にさかのぼる。1819年にイギリスのBostockは，干し草を収穫していた農夫がある日突然，発作的なくしゃみや発熱に襲われる症状を報告した(Bostock, 1819)。彼は農夫がイネ科の枯草と接触したため発病した

と考え，「枯草熱」と名付けたのが最初である。この病気の原因が枯草そのものではなくてその「花粉」であることを突き止めたのは，同じイギリスのBlackley(1873)で，枯草熱が報告されてから54年も後のことである。ヨーロッパでは，イネ科とカバノキ科の花粉が花粉症の原因植物としてよく知られているが，北アメリカ大陸では，キク科の雑草ブタクサが花粉症の75%を占め，もっとも恐れられている。

日本で空中花粉を最初に測定したのは，ペンシルバニア大学医学部大学院生で日系2世のHaraである。同氏は「日本の枯草熱」と題する論文を3編報告している。その第1報では，カリフォルニア南部在住日本人1937名を対象に花粉症調査の結果を報告している(Hara, 1934)。第2報で同氏は，北海道大学医学部耳鼻咽喉科に空中花粉の測定を依頼し，1932年4月15日から201日間毎日6枚のスライドガラスを24時間露出させたもの1200枚以上を船便で送ってもらい，測定している。その結論として，「日本の空中花粉の量は，ロサンゼルスよりも多い」，「多くの日本の花粉は大きくて重く，刺状紋を持っていない」，「日本の高湿度・多雨・その他の気象要因は，花粉症の刺激物となる軽くて浮遊しやすい花粉の飛散を阻止しているとみられる」などが記されている(Hara, 1935)。第3報では，さらに東京と神戸での測定結果を報告し，これら3編の総合的な結論として，「日本に花粉症はない」とした(Hara, 1939)。しかし，太平洋戦争後アメリカ軍が駐留し始めてから，わが国でも花粉学の研究が盛んとなり，上野(1953)は，アメリカでの花粉症の実態を紹介し，日本での花粉症研究の必要性を強調した。そしてついに荒木(1961)が，わが国における第1号の花粉症として「ブタクサ花粉症」を報告した。続いて日光東照宮のスギ並木が有名な栃木県の古川電工日光電気精銅所病院に勤務中の斎藤洋三博士が，わが国固有の「スギ花粉症」を1964年のアレルギー学会誌に「栃木県日光地方におけるスギ花粉症 Japanese Ceder Pollinosis の発見」と題して発表した。この堀口・斎藤(1964)が，わが国の花粉症研究の事始めとなり，以降今日まで大いなる

発展を続けている。花粉症は，今でこそ知らない人がいないほど有名であるが，まだその研究の歴史は，欧米と比べると浅くて，ようやく半世紀が過ぎたところである。これまでに報告されたわが国の花粉症原因植物は，ブタクサ・スギに続いて，カモガヤ・イタリアンライグラス・カナムグラ・ヨモギ・コナラ・シラカバなどが順次報告され，現在では60種以上となっている（三好ほか，2003）。

2．空中花粉の測定法

　空中花粉の測定装置には，さまざまな性能のものが考案されているが，基本的には重力により落下してきた花粉を捕集する重力法と，大気を吸引して取り込み，その中の花粉を集める体積法の2型に大別できる。現在わが国で標準捕集器となっているのは，重力法のダーラム型である。これはアメリカのDurham（1946）が考案したもので，安価で取扱いも簡単な装置のため，もっとも広く普及している。その仕様は，2枚の直径23cmのステンレス円盤が高さ7.6cmの3本の支柱で上下に支えられ，中央には2.5cmの高さにスライドホルダーが水平に設置されている。また，これを風向により回転できるように日本で改良されたIS式ロータリー型もある。ヨーロッパでは，大気を吸引するバーカード型が標準捕集器となっていて，わが国にもかなり輸入され，稼働している。さらに最近では，光源に半導体レーザーを用いて，花粉を自動的に計数して，その結果をプリンターやパソコンに出力できるポータブルタイプの花粉自動計測器（リアルタイム花粉モニター　KH-3000-01）も開発されている。また，環境省は，スギ・ヒノキ科花粉の飛散状況を花粉観測システム（愛称：はなこさん）により，リアルタイムで情報を提供している。

　測定方法は機種により異なるので，ここではわが国の標準捕集器であるダーラム型についてだけ紹介する。一般的に測定は，野外での捕集作業と，続いて室内でのプレパラートの作成・光顕での同定と計数からなる測定作業の手順で進められる。

A．野外での捕集作業

　光顕用スライドガラス（76×26mm）の中央部に白色ワセリンを薄く塗り，屋外に設置した捕集器にセットして24時間大気にさらす。日々新旧のスライドガラスを交換する時間帯は，特には決まっていないが，通常は朝の9～10時ごろに交換して，早めに測定を終え，空中花粉飛散予報センターにその日の値を報告する必要がある。捕集器の設置場所は，大気の流れを大きく変えるような障害物のない場所を探すことが肝要である。建物の屋上に設置する場合は，次の条件を満たした所が良いとされる。(イ)近くに障害物がない建物の上であること。(ロ)屋上に高い障害物があれば，その屋根に対する迎角が∠20以下であること。(ハ)手摺があれば，それより70～100cm高くすること。地上に設置する場合にも，大きな障害物のない場所を選んで，地上120cmに設置するのが望ましいとされている。

B．室内での作業

a．プレパラートの作成

　24時間大気にさらしたスライドガラスは，まず封入剤で封入し，カバーガラスをかけて光顕で検鏡できる状態にしなければならない。封入剤には様々なものが考案されているが，ここではその代表的な2種類を紹介する。

(イ)カルベラ液

　一番広く使われている封入剤で，その組成は次の通りである。

グリセリン（84-87%）	5 ml
エチルアルコール（95%）	10 ml
飽和フクシン液	2滴
蒸留水	15 ml

本剤の作成は，材料を気泡ができないように，ゆっくり丁寧に混ぜ合わせるだけで，いたって簡便である。空中花粉を捕集したスライドガラスの上に本剤を数滴落として，カバーガラスをかけて，光顕下で赤く染まった花粉を観察・同定し，数える。本剤の欠点は，固化しないためプレパラートの長期保存ができないことや，写真撮影にもあまり適さないことである。

(ロ)GV（ゲンチアナバイオレット）・グリセリンゼリー液

①	ゼラチン（良質）	10 mg
②	グリセリン	60 mg
③	蒸留水	35 ml
④	0.1 GV・アルコール液	1 ml
⑤	フェノール（液状石炭酸）	0.3 ml

①に③を加えゆっくり撹拌し，加温しながら溶解する。①と③が完全に溶解したら，②を加えてさらに撹拌する。①，③と②が溶解したら④と⑤を加えて，ゆっくり撹拌する。さらにゆっくり加温しながら，溶液中の気泡を取り除きシャーレに入れて固めておく。

空中花粉を捕集したスライドガラスの上に本剤の小片をのせてカバーガラスをかけ，下からごく弱く加温してやると，本剤が液化して花粉を包埋し，同時にGVの色で染まる。本剤は封入後再び固化してカバーガラスが固定されて，長期保存標本にできる利点があり，写真撮影にも適している。ただ，本剤はプレパラートの作成にやや時間を要することから，短時間に観察・同定・計数を行い，その結果を早急に報告することが求められる空中花粉の測定には，やや欠点となる。

b. 同定と計数

大気中に24時間さらしたプレパラートの中には，花粉だけでなく胞子や黄砂のような様々な微粒子も包埋されている。1月～2月はまだ寒くて飛散のみられる花粉は，ハンノキ属・スギ・イネ科ぐらいで，種類数が少ないため同定もあまり難しくない。しかし，3月～5月になるとヒノキ科の多くの属やマツ科・イチョウ科・ヤナギ科・カバノキ科・ブナ科など種類数が次第に増加するだけでなく，個体数も大幅に増えて同定・計数が難しくなってくる。さらに，空中花粉の同定を難しくしている要因がある。それは，空中花粉がその花の葯から飛び出したまだ生きた状態のもので，花粉の表面には粘液や塵埃が付着しており，花粉の内部には原形質や核などの内容物がぎっしり詰まっていて，光顕観察ではこれらが障害となる。アセトリシス処理をして花粉外壁だけにクリーニングした現生花粉のようには，その表面の模様や発芽口の観察がしにくいことである。この難問を解決する手助けとして，無処理の現生花粉標本を作成することをお勧めする。観測地点の周辺数km圏内に生育する植生の中から主に風媒花の花粉を集め，GVグリセリンゼリー液で包埋して，カバーガラスの周囲をワラップやマニキュアでシールしておけば，封入剤中の水分の蒸発を防いでくれて，かなり長期間保存できて同定に活用できる。標本にはラベルを貼り，植物名・採集者名・採集場所・年月日を記しておく。

光顕下での計数の方向は，縦でも横でも測定者の好みに従えばよい。ただ花粉数の重複計数を避け測定の精度を高めるためには，低倍率で全視野を一度に計数するのは，あまりよくない。できるだけ高倍率で，100目盛接眼レンズミクロメータの20～80目盛の間を使い，解像力の劣る両端の各20目盛は使わないのが望ましい。このようにして計数された値は，単位面積（1 cm²）/日当たりの花粉数として表記する。捕集した花粉の個体数があまりにも多い場合には，時間的制約もあることから，数目盛おきに飛ばして計数して，単位面積に換算することもある。また，土・日曜日が休日だったり，出張で数日不在となり測定者がいなくなる場合には，不在日数分を一度に同定・計測し等分して，同じ値を並べる便法も使われる。

3. 花粉症原因花粉の開花期と形態

A. 開花期

わが国における空中花粉の飛散は，1月～2月頃にハンノキ属・スギに始まり，11月頃のキク科で終わる。この1シーズンは前期の樹木花粉，中期のイネ科花粉，後期の雑草花粉の3期に大別されている。日本列島は南北に長いため同じ植物の花粉でも緯度により開花期にかなりの地域差があるので，測定者は各自の観測地点周辺での大まかな開花期を調べておけば，空中花粉同定の際に役立つ。

a. 樹木花粉期：本期は，晩冬から初夏にかけての2月～6月ごろの間である。ハンノキ属とスギ・ヒノキを中心とするヒノキ科から始まり，マ

ツ科・カバノキ科・ブナ科・ニレ科など大多数の樹木は，この期間に開花するものが多い。なかでもスギ・ヒノキは，北海道と沖縄を除く全地域で空中花粉の個体数がトップを占める。北海道では，シラカバが重要な空中花粉となる。

b．イネ科花粉期：本科は日本だけでも約100属300種余ある大きな分類群で，在来種から外来種，栽培種から雑草まで様々なものがある。スズメノテッポウのように在来種で原因植物となるものもあるが，カモガヤ・オオアワガエリ・ケンタッキー31フェスタなど牧草として導入されたり，帰化して雑草となったものがある。これらは，春から夏にかけて開花するものが多い。それに対して在来種は秋に飛散するものが多いので，イネ科は花粉症原因植物の中では，年間を通して一番長い飛散期間をもつ。花粉症と関連したイネ科花粉の飛散期は，4月〜6月頃が中心となる。

c．雑草花粉期：本期は晩夏から中秋にかけて開花する雑草が中心である。キク科の帰化植物であるブタクサ・オオブタクサが特に有名であるが，在来種のヨモギ属も原因植物となる。その他にもクワ科のカナムグラ・イラクサ科の飛散もみられる。

B．風媒花粉と虫媒花粉

　雄しべの葯の中で作られた花粉は，雌しべの柱頭に移動して受粉しなければならない。植物の中には同一花の花粉（自家花粉）が同一個体上の花で自家受粉を行い，あまり花粉が移動する必要の少ないものもあるが，大多数の植物は他家受粉で，花粉が大なり小なり移動して柱頭までたどり着かねばならない。この移動手段として，風・水・動物（昆虫・鳥・その他の小動物）などがあるが，ここでは風媒花粉と虫媒花粉について紹介する。

a．風媒花粉：花粉が風の力を利用して雌しべの柱頭まで運ばれるものを，風媒花と呼んでいる。裸子植物と被子植物のカバノキ科・ヤマモモ科・クルミ科・ニレ科ブナ科などの木本類に多いが，キク科・イネ科・カヤツリグサ科などの草本類にもかなりみられる。植物系統学的にみると，どちらかといえば原始的とみられる分類群に多い傾向

がある。一般に風媒花は花弁の発達が悪く地味な花が多くて，香りも少なく，蜜や油脂なども作らない。その花粉は風に飛ばされやすいように小さいものが多い。マツ科やマキ科の花粉はかなり大きいが，気嚢をつけて空中に浮遊しやすくなっている。花粉外壁の刺状突起のような模様も，虫媒花粉のように動物に付着する必要がないため，あまり発達がよくない。また，風媒花粉のもう一つの大きな特徴は，その花粉の生産量が大きいことである。風まかせで同一花の柱頭に到達できる確率がたいへん低いため，空中への花粉の放出量は多大である。たとえば，オウシュウクロマツの一花当たりの花粉数は148万個もあるが，虫媒花のオシロイバナでは405個で，約3万倍もの差がある（表1）。スギやヒノキの花粉が大量に放出されると，花粉雲となり，山林から山火事で煙が立ち昇っているようにみえる。

b．虫媒花粉：ハナバチやハナアブのような昆虫によって花粉が雌しべの柱頭に運ばれるものを虫媒花粉という。植物系統学的にみるとより進化した分類群に多くみられる。また，栽培植物では世界中の213種についてみると，虫媒花粉植物が131種（61.5%），風媒花粉植物が74種（34.7%）で，虫媒花粉が多数を占めている（生井：1992）。虫媒花粉は昆虫に付着しやすいように刺状突起などの模様の発達が顕著で，蜜や油脂を作ったり，ツツジ科のように粘着糸をもつものもある。虫媒花粉の一部は，昆虫の食糧源となるため，大きくて栄養を豊富に含むものが多い。これが訪花昆虫の栄養源に特化して，発芽口の3溝が消失し，花粉管の発芽能力も無くなってしまった「花粉もどき」と命名されたものもある（オオバシマムラサキ：SPl.382）。風まかせの風媒花粉と比べて虫媒花粉は昆虫が同一花の柱頭に花粉を運んでくれる確率が高いので，花粉の生産量は少ない。そのためこれが大気中に多く飛散することもないので，花粉症の原因となることはほとんどない。しかし，リンゴ・ナシ・モモなどの栽培で，受粉作業をしたり，ビニールハウスの中でのイチゴ栽培などに従事する方々が，職業的に発病する例がかなり報告されているので，虫媒花粉についても留意が必要であ

第II部　解説篇

表1　全国のおもな花粉症原因植物の開花期（斎藤ほか，2006）

植物名	地域	1月	2月	3月	4月	5月	6月	7月	8月	9月	10月	11月	12月
ハンノキ属	北海道												
	関東												
	関西												
	九州												
スギ（スギ科）	北海道												
	関東												
	関西												
	九州												
ヒノキ科	北海道												
	関東												
	関西												
	九州												
シラカンバ属（カバノキ科）	北海道												
	関東												
	関西												
	九州												
イネ科	北海道												
	関東												
	関西												
	九州												
ブタクサ属（キク科）	北海道												
	関東												
	関西												
	九州												
ヨモギ属（キク科）	北海道												
	関東												
	関西												
	九州												
カナムグラ（クワ科）	北海道												
	関東												
	関西												
	九州												

木本の花粉凡例：■ 0.1〜5.0 個 / cm² / 10 日　　草本の花粉凡例：■ 0.05〜1.0 個 / cm² / 10 日
　　　　　　　　■ 5.1〜50.0 個 / cm² / 10 日　　　　　　　　　　　■ 1.1〜5.0 個 / cm² / 10 日
　　　　　　　　■ 50.1〜　個 / cm² / 10 日　　　　　　　　　　　■ 5.1〜　個 / cm² / 10 日

る。

C．形　態

　花粉の形態からその植物名を同定する手法は，花粉分析における化石花粉・法医学における証拠品に付着した花粉・花粉症における空中花粉など

で適用されている。花粉分析で堆積物中から化石花粉を分離する際には，アセトリシス法・FH法・比重分離法などの処理により不純物が取り除かれて，化石花粉は比較的きれいな状態になっている。しかも化石花粉は，スポロポレニンという酸にもアルカリにも強い耐性のある丈夫な物質で

作られた花粉外壁だけが化石として残り，原形質のような内容物は腐敗して残っていないため，光顕での観察もしやすくなっている。その反面，長年堆積物中に保存されている間に，地圧で変形したり，小動物やバクテリアにより傷つけられ破損して，花粉本来の形態が損なわれてしまうこともある。それでは空中花粉の測定には，どのような取り組みやすさと難しさがあるかをみてみよう。

a．空中花粉測定の取り組みやすさ

　空中花粉の測定には，花粉学の専門家よりも医師・薬剤師・医療検査技師・気象予報士など，どちらかといえばこれまで花粉とは縁の少なかった方々が参加している。これを可能にしたのは，空中花粉の測定が次のような理由から，比較的取り組みやすいという事情があるからである。

イ．これまでわが国で報告された花粉アレルギー原因植物は，斎藤ほか(2006)によれば34科54属62種である。花粉の形態が種レベルで異なるものは少ないので，属以上のレベルでみると30〜50種類程度の花粉形態を理解してさえおけば，年間を通して空中花粉の測定が可能である。

表2　各種植物の花粉生産量

植物名	花粉粒数		測定者
	一花当たり	花序当たり	
風媒花（木本）			
オウシュウクロマツ	1,480,000	22,500,000	Pohl
スギ	13,200	396,000	幾瀬
イヌシデ	182,840	7,313,600	幾瀬
オウシュウナラ	182,840	55,500	Pohl
風媒花（草本）			
ブタクサ	802,044	4,812,264	幾瀬
スイバ	180,000	393,000,000	Pohl
ライムギ	57,000	4,250,000	Pohl
	11,847	82,929	幾瀬
虫媒花（木本）			
アマチャ	445,840		幾瀬
イヌツゲ	14,340		幾瀬
虫媒花（草本）			
タチアオイ	35,000		幾瀬
オシロイバナ	405		幾瀬
ハルタデ	80〜128		土井田

Pohl(1937)，幾瀬(1965)，土井田(1960)

ロ．わが国の空中花粉は，2月から11月までの約10ケ月間に分散して上記30〜50種類が飛散するので，一度に10種類以上も空中花粉が捕集されるのは，4月〜6月程度である。特に春先・真夏・晩秋は，少ないので測定はたやすい。

ハ．花粉症原因植物の開花期は，すでにきちんと調べられているので，観測地点周辺地域の開花期を念頭に入れておけば，プレパラートに捕集される花粉を前もって推定できる(表2)。

b．空中花粉測定の難しい点

　もちろん空中花粉の測定にも，次のような難点があることに留意が必要である。

イ．捕集された空中花粉は，まだ生きた状態で花粉外壁内部にはぎっしり原形質や核などがつまっていて，しかも空中を飛散中に微小な塵なども花粉表面に付着している。このような花粉は光を透過しにくいため，光顕で見てもアセトリシス処理をした現生花粉のようには明確に観察しにくい。さらに空中花粉は生きているため，プレパラートにすると水分を吸収して膨潤し，花粉管を伸ばそうとして発芽口が突出して，その花粉本来の形とやや異なって見えたり，さらに吸収し破裂して，花粉外壁から内容物が飛び出してしまうこともある。この難問を解決するのに手助けとなるのが，前述した「無処理の現生花粉標本」である。これと空中花粉を比較検討すれば同定の大きな助けとなる。

ロ．24時間空中にさらしたプレパラートは，朝回収してプレパラートを作成し，すぐに同定・計数を行って，夕方までには花粉飛散予報センターにその結果を報告しなければならない。このように短時間での作業となるため，不明花粉が出てきても時間をかけてゆっくり同定できなくて，先送りしてしまうことになる。

c．空中花粉同定のための検索表

　花粉の同定にあたって重要な特徴の第一は，気嚢の有無・複粒か単粒か・発芽口の有無である。その第二は，発芽口の形(孔，溝，溝孔)と数である。この第一と第二の特徴をもとに日本産花粉症原因植物の科レベルの検索表を示しておく。

　春のヒノキ科，初夏のイネ科，秋のキク科花粉

第Ⅱ部 解 説 篇

症を調査する程度であれば，この検索表の知識で
十分対応が可能である。しかし，もし年間を通し
て空中花粉の動態を調査される方々は，本書「第

Ⅲ部検索表篇」で，花粉外壁表面の模様も取り入
れて属レベルまで掘り下げた詳しい検索表も活用
していただきたい。

日本産花粉症原因植物の科レベルの検索表

A1. 気囊を持つ(気囊型) ‥‥‥‥‥‥‥‥‥‥‥‥‥‥‥‥‥マツ科，マキ科
A2. 気囊を持たない
 B1. 複粒となる ‥‥‥‥‥‥‥‥‥‥‥‥‥‥マメ科(アカシア)，ガマ科(ガマ)
 B2. 単粒となる
  C1. 1つの発芽口を持つ
   D1. 単溝型となる ‥‥‥‥‥‥‥‥‥‥‥‥‥‥‥イチョウ科，ユリ科
   D2. 単孔型となる ‥‥‥‥‥‥‥‥‥‥‥‥‥ヒノキ科，コウヤマキ科，
                 ガマ科(ヒメガマ)，イネ科

  C2. 2つ以上の発芽口を持つ
   E1. 3つの溝を持つ(3溝型) ‥‥‥‥‥‥‥‥‥‥アブラナ科，イソマツ科
   E2. 孔を持つ
    F1. 孔は赤道面にならぶ(環孔型)
     G1. 3つの孔を持つ(3孔型)‥‥‥‥‥カバノキ科(カバノキ属)，ニレ科(エノキ属)，
          ヤマモモ科，クワ科(カナムグラ属)，イラクサ科
     G2. 4(-5)つの孔を持つ‥‥‥‥‥‥‥‥‥‥‥‥キョウチクトウ科，
              カバノキ科(ハンノキ属)，
              ニレ科(ニレ属・ケヤキ属)
     G3. 6つ以上の孔を持つ ‥‥‥‥‥‥‥‥‥‥カバノキ科(ハンノキ属)，
              クルミ科(オニグルミ属)，
              ニレ科(ニレ属・ケヤキ属)
    F2. 孔は散在する(散孔型) ‥‥‥‥‥‥‥‥オオバコ科，ナデシコ科，アカザ科，
              タデ科(イヌタデ属)

   E3. 溝と孔の両方を持つ
    H1. 溝の赤道部に孔を持つ(環溝孔型) ‥‥‥‥‥キク科，ヤナギ科，モクセイ科，
          ブナ科，バラ科，ツバキ科，ブドウ科，
          ナス科，ミカン科，セリ科
    H2. 散溝孔型となる ‥‥‥‥‥‥‥‥‥‥‥‥‥‥タデ科(ギシギシ属)
    H3. 単孔＋6溝の発芽口を持つ ‥‥‥‥‥‥‥‥‥カヤツリグサ科

第III部

検索表篇

検 索 表

　花粉の検索表は，化石花粉や空中花粉の同定にあたって重要であるため，世界の各地域で作成されている。Faegri & Iversen(1950)は北西ヨーロッパの花粉について，Moore & Webb(1978)はイギリスを中心とした西ヨーロッパの花粉について検索表を作成している。北米では五大湖を中心とした地域について McAndrew et al.(1973) による検索表があり，南米では Calinvaux et al.(1999) によるアマゾン地域を中心としたものがある。アジアの極東地域でも中国で王ほか(1960)により本格的な検索表が作成され，台湾では Huang(1972)によるものがある。

　わが国でもすでに幾瀬(1956)以来数多くの花粉図説が刊行されているが，まだ本格的な検索表は作成されていない。このたび，初の試みとして，Faegri & Iversen(1989)〔検索表の中では(F)と記す。以下同様〕の "Textbook of Pollen Analysis (4th ed.)" に掲載されている北欧を中心とした地域の花粉検索表の骨格や島倉(1973)(S)の「日本植物の花粉」，中村(1980)(N)の『日本産花粉の標徴Ⅰ，Ⅱ』および幾瀬(2001)(I)の『日本植物の花粉(第2版)』に記載されている花粉の特徴などに従って，さらに，本図鑑の走査電顕の成果を加えて，日本産花粉(帰化植物や外国から導入された園芸植物・薬草なども一部含む)にあてはめて，日本産花粉検索表を試作した。「属名<　>科名」のく　>内の種名は，その種がそのように分類されていることを示す。また，「属名(　)科名」，「属名　科名(　)」の(　)内の用語は，研究者がそのように分類していることを示す。また，[　]内には本文中の SEM 写真での特徴を補足した。まだ不十分な点が多数あるので，今後，第3版，第4版，――と改良を重ね，より完全に近い検索表を完成させたいと願っている。できるだけ多数の方々にこの検索表を使っていただき，問題点に気づかれた方からご教示をいただければ幸いである。ご指摘いただいた点は加筆・訂正・削除して，よりいっそう検索しやすい「日本産花粉の検索表」に育てていきたい。多くの花粉研究者が光学顕微鏡を使用していることを考慮して，光学顕微鏡の検索を基本とし，走査電顕の成果を加える形を取ったため，外壁の彫紋などに不一致が生じている。それも含め今後検討していきたい。

　なお，Faegri & Iversen(1989)の検索表は，属レベルが中心で科・種レベルでの区分も行われているが，本書では属・科レベルにとどめ，種レベルへの区分はほとんどを割愛した。将来，属レベルでの検索表が完成すれば，次に種レベルの検索表も追加していきたいと思っている。

主 検 索 表

A1　花粉は気嚢を持つ(気嚢型花粉) ··**検索表 A**(図1-A)
A2　花粉は気嚢を持たない
　B1　複粒になる(複合型花粉) ···**検索表 B**(図1-B)
　B2　単粒になる
　　C1　二面相称性(二面体型花粉) ··**検索表 C**(図1-C)
　　C2　球形・楕円形(等直径か，1つの軸がより長い/より短い，異極性) ·······················**検索表 D**(図1-D)

検 索 表

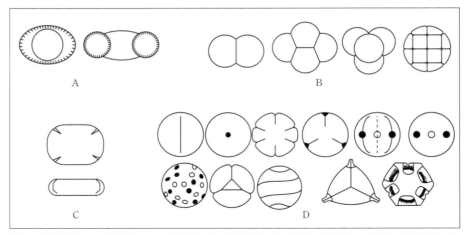

図1 主検索表。A. 気嚢型, B. 複合型, C. 二面体型, D. 球形・楕円形。図中の●は表側にある孔を表し, ○は裏側にある孔を表す。点線は裏側にある溝を表す。

検索表A　気嚢型花粉

A1　極軸上に気嚢状のとさか形突起を持つ ……………ヒシ属(S・I：3溝型, N：3溝孔型) ヒシ科(図2-A)
　　　[大きなひだ状突起が3本走り, これが溝で, 赤道部に孔が認められる。ヒシ：SPl.199.10-11]

A2　1個の縁辺隆起性の口環を持ち, ひだ状の気嚢が帯状に取り巻く……………ツガ属　マツ科(図2-B)
　　　[外壁の彫紋はいぼ状紋〜畝状紋の突起が覆い, その突起の間からは微小刺が出る。ツガ：SPl.20.1-4, LPl.5.1-5]

A3　明確な亜球形あるいは袋状の気嚢は, 内部に3次元的網目を持つ。通常は2個
　B1　向心極面の外壁(帽部)は5μmよりも厚い
　　C1　気嚢を除いた花粉の本体は80-100μm。気嚢は亜球形で, 本体に近い大きさを持ち, 両者の境界はくびれて明確である ……………………………………………モミ属　マツ科(図2-C)
　　　　[本体の向心極面は微粒状紋。遠心極面(発芽口域)は平滑状紋。気嚢は平滑状紋で, 微穿孔が点在する。オオシラビソ：SPl.16.1-3, LPl.3.1-5]
　　C2　花粉の本体は約50μm。気嚢は亜球形……………………………………ヒマラヤスギ属　マツ科
　　　　[ヒマラヤスギ：SPl.20.8-11, LPl.6.1-4]
　B2　向心極面の外壁は5μmよりも薄い
　　D1　向心極面での気嚢と花粉本体との接触角度が少ないため, 両者の間に明白なくびれがない
　　　E1　気嚢の構造と花粉本体の膜構造はゆるやかに移行する。発芽口の外壁の彫紋は平滑状紋
　　　　………………………………………………………………………………トウヒ属　マツ科(図2-D)
　　　　[向心極面は微粒状紋。遠心極面(発芽口域)は平滑状紋。気嚢は発芽口域側に包み込まれるようになる。トウヒ：SPl.18.1-4, LPl.4.6-8]
　　　E2　気嚢の構造と花粉本体の膜構造はゆるやかに移行をする。光顕下では, 発芽口の膜には黒点が分布 ………………………………………………………マツ属(単維管束亜属)　マツ科(図2-E)
　　　　[向心極面は微粒状紋。遠心極面は平滑状紋。気嚢の外壁彫紋は平滑状紋で, 微穿孔が点在する。ゴヨウマツ：SPl.3.3-5, LPl.2.5-8]
　　D2　向心極面での気嚢と花粉本体との接触角度が鋭い。気嚢と花粉本体との間に明確なくびれがある

F1　花粉の本体は約 50 μm で，発芽口の膜は平滑状紋 …**マツ属（複維管束亜属）　マツ科**(図2-F)
　　［マツ属（単維管束亜属）に似る。アカマツ：SPl.2.1-2，LPl.2.1-4］
F2　花粉の本体は 40 μm よりも小さい。気嚢は花粉本体よりも大きい。まれに 3 個気嚢を持つ
　　ことがある ……………………………………………………………**マキ属　マキ科**(図2-G)
　　［本体の向心極面は平滑状紋。気嚢と接する赤道部はいぼ状紋がよく発達する。イヌマキ：SPl.24.1-4，
　　LPl.1.13-16］

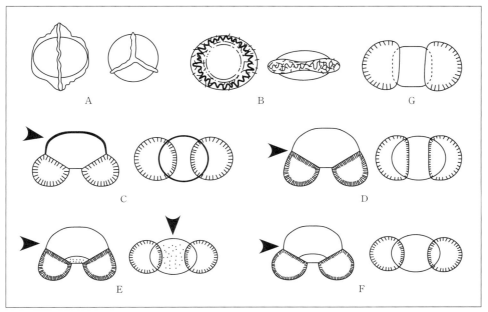

図2　検索表A　気嚢型。A. ヒシ属型，B. ツガ属型，C. モミ属型，D. トウヒ属型，E. マツ属（単維管束
　　亜属）型，F. マツ属（複維管束亜属）型，G. マキ属型。矢印のところが，区別の重要な目安となる。

検索表 B　複合型花粉

　ツツジ科については，Faegri & Iversen(1989)による検索は複雑で，これに日本産のすべての属をあ
てはめることは不可能なため，本科の検索は幾瀬(2001)の 4 集粒と粘着糸の有無による大別にとどめた。
また，ラン科の多集粒からなる複粒と花粉塊についても，まだ十分な検討がなされていないので，里見
(1981)による本科の検索表にある花粉塊の特徴を参考にして示した。

　　　　　　　　　　　　　　　細分化のための主検索
A1　2 集粒 ………………………………………………………………………**検索表 B1**(図3-A)
A2　4 集粒 ………………………………………………………………………**検索表 B2**(図3-B)
A3　8-16 集粒または花粉塊をつくる ………………………………………**検索表 B3**(図3-C〜E)

検索表 B1．2 集粒型(図3-A)

A1　発芽溝のような凹部があり，外観は不規則で，微粒が分布する
　　………………………………………………………**カワゴケソウ属　カワゴケソウ科**(図3-A)

検索表

[釣鐘状の単粒が極軸方向に上下に接合する。溝内の彫紋は微粒が密に分布する。外壁の彫紋は微小刺状紋。ウスカワゴロモ：SPl.144.1-3]

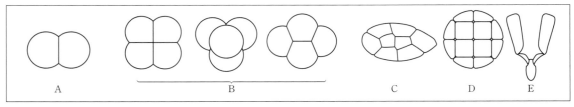

図3　検索表B　複合型。A. 2集粒型，B. 4集粒型，C. 8集粒型，D. 16集粒型，E. 花粉塊型

A2　発芽口はなくて，外観は規則的な半球形か三角球形。微細な網目状紋が全表面を覆う
　　　　　　　　　　　　　　　　　　　　　　　　　　　　　　　ホロムイソウ属　ホロムイソウ科
　　[両粒は小柱で強く接合し，分離しにくい。外壁の彫紋は小網目状紋。ホロムイソウ：SPl.329.9-10]

検索表B2. 4集粒型(図3-B)

A1　4分子は正方形や菱形に接合したりして，不規則である
　B1　正方形・菱形・線状の4集粒があり，発芽孔は1個で，確認しやすい(ヒメガマでは単粒に分離)
　　　　　　　　　　　　　　　　　　　　　　　　　　　　　　　　　　ガマ属　ガマ科(図3-B)
　　　　[孔は遠心極の中央部以外に位置することが多い。外壁の彫紋は小網目状紋。ガマ：SPl.361.6-9]
　B2　正方形の4集粒で，外壁の彫紋は小網目状紋〜微穿孔状紋 …………アシミナ属　バンレイシ科
　　　　[外壁の彫紋は網目状紋で，太い畝状の隆起の間に穴〜微穿孔があるように見える。ポポー：SPl.63.4-5]
　B3　正方形か菱形の4集粒で，発芽孔は確認しにくい。4集粒が集まって花粉塊を形成する
　　　　　　……………ネジバナ属，シラン属など多数　ラン科(図a)

図a

　B4　不定形の4集粒で，発芽孔は単粒に1-2個。外壁の彫紋は平滑状紋
　　　　　　　　　　　　　　　　　　　　　　　　　　　　　バシクルモン属　キョウチクトウ科
　　　　[孔は単粒に1-2個見られる。外壁の彫紋は平滑状紋であるが，まれに微穿孔が分布。バシクルモン：SPl.254.
　　　　1-3，LPl.51.5-6]
A2　4分子は四面体形に接合する(図b)

図b

　C1　外壁の彫紋は刺状紋
　　D1　孔は不明瞭……………………………………………………ウツボカズラ属　ウツボカズラ科
　　　　　[向心極面の各外壁が柱状になり強く結合。遠心極面は長刺状紋と微小刺状紋で，長刺と微小刺が密に混在する。ネペンテス：SPl.92.1-4]
　　D2　3溝孔型で，溝は幅広くて，閉じない ………ムジナモ属　モウセンゴケ科
　　D3　多孔型で，孔は閉じている ………モウセンゴケ属　モウセンゴケ科(図c)
　　　　　[単粒は正四面体形で，向心極面の外壁が柱状になって隣接する花粉と強く結合。向心極面中央部に単孔がある。遠心極面の外壁は長刺状紋と微小刺状紋で，長刺と微小刺

図c

848

検 索 表

　　　　　が密に分布し，かなり規則的に配列する。イシモチソウ：SPl.93.1-3，コモウセンゴケ：LPl.21.1-4]
　C2　外壁の彫紋は網目状紋 ……………………………………………………………… **オジギソウ属　マメ科**
　　　　[乾燥すると大きく凹む。外壁の彫紋はいぼ状紋。オジギソウ：SPl.132.7-9]
　C3　外壁の彫紋はいぼ状紋
　　　E1　単口型 ……………………………………………… **スズメノヤリ属　イグサ科**(図d)

図d

　　　　　[遠心極面の 70-80% も占めるような大きな単口を持つ。外壁の彫紋は平滑状紋。スズメノヤリ：SPl.349.1-3]
　　　E2　3 孔型(図e)
　　　　　F1　前腔を持ち，花粉はゆるく接合している ……………………………… **アカバナ属　アカバナ科**
　　　　　F2　前腔はなくて，花粉は固く結合している …………………………………… **クチナシ属　アカネ科**
　　　　　　　[花粉は四面体形に強く接合し，2個の孔が対になって120°の間隔で分布する。外壁の彫紋は不規則ないぼ状紋で，その隙間に微穿孔が分布する。クチナシ：SPl.259.1-4，LPl.55.5-9]

図e

　C4　外壁の彫紋は平滑状紋で4分子は開いていて，極周辺で結合(発芽溝内には
　　　　微粒が分布) ………………………………………………………………………… **ウメガサソウ属　イチヤクソウ科**
　　　　[三角球形〜三角錐形に結合し，結合はゆるい。溝内には微粒が密に詰まる。外壁の彫紋は平滑状紋。ウメガサゾウ：SPl.224.4-6]
　C5　外壁の彫紋は微粒状(まれにいぼ状)紋で，3溝孔型(図f)
　　　G1　粘着糸が明瞭 ……………………………………… **ツツジ属，イソツツジ属など　ツツジ科**
　　　　　[4個の花粉が接合したときには，各花粉の発芽口も必ず接
　　　　　合して，孔も対をなしている(共同口)。外壁の彫紋は粒状
　　　　　紋や平滑状紋。しわ状紋などが見られる。イソツツジ：
　　　　　SPl.225.7-8，ダイセキナン：LPl.45.1-4]

図f

　　　G2　粘着糸が細くて見落としやすいもの ………………… **ツガザクラ属，イワヒバ属など　ツツジ科**
　　　G3　粘着糸が見られないもの ……………………… **イワナンテン属，コケモモ属など　ツツジ科**
　　　　　　　　　　　　　　　　　　　　　　　　　　　　　　　　　　　　イチヤクソウ属　イチヤクソウ科

検索表 B3.　多集粒型(図3-C〜E)

A1　規則的な 8-16 集粒
　B1　8 集粒型 …………………………………………………………… **ベニゴウカン属　マメ科**(図3-C)
　　　[複粒は中央に2個が並び，その外側の各面に6個の単粒が付着して構成される。外壁の彫紋は平滑状紋であるが，粗い凹凸が見られる。ベニゴウカン：SPl.132.10-11]
　B2　16 集粒型(図a) ………………………………………… **ネムノキ属，アカシア属　マメ科**(図3-D)
　　　[ネムノキ属：外壁の彫紋はほぼ平滑状紋で，かすかに凹凸が見られる。ネムノキ：SPl.132.4-6，LPl.24.11-13。アカシア属：各単粒の遠心極面には角ばった環状線が見られるが，これが環状発芽口かどうかは不明。外壁の彫紋は平滑状紋で，かすかに凹凸が見られる。アカシア：SPl.132.1-3，PPl.8.1-2]

図a

A2　花粉塊型をつくる(図3-E)
　C1　粘着体に花粉塊柄を2本つけ，その先に各1個の花粉塊をつける(3発芽口型)
　　　……………………………………………………………………………………… **ガガイモ属　ガガイモ科**

849

C2　粘着体があるものとないものがある（単孔型）

　　D1　粘着体があり，柱頭のさい（嘴）体の腺体に合着する

　　　　……………………………**チドリソウ連（アオチドリ属，ハクサンチドリ属など）ラン科**

　　D2　粘着体がないか，または先端に粘着体がある

　　　　……………………………**サカネラン連（ムカゴサイシン属，トキソウ属など）ラン科**

検索表 C　二面体型花粉

短溝型や 2-5 孔型花粉は明らかに二面体型あるいは西洋ナシ型である（図 4-A）。

A1　発芽口は 3 つ以上

　　B1　4(-5)溝で，外壁の彫紋は網目状紋

　　　　………………………………**ツリフネソウ属　ツリフネソウ科**

　　　　［4(-5)環溝型。溝は短く短溝型，四隅にスリット状につき，ほとんど開かない。
　　　　外壁の彫紋は網目状紋で，網目のなかには 10 個以上の微粒が詰まっている。
　　　　網目の大きさは種類により異なる。ホウセンカ：SPl.168.15-16］

　　B2　3-5 孔で，外壁の彫紋は微小刺状紋 ……………**アリノトウグサ属，**

　　　　　　　　　　　　　　　　　　　　　　フサモ属　アリノトウグサ科（図 4-B）

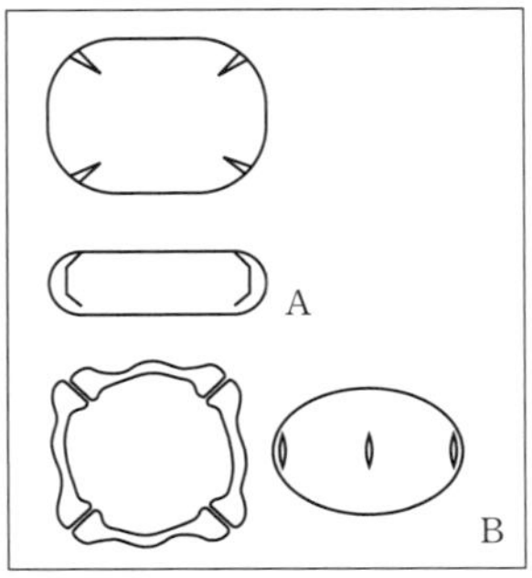

A2　発芽口はないか，1 つある

　　C1　花粉はわずかに湾曲していて，両端では外表層欠失型となる。小
　　　　柱は分離していて，外壁の彫紋は網目状紋

　　　　……………………………………………**カワツルモ属　ヒルムシロ科**

　　C2　花粉は湾曲しない。外壁の彫紋は不同網目状紋で，小柱は畝を形成 ………………………………………
　　　　ユリ科・アヤメ科などはこの項目にも該当するが，これらは D3-2. 単長口型にいれる

図 4　検索表 C　二面体型。
　A. ツリフネソウ属型，
　B. アリノトウグサ属型

検索表 D　球状形・楕円形（卵形）花粉

A1　明確な発芽口を持たない

　　B1　極軸上に溝と縁を持つ　………………………………………………**検索表 D1. 多ひだ型**（図 5-A）

　　B2　極軸上に溝と縁を持たない…………………………………………**検索表 D2. 無口型**（図 5-B）

A2　発芽口を 1 つ持つ

　　C1　発芽口は極軸上に長く伸びる ………………………………………**検索表 D3-1. 単溝型**（図 5-C）

　　C2　発芽口は赤道軸上に長く伸びる　………………………………**検索表 D3-2. 単長口型**（図 5-C$_1$）

　　C3　発芽口は丸い …………………………………………………………**検索表 D4. 単孔型**（図 5-D）

A3　発芽口を 2 つ以上持つ

　　D1　窪みがないか，もしあっても固定した幾何学模様ではない

　　　　E1　発芽口は融合しない

　　　　　F1　溝を持ち，孔はないかあるいは直交内層外壁の溝がある

　　　　　　G1　2 発芽口を持つ。2 溝 ………………………………………**検索表 D5-1. 2 溝型**（図 5-E）

　　　　　　G2　2 長口 ……………………………………………………**検索表 D5-2. 2 長口型**（図 5-E$_1$）

　　　　　　G3　3 溝 ……………………………………………………………**検索表 D6. 3 溝型**（図 5-F）

　　　　　　G4　3 溝よりも多い

検　索　表

H1　すべての溝は極軸上で，その中心が赤道部に並ぶ………**検索表 D7. 多環溝型**(図 5-G)

H2　いくつか，あるいはすべての溝が極軸上に並ばない …**検索表 D8. 多散溝型**(図 5-H, I)

F2　溝と明確な孔の両方を持つか，あるいは直交溝がある(溝孔型)。通常 1 つの溝に 1 つの孔を持ち，まれに消失することもある。ある分類群では 1 つの溝に 2 つ以上の孔を持つ

I1　2 溝孔　……………………………………………………**検索表 D9. 2 溝孔型**(図 5-J)

I2　3 溝孔………………………………………………………**検索表 D10. 3 溝孔型**(図 5-K)

I3　3 溝孔よりも多い

J1　すべての溝が極軸上で，その中心が赤道部に並ぶ …**検索表 D11. 多環溝孔型**(図 5-L, M)

J2　いくつか，あるいはすべての溝が極軸上に並ばない …**検索表 D12. 多散溝孔型**(図 5-N)

F3　遊離した孔があり，溝はない(孔状)

K1　2 孔………………………………………………………**検索表 D13. 2 孔型**(図 5-O)

K2　3 孔………………………………………………………**検索表 D14. 3 孔型**(図 5-P)

K3　3 孔よりも多い

L1　孔は赤道部に限定する …………………………………**検索表 D15. 多環孔型**(図 5-Q)

L2　孔は花粉の表面に一様に分布する ……………………**検索表 D16. 多散孔型**(図 5-R)

E2　発芽口は溝状から螺旋状に融合する……………………**検索表 D17. 合流溝型**(図 5-S〜U)

E3　発芽口および溝は融合する ………………………………**検索表 D18. 合流溝孔型**(図 5-V)

D2　固定した幾何学模様のなかに窪みを持つ

M1　窪みは細長くて極軸上にある(偽溝) ………………**検索表 D19. 不同溝(孔)型**(図 5-W)

M2　窪みは細長くならない…………………………………**検索表 D20. 小窓状孔型**(図 5-X)

検 索 表

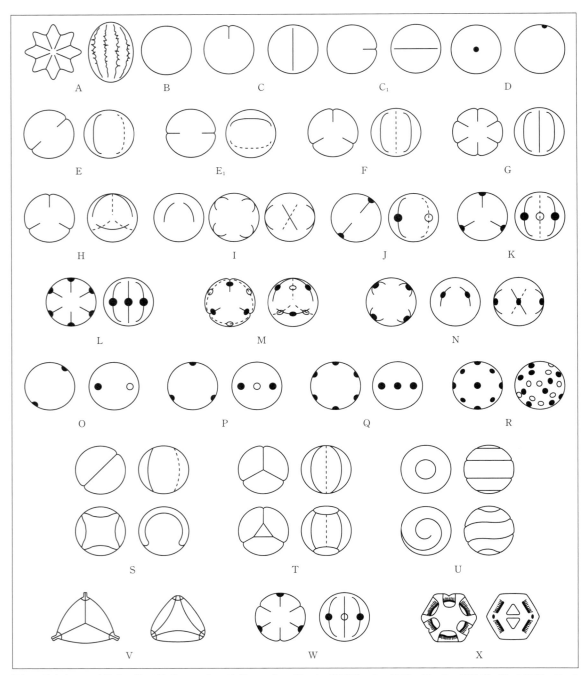

図5 検索表D 球状体・楕円体型。A. 多ひだ型, B. 無口型, C. 単溝型, C₁. 単長口型, D. 単孔型, E. 2溝型, E₁. 2長口型, F. 3溝型, G. 多環溝型, H・I. 散溝型, J. 2溝孔型, K. 3溝孔型, L. 多環溝孔型, M・N. 多散溝孔型, O. 2孔型, P. 3孔型, Q. 多環孔型, R. 多散孔型, S・T・U. 合流溝型(S: 3-4合流溝型, T: 叉状合流溝型, U: 螺旋口型), V. 合流溝孔型, W. 不同溝(孔)型, X. 小窓状孔型

852

検 索 表

検索表 D1. 多ひだ型(図5-A)

A1　尾根(リッジ)と溝からなるひだが10本前後あり，溝のなかで枝分かれが見られる(飛行船のような形)
　　　　　……………………………………………………………………マオウ属　マオウ科
　　　[外壁の彫紋はすべて平滑状紋。溝中の線条がジグザグに走る。マオウ：SPl.25.9-10]

A2　ひだが20本前後あり，まったく枝分かれしない。遠心極面に発芽溝域が見られる
　　　　　………………………………………………ウェルイッチア属　ウェルイッチア科
　　　[溝中の線条が直線に走る。外壁の彫紋は平滑状紋。ウェルイッチア：SPl.25.13-15]

検索表 D2. 無口型(図5-B)

　　多くの隠花植物の胞子やシストなども無口型であるが，これらの膜構造は花粉のものとは異なるため簡単に区別ができる。この検索には，これら隠花植物のものは含まない。

細分化のための主検索

A1　外壁の彫紋は平滑状紋………………………………………………………………検索表 D2-1
A2　外壁の彫紋は微粒状紋………………………………………………………………検索表 D2-2
A3　外壁の彫紋はしわ状紋。花粉の大きさは30-50μm
　　　　　…………………………………ウマノスズクサ属，フタバアオイ属　ウマノスズクサ科
　　　[ウマノスズクサ属：外壁の彫紋はしわ状紋で，不定形に隆起した大脳のようなしわ状紋が密に覆い，その上に微穿孔を持つものと持たないものがある。ウマノスズクサ：SPl.85.1-3]

A4　外壁の彫紋は網目状紋………………………………………………………………検索表 D2-3
A5　外壁の彫紋は刺状紋…………………………………………………………………検索表 D2-4
A6　外壁の彫紋は円柱状紋。円柱の頭部は三角形・四角形・円形など様々な形を
　　している。
　　　……………アブラギリ属，ハズ属，タイワンアブラギリ属　トウダイグサ科(図a)
　　　[アブラギリ：SPl.152.1-2，ハズ：SPl.154.4-5，テイキンガクラ：SPl.153.11-13，LPl.27.1-2]

A7　外壁の彫紋はいぼ状紋…………………………………………………バショウ属　バショウ科
　　　[外壁の彫紋はいぼ状紋。リュウキュウバショウ：SPl.352.16-17，LPl.72.1-2]

検索表 D2-1. 無口型，平滑状紋

A1　花粉の大きさは50-75μm　………………………カラマツ属　マツ科(図a)
　　　[向心極面と遠心極面の境に環状肥厚が鉢巻状に見られる。外壁の彫紋は平滑状紋。カラマツ：SPl.1.7-10，LPl.7.1-2]

A2　花粉の大きさは80-100μm　……………………………………トガサワラ属　マツ科
　　　[カラマツ属に似る。両極面の境には環状肥厚部が見られる。トガサワラ：SPl.1.11-12，LPl.7.3-4]

検索表 D2-2. 無口型，微粒状紋(＜1μm)

A1　花粉の大きさは35-50μm　………………………………エンレイソウ属，ハラン属　ユリ科
A2　花粉の大きさは25-30μm　………………………………ホンゴウソウ属　ホンゴウソウ科
A3　花粉の大きさは10μm前後　………………………………ショウブ属　サトイモ科

検 索 表

検索表 D2-3. 無口型，網目状紋

図a

A1　網目の大きさは 5 μm より大きい。花粉の大きさは 65-70 μm
　　　‥‥‥‥‥‥‥‥‥‥‥‥‥‥‥‥‥‥‥‥‥ **ツノゴマ属 ツノゴマ科**(図a)
　　　[ツノゴマ：SPl.291.12-14，LPl.59.1-2]

A2　網目の大きさは 2-4 μm
　　B1　花粉の大きさは 50-60 μm ‥‥‥‥‥‥‥‥‥‥ **ツリガネカズラ属 ノウゼンカズラ科**
　　B2　花粉の大きさは 20-30 μm ‥‥‥‥‥‥‥‥‥‥‥ **アラセイトウ属 アブラナ科**

A3　網目の大きさは 2-3 μm。
　　　花粉の大きさは 30-35 μm ‥‥‥‥‥‥‥‥‥‥‥‥ **センリョウ属 センリョウ科**
　　　[表面が凹状となった発芽口域らしいものが見られる。センリョウ：SPl.84.1-4]

A4　網目の大きさは 1-3 μm。花粉の大きさは 25-40 μm　‥‥‥**ヒルムシロ属**(N：単孔型) **ヒルムシロ科**
　　　[外壁の彫紋は小網目状紋で，シバナ科の網目状紋に似る。網目は畝の上に微粒が一列に並ぶ。ヒルムシロ：SPl.
　　　331.3-4]

A5　網目の大きさは 1-2 μm。花粉の大きさは 30-35 μm ‥‥‥‥‥‥‥‥‥ **シバナ属 シバナ科**
　　　[外壁の彫紋は網目状紋で，網目は様々な形をしている。シバナ：SPl.329.7-8，LPl.69.1-2]

A6　網目の大きさは 0.5 μm より小さい。花粉の大きさは 80-115 μm。
　　　‥‥‥‥‥‥‥‥‥‥‥‥‥‥‥‥‥‥‥‥‥‥‥‥ **ウミショウブ属 トチカガミ科**
　　　[外壁の彫紋は小網目状紋。外壁は壊れやすく，本来の形態を留めていないことが多い。ウミショウブ：SPl.330.
　　　13-14，LPl.67.8]

A7　網目の大きさは 0.5 μm より小さい。花粉の大きさは 20-25 μm　‥‥‥**ハマウツボ属 ハマウツボ科**

検索表 D2-4. 無口型，刺状紋

A1　刺の高さは 3-4 μm
　　B1　花粉の大きさは 140-150 μm ‥‥‥‥‥‥‥‥‥‥‥ **ハスノハギリ属 ハスノハギリ科**
　　　　[外壁の彫紋は密に敷き詰められた微粒～細粒状紋の表面に長刺が点在する。ハスノハギリ：SPl.65.7-8，LPl.16.
　　　　11-12]
　　B2　花粉の大きさは 70-90 μm ‥‥‥‥‥‥‥‥‥‥‥‥ **ハナミョウガ属 ショウガ科**
　　　　[発芽孔らしきものが認められる。外壁の彫紋はいぼ状紋で，2 μm 前後のいぼが全表面を密に覆う。タイリン
　　　　ゲットウ：SPl.376.3-5]

A2　刺の高さは 2-3 μm。花粉の大きさは 50-60 μm　‥‥‥ **ミズオオバコ属，カナダモ属 トチカガミ科**
　　　[ミズオオバコ属：外壁の彫紋は刺状紋で，1-2 μm の間隔で比較的まばらに長刺が散在する。ミズオオバコ：SPl.
　　　329.5-6]

A3　刺の高さは 1-2 μm
　　C1　花粉の大きさは 85-100 μm
　　　　外表層が散溝のようにいたるところで破れている ‥‥‥‥‥‥‥‥ **サフラン属 アヤメ科**
　　　　[単長口型。長口は短い。外壁の彫紋は小網目状紋で，畝の交点には微穿孔が見られる。イヌサフラン：SPl.345.
　　　　10-11]
　　C2　花粉の大きさは 70-80 μm ‥‥‥‥‥‥‥‥‥‥‥‥‥‥ **カンナ属 カンナ科**
　　　　[外壁の彫紋は刺状紋で，刺はかなり密に覆い，まれに接合するものもある。ダンドク：SPl.376.8-10]
　　C3　花粉の大きさは 35-40 μm ‥‥‥‥‥‥‥‥‥‥‥‥‥‥ **スブタ属 トチカガミ科**

C4 花粉の大きさは 20-25 μm ·· シオデ属 ユリ科
　　　　　　　　　　　　　　　　　　　　　　　　トチカガミ属 トチカガミ科
　　　[外壁の彫紋は刺状紋で，1-2 μm の間隔で比較的まばらに長刺が散在する。トチカガミ：SP1.329.3-4]
　　　　　　　　　　　　　　　　　　　　　　　　イトクズモ属 イトクズモ科
C5 花粉の大きさは 15-25 μm ······················· キイレツチトリモチ属 ツチトリモチ科
C6 花粉の大きさは 10-15 μm ····················· サトイモ属，カラスビシャク属 サトイモ科
　　　[サトイモ属：外壁の彫紋は刺状紋で，刺は比較的等間隔で散在する。サトイモ：SP1.359.1-2]

A4 刺の高さは 0.5-1 μm
D1 花粉の大きさは 90-140 μm ··· バショウ属 バショウ科
D2 花粉の大きさは 50-80 μm ··· クロモ属 トチカガミ科
　　　[外壁の彫紋は微小刺状。微小刺は長さが約 1 μm で基部の約 0.5 μm が太く，先端の約 0.5 μm が細い。また
　　　先端の微小刺には少し太くなる部分がある。クロモ：SP1.330.8-10，LP1.67.7]
D3 花粉の大きさは 25-55 μm
　　　··············· ニッケイ属，タブノキ属，クロモジ属，シロダモ属，ゲッケイジュ属 クスノキ科
　　　[ニッケイ属：外壁の彫紋は刺状紋で，大小の刺が入り混じって密に分布し，大きな刺には縦に 4-5 本の稜線が
　　　走り，もみ殻状を呈する。クスノキ：SP1.66.1-2。クロモジ属：特徴はニッケイ属に似るが，微小刺のみが均等
　　　に分布する。アブラチャン：SP1.66.3-4。シロダモ属：特徴はニッケイ属に似るが，外壁の彫紋は密に敷き詰め
　　　られた微粒の中に，刺(多)と微小刺(少)が散在する。イヌガシ：SP1.66.15-16。ゲッケイジュ属：特徴はニッケ
　　　イ属に似るが，花粉は大きく，微小刺のみが点在する。ゲッケイジュ：SP1.66.11-12]
D4 花粉の大きさは 15-30 μm ····················· コンニャク属，テンナンショウ属 サトイモ科
　　　[コンニャク属・テンナンショウ属：無口型。外壁の彫紋は刺状紋。刺は比較的等間隔で散在する。コンニャ
　　　ク：SP1.359.3-4，ムサシアブミ：SP1.359.9-10，LP1.71.3-4]

A5 刺の高さは 0.5 μm より小さい
E1 花粉の大きさは 105-125 μm ·· ゴクラクバナ属 バショウ科
　　　　　　　　　　　　　　　　　　　　　　　　ミズカンナ属 クズウコン科
E2 花粉の大きさは 75-85 μm ··· ウコン属 ショウガ科
E3 花粉の大きさは 70 μm より小さい。外壁の彫紋は微穿孔状紋 ··········· ハコヤナギ属 ヤナギ科

検索表 D3. 単溝型(図 5-C)・長口型(図 5-C₁)

細分化のための主検索

A1 発芽口は縦(極軸)に長く伸びる ·· 検索表 D3-1. 単溝型
A2 発芽口は横(赤道軸)に長く伸びる ·· 検索表 D3-2. 単長口型

検索表 D3-1. 単溝型

A1 外壁の彫紋は微粒状紋。花粉の大きさは 40-45×50-55 μm。溝はへの字形に曲がる
　　　··· ジュンサイ属 スイレン科
　　　[溝は赤道軸方向に長く伸び，周囲が肥厚して唇状に見える。ジュンサイ：SP1.81.1-3]
A2 外壁の彫紋はしわ状紋〜縞状紋。花粉の大きさは 15-20×30-45 μm。短
　　い縞状紋が不規則に分布する ··················· イチョウ属 イチョウ科(図 a)
　　　[外壁の彫紋は凹凸のある表面に，微細なしわ状突起が密に全表面を覆う。イチョウ：
　　　SP1.1.4-6，LP1.1.3-4]

図 a

検 索 表

A3 外壁の彫紋は縞状紋 ･･モクレン属，オガタマノキ属 モクレン科

[溝は赤道軸に沿って両端まで伸びる。溝内・外壁の彫紋は微穿孔状紋で，不規則な凹凸のある表面に多数の微穿孔
が見られる。コブシ：SPl.63.1-3]

A4 外壁の彫紋は網目状紋＋微穿孔状紋。花粉の大きさは 15-25×20-30 μm。網目状紋よりも穿孔状
紋に近い穴が多い ･･ソテツ属 ソテツ科(図 b)

[溝は偽発芽溝のように見える。外壁の彫紋は網目状紋と穴状紋。ソテツ：SPl.1.
1-3，LPl.1.1-2]

図 b

A5 外壁の彫紋はいぼ状紋 ･･検索表 D3-1-1

A6 外壁の彫紋は刺状紋 ･･･検索表 D3-1-2

検索表 D3-1-1. 単溝型，いぼ状紋

A1 いぼの大きさは 2.5-3×1.5-2.5 μm(I)。花粉の大きさは 45-55×60-65 μm。顕著な微穿孔状紋を
持つ ･･･ユリノキ属，オガタマノキ属 モクレン科

[ユリノキ属・オガタマノキ：溝は赤道軸に沿って両端まで伸びる。溝内・外壁の彫紋は不規則な凹凸のある表面
に多数の微穿孔が見られる。ユリノキ：SPl.63.1-3，トウオガタマ：SPl.64.4-6]

A2 いぼの大きさは 1×1 μm(I) より小さい ･･････････････ハンゲショウ属，ドクダミ属 ドクダミ科

[ハンゲショウ属：溝内は微粒が詰まる。外壁の彫紋は平滑状紋で，不定形の微穿孔が不規則に分布し，その間にし
わ状の線がまばらに走る。ハンゲショウ：SPl.83.6-8。ドクダミ属：溝の末端は棍棒状紋に見える。溝内は微粒が
詰まる。外壁の彫紋は平滑状紋で，不定形の微穿孔が不規則に分布する。ドクダミ：SPl.83.1-5]

コショウ属 コショウ科

[外壁の彫紋はいぼ状紋で，1-2 μm のいぼ状突起が重なるように密に覆う。各突起の上には微小刺が金平糖状につ
く。フウトウカズラ：SPl.83.13-14，LPl.8.19-20]

検索表 D3-1-2. 単溝型，刺状紋

A1 刺の高さは 5 μm より大きい。花粉の大きさは 40-45×45-50 μm(N)。高さが 6-8 μm ある円錐状
突起 が散在する ･･コウホネ属 スイレン科

[溝は赤道軸に沿って長く伸びる。外壁の彫紋は長刺状紋で，5-7 μm の長刺の間にしわ状紋が密に覆う。コウホ
ネ：SPl.79.13-15，LPl.23.1-2]

A2 刺の高さは 1 μm 前後で，クリのいが状に密に分布する。花粉の大きさは 25-40×35-60 μm
･･･オニバス属，スイレン属 スイレン科

[オニバス属：単環溝型。溝は両極面の境界に環状に取り巻く。外壁の彫紋は長刺状紋で，1-2 μm の長刺がイガ栗
状に分布する。オニバス：SPl.81.12-15。スイレン属：単環溝型。溝は両極面の境界に環状に取り巻く。外壁の彫
紋は大きな乳頭状紋や円柱状紋が点在し，その間に微粒や細粒も見られる。ヒツジグサ：SPl.81.4-7，LPl.23.3-6]

検索表 D3-2. 単長口型

A1 外壁の彫紋は網目状紋 ･･･検索表 D3-2-1
A2 外壁の彫紋はいぼ状紋 ･･･検索表 D3-2-2
A3 外壁の彫紋は刺状紋 ･･･検索表 D3-2-3
A4 外壁の彫紋は微粒状紋〜平滑状紋 ･････････････････････････････････････ビャクブ属 ビャクブ科

856

検 索 表

[外壁の彫紋は微粒状紋〜平滑状紋である．向心極側の中央部は平滑であるが，両端部や溝縁部は微粒状紋である．ビャクブ：SP1.348.1-4，LP1.68.7-8]

A5　外壁の彫紋は微穿孔状紋 …………………………… **キンバイザサ属，コキンバイザサ属　キンバイザサ科**

[外壁の彫紋は微穿孔状紋であるが，長口と外壁の境界がはっきりせず，長口はしわ状紋である．オオキンバイザサ：SP1.348.11-13，LP1.70.1-3]

検索表 D3-2-1. 単長口型，網目状紋

（網目状紋が大多数を占めるユリ科については，Handa et al., 2001 を参照のこと）

A1　網目の大きさは 2-24 μm。花粉の大きさは 60-100×80-120 μm（I）
　　　………………………………… **リュウゼツラン属，リュウゼツラン科**（図a）

図a

[外壁の彫紋は大穴状紋で，10-15 μm 前後もの大穴が向心極面だけで 30 個ぐらいあり，その間には 5 μm 以下の小穴が分布する．穴のなかには微粒が多数見られる．リュウゼツラン：SP1.342.1-3]

A2　網目の大きさは 1-5 μm

　B1　花粉の大きさは 65-75×65-85 μm …………………………… **アヤメ属，ヒオウギ属など　アヤメ科**

　　　[アヤメ属：外壁の彫紋は網目状紋で，キショウブでは小さく，イチハツでは大きい．キショウブ：SP1.347.1-3]

　B2　花粉の大きさは 50-80×20-40 μm …………………………………… **ヒガンバナ属　ヒガンバナ科**

　　　[長口は遠心極面の中央部を両端まで長く伸びる．外壁の彫紋は網目状紋で，向心極面の中央部で大きく，両端部や口縁部では小さくなる．ヒガンバナ：SP1.344.7-8，LP1.69.4-5]

　B3　花粉の大きさは 35-65×70-85 μm …………………………………………… **カタクリ属　ユリ科**

　　　[長口は外蓋に覆われ，粒状紋である．外壁の彫紋は網目状紋で，畝には線状の模様がある．また，網目は両端では小さくなり粒状紋．カタクリ：SP1.338.1-3，LP1.68.1-3]

　B4　花粉の大きさは 20-30×35-40 μm …………………………………… **ニワゼキショウ属　アヤメ科**

　　　[外壁の彫紋は小網目状紋で，網目は向心極面の中央部で大きく，両端部では小さい．ニワゼキショウ：SP1.345.12-14]

　B5　花粉の大きさは 20-30×25-35 μm

　　C1　やや球形に近い ………………………………………………………… **ナベワリ属　ビャクブ科**

　　C2　過偏平球形に近い ……………………………………………………… **ミズバショウ属　サトイモ科**

　　　　[外壁の彫紋は網目状紋．遠心極面では長口周辺に向かって網目は小さくなり，微穿孔状紋となる．ミズバショウ：SP1.359.11-13，LP1.71.5-7]

A3　網目の大きさは 1 μm より小さい

　D1　花粉の大きさは 20-30×25-35 μm …………………………………… **ザゼンソウ属　サトイモ科**

　　　[外壁の彫紋は微穿状紋．ザゼンソウ：SP1.360.1-3]

　D2　花粉の大きさは 20-25×25-30 μm ………………………………… **ヤブミョウガ属　ツユクサ科**

　　　[ヤブミョウガ属：外壁の彫紋は微粒状紋で，長口を除く全表面に微粒が密に覆う．ヤブミョウガ：SP1.349.7-8]

　　　　　　　　　　　　　　　　　　　　　　　　　　　　　　　　　　　　シュロソウ属　ユリ科

　　　[シュロソウ属：長口は遠心極側の赤道部の両端まで伸びる．外壁の彫紋は小網目状紋．オオバイケイソウ：SP1.335.10-12]

　　　　　　　　　　　　　　　　　　　　　　　　　　ヤマノイモ属（I：2長口型）**ヤマノイモ科**

　　　[2長口型．外壁の彫紋は微網目状紋で，長口以外の全表面を覆う．ヤマノイモ：SP1.345.1-3]

　D3　花粉の大きさは 30-35×40-45 μm ……………………………………… **カイソウ属　ユリ科**

　　　[長口の内膜は平滑状紋．外壁の彫紋は小網目状紋で，畝は幅広く微穿孔が散在する．カイソウ：SP1.335.1-3,

LP1.68.4-6]
D4　花粉の大きさは 10-15×15-20 μm ……………………………………………ショウブ属　サトイモ科

検索表 D3-2-2. 単長口型，いぼ状紋

A1　いぼの大きさは 1-3×1-2 μm(I)。花粉の大きさは 40-70×40-90 μm ……ギボウシ属など　ユリ科
　　[ギボウシ属：外壁の彫紋はいぼ状紋で，向心極面の中央部のいぼは大きく，両端部や口縁部では小さくなる。コバ
　　ギボウシ：SP1.334.10-12，ササユリ：SP1.337.1-3，LP1.69.3]
A2　いぼの大きさは 1-3×1-2 μm(I)。花粉の大きさは 25-35×35-50 μm
　　　………………………………………………………………ツクバネソウ属，ユキザサ属など　ユリ科
　　[ツクバネソウ属：長口は遠心極面の中央部を両端まで長く伸びる。外壁の彫紋はいぼ状紋で，3-5 μm の大きない
　　ぼが全表面を密に覆う。いぼは口縁部の周囲では小さくなる。キヌガサソウ：SP1.339.7-9。ユキザサ属：外壁の彫
　　紋は網目状紋で，1 μm 前後かそれ以下の小さな網目で覆われる。網目は向心極面の極域で大きく，両端部や口縁部
　　で小さくなる。ユキザサ：SP1.340.10-12]

検索表 D3-2-3. 単長口型，刺状紋

A1　刺の高さは 1-5 μm。花粉の大きさは 25-35×45-85 μm。鈍頭の刺状突起はまばらに点在し，微穿
　　孔状の穴がある ……………………………………………………………………ツユクサ属　ツユクサ科
　　[外壁の彫紋は微小刺状紋で，微小刺がほぼ均等に散在する。ツユクサ：SP1.350.1-10，SP1.351.1-9]
A2　刺の高さは 1 μm 前後。花粉の大きさは 25-30×35-40 μm …………ムラサキオモト属　ツユクサ科

検索表 D4. 単孔型 (図5-D)

　カヤツリグサ科は遠心極面に1個，赤道面に数個の薄膜部を持つが，赤道面の薄膜部がすべて孔なの
か，偽孔なのか，表面の窪みなのか，未確定である。幾瀬(2001)および Faegri & Iversen(1989) では赤
道面の薄膜部を孔とし散孔型に，中村(1980)では明確な分類がなされていない。ここでは，単孔型およ
び散孔型に分類し記載した。
A1　孔は大きくて，花粉の直径の半分以上の径を持つ
　B1　花粉は偏平形〜亜球形で，外壁の彫紋は 2-4×2 μm(I) のいぼ状紋・短乳頭状紋などの突起がま
　　　ばらに散在する ……………………………………………………………………スイレン属　スイレン科
　　　[単環溝型。溝は両極面の境界に環状に取り巻く。外壁の彫紋は 2-3 μm の短乳頭状紋や円柱状紋が点在し，その
　　　間に微粒や細粒も見られる。ヒツジグサ：SP1.81.4-7，LP1.23.3-6]
　B2　花粉は亜球形で，外壁の彫紋は 2-2.5×2-2.5 μm のいぼが向心極面には密に分布し，発芽口域
　　　のような遠心極面ではまばらに分布する …………………………コウヤマキ属　コウヤマキ科 (図a)
　　　[発芽口域の外壁の彫紋は平滑状紋。その他はいぼ状突起がよく発達する。コウヤマキ：
　　　SP1.22.3-5，LP1.7.5-6]

図a

図b

A2　孔はより小さくて，その直径は通常花粉の直径の半分よりも少ない
　C1　明瞭な口環を持つ。外壁の彫紋は微粒状紋で，全表面を覆う (図b)
　　D1　微粒の単独突起が等間隔に分布する ……………………トウモロコシ属，ジュズダマ属など　イネ科
　　　　[孔は遠心極面の極点にある。直径が 2-3 μm の円形で肥厚する。外壁の彫紋は微小刺状紋で，微小刺状突起
　　　　が点状に見える。孔の肥厚部も同じ彫紋がある。トウモロコシ：SP1.355.5-7，ジュズダマ：SP1.353.1-2]

検 索 表

D2 小形の島状突起(2-5個の微粒が集合したもの)と単独突起が混在する
……………………………………………………イネ属，コムギ属など栽培型 イネ科
[孔は遠心極面の極点にある。直径が2-3μmの円形で肥厚する。外壁の彫紋は微粒状紋。微粒状突起と島状突起が混在する。イネ：SPl.356.1-19，コムギ：SPl.355.1-2]

D3 島状突起のみが分布する ……………………………………ヨシ属，シバ属など雑草型 イネ科
[孔は遠心極面の極点にある。直径が2-3μmの円形で肥厚する。外壁の彫紋は微粒状突起が集合して島状となり，溝網状紋に見える。ヨシ：SPl.357.9-10，シバ：SPl.354.15-16，ハルガヤ：SPl.354.13-14，LPl.71.1-2]

C2 明瞭な口環を持つ。外壁の彫紋はしわ状紋…………………トウツルモドキ属 トウツルモドキ科
[孔は遠心極の極点にあり，直径は2-3μmの円形で，周囲の約1μmの幅で肥厚する。孔内には口蓋がある。外壁の彫紋は微粒を伴ったしわ状紋である。トウツルモドキ：SPl.352.1-3，LPl.70.9-10]

C3 口環を持たない
  E1 通常赤道観は西洋ナシ型をし，広い末端部に未発達な孔を持つ(図c)。
    F1 約10個の孔を持ち，遠心極面に1個，赤道面に約9個の薄膜部がある
       ……………………………………アンペライ属 カヤツリグサ科(I：散孔型)(図c)

図c

    F2 孔は遠心極面に1個，赤道面に3-6個の薄膜部がある
       ……………………………アンペライ属以外のカヤツリグサ科(I：散孔型)(図d)
       [単孔＋6溝型。孔は遠心極面の中央にある。外壁の彫紋は微小刺状紋で，微小刺が密に覆い，その間に微穿孔が点在する。ヒメカンスゲ：SPl.362.1-10，コウボウシバ：LPl.71.12-13]

図d

  E2 花粉は球形
    G1 外壁の彫紋は微粒状紋 ……ヒノキ属，ネズミサシ属など ヒノキ科(図e)
       [0.5μm前後の発芽孔があり，スギ属のような明瞭な発芽口域は見られない。ヒノキ：SPl.23.1-3，LPl.1.8-9]

図e

       イチイ属，カヤ属 イチイ科
       [発芽口域らしきものは見られるが，発芽孔は不明瞭。イチイ：SPl.25.8，LPl.1.11-12]

       イヌガヤ属 イヌガヤ科
       [薄膜からなる発芽口域があるが，発芽孔は不明瞭。イヌガヤ：SPl.24.9-10，LPl.1.10]

    G2 外壁の彫紋は小網目状紋〜微穿孔状紋…………………………………ミクリ属 ミクリ科
       [孔は遠心極の頂点にあり，径が1-1.5μm。外壁の彫紋は小網目状紋で，その形は様々である。ミクリ：SPl.352.9-11，LPl.71.8-9]

       ガマ属 ガマ科
       [孔が遠心極の頂点近くに位置する。外壁の彫紋は小網目状紋〜網目状紋。ヒメガマ：SPl.361.10-12，LPl.71.10-11]

    G3 外壁の彫紋は刺状紋
      H1 刺の高さは1μm前後………………………………………………タコノキ属 タコノキ科
         [孔は遠心極の中央にあり，孔の周囲は肥厚しない。外壁の彫紋は小刺状紋で，その刺は不規則に散在し，その間の彫紋は平滑状紋。アダン：SPl.361.3-5]

      H2 刺の高さは2μm以上 …………ウキクサ属，アオウキクサ属など ウキクサ科
         [ウキクサ属：外壁の彫紋は刺状紋で，その刺の長さは2-3μm。ウキクサ：SPl.360.6-8。アオウキクサ属：外壁の彫紋は刺状紋で，その刺の高さは1-2μm。アオウキクサ：SPl.360.9-11]

C4 パピラ状(4μm前後の指状突起)の発芽孔を持つ

検 索 表

I1　パピラの先端が曲がる ···スギ属　ヒノキ科(図 f)

　　［発芽口域は平滑状紋。その他は細粒状紋。両者の境界は明瞭。0.5 μm 前後の金平糖状をしたユービッシュ体
　　が不均一に点在する。スギ：SP1.21.1-4, LP1.1.5-6］

I2　パピラの先端が曲がらない

　　·······························メタセコイア属，セコイア属，ヌマスギ属，スイショウ属　ヒノキ科(図 g)

　　［メタセコイア属・セコイア属・ヌマスギ属・スイショウ属：外観はスギ属に似る。パピラがスギ属よりも小さ
　　い。メタセコイア：SP1.21.5-7, LP1.1.7］

検索表 D5.　2 溝型(図 5-E)・2 長口型(図 5-E₁)

細分化のための主検索

A1　発芽口は縦(極軸)に長く伸びる(2 溝型)。花粉は長球形で，外壁の彫紋は微粒状紋，

　　···ロウバイ属　ロウバイ科

　　［外壁の彫紋は微粒状紋〜細粒状紋で，微粒〜細粒が密に分布し，その間に微穿孔が点在する。ロウバイ：SP1.65.
　　4-6］

A2　発芽口は横(赤道軸)に長く伸びる(2 長口型) ··検索表 D5-1

検索表 D5-1.　2 長口型

A1　外壁の彫紋は刺状紋で，刺の高さは 1-1.5 μm ·····························ハマオモト属　ヒガンバナ科

　　［赤道部に 2 本の長口が両端近くまで伸びる。外壁の彫紋は刺状紋で，長さ 1 μm 前後の刺が長口以外の全表面に散
　　在する。ハマオモト：SP1.343.7-8］

A2　外壁の彫紋は微粒状紋で，花粉は長球形 ···············ミズアオイ属(N：単長口型)　ミズアオイ科

　　［外壁の彫紋は微粒状紋で，長口を除く全表面に微粒が分布する。コナギ：SP1.345.4-6］

A3　外壁の彫紋は網目状紋

　　B1　網目の大きさは 1-1.5 μm ··チシマゼキショウ属　ユリ科

　　B2　網目の大きさは 1 μm よりも小さい

　　　　··················ヤマノイモ属の一部〈ナガイモ・ヤマノイモなど〉　ヤマノイモ科

　　　　［外壁の彫紋は小網目状紋で，長口以外の全表面を覆う。ヤマノイモ：SP1.345.1-3］

検索表 D6.　3 溝型(図 5-F)

　3 溝型と 3 溝孔型の区別は，まだ不確定なものが多く，各文献によりかなり異なっている。例えば
「3 溝型の刺状」について見ると，キンポウゲ科のキンポウゲ属は(F)・(S)・(N)・(I)のすべてが 3 溝
型としているが，マツムシソウ科のマツムシソウ属は(F)・(N)・(S)では 3 溝型であるが，(I)では類
3 溝孔型となっている。またスイカズラ科のスイカズラ属は(F)・(N)では 3 溝型であるが，(S)・(I)
では 3 溝孔型となっており，キク科のブタクサ属・オナモミ属は(F)では 3 溝型であるが，(S)・
(N)・(I)では 3 溝孔型となっている。このように溝のなかにある内孔は確認しにくいために，文献に
より 3 溝型となっていたり，3 溝孔型となっていたりするので，十分留意が必要である。

検 索 表

細分化のための主検索

A1 外壁の彫紋は平滑状紋。溝は狭く，長い。溝辺はやや肥厚 ………**キンバイソウ属 キンポウゲ科**

[溝内の彫紋は 1-2 μm の微小刺が詰まる。外壁の彫紋は基部が大きくて高さの低い刺状紋からなり，その間には微粒が点在する。キンバイソウ：SPl.70.1-2]

ツリウリクサ属 ゴマノハグサ科

A2 外壁の彫紋は微粒状紋 ……………………………………………………………………**検索表 D6-1**

A3 外壁の彫紋はしわ状紋〜縞状紋 ………………………………………………………**検索表 D6-2**

A4 外壁の彫紋は網目状紋 ……………………………………………………………………**検索表 D6-3**

A5 外壁の彫紋はいぼ状紋 ……………………………………………………………………**検索表 D6-4**

A6 外壁の彫紋は微穿孔状紋 …………………………………………………………………**検索表 D6-5**

A7 外壁の彫紋は刺状紋 ………………………………………………………………………**検索表 D6-6**

A8 外壁の彫紋は棍棒状紋。棍棒は密に並び，溝は紡錘形。花粉の大きさは 85-100 μm(N)
…………………………………………………………………………………**フウロソウ属 フウロソウ科**

[溝は非常に短い。外壁の彫紋は棍棒状紋で，大小の棍棒が密に分布する。大きな棍棒の頭部には，数本の縞状紋が見られる。ゲンノショウコ：SPl.148.1-4，アメリカフウロ：LPl.30.1-4]

検索表 D6-1. 3溝型，微粒状紋

A1 円柱が散在する ……………………………**モミジカラマツ属，サラシナショウマ属 キンポウゲ科**

[サラシナショウマ属：溝内には微粒が詰まる。外壁の彫紋は多数の微穿孔が開いていて，その間に微小刺が分布する。サラシナショウマ：SPl.70.14-17]

A2 1 μm またはそれ以下の微小刺が散在する

  B1 溝は長く，幅広い ………………………**オミナエシ属，カノコソウ属**(I：類3溝孔型) **オミナエシ科**

[オミナエシ属・カノコソウ属：外壁の彫紋は刺状紋で，基部がドーム状に盛りあがり，その頂点に長さ 3 μm 前後の刺がサイの角のように突出する。オミナエシ：SPl.304.5-7，カノコソウ：SPl.304.1-4]

  B2 溝は短く，幅は広い …………………………………………………………**マツバギク属 ツルナ科**

[外壁の彫紋は微小刺状紋と微穿孔状紋に覆われる。マツバギク：SPl.44.5-8]

  B3 溝は短い ………………………………………………**リンネソウ属**(I：3溝孔型) **スイカズラ科**

[溝は短くてあまり開かない。外壁の彫紋は微小刺状紋で，全表面に微小刺が密にある。リンネソウ：SPl.297.1-4]

A3 円柱や微小刺は散在しない

  C1 溝は長く，幅広い
………………………**クワガタソウ属の一部**〈イヌノフグリ〉，**ゴマクサ属 ゴマノハグサ科**(I：網目状紋)

  C2 溝は長く，先端は鈍頭 ………………………………………………**ヤマゴボウ属 ヤマゴボウ科**

[4-5溝型もまれにある。4溝以上では溝が合流して連なる。外壁の彫紋は多数の微穿孔で覆われ，その間には微小刺が分布する。ヨウシュヤマゴボウ：SPl.54.1-5]

  C3 溝は短く，幅は広い ………………………………………………………**ツルナ属 ツルナ科**

[外壁の彫紋は微小刺状紋と微穿孔状紋に覆われる。ツルナ：SPl.55.1-4]

  C4 5-7 個の微粒が円を形成し，ハズ型模様を呈する ………………**ヒキヨモギ属 ゴマノハグサ科**

[溝内は微粒状紋である。外壁の彫紋は微粒状紋であるが，5-7 個の微粒が円を形成し，ハズ型模様を呈する。オオヒキヨモギ：SPl.287.11-14]

  C5 C1-4 以外 ………………………**センニンソウ属の一部**〈センニンソウ〉，**オダマキ属の一部**(オダマキ)，

レンゲショウマ属，リュウキンカ属，キンバイソウ属 キンポウゲ科(I：網目状紋)

[センニンソウ属：外壁の彫紋は微小刺状紋。溝内は微粒が分布する。センニンソウ：SPl.74.1-4。オダマキ属：溝は細長く，微小刺が分布する。外壁の彫紋は微小刺状紋で，溝内の微小刺よりさらに小さい。オダマキ：SPl.74.8-10。リュウキンカ属：溝内の彫紋は薄膜上に微小刺が密に詰まる。外壁の彫紋はオダマキ属に似る。リュウキンカ：SPl.69.7-9。キンバイソウ属：溝内の彫紋は1-2 μm の微小刺が詰まる。外壁の彫紋は基部が大きくて高さの低い刺状紋からなり，その間には微粒が点在する。キンバイソウ：SPl.70.1-2]

ボタン属の一部〈シャクヤク〉 ボタン科

[外壁の彫紋は小網目状紋で，その網は溝間域で大きく，溝に向かって小さくなる。シャクヤク：SPl.76.3-6]

アオツヅラフジ属(I：網目状紋) **ツヅラフジ科**

ハマクサギ属(I：網目状紋) **クマツヅラ科**

メハジキ属，オドリコソウ属 シソ科(I：網目状紋)

[メハジキ属・オドリコソウ属：溝は両極近くまで伸び大きく開く。外壁の彫紋は小網目状紋である。メハジキ：SPl.280.1-4，オドリコソウ：SPl.280.14-17]

検索表 D6-2. 3溝型，しわ状紋～縞状紋

A1　外壁の彫紋はしわ状紋
　B1　花粉の大きさは 15-20×15×20 μm で，溝内は平滑状紋 …………**カリガネソウ属 クマツヅラ科**

　　[溝は極域まで達し，溝内は平滑状紋。外壁の彫紋はしわ状紋。ダンギク：SPl.267.13-16]

　B2　花粉の大きさは 55-65×45-65 μm(I) ……………………………………………**ハス属 ハス科**

　　[溝内の彫紋は微粒が詰まる。外壁の彫紋は曲がりくねった畝が連なった大脳のようなしわ状紋。ハス：SPl.82.1-3]

A2　外壁の彫紋はしわ状紋～縞状紋 ……………………………**タツナミソウ属**(I：網目状紋) **シソ科**

　　[溝は両極近くまで伸び，大きく開く。溝内の彫紋は平滑状紋。外壁の彫紋は網目状紋。アカボシタツナミソウ：SPl.273.10-12]

A3　外壁の彫紋は縞状紋。溝は長く伸びて両極で合流し，中央に三角形の島状の部分を残す
　　……………………………………**アサザ属の一部**(アサザ)(I：3叉状合流口型) **ミツガシワ科**

検索表 D6-3. 3溝型，網目状紋

細分化のための主検索

A1　網目の大きさが 5 μm より大きい ………………………………………………………**検索表 D6-3-1**
A2　網目の大きさ 1-5 μm ……………………………………………………………………**検索表 D6-3-2**
A3　網目の大きさが 1 μm より小さい ……………………………………………………**検索表 D6-3-3**

検索表 D6-3-1. 3溝型，網目状紋(5 μm 以上)

A1　網目を取り巻く畝が多数あり，尖頭，鈍頭両型の円柱よりなる……**イヌタデ属〈タニソバ節〉 タデ科**
A2　畝は大形の円柱とその間を連絡した薄膜よりなる。薄膜の上縁と円柱の先端は微小刺となる
　　………………………………………………………………………………**イソマツ属 イソマツ科**

　　[3溝型。溝はやや短くて，ほとんど開かないものと大きく開くものがある。外壁の彫紋は網目状紋で，その網目の特徴は種により異なる。イソマツ：：SPl.241.1-3，LPl.46.1-2]

A3　畝の刺が 1.5 μm より小さい ………………………………………**ハナカンザシ属 イソマツ科**

検 索 表

検索表 D6-3-2. 3溝型，網目状紋（1-5 μm）

A1　網目の大きさが3-5 μm ……………………………………………………………カワミドリ属　シソ科

　　[6溝型。外壁の彫紋は2重の網目状紋。1 μm前後の網目のなかにさらに2-6個の微細な網目が形成される。カワ
　　ミドリ：SP1.279.1-3]

A2　網目の大きさが1-3 μm

　B1　刺を持つ ………………………………イカリソウ属，ルイヨウボタン属，ナンテン属　メギ科

　　　[イカリソウ属：3溝孔型。孔は不明瞭。外壁の彫紋は微穿孔状紋＋微小刺状紋。イカリソウ：SP1.78.1-4。ナン
　　　テン属：3溝孔型。孔は楕円形で溝内の赤道部に開く。外壁の彫紋は微穿孔状紋。ナンテン：SP1.78.7-10]

　　　　　　　　　　　　　　　　　　　　　アオイゴケ属，ネナシカズラ属　ヒルガオ科

　　　[ネナシカズラ属：(3)4-5(6)溝型。溝は短く，溝内の彫紋は微粒が分布する。網目状紋を持つネナシカズラと，
　　　微小刺状紋＋微穿孔状紋を持つマメダオシなどがある。ネナシカズラ：SP1.262.1-5。アオイゴケ属：3溝孔型。
　　　溝も彫刻で覆われているため，内孔を確認しにくい。外壁の彫紋は微小刺状紋＋微穿孔状紋。溝内も含めた全域
　　　に微小刺が分布し，その間には多数の微穿孔が見られる。アオイゴケ：SP1.263.1-3]

　B2　刺を持たない

　　C1　溝は長く，幅も広い

　　　D1　円柱が密に並ぶ…………………………………………………………ジャコウソウ属　シソ科

　　　D2　円柱が密に並ばない。網目は溝辺で小さくなる ………………………テンニンソウ属　シソ科

　　　　　[溝は両極近くまで伸び，口膜は丈夫で大きく開き，その上に微粒が分布する。外壁の彫紋は2重の網目状
　　　　　紋で，1-2 μmの網目のなかにさらに微細な網目が形成される。ミカエリソウ：SP1.278.7-9]

　　　　　　　　　　　　　　　　　　　　　　　　　　　　　　コマクサ属　ケシ科

　　　　　[溝は幅広く開いて末端は鈍頭となり，溝内の彫紋は微小刺が分布する。外壁の彫紋は微穿孔状紋で，溝間
　　　　　域では大きくなり，溝域では小さくなる。微穿孔内は微粒が数個見られる。コマクサ：SP1.95.1-4]

　　C2　溝が長い

　　　E1　花粉の大きさは50 μmより大きい …………………………セイヨウアサガオ属　ヒルガオ科

　　　E2　花粉の大きさは50 μmより小さい

　　　　F1　溝の両端は尖る ………………………マルバノキ属，トサミズキ属，マンサク属　マンサク科

　　　　　　[トサミズキ属：溝内の彫紋は微粒が見られる。外壁の彫紋は小網目状紋で，溝間域でやや大きく，極域
　　　　　　や溝縁で少し小さい傾向がある。トサミズキ：SP1.103.5-8。マンサク属：溝膜上には微粒が分布する。
　　　　　　外壁の彫紋は網目状紋で，網目の大きさは全域であまり差がない。アテツマンサク：SP1.104.1-4]

　　　　F2　溝の両端は尖らない ……タネツケバナ属，ワサビ属，タイセイ属，オランダガラシ属，
　　　　　　　　　　　　　　　　　　　　　　　　　ダイコン属，ハナハタザオ属　アブラナ科

　　　　　　[タネツケバナ属・ワサビ属・ダイコン属：溝内の彫紋は微粒で覆われる。外壁の彫紋は角ばった網目状
　　　　　　紋で，網目の大きさは溝間域と溝縁であまり差がない。タネツケバナ：SP1.98.1-4，ワサビ：SP1.99.9-12，
　　　　　　ハマダイコン：SP1.99.5-8，LP1.23.7-10]

検索表 D6-3-3. 3溝型，網目状紋（1 μm未満）

A1　網目に刺があり，刺は1 μmより小さい……センニンソウ属の一部〈センニンソウ〉，キンポウゲ
　　属の一部〈タガラシ〉，イチリンソウ属の一部〈イチリンソウ〉，ミスミソウ属，オキナグサ属の一部
　　　　〈オキナグサ〉，シロカネソウ属の一部〈アズマシロカネソウ〉，フクジュソウ属，オダマキ属
　　　　（N：粒状紋またはいぼ状紋），モミジカラマツ属（N：粒状紋），トリカブト属（N：粒状紋），

検索表

サラシナショウマ属(N：粒状紋)，**ルイヨウショウマ属**，**レンゲショウマ属**(N：円柱状紋)，
セツブンソウ属(N：円柱状紋ときに粒状紋)，**リュウキンカ属**(N：円柱状紋または粒状紋)，
キンバイソウ属(N：粒状紋ときに平滑状紋) **キンポウゲ科**

[センニンソウ属：外壁の彫紋は微小刺状紋で，溝内には微粒が分布する。センニンソウ：SPl.74.1-4。キンポウゲ属：溝は太短くて長方形か小判状を呈する。溝内の彫紋は微粒〜微小刺が詰まる。外壁の彫紋は幅が高さよりも大きなかぶと状突起が密に分布する。イチリンソウ属：外壁の彫紋は微小刺状紋で，微小刺が点在する。イチリンソウ：SPl.71.3-6。ミスミソウ属：溝は幅広く開き，両端は丸みをおびて短い。溝内と外壁の彫紋は微小刺状紋。ミスミソウ：SPl.73.5-6。オキナグサ属：溝の両端は細く尖る。外壁の彫紋は小網目状紋〜網目状紋で，溝間域で大きく，溝に近づくと小さくなる。オキナグサ：SPl.73.10-11。シロカネソウ属：溝は太短い小判形か凸レンズ状。外壁の彫紋は微小刺状紋で，その間に微穿孔が多数見られる。フクジュソウ属：外壁の彫紋は微小刺状紋で，その間に微穿孔が多数見られる。フクジュソウ：SPl.74.15-18。オダマキ属：溝は細長く，微小刺が分布する。外壁の彫紋は微小刺状紋で，溝内の微小刺よりさらに小さい。オダマキ：SPl.74.8-10。トリカブト属：溝内の彫紋は外壁の彫紋より大きな刺状突起が詰まる。外壁の彫紋は微小刺状紋＋微穿孔状紋。トリカブト：SPl.70.6-8。サラシナショウマ属：溝内には微粒が詰まる。外壁の彫紋は多数の微穿孔が開いていて，その間に微小刺が分布する。サラシナショウマ：SPl.70.14-17。ルイヨウショウマ属：溝内には微粒が詰まる。外壁の彫紋はキンバイソウ属に似る。ルイヨウショウマ：SPl.69.10-13。リュウキンカ属：溝内の彫紋は薄膜上に微小刺が密に詰まる。外壁の彫紋はオダマキ属に似る。リュウキンカ：SPl.69.7-9。キンバイソウ属：溝内の彫紋は 1-2 μm の微小刺が詰まる。外壁の彫紋は基部が大きくて高さの低い刺状紋(かぶと状突起)からなり，その間には微粒が点在する。キンバイソウ：SPl.70.1-2]

シラネアオイ属(N：粒状紋またはいぼ状紋) **シラネアオイ科**

[溝内の彫紋は細粒〜微粒が詰まる。外壁の彫紋は微小刺状紋で，溝間域では微穿孔が顕著に見える。シラネアオイ：SPl.77.1-4]

アケビ属 アケビ科

[溝内の彫紋は微粒が分布する。外壁の彫紋は微穿孔状紋。アケビ：SPl.79.5-8，LPl.15.10-13]

A2　網目に刺はない

B1　溝は長い

C1　溝辺は肥厚する …………………………………………………**ボタン属の一部**〈ボタン〉 **ボタン科**
[外壁の彫紋は微穿孔状紋で，その微穿孔は溝間域で大きく，溝に向かって小さくなる。ボタン：SPl.76.7-10]

C2　溝の両端は尖る ………………………………………**トキワマンサク属**(N：いぼ状紋) **マンサク科**

C3　溝の両極で連絡する ……**シオガマギク属の一部**〈ヨツバシオガマ〉(I：三合流溝型) **ゴマノハグサ科**
[3合流溝型。細く開いた溝が両極で合流して三矢形となり，口膜上には微粒が詰まる。ヨツバシオガマ：SPl.290.11-12]

シキミ属(I：3-4溝孔型) **シキミ科**

[外壁の彫紋は網目状紋で，溝間域で大きな網目を持ち，極に向かってしだいに小さくなる。シキミ：SPl.65.1-3]

C4　溝辺はわずかに肥厚で，孔は突出し横長
…………………………**シモツケ属，ヤマブキ属，ヤマブキショウマ属 バラ科**(N：3溝孔型)

C5　溝辺は薄くなる ……………………………………**ギョリュウ属**(N：3溝孔型) **ギョリュウ科**
[3溝孔型。溝内の彫紋は平滑状紋。外壁の彫紋は網目状紋で，その網目は溝間域や極域では鮮明であるが，溝縁に向かって小さく不鮮明となる。ギョリュウ：SPl.192.9-12]

C6　溝の両端は鈍頭 ………………………………………**イスノキ属**(N：いぼ状紋) **マンサク科**

検索表

[溝は縦が比較的短く，横に大きく開く。溝内の彫紋は微粒が分布する。外壁の彫紋は小網目状紋で，網目の畝の上には微小刺が点在する。イスノキ：SPl.102.3-6，LPl.22.1-4]

C7　溝の彫紋に円柱が密に配列　………カタバミ属の一部〈ミヤマカタバミ〉（N：円柱状紋）カタバミ科

[長雄しべの外壁の彫紋は微穿孔状紋の上にまばらにいぼ状紋が点在する。短雄しべの外壁の彫紋は大きくて不規則ないぼ状紋。ミヤマカタバミ：SPl.145.7-12]

C8　溝の彫紋は微小刺がある　……………………アブラナ属，ヤマガラシ属，キバナハタザオ属，

イヌガラシ属，ナズナ属，イヌナズナ属，トモシリソウ属，ヤマハタザオ属，

クジラグサ属，マメグンバイナズナ属，ハクセンナズナ属　アブラナ科

[アブラナ属・ナズナ属・ヤマハタザオ属・マメグンバイナズナ属：溝内の彫紋は微粒で覆われる。外壁の彫紋は角ばった網目状紋で，網目の大きさは溝間域と溝縁であまり差がない。アブラナ：SPl.100.1-2，ナズナ：SPl.97.8-11，スズシロソウ：SPl.101.1-4，マメグンバイナズナ：SPl.97.12-15]

C9　溝の彫紋はいぼ状紋………………………ムラサキシキブ属（N：いぼ状紋〜網目状紋）クマツヅラ科

[溝は両極近くまで伸び，両端で鋭く細くなる。外壁の彫紋は微穿孔状紋で，溝以外の全表面を覆う。ムラサキシキブ：SPl.268.1-4]

C10　溝の彫紋は微粒状紋 …ケシ属，オサバグサ属（N：粒状紋），クサノオウ属（N：円柱状紋）ケシ科

[ケシ属・オサバグサ属・クサノオウ属：溝は幅広く開き，溝内の彫紋は微粒が分布する。外壁の彫紋は微小刺状紋と微穿孔状紋。ヒナゲシ：SPl.94.1-4，クサノオウ：SPl.94.8-11，オサバグサ：SPl.95.7-10]

ゴレンシ属　カタバミ科

[溝は極域まで達し，溝内は微粒状紋。外壁の彫紋は網目状紋。ゴレンシ：SPl.111.18-22，LPl.22.13-16]

B2　溝は長く，幅も広い

D1　溝の彫紋は微粒状紋………………………ハマクサギ属（N：粒状紋），ハマゴウ属　クマツヅラ科

[ハマゴウ属：3溝型。溝は両極近くまで伸びて広く開き，口膜は丈夫で平滑状紋。外壁の彫紋はしわ状紋。ハマゴウ：SPl.272.8-11，LPl.53.6-9]

D2　溝の彫紋はいぼ状紋 ……………………………スズカケノキ属（N：円柱状紋）スズカケノキ科

[溝は極軸がやや短くて幅広く開いて凹状を呈する。溝内の彫紋は角ばった微粒が覆う。外壁の彫紋も角ばった微粒状紋で，密に分布し，その間に微穿孔が点在する。スズカケノキ：SPl.102.1-2]

クワガタソウ属の一部〈イヌノフグリ〉（N：粒状紋），コゴメグサ属（N：粒状紋）ゴマノハグサ科

[クワガタソウ属：外壁の彫紋は縞状紋]

D3　網目は溝辺で細小となる ……………………………………………………キランソウ属　シソ科

[溝は両極近くまで伸び，大きく開く。溝内の彫紋は平滑状紋。外壁の彫紋は小網目状紋。キランソウ：SPl.273.5-7]

B3　溝は長く，幅は狭い ……………………………………ヘクソカズラ属（N：円柱状紋）アカネ科

ヤマハッカ属（N：6溝型），ムシャリンドウ属（N：6溝型）シソ科

[ヤマハッカ属：6環溝型。溝は両極近くまで伸び，ほとんど開かない。外壁の彫紋は二重の網目状紋で，大きな網目状紋は溝間域では大きな網目を持つが，溝縁部に向かってしだいに小さくなる。ヤマハッカ：SPl.273.13-16]

B4　溝は短い ……………………………………………キンバイソウ属（N：三溝孔型）ユキノシタ科

A3　A1-2 以外 ………………………………ミヤマオウ属，タツタソウ属の一部〈タツタソウ〉メギ科

コウモリカズラ属，アオツヅラフジ属，ツヅラフジ属　ツヅラフジ科

[アオツヅラフジ属：3溝孔型。外壁の彫紋は微穿孔状紋。アオツヅラフジ：SPl.77.8-10，ツヅラフジ属：3溝孔型。外壁の彫紋は微穿孔状紋で，微穿孔は溝周辺で小さくなる。オオツヅラフジ：SPl.80.1-4]

検 索 表

ニガクサ属，タツナミソウ属(N：しわ状紋～いぼ状紋)，メハジキ属(N：粒状紋)，

イヌゴマ属，オドリコソウ属(N：粒状紋)，イヌハッカ属，ラショウモンカズラ属，

ウツボグサ属，ヤグルマカッコウ属，メリッサ属，ミズトラノオ属，マンネンソウ属，

ヤナギハッカ属，ラウァンドゥラ属 シソ科

[ニガクサ属：3溝型～3合流溝型。溝は両極点近くまで伸びるが，接合して合流溝になるものがある。外壁の彫紋はいぼ状紋。ニガクサ：SPl.278.1-3。タツナミソウ属：溝は両極近くまで伸び，大きく開く。溝内の彫紋は平滑状紋。外壁の彫紋は網目状紋。アカボシタツナミソウ：SPl.273.10-12。メハジキ属・イヌゴマ属・オドリコソウ属：溝は両極近くまで伸び大きく開く。外壁の彫紋は網目状紋である。メハジキ：SPl.280.1-4，オドリコソウ：SPl.280.14-17]

クチナシグサ属，ヒキヨモギ属，ママコナ属，コシオガマ属，キクガラクサ属 ゴマノハグサ科

[ママコナ属：溝間域はやや丸く窪んで，偽口のように見える。外壁の彫紋は微粒状紋で，微粒がややまばらにある。ママコナ：SPl.290.13-16]

ハアザミ属 キツネノマゴ科

[外壁の彫紋は網目状紋で，網は擂鉢状で，中央部に突起が1つ分布する。ハアザミ：SPl.293.5-8]

イナモリソウ属 アカネ科

検索表 D6-4. 3溝型，いぼ状紋

A1　いぼの大きさは 4-5×3-5 μm ……………………………………ナガボソウ属 クマツヅラ科

A2　いぼの大きさは 1-1.5×1-1.5 μm より小さい

　B1　溝は長く伸びて両極で合流し，中央に三角形の島状の部分を残す

…………………………アサザ属の一部(ガガブタ)(N：合流溝型，I：刺状紋) ミツガシワ科

[赤道観は横長の凸レンズ状。溝内には微粒が分布する。外壁の彫紋は微粒状紋で，やや大きさの異なる微粒が接触しない程度の密度で分布する。ガガブタ：SPl.251.12-13，LPl.50.6-8]

　B2　B1 以外

　　C1　花粉の大きさは 15-25×15-25 μm(N)………………………タツナミソウ属(I：網目状紋) シソ科

[溝は両極近くまで伸び，大きく開く。溝内の彫紋は平滑状紋。外壁の彫紋は網目状紋。アカボシタツナミソウ：SPl.273.10-12]

オダマキ属の一部〈オダマキ〉(I：網目状紋) キンポウゲ科

[溝は細長く，微小刺が分布する。外壁の彫紋は微小刺状紋で，溝内の微小刺よりさらに小さい。オダマキ：SPl.74.8-10]

　　C2　花粉の大きさは 20-25×20-30 μm ………………………………ヒシモドキ属 ヒシモドキ科

[溝はやや短くて，溝内には微粒が詰まる。外壁の彫紋はしわ状紋のように見えるが，拡大すると様々な形のいぼ状紋が密に接している。ヒシモドキ：SPl.294.4-6]

　　C3　花粉の大きさは 20-35×25-40 μm(N)……………ムラサキシキブ属(I：網目状紋) クマツヅラ科

[溝は両極近くまで伸び，両端で鋭く細くなる。外壁の彫紋は微穿孔状紋で，溝以外の全表面を覆う。ムラサキシキブ：SPl.268.1-4]

　　C4　花粉の大きさは 30-40×40-50 μm(I)で，円柱は密に配列する

……………………………カタバミ属の一部〈ミヤマカタバミ〉(I：網目状紋) カタバミ科

[長雄しべの外壁の彫紋は微穿孔状紋の上にまばらにいぼ状紋が点在する。短雄しべの外壁の彫紋は大きくて不規則ないぼ状紋。ミヤマカタバミ：SPl.145.7-12]

　　C5　花粉の大きさは 40-50×40-60 μm(N)　アマ属の一部〈アマ〉，キバナマツバニンジン属 アマ科

検 索 表

検索表 D6-5. 3溝型，微穿孔状紋

A1　花粉は丸みのある三角形で，溝は小判形 ……………………………………………… カツラ属　カツラ科
　　　［溝内の彫紋は微粒が覆う。外壁の彫紋は小網目状紋～微穿孔状紋で，畝の上には微粒が点在する。カツラ：SPl.
　　　67.5-7］
A2　花粉は円形
　B1　溝は極域まで達する
　　C1　溝内は平滑状紋 ……………………………………………………… ハマクサギ属　クマツヅラ科
　　　　［溝は極域まで達し，幅が広い。外壁の彫紋は微穿孔状紋。タイワンウオクサギ：SPl.270.16-19，LPl.54.
　　　　11-13。ハマクサギ：SPl.270.13-15］
　　C2　溝内は微粒状紋 ……………………………………………………………… アケビ属　アケビ科
　　　　［溝内の彫紋は微粒が分布する。外壁の彫紋は微穿孔状紋。アケビ：SPl.79.5-8，LPl.15.10-13］
　B2　溝は極域まで達せず，幅広く，凸レンズ状 ……………………………… ヒルギダマシ属　クマツヅラ科
　　　　［溝は幅広く，凸レンズ状。外壁の彫紋は微穿孔状紋。ヒルギダマシ：SPl.270.9-12，LPl.54.1-5］

検索表 D6-6. 3溝型，刺状紋

A1　かぶと状突起が散在する
　　……オミナエシ属の一部〈タカネオミナエシ〉（I：類3溝孔型）オミナエシ科（図a）　図a
A2　微小刺が散在する
　B1　溝は長い ……………………………………………………………… クサギ属　クマツヅラ科（図b）
　　　　［溝は両極近くまで伸び，溝内の薄膜上には微小刺が分布する。外壁の彫紋は微小刺状紋で，全表面にまばらに
　　　　ある。その他の外壁は平滑状紋に見えるが，密な微穿孔で覆われる。ク
　　　　サギ：SPl.271.1-4，LPl.53.1-5］

図b

　B2　溝は短い
　　C1　花粉の大きさは 65-85×70-90 μm（N） ………… マツムシソウ属（I：類3溝孔型）マツムシソウ科
　　　　［溝は短くて大きく凸レンズ状に開く。外壁の彫紋は刺状紋で，5-10 μm前後の間隔で大きな刺が点在する。
　　　　マツムシソウ：SPl.307.1-4］
　　C2　花粉の大きさは 55-75×65-70 μm（N）
　　　　　……………… ツクバネウツギ属の一部〈コツクバネウツギ〉（I：類3溝孔型）スイカズラ科
　　　　［溝は短くて凸レンズ状に大きく開く。内孔は確認できない。外壁の彫紋は微小刺状紋で，大きさの異なる微
　　　　小刺が全表面を覆う。コツクバネウツギ：SPl.300.3-6］
A3　刺は散在しない
　D1　溝は長く，幅が広い ………………………………………… ハクチョウゲ属（I：類3溝型）ハクチョウゲ科
　D2　溝は長い ……………………………………………………………… クサノオウ属（I：網目状紋）ケシ科
　　　　［溝は幅広く開き，溝内の彫紋は微粒が分布する。外壁の彫紋は微小刺状紋と微穿孔状紋。クサノオウ：SPl.94.
　　　　8-11］
　D3　溝の輪郭は不鮮明でほとんど無口型に見える ……………………………… アオイゴケ属　ヒルガオ科
　D4　D1-3以外 …………………………………………………… センニンソウ属の一部〈センニンソウ〉，
　　　　レンゲショウマ属，リュウキンカ属　キンポウゲ科（I：網目状紋）

[センニンソウ属：溝内と外壁の彫紋は微小刺状紋。センニンソウ：SPl.74.1-4。リュウキンカ属：溝内の彫紋は薄膜上に微小刺が密に詰まる。外壁の彫紋はオダマキ属に似る。エンコウソウ：SPl.69.1-6，LPl.17.1-5]

ネナシカズラ属(I：網目状紋) **ヒルガオ科**

[(3)-4-5-(6)溝型。溝は短く，溝内の彫紋は微粒が分布する。網目状紋を持つネナシカズラと，微小刺状紋＋微穿孔状紋を持つマメダオシなどがある。ネナシカズラ：SPl.262.1-5]

シラネアオイ属(N：粒状紋またはいぼ状紋) **シラネアオイ科**

検索表 D7. 多環溝型(図5-G)

細分化のための主検索

A1　外壁の彫紋は粒状紋 ···検索表 D7-1

A2　外壁の彫紋はしわ状紋。6環溝で，溝は正四面体の各辺の位置に配列する

　　···**キケマン属**(I：散溝型) **ケシ科**

A3　外壁の彫紋は網目状紋 ···検索表 D7-2

A4　外壁の彫紋はいぼ状紋 ···検索表 D7-3

A5　外壁の彫紋は刺状紋 ···検索表 D7-4

検索表 D7-1. 多環溝型，粒状紋

A1　12-15環溝で，溝は長く赤道で外方へ膨らむ。これは左右の溝の膨らみを連絡して，花粉を取り巻く

　　···**タヌキモ属の一部**〈タヌキモ〉(I：10-14溝孔型) **タヌキモ科**(図a)

図a

A2　3-5環個の溝を持つ

　B1　4環溝で，溝は長い。類円形または四角形に近い円形 ·········**ツルマンリョウ属 ヤブコウジ科**

　B2　3-5環溝で，溝は短い。四・五角形または類三角形······**スイカズラ属**(I：多溝孔型) **スイカズラ科**

　　　[3(4-5)溝孔型。外壁の彫紋は刺状紋で，2-3μmの刺がまばらに点在し，それ以外の外壁の彫紋は微小刺状。スイカズラ：SPl.302.9-11，LPl.62.1-5]

A3　7-9環溝で，溝は長くて狭い ·······································**ツルニンジン属 キキョウ科**

　　　[外壁の彫紋はしわ状紋で，微小刺がまばらに点在する。ツルニンジン：SPl.306.4-6]

A4　6環溝で，溝は長くて狭い ·····························**クルマバナ属の一部**〈クルマバナ〉 **シソ科**

検索表 D7-2. 多環溝型，網目状紋

A1　網目の大きさは4-7μmで，花粉の大きさは60μmより大きい

　　···**イソマツ属の一部**〈ハマサジ〉 **イソマツ科**

A2　網目の大きさは4μmより小さい

　B1　溝は長くて狭い

　　C1　3-4個の溝を持つ

　　　D1　花粉の大きさは35μmより大きい　·······························**ボチョウジ属 アカネ科**

　　　　　[溝は短く幅が広い。外壁の彫紋は網目状紋。ナガミボチョウジ：SPl.261.5-8，LPl.56.1-3]

　　　D2　花粉の大きさは30μmより小さい···**ユキノシタ属**(I：類3溝孔型，N：円柱状紋) **ユキノシタ科**

　　　　　[外壁の彫紋は微小刺状紋（シコタンソウは縞状紋のため，除く）。ユキノシタ：SPl.110.1-4]

　　C2　5個以上の溝を持つ

　　　E1　花粉の大きさは25μmより大きい ··············**アキギリ属，クルマバナ属，ウツボグサ属，**

検 索 表

　　　　　　　　　　　イブキジャコウソウ属，シロネ属，ハッカ属，シモバシラ属，
　　　　　　　　　　　　　シソ属，ナギナタコウジュ属 シソ科
　　　［アキギリ属・ウツボグサ属・シモバシラ属：溝は両極近くまで伸び，口膜は薄くて破れ消失。外壁の彫紋
　　　は二重の網目状紋で，1μm前後の網目の中にさらに2-6個の微細な網目が形成される。アキノタムラソ
　　　ウ：SPl.275.1-3，ウツボグサ：SPl.276.13-15，シモバシラ：SPl.279.10-12。シロネ属・ハッカ属：溝は細
　　　くて両極近くまで伸び，口膜は破れず平滑状紋。外壁の彫紋は小網目状紋〜微穿孔状紋。シロネ：SPl.276.
　　　1-3，ハッカ：SPl.276.4-6。シソ属：外壁の彫紋は二重の網目状紋で，2-3μmの大きな網の中にさらに微
　　　細な網目が形成される。シソ：SPl.277.1-3］

　　　　　　　　　　　　　イチリンソウ属の一部〈ニリンソウ〉 キンポウゲ科
　　　［外壁の彫紋は微小刺状紋で，散在する。ニリンソウ：SPl.71.7-9］
　　E2 花粉の大きさは25μmより小さい……………アカネ属，ヤエムグラ属 アカネ科(N：円柱状紋)
　　　［アカネ属・ヤエムグラ属：溝内には微小刺が見られる。外壁の彫紋は微小刺状紋で，密に溝以外の全表面
　　　にほぼ均等に分布する。オオキヌタソウ：SPl.259.5-7，ヤエムグラ：SPl.260.9-11］

　　　　　　　　　　　　　　　　　　　チャラン属 センリョウ科
　　　［多(6-7)溝型。溝は細く短い。溝内の彫紋は微粒がある。外壁の彫紋は小網目状紋で，極域でやや大きくて
　　　溝間域では小さい。ヒトリシズカ：SPl.84.9-11，LPl.17.6-9］
　B2 溝は長く，円柱が密に配列する。3-6溝を持つ ……………カタバミ属(N：円柱状紋) カタバミ科
　　　［外壁の彫紋は網目状紋。イモカタバミ：SPl.145.1-6，コミヤマカタバミ：SPl.146.5-6，LPl.28.1-5］
　B3 溝はレンズ状で，六面体の各面上に配列する。外層の円柱は溝を取り巻いて発達し，赤道観の
　　　溝間域では長い円柱状となり，密に配列する
　　　　　　　　　　　………………………………………ツルムラサキ属(I：6散溝型) ツルムラサキ科(図a)
　　　［溝は六面体の各面に1個あり，楕円状の大きな孔のなかに凸レンズ状の小
　　　さな溝がある。外壁の彫紋は小柱に支えられた畝からなる網目状紋で覆わ
　　　れ，網目の中には5本前後の円柱状突起が詰まる。ツルムラサキ：SPl.56.
　　　1-5，LPl.14.5-7］

図a

　B4 3本の溝は赤道を中心に両極面に伸び，他の3本は1極を中心として放射状に他極面まで伸び
　　　る………………………………………………………………………………サネカズラ属 モクレン科
　　　　　　　　　　　　　　　　　　　　　　　　　　　　　　　　　　マツブサ属 マツブサ科
　　　［溝は線状で細長くて，赤道部でも広がらない。溝内の彫紋は網目状紋。マツブサ：SPl.63.6-9］
　A3 網目は大形で，不斉形をなす………………………………………………シモバシラ属 シソ科
　　　［溝は両極近くまで伸び，口膜は薄くて破れ消失。外壁の彫紋は二重の網目状紋で，1μm前後の網目の中にさらに
　　　2-6個の微細な網目が形成される。シモバシラ：SPl.279.10-12］
　A4 複雑な網目で，3本の幅の広い溝間域との間に各々2本の幅の狭い溝間域が両極間に配列する
　　　　　　　　　　　………………………………………………………………ハグロソウ属 キツネノマゴ科
　　　［3溝孔型と3合流溝型からなる。合流溝は偽溝で，溝間域に楕円形で配置。外壁の彫紋は網目状紋。ハグロソウ：
　　　SPl.293.9-12，LPl.61.1-5］

　　　　　　　　　　　　　　　　検索表 D7-3. 多環溝型，いぼ状紋

　A1 3-5個の環溝を持ち，溝は両端が尖り，赤道面に不規則に配列する
　　　　　　　　　　………………………………………カンアオイ属(I：無口型または類3溝孔型) ウマノスズクサ科
　　　［多(4-6)環孔型。外壁の彫紋は突起状になった小網目状紋〜微穿孔状紋で覆われ，その上に1μm前後のいぼ状紋

検 索 表

が点在する。カンアオイ：SPl.85.7-10]

A2　11-13 個の環溝を持つ ・・・**ゴマ属**(N：散溝型) **ゴマ科**

　　[多(11-12)環溝型。溝はやや短くて細く開き，口膜は破れやすい。外壁の彫紋は微粒状紋で，やや大きさの異なる
　　微粒がお互いに接触しない程度の密度で分布する。ゴマ：SPl.294.1-3]

検索表 D7-4. 多環溝型，刺状紋

A1　9-12 個の環溝を持つ ・・・**ハヤトウリ属 ウリ科**

　　[外壁の彫紋は 2-3 μm の刺が 30 本前後点在し，溝間域では小網目状紋。ハヤトウリ：SPl.196.5-7]

A2　5-9 個の環溝を持つ ・・**アカネ属，ヤエムグラ属 アカネ科**(I：網目状紋)

A3　3-6 個の環溝を持つ

　B1　刺の高さは 1-3 μm

　　C1　花粉の大きさは 15-25×15-25 μm ・・・・・・・・・・・・・・・・・・・・・**ユキノシタ属**(I：類 3 溝孔型) **ユキノシタ科**

　　　　[外壁の彫紋は微小刺状紋(シコタンソウを除く)。ユキノシタ：SPl.110.1-4]

　　C2　花粉の大きさは 45 μm より大きい ・・・・・・・・・・・・・・・・・・・・**スイカズラ属**(I：3-5 溝孔型) **スイカズラ科**

　　　　[3(4-5)溝孔型。外壁の彫紋は刺状紋で，2-3 μm の刺がまばらに点在し，それ以外の外壁の彫紋は微小刺状紋。
　　　　スイカズラ：SPl.302.9-11, LPl.62.1-5]

　B2　刺の高さは 1 μm より小さい

　　D1　溝は長く，花粉の大きさは 25-45 μm

　　　E1　溝は狭い ・・・**カキドオシ属 シソ科**

　　　E2　溝には刺が密に配列 ・・・・・・・・・・・・・・・・・・・・・・・・・・・・・・・・・・・・**カタバミ属**(I：網目状紋) **カタバミ科**

　　　　　[外壁の彫紋は網目状紋。イモカタバミ：SPl.145.1-6，コミヤマカタバミ：SPl.146.5-6, LPl.28.1-5]

　　D2　溝は短く，花粉の大きさは 30 μm より大きい

　　　・・・・・・・・・・・・・・・・・・・・・・・・・・・・・・・**カンアオイ属**(I：無口型または類 3 溝孔型) **ウマノスズクサ科**

　　　　[多(4-6)環孔型。外壁の彫紋は突起状になった小網目状紋～微穿孔状紋で覆われ，その上に 1 μm 前後のいぼ
　　　　状紋が点在する。カンアオイ：SPl.85.7-10]

　　D3　3-4 個の短い溝を持ち，花粉の大きさは 25 μm より小さい

　　　・・・**ユキノシタ属**(I：類 3 溝孔型) **ユキノシタ科**

　　　　[外壁の彫紋は微小刺状紋(シコタンソウを除く)。ユキノシタ：SPl.110.1-4]

検索表 D8. 多散溝型(図 5-H，I)

細分化のための主検索

A1　外壁の彫紋は粒状紋 ・・・**検索表 D8-1**

A2　外壁の彫紋はしわ状紋。6 個の散溝を持ち，花粉は円形。溝は正四面体の各辺の位置に配列する

　　・・・**キケマン属**(I：網目状紋) **ケシ科**

　　[6 散溝型。溝は 1 点で三矢形に集まり，3 つの溝が各辺となった三角形を形成する。溝は微粒や小円柱状突起が分
　　布する。外壁の彫紋はしわ状紋で，その中に微穿孔が見られる。ヤマキケマン：SPl.96.5-8，エゾエンゴサク：LPl.
　　18.5-8]

A3　外壁の彫紋は網目状紋 ・・・**検索表 D8-2**

A4　外壁の彫紋は刺状紋 ・・・**検索表 D8-3**

検　索　表

検索表 D8-1. 多散溝型，粒状紋

A1　花粉の大きさは 50-75 μm。約 8 個の散溝を持ち，鈍頭の刺（高さ 7 μm）が散在する
　　　　　　　　　　　　　　　　　　　　　　　　　　　　　　……………………………**アレチウリ属 ウリ科**

　　　［アレチウリ：LPl.38.4-6］

A2　花粉の大きさは 50 μm より小さい

　B1　6 個の散溝を持つ。溝は楕円形で，四面体の各辺に沿って配列する
　　　　　　　　………………………………………**ザクロソウ属**(N：6 溝型) **ザクロソウ科**

　　　　［溝は広くて短い楕円形で，規則的に配列する。溝内および外壁の彫紋は微穿孔状紋と微小刺状紋で覆われる。
　　　　ザクロソウ：SPl.55.9-12］

　B2　3-6 個の散溝を持ち，ラセン状に配列する。鈍頭の微小刺が散在する
　　　　　　　　………………………………**バイカモ属バイカモ亜属**(I：網目状紋) **キンポウゲ科**

　B3　約 15 個の散溝を持ち，径 1-3.5 μm の短乳頭状突起が 10 本以上両極に向かって配列し，その
　　　隙間が溝と見なされる　……………………**シチョウゲ属**(I：類 3-4 溝型) **アカネ科**

　B4　5-7 個の散溝を持ち，溝は短い。
　　　微小刺(<1 μm)が散在する ……………………………**キキョウ属**(I：5-7 溝孔型) **キキョウ科**

　　　　［溝は短くスリット状。外壁の彫紋は細い糸のしわ状紋。外壁全体が大脳のしわのように隆起し，その上を微小
　　　　刺がかなりの密度で覆う。キキョウ：SPl.306.1-3］

A3　花粉の大きさは 25-35 μm　…………………**オキナグサ属の一部**(ツクモグサ)(N：円柱状紋) **キンポウゲ科**

　　　［溝は太くて短い。外壁の彫紋は細粒状紋～いぼ状紋。ツクモグサ：SPl.73.7-9］

検索表 D8-2. 多散溝型，網目状紋

A1　網目の大きさは 2.5 μm。溝はレンズ状で六面体の各面の対角線の方向に配列する。外層の円柱は
　　溝を取り巻いて発達し，赤道観溝間域では長い円柱となり，密に配列する
　　　　　　　　　　　　　　　　　　　　　……………………**ツルムラサキ属**(N：6 溝型) **ツルムラサキ科**

　　　［溝は六面体の各面に 1 個あり，楕円状の大きな孔の中に凸レンズ状の小さな溝がある。外壁の彫紋は小円柱に支え
　　　られた畝からなる網目状紋で覆われ，網目の中には 5 本前後の円柱状突起が詰まる。ツルムラサキ：SPl.56.1-5,
　　　LPl.14.5-7］

A2　網目の大きさは 1.5 μm より小さい

　B1　3-6 個の散溝を持ち，ラセン状に配列する。
　　　鈍頭の微小刺が散在する ………………………**バイカモ属バイカモ亜属**(N：粒状紋) **キンポウゲ科**

　B2　6 個以上の散溝を持つ

　　C1　6 個の散溝を持ち，溝は楕円形で，四面体の各辺に沿って配列する

　　　D1　花粉の大きさは 15-25 μm(N)……………………**ザクロソウ属**(N：粒状紋) **ザクロソウ科**

　　　D2　花粉の大きさは 25-35 μm(N) ………………………**キケマン属**(N：しわ状紋) **ケシ科**

　　　　　［6 散溝型。溝は 1 点で三矢形に集まり，3 つの溝が各辺となった三角形を形成する。溝は微粒や小さな円柱
　　　　　状突起が分布する。外壁の彫紋はしわ状紋で，その中に微穿孔が見られる。ヤマキケマン：SPl.96.5-8，エ
　　　　　ゾエンゴサク：LPl.18.5-8］

　　C2　9 個の散溝を持ち，花粉の大きさは 30-35×30-35 μm(I)
　　　　　　……………………………………**キンポウゲ属の一部**〈キツネノボタン〉 **キンポウゲ科**

　　　　　［溝は太短くて長方形か小判状を呈する。溝内の彫紋は微粒～微小刺が詰まる。外壁の彫紋は幅が高さよりも

検 索 表

大きい刺状紋で，密に分布する。]

C3　6-8個の散溝を持ち，花粉の大きさは 15-25×20-25 μm(I)
　　……………………………………………………ギシギシ属の一部〈ヒメスイバ〉 タデ科

[3-4溝孔型。外壁の彫紋は微穿孔状紋と微粒状紋～微小刺状紋。ヒメスイバ：SPl.49.5-9，：LPl.13.10-15]

C4　4-8個の散溝を持ち，溝は小判形である
　　…………………………………フサザクラ属(I：6散溝型，N：6溝型) フサザクラ科(図a)

[多(4-8)散溝型。溝内の彫紋は薄膜上に細粒～いぼがまばらに，あるいは密に分布する。外壁の彫紋は小網目
状紋～微穿孔状紋で覆われる。フサザクラ：SPl.67.8-13，LPl.15.7-9]

C5　10-12個の散溝を持ち，花粉の大きさは 10-25×15-25 μm(N)
　　……………………………………………イチリンソウ属の一部(サンリンソウ) キンポウゲ科

[外壁の彫紋は微小刺状紋。サンリンソウ：SPl.71.10-13]

C6　約20個の散溝を持ち，孔は偏平な楕円形 ………………………アサガオガラクサ属 ヒルガオ科
C7　C1-6以外 …………………………………………………………………トガクシソウ属 メギ科
　　　　　　　　　　　　　　　　ツマトリソウ属(N：3溝孔型) サクラソウ科
　　　　　　　　　　　　　　　　アカザカズラ属 ツルムラサキ科
　　　　　　　　　　　　　　　　オオツメクサ属 ナデシコ科

[溝は4本の長い溝と2本の短い溝からなり，2本の長溝と1本の短溝が1点に集まって三矢を形成する。溝
内および外壁の彫紋は微小刺が密に分布する。ノハラツメクサ：SPl.56.1-3]

　　　　　　　　　　　　　　　　シロカネソウ属の一部〈ツルシロカネソウ〉 キンポウゲ科

[シロカネソウ属：溝は太短い小判形か凸レンズ状。外壁の彫紋は微小刺状紋で，その間に微穿孔が多数見ら
れる。ツルシロカネソウ：SPl.74.5-7]

検索表D 8-3. 多散溝型，刺状紋

A1　6個の散溝を持ち，花粉の大きさは 50-60×50-60 μm(I) ……………シュルンベルゲ属 サボテン科
A2　12-25個の散溝を持つ

　B1　花粉の大きさは 50 μm より大きい。12-25本の溝は1点より各々3本宛が放射状に五角形をな
　　　すように配列し，花粉面に均等に並ぶ。円錐形の刺状突起が散在する
　　　…………………………………………………スベリヒユ属(N：円柱状紋) スベリヒユ科(図a)

[溝は凸レンズ状で，20本前後ある。三矢形に規則正しく配列して全表面に五角形をつくる。溝を除く外壁の彫
紋はリング状に肥厚した微穿孔と微小刺が密に覆う。スベリヒユ：SPl.56.6-7，マツバボタン：SPl.56.8-9，LPl.
14.8-9]

　B2　花粉の大きさは 45 μm より小さい ………………………ヌマハコベ属，ハゼラン属 スベリヒユ科

検 索 表

検索表 D9. 2 溝孔型（図5-J）

　マメ科は普通3溝孔型であるが，シナガワハギ（*Melilotus suaveolens*，エビラハギ）では2溝孔型になった
ものが，秋田県・石川県産で知られている。また，キク科の *Haplopappus lanuginosus* も2溝孔型であ
るが，本属は3・4・6……12散溝孔型まで変化が見られる（上野，1987）。

A1　外壁の彫紋は小網目状紋。

　　　孔は円形で，両極に向かって細い溝がある　…………………**キツネノマゴ属 キツネノマゴ科**（図a）
　　　［溝はやや短くて，細く開く。外壁の彫紋は小網目状紋であるが，溝縁部の両側には6-10
　　　個のいぼ状突起が並び，各いぼには火口のような大小の穴が見られる。キツネノマゴ：
　　　SP1.292.5-8，LP1.60.5-8］

図a

検索表 D10. 3 溝孔型（図5-K）

　3溝孔型はもっとも多数の種類があり，検索にあたってしばしば混乱が生じるグループである。検索に
あたっては非常に詳細な観察が必要である。そのような詳細な観察をしても，形態的特徴の認識が各研
究者で異なる場合がある。個々の分類群についての著者らの取り扱いについて，ある研究者は不同意か
もしれない。疑問のある場合は，別の研究者たちの検索表も使って正確な属や科に到達していただきた
い。「しわ」と「縞」は，模様として比較的簡単に区別できるが，実際には両者の中間型もあり，区分
の難しい花粉がある。ここでは畝の交叉が多いものや，激しく曲がりくねっている模様をしわ状とし，
畝が比較的平行に走っている場合を縞状として区別した。また，もし表10の3溝孔型での検索がよい
結果を導かなかった場合は，表6の3溝型での診断が有効かもしれない。

　今回は Faegri & Iversen（1989），島倉（1973），中村（1980），幾瀬（2001）を基本に検索表を作成したため，
極観・赤道観が本文の記載と異なっている。これも今後検討していきたい。

細分化のための主検索

A1　花粉は類円形型 …………………………………………………………**検索表 D10-1**　（図6-A）
A2　花粉は極観類円形・赤道観楕円形型 …………………………………**検索表 D10-2**　（図6-B）
A3　花粉は極観類円形・赤道観長円形型 …………………………………**検索表 D10-3**　（図6-C）
A4　花粉は極観類円形・赤道観横長の楕円形型 …………………………**検索表 D10-4**　（図6-D）
A5　花粉は極観三裂円形・赤道観円形〜楕円形型 ………………………**検索表 D10-5**　（図6-E）
A6　花粉は極観三裂円形・赤道観長円形型 ………………………………**検索表 D10-6**　（図6-F）
A7　花粉は極観三裂円形・赤道観紡錘形型 ………………………………**検索表 D10-7**　（図6-G）
A8　花粉は極観類三角形・赤道観円形〜楕円形型 ………………………**検索表 D10-8**　（図6-H）
A9　花粉は極観類三角形・赤道観（やや）菱形型 ………………………**検索表 D10-9**　（図6-I）
A10　花粉は極観類三角形・赤道観縦長の楕円形〜紡錘形型 ……………**検索表 D10-10**　（図6-J）

検索表

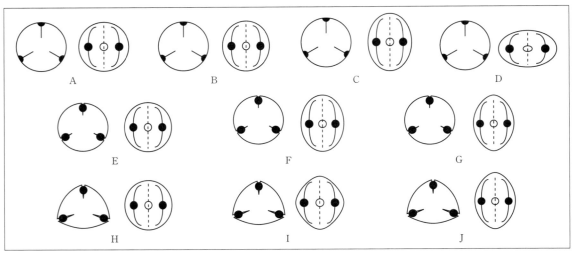

図6 検索表 D10 3溝孔型の細分化。A. 類円形型，B. 極観類円形・赤道観円形〜楕円形型，C. 極観類円形・赤道観長円形型，D. 極観類円形・赤道観横長の楕円形型，E. 極観三裂円形・赤道観円形〜楕円形型，F. 極観三裂円形・赤道観長円形型，G. 極観三裂円形・赤道観紡錘形型，H. 極観類三角形・赤道観円形〜楕円形型，I. 極観類三角形・赤道観（やや）菱形型，J. 極観類三角形・赤道観縦長の楕円形〜紡錘形型

検索表 D10-1. 3溝孔型，類円形型(図6-A)

細分化のための検索

A1 外壁の彫紋は平滑状紋。
溝は長く，孔はわずかに中肋‥‥‥‥‥**ドウダンツツジ属の一部〈ベニドウダン〉**(I：3-4 溝孔型) ツツジ科
[極観は間口型の三裂円形か四角形。溝内の彫紋は平滑状紋。外壁の彫紋は微粒状紋で，全表面を微粒が密に覆う。ベニドウダン：SPl.199.5-8]

A2 外壁の彫紋は粒状紋 ‥‥‥‥‥‥‥‥‥‥‥‥‥‥‥‥‥‥‥‥‥‥‥‥‥‥‥‥‥‥‥**検索表 D10-1-1**

A3 外壁の彫紋はしわ状紋 ‥‥‥‥‥‥‥‥‥‥‥‥‥‥‥‥‥‥‥‥‥‥‥‥‥‥‥‥‥‥**検索表 D10-1-2**

A4 外壁の彫紋は縞状紋。孔は大きな円形。花粉の大きさは 20-25×15-25 μm(N)
‥‥‥‥‥‥‥‥‥‥‥‥‥‥‥‥‥‥‥‥‥‥‥‥‥‥‥‥‥‥‥‥**ツクバネ属 ビャクシン科**
[溝は極近くまで伸びる。溝内の彫紋は平滑状紋で，他の外壁の彫紋は縞状紋で覆われる。ツクバネ：SPl.47.4-7]

A5 外壁の彫紋は網目状紋 ‥‥‥‥‥‥‥‥‥‥‥‥‥‥‥‥‥‥‥‥‥‥‥‥‥‥‥‥‥‥**検索表 D10-1-3**

A6 外壁の彫紋はいぼ状紋。溝は狭い。孔は横長で，中肋。孔は他の孔とほとんど連絡する
‥‥‥‥‥‥‥‥‥‥‥‥‥‥‥‥‥‥‥‥‥‥‥‥‥‥‥‥‥**アカメガシワ属 トウダイグサ科**
[孔は確認しにくい。溝内の彫紋は長刺が1列に並ぶ。外壁の彫紋は微小刺状紋で，その間に微穿孔が分布する。アカメガシワ：SPl.152.3-6, LPl.28.6-8]

A7 外壁の彫紋は刺状紋 ‥‥‥‥‥‥‥‥‥‥‥‥‥‥‥‥‥‥‥‥‥‥‥‥‥‥‥‥‥‥‥‥**検索表 D10-1-4**

A8 外壁の彫紋は円柱状紋 ‥‥‥‥‥‥‥‥‥‥‥‥‥‥‥‥‥‥‥‥‥‥‥‥‥‥‥‥‥‥**検索表 D10-1-5**

A9 外壁の彫紋は微小刺状紋 ‥‥‥‥‥‥‥‥‥‥‥‥‥‥‥‥‥‥‥‥‥‥‥‥‥‥‥‥‥**検索表 D10-1-6**

A10 外壁の彫紋は微穿孔状紋‥‥‥‥‥‥‥‥‥‥‥‥‥‥‥‥‥‥‥‥‥‥‥‥‥‥‥‥‥**検索表 D10-1-7**

検索表 D10-1-1. 3溝孔型，類円形型，粒状紋

A1 花粉の大きさは 10 μm より大きい

B1 溝は長く，溝内の彫紋はいぼ状紋。溝辺はわずかに肥厚し，孔は円形
　　……………………………………………………スミレ属の一部〈タチツボスミレ〉 スミレ科
　　[溝内の彫紋は微粒が分布する。外壁の彫紋は平滑状紋で，ほとんど平滑状紋の表面に微穿孔がわずかに確認でき
　　る。タチツボスミレ：SPl.191.5-7，LPl.35.9-12]

B2 溝は長く，孔は横長……………………………………………アカギ属 トウダイグサ科
　　[孔は確認しにくい。外壁の彫紋は微穿孔状紋。アカギ：SPl.149.3-7，LPl.27.7-10]

B3 溝は長い。孔は横長で，突出……………………………………キブシ属 キブシ科
　　[溝はやや短くて，溝内の彫紋は微粒が分布する。外壁の彫紋は微穿孔状紋で，溝間域では鮮明であるが，極域
　　では不鮮明となる。キブシ：SPl.184.9-12]

　　　　　　　　　　ホオズキ属，ナス属の一部〈ヒヨドリジョウゴ〉 ナス科
　　[ホオズキ属・ナス属：口膜の上には微粒が分布するものと平滑状紋のものがある。外壁の彫紋は微粒状紋で全
　　表面が微粒で覆われ，その大きさは種類によってやや異なる。ホオズキ：SPl.281.13-15，ヒヨドリジョウゴ：
　　SPl.284.13-16]

　　　　　　　　　シソクサ属，イワブクロ属，クガイソウ属 ゴマノハグサ科
　　[イワブクロ属：溝は両極近くまで伸びる。口膜は平滑状紋。外壁の彫紋は微穿孔状紋。イワブクロ：SPl.286.
　　11-14]

B4 溝は短い。孔は円形で，わずかに突出し，中肋
　　……………………………………………………エノキグサ属(I, N：3-4 溝孔型) トウダイグサ科
　　[3-4 溝孔型。溝は非常に短い。外壁の彫紋は大きくて不規則ないぼ状紋で，微粒が点在する。エノキグサ：SPl.
　　157.7-9]

A2 花粉の大きさは 10 μm より小さい　………………………………ホルトノキ属 ホルトノキ科
　　[溝は比較的短い。外壁の彫紋は微穿孔状紋で，微穿孔は凹凸の窪みに分布する。ホルトノキ：SPl.178.1-4，LPl.
　　32.17-20]

検索表 D10-1-2. 3 溝孔型，類円形型，しわ状紋

A1 花粉の大きさは 80-110 μm(N) ……………………………………ウリノキ属 ウリノキ科
　　[溝は短く，溝内の彫紋は平滑状紋。丸い孔は径が 10 μm 前後もある。外壁の彫紋は縞状紋で，極域では太い畝状
　　の線があまり交叉しないで流れるが，赤道部では激しく曲がりくねってしわ状を呈する。ウリノキ：SPl.211.1-3，
　　LPl.39.3-6]

A2 花粉の大きさは 50 μm より小さい
　B1 溝は不明瞭。孔は突出しない……………………………………チョウセンアサガオ属 ナス科
　　　[溝は赤道部に短く細く開くだけで，内孔は確認できない。外壁の彫紋は極軸に平行な縞状紋で，線は長短様々
　　　で，その上に微粒が 1 列に並ぶ。チョウセンアサガオ：SPl.283.1-4]

　B2 溝は短く，孔は突出……………………………………………カワラケツメイ属 マメ科
　　　[溝は短くて幅も狭い。外壁の彫紋はいぼ状紋で，溝間域では明瞭であるが，溝縁では平滑状紋。ハブソウ：SPl.
　　　133.1-4]

　B3 孔は円形で，外層に覆われる…………………………………………ブナ属 ブナ科
　　　[溝の長さは種によって長短があり，分類可能。孔は溝が孔の両側を少し覆っているために長円形に見える。溝
　　　域を除く外壁の彫紋は円柱状突起が密に折れ重なったような短い縞状紋。ブナ：SPl.36.1-4，LPl.11.1-3]

　B4 溝は極域まで達する……………………………………………ナギナタソウ属 ナギナタソウ科
　　　[溝は極域まで達する。外壁の彫紋は微小刺を伴ったしわ状紋～いぼ状紋。ナギナタソウ：SPl.185.1-4，LPl.32.

検索表

21-24]

検索表 D10-1-3. 3溝孔型，類円形型，網目状紋

A1 花粉の大きさは40 μm より大きい

  B1 溝は長く，溝周縁の網目は小さくなる。孔は中肋
          ……………………………………**スズメウリ属，ニガウリ属，ユウガオ属，ヘチマ属 ウリ科**

    [ニガウリ属・ヘチマ属・スズメウリ属：溝内の彫紋は平滑状紋か微粒が少し分布する。外壁の彫紋は網目状紋
    で，網目は溝間域で大きく，溝縁に向かって小さくなる。ツルレイシ：SPl.194.1-4，ヘチマ：SPl.196.1-4，クロ
    ミノオキナワスズメウリ：SPl.185.5-8，LPl.37.5-9。ユウガオ属：溝は平滑状紋。外壁の彫紋は微穿孔状紋で，
    平滑状かやや凹凸のある表面に微穿孔が密に分布する。カンピョウ：SPl.193.7-9]

  B2 溝は長く，幅も広い。孔は円形で，肥厚 ………………………………**トウガン属，スイカ属 ウリ科**

    [スイカ属：溝はやや短い。溝内の彫紋は微粒が見られる。外壁の彫紋は網目状紋で，細い畝と大きな網目から
    なり，そのなかには微粒が5-10個詰まり，小円柱も確認できる。スイカ：SPl.194.12-14]

A2 花粉の大きさは40 μm より小さく，溝は長い

  C1 溝の幅は狭い。孔は円形で，孔周縁の網目は小さくなる ……………**ミヤマニガウリ属 ウリ科**

    [孔は確認しにくい。外壁の彫紋は微穿孔状紋で，その微穿孔は波状や畝状の複雑な凹凸の窪みに点在する。ミ
    ヤマニガウリ：SPl.194.5-8]

  C2 溝の幅は狭い。孔は突出しない ………………………………**ギシギシ属の一部〈スイバ〉 タデ科**

    [スイバ：SPl.49.14-16]

  C3 溝の両端は尖る。孔は円形 ……………………………………………**イタチハギ属 マメ科**

  C4 溝辺はやや肥厚。孔は横長 ……………………………………………**テンノウメ属 バラ科**

  C5 孔は円形で，中肋……………………………………………………**ハナウチワ属 ムクロジ科**

  C6 溝は細長く，溝内は平滑状紋……………………………………**フタバムグラ属 アカネ科**

    [溝は細長く極域まで伸び，溝内は平滑状紋である。外壁の彫紋は小網目状紋。アツバシマザクラ：SPl.257.9-12，
    LPl.47.13-16]

検索表 D10-1-4. 3溝孔型，類円形型，刺状紋

A1 刺の高さは3.5 μm。溝は短く，不明瞭 ……………………………**イチビ属 アオイ科**

    [溝・孔ともに確認しにくい。外壁の彫紋は長刺状紋。イチビ：SPl.183.5-6]

A2 微小刺状紋で微穿孔を伴う。溝は短い ……………………………**オオバギ属 トウダイグサ科**

    [外壁の彫紋は微穿孔を伴った微小刺状紋。溝は短い。オオバギ：SPl.153.1-4，LPl.27.3-6]

検索表 D10-1-5. 3溝孔型，類円形型，円柱状紋

A1 円柱の高さ2-3×1.5 μm が散在し，孔は不明瞭 …………**ヤドリギ属**(I：刺状紋) **ヤドリギ科**(図a)

    [溝はやや短い。溝内の彫紋は微小刺状紋～微粒状紋。外壁の彫紋は大きな棍棒状紋～円柱状紋で，円柱状突起が散
    在する。ヤドリギ：SPl.47.12-15，LPl.14.1-4]

図a

検 索 表

検索表 D10-1-6. 3溝孔型, 類円形型, 微小刺状紋

A1 微小刺が散在し, 孔は円形または楕円形 ……………**ブタクサ属, オナモミ属 キク科**(I：刺状紋)
 [ブタクサ属・オナモミ属：外壁の彫紋は微小刺状紋で, 底面が2μm前後ある円錐状の先端が鋭く尖った刺が密に覆う。刺の先端以外の表面はすべて微孔状の穴があく。ブタクサ：SPl.308.1-3, クワモドキ：SPl.308.4-6, LPl. 63.5-9, オナモミ：SPl.314.9-10, LPl.63.10-12]

A2 微小刺が散在し, 花粉外壁が厚い。孔は円形 ………………**ヨモギ属**(I：刺状紋) **キク科**(図 a)
 [溝は両極近くまで伸びて, かなり開いていて内孔は確認しやすい。外壁の彫紋は微小刺状紋で, 微小刺が全表面にほぼ均等にある。ヨモギ：SPl.309.7-9, LPl.66.10-13]

図 a

検索表 D10-1-7. 3溝孔型, 類円形型, 微穿孔状紋

A1 A1 溝は両極近くまで伸び, 溝内は平滑状紋。花粉の大きさは35.0-42.5×37.5-45.0μm
 ………………………………………………………………**ギンゴウカン属 マメ科**
 [球形で, 外壁の彫紋は微穿孔状紋。ギンゴウカン：SPl.121.13-16, LPl.25.5-8]

A2 溝内はほぼ平滑状紋。孔は円形。花粉の大きさは18.4-23.4×20.0-28.4μm
 ………………………………………………………………**ギョクシンカ属 アカネ科**
 [球形で, 外壁の彫紋は微穿孔状紋。ギョクシンカ：SPl.257.1-4, LPl.47.17-20。シマギョクシンカ：SPl.257.5-8]

検索表 D10-2. 3溝孔型, 極観類円形・赤道観円形〜楕円形型(図6-B)

細分化のための主検索

A1 外壁の彫紋は平滑状紋〜いぼ状紋 ……………………………………………**検索表 D10-2-1**
A2 外壁の彫紋は粒状紋 ……………………………………………………………**検索表 D10-2-2**
A3 外壁の彫紋は縞状紋 ……………………………………………………………**検索表 D10-2-3**
A4 外壁の彫紋は網目状紋 …………………………………………………………**検索表 D10-2-4**
A5 外壁の彫紋はいぼ状紋。溝は長く, 幅は狭い。孔は横長で, 赤道を取り巻く
 ……………………………………………**イワダレソウ属**(I：網目状紋) **クマツヅラ科**
 [溝は両極近くまで細く伸び, 内孔は確認しにくい。外壁の彫紋は平滑状紋であるが, 緩やかな凹凸とその上に多数の微穿孔が見られる。イワダレソウ：SPl.269.7-9]

A6 外壁の彫紋は円柱状紋。孔は横長で, 周囲の内層はわずかに肥厚し, 中肋…**ミチヤナギ属 タデ科**
 [溝は両極近くまで伸びる。外壁の彫紋は微穿孔状紋で, 極域ではやや大きく, 溝間域では小さい傾向が見られ, その間に微小刺が点在する。ミチヤナギ：SPl.48.18-20]

A7 外壁の彫紋は微穿孔状紋。溝は長く, 微粒〜細粒が分布する ………**ギョボク属 フウチョウソウ科**

検索表 D10-2-1. 3溝孔型, 極観類円形・赤道観円形〜楕円形型, 平滑状紋〜いぼ状紋

A1 花粉の大きさは40μmより大きい
 ………………………………**ヒシ属 ヒシ科**(気嚢型A1)(N：3溝孔型)(図 a)
 [溝には大きなひだ状突起があり, 突出する。赤道部のひだは細粒状紋で覆われ, 極域では平滑状紋で, リボン状の凹凸が見られる。ひだに取り囲まれた外壁の彫紋は平滑状紋。ヒシ：SPl.199.10-11]

A2 花粉の大きさは20〜40μm

図 a

検索表

B1　溝は長く，溝辺は肥厚。孔はやや横長で，中肋。花粉の大きさは 20-25×20-25 μm(N)
　　　………………………………………………………**カキノキ属**(I：網目状紋) **カキノキ科**
　　　［溝は広く開いて溝内には微粒が密に詰まり，孔は確認しやすい。外壁の彫紋は平滑状紋で，極域に数個の窪み
　　　が見られる。カキノキ：SPl.242.9-12, LPl.49.1-5］
B2　孔は横長で，突出。花粉の大きさは 35-50×50-60 μm(N)…**リョウブ属**(I：網目状紋) **リョウブ科**
　　　［溝はやや短くて開かないため，孔は確認しにくい。外壁の彫紋は平滑状紋で，わずかに凹凸が見られる。リョ
　　　ウブ：SPl.223.8-11］
A3　花粉の大きさは 20 μm より小さい
C1　溝は長く，孔は横長　………………………………………………**クリ属**(I：網目状紋) **ブナ科**
　　　［外壁の彫紋は畝が手鞠状に交叉したようなしわ状紋であるが，シイ属やマテバシイ属のように鮮明な彫紋では
　　　ない。クリ：SPl.40.14-16, LPl.11.4-5］
C2　溝は長く，外壁の彫紋はクリ属よりやや明瞭　………**シイ属**(I：網目状紋)，**マテバシイ属 ブナ科**
　　　［シイ属：孔は円形で薄膜に覆われるか破れて穴になる。外壁の彫紋は畝が手鞠状に交叉するような鮮明なしわ
　　　状紋になる。しわ状紋の太さにより，種レベルの同定が可能。スダジイ：SPl.40.1-4, LPl.11.6-7。マテバシイ
　　　属：基本型はシイ属に似るが，しわ状紋の畝の幅はスダジイよりも広い。マテバシイ：SPl.40.11-13］

検索表D10-2-2. 3溝孔型，極観類円形・赤道観円形～楕円形型，粒状紋

A1　溝は長く，溝内の彫紋はいぼ状紋。溝辺は肥厚。孔は円形または楕円形で，中肋
　　　………………………………………………………**トチノキ属**(I：網目状紋) **トチノキ科**
　　　［溝内に 10 本前後の刺が突出していて，孔は確認しにくい。外壁の彫紋は縞状紋で，線は溝間域では赤道軸に沿っ
　　　て横に走るが，溝縁部では縦に走る。トチノキ：SPl.168.1-3, LPl.31.3-4］
A2　溝は長く，溝辺は肥厚。孔はやや突出　…………………………**ザクロ属**(I：網目状紋) **ザクロ科**
　　　［溝内の彫紋は平滑状紋。外壁の彫紋は細粒状紋で，細粒が密に分布する。ザクロ：SPl.204.1-4］
A3　溝は長く，孔は横長で，突出しない　………………………**ヒマ属**(I：網目状紋) **トウダイグサ科**
A4　溝は長く，孔は円形または楕円形　…………………………**ミヤコグサ属**(I：網目状紋) **マメ科**
　　　［溝はやや短く，溝内と外壁の彫紋は平滑状紋。ミヤコグサ：SPl.140.15-17］
A5　孔はときに突出し，花粉に比して層は厚い…………………………**ヤワタソウ属 ユキノシタ科**
　　　［外壁の彫紋は小網目状紋。ヤワタソウ：SPl.111.1-4］

検索表 D10-2-3. 3溝孔型，極観類円形・赤道観円形～楕円形型，縞状紋

A1　溝は長く，溝辺は肥厚。孔はやや突出する。縞は一方向に伸びる…………**ダイコンソウ属 バラ科**
　　　［溝内の彫紋はほとんど平滑状紋。外壁の彫紋は縞状紋で，線が三角形の陵をなし，外壁に接する底辺は幅が広いが，
　　　上部に向かって狭くなり，頂点ではごく細い線となる。ダイコンソウ：SPl.119.1-3］
A2　溝は長く，溝辺はわずかに肥厚。孔は不明瞭。縞は多方向に伸びる
　　　……………………………………………**ミツガシワ属，イワイチョウ属 ミツガシワ科**
　　　［溝内の彫紋は平滑状紋か微粒が点在する。外壁の彫紋は縞状紋で，赤道部では密に線が縦に平行に走るが，極域で
　　　はかなり交叉する。ミツガシワ：SPl.251.14-15, LPl.50.1-5，イワイチョウ：SPl.251.8-11］

検索表 D10-2-4. 3溝孔型，極観類円形・赤道観円形～楕円形型，網目状紋

A1　網目の大きさは 0.5-2 μm
B1　溝は長く，溝辺は肥厚。孔は横長で，スリット状，中肋………………**ノブドウ属 ブドウ科**

[溝には微粒が点在する。外壁の彫紋は微穿孔状紋。カガミグサ：SPl.171.15-18]

B2 溝は長く，幅は狭い。

孔は横長で，中肋。孔は赤道を取り巻く ……………**イワダレソウ属**(N：いぼ状紋) **クマツヅラ科**

[溝は両極近くまで細く伸び，内孔は確認しにくい。外壁の彫紋は平滑状紋であるが，緩やかな凹凸とその上に多数の微穿孔が見られる。イワダレソウ：SPl.269.7-9]

B3 溝は長く，溝辺は肥厚。孔は中肋 ………………**ミツバウツギ属，ゴンズイ属 ミツバウツギ科**

[ミツバウツギ属・ゴンズイ属：溝内の彫紋は微粒が点在する。孔は横長の楕円形。外壁の彫紋は微穿孔状紋で，溝縁では小さくなって不鮮明となる。ミツバウツギ：SPl.174.1-4，LPl.33.6-10，ゴンズイ：SPl.174.5-8，LPl.35.1-4]

B4 溝辺は肥厚し，孔は横長で，突出 ……………………………………………**ヒヨス属 ナス科**

B5 溝辺はやや肥厚。孔は円形

………………………**ハナズオウ属，ダイズ属，イワオウギ属，ウマゴヤシ属，エンドウ属 マメ科**

[ハナズオウ属：溝内の彫紋はほぼ平滑状紋。外壁の彫紋は微穿孔状紋で，溝縁では不明瞭となる。ハナズオウ：SPl.133.9-12。イワオウギ属：孔は不明瞭。外壁の彫紋は小網目状紋。イワオウギ：SPl.140.18-20。ウマゴヤシ属：溝内の彫紋は平滑状紋。外壁の彫紋は微穿孔状紋であるが，極域と溝縁では不明瞭となる。ウマゴヤシ：SPl.140.5-8]

A2 網目の大きさは 0.5 μm より小さい

C1 花粉の大きさは 20-30×30-45 μm(N)。孔は大形で突出 ………………………**キンミズヒキ属 バラ科**

[孔は確認しにくい。外壁の彫紋は縞状紋で，線は赤道軸に沿って横方向に走る。キンミズヒキ：SPl.124.5-7]

C2 花粉の大きさは 30 μm より小さい

D1 溝辺は肥厚し，孔は円形または楕円形。溝周縁は平滑状紋

………………………………………**ハナズオウ属，ゲンゲ属，タヌキマメ属 マメ科**

[ハナズオウ属：溝内の彫紋はほぼ平滑状紋。外壁の彫紋は微穿孔状紋で，溝縁では不明瞭となる。ハナズオウ：SPl.133.9-12。ゲンゲ属：溝内の彫紋は微粒がある。外壁の彫紋は微穿孔状紋。微穿孔は溝間域で大きく，溝縁に向かって小さくなり，溝の周囲では平滑状紋。ゲンゲ：SPl.138.9-12。タヌキマメ属：溝は長く，平滑状紋または微穿孔状紋。外壁の彫紋は小網目状紋で，網目は溝縁に向かって小さくなる。タヌキマメ：SPl.137.5-9]

D2 溝は長く，孔は不明瞭…………………………**ハマウツボ属，ナンキンハゼ属 ハマウツボ科**

D3 孔はやや突出。孔周縁は網目状紋〜縞状紋

………………………………**ビワ属，カマツカ属，ザイフリボク属，ナナカマド属 バラ科**

[ビワ属・カマツカ属・ザイフリボク属・ナナカマド属：外壁の彫紋は縞状紋で，孔の周囲では線が不明瞭になる。ビワ：SPl.127.11-14，ワタゲカマツカ：SPl.125.8-10，ザイフリボク：SPl.129.9-12，ナナカマド：SPl.126.9-12]

D4 畝に微小刺が点在する。溝内は平滑状紋…………………………**ウルップソウ属 ウルップソウ科**

[溝内は平滑状紋である。外壁の彫紋は小網目状紋で，畝に微小刺が点在する。ユウバリソウ：SPl.291.1-4，LPl.58.5-8]

検索表 D10-3.3 溝孔型，極観類円形・赤道観長円形型(図6-C)

細分化のための主検索

A1 外壁の彫紋は粒状紋。溝は長く，溝辺は肥厚。孔は小形で，やや突出。花粉の大きさは 20-25×20-30 μm(N) ……………………………………………**ミゾカクシ属**(I：網目状紋) **キキョウ科**

A2　外壁の彫紋は微穿孔状紋。花粉の大きさは 30-45×30-50 μm(N) ……… **イブキトラノオ属 タデ科**
　　［溝は両極近くまで伸びる。外壁の彫紋は微穿孔状紋で, 極域ではやや大きく, 溝間域では小さい傾向が見られ, その間に微小刺が点在する。イブキトラノオ：SPl.48.11-14］

A3　外壁の彫紋は縞状紋。P/E比が非常に大きい。
　　 ………… **シシウド属, セントウソウ属, ヌマゼリ属, ドクゼリ属, セリ属, ウイキョウ属, ハマボウフウ属, カワラボウフウ属, ヤブジラミ属, ミツバ属, ウマノミツバ属, マルバトウキ属, シラネニンジン属, ニンジン属, ミシマサイコ属, チドメグサ属　セリ科**
　　［シシウド属・セントウソウ属・ヌマゼリ属・ドクゼリ属・セリ属・ハマボウフウ属・ヤブジラミ属・ミツバ属・マルバトウキ属・シラネニンジン属・ニンジン属・ミシマサイコ属：孔の周りの外壁は肥厚して盛り上がっていることが多い。外壁の彫紋は細い線〜太い畝が交叉した手鞠のようなしわ状紋。シシウド：SPl.221.7-9, セントウソウ：SPl.218.12-14, ヌマゼリ：SPl.220.7-9, ドクゼリ：SPl.220.17-20, セリ：SPl.219.14-16, ハマボウフウ：SPl.221.1-3, LPl.44.10-11, ヤブジラミ：SPl.218.10-11, ミツバ：SPl.219.11-13, マルバトウキ：SPl.221.12-15, シラネニンジン：SPl.220.10-12, ニンジン：SPl.220.4-6, ミシマサイコ：SPl.219.3-6, ボタンボウフウ：SPl.232.1-4。ウイキョウ属：外壁の彫紋は赤道部ではしわ状に交叉するが, 極域では縞状紋。イタリアウイキョウ：SPl.222.12-15。ウマノミツバ属：溝はやや短い。外壁の彫紋は手鞠状のしわ状紋で, 線〜畝が交叉した窪みには微穿孔が見られる。ウマノミツバ：SPl.218.4-6。チドメグサ属：孔は確認しにくい。外壁の彫紋は手鞠状のしわ状紋〜微穿孔状紋で, 溝間域では線〜畝状隆起が見られるが, 溝縁部や極域では微穿孔となる。ハマチドメ：SPl.218.1-3］

A4　外壁の彫紋は網目状紋 …………………………………………………………………… **検索表 D10-3-1**

検索表 D10-3-1. 3溝孔型, 極観類円形・赤道観長円形型, 網目状紋

A1　花粉の大きさは 15-30×35-45 μm(N) …………………………………… **ラセンソウ属　シナノキ科**
A2　花粉の大きさは 10-20×20-30 μm(N)
　　 ……………………… **ソラマメ属, シナガワハギ属, レンリソウ属, タヌキマメ属　マメ科**
　　［ソラマメ属：溝縁部が肥厚し, 赤道部の孔の周囲は隆起する。外壁の彫紋は網目状紋で, 網目の中に微粒があるが, 変形してしわ状紋〜畝状紋に見えるものがある。スズメノエンドウ：SPl.139.5-8, LPl.24.14-15。シナガワハギ属：溝内の彫紋は平滑状紋。外壁の彫紋は微穿孔状紋であるが, 極域と溝縁では不明瞭となる。シナガワハギ：SPl.140.1-4。レンリソウ属：溝内の彫紋は微粒があり, 孔は不明瞭であるがその周辺は隆起する。外壁の彫紋は網目状紋で, 溝間域の赤道部では網目が顕著であるが, 両極部と溝縁では不明瞭となる。スイートピー：SPl.141.1-3］

A3　花粉の大きさは 20-50×45-70 μm(N), 網目は擂鉢状 ……………………………… **ソバ属　タデ科**
　　［外壁の彫紋は網目状紋〜微穿孔状紋。畝は四角形〜七角形の網目を形成し, 擂鉢状に窪む。ソバ：SPl.48.5-7, LPl.13.6-8］

検索表 D10-4. 3溝孔型, 極観類円形・赤道観横長の楕円形型 (図6-D)

A1　溝は短く, スリット状。孔は楕円形。間口形で, 外壁の彫紋はいぼ状紋〜網目状紋
　　 ………………………………………………………………… **シナノキ属　シナノキ科** (図a)
　　［溝は短くスリット状。外壁の彫紋は微穿孔状紋で, 全表面に密に分布する。ボダイジュは微穿孔状紋が大きく広がり, 網目状紋になる。シナノキ：SPl.179.4-6］

 図a

検 索 表

A2 溝辺はやや肥厚し，溝の彫紋はいぼ状紋。外壁の彫紋は粒状紋…**アミガサギリ属 トウダイグサ科**

検索表 D10-5. 3溝孔型，極観円形・赤道観円形〜楕円形型(図6-E)

細分化のための主検索

A1 外壁の彫紋は粒状紋 ……………………………………………………………………**検索表 10-5-1**

A2 外壁の彫紋はしわ状紋。溝は長く，孔は内層で肥厚する。

花粉の大きさは 10-20×15-25 μm(N) ………………………**キイチゴ属，オランダイチゴ属 バラ科**

[キイチゴ属・オランダイチゴ属：溝内の彫紋はほとんど平滑状紋。外壁の彫紋は縞状紋で，ある程度幅があり丸み
のある畝が平行に走る。ナガバモミジイチゴ：SP1.122.5-8，オランダイチゴ：SP1.127.4-7，LP1.24.1-5]

A3 外壁の彫紋は縞状紋 ……………………………………………………………………**検索表 10-5-2**

A4 外壁の彫紋は網目状紋 …………………………………………………………………**検索表 10-5-3**

A5 外壁の彫紋はいぼ状紋 …………………………………………………………………**検索表 10-5-4**

A6 外壁の彫紋は刺状紋 ……………………………………………………………………**検索表 10-5-5**

A7 外壁の彫紋は円柱状紋・棍棒状紋 ……………………………………………………**検索表 10-5-6**

A8 外壁の彫紋は微穿孔状紋 ………………………………………………………………**検索表 10-5-7**

検索表 D10-5-1. 3溝孔型，極観円形・赤道観円形〜楕円形型，粒状紋

A1 花粉の大きさは 30 μm より大きい

B1 刺(高さ 1.5-2 μm)が散在する。溝は長く，幅は広い。溝内の彫紋はいぼ状紋

………………**オミナエシ属の一部〈オミナエシ〉，カノコソウ属 オミナエシ科**(I：刺状紋，N：3溝型)

[オミナエシ属・カノコソウ属：外壁の彫紋は刺状紋で，基部がドーム状に盛り上がり，その頂点に 3 μm 前後の
刺がサイの角のように突出する(かぶと状突起)。オミナエシ：SP1.304.5-7，カノコソウ：SP1.304.1-4]

B2 数本の円柱の集合体からなる単独の刺状突起(高さ 3-5.5 μm)がある(D10-5-5，図 a)

C1 孔は横長で，スリット状 ………………………**フジバカマ属，メタカラコウ属 キク科**(I：刺状紋)

C2 孔は円または楕円形 ……………………………**コウモリソウ属，オケラ属 キク科**(I：刺状紋)

[オケラ属：溝は凸レンズ状に開く。外壁の彫紋は長刺状紋で，基部が広くてピラミット状となる。オケラ：
SP1.320.1-4]

B3 微小刺(<1 μm)が散在する。孔は横長で，中肋 ……………………………**ノブキ属**(I：刺状紋) **キク科**

A2 花粉の大きさは 30 μm より小さい

D1 数本の円柱の集合体からなる単独の刺状突起(高さ 1-5.5 μm)と微小刺(<1 μm)が散在する。孔は
円形または楕円形 ……………**シオン属，ハマベノギク属，ヨメナ属，キオン属，ツワブキ属，**
ヤブレガサ属，ムカシヨモギ属，ウスベニニガナ属，ハマグルマ属，トキンソウ属，
イズハハコ属，アキノキリンソウ属，センダングサ属，ヤマハハコ属，ウサギギク属，
タケダグサ属，ガンクビソウ属 キク科(I：刺状紋)

[シオン属・ヨメナ属・ムカシヨモギ属・アキノキリンソウ属：長刺状紋で，長刺の先端以外の外壁は微穿孔が
見られる。シラヤマギク：SP1.316.7-9，セイタカアワダチソウ：SP1.318.1-4。キオン属・ツワブキ属・ヤブレガ
サ属：溝内の彫紋は平滑状紋。外壁の彫紋は長刺状紋で，底面が 3-6 μm あり，先端が鋭く尖った円錐形の刺か
らなり，密に全表面を覆う。刺の先端以外の外壁は微穿孔が見られる。シネラリア：SP1.315.1-4，ツワブキ：
SP1.315.5-7，ヤブレガサ：SP1.310.9-12。センダングサ属：溝は長刺の間にあって確認しにくい。外壁の彫紋は
長刺状紋で，細くて長く鋭く尖る。センダングサ：SP1.312.1-3]

D2 刺が散在しない。溝は長く，溝辺はやや肥厚。花粉の大きさは 10-20×10-25 μm(N)

検 索 表

……………………………………………………………………………………………ハナイカダ属　ミズキ科

［溝内の彫紋は平滑状紋。外壁の彫紋は不鮮明な微粒状紋。ハナイカダ：SPl.213.1-4］

マタタビ属　マタタビ科

［溝内の彫紋は微粒がある。外壁の彫紋は種により異なり，微粒状紋や微穿孔状紋などがある。サルナシ：SPl.
86.5-8］

ヒサカキ属，モッコク属，サカキ属　ツバキ科

［ヒサカキ属・サカキ属：外壁の彫紋は微粒状紋＋微穿孔状紋。ヒサカキ：SPl.89.6-7，サカキ：SPl.89.4-5。
モッコク属：花粉はヒサカキ属・サカキ属よりやや大きく，外壁の彫紋は微粒状紋。モッコク：SPl.88.7-10，
LPl.19.11-15］

ムベ属　アケビ科

［溝内の彫紋は微粒で覆われ，孔は不明瞭。外壁の彫紋は糸が複雑に交叉して手鞠のようなしわ状紋。ムベ：SPl.
79.1-4］

イズセンリョウ属，ヤブコウジ属の一部〈ヤブコウジ〉ヤブコウジ科

［イズセンリョウ属：溝内の彫紋は平滑状紋。外壁の彫紋は微穿孔状紋で，全表面に微穿孔が分布する。イズセ
ンリョウ：SPl.238.5-8］

検索表 D10-5-2. 3溝孔型，極観円形・赤道観円形～楕円形型，縞状紋

A1　溝は長く，両端は尖る。孔は円形で，突出しない。外壁の彫紋の各縞は長く，縦方向に伸びる
　　　………………………………………………………………………………………カエデ属　カエデ科

［溝内の彫紋は平滑状紋。外壁の彫紋は縞状紋で，極軸に沿って全表面に長い線が密に走るものが多い。イロハモミ
ジ：SPl.164.1-4］

A2　溝は長く，溝辺は肥厚しない。孔は不明瞭。外壁の彫紋の各縞は多方向に伸びる
　　　………………………………………………………………………………チャンチン属　センダン科

A3　溝は長く，溝辺はわずかに肥厚。溝内の彫紋はしわ状紋で，孔は長円形。外壁の彫紋の各縞は一
　　方向に伸びる…………………………………………………ゴキヅル属，アマチャヅル属　ウリ科

A4　溝は長い。孔は円または横長で，中肋
　　　…………………センブリ属，リンドウ属，ツルリンドウ属，ホソバノツルリンドウ属　リンドウ科

［センブリ属：外壁の彫紋は縞状紋がまばらで隙間があり，赤道部では縞状紋＋網目状紋に見え，極域では完全に網
目状紋となる。センブリ：SPl.251.4-7。リンドウ属・ツルリンドウ属：溝内の彫紋はほぼ平滑状紋か微粒が点在す
る。外壁の彫紋は縞状紋で，赤道域では極軸に沿って縦に線が密に並んで平行に走るが，極域では線が交叉して，
その間が窪んで微穿孔状紋や網目状紋に見える。トウヤクリンドウ：SPl.249.9-12，LPl.49.6-9，ツルリンドウ：
SPl.249.1-4］

A5　溝は長く，溝辺はわずかに肥厚。孔は横長で，突出。外壁の彫紋の各縞は短く，縦方向に伸びる
　　　………………シモツケ属，ヤマブキショウマ属，ヤマブキ属，コゴメウツギ属　バラ科（N：3溝型）

［シモツケ属・ヤマブキショウマ属・コゴメウツギ属：3溝孔型。外壁の彫紋は縞状紋で，線は極軸方向に走る。シ
モツケ：SPl.115.9-12，ミヤマヤマブキショウマ：SPl.115.18-20，コゴメウツギ：SPl.115.1-4］

チョウノスケソウ属，サクラ属　バラ科

［サクラ属：外壁の彫紋は縞状紋で，線の太さは 0.3 μm 前後で，平行に走る。ヤマザクラ：SPl.117.1-4］

検索表 D10-5-3. 3溝孔型，極観円形・赤道観円形～楕円形型，網目状紋

A1　網目の大きさは 1 μm より大きい

検索表

B1 花粉の大きさは 60-75×60-70 μm(N)。孔，溝辺は肥厚しない。外層に円柱が 1 列に配列し，畝を形成 ……………………………………………………………………**ソケイ属 モクセイ科**

[溝は両極近くまで伸び，比較的よく開くので内孔は確認しやすく，溝内の彫紋はほぼ平滑状紋。外壁の彫紋は小柱に支えられた畝からなる網目状紋。オウバイ：SPl.248.1-3]

B2 花粉の大きさは 50 μm より小さい

C1 溝は長く，両端は尖る。孔は不明瞭で，溝周縁に向かって網目は小さくなる

………………………………**ケショウヤナギ属，オオバヤナギ属，ヤナギ属 ヤナギ科**（図 a）

[ケショウヤナギ属・オオバヤナギ属：溝の先端は尖る。発芽溝を除く外壁の彫紋は角ばって畝が陵線状となった網目状紋。溝間域の中央部の網目は大きく，溝縁に向かって小さくなり，溝の周辺ではしわ状紋〜平滑状紋となる。オオバヤナギ：SPl.28.7-10，ケショウヤナギ：SPl.28.11-14。ヤナギ属：発芽溝を除く外壁の彫紋はケショウヤナギ属やオオバヤナギ属に似るが，溝間域と溝との境界では平滑状紋となる。ネコヤナギ：SPl.28.15-18，LPl.13.1-5]

図 a

C2 溝は長く，孔はやや横長。大小の畝が規則正しく配列………………**アオギリ属 アオギリ科**

[外壁の彫紋は網目状紋で，大小の網目からなり，小さな網目が連なって畝を形成し，大きな網目を囲む 2 重の網目となる。大きな網目のなかには微粒が 10 個以上詰まる。アオギリ：SPl.178.18-21]

C3 溝は長く，溝辺はわずかに肥厚。孔はやや横長………………………**トベラ属 トベラ科**

[溝内の彫紋はほぼ平滑状紋。外壁の彫紋は微穿孔状紋。トベラ：SPl.114.12-14，LPl.21.7-10]

ニシキギ属，クロヅル属，ツルウメモドキ属 ニシキギ科

[ニシキギ属・クロヅル属：3(-4・6)溝孔型。溝は凸レンズ状に大きく開く。溝内の彫紋は微粒が点在するか平滑状紋。外壁の彫紋は網目状紋で，溝間域では大きく，溝縁に向かって小さくなる。畝は小柱が認められる。ツリバナ：SPl.172.1-6，LPl.33.1-5，クロヅル：SPl.173.5-8]

アオカズラ属，アワブキ属 アワブキ科

[アワブキ属：溝内の彫紋は微粒が分布する。外壁の彫紋は微穿孔状紋で，溝間域では微穿孔が大きく，溝縁に向かって小さくなり，不鮮明になる。アワブキ：SPl.168.4-7]

サンショウ属 ミカン科

[孔は確認しにくい。外壁の彫紋は網目状紋で，網目が小さくて浅いもの(サンショウ)と大きくて深く立体的なもの(イヌザンショウ)がある。サンショウ：SPl.158.9-12]

クスイトゲ属，イイギリ属 イイギリ科

[イイギリ属：溝内の彫紋は平滑状紋。外壁の彫紋は網目状紋で，網目は溝間域と極域では明瞭であるが，溝縁に向かって小さくなる。イイギリ：SPl.184.13-16，LPl.37.1-4]

ニワトコ属，ガマズミ属の一部〈ガマズミ〉 スイカズラ科

[ニワトコ属：溝内の彫紋は平滑状紋。外壁の彫紋は網目状紋で，網目は溝間域で大きく，溝縁に近づくと小さくなる。ニワトコ：SPl.297.5-8，エゾニワトコ：LPl.60.9-13。ガマズミ属：外壁の彫紋は網目状紋で，網目は溝間域で大きく，溝縁に近づくと小さくなる。網目のなかにはたくさんの微粒が詰まる。ガマズミ：SPl.299.1-3]

ノウゼンカズラ属 ノウゼンカズラ科

[口膜の上は平滑状紋。外壁の彫紋は小網目状紋で，微細な網目が全表面を覆う。ノウゼンカズラ：SPl.284.10-12]

ヒルギダマシ属 クマツヅラ科

[ヒルギダマシ属：3溝型。溝は幅広く，凸レンズ状。外壁の彫紋は微穿孔状紋である。ヒルギダマシ：SPl.

検 索 表

270.9-12，LP1.54.1-5]

C4　孔，溝辺は肥厚しない。孔は小形の円形。外層に円柱が1列に配列し，畝を形成
　　……………レンギョウ属，モクセイ属，トネリコ属，イボタノキ属，ハシドイ属　モクセイ科
　　［レンギョウ属・モクセイ属・トネリコ属・イボタノキ属・ハシドイ属：溝は比較的よく開くので，内孔は確
　　認しやすい。溝内の彫紋はほぼ平滑状紋。外壁の彫紋は小柱に支えられた畝からなる網目状紋。キンモクセ
　　イ：SP1.246.13-16，レンギョウ：SP1.247.16-19，マルバアオダモ：SP1.246.5-8，LP1.48.4-8，イボタノキ：
　　SP1.245.1-4，ハシドイ：SP1.248.4-7]

C5　溝は長く，溝周縁の網目は小さくなる。孔は大形の横長……………ニガキ属　ニガキ科
　　［外壁の彫紋は網目状紋で，網目は溝間域で非常に大きく，溝縁に向かって小さくなる。網目は立体的で小柱
　　が認められる。ニガキ：SP1.161.1-4，LP1.30.5-8]

C6　溝辺は肥厚。孔は大形の円形または楕円形……………シャジクソウ属　マメ科
　　［溝内の彫紋は平滑状紋。外壁の彫紋は微穿孔状紋であるが，極域と溝縁では不明瞭となる。シロツメクサ：
　　SP1.140.13-14]

A2　網目の大きさは1μmより小さい

D1　溝は長く，溝内の彫紋はいぼ状紋。網目は不明瞭……………ヌスビトハギ属　マメ科
　　［溝内に微粒が見られるものと見られないものがある。外壁の彫紋はしわ状紋または網目状紋。ヌスビトハギ：
　　SP1.136.21-23]

D2　溝は長く，孔は横長

E1　両極部分は外層が厚く，赤道部分は薄い……………ニワウルシ属　ニガキ科
　　［孔の周辺は隆起する。外壁の彫紋は縞状紋で，縦に走る線が多い。ニワウルシ：SP1.161.5-8]

E2　孔の内層は長く伸び，帯状に孔間を連絡する……………イタドリ属　タデ科
　　［孔は横に長い楕円形。外壁の彫紋は角ばった網目状紋（イタドリ）と微穿孔状紋（オオイタドリ）。イタドリ：
　　SP1.52.5-8]

D3　溝は長く，溝辺は肥厚

F1　花粉の大きさは30-45μm

G1　孔は不明瞭……………ナンキンマメ属　マメ科
　　［外壁の彫紋は微穿孔状紋で，溝縁まで広く覆われる。ナンキンマメ：SP1.143.1-3]

G2　孔は横長で，中肋……………ゲッキツ属　ミカン科
　　［溝内の彫紋は微粒が見られる。外壁の彫紋は縞状紋で，縦に流れるものが多く，数か所で線が1点に集ま
　　る。ゲッキツ：SP1.159.14，LP1.29.9-12]

G3　孔は円形で，やや突出……………ツバキ属，ナツツバキ属，ヒメツバキ属　ツバキ科
　　［ツバキ属：外壁の彫紋は大脳のしわのように曲がりくねった畝からなるしわ状紋と微穿孔状紋。ヤブツバ
　　キ：SP1.88.1-4，LP1.18.1-4。ナツツバキ属・ヒメツバキ属：特徴はツバキ属に似るが，外壁の彫紋は微穿
　　孔状紋。ナツツバキ：SP1.87.11-12，ヒメツバキ：SP1.89.1-3，LP1.19.1-5]

F2　花粉の大きさは30μmより小さい

H1　孔は不明瞭……………ヤマグルマ属　ヤマグルマ科
　　［孔は微粒が詰まった薄膜に覆われ確認しにくい。溝間域では網目が大きく，極に向かってしだいに小さく
　　なる。ヤマグルマ：SP1.67.1-4]

H2　孔は円形または楕円形……………アケビ属　アケビ科
　　［溝内の彫紋は微粒で覆われ，孔は不明瞭。外壁の彫紋は微穿孔状紋で，畝には縞模様が見られる。アケ
　　ビ：SP1.79.5-8，LP1.15.10-13]

検 索 表

ハギ属，クララ属，センダイハギ属 マメ科

[ハギ属：溝内の孔は不明瞭。外壁の彫紋は凹の大きさにより，微穿孔状紋または網目状紋となる。マルバハギ：SPl.136.6-8。クララ属：溝内の彫紋は平滑状紋。外壁の彫紋は微穿孔状紋。クララ：SPl.135.12-13。センダイハギ属：溝内の彫紋は微粒がある。外壁の彫紋は微穿孔状紋で，微穿孔は溝間域で大きく，溝縁に向かって小さくなる。センダイハギ：SPl.138.1-4]

ボケ属 バラ科

[溝内の彫紋は平滑状紋。外壁の彫紋は縞状紋で，線の特徴は種類により異なる。ボケ：SPl.131.5-8]

オトギリソウ属，ミズオトギリ属 オトギリソウ科

[オトギリソウ属・ミズオトギリ属：孔はやや突出して溝を両極に2分することがある。外壁の彫紋は微穿孔状紋。オトギリソウ：SPl.90.8-11，ミズオトギリ：SPl.90.5-7]

イワカガミ属，イワウメ属，イワウチワ属 イワウメ科

[イワカガミ属：溝内の彫紋は平滑状紋。外壁の彫紋は小網目状紋～微穿孔状紋で，網目と微穿孔の中間のような模様を呈する。イワカガミ：SPl.223.4-7。イワウチワ属：溝内の彫紋は平滑状紋。外壁の彫紋は網目状紋で，網目は溝間域では大きく，溝縁では小さくなる。イワウチワ：SPl.223.1-3。イワウメ属：溝があまり開かないため孔は確認しにくい。外壁の彫紋は微粒状紋で，微粒が全表面に密に分布する。イワウメ：SPl.223.12-15]

フジウツギ属，アイナエ属 フジウツギ科

[フジウツギ属：3-4溝孔型。溝は両極近くまで伸びる。フジウツギ：SPl.284.6-9]

キリ属，サギゴケ属，ゴマノハグサ属 ゴマノハグサ科

[キリ属：溝内の彫紋は平滑状紋。外壁の彫紋は微穿孔状紋で，全表面を微穿孔が覆う。キリ：SPl.286.1-3，LPl.55.14-15]

チダケサシ属，アラシグサ属，ネコノメソウ属，アジサイ属，バイカウツギ属，ウツギ属，キレンゲショウマ属，チャルメルソウ属，ウメバチソウ属 ユキノシタ科

[チダケサシ属：外壁の彫紋は縞状紋＋小網目状紋。網目は溝辺で小さくなる。アカショウマ：SPl.113.1-4。ネコノメソウ属：溝内の彫紋は平滑状紋。外壁の彫紋は小網目状紋。ハナネコノメ：SPl.114.8-9。アジサイ属・バイカウツギ属・ウツギ属・ウメバチソウ属：溝内の彫紋は平滑状紋。外壁の彫紋は小網目状紋で，溝間域では大きく，溝縁に向かって小さくなり，溝縁部は平滑状紋となる。コアジサイ：SPl.108.4-6，バイカウツギ：SPl.109.5-7，ヒメウツギ：SPl.109.8-10，ウメバチソウ：SPl.112.1-3。チャルメルソウ属：外壁の彫紋は手鞠のようなしわ状紋で，溝間域では模様が顕著。チャルメルソウ：SPl.114.5-7。キレンゲショウマ属：外壁の彫紋は小網目状紋で，溝間域では大きく，溝縁に近づくにつれ小さくなり，微穿孔となる。キレンゲショウマ：SPl.107.8-12，LPl.20.9-12]

検索表 D10-5-4.3 溝孔型，極観円形・赤道観円形～楕円形型，いぼ状紋

A1　花粉の大きさは 40 μm より大きい

　B1　溝は長く，両端は尖る。溝辺は肥厚し，溝周縁のいぼは小さくなる。孔は横長で，中肋
　　　　‥‥‥‥‥‥‥‥‥‥‥‥‥‥‥‥‥‥‥‥‥‥‥‥‥‥‥‥‥‥‥**クサトベラ属 クサトベラ科**

　B2　数本の円柱の集合体からなる単独の刺状突起（高さ 3-5.5 μm）がある

　　C1　孔は両極方向に長い紡錘形 ‥‥‥‥‥‥‥‥‥‥‥‥‥‥**ヤマボウシ属**(I：刺状紋) **ミズキ科**

　　C2　孔は楕円形 ‥‥‥‥‥‥‥‥‥‥‥‥‥**タムラソウ属，トウヒレン属 キク科**(I：刺状紋)

　B3　溝は長く，溝辺はやや肥厚。外壁の彫紋のいぼは密ではなく，斑点のように見える
　　　　‥‥‥‥‥‥‥‥‥‥‥‥‥‥‥‥‥‥‥‥‥‥‥‥‥‥‥**アオキ属**(N：円柱状紋) **ミズキ科**

検 索 表

　　　　　［外壁の彫紋は円柱状紋。アオキ：SPl.213.5-8］
A2　花粉の大きさは 30μm より小さい
　D1　孔は不明瞭で，外壁の彫紋のいぼは粗大 …………………………………**コナラ属コナラ亜属　ブナ科**
　　　　　［孔は溝が両側の一部を覆うため長円形に見える。外壁の彫紋はいぼ状紋のものが多く，その間に微穿孔が見ら
　　　　　れる。その他にも種によって表面模様の異なるものがあり，種レベルの同定が可能なものがある。ウバメガシ：
　　　　　SPl.38.5-8，LPl.11.13-15］
　D2　孔は溝の断面では明瞭 ………………………………………………**コナラ属アカガシ亜属　ブナ科**
　　　　　［基本型はコナラ亜属に似るが，花粉は全体に小さい。外壁は角ばったいぼ状紋か，細長く畝状に伸びた突起の
　　　　　上にさらに微小刺が多数分布する。SEMを使えば，種レベルまで同定できる可能性がある。ウラジロガシ：
　　　　　SPl.39.1-4，LPl.11.16-18］
　D3　孔は不明瞭で，外壁の彫紋のいぼは小さい ……………………………………**ユズリハ属　ユズリハ科**
　　　　　［溝内の彫紋は微粒が分布。外壁の彫紋は凹凸のある表面に微穿孔状紋と不規則な形の微粒が点在する。ユズリ
　　　　　ハ：SPl.144.6-8，LPl.29.5-8］
　D4　孔は横長で，突出し，中肋。外壁彫紋のいぼは小さい ………**メヒルギ属，オヒルギ属　ヒルギ科**
　　　　　［メヒルギ属：外壁の彫紋はしわ状の凹凸の激しい表面の窪みに微穿孔が見られる。メヒルギ：SPl.204.5-8，：
　　　　　LPl.42.12-15。オヒルギ属：外壁の彫紋は平滑状紋で，微穿孔が点在し，極域で少なく赤道部で多い傾向が見ら
　　　　　れる。オヒルギ：SPl.204.9-12，LPl.42.8-11］

検索表 D10-5-5．3溝孔型，極観円形・赤道観円形～楕円形型，刺状紋

A1　花粉の大きさは 65-85×70-90μm(N)。溝は短く，密な円柱が並ぶ。微小刺(＜1μm)が散在する
　　　………………………………………………………**マツムシソウ属**(N：3溝型)　**マツムシソウ科**
　　　　　［溝は短くて大きく凸レンズ状に開く。外壁の彫紋は刺状紋で，5-10μm 前後の間隔で大きな刺が点在する。マツム
　　　　　シソウ：SPl.307.1-4］
A2　花粉の大きさは 60μm より小さい
　B1　溝は長く，幅は広い。外壁の彫紋は刺状紋で，刺(高さ 1.5-2μm)が突出するかぶと状突起
　　　………………………………**オミナエシ属の一部**〈オミナエシ〉**，カノコソウ属**(N：3溝型)　**オミナエシ科**
　　　　　［オミナエシ属・カノコソウ属：外壁の彫紋は刺状紋で，基部がドーム状に盛り上がり，その頂点に 3μm 前後の
　　　　　刺がサイの角のように突出する(かぶと状突起)。オミナエシ：SPl.304.5-7，カノコソウ：SPl.304.1-4］
　B2　数本の円柱の集合体からなる単独の刺状突起(高さ 3-5.5μm)がある(図 a)

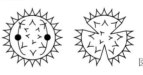
図 a

　　C1　孔は横長で，スリット状 …………………………**フジバカマ属，メタカラコウ属**(N：粒状紋)　**キク科**
　　C2　孔は円形または楕円形 ………………………………………………………………**コウモリソウ属，**
　　　　　　　　キク属(N：円柱状紋)**，アザミ属**(N：円柱状紋)**，ノコギリソウ属**(N：円柱状紋)**，**
　　　　　　　　オケラ属(N：粒状紋)**，タカサゴキンソウ属**(N：円柱状紋)**，**
　　　　　　　　タムラソウ属(N：いぼ状紋)**，トウヒレン属**(N：いぼ状紋)　**キク科**
　　　　　［キク属：溝は凸レンズ状に開く。外壁の彫紋は長刺状紋で，基部に高さ 5μm 前後の長刺が全表面を覆う。
　　　　　キク：SPl.308.11-14，シオギク：LPl.66.1-4。アザミ属：溝は凸レンズ状に開く。外壁の彫紋は長刺状紋で，
　　　　　基部が広くてピラミッド状となる。ノアザミ：SPl.321.1-4。オケラ属：特徴はアザミ属に似るが，アザミ属よ

り大形の花粉。オケラ：SPl.320.1-4]

   C3   孔は両極方向に長い紡錘形 ………………………………………………**ヤマボクチ属 キク科**

  B3   微小刺(<1μm)が散在する。孔は横長で，中肋………**ノブキ属**(N：粒状紋)，**センボンヤリ属**，

                               モミジハグマ属，クサヤツデ属(N：円柱状紋) **キク科**

検索表 D10-5-6. 3溝孔型，極観円形・赤道観円形〜楕円形，円柱状紋・棍棒状紋

A1   外壁の彫紋は円柱状紋〜棍棒状紋。円柱・棍棒が密である ………**アオキ属**(I：いぼ状紋) **ミズキ科**

[アオキ属：外壁の彫紋は円柱状紋〜棍棒状紋で，円柱〜棍棒が全表面を密に覆う。アオキ：SPl.213.5-8，ヒメアオキ：SPl.206.9-12，LPl.42.16-19]

A2   外壁の彫紋は棍棒状紋 ………………………………**モチノキ属**(I：有柄頭状紋) **モチノキ科**(図a)

[溝内の彫紋は微粒が点在するか平滑状紋。外壁の彫紋は棍棒状紋で，溝縁部に向かって小さくなり，微粒状紋となる。クロガネモチ：SPl.170.1-4，モチノキ：SPl.171.1-5，LPl.31.9-10]

図a

検索表 D10-5-7. 3溝孔型，極観円形・赤道観円形〜楕円形，微穿孔状紋

A1   微穿孔は密である ………………………**ヤマアイ属，シラキ属，トウダイグサ属 トウダイグサ科**

[ヤマアイ属：孔は確認しにくい。外壁の彫紋は微穿孔状紋。ヤマアイ：SPl.157.10-11。シラキ属：溝は長く，幅広く開く。溝内の彫紋は平滑状紋。外壁の彫紋は微穿孔状紋で，溝間域では明瞭であるが，溝縁に向かって不鮮明となる。シラキ：SPl.151.5-8。トウダイグサ属：溝は横に大きく開き，外壁の底面層が平滑状紋のまま幅広く溝縁部に露出する。外壁の彫紋は微穿孔状紋。コニシキソウ：SPl.155.5-8]

A2   微穿孔はまばらである …………………………………………………**オオバヒルギ属 ヒルギ科**

[オオバヒルギ属：溝は極域近くまで伸びる。外壁の彫紋は微穿孔状紋で，微穿孔はまばらに散在する。オオバヒルギ：SPl.285.1-4，LPl.42.4-7]

A3   微穿孔は擂鉢状である ……………………………………………………**ツルドクダミ属 タデ科**

[孔は横に長い楕円形。外壁の彫紋は微穿孔状紋。ツルドクダミ：SPl.53.5-8]

検索表 D10-6. 3溝孔型，極観三裂円形・赤道観長円形型(図6-F)

A1   花粉の大きさは30-35×40-45μm(N)。外壁の彫紋は網目状紋で，溝は長く溝辺は肥厚

    ………………………………………………………………………………**ツタ属 ブドウ科**

[溝内の彫紋は微粒が分布する。外壁の彫紋は網目状紋で，溝間域と極域では鮮明であるが，溝縁に向かって小さくなる。ツタ：SPl.177.13-16]

A2   花粉の大きさは5-10×15-25μm(N)。外壁の彫紋は微粒状紋または平滑状紋。溝は長く，両端は尖る………………………………………………………**シュウカイドウ属 シュウカイドウ科**

[溝内の彫紋は微粒が多数分布し，孔は確認しにくい。外壁の彫紋は縞状紋で，線の太さの3-5倍の間隔をあけて縦方向に平行に走る。全表面に微粒が点在する。シュウカイドウ：SPl.192.6-8，LPl.36.8-9]

検索表 D10-7. 3溝孔型，極観三裂円形・赤道観紡錘形型(図6-G)

A1   外壁の彫紋は縞状紋〜網目状紋。溝は長く，溝辺は肥厚…**ウルシ属，チャンチンモドキ属 ウルシ科**

[ウルシ属・チャンチンモドキ属：外壁の彫紋は縞状紋で，全表面を縦に走る密な線で覆われる。ヤマウルシ：SPl.

検 索 表

162.17-20，LPl.31.1-2]

ツクバネアサガオ属，クコ属　ナス科

［クコ属：溝内の彫紋は微粒が点在する。外壁の彫紋は縞状紋で陵線状となり，鋭く切れ込んだ窪みを持つ線が極軸方向に平行に走る。クコ：SPl.281.1-4］

A2　外壁の彫紋は網目状紋
　B1　網目の大きさは 1-1.5 μm。溝は長く，溝辺は肥厚。孔は円形で，中肋
　　　　　　　　　　　　　　　　　　　　　　　　　　　　ヒトツバハギ属　トウダイグサ科

　　　［溝内の彫紋は微粒が分布する。外壁の彫紋は網目状紋で，網目は溝間域で大きく，溝縁に向かって小さくなり，溝の周辺は平滑状紋となる。ヒトツバハギ：SPl.150.9-12］

　B2　網目の大きさは 0.5 μm より小さい。溝は長く，溝辺はわずかに肥厚。孔は横長で，中肋
　　　　　　　　　　　　　　　　　　　　　　　　　　　　マツカゼソウ属　ミカン科

検索表 D10-8. 3溝孔型，極観類三角形・赤道観円形～楕円形型（図6-H）

細分化のための主検索

A1　外壁の彫紋は平滑状紋……………………………………………………キチョウジ属　ナス科
　　　［溝は極域まで達し，溝内は平滑状紋で，微粒がまばらに見られる。ヤコウカ：SPl.274.17-20］
A2　外壁の彫紋は粒状紋　……………………………………………………検索表 D10-8-1
A3　外壁の彫紋はしわ状紋　…………………………………………………検索表 D10-8-2
A4　外壁の彫紋は縞状紋。極観は丸みのある三角形。溝は長く，溝辺はわずかに肥厚し，孔は突出。花粉の大きさは 20-30×25-35 μm(N)………………………バラ属(I：網目状紋)　バラ科
　　　［溝内の彫紋はほとんど平滑状紋。外壁の彫紋は縞状紋で，ある程度幅があり丸みのある線が平行に走っている。ノイバラ：SPl.120.1-4］
A5　外壁の彫紋は網目状紋　…………………………………………………検索表 D10-8-3
A6　外壁の彫紋はいぼ状紋　…………………………………………………検索表 D10-8-4
A7　外壁の彫紋は刺状紋　……………………………………………………検索表 D10-8-5
A8　外壁の彫紋は微穿孔状紋　………………………………………………検索表 D10-8-6

検索表 D10-8-1. 3溝孔型，極観類三角形・赤道観円形～楕円形型，粒状紋

A1　溝の両端は尖り，溝内の彫紋はいぼ状紋。花粉の大きさは 30-45×35-45 μm(N)
　　　　……………………………………………ホドイモ属(I：網目状紋)　マメ科（図a）
　　　［溝内の彫紋は微粒が詰まっていて孔は不明瞭。外壁の彫紋はしわ状紋。ホドイモ：SPl.139.11-13］

図a

A2　溝は割目状で，短い。孔は円形で，突出し，前腔型。花粉の大きさは 30-45×25-35 μm(N)
　　　　……………………………………………グミ属(I：網目状紋)　グミ科（図b）
　　　［溝はスリット状で短く，向心極面の方が遠心極面のものより少し長く見える。孔は丸くて大きい。外壁の彫紋は平滑状紋～いぼ状紋で，遠心極面の彫紋の方が顕著で，向心極面では不鮮明になる。ナツグミ：SPl.187.1-3，LPl.36.4-6］

図b

888

A3　溝は短く，孔は横長で，中肋。微小刺（<1 μm）が散在する。花粉の大きさは 45-55×50-55 μm（I）
　　……………………………………スイカズラ属の一部〈オニヒョウタンボク〉（I：刺状紋）　スイカズラ科
[3(4-5)溝孔型。外壁の彫紋は刺状紋で，2-3 μm の刺がまばらに点在し，それ以外は微小刺状紋で覆われる。オニ
ヒョウタンボク：SPl.301.14]

A4　孔は横長で，中肋は長く，赤道を取り巻く。花粉の大きさは 55-60×50-60 μm（I）
　　………………………………………………………………イワツクバネウツギ属　スイカズラ科
[横長内孔が互いに連なり，赤道部を取り巻く帯孔粒を持つ。外壁の彫紋は平滑状紋に近いが，拡大してして見ると
微細な凹凸状となっている。イワツクバネウツギ：SPl.300.1-2]

検索表 D10-8-2.　3 溝孔型，極観類三角形・赤道観円形～楕円形型，しわ状紋

A1　溝は不鮮明。孔は中肋で，突出。赤道観溝間域が肥厚し，極観は間口型に見える。花粉の大きさ
　　は 30-40×30-50 μm（N）………………………………………………ハマザクロ属　ハマザクロ科（図 a）
[3 孔型。孔の周辺は突出して円錐状に隆起し，孔は細粒に覆われる。孔と孔の間は極軸上に肥厚して隆起した稜線
が 3 本走り，極域で合流して三矢形となる。ハマザクロ：SPl.200.11-15,
LPl.42.1-3]

図 a

A2　溝は長く，溝辺は肥厚。孔は突出。花粉の大きさは 30 μm より小さい
　　………………………………………………………………イワレンゲ属，ベンケイソウ属
　　　　マンネングサ属，アズマツメクサ属，トウロウソウ属　ベンケイソウ科（I：網目状紋）
[イワレンゲ属・マンネングサ属・ベンケイソウ属：溝内の彫紋は平滑状紋。外壁の彫紋は手鞠（てまり）のような縞状紋で，
糸が複雑に交叉する。ツメレンゲ：SPl.105.1-3，メノマンネングサ：SPl.105.7-9，イワベンケイ：SPl.106.1-4]
　　　　　　　　　　　　　　　　　　　　　　　　　　　　　　　タコノアシ属　ユキノシタ科
[溝の末端は尖る。溝内の彫紋は平滑状紋。外壁の彫紋は小網目状紋で，溝間域でやや大きく，溝縁で少し小さくな
る。タコノアシ：SPl.109.15-17]

A3　溝は極域まで達しない。花粉の大きさは 12-17×17-24 μm　……………テンニンカ属　フトモモ科
[極観は頂口型の亜三角形。赤道観は楕円形。溝は極域まで達していない。外壁の彫紋はしわ状紋。テンニンカ：
SPl.201.7-10，LPl.37.14-17]

A4　溝は極域まで達する。花粉の大きさは 20-23×20-27 μm　……………ハンカチノキ属　ミズキ科
[極観は頂口型の三角円形で，赤道観は円形。外壁の彫紋はしわ状紋。ハンカチノキ：SPl.206.13-16]

検索表 D10-8-3.　3 溝孔型，極観類三角形・赤道観円形～楕円形型，網目状紋

A1　網目の大きさは 2-4 μm
　B1　孔はスリット状。溝の周縁は微粒状紋。花粉の大きさは 30-35×25-35 μm（N）
　　　………………………………………………………………………ノアズキ属　マメ科
　B2　網目は両極，溝周縁で小さくなる。
　　　溝は長く，孔は横長で，中肋……………………………………………キハダ属　ミカン科

A2　網目の大きさは 0.5-2 μm。溝は長い
　C1　網目の大きさは 1-2 μm。
　　D1　孔は長楕円形。花粉の大きさは 35-45×35-50 μm（N）…………ジャケツイバラ属　マメ科（図 a）
　　　　[極観は間口型の亜三角形。赤道観は楕円形。外壁の彫紋は網目状紋で，網目の中に微粒がある。溝の幅は広

検索表

く，微粒が接合したような構造を呈す。孔は細く短い。ナンテンカズラ：SPl.134.
1-5, LPl.25.1-4]

図a

D2 花粉の大きさは30μmより小さい
　　E1 孔は円形または楕円形。網目は両極，溝周縁で小さい……………………………クズ属　マメ科
　　　　[3溝孔型。外壁の彫紋は微穿孔状紋～小網目状紋で，微穿孔と網目の中に突起が見られる。クズ：SPl.142.
　　　　1-4]
　　E2 孔は不明瞭……………………………………………………………フジ属，ナツフジ属　マメ科
C2 網目の大きさは1μm。溝の幅は狭い。溝辺はわずかに肥厚。孔は円形で，中助。花粉の大きさ
　　は15-25×20-25μm(N)……………………………………………ブドウ属(N：3-4溝型)　ブドウ科
　　[溝内の彫紋は微粒が分布する。外壁の彫紋は微穿孔状紋で，溝縁に向かって不鮮明となる。ブドウ：SPl.177.
　　5-8, LPl.33.11-13]
C3 網目の大きさは0.5-1.5μm。溝辺はわずかに肥厚。孔は横長で，突出
　　………………………………ツマトリソウ属，ルリハコベ属，オカトラノオ属　サクラソウ科
　　[ツマトリソウ属・ルリハコベ属：外壁の彫紋は小網目状紋で，網目は全表面を覆い，溝間域の方が溝縁部より
　　もやや大きい。ツマトリソウ：SPl.239.16-19，ルリハコベ：SPl.239.20-23。オカトラノオ属：赤道部では外壁が
　　せりだしているため，孔は確認しにくい。外壁の彫紋はしわ状紋になるものと網目状紋になるものがある。ヌマ
　　トラノオ：SPl.239.1-4]

　　　　　タラノキ属，フカノキ属，ウコギ属，カクレミノ属，タカノツメ属，カミヤツデ属，
　　　　　トチバニンジン属，ハリブキ属，キヅタ属，ヤツデ属，ハリギリ属　ウコギ科
　　[タラノキ属・フカノキ属・ウコギ属・トチバニンジン属・ハリブキ属：外壁の彫紋は微穿孔状紋～小網目状紋
　　で，密に分布するが，溝縁部のみ消失して平滑状紋となる。タラノキ：SPl.215.5-8，：LPl.44.6-9，フカノキ：
　　SPl.216.9-11，LPl.43.5-8，ヤマウコギ：SPl.217.5-7，トチバニンジン：SPl.216.5-8，ハリブキ：SPl.216.1-4。
　　カクレミノ属：溝内の彫紋は平滑状紋。外壁の彫紋は微穿孔状紋で，微穿孔が溝間域と極間域では密に分布し鮮
　　明であるが，肥厚した溝縁部では不鮮明となる。カクレミノ：SPl.217.1-4，LPl.43.1-4]
A3 網目の大きさは0.5μmより小さい
　　F1 網目は不明瞭。孔は突出。花粉の大きさは15-25×25-30μm(N)…………コマツナギ属　マメ科
　　　　[類三角形，赤道観楕円形，3 colporate，pore突出，外膜の厚さ2.0μ，表面は微細なreticulateで不明瞭(N)。]

検索表D10-8-4. 3溝孔型，極観類三角形・赤道観円形～楕円形型，いぼ状紋

A1 溝は短く，孔はやや横長で，中肋，突出。赤道観溝間域はいぼ状紋，その他は微粒状紋
　　……………………………………………………………………………ハナイカリ属　リンドウ科
　　[赤道観は横長の凸レンズ状。3溝孔型。孔は丸くて，その直径と同じぐらいの幅の肥厚した外壁で囲まれる。外壁
　　の彫紋は平滑状紋で，赤道部の孔間域には不規則な微穿孔が点在する。ハナイカリ：SPl.251.1-3]
A2 溝は長く，溝辺は肥厚
　　B1 孔は横長で，中肋，突出しやすい………………エゴノキ属，アサガラ属　エゴノキ科(I：刺状紋)
　　　　[エゴノキ属・アサガラ属：溝は大きく開いていて内孔は確認しやすい。溝内の彫紋は平滑状紋。外壁の彫紋は
　　　　微穿孔状紋で，微穿孔が全表面を覆う。エゴノキ：SPl.244.1-4，LPl.46.7-10，アサガラ：SPl.244.9-12]
　　B2 孔は円形で，中肋………………………………………………………ミズキ属(I：刺状紋)　ミズキ科
A3 溝は長方形で，溝内の彫紋はいぼ状紋。極面の彫紋は粗いいぼ状紋。花粉の大きさは50-55×

検 索 表

40-50 μm(N) ……………………………………………………………………………………………… ナタマメ属 マメ科

[3合流溝型。溝は両極まで伸びて合流する。両極に三角形の極域を形成し、その中にいぼ状突起や微粒が見られる。ハマナタマメ：SPl.142.5-7]

検索表 D10-8-5. 3溝孔型，極観類三角形・赤道観円形〜楕円形型，刺状紋

A1　溝は短い。孔は横長で，中肋。微小刺(<1 μm)が散在する。花粉の大きさは 45-55×50-55 μm(I)
　　……………………………………… スイカズラ属の一部〈オニヒョウタンボク〉(N：粒状紋) スイカズラ科

[3(4-5)溝孔型。外壁の彫紋は刺状紋で，2-3 μm の刺がまばらに点在し，それ以外は微小刺状紋で覆われる。オニヒョウタンボク：SPl.301.14]

A2　溝は長く，溝辺は肥厚。孔は円形で，中肋。花粉の大きさは 25-35×35-45 μm(N)
　　……………………………………………………………………………… ミズキ属(N：いぼ状紋) ミズキ科

検索表 D10-8-6. 3溝孔型，極観類三角形・赤道観円形〜楕円形型，微穿孔状紋

A1　微穿孔は単独のものと数個が集合しているものがある ………………………… トビカズラ属 マメ科

[極観は頂口型の三角円形，赤道観は円形。外壁の彫紋は微穿孔状紋。微穿孔は単独のものと数個が集合しているものがある。ウジルカンダ：SPl.134.10-13，LPl.26.1-4]

A2　微穿孔は溝周辺で大きく，極域では数が少なく平滑状紋となる
　　……………………………………………………………… ラウオルフィア属 キョウチクトウ科

[極観は頂口型の亜三角形。赤道観は横長の楕円形。溝の周辺は隆起し，孔は細長く突出する。外壁の彫紋は微穿孔状紋で，微穿孔は溝周辺で大きく，極域では少なく平滑状紋となる。インドジャボク：SPl.254.4-7，LPl.52.5-6]

検索表 D10-9. 3溝孔型，極観類三角形・赤道観(やや)菱形型(図6-I)

A1　外壁の彫紋は微穿孔状紋で，溝間域では微穿孔は顕著であるが，溝縁に向かって不鮮明となる
　　…………………………… クマヤナギ属，ネコノチチ属，クロウメモドキ属 クロウメモドキ科

[クマヤナギ属・ネコヤナギ属・クロウメモドキ属：溝は両極近くまで伸び，孔の周辺はかなり隆起する。外壁の彫紋は微穿孔状紋。クマヤナギ：SPl.176.12-14，ネコノチチ：SPl.175.4-7，コバノクロウメモドキ：SPl.176.5-8]

A2　外壁の彫紋はしわ状紋で，細い線が複雑に交叉し，溝間域では鮮明であるが，溝縁に向かって不鮮明となる ……………………… ナツメ属，ケンポナシ属，ハマナツメ属 クロウメモドキ科

[ナツメ：SPl.176.9-11，ケンポナシ：SPl.176.1-4，ハマナツメ：SPl.175.12-14]

検索表 D10-10. 3溝孔型，極観類三角形・赤道観縦長の楕円形〜紡錘形型(図6-J)

A1　外壁の彫紋はいぼ状紋。花粉の大きさは 25-35×15-25 μm(N)。溝は短く，幅は狭い。孔は横長で，中肋 ……………………………………… ハイノキ属の一部〈ハイノキ〉 ハイノキ科

[溝は非常に短いスリット状でよく開き，内孔は確認しやすい。]

A2　外壁の彫紋は粒状紋またはいぼ状紋。花粉の大きさは 25-40×30-40 μm(N)。溝は長く，孔は横長のレンズ状で，突出……………………………………… クマツヅラ属 クマツヅラ科

[溝はやや短く極軸の半分ほどで，溝内には微粒が点在する。外壁の彫紋は平滑状紋であるが，微穿孔が多数見られる。クマツヅラ：SPl.272.12-13]

A3　外壁の彫紋は粒状紋または微網目状紋。花粉の大きさは 10-20×10-15 μm(N)。溝は長く，孔は円形で，突出……………………………………………………………… ムクロジ属 ムクロジ科

[外壁の彫紋は微穿孔状紋で，溝縁部では不鮮明になる。ムクロジ：SPl.166.7-10]

検索表

A4　外壁の彫紋は刺状紋。花粉の大きさは 15-25×20-25 μm(I)　　**フウチョウソウ属　フウチョウソウ科**
　　[3溝孔型。溝の両端は細く尖り，孔は溝内の赤道部に開く。溝内の彫紋は微小刺が点在する。外壁の彫紋は刺状紋
　　で，まばらに分布し，その間に微穿孔が見られる。フウチョウソウ：SPl.97.1-3]

A5　外壁の彫紋はしわ状紋
　B1　花粉の大きさは 27-36×28-43 μm(N)。外壁は赤道観溝間域と両極で厚い
　　　………………………………**サルスベリ属**(I：3溝，N：3溝孔型)　**ミソハギ科**(図a)

図a

　　　[3溝孔型。溝内の彫紋は微粒状紋が分布する。外壁は溝と溝の間の境界が大きく肥厚し
　　　て隆起し，稜線を形成して極観で見ると三矢形となる。この隆起は短雄しべでは微穿孔
　　　が分布していて凹凸の激しいしわ状紋で，長雄しべでは平滑状紋に近い。隆起部以外の外壁の彫紋は短雄しべが
　　　細粒状紋で，長雄しべが微粒状紋。シマサルスベリ：SPl.198.9-12，LPl.40.6-9]
　B2　花粉の大きさは 15-20×20-25 μm ………………………………**キカシグサ属**(I：3溝+6偽溝)　**ミソハギ科**
　　　[極観は間口型の三角円形。赤道観は楕円形。3溝孔型。溝は極域まで達し，まれに環状溝。外壁の彫紋はしわ状
　　　紋。キカシグサ：SPl.185.9-14]

検索表 D11. 多環溝孔型(図5-L, M)

細分化のための主検索

A1　6溝孔よりも多い ……………………………………………………………………………………検索表 11-1
A2　6溝孔よりも少ない …………………………………………………………………………………検索表 11-2

検索表 D11-1. 多環溝孔型(6環溝孔以上)

A1　環溝孔は 12 個以上
　B1　花粉は類円形または歯車状。約 16 本の溝は両極方向に平行に配列
　　　…………………………………**ヒメハギ属の一部**〈ヒメハギ〉(I：多溝孔型)　**ヒメハギ科**(図a)
　　　[多(ca.15)環溝孔型。溝はやや短くて，極域は大きな円形となる。溝内と溝間域が同じぐらいの幅で極軸方向に
　　　並ぶ。溝内と外壁の彫紋は平滑状紋。コバナヒメハギ：SPl.163.6-8，LPl.22.17-19]

図a

　B2　花粉は長円形。赤道観は彎曲した長円形
　　　…………………………………**ヒメハギ属の一部**〈ヒナノキンチャク〉(I：多溝孔型)　**ヒメハギ科**(図b)

図b

A2　10-(11)環溝孔で，溝は短い。外壁の彫紋は網目状紋 ……………………………**ルリジサ属　ムラサキ科**
A3　(8)-9-(10)環溝孔で，外壁の彫紋は網目状紋。花粉の大きさは 20-30 μm
　　　……………………………………………………………………………**ヒレハリソウ属　ムラサキ科**
　　　[溝孔は極軸の半分ぐらいで，短く幅も狭い。外壁の彫紋は微粒状紋で，微粒が溝内も含めた全表面に密にある。ヒ
　　　レハリソウ：SPl.266.12-17]
A4　(6)-7-(8)環溝孔
　B1　花粉の大きさは 10-15 μm ……………………………………………………**サワルリソウ属　ムラサキ科**
　B2　花粉の大きさは 25-30 μm で，1つの溝に孔が 1-2 個 ……………………**スグリ属　ユキノシタ科**

検 索 表

[多環溝散孔型。孔は赤道面には並ばず，1つの溝に孔が1-2個見られる。外壁の彫紋は微穿孔状紋と平滑状紋である。ヤシャビシャク：SPl.106.17-19]

A5 7-8環溝孔で，外壁の彫紋はしわ状紋 ……………………………………ムシトリスミレ属 タヌキモ科

[溝は両極近くまで伸び，ほとんど閉じている。外壁の彫紋はしわ状紋で，細いしわが複雑に絡まって交叉する。ムシトリスミレ：SPl.382.17-19]

A6 6環溝孔で，溝は長く，溝辺は肥厚する。孔は突出し，赤道観紡錘形
…………………………………………………ワレモコウ属の一部〈ワレモコウ〉 バラ科(図a)

[孔は確認しにくい。外壁の彫紋は縞状紋であるが，微粒が点々と連なった不明瞭な線がある。ワレモコウ：SPl.124.11-14，LPl.24.6-10]

図a

検索表 D11-2. 多環溝孔型(6環溝孔未満)

A1 外壁の彫紋は単独の刺状突起(高さ1-5.5 μm)および<1 μm の微粒がある

B1 単独の刺状突起は数本の円柱の集合体である
…………オナモミ属，ブタクサ属の一部〈ブタクサモドキ〉，フジバカマ属，アキノキリンソウ属，
ミヤマヨメナ属，ヨメナ属，ハマベノギク属，ムカシヨモギ属の一部〈ムカシヨモギ〉，
センダングサ属の一部〈シロノセンダングサ〉，ヒマワリ属の一部〈キクイモ〉，
コスモス属の一部〈コスモス〉，コゴメギク属 キク科

[オナモミ属：外壁の彫紋は微小刺状紋で，底面が2 μm前後ある円錐状の先端が鋭く尖った刺が密に覆う。刺の先端以外の表面はすべて微穿孔状の穴があく。オナモミ：SPl.314.9-10，LPl.63.10-12。アキノキリンソウ属：長刺状紋で，長刺の先端以外の外壁は微穿孔が見られる。セイタカアワダチソウ：SPl.318.1-4。シオン属・ヨメナ属・ムカシヨモギ属：長刺状紋で，長刺の先端以外の外壁は微穿孔が見られる。シラヤマギク：SPl.316.7-9，ヨメナ：SPl.316.1-3。センダングサ属・コスモス属：溝は長刺の間にあって確認しにくい。外壁の彫紋は長刺状紋で，細くて長く鋭く尖る。センダングサ：SPl.312.1-3，コスモス：SPl.319.1-4，LPl.63.13-16]

B2 刺は癒合してひだ状になり，全表面を約6個以上の多角形に区切る。ひだの上縁は鋭尖頭の刺となるが，両極面では刺は集合して島状になる …………タンポポ属，ニガナ属の一部〈ニガナ〉，
アキノノゲシ属の一部〈アキノノゲシ〉 キク科タンポポ亜科(D20の図a)

[タンポポ属・ニガナ属・アキノノゲシ属：溝は上下の畝に切り込んでいるが，ほとんど両極に向かって伸びない。溝と内孔との区別もはっきりしない。外壁の彫紋は10 μm以上の網目状紋。畝は隆起し，その上に長刺が1列に並ぶ。長刺の先端以外の畝の上には顕著な微穿孔が多数見られる。カンサイタンポポ：SPl.328.1-4，ニガナ：SPl.327.4-6]

A2 外壁の彫紋は単独の刺状突起(高さ1-5.5 μm)および<1 μm の微粒はない

C1 外壁の彫紋は平滑状紋 ………………………………………………………………検索表 D11-2-1

C2 外壁の彫紋は粒状紋 ………………………………………………………………検索表 D11-2-2

C3 外壁の彫紋はしわ状紋。3-4溝孔で，赤道観溝間域に各々1本の孔を欠く溝状のもの(偽溝)がある。溝内の彫紋はいぼ状紋 …ヒメミソハギ属(I：3溝孔型，N：しわ状紋または網目状紋) ミソハギ科

[3溝孔型＋6-9溝型(不同溝孔型)。9-12本の溝があり，そのうちの3本は孔があり，よく開く。2本は片極で合流溝になる。溝内の彫紋は微粒が点在する。外壁の彫紋は手鞠状のしわ状紋で，そのしわは交叉するものが多いが，極域では線が平行に走り，縞状紋に近い。ヒメミソハギ：SPl.199.7-9]

C4	外壁の彫紋は縞状紋 ··	検索表 D11-2-3
C5	外壁の彫紋は網目状紋 ··	検索表 D11-2-4
C6	外壁の彫紋は刺状紋 ··	検索表 D11-2-5

検索表 D11-2-1. 多環溝孔型（6溝孔環未満），平滑状紋

A1　3-4環溝孔で，溝は長い
　　　　　·················· ドウダンツツジ属の一部〈コアブラツツジ〉（I：網目状紋，N：3溝孔型）**ツツジ科**

A2　4-6環溝孔で，孔は円形。赤道観は四角柱状·············· **イヌムラサキ属**（I：網目状紋）**ムラサキ科**

A3　5-6環溝孔で，偏球形〜球形 ·· **フクギ属 テリハボク科**

A4　3-4環溝孔で，赤道観は横長の円形 ········ **タヌキモ属の一部**〈ミミカキグサ〉（I：粒状紋）**タヌキモ科**
　　［溝内には微粒が分布する。外壁の彫紋は平滑状紋で，目立った凹凸がほとんどない。ミミカキグサ：SPl.296.1-3］

検索表 D11-2-2. 多環溝孔型（6環溝孔未満），粒状紋

A1　3-4環溝孔
　B1　赤道観は横長の円形 ······················· **タヌキモ属の一部**〈ミミカキグサ〉（N：平滑状紋）**タヌキモ科**
　　　［溝内には微粒が分布する。外壁の彫紋は平滑状紋で，目立った凹凸がほとんどない。ミミカキグサ：SPl.296.1-3］

　B2　溝は長い。孔は横長で突出しており，中肋 ········ **ナス属の一部**〈ジャガイモ〉（I：網目状紋）**ナス科**

　B3　溝は短い。孔は円形でわずかに突出し，中肋 ········ **エノキグサ属**（I：網目状紋）**トウダイグサ科**
　　　［溝は非常に短い。外壁の彫紋は不規則ないぼ状紋で，微粒が点在する。エノキグサ：SPl.157.7-9］
　　　　　　　　　　ドウダンツツシ属の一部〈コアブラツツジ〉（I：網目状紋，N：3溝孔型）**ツツジ科**

　B4　溝辺は肥厚し，孔は中肋。赤道観は楕円形またはやや四角柱状
　　　　　·· **センダン属**（I：網目状紋）**センダン科**
　　　［溝はやや短く，孔は確認しにくい。外壁の彫紋は凹凸の少ない縞状紋〜手鞠状のしわ状紋で，線の間には微穿
　　　孔が見られる。センダン：SPl.161.9-12，LPl.30.9-12］

　B5　孔は円形で，やや陥入し，周囲は肥厚する。微小刺が散在する
　　　　　·· **ツリガネニンジン属，ヒナギキョウ属**（I：刺状紋）**キキョウ科**
　　　［ツリガネニンジン属：外壁の彫紋は微小刺状紋で，手鞠状のしわ状紋表面に1-2μmの間隔で微小刺が点在する。
　　　ツリガネニンジン：SPl.306.10-13，LPl.63.1-4］

A2　3-5溝孔で，溝は短い。孔は横長で中肋。微小刺（<1μm）が散在する
　　　　　·· **スイカズラ属の一部**〈ウグイスカグラ〉（I：刺状紋）**スイカズラ科**
　　［3(4-5)溝孔型。外壁の彫紋は刺状紋で，2-3μmの刺がまばらに点在し，それ以外の外壁の彫紋は微小刺状紋。ウ
　　グイスカグラ：SPl.302.1-4］

A3　4-5溝孔で，溝は長く，幅も広い。孔は円形で，花粉の大きさは55μmより大きい
　　　　　·· **スミレ属の一部**〈サンシキスミレ〉（I：網目状紋）**スミレ科**
　　［溝はやや短くて，溝内には微粒が分布する。外壁の彫紋は平滑状紋で，両極域は凹状になり，そのなかには微粒が
　　詰まる。サンシキスミレ：SPl.190.9-13］

A4　4-5溝孔。花粉は類円形で，大きさは20-25×20-25μm（N）
　　　　　·· **ツルマンリョウ属の一部**〈タイミンタチバナ〉（I：網目状紋）**ヤブコウジ科**
　　［溝は短くてあまり開かないため，孔は確認しにくい。外壁の彫紋は微粒状紋で，微粒が全表面を密に覆う。タイミ
　　ンタチバナ：SPl.238.1-4］

検索表

A5　5-6 溝孔で，溝は短い。微小刺(<1μm)が散在する

……………………………………………キキョウ属の一部〈キキョウ〉(Ⅰ：刺状紋) **キキョウ科**

[溝は短くスリット状。外壁の彫紋は細い糸のしわ状紋。外壁全体が大脳のしわのように隆起し，その上を微小刺がかなりの密度で覆う。キキョウ：SPl.306.1-3]

検索表 D11-2-3. 多環溝孔型(6 環溝孔未満)，縞状紋

A1　3-4 溝孔

　B1　溝は長く，孔は円形または横長で中肋 ……………リンドウ属の一部〈アサマリンドウ〉 **リンドウ科**

　B2　赤道観溝間域に各々1本の孔を欠く溝状のもの(偽溝)がある。孔は円形で小さく，溝内の彫紋はいぼ状紋 ………………………………………ミソハギ属(Ⅰ：3溝孔型) **ミソハギ科**

　　　　[3溝孔型＋3溝型(不同溝孔型)。溝は 6 本あり，そのうち 3 本に孔がある。溝内には微粒が詰まる。外壁の彫紋は縞状紋で，その線は赤道部では比較的よく交叉するが，極域では平行に走る。ミソハギ：SPl.199.1-6]

A2　4-5 環溝孔で，溝は長く，溝辺は肥厚する。孔は横長で中肋。花粉は類四角形

……………………………………コクサギ属(Ⅰ：縞状紋)，ミヤマシキミ属(Ⅰ：類線状紋) **ミカン科**

[コクサギ属・ミヤマシキミ属：孔は確認しにくい。外壁の彫紋は縞状紋で，極軸に沿って縦方向に流れる。コクサギ：SPl.158.1-4，ミヤマシキミ：SPl.159.11-13，ツルミヤマシキミ：SPl.163.1-5，LPl.28.9-12]

検索表 D11-2-4. 多環溝孔型(6 環溝孔未満)，網目状紋

A1　網目の大きさは1-5μm

　B1　孔を中心にベルト状の溝が全表面に均等に配列する。孔は円形で中肋。円柱が畝を形成

……………………………………コミカンソウ属の一部〈コバンノキ〉(Ⅰ：類6散溝型) **トウダイグサ科**

　　　　[外壁の彫紋は網目状紋で，溝以外の全表面を覆う。コバンノキ：SPl.150.1-4]

　B2　孔は円形で肥厚せず，円柱が 1 列に配列し，畝を形成

……………ハシドイ属の一部〈ムラサキハシドイ〉，ネズミモチ属の一部〈ネズミモチ〉 **モクセイ科**

　B3　溝は極長の 1/2 以下。内層のみからなる孔は横長で，不明瞭

…………………………………………………フタバムグラ属の一部〈フタバムグラ〉 **アカネ科**

　B4　溝は長く，孔は横長で中肋 ………………………………カンコノキ属 **トウダイグサ科**

　　　　[溝縁は網目状紋の畝で縁取られ，溝内の彫紋は平滑状紋。孔は確認しにくい。外壁の彫紋は立体感のある網目状紋。ウラジロカンコノキ：SPl.149.8-9，LPl.27.15-18]

カラタチ属，キンカン属，ミカン属 ミカン科

[カラタチ属・キンカン属・ミカン属：溝はやや短い。溝内の彫紋は微粒が分布する。カラタチ属とキンカン属の外壁の彫紋は網目状紋で，ミカン属は微穿孔状紋。網目も微穿孔も溝間域では大きく，溝縁に向かって小さくなる。カラタチ：SPl.159.1-5，キンカン：SPl.159.6-10，ウンシュウミカン：SPl.160.1-4]

ガマズミ属の一部〈ゴモジュ〉 スイカズラ科

[外壁の彫紋は網目状紋で，網目は溝間域で大きく，溝縁に近づくと小さくなる。網目の中にはたくさんの微粒が詰まる。ゴモジュ：SPl.298.9-12]

　B5　溝はやや不規則に配列し，途中で合流することがある。溝辺は肥厚し，孔は横長で中肋

…………………………………………………………………アリドオシ属 **アカネ科**

　　　　[外壁の彫紋は網目状紋で，畝の交差部分に小さな突起が見られる。リュウキュウアリドオシ：SPl.261.1-4，LPl.56.4-7]

A2　網目の大きさは 1μm より小さい

検 索 表

C1　花粉の大きさは35μmより大きい

　　D1　溝は長く，幅も広い。孔は円形で，花粉の大きさは55-70×65-90μm(I)
　　　　　……………………………………………スミレ属の一部〈サンシキスミレ〉(N：粒状紋)　スミレ科

　　D2　赤道観は楕円形またはやや四角柱状。溝辺は肥厚し，孔は中肋
　　　　　………………………………………………………センダン属(N：粒状紋)　センダン科

　　　　　［溝はやや短く，孔は確認しにくい。外壁の彫紋は凹凸の少ない縞状紋～手鞠状のしわ状紋で，線の間には微
　　　　　穿孔が見られる。センダン：SPl.161.9-12，LPl.30.9-12］

　　D3　赤道観は円形で，溝間域に孔を欠く溝状のもの(偽溝)がある　………ミズガンピ属　ミソハギ科

　　　　　［溝は極域まで達しない。溝内は平滑状紋。外壁の彫紋は微穿孔状紋。ミズガンピ：SPl.185.18-21，LPl.41.
　　　　　1-4］

　　D4　D1-3以外　……………………………………ルリミノキ属，コンロンカ属　アカネ科

　　　　　［コンロンカ属：溝は短く，微粒が点在する。孔は円形。外壁の彫紋は小網目状紋。コンロンカ：SPl.254.8-11，
　　　　　LPl.47.21-24］

C2　花粉の大きさは35μmより小さい

　　E1　赤道観溝間域に各々1本の孔を欠く溝状のもの(偽溝)がある。溝の膜面はいぼ状紋
　　　　　…………………………………ヒメミソハギ属(I：3溝孔型，N：しわ状紋)　ミソハギ科

　　E2　溝は長く，孔は円形で中肋。極観は類円形，赤道観は長楕円形
　　　　　…………………………………コミカンソウ属の一部〈コミカンソウ〉　トウダイグサ科

　　　　　［溝内の彫紋は平滑状紋。孔は確認しにくい。外壁の彫紋は凹凸のある表面に微穿孔状紋があり，その間に微
　　　　　粒が点在する。コミカンソウ：SPl.150.5-8］

　　E3　溝は短く，孔は円形でわずかに突出し，中肋………エノキグサ属(N：粒状紋)　トウダイグサ科
　　　　　［溝は非常に短い。外壁の彫紋は不規則ないぼ状紋で，微粒が点在する。エノキグサ：SPl.157.7-9］

　　E4　溝は長く，幅は狭い。溝辺はわずかに肥厚し，孔は円形で中肋
　　　　　………………………………………………………ブドウ属の一部〈ブドウ〉　ブドウ科

　　　　　［溝内の彫紋は微粒が分布する。外壁の彫紋は微穿孔状紋で，溝縁に向かって不鮮明となる。ブドウ：SPl.177.
　　　　　5-8，LPl.33.11-13］

　　E5　溝は長く，孔は横長で突出し，中肋……………ナス属の一部〈ジャガイモ〉(N：粒状紋)　ナス科
　　E6　4-(6)溝孔で，赤道観は四角柱状……………………イヌムラサキ属(N：平滑状紋)　ムラサキ科
　　E7　E1-6以外　………………………………………ギシギシ属の一部〈スイバ〉　タデ科
　　　　　［スイバ：SPl.49.14-16］

　　　　　　　　　　　　　　　　　　　　　　　　　イワタバコ属　イワタバコ科

　　　　　［溝は両極近くまで伸び，両端は途中で切断されたように長方形で終わる。溝内には微粒が詰まる。外壁の彫
　　　　　紋は平滑状紋から網目状紋～微穿孔状紋まで種類により異なる。イワタバコ：SPl.295.1-4］

　　　　　　　　　　　クマヤナギ属の一部〈ヨコグラノキ〉　クロウメモドキ科
　　　　　　　　　　　ドウダンツツジ属の一部〈コアブラツツジ〉(N：3溝孔型)　ツツジ科
　　　　　　　　　　ツルマンリョウ属の一部〈タイミンタチバナ〉(N：粒状紋)　ヤブコウジ科

検索表 D11-2-5. 多環溝孔型(6環溝孔未満)，刺状紋

A1　5-7環溝孔で，溝は短い。微小刺(<1μm)が散在する
　　　　　……………………………………………キキョウ属の一部〈キキョウ〉(N：粒状紋)　キキョウ科

A2　3-5環溝孔

検 索 表

B1　溝は短く，孔は横長で中肋。微小刺(<1μm)が散在する

　　……………………………溝孔型……スイカズラ属の一部〈ウグイスカグラ〉(N：粒状紋)　**スイカズラ科**

　　[3(4-5)溝孔型。外壁の彫紋は刺状紋で，2-3μmの刺がまばらに点在し，それ以外の外壁の彫紋は微小刺状紋。

　　ウグイスカグラ：SPl.302.1-4]

B2　溝は短く，孔は円形でやや陥入し，周囲は肥厚する。微小刺が散在する

　　……………………………ツリガネニンジン属，ヒナギキョウ属(N：粒状紋)　**キキョウ科**

　　[ツリガネニンジン属：外壁の彫紋は微小刺状紋で，手鞠状のしわ状紋表面に1-2μmの間隔で微小刺が点在する。

　　ツリガネニンジン：SPl.306.10-13，LPl.63.1-4]

検索表 D12.　多散溝孔型 (図5-N)

A1　6-8散溝孔を持ち，溝は長く，溝辺は肥厚。孔は円形で小さい。

　　…………………………………………………ヤブガラシ属(I：類6-8散溝型)　**ブドウ科**

検索表 D13.　2孔型 (図5-O)

　ニレ科・イラクサ科・クワ科のなかには2孔型の花粉を持つ属が少しあり，ユリ科のコルキクム属で
もつねに2孔が見られる。カバノキ属やフサモ属では，例外的に2孔型の現れることがある。上野
(1987)によれば，キョウチクトウ科のアリクシア属(*Alyxia*)，キツネノマゴ科の*Isoglossa*でも2孔型が
見られるようである。

　　　　　　　　　　　　　　　細分化のための主検索

A1　外壁の彫紋は平滑状紋　……………………………………………………**検索表 D 13-1**

A2　外壁の彫紋は粒状紋　………………………………………………………**検索表 D 13-2**

A3　外壁の彫紋は網目状紋　……………………………………………………**検索表 D 13-3**

A4　外壁の彫紋はいぼ状紋。孔は口環が未発達で突出しない

　　……………………ウワバミソウ属(I：網目状紋)，　ミズ属(I：網目状紋)，

　　　　　　　　　　　　　　　　　　　ムカゴイラクサ属(I：粒状紋)　**イラクサ科**

　　[ウワバミソウ属：偏平状の球形。外壁の彫紋は微粒状紋。ウワバミソウ：SPl.45.12-13。ミズ属：特徴はウワバミ

　　ソウ属に似るが，微粒はさらにまばらに散在する。アオミズ：SPl.45.10-11。カテンソウ属：花粉は球形。外壁の

　　彫紋は微小刺状紋で，微小刺が等間隔に整然と並ぶ。カテンソウ：SPl.46.1-3。ムカゴイラクサ属：孔は円形で，

　　肥厚して突出する。外壁の彫紋は細粒状紋〜微粒状紋で，粗密に分布し，平滑状紋になるところがある。ムカゴイ

　　ラクサ：SPl.45.1-3]

A5　外壁の彫紋は刺状紋。刺の高さは0.5μmより小さく，孔は口環が未発達で突出しない

　　……………………………………………ハドノキ属の一部〈ハドノキ〉(N：3孔型)　**イラクサ科**

　　[円形，3 porate，pore(径1μ)はannulus未発達で突出しない。外膜の断面は無層理，表面はわずかにverrucate

　　(N)。]

A6　外壁の彫紋は円柱状紋。孔は円形で，両極に向かって痕跡的な溝がある

　　…………………………………………キツネノマゴ属(I：2溝孔型)　**キツネノマゴ科**(D9の図a)

検索表 D13-1.　2孔型，平滑状紋

A1　花粉は両端の尖った楕円形　………………………………ズイナ属(I：網目状紋)　**ユキノシタ科**

　　[偏球形で，2孔型。外壁の彫紋は平滑状紋で，微穿孔が点在する。ヒイラギズイナ：SPl.107.1-4，LPl.20.16-17]

A2　花粉は小判形，ときに類円形で，口環が肥厚

検索表

……………………………………………サカキカズラ属(I：網目状紋) キョウチクトウ科(図a)
[孔は丸くて，赤道部でほぼ対になって位置する。外壁の彫紋は完全な平滑状紋。サカキカズラ：SP1.252.5-8，LP1.51.1-4]

図a

検索表 D13-2. 2孔型，粒状紋

A1　やや粗大な粒で，孔は外層のみで不完全に覆われる ………ウラジロエノキ属(I：網目状紋) ニレ科
　　[外壁の彫紋は細粒状紋で，花粉はかなり小形。ウラジロエノキ：SP1.41.11-14，LP1.12.6-7]
A2　孔周縁の肥厚はきわめて微細 ………………………………………カジノキ属(I：網目状紋) クワ科
　　[2-3孔型。外壁の彫紋は微粒状紋で，平滑状紋に見える部分もある。花粉は小形。コウゾ：SP1.43.4-6，カジノキ：SP1.44.4-6]
A3　孔は口環が未発達で突出しない ……………………………ムカゴイラクサ属(N：いぼ状紋) イラクサ科
　　[孔は円形で，肥厚して突出する。外壁の彫紋は細粒状紋～微粒状紋で，粗密に分布し，平滑状紋になるところがある。ムカゴイラクサ：SPI.45.1-3]

検索表 D13-3. 2孔型，網目状紋

A1　粘着糸を持つ ……………………………………………………フクシア属の一部(フクシア) アカバナ科
A2　粘着糸を持たない
　B1　網目の大きさは1-2μm
　　C1　花粉の大きさは30μmより大きい …………………………………………コルキクム属 ユリ科
　　C2　花粉の大きさは30μmより小さい
　　　D1　孔は円形で，両極に向かって痕跡的な溝がある
　　　　　………………………キツネノマゴ属(I：2溝孔型，N：円柱状紋) キツネノマゴ科(D9の図a)
　　　D2　孔は円形で，向心極面と遠心極面で花粉の形がやや異なる
　　　　　………………………………………………………………ドライアンドラ属 ヤマモガシ科
　B2　網目の大きさは1μmより小さい
　　E1　花粉は両端の尖った楕円形 ………………………………ズイナ属(N：平滑状紋) ユキノシタ科
　　E2　花粉は小判形，ときに類円形で，口環が肥厚
　　　　………………………………………………サカキカズラ属(N：粒状紋) キョウチクトウ科
　　E3　孔は外層のみで不完全に覆われる ………………ウラジロエノキ属(N：粒状紋) ニレ科
　　E4　孔は口環が未発達で突出しない
　　　　………………ウワバミソウ属(N：いぼ状紋)，カテンソウ属(N：いぼ状紋) イラクサ科
　　　　[ウワバミソウ属：偏平状の球形。外壁の彫紋は微粒が散在する。ウワバミソウ：SP1.45.12-13。カテンソウ属：花粉は球形。外壁の彫紋は微小刺状紋で，微小刺が等間隔に整然と並ぶ。カテンソウ：SP1.46.1-3]
　　　　　　　クワクサ属，クワ属，イチジク属，カジノキ属(N：粒状紋)，ハリグワ属 クワ科
　　　　[クワ属：2-3孔型。外壁の彫紋は微粒状紋に覆われるが，かなりまばらで平滑状紋に見える部分がある。ヤマグワ：SP1.43.1-3，LP1.8.7-10。カジノキ属：特徴はクワに似るが，花粉は小形。コウゾ：SP1.43.4-6。イチジク属：偏平な三角球形。2-3孔型。外壁の彫紋は不明瞭ないぼ状紋～しわ状紋。オオイタビ：SP1.43.12-15，LP1.8.11-12]

検索表

検索表 D14. 3孔型（図5-P）

細分化のための主検索

A1　花粉は三角形 ……………………………………………………………………………………… **検索表 D14-1**

A2　花粉は類三角形 …………………………………………………………………………………… **検索表 D14-2**

A3　花粉は球形。刺状突起（高さ2μm）が配列し，孔は円形。口環は肥厚する

………………………………………………………………………… **カラスノゴマ属　シナノキ科**

A4　花粉は円形～類円形 ……………………………………………………………………………… **検索表 D14-3**

検索表 D14-1. 3孔型，三角形型

A1　粘着糸を持ち，孔は赤道面にあり，口環は長く伸びて前腔型

　B1　外壁の彫紋は円柱状紋 ………………………… **マツヨイグサ属　アカバナ科**（図a）

　　　［外壁の彫紋は微粒状紋で，突出した孔の外壁の彫紋は平滑状紋である。コマツヨイグ

　　　サ：SPl.208.7-8, LPl.39.1-2］

　B2　外壁の彫紋はしわ状紋～いぼ状紋

　　C1　向心面に3叉状の肥厚部がある ……………………………… **ミズユキノシタ属　アカバナ科**

　　C2　向心面に3叉状の肥厚部がない …………………………………… **アカバナ属　アカバナ科**

　B3　外壁の彫紋は微細な網目状紋

　　　……… **ミズタマソウ属，イロマツヨイグサ属，フクシア属，ヤマモモソウ属　アカバナ科**（図b）

　　　［ミズタマソウ属・ヤマモモソウ属：外壁の彫紋は微粒状紋で，突出した孔の外壁の彫紋は平滑状紋である。ミ

　　　ズタマソウ：SPl.207.3-6, ヤマモモソウ：SPl.207.1-2］

A2　粘着糸を持たず，孔は赤道面にある

　D1　口環は肥厚する ………………………………………… **ヤンバルゴマ属　アオギリ科**

　D2　孔は突出し，内層は鋸歯状 …………………………………… **ヤマモガシ属　ヤマモガシ科**

　　　［偏平な三角形状の球形。赤道観は凸レンズ状に近く，両極面の曲線が少し異なる。外壁の彫紋は細粒状紋で，

　　　細粒が密に分布し，その間に微穿孔が見られる。ヤマモガシ：SPl.46.10-12, LPl.8.21-24］

検索表 D14-2. 3孔型，類三角形型

A1　赤道観は紡錘形。孔は横長で中肋。外壁の彫紋は微小刺状紋

………………………………………………………… **ハイノキ属の一部（アオバノキ）ハイノキ科**

A2　赤道観は楕円形

　B1　孔はスリット状で，長軸は赤道に直角に配列する。弧状の類線模様（溝）があり，花粉の大きさ

　　　は10-20×10-20μm（N）………………………………… **ノグルミ属　クルミ科**（図a）

　　　［外壁の彫紋は微小刺が密に分布する。ノグルミ：SPl.27.8-10, LPl.9.9-10］

　B2　孔は突出し，外・内層が二分して前腔を形成する（前腔型）

　　C1　外層の先端は円柱状になり，内層は不明瞭で微粒が散在する　…**ヤマモモ属　ヤマモモ科**（図b）

　　　［外壁の彫紋はいぼ状紋で，その隆起の上に微小刺が密に分布する。ヤマモモ：SPl.26.5-8, LPl.10.14-15］

検索表

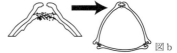
図b

C2　外層が伸びて，前腔を形成する ・・・・・・・・・・・・・・・カバノキ属(I, N：3-(4)孔型) カバノキ科(図c)
　　　［外壁の彫紋は比較的短い縞状紋で覆われ，その上に微小刺が並ぶ。ダケカンバ：SPl.34.4, シラカンバ：SPl.34.6, LPl.10.7-8］

図c

C3　内層が陥入し，前腔を形成する ・・・・・・・・・・・・・・・・・・・・・・・・・・・・・キュウリ属 ウリ科
　　　［3(4)孔型。孔は環状肥厚して隆起し，口蓋を持つ。外壁の彫紋は平滑状紋で，無数の微穿孔が見られる。キュウリ：SPl.193.1-4］

B3　孔は外・内層からなり，先端が円柱状になる。外層は内層よりも少し長く，アトリウムとなる
　　　・・・ハシバミ属 カバノキ科(図d)
　　　［外壁の彫紋は短い直線状の縞状紋に覆われ，その上に微小刺が列になる。ハシバミ：SPl.34.8-9, ツノハシバミ：SPl.34.10-12, LPl.10.9-10］

図d

B4　孔はやや突出し，外層が伸び，内層は不明瞭で，アトリウムとなる
　　　・・・・・・・・・・・・・・・・・・・・・・・・・・・・・クマシデ属，アサダ属(N：3-4孔型，I：網目状紋) カバノキ科(図e)
　　　［クマシデ属・アサダ属：孔の外壁は外層だけから形成され，内層は孔の突出部の基部で消失する。外壁の彫紋は短い直線状の縞状紋からなり，その上に微小刺が列になる。イヌシデ：SPl.35.9-12, LPl.10.11-13, アサダ：SPl.35.1-3］

図e

検索表 D14-3. 3孔型，円形～類円形型

A1　外壁の彫紋は平滑状紋。孔の周縁の外膜は薄く，花粉の大きさは 15-25×15-25 μm(N)
　　　・・ヤッコソウ属 ラフレシア科
　　　［孔は5-7μmの大きな円形で，絞り状に閉じたり，擂鉢状に窪む。外壁の彫紋は微粒状紋。ヤッコソウ：SPl.82.4-6］

A2　外壁の彫紋は粒状紋 ・・・検索表 D14-3-1
A3　外壁の彫紋はしわ状紋～いぼ状紋 ・・・・・・・・・・・・・・・・・・・・・・・・・・・・・・・・・・・・検索表 D14-3-2
A4　外壁の彫紋は網目状紋 ・・・検索表 D14-3-3
A5　外壁の彫紋は刺状紋 ・・・検索表 D14-3-4
A6　外壁の彫紋は円柱状紋。孔は円形。花粉の大きさは 25-30 μm(N)
　　　・・・・・・・・・・・・・・・・・・・・・・・・・・・・・・・・・・・・ヤマトグサ属(I：3-4孔型，N：3-5孔型) ヤマトグサ科
　　　［3-5孔型。外壁の彫紋は小網目状紋で，孔を除く全表面に鮮明な網目が見られる。畝の上には，畝の交点に必ず1個の微小刺があり，交点以外の畝の上にもまれに微小刺が見られる。ヤマトグサ：SPl.210.6-10］

検索表 D14-3-1. 3孔型，花粉は円形～楕円形型，粒状紋

A1　孔は円形で，肥厚する。外壁の彫紋は鋭尖頭の刺(高さ3-5μm)が散在する

―――――――
900

検索表

・・・・・・・・・・・・・・・・・・・・・・・・・・・・・・・・・・タニウツギ属　スイカズラ科(図a)

[溝の面影の残った孔がある。外壁の彫紋は刺状紋で，5μm前後の長刺と1μm以下の微小刺がまばらにある。タニウツギ：SP1.300.10-11，LP1.62.6]

A2　孔は円形でやや陥入し，周囲は肥厚する。外壁の彫紋は微小刺が散在する

・・・・・・・・・・・・・・・・・・・・・・・・・・・・ヒナギキョウ属，ホタルブクロ属　キキョウ科(図b)

図a

[ホタルブクロ属：外壁の彫紋は微小刺状紋で，手鞠状のしわ状紋表面に1-2μmの間隔で微小刺が点在する。ホタルブクロ：SP1.306.17-20]

図b

A3　孔は円形で，口環はわずかに発達する　・・・・・・ムクノキ属，エノキ属(N：多孔型)　ニレ科(図c)

[ムクノキ属：外壁の彫紋は微粒状紋で，微粒が粉のようにまばらに付着する。ムクノキ：SP1.41.1-3，LP1.12.12-14。エノキ属：特徴はムクノキ属に似るが，外壁の彫紋は微粒状紋で，微粒はやや密に分布する。エノキ：SP1.41.4-6，LP1.12.8-11]

図c

A4　孔は外層のみで取り巻かれ，その先端はわずかに肥厚する ・・・・・・・・・アサ属，カラハナソウ属　クワ科

[アサ属：孔は円形で肥厚する。外壁の彫紋は微粒状紋で，微粒が密に全表面を覆う。アサ：SP1.42.8-12。カラハナソウ属：特徴はアサ属に似るが，外壁の彫紋の微粒は粗密。カナムグラ：SP1.43.7-9]

検索表 D14-3-2. 3孔型，円形〜楕円形型，しわ状紋〜いぼ状紋

A1　4集粒で三角錐形に密に接着する。孔は円形で，口環は肥厚する ・・・・・・・・・・・・・クチナシ属　アカネ科
A2　花粉の大きさは20μmより大きく，孔は円形
　B1　孔は突出しない。口環は各孔で異なる形を持つ

・・・・・・・・・・・・・・・・・・・スグリ属の一部〈コマガタスグリ〉(I：類6散孔型，N：3-4孔型)　ユキノシタ科

　B2　口環はわずかに肥厚し，突出する ・・・・・・・・・・・・・・・・・・・・・・・ドクウツギ属　ドクウツギ科

[3溝孔型。孔の周囲は環状に隆起する。外壁の彫紋は大きくて浅い凹凸のある表面に微粒状紋が密に分布する。ドクウツギ：SP1.162.4-6]

ギンリョウソウ属　イチヤクソウ科

[三角球形で，極観は三(四)角形。外壁の彫紋は微粒状紋が全表面を覆う。ギンリョウソウ：SP1.224.7-10]

A3　花粉の大きさは20μmより小さく，孔は口環未発達で突出しない

・・・・・・・・・・・ハドノキ属の一部〈ハドノキ〉，サンショウソウ属，ヤナギイチゴ属，ツルマオ属，
　　　　　　　イラクサ属(I：3-5孔型，N：2孔型)，カラムシ属　イラクサ科

[イラクサ属：やや偏平な三角球形。外壁の彫紋は微粒状紋がかなり密に分布する。イラクサ：SP1.45.7-9。カラムシ属：花粉は球形。口蓋を持つ。外壁の彫紋は微粒状紋〜細粒状紋がかなり密に分布する。カラムシ：SP1.46.4-6]

検索表 D14-3-3. 3孔型，円形〜楕円形型，網目状紋

A1　網目の大きさは1μmより大きい
　B1　網目の大きさは2-3μmで，赤道観はやや偏平な円形で，孔は円形。花粉の大きさは15-20×10-15μm(N) ・・・・・・・・・・・・・・・・・・・・・・・・・・・・・ミサオノキ属(N：3-4孔型)　アカネ科

[3孔型。外壁の彫紋は網目状紋。ミサオノキ：SP1.257.13-15]

検 索 表

B2 網目の大きさは 2-3 μm で，孔は円形で周囲は肥厚し，やや陥入する。外壁は薄い
　　 ……………………………………………………**カラスウリ属の一部**〈オオカラスウリ〉**ウリ科**

B3 網目の大きさは 3-17 μm で，畝は太さの異なる棍棒よりなる
　　 ……………………………………………**イセハナビ属の一部**〈ムラサキイセハナビ〉**キツネノマゴ科**

　　 [外壁の彫紋は畝状紋と乳頭状紋からなり，15 本前後の畝は大きく丘陵状に隆起する。畝の上に大きな乳頭が 1
　　 列に並び，その他のところは小さな乳頭やいぼ，微粒が全表面を覆う。]

B4 網目の大きさは 2-30 μm で，赤道観は楕円形で，孔は円形。
　C1 花粉の大きさは 55 μm より大きい　…………………………………**ササゲ属 マメ科**
　C2 花粉の大きさは 40 μm より小さい　……………………**アズキ属，デイゴ属 マメ科**(図 a)

図 a

A2 網目の大きさは 1 μm より小さい
　D1 花粉の大きさは 30 μm より大きく，孔は円形
　　E1 孔の周囲は肥厚し，やや陥入する。外壁は薄い………**カラスウリ属の一部**〈カラスウリ〉**ウリ科**
　　　 [孔は擂鉢状に窪み，口蓋で覆われる。外壁の彫紋は凹凸の激しい表面に微穿孔が多数分布する。カラスウ
　　　 リ：SPl.194.9-11]
　　E2 孔は肥厚する　………………………………………**ハテルマギリ属 アカネ科**
　D2 花粉の大きさは 30 μm より小さい
　　 ………………………………**ヒナノシャクジョウ属の一部**〈ヒナノシャクジョウ〉**ヒナノシャクジョウ科**
　　　　　　　　　　　　　　　　　　　　　　　　　　　　モクマオウ属 モクマオウ科

　 [孔を除く全外壁の彫紋はしわ状紋～縞状紋で，その上に微小刺がかなり密に分布する。トクサバモクマオウ：
　 SPl.26.1-4，LPl.8.3-6]

アカギモドキ属(I：3-4 孔型) **ムクロジ科**

検索表 D14-3-4. 3 孔型，円形～類円形型，刺状紋

A1 孔は大きく突出しない。花粉は球形で，大きさは 55-60×55-65 μm(I)
　　 ………………………………………………………………………**カリガネソウ属 クマツヅラ科**
　　　 [孔は直径が 10 μm 前後もある大きな発芽口で，口膜は薄くて破れ消失。外壁の彫紋は刺状紋。カリガネソウ：
　　　 SPl.272.1-3]
A2 花粉は偏球形。極観は三角形で，赤道観は楕円形………………**ミリオカルパ属 イラクサ科**

検索表 D15. 多環孔型(図 5-Q)

細分化のための主検索

A1 花粉は円形～類円形　………………………………………………………**検索表 D15-1**
A2 花粉は類多角形　……………………………………………………………**検索表 D15-2**

検索表 D15-1. 多環孔型，円形～類円形型

A1 外壁の彫紋は粒状紋　………………………………………………………**検索表 D15-1-1**
A2 外壁の彫紋はしわ状紋　……………………………………………………**検索表 D15-1-2**

検索表

A3　外壁の彫紋はいぼ状紋　………………………………………………………………………**検索表 D15-1-3**

A4　外壁の彫紋は網目状紋　………………………………………………………………………**検索表 D15-1-4**

A5　外壁の彫紋は刺状紋　…………………………………………………………………………**検索表 D15-1-5**

A6　外壁の彫紋は円柱状紋。3-5 孔で，孔は円形。花粉の大きさは 25-30 μm（N）
　　…………………………………………………………………**ヤマトグサ属**（I：3-4 孔型）**ヤマトグサ科**

　　[3-5 孔型。外壁の彫紋は小網目状紋で，孔を除く全表面に鮮明な網目が見られる。畝の上には，畝の交点に必ず 1
　　個の微小刺があり，交点以外の畝の上にもまれに微小刺が見られる。ヤマトグサ：SPl.210.6-10]

A7　外壁の彫紋は有柄頭状紋。4 孔。孔は円形でやや不明瞭。口環はなし
　　………………………………………………………………………**シライトソウ属**（I：類 4 孔型）**ユリ科**

　　[外壁の彫紋は微粒状紋で，微粒がかなり密にあり，孔域周辺では小さくなる。シライトソウ：SPl.332.12-14]

検索表 D15-1-1.　多環孔型，円形〜類円形，粒状紋

A1　3-4 環孔で，孔は円形。口環はわずかに発達する…………**ムクノキ属，エノキ属**（I：3 孔型）**ニレ科**

A2　3-6 環孔。孔は円形でやや陥入し，周囲は肥厚する。微小刺が散在する
　　………………………**ツリガネニンジン属，ヒナギキョウ属，ホタルブクロ属，シデシャジン属，**
　　　　　　　　　　　　キキョウソウ属，ツルギキョウ属　キキョウ科（I：刺状紋）

　　[ツリガネニンジン属・ホタルブクロ属：外壁の彫紋は微小刺状紋で，手鞠状のしわ状紋表面に 1-2 μm の間隔で微
　　小刺が点在する。ツリガネニンジン：SPl.306.10-13，LPl.63.1-4，ホタルブクロ：SPl.306.17-20]

検索表 D15-1-2.　多環孔型，円形〜類円形型，しわ状紋

A1　4-6 環孔。孔は楕円形で，口環はやや発達。外壁の彫紋は明瞭
　　……………………………………………………………**ケヤキ属**（I：網目状紋）**ニレ科**（図 a）

　　[外壁の彫紋は向心極面でやや不鮮明なしわ状紋からなり，遠心極面では鮮
　　明なしわ状紋となる。ケヤキ：SPl.41.7-10，LPl.12.1-3]

図 a

A2　4-5 環孔。孔は楕円形で，口環は未発達。外壁の彫紋はケヤキ属より浅く，やや不鮮明
　　……………………………………………………………………**ニレ属**（I：網目状紋）**ニレ科**

　　[ケヤキ属に似るが，花粉はやや小形。孔もあまり突出しない。ハルニレ：SPl.42.5-7，LPl.12.4-5]

A3　3-4 環孔。孔は突出しない。口環は各孔で異なる形を持つ
　　…………………………………**スグリ属の一部**〈コマガタスグリ〉（I：類 6 散孔型）**ユキノシタ科**

検索表 D15-1-3.　多環孔型，円形〜類円形型，いぼ状紋

A1　3-5 環孔。口環は未発達で突出しない
　　B1　花粉の大きさは 10-15 μm（N）………………………**イラクサ属**（I：刺状紋，N：2 孔型）**イラクサ科**
　　　　[やや偏平な三角球形。外壁の彫紋は微粒状紋で，微粒がかなり密に分布する。イラクサ：SPl.45.7-9]
　　B2　花粉の大きさは 25-40 μm（N）　………………………**ウスバサイシン属　ウマノスズクサ科**
　　　　[外壁の彫紋は微穿孔状紋〜小網目状紋で，その上にさらに 2-3 μm の大きないぼ状紋が点在する。ウスバサイシ
　　　　ン：SPl.85.4-6，LPl.17.10-11]

A2　3-4 環孔。孔は円形でわずかに突出する……………**ギンリョウソウ属**（I：網目状紋）**イチヤクソウ科**

A3　4 環孔。孔は円形で，やや不明瞭。口環はない………………**シライトソウ属**（I：類 4 孔型）**ユリ科**

［外壁の彫紋は微粒状紋で，微粒がかなり密にあり，孔域周辺では小さくなる。シライトソウ：SP1.332.12-14］

検索表 D15-1-4. 多環孔型，円形〜類円形型，網目状紋

A1　3-6 環孔で，孔はやや突出する。外層のみが伸びて孔を形成し，内層は不明瞭
　　　　　　　　　　　　　　　　　　　　　　　　　　　　　　　　クマシデ属，アサダ属　カバノキ科（D14-2 の図 e）

［クマシデ属・アサダ属：孔の外壁は外層だけから形成され，内層は孔の突出部の基部で消失する。外壁の彫紋は短い直線状の縞状紋からなり，その上に微小刺が列になる。イヌシデ：
SP1.35.9-12，LP1.10.11-13，アサダ：SP1.35.1-3］

図 e

A2　3-4 環孔で，孔は円形。赤道観はやや偏平な円形で，彫紋は粗な網目（2-3 μm）
　　　　　　　　　　　　　　　　　　　　　　　　　　　　　　　　　　　　　ミサオノキ属　アカネ科

A3　4-5 環孔で，孔は円形。口環はやや肥厚する　・・・・・・・・・・・・キョウチクトウ属　キョウチクトウ科
［外壁の彫紋は細くて短い不鮮明な 2-3 μm の線が交錯するしわ状紋。浅く窪んだ微穿孔もまばらに点在する。キョウチクトウ：SP1.252.9-11］

A4　3-4 環孔で，網目の大きさは 0.5 μm より小さい　・・・・・・・・・・・・アカギモドキ属　ムクロジ科

検索表 D15-1-5. 多環孔型，円形〜類円形型，刺状紋

A1　3-6 環孔で，孔は円形でやや陥入し，周囲は肥厚する。微小刺が散在する　ツリガネニンジン属，
　　　　　　　　　　　ヒナギキョウ属，ホタルブクロ属，シデシャジン属，キキョウソウ属，
　　　　　　　　　　　ツルギキョウ属　キキョウ科（N：粒状紋）

A2　3-5 環孔で，孔は円形で，突出しない。口環は未発達　・・・・・・・・・イラクサ属（N：2 孔型）イラクサ科

A3　3-4 環孔で，孔は円形で，突出しない。口環は各孔で異なる形を持つ
　　　　　　　　　　　　　　　　　　　　スグリ属の一部〈コマガタスグリ〉（I：類 6 散孔型，N：しわ状紋）ユキノシタ科

検索表 D15-2. 多環孔型，類多角形型

A1　やや偏平な三角形。各隅に 2 個ずつ円形の環孔（6 環孔）がある。外壁の彫紋はしわ状紋〜網目状紋
　　　　　　　　　　　　　　　　　　　　　　　　　　　　　　・・・・・・・・・・・ノササゲ属（I：類散孔型）マメ科

［やや偏平な三角形，各隅に 2 個ずつ円形の孔（径 9 μm）がある。外膜の厚さ 1.8 μm で外表層型，外壁の彫紋はしわ状紋〜網目状紋（N）。ノササゲ：SP1.141.7-8］

A2　類多角形
　B1　6-9 孔で，赤道観は楕円形。孔は円形〜楕円形で，赤道面に 5-7 個，1 極面（遠心面）に 1-2 個あり，やや突出　・・・・・・・・・・・・・・・・・・・・・・・・・・・・・・・・・・・・・・・クルミ属　クルミ科（図 a）
　　　　［外壁の彫紋は微小刺状紋で，微刺が密に分布する。オニグルミ：SP1.27.1-4，
　　　　LP1.9.1-5］

図 a

　B2　5-8 環孔で，赤道観は楕円形。孔は円形〜楕円形でやや突出し，外層のみからなる
　　　　　　　　　　　　　　　　　　　　　　　　　　　　・・・・・・・・・・・・・・・・・・サワグルミ属　クルミ科（図 b）
　　　　［外壁の彫紋は微小刺状紋で，微刺が密に分布する。サワグルミ：SP1.27.5-7，
　　　　LP1.9.6-8］

図 b

検索表

B3 4-8 環孔で，赤道観は角ばった楕円形。孔は前腔型で，スリット状。隣接する孔の間に弧状の
外膜の肥厚部がある ……………………………………………………ハンノキ属 カバノキ科(図c)
[湾曲線状肥厚によって，ハンノキ亜属とヤシャブシ亜属の分類が可能。外
壁の彫紋は不明瞭な縞状紋の上に微小刺が密に分布する。オオバヤシャブ
シ：SPl.31.1-4，LPl.10.1-4]

図c

検索表 D16. 多散孔型(図5-R)

細分化のための主検索

A1 花粉は類多角形，赤道観は楕円形。6-9 孔。孔は円形〜楕円形で赤道面に 5-7 個，1 極面(遠心面)
に 1-2 個あり，やや突出 ………………………………………………………クルミ属 クルミ科(図a)
[外壁の彫紋は微小刺が密に分布する。オニグルミ：SPl.27.1-4，LPl.9.1-5]

図a

A2 花粉は円形，赤道観は西洋ナシ型 ………………………………………………………検索表 D16-1
A3 花粉は球形 ……………………………………………………………………………………検索表 D16-2

検索表 D16-1. 多散孔型，極観円形，赤道観西洋ナシ型

A1 約 10 個の散孔を持ち，遠心極面に 1 個，赤道面に約 9 個の薄膜部がある
………………………………………………………………アンペライ属 カヤツリグサ科(D4 の図c)
A2 散孔は遠心極面に 1 個，赤道面に 3-6 個の薄膜部がある
………………………………………………………アンペライ属以外のカヤツリグサ科(D4 の図d)
[単孔＋6 溝型。孔は遠心極面の中央にある。外壁の彫紋は微小刺状紋で，微小刺が密に覆い，その間に微穿孔が点
在する。ヒメカンスゲ：SPl.362.1-10，コウボウシバ：LPl.71.12-13]

検索表 D16-2. 多散孔型，球形型

A1 花粉の大きさは 100 μm より大きい
　B1 散孔は約 50 個で，小さな円形。外壁の彫紋は微穿孔状紋 ……オシロイバナ属 オシロイバナ科
　　　[孔は円形で，全表面にほぼ均等に 100 個以上点在する。外壁の彫紋は周囲が肥厚した微穿孔状紋で，その間に
　　　は微小刺が分布する。オシロイバナ：SPl.54.6-7]
　B2 散孔は 6-8 個で，円形。口蓋がある(化石では喪失)。微小刺(<1μm)も散在する。外膜は花粉に比
　　して薄い…………………………………………………………………………………カボチャ属 ウリ科
　　　[孔は長刺 1 本と多数の微小刺からなる口蓋で覆われる。外壁の彫紋は刺状紋で，10 μm 前後の間隔で分布する
　　　長刺と，その他の全表面を覆う微小刺からなる。ニホンカボチャ：SPl.197.1-2]
　B3 散孔は 12-14 個で，外壁の彫紋は網目状紋(2-3μm) ………………ウチワサボテン属 サボテン科
　B4 散孔は 20-200 個で，円形または楕円形
　　C1 外壁の彫紋は大形の徳利型の刺状紋…サツマイモ属，ルコウソウ属，アサガオ属 ヒルガオ科
　　　　[サツマイモ属：3μm 前後の孔が全表面にほぼ均等に多数ある。外壁の彫紋は長刺状紋＋微穿孔状紋であるが，
　　　　孔からなる網目状紋にも見える。サツマイモ：SPl.265.1-2，アサガオ：SPl.832.9-10，LPl.60.1-2]
　　C2 外壁の彫紋は短乳頭状紋………………………………………………………ヨルガオ属 ヒルガオ科

検 索 表

C3　外壁の彫紋はいぼ状紋で，鋭頭の刺状突起(高さ 7-26 μm)が散在する　………… **タチアオイ属，**
フヨウ属，ゼニアオイ属，ヒメフヨウ属，ワタ属，トロロアオイ属，ボンテンカ属 アオイ科

(I：刺状紋)(図 a)

［タチアオイ属・ゼニアオイ属：孔は径が 5 μm 前後の円形。外壁の彫紋は刺状紋で，長刺と微小刺が 1：2 ぐ
らいの割合で見られ，その基部の周囲には微穿孔が分布する。タチアオイ：SPl.183.3-4，ゼニアオイ：SPl.
183.1-2。フヨウ属・ワタ属：孔は径が 10 μm 前後の大きな円形。外壁の彫紋は長刺状紋で，10-20 μm の大き
な刺がまばらに分布し，その基部の周囲には微穿孔が分布する。ムクゲ：SPl.180.1-2，LPl.36.7。ワタ：SPl.
180.5-6]

図a

A2　花粉の大きさは 50-100 μm

D1　散孔は約 30 個で，外壁の彫紋は網目状紋　………………………**ヒメハナシノブ属 ヒメハナシノブ科**

D2　散孔は 10-200 個で，外壁の彫紋は粒状紋またはいぼ状紋。孔は外壁よりやや陥入する
　　　　　　　　………………………………………**ヒルガオ属**(I：刺状紋)　**ヒルガオ科**

［孔は円形で，その大きさや数は種類によりかなり異なる。外壁の彫紋は微小刺状紋＋微穿孔状紋で，まばらな
微小刺の間に多数の微穿孔がある。ヒルガオ：SPl.263.4-5，LPl.60.3-4]

D3　散孔は約 10 個で，外壁の彫紋はいぼ状紋。鋭頭の刺状突起(高さ 3.5 μm)が散在する
　　　　　　　　………………………………………………………………**キンゴジカ属 アオイ科**

D4　散孔は 15 個以上で，外壁の彫紋は円錐状突起。小形の突起が密に配列し，その間に大形の突起
　　が散在する　………………………………………**アマ属の一部〈マツバニンジン〉 アマ科**

［外壁の彫紋は円錐状(フジツボ状)突起が全表面を覆い，小さな突起のなかに大きな突起が点在する。突起の表
面には頂点から底辺に向かって縞状紋が見られる。マツバニンジン：SPl.144.4-5]

A3　花粉の大きさは 50 μm より小さい

E1　外壁の彫紋は粒状紋　……………………………………………………………**検索表 D16-2-1**

E2　外壁の彫紋は縞状紋。散孔は約 60-100 個で，花粉の大きさは 35-50 μm(N)
　　　　　　　　………………………………**ハナシノブ属**(N：縞状紋〜しわ状紋)　**ハナシノブ科**

［孔は丸く，ほぼ規則的に全表面に分布する。外壁の彫紋はしわ状紋。ハナシノブ：LPl.59.3-4]

E3　外壁の彫紋は網目状紋　………………………………………………………**検索表 D16-2-2**

E4　外壁の彫紋はいぼ状紋。散孔は 6-12 個で，円形。口環はやや発達する
　　　　　　　　………………………………**タケニグサ属，カラクサキケマン属 ケシ科**

［タケニグサ属：孔はほぼ均等に分布し，溝内の彫紋は平滑状紋。外壁の彫紋は微粒状紋と微穿孔状紋。タケニ
グサ：SPl.95.5-6]

オオバコ属 オオバコ科

［孔の数や孔内の特徴は種類により異なる。外壁の彫紋は微小刺状紋＋大いぼ状紋で，微小刺が全表面に均等に
ある。いぼ状紋の隆起は種類により異なる。オオバコ：SPl.296.14-16，LPl.55.16-17]

E5　外壁の彫紋は刺状紋。散孔は約 10 個。刺の高さは 1-1.5 μm。花粉の大きさは 15-25 μm(N)
　　　　　　　　………………………………………………………………**オモダカ属 オモダカ科**

［孔は 5-15 本の長刺のついた口蓋で覆われる。外壁の彫紋は長刺状紋で，ほぼ均等に散在する。アギナシ：SPl.
329.1-2]

E6　外壁の彫紋は微穿孔状紋　………………………………………………………**検索表 D16-2-3**

検 索 表

検索表 D16-2-1. 多散孔型，球形型，50 μm 未満，粒状紋

A1 　孔は円形で，やや突出 ……………………………………スグリ属の一部〈ヤブサンザシ〉 ユキノシタ科

A2 　孔は不明瞭で，大きさも方向も不規則な刺（高さ 2-4 μm）が散在する ………サンカヨウ属 メギ科

[孔は確認しにくい。外壁の彫紋は長刺状紋で，角ばった長刺がかなり密に分布し，その間に微穿孔が開く。サンカ
ヨウ：SPl.78.5-6]

A3 　散孔は 6-30 個。口環が発達せず，輪郭は不鮮明……………………カラマツソウ属，オウレン属，

　　　　　　　　　センニンソウ属の一部〈カザグルマ〉，キンポウゲ属の一部〈ハナキンポウゲ〉，

　　　　　　　　　　　　　　　イチリンソウ属の一部〈ハナイチゲ〉 キンポウゲ科

[カラマツソウ属・オウレン属：孔は 3-5 μm の円形，孔内は微小刺が密に詰まる。外壁の彫紋は微小刺状紋で，全
表面に分布する。カラマツソウ：SPl.76.13-14，セリバオウレン：SPl.76.1-2]

A4 　散孔は多数（12-100 個）で，小さな円形……………フダンソウ属，オカヒジキ属，アッケシソウ属，

　　　　　　　　ホウレンソウ属，ハマアカザ属，アカザ属，ホウキギ属 アカザ科

[孔は全表面に均等に分布し，窪んでいる。外壁の彫紋は微穿孔が多数開き，その間に微小刺が点在する。属により
孔の数が異なる。ホウレンソウ属：孔の数は ca.90 個。ホウレンソウ：SPl.60.5-6。アカザ属：孔の数は 60-80 個。
アカザ：SPl.60.7-8，シロザ：SPl.60.9-10，LPl.15.3-4。ホウキギ属：孔の数は 120 個以上。ホウキギ：SPl.60.
13-14]

　　　ケイトウ属，ヒユ属，モヨウビユ属，イソフサギ属，センニチコウ属，イノコズチ属 ヒユ科

[ケイトウ属：孔の数は 20 個以下。外壁の彫紋の微小刺が不明瞭。ケイトウ：SPl.61.1-2。ヒユ属：孔の数は 30-50
個。孔のなかには微小刺がぎっしり詰まる。ハゲイトウ：SPl.61.3-4。センニチコウ属：六角形の大きな網目状紋
で，その各網目のなかには 1 個の孔がある。センニチコウ：SPl.61.9-10。イノコズチ属：外壁に占める孔の割合が
高い。外壁の彫紋は微小刺状紋で，孔内には外壁の微小刺よりも大きな刺が多数（ca.30 個以上）詰まる。イノコズ
チ：SPl.61.5-6，LPl.15.5-6]

A5 　散孔は 10-30 個で，小さな円形。口環は肥厚する………………テイカカズラ属 キョウチクトウ科

[孔は大小あり，不規則に分布する。孔の周囲が肥厚するものとしないものがある。外壁の彫紋は平滑状紋であるが，
外壁を貫通しない浅い窪みが点在する。テイカカズラ：SPl.252.12-14]

検索表 D16-2-2. 多散孔型，球形型，50 μm 未満，網目状紋

A1 　網目の大きさは 2-4 μm。孔は偏平な楕円形で，口環は肥厚しない ……………ミズヒキ属 タデ科

[溝が 15 本前後全表面に分散している多散溝型。溝は幾何学的な配列をする。溝域以外の外壁彫紋は 10 本前後の柱
状層に支えられた外表層の畝からなる網目状紋。ミズヒキ：SPl.48.15-17]

A2 　網目の大きさは 5-10 μm。孔は多数あり，不明瞭。網目内は短乳頭状突起または孔が開く。網目
　　を取り巻く畝は大きさの異なる多数の円柱からなる

　　……………………………………イヌタデ属〈エゾノミズタデやタニソバを除く〉 タデ科（図 a）

[イヌタデ属：外壁の彫紋は網目状紋。孔は網目の中に点在し，円形で 15 個前後ある。孔のない網目の中には多数
の柱状突起が詰まる。イシミカワ：SPl.51.1-2，オオケタデ：LPl.13.9]

図 a

A3 　網目の大きさは 5-9 μm。孔は円形で，各網目内に 1 個ずつある（約 100 個）。網目を取り巻く畝は
　　大きさの異なる多数の円柱からなる ………………………………………ハマビシ属 ハマビシ科

［外壁の彫紋は大きな網目状紋で，五角形〜六角形のものが多くて，その網の畝は各辺が2-3本。ハマビシ：SPl. 149.1-2］

A4　網目の大きさは3-7μm。散孔は15-30個あり，円形。外層は円柱(高さ2-3μm)が密に配列し，畝を形成する・・**フッキソウ属　ツゲ科**

［多(ca.30)孔型。孔は大きな円形(2-3μm)で，ほぼ均等に網目の中に分布する。外壁の彫紋は大きな網目状紋で，その畝は様々な形の突起物が連なった凹凸のある特異な網を形成し，孔のない網目の中は平滑状紋。フッキソウ：SPl.174.13-15］

A5　網目の大きさは1-3μm。散孔は約15個で，円形。外層は円柱が密に配列する
・・・・・・・・・・・・・・・・・・・・・・・・・・・・・・・・・・・・・**アオガンピ属，ジンチョウゲ属，ミツマタ属　ジンチョウゲ科**

［アオガンピ属：外壁の彫紋は微小刺状紋で，その刺は三角錐形で，これらが6-8個集まって丸く連なり，その中は孔か微穿孔か区別しにくい穴が点在する。アオガンピ：SPl.184.5-6，SPl.381.10-11，LPl.34.3-4。ジンチョウゲ属：外壁の彫紋は微小刺状紋で，その刺が密に丸く連なり，中に孔か微穿孔か区別しにくい穴が点在する。ジンチョウゲ：SPl.184.7-8，ナニワズ：LPl.36.3。ミツマタ属：外壁の彫紋は網目状紋で，網目の交叉点上には三角錐の刺状突起が分布し，各網目あたり6-8個の突起が取り囲む。ミツマタ：SPl.184.1-2，LPl.36.1-2］

A6　網目の大きさは2-10μm。散孔は約10個で，円形。外層は大小2種の円柱が配列し，畝を形成する・・**クサキョウチクトウ属　ハナシノブ科**

A7　網目の大きさは0.5μmより小さい。散孔は約10個で，円形または楕円形であるが，不鮮明。外膜はやや薄く，孔内には微粒が散在する・・・・・・・・・・・・・・・・・・・・・・・・・・・・**フウ属　マンサク科**(図b)

［孔内は角ばった微粒が詰まる。外壁の彫紋は微小刺状紋と微穿孔状紋。フウ：SPl.102.7-8，LPl.21.5-6］

図b

検索表 D16-2-3. 多散孔型，球形型，50μm未満，微穿孔状紋

A1　散孔は15-30個で，類円形または不斉形。花粉の大きさは25-35μm(N)・・・・・・・・・・・**ツゲ属　ツゲ科**

［多(ca.20)散孔型。孔は小さくてやや窪む程度で，ほぼ全表面に均等に分布する。外壁の彫紋は角ばった微粒状紋で，微粒の間には微穿孔が見られる。ツゲ：SPl.174.10-12，LPl.31.11］

A2　散孔は9-40個で，円形。口環は明瞭。孔内の彫紋は微粒状紋が散在する・・・・・・・・・・**サボンソウ属，ナデシコ属，ハコベ属，タカネツメクサ属，ミミナグサ属，オオヤマフスマ属，ワチガイソウ属，ノミノツヅリ属，センノウ属，ナンバンハコベ属，フシグロ属，マンテマ属，ツメクサ属　ナデシコ科**(図a)

［ナデシコ属：多散孔型。孔は大きく深く窪み，角ばった畝に囲まれて網目状紋を呈する。外壁の畝の上には，微穿孔と微小刺が分布する。カワラナデシコ：SPl.58.1-2，LPl.15.1-2。ハコベ属・ミミナグサ属：12-18散孔型。孔は大きな円形で，全表面にほぼ均等に分布し，孔の周辺はやや窪む。孔を除く外壁の彫紋は微穿孔状紋。ハコベ：SPl.56.4-5。フシグロ属：多散孔型。孔のなかには微小刺が2-5本ある。外壁の彫紋は交叉する繊維状で微細な手鞠のようなしわ状紋で，多数の微穿孔が開き，その間には比較的大きな刺が全表面を覆う。マツヨイセンノウ：SPl.58.9-10，マンテマ属：多散孔型。孔は小さく丸く，均等に配列し窪むため稜線が突出して網目状を呈する。チシママンテマ：SPl.58.3-4，エゾマンテマ：SPl.59.12-13，LPl.16.1］

図a

検 索 表

検索表 D17. 合流溝型(図5-S，T，U)

溝はまれに極などで合流し，これを合流溝という。

細分化のための主検索

A1 花粉は3-4合流溝型で，大きさは30μmより小さい‥‥‥‥‥‥‥‥‥‥‥‥**検索表 D17-1**(図5-S)

A2 花粉は又状合流溝型 ‥‥‥‥‥‥‥‥‥‥‥‥‥‥‥‥‥‥‥‥‥‥‥‥‥‥**検索表 D17-2**(図5-T)

A3 花粉は螺旋口型(溝が螺旋状に取り巻く) ‥‥‥‥‥‥‥‥‥‥‥‥‥‥‥‥**検索表 D17-3**(図5-U)

検索表 D17-1. 合流溝型，3-4合流溝型(30μm未満)

A1 極観は類三角形。赤道観はやや偏平な楕円形‥‥‥‥‥‥‥‥‥‥‥‥**マツグミ属 ヤドリギ科**

A2 花粉は類球形。外壁の彫紋は平滑状紋‥‥‥‥‥‥**シオガマギク属**(N：2-3溝型) **ゴマノハグサ科**(図a)

[2-3合流溝型。溝はほぼ同じ幅で両極まで達して合流する。溝内の彫紋は平滑状紋か微粒が点在する。外壁の彫紋は平滑状紋で，かすかに小さな凹凸を持つ。エゾシオガマ：SPl.290.7-10]

図a

A3 極観は三角形。赤道観は円形。孔は円形で突出し，口環は肥厚。外壁の彫紋は縞状紋

‥‥‥‥‥‥‥‥‥‥‥‥‥‥‥‥‥‥‥‥‥‥‥‥‥‥**タバコソウ属 ミソハギ科**

A4 極観は類円形。赤道観は楕円形。孔は円形で陥入し，わずかに中肋。外壁の彫紋は粒状紋または
平滑状紋 ‥‥‥‥‥‥‥‥‥‥‥‥‥‥‥‥‥‥**キカシグサ属**(N：3-4溝孔型) **ミソハギ科**

A5 極観は円形。赤道観は偏平な円形。3本の溝は赤道を中心に両極面に伸び，両端は尖らない。他
の3本は1極を中心として放射状に他極まで伸びる

‥‥‥‥‥‥‥‥‥‥‥‥‥‥‥**マツブサ属，サネカズラ属**(N：6溝型) **マツブサ科**

A6 極観は三裂円形。赤道観は(類)円形

  B1 孔は横長でわずかに突出する。外膜は花粉に比して厚い。外壁の彫紋は粒状紋

‥‥‥‥‥‥‥‥‥‥‥‥‥‥‥‥‥‥**ヤブコウジ属の一部**〈マンリョウ〉 **ヤブコウジ科**

  [極観は頂口型の三角円形。赤道部では外壁がせり出しているため，孔は確認しにくい。外壁の彫紋は網目状紋で，角ばった網目が全表面を覆う。マンリョウ：SPl.238.13-16]

  B2 溝辺は肥厚しない。外壁の彫紋は網目状紋 ‥‥‥‥‥‥‥‥‥**シキミ属**(N：3-4溝孔型) **シキミ科**

  [外壁の彫紋は網目状紋で，溝間域で大きな網目を持ち，極に向かってしだいに小さくなる。シキミ：SPl.65.1-3]

  B3 溝辺は肥厚する。外壁の彫紋は網目状紋で，赤道観溝間域以外では小さい

‥‥‥‥‥‥‥‥‥‥‥‥‥‥‥‥‥‥‥‥‥‥‥‥‥**レンプクソウ属 レンプクソウ科**

  [口膜上は平滑状紋か微粒が点在する。外壁の彫紋は小網目状紋で，全表面を微細な網目が覆い，溝縁部ではその網目がさらに小さくなる。レンプクソウ：SPl.304.10-12]

検索表 D17-2. 合流溝型，又状合流溝型

A1 花粉は類3又状合流溝型。

  B1 花粉は三角錐状四面体で，1頂点(向心面)より三稜に沿って溝が配列。外壁の彫紋は網目状紋

‥‥‥‥‥‥‥‥‥‥‥‥‥‥‥‥‥‥‥‥‥‥**カナビキソウ属 ビャクダン科**(図a)

  [三角錐状四面体。3溝型。各面の中央部は大きな網目状紋で，周囲に向かってしだいに小さくなる。極域には微

検索表

穿孔が見られる。カナビキソウ：SPl.47.8-11］

図a

B2　花粉は長球形。外壁の彫紋は網目状紋 ……………………**サガリバナ属　サガリバナ科**(図b)
　　［3 合流溝型。溝は肥厚した畝に縁取られ，ほぼ同じ幅のまま極で合流して三矢形となる。外壁の彫紋は網目状紋で，溝縁部の隆起した畝のすぐ横では 3-5 μm の大きな網目を持つが，溝間域に向かって小さくなる。サガリバナ：SPl.202.1-6, LPl.44.1-5］

図b

A2　花粉は 3-4 叉状合流溝型
　C1　極観は 3 本の弧状の溝が走り，中央部にわずかに三角形の島状の部分ができる。口環は肥厚するが，孔は突出しない。外壁の彫紋は網目状紋
　　　　……………………**カリステモン属，フェイジョア属，フトモモ属，ユーカリ属　フトモモ科**(図c)
　　　［フトモモ属：溝は両極に三角形の極域を形成し，その中には細粒が詰まる。外壁の彫紋は細粒状紋で，溝間域では細粒が密に分布するが，溝縁になると不鮮明になる。フトモモ：SPl.200.5-7, LPl.37.10-13］

図c

　C2　極観は 3 本の弧状の溝が走り，中央部に三角形ができる(図5-T の下段)
　　D1　赤道観は横長の紡錘形。孔は不明瞭。外壁の彫紋は網目状紋
　　　　　……………………**サクラソウ属の一部(エゾコザクラ)**(N：3溝型)　**サクラソウ科**(図d)
　　　　［溝は合流して三矢形となり，あまり開かないため孔は確認しにくい。外壁の彫紋は微網目状紋〜微穿孔状紋で，微細な穴が全表面を覆う。エゾオオサクラソウ：SPl.240.5-8, LPl.45.5-8］

図d

　　D2　赤道観は楕円形。外壁の彫紋は円柱状紋
　　　　　……………………**アサザ属(アサザは除く)**(N：3溝型)　**ミツガシワ科**(図e)
　　　　［赤道観は横長の凸レンズ形。溝内には微粒が分布する。外壁の彫紋は微粒状紋で，やや大きさの異なる微粒が接触しない程度の密度で分布する。ガガブタ：SPl.251.12-13, LPl.50.6-8］

図e

　　D3　赤道観は楕円形。外壁の彫紋は縞状紋………**アサザ属の一部(アサザ)**(N：3溝型)　**ミツガシワ科**
　C3　4 叉状合流溝型で，模様はあまり発達しない
　　　　……………………**ボロボロノキ属**(N：4溝孔型)　**ボロボロノキ科**(図f)

検索表

[向心極面では両方の孔が1本の線で三等分されるが，遠心極面ではそのような線はない。外壁の彫紋はほぼ平滑状紋で，その上に微粒が点在する。ボロボロノキ：SPl.47.1-3, LPl.8.25-28]

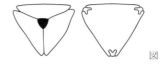
図 f

A3 花粉は類6叉状合流溝型。花粉は球形で，円形の溝が3本あり，極観は3本の弧状の溝が走り，赤道観は両極へわずかに弧状の溝が2本走る。外壁の彫紋は大形の網目状紋
 ……………………………………………………………トケイソウ属　トケイソウ科(図g)
[4円形溝型。溝は径30-35 μmの円形で，溝内の彫紋は微粒が詰まる。外壁の彫紋は網目状紋で，網目は溝間域から溝縁まで鮮明で，そのなかには微粒が見られる。トケイソウ：SPl.192.1-5, ベニバナトケイソウ：LPl.38.1-3]

図 g

検索表 D17-3. 合流溝型，螺旋口型

A1 花粉の大きさは25-30×25-30 μm(N)。溝は螺旋状に3-4回取り巻いており，微小刺(<1 μm)がある ……………………………………………………………………ホシクサ属　ホシクサ科(図a)
[外壁の彫紋は微小刺状紋で，微粒が点在する。シラタマホシクサ：SPl.351.10-12, シロイヌノヒゲ：LPl.69.6-7]

図 a

A2 花粉の大きさは35-50 μm(N)。1-3個の溝は不規則に取り巻く
 …………………………………………………メギ属，ヒイラギナンテン属(N：1-3溝型)　メギ科
[ヒイラギナンテン属：外壁の彫紋は平滑状紋で，微穿孔が点在する。ヒイラギナンテン：SPl.78.11-13]

A3 花粉の大きさは55-70×55-70 μm(I)。溝は螺旋状に3-4回取り巻く
 ……………………………………………………………………ヤハズカズラ属　キツネノマゴ科

A4 花粉の大きさは80-100×150-180 μm(I)。多数の溝が螺旋状に取り巻く
 …………………………………………………………………………ミョウガ属　ショウガ科(図b)
[螺旋状長口型。螺旋を形成する畝の太さは3 μm前後で，畝の間の溝は1-2 μm。ミョウガ：SPl.376.1-2]

図 b

検索表 D18. 合流溝孔型(図5-V)

A1 極観は三角形。赤道観はやや偏平で1面は彎曲。他面は三角錐状にやや突出し，頂点より放射状に3本の溝が孔に走る。孔は三角錐の各頂点にあり，突出(図5V左)
 …………………………………………………………………………フウセンカズラ属　ムクロジ科(図a)
[3-4孔型。孔は円形で細長く突出して糸巻き状を呈する。外壁の彫紋は微穿孔状紋で，孔の周辺部はやや不鮮明に

911

なる。向心極面では四分子期の三矢跡が見られ，三矢部分の微穿孔は他の部分より小さい。フウセンカズラ：SPl. 166.11-15，LPl.31.5-8]

図 a

A2　極観は類三角形，赤道観は類円形。三角錐状四面体で1頂点（向心面）より三稜に沿って溝が配列。
　　　各面の中央部は網目状紋 ………………………………………………… **カナビキソウ属　ビャクダン科**（図 b）

図 b

検索表 D19. 不同溝（孔）型（図5-W）

　花粉には，1つの花粉の表面に異なる発芽溝（溝・孔・溝孔などで，さらに溝には大小もある）が交互に並ぶものが見られる。よく知られているのは，3溝孔型で溝孔と溝だけのものが交互に並ぶものである。

細分化のための主検索

A1　(6)-7-(8)溝孔で，極観は円形。赤道観は楕円形。孔は楕円形で，大小2種の孔が交互に並ぶ
　　　…………………………………………………………………………………… **サワルリソウ属　ムラサキ科**

A2　3溝＋6偽溝（それぞれの赤道観溝間域に2本の偽溝を持つ）………………………………… **検索表 D19-1**

A3　3溝＋3偽溝（それぞれの赤道観溝間域に1本の偽溝を持つ）………………………………… **検索表 D19-2**

検索表 D19-1. 不同溝（孔）型，3溝＋6偽溝

A1　花粉の大きさは $40-50 \times 60-75 \mu m$ (I) ……………………… **ラウオルフィア属　キョウチクトウ科**

A2　花粉の大きさは $25-30 \times 25-30 \mu m$ (I) ……………………… **インドソケイ属　キョウチクトウ科**

A3　花粉の大きさは $20 \mu m$ ………………… **ヒメミソハギ属**（I：3溝孔型，N：しわ状紋）**ミソハギ科**
　　　[3溝孔型＋6-9溝型（不同溝孔型）。9-12本の溝があり，そのうち3本に孔がある。外壁の彫紋は縞状紋。ヒメミソ
　　　ハギ：SPl.199.7-9]

検索表 D19-2. 不同溝（孔）型，3溝＋3偽溝

A1　花粉の大きさは $40 \mu m$ より大きく，それぞれの赤道観溝間域に外膜の薄い部分がある
　　B1　極観は類円形。赤道観は円形。孔は楕円形で，口環はわずかに肥厚
　　　　　……………………………………………………………… **ツルニチニチソウ属　キョウチクトウ科**
　　B2　極観は類三角形。赤道観は円形。溝は短く，孔は円形で大きい
　　　　　………………………………………………………………… **チョウジソウ属　キョウチクトウ科**

A2　花粉の大きさは $20-45 \mu m$
　　C1　極観は類円形。赤道観は楕円形。孔は円形で小さい。外壁の彫紋は縞状紋
　　　　　………………………………………………………… **ミソハギ属**（N：3-4溝孔型）**ミソハギ科**
　　　　　[3溝孔型＋3溝型。溝は6本あり，そのうち3本に孔がある。溝内の彫紋は微粒が詰まる。外壁の彫紋は縞状紋
　　　　　で，その線は赤道部では比較的よく交叉するが，極域では平行に走る。ミソハギ：SPl.199.1-6]
　　C2　極観は類円形。赤道観は長円形。孔は円形で突出せず，外壁の彫紋は平滑状紋
　　　　　……………………… **ヒメノボタン属，ティボウキナ属，ノボタン属　ノボタン科**（N：3溝孔型）
　　　　　[ヒメノボタン属：3溝孔型＋3偽溝型（不同溝孔型）。溝型の溝が偽溝型の溝よりやや短くて，溝内の彫紋は細
　　　　　粒が詰まる。外壁の彫紋はしわ状紋で，赤道軸に平行に走るしわを持つ。ヒメノボタン：SPl.203.4-6。ノボタン

属：3溝孔型＋3偽溝型(不同溝孔型)。溝孔型の溝は長く伸びて中心孔があるが，偽溝はやや短くて，内孔はない。外壁の彫紋は平滑状紋や縞状紋。ノボタン：SP1.203.11-12，LP1.34.5-8]

- C3 花粉は球形。溝辺と孔は不明瞭 ……………………………… **キバナムラサキ属，チシャノキ属 ムラサキ科**
  [チシャノキ属：溝孔と溝が交互に配列し，孔は確認できない。外壁の彫紋は微穿孔状紋で，発芽口を除く全表面に微穿孔が分布する。チシャノキ：SP1.266.18-21，LP1.50.9-12]
- C4 花粉は球形。溝辺と孔は不明瞭。赤道観溝間域に長い偽溝が走る
  ……………………………………………………………………… **スナビキソウ属 ムラサキ科**
  [孔のある溝とない溝が交互に配列し，両極のやや手前まで伸びる。外壁の彫紋は平滑状紋で，微穿孔が点在する。モンパノキ：SP1.266.1-2，LP1.51.15-18]
- C5 C1-4以外 ………………… **チシャノキ属の一部(マルバチシャノキ)，キダチルリソウ属 ムラサキ科**

A3 花粉の大きさは20μmより小さい
- D1 花粉は球形。孔は円形で，突出する ………………………………… **モモタマナ属 シクンシ科**
  [極観は間口型の六角形。3溝孔＋3偽溝型(不同溝孔型)。孔は丸く大きい。外壁の彫紋はしわ状紋。モモタマナ：SP1.206.5-8，LP1.41.9-12]
- D2 極観は類円形。赤道観は楕円形。孔は円形で小さく，外壁の彫紋はわずかにしわ状紋
  ……………………………………………………………… **ヒメミソハギ属**(N：3-4溝孔型) **ミソハギ科**
  [3溝孔型＋6-9溝型(不同溝孔型)。9-12本の溝があり，そのうちの3本は孔があり，よく開く。2本は片極で合流溝になる。溝内の彫紋は微粒が点在する。外壁の彫紋は手鞠状のしわ状紋で，その線は交叉するものが多いが，極域では線が平行に走り，縞状に近い。ヒメミソハギ：SP1.199.7-9]
- D3 極観は円形。赤道観はややくびれた長円形。花粉の大きさは5-15μm
  ………… **ハマベンケイソウ属，タビラコ属，ルリソウ属，オオルリソウ属，ヤマルリソウ属，ミヤマムラサキ属，ワスレナグサ属，ハナイバナ属 ムラサキ科**
  [ハナイバナ属・ルリソウ属：3溝孔型＋3偽溝型(不同溝孔型)。孔のある溝とない溝が交互に配列し，孔のある溝は短く，幅が広い。溝内は平滑状紋で微粒が見られる。孔には微刺を伴った微粒があり，溝の縁には微刺が配列する。外壁の彫紋は平滑状紋で，微穿孔が見られる。ハナイバナ：SP1.267.1-4，ヤマルリソウ：SP1.267.5-8]

検索表 D20. 小窓状孔型(図5-X)

A1 外壁の彫紋は刺状紋＋大網目状紋。刺は癒合して「ひだ」状となり，全表面を約6個以上の多角形に区切る ……………………………………………………… **タンポポ亜科 キク科**(図a)
  [溝は上下の畝に切り込んでいるが，ほとんど両極に向かって伸びない。溝と内孔との区別もはっきりしない(本亜科は本来3溝孔型であるが，全表面が小窓状に大きく区切られているため，小窓状孔型と呼ばれている)。外壁の彫紋は10μm以上の網目状紋。畝は隆起し，その上に長刺が1列に並ぶ。長刺の先端以外の畝の上には顕著な微穿孔が多数見られる。オニタビラコ：SP1.325.1-3，セイヨウタンポポ：SP1.328.5-8，LP1.66.5-9]

図a

文　　献

荒木英斉(1961)：花粉症の研究. II. 花粉による感作について. アレルギー, 10(6)：354-370.

Blackley, C. H. (1873): Experimental researches on the causes and nature of catarrhus aestivus. Oxford Historical Books.

Blackmore, S., Thomas, A., Le., Nilsson, S. and Punt, W. (1992): Pollen and spore terminology. Onderwijs Media Institute, Univ. of Utrecht, Utrecht.

Blackmore, S., Wortley, A. H., Skvarla, J. J. and Rowely, J. R. (2007): Pollen wall development in flowering plants. New Phytologist, 174(3): 483-498.

坊田春夫(1980, 1981, 1983, 1989)：花粉の形態 1・2・3・4. 不二印刷所(1・2・3)，明誠企画(4)，東京.

Brooks, J. and Shaw, G. (1970): Relationship of kerogen and sporopollenin-a reply. Nature, 227: 195-196.

Brooks, J. (1971): Some chemical and geochemical studies on sporopollenin. *In* Sporopollenin, Proc. Int. Symp. on Sporopollenin (ed. J. Brooks et al.), pp.351-407. Academic Press, London.

Brown, R. (1830): Supplementum Primum Prodromi Florae Novae Hollandiae. Richard Taylor, London.

Bostock, J. (1819): Case of a periodical affection of the eyes and chest. Med. Chir. Trans., 10, 161-165.

Christensen, B. B. (1954): New mounting media for pollen grains. Denmarks Geol. Unders., 2(80): 7-11.

Colinvaux, P., De Oliveira, P. E. Patiño, J. E. M. (1999): Amazon pollen manual and atlas. Harwood Academic, Amsterdam.

土井田幸郎(1962)：タデ属植物の属内分化に関する考察 1. 植物研究雑誌, 37(1)：3-12.

Durham, O. C. (1946): The volumetric incidence of atmospheric allergens. IV. A proposed standard method of gravity sampling, counting, and volumetric interpolation of results. J. Allergy, 17(2): 79-86.

Ehrenberg, V. G. (1839): Uber die Dysodi genannte Mineralspecies. Ann. Physik., 48: 574.

Erdtman, G. (1934): Uber die Verwendung von Essingsaure angydrid bei Pollen untersuchunen. Swensk Bot. Tidskr., 28: 354-358.

Erdtman, G. (1938): Pollenanalys och pollenmorfologi. Svensk Bot. Tidskr., 32: 130-132.

Erdtman, G. (1944): Pollen morphology and plant taxomy. II.: notes on some monocotyledonous pollen types. Svensk Bot. Tidskr., 38: 163-168.

Erdtman, G. (1952): Pollen morphology and plant taxomy. Angiosperms, Almqvist and Wicksell, Stockholm, Sweden.

Erdtman, G. (1966): A propos de la stratification de lexine. Pollen et Spores, 8: 5-7.

Erdtman, G. (1969): Handbook of Palynology: an introduction to study of pollen grains and spores. Munksgaard, Copenhagen.

Faegri, K. and Iversen, J. (1950): Text-book of modern pollen analysis. Munksgaard, Copenhagen.

Faegri, K. and Iversen, J. (1989): Textbook of pollen analysis (4th ed.). John Wiley & Sons, Chichester.

Firbas, F. (1937): Der Pollenanalytische nachweis des Getreidebau. Zeitchr. Bot., 31: 447-478.

Flenley, J. R. and King, S. M. (1984): Late Quaternary pollen records from Easter Island. Nature, 307: 47-50.

Fritsche, C. J. (1837): Uber den Pollen. Mem. Sav. Etrang. Acad. St Peters-burg., 3: 649-672.

藤木利之・小澤智生(2007)：沖縄県石垣島の名蔵アンパル湿原における植生変遷. 名古屋大学 21 世紀 COE プログラム「太陽・地球・生命圏相互作用の変動学」平成 18 年度報告書, 163-172.

藤木利之・三好教夫(1995a)：アカガシ亜属(ブナ科コナラ属)の花粉形態. 日本花粉誌, 41(1)：21-29.

藤木利之・三好教夫(1995b)：ヒカゲスゲ(*Carex lanceolata*)の花粉形態. すげの会会報, 6：29-31.

藤木利之・小澤智生(2007)：琉球列島産植物花粉図鑑. アクアコーラル企画, 沖縄.

藤木利之・守田益宗・三好教夫(1996)：日本産コナラ亜属(ブナ科コナラ属)の花粉形態. 日本花粉誌, 42(2)：107-116.

藤木利之・砂川睦紀・守田益宗・三好教夫(1997)：ツユクサ(ツユクサ科)の花粉形態. 日本花粉誌, 43(1)：31-35.

藤木利之・百原　新・安田喜憲(2001)：日本の間氷期堆積物に含まれるサルスベリ属(*Lagerstroemia*)花粉化石の形態. 日本植生史研究, 10(2)：91-99.

藤木利之・井上靖志・安田喜憲(2003)：ヒマラヤスギ属(マツ科)の花粉形態. 日本花粉誌, 49(1), 21-24.

Fujiki, T., Zhou, Z. and Yasuda, Y. (2005): The pollen flora of Yunnan, China I. Roli Books. India.

藤木利之・北村孔志・三好教夫(2006)：ハタベカンガレイ(カヤツリグサ科フトイ属)の花粉形態. 日本花粉誌, 52(2)：107-109.

藤木利之・林　在珠・中野智之・小澤智生(2006)：沖縄県石垣島における完新世の植生変遷―名蔵アルパル湿原―. 日本花粉学会 46 回(2005)大会要旨, 28 p.

Göppert, H. R. (1936): De floribus in statu fossili commentatio. A. Acta Acad. Leop. Carol Natur, Cur., 18: 547-572.

郭　淑華・藤木利之・三好教夫(1994)：走査電子顕微鏡による花粉形態. 13. モクセイ科(被子植物)について. 日本花粉誌, 40(2)：99-112.

Grayson, J. F. (1975): Relationship of palynomorph translucency to carbon and hydrocarbons in clastic sediments, in B. Alpern, ed., Pétrographie de la matière organique des sediments, relations avec la Paléotemperature et le Potential Pétrolier. 261-673.

文　献

Centre National de la Recherche Scientifique, Paris.

Grew, N. (1671): The anatomy of plants. London Royal Academy.

Handa, K., Tsuji, S. and Tamura, M. (2001): Pollen morphology of Japanese Asparagales and Liliales (Lilianae). Jpn. J. Histor. Bot., 9(2): 85-125.

Hara, H. J. (1934): Hay fever among Japanese: Part I. Arch. Otolaryng., 20(5): 668-676.

Hara, H. J. (1935): Hay fever among Japanese: II. Arch. Otolaryng., 21(1): 9-26.

Hara, H. J. (1939): Hay fever among Japanese, III. Studies of atomospheric pollen in Tokyo and in Kobe. Arch. Otolaryng., 30(4): 525-535.

原田　浩・宮崎幸男・若島妙子(1958)：木材細胞膜構造の電子顕微鏡的研究. 林試報, 1-4：1-115.

Harborne, J. B. (1970): Phytochemical Phylogeny. Academic Press, London and New York.

Husses, M., Halbritter, H., Weber, M., Buchner, R., Frosch-Radivo, A. and Somaini, S. U. (2010): Pollen terminology: an illustrated handbook. Springer.

Hoen, P.(1999): Glossary of pollen and spore terminology (2nd and revised ed.). University of Utrecht, Netherlands.

Hooke, R. (1665): Mcrographia: or some physiological descriptions of minute bodies made by magnifying glasses with observations and inquiries thereupon. Jo Martyn and Jo Allestry, printers to the Royal Society, London.

Hoshino, T. and Ikeda, H. (2003): A new species of Carex (Cyperaceae), C. bitchuensis, from Okayama Prefecture, Japan. J. Jap. Bot., 78(1): 24-28.

堀口申作・斎藤洋三(1964)：栃木県日光地方におけるスギ花粉症 Japanese Ceder Pollinosis の発見. アレルギー, 13(1,2)：16-18.

本陣良平(1968)：医学・生物学のための電子顕微鏡学入門. 朝倉書店, 東京.

Huang, T. C. (1972): Pollen flora of Taiwan. National Taiwan Univ., Botany Dept. Press. Taipei.

幾瀬マサ(1953)：花粉粒の示す屈折率について. 植物研究雑誌, 28(6)：186-189.

Ikuse, M. (1954): The presence of the viscin threads among pollen grains in Phyllodoceae etc. of Ericaceae. J. Jap. Bot., 29(5): 146-148.

幾瀬マサ(1956)：日本植物の花粉. 廣川書店, 東京.

幾瀬マサ(1965)：葯中の花粉粒の数並びに大きさについて. 第四紀研究, 4(3-4)：144-149.

幾瀬マサ(2001)：日本植物の花粉(第2版). 廣川書店, 東京.

幾瀬マサ・佐橋紀男(1984)：アカバナ科花粉の粘着糸の形態. 日本花粉誌, 30(1)：65-73.

岩波洋造(1964)：花粉学大要. 風間書房, 東京.

岩波洋造(1980)：花粉学. 講談社, 東京.

岩槻邦男・大場秀章・清水建美・堀田　満・ギリアン・ブランス・ピーター・レーヴン監修(1994-1997)：植物の世界. 週刊朝日百科「世界の植物」1-144 号. 朝日新聞社, 東京.

Jimbo, T. (1933): The diagnoses of the pollen of forest trees. I. Sci. Rep. Tohoku Imp. Univ., 4 ser., Biol., 8(3): 287-296.

神保忠男(1936)：森林樹木の花粉の標徴. 生態学研究, 1(2)：91-96.

叶内敦子(2006)：日本産ウルシ属花粉の形態. 山本文二郎漆科学研究助成刊行書, 京都.

片岡裕子・守田益宗・三好教夫(2001)：走査電子顕微鏡による花粉の形態 14. ツバキ科(被子植物)について. 日本花粉誌, 47(1)：1-12.

Kataoka, H. and Miyoshi, N. (2002): Pollen morphology of Trapella sinensis Oliver (Trapellaceae). Jpn. J. Palynol., 48(1): 19-23.

Kawakubo, N. (1990): Dioecism of the genus Callicarpa (Verbenaceae) in the Bonin (Ogasawara) Islands. Bot. Mag. Tokyo, 103(1): 57-66.

川窪伸光(1999)：「花粉もどき」をもつ花. 花の自然史(大原　雅編著), pp. 151-167, 北海道大学図書刊行会, 札幌.

Kessler, R. and Harley, M. (2005): Pollen. Papadakis Publ., London.

北村四郎・村田　源(1971)：原色日本植物図鑑(木本編) Ⅰ・Ⅱ. 保育社, 大阪.

北村四郎・村田　源・堀　勝(1957)：原色日本植物図鑑(草本編)上・中・下. 保育社, 大阪.

清宮義博(1995)：花々の花粉の形態. A&E, 東京.

Kölreuter, J. G. (1761): Vorläufige Nachricht von einigen, das Geschlecht der Pflanzen betreffenden Versuchen und Beobachtungen. Gleditschischen Handlung, Germany.

熊沢正夫(1933)：花粉の形態の研究方法. 植物及動物, 1(12)：1769-1780.

Kumazawa, M. (1936): Pollen grain morphology in Ranunculaceae, Lardizabalaceae and Berberidaceae. Jap. J. Bot., 8: 19-46.

Kuyl, O. S., Muller, J. and Waterbolk, H. Th. (1995): The application of palynology to oil geology with reference to Western Venezuela. Geologie en Mijinbouw, 17(3), 49-75.

黒沢喜一郎(1991)：被子植物の花粉(大阪市立自然史博物館収蔵資料目録 23 集). 大阪市立自然史博物館, 大阪.

Lagerheim, G. (1902): Metoder för pollenundersökning. Bot. Notis.: 75-78.

李　天庆・曹　慧娟・康　木生・张　志翔・赵　楠・张晖(2010)：中国木本植物花粉电镜扫描图志. 科学出版社, 北京.

牧野真人・林　竜馬・高原　光 (2009)：走査電子顕微鏡によるコナラ属の花粉形態. 京都府大学術報告. 生命環境学, 61：53-81.

牧野富太郎(1996)：改訂版原色牧野植物大図鑑. 合弁花・離弁花編. 北隆館, 東京.

牧野富太郎(1997)：原色牧野植物大図鑑. 離弁花・単子葉植物編. 北隆館, 東京.

Malpighi, M. (1671): Dpera umnia. London Royal. Academy.

McAndrews, J. H., Berti, A. A. and Norris, G. (1973): Key to the Quaternary pollen and spores of the Great Lakes region. Royal Ontario Museum Life Sciences

文　献

Miscellaneous Publication. University of Toronto Press, Toronto.

Melchior, H. and Werdermann, E., eds. (1964): A. Engler's Syllabus der Pflanzenfamilien. 2Bd., 12 Aufl. Verlag Gebrüder Borntraeger, Berlin.

Minaki, M., Noshiro, S. and Suzuki, M. (1988): *Hemiptelea mikii* sp. nov. (Ulmaceae), fossil fruits and 2 woods from the Pleistocene of central Japan. Bot. Mag. Tokyo, 101(4): 337-351.

宮澤七郎・中村澄夫(2012)：花粉の世界をのぞいてみたら—驚きのミクロの構造と生態の不思議—. NTS, 東京.

三好教夫(1980)：走査電子顕微鏡による花粉の形態. 1. 裸子植物について. 岡山理大蒜山研報告, 4-5：25-32.

三好教夫(1981a)：走査電子顕微鏡による花粉の形態. 2. 被子植物(モクマオウ科, ヤナギ科, ヤマモモ科, クルミ科)について. 岡山理大蒜山研報告, 6：35-38.

三好教夫(1981b)：シイノキ属・マテバシイ属・クリ属(ブナ科)の花粉形態. Hikobia Suppl. 1: 381-386.

Miyoshi, N. (1981): Pollen morphology of Japanese *Quercus* (Fagaceae) by means scaning electron microscope, Jap. J. Palynol. 27(2): 45-54.

三好教夫(1982)：走査電子顕微鏡による花粉の形態. 4. ブナ科(被子植物)について. 岡山理大蒜山研報告, 7：55-60.

Miyoshi, N. (1982): Noteworthy Palynomorphs. Pollen grains united in dyads, IPC Newsletter 5: 7.

Miyoshi, N. (1983): Pollen morphology of genus *Castanopsis* (Fagaceae) in Japan. Grana, 22(1): 19-21.

三好教夫(1983)：走査電子顕微鏡による花粉の形態. 6. イラクサ目(被子植物)について. 岡山理大蒜山研報告, 8：41-53.

三好教夫(1984)：走査電子顕微鏡による花粉の形態. 9. ナデシコ目(被子植物)について. 岡山理大蒜山研報告, 10：45-58.

三好教夫(1985)：花粉分析(1), 化石花粉, スポロポレニン, 研究史. 遺伝, 39：99-103.

三好教夫(1987)：走査電子顕微鏡による花粉の形態. 11. クロウメモドキ目(被子植物)について. 日本花粉誌, 33(1)：31-34.

三好教夫(1988)：ウキクサとアオウキクサの花粉. 日本花粉誌, 34(1)：67-68.

三好教夫・矢野悟道・波田善行(1976)：中国地方の湿原堆積物の花粉分析学研究 3. 加保坂湿原(兵庫県). 岡山理大蒜山研報告, 2：1-10.

三好教夫・上山茂樹(1981)：走査電子顕微鏡による花粉の形態. 3. 被子植物(カバノキ科)について. 日本花粉誌, 27(1)：19-26.

三好教夫・加藤広文(1982)：走査電子顕微鏡による花粉の形態. 5. 被子植物(コショウ目, カワゴケソウ目)について. 日本花粉誌, 28(1)：7-11.

三好教夫・加藤　靖(1983)：走査電子顕微鏡による花粉の形態. 7. 被子植物(サラセニア目)について. 日本花粉誌, 29(1)：29-31.

三好教夫・山本理科子(1984)：走査電子顕微鏡による花粉の形態. 8. 被子植物(スミレ目)について. 日本花粉誌, 30(1)：37-41.

三好教夫・守田益宗(1986)：走査電子顕微鏡による花粉の形態. 10. 被子植物(タデ目)について. 岡山理大蒜山研報告, 12：19-33.

Miyoshi, N. and Uchiyama, T. (1987): Modern and fossil pollen morphology of the genus *Fagus* (Fagaceae) in Japan. Bull. Hiruzen Res. Inst., Okayama Univ. Sci., 13: 1-6.

三好教夫・星野卓二(1989)：フクシア属(アカバナ科)における倍数性と花粉形態. 日本花粉誌, 35(1)：31-34.

三好教夫・星野卓二・守田益宗(1989)：走査電子顕微鏡による花粉の形態 12. カヤツリグサ目(被子植物)について. 岡山理大蒜山研報告, 15：91-105.

三好教夫・難波弘行・岡　鐵雄・岡野光博・山本剛弘(2003)：岡山の花粉症. 日本文教出版, 岡山.

三好教夫・藤木利之・岡　鐵雄(2005)：ウェルウィチア(奇想天外)の花粉. 日本花粉誌, 51(1)：47-48.

三好教夫・藤木利之・竹内　徹(2007)：ジンチョウゲ目花粉の形態について. 徳永重元博士献呈論集：267-280.

Moore, P. D., Webb, J. A. and Collinson, M. E. (1991): Pollen Analysis (2 ed.). Blackwell, London.

守田益宗(1990)：ヒメヤシャブシとミヤマハンノキの花粉形態学上の差異——花粉分析への応用へ向けて——. 日本花粉誌, 36(2)：127-135.

Morita, Y. and Miyoshi, N. (1988): Palynological study of the genus *Alnus* (Betulaceae) in Japan. Ecological Rev. 21(3): 183-199.

守田益宗・崔　基龍(1988)：日本産ヤマモモ属の花粉形態. 日本花粉誌, 34(1)：11-18.

Morita, Y., Fujiki, T., Kataoka, H. and Miyoshi, N. (1998): Identification of *Ulmus* and *Zelkova* pollen. Jap. J. Palynol., 44(1): 11-18.

守田益宗・上田圭一・片岡裕子・三好教夫(1999)：日本産マツ属の花粉粒径. 岡山理大自然科学研報告, 25：73-86.

Muhlethaler, K. (1955): Die Struktur Einiger Pollenmembranen. Planta, 46(1): 1-13.

Naiki, A. and Nagamasu, H. (2003): Distyly and pollen dimorphism in *Damnacanthus* (Rubiaceae). J. Plant Res., 116(2): 105-113.

Naiki, A. and Nagamasu, H. (2004): Correlation between distyly and ploidy level in *Damnacanthus* (Rubiaceae). American J. Bot. 91(5): 664-671.

Nakamura, J. (1943): Diagnostic characters of pollen grains. Sci. Rep. Tohoku Imp. Univ., 4 ser., Biol., 18(4): 491-512.

Nakamura, J. (1954): Photomicrographs of fossil and modern pollen grains with some notes. 1. Res. Rep. Kochi Univ., 3(17): 1-7.

Nakamura, J. (1956): The size-frequency of *Quercus* pollen. Res. Rep. Kochi Univ., 5: 1-5.

中村　純(1967)：花粉分析. 古今書院, 東京.

中村　純(1974)：イネ科花粉について, とくにイネ(*Oryza sativa*)を中心として. 第四紀研究, 13(4)：187-193.

中村　純(1980)：日本産花粉の標徴 I・II. 大阪市立自然史博物館収蔵資料目録 12・13集. 大阪市立自然史博物館, 大阪.

生井兵治(1992)：植物の性の営みを探る. 養賢堂, 東京.

文　献

Nagamasu, H. (1989): Pollen morphology of Japanese *Symplocos* (Symplocaceae). Bot. Mag. Tokyo, 102(2): 149-164.

那須孝悌・飯田祥子(1978)：日本産タデ属およびソバ属の花粉形態. 大阪市立自然史博物館研究報告, 31: 61-79.

日本花粉学会編(1994)：花粉学事典. 朝倉書店, 東京.

楡井　尊(1996)：更新統産ハリゲヤキ属(ニレ科)の花粉形態. 第四紀研究, 35(4)：333-338.

楡井　尊(2008)：日本産トネリコ属シオジ節(モクセイ科)の花粉形態. 日本花粉学会 49 回大会要旨, p. 76.

野田寿子(1993)：中位段丘の花粉分析. 高知県教育センター研修生研究報告集：197-203.

長田武正(1976)：原色日本帰化植物図鑑. 保育社, 大阪.

Pohl, F. (1937): Die pollenerzeugung der Windblütler. Untersuchung zur Morphologie und Biologie des Pollen VI. Beih. Bot. Zentralbl., 56A: 365-470.

Post, L. von (1916): Om skogstradpollen i sydsenska torfmosslagerfoljder. Geol. Foren. Stckh. Forh., 38: 384.

Punt, W., ed. (1976): The Northwest European pollen flora I. Elsevier, Amsterdam.

Punt, W., Blackmore, S. and Clarke, G. C. S., ed. (1988): The Northwest European pollen flora V. Elsevier, Amsterdam.

Punt, W., Hoen, P. P., Blackmore, S., Nilsson, S. and Thomas, A. Le. (2007): Glossary of pollen and spore terminology. Rev. Palaeobot. & Palyn., 143(1): 1-81.

Rowley, J. R. (1959): The fine structure of the pollen wall in the Commelinaceae. Grana Palyn., 2(1): 3-31.

Sahashi, N. (1997): Pollen morphology of *Ginkgo biloba*. *In*: Ginkgo biloba: a global treasure (eds. Hori, T. et al.), pp. 17-28(427 pp.). Bot. Soc. Japan. Springer, Tokyo.

佐橋紀男・花粉情報協会(2002)：ここまで進んだ花粉症治療法. 岩波書店, 東京.

佐橋紀男・武田敏子・幾瀬マサ(1976)：ウェルウィッチアの花粉粒形態. 植物研究雑誌, 51(9)：283-288.

Saito, T. (1992): Pollen morphology and species-level distinction of genus *Fagus* from the Hachiya Formation (Lower Miocene) Mizunami Group, Japan. J. Earth Planet. Sci., Nagoya Univ., 39: 31-46.

Saito, T. and Tsuchida, K. (1992): Pollen morphology of the genus *Abies* in Japan. Jap. J. Palynol., 38(2): 158-171.

齋藤　毅・山野井　徹・神保　功(1992)：*Nyssa*(ヌマミズキ属)の花粉化石の形態. 日本花粉誌, 38(1)：59-62.

斎藤洋三・井手　武・村山貢司(2006)：花粉症の科学. 化学同人, 京都.

佐竹義輔・大井次三郎・北村四郎・亘理俊次・冨成忠夫編(1981)：日本の野生植物(草本) Ⅰ・Ⅱ・Ⅲ. 平凡社, 東京. [新装版. 1999]

佐竹義輔・原　寛・亘理俊次・冨成忠夫編(1982)：日本の野生植物(木本) Ⅰ・Ⅱ. 平凡社, 東京. [新装版. 1999]

里見信生(1981)：ラン科. 日本の野生植物(草本)Ⅰ. (佐竹義輔・原　寛・亘理俊次・冨成忠夫編), 187-235 pp. 平凡社, 東京.

Shiba, H., Takayama, S., Iwano, M., Shimosato, H.,

Funato, M., Nakagawa, T., Che, F. S., Suzuki, G., Watanabe, M., Hinata, K. and Isogai, A. (2001): A pollen coat protein, SP11/SCR, determines the pollen S-specificity in the self-incompatibility of *Brassica* species. Plant Physiol., 125(4): 2095-2103.

滋賀県教育委員会・滋賀県文化財保護協会(1997・2000)：栗津湖底遺跡 1. 第 3 貝塚, 2-3. 自然流路. 琵琶湖開発事業関連埋蔵文化財発掘調査報告書.

島倉巳三郎(1973)：日本植物の花粉形態. 大阪市立自然科学博物館収蔵資料目録 5 集. 大阪市立自然史博物館, 大阪.

清水建美監修(1994)：植物分類表. 週刊朝日百科「植物の世界」別冊付録. 朝日新聞社, 東京.

志佐　誠(1933)：花粉の形態 Ⅰ. 植物及動物, 1(9)：1311-1318；1(11)：1593-1604.

Sohma, K. (1963): Pollen morphology of the Nyssaceae, 1. *Nyssa* and *Camptotheca*. Sci, Rep. Tohoku Univ. Ser. TV. 29: 389-392.

Sohma, K. (1975a): Pollen morphology of the Japanese species of *Utricularia* L. and *Pinguicula* L. with notes on fossil pollen of *Utricularia* from Japan (1). J. Jap. Bot., 50(6): 164-179.

Sohma, K. (1975b): Pollen morphology of the Japanese species of *Utricularia* L. and *Pinguicula* L. with note on fossil pollen of *Utricularia* from Japan (2). J. Jap. Bot., 50(7): 193-208.

Sohma, K. (1983a): Fossil pollen grains of *Pachysandra* from Japan. Sci. Rep. Tohoku Univ., 4th ser. (Biol.), 38: 183-189.

Sohma, K. (1983b): Uncertainty of identification of fossil pollen grains of *Cryptomeria* and *Metasequoia*. Sci. Rep. Tohoku Univ., 4th ser. (Biol.), 39: 1-12.

Sohma, K. (1993): Pollen diversity in *Salix* (Salicaceae). Sci. Rep. Tohoku Univ., 4th ser. (Biol.), 40: 77-178.

鈴木優志・永田典子(2009)：脂質が制御するタペータムと雄性配偶体の形成. Plant Morphology, 21(1)：55-62.

高原　光(1992)：日本産ツガ属の花粉形態. 京都府大演習林報, 36：45-55.

Takahashi, H. (1987a): Pollen morphology and its taxonomic significance of the Monotropoideae (Ericaceae). Bot. Mag. Tokyo, 100(4): 385-405.

Takahashi, H. (1987b): Pollen morphology and development of *Orthilia secunda* (L.) House (Pyrolaceae). Jour. Fac. Agricul. Hokkaido Univ., 63 (Pt. 2): 145-153.

Takahashi, H. and Sohma, K. (1982): Pollen morphology of the Droseraceae and its related Taxa. Sci. Rep. Tohoku Univ., 4th ser. (Biol.), 38: 81-156.

Takahashi, M. (1982): Pollen morphology in the genus *Heloniopsis* (Liliaceae). Grana, 21(3): 175-177.

Takahashi, M. (1987): Pollen morphology in the genus *Erythromium* (Liliaceae) and its systematic implications. Amer. J. Bot., 74(8): 1254-1262.

Takahashi, M. and Sohma, K. (1980): Pollen morphology of the genus *Disporum* Salisb. Sci. Rep. Tohoku Univ., 4th ser. (Biol.), 38(1): 33-55.

Takahashi, M. and Sohma, K. (1983): Pollen morphology of the genus *Smilacina* (Liliaceae). Sci. Rep. Tohoku Univ., 4th ser. (Biol.), 38(3): 191-218.

竹内　徹・三好教夫・北岡豪一・畑中健一(2009)：長崎県唐比湿原堆積物からのハス属化石花粉産出とその意義. 日本花粉誌, 55(2)：95-100.

滝田謙譲(2001)：北海道植物図譜. 藤プリント, 北海道.

田中　肇(1993)：花に秘められたなぞを解くために. 農村文化社, 東京.

Traverse, A. (1988): Paleopalynology. Unwin Hyman, Boston.

辻　誠一郎(1979)：日本産タヌキモ属花粉化石の再検討. 第四紀研究, 18(1)：39-40.

辻　誠一郎(1986)：センダンの花粉形態と後期更新世吉沢層より産したセンダン属花粉の再検討. 植物地理・分類研究, 34(2)：87-94.

Tsuji, S. and Matsushita, M. (1991): Notes on pollen morphology of *Trochodendron aralioides*. Phytogeogr. & Taxon., 39: 27-30.

塚田松雄(1968)：花粉表面の微細模様と二・三の述語の問題. 植物学雑誌, 81(961-962)：385-395.

Tsukada, M. Sugita, S. and Tsukada, Y. (1986): Oldest primitive agriculture and vegetational environments in Japan. Nature, 322(14): 632-634.

塚本洋太郎監修(1988)：園芸植物大事典　Ⅰ・Ⅱ. 小学館, 東京. ［コンパクト版. 1994］

Ueno, J. (1949): On the pollen of *Filifolium*. キバナイトヨモギ属の花粉に就いて. 植物学雑誌, 62 (729-830)：24.

上野実朗(1949)：電子顕微鏡による Viscinfaden(粘糸)の微細構造. 科学, 19(7)：327-328.

上野実朗(1953)：花粉学と花粉病. 科学の実験, 4：1-2.

Ueno, J. (1960): On the fine structure of the cell walls of some gymnosperm pollen. Biol. J. Nara Women's Univ., 10: 19-25.

王　伏雄・銭　南芳・张　玉龙・杨　惠秋(1995)：中国植物花粉形态(第二版). 科学出版社, 北京.

韦　仲新(2003)：被子植物花粉电镜图志. 云南科技出版社, 昆明.

若林三千男(1970)：花粉形態からみたユキノシタ科の類縁関係について. 植物分類・地理, 24(4-6): 128-145.

Woudehouse, R. P. (1935): Pollen grains. McGraw-Hill, New York.

Yamanaka, M. (1988): The size-frequency and number of pore of pollen grain in Japanese species of genus *Carpinus*. Mem. Fac. Sci. Kochi Univ., Ser. D (Biol.), 9: 21-24.

Yamanoi, T. (1983/1984): Presence of Sonneratiaceous pollen in middle Miocene sediments, central Japan. Rev. Palaeobot. & Palynol., 40(4): 347-357.

山野井　徹(2003)：東南アジアのマングローブ植物とその花粉形態. 瑞浪市化石博物館専報, 9：129-213.

山崎次男(1933)：花粉並ニ胞子形態. 京都帝国大学農学部演習林(樺太演習林所産植物), 解説：1-26. 図版：1-59.

山崎次男・竹岡政治(1957, 1958a, b, c, 1959a, b)：花粉膜の表面構造に関する電子顕微鏡的研究　Ⅰ, Ⅱ, Ⅲ, Ⅳ, Ⅴ. 日林誌, 39(11)：427-434；日林誌, 40(1)：7-11；日林誌, 40(4)：154-159；西京大学報, 農10：28-32；日林誌, 41(4)：125-129.

吉川昌伸(2006)：ウルシ花粉の同定と青森県における縄文時代前期頃の産状. 植生史研究, 14(1)：15-27.

Zetzsche, F. and Huggler, K. (1928): Untersuchungen über die Membran der Sporen und Pollen I. 1. *Lycopodium clavatum* L. Justus Liebigs Annalen der Chemie. 461(1): 89-108.

Zetzsche, F., Kälin, O. (1931): Untersuchungen über die Membran der Sporen und Pollen V. 4. Zur Autoxydation der Sporopollenine. Helv. Chim. Acta. 14(1): 517-519.

Zetzsche, F. and Vicari, H. (1931a): Untersuchungen über die Membran der Sporen und Pollen II. *Lycopodium clavatum* L. Helv. Chim. Acta. 14(1): 58-62.

Zetzsche, F. and Vicari, H. (1931b): Untersuchungen über die Membran der Sporen und Pollen. III. 2. *Picea orientalis*, *Pinus sylvestris* L., *Corylus avellana* L. Helv. Chim. Acta. 14(1): 62-67.

Zetzsche, F., Kalt, P., Liecht, J. and Ziegler, E. (1973): Zur Konstitution des *Lycopodium*-Sporonins, des Tasmanins und des Lange-Sporonins. XI. Mitteilung uber die Membran der Sporen und Pollen. J Prakt Chem 148(9-10): 267-286.

中国科学院植物研究所古植物室孢粉组・华南植物研究所形态研究室(1982)：中国热带亚热带被子植物花粉形态. 科学出版社, 北京.

事項索引

[ア]

アカマツ二次林　　531
亜三角形(頂口型)　　519
亜三角形(間口型)　　519
アセトリシス処理　　iii,511,513,514,524
アセトリシス法　　509,510
アトランティック期　　567
アトリウム　　555
穴状紋　　523,524,530,856
網目状紋　　523,524,530,531,549,568,848
アルクス　　552
アルコール・キシロール法　　509
アルコール処理　　514,524
アルデヒド-オスミウム酸二重固定法　　512

[イ]

イガ栗状　　597
生きた化石　　530
異極性　　517,530,845
異型雄しべ　　642
異数性　　814,815,816
遺存種　　725
一次外壁　　832
いぼ状紋　　523,524,539,847,849
色　　516,524
陰極線チューブ　　507

[ウ]

薄切用トリミング　　512
ウルトラミクロトーム　　507

[エ]

エライオプラスト　　832
エタノール　　511,513
エタノール処理　　584
エタノールシリーズ　　513
円形　　518,519
遠心極　　517
遠心極観　　522
遠心極面　　517,530,846
遠心分離　　510,511,513
遠心分離機　　509
遠心面合流3溝型　　521
円柱状紋　　523,524,864

[オ]

オイキット　　510,511,513,514
黄色色素　　524
大穴状紋　　523,524,857
大網目状紋　　523,524
大形花粉　　191
大きさ　　514,516,518

オゾン　　833
雄花　　506,508
オリエント美術館　　506
オルガネラ　　832
温帯湿潤気候期　　567

[カ]

開花期　　509,514
外観　　516,518,520
外層　　xxii,832
解像力　　507
外被層　　509
外表層　　xxii,832
外表層型　　523,524,832
外表層欠失型　　521,523,524,832,850
外表層構成要素　　521,832
外壁　　506,521,846
外壁断面　　521,540,832
外壁断面の構造　　516
外壁表面　　523
外壁表面の模様　　516
開放花　　55,571,757
外膜　　506
化学的処理　　510,511,514,518
学名　　514
隔離分布　　582
過酸化水素　　833
化石花粉　　iii,506,509,510,514,524,531,540
化石種　　561
化石胞子　　833
加速剤　　512
加速電圧　　512
過長球形　　519
カプラ　　531
花粉　　iii,506,507,508,509,510,511,516,517,520,524
花粉塊　　516,518,727,827,847
花粉小塊　　522
花粉塊柄　　727,849
花粉外壁　　510,518,524,832
花粉外壁断面　　iii,507
花粉外壁表面　　iii,507,508
花粉学　　iii,507,515
花粉学事典　　515
花粉学用語　　515
花粉型　　522
花粉管　　518
花粉管口　　516
花粉形態　　506
花粉症　　iii,507,540
花粉症原因物質　　540
花粉粘着物　　832
花粉の形態　　516

事項索引

花粉のでき方　517
花粉の媒介　517
花粉媒介動物　524
花粉分析　iii,506,507,509,513,531
花粉分布図　542
花粉母細胞　516,517
花粉本体　514
花粉もどき　385,524,525,736
過偏平体形　519
カーボンレプリカ法　507
カリフラワー状　559
カルノア液　511
カルノア法　511
カロチノイド　524,833
カロチノイドエステル　833
環溝型　597,858
間口型　569,633
環状肥厚　531,853
乾燥剤　508
間氷期　540

[キ]
帰化植物　568,630
偽孔　858
偽溝　520
記載用語　515
キシレン　511,513
寄生植物　600
木曽五木　541
偽単粒　815
気嚢　514,517,531
気嚢型　521
気嚢型花粉　845,846
偽発芽溝　530,856
球形　518
吸蜜　517
共同口　705,849
極観　517,518,530
極観像　518
極観輪郭像　518,519
極軸　514,517,556,855
極軸(P)　518
極軸長　xxii,514
極性　516,517,518,522
極性のある花粉　514
極性のない花粉　514
極点　566
巨大花粉　513
巨粒　518
金属蒸着　514
金属蒸着法　511
金属薄膜　511
金パラジウム合金　511

[ク]
空中花粉　iii,506,507,509,513
クエン酸鉛　513

グリセリン　510
グリセリンゼリー　510,511,514
グリセリンゼリー包埋　514
グルタルアルデヒド　512
クロム酸　833

[ケ]
減圧浸透　512
減数分裂　516
現生花粉　iii,509,513,556

[コ]
小網目状紋　523,524
口蓋　520,760,859
光学顕微鏡　iii,513
孔　522
孔型　xxii,518
溝型　xxii
口環　520,858
溝間域　550
光顕　507,508,513,518,521
溝孔型　xxii,568
黄砂　546
向心極　517
向心極観　522
向心極面　517,530,846
更新世　561
後氷期　531
口膜　863,864,865,869
溝網型　805
合流溝　519
合流溝型　521,646,852,908,909,911
合流溝孔型　852,911
五角形　518
小形花粉　191
国際花粉学会　515
古生代　524
古生態学　iii,507
古草本説　599
古代ハス　597
小判型　586
小窓状孔　520
小窓状孔型　521,780,852,913
固有種　736
昆虫　517
金平糖状　540,557,856
棍棒状紋　523,524,856

[サ]
サイコロ状　575
最終間氷期　646
最終氷期　561
採集法　508
採集用具　508
さい(嘴)体　850
栽培型　578
栽培種　805

事項索引

細胞　　506
細胞分裂　　517
細粒状紋　　523,524,540,564,860
酢酸ウラニル　　513
腊葉標本　　508
叉状合流溝型　　852,908
撮影法　　513
錯化液　　510
錯化液処理　　584
錯化液法　　509,510
雑穀栽培　　568
雑種交配　　602
三角円形(頂口型)　　519
三角円形(間口型)　　519
三角形　　518
三角形(頂口型)　　519
三角形(間口型)　　519
散孔　　520
散溝　　519
散孔型　　568,858
散溝型　　568,852
三合流溝型　　864
サンプル管　　508
三矢形　　570

[シ]
四角形　　518
色調の変化　　524
四酸化オスミウム　　511
四酸化オスミウム法　　511
糸状花粉　　518
指状突起　　540
刺状紋　　523,524,848,854
指標植物　　567
四分子花粉　　517
島状突起　　859
縞状紋　　523,524,546,855
四面体型　　516
四面体型配列　　518
社会性昆虫　　524
雌雄異株　　506,508,524
集合状態　　516,517,520
雌雄性　　506
雌雄同株　　524
周皮　　509
樹脂　　512
種子植物　　508,514,518
樹脂浸透　　512
数珠玉状　　789,792
受粉　　518
樹木花粉　　540,551
ジュラ紀　　530
準超薄切片　　512
小網目状紋　　550,848
稍球形　　519
条溝　　549
焦点深度　　507,508

縄文海進期　　540
縄文時代　　568
小粒　　518
常緑型　　557
植生変遷　　iii,551
食虫植物　　605
植物分類体系　　514
処理法　　509,518
シリコンオイル　　510,511,514
試料面の露出　　512
しわ状紋　　523,524,546,853
人工授粉　　506
唇状　　855
新生代　　531

[ス]
水酸化カリウム処理　　511,513,524
水酸化カリウム法　　509
スポロニン　　832
スポロポレニン　　832,833
スリット状　　549,552,661,850
擂鉢状　　568,866

[セ]
西洋ナシ型　　850
赤道観　　517,518,522,524,530
赤道観像　　518
赤道径　　xxii,514
赤道軸　　514,517,855
赤道軸(E)　　518
赤道面　　517,847
石版　　506
石油鉱床　　548
切削面とナイフの角度の調整　　512
ゼラチン　　510
繊維状型　　786
前腔　　520,554,849
先駆種　　542
前固定　　512
染色　　512
線体　　727
剪定鋏　　508

[ソ]
走査型電子顕微鏡　　iii,511
走査線　　514
走査電顕　　507,508,509,511,513,514,525
走査電顕像　　518
双子葉類　　517,518
双同側型　　516,582
双同側型配列　　518
続成作用　　524
測定法　　513

[タ]
第I型　　805
第II型　　805

事項索引

第III型　805
第一分裂　517
大英博物館　506
体細胞分裂　516
第三紀　506,524,530
第二分裂　517
第四紀　524,530
大粒　518
タエニア　536
多角形　518
多環孔型　521,852,902,903,904
多環溝型　521,868,869,870
多環溝孔型　852,892,893,894,895,896
多孔型　848
多溝型　852
多散孔型　521,578,852,905
多散溝型　521,871,872
多散溝孔型　521,852,897,905,907,908
多集粒　516,517,847
多集粒型　521,630,849
多集粒花粉　516
脱水処理　511
多ひだ型　521,852,853
タペトソーム　832
短雄しべ　148,508,642,865
暖温帯林　601
短花柱花　729
単気嚢型　517,531
単口　520
単孔＋6溝型　815
単口型　849
単孔型　521,849,854,858
単溝型　521,850,852,855,856
単子葉類　516,517,518
単性花　353,794,803
単長口型　525,852,856,857,858
短乳頭状紋　523,524,597,858
単粒　514,516,522,845
単粒花粉　517

[チ]
地質学的影響　524
チャージング　511,512,514
柱状層　xxii,517,521,570,832
中生代　524
虫媒花　601
中粒　518
長雄しべ　148,508,642,865
長花柱花　525,729
長球形　518,519
長口　xxii,520
長口型　855,860
頂口型　546,548,909
頂孔型　636
長刺状紋　523,524,584,854
超薄切片　iii,507,512
超薄切片法　512

超薄切片用ミクロトーム　512,513
彫紋　846
彫紋構成要素　832
直交溝　521

[テ]
低温イオンスパッタリング装置　511
泥炭　507
低粘性エポキシ樹脂　512
底部層　xxii,517,832
手袋　508
手鞠状　556
電顕　507
電子顕微鏡　507
電子線　507
電子染色　513

[ト]
透過型電子顕微鏡　iii,512
透過電顕　507,513
等極性　517,524,546
透光率　548
導電染色　511
トウラ　546
とさか形突起　846
凸レンズ状　566
トリミング　512
トルイジン青　512

[ナ]
内層　xxii,832
内壁　xxii
内膜　506
長柄つきの鋏　508

[ニ]
二形花柱花　729
ニムルド遺跡　506
二面相称性　845
二面体型花粉　845,850

[ネ]
熱重合　512
粘結糸　517
粘糸　517
稔性　353,354
年代測定　548
粘着糸　517,627,847,849,898,899
粘着体　827,849,850
粘着部　727

[ノ]
農耕活動　531
農耕の起源　805
濃硫酸　510
ノート　508

事項索引

[ハ]
倍数体　　691
白亜紀　　506
ハズ型模様　　648
発芽口　　xxii,518,522,525,530
発芽孔　　848
発芽溝　　521,549,849
発芽口域　　530,846,854,858
発芽溝域　　546
発芽口の位置　　520
発芽口の有無　　520
発芽口の数　　520
発芽口の形とその位置，数　　520
発芽口の性質　　520
花　　508
花化石　　581
パピラ　　540
パピラ状　　860
パラフィン　　511
バルサム　　510,511
半外表層型　　523,832
半球形　　518
半耳ひだ形(頂口型)　　519
半耳ひだ形(間口型)　　519

[ヒ]
非外表層型　　523,832
微細構造　　507,508,513
微刺状紋　　523
非樹木花粉　　551
微小刺状紋　　524,548,847
微穿孔状紋　　523,524,525,568,855
肥大型　　353,354,525,803
筆記用具　　508
人字型　　353,354,525,803
氷酢酸　　510
ヒョウタン状　　662
標徴種　　601
表面の研磨　　512
微粒　　518
微粒状紋　　523,524,531,846
ピンセット　　508

[フ]
封筒　　508
封入後の時間　　518
封入剤　　510,511,518
封入法　　510,511
風媒花粉　　509
フェノール　　510
複合型花粉　　845,847
複粒　　522,845,847
付属物　　516,517
普通型　　353,354,525,803
フッ化水素酸　　514
不同網目状紋　　850
不同溝　　519

不同溝(孔)型　　852,912
不同溝孔型　　521,688,689,690
不稔性　　353,354
不稔性花粉　　594
フラボノイド　　524
プロピレンオキサイド　　512
分解能　　507
分布地域　　514
分類体系　　514

[ヘ]
平滑状紋　　523,524,531,846
閉鎖花　　55,571,757
ヘテロ溝型　　519
ペリン　　509
ベンゼン　　511
偏平球形　　518
偏平体形　　518,519

[ホ]
胞子　　524
帽部　　536
包埋剤　　514
包埋法　　512,514
保証分解能　　507
ボード液　　512
ポリビニールアルコール　　510
ポレニン　　832

[マ]
膜断面　　507
マニキュア　　511
マングローブ林　　687

[ミ]
水　　510
溝　　522
溝孔　　522
溝孔型　　519
溝型　　518
耳ひだ形(頂口型)　　519
耳ひだ形(間口型)　　519

[ム]
無極性　　570
無口　　518
無口型　　521,531,567,849,852,853,854
無刻層　　832
無刻層1　　832
無刻層2　　832
無処理　　509,510,513,518,524
無水グリセリン　　510
無水酢酸　　510

[メ]
メチレン青　　512
メトロポリタン美術館　　506

事項索引

雌花　　506

[モ]
モクレン目説　　581
もみ殻状　　557,855
模様　　523

[ヤ]
葯　　508,516
薬包紙　　508
野生種　　805
やや大粒　　518

[ユ]
有刻層　　832
有柄頭状紋　　523,524
有翼鷲頭精霊像　　506
ユービッシュ体　　540,860

[ヨ]
養育食　　524
翼　　517
四分子　　531

[ラ]
落葉型　　557
落葉広葉樹林　　657
裸子植物　　514,517
螺旋溝　　519
螺旋口型　　852,909,911
螺旋状型　　594

[リ]
リッジ　　546,853
硫酸　　833
粒状紋　　523,524,849,864
両性花　　353,524,794,803
リン酸緩衝液　　512

[ル]
類3叉状合流溝　　566
ルーペ　　508

[ロ]
六角形(頂口型)　　519
六角形(間口型)　　519

[ワ]
和名　　514
湾曲線状肥厚　　552,904

[記号]
＊印　　514
λ型　　525,803
^{14}C年代測定　　597
$2n$世代　　517
2気嚢型　　517,531

2孔型　　521,562,852,897,898
2溝型　　521,583,852,860
2溝孔型　　521,852,873
2次元的外観　　518
2次電子　　507
2次電子線　　511
2集粒　　516,642,847
2集粒型　　521
2長口型　　852
3気嚢型　　517
3孔型　　521,546,549,849,852,899,900,901,902
3溝型　　521,524,567,852,860,861,862,863,866,867
3溝孔型　　521,549,848,852,873,874,875,876,877,878,
　　879,880,881,882,885,886,887,888,889,890,891
3溝孔型＋3偽溝型　　688,689,690
3溝孔型＋3溝型　　683
3合流溝型　　685,687
3次元的外観　　518
4孔型　　564
4集粒　　516,517,522,848
4集粒型　　521,848
6溝型　　582
6散溝型　　580
8集粒　　517,849
16集粒　　516,849

[A]
Adobe Photoshop　　513
AMB　　518,519
ambit　　518,519
AP　　540,551
arboreal pollen　　540
areolate　　805

[B]
bireticulate　　731,740

[C]
Canvas　　513
cathode ray tube　　507
character　　520
CRT　　507
cryj-1　　540
cryj-2　　540

[D]
D.E.R.736　　512
distal polar view　　522

[E]
electron microscope　　507
EM　　507
EM-Spurr セット　　512
equatorial axis　　514
equatorial view　　522
ERL-4206　　512

[K]
KOH 509
KOH 法 509

[M]
massula 522

[N]
n 世代 517
NAP 551
non-arboreal pollen 551
NPC 520
NPC システム 520
NSA＝10.0 512
number 520

[O]
O 型 525,803

[P]
P/E 518

[P×E]
P×E 514,525
palynology iii
polar axis 514
porid 815
position 520
proximal polar view 522
pseudomonad 815

[S]
SFI 578
Spurr の樹脂 512
steppe forest index 578

[T]
tetrad 522

[X]
X 型 525,803

[Y]
Y 接合 631

和名索引

［ア］

アイ　54,571
アイダクグ　372,820
アイナエ　255,724
アイナエ属　724,885
アオイ科　518,671,876,906
アオイゴケ　266,732,863
アオイゴケ属　732,863,867
アオウキクサ　363,813,859
アオウキクサ属　813,859
アオカズラ属　883
アオカモジグサ　360,809
アオガンピ　187,384,421,674,908
アオガンピ属　674,908
アオキ　216,695,887
アオキ属　695,885,887
アオギリ　181,671,883
アオギリ科　670,883,899
アオギリ属　671,883
アオジソ　280,745
アオダモ　249,720
アオチドリ属　850
アオツヅラフジ　80,596,865
アオツヅラフジ属　596,862,865
アオノツガザクラ　228,707
アオバナハイノキ　246,719
アオバノキ　899
アオビユ　64,580
アオミズ　48,564,897
アオモジ　69,585
アオモリトドマツ　536
アカイタヤ　167,658
アカエゾマツ　21,22,391,538
アカガシ　42,559
アカガシ亜属　558,886
アカカタバミ　149,643
アカギ　152,414,646,875
アカギ属　646,875
アカギモドキ属　902,904
アカザ　63,578,907
アカザ科　471,515,578,907
アカザカズラ属　872
アカザ属　578,907
アカシア　849
アカシア属　516,632,849
アカシア連　632
アカシデ　38,555
アカショウマ　116,619,885
アカテツ　244,433,717
アカテツ科　717
アカテツ属　717
アカネ　442,730

アカネ亜科　729
アカネ科　516,728,849,865,866,868,869,870,871,876,
　877,895,896,901,902,904
アカネ属　729,869,870
アカバナ科　517,518,690,849,898,899
アカバナ属　849,899
アカボシタツナミソウ　276,741,862,866
アカマツ　5,389,490,531,847
アカメガシワ　155,415,508,648,874
アカメガシワ属　648,874
アカモノ　237,711
アカヤジオウ　293,753
アキカラマツ　79,592
アキギリ属　742,868
アキグミ　189,675
アギナシ　332,783,906
アキニレ　45,562
アキノキリンソウ属　776,881,893
アキノタムラソウ　278,742,869
アキノノゲシ　328,781,893
アキノノゲシ属　781,893
アクシバ　227,706
アクシバ属　706
アケビ　82,402,595,864,867,884
アケビ科　595,864,867,882,884
アケビ属　595,864,867,884
アケボノソウ　253,724
アサ　45,562,901
アサガオ　385,447,733,905
アサガオガラクサ属　872
アサガオ属　905
アサガラ　247,718,890
アサガラ属　718,890
アサザ　862,910
アサザ属　725,862,866,910
アサ属　562,901
アサダ　38,555,900,904
アサダ属　900,904
アサマリンドウ　253,723,895
アザミ属　778,886
アザミ連　778
アシカキ　357,807
アジサイ　111,616
アジサイ亜科　616
アジサイ属　616,885
アシボソ属　806
アシミナ属　582,848
アズキ属　902
アズキナシ　129,628
アスクレピアス属　728
アスナロ　26,541,543
アスナロ属　543

和名索引

アズマイチゲ　75,589
アズマシロガネソウ　863,864
アズマツメクサ属　889
アズマレイジンソウ　71,403,588
アゼガヤツリ　377,824
アゼスゲ　367,817
アゼテンツキ　374,821
アゼトウガラシ　291,752
アゼトウガラシ属　752
アゼトウナ属　781
アゼナ　292,752
アセビ　237,711
アセビ属　710
アダン　364,814,859
アッケシソウ　63,579
アッケシソウ属　579,907
アツバシマザクラ　260,434,730,876
アツモリソウ亜科　827
アデク　204,424,686
アテツマンサク　107,612
アナイバナ　270
アニス　223,701
アネモネ　74,589
アパッチマツ　9,533
アブラガヤ　377,822
アブラギリ　155,647,853
アブラギリ属　647,853
アブラススキ　356,806
アブラススキ属　806
アブラチャン　69,584,855
アブラナ　103,610,865
アブラナ科　609,854,863,865
アブラナ属　610,865
アフリカホウセンカ　171,662
アベマキ　40,558
アマ　866
アマ科　645,866,906
アマギシャクナゲ　236,710
アマ属　645,866,906
アマチャヅル属　882
アマミセイシカ　236,710
アマミヒトツバハギ　140,414,647
アマモ　334,518,786
アマモ科　786
アマモ属　786
アマリリス　346,799
アマリリス属　799
アミー　703
アミガサギリ属　881
アミメヘイシソウ　95,605
アミメミミカキグサ　294,444,759
アメリカアリタソウ　63,579
アメリカセンダングサ　315,773
アメリカフウロ　417,645,861
アメリカフヨウ　183,672
アヤメ科　800,850,857
アヤメ属　801,857

アラカシ　42,493,559
アラシグサ属　885
アラセイトウ属　854
アリクシア属　897
アリタソウ属　579
アリドオシ属　731,895
アリノトウグサ　213,427,692
アリノトウグサ科　692,850
アリノトウグサ属　480,692,850
アレチウリ　425,682,871
アレチウリ属　682,871
アレッポマツ　9,533
アロエ属　796
アワブキ　171,661,883
アワブキ科　661,883
アワブキ属　661,883
アワモリショウマ　116,619
アンペライ属　859,905

[イ]
イイギリ　187,424,676,883
イイギリ科　676,883
イイギリ属　676,883
イオウノボタン　204,688
イガガヤツリ　378,825
イカダカズラ　57,573
イカダカズラ属　573
イカリソウ　81,594,863
イカリソウ属　594,863
イグサ科　516,802,849
イケマ　258,727
イシミカワ　54,570,907
イシモチソウ　96,606,848
イズセンリョウ　241,713,882
イズセンリョウ属　713,882
イスノキ　105,409,613,865
イスノキ属　613,864
イズハハコ属　881
イセハナビ　295,755
イセハナビ属　755,902
イソツツジ　228,707,849
イソツツジ属　707,849
イソノキ　178,666
イソフサギ属　907
イソマツ　244,433,499,716,862
イソマツ科　716,862,868
イソマツ属　716,862,868
イソヤマテンツキ　374,822
イタチハギ属　876
イタドリ　55,572,884
イタドリ属　571,884
イタヤカエデ　167,658
イタリアウイキョウ　225,703,880
イチイ　28,388,491,545,859
イチイ科　545,859
イチイガシ　42,559
イチイ綱　545

和名索引

イチイ属　545,859
イチジク属　563,898
イチハツ　350,801,857
イチビ　186,671
イチビ属　671,876
イチヤクソウ　227,705
イチヤクソウ亜科　705
イチヤクソウ科　516,705,849,901,903
イチヤクソウ属　516,705,849
イチョウ　4,388,490,530,855
イチョウ科　530,855
イチョウ属　530,855
イチリンソウ　74,589,863,864
イチリンソウ属　588,863,864,869,872,907
イトイヌノハナヒゲ　373,821
イトイヌノヒゲ　355,804
イトキンポウゲ　78,591
イトクズモ科　855
イトクズモ属　855
イトラン　345,797
イナモリソウ属　866
イヌエンジュ　138,634
イヌエンジュ属　634
イヌガシ　69,585,855
イヌガヤ　27,388,544,859
イヌガヤ科　544,859
イヌガヤ属　544,859
イヌガラシ　104,611
イヌガラシ属　611,865
イヌクグ　372,825
イヌコウジュ　278,743
イヌコウジュ属　743
イヌゴマ属　746,866
イヌサフラン　348,800,854
イヌザンショウ　161,652,883
イヌシデ　38,397,556,900,904
イヌタデ属　570,862,907
イヌツゲ　173,662
イヌトウバナ　280,744
イヌナズナ属　865
イヌノフグリ　861,865
イヌハッカ属　743,866
イヌブナ　39,557
イヌブナ型　556
イヌホオズキ　285,747
イヌマキ　27,388,491,543,847
イヌマキ属　517
イヌムラサキ属　894,896
イネ　359,520,808,859
イネ科　520,805,858,859
イネ科(栽培型)　477
イネ科(野生型)　478
イネ属　808,859
イノコズチ　64,402,580,907
イノコズチ属　580,907
イブキシモツケ　118,622
イブキジャコウソウ属　869

イブキ属　542
イブキトラノオ　51,569,880
イブキトラノオ属　569,880
イボクサ　352,804
イボクサ属　804
イボタクサギ　274,738
イボタノキ　248,720,884
イボタノキ属　475,720,884
イモカタバミ　148,643,869
イラクサ　48,564,901,903
イラクサ科　564,897,898,901,902,903,904
イラクサ属　564,901,903,904
イロハモミジ　167,658,882
イロマツヨイグサ属　899
イワイチョウ　254,725,878
イワイチョウ属　725,878
イワウチワ　226,704,885
イワウチワ属　704,885
イワウメ　226,704,885
イワウメ科　704,885
イワウメ属　704,885
イワオウギ　143,641,879
イワオウギ属　641,879
イワオウギ連　641
イワカガミ　226,704,885
イワカガミ属　704,885
イワガラミ　111,616
イワガラミ属　616
イワカンスゲ　371,819
イワシデ　38,555
イワタバコ　298,758,896
イワタバコ科　757,896
イワタバコ属　758,896
イワダレソウ　272,740,877,879
イワダレソウ属　740,877,879
イワツクバネウツギ　303,764,889
イワツクバネウツギ属　763,889
イワナシ　228,707
イワナシ亜科　707
イワナシ属　707
イワナンテン属　710,849
イワニガナ　330,781
イワハゼ　711
イワヒゲ　237,711
イワヒゲ属　711
イワヒバ　833
イワヒバ属　833,849
イワブクロ　289,751,875
イワブクロ属　751,875
イワベンケイ　109,615,889
イワレンゲ属　614,889
インゲンマメ　141,636
インゲンマメ属　636
インゲンマメ連　635
インドジャボク　257,439,727,891
インドソケイ属　912

931

和名索引

[ウ]
ウイキョウ属　703,880
ウェルイッチア　28,546,853
ウェルイッチア科　546,853
ウェルイッチア属　546,853
ウキクサ　363,813,859
ウキクサ科　813,859
ウキクサ属　813,859
ウキツリボク　186,671
ウキヤガラ　376,822
ウキヤガラ属　822
ウグイスカグラ　305,766,894,897
ウケザキオオヤマレンゲ　67,403,582
ウコギ科　697,890
ウコギ属　698,890
ウコン属　855
ウサギギク属　881
ウシノケグサ属　810
ウシノシタ属　758
ウジルカンダ　137,413,635,891
ウスカワゴロモ　147,642,847
ウスバサイシン　88,404,600,903
ウスバサイシン属　600,903
ウスベニニガナ属　881
ウダイカンバ　37,554
ウチダシクロキ　246,434,719
ウチワサボテン属　905
ウチワノキ　250,721
ウチワノキ属　721
ウツギ　112,617
ウツギ属　617,885
ウツボカズラ科　605,848
ウツボカズラ属　605,848
ウツボグサ　279,743,869
ウツボグサ属　743,866,868
ウド　218,697
ウバメガシ　41,398,557,886
ウバユリ　339,791
ウバユリ属　791
ウマゴヤシ　143,641,879
ウマゴヤシ属　641,879
ウマノアシガタ　78,486,591
ウマノスズクサ　88,600,853
ウマノスズクサ科　600,853,869,903
ウマノスズクサ属　600,853
ウマノミツバ　221,699,880
ウマノミツバ亜科　699
ウマノミツバ属　699,880
ウミショウブ　333,454,783,854
ウミショウブ属　784,854
ウミミドリ　243,432,715
ウミミドリ属　715
ウメ　121,496,623
ウメガサソウ　227,705,849
ウメガサソウ属　705,849
ウメバチソウ　115,618,885
ウメバチソウ亜科　617

ウメバチソウ属　618,885
ウメモドキ　173,663
ウラジロエノキ　44,399,561,898
ウラジロエノキ属　561,898
ウラジロガシ　42,398,559,886
ウラジロカンコノキ　152,414,647,895
ウラジロコムラサキ　524
ウラジロタデ　56,572
ウラジロノキ　129,628
ウラジロフジウツギ　288,750
ウラジロモミ　19,536
ウリ科　679,870,871,876,882,900,902,905
ウリカエデ　169,658
ウリクサ　291,752
ウリノキ　214,426,693,875
ウリノキ科　693,875
ウリノキ属　693,875
ウリハダカエデ　169,658
ウルシ　166,657
ウルシ科　656,887
ウルシ属　473,656,887
ウルップソウ　294,445,754
ウルップソウ科　754,879
ウルップソウ属　754,879
ウワバミソウ　48,565,897,898
ウワバミソウ属　565,897,898
ウワミズザクラ　121,623
ウンシュウミカン　163,653,895
ウンナンマツ　14,534
ウンラン属　750

[エ]
エゴノキ　247,433,718,890
エゴノキ科　717,890
エゴノキ属　717,890
エスキナンサス・パラシティカス　298,758
エスキナンサス属　758
エゾエンゴサク　405,607,870,871
エゾオオサクラソウ　243,432,716,910
エゾオヤマリンドウ　253
エゾキスゲ　338,790
エゾコザクラ　910
エゾシオガマ　293,754,909
エゾトリカブト　73,588
エゾニワトコ　447,761,883
エゾノタカヤナギ　33,551
エゾノツガザクラ　233,430,707
エゾノミズタデ　53,570,907
エゾヒツジグサ　84,597
エゾマンテマ　62,403,577,908
エゾムギ属　809
エゾヤナギ　33,551
エゾユズリハ　147,651
エゾリンドウ　723
エドヒガン　119,623
エニシダ　135,633
エニシダ属　633

エニシダ連　633
エノキ　44,399,561,901
エノキアオイ　186,671
エノキアオイ属　671
エノキグサ　160,650,875,894,896
エノキグサ属　650,875,894,896
エノキ属　470,561,901,903
エノコログサ　357,807
エノコログサ属　807
エビヅル　180,667
エビネ　381,828
エビネ属　828
エビモ　334,786
エビラハギ　873
エリカ亜科　706
エリカ属　706
エンコウソウ　72,404,587,868
エンドウ　141,639
エンドウ属　639,879
エンレイソウ　344,793
エンレイソウ属　793,853

[オ]
オウゴンオニユリ　341,792
オウシュウクロハンノキ　36,554
オウシュウシロハンノキ　36,553
オウトウ　495,623
オウバイ　251,722,883
オウレン属　471,593,907
オオアラセイトウ　100,611
オオアラセイトウ属　611
オオイタドリ　55,572,884
オオイタビ　46,395,563,898
オオイヌノハナヒゲ　373,820
オオイヌノフグリ　293,753
オオウバユリ　339,791
オオカナダモ　333,454,784
オオカナダモ属　784
オオカナメモチ　132,629
オオカメノキ　300,762
オオカラスウリ　902
オオキヌタソウ　262,729,869
オオキンケイギク　317,773
オオキンバイザサ　351,457,802,857
大久保　623
オオケタデ　400,571,907
オオジシバリ　328,781
オオシマノジギク　313,772
オオシラビソ　19,390,536,846
オオツヅラフジ　83,596,865
オオツメクサ属　576,872
オオデマリ　300,762
オオトウワタ　259,728
オオナルコユリ　343,795
オオナンヨウノボタン　206,688
オオニシキソウ　158,649
オオヌマハリイ　375,822

オオバアサガラ　247,718
オオバイケイソウ　338,788,857
オオバイボタ　248,720
オオバギ　156,414,648,876
オオバギ属　648,876
オオバコ　299,442,499,760,906
オオバコ科　760,906
オオバコ属　520,760,906
オオバシマムラサキ　272,385,524,525,738
オオバショウマ　71,587
オオバニガナ　893
オオバヒルギ　288,429,690,887
オオバヒルギ属　690,887
オオバボダイジュ　182,669
オオハマボウ　184,421,672
オオハマボッス　239,715
オオバヤシャブシ　34,397,492,552,905
オオバヤナギ　31,550,883
オオバヤナギ属　550,883
オオバライチゴ　126,626
オオヒキヨモギ　290,753,861
オオヒナノウスツボ　290,751
オオブタクサ　450,771
オオベニウツギ　304,765
オオマツヨイグサ　211,691
オオミノトケイソウ　188,679
オオムラサキシキブ　273,441,738
オオモクゲンジ　170,660
オオモミジ　168,658
オオヤマフスマ属　908
オオユウガギク　264,775
オオルリソウ属　913
オオレイジンソウ　73,588
オガサワラアザミ　326,452,779
オガサワラグミ　191,676
オガタマノキ属　582,856
オカトラノオ　242,715
オカトラノオ属　714,890
オカヒジキ　63,579
オカヒジキ属　579,907
オガラバナ　168,658
オキナグサ　76,590,863,864
オキナグサ属　590,863,864,871
オキナワガンピ　674
オキナワキョウチクトウ　726
オクラ　185,672
オグルマ連　776
オケラ　323,780,881,887
オケラ属　780,881,886
オサバグサ　98,608,865
オサバグサ属　608,865
オジギソウ　135,518,631,849
オジギソウ属　631,849
オジギソウ連　631
オシロイバナ　57,573,905
オシロイバナ科　518,573,905
オシロイバナ属　573,905

和名索引

オダマキ　77,592,861,864,866
オダマキ属　592,861,863,864,866
オトギリソウ　93,604,885
オトギリソウ科　604,885
オトギリソウ属　604,885
オトギリバニシキソウ　160,650
オトコヨウゾメ　300,762
オドリコソウ　283,746,862,866
オドリコソウ亜科　742
オドリコソウ属　746,862,866
オナモミ　317,450,771,877,893
オナモミ属　771,860,877,893
オナモミ連　770
オニアザミ　324,778
オニウシノケグサ　360,810
オニガヤツリ　378,825
オニグルミ　30,396,492,507,548,904,905
オニゲシ　97,606
オニシバリ　384,673
オニタビラコ　328,780,913
オニタビラコ属　780
オニツルボ　339,793
オニバス　84,597,856
オニバス属　597,856
オニヒョウタンボク　304,765,889,891
オニユリ　340,487,524,792
オヒルギ　207,429,689,886
オヒルギ属　689,886
オヘビイチゴ　122,626
オミナエシ　307,767,861,881,886
オミナエシ科　766,861,867,881,886
オミナエシ属　767,861,867,881,886
オモダカ　333,783
オモダカ科　783,906
オモダカ属　479,783,906
オヤブジラミ　221,700
オランダイチゴ　130,411,496,626,881
オランダイチゴ属　626,881
オランダガラシ属　863
オランダゼリ　225,703
オランダゼリ属　703
オランダミミナグサ　60,576
オリヅルスミレ　194,677
オリヅルラン　344,795
オリヅルラン属　795
オリーブ　249,497,721
オリーブ属　721
オンタデ属　572
オンブノキ　62,573

[カ]
カイソウ　338,455,793,857
カイソウ属　793,857
カイノキ　384,657
カイノキ属　657
カエデ科　657,882
カエデ属　473,657,882

ガガイモ科　516,727,849
ガガイモ属　849
カカオノキ　181,670
カカオノキ属　670
ガガブタ　254,437,725,866,910
カガミグサ　174,668,879
カキドオシ属　870
カキノキ　245,436,717,878
カキノキ科　717,878
カキノキ属　717,878
カキノキダマシ　735
ガクアジサイ　111,616
ガクウツギ　111,616
カクレミノ　220,430,697,890
カクレミノ属　697,890
カザグルマ　907
カサバルピナス　146,642
カサブランカ　340,792
カジノキ　47,563,898
カジノキ属　563,898
カシヤマツ　10,533
カシワ　40,398,558
カシワバハグマ　325,451,452,777
カスミソウ　60,575
カスミソウ属　575
カタクリ　341,455,790,857
カタクリ属　790,857
カタバミ　150,643
カタバミ科　642,865,866,869,870
カタバミ属　642,865,866,869,870
カッコウアザミ　320,778
カッコウアザミ属　778
カッパリス属　608
カツラ　70,586,867
カツラ科　586,867
カツラ属　586,867
カテンソウ　49,565,897,898
カテンソウ属　565,897,898
カトレヤ　383,829
カトレヤ属　829
カナクギノキ　69,585
カナダモ属　854
カナビキソウ　50,567,910
カナビキソウ属　567,909,912
カナムグラ　46,494,563,901
カナメモチ　132,629
カナメモチ属　629
カノコソウ　307,767,861,881,886
カノコソウ属　766,861,881,886
カノコユリ　341,792
カバノキ科　515,551,900,904,905
カバノキ属　466,520,554,897,900
カバノキ連　552
カボチャ属　681,905
ガマ　364,488,508,815,848
ガマ科　479,516,814,848,859
ガマズミ　302,763,883

和名索引

ガマズミ亜科　762
ガマズミ属　762,883,895
ガマ属　516,815,848,859
カマツカ属　629,879
カミツレ　311,771
カミヤツデ属　890
カモガヤ　360,502,810
カモガヤ属　810
カモジグサ属　809
カモメヅル属　727
カヤ　28,545
カヤ属　545,859
カヤツリグサ科　478,515,516,815,858,859,905
カヤツリグサ属　824
カライトソウ　127,627
カラクサキケマン属　906
カラスウリ　197,680,902
カラスウリ属　680,902
カラスザンショウ　161,652
カラスザンショウ亜属　652
カラスノエンドウ　639
カラスノゴマ属　899
カラスビシャク属　855
カラスムギ　360,809
カラスムギ属　809
カラタチ　162,653,895
カラタチ属　653,895
カラタチ連　653
カラハナソウ　46,563
カラハナソウ属　563,901
カラマツ　4,394,531,853
カラマツソウ　79,592,907
カラマツソウ属　471,592,907
カラマツ属　462,531,853
カラムシ　49,498,565,901
カラムシ属　565,901
カランコエ属　615
カリア属　549
カリガネソウ　275,739,902
カリガネソウ属　739,862,902
カリステモン属　686,910
カリン　134,630
カルナ属　706
カルム属　703
カワゴケソウ科　516,642,847
カワゴケソウ属　847
カワゴロモ属　642
カワツルモ属　850
カワミドリ　282,742,863
カワミドリ属　742,863
カワラケツメイ属　633,875
カワラケツメイ連　633
カワラサイコ　124,626
カワラスガナ　378,825
カワラナデシコ　61,402,494,577,908
カワラハンノキ　35,397,553
カワラボウフウ属　703,880

カワラマツバ　263,730
カワラヨモギ　312,772
カンアオイ　88,600,870
カンアオイ属　600,869,870
カンガレイ　376,824
ガンクビソウ属　881
ガンコウラン　240,713
ガンコウラン科　713
ガンコウラン属　713
カンコノキ属　647,895
カンサイタンポポ　331,782,893
カンスゲ　366,816
カンツバキ　90,602
カンナ科　826,854
カンナ属　826,854
ガンピ　187,674
ガンピ属　674
カンピョウ　196,681,876
カンボク　302,763
カンレンボク　214,694
カンレンボク属　694

[キ]
キイジョウロウホトトギス　341,787
キイチゴ属　625,881
キイレツチトリモチ属　855
キウイ　89,601
キオン属　774,881
キオン連　774
キカシグサ　188,684,892
キカシグサ属　684,892,909
キキョウ　309,768,871,895,896
キキョウ科　768,868,871,879,894,895,896,897,901,
　903,904
キキョウソウ属　903,904
キキョウ属　768,871,895,896
キキョウラン　337,790
キキョウラン属　790
キク　311,771,886
キク亜科　770
キクイモ　893
キク科　476,770,860,873,877,881,885,886,887,893,
　913
キクガラクサ属　866
キク属　771,886
キクモ　290,444,751
キク連　771
キケマン属　607,870,868,871
キササゲ　287,755
キササゲ属　755
ギシギシ　52,494,569
ギシギシ属　470,568,872,876,896
キシツツジ　230,709
キジムシロ属　626
キショウブ　350,801,857
キズイセン　347,798
キタゴヨウ　15,535

キダチアロエ　344,796
キダチチョウセンアサガオ　286,748
キダチニンドウ　304,765
キダチルリソウ属　913
キチジョウソウ　338,794
キチジョウソウ属　794
キチョウジ属　749,888
キヅタ属　890
キツネアザミ　327,779
キツネアザミ属　779
キツネノカミソリ　347,799
キツネノヒマゴ　296,756
キツネノボタン　871
キツネノマゴ　295,447,756,873
キツネノマゴ亜科　755
キツネノマゴ科　755,866,869,873,897,898,902,911
キツネノマゴ属　476,756,873,897,898
キツネヤナギ　32,551
キツリフネ　171,662
キナノキ亜科　728
キヌガサソウ　342,794
キヌガサソウ属　794
キハダ　161,652
キハダ属　652,889
キバナアキギリ　278,742
キバナウツギ　303,764
キバナコスモス　322,777
キバナハタザオ属　865
キバナマツバニンジン属　866
キバナミソハギ　427,684
キバナミソハギ属　684
キバナムラサキ属　913
キビノミノボロスゲ　369,818
キビヒトリシズカ　87,600
キブシ　187,678,875
キブシ科　677,875
キブシ属　678,875
ギボウシ属　790,858
ギーマ　239,712
キミガヨラン属　797
キャベツ　103,610
キャラボク　28,545
キュウリ　196,680,900
キュウリグサ　269,518,736
キュウリグサ属　736
キュウリ属　680,900
キョウチクトウ　255,497,726,904
キョウチクトウ科　726,848,891,897,898,904,907,912
キョウチクトウ属　726,904
ギョクシンカ　260,434,728,877
ギョクシンカ属　728,877
ギョボク　94,608
ギョボク属　608,877
ギョリュウ　195,679,865
ギョリュウ科　679,864
ギョリュウ属　679,864
キランソウ　276,740,865

キランソウ亜科　740
キランソウ属　740,865
キリ　289,442,750,885
キリ属　750,885
キールンカンコノキ　152,647
キレンゲショウマ　110,407,617,885
キレンゲショウマ属　617,885
キワタ科　670
キンエノコロ　357,807
キンカン　162,653,895
キンカン属　653,895
キンキマメザクラ　126,623
キンギンボク　304,765
キンケイギク属　773
ギンゴウカン　124,412,631,877
ギンゴウカン属　631,877
キンゴジカ属　906
キンセンカ　315,773
キンセンカ属　773
キントラノオ科　655
キンバイザサ科　802,857
キンバイザサ属　802,857
キンバイソウ　73,587,861,862,864,865
キンバイソウ属　587,861,862,864,865
ギンビロードギリ　297,758
キンポウゲ科　586,860,861,862,864,866,867,869,871,
　872,907
キンポウゲ属　471,591,860,863,864,871,907
キンミズヒキ　127,627,879
キンミズヒキ属　627,879
キンモクセイ　249,721,884
キンラン属　516
ギンリョウソウ　227,289,705,901
ギンリョウソウ亜科　705
ギンリョウソウ属　705,901,903

[ク]
クガイソウ属　875
クコ　284,746,888
クコ属　746,888
クサイチゴ　125,625
クサギ　274,440,738,867
クサギ属　738,867
クサキョウチクトウ属　908
クサスギカズラ　342,796
クサスギカズラ亜科　793
クサスギカズラ属　796
クサトベラ　310,451,769
クサトベラ科　769,885
クサトベラ属　769,885
クサノオウ　97,607,865,867
クサノオウ属　607,865,867
クサノボタン　688
クサボケ　134,630
クサヤツデ属　887
クサレダマ　242,715
クジャクサボテン　64,581

和名索引

クジャクサボテン属　581
クジラグサ属　865
クズ　145,636,890
クスイトゲ属　883
クズウコン科　855
クズ属　636,890
クスノキ　69,484,584,855
クスノキ科　515,518,584,855
クスノハカエデ　172,419,659
クチナシ　262,442,728,849
クチナシグサ属　866
クチナシ属　516,728,849,901
クヌギ　41,558
クマイチゴ　125,625
クマシデ　38,507,555
クマシデ属　467,555,900,904
クマシデ属イヌシデ型　467
クマツヅラ科　878
クマツヅラ　275,740,891
クマツヅラ科　736,862,865,866,867,877,879,883,891,
　902
クマツヅラ属　739,891
クマノギク　314,773
クマノミズキ　216,695
クマヤナギ　179,666,891
クマヤナギ属　666,891,896
グミ科　674,888
グミ属　474,675,888
グミモドキ　156,649
クララ　138,634,885
クララ属　634,885
クララ連　634
クリ　43,398,493,560,878
クリ亜科　560
クリ属　468,560,878
クリンザクラ　243,716
クルマバザクロソウ　47,574
クルマバナ　280,744,868
クルマバナ属　868,868
クルミ科　548,899,904,905
クルミ属　466,548,904,905
クロアブラガヤ属　822
クロウメモドキ科　666,891,896
クロウメモドキ属　666,891
クロガネモチ　173,662,887
クロキ　246,719
クログワイ　376,822
クロタキカズラ　176,665
クロタキカズラ科　665
クロタキカズラ属　665
クロヅル　176,664,883
クロヅル属　664,883
クロテンツキ　374,822
クロトン　157,649
クロバイ　245,434,719
クロベ　541
クロマツ　5,490,507,532

クロミノオキナワスズメウリ　188,424,682,876
クロモ　333,454,784,855
クロモジ属　584,855
クロモ属　784,855
クワ　506
クワイ　333,454,783
クワ科　562,897,898,901
クワガタソウ属　753,861,865
クワクサ属　898
クワ属　563,898
クワモドキ　311,450,501,771,877
クンショウモ属　833
クンシラン　346,799
クンシラン属　799
グンバイヒルガオ　267,734

[ケ]
ケイトウ　64,580,907
ケイトウ属　580,907
ケイビラン　335,787
ケイビラン属　787
ケカビ属　833
ケカマツカ　128,629
ケシ科　606,863,865,867,868,870,871,906
ケシ属　606,865
ケショウヤナギ　31,550,883
ケショウヤナギ属　550,883
ケスゲ　367,817
ケタガネソウ　366,817
ゲッカビジン　64,581
ゲッキツ　162,416,654,884
ゲッキツ属　654,884
ゲッキツ連　654
ゲッケイジュ　69,585,855
ゲッケイジュ属　585,855
ケーパー　100,608
ケハウチワマメ　642
ケブカツルカコソウ　276,741
ケヤキ　44,399,493,562,903
ケヤキ属　470,562,903
ケヤマハンノキ　34,552
ケラマツツジ　235,710
ゲンカイツツジ　229,708
ゲンゲ　141,639,879
ゲンゲ属　639,879
ゲンゲ連　639
ゲンノショウコ　151,644,861
ケンポナシ　179,666,891
ケンポナシ属　666,891

[コ]
コアカソ　49,565
コアジサイ　111,616,885
コアゼガヤツリ　378,825
コアブラツツジ　894,896
コウシンバラ　625
コウゾ　46,563,898

ゴウソ　366,816	コナラ属コナラ亜属ウバメガシ型　469
コウトウナタオレ　250,722	コナラ属コナラ亜属カシワ型　469
合弁花亜綱　704	コニシキソウ　158,649,887
コウボウシバ　458,819,859,905	コノテガシワ　26,507,543
コウホネ　82,410,597,856	コノテガシワ属　543
コウホネ属　471,597,856	コバイケイソウ　335,787
コウモリカズラ属　865	コハウチワカエデ　172,659
コウモリソウ属　881,886	コバギボウシ　337,790,858
コウヤザサ　360,809	コバナヒメハギ　166,409,655,892
コウヤザサ属　809	コバノガマズミ　301,762
コウヤボウキ　327,777	コバノクロウメモドキ　179,666,891
コウヤボウキ属　777	コバノフユイチゴ　125,625
コウヤボウキ連　777	コバノミツバツツジ　229,708
コウヤマキ　25,394,490,539,541,858	コバノランタナ　272,737
コウヤマキ科　539,858	コバンソウ属　810
コウヤマキ属　465,539,858	ゴバンノアシ　209,687
コウヤミズキ　106,612	コバンノキ　153,646,895
コウヨウザン　24,541	コバンモチ　174,669
コウヨウザン属　541	コヒルガオ　267,733,832
コガンピ　384,674	コブシ　65,581,856
ゴキヅル属　882	コフジウツギ　288,749
コキンバイザサ　351,457,802	コブレシア・ネパレンシス　373,820
コキンバイザサ属　802,857	コブレシア・ロイレアナ　373,820
コクサギ　161,651,895	ゴマ　297,756,870
コクサギ属　651,895	ゴマ科　756,870
ゴクラクバナ属　855	コマガタスグリ　901,903,904
コケ　517	ゴマギ　301,762
コケイラン　380,828	コマクサ　98,607,863
コケイラン属　828	コマクサ属　607,863
コケモモ属　849	ゴマクサ属　861
コゴメウツギ　118,621,882	ゴマ属　756,870
コゴメウツギ属　621,882	コマツナギ属　634,890
コゴメガヤツリ　377,824	コマツナギ連　634
コゴメギク属　893	コマツヨイグサ　211,426,692,899
コシアブラ　220,698	ゴマノハグサ亜科　750
コシオガマ　290,444,754	ゴマノハグサ科　750,861,864,865,866,875,885,909
コシオガマ属　754,866	ゴマノハグサ属　751,885
コショウ科　598,856	コマユミ　175,664
コショウ属　599,856	コミカンソウ　153,646,896
コシロノセンダングサ　316,773	コミカンソウ亜科　646
コスモス　322,450,500,777,893	コミカンソウ属　646,895,896
コスモス属　777,893	コミヤマカタバミ　149,415,643,869
ゴゼンタチバナ　217,696	コムギ　358,506,808,859
ゴゼンタチバナ属　696	コムギ属　808,859
コダチニワフジ　138,634	コムラサキ　271,737
コダチマオウ　28,546	コメツガ　23,392,538
コチョウラン　382,830	コメツツジ　228,708
コツクバネウツギ　303,764,867	コメツブウマゴヤシ　143,641
コツブキンエノコロ　357,807	コメナモミ　316,774
コデマリ　118,622	コモウセンゴケ　408,606,848
コナギ　348,800,860	ゴモジュ　301,762,895
コナラ　41,483,493,558	コモチマンネングサ　109,614
コナラ亜科　557	ゴヨウアケビ　67,595
コナラ亜属　557,886	ゴヨウマツ　6,389,535,846
コナラ属　515,557,886	コルキクム属　897,898
コナラ属アカガシ亜属　468,886	コルコルス属　670
コナラ属コナラ亜属　468,886	コレウス属　743

和名索引

ゴレンシ　　114, 409, 644, 865
ゴレンシ属　　644, 865
ゴンズイ　　177, 422, 664, 879
ゴンズイ属　　664, 879
コンニャク　　362, 813, 855
コンニャク属　　813, 855
コンロンカ　　257, 434, 728, 896
コンロンカ属　　728, 896
コンロンソウ　　101, 609

[サ]
サイカチ　　136, 632
サイカチ属　　632
ザイフリボク　　132, 628, 879
ザイフリボク属　　628, 879
サカキ　　92, 603, 882
サカキカズラ　　255, 438, 726, 898
サカキカズラ属　　726, 898
サカキ属　　603, 882
サカネラン連　　850
サガリバナ　　205, 431, 687, 910
サガリバナ科　　474, 687, 910
サガリバナ属　　687, 910
サギゴケ　　292, 751
サギゴケ属　　751, 885
サキシマスオウノキ　　181, 670
サキシマスオウノキ属　　670
サキシマツツジ　　235, 709
サキシマフヨウ　　192, 421, 672
サギソウ　　381, 827
サクラ亜科　　622
サクラソウ　　508
サクラソウ科　　714, 872, 890, 910
サクラソウ属　　716, 910
サクラ属　　622, 882
サクラバハンノキ　　35, 553
サクラバラ　　124, 625
サクランボ　　495
ザクロ　　207, 687, 878
ザクロ科　　687, 878
ザクロソウ　　58, 574, 871
ザクロソウ科　　573, 871
ザクロソウ属　　574, 871
ザクロ属　　687, 878
ササガヤ　　356, 806
ササキカズラ　　164, 655
ササキカズラ属　　655
ササゲ属　　902
ササノハスゲ　　370, 818
ササバモ　　334, 785
ササユリ　　340, 456, 792, 858
サザンカ　　90, 602
サジオモダカ属　　783
ザゼンソウ　　363, 812, 857
ザゼンソウ属　　812, 857
サダソウ　　86, 598
サダソウ属　　598

サツキ　　231, 709
サツマイナモリ　　263, 730
サツマイナモリ属　　730
サツマイモ　　268, 733, 905
サツマイモ属　　733, 905
サトイモ　　362, 812, 855
サトイモ科　　812, 853, 855, 857
サトイモ属　　812, 855
サトウキビ　　356, 806
サトウキビ属　　806
サネカズラ属　　869, 909
サフラン属　　800, 854
サボテン科　　580, 872, 905
サボンソウ属　　908
サヤヌカグサ　　357, 807
サヤヌカグサ属　　807
サラサドウダン　　240, 712
サラシナショウマ　　73, 587, 861, 864
サラシナショウマ属　　587, 861, 864
サラセニア科　　605
サルカケミカン亜科　　652
サルスベリ　　201, 508, 683
サルスベリ属　　474, 682, 892
サルトリイバラ　　337, 797
サルナシ　　89, 601, 882
サルビア　　283, 742
サワアザミ　　324, 778
サワギキョウ　　309, 769
サワグルミ　　30, 396, 548, 904
サワグルミ属　　466, 548, 904
サワフタギ　　245, 718
サワラ　　26, 541, 543
サワルリソウ属　　892, 912
サンカクイ　　376, 823
サンカヨウ　　81, 594, 907
サンカヨウ属　　594, 907
サンゴジュ　　301, 448, 763
サンザシ　　128, 627
サンザシ属　　627
サンシキスミレ　　193, 677, 894, 896
サンシュユ　　217, 696
サンシュユ属　　696
サンショウ　　161, 652, 883
サンショウ亜属　　652
サンショウソウ属　　901
サンショウ属　　651, 883
サンショウバラ　　124, 625
サンショウ連　　651
サンドパイン　　7, 532
サンリンソウ　　74, 589, 872

[シ]
シイ属　　560, 878
シイ属スダジイ型　　468
シイ属ツブラジイ型　　468
シイノキカズラ　　139, 635
ジオウ属　　753

和名索引

シオガマギク亜科　753
シオガマギク属　754,864,909
シオギク　453,771,886
シオクグ　370,818
シオデ亜科　797
シオデ属　797,855
シオン属　776,881
シオン連　775
シカギク属　771
シカクイ　375,822
シキミ　68,583,864,909
シキミ科　583,864,909
シキミ属　583,864,909
シクシン科　913
シクラメン　243,714
シクラメン属　714
シークワシャー　163,416,653
シクンシ科　690
シコクシラベ　20,537
ジゴクノカマノフタ　740
シコタンソウ　113,620,869
シコタンハコベ　60,576
シシウド　224,702,880
シシウド属　702,880
シソ　280,745,869
シソ科　475,515,740,862,863,865,866,868,869,870
シソクサ属　751,875
シソ属　745,869
シダ　509,517
シダレマツ　8,532
シダレヤナギ　32,551
シチヘンゲ　272,737
シチヘンゲ属　737
シチョウゲ　261,729
シチョウゲ属　729,871
シデシャジン　524
シデシャジン属　903,904
シナガワハギ　143,641,873,880
シナガワハギ属　641,880
シナズイナ　110,616
シナノキ　182,669,880
シナノキ科　669,880,899
シナノキ属　474,669,880
シナノキンバイ　73,587
シナマンサク　107,612
シナミズキ　106,409,612
シネラリア　318,774,881
シバ　357,807,859
シハイスミレ　193,676
シバザクラ　263,731
シバスゲ　366,816
シバ属　807,859
シバナ　332,456,785,854
シバナ科　785,854
シバナ属　785,854
シマアザミ　326,779
シマイズセンリョウ　241,714

シマカコソウ　277,741
シマギョクシンカ　260,729,877
シマサルスベリ　201,427,683,892
シマタゴ　249,434,721
シマツナソ　182,670
シマホルトノキ　181,669
シマムラサキ　524
シマムロ　384,542
シマモミ属　539
清水白桃　623
ジムカデ　238,711
ジムカデ属　711
シモツケ　118,622,882
シモツケ亜科　621
シモツケ属　621,864,882
シモバシラ　282,742,869
シモバシラ属　742,869
ジャガイモ　894,896
シャク　235,700
シャク属　700
シャクヤク　79,593,862
ジャケツイバラ　137,633,889
ジャケツイバラ亜科　632
ジャケツイバラ属　633,889
ジャケツイバラ連　632
ジャコウソウ属　863
シャコサボテン　64,581
シャコサボテン属　581
シャジクソウ属　641,884
シャジクソウ連　641
シャジクモ属　833
シャシャンボ　238,712
ジャノヒゲ　335,787
ジャノヒゲ属　787
ジャノメエリカ　227,706
シャリンバイ　131,629
シャリンバイ属　629
ジャワヒギリ　274,738
シュウカイドウ　195,423,679,887
シュウカイドウ科　679,887
シュウカイドウ属　679,887
ジュウニヒトエ　276,740
種子植物門　530
ジュズダマ　356,805,858
ジュズダマ属　805,858
シュスラン属　828
シュルンベルゲ属　872
シュロソウ亜科　787
シュロソウ属　787,857
シュロ属　811
シュンギク　312,771
ジュンサイ　84,596,855
ジュンサイ属　596,855
シュンラン　380,828
シュンラン属　828
ショウガ科　825,854,855,911
ショウガ属　825

和名索引

ショウキズイセン　351,799
ショウジョウスゲ　365,816
ショウジョウバカマ　336,788
ショウジョウバカマ属　788
ショウブ属　853,858
ショウベンノキ　177,422,665
ショウベンノキ属　665
ジョウロウホトトギス　335,787
ションバーグキア・ウンドゥラタ　383,830
ションバーグキア属　830
シライトソウ　335,788,903,904
シライトソウ属　788,902,903
シラカシ　42,559
シラカンバ　37,397,493,554,900
シラキ　154,647,887
シラキ属　480,647,887
シラタマノキ　237,711
シラタマノキ属　711
シラタマホシクサ　354,804,911
シラネアオイ　80,486,593,864
シラネアオイ科　593,864,868
シラネアオイ属　593,864,868
シラネニンジン　223,701,880
シラネニンジン属　701,880
シラヒゲソウ　115,618
シラビソ　20,390,537
シラヤマギク　264,776,881,893
シラン　381,828
シラン属　517,828,848
シリブカガシ　43,398,560
シロイヌノヒゲ　456,804,911
シロカネソウ属　592,863,864,872
シロガヤツリ　377,825
シロガラシ　103,611
シロガラシ属　611
シロザ　63,402,579,907
シロスミレ　194,677
シロダモ　518
シロダモ属　585,855
シロツメクサ　143,641,884
シロネ　279,744,869
シロネ属　744,869
シロノセンダングサ　893
シロバナサルスベリ　201,683
シロバナタンポポ　330,782
シロバナニガナ　330,781
シロマツ　16,535
シロモジ　69,585
シロヤマブキ　127,624
シロヤマブキ属　624
シロヨメナ　264,776
シロリュウキュウツツジ　517
ジンチョウゲ　187,673,908
ジンチョウゲ科　673,908
ジンチョウゲ属　673,908
シンニンギア属　758
ジンヨウスイバ　52,569

ジンヨウスイバ属　569

［ス］
スイカ　197,681,876
スイカズラ　305,449,766,868,870
スイカズラ亜科　763
スイカズラ科　761,860,861,867,868,870,883,889,891,
　894,895,901
スイカズラ属　476,765,860,868,870,889,891,894,897
スイカ属　681,876
スイショウ　25,541
スイショウ属　541,860
スイセン属　798
スイートピー　144,640,880
ズイナ亜科　615
ズイナ属　615,897,898
スイバ　52,569,833,876,896
スイラン　331,782
スイラン属　782
スイレン科　596,855,856,858
スイレン属　597,856,858
スカシタゴボウ　104,611
スカシユリ　340,792
スギ　24,388,491,507,508,520,540,860
スギ科　540
スギ属　464,515,540,860
スギナモ　213,693
スギナモ科　693
スギナモ属　693
スグリ亜科　615
スグリ属　615,892,901,903,904,907
スゲ属　815
スズカケノキ　105,611,865
スズカケノキ科　611,865
スズカケノキ属　611,865
ススキ　356,806
ススキ属　806
スズシロソウ　104,610,865
スズメウリ属　682,876
スズメガヤ　360,810
スズメガヤ属　810
スズメノエンドウ　142,411,640,880
スズメノカタビラ　502,810
スズメノテッポウ　357,502,808
スズメノテッポウ属　808
スズメノトウガラシ　291,752
スズメノヒエ　356,806
スズメノヒエ属　806
スズメノヤリ　352,802,849
スズメノヤリ属　802,849
スズラン　342,796
スズラン属　796
スダジイ　43,398,560,878
ストレプトカルプス・ラズベリー　298,758
ストローブマツ　17,536
スナビキソウ属　735,913
スノキ亜科　710

941

スノキ属　706,712
スハマソウ　76,508,590
スブタ属　854
スベリヒユ　59,575,872
スベリヒユ科　574,872
スベリヒユ属　574,872
スミレ　193,676
スミレ科　676,875,894,896
スミレ属　676,875,894,896
スモモ　119,623

[セ]
セイシカ　234,709
セイタカアワダチソウ　321,500,776,881,893
セイヨウアサガオ属　863
セイヨウカボチャ　200,681
セイヨウカラシナ　103,498,610
セイヨウキヅタ　567
セイヨウタンポポ　331,453,501,782,913
セイヨウハコヤナギ　31,549
セイヨウハッカ　276,744
セイヨウヒイラギ　567
セイロンオリーブ　181,669
セコイア　24,540
セコイア属　540,860
セッコク　380,829
セッコク属　829
ゼッテイカ　338
セツブンソウ属　864
セトクレアセア属　803
ゼニアオイ　186,506,673,906
ゼニアオイ属　673,906
セリ　222,701,880
セリ亜科　699
セリ科　474,515,698,880
セリ属　701,880
セリバオウレン　79,593,907
センダイハギ　141,638,885
センダイハギ属　638,885
センダイハギ連　638
センダン　164,417,654,894,896
センダン科　654,882,894,896
センダングサ　315,773,881,893
センダングサ属　773,881,893
センダン属　654,894,896
ゼンテイカ　338,790
セントウソウ　221,701,880
セントウソウ属　701,880
センニチコウ　64,580,907
センニチコウ属　580,907
センニンソウ　77,485,590,861,863,867,868
センニンソウ属　590,861,863,867,868,907
センノウ属　577,908
センブリ　254,724,882
センブリ属　724,882
センボンヤリ属　887
センリョウ　87,599,854

センリョウ科　599,854,869
センリョウ属　599,854

[ソ]
双子葉植物綱　547
ソケイ属　722,883
ソテツ　4,388,530,856
ソテツ科　530,856
ソテツ綱　530
ソテツ属　530,856
ソバ　51,400,568,880
ソバカズラ　56,572
ソバカズラ属　572
ソバ属　470,568,880
ソブラリア・デコラ　383,829
ソブラリア属　829
ソフロニティス・コッキネア　383,830
ソフロニティス属　830
ソメイヨシノ　121,495,622
ソラマメ　142,639
ソラマメ属　639,880
ソラマメ連　639

[タ]
ダイオウグミ　190,675
ダイコン　102,609
ダイコンソウ　122,624,878
ダイコンソウ属　624,878
ダイコン属　609,863
タイサンボク　65,582
ダイズ属　879
タイセイ属　863
ダイセキナン　432,709,849
ダイトウビロウ　361,811
ダイトウワダン　329,782
タイミンタチバナ　241,713,894,896
ダイモンジソウ　113,620
タイリンゲットウ　379,826,854
タイワンアブラギリ属　648,853
タイワンウオクサギ　273,441,739,867
タイワンオトギリ　83,604
タイワンゴヨウマツ　17,536
タイワンスゲ　371,819
タイワンソクズ　306,761
タイワンハンノキ　36,553
タイワンブナ　39,557
タカクマヒキオコシ　277,742
タカサゴトキンソウ属　886
タカサブロウ　312,772
タカサブロウ属　772
タカネオミナエシ　867
タカネコンギク　320,776
タカネツメクサ属　908
タカノツメ属　890
タガラシ　863
タギョウショウ　8,533
ダクリカパスマキ　517

和名索引

ダケカンバ　37,554,900
タケシマブナ　39,557
タケシマラン　344,795
タケシマラン属　795
タケダグサ属　881
タケニグサ　98,607,906
タケニグサ属　607,906
ダケモミ　536
タコノアシ　112,618,889
タコノアシ亜科　618
タコノアシ属　618,889
タコノキ科　814,859
タコノキ属　479,814,859
タジマタムラソウ　277,742
タシロスゲ　369,818
タチアオイ　186,673,906
タチアオイ属　673,906
タチツボスミレ　194,422,677,875
タチバナモドキ　128,628
タツタソウ　865
タツタソウ属　865
ダッタンソバ　51,568
タツナミソウ亜科　741
タツナミソウ属　741,862,866
タデ科　568,862,872,876,877,880,884,887,896,907
タテヤマオウギ　641
タニウツギ　303,449,764,901
タニウツギ属　476,764,901
タニガワハンノキ　35,553
タニギキョウ　309,769
タニギキョウ属　769
タニソバ　53,570,907
タニソバ節　862
タヌキマメ　140,640,879
タヌキマメ属　640,879,880
タヌキマメ連　640
タヌキモ　868
タヌキモ科　759,868,893,894
タヌキモ属　480,759,868,894
タネツケバナ　101,609,863
タネツケバナ属　609,863
タバコ　284,749
タバコソウ属　909
タバコ属　749
タビラコ属　913
タブノキ　584
タブノキ属　855
タマガヤツリ　377,824
タマザキツヅラフジ　80,596
タマサンゴ　285,747
タマスダレ　346,798
タマスダレ属　798
タマネギ　336,789
タムラソウ　323,780
タムラソウ属　780,885,886
タラノキ　218,431,697,890
タラノキ属　697,890

タラヨウ　174,663
単維管束亜属　535
ダンギク　270,739,862
ダンコウバイ　69,584
単子葉植物綱　783
ダンドク　379,826,854
タンナサワフタギ　246,719
タンポポ亜科　480,520,780,913
タンポポ属　782,893
タンポポ連　780

[チ]
チガヤ　356,806
チガヤ属　806
チクシャ　356,806
チゴザサ　358,808
チゴザサ属　808
チゴユリ　344,796
チゴユリ属　796
チシマアザミ　324,778
チシマキンレイカ　308,767
チシマゼキショウ　336,788
チシマゼキショウ属　788,860
チシマフウロ　151,644
チシママンテマ　61,577,908
チシャノキ　269,437,735,913
チシャノキ属　735,913
チダケサシ　116,619
チダケサシ属　619,885
チトセカズラ　239,725
チドメグサ亜科　699
チドメグサ属　699,880
チドリソウ連　850
チドリノキ　168,659
チャノキ　92,602
チャボガヤ　18,395,545
チャラン属　599,869
チャルメルソウ　117,618,885
チャルメルソウ属　618,885
チャンチン属　882
チャンチンモドキ　165,656
チャンチンモドキ属　656,887
チューリップ　339,791
チューリップ属　791
チョウジガマズミ　302,763
チョウジソウ属　912
チョウジノキ　204,686
チョウセンアサガオ　286,748,875
チョウセンアサガオ属　748,875
チョウセンゴヨウ　15,535
チョウセンレンギョウ　250,722
チョウノスケソウ属　882
チヨダニシキ　344,796
チョロギ　280,746
チングルマ　122,624

和名索引

[ツ]

ツガ　23,392,538,846
ツガザクラ属　707,849
ツガ属　515,517,538,846
ツガ属コメツガ型　464
ツガ属ツガ型　464
ツクシシャクナゲ　232,709
ツクシメナモミ　316,774
ツクバネ　50,567,874
ツクバネアサガオ属　888
ツクバネウツギ　303,764
ツクバネウツギ属　764,867
ツクバネガシ　42,559
ツクバネソウ属　794,858
ツクバネ属　567,874
ツクモグサ　76,590,871
ツゲ　177,418,665,908
ツゲ科　665,907,908
ツゲ属　473,665,908
ツタ　180,668,887
ツタウルシ　166,657
ツタ属　668,887
ツチトリモチ科　567,855
ツチトリモチ属　568
ツツジ亜科　707
ツツジ科　475,516,517,706,847,874,894,896
ツツジ属　708,849
ツヅラフジ科　595,862,865
ツヅラフジ属　596,865
ツノゴマ　294,446,757,854
ツノゴマ科　757,854
ツノゴマ属　757,854
ツノハシバミ　37,397,555,900
ツバキ科　472,601,881,884
ツバキ属　602,884
ツバメオモト　342,794
ツバメオモト属　794
ツブラジイ　43,560
ツボラン亜科　789
ツマトリソウ　242,715,890
ツマトリソウ属　715,872,890
ツメクサ　60,576
ツメクサ属　576,908
ツメレンゲ　108,614,889
ツユクサ　353,354,525,803,858
ツユクサ科　803,857,858
ツユクサ属　803,858
ツリウリクサ属　861
ツリガネカズラ属　854
ツリガネツツジ　234,708
ツリガネニンジン　309,450,768,894,897,903
ツリガネニンジン属　768,894,897,903,904
ツリバナ　175,420,663,883
ツリフネソウ　171,662
ツリフネソウ科　472,661,850
ツリフネソウ属　661,850
ツルウメモドキ属　883

ツルウリクサ属　752,861
ツルカノコソウ　308,767
ツルギキョウ属　903,904
ツルグミ　191,675
ツルコケモモ　238,712
ツルシキミ　653
ツルシロカネソウ　77,592,872
ツルシロカネソウ属　592,872
ツルスゲ　370,818
ツルソバ　53,570
ツルドクダミ　56,572,887
ツルドクダミ属　572,887
ツルナ　58,574,861
ツルナ科　574,861
ツルナ属　574,861
ツルニチニチソウ属　912
ツルニンジン　309,768,868
ツルニンジン属　768,868
ツルヒメノボタン　206,688
ツルボ　339,793
ツルボ亜科　792
ツルボ属　792
ツルマオ　47,395,565
ツルマオ属　565,901
ツルマンリョウ属　713,868,894,896
ツルミヤマシキミ　166,415,653,895
ツルムラサキ　59,401,575,869,871
ツルムラサキ科　575,869,871,872
ツルムラサキ属　575,869,871
ツルリンドウ　252,723,882
ツルリンドウ属　723,882
ツルレイシ　197,680,876
ツルワダン　329,781
ツレサギソウ属　827
ツワブキ　318,774,881
ツワブキ属　774,881

[テ]

テイカカズラ　255,726,907
テイカカズラ属　726,907
テイキンザクラ　156,414,648,853
デイゴ　139,413,635
デイゴ属　635,902
ティボウキナ属　912
テーダマツ　14,534
テッケンユサン　23,393,539
テッセン　76,590
テッポウユリ　340,487,792,833
テーブルマウンテンマツ　12,534
テリハボク　93,407,605
テリハボク科　604,894
テリハボク属　605
テングノハナ　68,584
テングノハナ属　584
テンジクアオイ　150,644
テンジクアオイ属　644
テンチャ　126,625

和名索引

テンツキ　374,821
テンツキ属　821
テンナンショウ属　813,855
テンニンカ　204,424,686,889
テンニンカ属　686,889
テンニンソウ属　745,863
テンノウメ属　876

[ト]
ドイツトウヒ　22,538
トウオガタマ　67,582,856
トウガラシ　499,748
トウガラシ属　748
トウガン属　876
トウグミ　190,675
トウゴマ　158,649
トウゴマ属　649
トウジュロ　361,811
トウダイグサ　160,650
トウダイグサ亜科　649
トウダイグサ科　645,853,874,875,876,878,881,887,
　888,894,895,896
トウダイグサ属　649,887
ドウダンツツジ　240,712
ドウダンツツジ属　516,712,874,894,896
トウツバキ　91,602
トウツルモドキ　355,457,804,859
トウツルモドキ科　804,859
トウツルモドキ属　804,859
トウバナ　280,744
トウバナ属　744
トウヒ　21,391,537,846
トウヒ属　462,506,517,537,846
トウヒレン属　885,886
トウモロコシ　358,808,858
トウモロコシ属　808,858
トウヤクリンドウ　252,436,723,882
トウロウソウ属　889
トガクシソウ属　872
トガサワラ　4,394,531,853
トガサワラ属　531,853
トキソウ属　850
トキワイカリソウ　62,594
トキワザクラ　243,716
トキワサンザシ属　628
トキワハゼ　292,752
トキワマンサク属　864
トキンソウ属　881
ドクウツギ　165,655,901
ドクウツギ科　655,901
ドクウツギ属　655,901
トクサバモクマオウ　29,395,547,902
ドクゼリ　223,702,880
ドクゼリ属　702,880
ドクゼリモドキ　225,703
ドクゼリモドキ属　703
ドクダミ　86,598,856

ドクダミ科　598,856
ドクダミ属　598,856
ドクニンジン　225,703
ドクニンジン属　703
ドクフジ属　635
トケイソウ　195,678,911
トケイソウ科　678,911
トケイソウ属　678,911
トサミズキ　106,612
トサミズキ属　612,863
トチカガミ　332,784,855
トチカガミ科　783,854,855
トチカガミ属　784,855
トチノキ　171,418,660,878
トチノキ科　660,878
トチノキ属　473,660,878
トチバニンジン　219,698,890
トチバニンジン属　698,890
トックリヤシ属　811
トックリヤシモドキ　361,459,811
トドマツ　19,536,537
トネリコ属　475,720,884
トビカズラ属　635,891
トビシマカンゾウ　337,789
トベラ　117,408,621,883
トベラ科　620,883
トベラ属　620,883
トマト　284,748
トマト属　748
トモエソウ　83,604
トモシリソウ属　865
ドライアンドラ属　898
トリアシショウマ　117,619
トリカブト　73,588,864
トリカブト属　588,863,864
ドロノキ　31,549
トロロアオイ属　672,906

[ナ]
ナガイモ　860
ナカガワギク　313,772
ナガハグサ属　810
ナガバタチツボスミレ　194,677
ナガバモミジイチゴ　125,625,881
ナガボソウ属　866
ナガボテンツキ　375,822
ナガミボチョウジ　264,443,731,868
ナギ　27,544
ナギ属　544
ナギナタコウジュ属　869
ナギナタソウ　188,419,678,875
ナギナタソウ科　678,875
ナギナタソウ属　678,875
ナキリスゲ　369,817
ナゴラン　382,829
ナゴラン属　829
ナシ　133,495,630

和名索引

ナシ亜科　627
ナシ属　630
ナス　285,748
ナス科　746,875,879,888,894,896
ナス属　747,875,894,896
ナズナ　100,609,865
ナズナ属　609,865
ナタマメ属　636,891
ナツアサドリ　189,675
ナツグミ　190,423,675,888
ナツザキツツジ　233,710
ナツズイセン　347,798
ナツツバキ　90,603,884
ナツツバキ属　602,884
ナツハゼ　238,712
ナツフジ　138,635
ナツフジ属　635,890
ナツボウズ　673
ナツメ　179,667,891
ナツメ属　667,891
ナツメヤシ　506
ナデシコ科　471,575,872,908
ナデシコ属　577,908
ナナカマド　129,628,879
ナナカマド属　628,879
ナナミノキ　173,662
ナナメノキ　662
ナニワイバラ　130,625
ナニワズ　423,674,908
ナノハナ　103,610
ナハキハギ　140,638
ナハキハギ属　638
ナベワリ属　857
ナラガシワ　41,558
ナルコユリ　343,794
ナルコユリ属　794
ナワシロイチゴ　125,625
ナワシログミ　189,675
ナンキンハゼ　154,647
ナンキンハゼ属　879
ナンキンマメ　146,642,884
ナンキンマメ属　642,884
ナンジャモンジャ　721
ナンテン　81,594,863
ナンテンカズラ　137,412,633,890
ナンテン属　594,863
ナンテンハギ　140,412,640
ナンバンギセル　297,758
ナンバンギセル属　758
ナンバンハコベ属　908
ナンヨウスギ　25,539
ナンヨウスギ科　539
ナンヨウスギ属　539

[ニ]
ニイタカアカマツ　5,532
ニイタカマンネングサ　109,614

ニオイスミレ　192,677
ニガウリ属　680,876
ニガキ　164,417,654,884
ニガキ科　654,884
ニガキ属　654,884
ニガクサ　281,741,866
ニガクサ属　741,866
ニガナ　330,781
ニガナ属　781,893
ニシキウツギ　304,765
ニシキギ　176,663
ニシキギ科　663,883
ニシキギ属　663,883
ニシキジソ　282,743
ニシキマンサク　107,612
ニシノホンモンジスゲ　369,818
ニチニチソウ　256,727
ニチニチソウ属　727
ニッケイ属　584,855
ニッコウアザミ　325,779
ニッコウキスゲ　790
ニッサ・オゲチェ　215,694
ニッサ・シルバティカ　215,694
ニッサ属　694
ニホンカボチャ　200,681,905
ニラ　336,789
ニリンソウ　74,589,869
ニレ科　561,897,898,901,903
ニレ属　469,562,903
ニワウルシ　164,654,884
ニワウルシ属　654,884
ニワゼキショウ　348,801,857
ニワゼキショウ属　801,857
ニワトコ　300,506,761,883
ニワトコ亜科　761
ニワトコ属　761,883
ニンジン　223,701,880
ニンジン属　701,880
ニンジンボク　275,739

[ヌ]
ヌカボ　360,809
ヌカボ属　809
ヌスビトハギ　139,638,884
ヌスビトハギ属　638,884
ヌスビトハギ連　637
ヌマスギ　25,541
ヌマスギ属　541,860
ヌマゼリ　223,701,880
ヌマゼリ属　701,880
ヌマトラノオ　242,714,890
ヌマハコベ属　872
ヌマミズキ科　694
ヌマミズキ属　694
ヌルデ　165,656

和名索引

[ネ]
ネギ亜科　788
ネギ属　788
ネコノチチ　178,666,891
ネコノチチ属　666,891
ネコノメソウ属　618,885
ネコヤナギ　31,400,492,550,883
ネジキ　238,711
ネジキ属　711
ネジバナ　381,828
ネジバナ属　517,828,848
ネズコ　541
ネズミサシ　26,491,542
ネズミサシ属　542,859
ネズミモチ　248,720,895
ネズミモチ属　895
ネナシカズラ　265,732,863,868
ネナシカズラ属　732,863,868
ネペンテス　95,605,848
ネムノキ　135,411,631,849
ネムノキ亜科　631
ネムノキ属　516,631,849
ネムノキ連　631

[ノ]
ノアサガオ　267,734
ノアザミ　324,778,886
ノアズキ属　889
ノイバラ　123,624,888
ノウゼンカズラ　287,755,883
ノウゼンカズラ科　755,854,883
ノウゼンカズラ属　755,883
ノカンゾウ　337,789
ノギラン　336,788
ノギラン属　788
ノグサ　371,819
ノグサ属　819
ノグルミ　30,396,549,899
ノグルミ属　466,549,899
ノゲシ　328,781
ノゲシ属　781
ノコギリソウ属　886
ノササゲ　144,637,904
ノササゲ属　637,904
ノヂシャ　307,767
ノヂシャ属　767
ノテンツキ　374,821
ノハラツメクサ　60,576,872
ノブキ属　881,887
ノブコーンパイン　7,532
ノブドウ属　668,878
ノボタン　206,421,688,913
ノボタン科　687,912
ノボタン属　688,912
ノミノツヅリ属　908
ノヤシ　386,459,811
ノヤシ属　811

ノリウツギ　111,616

[ハ]
ハアザミ　296,756,866
ハアザミ属　756
ハイイヌガヤ　27,544
バイカウツギ　112,617,885
バイカウツギ属　617,885
バイカモ亜属　871
バイカモ属　871
ハイナンゴヨウマツ　17,536
ハイネズ　26,542
ハイノキ　891
ハイノキ科　718,891,899
ハイノキ属　475,718,891,899
ハイビャクシン　26,542
ハイマツ　6,535
バイモ　339,791
バイモ属　791
ハウチワカエデ　168,658
ハエドクソウ　299,760
ハエドクソウ科　760
ハエドクソウ属　760
ハガクレスゲ　368,817
ハギ属　637,885
ハクウンボク　247,718
ハクサンイチゲ　75,589
ハクサンシャクナゲ　232,709
ハクサンタイゲキ　156,416,650
ハクサンチドリ属　850
ハクサンハタザオ　104,610
ハクサンフウロ　151,644
ハクサンボク　306,763
ハクセンナズナ属　865
ハクチョウゲ　261,508,729
ハクチョウゲ科　867
ハクチョウゲ属　729,867
ハクチョウソウ　517
ハクミョウレンジ　90,602
ハグロソウ　296,448,756,869
ハグロソウ属　756,869
ハゲイトウ　64,580,907
ハコネウツギ　304,765
ハコベ　60,576,908
ハコベ属　576,908
ハコヤナギ属　855
ハシカグサ　262,730
ハシカンボク　206,688
ハシカンボク属　688
バシクルモン　257,438,727,848
バシクルモン属　727,848
ハシドイ　251,722,884
ハシドイ属　722,884,895
バージニアマツ　16,534
ハシバミ　37,555,900
ハシバミ属　467,554,900
ハシバミ連　554

和名索引

バショウ科　826,853,855
バショウ属　826,853,855
ハシリドコロ　284,747
ハシリドコロ属　747
ハス　85,598,862
ハズ　157,648,853
ハズ亜科　647
ハス科　597,862
ハス属　598,862
ハズ属　648,853
ハスノハイチゴ　126,626
ハスノハカズラ属　596
ハスノハギリ　68,403,584,854
ハスノハギリ科　583,854
ハスノハギリ属　584,854
ハゼラン属　872
パセリ　703
ハゼリソウ　266,734
ハゼリソウ科　734
ハゼリソウ属　734
ハタベカンガレイ　355,824
ハッカ　279,744,869
ハッカ属　744,869
ハッコウダゴヨウ　6,535
ハテルマギリ属　902
ハドノキ　897,901
ハドノキ属　897,901
ハナアザミ属　866
ハナイカダ　216,695,882
ハナイカダ属　695,882
ハナイカリ　254,724,890
ハナイカリ属　724,890
ハナイチゲ　907
ハナイバナ　735,913
ハナイバナ属　735,913
ハナウチワ属　876
ハナウリクサ　292,752
ハナカイドウ　133,630
ハナカンザシ属　862
ハナカンナ　379,826
ハナキリン　159,649
ハナキンポウゲ　907
ハナシノブ　446,732,906
ハナシノブ科　731,906,908
ハナシノブ属　732,906
ハナズオウ　136,632,879
ハナズオウ属　632,879
ハナズオウ連　632
ハナタデ　53,571
ハナトラノオ　279,745
ハナトラノオ属　745
ハナネコノメ　117,618,885
ハナノキ　172,659
ハナハタザオ属　863
ハナハマサジ　244,716
ハナヒョウタンボク　306,766
ハナヒリノキ　237,710

ハナミズキ　217,696
ハナミョウガ属　826,854
ハハコグサ　321,777
ハハコグサ属　777
ハハジマトベラ　114,409,621
パフィオペディルム・ミクランツム　383,827
パフィオペディルム属　827
ハブソウ　136,633,875
ハマアカザ属　907
ハマウツボ科　758,854,879
ハマウツボ属　854,879
ハマウド　224,702
ハマエンドウ　144,640
ハマオモト　346,799,860
ハマオモト属　799,860
ハマカンゾウ　338,790
ハマクサギ　273,739,867
ハマクサギ属　739,862,865,867
ハマグルマ属　773,881
ハマゴウ　275,440,738,865
ハマゴウ属　738,865
ハマザクロ　203,429,686,889
ハマザクロ科　686,889
ハマザクロ属　686,889
ハマサジ　435,717,868
ハマジンチョウ　299,445,760
ハマジンチョウ科　759
ハマジンチョウ属　760
ハマスゲ　371,825
ハマゼリ　223,702
ハマゼリ属　702
ハマセンナ　144,636
ハマセンナ属　636
ハマダイコン　102,410,609,863
ハマチドメ　221,699,880
ハマナシ　123,624
ハマナタマメ　145,636,891
ハマナツメ　178,667,891
ハマナツメ属　667,891
ハマナデシコ　62,577
ハマネナシカズラ　265,732
ハマヒサカキ　92,406,604
ハマビシ　152,645,908
ハマビシ科　645,907
ハマビシ属　645,907
ハマヒルガオ　266,733
ハマビワ属　585
ハマベノギク属　881,893
ハマベンケイソウ属　913
ハマボウ　192,672
ハマボウフウ　224,431,702,880
ハマボウフウ属　702,879,880
ハマボッス　242,715
ハマムギ　360,809
ハマムラサキ　735
ハヤトウリ　199,682,870
ハヤトウリ属　682,870

和名索引

バラ亜科　　623
バラ科　　472,621,864,876,878,879,881,882,885,888,
　893
バラ属　　624,888
ハラン　　343,793
ハラン属　　793,853
ハリイ属　　822
ハリエニシダ　　136,633
ハリエニシダ属　　633
ハリエンジュ　　138,634
ハリエンジュ属　　634
ハリエンジュ連　　634
ハリギリ属　　890
ハリグワ属　　898
ハリゲヤキ属　　561
ハリブキ　　219,698,890
ハリブキ属　　698,890
ハリモミ　　22,538
ハルガヤ　　357,458,807,859
ハルガヤ属　　807
ハルジオン　　501,775
ハルタデ　　54,571
ハルニレ　　45,399,562,903
ハンカチノキ　　209,696,889
ハンカチノキ属　　696,889
バンクスマツ　　7,532
ハンゲショウ　　86,598
ハンゲショウ属　　598,856
ハンショウヅル　　71,590
バンジロウ　　203,685
バンジロウ属　　685
バンドプシス・パリッシー　　382,830
バンドプシス属　　830
ハンノキ　　35,492,508,553
ハンノキ亜属　　552,905
ハンノキ属　　506,552,905
ハンノキ属ハンノキ亜属　　467
ハンノキ属ヤシャブシ亜属　　468
パンヤ科　　670
パンヤノキ　　181,670
パンヤノキ属　　670
バンレイシ科　　582,848

[ヒ]
ヒイラギ　　249,721
ヒイラギズイナ　　110,407,615,897
ヒイラギナンテン　　81,594,911
ヒイラギナンテン属　　594,911
ヒエガエリ　　357,808
ヒエガエリ属　　808
ヒエンソウ　　73,588
ヒエンソウ属　　588
ヒオウギ属　　857
ヒカゲスゲ　　368,817
ヒカゲノカズラ　　833
ヒカゲノカズラ属　　833
ヒガンバナ　　347,456,798,857

ヒガンバナ科　　479,798,857,860
ヒガンバナ属　　798,857
ヒキヨモギ属　　753,861,866
ヒゲハリスゲ属　　373,820
ヒコサンヒメシャラ　　90,603
ヒサカキ　　92,603,882
ヒサカキ属　　603,882
ヒシ　　202,684,846,877
ヒシ科　　684,846,877
被子植物亜門　　547,783
ヒシ属　　684,846,877
ヒシモドキ　　297,757,866
ヒシモドキ科　　757,866
ヒシモドキ属　　757,866
ビショップマツ　　10,533
ヒツジグサ　　84,410,597,856,858
ビッチュウヒカゲスゲ　　368,817
ヒデリコ　　374,822
ヒトツバショウマ　　116,619
ヒトツバタゴ　　250,721
ヒトツバタゴ属　　721
ヒトツバハギ　　153,646,888
ヒトツバハギ属　　646,888
ヒトモトススキ　　372,820
ヒトモトススキ属　　820
ヒトリシズカ　　87,404,599,869
ヒナギキョウ属　　894,897,901,903,904
ヒナゲシ　　97,606,865
ヒナスゲ　　369,818
ヒナノウスツボ　　289,751
ヒナノキンチャク　　892
ヒナノシャクジョウ　　902
ヒナノシャクジョウ科　　902
ヒナノシャクジョウ属　　902
ヒノキ　　26,388,491,541,542,859
ヒノキ科　　465,540,859,860
ヒノキ属　　542,859
ヒマ属　　878
ヒマラヤゴヨウ　　18,536
ヒマラヤスギ　　23,393,482,538
ヒマラヤスギ属　　538,846
ヒマラヤマツ　　12,534
ヒマラヤユキノシタ　　243,620
ヒマラヤユキノシタ属　　620
ヒマワリ　　314,772
ヒマワリ属　　772,893
ピーマン　　499
ヒメアオキ　　209,429,695,887
ヒメイチゲ　　75,589
ヒメウイキョウ　　225,703
ヒメウツギ　　112,617,885
ヒメオドリコソウ　　283,746
ヒメガマ　　364,458,502,815,848,859
ヒメカンスゲ　　365,816,859,905
ヒメクグ　　372,819
ヒメクグ属　　819
ヒメコバンソウ　　360,810

949

和名索引

ヒメザゼンソウ　363,812
ヒメジオン属　776
ヒメシカクイ　376,822
ヒメジソ　278,743
ヒメシャガ　351,457,801
ヒメジョオン　321,776
ヒメシロネ　279,744
ヒメスイバ　52,400,494,569,872
ヒメスミレ　194,676
ヒメツバキ　92,406,603,884
ヒメツバキ属　603,884
ヒメノボタン　206,688,912
ヒメノボタン属　688,912
ヒメハギ　165,655,892
ヒメハギ科　655,892
ヒメハギ属　520,655,892
ヒメハナシノブ科　906
ヒメハナシノブ属　906
ヒメハリゲヤキ　561
ヒメヒマワリ　314,773
ヒメヒョウタン　198,682
ヒメヒラテンツキ　375,822
ヒメフトモモ　385,685
ヒメフヨウ属　906
ヒメミクリ　364,814
ヒメミソハギ　202,683,893,912,913
ヒメミソハギ属　683,893,896,912,913
ヒメムカシヨモギ　321,775
ヒメモエギスゲ　370,819
ヒメモチ　174,663
ヒメヤシャブシ　34,483,552
ヒメユズリハ　156,651
ヒメレンゲ　109,614
ビャクシン　26,542
ビャクシン科　874
ビャクダン科　566,909,912
ヒャクニチソウ　321,777
ヒャクニチソウ属　777
ビャクブ　351,455,797,857
ビャクブ科　797,856,857
ビャクブ属　797,856
ヒヤシンス　342,795
ヒヤシンス属　795
ヒュウガミズキ　106,612
ヒユ科　471,579,907
ヒユ属　580,907
ヒョウタン　198,681
ヒョス属　879
ヒヨドリジョウゴ　285,747,875
ヒヨドリバナ　327,778
ヒヨドリバナ属　778
ヒヨドリバナ連　778
ヒラドツツジ　230,708
ヒラミレモン　653
ヒルガオ　266,447,733,906
ヒルガオ科　732,863,867,868,872,905,906
ヒルガオ属　733,906

ヒルギ科　480,689,886,887
ヒルギダマシ　273,441,737,867,883
ヒルギダマシ属　737,867,883
ヒルギモドキ　208,428,690
ヒルギモドキ属　690
ヒルザキツキミソウ　211,691
ヒルムシロ　334,785,854
ヒルムシロ科　785,850,854
ヒルムシロ属　785,854
ヒレアザミ　327,779
ヒレアザミ属　779
ヒレハリソウ　269,736,892
ヒレハリソウ属　736,892
ビロウ　361,459,811
ビロウ属　811
ビワ　130,508,628,879
ビワ属　628,879

[フ]
ファレノプシス属　830
フウ　105,408,484,613,908
フウセンカズラ　169,418,659,912
フウセンカズラ属　659,911
フウ属　471,613,908
フウチョウソウ　100,608,892
フウチョウソウ科　608,877,892
フウチョウソウ属　608,892
フウトウカズラ　86,395,599,856
フウロソウ科　471,644,861
フウロソウ属　644,861
フェイジョア属　910
フォリダタ・キネンシス　383,829
フォリダタ属　829
フカノキ　219,430,697,890
フカノキ属　697,890
フクギ　94,407,605
フクギ属　605,894
フクシア　898
フクシア・アルペストリス　212,692
フクシア・コッシネア　212,692
フクシア・パキリザ　212,692
フクシア・レギア　212,692
フクシア属　692,898,899
フクジュソウ　77,485,508,591,864
フクジュソウ属　591,863,864
フクマンギ　270,438,736
フクロマチ　239,720
フサアカシア　135,497,632
フサザクラ　70,402,586,872
フサザクラ科　586,872
フサザクラ属　586,872
フサナキリスゲ　371,818
フサフジウツギ　288,750
フサモ属　850
フジ　138,635
フジアカショウマ　114,407,619
フジウツギ　287,749,885

和名索引

フジウツギ科　749,885
フジウツギ属　749,885
フシグロセンノウ　61,577
フジグロ属　578,908
フジ属　635,890
フシノハアワブキ　172,419,661
フジバカマ属　881,886,893
フジマメ　146,637
フジマメ属　637
フジ連　635
ブタクサ　311,501,770,877
ブタクサ属　770,860,877,893
ブタクサモドキ　893
フタバアオイ属　853
フタバムグラ　895
フタバムグラ属　730,876,895
フタリシズカ　87,600
フダンソウ属　907
フッキソウ　177,665,908
フッキソウ属　665,908
ブッソウゲ　185,672
フトイ　377,823
フトイ属　822
ブドウ　180,420,497,667,890,896
ブドウ科　667,878,887,890,896,897
ブドウ属　667,890,896
フトモモ　203,424,685,910
フトモモ科　480,685,889,910
フトモモ属　685,910
ブナ　39,398,520,556,875
ブナ亜科　556
ブナ科　556,875,878,886
ブナ型　556
ブナ属　556,875
ブナ属イヌブナ型　469
ブナ属ブナ型　469
フヨウ　184,672
フヨウ属　671,906
フラゲラリア・グイネエンシス　355,805
ブラシノキ　203,686
フランスカイガンショウ　11,533
フランスギク　312,771
フリージア　349,801
フリージア属　801
フロックス属　731

[ヘ]
ヘイシソウ属　605
ペカンクルミ　30,549
ヘクソカズラ属　865
ヘチマ　199,680,876
ヘチマ属　680,876
ペツニア　287,749
ペツニア属　749
ベニイトスゲ　368,817
ベニゴウカン　135,517,631,849
ベニゴウカン属　631,849

ベニドウダン　240,713,874
ベニバナトケイソウ　425,678,911
ベニバナボロギク　318,775
ベニバナボロギク属　775
ベニベンケイ　108,615
ヘビイチゴ属　626
ヘラオオバコ　299,761
ヘラオモダカ　333,454,783
ヘラノキ　182,669
ベンケイソウ科　613,889
ベンケイソウ属　615,889
ヘンヨウボク属　649
ヘンルーダ亜科　651

[ホ]
ポインセチア　159,650
ホウキギ　63,578,907
ホウキギ属　578,907
ホウセンカ　171,661,850
ホウチャクソウ　344,796
ホウライカズラ属　725
ホウレンソウ　63,578,907
ホウレンソウ属　578,907
ホウロクイチゴ　126,626
ホオズキ　284,747,875
ホオズキ属　747,875
ホオノキ　65,582
ボケ　134,630,885
ボケ属　630,885
ホザキナナカマド　129,622
ホザキナナカマド属　622
ホザキノミミカキグサ　299,759
ホシクサ科　479,804,911
ホシクサ属　804,911
ホソガタホタルイ属　823
ホソバシャリンバイ　131,629
ホソバノツルリンドウ属　882
ホソバミズヒキモ　334,785
ホソバワダン　329,782
ボダイジュ　182,669,880
ホタルイ　376,824
ホタルカズラ　269,735
ホタルサイコ　222,700
ホタルブクロ　309,769,901,903
ホタルブクロ亜科　768
ホタルブクロ属　769,901,903,904
ボタン　79,593,864
ボタン科　593,862,864
ボタン属　593,862,864
ボタンヅル　77,590
ボタンボウフウ　235,703,880
ボチョウジ属　731,868
ホツツジ　228,707
ホツツジ属　707
ホテイアオイ　348,800
ホテイアオイ属　800
ホドイモ　142,636,888

和名索引

ホドイモ属　636,888
ホトケノザ　283,746
ホトトギス属　787
ポポー　66,582,848
ホメリア・テヌイス　349,802
ホメリア・フロベッセンス　349,802
ホメリア属　801
ホルトノキ　181,419,668,875
ホルトノキ科　668,875
ホルトノキ属　668,875
ボロボロノキ　50,395,566,911
ボロボロノキ科　566,910
ボロボロノキ属　566,910
ホロムイソウ　332,785,848
ホロムイソウ科　516,784,848
ホロムイソウ属　516,785,848
ホンゴウソウ科　853
ホンゴウソウ属　853
ホンシャンマツ　9,533
ポンデローサマツ　11,533
ボンテンカ属　906
ボンドクタデ　54,571
ポンドマツ　13,534

[マ]
マイヅルソウ　343,795
マイヅルソウ属　795
マオウ　28,546,853
マオウ科　546,853
マオウ綱　546
マオウ属　546,853
マキ科　517,543,847
マキ属　465,543,847
マクワウリ　196,680
マコモ　357,807
マコモ属　807
マサキ　166,419,664
マシカクイ　375,822
マスカット　180,420,497,667
マタタビ　89,601
マタタビ科　601,882
マタタビ属　601,882
マチン科　724
マツ　508
マツ亜科　531
マツ科　517,531,846,853
マツカゼソウ属　888
マツグミ属　909
マツ綱　531
マツ属　515,517,531
マツ属（単維管束亜属）　846
マツ属（複維管束亜属）　847
マツ属単維管束亜属　463,531
マツ属複維管束亜属　463,531
マツナ　63,579
マツナ属　579
マツバウンラン　289,750

マツバギク　58,574,861
マツバギク属　574,861
マツバスゲ　371,819
マツバニンジン　147,645,906
マツバボタン　59,401,575,872
マツブサ　66,583,869
マツブサ科　582,869,909
マツブサ属　583,869,909
マツムシソウ　310,767,867,886
マツムシソウ科　767,860,867,886
マツムシソウ属　767,860,867,886
マツヨイグサ　517
マツヨイグサ属　691,899
マツヨイセンノウ　61,578,908
マテバシイ　43,560,878
マテバシイ属　560,878
ママコナ　293,753,866
ママコナ属　753,866
ママコノシリヌグイ　54,571
マムシグサ　362,813
マメ亜科　633
マメ科　472,516,518,630,849,873,875,876,877,878,
　879,880,888,889,890,891,902,904
マメグンバイナズナ　100,609,865
マメグンバイナズナ属　609,865
マメダオシ　265,732,863,868
マヤプシキ　686
マユミ　175,663
マルバアオダモ　249,435,720,884
マルバコンロンソウ　101,610
マルバチシャノキ　913
マルバトウキ　224,702,880
マルバトウキ属　702,880
マルバノキ属　863
マルバハギ　139,637,885
マルバマンサク　107,613
マルバマンネングサ　108,614
マルバヤナギ　32,551
マルヤマカンコノキ亜科　646
マンゴー　165,657
マンゴー属　657
マンサク科　611,863,864,908
マンサク属　612,863
マンシュウクロマツ　14,534
マンテマ属　577,908
マンネングサ属　614,889
マンネンソウ属　866
マンリョウ　241,714,909

[ミ]
ミカエリソウ　281,745,863
ミカヅキグサ　373,820
ミカヅキグサ属　820
ミカン亜科　653
ミカン科　651,883,888,889,895
ミカン属　653,895
ミクリ　355,458,814,859

和名索引

ミクリ科　479,814,859
ミクリ属　814,859
ミサオノキ　260,729,901
ミサオノキ属　729,901,904
ミシマサイコ　222,700,880
ミシマサイコ属　700,880
ミズアオイ科　800,860
ミズアオイ属　800,860
ミズオオバコ　332,783,854
ミズオオバコ属　783,854
ミズオトギリ　93,604,885
ミズオトギリ属　604,885
ミズガヤツリ　378,825
ミズカンナ属　855
ミズガンピ　188,428,684,896
ミズガンピ属　684,896
ミズキ　216,695
ミズキ科　472,694,882,885,887,889,890,891
ミズキ属　695,890,891
ミズ属　564,897
ミズタマソウ　210,691,899
ミズタマソウ属　691,899
ミズチドリ　381,827
ミズトラノオ属　866
ミズトンボ属　827
ミズナラ　40,558
ミズバショウ　362,458,812,857
ミズバショウ属　812,857
ミズヒキ　51,570,907
ミズヒキ属　570,907
ミスミソウ　76,589,863
ミスミソウ属　589,863
ミズメ　37,554
ミズユキノシタ属　899
ミセバヤ　108,614
ミゾカクシ亜科　769
ミゾカクシ属　769,879
ミゾガワソウ　282,743
ミゾソバ　55,571
ミソナオシ　139,638
ミソナオシ属　638
ミソハギ　202,683,895,912
ミソハギ科　682,892,893,895,896,909,912,913
ミソハギ属　520,683,895,912
ミゾホオズキ　291,751
ミゾホオズキ属　751
ミチノクナシ　133,630
ミチノクホンモンジスゲ　369,818
ミチヤナギ　51,569,877
ミチヤナギ属　470,569,877
ミツガシワ　254,437,725,878
ミツガシワ科　725,862,866,878,910
ミツガシワ属　725,878
ミツバ　222,701,880
ミツバアケビ　82,595,864
ミツバウツギ　177,420,664,879
ミツバウツギ科　664,879

ミツバウツギ属　664,879
ミツバグサ属　701
ミツバ属　701,880
ミツバツチグリ　130,626
ミツバツツジ　228,708
ミツバハマゴウ　273,739
ミツバマツ　6,532
ミツマタ　187,423,673,908
ミツマタ属　673,908
ミネカエデ　167,658
ミノゴメ　358,809
ミノゴメ属　809
ミフクラギ　256,439,726
ミフクラギ属　726
ミミカキグサ　299,759,894
ミミナグサ属　576,908
ミヤギノハギ　139,638
ミヤコグサ　143,640,878
ミヤコグサ属　640,878
ミヤコグサ連　640
ミヤマイラクサ　48,564
ミヤマウズラ　380,828
ミヤマオウ属　865
ミヤマカタバミ　148,643,865,866
ミヤマガマズミ　302,763
ミヤマカラマツ　79,592
ミヤマカワラハンノキ　35,553
ミヤマカンスゲ　367,817
ミヤマキンポウゲ　78,591
ミヤマシキミ　162,652,895
ミヤマシキミ属　652,895
ミヤマシシウド　224,702
ミヤマナルコユリ　343,794
ミヤマニガウリ　197,680,876
ミヤマニガウリ属　680,876
ミヤマハンノキ　34,552
ミヤママママコナ　290,444,753
ミヤマムラサキ属　913
ミヤマヤナギ　32,550
ミヤマヤマブキショウマ　118,622,882
ミヤマヨメナ属　893
ミョウガ　379,825,911
ミョウガ科　825,911
ミョウガ属　825,911
ミリオカルパ・スティピタタ　47,565
ミリオカルパ属　565,902

[ム]
ムカゴイラクサ　48,564,897,898
ムカゴイラクサ属　564,897,898
ムカゴサイシン属　850
ムカシヨモギ　893
ムカシヨモギ属　775,881,893
ムギラン属　516
ムクイヌビワ　47,395,564
ムクゲ　183,423,672,906
ムクノキ　44,399,561,901

和名索引

ムクノキ属　470,561,901,903
ムクロジ　169,660,891
ムクロジ科　659,876,891,902,904,911
ムクロジ属　660,891
ムゴマツ　10,533
ムサシアブミ　362,458,813,855
ムシトリスミレ　385,759,893
ムシトリスミレ属　759,893
ムシトリナデシコ　61,577
ムジナモ属　848
ムシャリンドウ　281,743
ムシャリンドウ属　743,865
ムニンアオガンピ　384,674
ムニンシャシャンボ　239,712
ムニンフトモモ　385,685
ムニンフトモモ属　685
ムベ　82,595,882
ムベ属　595,882
ムラサキ　269,735
ムラサキイセハナビ　902
ムラサキオモト属　858
ムラサキ科　518,734,892,894,896,912,913
ムラサキカタバミ　149,643
ムラサキケマン　99,607
ムラサキゴテン　352,803
ムラサキサギゴケ　751
ムラサキシキブ　271,737,865,866
ムラサキシキブ属　524,737,865,866
ムラサキセンダイハギ　141,639
ムラサキセンダイハギ属　639
ムラサキ属　734
ムラサキツユクサ　352,803
ムラサキツユクサ属　803
ムラサキハシドイ　251,723,895
ムラサキベンケイソウ属　614
ムラサキミミカキグサ　299,759

［メ］
メギ科　594,863,865,872,907,911
メキシコシロマツ　18,536
メキシコノボタン　206,688
メキシコノボタン属　688
メギ属　911
メタカラコウ属　881,886
メタセコイア　24,388,482,540,860
メタセコイア属　540,860
メドハギ　139,637
メナモミ　317,774
メナモミ属　774
メナモミ連　772
メノマンネングサ　108,614,889
メハジキ　283,745,862,866
メハジキ属　745,862,866
メヒルギ　207,427,429,689,886
メヒルギ属　689,886
メリッサ属　866

［モ］
モウセンゴケ　96,606
モウセンゴケ科　516,606,848
モウセンゴケ属　472,606,848
モエギスゲ　366,816
モガシ　668
モクゲンジ　170,660
モクゲンジ属　660
モクセイ科　719,883,884,895
モクセイ属　721,884
モクマオウ科　547,902
モクマオウ属　547,902
モクレン科　581,856
モクレン属　581,856
モチツツジ　230,709
モチノキ　174,418,663,832,887
モチノキ科　662,887
モチノキ属　473,662,887
モッコク　91,406,603,882
モッコク属　603,882
モミ　19,536,537
モミ亜科　531
モミジカラマツ　485,591
モミジカラマツ属　591,861,863,864
モミジハグマ属　887
モミジバフウ　105,613
モミ属　462,517,536,846
モモ　119,120,496,623
モモタマナ　209,428,690,913
モモタマナ属　690,913
モヨウビユ属　907
モリアザミ　326,779
モンタナマツ　833
モンティコーラマツ　16,536
モンパノキ　269,438,735,913

［ヤ］
ヤイトバナ　263,731
ヤイトバナ属　731
ヤエムグラ　263,730,869
ヤエムグラ属　730,869,870
ヤエヤマノボタン　204,688
ヤエヤマヒルギ　690
ヤクシソウ　328,780
ヤクシマアジサイ　114,617
ヤクシマシャクナゲ　236,710
ヤクタネゴヨウ　15,535
ヤグルマカッコウ属　866
ヤグルマギク　317,521,774
ヤグルマギク属　774
ヤグルマソウ　117,619
ヤグルマソウ属　619
ヤコウカ　277,438,749,888
ヤシ科　480,810
ヤシャビシャク　109,615,893
ヤシャブシ　34,552
ヤシャブシ亜属　552,905

和名索引

ヤチカンバ　37,554
ヤチヤナギ　29,548
ヤチヤナギ属　466,548
ヤツガタケトウヒ　21,537
ヤッコソウ　85,601,900
ヤッコソウ属　601,900
ヤツシロソウ　309,769
ヤツデ　218,508,697
ヤツデ属　697,890
ヤドリギ　50,401,567,876
ヤドリギ科　567,876,909
ヤドリギ属　567,876
ヤナギ亜科　550
ヤナギイチゴ属　901
ヤナギ科　549,855,883
ヤナギ属　466,550,883
ヤナギハッカ属　866
ヤナギハナガサ　275,740
ヤナギバヒメジョオン　321,776
ヤナギモ　334,786
ヤナギラン　208,690
ヤナギラン属　690
ヤハズエンドウ　142,639
ヤハズカズラ属　911
ヤハズハンノキ　34,553
ヤブウツギ　304,765
ヤブガラシ　180,668
ヤブガラシ属　668,897
ヤブコウジ　882
ヤブコウジ科　713,868,882,894,896,909
ヤブコウジ属　714,882,909
ヤブサンザシ　907
ヤブジラミ　221,700,880
ヤブジラミ属　700,880
ヤブツバキ　91,405,498,602,884
ヤブデマリ　302,763
ヤブニッケイ　518
ヤブニンジン　221,700
ヤブニンジン属　700
ヤブヘビイチゴ　122,626
ヤブミョウガ　352,803,857
ヤブミョウガ属　803,857
ヤブムラサキ　271,737
ヤブラン　335,786
ヤブラン亜科　786
ヤブラン属　786
ヤブレガサ　313,775,881
ヤブレガサ属　775,881
ヤマアイ　160,650,887
ヤマアイ属　650,887
ヤマアジサイ　112,616
ヤマアゼスゲ　370,818
ヤマイ　375,822
ヤマイバラ　123,624
ヤマウグイスカグラ　305,766
ヤマウコギ　220,698,890
ヤマウルシ　165,418,656,887

ヤマガラシ属　865
ヤマキケマン　99,607,870,871
ヤマグルマ　70,585,884
ヤマグルマ科　585,884
ヤマグルマ属　585,884
ヤマグワ　46,395,563,898
ヤマゴボウ科　572,861
ヤマゴボウ属　573,861
ヤマザクラ　120,622,882
ヤマタヌキラン　366,816
ヤマトグサ　213,693,900,903
ヤマトグサ科　693,900,903
ヤマトグサ属　693,900,903
ヤマトレンギョウ　250,722
ヤマナラシ亜科　549
ヤマナラシ属　549
ヤマネコヤナギ　32,551
ヤマノイモ　348,799,857,860
ヤマノイモ科　799,857,860
ヤマノイモ属　799,857,860
ヤマハギ　139,637
ヤマハゼ　166,656
ヤマハタザオ属　610,865
ヤマハッカ　276,741,865
ヤマハッカ亜科　741
ヤマハッカ属　741,865
ヤマハハコ属　881
ヤマハンノキ　35,553
ヤマビワ　172,419,661
ヤマブキ　122,624
ヤマブキショウマ属　622,864,882
ヤマブキ属　624,864,882
ヤマブドウ　180,668
ヤマボウシ　217,696
ヤマボウシ属　696,887
ヤマボクチ　322,779
ヤマボクチ属　779,886
ヤマモガシ　49,395,566,899
ヤマモガシ科　470,566,898,899
ヤマモガシ属　566,899
ヤマモミジ　172,659
ヤマモモ　29,397,492,508,547,899
ヤマモモ科　547,899
ヤマモモソウ　210,517,691,899
ヤマモモソウ属　691,899
ヤマモモ属　466,520,547,899
ヤマヤナギ　32,550
ヤマルリソウ　270,736,913
ヤワタソウ　114,620,878
ヤワタソウ属　620,878
ヤンバルゴマ属　899
ヤンバルナスビ　277,748

[ユ]
ユウガオ属　681,876
ユウガギク　320,776
ユウゲショウ　211,691

和名索引

ユウスゲ　337,789
ユウバリソウ　294,445,754,879
ユーカリ属　910
ユキグニミツバツツジ　233,710
ユキザサ　343,795,858
ユキザサ属　795,858
ユキツバキ　94,602
ユキノシタ　113,620,868,870
ユキノシタ亜科　618
ユキノシタ科　615,865,868,870,878,885,889,892,897,
　898,901,903,904,907
ユキノシタ属　620,868,870
ユキヤナギ　118,621
ユズ　163,653
ユズリハ　147,416,651,886
ユズリハ科　650,886
ユズリハ属　651,886
ユズリハワダン　329,782
ユリ　506
ユリ亜科　790
ユリ科　479,516,786,850,853,855,857,858,860,897,
　898,903
ユリグルマ　499,795
ユリグルマ属　795
ユリ属　792,833
ユリノキ　66,581,856
ユリノキ属　581,856
ユリワサビ　102,610

[ヨ]
ヨウサイ　267,734
ヨウシュシャクナゲ　232,709
ヨウシュヤマゴボウ　57,573,861
ヨウラクツツジ　234,708
ヨウラクツツジ属　708
ヨコグラノキ　178,667,896
ヨコグラノキ属　667
ヨシ　360,810,859
ヨシ属　810,859
ヨツバシオガマ　293,754,864
ヨメナ　264,775,893
ヨメナ属　775,881,893
ヨモギ　312,453,501,772,877
ヨモギ属　476,772,877
ヨルガオ　268,733
ヨルガオ属　905
ヨーロッパアカマツ　13,534,833
ヨーロッパクロマツ　11,533
ヨーロッパナラ　833
ヨーロッパブナ　833

[ラ]
ラウァンドゥラ属　866
ラウオルフィア属　727,891,912
ラカンマキ　27,543
裸子植物亜門　530
ラショウモンカズラ属　866

ラセンソウ属　880
ラッキョウ　336,789
ラッパズイセン　347,798
ラフレシア科　600,900
ラン亜科　827
ラン科　516,518,827,847,848,850
ランダイスギ　25,541

[リ]
離弁花亜綱　547
リュウガン　170,660
リュウガン属　660
リュウキュウアセビ　237,711
リュウキュウアリドオシ　264,443,731,895
リュウキュウクサギ　274,738
リュウキュウコスミレ　192,677
リュウキュウツチトリモチ　51,568
リュウキュウバショウ　355,459,826,853
リュウキュウヒキノカサ　71,403,591
リュウキュウマツ　5,532
リュウキュウヤナギ　285,747
リュウキンカ　72,587,862,864,867
リュウキンカ属　587,862,864,868
リュウゼツラン　345,797,857
リュウゼツラン科　797,857
リュウゼツラン属　797,857
リョウブ　226,704,878
リョウブ科　704,878
リョウブ属　704,878
リンゴ　130,496,629
リンゴ属　629
リンドウ　252,723
リンドウ科　475,723,882,890,895
リンドウ属　723,882,895
リンネソウ　300,761,861
リンネソウ属　761,861

[ル]
ルイヨウショウマ　72,588,864
ルイヨウショウマ属　588,864
ルイヨウボタン属　863
ルコウソウ属　905
ルディスマツ　13,534
ルピナス属　642
ルピナス連　642
ルリジサ属　892
ルリジンヤ　506
ルリソウ属　736,913
ルリハコベ　242,715,890
ルリハコベ属　715,890
ルリミノキ属　896

[レ]
レジノサマツ　12,534
レブンサイコ　222,700
レンギョウ　250,722,884
レンギョウ属　722,884

和名索引

レンゲショウマ属　862,864,867
レンゲツツジ　229,708
レンプクソウ　307,766,909
レンプクソウ科　766,909
レンプクソウ属　766,909
レンリソウ属　640,880

［ロ］
ロウバイ　68,508,583,860
ロウバイ科　583,860
ロウバイ属　583,860
ロッコウヤナギ　33,551
ロッジポールマツ　8,532

［ワ］
ワサビ　102,610,863

ワサビ属　610,863
ワスレグサ属　789
ワスレナグサ属　913
ワタ　183,672,906
ワタゲカマツカ　128,629,879
ワタスゲ　374,821
ワタスゲ属　821
ワタ属　672,906
ワダンノキ　386,770
ワダンノキ属　770
ワチガイソウ属　908
ワルナスビ　285,442,747
ワレモコウ　127,411,627,893
ワレモコウ属　472,627,893

学名索引

[A]

Abelia　764
Abelia serrata　303,764
Abelia spathulata　303,764
Abeliophyllum　721
Abeliophyllum distichum　250,721
Abelmoschus　672
Abelmoschus esculentus　185,672
Abies　462,536
Abies firma　19,537
Abies homolepis　19,536
Abies mariesii　19,390,536
Abies sachalinensis　19,537
Abies veitchii　20,390,537
Abies veitchii var. *sikokiana*　20,537
Abutilon　671
Abutilon megapotamicum　186,671
Abutilon theophrasti　186,671
Acacia　632
Acacia dealbata　135,497,632
Acacieae　632
Acalypha　650
Acalypha australis　160,650
Acanthaceae　755
Acanthoideae　755
Acanthopanax　698
Acanthopanax sciadophylloides　220,698
Acanthopanax spinosus　220,698
Acanthus　756
Acanthus mollis　296,756
Acer　473,657
Acer amoenum　168,658
Acer amoenum var. *matsumurae*　172,659
Acer carpinifolium　168,659
Acer crataegifolium　169,658
Acer japonicum　168,658
Acer mono var. *marmoratum* f. *dissectum*　167,658
Acer mono var. *mayrii*　167,658
Acer oblongum subsp. *itoanum*　172,419,659
Acer palmatum　167,658
Acer pycnanthum　172,659
Acer rufinerve　169,658
Acer sieboldianum　172,659
Acer tschonoskii　167,658
Acer ukurunduense　168,658
Aceraceae　657
Achyranthes　580
Achyranthes bidentata var. *japonica*　64,402,580
Aconitum　588
Aconitum carnichaelii　73,588
Aconitum gigas var. *hondoense*　73,588
Aconitum pterocaule　71,403,588

Aconitum yesoense　73,588
Actaea　588
Actaea asiatica　72,588
Actinidia　601
Actinidia arguta　89,601
Actinidia chinensis　89,601
Actinidia polygama　89,601
Actinidiaceae　601
Adenophora　768
Adenophora triphylla var. *japonica*　309,450,768
Adonis　591
Adonis amurensis　77,485,591
Adoxa　766
Adoxa moschatellina　307,766
Adoxaceae　766
Aeginetia　758
Aeginetia indica　297,758
Aeschynanthus　758
Aeschynanthus parasiticus　298,758
Aesculus　473,660
Aesculus turbinata　171,418,660
Agastache　742
Agastache rugosa　282,742
Agavaceae　797
Agave　797
Agave americana　345,797
Ageratum　778
Ageratum conyzoides　320,778
Agrimonia　627
Agrimonia pilosa var. *japonica*　127,627
Agropyron　809
Agropyron ciliare var. *minus*　360,809
Agrostis　809
Agrostis clavata var. *nukabo*　360,809
Ailanthus　654
Ailanthus altissima　164,654
Aizoaceae　574
Ajuga　740
Ajuga boninsimae　277,741
Ajuga decumbens　276,740
Ajuga nipponensis　276,740
Ajuga shikotanensis f. *hirsuta*　276,741
Ajugoideae　740
Akebia　595
Akebia × *pentaphylla*　67,595
Akebia quinata　82,402,595
Akebia trifoliata　82,595
Alangiaceae　693
Alangium　693
Alangium platanifolium var. *trilobum*　214,426,693
Albizia　631
Albizia julibrissin　135,411,631

Alcea　673
Alcea rosea　186,673
Alectorurus　787
Alectorurus yedoensis　335,787
Aleurites　647
Aleurites cordata　155,647
Alisma　783
Alisma canaliculatum　333,454,783
Alismataceae　783
Allioideae　788
Allium　788
Allium cepa　336,789
Allium chinense　336,789
Allium tuberosum　336,789
Alnaster　552
Alnus　552
Alnus fauriei　35,553
Alnus firma　34,552
Alnus formosana　36,553
Alnus glutinosa　36,554
Alnus hirsuta　34,552,553
Alnus hirsuta var. *sibirica*　35
Alnus incana　36,553
Alnus inokumae　35,553
Alnus japonica　35,492,553
Alnus matsumurae　34,553
Alnus maximowiczii　34,552
Alnus pendula　34,483,552
Alnus serrulatoides　35,397,553
Alnus sieboldiana　34,397,492,552
Alnus subgen. *Alnaster*　468
Alnus subgen. *Alnus*　467
Alnus trabeculosa　35,553
Aloe　796
Aloe arborescens　344,796
Aloe variegata　344,796
Alopecurus　808
Alopecurus aequalis　357,502,808
Alpinia　826
Alpinia purpurata　379,826
Amaranthaceae　471,579
Amaranthus　580
Amaranthus tricolor　64,580
Amaranthus viridis　64,580
Amaryllidaceae　479,798
Ambrina　579
Ambrina anthelmintica　63,579
Ambrosia　770
Ambrosia artemisiaefolia var. *elatior*　311,501,770
Ambrosia trifida　311,450,501,771
Ambrosieae　770
Amelanchier　628
Amelanchier asiatica　132,628
Ammannia　683
Ammannia multiflora　202,683
Ammi　703
Ammi majus　225,703

Amorphophallus　813
Amorphophallus rivieri var. *konjac*　362,813
Ampelopsis　668
Ampelopsis japonica　174,668
Anacardiaceae　656
Anagallis　715
Anagallis arvensis　242,715
Anemone　588
Anemone coronaria　74,589
Anemone debilis　75,589
Anemone flaccida　74,589
Anemone narcissiflora var. *nipponica*　75,589
Anemone nikoensis　74,589
Anemone raddeana　75,589
Anemone stolonifera　74,589
Angelica　702
Angelica japonica　224,702
Angelica matsumurae　224,702
Angelica pubescens　224,702
Angiospermae　547,783
Annonaceae　582
Anodendron　726
Anodendron affine　255,438,726
Antenoron　570
Antenoron filiforme　51,570
Anthemideae　771
Anthoxanthum　807
Anthoxanthum odoratum　357,458,807
Anthriscus　700
Anthriscus aemula　235,700
Aphananthe　470,561
Aphananthe aspera　44,399,561
Apiaceae　698
Apioideae　699
Apios　636
Apios fortunei　142,636
Apocynaceae　726
Apocynum　727
Apocynum venetum var. *basikurumon*　257,438,727
Aquifoliaceae　662
Aquilegia　592
Aquilegia flabellata var. *flabellata*　77,592
Arabis　610
Arabis flagellosa　104,610
Arabis gemmifera　104,610
Araceae　812
Arachis　642
Arachis hypogaea　146,642
Aralia　697
Aralia cordata　218,697
Aralia elata　218,431,697
Araliaceae　697
Araucaria　539
Araucaria cunninghamii　25,539
Araucariaceae　539
Ardisia　714
Ardisia crenata　241,714

Argusia　735
Argusia argentea　269,438,735
Arisaema　813
Arisaema ringens　362,458,813
Arisaema serratum　362,813
Aristolochia　600
Aristolochia debilis　88,600
Aristolochiaceae　600
Artemisia　476,772
Artemisia capillaris　312,772
Artemisia princeps　312,453,501,772
Aruncus　622
Aruncus dioicus var. *astilboides*　118,622
Asclepiadaceae　727
Asclepias　728
Asclepias syriaca　259,728
Asiasarum　600
Asiasarum sieboldii　88,404,600
Asimina　582
Asimina triloba　66,582
Asparagoideae　793
Asparagus　796
Asparagus cochinchinensis　342,796
Asphodeloideae　789
Aspidistra　793
Aspidistra elatior　343,793
Aster　776
Aster ageratoides subsp. *leiophyllus*　319,776
Aster iinumae　320,776
Aster scaber　319,776
Aster viscidulus var. *alpinus*　320,776
Astereae　775
Astilbe　619
Astilbe japonica　116,619
Astilbe microphylla　116,619
Astilbe simplicifolia　116,619
Astilbe thunbergii var. *congesta*　117,619
Astilbe thunbergii var. *fujisanensis*　114,407,619
Astilbe thunbergii var. *thunbergii*　116,619
Astragaleae　639
Astragalus　639
Astragalus sinicus　141,639
Atractylodes　780
Atractylodes japonica　323,780
Aucuba　695
Aucuba japonica　216,695
Aucuba japonica var. *borealis*　209,429,695
Aurantieae　653
Aurantioideae　653
Avena　809
Avena fatua　360,809
Averrhoa　644
Averrhoa carambola　114,409,644
Avicennia　737
Avicennia marina　273,441,737

[B]

Balanophora　568
Balanophora kuroiwai　51,568
Balanophoraceae　567
Balsaminaceae　472,661
Baptisia　639
Baptisia australis　141,639
Barringtonia　687
Barringtonia asiantica　209,687
Barringtonia racemosa　205,431,687
Basella　575
Basella rubra　59,401,575
Beckmannia　809
Beckmannia syzigachne　358,809
Begonia　679
Begonia evansiana　195,423,679
Begoniaceae　679
Benthamidia　696
Benthamidia florida　217,696
Benthamidia japonica　217,696
Berberidaceae　594
Berchemia　666
Berchemia racemosa　179,666
Berchemiella　667
Berchemiella berchemiaefolia　178,667
Bergenia　620
Bergenia stracheyi　243,620
Betula　466,554
Betula ermanii　37,554
Betula grossa　37,554
Betula maximowicziana　37,554
Betula ovalifolia　37,554
Betula platyphylla var. *japonica*　37,397,493,554
Betulaceae　551
Betuleae　552
Bidens　773
Bidens biternata　315,773
Bidens frondosa　315,773
Bidens pilosa var. *minor*　316,773
Bignoniaceae　755
Bischofia　646
Bischofia javanica　152,414,646
Bistorta　569
Bistorta major var. *japonica*　51,569
Bletilla　828
Bletilla striata　381,828
Boehmeria　565
Boehmeria nipononivea　49,498,565
Boehmeria spicata　49,565
Bolboshoenus　823
Bolboshoenus fluviatilis subsp. *yagara*　376,823
Bombacaceae　670
Boraginaceae　734
Bothriospermum　735
Bothriospermum tenellum　270,735
Bougainvillea　573
Bougainvillea spectabilis　57,573

学名索引

Brachyelytrum　809
Brachyelytrum japonicum　360,809
Brasenia　596
Brasenia schreberi　84,596
Brassica　610
Brassica juncea　103,498,610
Brassica oleracea var. *capitata*　103,610
Brassica rapa　103,610
Brassica rapa var. *amplexicaulis*　103,610
Brassicaceae　609
Bredia　689
Bredia hirsuta　206,689
Bredia yaeyamensis　204,689
Bridelioideae　646
Briza　810
Briza minor　360,810
Broussonetia　563
Broussonetia kazinoki × *B. papyrifera*　46,563
Broussonetia papyrifera　47,563
Bruguiera　689
Bruguiera gymnorrhiza　207,429,689
Buckleya　567
Buckleya lanceolata　50,567
Buddleja　749
Buddleja curviflora　288,749
Buddleja curviflora f. *venenifera*　288,750
Buddleja davidii　288,750
Buddleja japonica　287,749
Buddlejaceae　749
Bupleurum　700
Bupleurum ajanense　222,700
Bupleurum longeradiatum var. *elatius*　222,700
Bupleurum scorzoneraefolium var. *stenophyllum*　222,700
Buxaceae　665
Buxus　473,665
Buxus microphylla var. *japonica*　177,418,665

[C]
Cactaceae　580
Caesalpinia　633
Caesalpinia crista　137,412,633
Caesalpinia decapetala var. *japonica*　137,633
Caesalpinieae　632
Caesalpinioideae　632
Calanthe　828
Calanthe discolor　381,828
Calendula　773
Calendula officinalis　315,773
Calliandra　631
Calliandra eriophylla　135,631
Callicarpa　737
Callicarpa dichotoma　271,737
Callicarpa japonica　271,737
Callicarpa japonica var. *luxurians*　273,441,738
Callicarpa mollis　271,737
Callicarpa subpubescens　272,385,738

Callistemon　686
Callistemon speciosus　203,686
Calophyllum　605
Calophyllum inophyllum　93,407,605
Caltha　587
Caltha palustris var. *enkoso*　72,404,587
Caltha palustris var. *nipponica*　72,587
Calycanthaceae　583
Calystegia　733
Calystegia hederacea　267,733
Calystegia japonica　266,447,733
Calystegia soldanella　266,733
Camellia　602
Camellia × *hiemalis*　90,602
Camellia japonica　90,91,405,498,602
Camellia japonica var. *decumbens*　94,602
Camellia reticulata　91,602
Camellia sasanqua　90,602
Camellia sinensis　92,602
Campanula　769
Campanula glomerata var. *dahurica*　309,769
Campanula punctata　309,769
Campanulaceae　768
Campanuloideae　768
Campsis　755
Campsis grandiflora　287,755
Camptotheca　694
Camptotheca acuminata　214,694
Canavalia　636
Canavalia lineata　145,636
Canna　826
Canna × *generalis*　379,826
Canna indica　379,826
Cannabis　562
Cannabis sativa　45,562
Cannaceae　826
Capparaceae　608
Capparis　608
Capparis spinosa　100,608
Caprifoliaceae　761
Caprifolioideae　763
Capsella　609
Capsella bursa-pastoris　100,609
Capsicum　748
Capsicum annuum　499,748
Cardamine　609
Cardamine flexuosa　101,609
Cardamine leucantha　101,609
Cardamine tanakae　101,610
Cardiocrinum　791
Cardiocrinum cordatum　339,791
Cardiocrinum cordatum var. *glehnii*　339,791
Cardiospermum　659
Cardiospermum halicacabum　169,418,659
Carduoideae　770
Carduus　779
Carduus crispus　327,779

962

Carex　815
Carex angustisquama　366,816
Carex bitchuensis　368,817
Carex biwensis　371,819
Carex blepharicarpa　365,816
Carex ciliato-marginata　366,817
Carex conica　365,816
Carex duvaliana　367,817
Carex formosensis　371,819
Carex grallatoria　369,818
Carex heterolepis　370,818
Carex jacens　368,817
Carex lanceolata　368,817
Carex lenta　369,817
Carex makinoensis　371,819
Carex maximowiczii　366,816
Carex morrowii　366,816
Carex multifolia　367,817
Carex nervata　366,816
Carex pachygyna　370,818
Carex paxii　369,818
Carex pseudocuraica　370,818
Carex pumila　458,819
Carex sachalinensis var. *sikokiana*　368,817
Carex scabriculmis　371,818
Carex scabrifolia　370,818
Carex sociata　369,818
Carex stenostachys　369,818
Carex stenostachys var. *cuneata*　369,818
Carex thunbergii　367,817
Carex tristachya　366,816
Carex tristachya var. *pocilliformis*　370,819
Carpinus　467,555
Carpinus japonica　38,555
Carpinus laxiflora　38,555
Carpinus tschonoskii　38,397,556
Carpinus tschonoskii type　467
Carpinus turczaninovii　38,555
Carum　703
Carum carvi　225,703
Carya　549
Carya illinoinensis　30,549
Caryophyllaceae　471,575
Caryopteris　739
Caryopteris divaricata　275,739
Caryopteris incana　270,739
Cassia　633
Cassia occidentalis　136,633
Cassieae　633
Cassiope　711
Cassiope lycopodioides　237,711
Castanea　468,560
Castanea crenata　43,398,493,560
Castanoideae　560
Castanopsis　468,560
Castanopsis cuspidata　43,560
Castanopsis cuspidata type　468

Castanopsis sieboldii　43,398,560
Castanopsis sieboldii type　468
Casuarina　547
Casuarina equisetifolia　29,395,547
Casuarinaceae　547
Catalpa　755
Catalpa ovata　287,755
Catharanthus　727
Catharanthus roseus　256,727
Cattleya　829
Cattleya sp.　383,829
Cayratia　668
Cayratia japonica　180,668
Cedrus　538
Cedrus deodara　23,393,482,538
Ceiba　670
Ceiba pentandra　181,670
Celastraceae　663
Celosia　580
Celosia cristata　64,580
Celtis　470,561
Celtis sinensis var. *japonica*　44,399,561
Centaurea　774
Centaurea cyanus　317,774
Cephalotaxaceae　544
Cephalotaxus　544
Cephalotaxus harringtonia　27,388,544
Cephalotaxus harringtonia var. *nana*　27,544
Cerastium　576
Cerastium glomeratum　60,576
Cerbera　726
Cerbera manghas　256,439,726
Cercideae　632
Cercidiphyllaceae　586
Cercidiphyllum　586
Cercidiphyllum japonicum　70,586
Cercis　632
Cercis chinensis　136,632
Cestrum　749
Cestrum nocturnum　277,438,749
Chaenomeles　630
Chaenomeles japonica　134,630
Chaenomeles sinensis　134,630
Chaenomeles speciosa　134,630
Chamaecyparis　542
Chamaecyparis obtusa　26,388,491,542
Chamaecyparis pisifera　26,543
Chamaele　701
Chamaele decumbens　221,701
Chamaenerion　690
Chamaenerion angustifolium　208,690
Chamaepericlymenum　696
Chamaepericlymenum canadense　217,696
Chelidonium　607
Chelidonium majus var. *asiaticum*　97,607
Chenopodiaceae　471,578
Chenopodium　578

Chenopodium album 63,402,579
Chenopodium centrorubrum 63,578
Chimaphila 705
Chimaphila japonica 227,705
Chimonanthus 583
Chimonanthus praecox 68,583
Chionanthus 721
Chionanthus ramiflora 250,722
Chionanthus retusus 250,721
Chionographis 788
Chionographis japonica 335,788
Chloranthaceae 599
Chloranthus 599
Chloranthus fortunei 87,600
Chloranthus japonicus 87,404,599
Chloranthus serratus 87,600
Chlorophytum 795
Chlorophytum comosum 344,795
Choerospondias 656
Choerospondias axillaris 165,656
Choripetalae 547
Chosenia 550
Chosenia arbutifolia 31,550
Chrysanthemum 771
Chrysanthemum × *morifolium* 311,771
Chrysanthemum coronarium 312,771
Chrysanthemum crassum 313,772
Chrysanthemum leucanthemum 312,771
Chrysanthemum shiwogiku 453,771
Chrysanthemum yoshinaganthum 313,772
Chrysosplenium 618
Chrysosplenium album var. *stamineum* 117,618
Cichorieae 780
Cichorioideae 480,780
Cicuta 702
Cicuta virosa 223,702
Cimicifuga 587
Cimicifuga acerina 71,587
Cimicifuga simplex 73,587
Cinchonoideae 728
Cinnamomum 584
Cinnamomum camphora 69,484,584
Circaea 691
Circaea mollis 210,691
Cirsium 778
Cirsium boninense 326,452,779
Cirsium borealinipponense 324,778
Cirsium brevicaule 326,779
Cirsium dipsacolepis 326,779
Cirsium japonicum 324,778
Cirsium kamtschaticum 324,778
Cirsium oligophyllum subsp. *nikkoense* 325,779
Cirsium yezoense 324,778
Citrullus 681
Citrullus lanatus 197,681
Citrus 653
Citrus depressa 163,416,653

Citrus junos 163,653
Citrus unshiu 163,653
Cladium 820
Cladium chinense 372,820
Clauseneae 654
Clematis 590
Clematis apiifolia 77,590
Clematis florida 76,590
Clematis japonica 71,590
Clematis terniflora 77,485,590
Clerodendrum 738
Clerodendrum inerme 274,738
Clerodendrum sp. 274,738
Clerodendrum speciosissimum 274,738
Clerodendrum trichotomum 274,440,738
Clethra 704
Clethra barvinervis 226,704
Clethraceae 704
Cleyera 603
Cleyera japonica 92,603
Clinopodium 744
Clinopodium chinense subsp. *grandiflorum* var. *parviflorum* 280,744
Clinopodium gracile 280,744
Clinopodium micranthum 280,744
Clinostigma 811
Clinostigma savoryanum 386,459,811
Clintonia 794
Clintonia udensis 342,794
Clivia 799
Clivia miniata 346,799
Clusiaceae 604
Cnidium 702
Cnidium japonicum 223,702
Cocculus 596
Cocculus trilobus 80,596
Codiaeum 649
Codiaeum variegatum var. *pictum* 157,649
Codonopsis 768
Codonopsis lanceolata 309,768
Coix 805
Coix lacryma-jobi 356,805
Colchicum 800
Colchicum autumnale 348,800
Coleus 743
Coleus blumei 282,743
Colluna 706
Colocasia 812
Colocasia esculenta 362,812
Combretaceae 690
Commelina 803
Commelina communis 353,354,803
Commelinaceae 803
Compositae 476,770
Conandron 758
Conandron ramondioides 298,758
Conandron sp. 297

学名索引

Coniferopsida　531
Conium　703
Conium maculatum　225,703
Consolida　588
Consolida ambigua　73,588
Convallaria　796
Convallaria keiskei　342,796
Convolvulaceae　732
Coodeniaceae　769
Coptis　471,593
Coptis japonica var. *dissecta*　79,593
Corchorus　670
Corchorus olitorius　182,670
Cordueae　778
Coreopsis　773
Coreopsis lanceolata　317,773
Coriaria　655
Coriaria japonica　165,655
Coriariaceae　655
Cornaceae　472,694
Cornus　696
Cornus officinalis　217,696
Corydalis　607
Corydalis ambigua　405,607
Corydalis incisa　99,607
Corydalis ophiocarpa　99,607
Coryleae　554
Corylopsis　612
Corylopsis gotoana　106,612
Corylopsis pauciflora　106,612
Corylopsis sinensis　106,409,612
Corylopsis spicata　106,612
Corylus　467,554
Corylus heterophylla var. *thunbergii*　37,555
Corylus sieboldiana　37,397,555
Cosmos　777
Cosmos bipinnatus　322,450,500,777
Cosmos sulphureus　322,777
Crassocephalum　775
Crassocephalum crepidioides　318,775
Crassulaceae　613
Crataegus　627
Crataegus cuneata　128,627
Crateva　608
Crateva religiosa　94,608
Crepidiastrum　781
Crepidiastrum ameristophyllum　329,782
Crepidiastrum lanceolatum　329,782
Crepidiastrum lanceolatum var. *daitoense*　329,782
Crinum　799
Crinum asiaticum var. *japonicum*　346,799
Crotalaria　640
Crotalaria sessiliflora　140,640
Crotalarieae　640
Croton　648
Croton cascarilloides　156,649
Croton tiglium　157,648

Crotonoideae　647
Cruciferae　609
Cryptomeria　464,540
Cryptomeria japonica　24,388,491,540
Cryptotaenia　701
Cryptotaenia japonica　222,701
Cucumis　680
Cucumis melo var. *makuwa*　196,680
Cucumis sativus　196,680
Cucurbita　681
Cucurbita maxima　200,681
Cucurbita moschata　200,681
Cucurbitaceae　679
Cunninghamia　541
Cunninghamia lanceolata　24,541
Cunninghamia lanceolata var. *konishii*　25,541
Cupressaceae　465,540
Curculigo　802
Curculigo capitulata　351,457,802
Cuscuta　732
Cuscuta australis　265,732
Cuscuta chinensis　265,732
Cuscuta japonica　265,732
Cycadaceae　530
Cycadopsida　530
Cycas　530
Cycas revoluta　4,388,530
Cyclamen　714
Cyclamen persicum　243,714
Cyclobalanopsis　558
Cymbidium　828
Cymbidium goeringii　380,828
Cynanchum　727
Cynanchum caudatum　258,727
Cyperaceae　478,815
Cyperus　824
Cyperus cyperoides　372,825
Cyperus difformis　377,824
Cyperus flavidus　377,824
Cyperus haspan　378,825
Cyperus iria　377,824
Cyperus pacificus　377,825
Cyperus pilosus　378,825
Cyperus polystachyos　378,825
Cyperus rotundus　371,825
Cyperus sanguinolentus　378,825
Cyperus serotinus　378,825
Cypripedioideae　827
Cytisus　633
Cytisus scoparius　135,633

[D]
Dactylis　810
Dactylis glomerata　360,502,810
Damnacanthus　731
Damnacanthus biflorus　264,443,731
Daphne　673

965

Daphne odora   187,673
Daphne pseudo-mezereum   384,673
Daphne pseudo-mezereum subsp. *jezoensis*   423,674
Daphniphyllaceae   650
Daphniphyllum   651
Daphniphyllum macropodum   147,416,651
Daphniphyllum macropodum var. *humile*   147,651
Daphniphyllum teijsmannii   156,651
Datisca   678
Datisca cannabina   188,419,678
Datiscaceae   678
Datura   748
Datura metel   286,748
Datura suaveolens   286,748
Daucus   701
Daucus carota   223,701
Davidia   696
Davidia ivolucrata   209,696
Dendrobium   829
Dendrobium sp.   380,829
Dendrocacalia   770
Dendrocacalia crepidifolia   386,770
Dendrolobium   638
Dendrolobium umbellatum   140,638
Dendropanax   697
Dendropanax trifidus   220,430,697
Derris   635
Derris trifoliata   139,635
Desmodieae   637
Desmodium   638
Desmodium podocarpum subsp. *oxyphyllum*   139,638
Deutzia   617
Deutzia crenata var. *crenata*   112,617
Deutzia gracilis   112,617
Dianella   790
Dianella ensifolia   337,790
Dianthus   577
Dianthus japonicus   62,577
Dianthus superbus var. *longicalycinus*   61,402,494, 577
Diapensia   704
Diapensia lapponica subsp. *obovata*   226,704
Diapensiaceae   704
Dicentra   607
Dicentra peregrina   98,607
Dichocarpum   592
Dichocarpum stoloniferum   77,592
Dichondra   732
Dichondra repens   266,732
Dicotyledoneae   547
Dioscorea   799
Dioscorea japonica   348,799
Dioscoreaceae   799
Diospyros   717
Diospyros kaki   245,436,717
Diphylleia   594
Diphylleia grayi   81,594

Diplomorpha   674
Diplomorpha ganpi   384,674
Diplomorpha sikokiana   187,674
Diploxylon   531
Dipsacaceae   767
Disporum   796
Disporum sessile   344,796
Disporum smilacinum   344,796
Distylium   613
Distylium racemosum   105,409,613
Dolichos   637
Dolichos lablab   146,637
Dracocephalum   743
Dracocephalum argunense   281,743
Drimia   793
Drimia maritima   338,455,793
Drosera   472,606
Drosera piltata var. *nipponica*   96,606
Drosera rotundifolia   96,606
Drosera spathulata   408,606
Droseraceae   606
Duchesnea   626
Duchesnea indica   122,626
Dumasia   637
Dumasia truncata   144,637

[E]
Ebenaceae   717
Eccoilopus   806
Eccoilopus cotulifer   356,806
Eclipta   772
Eclipta prostrata   312,772
Edgeworthia   673
Edgeworthia chrysantha   187,423,673
Egeria   784
Egeria densa   333,454,784
Ehretia   735
Ehretia microphylla   270,438,736
Ehretia ovalifolia   269,437,735
Eichhornia   800
Eichhornia crassipes   348,800
Elaeagnaceae   674
Elaeagnus   474,675
Elaeagnus glabra   191,675
Elaeagnus multiflora   190,423,675
Elaeagnus multiflora var. *gigantea*   190,675
Elaeagnus multiflora var. *hortensis*   190,675
Elaeagnus pungens   189,675
Elaeagnus rotundata   191,676
Elaeagnus umbellata   189,675
Elaeagnus yoshinoi   189,675
Elaeocarpaceae   668
Elaeocarpus   668
Elaeocarpus japonicus   174,669
Elaeocarpus photiniaefolius   181,669
Elaeocarpus serratus   181,669
Elaeocarpus sylvestris var. *ellipticus*   181,419,668

学名索引

Elatostema　　565
Elatostema umbellatum var. *majus*　　48,565
Eleocharis　　822
Eleocharis × *yezoensis*　　376,823
Eleocharis kuroguwai　　376,823
Eleocharis mamillata var. *cyclocarpa*　　375,822
Eleocharis tetraquetra　　375,822
Eleocharis wichurae　　375,822
Elliottia　　707
Elliottia paniculata　　228,707
Elymus　　809
Elymus dahuricus　　360,809
Empetraceae　　713
Empetrum　　713
Empetrum nigrum var. *japonicum*　　240,713
Enhalus　　784
Enhalus acoroides　　454,333,784
Enkianthus　　712
Enkianthus campanulatus　　240,712
Enkianthus cernuus f. *rubens*　　240,713
Enkianthus perulatus　　240,712
Ephedra　　546
Ephedra equisetina　　28,546
Ephedra sinica　　28,546
Ephedraceae　　546
Epigaea　　707
Epigaea asiatica　　228,707
Epigaeoideae　　707
Epimedium　　594
Epimedium grandiflorum　　81,594
Epimedium sempervirens　　62,594
Epiphyllum　　581
Epiphyllum oxypetalum　　64,581
Epiphyllum pegasus　　64,581
Eragrostis　　810
Eragrostis cilianensis　　360,810
Erica　　706
Erica canaliculata　　227,706
Ericaceae　　475,706
Ericoideae　　706
Erigeron　　775
Erigeron canadensis　　321,775
Erigeron philadelphicus　　501,775
Eriobotrya　　628
Eriobotrya japonica　　130,628
Eriocaulaceae　　479,804
Eriocaulon　　804
Eriocaulon decemflorum　　355,804
Eriocaulon nudicuspe　　354,804
Eriocaulon sikokianum　　456,804
Eriophorum　　821
Eriophorum vaginatum　　374,821
Erythrina　　635
Erythrina variegata　　139,413,635
Erythronium　　790
Erythronium japonicum　　341,455,790
Euonymus　　663

Euonymus alatus　　176,663
Euonymus alatus f. *striatus*　　175,664
Euonymus japonicus　　166,419,664
Euonymus oxyphyllus　　175,420,663
Euonymus sieboldianus　　175,663
Eupatorieae　　778
Eupatorium　　778
Eupatorium chinense　　327,778
Euphorbia　　649
Euphorbia helioscopia　　160,650
Euphorbia hyssopifolia　　160,650
Euphorbia maculata　　158,649
Euphorbia milii var. *splendens*　　159,649
Euphorbia pulcherrima　　159,650
Euphorbia supina　　158,649
Euphorbia togakusensis　　156,416,650
Euphorbiaceae　　645
Euphorbioideae　　649
Euphoria　　660
Euphoria longana　　170,660
Euptelea　　586
Euptelea polyandra　　70,402,586
Eupteleaceae　　586
Eurya　　603
Eurya emerginata　　92,406,604
Eurya japonica　　92,603
Euryale　　597
Euryale ferox　　84,597
Euscaphis　　664
Euscaphis japonica　　177,422,664

[F]
Fabaceae　　630
Fagaceae　　556
Fagara　　652
Fagoideae　　556
Fagopyrum　　470,568
Fagopyrum esculentum　　51,400,568
Fagopyrum tataricum　　51,568
Fagus　　469,556
Fagus crenata　　39,398,556
Fagus crenata type　　469
Fagus hayatae　　39,557
Fagus japonica　　39,557
Fagus japonica type　　469
Fagus multinervis　　39,557
Fagus silvatica　　833
Fallopia　　572
Fallopia convolvulus　　56,572
Farfugium　　774
Farfugium japonicum　　318,774
Fatsia　　697
Fatsia japonica　　218,697
Fauria　　725
Fauria crista-galli　　254,725
Festuca　　810
Festuca arundinacea　　360,810

学名索引

Ficus　563
Ficus irisana　47,395,564
Ficus pumila　46,395,563
Fimbristylis　821
Fimbristylis autumnalis　375,822
Fimbristylis complanata　374,821
Fimbristylis dichotoma　374,821
Fimbristylis diphylloides　374,822
Fimbristylis ferruginea var. *sieboldii*　374,822
Fimbristylis longispica　375,822
Fimbristylis miliacea　374,822
Fimbristylis squarrosa　374,821
Fimbristylis subbispicata　375,822
Firmiana　671
Firmiana simplex　181,671
Flacourtiaceae　676
Flagellaria　804
Flagellaria guineensis　355,805
Flagellaria indica　355,457,804
Flagellariaceae　804
Florschuetzia　686
Foeniculum　703
Foeniculum vulgare var. *azoricum*　225,703
Forsythia　722
Forsythia japonica　250,722
Forsythia suspensa　250,722
Forsythia viridissima var. *koreana*　250,722
Fortunella　653
Fortunella japonica　162,653
Fragaria　626
Fragaria × *ananassa*　130,411,496,626
Fraxinus　475,720
Fraxinus floribunda　249,434,721
Fraxinus lanuginosa f. *serrata*　249,720
Fraxinus sieboldiana　249,435,720
Freesia　801
Freesia refracta　349,801
Fritillaria　791
Fritillaria verticillata var. *thunbergii*　339,791
Fuchsia　692
Fuchsia alpestris　212,692
Fuchsia coccinea　212,692
Fuchsia pachyrrhiza　212,692
Fuchsia regia subsp. *serrae*　212,692

[G]
Gale　466,548
Gale belgica var. *tomentosa*　29,548
Galium　730
Galium spurium var. *echinospermum*　263,730
Galium verum var. *asiaticum* f. *nikkoense*　263,730
Garcinia　605
Garcinia subelliptica　94,407,605
Gardenia　728
Gardenia jasminoides　262,442,728
Gardneria　725
Gardneria multiflora　239,725

Gaultheria　711
Gaultheria adenothrix　237,711
Gaultheria pyroloides　237,711
Gaura　691
Gaura lindheimeri　210,691
Genisteae　633
Gentiana　723
Gentiana algida　252,436,723
Gentiana scabra var. *buergeri*　252,723
Gentiana sikokiana　253,723
Gentiana triflora var. *japonica* subvar. *montana*
　253,723
Gentianaceae　475,723
Geraniaceae　471,644
Geranium　644
Geranium carolinianum　417,645
Geranium erianthum　151,644
Geranium nepalense subsp. *thunbergii*　151,644
Geranium yesoense var. *nipponicum*　151,644
Gesneriaceae　757
Geum　624
Geum japonicum　122,624
Geum pentapetalum　122,624
Ginkgo　530
Ginkgo biloba　4,388,490,530
Ginkgoaceae　530
Glaucidiaceae　593
Glaucidium　593
Glaucidium palmatum　80,486,593
Glaux　715
Glaux maritima var. *obtusifolia*　243,432,715
Gleditsia　632
Gleditsia japonica　136,632
Glehnia　702
Glehnia littoralis　224,431,702
Globulariaceae　754
Glochidion　647
Glochidion acuminatum　152,414,647
Glochidion lanceolatum　152,647
Gloriosa　795
Gloriosa superba　499,795
Glyptostrobus　541
Glyptostrobus pensilis　25,541
Gnaphalium　777
Gnaphalium affine　321,777
Gnetopsida　546
Gomphrena　580
Gomphrena globosa　64,580
Gonostegia　565
Gonostegia hirta　47,395,565
Goodyera　828
Goodyera schlechtendaliana　380,828
Gossypium　672
Gossypium arboreum　183,672
Gramineae　477,478,805
Guttiferae　604
Gymnospermae　530

学名索引

Gynandropsis　608
Gynandropsis gynandra　100,608
Gypsophila　575
Gypsophila elegans　60,575

[H]

Habenaria　827
Habenaria radiata　381,827
Halenia　724
Halenia corniculata　254,724
Haloragaceae　692
Haloragis　480,692
Haloragis micrantha　213,427,692
Hamamelidaceae　611
Hamamelis　612
Hamamelis japonica f. *flavopurpurascens*　107,612
Hamamelis japonica var. *bitchuensis*　107,612
Hamamelis japonica var. *obtusata*　107,613
Hamamelis mollis　107,612
Haplopappus lanuginosus　873
Haploxylon　535
Harrimanella　711
Harrimanella stelleriana　238,711
Hedyotis　730
Hedyotis lindleyana var. *hirsuta*　262,730
Hedyotis pachyphylla　260,434,730
Hedysareae　641
Hedysarum　641
Hedysarum vicioides　143,641
Heimia　684
Heimia myrtifolia　427,684
Heliantheae　772
Helianthus　772
Helianthus annuus　314,772
Helianthus debilis　314,773
Helicia　566
Helicia cochinchinensis　49,395,566
Heloniopsis　788
Heloniopsis orientalis　336,788
Helwingia japonica　216,695
Hemerocallis　789
Hemerocallis citrina var. *vespertina*　337,789
Hemerocallis dumortieri var. *esculenta*　338,790
Hemerocallis dumortieri var. *exaltata*　337,789
Hemerocallis flava var. *yezoensis*　338,790
Hemerocallis fulva var. *littorea*　338,790
Hemerocallis fulva var. *longituba*　337,789
Hemistepta　779
Hemistepta lyrata　327,779
Hepatica　589
Hepatica nobilis var. *japonica*　76,589
Hepatica nobilis var. *japonica* f. *variegata*　76,590
Heritiera　670
Heritiera littoralis　181,670
Hernandia　584
Hernandia nymphaeifolia　68,403,584
Hernandiaceae　583

Heterocentron　688
Heterocentron elegans　206,688
Heterocentron sp.　206,688
Heterotropa　600
Heterotropa nipponica　88,600
Hibiscus　671
Hibiscus hamabo　192,672
Hibiscus makinoi　192,421,672
Hibiscus moscheutos　183,672
Hibiscus mutabilis　184,672
Hibiscus rosa-sinensis　185,672
Hibiscus syriacus　183,423,672
Hibiscus tiliaceus　184,421,672
Hippeastrum　799
Hippeastrum × *hybridum*　346,799
Hippocastanaceae　660
Hippophae　674
Hippuridaceae　693
Hippuris　693
Hippuris vulgaris　213,693
Hololeio　782
Hololeion krameri　331,782
Homeria　801
Homeria flovescens　349,802
Homeria tenuis　349,802
Hosiea　665
Hosiea japonica　176,665
Hosta　790
Hosta albo-marginata　337,790
Houttuynia　598
Houttuynia cordata　86,598
Hovenia　666
Hovenia dulcis　179,666
Humulus　563
Humulus japonicus　46,494,563
Humulus lupulus var. *cordifolius*　46,563
Hyacinthus　795
Hyacinthus orientalis　342,795
Hydrangea　616
Hydrangea grosseserrata　114,617
Hydrangea hirta　111,616
Hydrangea macrophylla f. *macrophylla*　111,616
Hydrangea macrophylla f. *normalis*　111,616
Hydrangea paniculata　111,616
Hydrangea scandens　111,616
Hydrangea serrata　112,616
Hydrangeoideae　616
Hydrilla　784
Hydrilla verticillata　333,454,784
Hydrobryum　642
Hydrobryum floribundum　147,642
Hydrocharis　784
Hydrocharis dubia　332,784
Hydrocharitaceae　783
Hydrocotyle　699
Hydrocotyle maritima　221,699
Hydrocotyloideae　699

Hydrophyllaceae 734
Hylotelephium 614
Hylotelephium sieboldii 108,614
Hypericaceae 604
Hypericum 604
Hypericum ascyron 83,604
Hypericum erectum 93,604
Hypericum subalatum 83,604
Hypoxidaceae 802
Hypoxis 802
Hypoxis aurea 351,457,802

[I]
Icacinaceae 665
Idesia 676
Idesia polycarpa 187,424,676
Ilex 473,662
Ilex chinensis 173,662
Ilex crenata 173,662
Ilex integra 174,418,663
Ilex latifolia 174,663
Ilex leucoclada 174,663
Ilex rotunda 173,662
Ilex serrata 173,663
Illiciaceae 583
Illicium 583
Illicium anisatum 68,583
Illigera 584
Illigera luzonensis 68,584
Impatiens 661
Impatiens balsamina 171,661
Impatiens noli-tangere 171,662
Impatiens textori 171,662
Impatiens walleriana 171,662
Imperata 806
Imperata cylindrica 356,806
Indigofera 634
Indigofera heterantha 138,634
Indigofereae 634
Ingeae 631
Inuleae 776
Ipomoea 733
Ipomoea alba 268,733
Ipomoea aquatica 267,734
Ipomoea batatas 268,733
Ipomoea indica 267,734
Ipomoea nil 447,733
Ipomoea pes-caprae 267,734
Iridaceae 800
Iris 801
Iris gracilipes 351,457,801
Iris pseudacorus 350,801
Iris tectorum 350,801
Isachne 808
Isachne globosa 358,808
Itea 615
Itea ilicifolia 110,616

Itea oldhamii 110,407,615
Iteoideae 615
Ixeris 781
Ixeris debilis 328,781
Ixeris dentata 330,781
Ixeris dentata var. *albiflora* 330,781
Ixeris longirostra 329,781
Ixeris stolonifera 330,781

[J]
Jasminum 722
Jasminum nudiflorum 251,722
Jatropha 648
Jatropha integerrima 156,414,648
Juglandaceae 548
Juglans 466
Juglans mandschurica var. *sachalinensis* 30,396,
   492,548
Juncaceae 802
Juncaginaceae 785
Juniperus 542
Juniperus conferta 26,542
Juniperus rigida 26,491,542
Juniperus taxifolia 384,542
Justicia 476,756
Justicia procumbens 295,447,756
Justicia procumbens var. *riukiuensis* 296,756

[K]
Kalanchoe 615
Kalanchoe blossfeldiana 108,615
Kalimeris 775
Kalimeris incisa 319,775
Kalimeris yomena 319,775
Kandelia 689
Kandelia candel 207,427,429,689
Keiskea 742
Keiskea japonica 282,742
Kerria 624
Kerria japonica 122,624
Keteleeria 539
Keteleeria davidiana 23,393,539
Kirengeshoma 617
Kirengeshoma palmata 110,407,617
Kobresia 373,820
Kobresia neparensis 373,820
Kobresia royleana 373,820
Kochia 578
Kochia scoparia 63,578
Koelreuteria 660
Koelreuteria bipinnata 170,660
Koelreuteria paniculata 170,660
Kyllinga 819
Kyllinga brevifolia var. *brevifolia* 372,820
Kyllinga brevifolia var. *leiolepis* 372,819

学名索引

[L]

Labiatae 475,740
Lactuca 781
Lactuca indica 328,781
Lagenaria 681
Lagenaria siceraria 196,681
Lagenaria siceraria var. *gourda* 198,681
Lagenaria sp. 198,682
Lagerstroemia 474,682
Lagerstroemia indica 201,683
Lagerstroemia subcostata 201,427,683
Lagoti 754
Lagotis glauca 294,445,754
Lagotis takedana 294,445,754
Lamiaceae 475,740
Lamioideae 742
Lamium 746
Lamium album var. *barbatum* 283,746
Lamium amplexicaule 283,746
Lamium purpureum 283,746
Lantana 737
Lantana camara 272,737
Lantana montevidensis 272,737
Laportea 564
Laportea bulbifera 48,564
Laportea macrostachya 48,564
Lardizabalaceae 595
Larix 462,531
Larix kaempferi 4,394,531
Lathyrus 640
Lathyrus japonicus subsp. *japonicus* 144,640
Lathyrus odoratus 144,640
Lauraceae 584
Laurus 585
Laurus nobilis 69,585
Lecythidaceae 474,687
Ledum 707
Ledum palustre subsp. *diversipilosum* var. *nipponicum* 228,707
Leersia 807
Leersia japonica 357,807
Leersia sayanuka 357,807
Leguminosae 472,630
Lemna 813
Lemna perpusilla 363,813
Lemnaceae 813
Lentibulariaceae 759
Leonurus 745
Leonurus japonicus 283,745
Lepidium 609
Lepidium virginicum 100,609
Lepidobalanus 557
Leptodermis 729
Leptodermis pulchella 261,729
Lespedeza 637
Lespedeza bicolor 139,637
Lespedeza cyrtobotrya 139,637

Lespedeza juncea var. *subsessilis* 139,637
Lespedeza thunbergii 139,638
Leucaena 631
Leucaena leucocephala 124,412,631
Leucosceptrum 745
Leucosceptrum stellipilum 281,745
Leucothoe 710
Leucothoe grayana 237,710
Ligusticum 702
Ligusticum hultenii 224,702
Ligustrum 475,720
Ligustrum japonicum 248,720
Ligustrum japonicum var. *rotundifolium* 239,720
Ligustrum obtusifolium 248,720
Ligustrum ovalifolium 248,720
Liliaceae 479,786
Lilioideae 790
Lilium 792
Lilium japonicum 340,456,792
Lilium lancifolium 340,487,792
Lilium lancifolium var. *flaviflorum* 341,792
Lilium longiflorum 340,487,792,833
Lilium maculatum 340,792
Lilium Oriental Group *'Casa Blanca'* 340,792
Lilium speciosum 341,792
Limnophila 751
Limnophila sessiliflora 290,444,751
Limonium 716
Limonium sinuatum 244,716
Limonium tetragonum 435,717
Limonium wrightii 244,433,499,716
Linaceae 645
Linaria 750
Linaria canadensis 289,750
Lindera 584
Lindera erythrocarpa 69,585
Lindera obtusiloba 69,584
Lindera praecox 69,584
Lindera triloba 69,585
Lindernia 752
Lindernia angustifolia 291,752
Lindernia antipoda 291,752
Lindernia erustacea 291,752
Lindernia procumbens 292,752
Linnaea 761
Linnaea borealis 300,761
Linum 645
Linum stelleroides 147,645
Lippia 740
Lippia nodiflora 272,740
Liquidambar 471,613
Liquidambar formosana 105,408,484,613
Liquidambar styraciflua 105,613
Liriodendron 581
Liriodendron tulipifera 66,581
Liriope 786
Liriope platyphylla 335,786

971

学名索引

Lithocarpus　560
Lithocarpus edulis　43,560
Lithocarpus glabra　43,398,560
Lithospermum　734
Lithospermum officinale subsp. *erythrorhizon*　269,
　735
Lithospermum zollingeri　269,735
Litsea　585
Litsea citriodora　69,585
Livistona　811
Livistona chinensis var. *amanoi*　361,811
Livistona chinensis var. *subglobosa*　361,459,811
Lobelia　769
Lobelia sessilifolia　309,769
Lobelioideae　769
Loganiaceae　724
Lonicera　476,765
Lonicera gracilipes var. *glabra*　305,766
Lonicera gracilipes var. *gracilipes*　305,766
Lonicera hypoglauca　304,765
Lonicera japonica　305,449,766
Lonicera maackii　306,766
Lonicera morrowii　304,765
Lonicera vidalii　304,765
Loranthaceae　567
Loteae　640
Lotus corniculatus var. *japonicus*　143,640
Luffa　680
Luffa aegyptiaca　199,680
Lumnitzera　690
Lumnitzera racemosa　208,428,690
Lupinus　642
Lupinus hirsutus　146,642
Luppineae　642
Luzula　802
Luzula capitata　352,802
Lychnis　577
Lychnis miqueliana　61,577
Lycium　746
Lycium chinense　284,746
Lycopersicon　748
Lycopersicon esculentum　284,748
Lycopodium clavatum　833
Lycopus　744
Lycopus lucidus　279,744
Lycopus maackianus　279,744
Lycoris　798
Lycoris radiata　347,456,798
Lycoris sanguinea　347,799
Lycoris squamigera　347,798
Lycoris traubii　351,799
Lyonia　711
Lyonia ovalifolia var. *elliptica*　238,711
Lysichiton　812
Lysichiton camtschatcense　362,458,812
Lysimachia　714
Lysimachia clethroides　242,715

Lysimachia fortunei　242,714
Lysimachia mauritiana　242,715
Lysimachia mauritiana var. *rubida*　239,715
Lysimachia vulgaris var. *davurica*　242,715
Lythraceae　682
Lythrum　683
Lythrum anceps　202,683

[M]
Maackia　634
Maackia amurensis　138,634
Macaranga　648
Macaranga tanarius　156,414,648
Macleaya　607
Macleaya cordata　98,607
Maesa　713
Maesa japonica　241,713
Maesa tenera　241,714
Magnolia　581
Magnolia × *watsonii*　67,403,582
Magnolia grandiflora　65,582
Magnolia obovata　65,582
Magnolia praecocissima　65,581
Magnoliaceae　581
Mahonia　594
Mahonia japonica　81,594
Maianthemum　795
Maianthemum dilatatum　343,795
Mallotus　648
Mallotus japonicus　155,415,648
Maloideae　627
Malpighiaceae　655
Malus　629
Malus domestica　130,496,629
Malus halliana　133,630
Malva　673
Malva sylvestris var. *mauritiana*　186,673
Malvaceae　671
Malvastrum　671
Malvastrum coromandelianum　186,671
Mangifera　657
Mangifera indica　165,657
Martyniacea　757
Mascarena　811
Mascarena verschaffeltii　361,459,811
Matricaria　771
Matricaria chamomilla　311,771
Mazus　751
Mazus miquelii　292,751
Mazus pumilus　292,752
Medicago　641
Medicago lupulina　143,641
Medicago polymorpha　143,641
Melampyrum　753
Melampyrum laxum var. *nikkoense*　290,444,753
Melampyrum roseum var. *japonicum*　293,753
Melandryum　578

学名索引

Melandryum noctiflorum　61,578
Melanthioideae　787
Melastoma　688
Melastoma candidum　206,421,688
Melastoma candidum var. *alessandrense*　204,688
Melastoma decemfidum　206,688
Melastoma sp.　206,688
Melastomataceae　687
Melia　654
Melia azedarach var. *subtripinnata*　164,417,654
Meliaceae　654
Melilotus　641
Melilotus officinalis　143,641
Melilotus suaveolens　873
Meliosma　661
Meliosma myriantha　171,661
Meliosma oldhamii　172,419,661
Meliosma rigida　172,419
Melothria　682
Melothria liukiuensis　188,424,682
Menispermaceae　595
Mentha　744
Mentha × *piperita*　276,744
Mentha arvensis var. *piperascens*　279,744
Menyanthaceae　725
Menyanthes　725
Menyanthes trifoliata　254,437,725
Menziesia　708
Menziesia cilicalyx　234,708
Menziesia purpurea　234,708
Mercurialis　650
Mercurialis leiocarpa　160,650
Mesembryanthemum　574
Mesembryanthemum spectabile　58,574
Metanarthecium　788
Metanarthecium luteo-viride　336,788
Metasequoia　540
Metasequoia glyptostroboides　24,388,482,540
Metrosideros　685
Metrosideros boninensis　385,685
Michelia　582
Michelia fuscata　67,582
Microstegium　806
Microstegium japonicum　356,806
Millettia　635
Millettia japonica　138,635
Mimosa　631
Mimosa pudica　135,631
Mimoseae　631
Mimosoideae　631
Mimulus　751
Mimulus nepalensis var. *japonicus*　291,751
Mirabilis　573
Mirabilis jalapa　57,573
Miscanthus　806
Miscanthus sinensis　356,806
Mitella　618

Mitella furusei var. *subramosa*　117,618
Mitrasacme　724
Mitrasacme pygmaea　255,724
Mitrastemon　601
Mitrastemon yamamotoi　85,601
Molluginaceae　573
Mollugo　574
Mollugo pentaphylla　58,574
Mollugo verticillata　47,574
Momordica　680
Momordica charantia　197,680
Monochoria　800
Monochoria vaginalis var. *plantaginea*　348,800
Monocotyledoneae　783
Monotropastrum　705
Monotropastrum humile　227,289,705
Monotropoideae　705
Moraceae　562
Morus　563
Morus australis　46,395,563
Mosla　743
Mosla dianthera　278,743
Mosla punctulata　278,743
Mucuna　635
Mucuna macrocarpa　137,413,635
Murdannia　804
Murdannia keisak　352,804
Murraya　654
Murraya paniculata　162,416,654
Musa　826
Musa balbisiana　826
Musa liukiuensis　355,459,826
Musaceae　826
Mussaenda　728
Mussaenda parviflora　257,434,728
Mutisieae　777
Myoporaceae　759
Myoporum　760
Myoporum bontioides　299,445,760
Myrica　466,547
Myrica rubra　29,397,492,547
Myriocarpa　565
Myriocarpa stipitata　47,565
Myrsinaceae　713
Myrsine　713
Myrsine seguinii　241,713
Myrtaceae　480,685

[N]
Nageia　544
Nageia nagi　27,544
Nandina　594
Nandina domestica　81,594
Nanocnide　565
Nanocnide japonica　49,565
Narcissus　798
Narcissus pseudo-narcissus　347,798

学名索引

Narcissus tazetta var. *chinensis*　　347,798
Nelumbo　　598
Nelumbo nucifera　　85,598
Nelumbonaceae　　597
Neolitsea　　585
Neolitsea aciculata　　69,585
Nepenthaceae　　605
Nepenthes　　605
Nepenthes ventricosa × *N. dyeriana*　　95,605
Nepeta　　743
Nepeta subsessilis　　282,743
Nerium　　726
Nerium indicum　　255,497,726
Nicotiana　　749
Nicotiana tabacum　　284,749
Nuphar　　471,597
Nuphar japonicum　　82,410,597
Nyctaginaceae　　573
Nymphaea　　597
Nymphaea tetragona　　84,410,597
Nymphaea tetragona var. *tetragona*　　84,597
Nymphaeaceae　　596
Nymphoides　　725
Nymphoides indica　　254,437,725
Nyssa　　694
Nyssa ogeche　　215,694
Nyssa sylvatica　　215,694
Nyssaceae　　694

[O]
Ocimoideae　　741
Oenanthe　　701
Oenanthe javanica　　222,701
Oenothera　　691
Oenothera erythrosepala　　211,691
Oenothera laciniata　　211,426,692
Oenothera rosea　　211,691
Oenothera speciosa　　211,691
Ohwia　　638
Ohwia caudatum　　139,638
Olacaceae　　566
Olea　　721
Olea europaea　　249,497,721
Oleaceae　　719
Omphalodes　　736
Omphalodes japonica　　270,736
Onagraceae　　690
Ophiopogon　　787
Ophiopogon japonicus　　335,787
Ophiopogonoideae　　786
Ophiorrhiza　　730
Ophiorrhiza japonica　　263,730
Oplopanax　　698
Oplopanax japonicus　　219,698
Orchidaceae　　827
Orchidoideae　　827
Oreorchis　　828

Oreorchis patens　　380,828
Orixa　　651
Orixa japonica　　161,651
Ormocarpum　　636
Ormocarpum cochinchinense　　144,636
Orobanchaceae　　758
Orostachys　　614
Orostachys japonicus　　108,614
Orychophragmus　　611
Orychophragmus violaceus　　100,611
Oryza　　808
Oryza sativa　　359,808
Osbecki　　688
Osbeckia chinensis　　206,688
Osmanthus　　721
Osmanthus fragrans var. *aurantiacus*　　249,721
Osmanthus heterophyllus　　249,721
Osmorhiza　　700
Osmorhiza aristata　　221,700
Ostrya　　555
Ostrya japonica　　38,555
Ottelia　　783
Ottelia japonica　　332,783
Oxalidaceae　　642
Oxalis　　642
Oxalis acetosella　　149,415,643
Oxalis articulata　　148,643
Oxalis corniculata　　150,643
Oxalis corniculata f. *rubrifolia*　　149,643
Oxalis corymbosa　　149,643
Oxalis griffithii　　148,643
Oxyria　　569
Oxyria digyna　　52,569

[P]
Pachysandra　　665
Pachysandra terminalis　　177,665
Paederia　　731
Paederia scandens　　263,731
Paeonia　　593
Paeonia lactiflora　　79,593
Paeonia suffruticosa　　79,593
Paeoniaceae　　593
Paliurus　　667
Paliurus ramosissimus　　178,667
Palmae　　480,810
Panax　　698
Panax japonicus　　219,698
Pandanaceae　　814
Pandanus　　479,814
Pandanus odoratissimus　　364,814
Papaver　　606
Papaver orientale　　97,606
Papaver rhoeas　　97,606
Papaveraceae　　606
Paphiopedilum　　827
Paphiopedilum micranthum　　383,827

974

学名索引

Papilionoideae   633
Paris   794
Paris japonica   342,794
Parnassia   618
Parnassia foliosa var. *nummularia*   115,618
Parnassia palustris var. *multiseta*   115,618
Parnassioideae   617
Parthenocissus   668
Parthenocissus tricuspidata   180,668
Paspalum   806
Paspalum thunbergii   356,806
Passiflora   678
Passiflora caerulea   195,678
Passiflora coccinea   425,678
Passiflora quadrangularis   188
Passifloraceae   678
Patrinia   767
Patrinia scabiosaefolia   307,767
Patrinia sibirica   308,767
Paulownia   750
Paulownia tomentosa   289,442,750
Pedaliaceae   756
Pedicularis   754
Pedicularis chamissonis var. *japonica*   293,754
Pedicularis yezoensis   293,754
Pelargonium   644
Pelargonium inquinans   150,644
Peltoboykinia   620
Peltoboykinia tellimoides   114,620
Pemphis   684
Pemphis acidula   188,428,684
Penstemon   751
Penstemon frutescens   289,751
Penthoroideae   618
Penthorum   618
Penthorum chinense   112,618
Peperomia   598
Peperomia japonica   86,598
Peracarpa   769
Peracarpa carnosa var. *circaeoides*   309,769
Perilla   745
Perilla frutescens var. *crispa*   280,745
Perilla frutescens var. *crispa* f. *viridis*   280,745
Peristrophe   756
Peristrophe japonica   296,448,756
Persicaria   570
Persicaria amphibia   53,570
Persicaria chinensis   53,570
Persicaria nepalensis   53,570
Persicaria perfoliata   54,570
Persicaria pilosa   400,571
Persicaria pubescens   54,571
Persicaria senticosa   54,571
Persicaria thunbergii   55,571
Persicaria tinctoria   54,571
Persicaria vulgaris   54,571
Persicaria yokusaiana   53,571

Pertya   777
Pertya robusta   325,451,452,777
Pertya scandens   327,777
Petroselinum   703
Petroselinum crispum   225,703
Petunia   749
Petunia × *hybrida*   287,749
Peucedanum   703
Peucedanum japonicum   235,703
Phacelia   734
Phacelia tanacetifolia   266,734
Phalaenopsis   830
Phalaenopsis mannii   382,830
Phaseoleae   635
Phaseolus   636
Phaseolus vulgaris   141,636
Phellodendron   652
Phellodendron amurense   161,652
Philadelphus   617
Philadelphus satsumi   112,617
Phlox   731
Phlox subulata   263,731
Pholidota   829
Pholidota chinensis   383,829
Photinia   629
Photinia glabra   132,629
Photinia serratifolia   132,629
Phragmites   810
Phragmites communis   360,810
Phryma   760
Phryma leptostachya var. *asiatica*   299,760
Phrymaceae   760
Phtheirospermum   754
Phtheirospermum japonicum   290,444,754
Phyllanthoideae   646
Phyllanthus   646
Phyllanthus flexuosus   153,646
Phyllanthus urinaria   153,646
Phyllodoce   707
Phyllodoce aleutica   228,707
Phyllodoce caerulea   233,430,707
Physalis   747
Physalis alkekengi var. *franchetii*   284,747
Physostegia   745
Physostegia virginiana   279,745
Phytolacca   573
Phytolacca americana   57,573
Phytolacca dioica   62,573
Phytolaccaceae   572
Picea   462,537
Picea abies   22,538
Picea glehnii   21,22,391,538
Picea jezoensis var. *hondoensis*   21,391,537
Picea koyamae   21,537
Picea polita   22,538
Picrasma   654
Picrasma quassioides   164,417,654

975

Pieris　710
Pieris japonica　237,711
Pieris koidzumiana　237,711
Pilea　564
Pilea mongolica　48,564
Pimpinella　701
Pimpinella anisum　223,701
Pinaceae　531
Pinguicula　759
Pinguicula vulgaris var. *macroceras*　385,759
Pinus　531
Pinus amamiana　15,535
Pinus attenuate　7,532
Pinus banksiana　7,532
Pinus bungeana　16,535
Pinus clausa　7,532
Pinus contorta　8,532
Pinus densiflora　5,389,490,531
Pinus densiflora 'Pendula'　8,532
Pinus densiflora 'Umbraculifera'　8,533
Pinus engelmannii　9,533
Pinus fenzeliana　17,536
Pinus halepensis　9,533
Pinus hwangshanensis　9,533
Pinus kesiya　10,533
Pinus koraiensis　15,535
Pinus luchuensis　5,532
Pinus montana　833
Pinus monticola　16,536
Pinus morrisonicola　17,536
Pinus mugo　10,533
Pinus muricata　10,533
Pinus nigra　11,533
Pinus parviflora　6,389,535
Pinus parviflora × *hakkodensis*　6,535
Pinus parviflora var. *pentaphylla*　15,535
Pinus pinaster　11,533
Pinus ponderosa　11,533
Pinus pumila　6,535
Pinus pungens　12,534
Pinus resinosa　12,534
Pinus rigida　6,532
Pinus roxburghii　12,534
Pinus rudis　13,534
Pinus serotina　13,534
Pinus silvestris　833
Pinus strobiformis　18,536
Pinus strobus　17,536
Pinus subgen. *Diploxylon*　463
Pinus subgen. *Haploxylon*　463
Pinus sylvestris　13,534
Pinus tabulaeformis　14,534
Pinus taeda　14,534
Pinus taiwanensis　5,532
Pinus thunbergii　5,490,532
Pinus virginiana　16,534
Pinus wallichiana　18,536

Pinus yunnanensis　14,534
Piper　599
Piper kadzura　86,395,599
Piperaceae　598
Pistacia　657
Pistacia chinensis　384,657
Pisum　639
Pisum sativum　141,639
Pittosporaceae　620
Pittosporum　620
Pittosporum parvifolium var. *beecheyi*　114,409,621
Pittosporum tobira　117,408,621
Plantaginaceae　760
Plantago　760
Plantago asiatica　299,442,499,760
Plantago lanceolata　299,761
Platanaceae　611
Platanthera　827
Platanthera hologlottis　381,827
Platanus　611
Platanus orientalis　105,611
Platycarya　466,549
Platycarya strobilacea　30,396,549
Platycodon　768
Platycodon grandiflorum　309,768
Pleuropteropyrum　572
Pleuropteropyrum weyrichii　56,572
Pleuropterus　572
Pleuropterus multiflorus　56,572
Plidium　685
Plidium guajava　685
Plumbaginaceae　716
Poa　810
Poa annua　502,810
Poaceae　477,478,805
Podocarpaceae　543
Podocarpus　465,543
Podocarpus macrophyllus　388,491
Podocarpus macrophyllus var. *macrophyllus*　27,543
Podocarpus macrophyllus var. *maki*　27,543
Podostemaceae　642
Polemoniaceae　731
Polemonium　732
Polemonium kiushianum　446,732
Pollia　803
Pollia japonica　352,803
Polygala　655
Polygala japonica　165,655
Polygala paniculata　166,409,655
Polygalaceae　655
Polygonaceae　568
Polygonatum　794
Polygonatum falcatum　343,794
Polygonatum lasianthum　343,794
Polygonatum macranthum　343,795
Polygonum　470,569
Polygonum aviculare　51,569

学名索引

Polypogon 808
Polypogon fugax 357,808
Poncirus 653
Poncirus trifoliata 162,653
Pontederiaceae 800
Populoideae 549
Populus 549
Populus maximowiczii 31,549
Populus nigra var. *italica* 31,549
Portulaca 574
Portulaca grandiflora 59,401,575
Portulaca oleracea 59,575
Portulacaceae 574
Potamogeton 785
Potamogeton crispus 334,786
Potamogeton distinctus 334,785
Potamogeton malaianus 334,785
Potamogeton octandrus var. *octandrus* 334,785
Potamogeton oxyphyllus 334,786
Potamogetonaceae 785
Potentilla 626
Potentilla chinensis 124,626
Potentilla freyniana 130,626
Potentilla sundaica var. *robusta* 122,626
Pourthiaea 629
Pourthiaea villosa var. *villosa* 128,629
Pourthiaea villosa var. *zollingeri* 128,629
Pouteria 717
Pouteria obovata 244,433,717
Premna 739
Premna corymbosa var. *obtusifolia* 273,441,739
Premna microphylla 273,739
Primula 716
Primula × *polyantha* 243,716
Primula jesoana var. *pubescens* 243,432,716
Primula obconica 243,716
Primulaceae 714
Proboscidea 757
Proboscidea louisianica 294,446,757
Proteaceae 470,566
Prunella 743
Prunella vulgaris subsp. *asiatica* 279,743
Prunoideae 622
Prunus 622
Prunus × *yedoensis* 121,495,622
Prunus avium 495,623
Prunus grayana 121,623
Prunus incisa subsp. *kinkiensis* 126,623
Prunus jamasakura 120,622
Prunus mume 121,496,623
Prunus pendula var. *ascendens* 119,623
Prunus persica 119,120,496,623
Prunus salicina 119,623
Pseudotsuga japonica 4,394,531
Psidium guajava 203,685
Psychotria 731
Psychotria manillensis 264,443,731

Pteridophyllum 608
Pteridophyllum racemosum 98,608
Pterocarya 466,548
Pterocarya rhoifolia 30,396,548
Pterostyrax 718
Pterostyrax corymbosa 247,718
Pterostyrax hispida 247,718
Pueraria 636
Pueraria lobata 145,636
Pulsatilla 590
Pulsatilla cernua 76,590
Pulsatilla nipponica 76,590
Punica 687
Punica granatum 207,687
Punicaceae 687
Pyracantha 628
Pyracantha angustifolia 128,628
Pyrola 705
Pyrola japonica 227,705
Pyrolaceae 705
Pyroloideae 705
Pyrus 630
Pyrus pyrifolia var. *culta* 133,495,630
Pyrus ussuriensis 133,630

[Q]
Quercoideae 557
Quercus 557
Quercus acuta 42,559
Quercus acutissima 41,558
Quercus aliena 41,558
Quercus dentata 40,398,558
Quercus dentata type 469
Quercus gilva 42,559
Quercus glauca 42,493,559
Quercus mongolica var. *grosseserrata* 40,558
Quercus myrsinaefolia 42,559
Quercus phillyraeoides 41,398,557
Quercus phillyraeoides type 469
Quercus robur 833
Quercus salicina 42,398,559
Quercus serrata 41,483,493,558
Quercus sessilifolia 42,559
Quercus subgen. *Cyclobalanopsis* 468
Quercus subgen. *Lepidobalanus* 468,469
Quercus variabilis 40,558

[R]
Rabdosia 741
Rabdosia inflexa 276,741
Rabdosia shikokiana var. *intermedia* 277,742
Rafflesiaceae 600
Randia 729
Randia cochinchinensis 260,729
Ranunculaceae 586
Ranunculus 471,591
Ranunculus acris var. *nipponicus* 78,591

学名索引

Ranunculus extorris var. *lutchuensis* 71,403,591
Ranunculus japonicus 78,486,591
Ranunculus reptans 78,591
Raphanus 609
Raphanus sativus 102,609
Raphanus sativus var. *raphanistroides* 102,410,609
Rauvolfia 727
Rauvolfia serpentina 257,439,727
Rehmannia 753
Rehmannia glutinosa 293,753
Reineckea 794
Reineckea carnea 338,794
Reynoutria 571
Reynoutria japonica 55,572
Reynoutria sachalinensis 55,572
Rhamnaceae 666
Rhamnella 666
Rhamnella franguloides 178,666
Rhamnus 666
Rhamnus crenata 178,666
Rhamnus japonica var. *microphylla* 179,666
Rhaphiolepis 628
Rhaphiolepis indica var. *liukiuensis* 131,628
Rhaphiolepis indica var. *umbellata* 131,628
Rhinanthoideae 753
Rhizophora 690
Rhizophora mucronata 288,429,690
Rhizophoraceae 480,689
Rhodiola 615
Rhodiola rosea 109,615
Rhododendroideae 707
Rhododendron 708
Rhododendron amamiense 236,710
Rhododendron amanoi 235,709
Rhododendron brachycarpum 232,709
Rhododendron degronianum var. *amagianum* 236,710
Rhododendron dilatatum 228,708
Rhododendron indicum 231,709
Rhododendron japonicum 229,708
Rhododendron lagopus var. *niphophilum* 233,710
Rhododendron latoucheae 234,709
Rhododendron macrosepalum 230,709
Rhododendron maximum 432,709
Rhododendron metternichii 232,709
Rhododendron mucronulatum var. *ciliatum* 229,708
Rhododendron prunifolium 233,710
Rhododendron reticulatum 229,708
Rhododendron ripense 230,709
Rhododendron scabrum 235,710
Rhododendron scabrum × *R. ripense* 230,708
Rhododendron sp. 232,709
Rhododendron tschonoskii 228,708
Rhododendron yakushimanum 236,710
Rhodomyrtus 686
Rhodomyrtus tomentosa 204,424,686
Rhodotypos 624

Rhodotypos scandens 127,624
Rhus 473,656
Rhus ambigua 166,657
Rhus javanica var. *roxburghii* 165,656
Rhus sylvestris 166,656
Rhus trichocarpa 165,418,656
Rhus verniciflua 166,657
Rhynchospora 820
Rhynchospora alba 373,820
Rhynchospora faberi 373,821
Rhynchospora fauriei 373,820
Ribes 615
Ribes ambiguum 109,615
Ribesoideae 615
Ricinus 649
Ricinus communis 158,649
Robinia 634
Robinia pseudoacacia 138,634
Robinieae 634
Rodgersia 619
Rodgersia podophylla 117,619
Rorippa 611
Rorippa indica 104,611
Rorippa islandica 104,611
Rosa 624
Rosa chinensis 625
Rosa hirtula 124,625
Rosa laevigata 130,625
Rosa multiflora 123,624
Rosa rugosa 123,624
Rosa sambucina 123,624
Rosa uchiyama 124,625
Rosaceae 472,621
Rosoideae 623
Rotala 684
Rotala indica var. *uliginosa* 188,684
Rubia 729
Rubia argyi 442,730
Rubia chinensis var. *glabrescens* 262,729
Rubiaceae 728
Rubioideae 729
Rubus 625
Rubus crataegifolius 125,625
Rubus croceacanthus 126,626
Rubus hirsutus 125,625
Rubus palmatus var. *palmatus* 125,625
Rubus parvifolius 125,625
Rubus pectinellus 125,625
Rubus peltatus 126,626
Rubus sieboldii 126,626
Rubus suavissimus 126,625
Rumex 470,568
Rumex acetosa 52,569,833
Rumex acetosella 52,400,494,569
Rumex japonicus 52,494,569
Rutaceae 651
Rutoideae 651

学名索引

Ryssopterys   655
Ryssopterys timoriensis   164,655

[S]

Sabiaceae   661
Sabina   542
Sabina chinensis var. *chinensis*   26,542
Sabina chinensis var. *procumbens*   26,542
Saccharum   806
Saccharum officinarum   356,806
Saccharum sinense   356,806
Sagina   576
Sagina japonica   60,576
Sagittaria   479,783
Sagittaria aginashi   332,783
Sagittaria trifolia   333,783
Sagittaria trifolia var. *edulis*   333,454,783
Salicaceae   549
Salicoideae   550
Salicornia   579
Salicornia europaea   63,579
Salix   466,550
Salix × *gracilistyloides*   33,551
Salix babylonica   32,551
Salix bakko   32,551
Salix chaenomeloides   32,551
Salix gracilistyla   31,400,492,550
Salix reinii   32,550
Salix rorida   33,551
Salix sieboldiana   32,550
Salix vulpina   32,551
Salix yezoalpina   33,551
Salsola   579
Salsola komarovii   63,579
Salvia   742
Salvia japonica   278,742
Salvia nipponica   278,742
Salvia omerocalyx   277,742
Salvia splendens   283,742
Sambucoideae   761
Sambucus   761
Sambucus chinensis var. *formosana*   306,761
Sambucus racemosa subsp. *kamtschatica*   447,761
Sambucus racemosa subsp. *sieboldiana*   300,761
Sanguisorba   472,627
Sanguisorba hakusanensis   127,627
Sanguisorba officinalis   127,411,627
Sanicula   699
Sanicula chinensis   221,699
Saniculoideae   699
Santalaceae   566
Sapindaceae   659
Sapindus   660
Sapindus mukorossi   169,660
Sapium   480,647
Sapium japonicum   154,647
Sapium sebiferum   154,647

Sapotaceae   717
Sarcandra   599
Sarcandra glabra   87,599
Sarracenia   605
Sarracenia leucophylla   95,605
Sarraceniaceae   605
Saururaceae   598
Saururus   598
Saururus chinensis   86,598
Saxifraga   620
Saxifraga cherlerioides var. *rebunshirensis*   113,620
Saxifraga fortunei var. *incisolobata*   113,620
Saxifraga stolonifera   113,620
Saxifragaceae   615
Saxifragoideae   618
Scabiosa   767
Scabiosa japonica   310,767
Scaevola   769
Scaevola sericea   310,451,769
Schefflera   697
Schefflera octophylla   219,430,697
Scheuchzeria   785
Scheuchzeria palustris   332,785
Scheuchzeriaceae   784
Schima   603
Schima wallichii   92,406,603
Schisandra   583
Schisandra nigra   66,583
Schisandraceae   582
Schizocodon   704
Schizocodon soldanelloides   226,704
Schizopepon   680
Schizopepon bryoniaefolius   197,680
Schizophragma   616
Schizophragma hydrangeoides   111,616
Schlumbergera   581
Schlumbergera truncata   64,581
Schoenoplectiella   823
Schoenoplectiella hotarui   376,824
Schoenoplectiella triangulatus   376,824
Schoenoplectus   823
Schoenoplectus tabernaemontani   377,823
Schoenoplectus triqueter   376,823
Schoenoplectiella gemmifera   355,824
Schoenus   819
Schoenus apogon   371,819
Schoepfia   566
Schoepfia jasminodora   50,395,566
Schomburgkia   830
Schomburgkia undulata   383,830
Sciadopityaceae   539
Sciadopitys   465,539
Sciadopitys verticillata   25,394,490,539
Scilla   792
Scilla scilloides   339,793
Scilla scilloides var. *major*   339,793
Scilloideae   792

979

学名索引

Scirpus 823
Scirpus wichurae 377,823
Scopolia 747
Scopolia japonica 284,747
Scrophularia 751
Scrophularia duplicato-serrata 289,751
Scrophularia kakudensis 290,751
Scrophulariaceae 750
Scrophularioideae 750
Scutellaria 741
Scutellaria rubropunctata 276,741
Scutellarioideae 741
Sechium 682
Sechium edule 199,682
Securinega 646
Securinega suffruticosa var. *amamiensis* 140,414,647
Securinega suffruticosa var. *japonica* 153,646
Sedirea 829
Sedirea japonica 382,829
Sedum 614
Sedum bulbiferum 109,613
Sedum makinoi 108,614
Sedum morrisonense 109,614
Sedum subtile 109,614
Sedum uniflorum subsp. *japonicum* 108,614
Selaginella kraussia 833
Senecio 774
Senecio × *hybridus* 318,774
Senecioneae 774
Sequoia 540
Sequoia sempervirens 24,540
Serissa 729
Serissa japonica 261,729
Serratula 780
Serratula coronata subsp. *insularis* 323,780
Sesamum 756
Sesamum indicum 297,756
Setaria 807
Setaria glauca 357,807
Setaria pallide-fusca 357,807
Setaria viridis 357,807
Setcreasea 803
Setcreasea pallida 352,803
Shortia 704
Shortia uniflora 226,704
Sicyos 682
Sicyos angulatus 425,682
Siegesbeckia 774
Siegesbeckia orientalis 316,774
Siegesbeckia orientalis subsp. *glabrescens* 316,774
Siegesbeckia orientalis subsp. *pubescens* 317,774
Silene 577
Silene armeria 61,577
Silene foliosa 62,403,577
Silene repens var. *latifolia* 61,577
Simaroubaceae 654
Sinapis 611

Sinapis alba 103,611
Sinningia sp. 297,758
Sinomenium 596
Sinomenium acutum 83,596
Siphono 753
Siphonostegia laeta 290,753
Sisyrinchium 801
Sisyrinchium atlanticum 348,801
Sium 701
Sium suave subsp. *nipponicum* 223,701
Skimmia 652
Skimmia japonica 162,652
Skimmia japonica var. *intermedia* f. *repens* 166, 415,653
Smilacina 795
Smilacina japonica 343,795
Smilacoideae 797
Smilax 797
Smilax china 337,797
Snermatophyta 530
Sobralia 829
Sobralia decora 383,829
Solanaceae 746
Solanum 747
Solanum carolinense 285,442,747
Solanum erianthum 277,748
Solanum glaucophyllum 285,747
Solanum lyratum 285,747
Solanum melongena 285,748
Solanum nigrum 285,747
Solanum pseudocapsicum 285,747
Solidago 776
Solidago altissima 321,500,776
Sonchus 781
Sonchus oleraceus 328,781
Sonneratia 686
Sonneratia alba 203,429,686
Sonneratiaceae 686
Sophora 634
Sophora 634
Sophora flavescens 138,634
Sophronitis 830
Sophronitis coccinea 383,830
Sorbaria 622
Sorbaria sorbifolia 129,622
Sorbus 628
Sorbus alnifolia 129,628
Sorbus commixta 129,628
Sorbus japonica 129,628
Sparganiaceae 479,814
Sparganium 814
Sparganium erectum 355,458,814
Sparganium stenophyllum 364,814
Spergula 576
Spergula arvensis 60,576
Spinacia 578
Spinacia oleracea 63,578

学名索引

Spiraea　621
Spiraea cantoniensis　118,622
Spiraea dasyantha　118,622
Spiraea japonica　118,622
Spiraea thunbergii　118,621
Spiraeoideae　621
Spiranthes　828
Spiranthes sinensis var. *amoena*　381,828
Spirodela　813
Spirodela polyrhiza　363,813
Stachys　746
Stachys sieboldii　280,746
Stachyuraceae　677
Stachyurus　678
Stachyurus praecox　187,678
Staphylea　664
Staphylea bumalda　177,420,664
Staphyleaceae　664
Stauntonia　595
Stauntonia hexaphylla　82,595
Stellaria　576
Stellaria media　60,576
Stellaria ruscifolia　60,576
Stemona　797
Stemona japonica　351,455,797
Stemonaceae　797
Stenactis　776
Stenactis annuus　321,776
Stenactis pseudo-annuus　321,776
Stephanandra　621
Stephanandra incisa　118,621
Stephania　596
Stephania cephalantha　80,596
Sterculiaceae　670
Stewartia　602
Stewartia pseudo-camellia　90,603
Stewartia serrata　90,603
Streptocarpus　758
Streptocarpus cv. *raspberry*　298,758
Streptopus　795
Streptopus streptopoides var. *japonicus*　344,795
Strobilanthes　755
Strobilanthes japonicus　295,755
Styracaceae　717
Styrax　717
Styrax japonica　247,433,718
Styrax obassia　247,718
Suaeda　579
Suaeda glauca　63,579
Swertia　724
Swertia bimaculata　253,724
Swertia japonica　254,724
Swida　695
Swida controversa　216,695
Swida macrophylla　216,695
Sympetalae　704
Symphytum　736

Symphytum officinale　269,736
Symplocaceae　718
Symplocarpus　812
Symplocarpus foetidus var. *latissimus*　363,812
Symplocarpus nipponicus　363,812
Symplocos　475,718
Symplocos caudata　246,719
Symplocos chinensis var. *leucocarpa* f. *pilosa*　245,718
Symplocos coreana　246,719
Symplocos kawakamii　246,434,719
Symplocos lucida　246
Symplocos prunifolia　245,434,719
Syneilesis　775
Syneilesis palmata　313,775
Synurus　779
Synurus palmatopinnatifidus var. *indivisus*　322,779
Syringa　722
Syringa reticulata　251,722
Syringa vulgaris　251,723
Syzygium　685
Syzygium aromaticum　204,686
Syzygium buxifolium　204,424,686
Syzygium cleyeraefolium　385,685
Syzygium jambos　203,424,685

[T]
Tamaricaceae　679
Tamarix　679
Tamarix chinensis　195,679
Taraxacum　782
Taraxacum albidum　330,782
Taraxacum japonicum　331,782
Taraxacum officinale　331,453,501,782
Tarenna　728
Tarenna gracilipes　260,434,728
Tarenna subsessilis　260,729
Tasmanites punctatus　833
Taxaceae　545
Taxodium　541
Taxodium distichum　25,541
Taxopsida　545
Taxus　545
Taxus cuspidata　28,388,491,545
Taxus cuspidata var. *nana*　28,545
Tephrosieae　635
Terminalia catappa　209,428
Ternstroemia　603
Ternstroemia gymnanthera　91,406,603
Tetragonia　574
Tetragonia tetragonoides　58,574
Teucrium　741
Teucrium japonicum　281,741
Thalictrum　471,592
Thalictrum aquilegifolium var. *intermedium*　79,592
Thalictrum filamentosum var. *tenerum*　79,592
Thalictrum minus var. *hypoleucum*　79,592

Theaceae　472,601
Theligonaceae　693
Theligonum　693
Theligonum japonicum　213,693
Theobroma　670
Theobroma cacao　181,670
Thermopsideae　638
Thermopsis　638
Thermopsis lupinoides　141,638
Thesium　567
Thesium chinense　50,567
Thuja orientalis　26,543
Thujopsis　543
Thujopsis dolabrata　26,543
Thymelaeaceae　673
Tilia　474,669
Tilia japonica　182,669
Tilia kiusiana　182,669
Tilia maximowicziana　182,669
Tilia miqueliana　182,669
Tiliaceae　669
Tilingia　701
Tilingia ajanensis　223,701
Toddalioideae　652
Tofieldia　788
Tofieldia coccinea　336,788
Toisusu　550
Toisusu urbaniana　31,550
Torenia　752
Torenia fournieri　292,752
Torilis　700
Torilis japonica　221,700
Torilis scabra　221,700
Torreya　545
Torreya nucifera　28,545
Torreya nucifera var. *radicans*　18,395,545
Trachelospermum　726
Trachelospermum asiaticum　255,726
Trachycarpus　811
Trachycarpus wagnerianus　361,811
Tradescantia　803
Tradescantia ohiensis　352,803
Trapa　684
Trapa japonica　202,684
Trapaceae　684
Trapella　757
Trapella sinensis　297,757
Trapellaceae　757
Trautvetteria　591
Trautvetteria caroliniensis var. *japonica*　485,591
Trema　561
Trema orientalis　44,399,561
Triadenum　604
Triadenum japonicum　93,604
Tribulus　645
Tribulus terrestris　152,645
Trichosanthes　680

Trichosanthes cucumeroides　197,680
Tricyrtis　787
Tricyrtis macrantha　335,787
Tricyrtis macranthopsis　341,787
Trientalis　715
Trientalis europaea　242,715
Trifolieae　641
Trifolium　641
Trifolium repens　143,641
Triglochin　785
Triglochin maritimum　332,456,785
Trigonotis　736
Trigonotis peduncularis　269,736
Trillium　793
Trillium smallii　344,793
Tripterospermum　723
Tripterospermum japonicum　252,723
Tripterygium regelii　176,664
Triticum　808
Triticum aestivum　358,808
Trochodendraceae　585
Trochodendron　585
Trochodendron aralioides　70,585
Trollius　587
Trollius hondoensis　73,587
Trollius riederianus var. *japonicus*　73,587
Tsuga　464,538
Tsuga diversifolia　23,392,538
Tsuga diversifolia type　464
Tsuga sieboldii　23,392,538
Tsuga sieboldii type　464
Tulipa　791
Tulipa gesneriana　339,791
Turpinia　665
Turpinia ternata　177,422,665
Typha　815
Typha angustifolia　364,458,502,815
Typha latifolia　364,488,815
Typhaceae　479,814

[U]
Ulex　633
Ulex europaeus　136,633
Ulmaceae　561
Ulmus　469,562
Ulmus davidiana var. *japonica*　45,399,562
Ulmus parvifolia　45,562
Umbelliferae　474,698
Urtica　564
Urtica thunbergiana　48,564
Urticaceae　564
Utricularia　480,759
Utricularia bifida　299,759
Utricularia racemosa　299,759
Utricularia reticulata　294,444,759
Utricularia yakusimensis　299,759

学名索引

[V]

Vaccinioideae 710
Vaccinium 706,712
Vaccinium boninense 239,712
Vaccinium bracteatum 238,712
Vaccinium japonicum 227,706
Vaccinium oldhamii 238,712
Vaccinium oxycoccus 238,712
Vaccinium wrightii 239,712
Valeriana 766
Valeriana fauriei 307,767
Valeriana flaccidissima 308,767
Valerianaceae 766
Valerianella 767
Valerianella locusta 307,767
Valvisporites auritus 833
Vandopsis 830
Vandopsis parishii 382,830
Veratrum 787
Veratrum grandiflorum f. var. *maximum* 338,788
Veratrum stamineum 335,787
Verbena 739
Verbena bonariensis 275,740
Verbena officinalis 275,740
Verbenaceae 736
Veronica 753
Veronica persica 293,753
Viburnoideae 762
Viburnum 762
Viburnum carlesii var. *bitchiuense* 302,763
Viburnum dilatatum 302,763
Viburnum erosum var. *punctatum* 301,762
Viburnum furcatum 300,762
Viburnum japonicum 306,763
Viburnum odoratissimum var. *awabuki* 301,448,763
Viburnum opulus var. *calvescens* 302,763
Viburnum phlebotrichum 300,762
Viburnum plicatum var. *tomentosum* 302,763
Viburnum plicatum var. *tomentosum* f. *plicatum* 300,762
Viburnum sieboldii 301,762
Viburnum suspensum 301,762
Viburnum wrightii 302,763
Vicia 639
Vicia angustifolia 142,639
Vicia faba 142,639
Vicia hirsuta 142,411,640
Vicia unijuga 140,412,640
Vicieae 639
Viola 676
Viola × *wittrockiana* 193,677
Viola confusa subsp. *nagasakiensis* 194,676
Viola grypoceras 194,677
Viola mandshurica 193,676
Viola odorata 192,677
Viola ovato-oblonga 194,677
Viola patrinii 194,422,677

Viola pseudojaponica 192,677
Viola stoloniflora 194,677
Viola violacea 193,676
Violaceae 676
Viscum 567
Viscum album subsp. *coloratum* 50,401,567
Vitaceae 667
Vitex 738
Vitex cannabifolia 275,739
Vitex rotundifolia 275,440,738
Vitex trifolia 273
Vitis 667
Vitis coignetiae 180,668
Vitis thunbergii 180,667
Vitis vinifera 180,420,497,667

[W]

Wasabia 610
Wasabia japonica 102,610
Wasabia tenuis 102,610
Wedelia 773
Wedelia chinensis 314,773
Weigela 476,764
Weigela coraeensis 304,765
Weigela decora 304,765
Weigela floribunda 304,765
Weigela florida 304,765
Weigela hortensis 303,449,764
Weigela maximowiczii 303,764
Welwitschia 546
Welwitschia mirabilis 28,546
Welwitschiaceae 546
Wikstroemia 674
Wikstroemia pseudoretusa 384,674
Wikstroemia retusa 187,384,421,674
wild type 478
Wisteria 635
Wisteria floribunda 138,635

[X]

Xanthium 771
Xanthium strumarium 317,450,771

[Y]

Youngia 780
Youngia denticulata 328,780
Youngia japonica 328,780
Yucca 797
Yucca filamentosa 345,797

[Z]

Zabelia 763
Zabelia integrifolia 303,764
Zanthoxyleae 651
Zanthoxylum 651,652
Zanthoxylum ailanthoides 161,652
Zanthoxylum piperitum 161,652

学名索引

Zanthoxylum schinifolium   161,652
Zea   808
Zea mays   358,808
Zelkova   470,562
Zelkova serrata   44,399,493,562
Zephyranthes   798
Zephyranthes candida   346,798
Zingiber   825
Zingiber mioga   379,825
Zingiberaceae   825
Zinnia   777

Zinnia elegans   321,777
Zizania   807
Zizania latifolia   357,807
Zizyphus   667
Zizyphus jujuba   179,667
Zostera   786
Zostera marina   334,786
Zosteraceae   786
Zoysia   807
Zoysia japonica   357,807
Zygophyllaceae   645

藤木 利之（ふじき としゆき）

1969 年　下関市に生まれる
1997 年　岡山理科大学大学院理学研究科博士課程単位取得満期退学
1998 年　博士（理学）取得
現　在　岡山理科大学理学部専任講師　博士（理学）
主著（主論文）　藤木利之. 2014. 古環境変動と人類の対応. 自然と人間の
　　　　　環境史（宮本真二・野中健一編）, pp. 153-175. 海青社. 藤木利
　　　　　之. 2012. 花粉. 国立科学博物館叢書 13, 微化石——顕微鏡で見
　　　　　るプランクトン化石の世界（谷村好洋・辻　彰洋編）, pp. 106-
　　　　　124. 東海大学出版会. Fujiki, T. 2012. Vegetation Change in
　　　　　the Area of Angkor Thom Based on Pollen Analysis of Moat
　　　　　Deposits. In: Water Civilization: From Yangtze to Khmer
　　　　　Civilizations (Yasuda, Y. ed.), pp. 363-381. Springer.

三好 教夫（みよし のりお）

1937 年　東かがわ市に生まれる
1965 年　広島大学大学院理学研究科博士課程修了
1966 年　理学博士取得
1966-2008 年　岡山理科大学理学部勤務
1999-2002 年　日本花粉学会会長
現　在　岡山理科大学名誉教授　理学博士
主著（主論文）　安田喜憲・三好教夫（編）. 1998. 図説日本列島植生史. 朝
　　　　　倉書店. 302 pp. 三好教夫・難波弘行ほか. 2003. 岡山の花粉症.
　　　　　日本文教出版. 157 pp. Miyoshi, N., Fujiki, T. and Morita, Y.
　　　　　1999. Palynology of a 250-m core from Lake Biwa:
　　　　　430,000-year record of glacial-interglacial vegetation change
　　　　　in Japan. Rev. Palaeobot. & Palynol., 104: 267- 283.

木村（片岡）裕子（きむら（かたおか）ひろこ）

1975 年　倉敷市に生まれる
2002 年　岡山理科大学大学院理学研究科博士課程修了，博士（理学）
　　　　　取得
2003 年　仁科賞受賞（岡山県）
現　在　岡山理科大学非常勤講師・山陽女子高等学校非常勤講師
　　　　　博士（理学）
主論文　Kataoka, H. et al. 2003. Pollen record from the Chivyrkui
　　　　　Bay outcrop on the eastern shore of Lake Baikal since the
　　　　　Late Glacial. In: Long Continental Records from Lake Bai-
　　　　　kal, pp. 207-218. Springer. 木村裕子ほか. 2008. 岡山県におけ
　　　　　るヒノキ科花粉飛散数に影響を与える気象因子. 日本花粉学会
　　　　　会誌, 54(1)：15-22.

日本産花粉図鑑［増補・第 2 版］

2011 年 3 月 25 日　第 1 版第 1 刷発行
2016 年 4 月 25 日　増補・第 2 版第 1 刷発行

　　　　　　　　　　　　　藤 木 利 之
　　　　　　著　　者　　　三 好 教 夫
　　　　　　　　　　　　　木 村 裕 子

　　　　　　発 行 者　　　櫻 井 義 秀

発行所　北海道大学出版会

札幌市北区北 9 条西 8 丁目 北海道大学構内（〒 060-0809）
Tel. 011(747)2308・Fax. 011(736)8605・http://www.hup.gr.jp

㈱アイワード／石田製本㈱　　　　　　　　　Ⓒ 2016　藤木・三好・木村

ISBN 978-4-8329-8222-2

プラント・オパール図譜 ―走査型電子顕微鏡写真による 植物ケイ酸体学入門―	近藤　錬三著	B5・400頁 価格9500円
新 北 海 道 の 花	梅沢　俊著	四六変・464頁 価格2800円
北 海 道 の シ ダ 入 門 図 鑑	梅沢　俊著	B5・148頁 価格3400円
北 海 道 の 湿 原 と 植 物	辻井達一 橘ヒサ子編著	四六・266頁 価格2800円
写 真 集 北 海 道 の 湿 原	辻井　達一 岡田　操著	B4変・252頁 価格18000円
普及版北海道主要樹木図譜	宮部　金吾著 工藤　祐舜 須崎　忠助画	B5・188頁 価格4800円
植 物 生 活 史 図 鑑 I 春の植物 No.1	河野昭一監修	A4・122頁 価格3000円
植 物 生 活 史 図 鑑 II 春の植物 No.2	河野昭一監修	A4・120頁 価格3000円
植 物 生 活 史 図 鑑 III 夏の植物 No.1	河野昭一監修	A4・124頁 価格3000円
北 海 道 外 来 植 物 便 覧 ―2015年版―	五十嵐　博著	B5・202頁 価格4800円
札 幌 の 植 物 ―目録と分布表―	原　松次編著	B5・170頁 価格3800円
北 海 道 高 山 植 生 誌	佐藤　謙著	B5・708頁 価格20000円
サロベツ湿原と稚咲内砂丘 林帯湖沼群―その構造と変化	冨士田裕子編著	B5・272頁 価格4200円
千 島 列 島 の 植 物	高橋　英樹著	B5・602頁 価格12500円
野 生 イ ネ の 自 然 史 ―実りの進化生態学―	森島啓子編著	A5・228頁 価格3000円
麦 の 自 然 史 ―人と自然が育んだムギ農耕―	佐藤洋一郎 加藤鎌司編著	A5・416頁 価格3000円
雑 穀 の 自 然 史 ―その起源と文化を求めて―	山口裕文 河瀬眞琴編著	A5・262頁 価格3000円
雑 草 の 自 然 史 ―たくましさの生態学―	山口裕文編著	A5・248頁 価格3000円
帰 化 植 物 の 自 然 史 ―侵略と攪乱の生態学―	森田竜義編著	A5・304頁 価格3000円
植 物 の 自 然 史 ―多様性の進化学―	岡田　博 植田邦彦編著 角野康郎	A5・280頁 価格3000円
花 の 自 然 史 ―美しさの進化学―	大原　雅編著	A5・278頁 価格3000円

―――北海道大学出版会―――　　価格は税別